Sichern

Sind Sie sicher? **Prüfen Sie Ihr neues Fundament** mit den **Testaufgaben.** Vergleichen Sie Ihre Ergebnisse mit den Lösungen im Anhang und schätzen Sie Ihre Leistung selbstständig ein.

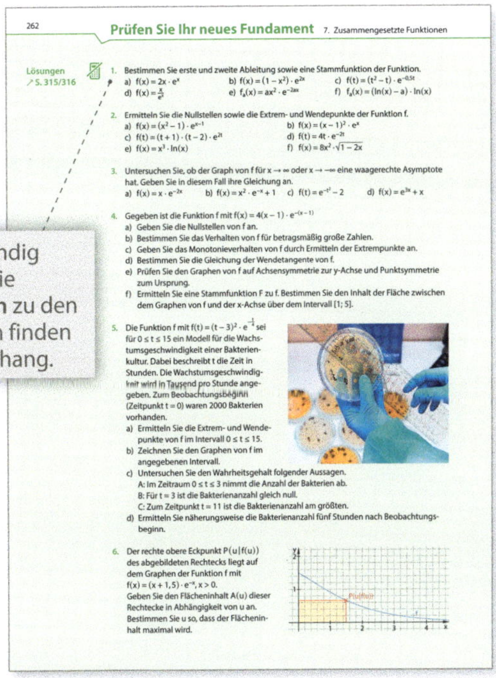

Differenziert vertiefen: **Weiterführende Aufgaben** erhöhen das Niveau und vertiefen Ihr Verständnis.

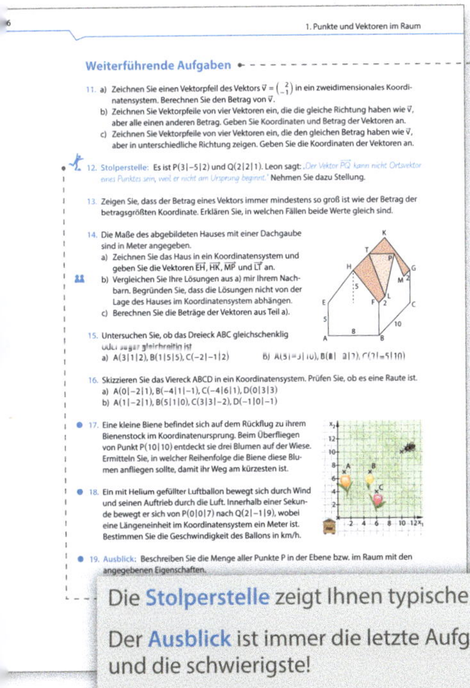

Selbstständig prüfen: Die **Lösungen** zu den Aufgaben finden Sie im Anhang.

Die **Stolperstelle** zeigt Ihnen typische Fehler.

Der **Ausblick** ist immer die letzte Aufgabe – und die schwierigste!

Schwerere Aufgaben sind mit einem Kreis ● gekennzeichnet.

Zu einigen Aufgaben gibt es Lösungen in der Randspalte. Diese enthalten auch einen zusätzlichen falschen Wert.

Weitere Symbole:

- Aufgabe ohne Hilfsmittel
- CAS Computeralgebrasystem notwendig
- Partner- oder Gruppenarbeit

Wissen kompakt

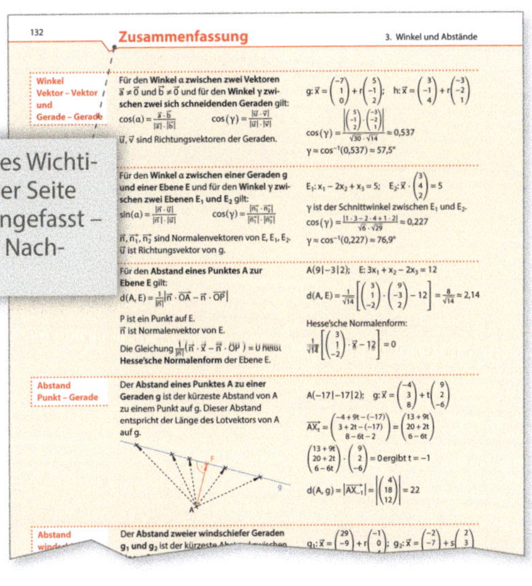

Hier ist alles Wichtige auf einer Seite zusammengefasst – ideal zum Nachschlagen.

Fundamente
| der Mathematik |

Ausgabe B

Gymnasium • Q3–Q4

Leistungskurs

Cornelsen

Inhaltsverzeichnis

Farbig hinterlegte Abschnitte sind auch im Band Q1-Q2 enthalten

Farbig hinterlegte Abschnitte sind auch im Band Q1-Q2 enthalten

Vorwort

Liebe Lehrerin, lieber Lehrer,
hier finden Sie Hinweise zur Nutzung des Lehrwerks und zur Stoffverteilungsplanung.

Stoffverteilung in der Qualifikationsphase

In diesem Band finden Sie Inhalte aus der Analysis und Stochastik, welche auch im Band Q1-Q2 abgedruckt sind. Das Kapitel 4 (Binomialverteilung) wurde dabei um die Lerneinheit zu Prognosen ergänzt. Den Lerneinheiten 7.5-7.7 (Zusammengesetzte Funktionen) wurden vier Lerneinheiten zur Wiederholung der Grundlagen der Analysis vorangestellt.

Die analytische Geometrie wird vollständig in Q3 unterrichtet. Bei Zeitreserven sollte zum Ende von Q3 bereits mit den nachfolgenden Themen begonnen werden. Die Themenauswahl richtet sich danach, nach welchem Unterrichtsszenario in Q2 unterrichtet wurde.

Unterrichtsszenario (A)
Wurde die Analysis in Q2 bereits vollständig abgeschlossen, so sollte mit der Binomialverteilung (Kapitel 4) begonnen werden. Das Kapitel 7 kann dann zur Auffrischung der Analysis vor der Abiturprüfung am Ende von Q4 genutzt werden.

Unterrichtsszenario (B)
Wurde in Q2 bereits mit der Binomialverteilung begonnen, so sollte an diese mit der Lerneinheit 4.4 zu Prognosen angeknüpft werden. Es empfiehlt sich vorher eine geeignete Auswahl an Aufgaben zur Wiederholung zu treffen. Für das Kapitel 7 (Zusammengesetzte Funktionen) sollte am Ende von Q4 ausreichend Zeit reserviert werden, um dieses intensiv zu behandeln.

Q1	Q2		Q3/Q4		
Differenzialrechnung**	Integralrechnung**		Analytische Geometrie (Kap. 1–3)	(**A**) Binomialverteilung (Kap. 4)*	
	(**A**) Zusammengesetzte Funktionen (Kap. 5)*			Prognosen (LE 4.4) Testen von Hypothesen (Kap. 5) Normalverteilung (Kap. 6)	
	Grundbegriffe der Wahrscheinlichkeitsrechnung**			Wiederholung Analysis (Kap. 7)	
		(**B**) Binomialverteilung (Kap. 4)*			(**B**) Zusammengesetzte Funktionen (Kap. 7)*
				Abiturvorbereitung (Kap. 8)	

*im Band Q1-Q2 und Q3-Q4 enthalten
**nur im Band Q1-Q2 enthalten

3. und 4. Kurshalbjahr (Q3/Q4)

Kapitel	**Geschätzter Zeitaufwand**
Kap. 1 Punkte und Vektoren im Raum	9 Unterrichtsstunden
Kap. 2 Geraden und Ebenen	30 Unterrichtsstunden
Kap. 3 Winkel und Abstände	15 Unterrichtsstunden
Kap. 4 Binomialverteilung	18(A)/3(B) Unterrichtsstunden
Kap. 5 Testen von Hypothesen	15 Unterrichtsstunden
Kap. 6 Normalverteilung	8 Unterrichtsstunden
Kap. 7 Zusammengesetzte Funktionen	3(A)/18(B) Unterrichtsstunden
Kap. 8 Abiturvorbereitung	6 Unterrichtsstunden

1. Punkte und Vektoren im Raum

Beim Klettern muss der Weg nach oben geschickt gewählt werden. Um den Weg im dreidimensionalen Raum beschreiben zu können, eignen sich Vektoren.

Nach diesem Kapitel können Sie …
- Punkte und Vektoren mit dreidimensionalen Koordinaten beschreiben,
- Vektoren addieren und subtrahieren sowie vervielfachen,
- Punkte, Strecken, ebene Flächen und Körper mithilfe von Vektoren beschreiben,
- Längen von Vektoren bestimmen und zwei Vektoren auf Kollinearität überprüfen.

Lösungen ↗ S. 294

Dreiecke und Vierecke

1. Gegeben ist ein rechtwinkliges Dreieck ABC. Berechnen Sie die Länge der fehlenden Seite. Runden Sie auf Zehntel Zentimeter.
   a) $a = 2{,}1$ cm; $b = 3{,}9$ cm; $\gamma = 90°$
   b) $a = 2{,}1$ cm; $b = 3{,}9$ cm; $\beta = 90°$
   c) $a = 5{,}3$ cm; $c = 2{,}1$ cm; $\alpha = 90°$
   d) $b = 3{,}9$ cm; $c = 45$ mm; $\alpha = 90°$

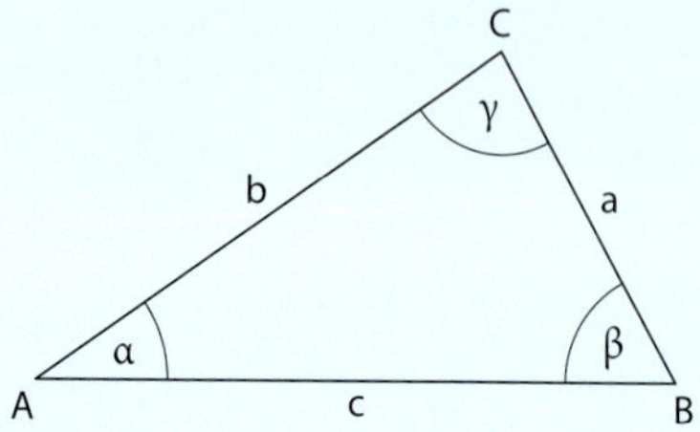

2. Untersuchen Sie, ob das gegebene Dreieck ABC rechtwinklig ist. Geben Sie gegebenenfalls den Eckpunkt mit dem rechten Winkel an.
   a) $a = 5$ cm; $b = 3$ cm; $c = 4$ cm
   b) $a = 1{,}2$ m; $b = 0{,}5$ m; $c = 1{,}3$ m
   c) $a = 5{,}0$ m; $b = 7{,}0$ m; $c = 4{,}5$ m
   d) $a = 8$ cm; $b = 10$ cm; $c = 6$ cm

3. a) Nennen Sie Eigenschaften eines gleichschenkligen und eines gleichseitigen Dreiecks.
   b) Berechnen Sie die Höhe eines gleichseitigen Dreiecks mit Seitenlänge $a = 5$ cm.
   c) Begründen Sie, dass ein regelmäßiges Sechseck aus gleichseitigen Dreiecken besteht.

4. Gegeben sind die folgenden Vierecke.

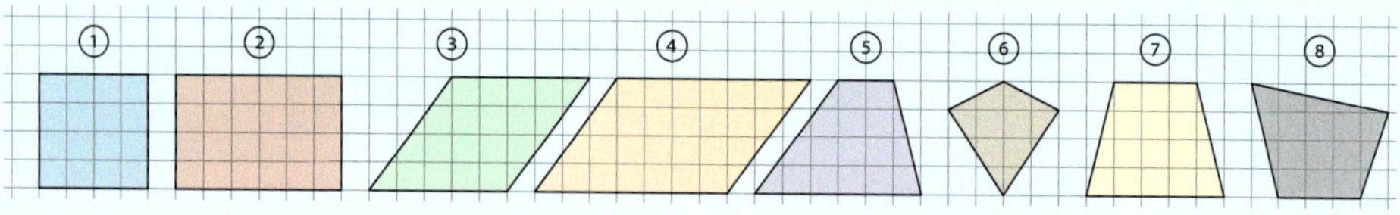

   a) Ordnen Sie jedem abgebildeten Viereck eine passende Vierecksart zu. Verwenden Sie dabei jede der folgenden Vierecksarten genau einmal: gleichschenkliges Trapez, Rechteck, allgemeines Viereck, Parallelogramm, Quadrat, Drachenviereck, Trapez, Raute.
   b) Definieren Sie die Vierecke ① bis ⑤ anhand der Eigenschaften ihrer Seiten.
   c) Skizzieren Sie die Vierecke ① bis ⑦ ins Heft und zeichnen Sie die Diagonalen ein. Nennen Sie Eigenschaften ihrer Diagonalen.
   d) Geben Sie an, welche der Vierecke auch Parallelogramme sind.

5. Beurteilen Sie die Aussage.
   a) Jedes Parallelogramm ist ein Trapez.
   b) Es gibt Rechtecke, in denen die Diagonalen senkrecht aufeinander stehen.
   c) Wenn ein Dreieck gleichseitig ist, dann sind die Höhen des Dreiecks gleich lang.
   d) Die Diagonalen einer Raute halbieren sich gegenseitig.

Punkte und Figuren im Koordinatensystem

6. Gegeben sind die Punkte A(3 | 1), B(3 | 4) und C(1 | 2,5).
   a) Zeichnen Sie das Dreieck ABC im Koordinatensystem.
   b) Spiegeln Sie das Dreieck ABC an der x-Achse und geben Sie die Koordinaten der Spiegelpunkte A′, B′ und C′ an.
   c) Verschieben Sie das Dreieck ABC in negativer x-Richtung um 3 Einheiten und geben Sie die Koordinaten der Bildpunkte A″, B″ und C″ an.

7. Gegeben sind die Punkte A(3 | 1), B(3 | 4) und C(1 | 2,5).
   a) Berechnen Sie die Längen der Strecken $\overline{AB}$, $\overline{BC}$ und $\overline{AC}$.
   b) Geben Sie die Koordinaten der Mittelpunkte der Strecken $\overline{AB}$, $\overline{BC}$ und $\overline{AC}$ an.

8. Gegeben ist die nebenstehende Figur ABCDEFGHI.
Der Halbkreis schneidet die y-Achse im Punkt J.
   a) Geben Sie die Koordinaten all dieser Punkte an.
   b) Ermitteln Sie den Flächeninhalt und den Umfang der Figur.

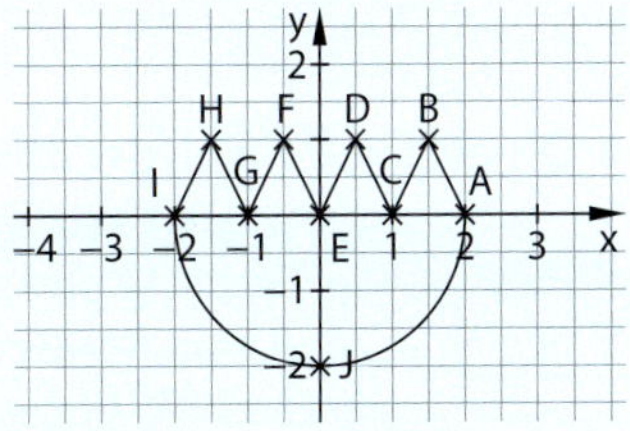

Lösungen
↗ S. 294/295

Körper

9. Zeichnen Sie ein Schrägbild des Körpers.
   a) Würfel mit Kantenlänge $a = 4\,cm$
   b) Quader mit den Kantenlängen $a = 3\,cm$, $b = 4\,cm$ und $c = 6\,cm$
   c) gerade Pyramide mit quadratischer Grundfläche der Seitenlänge $a = 5\,cm$ und Höhe $h = 7\,cm$

10. Berechnen Sie das Volumen und den Oberflächeninhalt des Körpers.

a)

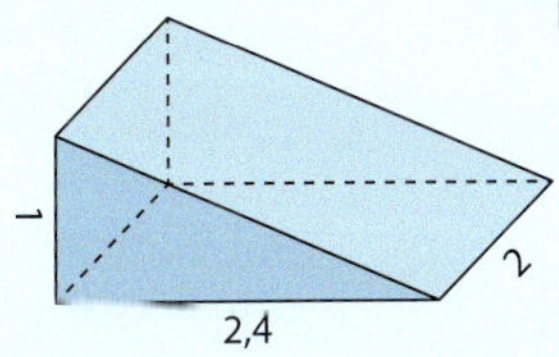

b)

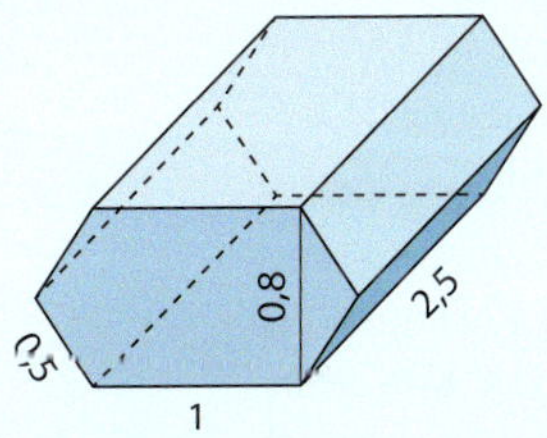

c)

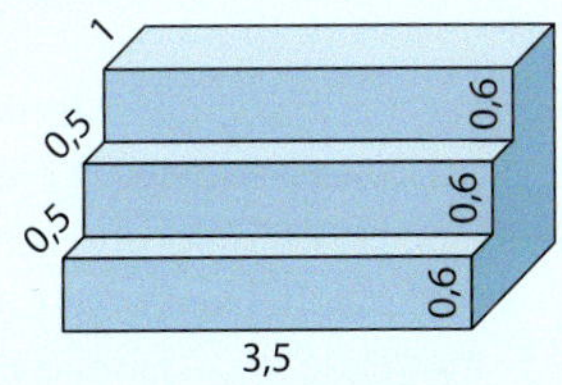

11. Ordnen Sie den gegebenen Körpern jeweils eine Formel zu, mit der das Volumen des betreffenden Körpers berechnet werden kann.

Würfel	Pyramide	Quader	① $a \cdot b \cdot h$	② $\frac{1}{3} \cdot a \cdot b \cdot h$	③ $\pi \cdot r^2 \cdot h$
Zylinder	Kegel	Kugel	④ $a \cdot a \cdot a$	⑤ $\frac{4}{3} \cdot \pi \cdot r^3$	⑥ $\frac{1}{3} \cdot \pi \cdot r^2 \cdot h$

12. Die Skizze zeigt einen Quader und eine quadratische Pyramide. Es gilt $a = 4$, $b = 2$ und $c = 3$.
   a) Berechnen Sie die Länge der Raumdiagonalen $\overline{BH}$ des Quaders.
   b) Berechnen Sie die Länge der Kante $\overline{AS}$ der Pyramide.

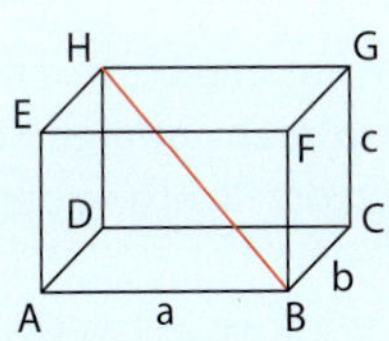

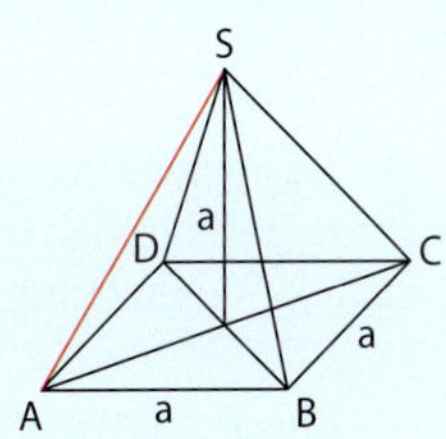

Vermischtes

13. Berechnen Sie. Nutzen Sie das Distributivgesetz, wenn es vorteilhaft ist.
   a) $\frac{3}{10} \cdot (1{,}8 + 1{,}2)$
   b) $\left(\frac{7}{6} - \frac{5}{6}\right) \cdot 0{,}3$
   c) $\frac{1}{3} \cdot \left(\frac{3}{5} + 3\right)$
   d) $10 \cdot \left(0{,}1 + \frac{1}{20}\right)$
   e) $\frac{1}{4} \cdot \left(\frac{8}{5} + 0{,}8\right)$
   f) $(1{,}15 + 0{,}35) \cdot \frac{4}{3}$
   g) $\frac{4}{7} \cdot \frac{3}{5} + \frac{3}{7} \cdot \frac{3}{5}$
   h) $2{,}25 \cdot 1{,}5 - 0{,}75 \cdot 1{,}5$

14. a) Überprüfen Sie mit dem Taschenrechner die Gültigkeit der Gleichung:
   $\sqrt{(3 \cdot 12)^2 + (3 \cdot 5)^2} = 3\sqrt{12^2 + 5^2}$
   b) Zeigen Sie durch Umformungen, dass $\sqrt{(3a)^2 + (3b)^2} = 3\sqrt{a^2 + b^2}$ für $a, b \in \mathbb{R}$ gilt.

1.1 Punkte im Raum

■ Die genaue Position des Balls in dieser Momentaufnahme lässt sich nur erahnen.

a) Beschreiben Sie die Lage des Balls.
b) Erklären Sie, warum die Lage des Balls nicht zweifelsfrei erkennbar ist.
c) Bestimmen Sie, wie viele Zahlenangaben nötig sind, um die momentane Lage genau zu beschreiben. ■

In der Ebene wird ein Punkt mithilfe zweier Koordinatenachsen festgelegt.
Der Punkt P(6 | 3) liegt 6 Einheiten in x_1-Richtung und 3 Einheiten in x_2-Richtung vom Ursprung entfernt.

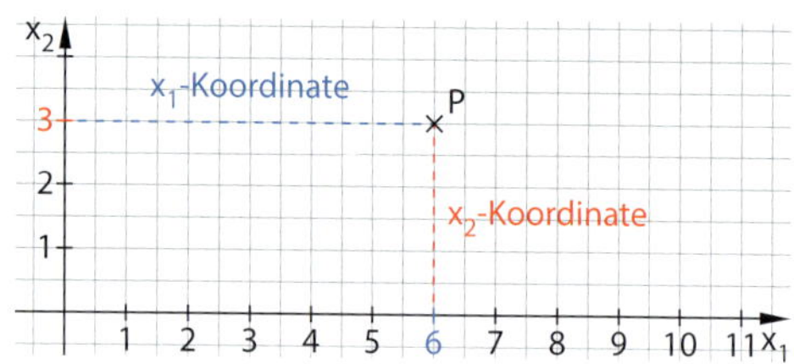

Zur Beschreibung des Raumes wird die bekannte x_1x_2-Ebene durch eine dritte x_3-Achse ergänzt, die im Ursprung senkrecht zur x_1x_2-Ebene verläuft. Der Punkt P(2 | 4 | 3) liegt 2 Einheiten in x_1-, 4 Einheiten in x_2- und 3 Einheiten in x_3-Richtung vom Ursprung entfernt.

Man fasst die x_1x_2-Ebene als Grundebene auf und die x_3-Koordinate als Höhe. Die x_1- Achse zeigt dann nach vorne, die x_2-Achse nach rechts und die x_3-Achse nach oben.

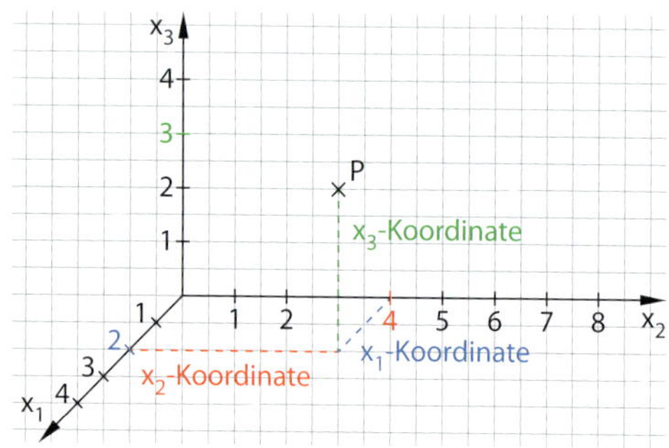

Wie bei einem Schrägbild wird die x_1-Achse diagonal mit verkürzten Einheiten eingezeichnet. Auf Karopapier ist es günstig, als Längeneinheit für die x_2- und die x_3-Achse 1 cm zu wählen und für die x_1-Achse eine Kästchendiagonale.

Wissen: Punkte im Raum
Die Lage eines Punktes im Raum gibt man in der Form $P(x_1 | x_2 | x_3)$ mit **drei Koordinaten** an. Diese beschreiben im **dreidimensionalen Koordinatensystem** (mit dem **Ursprung** O), wo sich der Punkt in Bezug auf die Richtung der jeweiligen **Koordinatenachse** befindet.

Im 3D-Koordinatensystem spannen je zwei Koordinatenachsen eine **Koordinatenebene** auf. Liegt ein Punkt in einer Koordinatenebene, so ist mindestens eine Koordinate gleich 0:

x_1x_2-Ebene: alle Punkte $P(x_1 | x_2 | 0)$
x_1x_3-Ebene: alle Punkte $P(x_1 | 0 | x_3)$
x_2x_3-Ebene: alle Punkte $P(0 | x_2 | x_3)$

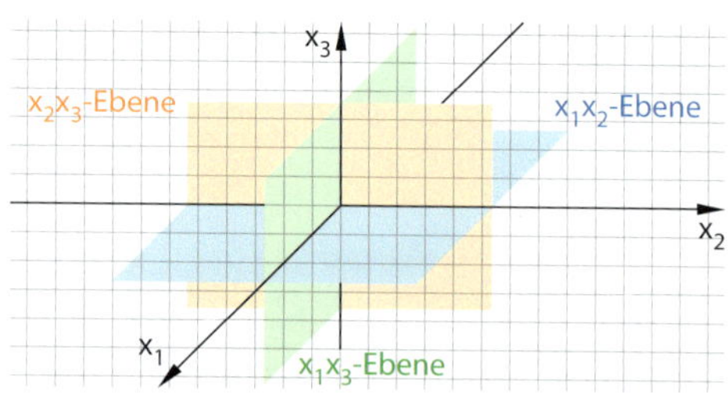

Die ebene Darstellung des Raumes ist mit Verlusten verbunden. Anhand der Skizze lässt sich nicht erkennen, ob die Geraden g und h sich schneiden.

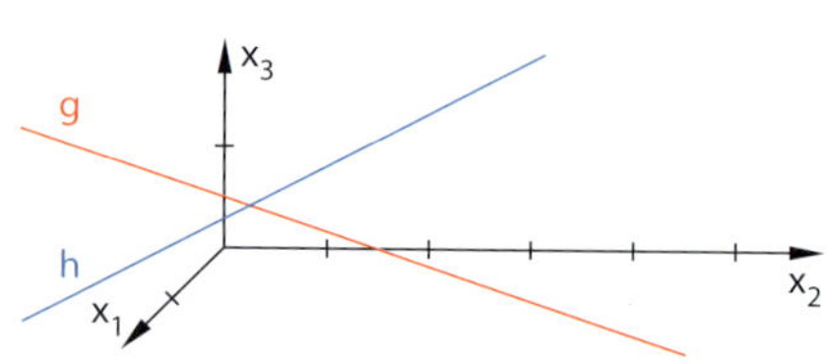

Beispiel: Gegeben sind die Punkte A(3 | 2 | 1), B(−2 | −2,5 | 1,5), C(0 | −2 | −1) und D(0 | 1,5 | 0).
a) Zeichnen Sie ein Koordinatensystem und tragen Sie die Punkte ein.
b) Beschreiben Sie die besondere Lage der Punkte C und D.

Lösung:
a) Zeichnen Sie die waagerechte x_2-Achse und die senkrechte x_3-Achse mit 1 cm = 1 LE. Ergänzen Sie die x_1-Achse als Diagonale durch den Ursprung. Wählen Sie als Längeneinheit eine Kästchendiagonale.
Gehen Sie vom Ursprung aus 3 Einheiten nach vorn, 2 Einheiten nach rechts und 1 Einheit nach oben. Tragen Sie dort den Punkt A(3 | 2 | 1) ein. Wiederholen Sie das Vorgehen für die Punkte B, C und D. Bei negativem Vorzeichen einer Koordinate ändert sich die Laufrichtung.

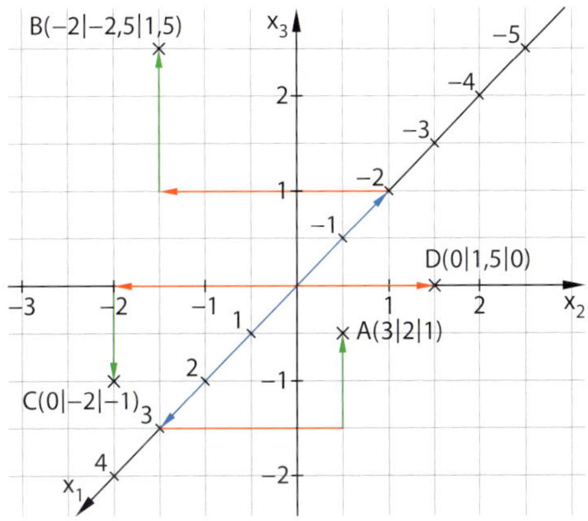

Merkhilfe:
Das Vorzeichen einer Koordinate gibt die Richtung an.
Auf der x_1-Achse:
+ → vorn; − → hinten
Auf der x_2-Achse:
+ → rechts; − → links
Auf der x_3-Achse:
+ → oben; − → unten

b) C liegt in einer Koordinatenebene, da eine Koordinate 0 ist. D liegt auf einer der Achsen, da zwei Koordinaten 0 sind.
C(0 | −2 | −1) liegt in der x_2x_3-Ebene.
D(0 | 1,5 | 0) liegt auf der x_2-Achse.

Basisaufgaben

1. Bestimmen Sie die Koordinaten der Punkte A bis H in der Zeichnung.

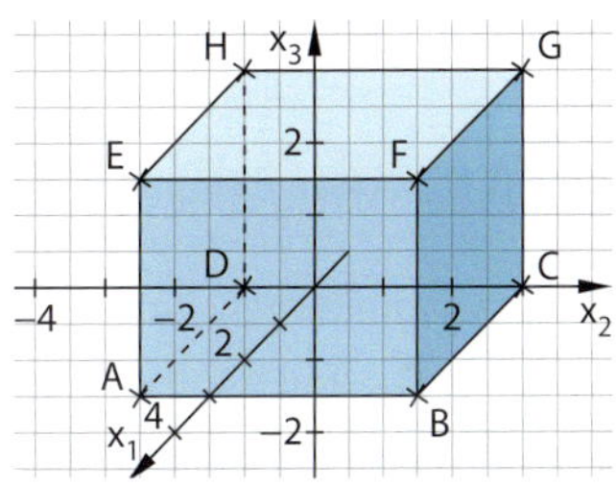

Lösungen zu 1:
(3 | −1 | 0)
(0 | −1 | 0)
(0 | −1 | 3)
(0 | 0 | 0)
(0 | 3 | 3)
(0 | 3 | 0)
(3 | 3 | 0)
(3 | −1 | 3)
(3 | 3 | 3)

2. Zeichnen Sie ein Koordinatensystem und tragen Sie die Punkte ein.
a) A(2 | 3 | 0), B(−3 | 2 | 1) und C(3 | −1 | 2)
b) A(3 | 0 | 0), B(0 | 1 | 0) und C(0 | 0 | 2)
c) A(3 | 0 | −1), B(−1 | 1 | −1), C(−1 | 1 | 3) und D(3 | 0 | 3)

3. Erklären Sie mithilfe der Zeichnung, warum beim Eintragen eines Punktes die Reihenfolge, in der die Koordinaten abgezählt werden, keine Rolle spielt.

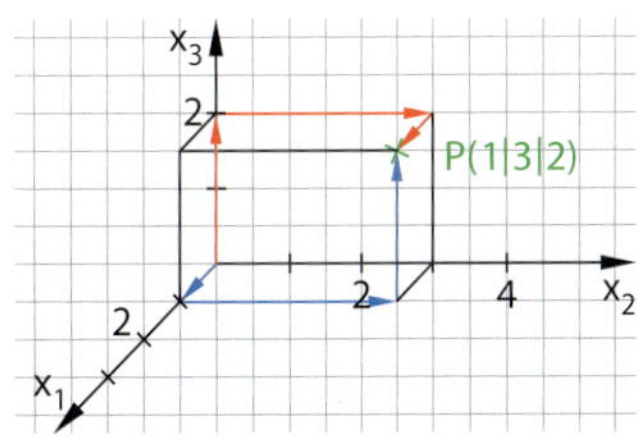

4. Zeichnen Sie die dreiseitige Pyramide mit der Grundfläche A(−1 | −4 | 1), B(3 | 0 | 0), C(−2 | 0 | 0) und der Spitze S(1 | 0 | 5) in ein Koordinatensystem.

5. Die fünf Punkte sind Eckpunkte eines Quaders. Zeichnen Sie den Quader in ein Koordinatensystem ein. Geben Sie die Koordinaten der übrigen drei Ecken an.
a) A(2 | −1 | −2), B(2 | 3 | −2), C(−2 | 3 | −2), D(−2 | −1 | −2), E(2 | −1 | 3)
b) A(1 | −1 | 0), C(−2 | 2 | 0), D(−2 | −1 | 0), F(1 | 2 | 2), H(−2 | −1 | 2)
c) B(3 | 3 | 0), C(0 | 3 | 0), E(3 | 0 | 3), G(0 | 3 | 3), H(0 | 0 | 3)

Hinweis zu 6:
Raumdiagonale eines Quaders

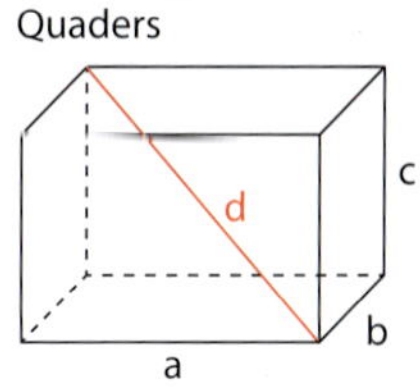

6. Die Punkte A und O(0 | 0 | 0) sind Ecken eines Quaders mit achsenparallelen Kanten. Sie liegen sich auf einer Raumdiagonale gegenüber. Zeichnen Sie den Quader in ein Koordinatensystem und geben Sie die Koordinaten der übrigen Ecken an.
a) A(2 | 3 | 3) b) A(−3 | 2 | 1) c) A(4 | −3 | −1) d) A(−2 | 2 | −1)

7. Geben Sie an, auf welchen der drei Koordinatenachsen und in welchen der drei Koordinatenebenen die Punkte liegen.

A(0|0|1) B(3|0|−5) C(6|0|0) D(0|−2|0) E(6|6|0) F(0|0|0)

8. Geben Sie die Koordinaten zweier Punkte an, die
a) auf der x_1-Achse liegen,
b) auf der x_3-Achse liegen,
c) in der x_1x_2-Ebene liegen,
d) in der x_1x_3-Ebene liegen,
e) in der x_2x_3-Ebene, aber auf keiner Koordinatenachse liegen.

9. Beschreiben Sie die Lage aller Punkte,
a) deren x_1-Koordinate 0 ist,
b) deren x_2- und x_3-Koordinate 0 sind,
c) die in der x_1x_2-Ebene und x_2x_3-Ebene liegen,
d) deren x_3-Koordinate 2 ist,
e) deren x_1-Koordinate 0 und deren x_2-Koordinate 1 ist.

10. Beim Ablesen von Koordinaten gab es verschiedene Ergebnisse:
Hannah: P(0|1|−2) Ilja: P(−2|0|−3)
Jona: P(4|3|0) Karl: P(2|2|−1)
Übertragen Sie das Koordinatensystem und tragen Sie die vier Punkte der Schüler ein. Beschreiben Sie Ihre Beobachtung und beurteilen Sie die Ergebnisse der Schüler. Formulieren Sie einen Satz über das Ablesen der Koordinaten eines Punktes im dreidimensionalen Koordinatensystem.

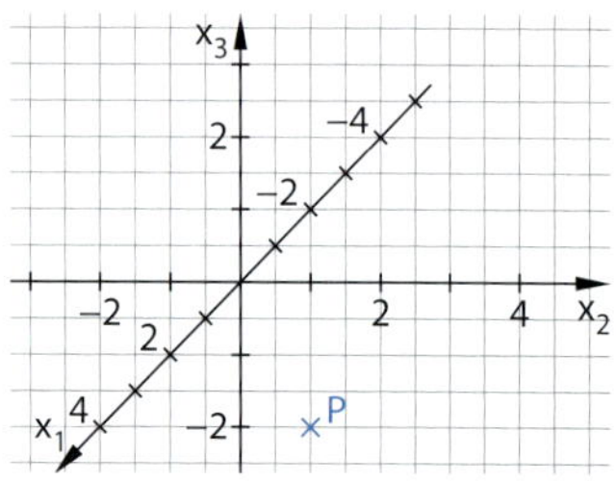

Weiterführende Aufgaben

11. In ein dreidimensionales Koordinatensystem wurde der Punkt A eingezeichnet. Geben Sie die Koordinaten von A unter der folgenden Voraussetzung an.

① A liegt in der x_2x_3-Ebene. ② A liegt in der x_1x_2-Ebene.
③ A hat die x_1-Koordinate −2. ④ A hat die x_3-Koordinate 2.

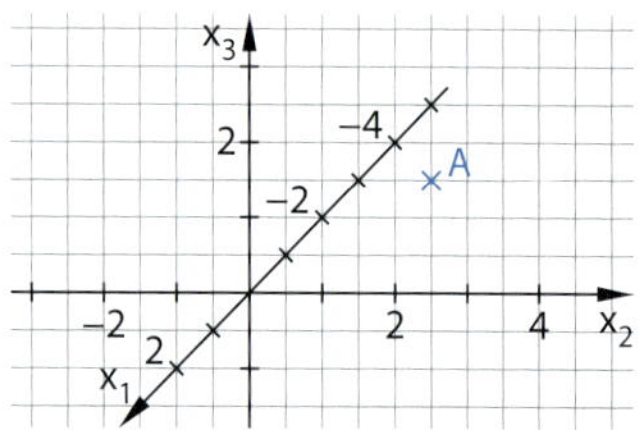

12. Stolperstelle: Tobias stellt fest: *„Wenn ich Punkte wie A(2|1|1) oder B(6|3|3), bei denen x_1 doppelt so groß ist wie x_2 und x_3, in ein Koordinatensystem einzeichnen will, lande ich wieder beim Ursprung. Es gibt also viele Möglichkeiten, Koordinaten für den Ursprung anzugeben."*
Nehmen Sie dazu Stellung.

13. Entscheiden Sie, ob die Aussage wahr oder falsch ist.
a) Alle Punkte mit $x_1 = 3$ und $x_3 = -1$ liegen auf einer Geraden, die parallel zur x_2-Achse ist.
b) Die Punkte P(1|−2|5) und Q(−3|3|1) liegen auf verschiedenen Seiten der x_1x_2-Ebene.
c) Die x_3-Koordinate eines Punktes gibt seinen Abstand zur x_1x_2-Ebene an.

Hinweis zu 13c: Der Abstand wird längs des Lots vom Punkt auf die Ebene gemessen.

● **14.** Der Punkt B soll genau in der Mitte zwischen den Punkten A und C liegen. Geben Sie die fehlenden Koordinaten an.
a) A(0|2|0), B(●|●|●), C(0|10|0)
b) A(1|1|0), B(4|4|0), C(●|●|●)
c) A(●|●|●), B(5|8|−1), C(0|0|0)
d) A(−2|3|10), B(●|●|●), C(4|5|2)
e) A(7|0|3,5), B(5|6|4), C(●|●|●)
f) A(●|−6|2), B(4|−1|●), C(7|●|3)

15. Gegeben ist eine gerade quadratische Pyramide mit den Ecken der Grundfläche $A(1|0|1)$, $B(1|4|1)$, $C(-3|4|1)$ und D und der Spitze S. Die Höhe der Pyramide ist 3 LE.
Zeichnen Sie die Pyramide in ein Koordinatensystem ein und geben Sie die Koordinaten der übrigen Ecken an. Gibt es mehrere Möglichkeiten?

16. Die um 2550 v. Chr. erbaute Chephrenpyramide ist die zweithöchste aller ägyptischen Pyramiden. Damals wurde die Längeneinheit Königsellen verwendet. Die Pyramide hat eine quadratische Grundfläche mit einer Seitenlänge von 410 Königsellen und ist 275 Königsellen hoch.

a) Geben Sie die fünf Eckpunkte der Pyramide in einem geeigneten Koordinatensystem an.

b) Vergleichen Sie Ihre Ergebnisse mit Ihrem Nachbarn und erklären Sie, warum es verschiedene richtige Ergebnisse geben kann.

Hinweis zu 16:
Gehen Sie davon aus, dass die Pyramide gerade ist. Sie können die Einheit Königselle verwenden oder in Meter umrechnen.
1 Königselle = 52,4 cm

17. Punkte auf Geraden: Gegeben sind die Punkte $A(4|1|0)$, $B(0|1|-1)$ und $C(2|3|0{,}5)$.

a) Zeichnen Sie die Punkte in das übliche Koordinatensystem ein. Entscheiden Sie, ob die Punkte auf einer Geraden liegen.

b) Zeichnen Sie ein Koordinatensystem, das um die x_3-Achse um 90° gedreht wurde und bei dem die x_1-Achse nach rechts und die x_2-Achse nach hinten verläuft. Tragen Sie die Punkte ein und überprüfen Sie Ihre Aussage aus a).

c) Wiederholen Sie das Vorgehen aus a) und b) mit $P(-1|-4|-1)$, $Q(5|5|2)$, $R(2|0{,}5|0{,}5)$.

d) Formulieren Sie eine allgemeine Aussage über die Darstellung im dreidimensionalen Koordinatensystem (Hinweis: P, Q und R liegen tatsächlich auf einer Geraden).

Hinweis zu 17:
Hier bietet sich die Verwendung einer dynamischen Geometriesoftware an.

18. Senkrechte Projektion: Der Punkt B ergibt sich durch eine **senkrechte Projektion** des Punktes A auf die x_1x_2-Ebene. B entspricht dem Schattenpunkt von A auf der x_1x_2-Ebene, wenn das Licht senkrecht von oben auf diese Ebene fällt.

a) Geben Sie die Koordinaten von B an.

b) Die Punkte C und D ergeben sich durch eine Projektion des Punktes A auf die x_1x_3-Ebene bzw. auf die x_2x_3-Ebene. Geben Sie die Koordinaten an.

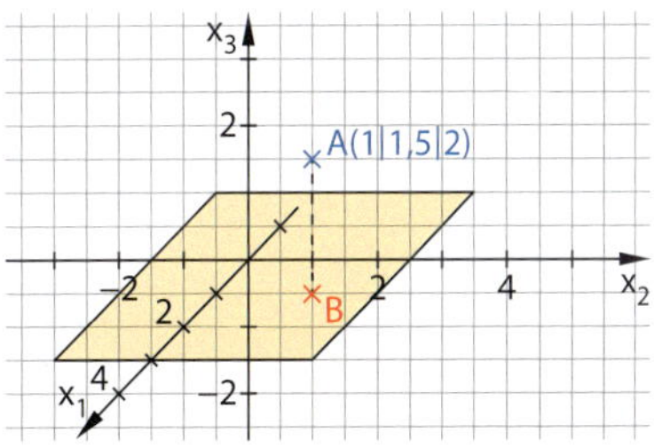

● **19. Spiegelung an einer Koordinatenebene:** Der Punkt B ergibt sich durch eine **Spiegelung** des Punktes $A(4|-1|3)$ an der x_1x_2-Ebene.

a) Zeichnen Sie Punkt A in ein Koordinatensystem. Ermitteln Sie die Koordinaten von B.

b) Die Punkte C und D ergeben sich durch eine Spiegelung des Punktes A an der x_1x_3- bzw. an der x_2x_3-Ebene. Ermitteln Sie die Koordinaten von C und D.

c) Ermitteln Sie die Koordinaten des Punktes E, der sich ergibt, wenn A nacheinander an der x_1x_2-, der x_1x_3- und der x_2x_3-Ebene gespiegelt wird.

● **20. Ausblick:** Die Lage eines Punktes im Raum kann auch durch seinen Abstand zum Ursprung $r \geq 0$ sowie zwei Winkel $0 \leq \alpha < 180°$ und $0 \leq \beta < 360°$ beschrieben werden. Die Koordinaten $(r|\alpha|\beta)$ beschreiben den Punkt $P(x_1|x_2|x_3)$.
Geben Sie r, α und β für die Punkte $A(1|0|0)$, $B(-2|0|0)$, $C(0|3|0)$, $D(1|1|0)$, $E(1|0|1)$ und $F(0|1|-1)$ an.

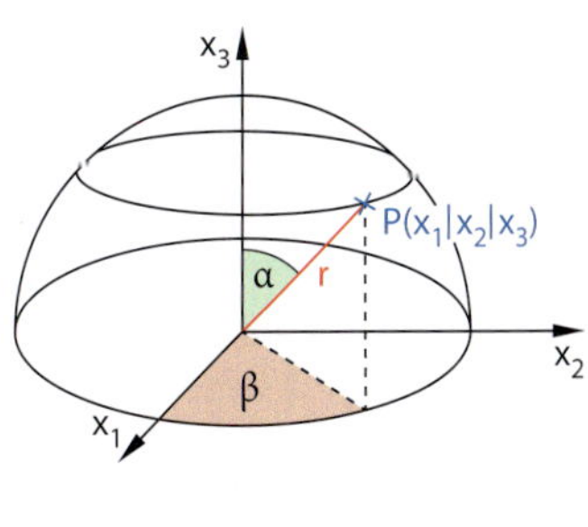

Info:
Diese Koordinaten werden als **Kugelkoordinaten** bezeichnet. Sie werden zum Beispiel bei der Beschreibung von Gravitationsfeldern verwendet.

1.2 Vektoren

■ Auf der Karte sind verschiedene Winde mithilfe von Pfeilen dargestellt.

a) Geben Sie an, welche der Pfeile man als gleich bezeichnen könnte. Beschreiben Sie, worin sich die übrigen Pfeile unterscheiden.

b) Erläutern Sie, wie sich die dargestellten Winde unterscheiden und wie dies durch die Pfeile verdeutlicht wird. ■

Bei der Verschiebung des Dreiecks ABC zu A′B′C′ legen seine Eckpunkte den gleichen **Weg** zurück, nämlich 3 Einheiten in x_1-Richtung und 2 Einheiten in x_2-Richtung. Diese Bewegung kann mit dem **Vektor** $\vec{v} = \begin{pmatrix} 3 \\ 2 \end{pmatrix}$ mit den Koordinaten 3 und 2 beschrieben werden.

Im Koordinatensystem stellen die Verbindungspfeile $\overrightarrow{AA'}$, $\overrightarrow{BB'}$ und $\overrightarrow{CC'}$ alle den gleichen **Vektor** $\vec{v}$ dar, also $\overrightarrow{AA'} = \overrightarrow{BB'} = \overrightarrow{CC'} = \vec{v}$.

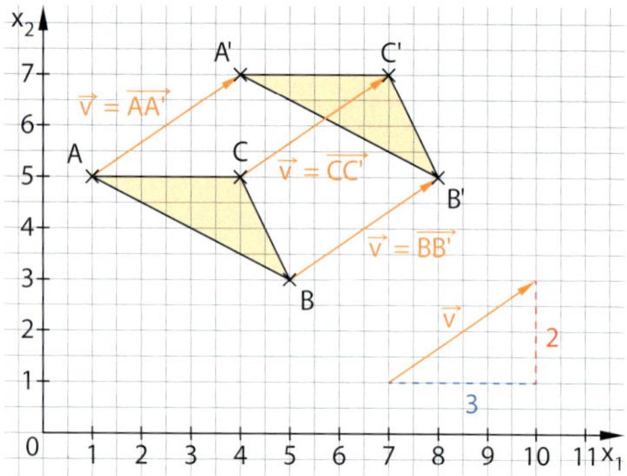

Hinweis:
Die abgebildeten Pfeile sind parallel zueinander, aber haben eine entgegengesetzte Richtung (Orientierung).

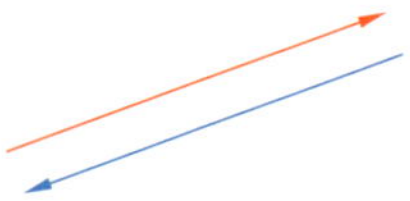

Allgemein werden Vektoren mit Kleinbuchstaben und einem Pfeil darüber bezeichnet und im Koordinatensystem durch **Vektorpfeile** dargestellt. Alle Vektorpfeile mit gleicher **Länge** und gleicher **Richtung** beschreiben denselben Weg und sind damit Darstellungen desselben Vektors. Ein Vektor ist also nicht an einen Ort gebunden. Gleiche Richtung bedeutet, dass die Vektorpfeile **parallel zueinander** sind und die **gleiche Orientierung** (Richtung der Pfeilspitze) haben. Im Raum hat ein Vektor drei Koordinaten, die angeben, wie viel man in x_1-, x_2- und x_3- Richtung geht.

Hinweis:
Ist eine Koordinate eines Vektors negativ, so erfolgt die Verschiebung entgegen der Richtung der zugehörigen Koordinatenachse.

Wissen: Vektoren in der Ebene und im Raum

Ein **zweidimensionaler Vektor** $\vec{v} = \begin{pmatrix} v_1 \\ v_2 \end{pmatrix}$ beschreibt eine **Verschiebung in der Ebene.**

Ein **dreidimensionaler Vektor** $\vec{v} = \begin{pmatrix} v_1 \\ v_2 \\ v_3 \end{pmatrix}$ beschreibt eine **Verschiebung im Raum.**

Geometrisch kann man einen Vektor durch einen **Vektorpfeil** darstellen, der gekennzeichnet ist durch seine **Länge** und **Richtung.**

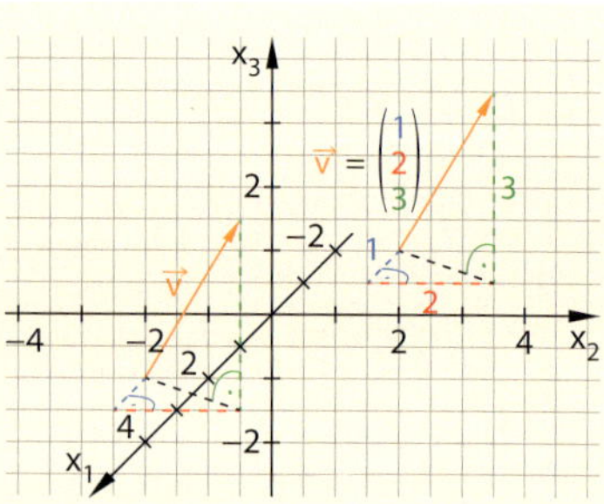

Ein besonderer Vektor ist der **Nullvektor** $\vec{0} = \begin{pmatrix} 0 \\ 0 \end{pmatrix}$ bzw. $\vec{0} = \begin{pmatrix} 0 \\ 0 \\ 0 \end{pmatrix}$. Er hat keine Richtung.

Um den Punkt P(2|1) zum Punkt Q(7|4) zu verschieben, muss man 7 − 2 = 5 Einheiten in x_1-Richtung und 4 − 1 = 3 Einheiten in x_2-Richtung gehen.

Der zugehörige Vektor $\begin{pmatrix} 5 \\ 3 \end{pmatrix}$ wird als **Verbindungsvektor** $\overrightarrow{PQ}$ bezeichnet.

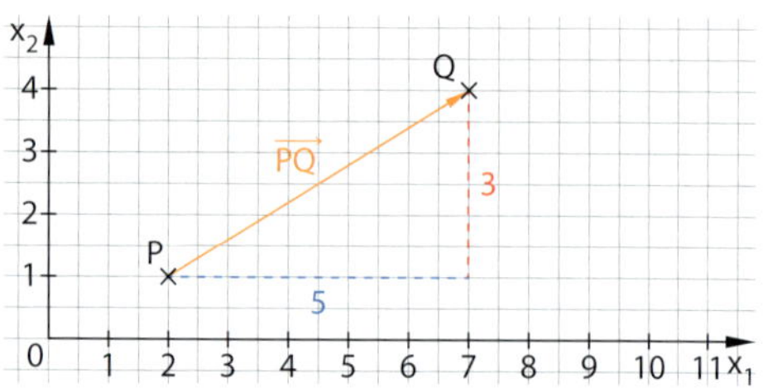

Wissen: Verbindungsvektoren und Ortsvektoren

Für den **Verbindungsvektor** von einem Punkt $P(p_1|p_2|p_3)$ zu einem Punkt $Q(q_1|q_2|q_3)$ gilt:

$$\overrightarrow{PQ} = \begin{pmatrix} q_1 - p_1 \\ q_2 - p_2 \\ q_3 - p_3 \end{pmatrix}$$

Der Verbindungsvektor $\overrightarrow{OP}$ vom Koordinatenursprung O zu einem Punkt $P(p_1|p_2|p_3)$ heißt **Ortsvektor** von P:

$$\overrightarrow{OP} = \begin{pmatrix} p_1 \\ p_2 \\ p_3 \end{pmatrix}$$

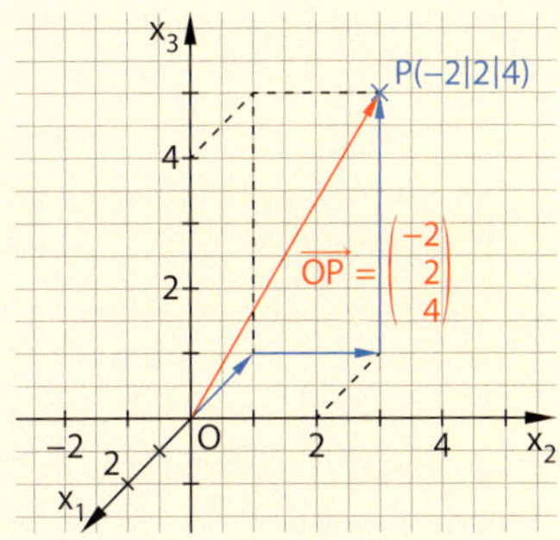

Hinweis:
Im zweidimensionalen Fall gilt entsprechend $\overrightarrow{PQ} = \begin{pmatrix} q_1 - p_1 \\ q_2 - p_2 \end{pmatrix}$ und $\overrightarrow{OP} = \begin{pmatrix} p_1 \\ p_2 \end{pmatrix}$.

Hinweis:
Die Koordinaten des Ortsvektors stimmen mit den Koordinaten des Punktes überein.

Beispiel 1: Die Punkte A, B, C, D, E, F, G und H sind die Ecken eines Quaders im dreidimensionalen Koordinatensystem.

a) Bestimmen Sie die Koordinaten der Punkte A und F und damit den Verbindungsvektor $\overrightarrow{AF}$.

b) Zeigen Sie, dass zwei weitere Ecken des Quaders denselben Verbindungsvektor haben.

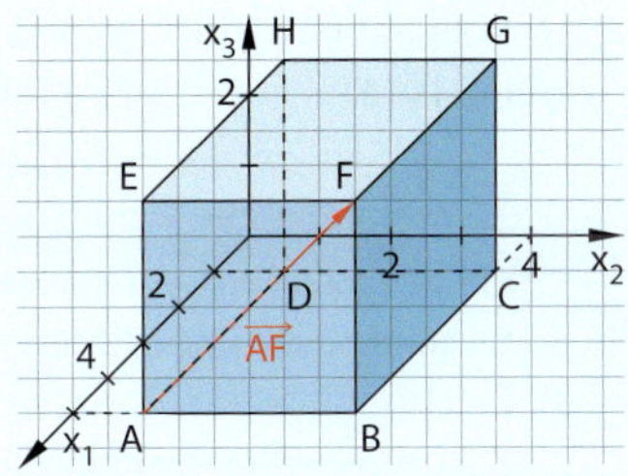

Lösung:

a) Lesen Sie die Koordinaten von A und F aus der Zeichnung ab.
Der Vektor $\overrightarrow{AF}$ zeigt von A in Richtung F.
Subtrahieren Sie die Koordinaten von A von denen von F.

$A(5|1|0)$, $F(5|4|3)$

$$\overrightarrow{AF} = \begin{pmatrix} 5-5 \\ 4-1 \\ 3-0 \end{pmatrix} = \begin{pmatrix} 0 \\ 3 \\ 3 \end{pmatrix}$$

b) Wählen Sie eine Diagonale, die parallel zu $\overline{AF}$ verläuft, und bestimmen Sie den Verbindungsvektor der Eckpunkte.

$D(1|1|0)$, $G(1|4|3)$ $\overline{DG}$ parallel zu $\overline{AF}$

$$\overrightarrow{DG} = \begin{pmatrix} 1-1 \\ 4-1 \\ 3-0 \end{pmatrix} = \begin{pmatrix} 0 \\ 3 \\ 3 \end{pmatrix} = \overrightarrow{AF}$$

Basisaufgaben

1. Zeichnen Sie zum Vektor drei Vektorpfeile in ein Koordinatensystem. Geben Sie jeweils die Anfangs- und Endpunkte der Pfeile an.

a) $\begin{pmatrix} 1 \\ 2 \end{pmatrix}$ b) $\begin{pmatrix} 0 \\ -1 \end{pmatrix}$ c) $\begin{pmatrix} 2 \\ 0 \end{pmatrix}$ d) $\begin{pmatrix} -1 \\ -3 \end{pmatrix}$

e) $\begin{pmatrix} 1 \\ 0 \\ 0 \end{pmatrix}$ f) $\begin{pmatrix} 1 \\ 0 \\ -1 \end{pmatrix}$ g) $\begin{pmatrix} 1 \\ 3 \\ -2 \end{pmatrix}$ h) $\begin{pmatrix} -2 \\ -1 \\ 3 \end{pmatrix}$

2. Zeichnen Sie die Punkte und den Vektor $\overrightarrow{PQ}$ in ein Koordinatensystem. Berechnen Sie die Koordinaten des Vektors $\overrightarrow{PQ}$ und vergleichen Sie mit der Skizze.

a) $P(0|0)$, $Q(5|-2)$ b) $P(2|3)$, $Q(7|4)$ c) $P(-4|-3|-1)$, $Q(0|4|-2)$

d) $P(-1|4|-2)$, $Q(2|-3|-4)$ e) $P(4|6|5)$, $Q(0|0|0)$ f) $P(7|3|1)$, $Q(7|3|1)$

3. Ergänzen Sie die fehlenden Eckpunkte so, dass die Gleichung stimmt.

a) $\overrightarrow{AB} = \overrightarrow{E●}$ b) $\overrightarrow{AB} = \overrightarrow{●G}$

c) $\overrightarrow{FE} = \overrightarrow{C●}$ d) $\overrightarrow{H●} = \overrightarrow{GC}$

e) $\overrightarrow{EH} = \overrightarrow{A●} = \overrightarrow{●G}$ f) $\overrightarrow{DG} = \overrightarrow{A●}$

g) $\overrightarrow{HF} = \overrightarrow{●●}$ h) $\overrightarrow{●●} = \overrightarrow{AH}$

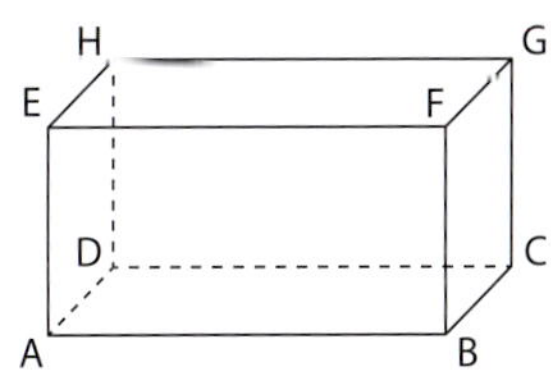

4. Die Zeichnung zeigt ein Prisma im dreidimensionalen Koordinatensystem.

a) Lesen Sie die Koordinaten der Punkte A, B, C und D ab. Bestimmen Sie damit die Verbindungsvektoren $\overrightarrow{AB}$, $\overrightarrow{AC}$, $\overrightarrow{AD}$ und $\overrightarrow{BC}$.

b) Geben Sie zu jedem Verbindungsvektor aus a) zwei weitere Punkte an, die diesen beschreiben.

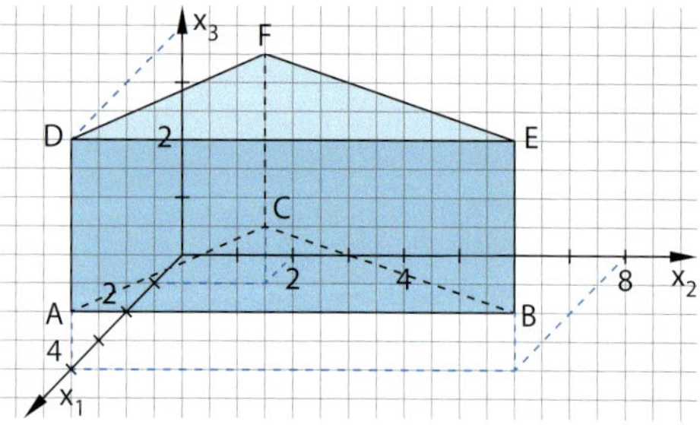

5. Es sei $\overrightarrow{PQ} = \begin{pmatrix} 4 \\ 5 \\ -2 \end{pmatrix}$. Bestimmen Sie die Koordinaten des Punktes P bzw. Q.

a) P(1 | 1 | 1) b) P(5 | 4 | 7) c) P(0 | 0 | 0) d) P(12 | −5 | −7)
e) P(x | y | z) f) Q(2 | 3 | 2) g) Q(−8 | 7 | −3) h) Q(x | y | z)

6. a) Zeichnen Sie die Punkte P(4 | 1 | 0) und Q(3 | 3 | 4) und den Vektorpfeil von P nach Q in ein Koordinatensystem. Veranschaulichen Sie die Koordinaten von $\overrightarrow{PQ}$ durch Hilfslinien parallel zu den Koordinatenachsen.

b) Zeichnen Sie den Punkt R(2 | −1 | 1) ein und von dort ausgehend den Vektorpfeil von $\overrightarrow{PQ}$. Bestimmen Sie die Koordinaten des Endpunktes S, für den $\overrightarrow{PQ} = \overrightarrow{RS}$ gilt.

c) Tarek meint: *„Der Vektor $\overrightarrow{PQ}$ verbindet nicht nur die Punkte P und Q, sondern auch die Punkte R und S."* Hat er Recht? Begründen Sie.

d) Geben Sie die Koordinaten eines Punktes T an, dessen Ortsvektor gleich $\overrightarrow{PQ}$ ist.

e) Svea meint: *„Während die Koordinaten eines Punktes einen Ort beschreiben, beschreiben die Koordinaten eines Vektors einen Weg."* Nehmen Sie dazu Stellung. Erläutern Sie den Unterschied zwischen einem Punkt und einem Vektor.

Betrag eines Vektors – Abstand zweier Punkte

Der **Betrag** $|\vec{v}|$ eines Vektors $\vec{v}$ bezeichnet die gemeinsame Länge seiner Pfeile.

Aus den Koordinaten eines zweidimensionalen Vektors $\vec{v} = \binom{v_1}{v_2}$ ergeben sich die Kathetenlängen eines rechtwinkligen Dreiecks. Für $|\vec{v}|$ gilt dann nach dem Satz des Pythagoras:
$|\vec{v}| = \sqrt{v_1^2 + v_2^2}$

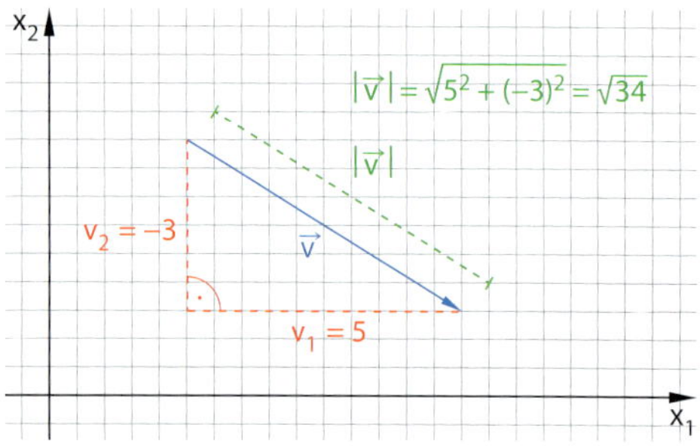

Bei einem dreidimensionalen Vektor $\vec{v} = \begin{pmatrix} v_1 \\ v_2 \\ v_3 \end{pmatrix}$ entspricht ein Pfeil der Raumdiagonale eines Quaders. Um seine Länge zu ermitteln, wird der Satz des Pythagoras zweimal angewendet.

① Flächendiagonale:
$|\vec{v_0}| = \sqrt{v_1^2 + v_2^2}$ mit $\vec{v_0} = \begin{pmatrix} v_1 \\ v_2 \\ 0 \end{pmatrix}$

② Raumdiagonale:
$$|\vec{v}| = \sqrt{|\vec{v_0}|^2 + v_3^2} = \sqrt{\left(\sqrt{v_1^2 + v_2^2}\right)^2 + v_3^2} = \sqrt{v_1^2 + v_2^2 + v_3^2}$$

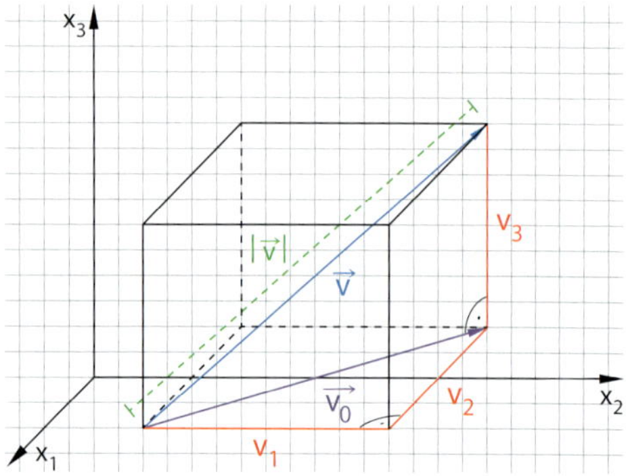

Definition: Betrag eines Vektors in der Ebene oder im Raum

Der **Betrag** $|\vec{v}|$ eines Vektors $\vec{v}$ ist die Länge seiner Vektorpfeile im Koordinatensystem.

Für $\vec{v} = \begin{pmatrix} v_1 \\ v_2 \end{pmatrix}$ gilt: $|\vec{v}| = \sqrt{v_1^2 + v_2^2}$ Für $\vec{v} = \begin{pmatrix} v_1 \\ v_2 \\ v_3 \end{pmatrix}$ gilt: $|\vec{v}| = \sqrt{v_1^2 + v_2^2 + v_3^2}$

Hinweis:
Der Betrag eines Vektors wird auch als **Länge** des Vektors bezeichnet.

Der Nullvektor hat damit den Betrag $|\vec{0}| = \sqrt{0^2 + 0^2} = 0$ bzw. $|\vec{0}| = \sqrt{0^2 + 0^2 + 0^2} = 0$.

Beispiel 2: Betrag eines Vektors im Raum

Berechnen Sie den Betrag des Vektors $\vec{v} = \begin{pmatrix} 3 \\ 0 \\ -2 \end{pmatrix}$.

Lösung:

Berechnen Sie die Quadrate der einzelnen Koordinaten. Addieren Sie diese und ziehen Sie anschließend die Wurzel.

$$|\vec{v}| = \sqrt{3^2 + 0^2 + (-2)^2} = \sqrt{9 + 0 + 4} = \sqrt{13} \approx 3{,}61$$

Der Abstand zweier Punkte P und Q entspricht der Länge der Strecke $\overline{PQ}$ und somit dem Betrag des Verbindungsvektors $\overrightarrow{PQ}$.

Wissen: Abstand zweier Punkte im Raum

Für den **Abstand** zweier Punkte $P(p_1 | p_2 | p_3)$ und $Q(q_1 | q_2 | q_3)$ gilt:

$$|\overrightarrow{PQ}| = \left|\begin{pmatrix} q_1 - p_1 \\ q_2 - p_2 \\ q_3 - p_3 \end{pmatrix}\right| = \sqrt{(q_1 - p_1)^2 + (q_2 - p_2)^2 + (q_3 - p_3)^2}$$

Beispiel 3: Abstand zweier Punkte im Raum

Berechnen Sie den Abstand der Punkte $P(1 | -6 | -2)$ und $Q(-3 | 0 | 4)$.

Lösung:

Bestimmen Sie den Verbindungsvektor $\overrightarrow{PQ}$ und berechnen Sie dessen Betrag. Die Punkte P und Q haben einen Abstand von etwa 9,38 LE.

$$\overrightarrow{PQ} = \begin{pmatrix} -3 - 1 \\ 0 - (-6) \\ 4 - (-2) \end{pmatrix} = \begin{pmatrix} -4 \\ 6 \\ 6 \end{pmatrix}$$

$$|\overrightarrow{PQ}| = \sqrt{(-4)^2 + 6^2 + 6^2} = \sqrt{88} \approx 9{,}38$$

Basisaufgaben

7. Zeichnen Sie einen Vektorpfeil des Vektors $\vec{v}$ in ein Koordinatensystem (LE: 1 cm) und messen Sie die Länge des Pfeils. Kontrollieren Sie, indem Sie den Betrag des Vektors berechnen.

a) $\vec{v} = \begin{pmatrix} 0 \\ 4 \end{pmatrix}$ b) $\vec{v} = \begin{pmatrix} -2 \\ 0 \end{pmatrix}$ c) $\vec{v} = \begin{pmatrix} 3 \\ 4 \end{pmatrix}$ d) $\vec{v} = \begin{pmatrix} 3 \\ -4 \end{pmatrix}$ e) $\vec{v} = \begin{pmatrix} 2 \\ -5 \end{pmatrix}$

8. Berechnen Sie den Betrag des Vektors.

a) $\vec{v} = \begin{pmatrix} 4 \\ 1 \\ 8 \end{pmatrix}$ b) $\vec{v} = \begin{pmatrix} 3 \\ 0 \\ 0 \end{pmatrix}$ c) $\vec{v} = \begin{pmatrix} 2 \\ -2 \\ 0 \end{pmatrix}$ d) $\vec{v} = \begin{pmatrix} 5 \\ -2 \\ -3 \end{pmatrix}$ e) $\vec{v} = \begin{pmatrix} 0 \\ 0 \\ 0 \end{pmatrix}$

Lösungen zu 8:
teilweise gerundet

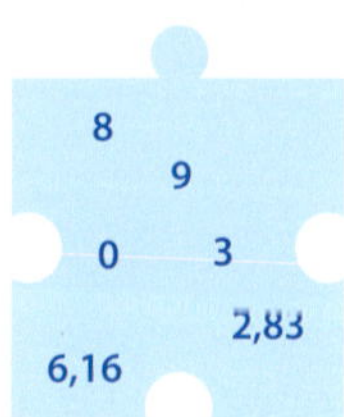

9. Berechnen Sie den Abstand der Punkte P und Q.

a) $P(3 | -2 | 6)$, $Q(0 | 2 | 6)$ b) $P(4 | 1)$, $Q(-2 | -2)$
c) $P(0 | 5)$, $Q(12 | 0)$ d) $P(5 | -3 | 1)$, $Q(6 | -2 | -1)$
e) $P(3 | 9 | 2)$, $Q(0 | 0 | 0)$ f) $P(2 | 13 | 7)$, $Q(2 | 13 | 7)$

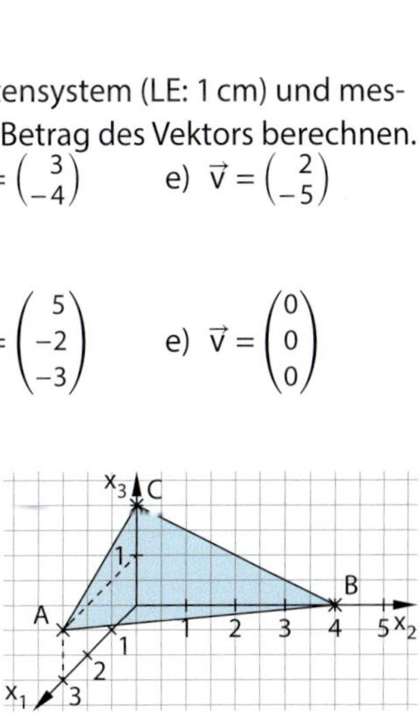

10. Bestimmen Sie die Seitenlängen des abgebildeten Dreiecks ABC.

Weiterführende Aufgaben

11. a) Zeichnen Sie einen Vektorpfeil des Vektors $\vec{v} = \begin{pmatrix} 2 \\ -1 \end{pmatrix}$ in ein zweidimensionales Koordinatensystem. Berechnen Sie den Betrag von $\vec{v}$.
b) Zeichnen Sie Vektorpfeile von vier Vektoren ein, die die gleiche Richtung haben wie $\vec{v}$, aber alle einen anderen Betrag. Geben Sie Koordinaten und Betrag der Vektoren an.
c) Zeichnen Sie Vektorpfeile von vier Vektoren ein, die den gleichen Betrag haben wie $\vec{v}$, aber in unterschiedliche Richtung zeigen. Geben Sie die Koordinaten der Vektoren an.

12. Stolperstelle: Es ist $P(3|-5|2)$ und $Q(2|2|1)$. Leon sagt: *„Der Vektor $\overrightarrow{PQ}$ kann nicht Ortsvektor eines Punktes sein, weil er nicht am Ursprung beginnt."* Nehmen Sie dazu Stellung.

13. Zeigen Sie, dass der Betrag eines Vektors immer mindestens so groß ist wie der Betrag der betragsgrößten Koordinate. Erklären Sie, in welchen Fällen beide Werte gleich sind.

14. Die Maße des abgebildeten Hauses mit einer Dachgaube sind in Meter angegeben.
a) Zeichnen Sie das Haus in ein Koordinatensystem und geben Sie die Vektoren $\overrightarrow{EH}$, $\overrightarrow{HK}$, $\overrightarrow{MP}$ und $\overrightarrow{LT}$ an.
b) Vergleichen Sie Ihre Lösungen aus a) mir Ihrem Nachbarn. Begründen Sie, dass die Lösungen nicht von der Lage des Hauses im Koordinatensystem abhängen.
c) Berechnen Sie die Beträge der Vektoren aus Teil a).

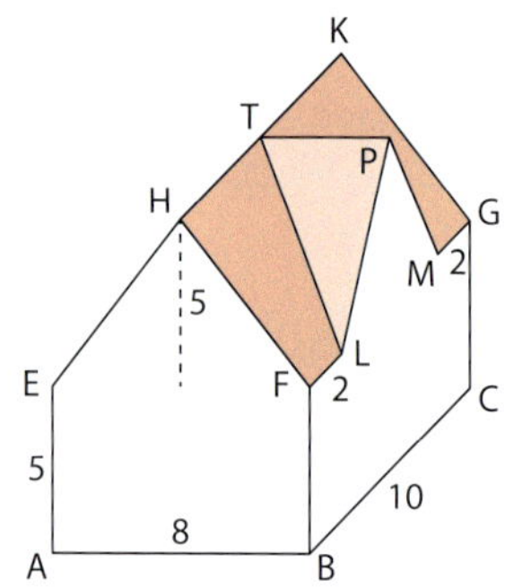

15. Untersuchen Sie, ob das Dreieck ABC gleichschenklig oder sogar gleichseitig ist.
a) $A(3|1|2)$, $B(1|5|5)$, $C(-2|-1|2)$
b) $A(5|-5|10)$, $B(2|-2|3)$, $C(2|-5|10)$

16. Skizzieren Sie das Viereck ABCD in ein Koordinatensystem. Prüfen Sie, ob es eine Raute ist.
a) $A(0|-2|1)$, $B(-4|1|-1)$, $C(-4|6|1)$, $D(0|3|3)$
b) $A(1|-2|1)$, $B(5|1|0)$, $C(3|3|-2)$, $D(-1|0|-1)$

● **17.** Eine kleine Biene befindet sich auf dem Rückflug zu ihrem Bienenstock im Koordinatenursprung. Beim Überfliegen von Punkt $P(10|10)$ entdeckt sie drei Blumen auf der Wiese. Ermitteln Sie, in welcher Reihenfolge die Biene diese Blumen anfliegen sollte, damit ihr Weg am kürzesten ist.

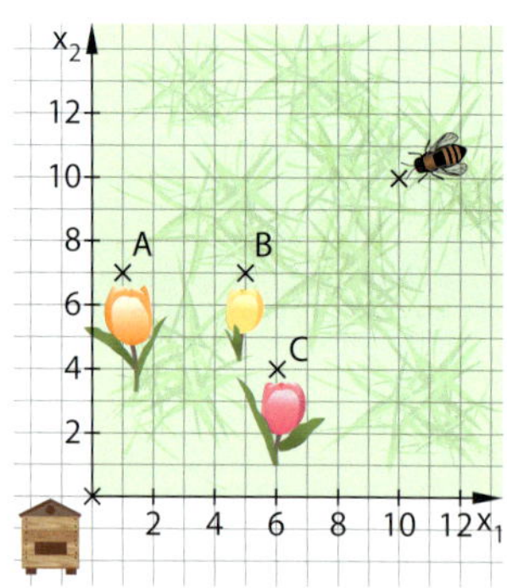

● **18.** Ein mit Helium gefüllter Luftballon bewegt sich durch Wind und seinen Auftrieb durch die Luft. Innerhalb einer Sekunde bewegt er sich von $P(0|0|7)$ nach $Q(2|-1|9)$, wobei eine Längeneinheit im Koordinatensystem ein Meter ist. Bestimmen Sie die Geschwindigkeit des Ballons in km/h.

● **19. Ausblick:** Beschreiben Sie die Menge aller Punkte P in der Ebene bzw. im Raum mit den angegebenen Eigenschaften.

a) $\overrightarrow{OP} = \begin{pmatrix} x_1 \\ x_2 \end{pmatrix}$ mit $x_1 = 2$

b) $\overrightarrow{OP} = \begin{pmatrix} x_1 \\ x_2 \end{pmatrix}$ mit $|\overrightarrow{OP}| = 1$

c) $\overrightarrow{OP} = \begin{pmatrix} x_1 \\ x_2 \end{pmatrix}$ mit $x_1 = x_2$

d) $\overrightarrow{OP} = \begin{pmatrix} x_1 \\ x_2 \\ x_3 \end{pmatrix}$ mit $x_2 = -3$

e) $\overrightarrow{OP} = \begin{pmatrix} x_1 \\ x_2 \\ x_3 \end{pmatrix}$ mit $x_1 = x_3$

f) $\overrightarrow{OP} = \begin{pmatrix} x_1 \\ x_2 \\ x_3 \end{pmatrix}$ mit $|\overrightarrow{OP}| = 2$

1.3 Addition und Subtraktion von Vektoren

■ Das Viereck ABCD ist ein Parallelogramm.

a) Begründen Sie, dass dann gilt:
$\overrightarrow{BC} = \overrightarrow{AD}$ und $\overrightarrow{DC} = \overrightarrow{AB}$.

b) Bestimmen Sie die Koordinaten des vierten Punktes C des Parallelogramms.

c) Geben Sie an, wie Sie die Koordinaten von C mithilfe der Ortsvektoren von B und D berechnen. ■

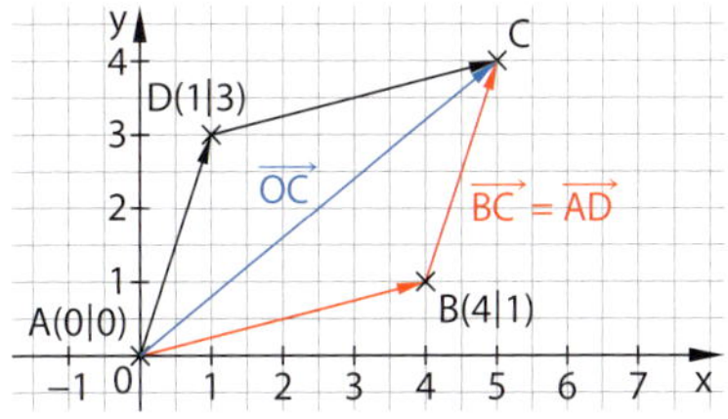

Vektoren kann man addieren. Geht man vom Punkt P aus mit $\vec{a} = \begin{pmatrix} 5 \\ 1 \end{pmatrix}$ zum Punkt Q und von dort mit $\vec{b} = \begin{pmatrix} 2 \\ 3 \end{pmatrix}$ zum Punkt R, dann zeigt der Summenvektor $\vec{a} + \vec{b}$ vom Startpunkt P zum Endpunkt R, es ist $\vec{a} + \vec{b} = \overrightarrow{PR}$ oder $\overrightarrow{PQ} + \overrightarrow{QR} = \overrightarrow{PR}$.
Mit $\vec{a}$ geht man 5 in x_1-Richtung, mit $\vec{b}$ danach 2, also geht man insgesamt 7 in x_1-Richtung. Ebenso geht man insgesamt $1 + 3 = 4$ in x_2-Richtung.
Zu $\overrightarrow{PR}$ gehört also der Vektor $\vec{a} + \vec{b} = \begin{pmatrix} 5+2 \\ 1+3 \end{pmatrix} = \begin{pmatrix} 7 \\ 4 \end{pmatrix}$

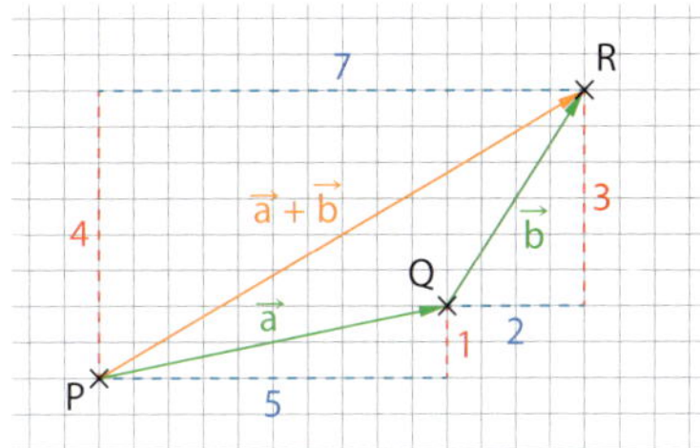

Hinweis:
Man kann sich vorstellen, dass der Summenvektor den zurückgelegten Weg in „Luftlinie" darstellt.

Die Koordinaten des Summenvektors $\vec{a} + \vec{b}$ ergeben sich durch Addition der entsprechenden Koordinaten von $\vec{a}$ und $\vec{b}$. Dies ist auch bei dreidimensionalen Vektoren der Fall.

Wissen: Addition von Vektoren

Vektoren werden koordinatenweise addiert:

$$\begin{pmatrix} a_1 \\ a_2 \end{pmatrix} + \begin{pmatrix} b_1 \\ b_2 \end{pmatrix} = \begin{pmatrix} a_1 + b_1 \\ a_2 + b_2 \end{pmatrix} \qquad \begin{pmatrix} a_1 \\ a_2 \\ a_3 \end{pmatrix} + \begin{pmatrix} b_1 \\ b_2 \\ b_3 \end{pmatrix} = \begin{pmatrix} a_1 + b_1 \\ a_2 + b_2 \\ a_3 + b_3 \end{pmatrix}$$

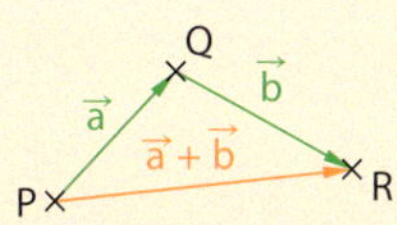

Setzt man an der Pfeilspitze von $\vec{a}$ einen Vektorpfeil von $\vec{b}$ an, so zeigt der Summenvektor $\vec{a} + \vec{b}$ vom Anfang von $\vec{a}$ zur Spitze von $\vec{b}$. Es gilt: $\overrightarrow{PQ} + \overrightarrow{QR} = \overrightarrow{PR}$

Zu jedem Vektor $b = \begin{pmatrix} b_1 \\ b_2 \end{pmatrix}$ ist $-b = \begin{pmatrix} -b_1 \\ -b_2 \end{pmatrix}$ der **Gegenvektor**. Seine Pfeile haben die gleiche Länge wie $\vec{b}$, aber zeigen in die entgegengesetzte Richtung. Es gilt $\vec{b} + (-\vec{b}) = \vec{0}$.
Mit dem Gegenvektor erhält man eine **Subtraktion von Vektoren**: $\vec{a} - \vec{b} = \vec{a} + (-\vec{b})$.
Man rechnet: $\begin{pmatrix} 5 \\ 1 \end{pmatrix} - \begin{pmatrix} 1 \\ 2 \end{pmatrix} = \begin{pmatrix} 5 \\ 1 \end{pmatrix} + \begin{pmatrix} -1 \\ -2 \end{pmatrix} = \begin{pmatrix} 5-1 \\ 1-2 \end{pmatrix} = \begin{pmatrix} 4 \\ -1 \end{pmatrix}$

Hinweis:
Der **Gegenvektor** zu $\vec{v} = \begin{pmatrix} v_1 \\ v_2 \\ v_3 \end{pmatrix}$ ist $-\vec{v} = \begin{pmatrix} -v_1 \\ -v_2 \\ -v_3 \end{pmatrix}$.

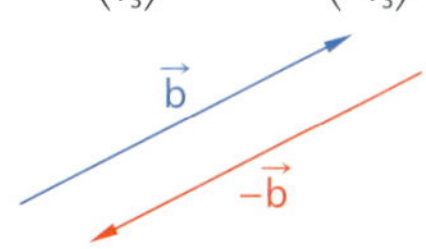

Wissen: Subtraktion von Vektoren

Vektoren werden koordinatenweise subtrahiert:

$$\begin{pmatrix} a_1 \\ a_2 \end{pmatrix} - \begin{pmatrix} b_1 \\ b_2 \end{pmatrix} = \begin{pmatrix} a_1 - b_1 \\ a_2 - b_2 \end{pmatrix} \qquad \begin{pmatrix} a_1 \\ a_2 \\ a_3 \end{pmatrix} - \begin{pmatrix} b_1 \\ b_2 \\ b_3 \end{pmatrix} = \begin{pmatrix} a_1 - b_1 \\ a_2 - b_2 \\ a_3 - b_3 \end{pmatrix}$$

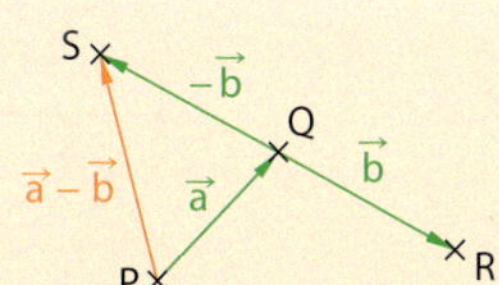

Die Subtraktion eines Vektors entspricht der Addition des Gegenvektors: $\vec{a} - \vec{b} = \vec{a} + (-\vec{b})$

Am Parallelogramm erkennt man, dass für die Addition von Vektoren das Kommutativgesetz gilt: $\vec{a} + \vec{b} = \vec{b} + \vec{a}$.
Dies kann man auch rechnerisch zeigen:

$$\begin{pmatrix} a_1 \\ a_2 \\ a_3 \end{pmatrix} + \begin{pmatrix} b_1 \\ b_2 \\ b_3 \end{pmatrix} = \begin{pmatrix} a_1 + b_1 \\ a_2 + b_2 \\ a_3 + b_3 \end{pmatrix} = \begin{pmatrix} b_1 + a_1 \\ b_2 + a_2 \\ b_3 + a_3 \end{pmatrix} = \begin{pmatrix} b_1 \\ b_2 \\ b_3 \end{pmatrix} + \begin{pmatrix} a_1 \\ a_2 \\ a_3 \end{pmatrix}$$

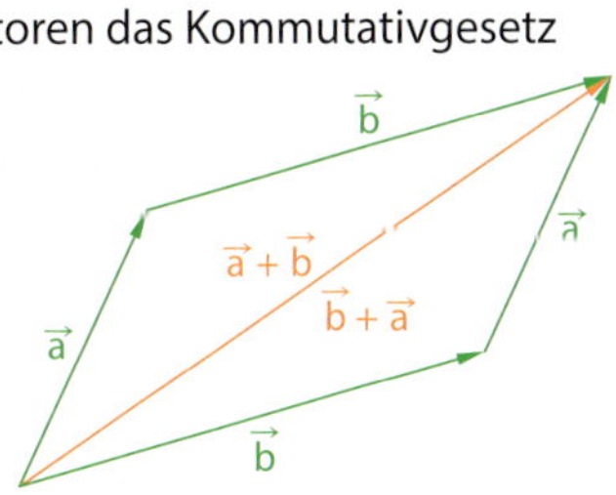

Man führt das Kommutativgesetz für Vektoren also auf jenes für reelle Zahlen zurück. Ähnlich kann man auch bei anderen Rechengesetzen vorgehen.

Hinweis:
$\vec{a} + \vec{0} = \vec{a}$
$\vec{0} + \vec{a} = \vec{a}$
$\vec{a} - \vec{0} = \vec{a}$
$\vec{0} - \vec{a} = -\vec{a}$
$\vec{a} - \vec{a} = \vec{0}$

Wissen: Rechenregeln

Für zwei- oder dreidimensionale Vektoren gelten die folgenden Regeln.

Kommutativgesetz: $\vec{a} + \vec{b} = \vec{b} + \vec{a}$ **Assoziativgesetz:** $(\vec{a} + \vec{b}) + \vec{c} = \vec{a} + (\vec{b} + \vec{c})$

Beispiel 1: Vektoren addieren und subtrahieren

Gegeben sind die Vektoren $\vec{a} = \begin{pmatrix} 2 \\ 4 \\ 2 \end{pmatrix}$, $\vec{b} = \begin{pmatrix} 1 \\ 3 \\ -1 \end{pmatrix}$ und $\vec{c} = \begin{pmatrix} -2 \\ 0 \\ 3 \end{pmatrix}$.

a) Berechnen Sie $\vec{a} - \vec{b}$ und $\vec{a} + \vec{b} - \vec{c}$.
b) Stellen Sie $\vec{a} - \vec{b}$ zeichnerisch dar und vergleichen Sie mit der Rechnung.

Lösung:

a) Subtrahieren Sie die Koordinaten des Vektors $\vec{b}$ von denen des Vektors $\vec{a}$.

$$\vec{a} - \vec{b} = \begin{pmatrix} 2 \\ 4 \\ 2 \end{pmatrix} - \begin{pmatrix} 1 \\ 3 \\ -1 \end{pmatrix} = \begin{pmatrix} 2-1 \\ 4-3 \\ 2-(-1) \end{pmatrix} = \begin{pmatrix} 1 \\ 1 \\ 3 \end{pmatrix}$$

Rechnen Sie auch bei mehreren Vektoren koordinatenweise.

$$\vec{a} + \vec{b} - \vec{c} = \begin{pmatrix} 2+1-(-2) \\ 4+3-0 \\ 2+(-1)-3 \end{pmatrix} = \begin{pmatrix} 5 \\ 7 \\ -2 \end{pmatrix}$$

b) Zeichnen Sie beginnend an der Spitze von $\vec{a}$ einen Vektorpfeil zu $(-\vec{b})$. Der Pfeil vom Anfangspunkt von $\vec{a}$ zur Spitze von $(-\vec{b})$ steht für den Differenzvektor $\vec{a} - \vec{b}$.

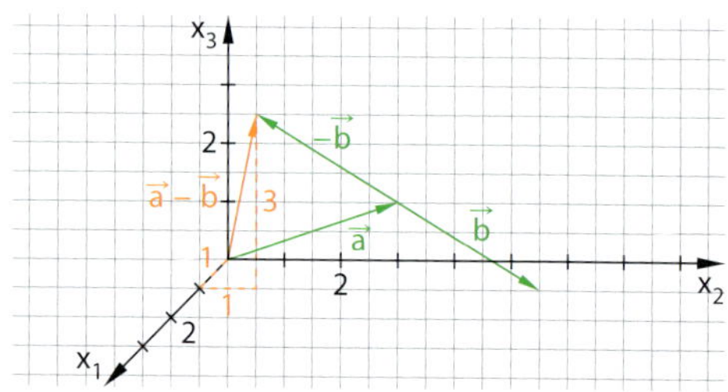

Bei der **Bestimmung eines Verbindungsvektors** $\overrightarrow{AB}$ muss man darauf achten, welcher Ortsvektor von welchem subtrahiert werden muss. Hier hilft die Vorstellung: Um von A nach B zu gelangen, geht man zuerst von A zum Ursprung, also $-\overrightarrow{OA}$ und anschließend vom Ursprung zu B:
$\overrightarrow{AB} = -\overrightarrow{OA} + \overrightarrow{OB} = \overrightarrow{OB} - \overrightarrow{OA}$

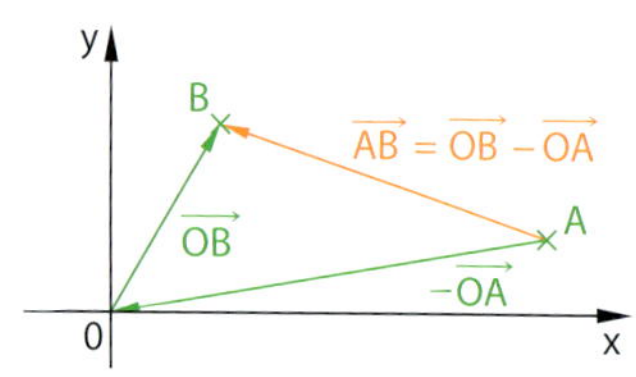

Hinweis:
Beim Bestimmen von Vektoren in geometrischen Figuren hilft die Vorstellung, dass man aus bekannten Vektoren einen **Weg** zusammensetzt. Der gesuchte Vektor ist dann die Summe dieser „Wegabschnitte".

Beispiel 2: Vektoren in geometrischen Figuren

Die Vektoren $\vec{a}$, $\vec{b}$ und $\vec{c}$ spannen ausgehend vom Punkt A einen sogenannten Spat auf, der von Parallelogrammen begrenzt wird.

a) Drücken Sie die Vektoren $\overrightarrow{AC}$ und $\overrightarrow{HB}$ durch die Vektoren $\vec{a}$, $\vec{b}$ und $\vec{c}$ aus.
b) Drücken Sie $\vec{c} - \vec{b} + \vec{a}$ als Verbindungsvektor zweier Eckpunkte aus.

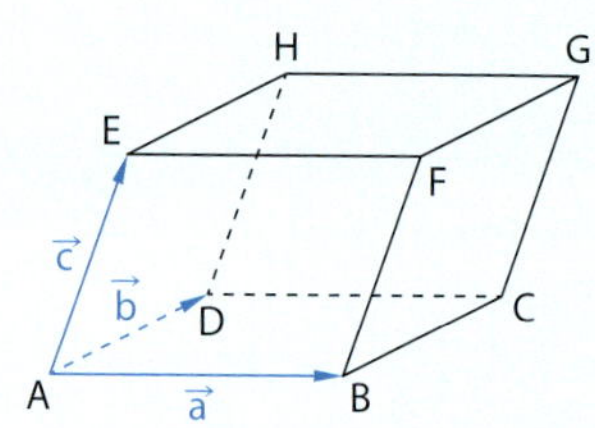

Lösung:

a) Suchen Sie einen Weg von A bis C bzw. von H bis B entlang der Kanten des Spats. Berücksichtigen Sie, dass Sie die gekennzeichneten Pfeile von $\vec{a}$, $\vec{b}$, $\vec{c}$ zu den parallelen Kanten verschieben können.

$\overrightarrow{AC} = \overrightarrow{AB} + \overrightarrow{BC} = \vec{a} + \vec{b}$
$\overrightarrow{HB} = \overrightarrow{HG} + \overrightarrow{GF} + \overrightarrow{FB}$
$= \overrightarrow{HG} - \overrightarrow{FG} - \overrightarrow{BF}$
$= \vec{a} - \vec{b} - \vec{c}$

Hinweis:
Wenn Sie gegen die Pfeilrichtung gehen, müssen Sie den Vektor subtrahieren.

b) Der einzig geeignete Startpunkt ist D. Gehen Sie von dort aus nacheinander entlang der Vektoren $\vec{c}$, $-\vec{b}$ und $\vec{a}$. So gelangen Sie zu den Punkten H, E und F.

$\vec{c} - \vec{b} + \vec{a} = \overrightarrow{DH} + \overrightarrow{HE} + \overrightarrow{EF}$
$= \overrightarrow{DF}$

Basisaufgaben

1. Berechnen Sie.

a) $\begin{pmatrix}2\\3\\6\end{pmatrix}+\begin{pmatrix}-3\\1\\5\end{pmatrix}$ b) $\begin{pmatrix}3{,}7\\4\\-6{,}2\end{pmatrix}+\begin{pmatrix}-1{,}5\\0{,}3\\-12{,}1\end{pmatrix}$ c) $\begin{pmatrix}-4\\-11\\3\end{pmatrix}-\begin{pmatrix}-8\\5\\-10\end{pmatrix}$ d) $\begin{pmatrix}7\\3\\-4\end{pmatrix}-\begin{pmatrix}2\\4\\8\end{pmatrix}+\begin{pmatrix}0\\1\\-2\end{pmatrix}$

Lösungen zu 1:
Koordinaten der Vektoren a)–c)

−1 4 13 2,2 −12 4,3 −18,3 −16 11

2. Ermitteln Sie zeichnerisch und rechnerisch die Vektoren $\vec{a}+\vec{b}$ und $\vec{a}-\vec{b}$.

a) $\vec{a}=\begin{pmatrix}3\\-1\end{pmatrix}, \vec{b}=\begin{pmatrix}2\\3\end{pmatrix}$ b) $\vec{a}=\begin{pmatrix}5\\2\end{pmatrix}, \vec{b}=\begin{pmatrix}-4\\2\end{pmatrix}$ c) $\vec{a}=\begin{pmatrix}2\\-4\end{pmatrix}, \vec{b}=\begin{pmatrix}0\\3\end{pmatrix}$

3. a) Geben Sie den Gegenvektor zu $\vec{v}$ an. ① $\vec{v}=\begin{pmatrix}10\\4\\-6\end{pmatrix}$ ② $\vec{v}=\begin{pmatrix}-2\\-11\\0\end{pmatrix}$

b) Beschreiben Sie, wie sich Länge, Richtung und Orientierung von Vektor und Gegenvektor zueinander verhalten.

4. Der Verbindungsvektor $\overrightarrow{PQ}$ zu $P(2|-3|1)$ und $Q(-4|2|3)$ kann auf verschiedene Arten berechnet werden. Entscheiden Sie, welche Art Sie am besten finden.

a) Berechnen Sie $\overrightarrow{PQ}$ mit der Formel aus dem Wissen von Abschnitt 1.2 auf Seite 13.
b) Berechnen Sie $\overrightarrow{PQ}$ mit der Methode, die unter Beispiel 1 vorgeschlagen wird. Verdeutlichen Sie den Rechenweg durch eine Skizze.
c) Berechnen Sie $\overrightarrow{PQ}$, indem Sie die Gleichung $\begin{pmatrix}2\\-3\\1\end{pmatrix}+\overrightarrow{PQ}=\begin{pmatrix}-4\\2\\3\end{pmatrix}$ lösen. Drücken Sie diese Gleichung in einem Satz aus und veranschaulichen Sie sie an einer Skizze.

5. Bestimmen Sie zu den Punkten $P(6|-3|9)$ und $Q(-1|-2|3)$ die Verbindungsvektoren $\overrightarrow{PQ}$ und $\overrightarrow{QP}$. Geben Sie an, welche Beziehung zwischen $\overrightarrow{PQ}$ und $\overrightarrow{QP}$ besteht.

6. Vereinfachen Sie so, dass das Ergebnis aus einem einzigen Vektor besteht.
Beispiel: $\overrightarrow{CA}-\overrightarrow{BA}=\overrightarrow{CA}+\overrightarrow{AB}=\overrightarrow{CB}$

a) $\overrightarrow{BC}+\overrightarrow{CA}$ b) $\overrightarrow{PQ}-\overrightarrow{RQ}$ c) $\overrightarrow{TS}+\overrightarrow{ST}$ d) $\overrightarrow{DC}+\overrightarrow{CB}+\overrightarrow{BA}$
e) $\overrightarrow{FG}+\overrightarrow{HI}+\overrightarrow{GH}$ f) $-\overrightarrow{PR}+\overrightarrow{ST}+\overrightarrow{PS}$ g) $\overrightarrow{KN}-\overrightarrow{KM}+\overrightarrow{LM}$ h) $\overrightarrow{UV}+\overrightarrow{WU}+\overrightarrow{VW}$

Hinweis zu 6:
Für alle Punkte P gilt:
$\overrightarrow{PP}=\vec{0}$ und $-\overrightarrow{PQ}=\overrightarrow{QP}$

7. Führen Sie die Rechnung geometrisch im Heft aus und zeichnen Sie einen Vektorpfeil des Ergebnisvektors. Überprüfen Sie die Koordinaten des Ergebnisvektors rechnerisch.

a) $\vec{a}+\vec{b}$ b) $\vec{b}+\vec{a}$
c) $\vec{a}+\vec{a}-\vec{b}$ d) $(\vec{a}+\vec{b})+\vec{c}$
e) $\vec{a}+(\vec{b}+\vec{c})$ f) $\vec{b}-(\vec{c}+\vec{a})$

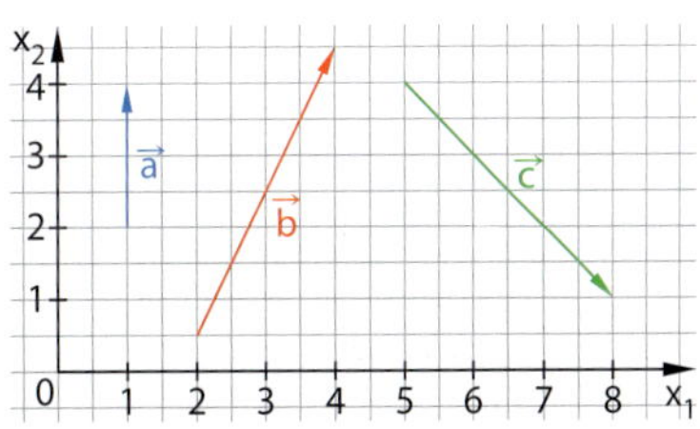

8. Ordnen Sie jeder Rechnung das richtige Ergebnis auf den Kärtchen zu.

a) $\vec{a}+\vec{0}$ b) $\vec{0}+\vec{a}$ c) $\vec{a}-\vec{0}$
d) $\vec{0}-\vec{a}$ e) $\vec{a}+(-\vec{a})$ f) $\vec{a}-\vec{a}$
g) $|\vec{0}|$ h) $|-\vec{a}+\vec{a}|$ i) $\vec{0}-(-\vec{a})$

0 $\vec{a}$ $\vec{0}$ $-\vec{a}$

9. Gegeben ist das regelmäßige Sechseck ABCDEF.

a) Drücken Sie die Summe $\vec{a}+\vec{b}+\vec{a}$ als Verbindungsvektor zweier Eckpunkte aus.
b) Drücken Sie die Vektoren $\overrightarrow{CD}$, $\overrightarrow{DE}$, $\overrightarrow{AC}$, $\overrightarrow{BE}$, $\overrightarrow{CF}$ und $\overrightarrow{AD}$ mithilfe von $\vec{a}$ und $\vec{b}$ aus. Verwenden Sie hierzu auch Summen und Gegenvektoren.

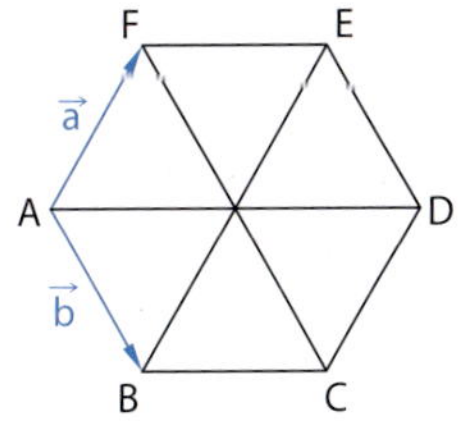

Weiterführende Aufgaben

10. Die Zeichnung zeigt einen aus zwei Würfeln zusammengesetzten Quader.
Drücken Sie die Vektoren $\overrightarrow{OE}$, $\overrightarrow{AC}$, $\overrightarrow{DH}$, $\overrightarrow{EB}$ und $\overrightarrow{BD}$ durch die drei Vektoren $\vec{a}$, $\vec{b}$ und $\vec{c}$ aus. Verwenden Sie hierzu auch Summen und Gegenvektoren.

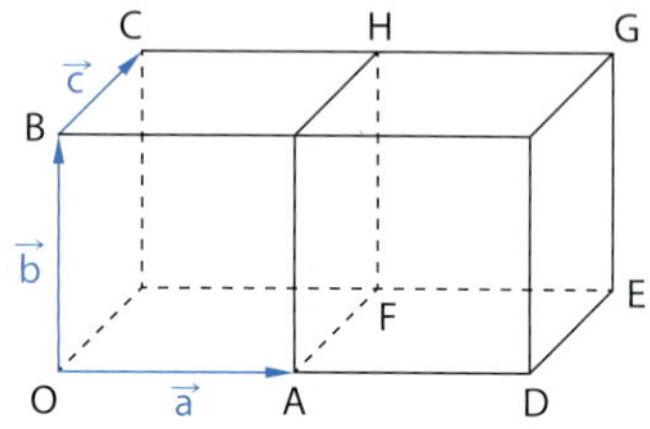

11. Berechnen Sie die Koordinaten des fehlenden Punktes, sodass ABCD ein Parallelogramm ist. Überprüfen Sie durch eine Skizze.

a) $A(0|-2|1)$, $B(1|2|4)$, $C(-2|-2|4)$ b) $A(2|-1|-2)$, $B(1|3|1)$, $D(-1|0|2)$

12. Stolperstelle: Nehmen Sie Stellung zu den Aussagen der Schüler. Erläutern Sie Fehler und Fehlvorstellungen.
Lea: *„Wenn $\vec{a}$ den Betrag 3 und $\vec{b}$ den Betrag 4 hat, dann hat $\vec{a} + \vec{b}$ den Betrag 7."*
Tim: *„Nein, $\vec{a}$ + b muss den Betrag 5 haben, wegen des Satzes des Pythagoras."*
Tatjana: *„Man weiß nicht, welchen Betrag $\vec{a} + \vec{b}$ hat, aber er kann nicht größer als 7 sein."*
Niels: *„Und er muss mindestens 1 sein."*

13. Dreiecksungleichung: Für Vektoren gilt die **Dreiecksungleichung**: $|\vec{a} + \vec{b}| \leq |\vec{a}| + |\vec{b}|$

a) Überprüfen Sie die Ungleichung mit den Vektoren $\begin{pmatrix} 3 \\ 4 \\ 0 \end{pmatrix}$ und $\begin{pmatrix} 8 \\ 0 \\ -6 \end{pmatrix}$.

b) Begründen Sie die Ungleichung anschaulich.

c) Geben Sie Beispiele für Vektoren $\vec{a}$ und $\vec{b}$ an, für die gilt: $|\vec{a} + \vec{b}| = |\vec{a}| + |\vec{b}|$
Erklären Sie, was $\vec{a}$ und $\vec{b}$ allgemein erfüllen müssen, damit diese Gleichung gilt.

14. Die Vektoren $\vec{a}$, $\vec{b}$ und $\vec{c}$ legen eine quadratische Pyramide fest. Schreiben Sie die Vektoren $\vec{d}$, $\vec{e}$, $\vec{f}$, $\vec{k}$ und $\vec{h}$ als Summen oder Differenzen von $\vec{a}$, $\vec{b}$, $\vec{c}$.

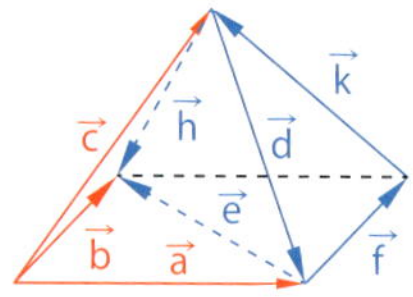

15. Bestimmen Sie den Vektor $\vec{x}$.

a) $\begin{pmatrix} -3 \\ 13 \\ -7 \end{pmatrix} + \vec{x} = \begin{pmatrix} 0 \\ 8 \\ -5 \end{pmatrix}$ b) $\begin{pmatrix} 4 \\ -1 \\ 10 \end{pmatrix} - \vec{x} = \begin{pmatrix} -2 \\ -4 \\ 3 \end{pmatrix}$ c) $\begin{pmatrix} 2 \\ -15 \\ 8 \end{pmatrix} + \begin{pmatrix} 9 \\ 3 \\ -1 \end{pmatrix} = \vec{x} - \begin{pmatrix} 4 \\ 11 \\ 12 \end{pmatrix}$

16. Wenn sich die Diagonalen eines Vierecks halbieren, dann ist es ein Parallelogramm.

a) Beweisen Sie die Aussage mithilfe der Abbildung, indem Sie zeigen, dass gegenüberliegende Seiten durch den gleichen Vektor beschrieben werden.

b) Zeigen Sie, dass die Bedingung $\overrightarrow{AB} = \overrightarrow{DC}$ ebenfalls hinreichend dafür ist, dass ein Viereck ABCD ein Parallelogramm ist.

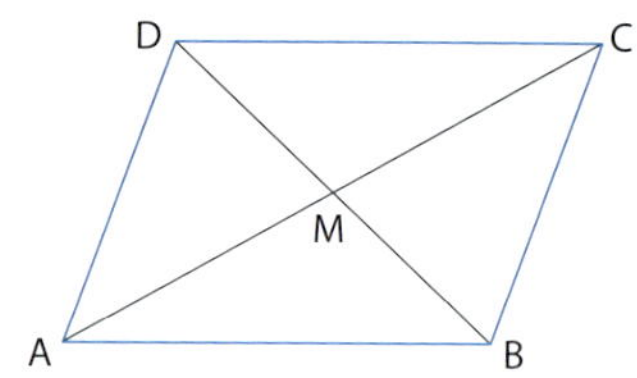

● **17.** Ein Viereck ist genau dann eine Raute, wenn seine Diagonalen sich gegenseitig halbieren und senkrecht aufeinander stehen.

a) Nutzen Sie dies, um zu zeigen, dass die Vektoren $\vec{e} = \begin{pmatrix} -3 \\ 1 \\ 4 \end{pmatrix}$ und $\vec{f} = \begin{pmatrix} 1 \\ -1 \\ 1 \end{pmatrix}$ senkrecht aufeinander stehen.

b) Beschreiben Sie allgemein, wie man prüfen kann, ob zwei Vektoren senkrecht aufeinander stehen.

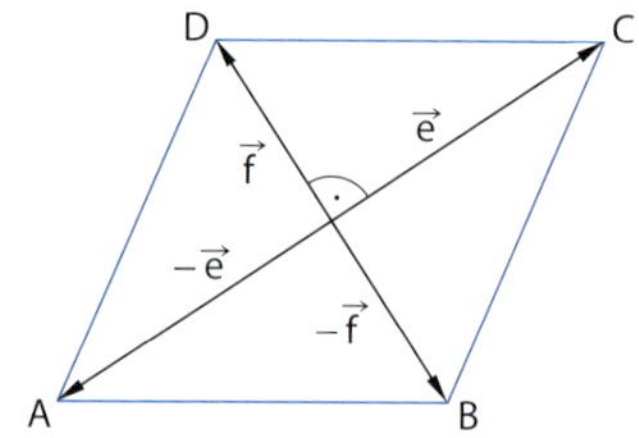

18. Der Körper besteht aus zwei gleich großen Würfeln. Es ist $A(1|2|0)$, $B(-5|5|-2)$, $F(3|8|3)$ und $G(-2|0|6)$.

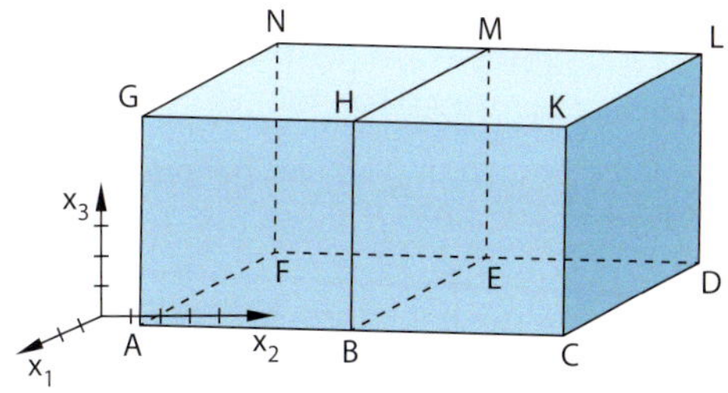

a) Zeigen Sie rechnerisch, dass die Kanten $\overrightarrow{AB}$, $\overrightarrow{AF}$ und $\overrightarrow{AG}$ gleich lang sind.

b) Berechnen Sie die Koordinaten der Punkte C, L und M.

c) Drücken Sie die Vektoren $\overrightarrow{CH}$ und $\overrightarrow{DG}$ durch $\overrightarrow{AB}$, $\overrightarrow{AF}$ und $\overrightarrow{AG}$ aus und berechnen Sie ihre Koordinaten.

d) Prüfen Sie rechnerisch, ob $\overrightarrow{CN}$ doppelt so lang ist wie $\overrightarrow{BN}$.

e) Begründen Sie: $\overrightarrow{FE} + \overrightarrow{ED} + \overrightarrow{DL} = \overrightarrow{AK}$

19. Der Schiffsarzt schlendert über das Deck eines Kreuzfahrtschiffes. Seine Bewegung entspricht den Vektoren $\vec{a} = \begin{pmatrix} 6 \\ 6 \end{pmatrix}$ gefolgt von $\vec{b} = \begin{pmatrix} -6 \\ 6 \end{pmatrix}$.

a) Drücken Sie die Bewegung des Arztes durch einen einzigen Vektor aus.

b) Im gleichen Zeitraum legt das Schiff einen Weg gemäß $\vec{s} = \begin{pmatrix} 30 \\ 30 \end{pmatrix}$ zurück. Berechnen Sie die Positionsänderung des Arztes relativ zum Heimathafen.

● **20.** Eine Kraft wird durch ihren Betrag und ihre Richtung festgelegt. Daher werden Kräfte durch Vektoren dargestellt. Wirken zwei Kräfte auf einen Körper in unterschiedliche Richtungen, so ist die auf den Körper wirkende Gesamtkraft gleich der Summe der einzelnen Kraftvektoren. Ein aufgehängter Meisenknödel erfährt eine Schwerkraft $\vec{F}_G$ von 1 N. Durch einen anhaltenden Wind wird auf ihn eine Kraft $\vec{F}_W$ von 0,28 N in waagerechte Richtung ausgeübt.

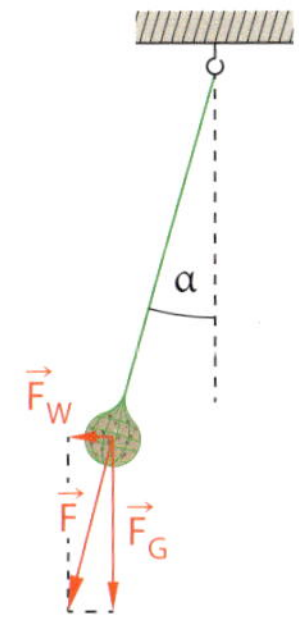

a) Berechnen Sie die Größe der Gesamtkraft $\vec{F}$.

b) Berechnen Sie den Auslenkungswinkel α des Fadens, an dem der Knödel aufgehängt ist.

● **21.** Ein Flugzeug wird so gesteuert, dass es bei Windstille pro Stunde den durch $\vec{v} = \begin{pmatrix} -21 \\ 14 \\ 1{,}5 \end{pmatrix}$ beschriebenen Weg zurücklegen würde. Es bewegt sich in einer konstanten Luftströmung, die durch den Vektor $\vec{w} = \begin{pmatrix} 3 \\ 6 \\ 0 \end{pmatrix}$ ausgedrückt wird.

a) Berechnen Sie den effektiven Weg des Flugzeugs in einer Stunde.

b) Prüfen Sie, ob der Betrag seiner Geschwindigkeit über dem Erdboden durch die Luftströmung vergrößert wird.

c) Bestimmen Sie, wie das Flugzeug gesteuert werden muss, wenn es bei gleicher Luftströmung $\vec{w}$ pro Stunde über dem Erdboden den Weg $\vec{s} = \begin{pmatrix} 6 \\ -3 \\ 0 \end{pmatrix}$ zurücklegen soll.

● **22. Ausblick:** Die Zeichnung veranschaulicht die Addition dreier Vektoren.

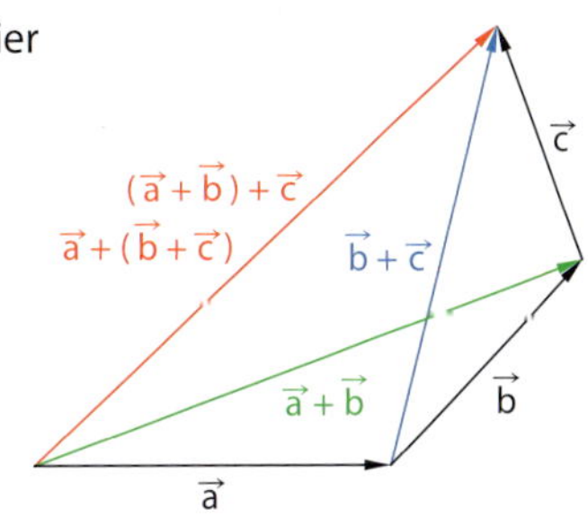

a) Formulieren Sie das Assoziativgesetz mit den Vektoren $\vec{a} = \begin{pmatrix} 2 \\ -1 \\ 3 \end{pmatrix}$, $\vec{b} = \begin{pmatrix} -4 \\ 3 \\ 0 \end{pmatrix}$ und $\vec{c} = \begin{pmatrix} 3 \\ -2 \\ 8 \end{pmatrix}$.
Kontrollieren Sie die Gültigkeit durch eine Rechnung.

b) Erläutern Sie die allgemeine Gültigkeit des Assoziativgesetzes anhand der Zeichnung.

c) Begründen Sie das Gesetz rechnerisch, indem Sie die Vektoren mit allgemeinen Koordinaten schreiben.

1.4 Vielfache von Vektoren

■ Ein Flugzeug hebt beim Start genau am Koordinatenursprung ab und befindet sich nach einer Sekunde am Punkt mit dem Ortsvektor $\overrightarrow{OP} = \begin{pmatrix} 35 \\ -45 \\ 21 \end{pmatrix}$.
Bestimmen Sie, welchen Ortsvektor das Flugzeug bei gleichbleibender Bewegung nach jeweils 2, 3, 5 und 10 Sekunden hat. ■

Die mehrfache Addition desselben Vektors lässt sich (wie bei reellen Zahlen) einfacher durch eine Multiplikation beschreiben.
Für $\vec{a} + \vec{a} + \vec{a}$ schreibt man beispielsweise $3 \cdot \vec{a}$.
Der Vektor $3 \cdot \vec{a}$ hat die dreifache Länge von $\vec{a}$ und die gleiche Richtung.

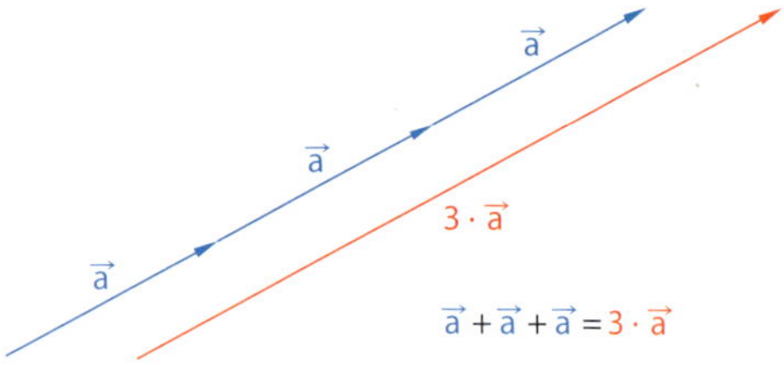

Für $\vec{a} = \begin{pmatrix} a_1 \\ a_2 \\ a_3 \end{pmatrix}$ gilt: $3 \cdot \begin{pmatrix} a_1 \\ a_2 \\ a_3 \end{pmatrix} = \begin{pmatrix} a_1 \\ a_2 \\ a_3 \end{pmatrix} + \begin{pmatrix} a_1 \\ a_2 \\ a_3 \end{pmatrix} + \begin{pmatrix} a_1 \\ a_2 \\ a_3 \end{pmatrix} = \begin{pmatrix} a_1 + a_1 + a_1 \\ a_2 + a_2 + a_2 \\ a_3 + a_3 + a_3 \end{pmatrix} = \begin{pmatrix} 3a_1 \\ 3a_2 \\ 3a_3 \end{pmatrix}$

Hinweis:
Der Malpunkt hat hier zwei verschiedene Bedeutungen:
$r \cdot a_1$: Multiplikation zweier Zahlen.
$r \cdot \vec{a}$: Multiplikation einer Zahl (Skalar) mit einem Vektor. Man spricht auch von **skalarer Multiplikation**.

Wissen: Multiplikation eines Vektors mit einer reellen Zahl
Bei der Multiplikation eines Vektors $\vec{a}$ mit einer reellen Zahl r wird jede Koordinate des Vektors mit der Zahl r multipliziert: $r \cdot \begin{pmatrix} a_1 \\ a_2 \end{pmatrix} = \begin{pmatrix} r \cdot a_1 \\ r \cdot a_2 \end{pmatrix}$, $r \cdot \begin{pmatrix} a_1 \\ a_2 \\ a_3 \end{pmatrix} = \begin{pmatrix} r \cdot a_1 \\ r \cdot a_2 \\ r \cdot a_3 \end{pmatrix}$

Bei der Multiplikation eines Vektors $\vec{a} \neq \vec{0}$ mit einer Zahl r ergibt sich ein Vektor mit $|r|$-facher Länge. $r \cdot \vec{a}$ hat für $r > 0$ die gleiche Richtung wie $\vec{a}$ und für $r < 0$ die entgegengesetzte Richtung.
In beiden Fällen liegen die Vektorpfeile von $\vec{a}$ und $r \cdot \vec{a}$ parallel zueinander. Man nennt solche Vektoren **kollinear**.

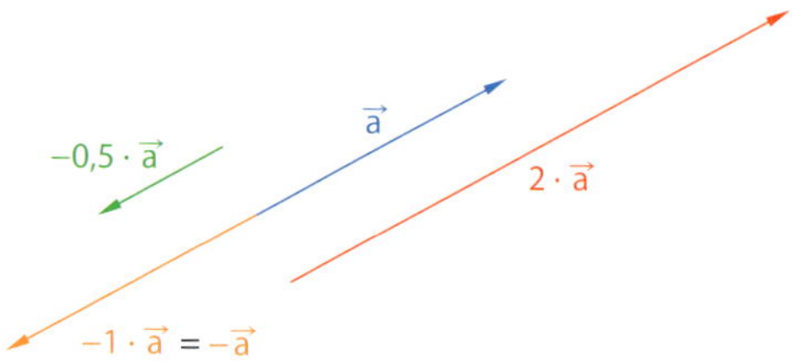

$(-1) \cdot \vec{a}$ ergibt den Gegenvektor $-\vec{a}$.

Definition: Kollineare Vektoren
Zwei Vektoren $\vec{a} \neq \vec{0}$ und $\vec{b} \neq \vec{0}$ heißen **kollinear**, wenn es eine reelle Zahl r gibt mit $\vec{b} = r \cdot \vec{a}$. Die Vektorpfeile kollinearer Vektoren sind parallel zueinander.

Beim Rechnen mit reellen Zahlen gilt unter anderem das Distributivgesetz $a(b + c) = ab + ac$.
Dieses gilt entsprechend auch bei der Multiplikation von Vektoren mit reellen Zahlen:

$$r \cdot \left[\begin{pmatrix} a_1 \\ a_2 \\ a_3 \end{pmatrix} + \begin{pmatrix} b_1 \\ b_2 \\ b_3 \end{pmatrix} \right] = r \cdot \begin{pmatrix} a_1 + b_1 \\ a_2 + b_2 \\ a_3 + b_3 \end{pmatrix} = \begin{pmatrix} r(a_1 + b_1) \\ r(a_2 + b_2) \\ r(a_3 + b_3) \end{pmatrix} = \begin{pmatrix} ra_1 + rb_1 \\ ra_2 + rb_2 \\ ra_3 + rb_3 \end{pmatrix} = \begin{pmatrix} ra_1 \\ ra_2 \\ ra_3 \end{pmatrix} + \begin{pmatrix} rb_1 \\ rb_2 \\ rb_3 \end{pmatrix} = r \cdot \begin{pmatrix} a_1 \\ a_2 \\ a_3 \end{pmatrix} + r \cdot \begin{pmatrix} b_1 \\ b_2 \\ b_3 \end{pmatrix}.$$

Wissen: Rechenregeln
Sind $\vec{a}, \vec{b}$ Vektoren und r, s reelle Zahlen, so gelten die Rechenregeln:
① $(r + s) \cdot \vec{a} = r \cdot \vec{a} + s \cdot \vec{a}$, $r \cdot (\vec{a} + \vec{b}) = r \cdot \vec{a} + r \cdot \vec{b}$ (Distributivgesetze)
② $r \cdot (s \cdot \vec{a}) = s \cdot (r \cdot \vec{a}) = (r \cdot s) \cdot \vec{a}$
③ $1 \cdot \vec{a} = \vec{a}$, $(-1) \cdot \vec{a} = -\vec{a}$, $0 \cdot \vec{a} = \vec{0}$, $r \cdot \vec{0} = \vec{0}$
④ $|r \cdot \vec{a}| = |r| \cdot |\vec{a}|$

Beispiel 1: Gegeben sind die Vektoren $\vec{a} = \begin{pmatrix} 3 \\ 1{,}5 \\ -6 \end{pmatrix}, \vec{b} = \begin{pmatrix} -2 \\ -1 \\ 4 \end{pmatrix}$ und $\vec{c} = \begin{pmatrix} 9 \\ 4{,}5 \\ -9 \end{pmatrix}$.

a) Berechnen Sie $(-2) \cdot \vec{a}$.

b) Prüfen Sie, ob $\vec{b}$ und $\vec{c}$ kollinear zu $\vec{a}$ sind.

Lösung:

a) Multiplizieren Sie jede Koordinate des Vektors mit dem Faktor –2.

$$(-2) \cdot \begin{pmatrix} 3 \\ 1{,}5 \\ -6 \end{pmatrix} = \begin{pmatrix} -2 \cdot 3 \\ -2 \cdot 1{,}5 \\ -2 \cdot (-6) \end{pmatrix} = \begin{pmatrix} -6 \\ -3 \\ 12 \end{pmatrix}$$

b) Setzen Sie den einen Vektor mit dem r-Fachen des anderen Vektors gleich. Sie erhalten dann für jede Koordinate eine Gleichung. Hat jede Gleichung für r dieselbe Lösung, so ist die Vektorgleichung mit diesem Wert lösbar und die Vektoren sind kollinear.
Sind die Lösungen unterschiedlich, so ist die Vektorgleichung nicht lösbar und die Vektoren sind nicht kollinear.

$$\begin{pmatrix} -2 \\ -1 \\ 4 \end{pmatrix} = r \cdot \begin{pmatrix} 3 \\ 1{,}5 \\ -6 \end{pmatrix} \Leftrightarrow \left| \begin{array}{l} -2 = 3r \\ -1 = 1{,}5r \\ 4 = -6r \end{array} \right| \Leftrightarrow \left| \begin{array}{l} -\frac{2}{3} = r \\ -\frac{2}{3} = r \\ -\frac{2}{3} = r \end{array} \right|$$

$$\Leftrightarrow -\frac{2}{3} = r$$

$\vec{a}$ und $\vec{b}$ sind kollinear.

$$\begin{pmatrix} 9 \\ 4{,}5 \\ -9 \end{pmatrix} = r \cdot \begin{pmatrix} 3 \\ 1{,}5 \\ -6 \end{pmatrix} \Leftrightarrow \left| \begin{array}{l} 9 = 3r \\ 4{,}5 = 1{,}5r \\ -9 = -6r \end{array} \right| \Leftrightarrow \left| \begin{array}{l} 3 = r \\ 3 = r \\ 1{,}5 = r \end{array} \right|$$

$\vec{a}$ und $\vec{c}$ sind nicht kollinear.

Basisaufgaben

1. Es ist $\vec{a} = \begin{pmatrix} 2 \\ -1 \end{pmatrix}$. Zeichnen Sie zu jedem der Vektoren $\vec{a}, \ldots, \vec{e}$ einen Vektorpfeil in ein Koordinatensystem. Geben Sie auch die Koordinaten der Vektoren an.

$\vec{a}$ $\quad \vec{b} = 2 \cdot \vec{a}$ $\quad \vec{c} = 1{,}5 \cdot \vec{a}$ $\quad \vec{d} = (-1) \cdot \vec{a}$ $\quad \vec{e} = (-3) \cdot \vec{a}$

2. Berechnen Sie.

a) $5 \cdot \begin{pmatrix} 0 \\ 3 \\ 0 \end{pmatrix}$ b) $(-4) \cdot \begin{pmatrix} 7 \\ -1 \\ 4 \end{pmatrix}$ c) $\frac{1}{4} \cdot \begin{pmatrix} 8 \\ -12 \\ 2 \end{pmatrix}$ d) $0 \cdot \begin{pmatrix} 6 \\ 3{,}4 \\ -14 \end{pmatrix}$ e) $3 \cdot \begin{pmatrix} 1 \\ 4 \\ -1 \end{pmatrix} + 2 \cdot \begin{pmatrix} 0 \\ 3 \\ 4 \end{pmatrix}$

3. Schreiben Sie den Vektor als Produkt aus einer reellen Zahl und einem Vektor mit ganzzahligen Koordinaten.

a) $\begin{pmatrix} 0{,}5 \\ 4 \\ 1{,}5 \end{pmatrix}$ b) $\begin{pmatrix} 2{,}3 \\ 6{,}1 \\ -0{,}6 \end{pmatrix}$ c) $\begin{pmatrix} \frac{1}{6} \\ \frac{7}{3} \\ \frac{2}{3} \end{pmatrix}$ d) $\begin{pmatrix} \frac{1}{4} \\ \frac{1}{6} \end{pmatrix}$ e) $\begin{pmatrix} \frac{2}{5} \\ 0{,}75 \\ -1{,}2 \end{pmatrix}$

Hinweis zu 3:
Beispiel:
$\begin{pmatrix} \frac{2}{3} \\ -4 \\ 0{,}5 \end{pmatrix} = \frac{1}{6} \cdot \begin{pmatrix} 4 \\ -24 \\ 3 \end{pmatrix}$

4. Schreiben Sie den Vektor als Produkt aus einer reellen Zahl und einem Vektor mit ganzzahligen Koordinaten von möglichst kleinem Betrag.

a) $\begin{pmatrix} 26 \\ 13 \\ -39 \end{pmatrix}$ b) $\begin{pmatrix} 15 \\ -10 \\ 45 \end{pmatrix}$ c) $\begin{pmatrix} 8 \\ 12 \\ 20 \end{pmatrix}$ d) $\begin{pmatrix} 36 \\ -24 \\ 48 \end{pmatrix}$ e) $\begin{pmatrix} -18 \\ 0 \\ -63 \end{pmatrix}$

5. Geben Sie an, welcher der Vektoren kollinear zum Vektor $\vec{v} = \begin{pmatrix} 1 \\ 3 \\ -4 \end{pmatrix}$ ist.

$\vec{a} = \begin{pmatrix} 2 \\ -6 \\ 8 \end{pmatrix}, \vec{b} = \begin{pmatrix} -1{,}5 \\ -4{,}5 \\ 6 \end{pmatrix}, \vec{c} = \begin{pmatrix} -0{,}5 \\ -1{,}5 \\ -2 \end{pmatrix}, \vec{d} = \begin{pmatrix} 4 \\ 2 \\ 0 \end{pmatrix} - 2 \cdot \begin{pmatrix} 3 \\ 4 \\ -4 \end{pmatrix}$

6. Prüfen Sie, ob die Vektoren $\vec{a}$ und $\vec{b}$ kollinear sind.

a) $\vec{a} = \begin{pmatrix} 3 \\ 2 \\ 1 \end{pmatrix}, \vec{b} = \begin{pmatrix} 6 \\ 4 \\ 2 \end{pmatrix}$ b) $\vec{a} = \begin{pmatrix} 0 \\ 2 \\ 0 \end{pmatrix}, \vec{b} = \begin{pmatrix} 4 \\ 0 \\ 0 \end{pmatrix}$ c) $\vec{a} = \begin{pmatrix} 1 \\ 3 \end{pmatrix}, \vec{b} = \begin{pmatrix} 2 \\ 4 \end{pmatrix}$

d) $\vec{a} = \begin{pmatrix} 14 \\ 0 \\ 7 \end{pmatrix}, \vec{b} = \begin{pmatrix} -10 \\ 0 \\ -5 \end{pmatrix}$ e) $\vec{a} = \begin{pmatrix} 2 \\ -4 \\ -8 \end{pmatrix}, \vec{b} = \begin{pmatrix} 5 \\ -10 \\ 20 \end{pmatrix}$ f) $\vec{a} = \begin{pmatrix} \frac{7}{3} \\ \frac{4}{5} \end{pmatrix}, \vec{b} = \begin{pmatrix} \frac{7}{4} \\ \frac{3}{5} \end{pmatrix}$

Lösungen zu 7:

20 −5 50 10 0 −8

7. Bestimmen Sie, für welche Werte der Variablen die Vektoren $\vec{a}$ und $\vec{b}$ kollinear sind.

a) $\vec{a} = \begin{pmatrix} -3 \\ 2 \end{pmatrix}, \vec{b} = \begin{pmatrix} 12 \\ a \end{pmatrix}$ b) $\vec{a} = \begin{pmatrix} 125 \\ 75 \\ v \end{pmatrix}, \vec{b} = \begin{pmatrix} u \\ 6 \\ 4 \end{pmatrix}$ c) $\vec{a} = \begin{pmatrix} x \\ -2 \\ 4 \end{pmatrix}, \vec{b} = \begin{pmatrix} 0 \\ y \\ 10 \end{pmatrix}$

8. Führen Sie die Rechnung geometrisch im Heft aus und zeichnen Sie einen Vektorpfeil des Ergebnisvektors. Überprüfen Sie die Koordinaten des Ergebnisvektors rechnerisch.

a) $4 \cdot \vec{a}$ b) $3 \cdot \vec{a} + 2 \cdot \vec{b}$

c) $2 \cdot \vec{c} - 3 \cdot \vec{a}$ d) $\frac{1}{2} \cdot \vec{a} + \frac{1}{2} \cdot \vec{b}$

e) $2 \cdot \vec{b} - 3 \cdot \vec{a} - \vec{c}$ f) $2 \cdot \vec{b} - 2 \cdot \vec{c}$

g) $2 \cdot (\vec{b} - \vec{c})$ h) $\vec{c} - 2 \cdot \vec{a} - \vec{b}$

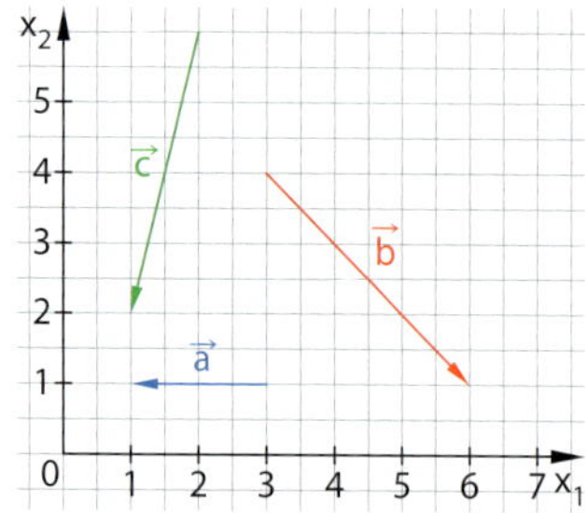

9. Vereinfachen Sie die Terme nach den Rechengesetzen.

a) $5 \cdot \vec{a} - 3 \cdot \vec{a}$ b) $4 \cdot \vec{v} + 2 \cdot \vec{v} - 6 \cdot \vec{u} - \vec{v}$

c) $\vec{a} + \frac{1}{2} \cdot (\vec{b} - \vec{a})$ d) $\vec{c} + \frac{2}{3} \cdot [-\vec{c} + \vec{a} + \frac{1}{2} \cdot (-\vec{a} + \vec{b})]$

e) $\vec{v} - 1 \cdot \vec{v} + 0 \cdot \vec{v}$ f) $3 \cdot (5 \cdot \vec{u} - 2 \cdot \vec{v})$

Linearkombinationen von Vektoren

Der Ortsvektor des **Mittelpunktes M einer Strecke $\overline{AB}$** kann durch die Ortsvektoren von A und B ausgedrückt werden:

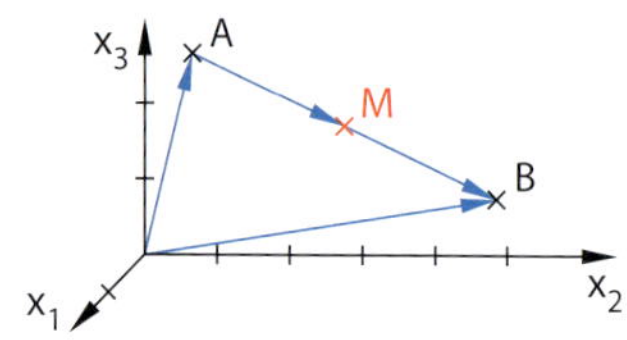

Hinweis:
Der Malpunkt zwischen Zahl und Vektor kann weggelassen werden.

$$\overrightarrow{\mathbf{OM}} = \overrightarrow{OA} + \overrightarrow{AM} = \overrightarrow{OA} + \tfrac{1}{2}\overrightarrow{AB} = \overrightarrow{OA} + \tfrac{1}{2}(-\overrightarrow{OA} + \overrightarrow{OB})$$
$$= \overrightarrow{OA} - \tfrac{1}{2}\overrightarrow{OA} + \tfrac{1}{2}\overrightarrow{OB} = \tfrac{1}{2}\overrightarrow{OA} + \tfrac{1}{2}\overrightarrow{OB} = \tfrac{1}{2}(\overrightarrow{\mathbf{OA}} + \overrightarrow{\mathbf{OB}})$$

Wird ein Vektor durch andere Vektoren und deren Vielfache ausgedrückt, so nennt man ihn eine **Linearkombination** dieser Vektoren.
In der Abbildung gilt: $\vec{v} = 3\vec{a} + \vec{b} + 2\vec{c}$
$\vec{v}$ ist eine Linearkombination von $\vec{a}$, $\vec{b}$ und $\vec{c}$.

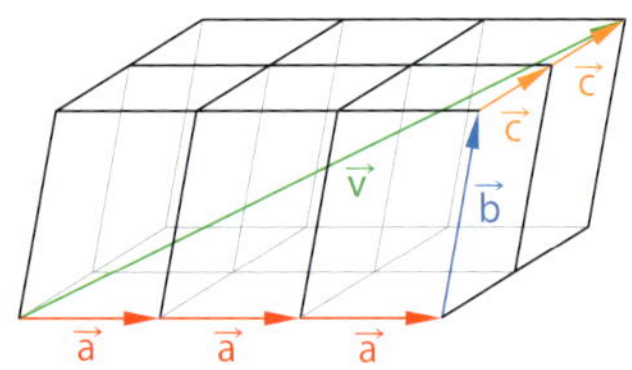

Beispiel 2:
Prüfen Sie, ob $\vec{v}$ Linearkombination von $\vec{a} = \begin{pmatrix} 3 \\ 2 \\ -1 \end{pmatrix}$ und $\vec{b} = \begin{pmatrix} 1 \\ 4 \\ 1 \end{pmatrix}$ ist. a) $\vec{v} = \begin{pmatrix} 3 \\ -8 \\ -5 \end{pmatrix}$ b) $\vec{v} = \begin{pmatrix} 4 \\ 6 \\ 3 \end{pmatrix}$

Lösung:

a) Setzen Sie $\vec{v}$ mit der Summe des r-Fachen von $\vec{a}$ und dem s-Fachen von $\vec{b}$ gleich. Sie erhalten damit für jede Koordinate eine Gleichung. Ist dieses Gleichungssystem lösbar, so ist $\vec{v}$ eine Linearkombination von $\vec{a}$ und $\vec{b}$.

$$r \cdot \begin{pmatrix} 3 \\ 2 \\ -1 \end{pmatrix} + s \cdot \begin{pmatrix} 1 \\ 4 \\ 1 \end{pmatrix} = \begin{pmatrix} 3 \\ -8 \\ -5 \end{pmatrix}$$

$$\left| \begin{array}{l} 3r + s = 3 \\ 2r + 4s = -8 \\ -r + s = -5 \end{array} \right|$$

Lösung: $r = 2$, $s = -3$

Also gilt: $\vec{v} = 2 \cdot \vec{a} - 3 \cdot \vec{b}$

b) Setzen Sie $\vec{v}$ mit $r \cdot \vec{a} + s \cdot \vec{b}$ gleich und stellen Sie damit ein lineares Gleichungssystem auf. Es ergibt sich ein Widerspruch. Das Gleichungssystem hat keine Lösung.
Somit ist v keine Linearkombination von $\vec{a}$ und $\vec{b}$.

$$r \cdot \begin{pmatrix} 3 \\ 2 \\ -1 \end{pmatrix} + s \cdot \begin{pmatrix} 1 \\ 4 \\ 1 \end{pmatrix} = \begin{pmatrix} 4 \\ 6 \\ 3 \end{pmatrix}$$

$$\left| \begin{array}{l} 3r + s = 4 \\ 2r + 4s = 6 \\ -r + s = 3 \end{array} \right|$$

Lösung von (I) und (III):
$r = \frac{1}{4}$, $s = \frac{13}{4}$
Widerspruch in (II): $\frac{27}{2} = 6$
Also keine Darstellung als Linearkombination

Basisaufgaben

10. Berechnen Sie die Koordinaten der angegebenen Linearkombination der Vektoren $\vec{a} = \begin{pmatrix} -1 \\ 4 \end{pmatrix}$ und $\vec{b} = \begin{pmatrix} 2 \\ 3 \end{pmatrix}$. Stellen Sie $\vec{a}$, $\vec{b}$ und den Ergebnisvektor in einem Koordinatensystem dar.

a) $\vec{a} + 4 \cdot \vec{b}$ b) $\frac{1}{2} \cdot \vec{a} + \frac{3}{2} \cdot \vec{b}$ c) $-2 \cdot \vec{a} + 2 \cdot \vec{b}$ d) $2 \cdot \vec{a} - 3 \cdot \vec{b}$

11. Die Vektorpfeile von $\vec{v}$ und $\vec{w}$ verlaufen vom Punkt A aus entlang der Linien des Rasters. Schreiben Sie die folgenden Verbindungsvektoren als Linearkombination der Vektoren $\vec{v}$ und $\vec{w}$.

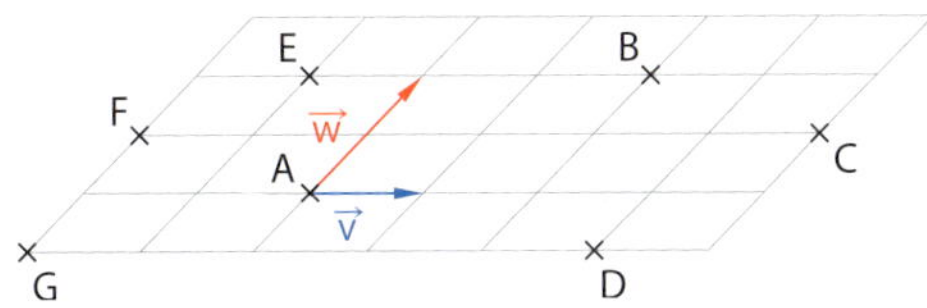

① $\overrightarrow{AB}$ ② $\overrightarrow{AC}$ ③ $\overrightarrow{AD}$ ④ $\overrightarrow{AE}$ ⑤ $\overrightarrow{AF}$ ⑥ $\overrightarrow{AG}$

12. a) Geben Sie folgende Verbindungsvektoren als Linearkombinationen von $\vec{a}$, $\vec{b}$ und $\vec{c}$ an: $\overrightarrow{DF}$; $\overrightarrow{DC}$; $\overrightarrow{DE}$; $\overrightarrow{DI}$; $\overrightarrow{DJ}$; $\overrightarrow{AH}$; $\overrightarrow{HB}$; $\overrightarrow{AJ}$; $\overrightarrow{IB}$; $\overrightarrow{JE}$.

b) Geben Sie einen Verbindungsvektor zwischen zwei Punkten an, der durch die angegebene Linearkombination dargestellt wird.

① $2\vec{a} + 3\vec{b}$ ② $2\vec{a} - 3\vec{b}$
③ $3\vec{b} - 2\vec{a}$ ④ $2\vec{c}$
⑤ $2\vec{b} + 2\vec{c}$ ⑥ $2\vec{a} - 3\vec{b} - \vec{c}$

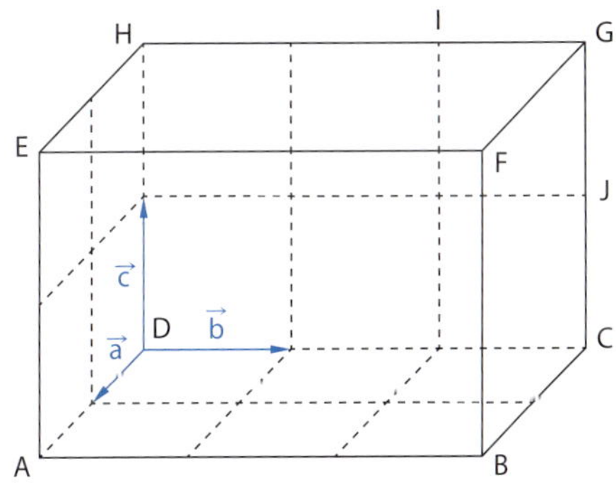

13. Prüfen Sie, ob $\vec{v} = \begin{pmatrix} -9 \\ 8 \end{pmatrix}$ bzw. $\vec{w} = \begin{pmatrix} 14 \\ 0 \end{pmatrix}$ eine Linearkombination der Vektoren $\vec{a}$ und $\vec{b}$ ist.

a) $\vec{a} = \begin{pmatrix} 1 \\ 0 \end{pmatrix}, \vec{b} = \begin{pmatrix} 0 \\ 1 \end{pmatrix}$ b) $\vec{a} = \begin{pmatrix} 3 \\ -5 \end{pmatrix}, \vec{b} = \begin{pmatrix} 6 \\ -10 \end{pmatrix}$ c) $\vec{a} = \begin{pmatrix} 3 \\ 2 \end{pmatrix}, \vec{b} = \begin{pmatrix} 1 \\ -4 \end{pmatrix}$

14. Untersuchen Sie, ob $\vec{v} = \begin{pmatrix} 11 \\ 8 \\ -3 \end{pmatrix}$ bzw. $\vec{w} = \begin{pmatrix} 12 \\ -3 \\ 4 \end{pmatrix}$ eine Linearkombination der angegebenen Vektoren ist.

a) $\vec{a} = \begin{pmatrix} 2 \\ 1 \\ 2 \end{pmatrix}, \vec{b} = \begin{pmatrix} -3 \\ 3 \\ 1 \end{pmatrix}$ b) $\vec{a} = \begin{pmatrix} 3 \\ 1 \\ 2 \end{pmatrix}, \vec{b} = \begin{pmatrix} 0 \\ 7 \\ -2 \end{pmatrix}$ c) $\vec{a} = \begin{pmatrix} 1 \\ 1 \\ 0 \end{pmatrix}, \vec{b} = \begin{pmatrix} 1 \\ -1 \\ 0 \end{pmatrix}, \vec{c} = \begin{pmatrix} 0 \\ 0 \\ 1 \end{pmatrix}$

Weiterführende Aufgaben

15. Gegeben sind die Punkte A(3 | −7 | 2), B(5 | −11 | 8), C(5 | 1 | −2), D(0 | 1 | −7) sowie die Vektoren $\vec{u} = \begin{pmatrix} 1 \\ -2 \\ 3 \end{pmatrix}, \vec{v} = \begin{pmatrix} -1 \\ -3 \\ 2 \end{pmatrix}, \vec{w} = \begin{pmatrix} -0{,}5 \\ 1 \\ -1{,}5 \end{pmatrix}$. Prüfen Sie, welche der Vektoren $\overrightarrow{AB}$, $\overrightarrow{AC}$, $\overrightarrow{AD}$, $\overrightarrow{BC}$, $\overrightarrow{BD}$, $\overrightarrow{CD}$, $\vec{u}$, $\vec{v}$ und $\vec{w}$ die gleiche Richtung haben.

16. **Stolperstelle:** Diskutieren Sie die folgenden Aussagen. Korrigieren Sie Fehlvorstellungen.

a) Maja: *„Das Produkt einer Zahl r und eines Vektors $\vec{a}$ hat immer den r-fachen Betrag von $\vec{a}$."*

b) Tom: *„Ein Vektor und sein Gegenvektor sind nicht kollinear, da sie in entgegengesetzte Richtungen zeigen."*

c) Lena: *„Der Vektor $2 \cdot \vec{v}$ ist doppelt so lang wie $\vec{v}$. Also lässt sich jeder Vektor, der doppelt so lang ist wie $\vec{v}$, als Vielfaches $2 \cdot \vec{v}$ oder $(-2) \cdot \vec{v}$ schreiben."*

17. Für den Betrag des Vielfachen eines Vektors gilt: $|r \cdot \vec{a}| = |r| \cdot |\vec{a}|$

a) Überprüfen Sie die Formel rechnerisch an diesen Beispielen:

① $r = 3; \vec{a} = \begin{pmatrix} 4 \\ 0 \end{pmatrix}$ ② $r = 2; \vec{a} = \begin{pmatrix} 3 \\ 6 \\ 2 \end{pmatrix}$ ③ $r = -4; \vec{a} = \begin{pmatrix} -2 \\ 1 \\ 7 \end{pmatrix}$ ④ $r = 0; \vec{a} = \begin{pmatrix} -6 \\ 8 \\ 0 \end{pmatrix}$

b) Nutzen Sie diese Formel, um mit geringem Rechenaufwand $|\vec{v}|$ zu berechnen.

① $\vec{v} = \begin{pmatrix} 27 \\ -18 \\ 9 \end{pmatrix}$ ② $\vec{v} = \begin{pmatrix} 0{,}2 \\ 0{,}1 \\ 0{,}4 \end{pmatrix}$ ③ $\vec{v} = \begin{pmatrix} 33 \\ 11 \\ -55 \end{pmatrix}$ ④ $\vec{v} = \begin{pmatrix} \frac{3}{8} \\ \frac{1}{4} \\ \frac{5}{8} \end{pmatrix}$

Hinweis zu 18:
Zu beliebigem Vektor $\vec{a} \neq \vec{0}$ ist $\vec{e} = \frac{1}{|\vec{a}|}\vec{a}$ ein Einheitsvektor.

18. Einheitsvektor: Einen Vektor mit dem Betrag 1 nennt man **Einheitsvektor**. Geben Sie zum gegebenen Vektor alle kollinearen Einheitsvektoren an.

a) $\vec{a} = \begin{pmatrix} 6 \\ 0 \\ 0 \end{pmatrix}$ b) $\vec{a} = \begin{pmatrix} 0 \\ 1 \\ 1 \end{pmatrix}$ c) $\vec{a} = \begin{pmatrix} 3 \\ 0 \\ -4 \end{pmatrix}$ d) $\vec{a} = \begin{pmatrix} 4 \\ -5 \\ -3 \end{pmatrix}$

Hinweis zu 19:
Die Wahl der Verbindungsvektoren spielt bei der Untersuchung keine Rolle.

19. Punkte auf einer Geraden: Es wird untersucht, ob die Punkte P(5|1|−2), Q(15|9|6) und R(0|−3|−6) auf einer Geraden liegen.

a) Zeigen Sie, dass die Vektoren $\overrightarrow{PQ}$ und $\overrightarrow{PR}$ kollinear sind. Erklären Sie, warum daraus folgt, dass die drei Punkte auf einer Geraden liegen.

b) Prüfen Sie, ob die Punkte A(6|−7|4), B(7|−13|5) und C(−1|3,5|−2) auf einer Geraden liegen.

20. Mittelpunkt einer Strecke: Gegeben sind die Punkte P(0|5|−1) und Q(4|−7|5).

a) Berechnen Sie den Mittelpunkt M der Strecke $\overline{PQ}$ mithilfe der beiden Formeln $\overrightarrow{OM} = \overrightarrow{OP} + \frac{1}{2} \cdot \overrightarrow{PQ}$ und $\overrightarrow{OM} = \frac{1}{2} \cdot (\overrightarrow{OP} + \overrightarrow{OQ})$ und vergleichen Sie das Ergebnis.

b) Beschreiben Sie mit Worten, wie die Koordinaten des Mittelpunktes M mit den Koordinaten der Endpunkte P und Q zusammenhängen.

c) Die Diagonalen eines Parallelogramms halbieren sich. Leiten Sie so die Formel $\overrightarrow{OM} = \frac{1}{2} \cdot (\overrightarrow{OP} + \overrightarrow{OQ})$ her.

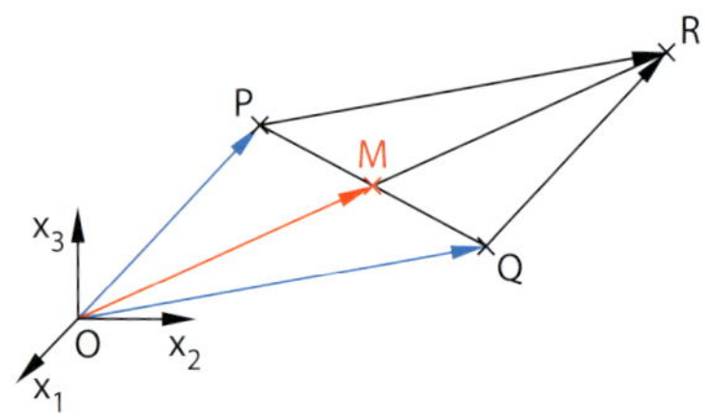

d) Bestimmen Sie die Koordinaten des Mittelpunktes M der Strecke $\overline{PQ}$.

① P(2|6), Q(1|8) ② P(−3|5|4), Q(2|−3|4)
③ P(18|25|−7), Q(0|−15|17)

21. Gegeben ist das Viereck A(4|−4|0), B(2|2|−2), C(0|6|0), D(−4|−2|2).

a) Berechnen Sie die Koordinaten der Seitenmitten des Vierecks.

b) Zeigen Sie, dass diese Seitenmitten ein Parallelogramm bilden.

c) Prüfen Sie, ob dieses Parallelogramm eine Raute ist.

22. a) Zeigen Sie, dass M(3|2|1) der Mittelpunkt der Strecke $\overline{AB}$ ist. Berechnen Sie die Koordinaten des Mittelpunktes N der Strecke $\overline{AC}$.

b) Der Schwerpunkt S eines Dreiecks teilt dessen Seitenhalbierenden im Verhältnis 2 : 1. Das heißt: Die Länge der Strecke $\overline{CS}$ beträgt $\frac{2}{3}$ der Länge der Strecke $\overline{CM}$. Die Länge der Strecke $\overline{BS}$ beträgt ebenso $\frac{2}{3}$ der Länge der Strecke $\overline{BN}$. Nutzen Sie dies, um die Koordinaten von S als Punkt der Strecke $\overline{CM}$ zu berechnen. Berechnen Sie S auch als Punkt der Strecke $\overline{BN}$.

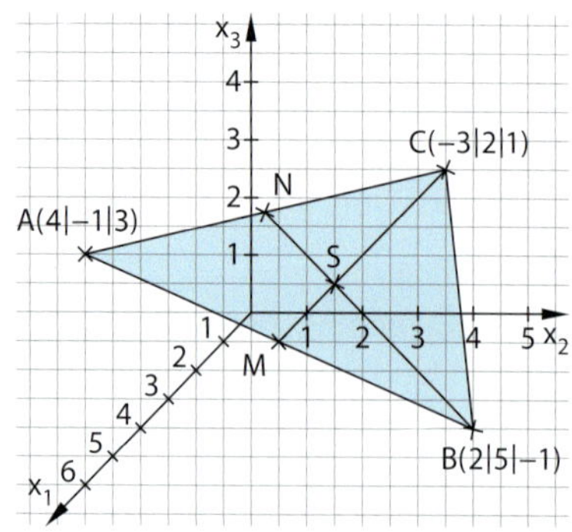

c) Zeigen Sie, dass für den Ortsvektor des Schwerpunktes gilt: $\overrightarrow{OS} = \frac{1}{3} \cdot (\overrightarrow{OA} + \overrightarrow{OB} + \overrightarrow{OC})$

23. a) Zeigen Sie rechnerisch, dass das Dreieck ABC gleichseitig ist.

b) Zeigen Sie, dass $S(1\,|\,0\,|\,2)$ der Schwerpunkt des Dreiecks ABC ist.

c) Das Dreieck ABC bildet zusammen mit dem Punkt $D(9\,|\,8\,|\,10)$ einen regelmäßigen Tetraeder, welcher wie in der Skizze zu sehen, einem Würfel einbeschrieben ist. Ermitteln Sie die Koordinaten des Eckpunktes W des in der Abbildung dargestellten Würfels. [Zur Kontrolle: $W(-3\,|\,8\,|\,10)$]

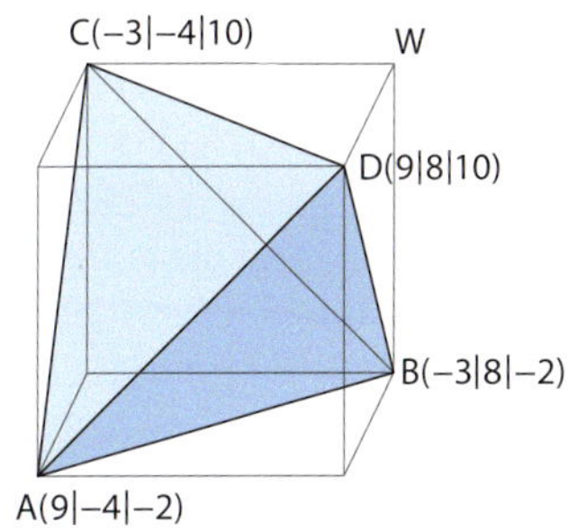

Hinweis zu 23b:
Eine Formel für den Schwerpunkt eines Dreiecks finden Sie in Aufgabe 22c.

d) Geben Sie die Koordinaten der Mittelpunkte M_{AB}, M_{BC}, M_{CD} und M_{DA} der Strecken $\overline{AB}$, $\overline{BC}$, $\overline{CD}$ und $\overline{DA}$ an.

e) Untersuchen Sie, welche speziellen Eigenschaften das Viereck $M_{AB}M_{BC}M_{CD}M_{DA}$ hat.

24. Im Ursprung des Koordinatensystems, am rechten Rand eines Kanals, schwimmt ein Frosch los. Bei stehendem Wasser würde er in 1 Sekunde einen Weg von $\vec{v}$ zurücklegen. Das Wasser fließt pro Sekunde um $\vec{w}$ (Längen in m).

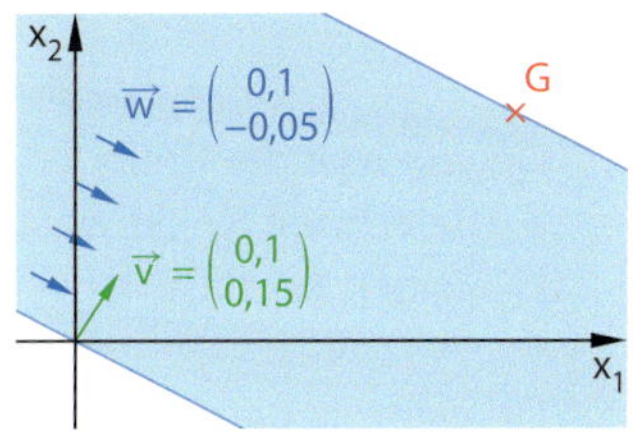

a) Geben Sie den Vektor für den tatsächlichen Weg pro Sekunde an. Bestimmen Sie, wie viele Meter der Frosch in einer Stunde zurücklegt.

b) Wenn der Frosch Tempo und Richtung beibehält, wird er in $G(38\,|\,19)$ am anderen Ufer ankommen. Bestimmen Sie, nach wie vielen Sekunden das der Fall sein wird.

25. Die Vektoren $\vec{a}$, $\vec{b}$ und $\vec{c}$ beschreiben eine dreiseitige Pyramide. Die Punkte M_1 und M_2 sind Kantenmittelpunkte. Ferner ist $\overrightarrow{OT} = \frac{1}{3} \cdot \overrightarrow{OM_2}$. Beweisen Sie, dass $\overrightarrow{TM_1}$ nicht parallel zu $\vec{c}$ ist.

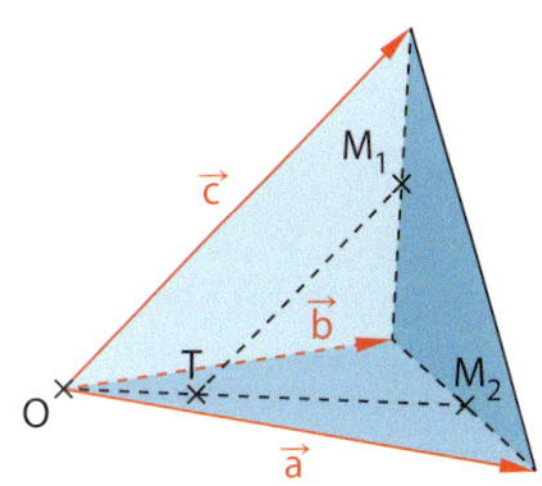

26. Zeigen Sie, dass sich jeder Vektor $\vec{v} = \begin{pmatrix} v_1 \\ v_2 \end{pmatrix}$ als Linearkombination von $\vec{a} = \begin{pmatrix} 2 \\ 1 \end{pmatrix}$ und $\vec{b} = \begin{pmatrix} 1 \\ 0 \end{pmatrix}$ schreiben lässt.
Begründen Sie, dass dies auch für beliebige vom Nullvektor verschiedene Vektoren $\vec{a} = \begin{pmatrix} a_1 \\ a_2 \end{pmatrix}$ und $\vec{b} = \begin{pmatrix} b_1 \\ b_2 \end{pmatrix}$ gilt, wenn $\vec{a}$ und $\vec{b}$ nicht kollinear sind.

27. Ausblick: Man kann mit Vektoren auch in höheren Dimensionen rechnen. Ein Hamburger enthält 20 g Fett, 36 g Kohlenhydrate, 26 g Eiweiß und 428 Kilokalorien (kcal). Man könnte diese Zahlen in einem Vektor zusammenfassen: $\vec{h} = \begin{pmatrix} 20 \\ 36 \\ 26 \\ 428 \end{pmatrix}$.

Eine Portion Pommes Frites enthält 15 g Fett, 38 g Kohlenhydrate, 3 g Eiweiß und 306 kcal, ein Becher Cola 60 g Kohlenhydrate und 240 kcal.

a) Berechnen Sie mithilfe von Addition und Vervielfachung von Vektoren, wie viel Fett/Kohlenhydrate/Eiweiß/Kalorien in drei Hamburgern, einer Portion Pommes und zwei Bechern Cola insgesamt enthalten sind.

b) Ermitteln Sie, wie viele Hamburger, Portionen Pommes und Becher Cola man zu sich nehmen muss, um genau 50 g Fett, 412 g Kohlenhydrate und 32 g Eiweiß zu erhalten. Stellen Sie zuerst eine Gleichung mit Vektoren auf. Berechnen sie auch, wie viele Kilokalorien man dann verzehrt hat.

1.5 Klausur- und Abiturtraining

Aufgaben ohne Hilfsmittel

1. Gegeben sind die Punkte $A(1\,|\,0\,|\,3)$, $B(-1\,|\,3\,|\,-4)$ und $C(2\,|\,6\,|\,2)$.
   a) Bestimmen Sie einen Punkt D, sodass A, B, C, D die Ecken eines Parallelogramms bilden. Skizzieren Sie das Parallelogramm in ein Koordinatensystem.
   b) Zeigen Sie, dass A, B und C nicht drei Ecken einer Raute sein können.

2. Gegeben sind die Punkte $A(-2\,|\,5\,|\,3)$ und $B(-4\,|\,6\,|\,0)$.
   a) Geben Sie einen Vektor $\vec{v}$ an, der denselben Betrag wie der Vektor $\overrightarrow{AB}$ hat, aber zu diesem nicht kollinear ist.
   b) Sei $\vec{w} = \begin{pmatrix} a \\ b \\ 4-b \end{pmatrix}$ für $a, b \in \mathbb{R}$. Bestimmen Sie Werte für a und b, sodass $\vec{w}$ kollinear zu $\overrightarrow{AB}$ ist.

3. Gegeben ist das Dreieck ABC mit $A(-1\,|\,0\,|\,1)$, $B(3\,|\,8\,|\,-3)$ und $C(-5\,|\,6\,|\,5)$.
   a) Berechnen Sie die Koordinaten der Seitenmitten M_a, M_b und M_c des Dreiecks ABC.
   b) Zeigen Sie, dass der Vektor $\overrightarrow{M_aM_b}$ kollinear zu $\overrightarrow{AB}$ ist und halb so lang wie dieser.

4. Drücken Sie die Vektoren $\vec{h}, \vec{k}, \vec{m}$ und $\vec{n}$ in der Abbildung mithilfe der Vektoren $\vec{a}, \vec{b}$ und $\vec{c}$ aus.

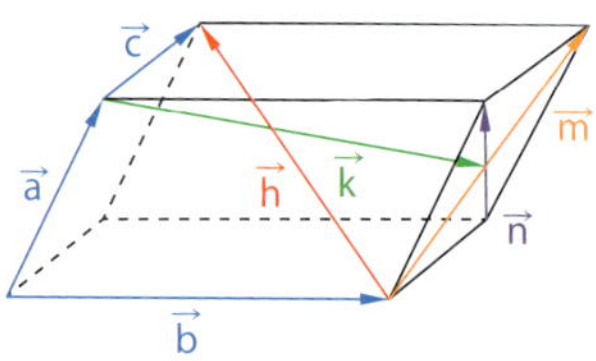

5. Zeichnen Sie die Punkte $A(2\,|\,-1\,|\,0)$, $B(6\,|\,7\,|\,4)$, $C_1(-2\,|\,3\,|\,4)$, $C_2(2\,|\,5\,|\,6)$, $D(0\,|\,1\,|\,4)$ in ein Koordinatensystem.
   a) Prüfen Sie, welches der Vierecke ABC_1D und ABC_2D ein Trapez ist.
   b) Zeigen Sie, dass es sich um ein gleichschenkliges Trapez handelt.
   c) Bestimmen Sie die Koordinaten der Seitenmitten M_a und M_c der beiden parallelen Trapezseiten.

6. Ein Parallelogramm ist ein Rechteck, wenn seine Diagonalen gleich lang sind.
   a) Gegeben sind $A(2\,|\,2\,|\,5)$, $B(3\,|\,-2\,|\,8)$ und $D(0\,|\,0\,|\,3)$. Bestimmen Sie einen Punkt C so, dass ABCD ein Parallelogramm ist. Prüfen Sie, ob ABCD sogar ein Rechteck ist.
   b) Gegeben ist das Dreieck $A(6\,|\,7\,|\,-4)$, $B(1\,|\,6\,|\,-2)$, $C(5\,|\,0\,|\,5)$. Zeigen Sie, dass es bei B einen rechten Winkel hat, indem Sie zuerst einen Punkt D bestimmen, so dass ABCD ein Parallelogramm ist, und dann prüfen, ob dieses Parallelogramm ein Rechteck ist.
   c) Begründen Sie allgemein: Sind Punkte A, B und D gegeben, und gilt $|\overrightarrow{BD}| = |\overrightarrow{AB} + \overrightarrow{AD}|$, so stehen die Strecken $\overline{AD}$ und $\overline{AB}$ senkrecht aufeinander.

7. Die Verhältnisse beim Segeln können in einem zweidimensionalen Koordinatensystem beschrieben werden. Die x_1-Richtung entspreche Osten, die x_2-Richtung Norden. Der Wind laut Wetterbericht kann durch einen Vektor $\vec{w} = \begin{pmatrix} -15 \\ 20 \end{pmatrix}$ dargestellt werden (Angaben in km pro Stunde).

   a) Berechnen Sie die Windgeschwindigkeit.
   b) Die Geschwindigkeit eines Segelboots wird durch den Vektor $\vec{v} = \begin{pmatrix} 25 \\ -10 \end{pmatrix}$ beschrieben. Der scheinbare Wind, den die Insassen wahrnehmen, lässt sich aus $\vec{v}$ und dem Wind $\vec{w}$ bestimmen. Berechnen Sie den Vektor des scheinbaren Windes und seine Geschwindigkeit.

Aufgaben mit Hilfsmitteln

8. Die Skizze zeigt ein Haus mit Walmdach im Grundriss und im Aufriss. Eine Längeneinheit entspricht 1 m.

a) Geben Sie die Koordinaten aller Eckpunkte an und zeichnen Sie das Haus in ein dreidimensionales Koordinatensystem.

b) Zeigen Sie, dass das Dreieck RTS gleichschenklig mit der Basis RT ist. Berechnen Sie den Flächeninhalt dieses Dreiecks.

c) Stellen Sie $\overrightarrow{SV}$ als Linearkombination von $\overrightarrow{TS}$, $\overrightarrow{VU}$ und $\overrightarrow{UT}$ dar. Begründen Sie, dass man $\overrightarrow{SV}$ nicht als Linearkombination von $\overrightarrow{TS}$, $\overrightarrow{TR}$ und $\overrightarrow{SR}$ darstellen kann.

d) Bestimmen Sie die Mittelpunkte der Strecken $\overline{TU}$ und $\overline{SV}$. Berechnen Sie damit und mit dem Ergebnis aus b) den Flächeninhalt der gesamten Dachfläche.

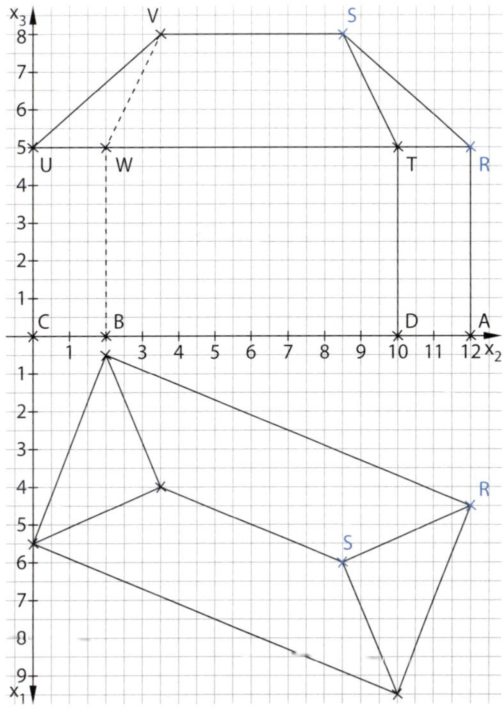

9. An der Mittelmeerküste wird ein unbekanntes Flugobjekt gesichtet, das im Punkt A(4 | 10 | 0) aus dem Meer aufsteigt. Es fliegt zunächst 6 Sekunden lang mit konstanter Geschwindigkeit geradlinig bis zur Position B(−5 | 7 | 6). Dort vollzieht es einen abrupten Kurswechsel und bewegt sich geradlinig weiter bis zur Position C(−2 | 2 | 8). Nach einem weiteren Kurswechsel in Richtung $\vec{v} = \begin{pmatrix} 2 \\ 1 \\ -2 \end{pmatrix}$, taucht es schließlich am Punkt D wieder ins Meer ein. Das Meer befindet sich in der x_1x_2-Ebene. (Alle Angaben in km)

a) Skizzieren Sie die Flugbahn des UFOs in einem geeigneten Koordinatensystem für den Fall $\overrightarrow{CD} = 4\vec{v}$ und lesen Sie die (ganzzahligen) Koordinaten des Eintauchpunktes D ab.

b) Ermitteln Sie rechnerisch die Koordinaten von D und vergleichen Sie sie mit dem Ergebnis aus a). Bestimmen Sie die Länge der Strecke, die das unbekannte Flugobjekt insgesamt zurückgelegt hat.

c) Der Geschwindigkeitsrekord für ein Flugzeug (Turbojet) liegt bei 3529 km/h. Weisen Sie nach, dass das unbekannte Flugobjekt kein Flugzeug sein kann.

d) Auf der Hälfte der Strecke von B nach C verlässt eine schwarze Kugel das UFO und schießt mit einer Geschwindigkeit von 5100 km/h senkrecht nach oben in den Himmel. Bestimmen Sie die Position der Kugel 4 Sekunden, nachdem sie das UFO verlassen hat.

e) Weisen Sie nach, dass die abrupte Kursänderung an der Position B in einem rechten Winkel stattgefunden hat. Bestimmen Sie hierzu einen Punkt E, so dass ABCE ein Parallelogramm ist und zeigen Sie anschließend, dass es sich um ein Rechteck handelt.

Lösungen
↗ S. 295

1. Bestimmen Sie die Koordinaten der Punkte A, C, D, E, F, G und H in der Zeichnung. Alle Kanten außer $\overline{FG}$ und $\overline{EH}$ sind parallel zu Koordinatenachsen.

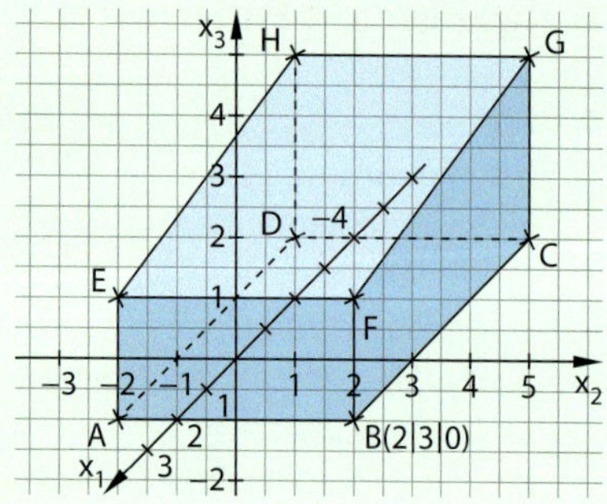

2. Zeichnen Sie ein Koordinatensystem und tragen Sie die Punkte $A(3|5|4)$, $B(-2|5|4)$, $C(5|-4|-6)$ und $D(-3|-3|-3)$ ein.

3. Geben Sie an, auf welchen der drei Koordinatenachsen und in welchen der drei Koordinatenebenen der angegebene Punkt liegt.

$A(4|0|0)$ $B(0|-2|0)$ $C(0|0|10)$ $D(0|0|0)$ $E(0|0|-3)$ $F(-7|0|0)$

4. Beschreiben Sie die Lage aller Punkte,
a) deren x_2-Koordinate 0 ist,
b) deren x_1- und x_3-Koordinaten 0 sind,
c) die in der x_1x_2- und x_1x_3-Ebene liegen,
d) deren x_1-Koordinate -4 ist.

5. Bestimmen Sie die Koordinaten des Vektors $\overrightarrow{PQ}$.
a) $P(1|2)$; $Q(0|0)$
b) $P(1|2|-2)$; $Q(3|4|5)$
c) $P(0|0)$; $Q(5|-2)$
d) $P(1|k|2k)$; $Q(k|2|0)$

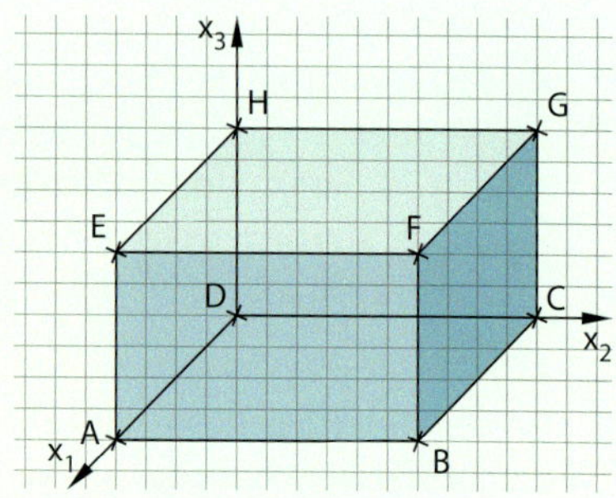

6. Ergänzen Sie die fehlenden Eckpunkte des abgebildeten Quaders im Heft.
a) $\overrightarrow{AE} = \overrightarrow{C\blacksquare}$
b) $\overrightarrow{DH} = \overrightarrow{\blacksquare F}$
c) $\overrightarrow{BG} = \overrightarrow{\blacksquare\blacksquare}$
d) $\overrightarrow{AG} = \overrightarrow{\blacksquare\blacksquare}$

7. Berechnen Sie den Betrag des Vektors.
a) $\vec{v} = \begin{pmatrix} 1 \\ -1 \\ 1 \end{pmatrix}$
b) $\vec{v} = \begin{pmatrix} \sqrt{6} \\ -1 \\ -3 \end{pmatrix}$
c) $\vec{v} = \begin{pmatrix} 2 \\ -\sqrt{2} \\ \frac{1}{2} \end{pmatrix}$
d) $\vec{v} = \begin{pmatrix} -8 \\ 6 \end{pmatrix}$
e) $\vec{v} = \begin{pmatrix} -4 \\ -3 \end{pmatrix}$
f) $\vec{v} = \begin{pmatrix} 1{,}2 \\ -0{,}5 \end{pmatrix}$

8. Berechnen Sie den Abstand der Punkte P und Q.
a) $P(-3|2)$; $Q(2|-1)$
b) $P(1|2|-1)$; $Q(2|3|4)$
c) $P(0|2|-1)$; $Q(2|0|-4)$

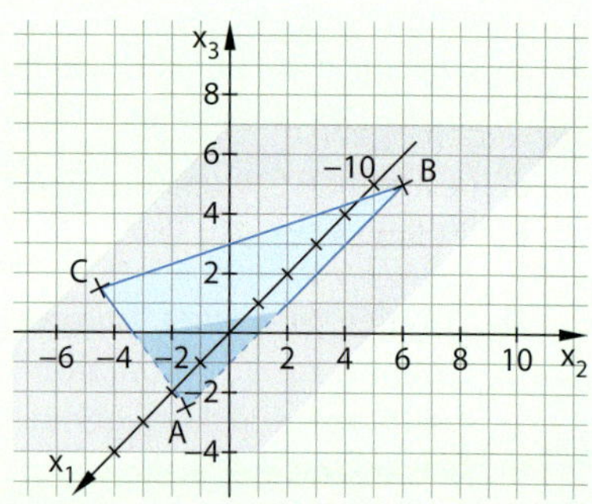

9. Die Punkte $A(-1|-2|-3)$, $B(-2|5|4)$ und $C(1|-4|2)$ bilden das Dreieck ABC.
a) Prüfen Sie für diese Punkte die Gültigkeit der Gleichung $\overrightarrow{AB} + \overrightarrow{BC} = \overrightarrow{AC}$.
b) Berechnen Sie den Umfang des Dreiecks ABC.

10. Berechnen Sie.
a) $\begin{pmatrix} 2 \\ -3 \\ 5 \end{pmatrix} + \begin{pmatrix} -3 \\ 6 \\ -1 \end{pmatrix}$
b) $\begin{pmatrix} 0{,}5 \\ -1{,}2 \\ 0{,}03 \end{pmatrix} + \begin{pmatrix} 1{,}07 \\ -0{,}8 \\ -2 \end{pmatrix}$
c) $\begin{pmatrix} 0 \\ 2 \\ -1 \end{pmatrix} - \begin{pmatrix} -1 \\ 2 \\ -6 \end{pmatrix}$
d) $3 \cdot \begin{pmatrix} -1 \\ 3 \\ 2 \end{pmatrix} + 2 \cdot \begin{pmatrix} 0 \\ 4 \\ -1 \end{pmatrix}$
e) $-4 \cdot \begin{pmatrix} 1 \\ 4 \\ -2 \end{pmatrix} - 3 \cdot \begin{pmatrix} 2 \\ -3 \\ 4 \end{pmatrix}$
f) $-3 \cdot \begin{pmatrix} 1{,}2 \\ -3{,}6 \\ -2{,}1 \end{pmatrix} - 2 \cdot \begin{pmatrix} -1{,}1 \\ 3{,}2 \\ -1{,}7 \end{pmatrix}$

Lösungen
↗ **S. 295/296**

11. Vereinfachen Sie den Term nach den Rechengesetzen für Vektoren.

a) $2 \cdot (\vec{a} + \vec{b} - \vec{c}) + 3 \cdot (\vec{a} - \vec{b} + \vec{c}) - 4 \cdot (\vec{a} + 2\vec{b} - 3\vec{c})$

b) $t \cdot (\vec{a} + \vec{b} - \vec{c}) + (1 - t) \cdot (2\vec{a} + 3\vec{b} + \vec{c})$

12. Berechnen Sie auf geschickte Weise den Betrag des Vektors, indem Sie zuerst einen gemeinsamen Faktor der Koordinaten bestimmen.

a) $\vec{v} = \begin{pmatrix} 49 \\ -42 \\ 42 \end{pmatrix}$ b) $\vec{v} = \begin{pmatrix} -0{,}2 \\ 0{,}2 \\ 0{,}1 \end{pmatrix}$ c) $\vec{v} = \begin{pmatrix} 24 \\ -36 \\ 72 \end{pmatrix}$ d) $\vec{v} = \begin{pmatrix} \frac{1}{18} \\ \frac{2}{9} \\ \frac{4}{9} \end{pmatrix}$

13. Geben Sie an, welcher der Vektoren kollinear zum Vektor $\vec{v} = \begin{pmatrix} 2 \\ -1 \\ 5 \end{pmatrix}$ ist.

$\vec{a} = \begin{pmatrix} 1 \\ -2 \\ 10 \end{pmatrix}$; $\vec{b} = \begin{pmatrix} -4 \\ 2 \\ -10 \end{pmatrix}$; $\vec{c} = \begin{pmatrix} \frac{1}{3} \\ -\frac{1}{6} \\ \frac{5}{6} \end{pmatrix}$; $\vec{d} = \begin{pmatrix} 4 \\ -2 \\ 0 \end{pmatrix}$

14. Die Abbildung zeigt einen regelmäßigen Oktaeder. Der Punkt H ist der Mittelpunkt der Strecke $\overline{AB}$. Geben Sie an, welchen Verbindungsvektor zweier Punkte die Linearkombination von $\vec{a}$, $\vec{b}$ und $\vec{c}$ darstellt.

① $-2\vec{c}$ ② $2\vec{a} + \vec{b}$

③ $\vec{c} + \vec{a} + \frac{1}{2}\vec{b}$ ④ $-\vec{c} - \vec{a} - \frac{1}{2}\vec{b}$

⑤ $\vec{a} + \frac{1}{2}\vec{b} - \vec{c}$ ⑥ $2\vec{a} - \vec{b}$

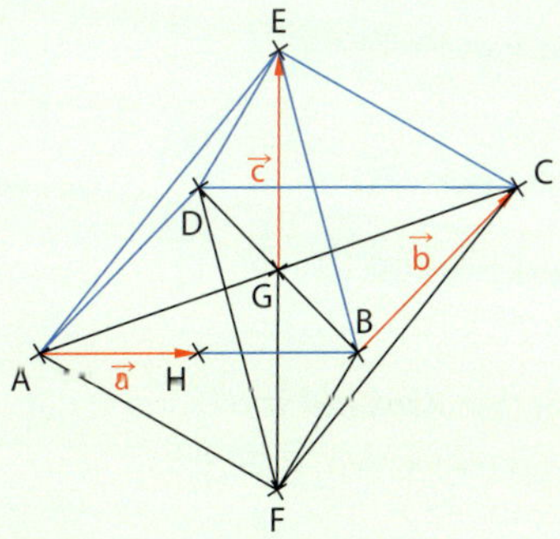

15. Gegeben ist ein Dreieck ABC mit A(1 | 1), B(7 | 2) und C(3 | 5).

a) Beschreiben Sie die Vektoren $\overrightarrow{AB}$, $\overrightarrow{BC}$ und $\overrightarrow{AC}$ als Differenz von Ortsvektoren der Eckpunkte A, B und C.

b) Beschreiben Sie die Ortsvektoren der Mittelpunkte E, F und G der Dreiecksseiten als Linearkombination von Ortsvektoren oder Verbindungsvektoren der Eckpunkte des Dreiecks.

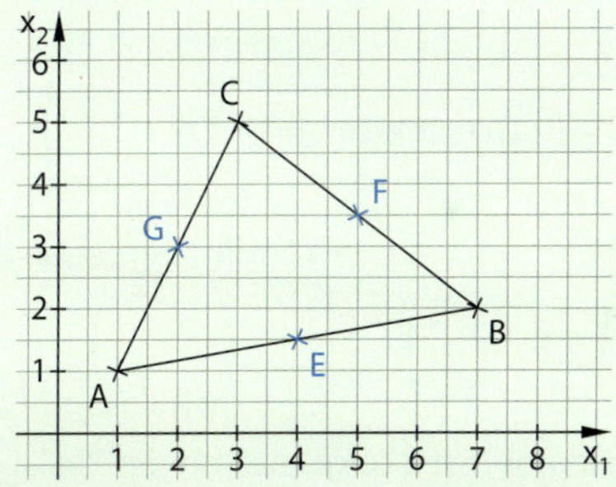

16. Gegeben sind die Punkte A(−1 | −2 | 1), B(7 | 2 | 2) und C(11 | 9 | 6).

a) Bestimmen Sie die Koordinaten des Punktes D so, dass ABCD ein Parallelogramm ist.

b) Prüfen Sie, ob ABCD eine Raute ist.

17. Durch A(−1 | −2 | 1), $\overrightarrow{AB} = \begin{pmatrix} 4 \\ 6 \\ -2 \end{pmatrix}$, $\overrightarrow{AD} = \begin{pmatrix} -2 \\ 2 \\ 1 \end{pmatrix}$ und $\overrightarrow{DC} = \begin{pmatrix} 2 \\ 3 \\ a \end{pmatrix}$ ist ein Viereck ABCD gegeben.

a) Bestimmen Sie die Variable a so, dass ABCD ein Trapez ist.

b) Geben Sie die Koordinaten aller Eckpunkte an.

18. Eine Fähre legt im Punkt A(−100 | 500) am Ufer eines Flusses ab. Bei stehendem Gewässer würde sie sich pro Minute um den Vektor $\vec{v} = \begin{pmatrix} 150 \\ -100 \end{pmatrix}$ bewegen (1 LE = 1 m). Die Fließgeschwindigkeit des Wassers pro Minute ist durch $\vec{w} = \begin{pmatrix} -100 \\ -50 \end{pmatrix}$ gegeben.

a) Geben Sie den Vektor der tatsächlichen Bewegung der Fähre pro Minute an.

b) Berechnen Sie die Geschwindigkeit der Fähre in m/min und km/h.

c) Ermitteln Sie, wie viele Minuten die Fähre zum Punkt B(100 | −100) benötigt.

Zusammenfassung

Punkte im Raum

Die Lage eines Punktes im Raum gibt man in der Form $P(x_1|x_2|x_3)$ mit **drei Koordinaten** an. Diese geben an, wo in Bezug auf die Richtung der jeweiligen **Koordinatenachse** sich der Punkt im **dreidimensionalen Koordinatensystem** befindet.

Punkte $P(4|3|1)$ und $Q(4|-1|1)$ im dreidimensionalen Koordinatensystem

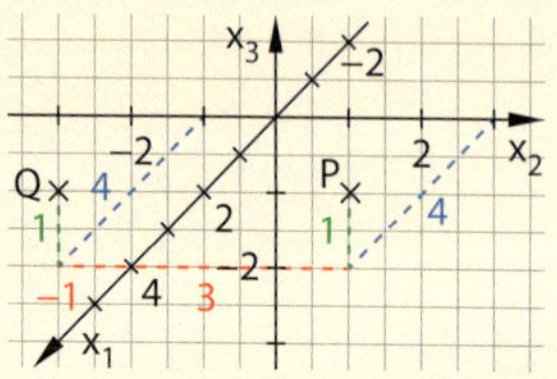

Vektoren

Ein **dreidimensionaler Vektor** $\vec{v} = \begin{pmatrix} v_1 \\ v_2 \\ v_3 \end{pmatrix}$ beschreibt eine **Verschiebung im Raum**. Die zugehörigen **Vektorpfeile** sind durch ihre **Länge** und **Richtung** gekennzeichnet.

Der **Betrag** $|\vec{v}|$ eines Vektors ist die Länge seiner Vektorpfeile im Koordinatensystem.
$|\vec{v}| = \sqrt{v_1^2 + v_2^2 + v_3^2}$

Der Vektor $v = \begin{pmatrix} 2 \\ 4 \\ 2 \end{pmatrix}$ wird durch Pfeile im Koordinatensystem dargestellt.

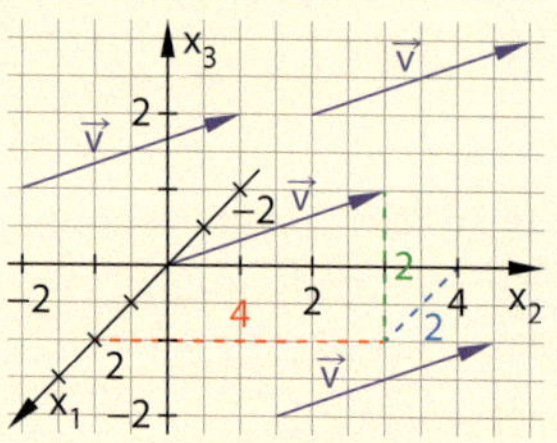

Betrag: $|\vec{v}| = \sqrt{2^2 + 4^2 + 2^2} = \sqrt{24} \approx 4{,}9$

Orts- und Verbindungsvektoren

Der Vektor $\overrightarrow{PQ} = \begin{pmatrix} q_1 - p_1 \\ q_2 - p_2 \\ q_3 - p_3 \end{pmatrix}$ ist der **Verbindungsvektor** vom Punkt $P(p_1|p_2|p_3)$ zum Punkt $Q(q_1|q_2|q_3)$.

Für den **Abstand** von P und Q gilt:
$|\overrightarrow{PQ}| = \sqrt{(q_1 - p_1)^2 + (q_2 - p_2)^2 + (q_3 - p_3)^2}$

Der Verbindungsvektor $\overrightarrow{OP}$ vom Koordinatenursprung O zu einem Punkt $P(p_1|p_2|p_3)$ heißt **Ortsvektor** von P: $\overrightarrow{OP} = \begin{pmatrix} p_1 \\ p_2 \\ p_3 \end{pmatrix}$

$P(2|-1|3)$
$Q(2|4|2)$

Ortsvektoren:
$\overrightarrow{OP} = \begin{pmatrix} 2 \\ -1 \\ 3 \end{pmatrix}$

$\overrightarrow{OQ} = \begin{pmatrix} 2 \\ 4 \\ 2 \end{pmatrix}$

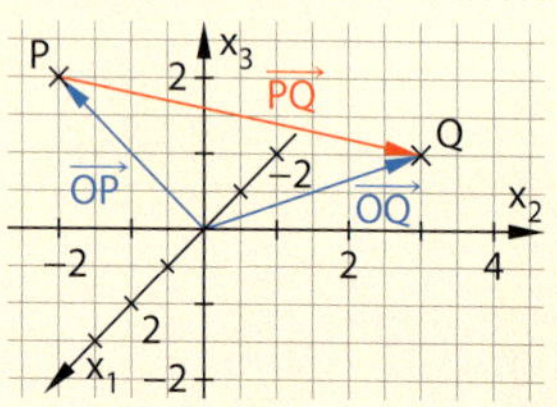

Verbindungsvektor: $\overrightarrow{PQ} = \begin{pmatrix} 2-2 \\ 4-(-1) \\ 2-3 \end{pmatrix} = \begin{pmatrix} 0 \\ 5 \\ -1 \end{pmatrix}$

Abstand von P und Q:
$|\overrightarrow{PQ}| = \sqrt{0^2 + 5^2 + (-1)^2} = \sqrt{26} \approx 5{,}1$

Addition von Vektoren

Vektoren werden koordinatenweise addiert:
$\vec{a} + \vec{b} = \begin{pmatrix} a_1 \\ a_2 \\ a_3 \end{pmatrix} + \begin{pmatrix} b_1 \\ b_2 \\ b_3 \end{pmatrix} = \begin{pmatrix} a_1 + b_1 \\ a_2 + b_2 \\ a_3 + b_3 \end{pmatrix}$

Geometrisch trägt man an die Pfeilspitze von $\vec{a}$ das Pfeilende von $\vec{b}$ an.

Für drei Punkte P, Q und R gilt: $\overrightarrow{PQ} + \overrightarrow{QR} = \overrightarrow{PR}$

$\vec{a} = \begin{pmatrix} 2 \\ 4 \\ 2 \end{pmatrix}$

$\vec{b} = \begin{pmatrix} -2 \\ 1 \\ -3 \end{pmatrix}$

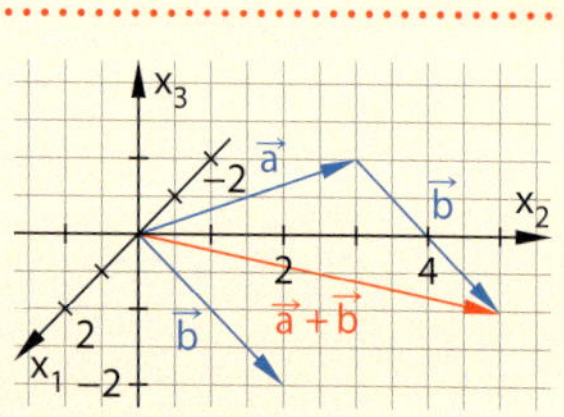

$\vec{a} + \vec{b} = \begin{pmatrix} 2+(-2) \\ 4+1 \\ 2+(-3) \end{pmatrix} = \begin{pmatrix} 0 \\ 5 \\ -1 \end{pmatrix}$

Vielfache von Vektoren

Bei der Multiplikation eines Vektors $\vec{a}$ mit einer reellen Zahl r wird jede Koordinate des Vektors mit der Zahl r multipliziert:
$r \cdot \vec{a} = r \cdot \begin{pmatrix} a_1 \\ a_2 \\ a_3 \end{pmatrix} = \begin{pmatrix} r \cdot a_1 \\ r \cdot a_2 \\ r \cdot a_3 \end{pmatrix}$

$\vec{a} = \begin{pmatrix} 2 \\ 4 \\ 2 \end{pmatrix}$

$(-0{,}5) \cdot \vec{a}$
$= \begin{pmatrix} -0{,}5 \cdot 2 \\ -0{,}5 \cdot 4 \\ -0{,}5 \cdot 2 \end{pmatrix} = \begin{pmatrix} -1 \\ -2 \\ -1 \end{pmatrix}$

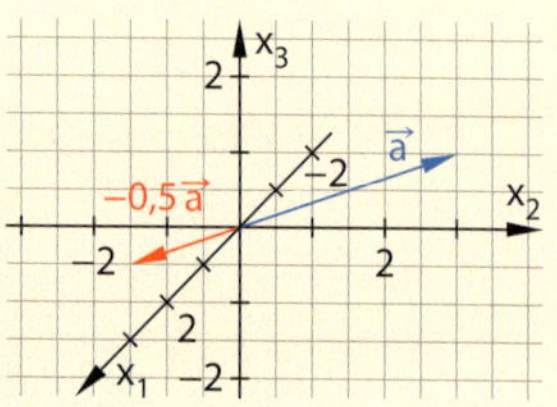

Kollinearität

Zwei Vektoren $\vec{a} \neq \vec{0}$ und $\vec{b} \neq \vec{0}$ heißen **kollinear**, wenn es eine reelle Zahl r gibt mit $\vec{b} = r \cdot \vec{a}$. Die Vektorpfeile kollinearer Vektoren sind **parallel** zueinander.

$\vec{a} = \begin{pmatrix} 1 \\ -2 \\ 3 \end{pmatrix}, \vec{b} = \begin{pmatrix} 2 \\ -4 \\ 6 \end{pmatrix}$ $\quad \vec{b} = \begin{pmatrix} 2 \cdot 1 \\ 2 \cdot (-2) \\ 2 \cdot 3 \end{pmatrix} = 2 \cdot \vec{a}$

$\vec{a}$ und $\vec{b}$ sind kollinear.

2. Geraden und Ebenen

Basstölpel können Fische aus großer Höhe erspähen und stürzen zur Jagd mit bis zu 100 km/h auf die Wasseroberfläche zu. Ihre Flugbahn verläuft dabei nahezu geradlinig. Zu welcher Zeit sie ihre Beute erreichen, lässt sich gut mit Geraden und Ebenen modellieren.

Nach diesem Kapitel können Sie …

- Geraden und Ebenen mit Parametergleichungen beschreiben,
- Ebenen in Normalen- und Koordinatenform darstellen,
- Lagebeziehungen von Geraden und Ebenen ermitteln,
- Scharen von Geraden und Ebenen untersuchen
- Spurpunkte und Spurgeraden bestimmen,
- Skalarprodukte berechnen und geometrisch deuten.

Lösungen ↗ S. 296/297

Punkte und Vektoren

1. Bestimmen Sie den Vektor, der vom Punkt A aus zum Punkt B verläuft.
   a) A(3 | 2 | 1) B(6 | 7 | 9) b) A(2 | 1 | 1) B(7 | 6 | 8) c) A(−2 | −4 | −2) B(7 | 8 | 5)

2. Berechnen Sie den Abstand der Punkte A und B.
   a) A(2 | 3) B(5 | −1) b) A(0 | 1 | 2) B(−1 | 4 | 2) c) A(−2 | 1 | −2) B(−6 | −5 | −7)

3. Berechnen Sie.
   a) $\begin{pmatrix} 3 \\ 2 \\ -1 \end{pmatrix} + \begin{pmatrix} -5 \\ 0 \\ 2 \end{pmatrix}$ b) $\frac{1}{4} \cdot \begin{pmatrix} 4 \\ -16 \\ 0 \end{pmatrix}$ c) $(-7) \cdot \begin{pmatrix} -11 \\ -3 \\ 5 \end{pmatrix} + (-7) \cdot \begin{pmatrix} 9 \\ 3 \\ -4 \end{pmatrix}$

4. Prüfen Sie, ob die Vektoren $\vec{v}$ und $\vec{w}$ kollinear sind.
   a) $\vec{v} = \begin{pmatrix} 2 \\ 4 \\ 5 \end{pmatrix}; \vec{w} = \begin{pmatrix} 4 \\ 8 \\ 10 \end{pmatrix}$ b) $\vec{v} = \begin{pmatrix} 2 \\ 4 \\ 3 \end{pmatrix}; \vec{w} = \begin{pmatrix} 6 \\ 12 \\ 6 \end{pmatrix}$ c) $\vec{v} = \begin{pmatrix} -9 \\ -6 \\ -12 \end{pmatrix}; \vec{w} = \begin{pmatrix} 3 \\ 2 \\ 4 \end{pmatrix}$

5. Betrachten Sie den abgebildeten Quader.
   a) Geben Sie die Koordinaten der Eckpunkte an.
   b) Bestimmen Sie die Vektoren $\overrightarrow{AB}$ und $\overrightarrow{FG}$.
   c) Zeigen Sie, dass die Kanten $\overline{AB}$ und $\overline{EF}$ zueinander parallel verlaufen.

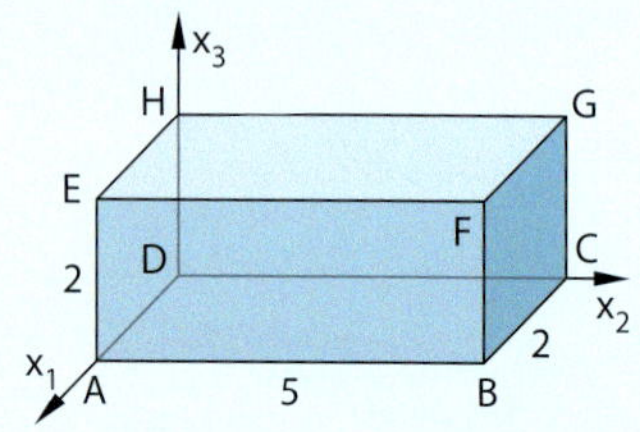

6. Untersuchen Sie, ob der Vektor $\vec{v}$ eine Linearkombination der Vektoren $\vec{a}$ und $\vec{b}$ ist.
   a) $\vec{v} = \begin{pmatrix} 5 \\ -6 \\ 0 \end{pmatrix}; \vec{a} = \begin{pmatrix} 1 \\ -2 \\ 2 \end{pmatrix}; \vec{b} = \begin{pmatrix} -6 \\ 4 \\ 8 \end{pmatrix}$ b) $\vec{v} = \begin{pmatrix} 8 \\ 4 \\ 11 \end{pmatrix}; \vec{a} = \begin{pmatrix} 1 \\ -2 \\ 4 \end{pmatrix}; \vec{b} = \begin{pmatrix} 3 \\ -2 \\ 5 \end{pmatrix}$

7. Gegeben sind $\vec{a} = \begin{pmatrix} -1 \\ 3 \\ 5 \end{pmatrix}$, $\vec{b} = \begin{pmatrix} 3 \\ 2 \\ 0 \end{pmatrix}$ und $\vec{c} = \begin{pmatrix} 1 \\ -3 \\ 2 \end{pmatrix}$. Bestimmen Sie $\vec{x}$.
   a) $\vec{x} = 2\vec{a}$ b) $\vec{x} = 3{,}5\vec{b}$ c) $\vec{x} = (-2)\vec{c}$
   d) $3(\vec{x} - 2\vec{c}) = 2\vec{x} + \vec{b}$ e) $-4\vec{x} + 2\vec{a} = \vec{0}$ f) $4\vec{x} = \vec{a} - 2\vec{c} + \vec{b}$

8. Die Figur ist ein dreiseitiges Prisma.
   a) Geben Sie die Koordinaten der Verbindungsvektoren $\overrightarrow{AB}$, $\overrightarrow{BC}$ und $\overrightarrow{AC}$ an.
   b) Berechnen Sie die Seitenlängen des Dreiecks ABC.
   c) Zeigen Sie: $\overrightarrow{BC} = \overrightarrow{EF}$
   d) Berechnen Sie die Koordinaten von D so, dass ABCD ein Parallelogramm ist.

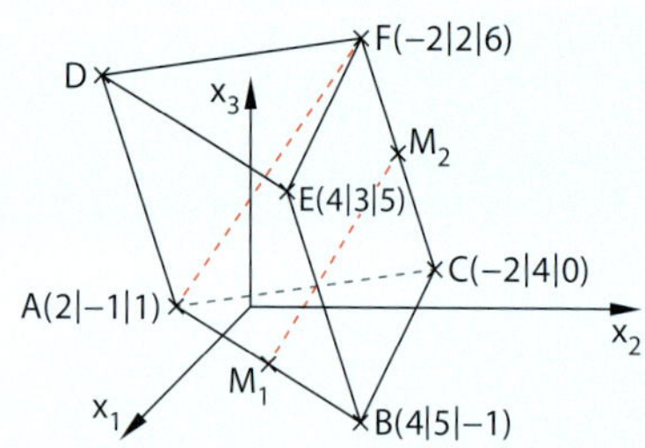

9. M_1 und M_2 sind Seitenmittelpunkte des Prismas aus Aufgabe 8.
   a) Zeigen Sie mithilfe einer Skizze, dass für den Ortsvektor von M_1 gilt:
   $\overrightarrow{OM_1} = \overrightarrow{OA} + \frac{1}{2}\overrightarrow{AB}$
   b) Zeigen Sie durch Umformen, dass gilt:
   $\overrightarrow{OM_1} = \overrightarrow{OA} + \frac{1}{2}\overrightarrow{AB} = \frac{1}{2}\left(\overrightarrow{OA} + \overrightarrow{OB}\right)$
   c) Berechnen Sie die Koordinaten von M_1 und M_2.
   d) Prüfen Sie rechnerisch, ob $\overline{AF}$ parallel zu $\overline{M_1M_2}$ ist.

2. Geraden und Ebenen

Basstölpel können Fische aus großer Höhe erspähen und stürzen zur Jagd mit bis zu 100 km/h auf die Wasseroberfläche zu. Ihre Flugbahn verläuft dabei nahezu geradlinig. Zu welcher Zeit sie ihre Beute erreichen, lässt sich gut mit Geraden und Ebenen modellieren.

Nach diesem Kapitel können Sie …

- Geraden und Ebenen mit Parametergleichungen beschreiben,
- Ebenen in Normalen- und Koordinatenform darstellen,
- Lagebeziehungen von Geraden und Ebenen ermitteln,
- Scharen von Geraden und Ebenen untersuchen
- Spurpunkte und Spurgeraden bestimmen,
- Skalarprodukte berechnen und geometrisch deuten.

Lösungen
↗ S. 296/297

Punkte und Vektoren

1. Bestimmen Sie den Vektor, der vom Punkt A aus zum Punkt B verläuft.
   a) $A(3|2|1)$ $B(6|7|9)$ b) $A(2|1|1)$ $B(7|6|8)$ c) $A(-2|-4|-2)$ $B(7|8|5)$

2. Berechnen Sie den Abstand der Punkte A und B.
   a) $A(2|3)$ $B(5|-1)$ b) $A(0|1|2)$ $B(-1|4|2)$ c) $A(-2|1|-2)$ $B(-6|-5|-7)$

3. Berechnen Sie.
   a) $\begin{pmatrix} 3 \\ 2 \\ -1 \end{pmatrix} + \begin{pmatrix} -5 \\ 0 \\ 2 \end{pmatrix}$ b) $\frac{1}{4} \cdot \begin{pmatrix} 4 \\ -16 \\ 0 \end{pmatrix}$ c) $(-7) \cdot \begin{pmatrix} -11 \\ -3 \\ 5 \end{pmatrix} + (-7) \cdot \begin{pmatrix} 9 \\ 3 \\ -4 \end{pmatrix}$

4. Prüfen Sie, ob die Vektoren $\vec{v}$ und $\vec{w}$ kollinear sind.
   a) $\vec{v} = \begin{pmatrix} 2 \\ 4 \\ 5 \end{pmatrix}; \vec{w} = \begin{pmatrix} 4 \\ 8 \\ 10 \end{pmatrix}$ b) $\vec{v} = \begin{pmatrix} 2 \\ 4 \\ 3 \end{pmatrix}; \vec{w} = \begin{pmatrix} 6 \\ 12 \\ 6 \end{pmatrix}$ c) $\vec{v} = \begin{pmatrix} -9 \\ -6 \\ -12 \end{pmatrix}; \vec{w} = \begin{pmatrix} 3 \\ 2 \\ 4 \end{pmatrix}$

5. Betrachten Sie den abgebildeten Quader.
   a) Geben Sie die Koordinaten der Eckpunkte an.
   b) Bestimmen Sie die Vektoren $\overrightarrow{AB}$ und $\overrightarrow{FG}$.
   c) Zeigen Sie, dass die Kanten $\overline{AB}$ und $\overline{EF}$ zueinander parallel verlaufen.

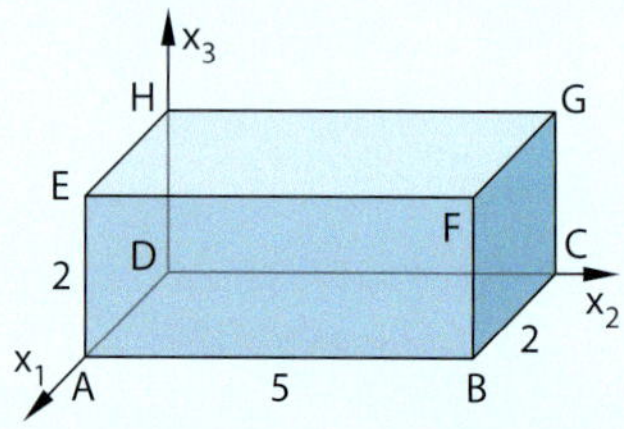

6. Untersuchen Sie, ob der Vektor $\vec{v}$ eine Linearkombination der Vektoren $\vec{a}$ und $\vec{b}$ ist.
   a) $\vec{v} = \begin{pmatrix} 5 \\ -6 \\ 0 \end{pmatrix}; \vec{a} = \begin{pmatrix} 1 \\ -2 \\ 2 \end{pmatrix}; \vec{b} = \begin{pmatrix} -6 \\ 4 \\ 8 \end{pmatrix}$ b) $\vec{v} = \begin{pmatrix} 8 \\ 4 \\ 11 \end{pmatrix}; \vec{a} = \begin{pmatrix} 1 \\ -2 \\ 4 \end{pmatrix}; \vec{b} = \begin{pmatrix} 3 \\ -2 \\ 5 \end{pmatrix}$

7. Gegeben sind $\vec{a} = \begin{pmatrix} -1 \\ 3 \\ 5 \end{pmatrix}$, $\vec{b} = \begin{pmatrix} 3 \\ 2 \\ 0 \end{pmatrix}$ und $\vec{c} = \begin{pmatrix} 1 \\ -3 \\ 2 \end{pmatrix}$. Bestimmen Sie $\vec{x}$.
   a) $\vec{x} = 2\vec{a}$ b) $\vec{x} = 3{,}5\vec{b}$ c) $\vec{x} = (-2)\vec{c}$
   d) $3(\vec{x} - 2\vec{c}) = 2\vec{x} + \vec{b}$ e) $-4\vec{x} + 2\vec{a} = \vec{0}$ f) $4\vec{x} = \vec{a} - 2\vec{c} + \vec{b}$

8. Die Figur ist ein dreiseitiges Prisma.
   a) Geben Sie die Koordinaten der Verbindungsvektoren $\overrightarrow{AB}$, $\overrightarrow{BC}$ und $\overrightarrow{AC}$ an.
   b) Berechnen Sie die Seitenlängen des Dreiecks ABC.
   c) Zeigen Sie: $\overrightarrow{BC} = \overrightarrow{EF}$
   d) Berechnen Sie die Koordinaten von D so, dass ABCD ein Parallelogramm ist.

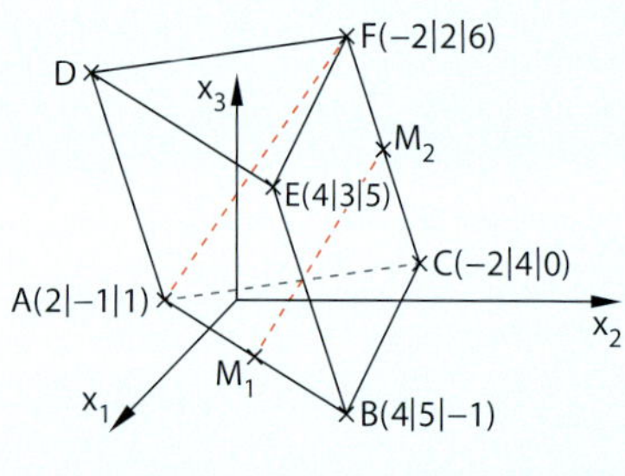

9. M_1 und M_2 sind Seitenmittelpunkte des Prismas aus Aufgabe 8.
   a) Zeigen Sie mithilfe einer Skizze, dass für den Ortsvektor von M_1 gilt:
   $\overrightarrow{OM_1} = \overrightarrow{OA} + \frac{1}{2}\overrightarrow{AB}$
   b) Zeigen Sie durch Umformen, dass gilt:
   $\overrightarrow{OM_1} = \overrightarrow{OA} + \frac{1}{2}\overrightarrow{AB} = \frac{1}{2}(\overrightarrow{OA} + \overrightarrow{OB})$
   c) Berechnen Sie die Koordinaten von M_1 und M_2.
   d) Prüfen Sie rechnerisch, ob $\overline{AF}$ parallel zu $\overline{M_1M_2}$ ist.

2. Geraden und Ebenen

Basstölpel können Fische aus großer Höhe erspähen und stürzen zur Jagd mit bis zu 100 km/h auf die Wasseroberfläche zu. Ihre Flugbahn verläuft dabei nahezu geradlinig. Zu welcher Zeit sie ihre Beute erreichen, lässt sich gut mit Geraden und Ebenen modellieren.

Nach diesem Kapitel können Sie …

- Geraden und Ebenen mit Parametergleichungen beschreiben,
- Ebenen in Normalen- und Koordinatenform darstellen, Lagebeziehungen von Geraden und Ebenen ermitteln,
- Scharen von Geraden und Ebenen untersuchen
- Spurpunkte und Spurgeraden bestimmen,
- Skalarprodukte berechnen und geometrisch deuten.

Lösungen
↗ S. 296/297

Punkte und Vektoren

1. Bestimmen Sie den Vektor, der vom Punkt A aus zum Punkt B verläuft.

a) A(3|2|1) B(6|7|9) b) A(2|1|1) B(7|6|8) c) A(−2|−4|−2) B(7|8|5)

2. Berechnen Sie den Abstand der Punkte A und B.

a) A(2|3) B(5|−1) b) A(0|1|2) B(−1|4|2) c) A(−2|1|−2) B(−6|−5|−7)

3. Berechnen Sie.

a) $\begin{pmatrix} 3 \\ 2 \\ -1 \end{pmatrix} + \begin{pmatrix} -5 \\ 0 \\ 2 \end{pmatrix}$ b) $\frac{1}{4} \cdot \begin{pmatrix} 4 \\ -16 \\ 0 \end{pmatrix}$ c) $(-7) \cdot \begin{pmatrix} -11 \\ -3 \\ 5 \end{pmatrix} + (-7) \cdot \begin{pmatrix} 9 \\ 3 \\ -4 \end{pmatrix}$

4. Prüfen Sie, ob die Vektoren $\vec{v}$ und $\vec{w}$ kollinear sind.

a) $\vec{v} = \begin{pmatrix} 2 \\ 4 \\ 5 \end{pmatrix}; \vec{w} = \begin{pmatrix} 4 \\ 8 \\ 10 \end{pmatrix}$ b) $\vec{v} = \begin{pmatrix} 2 \\ 4 \\ 3 \end{pmatrix}; \vec{w} = \begin{pmatrix} 6 \\ 12 \\ 6 \end{pmatrix}$ c) $\vec{v} = \begin{pmatrix} -9 \\ -6 \\ -12 \end{pmatrix}; \vec{w} = \begin{pmatrix} 3 \\ 2 \\ 4 \end{pmatrix}$

5. Betrachten Sie den abgebildeten Quader.

a) Geben Sie die Koordinaten der Eckpunkte an.

b) Bestimmen Sie die Vektoren $\overrightarrow{AB}$ und $\overrightarrow{FG}$.

c) Zeigen Sie, dass die Kanten $\overline{AB}$ und $\overline{EF}$ zueinander parallel verlaufen.

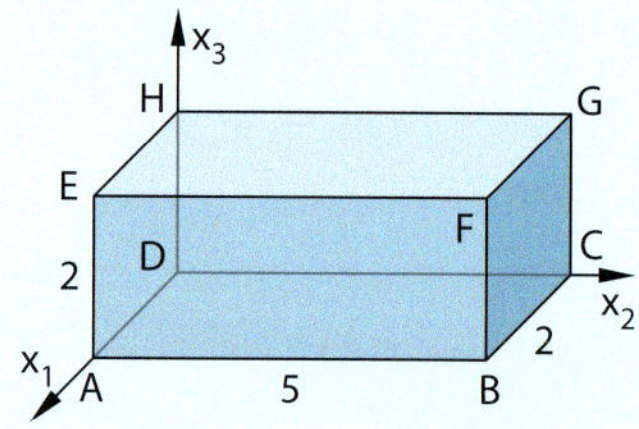

6. Untersuchen Sie, ob der Vektor $\vec{v}$ eine Linearkombination der Vektoren $\vec{a}$ und $\vec{b}$ ist.

a) $\vec{v} = \begin{pmatrix} 5 \\ -6 \\ 0 \end{pmatrix}; \vec{a} = \begin{pmatrix} 1 \\ -2 \\ 2 \end{pmatrix}; \vec{b} = \begin{pmatrix} -6 \\ 4 \\ 8 \end{pmatrix}$ b) $\vec{v} = \begin{pmatrix} 8 \\ 4 \\ 11 \end{pmatrix}; \vec{a} = \begin{pmatrix} 1 \\ -2 \\ 4 \end{pmatrix}; \vec{b} = \begin{pmatrix} 3 \\ -2 \\ 5 \end{pmatrix}$

7. Gegeben sind $\vec{a} = \begin{pmatrix} -1 \\ 3 \\ 5 \end{pmatrix}$, $\vec{b} = \begin{pmatrix} 3 \\ 2 \\ 0 \end{pmatrix}$ und $\vec{c} = \begin{pmatrix} 1 \\ -3 \\ 2 \end{pmatrix}$. Bestimmen Sie $\vec{x}$.

a) $\vec{x} = 2\vec{a}$ b) $\vec{x} = 3{,}5\vec{b}$ c) $\vec{x} = (-2)\vec{c}$

d) $3(\vec{x} - 2\vec{c}) = 2\vec{x} + \vec{b}$ e) $-4\vec{x} + 2\vec{a} = \vec{0}$ f) $4\vec{x} = \vec{a} - 2\vec{c} + \vec{b}$

8. Die Figur ist ein dreiseitiges Prisma.

a) Geben Sie die Koordinaten der Verbindungsvektoren $\overrightarrow{AB}$, $\overrightarrow{BC}$ und $\overrightarrow{AC}$ an.

b) Berechnen Sie die Seitenlängen des Dreiecks ABC.

c) Zeigen Sie: $\overrightarrow{BC} = \overrightarrow{EF}$

d) Berechnen Sie die Koordinaten von D so, dass ABCD ein Parallelogramm ist.

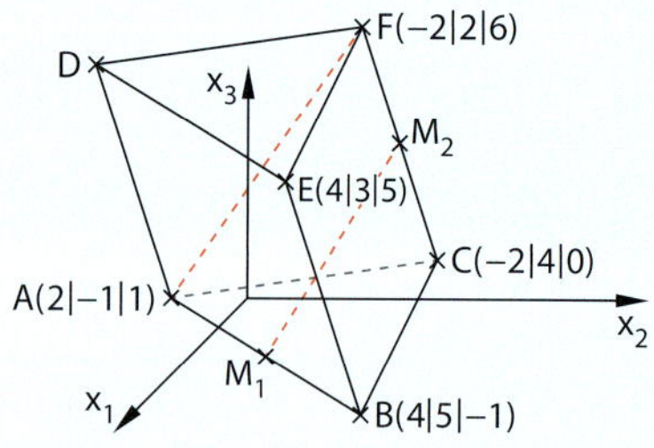

9. M_1 und M_2 sind Seitenmittelpunkte des Prismas aus Aufgabe 8.

a) Zeigen Sie mithilfe einer Skizze, dass für den Ortsvektor von M_1 gilt:
$\overrightarrow{OM_1} = \overrightarrow{OA} + \frac{1}{2}\overrightarrow{AB}$

b) Zeigen Sie durch Umformen, dass gilt:
$\overrightarrow{OM_1} = \overrightarrow{OA} + \frac{1}{2}\overrightarrow{AB} = \frac{1}{2}(\overrightarrow{OA} + \overrightarrow{OB})$

c) Berechnen Sie die Koordinaten von M_1 und M_2.

d) Prüfen Sie rechnerisch, ob $\overline{AF}$ parallel zu $\overline{M_1M_2}$ ist.

10. Die Vektoren $\vec{s} = \begin{pmatrix} -20 \\ 30 \end{pmatrix}$ und $\vec{w} = \begin{pmatrix} 50 \\ 40 \end{pmatrix}$ beschreiben, um wie viel Meter pro Minute Strömung und Wind ein Segelboot bewegen. Ermitteln Sie den Vektor $\vec{v}$ für die Bewegung des Bootes pro Minute und seine Geschwindigkeit in km/h.

Lösungen ↗ S. 297/298

11. Gegeben ist das Dreieck ABC mit $A(2|-4|0)$, $B(-5|2|3)$ und $C(4|0|6)$.

a) Zeigen Sie, dass das Dreieck gleichschenklig, aber nicht gleichseitig ist.

b) Bestimmen Sie die Koordinaten des Seitenmittelpunktes der Basis von ABC. Berechnen Sie mithilfe dessen den Flächeninhalt des Dreiecks.

12. Beschreiben Sie die Menge aller Punkte $P(x_1|x_2|x_3)$ mit der angegebenen Eigenschaft.

① $x_3 = 0$ ② $x_1 = x_2 = 0$ ③ $x_2 = 3$ ④ $x_1 = x_2$

Lineare Gleichungssysteme

13. Lösen Sie das Gleichungssystem. Geben Sie jeweils an, welches Lösungsverfahren besonders geeignet ist (Gleichsetzungs-, Einsetzungs-, Additionsverfahren).

a) $\begin{vmatrix} y = -2x + 19 \\ y = x - 2 \end{vmatrix}$ b) $\begin{vmatrix} y = 3x - 7 \\ 4x + 2y = 16 \end{vmatrix}$ c) $\begin{vmatrix} 2x + 5y = 2 \\ 6x - 2y = 40 \end{vmatrix}$ d) $\begin{vmatrix} 2x + 5y = 16 \\ 5x + 7y = 18 \end{vmatrix}$

14. Lösen Sie mit dem Additionsverfahren. Nicht alle Aufgaben sind eindeutig lösbar.

a) $\begin{vmatrix} 2x - 3y = 14 \\ 4x + 3y = 10 \end{vmatrix}$ b) $\begin{vmatrix} -x + 6y = 3 \\ 3x - 2y = 7 \end{vmatrix}$ c) $\begin{vmatrix} \frac{1}{2}x + \frac{3}{4}y = 5 \\ -2x + y = 12 \end{vmatrix}$ d) $\begin{vmatrix} 27x - 2y = 1 \\ -12x + y = 0 \end{vmatrix}$

e) $\begin{vmatrix} 4x - 2y = 3 \\ 8x - 4y = 4 \end{vmatrix}$ f) $\begin{vmatrix} -3x - 2y = -6 \\ 5x + 32y = 8 \end{vmatrix}$ g) $\begin{vmatrix} \frac{1}{2}x - \frac{3}{4}y = -6 \\ \frac{1}{3}x - \frac{1}{2}y = -4 \end{vmatrix}$ h) $\begin{vmatrix} 19x - 3y = -23 \\ -7x - 2y = 24 \end{vmatrix}$

15. Geben Sie an, ob das lineare Gleichungssystem keine Lösung, genau eine Lösung oder unendlich viele Lösungen hat.

a) $\begin{vmatrix} 2x + 2y = -4 \\ 2x + y = 0 \end{vmatrix}$ b) $\begin{vmatrix} 2x + y = 1 \\ x + 0{,}5y = 0{,}5 \end{vmatrix}$ c) $\begin{vmatrix} x + y = 1 \\ y = 2 - x \end{vmatrix}$

16. Gegeben ist das Gleichungssystem $\begin{vmatrix} x + ay = 10 \\ x - y = b \end{vmatrix}$.

Ersetzen Sie die Parameter a und b so durch Zahlen, dass das Gleichungssystem

a) keine Lösung, b) unendlich viele Lösungen, c) die Lösung $(5|-1)$ hat.

Vermischtes

17. Gegeben ist die Funktion f mit der Gleichung $f(x) = mx + 1$.

a) Ermitteln Sie die Steigung m so, dass das Zahlenpaar $(-6|4)$ zur Funktion f gehört.

b) Geben Sie eine Funktionsgleichung einer Funktion g an, deren Graph parallel zum Graphen der Funktion f durch den Punkt $P(1|1{,}5)$ verläuft.

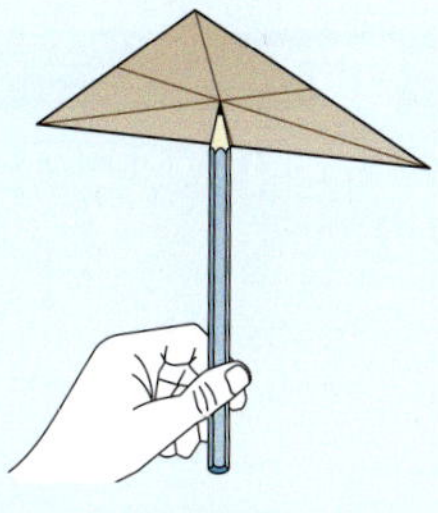

18. In der Abbildung wird ein Dreieck auf einem Bleistift balanciert. Wie findet man den Punkt des Dreiecks, um das Dreieck zu balancieren? Erproben Sie es mit einem Pappdreieck.

19. Eine 5 cm hohe gerade Pyramide hat eine quadratische Grundfläche (a = 5 cm). Berechnen Sie den Oberflächeninhalt und das Volumen der Pyramide.

2.1 Lineare Gleichungssysteme

■ a) Lösen Sie das folgende lineare Gleichungssystem (LGS) mit dem Additionsverfahren.
b) Zeigen Sie, dass sich aus dem linken LGS das rechte LGS herleiten lässt, ohne dass sich dabei die Lösungsmenge ändert. ■

$$\left|\begin{array}{l} 3x + 4y = 5 \\ 2x - 2y = 8 \end{array}\right|$$

$$\left|\begin{array}{rl} 2x + 3y + z &= 10 \\ 2y - z &= -1 \\ -2y + 2z &= 4 \end{array}\right| \qquad \left|\begin{array}{rl} 2x + 3y + z &= 10 \\ 2y - z &= -1 \\ z &= 3 \end{array}\right|$$

Lösungsverfahren

Ein lineares Gleichungssystem mit drei oder mehr Variablen ist leicht lösbar, wenn es in der nebenstehenden Form vorliegt.

$$\left|\begin{array}{rl} x + y - z &= -4 \\ 8y + z &= -11 \\ 2z &= 10 \end{array}\right|$$

Aus der dritten Gleichung ergibt sich der Wert von z = 5. Durch Rückeinsetzen in die zweite Gleichung ergibt sich y = −2. Rückeinsetzen von y = −2 und z = 5 in die erste Gleichung liefert schließlich x = 3.

$2z = 10$ also $z = 5$ (Rückeinsetzung in II)
$8y + 5 = -11$ also $y = -2$ (Rückeinsetzung in I)
$x - 2 - 5 = -4$ also $x = 3$

Lösungsmenge: $L = \{(3 \mid -2 \mid 5)\}$

Diese Gestalt, bei der jede Gleichung eine Variable weniger hat als die über ihr stehende, wird als **Zeilenstufenform (ZSF)** bezeichnet. Ein beliebiges lineares Gleichungssystem kann mit drei Arten von Umformungen auf Zeilenstufenform gebracht werden, ohne dass sich dabei die Lösungsmenge ändert.

Wissen: Äquivalenzumformungen zur Herstellung einer Zeilenstufenform
Die folgenden Umformungen ändern die Lösungsmenge eines linearen Gleichungssystems nicht.
① Zwei Gleichungen werden vertauscht.
② Eine Gleichung wird mit einer Zahl $c \neq 0$ multipliziert.
③ Eine Gleichung wird durch die Summe/Differenz dieser Gleichung mit einer anderen Gleichung ersetzt.

Weniger Schreibaufwand und mehr Übersichtlichkeit erzielt man, wenn man nur die Koeffizienten (der linken Seiten) und die Konstanten (der rechten Seiten) aufschreibt. Ein solches Schema nennt man **Matrix**. Es ist günstig, oberhalb der Spalten den Variablennamen zu schreiben.

Lineares Gleichungssystem

$$\left|\begin{array}{rl} x - 3y + 4z &= -5 \\ 2x + 5y + 2z &= 27 \\ 4x - y - 2z &= -19 \end{array}\right|$$

Matrixschreibweise

$$\begin{array}{ccc} x & y & z \end{array}$$
$$\left(\begin{array}{rrr|r} 1 & -3 & 4 & -5 \\ 2 & 5 & 2 & 27 \\ 4 & -1 & -2 & -19 \end{array}\right)$$

Ein CAS kann Gleichungssysteme lösen (Befehl: *linsolve()*) und Matrizen in Zeilenstufenform umformen (Befehl: *ref()*).

Hinweis:
Zu einem LGS gibt es keine eindeutige Zeilenstufenform. Ein CAS erzeugt eine ZSF mit 1en auf der Diagonalen.

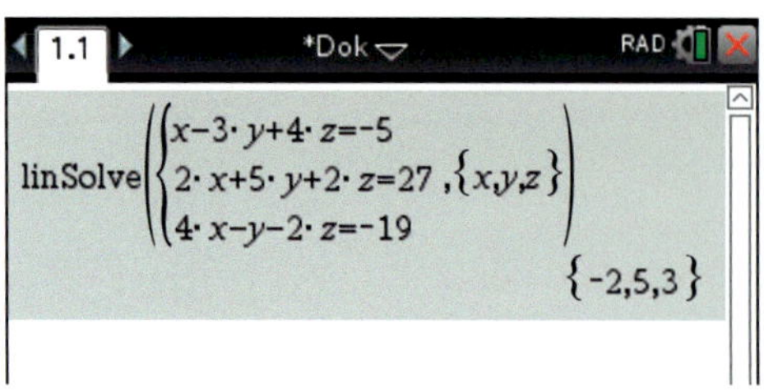

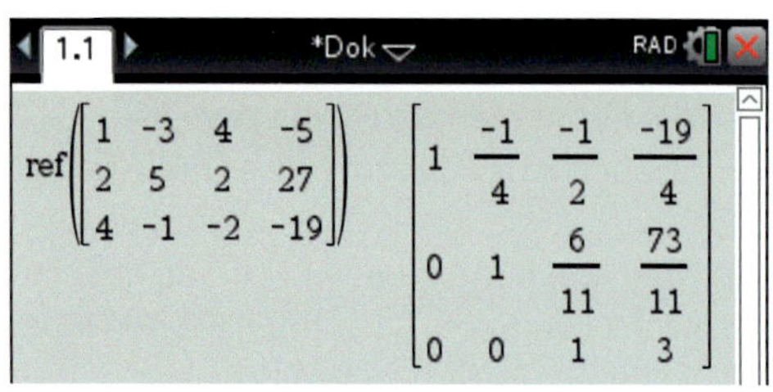

Beispiel 1: Bestimmen Sie die Lösung des linearen Gleichungssystems.

$$\left| \begin{array}{r} 8y + 3z = -1 \\ -2x + 6y + 3z = -3 \\ x + y - z = -4 \end{array} \right|$$

Lösung:

Sie können das LGS als Matrix schreiben, um Schreibaufwand zu sparen.

LGS | Matrix

In der ersten Gleichung kommt die Variable x nicht vor. Tauschen Sie diese mit der dritten Gleichung.

$$\left| \begin{array}{r} 8y + 3z = -1 \\ -2x + 6y + 3z = -3 \\ x + y - z = -4 \end{array} \right| \qquad \begin{array}{ccc} x & y & z \end{array} \left(\begin{array}{rrr|r} 0 & 8 & 3 & -1 \\ -2 & 6 & 3 & -3 \\ 1 & 1 & -1 & -4 \end{array} \right)$$

Addieren Sie das 2-Fache der (neuen) ersten Gleichung zur zweiten Gleichung, um dort das x zu entfernen.

$$\left| \begin{array}{r} x + y - z = -4 \\ -2x + 6y + 3z = -3 \\ 8y + 3z = -1 \end{array} \right| \qquad \left(\begin{array}{rrr|r} 1 & 1 & -1 & -4 \\ -2 & 6 & 3 & -3 \\ 0 & 8 & 3 & -1 \end{array} \right) \begin{array}{l} |\cdot 2 \\ + \end{array}$$

Nun wird das y in der dritten Gleichung entfernt. Addieren Sie dazu das (−1)-Fache der zweiten Gleichung zur dritten Gleichung.

$$\left| \begin{array}{r} x + y - z = -4 \\ +8y + z = -11 \\ +8y + 3z = -1 \end{array} \right| \qquad \left(\begin{array}{rrr|r} 1 & 1 & -1 & -4 \\ 0 & 8 & 1 & -11 \\ 0 & 8 & 3 & -1 \end{array} \right) \begin{array}{l} |\cdot(-1) \\ + \end{array}$$

Das lineare Gleichungssystem ist in Zeilenstufenform.

$$\left| \begin{array}{r} x + y - z = -4 \\ +8y + z = -11 \\ 2z = 10 \end{array} \right| \qquad \left(\begin{array}{rrr|r} 1 & 1 & -1 & -4 \\ 0 & 8 & 1 & -11 \\ 0 & 0 & 2 & 10 \end{array} \right)$$

Der Wert für z ergibt sich aus der letzten Zeile. Setzen Sie diesen in die zweite Gleichung ein und lösen Sie nach y auf. Setzen Sie beide Werte in die erste Gleichung ein und lösen Sie nach x auf.

$2z = 10$ also $z = 5$ (einsetzen in II)
$8y + 5 = -11$ also $y = -2$ (einsetzen in I)
$x + (-2) - 5 = -4$ also $x = 3$

Lösungsmenge: $L = \{(3 \mid -2 \mid 5)\}$

Info:
Dieses Lösungsverfahren für lineare Gleichungssysteme wurde vom deutschen Mathematiker Carl Friedrich Gauß entwickelt. Es wird daher als **Gauß-Algorithmus** oder **Gaußsches Eliminationsverfahren** bezeichnet.

Basisaufgaben

1. Das lineare Gleichungssystem befindet sich in Zeilenstufenform. Bestimmen Sie die Lösung.

a) $\left| \begin{array}{r} 5x - 3y + z = 10 \\ 2y + 5z = 16 \\ -2z = 22 \end{array} \right|$ b) $\left| \begin{array}{r} 3x + 7y - 5z = 15 \\ 8y + 7z = 1 \\ 13z = -13 \end{array} \right|$ c) $\left| \begin{array}{r} x + y + z = 9 \\ y - z = -1 \\ 3z = 9 \end{array} \right|$

d) $\left(\begin{array}{rrr|r} 4 & 5 & 6 & 6 \\ 0 & 3 & 7 & 10 \\ 0 & 0 & 6 & 6 \end{array} \right)$ e) $\left(\begin{array}{rrr|r} 3 & 1 & -1 & 0 \\ 0 & 6 & 2 & 22 \\ 0 & 0 & 3 & 15 \end{array} \right)$ f) $\left(\begin{array}{rrr|r} 1 & 1 & 1 & 21 \\ 0 & 2 & -1 & 6 \\ 0 & 0 & 12 & 96 \end{array} \right)$

Lösungen zu 1:
(25,5 | 35,5 | −11)
(−1,25 | 1 | 1)
(3 | 2 | 4)
(1 | 1 | −1)
(1 | 2 | 5)
(6 | 7 | 8) (4 | 2 | 3)

2. Bringen Sie das lineare Gleichungssystem in Zeilenstufenform und bestimmen Sie die Lösung.

a) $\left| \begin{array}{r} 4x + 5y - z = -3 \\ 2x + 3y + z = 1 \\ y - z = 1 \end{array} \right|$ b) $\left| \begin{array}{r} -x + y + 2z = 4 \\ 3x - 5y + z = -1 \\ 7z = 21 \end{array} \right|$ c) $\left| \begin{array}{r} 2x - 3y + z = 0 \\ 12y - 11z = 5 \\ 4x + y - z = 20 \end{array} \right|$

d) $\left| \begin{array}{r} 2x + 3y - z = 2 \\ 4x - y + z = 3 \\ 6x + y - 3z = -2 \end{array} \right|$ e) $\left| \begin{array}{r} 3x + y + 2z = 2 \\ 6x - 4y + 4z = -8 \\ 3x + y + 6z = 0 \end{array} \right|$ f) $\left| \begin{array}{r} x + y + z = 0 \\ 2x - y - z = 3 \\ x - 4y - z = 2 \end{array} \right|$

Hinweis zu 2:
Anstelle der Variablen x, y und z werden auch häufig die Bezeichnungen x_1, x_2 und x_3 verwendet.

3. Bestimmen Sie die Lösung des linearen Gleichungssystems.

a) $\left(\begin{array}{rrr|r} 3 & 1 & -2 & -11 \\ -2 & 0 & 3 & 17 \\ 1 & 1 & 0 & 1 \end{array} \right)$ b) $\left(\begin{array}{rrr|r} 5 & -1 & 2 & 5 \\ 0 & 2 & -3 & -7 \\ -4 & 0 & 1 & 3 \end{array} \right)$ c) $\left(\begin{array}{rrr|r} 2 & 6 & 5 & 1 \\ 8 & -12 & 0 & -8 \\ -1 & 1 & 1 & \frac{5}{6} \end{array} \right)$

4. Die Abbildung zeigt drei Rechnungszettel. Ermitteln Sie die Einzelpreise für Wasser, Eistee und Kaffee.

5. Der Graph einer quadratischen Funktion f mit $f(x) = ax^2 + bx + c$ verläuft durch die Punkte $A(-1\,|\,4)$, $B(1\,|\,1)$ und $C(3\,|\,0)$. Stellen Sie ein lineares Gleichungssystem mit den Variablen a, b und c auf. Lösen Sie es und geben Sie die Funktionsgleichung für f an.

CAS **6.** Bestimmen Sie mit einem CAS die Lösung des linearen Gleichungssystems.

a) $\left|\begin{array}{l} -2x + 4y - 6z = 2 \\ 24x + 18y + 30z = 23 \\ 10x - 76y + 138z = -74 \end{array}\right|$

b) $\left(\begin{array}{ccc|c} 1 & -3 & 4 & -5 \\ 2 & 5 & 2 & 27 \\ 4 & -1 & -2 & -19 \end{array}\right)$

c) $\left|\begin{array}{l} x_1 + x_2 + x_3 + 2x_4 = 6 \\ x_1 + x_2 + 2x_3 + x_4 = 7 \\ x_1 - x_2 + x_3 - x_4 = 5 \\ x_1 + x_2 - x_3 - x_4 = -1 \end{array}\right|$

d) $\left(\begin{array}{cccc|c} 2 & 1 & 1 & 1 & 7 \\ 1 & 1 & 2 & 1 & 4 \\ 1 & -1 & -1 & 1 & 5 \\ 1 & 1 & -1 & 1 & 7 \end{array}\right)$

7. Bestimmen Sie die Lösung des linearen Gleichungssystems. Bringen Sie zunächst alle Variablen auf die linke Seite und alle konstanten Summanden auf die rechte Seite.

a) $\left|\begin{array}{l} x + 2z = 17 - y \\ x - 4 = y - z \\ 2x - 2 = 3 + z - y \end{array}\right|$

b) $\left|\begin{array}{l} 3x - 11 = y - z \\ 3y - z = -(x + 9) \\ 2x + z = 8 - y \end{array}\right|$

c) $\left|\begin{array}{l} 2a + c = 11 - 3b \\ a + 12 = c - b \\ \frac{1}{2}b + \frac{1}{3}c = 13 - a \end{array}\right|$

d) $\left|\begin{array}{l} 3x + 3 = 4y - 9z \\ 2x + y = 3z - 5 \\ 3z + 7 = -(4x + y) \end{array}\right|$

Lösungsmengen linearer Gleichungssysteme

An der Zeilenstufenform eines linearen Gleichungssystems lässt sich ablesen, ob es eine eindeutige, gar keine oder unendlich viele Lösungen hat.

Die letzte Zeile ist eine **Widerspruchszeile**, da es für die Gleichung $0x + 0y + 0z = 3$ keine Lösung gibt. Das LGS hat **keine Lösung**.

$$\left(\begin{array}{ccc|c} 5 & 2 & 0 & 6 \\ 0 & -2 & 1 & -8 \\ 0 & 0 & 0 & 3 \end{array}\right) \leftarrow \text{Widerspruchszeile}$$

$L = \{\,\}$

Das LGS enthält keine Widerspruchszeile, also gibt es Lösungen. Die Anzahl der Variablen ist gleich der Anzahl der Gleichungen. Das LGS ist **eindeutig lösbar**.

$$\left(\begin{array}{ccc|c} 3 & 1 & 1 & 17 \\ 0 & 2 & 1 & 6 \\ 0 & 0 & 2 & 8 \end{array}\right)$$

$L = \{(4\,|\,1\,|\,4)\}$

Das LGS enthält keine Widerspruchszeile, also gibt es Lösungen. Die letzte Zeile ist eine **Nullzeile**, es entfällt eine Gleichung. Es bleiben noch zwei Gleichungen für drei Variablen. Eine Variable (hier z) ist frei wählbar und kann durch einen Parameter t ersetzt werden. Damit erhält man die Lösungsmenge mit **unendlich vielen Lösungen**.

$$\left(\begin{array}{ccc|c} 6 & 1 & 2 & 12 \\ 0 & -1 & 4 & 6 \\ 0 & 0 & 0 & 0 \end{array}\right) \leftarrow \text{Nullzeile}$$

$z = t$ ergibt:
$y = -6 + 4t$
$x = 3 - t$

$L = \{(3 - t\,|\,-6 + 4t\,|\,t);\ t \in \mathbb{R}\}$

Wissen: Lösbarkeit linearer Gleichungssysteme

Ein lineares Gleichungssystem kann keine, genau eine oder unendlich viele Lösungen haben. Die Art der Lösungsmenge erkennt man an der Zeilenstufenform:

- Es gibt eine Widerspruchszeile → keine Lösung
- Keine Widerspruchszeile und die Anzahl der verbliebenen Gleichungen ist gleich der Anzahl der Variablen → eindeutige Lösung
- Keine Widerspruchszeile und mehr Variablen als Gleichungen (ohne Nullzeilen) → unendlich viele Lösungen

Hinweis:
Die Fallunterscheidung der Lösungsmengen ist erst nach Herstellung einer Zeilenstufenform (ZSF) möglich.

Beispiel 2: Bestimmen Sie die Lösungsmenge des linearen Gleichungssystems.

a) $\left|\begin{array}{r} 2x+3y-4z=1 \\ x-\ y+\ z=1 \\ -2x+2y-2z=3 \end{array}\right|$ b) $\left|\begin{array}{r} 2x+3y-4z=1 \\ x+\ y-\ z=1 \\ -3x-3y+3z=-3 \end{array}\right|$

Lösung:

a) Übertragen Sie das lineare Gleichungssystem in die Matrixschreibweise und bringen Sie es auf Zeilenstufenform. Die letzte Zeile ergibt einen Widerspruch, also hat das LGS keine Lösung.

$$\begin{array}{ccc} x & y & z \end{array}$$
$$\left(\begin{array}{rrr|r} 2 & 3 & -4 & 1 \\ 1 & -1 & 1 & 1 \\ -2 & 2 & -2 & 3 \end{array}\right) \xrightarrow{\text{ZSF}} \left(\begin{array}{rrr|r} 2 & 3 & -4 & 1 \\ 0 & 5 & -6 & -1 \\ 0 & 0 & 0 & 5 \end{array}\right)$$

$L = \{\}$

b) Übertragen Sie das lineare Gleichungssystem in die Matrixschreibweise und bringen Sie es auf Zeilenstufenform. Die letzte Zeile ist eine Nullzeile, also hat das LGS unendlich viele Lösungen. Ersetzen Sie eine Variable (hier z) durch einen Parameter (hier t) und bestimmen Sie die allgemeine Lösung.

$$\begin{array}{ccc} x & y & z \end{array}$$
$$\left(\begin{array}{rrr|r} 2 & 3 & -4 & 1 \\ 1 & 1 & -1 & 1 \\ -3 & -3 & 3 & -3 \end{array}\right) \xrightarrow{\text{ZSF}} \left(\begin{array}{rrr|r} 2 & 3 & -4 & 1 \\ 0 & 1 & -2 & -1 \\ 0 & 0 & 0 & 0 \end{array}\right)$$

$z = t$ in Gleichung II einsetzen:
$y - 2t = -1$ also $y = 2t - 1$
$z = t$ und $y = 2t - 1$ in Gleichung I einsetzen:
$2x + 3(2t - 1) - 4t = 1$ also $x = 2 - t$

$L = \{(2 - t \mid 2t - 1 \mid t);\ t \in \mathbb{R}\}$

Hinweis:
Hilfestellung zur Umformung in die Zeilenstufenform (ZSF) finden Sie in Beispiel 1.

Ein lineares Gleichungssystem mit weniger Gleichungen als Variablen heißt **unterbestimmt**. Ein unterbestimmtes LGS kann nie eindeutig lösbar sein.
Ein lineares Gleichungssystem mit mehr Gleichungen als Variablen heißt **überbestimmt**. Es kann nur erfüllbar sein, wenn in der Zeilenstufenform mindestens so viele Gleichungen entfallen (Nullzeilen), dass die Anzahl der Gleichungen nicht mehr größer ist als die der Variablen.

Basisaufgaben

8. Das lineare Gleichungssystem befindet sich in Zeilenstufenform. Entscheiden Sie, ob es eine, keine oder unendlich viele Lösungen hat.

a) $\left|\begin{array}{r} 2x-4y+3z=2 \\ 3y+\ z=1 \\ 7z=28 \end{array}\right|$ b) $\left|\begin{array}{r} 2x+4y+6z=6 \\ 2y+4z=8 \\ 0=0 \end{array}\right|$ c) $\left|\begin{array}{r} x+2y+3z=9 \\ 7y-4z=3 \\ 0=6 \end{array}\right|$

d) $\left(\begin{array}{rrr|r} 2 & 3 & -4 & 1 \\ 0 & -1 & 1 & 1 \\ 0 & 0 & 0 & 0 \end{array}\right)$ e) $\left(\begin{array}{rrr|r} 3 & -3 & 8 & 7 \\ 0 & 5 & 1 & 2 \\ 0 & 0 & 2 & -4 \end{array}\right)$ f) $\left(\begin{array}{rrr|r} -1 & 3 & 5 & -3 \\ 0 & 1 & 5 & 1 \\ 0 & 0 & 0 & -1 \end{array}\right)$

9. Das lineare Gleichungssystem hat unendlich viele Lösungen. Bestimmen Sie die Lösungsmenge.

a) $\left|\begin{array}{r} x+y-\ z=0 \\ 2y+6z=4 \end{array}\right|$ b) $\left|\begin{array}{r} 0{,}5x-\qquad z=2 \\ y+2z=8 \end{array}\right|$ c) $\left|\begin{array}{r} x-2y+3z=-1 \\ y-\ z=2 \\ x+\ y\qquad=5 \end{array}\right|$

10. Gegeben ist eine Lösungsmenge $L = \{(1 - 3t \mid 5 + 2t \mid t); t \in \mathbb{R}\}$ eines linearen Gleichungssystems. Überprüfen Sie, ob das Zahlentripel zur Lösungsmenge gehört.
a) $(4 \mid 3 \mid -1)$ b) $(-5 \mid 8 \mid 2)$ c) $(1 \mid 5 \mid 0)$ d) $(31 \mid -15 \mid -10)$ e) $\left(-1 \middle| 6 \middle| \frac{1}{2}\right)$

11. Bestimmen Sie die Lösungsmenge des linearen Gleichungssystems.

a) $\left|\begin{array}{r} -2x + 3y + z = 2 \\ x - 2y + 2z = -4 \\ -y + 5z = 1 \end{array}\right|$ b) $\left|\begin{array}{r} -2x + 3y + z = 2 \\ x - 2y + 2z = -4 \\ -y + 5z = -6 \end{array}\right|$ c) $\left|\begin{array}{r} 4x - 2z = -8 \\ -x + y = 1 \\ 5x + 2y + 3z = 1 \end{array}\right|$

d) $\left|\begin{array}{r} 2x - 3y + z = 1 \\ x + y - 2z = 2 \\ x + 6y - 7z = 5 \end{array}\right|$ e) $\left|\begin{array}{r} 0{,}2x + 1{,}4y - 0{,}8z = 6 \\ 0{,}8x - 0{,}2y + 0{,}1z = 0 \\ -0{,}2x + 0{,}4y + 0{,}5z = 0 \end{array}\right|$ f) $\left|\begin{array}{r} x + 2y + 3z = 1 \\ x + y + z = 1 \\ 3x + 2y + z = 1 \end{array}\right|$

12. Das lineare Gleichungssystem ist über- oder unterbestimmt. Bestimmen Sie die Lösungsmenge.

a) $\left|\begin{array}{r} x + y = 1 \\ 2x - y = -7 \\ 5x + 2y = -4 \end{array}\right|$ b) $\left|\begin{array}{r} x + y = 1 \\ 2x - y = -7 \\ 5x + 2y = 2 \end{array}\right|$ c) $\left|\begin{array}{r} x + 2y + 3z = 1 \\ x + 3y + 4z = 2 \end{array}\right|$

13. Beschreiben Sie die Lösung des linearen Gleichungssystems (eindeutig, nicht lösbar, Anzahl der frei wählbaren Variablen).

a) $\left(\begin{array}{cccc|r} 3 & 2 & 1 & 0 & 5 \\ 0 & 2 & 2 & 1 & -1 \\ 0 & 0 & 0 & 0 & 0 \end{array}\right)$ b) $\left(\begin{array}{cc|c} 3 & 1 & 5 \\ 0 & 4 & 2 \\ 0 & 0 & 0 \end{array}\right)$ c) $\left(\begin{array}{ccc|c} 1 & 2 & 1 & 4 \\ 0 & 2 & 1 & 1 \\ 0 & 0 & 0 & 1 \end{array}\right)$

d) $\left(\begin{array}{ccc|r} 1 & -1 & 1 & -2 \\ 0 & 2 & 1 & 1 \\ 0 & 0 & 0 & 0 \\ 0 & 2 & 0 & 0 \end{array}\right)$ e) $\left(\begin{array}{ccc|c} 2 & 2 & -2 & 1 \\ 1 & 0 & 0 & 0 \\ 0 & 0 & 0 & 0 \end{array}\right)$ f) $\left(\begin{array}{cccccc|c} 1 & 0 & 0 & 0 & 2 & 4 \\ 0 & 1 & 0 & 5 & 3 & 1 \\ 0 & 0 & 1 & 2 & 1 & 3 \\ 0 & 0 & 0 & 0 & 0 & 0 \end{array}\right)$

Weiterführende Aufgaben

14. Entscheiden Sie, ob die Aussage wahr oder falsch ist. Geben Sie ein Gegenbeispiel an, wenn die Aussage falsch ist.
a) Jedes überbestimmte lineare Gleichungssystem ist unlösbar.
b) Jedes überbestimmte lineare Gleichungssystem ist lösbar.
c) Kein unterbestimmtes lineares Gleichungssystem ist eindeutig lösbar.
d) Jedes unterbestimmte lineare Gleichungssystem hat mindestens eine Lösung.
e) Es gibt kein lineares Gleichungssystem mit drei Gleichungen und drei Variablen, das die eindeutige Lösung $\{(0 \mid 0 \mid 0)\}$ hat.
f) Jedes nicht eindeutig lösbare lineare Gleichungssystem ist unterbestimmt.

15. Stolperstelle: Ein Schüler erhält als Lösung eines linearen Gleichungssystems $\{(1 \mid 1 \mid 1)\}$. Erklären Sie den Fehler und ermitteln Sie die korrekte Lösung.

$$\left(\begin{array}{rrr|r} 1 & -3 & 4 & 2 \\ -1 & 7 & 1 & 7 \\ 0 & 3 & 2 & 4 \end{array}\right) \; II + I \rightarrow \left(\begin{array}{rrr|r} 1 & -3 & 4 & 2 \\ 0 & 4 & 5 & 9 \\ 0 & 3 & 2 & 4 \end{array}\right) \; III + I \rightarrow \left(\begin{array}{rrr|r} 1 & -3 & 4 & 2 \\ 0 & 4 & 5 & 9 \\ 0 & 0 & 6 & 6 \end{array}\right)$$

16. Berechnen Sie die Lösungsmenge des linearen Gleichungssystems.

a) $\left|\begin{array}{r} x + 2y - 4z = -6 \\ 2x + y + 3z = 5 \\ -3x + y + 6z = -2 \end{array}\right|$ b) $\left|\begin{array}{r} x - 2y - z = -2 \\ -3x + 6y + 3z = 6 \\ 2x - 4y + 2z = -4 \end{array}\right|$ c) $\left|\begin{array}{r} x - 2y - 3z + u = 4 \\ 2x + y - z + 2u = -2 \\ 3x - y - 4z + 3u = 3 \end{array}\right|$

17. Reduzierte Zeilenstufenform: Lisa untersucht eine Matrix in Zeilenstufenform. Statt die Lösungsmenge durch Rückeinsetzen zu bestimmen, formt Lisa weiter um und erhält so eine sogenannte **reduzierte Zeilenstufenform**.

$$\left(\begin{array}{ccc|c} 2 & 8 & -4 & 6 \\ 0 & 3 & 6 & 9 \\ 0 & 0 & -2 & 4 \end{array}\right) \overset{?}{\rightarrow} \left(\begin{array}{ccc|c} 1 & 0 & 0 & -29 \\ 0 & 1 & 0 & 7 \\ 0 & 0 & 1 & -2 \end{array}\right)$$

$L = \{(-29|7|-2)\}$

Aus dieser liest sie die Lösung einfach ab. Beschreiben Sie die besondere Form der Matrix. Erklären Sie, mit welchen Umformungsschritten Lisa auf diese Matrix gekommen ist.

18. Gegeben ist die reduzierte Zeilenstufenform eines linearen Gleichungssystems. Geben Sie die Lösungsmenge an.

a) $\left(\begin{array}{ccc|c} 1 & 0 & 0 & 3 \\ 0 & 1 & 0 & -2 \\ 0 & 0 & 1 & 4 \end{array}\right)$
b) $\left(\begin{array}{ccc|c} 1 & 0 & 1 & -2 \\ 0 & 1 & 2 & 1 \\ 0 & 0 & 0 & 0 \end{array}\right)$
c) $\left(\begin{array}{ccc|c} 1 & 0 & 1 & -2 \\ 0 & 1 & 0 & 1 \\ 0 & 0 & 0 & 3 \end{array}\right)$

Hinweis:
Ist in jeder Zeile einer ZSF die erste Zahl, die keine 0 ist, eine 1 und sind alle darüberliegenden Einträge 0, so spricht man von einer **reduzierten Zeilenstufenform.** Jede Matrix lässt sich in solch eine Form umwandeln.

19. Bringen Sie die Matrix in reduzierte Zeilenstufenform und lesen Sie die Lösung ab.

a) $\left(\begin{array}{ccc|c} 2 & 0 & 0 & 8 \\ 0 & -3 & 0 & 6 \\ 0 & 0 & 4 & -4 \end{array}\right)$
b) $\left(\begin{array}{ccc|c} 1 & 0 & -4 & 6 \\ 0 & 1 & 3 & 9 \\ 0 & 0 & 1 & 4 \end{array}\right)$
c) $\left(\begin{array}{ccc|c} 3 & -6 & 9 & 6 \\ 0 & 1 & 0 & 5 \\ 0 & 0 & 1 & 3 \end{array}\right)$

20. Mit einem CAS wurde ein lineares Gleichungssystem in die reduzierte Zeilenstufenform umgewandelt, sodass die Lösung ablesbar ist. Geben Sie die hierzu notwendigen Umformungen sowie die Zwischenschritte in Matrixform an.
Geben Sie auch die Lösungsmenge des zugehörigen linearen Gleichungssystems an.

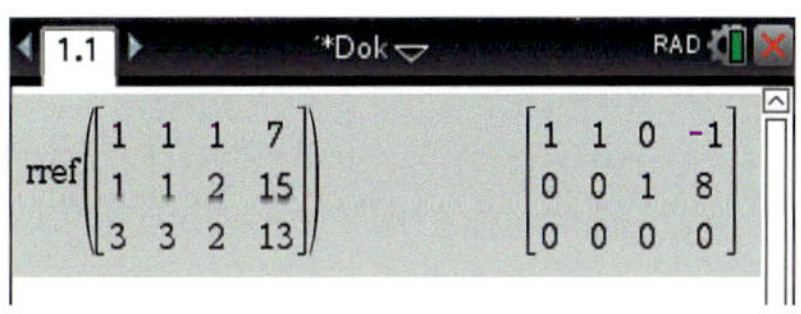

21. Bringen Sie die Matrix in reduzierte Zeilenstufenform und lesen Sie die Lösungsmenge des zugehörigen linearen Gleichungssystems ab.

a) $\left(\begin{array}{ccc|c} 2 & 3 & 4 & 10 \\ 2 & -4 & -10 & -23 \\ 6 & 2 & -2 & -13 \end{array}\right)$
b) $\left(\begin{array}{ccc|c} 4 & 3 & -5 & 10 \\ 1 & 1 & -1 & 3 \\ 2 & 3 & -1 & 8 \end{array}\right)$
c) $\left(\begin{array}{ccc|c} \frac{2}{3} & \frac{1}{4} & -\frac{1}{5} & 11 \\ \frac{5}{6} & -\frac{3}{8} & \frac{1}{3} & 6 \\ \frac{7}{4} & \frac{5}{12} & -\frac{17}{15} & 14 \end{array}\right)$

CAS **22.** Bestimmen Sie mit einem CAS die Lösung des linearen Gleichungssystems.

a) $\left|\begin{array}{l} 193x - 89y + 157z = 789 \\ 59x + 114y + 217z = 438 \\ -75x + 317y + 277z = 87 \\ 13x + 904y + 632z = 386 \end{array}\right|$
b) $\left|\begin{array}{l} 311x_1 + 415x_2 + 116x_3 + 88x_4 = 1018 \\ 405x_1 + 617x_2 - 314x_3 + 71x_4 = 850 \\ 91x_1 - 219x_2 + 803x_3 - 105x_4 = 465 \\ 503x_1 - 419x_2 + 601x_3 + 77x_4 = 839 \end{array}\right|$

23. Auf einer Farm leben 135 Rinder, Hühner und Enten. Zusammen haben sie 420 Beine und 120 Flügel.
a) Stellen Sie ein lineares Gleichungssystem auf und bestimmen Sie die Lösungsmenge.
b) Bestimmen Sie die Anzahl der Rinder und Enten, wenn auf der Farm 22 Hühner leben.
c) Bestimmen Sie die Anzahl der Rinder, Hühner und Enten, wenn es 3-mal so viele Hühner wie Enten gibt.

24. Ermitteln Sie, welches Symbol für welche Ziffer steht.

a)
| ■◆ + ◆● = 105 |
| ◆● − ■ = 25 |
| ■ + ◆ − ● = 8 |

b)
| ◆◆● − ■● + ■ = 65 |
| ●◆ − ●■ + ◆ = −3 |
| ■● + ●◆■ − ◆● = 755 |

Hinweis zu 24:
Ersetzen Sie die Symbole durch Variablen und überlegen Sie, wie damit mehrstellige Zahlen (wie z. B. ■◆) ausgedrückt werden können.

25. Die Tabelle gibt den Nährstoffgehalt von fünf Speisen A, B, C, D und E an.

	A	B	C	D	E
Eiweiß	70 %	20 %	50 %	30 %	60 %
Kohlenhydrate	30 %	70 %	30 %	30 %	30 %
Fett	0 %	10 %	20 %	40 %	10 %

a) Zeigen Sie, dass der Nährstoffgehalt von E nicht durch eine Mischung aus den Speisen B, C und D erreicht werden kann.

b) Zeigen Sie, dass eine Mischung aus den Speisen A, B, C und D den Nährstoffgehalt von E haben kann. Geben Sie alle möglichen Lösungen an und erklären Sie, welche Werte die frei wählbare Variable in diesem Kontext annehmen darf.

c) Geben Sie an, auf welche der Speisen A, B, C und D bei der Herstellung einer Speise mit dem Nährstoffgehalt von E verzichtet werden kann und welche unverzichtbar sind.

26. In der Tabelle ist für vier Düngemischungen A, B, C und D ihre prozentuale Zusammensetzung aus den Substanzen 1, 2, 3 und 4 angegeben.

	A	B	C	D
Substanz 1	20 %	40 %	30 %	10 %
Substanz 2	60 %	0 %	30 %	10 %
Substanz 3	0 %	10 %	5 %	70 %
Substanz 4	20 %	50 %	35 %	10 %

a) Eine Firma stellte eine neue Mischung $Z = \frac{1}{2}A + \frac{1}{4}B + \frac{1}{4}C$ her. Bestimmen Sie, wie sich Z prozentual aus den vier Substanzen zusammensetzt.

b) Prüfen Sie, ob Z sich auch mit einem geringeren Anteil von A erzeugen lässt, indem Sie alle Arten, Z aus A, B und C zu mischen, ermitteln.

c) Prüfen Sie, ob Z auch aus A, B und D hergestellt werden kann.

27. Der durchschnittliche Tagesbedarf eines Menschen an Vitamin E beträgt 4 mg. Die Tabelle enthält Angaben zum Vitamin-E- und Eiweißgehalt verschiedener Gemüsesorten.

	Spinat 	Rotkohl 	Paprika 	Pastinake 
Vitamin E (in mg/100g)	1,4	1,7	2,5	0,9
Eiweiß (in g/100g)	2,5	1,4	1,1	1,4

a) Untersuchen Sie, ob man den Tagesbedarf an Vitamin E mit einem 200-g-Smoothie, der aus allen vier Gemüsen besteht, exakt abdecken kann.

b) Isabel möchte mit einem 200-g-Smoothie aus Spinat, Rotkohl und Paprika ihren täglichen Vitamin-E-Bedarf exakt abdecken und dabei 2,97 g Eiweiß zu sich nehmen. Untersuchen Sie, ob diese Bedingungen erfüllbar sind.

Erinnerung:
Ist die Gleichung $\vec{v} = r \cdot \vec{a} + s \cdot \vec{b} + t \cdot \vec{c}$ erfüllt, so ist $\vec{v}$ eine Linearkombination von $\vec{a}$, $\vec{b}$ und $\vec{c}$.

28. Prüfen Sie, ob die Vektoren $\vec{v} = \begin{pmatrix} 5 \\ 1 \\ 1 \end{pmatrix}$ und $\vec{w} = \begin{pmatrix} 3 \\ 1 \\ -2 \end{pmatrix}$ in der Form $\vec{v} = r \cdot \vec{a} + s \cdot \vec{b} + t \cdot \vec{c}$ bzw. $\vec{w} = r \cdot \vec{a} + s \cdot \vec{b} + t \cdot \vec{c}$ mit r, s, t aus $\mathbb{R}$ dargestellt werden können.

a) $\vec{a} = \begin{pmatrix} 1 \\ -1 \\ 0 \end{pmatrix}, \vec{b} = \begin{pmatrix} -2 \\ 0 \\ 1 \end{pmatrix}, \vec{c} = \begin{pmatrix} -1 \\ 1 \\ 2 \end{pmatrix}$

b) $\vec{a} = \begin{pmatrix} 1 \\ -1 \\ 0 \end{pmatrix}, \vec{b} = \begin{pmatrix} -2 \\ 0 \\ 1 \end{pmatrix}, \vec{c} = \begin{pmatrix} 1 \\ 3 \\ -2 \end{pmatrix}$

29. Lösen Sie das Rätsel mithilfe eines linearen Gleichungssystems.
Großmutter, Mutter und Tochter sind zusammen 140 Jahre alt. Die Mutter ist um 28 Jahre älter als ihre Tochter, aber um 36 Jahre jünger als die Großmutter. Wie alt sind die drei?

30. Eine chemische Reaktionsgleichung ist eine Kurzschreibweise für eine chemische Reaktion.

a) Finden Sie möglichst kleine natürliche Zahlen für die Variablen x_1, x_2, x_3 und x_4.

① Verbrennung von Erdgas (Methan): $x_1\,CH_4 + x_2\,O_2 \rightarrow x_3\,H_2O + x_4\,CO_2$

② Verbrennung von Oktan (Benzinbestandteil): $x_1\,C_8H_{18} + x_2\,O_2 \rightarrow x_3\,CO_2 + x_4\,H_2O$

③ Reaktion von Schwefelsäure mit Aluminiumhydroxid:
$x_1\,H_2SO_4 + x_2\,Al(OH)_3 \rightarrow x_3\,H_2O + x_4\,Al_2(SO_4)_3$

④ Kupfer in konzentrierter Salpetersäure:
$x_1\,Cu + x_2\,HNO_3 \rightarrow x_3\,NO + x_1\,Cu(NO_3)_2 + x_4\,H_2O$

⑤ Herstellung kleiner Mengen von Chlor mit Salzsäure und Kaliumpermanganat:
$x_1\,HCl + x_2\,KMnO_4 \rightarrow x_3\,Cl_2 + x_2\,MnCl_2 + x_2\,KCl + x_4\,H_2O$

b) Begründen Sie, weshalb es sinnvoll ist, dass in der Lösung dieser linearen Gleichungssysteme immer eine Variable frei wählbar ist.

31. Lineare Gleichungssysteme mit Parametern:

a) Gegeben ist ein lineares Gleichungssystem in Matrixform. Untersuchen Sie die Lösbarkeit in Abhängigkeit von c.

$$\left(\begin{array}{ccc|c} 3 & 0 & 2c+3 & 5 \\ 1 & 1 & 2 & 2 \\ 1 & 0 & c+1 & 2 \end{array}\right)$$

b) Gegeben ist ein lineares Gleichungssystem in Matrixform. Zeigen Sie, dass es für c = 1 genau eine, für c = 0 keine und für c = 2 unendlich viele Lösungen hat.

$$\left(\begin{array}{ccc|c} 4 & 2c+4 & 2c-4 & 16 \\ 1 & 2 & 0 & 4 \\ 1 & c+1 & -1 & 6 \end{array}\right)$$

32. Bestimmen Sie eine ganzrationale Funktion dritten Grades, deren Graph die geforderten Eigenschaften hat. Skizzieren Sie den Verlauf des Graphen.

a) Der Graph verläuft durch den Punkt $P(1\,|\,3)$ und $x = 3$ ist Wendestelle von f. Die zugehörige Wendetangente hat die Gleichung $y = -\frac{3}{2}x + \frac{11}{2}$.

b) Der Graph besitzt den Hochpunkt $H(1\,|\,0{,}5)$ und den Wendepunkt $W(2\,|\,0)$.

c) Der Graph verläuft durch den Punkt $P(2\,|\,1)$, hat im Punkt $B(1\,|\,0)$ eine Tangente mit der Gleichung $y = \frac{1}{2}x - \frac{1}{2}$ und besitzt im Ursprung die Steigung –1,5

Hinweis zu 32–35:
Eine Wiederholung zur Rekonstruktion von Funktionstermen finden Sie ab Seite 223.

33. Der Graph einer ganzrationalen Funktion 3. Grades geht durch den Punkt $P(2\,|\,-3)$ und hat den Wendepunkt $W(4\,|\,y_w)$ mit der zugehörigen Wendetangente $t(x) = -3x + 11$. Bestimmen Sie eine passende Funktionsgleichung.

34. Gesucht sind alle ganzrationalen Funktionen vierten Grades, deren Graph auf der y-Achse einen Extrempunkt hat und die x-Achse im Punkt $(1\,|\,0)$ mit der Steigung 2 und im Punkt $(-1\,|\,0)$ mit der Steigung –2 schneidet.
Stellen Sie das lineare Gleichungssystem auf und lösen Sie es. Zeigen Sie dabei, dass es entgegen dem ersten Anschein unterbestimmt ist.

35. Ausblick: Um ein Dorf soll eine Straße gebaut werden. Die Straßenstücke s_1 und s_2 sind gegeben durch $s_1(x) = 7{,}4x - 7{,}4$ und $s_2(x) = -x + 5$. Von P nach Q sollen sie über eine Umgehungsstraße verbunden werden.

a) Ermitteln Sie eine ganzrationale Funktion f_1 dritten Grades, deren Graph in P und Q knickfrei an s_1 bzw. s_2 anschließt.

b) Zeigen Sie, dass in etwa auch der Graph von f_2 mit $f_2(x) = (x-1)\,e^{3-x}$ eine geeignete Trasse für die Umgehung liefert.

c) Ordnen Sie die Graphen in der Abbildung begründet den Funktionen f_1 und f_2 zu.

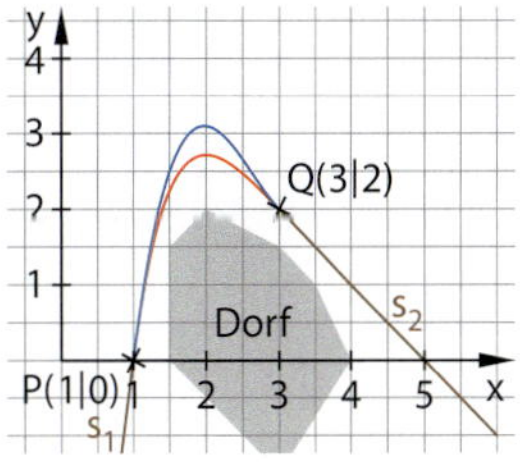

Erinnerung:
Die Graphen zweier Funktionen f und g gehen an einer Stelle x_0 knickfrei ineinander über, wenn $f(x_0) = g(x_0)$ und $f'(x_0) = g'(x_0)$ gilt.

2.2 Parametergleichung einer Geraden

■ Ein Flugzeug befindet sich beim Landeanflug zum Zeitpunkt $t = 0$ (Zeit in Minuten) über dem Punkt $A(6|5)$. Von oben betrachtet bewegt es sich pro Minute um den Vektor $\vec{u} = \begin{pmatrix} -4 \\ -3 \end{pmatrix}$. Eine LE entspricht 2 km.
Berechnen Sie die Position des Flugzeugs für $t = 1$, $t = 2$, $t = 0{,}5$ und $t = -1$. Stellen Sie die Situation in einem Koordinatensystem dar. ■

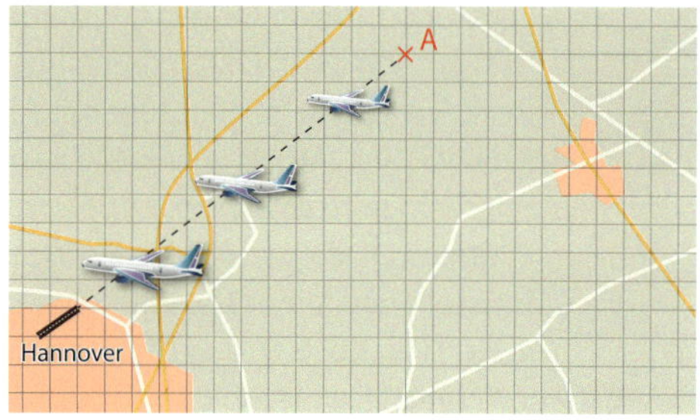

Erinnerung:
Bei der Geradengleichung $y = mx + b$ ist mit $(0|b)$ ein Punkt der Geraden und durch den Steigungsfaktor m eine Richtung gegeben.

Eine Gerade ist durch einen Punkt und ihre Richtung festgelegt. Trägt man am Punkt $A(1|2|3)$ Vielfache des Vektors $\vec{u} = \begin{pmatrix} 2 \\ 4 \\ 2 \end{pmatrix}$ ab, so erhält man alle Punkte $X(x_1|x_2|x_3)$ der Geraden g durch A, deren Richtung durch $\vec{u}$ festgelegt ist:

$$\begin{pmatrix} x_1 \\ x_2 \\ x_3 \end{pmatrix} = \begin{pmatrix} 1 \\ 2 \\ 3 \end{pmatrix} + r\begin{pmatrix} 2 \\ 4 \\ 2 \end{pmatrix}, r \in \mathbb{R}$$

Die Koordinaten der Geradenpunkte werden durch den Parameter r bestimmt.

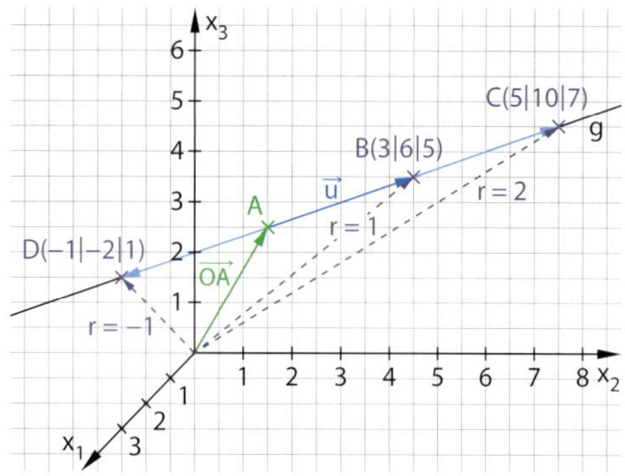

Merkhilfe:
Gehe vom Ursprung O aus zum Punkt A der Geraden und von dort aus weiter mit $r \cdot \vec{u}$ in Richtung der Geraden.

Wissen: Parametergleichung einer Geraden
Ist A ein Punkt einer Geraden g und ist $\vec{u}$ ein Vektor in Richtung der Geraden, dann lässt sich die Gerade beschreiben durch die **Parametergleichung**

$$\vec{x} = \overrightarrow{OA} + r \cdot \vec{u} \; (r \in \mathbb{R}).$$

Der **Stützvektor** $\overrightarrow{OA}$ ist der Ortsvektor des **Stützpunktes A.**
$\vec{u}$ ist ein **Richtungsvektor** der Geraden.
Für jeden Wert des **Parameters** r erhält man den Ortsvektor $\vec{x}$ des entsprechenden Punktes X der Geraden.

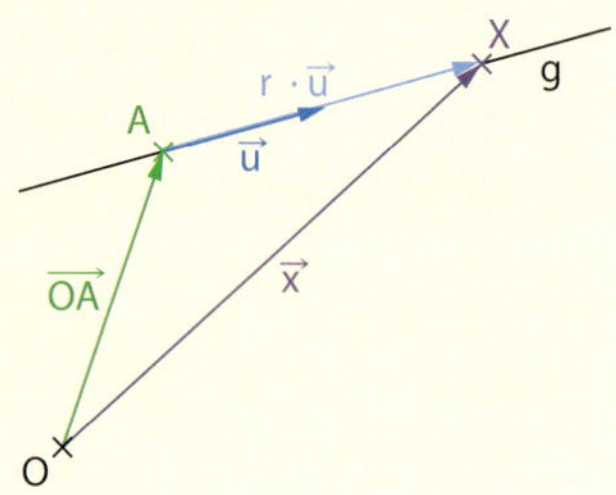

Die Parametergleichung einer Geraden ist nicht eindeutig bestimmt. Jeder Punkt der Geraden kann als Stützpunkt und jeder Vektor in Richtung der Geraden kann als Richtungsvektor gewählt werden.

Beispiel 1: Gerade durch zwei Punkte
Geben Sie eine Parametergleichung der Geraden an, die durch die Punkte $B(1|1|3)$ und $D(-1|5|1)$ verläuft.

Lösung:
Wählen Sie einen der beiden Punkte als Stützpunkt.

Stützvektor: $\overrightarrow{OB} = \begin{pmatrix} 1 \\ 1 \\ 3 \end{pmatrix}$

Als Richtungsvektor eignet sich der Vektor, der vom Stützpunkt B aus zum zweiten Geradenpunkt D verläuft.

Richtungsvektor: $\overrightarrow{BD} = \begin{pmatrix} -1-1 \\ 5-1 \\ 1-3 \end{pmatrix} = \begin{pmatrix} -2 \\ 4 \\ -2 \end{pmatrix}$

Das ergibt die Gleichung der Geraden.

Geradengleichung: $g_{BD}: \vec{x} = \begin{pmatrix} 1 \\ 1 \\ 3 \end{pmatrix} + r\begin{pmatrix} -2 \\ 4 \\ -2 \end{pmatrix}$

Hinweis:
In der Vektorrechnung wird die Gerade BD auch mit g_{BD} bezeichnet.

Beispiel 2: Punktprobe

Prüfen Sie, ob der Punkt auf der Geraden $g: \vec{x} = \begin{pmatrix} 2 \\ -1 \\ 4 \end{pmatrix} + r\begin{pmatrix} 1 \\ -2 \\ 1 \end{pmatrix}$ liegt.

a) B(1|1|3) b) C(4|−1|6)

Lösung:

a) B liegt auf g, wenn $\overrightarrow{OB}$ Ortsvektor eines Geradenpunktes ist: $\overrightarrow{OB} = \overrightarrow{OA} + r \cdot \vec{u}$

$$\begin{pmatrix} 1 \\ 1 \\ 3 \end{pmatrix} = \begin{pmatrix} 2 \\ -1 \\ 4 \end{pmatrix} + r\begin{pmatrix} 1 \\ -2 \\ 1 \end{pmatrix} = \begin{pmatrix} 2+r \\ -1-2r \\ 4+r \end{pmatrix}$$

Es ergibt sich ein lineares Gleichungssystem aus drei Gleichungen für r. In allen drei Gleichungen ergibt sich derselbe Wert $r = -1$.

$1 = 2 + r \quad \Leftrightarrow r = -1$
$1 = -1 - 2r \quad \Leftrightarrow r = -1$
$3 = 4 + r \quad \Leftrightarrow r = -1$
B liegt auf g.

b) Einsetzen von $\overrightarrow{OC}$ in die Geradengleichung ergibt ein Gleichungssystem mit drei Gleichungen für r. Lösen Sie die drei einzelnen Gleichungen. Es ergibt sich kein einheitlicher Wert für r; das LGS ist nicht lösbar.

$$\begin{pmatrix} 4 \\ -1 \\ 6 \end{pmatrix} = \begin{pmatrix} 2 \\ -1 \\ 4 \end{pmatrix} + r\begin{pmatrix} 1 \\ -2 \\ 1 \end{pmatrix} = \begin{pmatrix} 2+r \\ -1-2r \\ 4+r \end{pmatrix}$$

$4 = 2 + r \quad \Leftrightarrow r = 2$
$-1 = -1 - 2r \quad \Leftrightarrow r = 0$
$6 = 4 + r \quad \Leftrightarrow r = 2$
C liegt nicht auf g.

Basisaufgaben

1. Geben Sie die Koordinaten von vier Punkten an, die auf der Geraden g liegen.

a) $g: \vec{x} = \begin{pmatrix} -6 \\ -1 \end{pmatrix} + r\begin{pmatrix} 3 \\ -2 \end{pmatrix}$ b) $g: \vec{x} = \begin{pmatrix} 0 \\ 2 \\ -3 \end{pmatrix} + r\begin{pmatrix} 2 \\ -1 \\ 3 \end{pmatrix}$

2. Zeichnen Sie in ein Koordinatensystem diejenigen Punkte, die sich ergeben, wenn Sie in die Geradengleichung für r die Werte 0, 1, 2, 3, 4, 5 einsetzen.

a) $g: \vec{x} = \begin{pmatrix} -6 \\ -1 \end{pmatrix} + r\begin{pmatrix} 3 \\ 1 \end{pmatrix}$ b) $g: \vec{x} = \begin{pmatrix} 4 \\ -1 \\ 6 \end{pmatrix} + r\begin{pmatrix} -1 \\ 1 \\ -2 \end{pmatrix}$

3. Geben Sie zur Geraden $g: \vec{x} = \begin{pmatrix} -2 \\ 4 \\ 7 \end{pmatrix} + r\begin{pmatrix} 2 \\ -4 \\ -6 \end{pmatrix}$ eine weitere Parametergleichung mit einem anderen Stützvektor und einem anderen Richtungsvektor an.

4. Geben Sie eine Parametergleichung der Geraden an, die durch die Punkte A und B geht. Vergleichen Sie Ihre Gleichung mit der Ihres Nachbarn oder Ihrer Nachbarin.

a) A(3|−4|1) B(−6|8|−2) b) A(8|−1|1) B(−4|−3|5)
c) A(2|1|3) B(0|0|0) d) A(0|2|5) B(0|2|−1)

5. Prüfen Sie, ob die Punkte P und Q auf der Geraden g liegen.

a) P(−1|−8) Q(2|−2) $g: \vec{x} = \begin{pmatrix} 2 \\ -5 \end{pmatrix} + r\begin{pmatrix} 3 \\ 3 \end{pmatrix}$

b) P(8|3|6) Q(7|−1|−6) $g: \vec{x} = \begin{pmatrix} 7 \\ 2 \\ 3 \end{pmatrix} + s\begin{pmatrix} 0 \\ 1 \\ 3 \end{pmatrix}$

c) P(−3|10|5) Q(3|4|−1) $g: \vec{x} = \begin{pmatrix} 3 \\ 4 \\ -1 \end{pmatrix} + t\begin{pmatrix} -1 \\ 1 \\ 1 \end{pmatrix}$

d) P(1|6|2) Q(0|0|7) $g: \vec{x} = \begin{pmatrix} 0 \\ 2 \\ 3 \end{pmatrix} + r\begin{pmatrix} 0 \\ 3 \\ -6 \end{pmatrix}$

6. Die Gerade durch die Punkte A und B mit dem Stützpunkt A und dem Richtungsvektor $\overline{AB}$ hat die Gleichung $\vec{x} = \overrightarrow{OA} + r \cdot \overrightarrow{AB}$. Geben Sie an, für welche Werte des Parameters r man die Ortsvektoren der folgenden Punkte auf der Geraden erhält. Verdeutlichen Sie die Lage der Punkte durch eine Skizze.

a) Punkt A
b) Punkt B
c) Punkte zwischen A und B
d) Mittelpunkt von A und B
e) Punkte, die von A aus gesehen hinter B liegen
f) Punkte, die von B aus gesehen hinter A liegen

7. Darstellung einer Strecke: Eine Strecke $\overline{AB}$ lässt sich durch die Gleichung $\vec{x} = \overrightarrow{OA} + r \cdot \overrightarrow{AB}$ mit $0 \le r \le 1$ beschreiben.

a) Erläutern Sie die Parametergleichung der Strecke anhand einer Skizze. Geben Sie an, welcher Unterschied zu einer Parametergleichung der Geraden AB besteht.
b) Bestimmen Sie zu den Punkten $A(-5|-8|11)$ und $B(7|0|7)$ die Parametergleichung der Strecke $\overline{AB}$.
c) Bestimmen Sie die Koordinaten von drei Punkten der Strecke $\overrightarrow{AB}$ aus b).

8. Gegeben ist die Strecke $\overline{PQ}$ mit $P(-2|1|7)$ und $Q(1|-8|13)$.

a) Geben Sie eine Parametergleichung der Strecke an.
b) Überprüfen Sie, welche der Punkte $A(-5|10|1)$, $B(0|-5|11)$, $C(2|-11|15)$ und $D(-1|4|9)$ auf der Strecke liegen.

9. Die Punkte A, B, C, D und E aus der Abbildung bilden eine Pyramide.
Geben Sie eine Parameterform für die Gerade oder Strecke an.

a) Gerade g durch C und D
b) Gerade h durch A und C
c) Strecke $\overline{BC}$
d) Strecke $\overline{BE}$

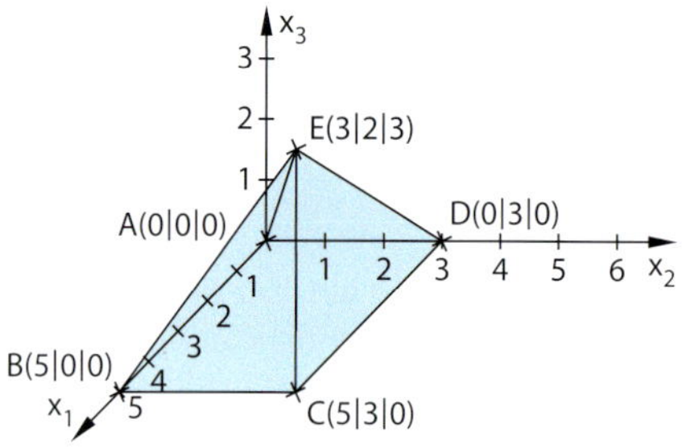

10. Ein Flugzeug befindet sich zum Zeitpunkt t = 0 im Punkt $A(10|-12|1{,}8)$ und zum Zeitpunkt t = 1 im Punkt $B(7|-7|1{,}9)$ (t in Minuten, Längeneinheit 2 km).

a) Geben Sie eine Gleichung der (in den ersten 20 Minuten geradlinigen) Flugbahn an.
b) Im Punkt $P(-11|23|2{,}5)$ schwebt ein Luftballon. Prüfen Sie, ob er sich in der Flugbahn befindet.

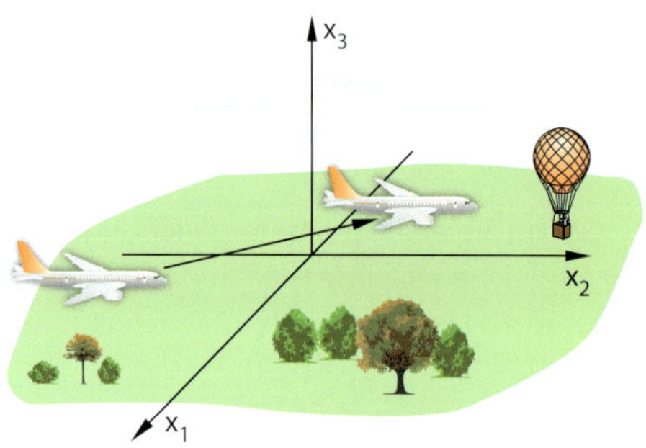

11. Die Punkte $A(-1|0|1)$, $B(3|8|-3)$ und $C(-5|6|5)$ bilden ein Dreieck.

a) Geben Sie Parameterformen zu den (blauen) Seitenhalbierenden des Dreiecks an.
b) Geben Sie Parametergleichungen zu den (roten) Mittelparallelen an.
c) Geben Sie einen inneren Punkt der Strecke $\overline{M_cM_a}$ an.

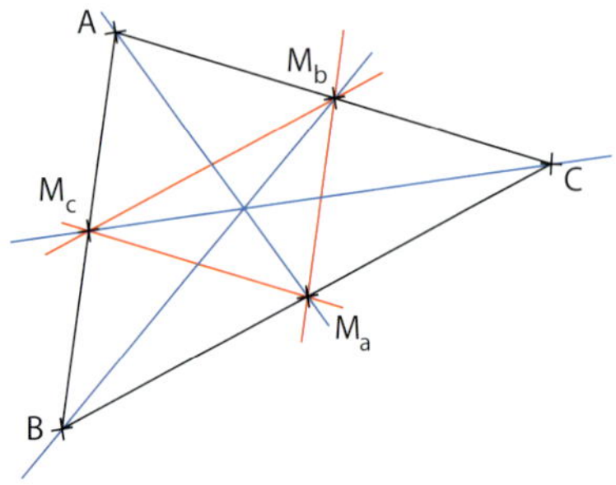

Lage von Geraden im Koordinatensystem – Spurpunkte

Die Schnittpunkte einer Geraden mit den Koordinatenebenen heißen **Spurpunkte**. Sie helfen oft, die Lage einer Geraden im dreidimensionalen Koordinatensystem zu verdeutlichen.

Beispiel 3:

a) Bestimmen Sie die Spurpunkte der Geraden g: $\vec{x} = \begin{pmatrix} -2 \\ -4 \\ 4 \end{pmatrix} + r\begin{pmatrix} 2 \\ 2 \\ -1 \end{pmatrix}$.

b) Zeichnen Sie die Gerade g mithilfe der Spurpunkte in ein Koordinatensystem.

Lösung:

a) Der Spurpunkt S_{12} ist der Schnittpunkt von g mit der x_1x_2-Ebene.
Es gilt: $x_3 = 0$, also $4 - r = 0 \Leftrightarrow r = 4$

$$\overrightarrow{OS_{12}} = \begin{pmatrix} -2 \\ -4 \\ 4 \end{pmatrix} + 4 \cdot \begin{pmatrix} 2 \\ 2 \\ -1 \end{pmatrix} = \begin{pmatrix} -2+8 \\ -4+8 \\ 4-4 \end{pmatrix} = \begin{pmatrix} 6 \\ 4 \\ 0 \end{pmatrix}$$

$S_{12}(6|4|0)$

S_{13}: $x_2 = 0$, also $-4 + 2r = 0 \Leftrightarrow r = 2$

$$\overrightarrow{OS_{13}} = \begin{pmatrix} -2 \\ -4 \\ 4 \end{pmatrix} + 2 \cdot \begin{pmatrix} 2 \\ 2 \\ -1 \end{pmatrix} = \begin{pmatrix} -2+4 \\ -4+4 \\ 4-2 \end{pmatrix} = \begin{pmatrix} 2 \\ 0 \\ 2 \end{pmatrix}$$

$S_{13}(2|0|2)$

S_{23}: $x_1 = 0$, also $-2 + 2r = 0 \Leftrightarrow r = 1$

$$\overrightarrow{OS_{23}} = \begin{pmatrix} -2 \\ -4 \\ 4 \end{pmatrix} + 1 \cdot \begin{pmatrix} 2 \\ 2 \\ -1 \end{pmatrix} = \begin{pmatrix} -2+2 \\ -4+2 \\ 4-1 \end{pmatrix} = \begin{pmatrix} 0 \\ -2 \\ 3 \end{pmatrix}$$

$S_{23}(0|-2|3)$

b)

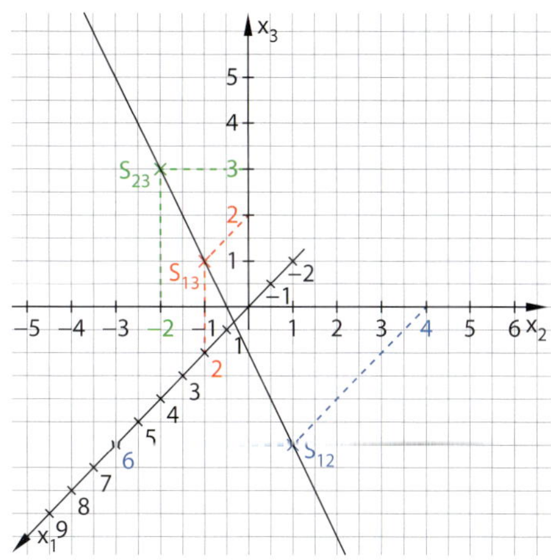

Erinnerung:
Die x_1x_2-Ebene ist eine Koordinatenebene. Sie besteht aus allen Punkten, deren x_3-Koordinate gleich 0 ist.

Hinweis:
Nicht jede Gerade hat drei Spurpunkte. Solche Fälle werden in Aufgabe 19 behandelt.

Basisaufgaben

12. Die Zeichnung zeigt die Gerade g und ihre Spurpunkte S_{12}, S_{13} und S_{23}.

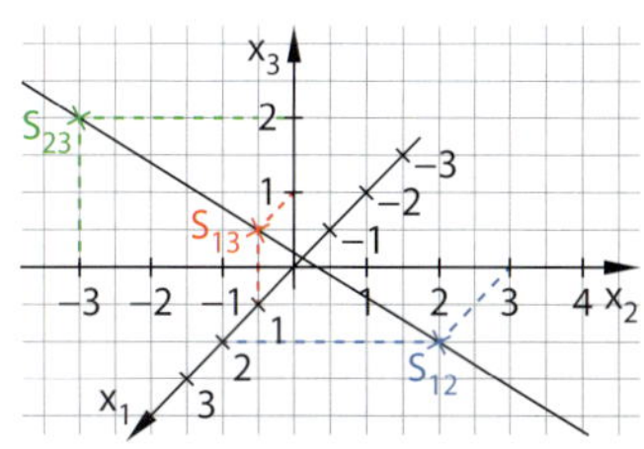

a) Lesen Sie die Koordinaten der Spurpunkte ab.

b) Stellen Sie mithilfe der Spurpunkte S_{12} und S_{13} eine Parametergleichung von g auf.

c) Berechnen Sie mithilfe der Gleichung aus b) die Koordinaten des Spurpunktes S_{23}.

13. Bestimmen Sie die Spurpunkte der Geraden und skizzieren Sie die Gerade.

a) g: $\vec{x} = \begin{pmatrix} 2 \\ 1 \\ 2 \end{pmatrix} + r\begin{pmatrix} -1 \\ -1 \\ 2 \end{pmatrix}$ b) g: $\vec{x} = \begin{pmatrix} -4 \\ 3 \\ -3 \end{pmatrix} + r\begin{pmatrix} -2 \\ 1 \\ -2 \end{pmatrix}$ c) g: $\vec{x} = \begin{pmatrix} 1 \\ 2 \\ 2 \end{pmatrix} + r\begin{pmatrix} 2 \\ -4 \\ -2 \end{pmatrix}$

d) h verläuft durch $A(2|8|9)$ und $B(-1|2|4{,}5)$.

e) k verläuft parallel zu h durch $P(3|6|6)$.

14. Schattenwurf: Im Punkt $P(-2|2{,}5|0)$ der x_1x_2-Ebene steht ein Stab mit der Spitze $S(-2|2{,}5|3)$. Die Sonnenstrahlen fallen in Richtung $\vec{v} = \begin{pmatrix} 2 \\ -0{,}5 \\ -1 \end{pmatrix}$ ein.
Berechnen Sie den Schattenpunkt S' von S in der x_1x_2-Ebene. Skizzieren Sie den Stab und seinen Schatten in einem Koordinatensystem.

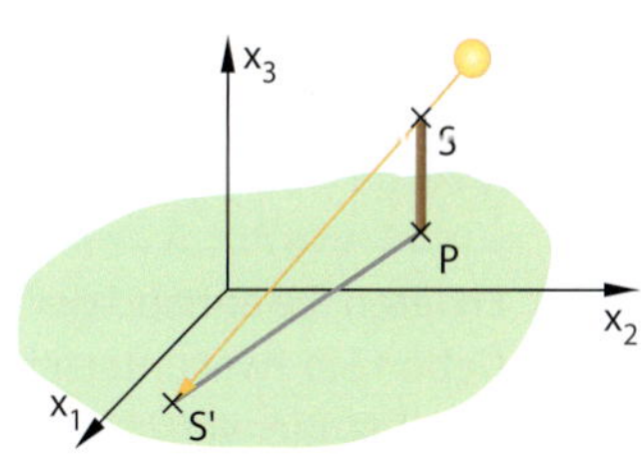

Weiterführende Aufgaben

Hinweis zu 15:
Stellen Sie eine Gleichung auf für die Gerade durch zwei der angegebenen Punkte. Prüfen Sie, ob der dritte Punkt auf dieser Geraden liegt.

15. Prüfen Sie, ob die drei Punkte auf einer Geraden liegen.
a) $A(-2|1|7)$, $B(-3|5|5)$, $C(1|-11|13)$ b) $A(14|0|2)$, $B(-2|3|8)$, $C(-10|1{,}5|11)$

16. Stolperstelle: Mia und Moritz untersuchen die Gerade $g\colon \vec{x} = \begin{pmatrix}0\\2\\0\end{pmatrix} + r\begin{pmatrix}0\\1\\-2\end{pmatrix}$.

Mia verdoppelt den Richtungsvektor und behauptet, dass die Gleichung $\vec{x} = \begin{pmatrix}0\\2\\0\end{pmatrix} + r\begin{pmatrix}0\\2\\-4\end{pmatrix}$ ebenfalls die Gerade g beschreibt.

Moritz verdoppelt den Stützvektor und meint, dass auch die Gleichung $\vec{x} = \begin{pmatrix}0\\4\\0\end{pmatrix} + r\begin{pmatrix}0\\1\\-2\end{pmatrix}$ zur Geraden g gehört.
Überprüfen Sie die beiden Aussagen. Begründen Sie sie oder widerlegen Sie sie mit einem Gegenbeispiel.

Hinweis:
Haben eine Gerade und eine Koordinatenebene keine gemeinsamen Punkte, so verläuft die Gerade (echt) parallel zu dieser Ebene.

17. Beschreiben Sie die besondere Lage der Geraden im Koordinatensystem.
a) $g\colon \vec{x} = \begin{pmatrix}-2\\0\\0\end{pmatrix} + r\begin{pmatrix}0\\2\\2\end{pmatrix}$ b) $g\colon \vec{x} = \begin{pmatrix}0\\0\\3\end{pmatrix} + r\begin{pmatrix}0\\1\\0\end{pmatrix}$
c) $g\colon \vec{x} = \begin{pmatrix}2\\2\\2\end{pmatrix} + r\begin{pmatrix}1\\1\\1\end{pmatrix}$ d) $g\colon \vec{x} = r\begin{pmatrix}0\\0\\1\end{pmatrix}$
e) $g\colon \vec{x} = r\begin{pmatrix}5\\0\\-3\end{pmatrix}$ f) $g\colon \vec{x} = \begin{pmatrix}0\\2\\0\end{pmatrix} + r\begin{pmatrix}0\\-3\\5\end{pmatrix}$

Hinweis:
Zwei Geraden sind parallel zueinander, wenn ihre Richtungsvektoren parallel verlaufen (kollinear sind).

18. Geben Sie eine Parametergleichung für die Gerade mit den angegebenen Eigenschaften an.
a) g verläuft durch $A(2|-2|3)$ und ist parallel zur x_1-Achse.
b) h verläuft durch den Ursprung und hat den Richtungsvektor $\vec{v} = \begin{pmatrix}2\\5\\3\end{pmatrix}$.
c) k verläuft durch $B(-2|7|-1)$ und ist parallel zu h.
d) l ist die x_2-Achse.
e) m liegt in der x_1x_2-Ebene und in der x_1x_3-Ebene.
f) n schneidet die x_3-Achse an der Stelle $x_3 = -2$, liegt in der x_2x_3-Ebene und verläuft parallel zur x_1x_2-Ebene.
g) p verläuft parallel zur x_3-Achse und liegt nicht in der x_2x_3-Ebene.

● **19. Sonderfälle für Spurpunkte:**
a) Lesen Sie die Koordinaten der Spurpunkte S_{12} und S_{13} der Geraden h ab und geben Sie eine Parametergleichung für h an.
b) Beschreiben Sie die besondere Lage der Geraden h im Koordinatensystem und geben Sie an, weshalb h nur zwei Spurpunkte hat.
c) Berechnen Sie die Spurpunkte der Geraden g_1 bis g_4.

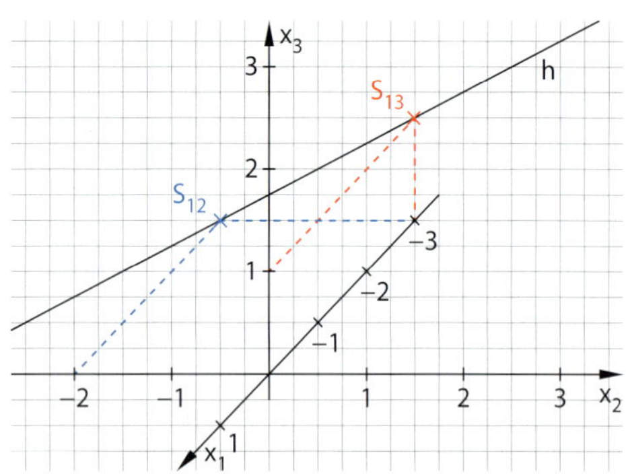

$g_1\colon \vec{x} = \begin{pmatrix}2\\-4\\6\end{pmatrix} + r\begin{pmatrix}-1\\2\\-3\end{pmatrix}$ $g_2\colon \vec{x} = \begin{pmatrix}6\\-8\\-1\end{pmatrix} + r\begin{pmatrix}-3\\8\\1\end{pmatrix}$ $g_3\colon \vec{x} = \begin{pmatrix}4\\6\\4\end{pmatrix} + r\begin{pmatrix}0\\3\\2\end{pmatrix}$ $g_4\colon \vec{x} = \begin{pmatrix}2\\1\\0\end{pmatrix} + r\begin{pmatrix}0\\0\\1\end{pmatrix}$

d) Erklären Sie anhand der Ergebnisse aus c) die besondere Lage von g_1 bis g_4.
e) Geben Sie zwei unterschiedliche Möglichkeiten dafür an, dass eine Gerade genau zwei voneinander verschiedene Spurpunkte hat.

20. Die Grundfläche der abgebildeten Pyramide ist ein Parallelogramm. Die Punkte B, S und M haben die Koordinaten B(0 | 8 | 0), S(−2 | 3 | 6) und M(−3 | 4,5 | 3). Der Punkt M ist der Mittelpunkt der Kante $\overline{CS}$.

a) Geben Sie Parametergleichungen für die Geraden g_{SB}, g_{SC} und g_{CB} an.

b) Es sei A(0 | 0 | 0). Zeigen Sie, dass F(−2 | 3 | 0) auf der Geraden g_{BD} und senkrecht unterhalb von S liegt.

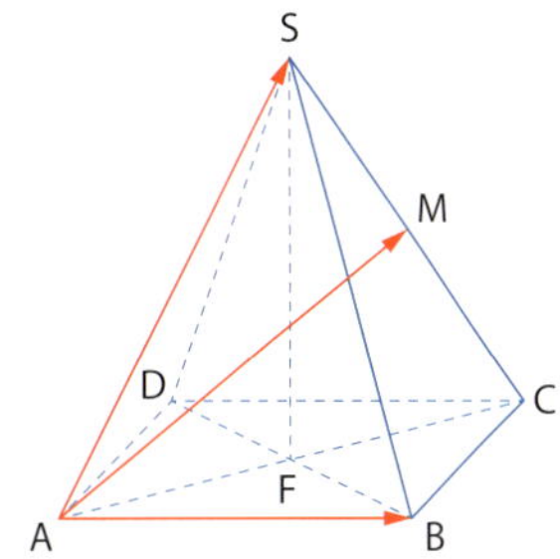

21. Die Punkte A(2 | −1 | 0), B(2 | 5 | −1) und C(−2 | 3 | 1) bilden die Grundseite einer dreiseitigen Pyramide mit Spitze T(0 | 1 | 6).

a) Zeichnen Sie die Pyramide in ein Koordinatensystem und zeigen Sie, dass der Ursprung (entgegen dem Anschein) nicht auf g_{AC} liegt. Geben Sie die Gleichung einer Ursprungsgeraden an, welche in der Zeichnung mit g_{AC} zusammenfällt.

b) Geben Sie eine Gleichung von g_{AB} sowie die Koordinaten zweier von A und B verschiedener Punkte auf g_{AB} an.

c) Zeigen Sie, dass $P\left(2 \middle| 2 \middle| -\frac{1}{2}\right)$ auf g_{AB} liegt. Geben Sie an, welcher besondere Punkt auf g_{AB} P ist.

d) Die Seitenhalbierende g_c des Grunddreiecks ABC verläuft durch C und durch den Mittelpunkt M der Strecke $\overline{AB}$. Auf dieser Seitenhalbierenden liegt der Schwerpunkt S des Dreiecks ABC, und zwar so, dass gilt: $\overrightarrow{CS} = \frac{2}{3}\overrightarrow{CM}$. Geben Sie die Koordinaten von S an und prüfen Sie, ob T, S und Q(2 | 5 | −12) auf einer Geraden liegen.

22. An der Zwischenwand wurden mehrere Punkte markiert. Die Wand soll so durchbohrt werden, dass der Punkt Z vom Punkt T aus zu sehen ist. Alle Angaben sind in Meter.

a) Geben Sie an, welcher der markierten Punkte A bis D als Bohrstelle gewählt werden sollte.

b) Lösen Sie Teil a) mithilfe der Strahlensätze. Recherchieren Sie diese im Internet oder schlagen Sie in einer Formelsammlung nach.

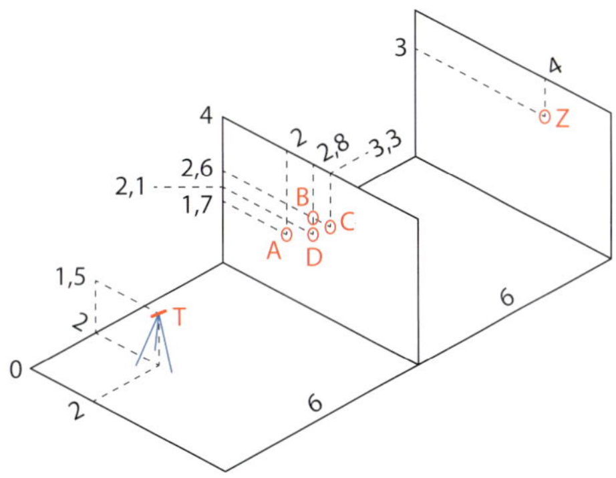

23. Ein quaderförmiger Bungalow wird von der Sonne im Punkt S(−1 | −2 | 4) beschienen und wirft einen Schatten auf den Boden (x_1x_2-Ebene).

a) Berechnen Sie die Koordinaten der Schattenpunkte von F, G und H.

b) Zeichnen Sie den Bungalow und seinen vollständigen Schatten in ein Koordinatensystem.

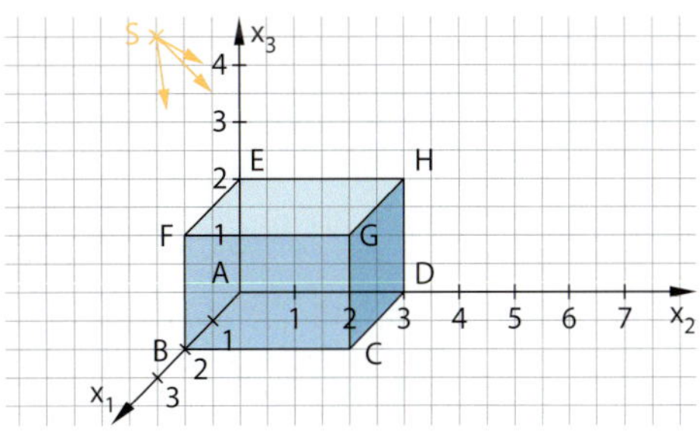

24. Die Punkte A(−7 | 3 | −8), B(−3 | 5 | 2) und C(−1 | 6 | 7) liegen auf einer Geraden.

a) Bestimmen Sie, welcher der drei Punkte zwischen den beiden anderen liegt. Begründen Sie Ihr Vorgehen.

b) Stina sagt: *„Ich kann das ohne Rechnung. Ich schaue mir nur die erste Koordinate an."* Erläutern Sie, was Stina meint.

25. Zwei Jollensegler streben dem Hafen zu, an dem noch eine Anlegestelle im Punkt $H(400\,|-150)$ frei ist. Einer der Segler befindet sich im Punkt $A_0(-50\,|\,75)$. Sein Kurs wird durch $\begin{pmatrix}100\\-50\end{pmatrix}$ gegeben (zurückgelegter Weg in Meter nach einer Minute). Der zweite Segler befindet sich in $B_0(-200\,|-350)$. Zwei Minuten später befindet er sich im Punkt $B_2(-50\,|-300)$.

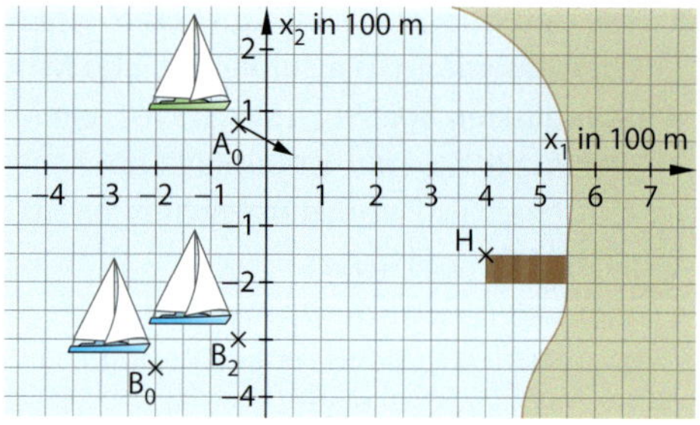

a) Zeigen Sie, dass sich beide Segler auf richtigem Kurs zum Anlegepunkt H befinden.
b) Prüfen Sie, welcher Segler den Anlegeplatz als erster erreicht.

26. Kurz nach dem Start geht ein Flugzeug im Punkt $P(1{,}5\,|\,9\,|\,0{,}5)$ in eine geradlinige Flugbahn über, wobei sein in einer Minute zurückgelegter Weg dem Vektor $\vec{v} = \begin{pmatrix}-1\\5\\0{,}2\end{pmatrix}$ entspricht.
Eine Längeneinheit beträgt 1 km, x_3 gibt die Flughöhe über dem flachen Erdboden an.

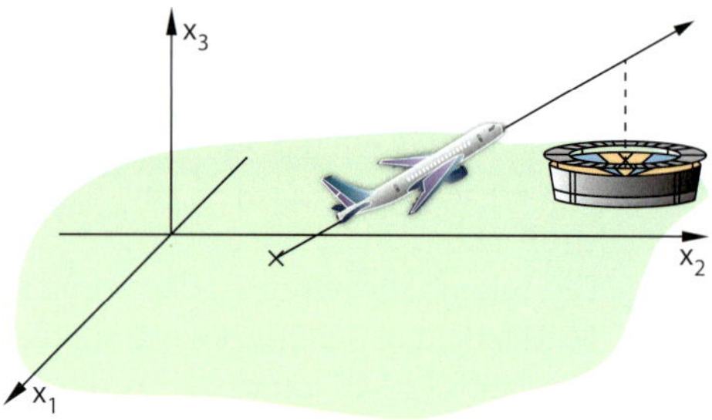

a) Nach 4 Minuten erreicht das Flugzeug den Rand einer nahegelegenen Großstadt. Berechnen Sie seine Flughöhe zu diesem Zeitpunkt.
b) Bei einer Flughöhe von 2500 m ändert der Pilot die Flugrichtung. Berechnen Sie die Koordinaten des Punktes, in dem sich das Flugzeug zu diesem Zeitpunkt befindet. Geben Sie an, welche Zeit vergangen ist, seit sich das Flugzeug im Punkt P befand.
c) Der Punkt $A(-4{,}5\,|\,39\,|\,0{,}1)$ entspricht dem Anstoßpunkt eines Fußballstadions. Ermitteln Sie, in welcher Höhe das Flugzeug dieses Stadion überfliegt.

● **27.** Es ist Flugschau auf dem Sportflugplatz. Ein Fesselballon wird im Punkt $B(280\,|\,600\,|\,0)$ losgelassen (1 LE = 1 m). Der Ballon steigt genau senkrecht hoch, es ist windstill. Er steigt pro Sekunde um 5 m. Zur gleichen Zeit befindet sich ein Flugzeug im Punkt $F(0\,|-1350\,|\,650)$. Es fliegt mit einer Geschwindigkeit von 40 m/s parallel zur x_2-Achse in positive x_2-Richtung. Der Sicherheitsabstand zwischen Ballon und Flugzeug sollte jederzeit 500 m betragen.

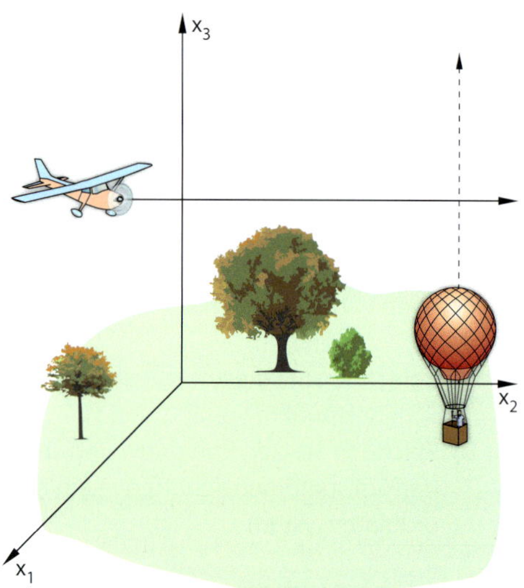

a) Zeigen Sie, dass für jeden Zeitpunkt t (in s) der Abstand beider Flugobjekte gegeben ist durch $\overrightarrow{FB_t} = \begin{pmatrix}280\\1950-40t\\-650+5t\end{pmatrix}$.
b) Ermitteln Sie den minimalen Abstand der beiden Flugobjekte. Entscheiden Sie, ob der Pilot reagieren muss.
c) Bestimmen Sie den Zeitpunkt, in dem der Sicherheitsabstand zwischen Flugzeug und Ballon zum ersten Mal unterschritten wird.

28. Der rote Quader wurde in ein Koordinatensystem gezeichnet, um ein zentralperspektivisches Bild von ihm zu erhalten. Die x_2x_3-Ebene ist die Bildfläche. Der Quader soll so gezeichnet werden, wie er vom Punkt Z aus gesehen auf dieser Bildfläche erscheint. Für den Eckpunkt A des Quaders ist sein Bildpunkt A′ gleich dem Spurpunkt der Geraden ZA in der x_2x_3-Ebene.

a) Ermitteln Sie die Bildpunkte aller sichtbaren Quaderecken.

b) Zeichnen Sie mithilfe eines zweidimensionalen Achsenkreuzes ein perspektivisches Bild des Quaders.

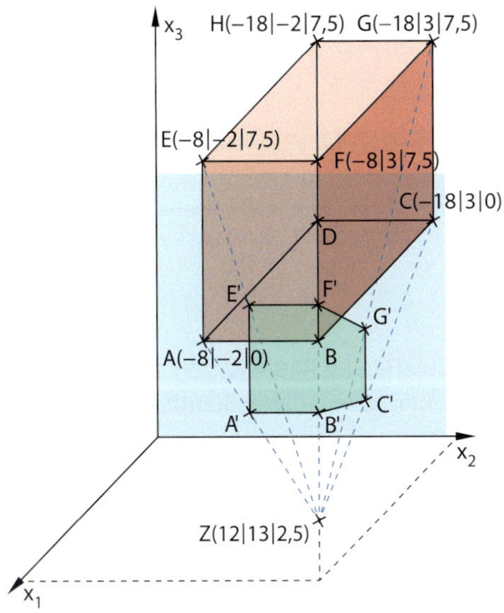

29. Geraden im ebenen Koordinatensystem werden auch durch Gleichungen der Form $y = mx + b$ charakterisiert. Werden die Achsen mit x_1- bzw. x_2-Achse bezeichnet, so wird daraus $x_2 = mx_1 + b$.

a) Skizzieren Sie in ein Koordinatensystem die Gerade g: $x_2 = 2x_1 - 3$. Erklären Sie an diesem Beispiel die Bedeutung von m und b.

b) Gewinnen Sie aus m und b einen Richtungs- und einen Stützvektor und schreiben Sie eine Parametergleichung von g auf.

c) Stellen Sie zu den Geraden h: $x_2 = -\frac{1}{2}x_1 + 1$, j: $x_2 = -x_1$ sowie k: $x_2 = 4$ Parametergleichungen auf. Überprüfen Sie Ihre Ergebnisse durch eine Skizze im Koordinatensystem.

● **30.** Gibt es auch für eine Gerade im Raum eine Koordinatengleichung? Wenn ja, dann müsste sie in etwa aussehen wie $x_3 = 2x_1 + \frac{1}{2}x_2 - 1$. Mit einer solchen Gleichung wird jedem Zahlenpaar $(x_1 | x_2)$ ein x_3-Wert zugeordnet. Begründen Sie, weshalb durch diese Gleichung keine Gerade beschrieben wird.

● **31.** Untersucht wird die Gerade g: $\vec{x} = \begin{pmatrix} 2 \\ 4 \\ 2 \end{pmatrix} + r\begin{pmatrix} 1 \\ 1 \\ -1 \end{pmatrix}$.

a) Bestimmen Sie die Spurpunkte von g.

b) Die Gerade h entsteht, indem man die Gerade g an der x_1x_2-Ebene spiegelt. Stellen Sie eine Parametergleichung von h auf.

Hinweis zu 31b:
Beim Spiegeln einer Geraden an einer Ebene wird jeder Punkt der Geraden an der Ebene gespiegelt.

● **32. Ausblick:** Die Lösung des linearen Gleichungssystems enthält eine frei wählbare Variable

$$\begin{aligned} x + y + z &= 7 \\ 3x + y + 7z &= 11 \\ 2x + y + 4z &= 9 \end{aligned}$$

a) Bestimmen Sie die Lösungsmenge des Gleichungssystems.

b) Geben Sie vier verschiedene Lösungen des LGS an. Diese kann man als Koordinaten von Punkten im Raum auffassen. Zeichnen Sie diese vier Punkte in ein Koordinatensystem. Was beobachten Sie?

c) Schreiben Sie die Lösungsmenge des linearen Gleichungssystems in Form einer Parametergleichung einer Geraden g.

d) Zeigen Sie, dass auch alle Punkte der Geraden h: $\vec{x} = \begin{pmatrix} -1 \\ 7 \\ 1 \end{pmatrix} + r\begin{pmatrix} 6 \\ -4 \\ -2 \end{pmatrix}$ Lösung sind.

e) Mia meint: *„Die Geraden g und h sind gleich.“* Nehmen Sie dazu Stellung.

2.3 Lagebeziehungen zwischen Geraden

■ Beschreiben Sie mithilfe zweier Stifte, wie zwei Geraden im Raum zueinander liegen können.
Welcher dieser Fälle kommt bei zwei Geraden in einer Ebene nicht vor? ■

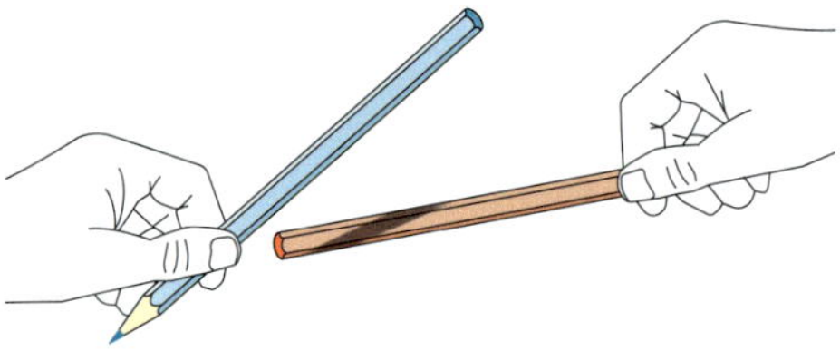

Zwei Geraden im Raum haben zueinander eine von vier möglichen Lagebeziehungen:
Sie können genau einen **Schnittpunkt** haben. Nicht-parallele Geraden ohne gemeinsamen Punkt heißen **windschief** zueinander. Parallele Geraden nennt man **echt parallel**, wenn sie keinen gemeinsamen Punkt haben, anderenfalls sind sie **identisch**.

g und h schneiden sich.

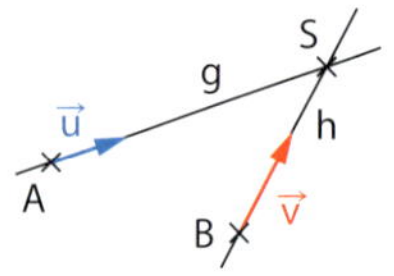

$\vec{u}$ und $\vec{v}$ nicht kollinear; ein gemeinsamer Punkt S

g und h sind windschief.

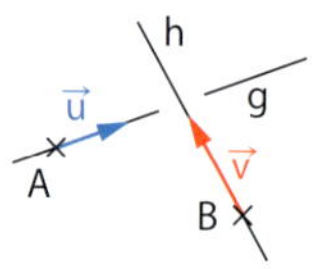

$\vec{u}$ und $\vec{v}$ nicht kollinear; kein gemeinsamer Punkt

g und h sind echt parallel zueinander.

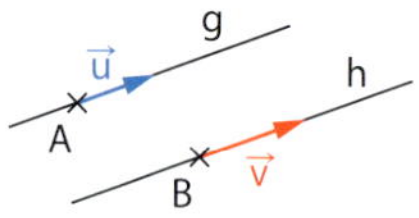

$\vec{u}$ und $\vec{v}$ kollinear; kein gemeinsamer Punkt

g und h sind identisch.

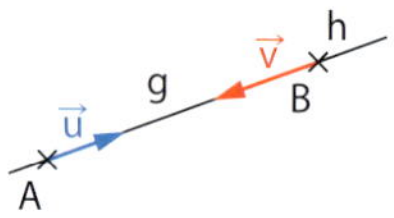

$\vec{u}$ und $\vec{v}$ kollinear; alle Punkte gemeinsam

Ein möglicher gemeinsamer Punkt muss beide Geradengleichungen erfüllen. Daraus ergibt sich ein lineares Gleichungssystem. Die Lagebeziehung der Geraden ergibt sich aus der Art der Lösungsmenge.

Beispiel 1: Schnittpunkt

Zeigen Sie, dass sich die Geraden g und h schneiden. Berechnen Sie die Koordinaten des Schnittpunktes. $g\colon \vec{x} = \begin{pmatrix} 1 \\ 2 \\ -1 \end{pmatrix} + r\begin{pmatrix} 2 \\ -1 \\ 3 \end{pmatrix}$ $\quad h\colon \vec{x} = \begin{pmatrix} 3 \\ 6 \\ 6 \end{pmatrix} + s\begin{pmatrix} -2 \\ 6 \\ 1 \end{pmatrix}$

Lösung:

Durch Gleichsetzen der Geradengleichungen erhalten Sie die Schnittbedingung.

Geradengleichungen gleichsetzen:

$$\begin{pmatrix} 1 \\ 2 \\ -1 \end{pmatrix} + r\begin{pmatrix} 2 \\ -1 \\ 3 \end{pmatrix} = \begin{pmatrix} 3 \\ 6 \\ 6 \end{pmatrix} + s\begin{pmatrix} -2 \\ 6 \\ 1 \end{pmatrix}$$

Die Schnittbedingung entspricht einem linearen Gleichungssystem mit drei Gleichungen und zwei Variablen. Stellen Sie das LGS um und bringen Sie es auf Zeilenstufenform.

$$\left| \begin{array}{l} 1 + 2r = 3 - 2s \\ 2 - r = 6 + 6s \\ -1 + 3r = 6 + s \end{array} \right| \xrightarrow{\text{umstellen}} \left| \begin{array}{l} 2r + 2s = 2 \\ -r - 6s = 4 \\ 3r - s = 7 \end{array} \right|$$

$$\left(\begin{array}{cc|c} 2 & 2 & 2 \\ -1 & -6 & 4 \\ 3 & -1 & 7 \end{array} \right) \xrightarrow{\text{ZSF}} \left(\begin{array}{cc|c} 1 & 1 & 1 \\ 0 & -1 & 1 \\ 0 & 0 & 0 \end{array} \right) \qquad r = 2;\ s = -1$$

Das LGS ist eindeutig lösbar, also schneiden sich die Geraden.

Setzen Sie r = 2 in die Gleichung von g ein (oder s = −1 in die Gleichung von h) und berechnen Sie so die Koordinaten des Schnittpunktes S.

Schnittpunkt berechnen:

$$\overrightarrow{OS} = \begin{pmatrix} 1 \\ 2 \\ -1 \end{pmatrix} + 2 \cdot \begin{pmatrix} 2 \\ -1 \\ 3 \end{pmatrix} = \begin{pmatrix} 5 \\ 0 \\ 5 \end{pmatrix}$$

Schnittpunkt: S(5 | 0 | 5)

Beispiel 2: Lagebeziehung

Ermitteln Sie die gegenseitige Lage der Geraden g: $\vec{x} = \begin{pmatrix} 1 \\ 2 \\ -1 \end{pmatrix} + r\begin{pmatrix} 2 \\ -1 \\ 3 \end{pmatrix}$ und h.

a) h: $\vec{x} = \begin{pmatrix} 3 \\ 6 \\ 6 \end{pmatrix} + s\begin{pmatrix} -4 \\ 2 \\ -6 \end{pmatrix}$ b) h: $\vec{x} = \begin{pmatrix} 3 \\ 6 \\ 6 \end{pmatrix} + s\begin{pmatrix} 1 \\ -3 \\ 0 \end{pmatrix}$ c) h: $\vec{x} = \begin{pmatrix} -1 \\ 3 \\ -4 \end{pmatrix} + s\begin{pmatrix} 1 \\ -0{,}5 \\ 1{,}5 \end{pmatrix}$

Lösung:

a) Setzen Sie die beiden Geradengleichungen gleich.
Formen Sie die Gleichung in ein LGS um und bringen Sie es auf Zeilenstufenform.
Die zweite Zeile ist eine Widerspruchszeile, also hat das LGS keine Lösung.

$$\begin{pmatrix} 1 \\ 2 \\ -1 \end{pmatrix} + r\begin{pmatrix} 2 \\ -1 \\ 3 \end{pmatrix} = \begin{pmatrix} 3 \\ 6 \\ 6 \end{pmatrix} + s\begin{pmatrix} -4 \\ 2 \\ -6 \end{pmatrix}$$

$$\left(\begin{array}{cc|c} 2 & 4 & 2 \\ -1 & -2 & 4 \\ 3 & 6 & 7 \end{array}\right) \xrightarrow{\text{ZSF}} \left(\begin{array}{cc|c} 2 & 4 & 2 \\ 0 & 0 & 5 \\ 0 & 0 & 0 \end{array}\right)$$

keine Lösung, also kein gemeinsamer Punkt

Die Geraden sind windschief oder echt parallel. Überprüfen Sie, ob die Richtungsvektoren kollinear sind.
Hier ist das der Fall, also sind die Geraden echt parallel zueinander.

$$\begin{pmatrix} -4 \\ 2 \\ -6 \end{pmatrix} = -2 \cdot \begin{pmatrix} 2 \\ -1 \\ 3 \end{pmatrix}, \text{ also Vielfache}$$

g ist echt parallel zu h.

b) Die Schnittbedingung führt zu einem Gleichungssystem, dessen Matrix in Stufenform umgewandelt wird.
Die letzte Zeile ist eine Widerspruchszeile, also hat das LGS keine Lösung.

$$\begin{pmatrix} 1 \\ 2 \\ -1 \end{pmatrix} + r\begin{pmatrix} 2 \\ -1 \\ 3 \end{pmatrix} = \begin{pmatrix} 3 \\ 6 \\ 6 \end{pmatrix} + s\begin{pmatrix} 1 \\ -3 \\ 0 \end{pmatrix}$$

$$\left(\begin{array}{cc|c} 2 & -1 & 2 \\ -1 & 3 & 4 \\ 3 & 0 & 7 \end{array}\right) \xrightarrow{\text{ZSF}} \left(\begin{array}{cc|c} 2 & -1 & 2 \\ 0 & 1 & 2 \\ 0 & 0 & \frac{1}{3} \end{array}\right)$$

keine Lösung, also kein gemeinsamer Punkt

Da die Richtungsvektoren nicht kollinear sind, sind die Geraden windschief zueinander.

$$\begin{pmatrix} 1 \\ -3 \\ 0 \end{pmatrix} = k \cdot \begin{pmatrix} 2 \\ -1 \\ 3 \end{pmatrix} \text{ ergibt } \begin{array}{rcl} 1 = 2k & \Leftrightarrow & k = 0{,}5 \\ -3 = -k & \Leftrightarrow & k = 3 \\ 0 = 3k & \Leftrightarrow & k = 0 \end{array}$$

Widerspruch, also keine Vielfachen
g und h sind windschief.

c) Die Schnittbedingung führt zu einem Gleichungssystem. In dessen Stufenform ist die Zahl der Nichtnullzeilen kleiner als die Zahl der Variablen. Also hat das LGS unendlich viele Lösungen.
Jeder Punkt von g ist auch ein Punkt von h. Also sind die Geraden identisch.

$$\begin{pmatrix} 1 \\ 2 \\ -1 \end{pmatrix} + r\begin{pmatrix} 2 \\ -1 \\ 3 \end{pmatrix} = \begin{pmatrix} -1 \\ 3 \\ -4 \end{pmatrix} + s\begin{pmatrix} 1 \\ -0{,}5 \\ 1{,}5 \end{pmatrix}$$

$$\left(\begin{array}{cc|c} 2 & -1 & -2 \\ -1 & 0{,}5 & 1 \\ 3 & -1{,}5 & -3 \end{array}\right) \xrightarrow{\text{ZSF}} \left(\begin{array}{cc|c} 2 & -1 & -2 \\ 0 & 0 & 0 \\ 0 & 0 & 0 \end{array}\right)$$

unendlich viele Lösungen
g und h sind identisch.

Hinweis:
Ein anderes Schema zur Untersuchung der Lagebeziehung zweier Geraden wird in Aufgabe 3 und 4 behandelt.

Basisaufgaben

1. Weisen Sie nach, dass sich die beiden Geraden schneiden. Berechnen Sie die Koordinaten des Schnittpunktes.

a) g: $\vec{x} = \begin{pmatrix} 1 \\ 0 \\ 2 \end{pmatrix} + r\begin{pmatrix} 2 \\ 1 \\ 0 \end{pmatrix}$ h: $\vec{x} = \begin{pmatrix} 3 \\ 8 \\ -5 \end{pmatrix} + s\begin{pmatrix} 0 \\ 1 \\ -1 \end{pmatrix}$

b) g: $\vec{x} = \begin{pmatrix} -1 \\ 4 \\ 0 \end{pmatrix} + r\begin{pmatrix} 1 \\ -1 \\ 1 \end{pmatrix}$ h: $\vec{x} = \begin{pmatrix} -7 \\ 6 \\ -5 \end{pmatrix} + s\begin{pmatrix} 4 \\ 0 \\ 3 \end{pmatrix}$

c) g: $\vec{x} = \begin{pmatrix} 4 \\ 1 \\ 4 \end{pmatrix} + r\begin{pmatrix} -1 \\ 2 \\ 2 \end{pmatrix}$ h: $\vec{x} = \begin{pmatrix} -1 \\ -1 \\ 0 \end{pmatrix} + s\begin{pmatrix} 3 \\ 0 \\ 1 \end{pmatrix}$

Lösungen zu 1:

(−1 | 3 | 5)
(−3 | 6 | −2)
(3 | 1 | 2) (5 | −1 | 2)

2. Die Geraden g und h haben keinen Punkt gemeinsam. Prüfen Sie, ob sie echt parallel oder windschief zueinander sind.

a) $g: \vec{x} = \begin{pmatrix} 2 \\ -3 \\ 1 \end{pmatrix} + r\begin{pmatrix} 8 \\ -4 \\ 2 \end{pmatrix}$ $\quad h: \vec{x} = \begin{pmatrix} -2 \\ -2 \\ 0 \end{pmatrix} + s\begin{pmatrix} -4 \\ 2 \\ 1 \end{pmatrix}$

b) $g: \vec{x} = \begin{pmatrix} 2 \\ -3 \\ 1 \end{pmatrix} + r\begin{pmatrix} 8 \\ -4 \\ 2 \end{pmatrix}$ $\quad h: \vec{x} = \begin{pmatrix} -2 \\ -1 \\ 6 \end{pmatrix} + s\begin{pmatrix} -4 \\ 2 \\ -1 \end{pmatrix}$

c) $g: \vec{x} = \begin{pmatrix} 0 \\ 2 \\ -5 \end{pmatrix} + r\begin{pmatrix} 2 \\ -4 \\ 1 \end{pmatrix}$ $\quad h: \vec{x} = \begin{pmatrix} -1 \\ 0 \\ 1 \end{pmatrix} + s\begin{pmatrix} -1 \\ -1 \\ 2 \end{pmatrix}$

3. Samira untersucht die Lage der Geraden g und h. Sie behauptet: *„Ich muss nicht immer eine Schnittbedingung aufstellen. An den Geradengleichungen erkenne ich, ob die Richtungsvektoren Vielfache voneinander sind. Wenn ja, sind die Geraden echt parallel oder identisch. Dann muss ich nur prüfen, ob der Stützvektor von g auch auf h liegt."*
Nehmen Sie Stellung zu Samiras Behauptung. Prüfen Sie möglichst ohne Schnittbedingung die gegenseitige Lage von g und h.

a) $g: \vec{x} = \begin{pmatrix} 1 \\ 0 \\ -5 \end{pmatrix} + r\begin{pmatrix} 2 \\ -4 \\ 2 \end{pmatrix}$ $\quad h: \vec{x} = \begin{pmatrix} 3 \\ -4 \\ -5 \end{pmatrix} + s\begin{pmatrix} 1 \\ -2 \\ 1 \end{pmatrix}$

b) $g: \vec{x} = \begin{pmatrix} 2 \\ 8 \\ 0 \end{pmatrix} + r\begin{pmatrix} -15 \\ 9 \\ 21 \end{pmatrix}$ $\quad h: \vec{x} = \begin{pmatrix} 7 \\ -1 \\ 7 \end{pmatrix} + s\begin{pmatrix} 5 \\ -9 \\ 7 \end{pmatrix}$

c) $g: \vec{x} = \begin{pmatrix} -5 \\ 0 \\ 0 \end{pmatrix} + r\begin{pmatrix} 2 \\ 3 \\ -4 \end{pmatrix}$ $\quad h: \vec{x} = \begin{pmatrix} 0 \\ 7{,}5 \\ 10 \end{pmatrix} + s\begin{pmatrix} -1 \\ -1{,}5 \\ 2 \end{pmatrix}$

4. Aufgabe 3 führt zu einem anderen Vorgehen bei der Überprüfung der gegenseitigen Lage zweier Geraden. Vervollständigen Sie das Diagramm in Ihrem Heft und erläutern Sie es.

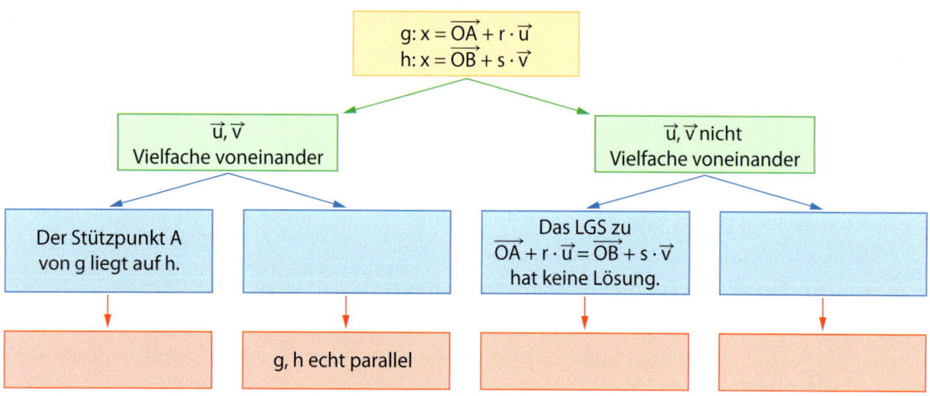

5. Ermitteln Sie die gegenseitige Lage der Geraden g und h. Berechnen Sie gegebenenfalls ihren Schnittpunkt. Es gilt $g: \vec{x} = \begin{pmatrix} 3 \\ -2 \\ 4 \end{pmatrix} + r\begin{pmatrix} 6 \\ 2 \\ -4 \end{pmatrix}$.

a) $h: \vec{x} = \begin{pmatrix} 1 \\ 4 \\ 2 \end{pmatrix} + s\begin{pmatrix} -3 \\ -1 \\ 2 \end{pmatrix}$

b) $h: \vec{x} = \begin{pmatrix} 0 \\ -3 \\ 3 \end{pmatrix} + s\begin{pmatrix} 2 \\ 1 \\ -2 \end{pmatrix}$

c) $h: \vec{x} = \begin{pmatrix} -3 \\ -4 \\ 8 \end{pmatrix} + s\begin{pmatrix} 1{,}5 \\ 0{,}5 \\ -1 \end{pmatrix}$

d) $h: \vec{x} = \begin{pmatrix} 3 \\ -2 \\ 4 \end{pmatrix} + s\begin{pmatrix} 1 \\ 0 \\ 1 \end{pmatrix}$

e) h ist die x_1-Achse.

f) h geht durch $A(0\,|\,3\,|\,3)$ und $B(-3\,|\,2\,|\,5)$.

6. Hier wurde das LGS zur Schnittbedingung mit einem CAS gelöst. Erläutern Sie, was sich anhand des Screenshots über die gegenseitige Lage der beiden Geraden aussagen lässt.

a)
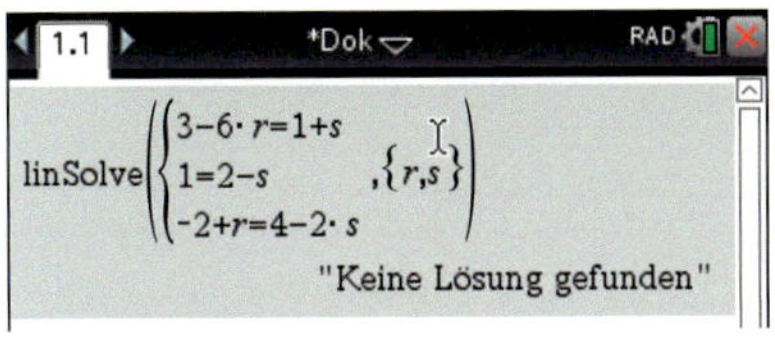

b)
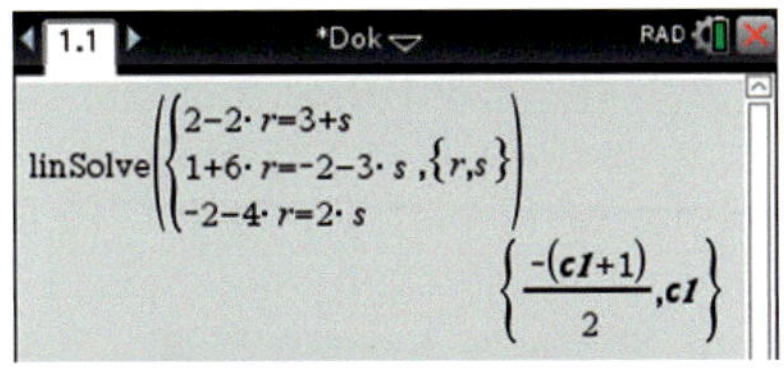

c)
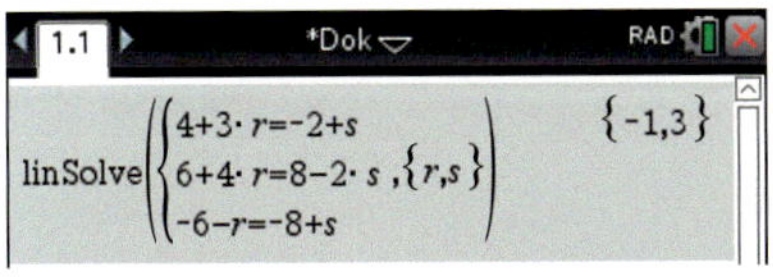

d)
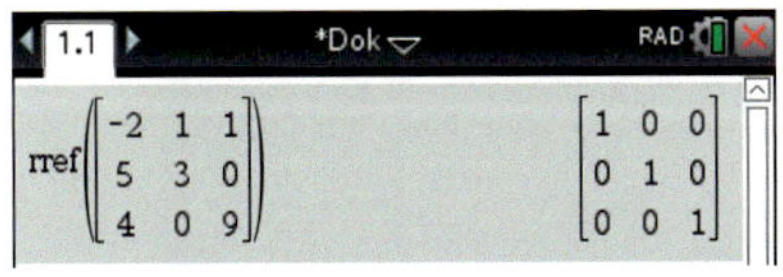

e)

f)
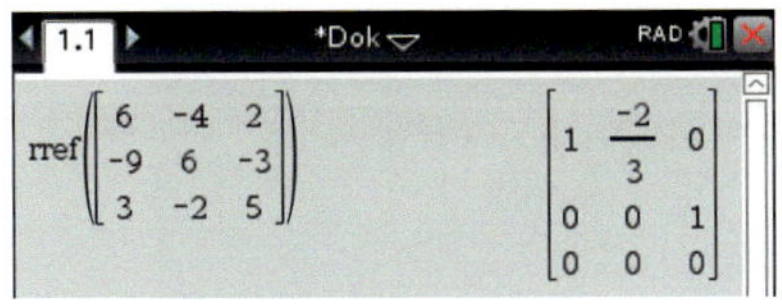

Hinweis:
Der Befehl *linSolve()* löst ein LGS, der Befehl *rref()* überführt eine Matrix in reduzierte ZSF.

CAS **7.** Ermitteln Sie die gegenseitige Lage beider Geraden mit einem CAS und berechnen Sie gegebenenfalls ihren Schnittpunkt.

a) $g: \vec{x} = \begin{pmatrix} 2,1 \\ -0,3 \\ 4 \end{pmatrix} + r\begin{pmatrix} 1,2 \\ -0,8 \\ 5,6 \end{pmatrix}$ $\quad h: \vec{x} = \begin{pmatrix} 3,7 \\ -5 \\ 1,1 \end{pmatrix} + s\begin{pmatrix} -0,9 \\ 0,6 \\ -4,2 \end{pmatrix}$

b) $g: \vec{x} = \begin{pmatrix} 4,6 \\ 2,2 \\ -3,7 \end{pmatrix} + r\begin{pmatrix} 5,6 \\ 0,8 \\ 2 \end{pmatrix}$ $\quad h: \vec{x} = \begin{pmatrix} 0,8 \\ 2 \\ 0 \end{pmatrix} + s\begin{pmatrix} -1,2 \\ 0 \\ 2,1 \end{pmatrix}$

c) $g: \vec{x} = \begin{pmatrix} 2,7 \\ 0 \\ 1 \end{pmatrix} + r\begin{pmatrix} -1,2 \\ 0,4 \\ 1,6 \end{pmatrix}$ $\quad h: \vec{x} = \begin{pmatrix} 0,3 \\ 0,8 \\ 4,2 \end{pmatrix} + s\begin{pmatrix} 30 \\ -10 \\ -40 \end{pmatrix}$

d) $g: \vec{x} = \begin{pmatrix} 2 \\ 0,4 \\ 0 \end{pmatrix} + r\begin{pmatrix} 1,2 \\ 0 \\ 2,6 \end{pmatrix}$ $\quad h: \vec{x} = \begin{pmatrix} -8,4 \\ 0,1 \\ -20,5 \end{pmatrix} + s\begin{pmatrix} 9,8 \\ 2,1 \\ 7 \end{pmatrix}$

8. Gegeben sind die Geraden g, h und k in der Ebene.

$g: \vec{x} = \begin{pmatrix} 7 \\ 4 \end{pmatrix} + r\begin{pmatrix} 2 \\ -1 \end{pmatrix}$ $\quad h: \vec{x} = \begin{pmatrix} -2 \\ 1 \end{pmatrix} + s\begin{pmatrix} 1 \\ 1 \end{pmatrix}$ $\quad k: \vec{x} = \begin{pmatrix} 3 \\ 0 \end{pmatrix} + t\begin{pmatrix} -4 \\ 2 \end{pmatrix}$

a) Stellen Sie die drei Geraden in einem Koordinatensystem dar.
b) Berechnen Sie den Schnittpunkt von g und h.
c) Zeigen Sie rechnerisch, dass g und k parallel zueinander sind.
d) Erläutern Sie allgemein, wie man die Lage zweier Geraden in der Ebene ermitteln kann und welche Fälle dabei auftreten können.

9. a) Zeichnen Sie die Geraden g und h mithilfe ihrer Stütz- und Richtungsvektoren in ein Koordinatensystem.

$g: \vec{x} = \begin{pmatrix} 1 \\ 3 \\ 3 \end{pmatrix} + r\begin{pmatrix} 1 \\ 2 \\ -1 \end{pmatrix}$ $\quad h: \vec{x} = \begin{pmatrix} 2 \\ -1 \\ 0 \end{pmatrix} + s\begin{pmatrix} -1 \\ 1 \\ 2 \end{pmatrix}$ $\quad k: \vec{x} = \begin{pmatrix} 1 \\ 0 \\ 0 \end{pmatrix} + t\begin{pmatrix} -1 \\ 1 \\ 0 \end{pmatrix}$

b) Ermitteln Sie anhand der Zeichnung, für welches r und s sich eventuell ein Schnittpunkt von g und h ergibt.
c) Bestätigen Sie Ihr Ergebnis aus b) rechnerisch. Berechnen Sie den Schnittpunkt.
d) Lesen Sie entsprechend für g und k geeignete Werte für r und t aus der Zeichnung ab und überprüfen Sie das Ergebnis rechnerisch.

Hinweis zu 10:
Beachten Sie, dass die Gleichungen für AB und CD in der Schnittbedingung unterschiedliche Parameter haben müssen.

10. Bestimmen Sie die gegenseitige Lage der Geraden AB und CD. Berechnen Sie gegebenenfalls die Koordinaten des Schnittpunktes.
a) $A(-5|1|8)$, $B(-1|1|6)$, $C(-5|7|2)$, $D(7|-2|5)$
b) $A(1|4|-1)$, $B(3|0|3)$, $C(5|1|0)$, $D(4|3|-2)$

11. Solange es nur die Leitungen $\overline{DC}$, $\overline{FE}$ und $\overline{HG}$ gab, war alles in Ordnung. Als eine Leitung von A nach B gezogen wurde, gab es einen Knall und der Strom fiel aus.

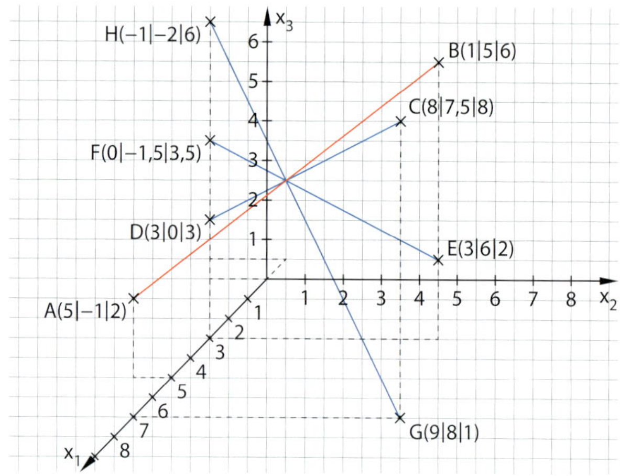

Ermitteln Sie, mit welcher der Leitungen die neue Leitung $\overline{AB}$ in Kontakt kam.

12. Gegeben ist die Gerade $g: \vec{x} = \begin{pmatrix} 2 \\ 3 \\ -1 \end{pmatrix} + r\begin{pmatrix} 5 \\ 0 \\ -2 \end{pmatrix}$.
Geben Sie eine Parametergleichung einer Geraden h an, die
a) den Punkt $P(-8|3|3)$ enthält und parallel zu g ist,
b) parallel, aber nicht identisch zu g ist,
c) genau einen Schnittpunkt mit g hat,
d) windschief zu g ist.

Weiterführende Aufgaben

13. Beurteilen Sie die Aussage. Veranschaulichen Sie die Situation mit Stiften.
a) Wenn die Geraden g und h parallel zueinander sind und die Gerade k windschief zu g ist, dann können h und k nicht parallel zueinander sein.
b) Wenn die Geraden g und h sich schneiden und ebenso die Geraden g und k, dann können h und k nicht windschief sein.
c) Wenn im dreidimensionalen Koordinatensystem zwei Geraden parallel aussehen, dann sind sie auch in Wirklichkeit parallel.

14. Ermitteln Sie den Schnittpunkt der Geraden g und h, ohne ein lineares Gleichungssystem aufzustellen. Beschreiben Sie Ihr Vorgehen.
a) $g: \vec{x} = \begin{pmatrix} 3 \\ 3 \\ 3 \end{pmatrix} + r\begin{pmatrix} 1 \\ 1 \\ 1 \end{pmatrix}$ $h: \vec{x} = \begin{pmatrix} -8 \\ 0 \\ 0 \end{pmatrix} + s\begin{pmatrix} 5 \\ 0 \\ 0 \end{pmatrix}$ b) $g: \vec{x} = r\begin{pmatrix} -1 \\ 5 \\ 3 \end{pmatrix}$ $h: \vec{x} = \begin{pmatrix} 8 \\ 2 \\ 2 \end{pmatrix} + s\begin{pmatrix} 4 \\ 1 \\ 1 \end{pmatrix}$

15. Begründen Sie, dass die beiden Geraden windschief zueinander sind.
$g: \vec{x} = \begin{pmatrix} 3 \\ 0 \\ 0 \end{pmatrix} + r\begin{pmatrix} 0 \\ 1 \\ 0 \end{pmatrix}$ $h: \vec{x} = \begin{pmatrix} -2 \\ 2 \\ 0 \end{pmatrix} + s\begin{pmatrix} 0 \\ 4 \\ -2 \end{pmatrix}$

16. Stolperstelle: Gegeben sind die Geraden $g\colon \vec{x} = \begin{pmatrix} 2 \\ 6 \\ -1 \end{pmatrix} + r\begin{pmatrix} 5 \\ 0 \\ -2 \end{pmatrix}$ und $h\colon \vec{x} = s\begin{pmatrix} 1 \\ 3 \\ 9 \end{pmatrix}$.

Die Gerade k verläuft durch die Punkte $A(-7\,|\,7\,|\,5)$ und $B(-1\,|\,8\,|\,5)$. Überprüfen Sie die Rechnung, erläutern Sie die Fehler und korrigieren Sie diese.

a) Lage von g und h:

Schnittbedingung: $\begin{pmatrix} 2 \\ 6 \\ -1 \end{pmatrix} + r\begin{pmatrix} 5 \\ 0 \\ -2 \end{pmatrix} = s\begin{pmatrix} 1 \\ 3 \\ 9 \end{pmatrix}$

An der mittleren Gleichung $6 = 3s$ erkennt man, dass $s = 2$ sein muss.
Aus $2 + 5r = 2 \cdot 1$ erhält man $r = 0$.
Also schneiden sich die Geraden im Punkt S mit

$\overrightarrow{OS} = \begin{pmatrix} 2 \\ 6 \\ -1 \end{pmatrix} + 0 \cdot \begin{pmatrix} 5 \\ 0 \\ -2 \end{pmatrix} = \begin{pmatrix} 2 \\ 6 \\ -1 \end{pmatrix}$.

b) Lage von g und k:

$k\colon \vec{x} = \begin{pmatrix} -7 \\ 7 \\ 5 \end{pmatrix} + r\begin{pmatrix} 6 \\ 1 \\ 0 \end{pmatrix}$

$\begin{pmatrix} 2 \\ 6 \\ -1 \end{pmatrix} + r\begin{pmatrix} 5 \\ 0 \\ -2 \end{pmatrix} = \begin{pmatrix} -7 \\ 7 \\ 5 \end{pmatrix} + r\begin{pmatrix} 6 \\ 1 \\ 0 \end{pmatrix}$

$\begin{pmatrix} 9 \\ -1 \\ -6 \end{pmatrix} = r\begin{pmatrix} 1 \\ 1 \\ 2 \end{pmatrix} \qquad \begin{cases} r = 9 \\ r = -1 \\ r = -3 \end{cases}$

Das LGS hat keine Lösung.
Die Geraden sind windschief oder parallel zueinander.

17. Die drei Geraden g_1, g_2 und g_3 schließen ein Dreieck ein. Berechnen Sie die Koordinaten seiner Eckpunkte und die Längen seiner Seiten.

$g_1\colon \vec{x} = \begin{pmatrix} 3 \\ -3 \\ 2 \end{pmatrix} + r\begin{pmatrix} 2 \\ 1 \\ -3 \end{pmatrix} \qquad g_2\colon \vec{x} = \begin{pmatrix} 2 \\ 1 \\ -1 \end{pmatrix} + s\begin{pmatrix} 1 \\ -4 \\ 3 \end{pmatrix} \qquad g_3\colon \vec{x} = \begin{pmatrix} 1 \\ 2 \\ -1 \end{pmatrix} + t\begin{pmatrix} 1 \\ -1 \\ 0 \end{pmatrix}$

18. Gegeben sind die Höhen h_1 bzw. h_2 der Dreiecke ABC_1 und ABC_2:
$A(1\,|\,-3\,|\,3)$, $B(-2\,|\,3\,|\,-3)$, $C_1(-3\,|\,2\,|\,1)$, $C_2(3\,|\,2\,|\,-5)$,

$h_1\colon \vec{x} = \begin{pmatrix} -3 \\ 2 \\ 1 \end{pmatrix} + r\begin{pmatrix} -2 \\ 1 \\ 2 \end{pmatrix} \qquad h_2\colon \vec{x} = \begin{pmatrix} 3 \\ 2 \\ -5 \end{pmatrix} + s\begin{pmatrix} -2 \\ 1 \\ 0 \end{pmatrix}$

Berechnen Sie die Schnittpunkte H_1 und H_2 von h_1 bzw. h_2 mit der Grundgeraden AB. Prüfen Sie jeweils, ob der Höhenschnittpunkt innerhalb der Strecke $\overline{AB}$ liegt. Prüfen Sie anschließend Ihr Ergebnis anhand einer Skizze im Koordinatensystem.

19. Die Punkte $L(-4\,|\,0\,|\,-1)$, $M(-2\,|\,5\,|\,1)$, $N(1\,|\,8\,|\,3)$ und $P(2\,|\,6\,|\,3)$ sind die Eckpunkte eines Vierecks.

a) Zeigen Sie, dass LMNP ein Trapez ist, das nicht gleichschenklig ist.
b) Berechnen Sie die Koordinaten des Diagonalenschnittpunktes von LMNP.
c) Berechnen Sie die Koordinaten des Schnittpunktes der nicht parallelen Seiten.

20. Schwerpunkt eines Dreiecks: Gegeben ist ein Dreieck mit den Eckpunkten $A(0\,|\,0)$, $B(8\,|\,-2)$ und $C(6\,|\,2)$. Die Seitenhalbierende s_c ist die Gerade durch C und den Mittelpunkt M_c der Strecke $\overline{AB}$.

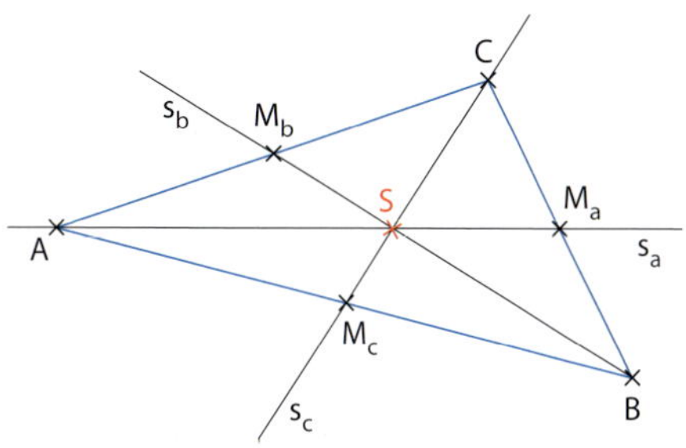

a) Stellen Sie Parametergleichungen für die drei Seitenhalbierenden auf. Zeigen Sie, dass sich die Seitenhalbierenden in einem Punkt S schneiden.
b) Der Punkt S teilt die Strecken $\overline{AM_a}$, $\overline{BM_b}$ und $\overline{CM_c}$ in je zwei Teile. Bestimmen Sie das Verhältnis der beiden Teilstrecken zueinander.
c) Lösen Sie Teil a) und b) für das Dreieck im Raum mit den Eckpunkten $A(3\,|\,-1\,|\,-2)$, $B(3\,|\,5\,|\,0)$ und $C(-3\,|\,5\,|\,2)$.

21. Bei einem Tetraeder mit den Eckpunkten $A(4|0|-4)$, $B(4|4|-4)$, $C(-2|2|-4)$ und der Spitze $O(0|0|0)$ sind N_a, N_b und N_c die Mittelpunkte der Kanten zur Spitze. M_a, M_b und M_c sind Mittelpunkte der Seiten des Grunddreiecks ABC.
g_a bezeichnet die Gerade durch die Punkte M_a und N_a. Entsprechend sind auch die Geraden g_b und g_c festgelegt.

a) Zeigen Sie, dass sich die Geraden g_a, g_b und g_c in einem Punkt S schneiden.

b) Zeigen Sie, dass für diesen Punkt S gilt: $\overrightarrow{OS} = \frac{1}{4}(\overrightarrow{OA} + \overrightarrow{OB} + \overrightarrow{OC})$

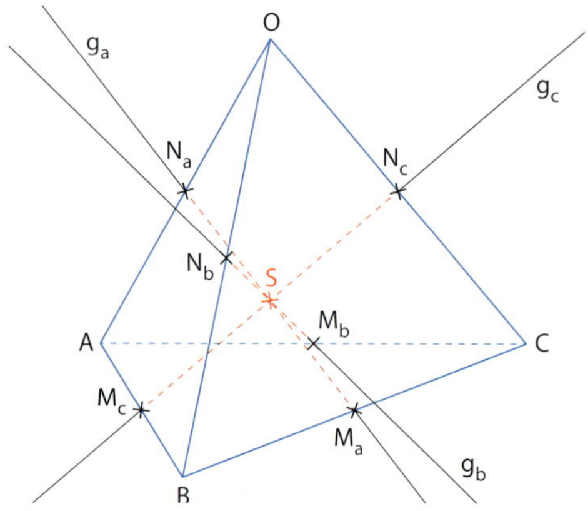

22. Die Pyramide befindet sich im Bau. Momentan ist der Stumpf 3 m hoch. Die zukünftige Spitze der Pyramide ist der Schnittpunkt der Geraden durch die Seitenkanten.

a) Passen Sie die Pyramide in ein Koordinatensystem ein und berechnen Sie die Koordinaten der Spitze.

b) Berechnen Sie das Volumen der fertiggestellten Pyramide.

c) Berechnen Sie das Volumen des Pyramidenstumpfs.

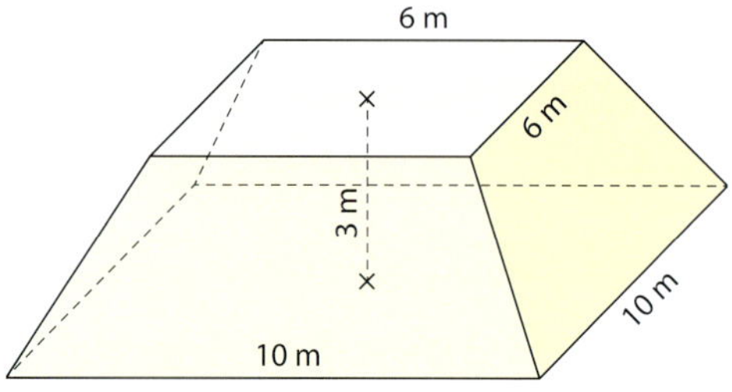

Hinweis zu 23:
Ein Viereck ist eben, wenn sich seine Diagonalen schneiden.

DGS **23. Ebene Vierecke im Raum:** Vier Punkte im Raum bilden ein Viereck. Dieses muss aber nicht eben sein. Aus einem ebenen Viereck erhalten Sie ein nicht ebenes Viereck, indem Sie es längs einer Diagonalen knicken.

a) Überprüfen Sie rechnerisch, ob das Viereck ABCD eben ist.
① $A(4|-2|0)$, $B(4|4|-1)$, $C(0|3|-2)$, $D(-4|0|-2)$
② $A(3|0|0)$, $B(5|4|-1)$, $C(1|5|-1)$, $D(-2|1|0)$

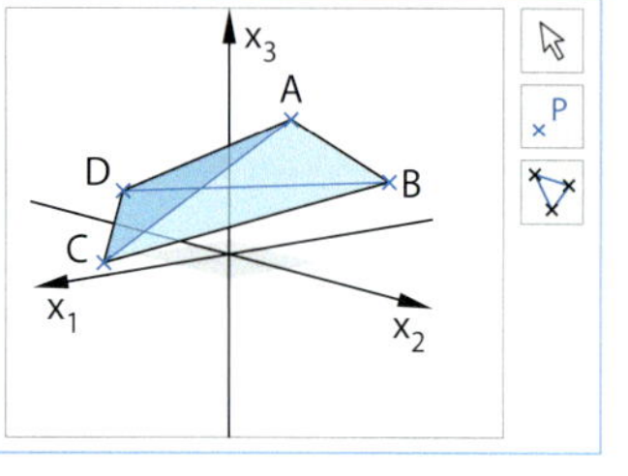

b) Zeichnen Sie die Vierecke aus a) mit einer dynamischen Geometriesoftware und überprüfen Sie Ihre Ergebnisse.

c) Ergänzen Sie einen Punkt C zu $A(1|-3|2)$, $B(6|4|0)$ und $D(-2|4|1)$, sodass das Viereck ABCD eben wird. Beschreiben Sie Ihr Vorgehen.

● d) Ergänzen Sie einen Punkt C zu A, B und D aus Teil c), sodass das Viereck ABCD nicht eben wird. Beschreiben Sie Ihr Vorgehen.

24. Die Terrasse liegt in der x_1x_2-Ebene. In den Punkten $A(-10|-22|26)$ und $D(-14|-10|24)$ der Hauswand soll ein Sonnensegel befestigt werden, dessen äußere Eckpunkte bei Straffung des Segels $B(20|32|23)$ und $C(19|35|22{,}5)$ sind (1 Längeneinheit entspricht 1 dm).

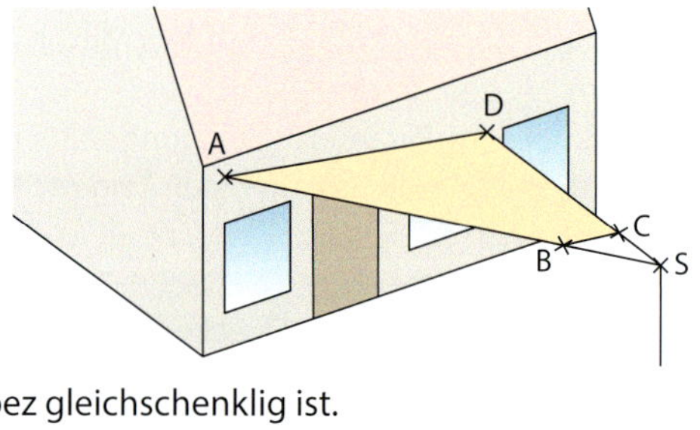

a) Zeigen Sie, dass das Segel die Form eines Trapezes hat. Prüfen Sie, ob das Trapez gleichschenklig ist.

b) Das Segel wird an einer Stange mit Spitze S befestigt. Berechnen Sie, wie hoch die Stange sein muss und in welchem Punkt der x_1x_2-Ebene sie aufgestellt werden muss.

25. Untersuchen Sie, für welchen Wert der Variablen k sich die beiden Geraden schneiden.

a) $g\colon \vec{x} = \begin{pmatrix} 1 \\ -2 \\ 3 \end{pmatrix} + r\begin{pmatrix} -4 \\ 1 \\ 2 \end{pmatrix}$ $\quad h\colon \vec{x} = \begin{pmatrix} 2-k \\ k-9 \\ 4-k \end{pmatrix} + s\begin{pmatrix} 3 \\ -2 \\ -3 \end{pmatrix}$

b) $g\colon \vec{x} = \begin{pmatrix} 5 \\ 0 \\ 1 \end{pmatrix} + r\begin{pmatrix} 3 \\ 7 \\ 2 \end{pmatrix}$ $\quad h\colon \vec{x} = \begin{pmatrix} 7+3k \\ 2k \\ 9-4k \end{pmatrix} + s\begin{pmatrix} 2 \\ 4 \\ -1 \end{pmatrix}$

26. Die Positionen von zwei Flugzeugen zur Zeit t lassen sich in einem geeigneten Koordinatensystem durch die Gleichungen

$g_1\colon \vec{x} = \begin{pmatrix} 11{,}4 \\ -2{,}28 \\ 0{,}66 \end{pmatrix} + t\begin{pmatrix} -0{,}45 \\ 0{,}36 \\ 0{,}03 \end{pmatrix}$ und

$g_2\colon \vec{x} = \begin{pmatrix} 0{,}1 \\ 9 \\ 1{,}4 \end{pmatrix} + t\begin{pmatrix} 0{,}32 \\ -0{,}48 \\ -0{,}02 \end{pmatrix}$ beschreiben

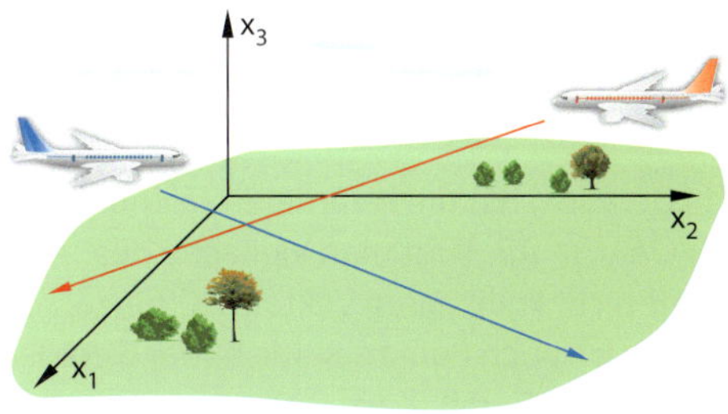

(Längeneinheit 1 km, Zeiteinheit 10 s).

a) Berechnen Sie, in welchen Punkten sich die Flugzeuge nach 10, nach 50 und nach 140 Sekunden befinden und wie weit sie jeweils voneinander entfernt sind.

b) Prüfen Sie, ob die Flugbahnen sich kreuzen.

c) Prüfen Sie, ob es zu einer Kollision kommt.

27. Ein Boot der Küstenwache im Hafen K(1,5 | 0) erhält die Nachricht, dass soeben in E(2 | 7) ein Schmugglerboot in Richtung des Inselhafens B(12 | 3) gestartet ist. Das Wetter erlaubt nur eine Sicht von 1000 Metern. Nach Einschätzung des vermutlichen Kurses und der Geschwindigkeit des Schmugglerboots entschließt sich der Kapitän, mit einer Geschwindigkeit zu fahren, welche in 5 Minuten dem Weg $\begin{pmatrix} 2 \\ 1 \end{pmatrix}$ entspricht. Das Schmugglerschiff legt in 5 Minuten den Weg $\begin{pmatrix} 2{,}5 \\ -1 \end{pmatrix}$ zurück.

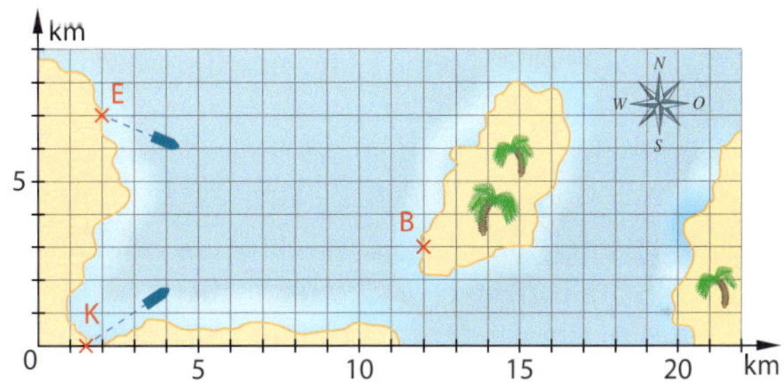

a) Berechnen Sie die Koordinaten des Schnittpunktes der beiden Schiffskurse.

b) Überprüfen Sie, ob die Küstenwache das Schmugglerboot wird sehen können.

28. Ausblick: Soll der Schnittpunkt zweier Seitenhalbierenden eines beliebigen Dreiecks berechnet werden, kann man ein schiefes Koordinatensystem einführen, dessen Ursprung der Punkt A des Dreiecks ist und dessen Achsen durch die (eventuell ungleich langen) Seitenvektoren $\vec{u} = \overrightarrow{AB} = \begin{pmatrix} 1 \\ 0 \end{pmatrix}$ und $\vec{v} = \overrightarrow{AC} = \begin{pmatrix} 0 \\ 1 \end{pmatrix}$ festgelegt werden. Der Punkt D hat in diesem System die Koordinaten (2 | −1).

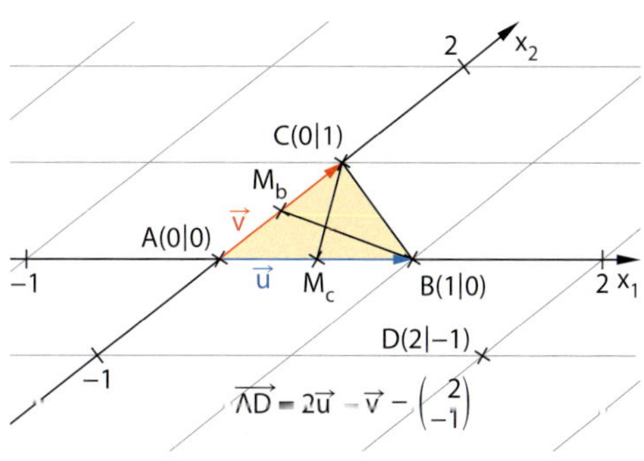

a) Geben Sie in diesem Koordinatensystem die Koordinaten der Seitenmittelpunkte M_c und M_b an und berechnen Sie den Schnittpunkt der beiden Seitenhalbierenden.

b) Im üblichen Koordinatensystem sind die Eckpunkte A(1 | 1), B(4 | 1) und C(3 | 2). Geben Sie die Koordinaten des Schnittpunktes aus a) im üblichen Koordinatensystem an.

2.4 Parametergleichung einer Ebene

■ Nutzen Sie die Geraden
$g: \vec{x} = \begin{pmatrix} -1 \\ 0{,}5 \\ 1 \end{pmatrix} + r\begin{pmatrix} 0 \\ 2 \\ 1 \end{pmatrix}$ und $h: \vec{x} = \begin{pmatrix} -1 \\ 0{,}5 \\ 1 \end{pmatrix} + s\begin{pmatrix} 1 \\ 2{,}5 \\ 0 \end{pmatrix}$,
um die Koordinaten des Punktes K zu berechnen. Geben Sie an, welche Punkte sich prinzipiell mithilfe von g und h bestimmen lassen. ■

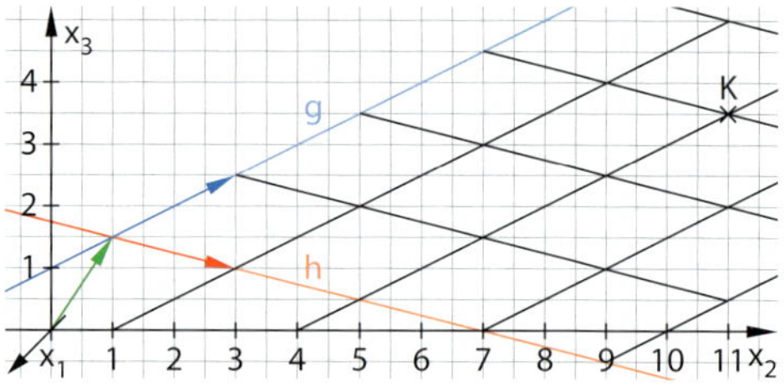

Die Gerade g hat die Parametergleichung $\vec{x} = \overrightarrow{OA} + r \cdot \overrightarrow{AB}$. Fügt man Vielfache des zu $\overrightarrow{AB}$ nicht kollinearen Vektors $\overrightarrow{AC}$ hinzu, so lassen sich auch Punkte „seitlich" der Geraden g erreichen. So gilt etwa

$$\overrightarrow{OP} = \overrightarrow{OA} + 3 \cdot \overrightarrow{AB} + (-1) \cdot \overrightarrow{AC}.$$

Daher wird durch die Punkte A, B und C, die nicht auf einer Geraden liegen, eine **Ebene** im Raum festgelegt. Eine Parametergleichung der Ebene ist $\vec{x} = \overrightarrow{OA} + r \cdot \overrightarrow{AB} + s \cdot \overrightarrow{AC}$.

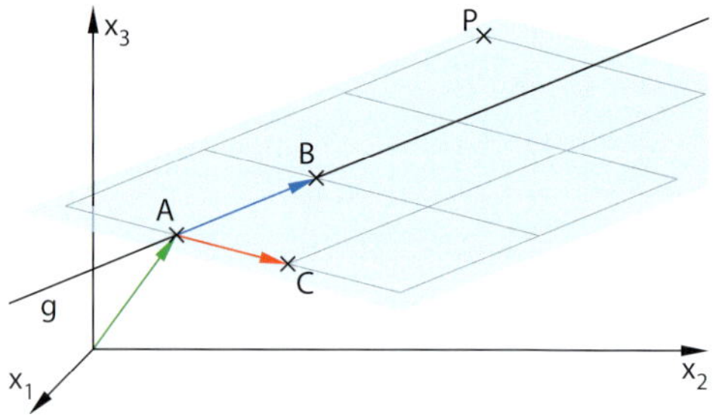

Hinweis:
Üblich ist auch die Bezeichnung **Parameterform der Ebene**.

Wissen: Parametergleichung einer Ebene
Ist A ein Punkt einer Ebene E und sind $\vec{u}$ und $\vec{v}$ zwei nicht kollineare Vektoren in Richtung der Ebene, dann lässt sich die Ebene beschreiben durch die Parametergleichung

$$\vec{x} = \overrightarrow{OA} + r \cdot \vec{u} + s \cdot \vec{v} \ (r, s \in \mathbb{R}).$$

Der **Stützvektor** $\overrightarrow{OA}$ ist der Ortsvektor des **Stützpunktes** A.
$\vec{u}$ und $\vec{v}$ sind **Richtungsvektoren** der Ebene.
Für jedes Wertepaar der **Parameter** r und s erhält man den Ortsvektor $\vec{x}$ eines Punktes X der Ebene.

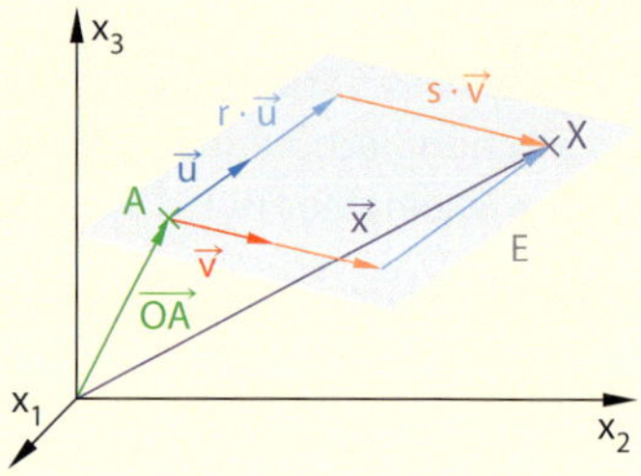

Die Parametergleichung einer Ebene ist nicht eindeutig bestimmt. Als Stützpunkt kann man jeden Punkt der Ebene wählen und als Richtungsvektoren zwei beliebige nicht kollineare Vektoren, deren Vektorpfeile sich in die Ebene legen lassen.

Beispiel 1: Ebene durch drei Punkte
Prüfen Sie, ob die Punkte A(1|−5|1), B(3|1|0) und C(0|4|−8) eine Ebene aufspannen. Falls ja, geben Sie eine Parametergleichung der Ebene an.

Lösung:
Bilden Sie die beiden Richtungsvektoren $\overrightarrow{AB}$ und $\overrightarrow{AC}$ und prüfen Sie, ob diese kollinear sind.

$$\overrightarrow{AB} = \begin{pmatrix} 3-1 \\ 1+5 \\ 0-1 \end{pmatrix} = \begin{pmatrix} 2 \\ 6 \\ -1 \end{pmatrix} \quad \overrightarrow{AC} = \begin{pmatrix} 0-1 \\ 4+5 \\ -8-1 \end{pmatrix} = \begin{pmatrix} -1 \\ 9 \\ -9 \end{pmatrix}$$

Sind $\overrightarrow{AB}$ und $\overrightarrow{AC}$ nicht kollinear, so legen die Punkte A, B und C eine Ebene fest.

$\overrightarrow{AC}$ ist kein Vielfaches von $\overrightarrow{AB}$, also sind die beiden Vektoren nicht kollinear.

Wählen Sie zum Beispiel als Stützpunkt den Punkt A und $\overrightarrow{AB}$ und $\overrightarrow{AC}$ als Richtungsvektoren. Stellen Sie damit die Parametergleichung der Ebene auf.

$$E: \vec{x} = \overrightarrow{OA} + r \cdot \overrightarrow{AB} + s \cdot \overrightarrow{AC} = \begin{pmatrix} 1 \\ -5 \\ 1 \end{pmatrix} + r\begin{pmatrix} 2 \\ 6 \\ -1 \end{pmatrix} + s\begin{pmatrix} -1 \\ 9 \\ -9 \end{pmatrix}$$

Beispiel 2: Punktprobe

Prüfen Sie, ob der Punkt in der Ebene E: $\vec{x} = \begin{pmatrix} 2 \\ 0 \\ -5 \end{pmatrix} + r\begin{pmatrix} -1 \\ 2 \\ 1 \end{pmatrix} + s\begin{pmatrix} 3 \\ -1 \\ -1 \end{pmatrix}$ liegt.

a) $P(-4|7|-1)$

b) $Q(-4|5|-3)$

Lösung:

a) P liegt in E, wenn $\overrightarrow{OP}$ Ortsvektor eines Ebenenpunktes ist:
$\overrightarrow{OP} = \overrightarrow{OA} + r \cdot \vec{u} + s \cdot \vec{v}$
Es ergibt sich ein lineares Gleichungssystem aus drei Gleichungen für r und s.
Bringen Sie das LGS auf Zeilenstufenform und prüfen Sie, ob es lösbar ist.

$$\begin{pmatrix} -4 \\ 7 \\ -1 \end{pmatrix} = \begin{pmatrix} 2 \\ 0 \\ -5 \end{pmatrix} + r\begin{pmatrix} -1 \\ 2 \\ 1 \end{pmatrix} + s\begin{pmatrix} 3 \\ -1 \\ -1 \end{pmatrix}$$

$$\left(\begin{array}{cc|c} -1 & 3 & -6 \\ 2 & -1 & 7 \\ 1 & -1 & 4 \end{array}\right) \xrightarrow{\text{ZSF}} \left(\begin{array}{cc|c} -1 & 3 & -6 \\ 0 & 5 & -5 \\ 0 & 0 & 0 \end{array}\right)$$

Das LGS ist lösbar, P liegt in E.

Zur Probe kann man r und s berechnen und in die Ebenengleichung einsetzen

Probe mit $r = 3$ und $s = -1$:

$$\begin{pmatrix} -4 \\ 7 \\ -1 \end{pmatrix} = \begin{pmatrix} 2 \\ 0 \\ -5 \end{pmatrix} + 3 \cdot \begin{pmatrix} -1 \\ 2 \\ 1 \end{pmatrix} + (-1) \cdot \begin{pmatrix} 3 \\ -1 \\ -1 \end{pmatrix}$$

b) Einsetzen von $\overrightarrow{OQ}$ in die Ebenengleichung ergibt ein Gleichungssystem mit drei Gleichungen für r und s.
Bringen Sie das LGS auf Zeilenstufenform und prüfen Sie, ob es lösbar ist.
Die letzte Zeile ist eine Widerspruchszeile, also hat das LGS keine Lösung.

$$\begin{pmatrix} -4 \\ 5 \\ -3 \end{pmatrix} = \begin{pmatrix} 2 \\ 0 \\ -5 \end{pmatrix} + r\begin{pmatrix} -1 \\ 2 \\ 1 \end{pmatrix} + s\begin{pmatrix} 3 \\ -1 \\ -1 \end{pmatrix}$$

$$\left(\begin{array}{cc|c} -1 & 3 & -6 \\ 2 & -1 & 5 \\ 1 & -1 & 2 \end{array}\right) \xrightarrow{\text{ZSF}} \left(\begin{array}{cc|c} -1 & 3 & -6 \\ 0 & 5 & -7 \\ 0 & 0 & -5 \end{array}\right)$$

Das LGS ist nicht lösbar, Q liegt nicht in E.

Basisaufgaben

1. Berechnen Sie die Koordinaten des Punktes der Ebene E: $\vec{x} = \begin{pmatrix} -3 \\ 2 \\ 1 \end{pmatrix} + r\begin{pmatrix} 2 \\ 3 \\ 2 \end{pmatrix} + s\begin{pmatrix} -2 \\ 2 \\ -2 \end{pmatrix}$, der durch r und s festgelegt ist. Zeichnen Sie den Punkt in ein Koordinatensystem.
   a) $r = 1; s = 3$
   b) $r = 3; s = 1$
   c) $r = 4; s = -1$
   d) $r = 1; s = 0$
   e) $r = 0; s = 1$
   f) $r = -1; s = 2$
   g) $r = 2; s = 1{,}5$
   h) $r = 1{,}5; s = -1{,}5$

2. Prüfen Sie, ob die Punkte A, B und C eine Ebene aufspannen. Falls ja, geben Sie eine Parametergleichung der Ebene an.
   a) $A(2|-4|1)$; $B(1|7|-3)$; $C(-4|2|1)$
   b) $A(4|0|0)$; $B(0|5|0)$; $C(0|0|6)$
   c) $A(4|6|8)$; $B(-3|6|0)$; $C(-1|2|0)$
   d) $A(3|-2|4)$; $B(7|-4|-2)$; $C(9|-5|-5)$

3. Begründen Sie, warum die Parametergleichung $\vec{x} = \overrightarrow{OA} + r \cdot \vec{u} + s \cdot \vec{v}$ keine Ebene beschreibt, wenn die Richtungsvektoren $\vec{u}$ und $\vec{v}$ kollinear sind. Was wird durch die Parametergleichung in diesem Fall beschrieben?

4. Geben Sie zur Ebene E: $\vec{x} = \begin{pmatrix} -3 \\ 0 \\ 1 \end{pmatrix} + r\begin{pmatrix} 0{,}5 \\ -1 \\ 0{,}25 \end{pmatrix} + s\begin{pmatrix} \frac{2}{3} \\ \frac{1}{3} \\ -2 \end{pmatrix}$ eine weitere Parametergleichung an, sodass
   a) der Stützvektor auf den Punkt gerichtet ist, den man für $r = 4$ und $s = 3$ erhält,
   b) die Richtungsvektoren ganzzahlige Koordinaten haben,
   c) kein Richtungsvektor zu $\vec{v} = \begin{pmatrix} \frac{2}{3} \\ \frac{1}{3} \\ -2 \end{pmatrix}$ kollinear ist,
   d) der Stützvektor die x_3-Koordinate 0 hat.

5. Prüfen Sie, ob die angegebenen Punkte in der Ebene E liegen.

a) P(−4|6|7), Q(−4|1|−2) $\quad E: \vec{x} = \begin{pmatrix} -2 \\ 5 \\ 1 \end{pmatrix} + r\begin{pmatrix} -2 \\ 0 \\ 3 \end{pmatrix} + s\begin{pmatrix} 1 \\ 1 \\ 0 \end{pmatrix}$

b) P(1|0|−8), Q(6|10|−1) $\quad E: \vec{x} = \begin{pmatrix} 1 \\ 7 \\ -9 \end{pmatrix} + r\begin{pmatrix} 4 \\ 2 \\ 6 \end{pmatrix} + s\begin{pmatrix} -1 \\ 3 \\ -2 \end{pmatrix}$

c) P(13|5|−10), E enthält die Punkte A(2|1|3), B(−5|0|6) und C(−1|3|−4).

6. Die Ebene E wird vom Punkt $D_4(1|-1|3)$ aus durch die beiden Richtungsvektoren $\vec{u} = \begin{pmatrix} -3 \\ 1{,}5 \\ -3 \end{pmatrix}$ und $\vec{v} = \begin{pmatrix} -6 \\ 2 \\ -2 \end{pmatrix}$ aufgespannt.

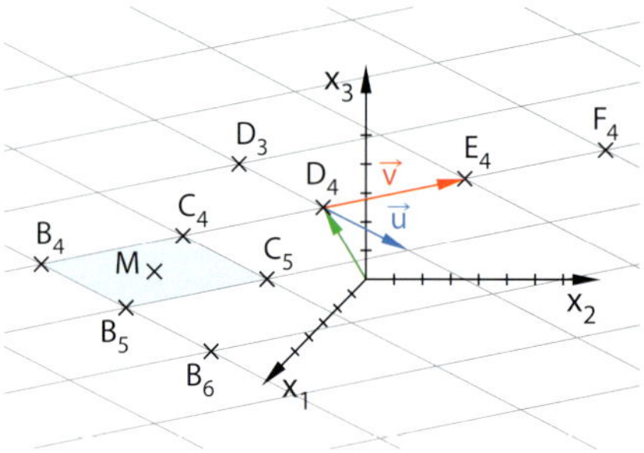

a) Bestimmen Sie die Koordinaten der Punkte E_4, D_3, C_5, B_5 und B_6.

b) Der Punkt M ist der Mittelpunkt des Parallelogramms $B_5C_5C_4B_4$. Berechnen Sie die Koordinaten von M.

c) Prüfen Sie, ob die Punkte P(−11|4|−5), Q(−2|1,5|−4), R(−5|1,5|−1), S(−4|−2,5|6) und T(−12|3,5|−2) in E liegen. Wenn ja, beschreiben Sie ihre Lage im Parallelogrammgitter.

7. Die Dachfläche ABCD soll mit Solarpaneelen ausgelegt werden. Zum Einsatz kommt ein vollautomatischer Hebekran, in den nur die rechte obere Ecke jedes Paneels einprogrammiert werden muss. In dem dazu gewählten Koordinatensystem hat der Punkt P die Koordinaten P(8|7|11). Die Ausmaße und die Ausrichtung jedes Paneels auf dem Dach ist gegeben durch die Vektoren $\vec{u} = \begin{pmatrix} -2 \\ 1 \\ 0 \end{pmatrix}$ und $\vec{v} = \begin{pmatrix} -2 \\ -4 \\ 2 \end{pmatrix}$.

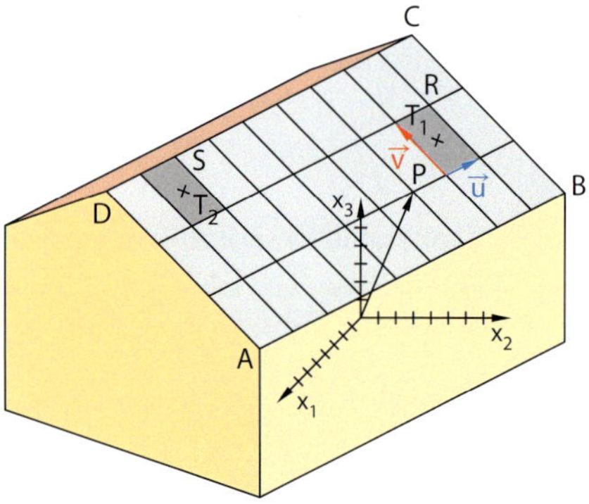

a) Geben Sie eine Gleichung der Ebene an, in der die Dachfläche ABCD enthalten ist.

b) Ermitteln Sie die Koordinaten der Punkte R, S, T_1 und T_2, wobei T_1 und T_2 die Mittelpunkte der dunkelgrauen Paneele sind.

c) Prüfen Sie, ob die Punkte K(10|1|13) und L(2|15|9) in der Fläche ABCD liegen.

d) Geben Sie an, für welche Werte für r und s in $\vec{x} = \overrightarrow{OP} + r \cdot \vec{u} + s \cdot \vec{v}$ man Punkte der Dachfläche ABCD erhält.

Hinweis zu 8:
Zwei Ebenen mit gleichen Richtungsvektoren sind parallel zueinander.

8. Bestimmen Sie eine Parametergleichung der Ebene E mit den angegebenen Eigenschaften.

a) E ist die x_1x_3-Koordinatenebene.

b) E enthält den Punkt P(2|−3|5) und ist parallel zur x_1x_3-Koordinatenebene.

c) E enthält den Punkt P(1|−1|4) und ist parallel zur Ebene

$E_0: \vec{x} = \begin{pmatrix} -3 \\ 0 \\ 5 \end{pmatrix} + r\begin{pmatrix} 3 \\ -1 \\ -5 \end{pmatrix} + s\begin{pmatrix} 6 \\ -8 \\ 1 \end{pmatrix}$.

d) Die Geraden $g: \vec{x} = \begin{pmatrix} -5 \\ 4 \\ -1 \end{pmatrix} + r\begin{pmatrix} 1 \\ 1 \\ 0 \end{pmatrix}$ und $h: \vec{x} = \begin{pmatrix} -5 \\ 4 \\ -1 \end{pmatrix} + r\begin{pmatrix} -3 \\ 0 \\ 5 \end{pmatrix}$ liegen in E.

Weiterführende Aufgaben

9. Beschreiben Sie die besondere Lage der Ebene E bezüglich der Koordinatenebenen und des Koordinatenursprungs.

a) E: $\vec{x} = \begin{pmatrix} 0 \\ 0 \\ 2 \end{pmatrix} + r\begin{pmatrix} 0 \\ 1 \\ 0 \end{pmatrix} + s\begin{pmatrix} 1 \\ 0 \\ 0 \end{pmatrix}$

b) E: $\vec{x} = r\begin{pmatrix} 1 \\ -5 \\ 2 \end{pmatrix} + s\begin{pmatrix} -6 \\ 3 \\ 7 \end{pmatrix}$

c) E: $\vec{x} = \begin{pmatrix} 5 \\ 3 \\ 7 \end{pmatrix} + r\begin{pmatrix} 0 \\ 2 \\ 2 \end{pmatrix} + s\begin{pmatrix} 0 \\ 0 \\ 1 \end{pmatrix}$

d) E: $\vec{x} = \begin{pmatrix} 3 \\ 0 \\ 0 \end{pmatrix} + r\begin{pmatrix} 0 \\ 6 \\ 0 \end{pmatrix} + s\begin{pmatrix} -3 \\ 0 \\ 5 \end{pmatrix}$

10. Eine Ebene E enthält die Gerade g: $\vec{x} = \begin{pmatrix} 6 \\ 0 \\ 0 \end{pmatrix} + k\begin{pmatrix} -2 \\ 0 \\ 1 \end{pmatrix}$ und den Punkt $P(0|5|0)$.

a) Zeigen Sie, dass der Punkt $A(4|0|1)$ in E liegt.

b) Begründen Sie, dass die Gerade h: $\vec{x} = \begin{pmatrix} 4 \\ 0 \\ 1 \end{pmatrix} + k\begin{pmatrix} -2 \\ 0 \\ 1 \end{pmatrix}$ in E liegt.

c) Geben Sie die Gleichung einer weiteren Geraden an, die durch A geht und in E liegt.

11. Die Ebene durch die Punkte A, B und C mit dem Stützpunkt A und den nicht kollinearen Richtungsvektoren $\overrightarrow{AB}$ und $\overrightarrow{AC}$ hat die Gleichung $\vec{x} = \overrightarrow{OA} + r \cdot \overrightarrow{AB} + s \cdot \overrightarrow{AC}$.
Geben Sie an, für welche Werte der Parameter r und s man die Ortsvektoren der angegebenen Punkte erhält.

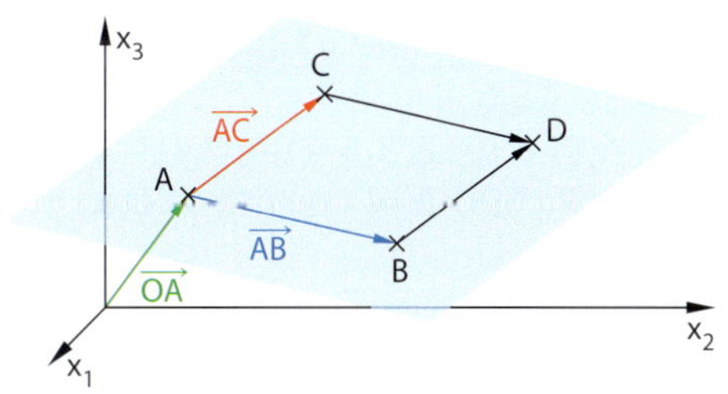

a) Punkt A
b) Punkte B und C
c) Punkte auf der Strecke $\overline{AB}$
d) Punkte auf der Strecke $\overline{AC}$
e) Punkt D des Parallelogramms ABDC
f) Punkte auf der Strecke $\overline{BD}$
g) Punkte auf der Strecke $\overline{CD}$
h) Mittelpunkt der Strecke $\overline{AD}$
i) Punkte im Inneren des Parallelogramms ABDC

12. Stolperstelle: Die Ebene E enthält den Punkt $A(16|-4|0)$ und wird durch die Vektoren $\vec{u} = \begin{pmatrix} 56 \\ 28 \\ -14 \end{pmatrix}$ und $\vec{v} = \begin{pmatrix} 27 \\ 18 \\ 27 \end{pmatrix}$ aufgespannt. Korrigieren und erläutern Sie den Fehler.

a) Lara: *„Vereinfacht ist auch $\vec{x} = \begin{pmatrix} 4 \\ -1 \\ 0 \end{pmatrix} + k\begin{pmatrix} 4 \\ 2 \\ -1 \end{pmatrix} + s\begin{pmatrix} 3 \\ 2 \\ 3 \end{pmatrix}$ eine Gleichung für E."*

b) Dennis: *„Der Punkt P mit $\overrightarrow{OP} = \begin{pmatrix} 16 \\ -4 \\ 0 \end{pmatrix} + 2 \cdot \begin{pmatrix} 4 \\ 2 \\ -1 \end{pmatrix} + 3 \cdot \begin{pmatrix} 3 \\ 2 \\ 3 \end{pmatrix}$ liegt nicht in dem Parallelogramm, das von A aus durch $\vec{u}$ und $\vec{v}$ aufgespannt wird."*

13. Prüfen Sie, ob die Punkte $A(3|5|6)$, $B(1|0{,}5|2{,}5)$ und $C(-1|2|1)$ in dem Parallelogramm liegen, welches vom Punkt $P(-1|-2|1)$ aus durch die Vektoren $\vec{u} = \begin{pmatrix} 3 \\ 4{,}5 \\ 3 \end{pmatrix}$ und $\vec{v} = \begin{pmatrix} 2 \\ 2 \\ 1 \end{pmatrix}$ aufgespannt wird. Begründen Sie Ihre Antwort mit einer Skizze.

14. Eine Ebene lässt sich durch drei Punkte A, B und C, die nicht auf einer Geraden liegen, festlegen. Nennen Sie weitere Möglichkeiten, eine Ebene durch Punkte und/oder Geraden zu beschreiben. Geben Sie zu jeder Möglichkeit ein Beispiel in Form einer Parametergleichung und einer Skizze an.

15. Ermitteln Sie, ob es eine eindeutige Ebene gibt, in der die Gerade g und der Punkt P liegen. Falls ja, geben Sie eine Parametergleichung der Ebene an.

a) $g\colon \vec{x} = \begin{pmatrix} -2 \\ 3 \\ 7 \end{pmatrix} + r\begin{pmatrix} 15 \\ -5 \\ 10 \end{pmatrix}$ $P(-8\,|\,5\,|\,3)$ b) $g\colon \vec{x} = \begin{pmatrix} 1 \\ 0 \\ -5 \end{pmatrix} + r\begin{pmatrix} 3 \\ -2 \\ 4 \end{pmatrix}$ $P(7\,|\,-4\,|\,-1)$

16. Prüfen Sie, ob es eine Ebene gibt, in der die Geraden g und h liegen. Falls ja, geben Sie eine Parametergleichung der Ebene an.

a) $g\colon \vec{x} = \begin{pmatrix} 5 \\ 2 \\ -6 \end{pmatrix} + r\begin{pmatrix} -2 \\ 5 \\ 1 \end{pmatrix}$ $h\colon \vec{x} = \begin{pmatrix} -1 \\ -16 \\ 0 \end{pmatrix} + s\begin{pmatrix} -4 \\ -1 \\ 3 \end{pmatrix}$

b) $g\colon \vec{x} = \begin{pmatrix} 0 \\ 1 \\ 0 \end{pmatrix} + r\begin{pmatrix} 2 \\ 0 \\ -1 \end{pmatrix}$ $h\colon \vec{x} = \begin{pmatrix} 0 \\ 0 \\ 5 \end{pmatrix} + s\begin{pmatrix} 1 \\ -1 \\ 0 \end{pmatrix}$

c) $g\colon \vec{x} = \begin{pmatrix} 2 \\ -1 \\ 0 \end{pmatrix} + r\begin{pmatrix} -2 \\ 0 \\ 1 \end{pmatrix}$ $h\colon \vec{x} = \begin{pmatrix} 1 \\ 0 \\ 4 \end{pmatrix} + s\begin{pmatrix} 4 \\ 0 \\ -2 \end{pmatrix}$

d) $g\colon \vec{x} = \begin{pmatrix} 2 \\ 1 \\ 1 \end{pmatrix} + r\begin{pmatrix} -0{,}5 \\ 2 \\ 1 \end{pmatrix}$ $h\colon \vec{x} = \begin{pmatrix} 5 \\ -11 \\ -5 \end{pmatrix} + s\begin{pmatrix} 1 \\ -4 \\ -2 \end{pmatrix}$

17. Bestimmen Sie, ob die Punkte A, B, C und D in einer gemeinsamen Ebene liegen. Erläutern Sie Ihre Vorgehensweise.

a) $A(5\,|\,-7\,|\,9)$, $B(3\,|\,-7\,|\,10)$, $C(6\,|\,-4\,|\,13)$, $D(4\,|\,-4\,|\,14)$

b) $A(3\,|\,-1\,|\,0)$, $B(4\,|\,-1\,|\,1)$, $C(5\,|\,0\,|\,0)$, $D(7\,|\,1\,|\,3)$

18. Die Skizze zeigt ein Hausdach.

a) Zeigen Sie, dass die Vierecke ABCD, ABEF und DCEF Parallelogramme sind.

b) Ermitteln Sie, in welchem dieser Parallelogramme der Punkt $P(1\,|\,4\,|\,1)$ liegt.

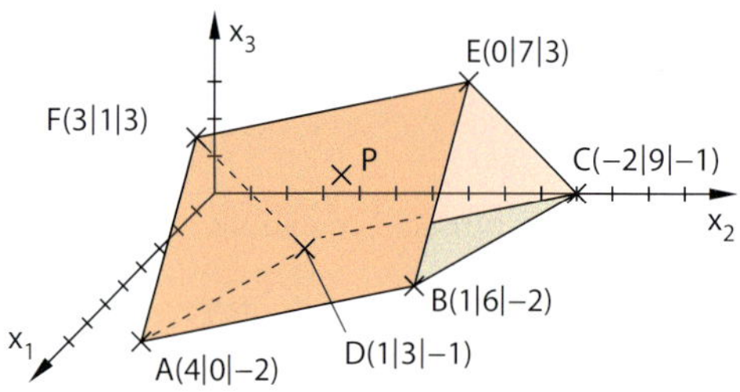

19. Ermitteln Sie die Koordinaten der Eckpunkte sowie des Schnittpunktes der Diagonalen des Parallelogramms, welches durch die Gleichung $E\colon \vec{x} = \begin{pmatrix} -2 \\ 0 \\ 3 \end{pmatrix} + r\begin{pmatrix} -1 \\ 3 \\ 1 \end{pmatrix} + s\begin{pmatrix} 5 \\ 2 \\ 0 \end{pmatrix}$ mit $0 \le r, s \le 4$ gegeben ist.

20. Nehmen Sie Stellung zu der Aussage und begründen Sie sie anschaulich.
Wenn ein Richtungsvektor einer Ebene parallel zur x_3-Achse ist, dann haben die Ebene und die x_3-Achse keine gemeinsamen Punkte.

21. Die Abbildung zeigt einen Carport (2 LE entsprechen 1 m). Wegen eines Baums ist die Rückwand schmaler als die Einfahrtswand. Der Boden des Carports liegt in der x_1x_2-Ebene. Damit das Dach ein Gefälle hat, sind die Stützen unterschiedlich lang.
Berechnen Sie, wie lang die Stütze unter dem Punkt B sein muss, damit das Dach auch hier aufliegt.

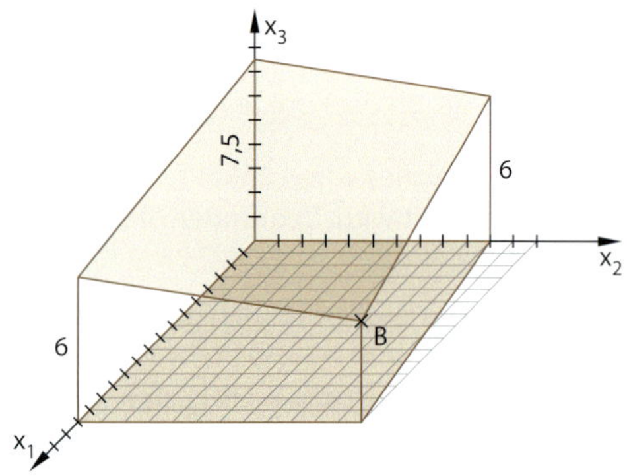

22. Gegeben sind die Punkte A(3 | 0 | −3), B(3 | 5 | −3) und D(−1 | 0 | 0).

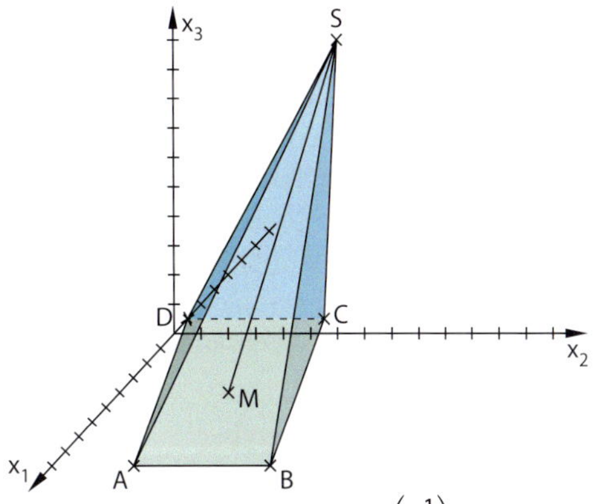

a) Berechnen Sie die Koordinaten des Punktes C, sodass ABCD ein Parallelogramm ist.

b) Zeigen Sie, dass das Parallelogramm sogar ein Quadrat ist, indem Sie die Längen der Seiten miteinander vergleichen und auch die Längen der Diagonalen.

c) Berechnen Sie die Koordinaten des Mittelpunktes M des Quadrats ABCD. Zeigen Sie, dass M auf der Geraden h liegt, welche durch S(−7 | 2,5 | 6,5) verläuft und den Richtungsvektor $\vec{v} = \begin{pmatrix} -1 \\ 0 \\ 1 \end{pmatrix}$ hat.

d) Zeigen Sie, dass der Punkt S von den vier Eckpunkten des Quadrats gleich weit entfernt ist. Geben Sie an, welche Bedeutung dann die Strecke $\overline{MS}$ für die Pyramide mit Grundfläche ABCD und Spitze S hat.

e) Berechnen Sie das Volumen der Pyramide.

23. Spurpunkte: Die Schnittpunkte einer Ebene mit den Koordinatenachsen heißen Spurpunkte. Mit ihnen lässt sich die Lage einer Ebene im Koordinatensystem verdeutlichen. Es sei

$$E: \vec{x} = \begin{pmatrix} x_1 \\ x_2 \\ x_3 \end{pmatrix} = \begin{pmatrix} 1 \\ -2 \\ 2 \end{pmatrix} + r\begin{pmatrix} 0 \\ 8 \\ -2 \end{pmatrix} + s\begin{pmatrix} -3 \\ 14 \\ -2 \end{pmatrix}$$

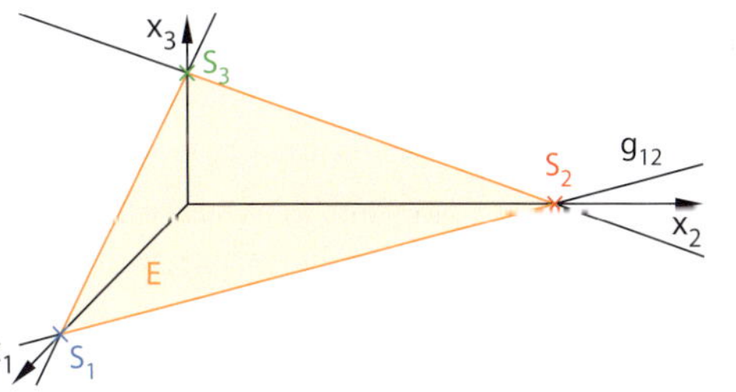

a) Zeigen Sie, dass $S_1(4 | 0 | 0)$ der Spurpunkt von E mit der x_1-Achse ist. Erklären Sie, weshalb zwei der Koordinaten dieses Punktes 0 sind.

b) Berechnen Sie, für welche Werte der Parameter r und s man $x_1 = 0$ und $x_3 = 0$ erhält. Dazu müssen Sie ein 2×2-LGS lösen. Beschreiben Sie, welche Punkte Sie durch die ermittelten Parameterwerte angeben können.

c) Bestimmen Sie den Spurpunkt S_3 der Ebene E mit der x_3-Achse.

d) Stellen Sie E mithilfe der Spurpunkte in einem Koordinatensystem dar.

24. Ausblick: Es seien A, B und C drei beliebige Punkte, die nicht auf einer Geraden liegen, und $\vec{b}$ und $\vec{c}$ Vektoren wie in der Abbildung festgelegt. Für einen Punkt Q im von den Vektoren $\vec{b}$ und $\vec{c}$ von A aus aufgespannten Parallelogramm gilt $\overrightarrow{OQ} = \overrightarrow{OA} + r \cdot \vec{b} + s \cdot \vec{c}$ mit $0 \le r \le 1$ und $0 \le s \le 1$. In dieser Aufgabe sollen Sie ein Kriterium dafür entwickeln, dass ein gegebener Punkt P im Dreieck ABC liegt.

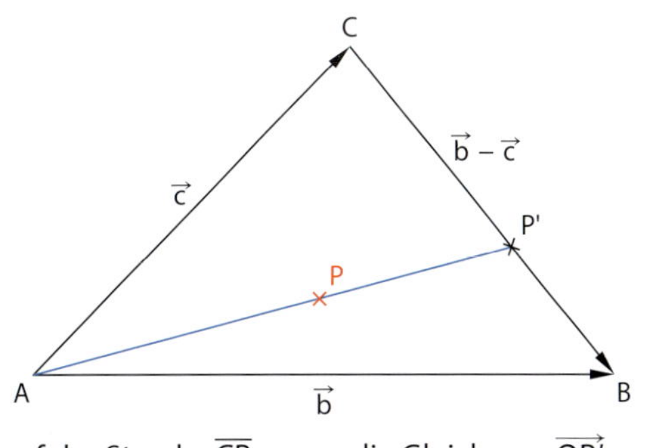

a) Zeigen Sie: Der Punkt P' liegt genau dann auf der Strecke $\overline{CB}$, wenn die Gleichung $\overrightarrow{OP'} = \overrightarrow{OA} + r \cdot \vec{b} + s \cdot \vec{c}$ mit $0 \le r, s$ und $r + s = 1$ gilt. Setzen Sie dazu $s = 1 - r$ im Ausdruck für $\overrightarrow{OP'}$ und vereinfachen Sie den Ausdruck.

b) Zu jedem Punkt P im Dreieck ABC gibt es einen Punkt P' auf der Strecke $\overline{CB}$, sodass gilt $\overrightarrow{AP} = k \cdot \overrightarrow{AP'}$ mit $0 \le k \le 1$. Nutzen Sie das Ergebnis aus Teil a), um herauszufinden, für welche r, s ein Punkt P mit $\overrightarrow{OP} = \overrightarrow{OA} + r \cdot \vec{b} + s \cdot \vec{c}$ im Dreieck ABC liegt.

2.5 Skalarprodukt und orthogonale Vektoren

■ Zum Vektor $\vec{v} = \begin{pmatrix} 2 \\ 2 \end{pmatrix}$ wird ein Vektor gesucht, dessen Pfeile senkrecht auf denen von $\vec{v}$ stehen.

a) Schätzen Sie mithilfe der Zeichnung, welcher der Vektoren $\vec{a}$, $\vec{b}$ und $\vec{c}$ dies erfüllt.

b) Für die Summe der Koordinatenprodukte von $\vec{a}$ und $\vec{v}$ gilt: $(-2) \cdot 2 + 1 \cdot 2 = -2$. Berechnen Sie diese für $\vec{b}$ und $\vec{v}$ sowie $\vec{c}$ und $\vec{v}$. Beschreiben Sie Ihre Beobachtung. ■

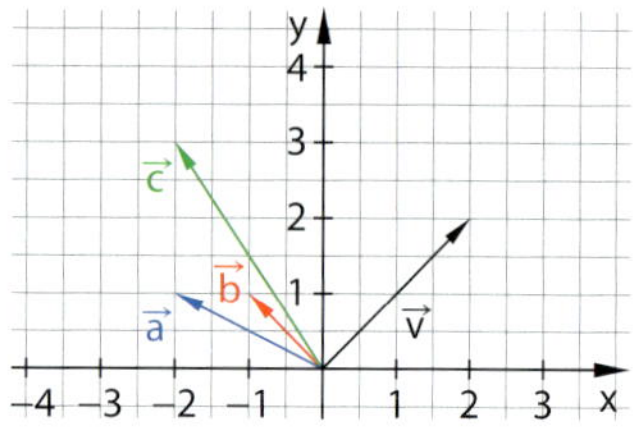

Orthogonale Vektoren

Zwei Vektoren nennt man zueinander **orthogonal** (senkrecht), wenn ihre Vektorpfeile zueinander senkrecht sind.

Nach dem Satz des Pythagoras sind die Vektoren $\vec{a}$ und $\vec{b}$ genau dann zueinander orthogonal, wenn gilt:

$|\vec{a}|^2 + |\vec{b}|^2 = |\vec{a} - \vec{b}|^2$

Mit $\vec{a} = \begin{pmatrix} a_1 \\ a_2 \end{pmatrix}$ und $\vec{b} = \begin{pmatrix} b_1 \\ b_2 \end{pmatrix}$ und $\vec{a} - \vec{b} = \begin{pmatrix} a_1 - b_1 \\ a_2 - b_2 \end{pmatrix}$ lässt sich die Gleichung umformen:

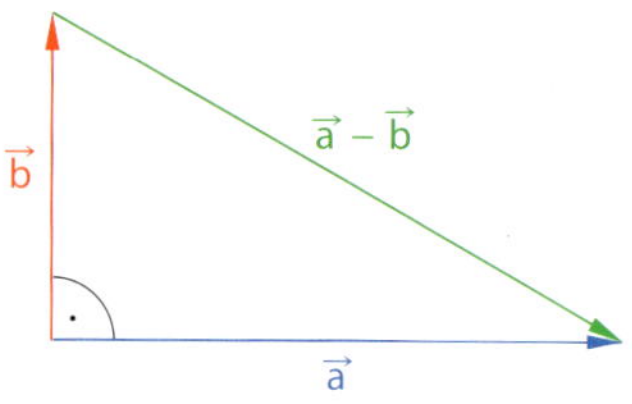

Erinnerung:
Wegen $|\vec{a}| = \sqrt{a_1^2 + a_2^2}$ ist $|\vec{a}|^2 = a_1^2 + a_2^2$.

$$\left(a_1^2 + a_2^2\right) + \left(b_1^2 + b_2^2\right) = (a_1 - b_1)^2 + (a_2 - b_2)^2 \qquad |\ \text{2. binomische Formel}$$
$$a_1^2 + a_2^2 + b_1^2 + b_2^2 = a_1^2 - 2a_1b_1 + b_1^2 + a_2^2 - 2a_2b_2 + b_2^2 \qquad |\ -\left(a_1^2 + a_2^2 + b_1^2 + b_2^2\right) \quad |:(-2)$$
$$0 = a_1b_1 + a_2b_2$$

Der Ausdruck $a_1b_1 + a_2b_2$ entscheidet also darüber, ob die Vektoren $\vec{a}$ und $\vec{b}$ zueinander orthogonal sind. Das gilt auch für den entsprechenden Ausdruck für Vektoren im Raum.

Hinweis:
Für Vektoren in der Ebene gilt:
$\vec{a} \cdot \vec{b} = \begin{pmatrix} a_1 \\ a_2 \end{pmatrix} \cdot \begin{pmatrix} b_1 \\ b_2 \end{pmatrix} = a_1b_1 + a_2b_2$

Definition: Skalarprodukt zweier Vektoren

Für die Vektoren $\vec{a}$ und $\vec{b}$ heißt $\vec{a} \cdot \vec{b} = \begin{pmatrix} a_1 \\ a_2 \\ a_3 \end{pmatrix} \cdot \begin{pmatrix} b_1 \\ b_2 \\ b_3 \end{pmatrix} = a_1b_1 + a_2b_2 + a_3b_3$ das **Skalarprodukt** von $\vec{a}$ und $\vec{b}$.

Das Ergebnis eines Skalarprodukts ist eine reelle Zahl (ein Skalar) und kein Vektor. Mithilfe des Skalarprodukts lassen sich Vektoren einfach auf Orthogonalität prüfen:

Hinweis:
$a_1b_1 + a_2b_2 + a_3b_3$ ist eigentlich eine Summe. Man spricht dennoch vom Skalarprodukt, da z. B. gilt:
$\vec{a} \cdot (\vec{b} + \vec{c}) = \vec{a} \cdot \vec{b} + \vec{a} \cdot \vec{c}$

Satz: Orthogonale Vektoren

Zwei Vektoren $\vec{a} \neq \vec{0}$ und $\vec{b} \neq \vec{0}$ sind genau dann zueinander orthogonal (senkrecht), wenn ihr Skalarprodukt null ist, also $\vec{a} \cdot \vec{b} = 0$ gilt.

Beispiel 1: Orthogonalität prüfen

Prüfen Sie, ob der Vektor $\vec{a} = \begin{pmatrix} 7 \\ -3 \\ 5 \end{pmatrix}$ orthogonal zu $\vec{b} = \begin{pmatrix} 2 \\ 8 \\ 2 \end{pmatrix}$ oder $\vec{c} = \begin{pmatrix} -1 \\ 5 \\ 4 \end{pmatrix}$ ist.

Lösung:

Berechnen Sie die Skalarprodukte $\vec{a} \cdot \vec{b}$ und $\vec{a} \cdot \vec{c}$. Bilden Sie dazu die Produkte a_1b_1, a_2b_2, a_3b_3 (bzw. a_1c_1, a_2c_2, a_3c_3) und addieren Sie diese.
Ist das Skalarprodukt null, so sind die Vektoren orthogonal zueinander.

$\vec{a} \cdot \vec{b} = \begin{pmatrix} 7 \\ -3 \\ 5 \end{pmatrix} \cdot \begin{pmatrix} 2 \\ 8 \\ 2 \end{pmatrix} = 7 \cdot 2 - 3 \cdot 8 + 5 \cdot 2 = 0$

$\vec{a} \cdot \vec{c} = \begin{pmatrix} 7 \\ -3 \\ 5 \end{pmatrix} \cdot \begin{pmatrix} -1 \\ 5 \\ 4 \end{pmatrix} = -7 - 15 + 20 = -2 \neq 0$

$\vec{a}$ ist orthogonal zu $\vec{b}$, aber nicht zu $\vec{c}$.

Beispiel 2: Orthogonalen Vektor aufstellen

Bestimmen Sie einen Vektor $\vec{n}$, der zu $\vec{a} = \begin{pmatrix} 3 \\ -6 \\ 2 \end{pmatrix}$ und zu $\vec{b} = \begin{pmatrix} -3 \\ 4 \\ 1 \end{pmatrix}$ orthogonal ist.

Lösung:

Damit $\vec{n}$ orthogonal zu $\vec{a}$ und zu $\vec{b}$ ist, muss $\vec{n} \cdot \vec{a} = 0$ und $\vec{n} \cdot \vec{b} = 0$ gelten.

$\vec{n} \cdot \vec{a} = 0 \quad 3 \cdot n_1 - 6 \cdot n_2 + 2 \cdot n_3 = 0$
$\vec{n} \cdot \vec{b} = 0 \quad -3 \cdot n_1 + 4 \cdot n_2 + 1 \cdot n_3 = 0$

Stellen Sie mit diesen Gleichungen ein LGS auf und bilden Sie die Zeilenstufenform.

$$\left(\begin{array}{ccc|c} 3 & -6 & 2 & 0 \\ -3 & 4 & 1 & 0 \end{array}\right) \xrightarrow{\text{ZSF}} \left(\begin{array}{ccc|c} 3 & -6 & 2 & 0 \\ 0 & -2 & 3 & 0 \end{array}\right)$$

Wählen Sie eine Variable (hier n_3) als t und stellen Sie den allgemeinen Lösungsvektor $\vec{n_t}$ auf. Ersetzen Sie dort den Faktor t so durch einen Wert, dass der Vektor möglichst bruchfrei wird. So ergibt sich eine konkrete Lösung.

$n_3 = t$ frei wählbar: $n_2 = \frac{3}{2}t \quad n_1 = \frac{7}{3}t$

$$\vec{n_t} = \begin{pmatrix} \frac{7}{3}t \\ \frac{3}{2}t \\ t \end{pmatrix} = t \begin{pmatrix} \frac{7}{3} \\ \frac{3}{2} \\ 1 \end{pmatrix}$$

Mit $t = 6$ ergibt sich $\vec{n} = \begin{pmatrix} 14 \\ 9 \\ 6 \end{pmatrix}$.

Da dieser Rechenweg fehleranfällig ist, sollten Sie immer eine **Probe** machen.

$\vec{n} \cdot \vec{a} = 42 - 54 + 12 = 0$
$\vec{n} \cdot \vec{b} = -42 + 36 + 6 = 0$

Hinweis:
Da nur gefordert wird, dass $\vec{n}$ zu $\vec{a}$ und $\vec{b}$ orthogonal ist, ist die Länge von $\vec{n}$ nicht festgelegt. Dies drückt der Faktor t aus.

Basisaufgaben

1. Berechnen Sie.

a) $\begin{pmatrix} 2 \\ -1 \\ 7 \end{pmatrix} \cdot \begin{pmatrix} 3 \\ -5 \\ 1 \end{pmatrix}$ b) $\begin{pmatrix} 6 \\ 2 \\ 3 \end{pmatrix} \cdot \begin{pmatrix} 1 \\ 0 \\ -2 \end{pmatrix}$ c) $\begin{pmatrix} 1 \\ 1 \\ 1 \end{pmatrix} \cdot \begin{pmatrix} 3 \\ -7 \\ 8 \end{pmatrix}$

d) $\begin{pmatrix} 2 \\ 5 \end{pmatrix} \cdot \begin{pmatrix} 4 \\ -1 \end{pmatrix}$ e) $\begin{pmatrix} 3 \\ -1 \\ 4 \end{pmatrix} \cdot \left(\begin{pmatrix} -2 \\ 5 \\ 1 \end{pmatrix} + \begin{pmatrix} 6 \\ 0 \\ 5 \end{pmatrix} \right)$ f) $\begin{pmatrix} 3 \\ -1 \\ 4 \end{pmatrix} \cdot \begin{pmatrix} -2 \\ 5 \\ 1 \end{pmatrix} + \begin{pmatrix} 3 \\ -1 \\ 4 \end{pmatrix} \cdot \begin{pmatrix} 6 \\ 0 \\ 5 \end{pmatrix}$

2. Prüfen Sie, ob die Vektoren $\vec{a}$ und $\vec{b}$ zueinander orthogonal sind.

a) $\vec{a} = \begin{pmatrix} 2 \\ 0 \\ 0 \end{pmatrix}$ $\vec{b} = \begin{pmatrix} 0 \\ 3 \\ 5 \end{pmatrix}$ b) $\vec{a} = \begin{pmatrix} 2 \\ 3 \\ -9 \end{pmatrix}$ $\vec{b} = \begin{pmatrix} 5 \\ 1 \\ 1 \end{pmatrix}$ c) $\vec{a} = \begin{pmatrix} 1 \\ 1 \\ 7 \end{pmatrix}$ $\vec{b} = \begin{pmatrix} -3 \\ -4 \\ 1 \end{pmatrix}$

d) $\vec{a} = \begin{pmatrix} 0 \\ 9 \\ 17 \end{pmatrix}$ $\vec{b} = \begin{pmatrix} 21 \\ 17 \\ -9 \end{pmatrix}$ e) $\vec{a} = \begin{pmatrix} 13 \\ 1 \\ -6 \end{pmatrix}$ $\vec{b} = \begin{pmatrix} -2 \\ 1 \\ -3 \end{pmatrix}$ f) $\vec{a} = \begin{pmatrix} -4 \\ 9 \\ -3 \end{pmatrix}$ $\vec{b} = \begin{pmatrix} 3 \\ 7 \\ 17 \end{pmatrix}$

3. Zeichnen Sie je einen Vektorpfeil von $\vec{a}$ und $\vec{b}$ in ein Koordinatensystem und schätzen Sie, ob die Pfeile senkrecht sind. Kontrollieren Sie rechnerisch.

a) $\vec{a} = \begin{pmatrix} -1 \\ -2 \end{pmatrix}$ $\vec{b} = \begin{pmatrix} 5 \\ -2 \end{pmatrix}$ b) $\vec{a} = \begin{pmatrix} 2 \\ 3 \end{pmatrix}$ $\vec{b} = \begin{pmatrix} 1{,}5 \\ -1 \end{pmatrix}$ c) $\vec{a} = \begin{pmatrix} -1 \\ -2 \end{pmatrix}$ $\vec{b} = \begin{pmatrix} 4 \\ -2 \end{pmatrix}$

4. Gegeben sind die Vektoren $\vec{a} = \begin{pmatrix} 0 \\ 7 \\ 5 \end{pmatrix}, \vec{b} = \begin{pmatrix} -7 \\ 0 \\ 2 \end{pmatrix}$ und $\vec{c} = \begin{pmatrix} 5 \\ 2 \\ 0 \end{pmatrix}$ sowie $\vec{v} = \begin{pmatrix} 2 \\ -5 \\ 7 \end{pmatrix}$ und $\vec{w} = \begin{pmatrix} 6 \\ 3 \\ -8 \end{pmatrix}$.

a) Zeigen Sie, dass $\vec{a}, \vec{b}$ und $\vec{c}$ orthogonal zu $\vec{v}$ sind.

b) Vergleichen Sie die Koordinaten von $\vec{a}, \vec{b}$ und $\vec{c}$ mit denen von $\vec{v}$ und beschreiben Sie Besonderheiten. Geben Sie auf die gleiche Weise drei orthogonale Vektoren zu $\vec{w}$ an.

Hinweis zu 4b:
Hier muss kein LGS aufgestellt werden.

5. Bestimmen Sie einen zu $\vec{a}$ und $\vec{b}$ orthogonalen Vektor.

a) $\vec{a} = \begin{pmatrix} 5 \\ 0 \\ 0 \end{pmatrix}$ $\vec{b} = \begin{pmatrix} 0 \\ 2 \\ 0 \end{pmatrix}$ b) $\vec{a} = \begin{pmatrix} 2 \\ 1 \\ 0 \end{pmatrix}$ $\vec{b} = \begin{pmatrix} 0 \\ 0 \\ 4 \end{pmatrix}$ c) $\vec{a} = \begin{pmatrix} 3 \\ 0 \\ 1 \end{pmatrix}$ $\vec{b} = \begin{pmatrix} 2 \\ 4 \\ 2 \end{pmatrix}$

d) $\vec{a} = \begin{pmatrix} 1 \\ -1 \\ 4 \end{pmatrix}$ $\vec{b} = \begin{pmatrix} -1 \\ 2 \\ 1 \end{pmatrix}$ e) $\vec{a} = \begin{pmatrix} 2 \\ 6 \\ 4 \end{pmatrix}$ $\vec{b} = \begin{pmatrix} -1 \\ 5 \\ 2 \end{pmatrix}$ f) $\vec{a} = \begin{pmatrix} 3 \\ 5 \\ -1 \end{pmatrix}$ $\vec{b} = \begin{pmatrix} -2 \\ 1 \\ 0 \end{pmatrix}$

Hinweis zu 5:
Nicht in jeder Teilaufgabe muss ein LGS aufgestellt werden.

Orthogonalität bei Geraden und Ebenen

Da die Richtung einer Geraden durch ihren Richtungsvektor festgelegt ist, kann man anhand der Richtungsvektoren entscheiden, ob zwei Geraden orthogonal zueinander sind.

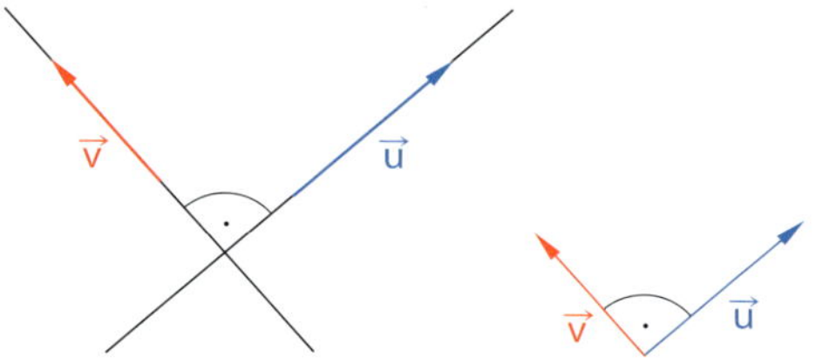

Definition: Orthogonale Geraden
Zwei Geraden verlaufen genau dann zueinander orthogonal, wenn ihre Richtungsvektoren zueinander orthogonal sind.

Nach dieser Definition können zwei Geraden auch dann orthogonal zueinander sein, wenn sie windschief zueinander sind. Ein Beispiel dafür sind die Geraden g und h entlang der Kanten des abgebildeten Würfels.

Die Gerade g ist auch orthogonal zu der Ebene E, in der die Grundfläche des Würfels liegt, da g zu allen Geraden in E orthogonal ist. Insbesondere ist der Richtungsvektor von g orthogonal zu den Richtungsvektoren von E.

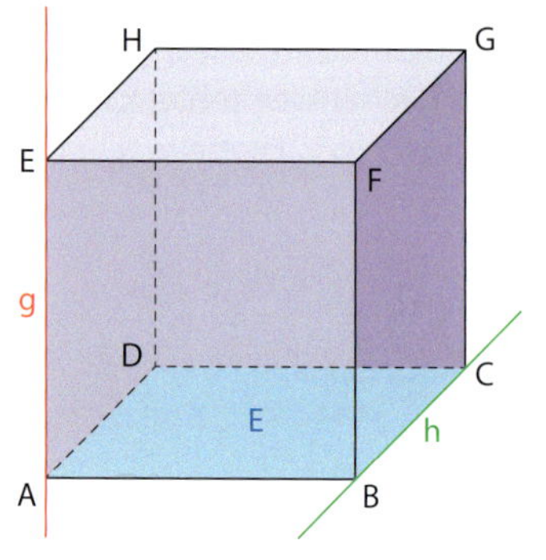

Definition: Gerade orthogonal zu einer Ebene
Eine Gerade verläuft genau dann orthogonal zu einer Ebene, wenn der Richtungsvektor der Geraden zu beiden Richtungsvektoren der Ebene orthogonal ist.

Beispiel 3: Gegeben ist die Gerade g: $\vec{x} = \begin{pmatrix} -7 \\ 8 \\ 8 \end{pmatrix} + r\begin{pmatrix} 4 \\ 5 \\ 1 \end{pmatrix}$. Prüfen Sie, ob die Gerade g orthogonal verläuft

a) zur Geraden h: $\vec{x} = \begin{pmatrix} 2 \\ -1 \\ 0 \end{pmatrix} + s\begin{pmatrix} 2 \\ 0 \\ -8 \end{pmatrix}$,

b) zur Ebene E: $\vec{x} = \begin{pmatrix} 4 \\ 0 \\ 1 \end{pmatrix} + s\begin{pmatrix} 1 \\ -1 \\ 1 \end{pmatrix} + t\begin{pmatrix} -2 \\ -1 \\ 8 \end{pmatrix}$.

Lösung:

a) Prüfen Sie mithilfe des Skalarprodukts, ob die Richtungsvektoren zueinander orthogonal sind. Wenn ja, verlaufen auch die Geraden orthogonal.

$$\begin{pmatrix} 4 \\ 5 \\ 1 \end{pmatrix} \cdot \begin{pmatrix} 2 \\ 0 \\ -8 \end{pmatrix} = 8 + 0 - 8 = 0$$

Die Geraden g und h verlaufen orthogonal zueinander.

b) Prüfen Sie mithilfe des Skalarprodukts, ob der Richtungsvektor der Geraden zu den Richtungsvektoren der Ebene orthogonal ist. Nur wenn beide Skalarprodukte null sind, dann ist die Gerade orthogonal zur Ebene.

$$\begin{pmatrix} 4 \\ 5 \\ 1 \end{pmatrix} \cdot \begin{pmatrix} 1 \\ -1 \\ 1 \end{pmatrix} = 4 - 5 + 1 = 0$$

$$\begin{pmatrix} 4 \\ 5 \\ 1 \end{pmatrix} \cdot \begin{pmatrix} -2 \\ -1 \\ 8 \end{pmatrix} = -8 - 5 + 8 = -5$$

Die Gerade g verläuft nicht orthogonal zur Ebene E.

Basisaufgaben

6. Prüfen Sie, ob die Geraden g und h zueinander orthogonal verlaufen.

a) $g: \vec{x} = \begin{pmatrix} 2 \\ -1 \\ 5 \end{pmatrix} + r\begin{pmatrix} 3 \\ 4 \\ -1 \end{pmatrix}$ $h: \vec{x} = \begin{pmatrix} 5 \\ 0 \\ -2 \end{pmatrix} + s\begin{pmatrix} 1 \\ 1 \\ 5 \end{pmatrix}$

b) $g: \vec{x} = \begin{pmatrix} 3 \\ 1 \\ 0 \end{pmatrix} + r\begin{pmatrix} 4 \\ 5 \\ -2 \end{pmatrix}$ $h: \vec{x} = \begin{pmatrix} -1 \\ 2 \\ 3 \end{pmatrix} + s\begin{pmatrix} 2 \\ 2 \\ 9 \end{pmatrix}$

c) $g: \vec{x} = \begin{pmatrix} 1 \\ 0 \\ 0 \end{pmatrix} + r\begin{pmatrix} 13 \\ -2 \\ 4 \end{pmatrix}$ $h: \vec{x} = \begin{pmatrix} 0 \\ 0 \\ 3 \end{pmatrix} + s\begin{pmatrix} -2 \\ -1 \\ 6 \end{pmatrix}$

d) $g: \vec{x} = \begin{pmatrix} 4 \\ 5 \\ 4 \end{pmatrix} + r\begin{pmatrix} 2 \\ 3 \\ 1 \end{pmatrix}$ $h: \vec{x} = \begin{pmatrix} -2 \\ 1 \\ 1 \end{pmatrix} + s\begin{pmatrix} 2 \\ -4 \\ 3 \end{pmatrix}$

7. Betrachten Sie die 12 Geraden, die sich durch Verlängerungen der 12 Kanten des abgebildeten Würfels ergeben. Geben Sie an, welche dieser Geraden
a) zu AB orthogonal verlaufen und AB schneiden,
b) zu AB orthogonal verlaufen und AB nicht schneiden,
c) zur Ebene durch die Punkte A, E und H orthogonal verlaufen.

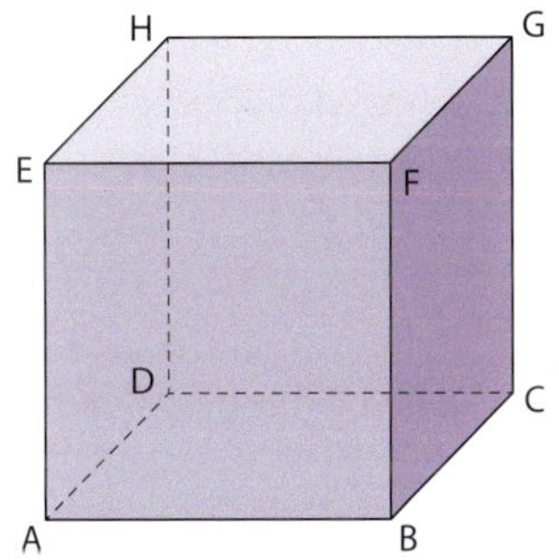

8. Zeigen Sie, dass sich die Geraden g und h schneiden. Prüfen Sie, ob g und h orthogonal zueinander verlaufen.

a) $g: \vec{x} = \begin{pmatrix} 3 \\ 1 \\ 4 \end{pmatrix} + r\begin{pmatrix} 2 \\ -7 \\ 5 \end{pmatrix}$ $h: \vec{x} = \begin{pmatrix} 5 \\ -6 \\ 9 \end{pmatrix} + s\begin{pmatrix} 1 \\ 1 \\ 1 \end{pmatrix}$

b) $g: \vec{x} = \begin{pmatrix} 3 \\ 0 \\ 1 \end{pmatrix} + r\begin{pmatrix} -3 \\ 1 \\ -1 \end{pmatrix}$ $h: \vec{x} = \begin{pmatrix} 0 \\ 1 \\ 0 \end{pmatrix} + s\begin{pmatrix} 1 \\ 2 \\ 2 \end{pmatrix}$

9. Prüfen Sie, ob die Gerade g orthogonal zur Ebene E verläuft.

a) $g: \vec{x} = \begin{pmatrix} 2 \\ 1 \\ 1 \end{pmatrix} + k\begin{pmatrix} 3 \\ -1 \\ 4 \end{pmatrix}$ $E: \vec{x} = \begin{pmatrix} -1 \\ 1 \\ 1 \end{pmatrix} + r\begin{pmatrix} 3 \\ 5 \\ -1 \end{pmatrix} + s\begin{pmatrix} 1 \\ 0 \\ -2 \end{pmatrix}$

b) $g: \vec{x} = \begin{pmatrix} 3 \\ 4 \\ -5 \end{pmatrix} + k\begin{pmatrix} 5 \\ -6 \\ 2 \end{pmatrix}$ $E: \vec{x} = \begin{pmatrix} 1 \\ 0 \\ 3 \end{pmatrix} + r\begin{pmatrix} 2 \\ 2 \\ 1 \end{pmatrix} + s\begin{pmatrix} 6 \\ 4 \\ -3 \end{pmatrix}$

c) $g: \vec{x} = \begin{pmatrix} 3 \\ -6 \\ 1 \end{pmatrix} + k\begin{pmatrix} 3 \\ 0 \\ 5 \end{pmatrix}$ $E: \vec{x} = \begin{pmatrix} 2 \\ 1 \\ 1 \end{pmatrix} + r\begin{pmatrix} 5 \\ 1 \\ 3 \end{pmatrix} + s\begin{pmatrix} 1 \\ 2 \\ -1 \end{pmatrix}$

10. Bestimmen Sie die Parameterform einer Geraden h, die die Gerade g senkrecht schneidet.

a) $g: \vec{x} = \begin{pmatrix} 4 \\ 1 \\ 1 \end{pmatrix} + k\begin{pmatrix} 3 \\ 0 \\ 4 \end{pmatrix}$ b) $g: \vec{x} = \begin{pmatrix} 2 \\ 7 \\ -2 \end{pmatrix} + k\begin{pmatrix} 5 \\ 1 \\ -3 \end{pmatrix}$ c) $g: \vec{x} = \begin{pmatrix} -5 \\ 0 \\ 2 \end{pmatrix} + k\begin{pmatrix} 2 \\ -1 \\ 2 \end{pmatrix}$

11. a) Bestimmen Sie die Parametergleichungen dreier zueinander nicht paralleler Geraden, die senkrecht zur x_1-Achse verlaufen und diese in P(3 | 0 | 0) schneiden. Vergleichen Sie die Ergebnisse mit Ihrem Nachbarn.
b) Die Gerade g geht durch den Ursprung und den Punkt Q(0 | 3 | 3). Bestimmen Sie eine Parametergleichung einer Ebene durch den Punkt Q, die senkrecht zu g verläuft.

Weiterführende Aufgaben

12. Für das Skalarprodukt eines Vektors $\vec{a}$ mit sich selbst gilt: $\vec{a} \cdot \vec{a} = |\vec{a}|^2$

a) Überprüfen Sie die Formel an zwei selbst gewählten Beispielen.

b) Zeigen Sie allgemein, dass die Formel für jeden dreidimensionalen Vektor gilt.

c) Begründen Sie, dass für den Betrag eines Vektors $\vec{a}$ gilt: $|\vec{a}| = \sqrt{\vec{a} \cdot \vec{a}}$

13. Prüfen Sie, ob die Aussage richtig ist, und begründen Sie mithilfe einer Skizze.

a) Wenn in der Ebene ein Vektor $\vec{a}$ orthogonal zu einem Vektor $\vec{b}$ ist und $\vec{b}$ orthogonal zu $\vec{c}$, dann sind die Vektoren $\vec{a}$ und $\vec{c}$ kollinear.

b) Wenn im Raum ein Vektor $\vec{a}$ orthogonal zu einem Vektor $\vec{b}$ ist und $\vec{b}$ orthogonal zu $\vec{c}$, dann sind die Vektoren $\vec{a}$ und $\vec{c}$ kollinear. (Prüfen Sie dies an einem Würfel.)

c) Wenn im Raum ein Vektor $\vec{a}$ orthogonal zu einem Vektor $\vec{b}$ ist und die Vektoren $\vec{a}$ und $\vec{c}$ kollinear sind, dann sind die Vektoren $\vec{b}$ und $\vec{c}$ orthogonal zueinander.

14. a) Skizzieren Sie im zweidimensionalen Koordinatensystem das Dreieck ABC mit $A(-2|-1)$, $B(4|-3)$, $C(4|2)$.

b) Geben Sie die Gleichung einer Geraden h_c an, welche durch den Punkt C verläuft und orthogonal zu $\overrightarrow{AB}$ ist.

c) Berechnen Sie die Koordinaten des Schnittpunktes H von h_c und AB.

d) Berechnen Sie den Flächeninhalt des Dreiecks mithilfe von $|\overrightarrow{AB}|$ und $|\overrightarrow{CH}|$. Erläutern Sie Ihre Rechnung an der Skizze.

e) Ermitteln Sie ebenso den Flächeninhalt des Dreiecks ABC mit $A(0|-3)$, $B(6|0)$, $C(-1|4)$.

15. Stolperstelle: Michael möchte die Höhe des Dreiecks ABC bestimmen. Er überlegt sich ein Vorgehen, beginnt zu rechnen und kommt aber auf kein Ergebnis. Erläutern Sie seinen Rechenweg und finden Sie heraus, weshalb dieser Weg scheitert.

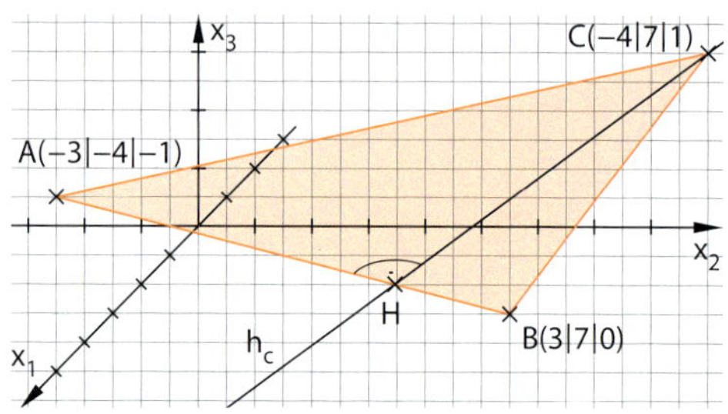

① $AB: \vec{x} = \begin{pmatrix} -3 \\ -4 \\ -1 \end{pmatrix} + r\begin{pmatrix} 6 \\ 11 \\ 1 \end{pmatrix}$

② $\vec{v} = \begin{pmatrix} 1 \\ 0 \\ -6 \end{pmatrix}$, *da* $\begin{pmatrix} 1 \\ 0 \\ -6 \end{pmatrix} \cdot \begin{pmatrix} 6 \\ 11 \\ 1 \end{pmatrix} = 0$, *also* ③ $h_c: \vec{x} = \begin{pmatrix} -4 \\ 7 \\ 1 \end{pmatrix} + s\begin{pmatrix} 1 \\ 0 \\ -6 \end{pmatrix}$

Der Fußpunkt H der Höhe ist der Schnittpunkt von h_c mit AB: ④ $\begin{pmatrix} -3 \\ -4 \\ -1 \end{pmatrix} + r\begin{pmatrix} 6 \\ 11 \\ 1 \end{pmatrix} = \begin{pmatrix} -4 \\ 7 \\ 1 \end{pmatrix} + s\begin{pmatrix} 1 \\ 0 \\ 6 \end{pmatrix}$

Das LGS hat keine Lösung, also gibt es keinen Schnittpunkt.

16. Rechengesetze des Skalarprodukts:

a) Claudia sagt, dass die Vektoren $\vec{u} = \begin{pmatrix} 14 \\ 21 \\ -28 \end{pmatrix}$ und $\vec{v} = \begin{pmatrix} 7 \\ -2 \\ 2 \end{pmatrix}$ zueinander orthogonal sind, denn es gilt $\begin{pmatrix} 2 \\ 3 \\ -4 \end{pmatrix} \cdot \begin{pmatrix} 7 \\ -2 \\ 2 \end{pmatrix} = 14 - 6 - 8 = 0$. Erklären Sie ihren Rechenvorteil.

b) Bestätigen Sie am Beispiel $\vec{a} = \begin{pmatrix} 2 \\ 3 \\ -4 \end{pmatrix}$, $\vec{b} = \begin{pmatrix} 3 \\ 2 \\ -1 \end{pmatrix}$ und $r = 7$ die Gültigkeit des Gesetzes $(r \cdot \vec{a}) \cdot \vec{b} = r \cdot (\vec{a} \cdot \vec{b})$.

c) Erläutern Sie, inwiefern in Aufgabe 1 das Distributivgesetz überprüft wird.

17. Ermitteln Sie einen Vektor, der zum Vektor $\vec{a}$ orthogonal ist und die Länge b hat.

a) $\vec{a} = \begin{pmatrix} 2 \\ 1 \\ 2 \end{pmatrix}$ $b = \sqrt{5}$

b) $\vec{a} = \begin{pmatrix} 12 \\ -3 \\ 4 \end{pmatrix}$ $b = 5$

c) $\vec{a} = \begin{pmatrix} 3 \\ -6 \\ 2 \end{pmatrix}$ $b = 3 \cdot \sqrt{5}$

18. Untersuchen Sie, ob das Dreieck ABC rechtwinklig ist.
a) A(3|0|3), B(−2|6|2), C(−1|2|6) b) A(−1|1|4), B(1|7|2), C(−3|9|4)

19. Prüfen Sie, ob das Viereck ABCD ein Rechteck, eine Raute oder ein Quadrat ist.
a) A(4|−2|1), B(1|0|1), C(1|0|5), D(4|−2|5)
b) A(1|−3|4), B(3|−4|10), C(−3|−2|11), D(−5|−1|5)
c) A(−3|−2|1), B(2|−2|1), C(2|−5|5), D(−3|−5|5)
d) A(5|0|−1), B(9|−3|1), C(11|3|4), D(9|6|0)

20. Zeigen Sie, dass die Diagonalen des Vierecks ABCD mit A(−5|0|−6), B(2|5|−2), C(5|5|4) und D(−3|−5|8) gleich lang sind und senkrecht aufeinander stehen. Entscheiden Sie, ob ABCD ein Quadrat ist.

● **21.** Gegeben sind die Punkte A(4|−6|−1), B(0|6|−5) und D(0|−4|9).
a) Zeigen Sie, dass die Vektoren $\overrightarrow{AB}$ und $\overrightarrow{AD}$ von A aus ein Rechteck aufspannen und dass P(−1|4|1) ein innerer Punkt dieses Rechtecks ist.
b) Die geradlinige Flugbahn eines Balls ist gegeben durch g: $\vec{x} = \begin{pmatrix} 31 \\ 18 \\ 11 \end{pmatrix} + r\begin{pmatrix} -16 \\ -7 \\ -5 \end{pmatrix}$.
Zeigen Sie, dass der Ball im Punkt P auf die durch die Punkte A, B und D festgelegte rechteckige Wand trifft.
c) Der Ball fliegt ohne Spin. Zeigen Sie, dass er von der Wand wieder in Richtung des Spielers zurückfliegen wird.

● **22.** Eine Pyramide hat die rechteckige Grundfläche ABCD mit A(3|1|−1), B(−3|4|2), D(4|−1|3).
a) Zeigen Sie: $\overrightarrow{AB}$ und $\overrightarrow{AD}$ stehen senkrecht aufeinander. Berechnen Sie Punkt C des Rechtecks ABCD.
b) Zeigen Sie, dass der Punkt P(−0,5|2|3) im Rechteck ABCD liegt, aber nicht dessen Mittelpunkt ist.
c) Ermitteln Sie eine Gleichung der Geraden g, welche durch den Punkt P senkrecht zur Ebene E_{ABD} verläuft.
d) Zeigen Sie, dass die Spitze S(5,5|11|6) der Pyramide auf der Geraden g liegt.
e) Berechnen Sie das Volumen der Pyramide.

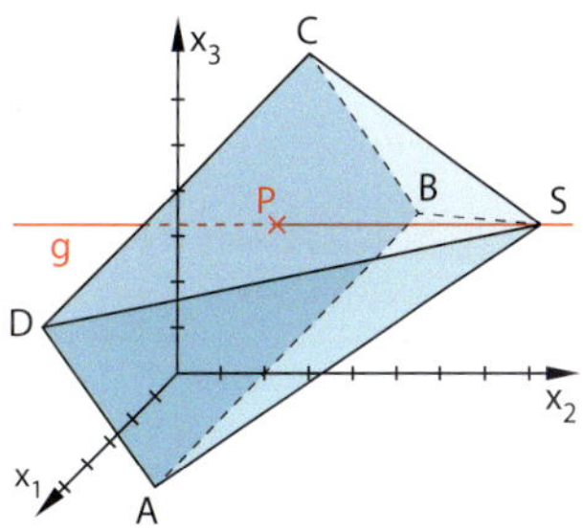

Hinweis zu 22c:
E_{ABD} bezeichnet die Ebene durch die Punkte A, B und D.

● **23. Ausblick: Lotfußpunktverfahren**
Gesucht ist der Abstand des Punktes P(6|4|8) von der Geraden g: $\vec{x} = \begin{pmatrix} 2 \\ -1 \\ 1 \end{pmatrix} + t\begin{pmatrix} -4 \\ 6 \\ 2 \end{pmatrix}$. Dazu wird ein Punkt Q auf g so lange verschoben, bis die Strecke $\overline{PQ}$ senkrecht auf g steht. Es ist also $\overrightarrow{OQ_t} = \begin{pmatrix} 2 \\ -1 \\ 1 \end{pmatrix} + t\begin{pmatrix} -4 \\ 6 \\ 2 \end{pmatrix}$.

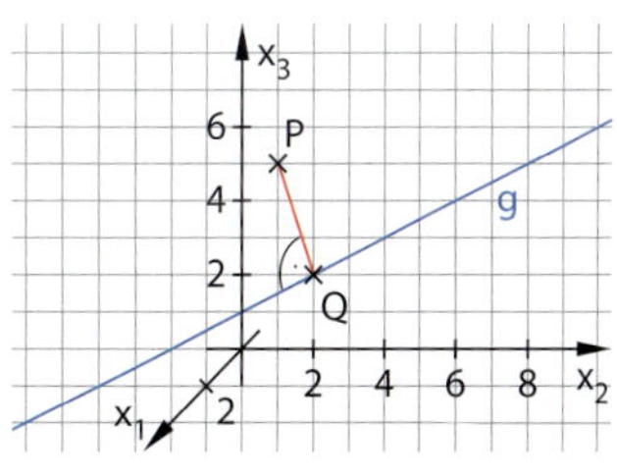

a) Bestimmen Sie $\overrightarrow{PQ_t}$ für t = 0 (t = 1; t = 2) und prüfen Sie, ob er senkrecht auf g steht.
b) Berechnen Sie das Skalarprodukt von $\overrightarrow{PQ_t}$ und dem Richtungsvektor von g für allgemeines t. Setzen Sie das Skalarprodukt gleich null und bestimmen Sie, für welches t der Vektor $\overrightarrow{PQ_t}$ senkrecht auf g steht. Bestimmen Sie für dieses t den Wert von $|\overrightarrow{PQ_t}|$ und begründen Sie, dass der Wert der Abstand von P zu g ist.
c) Bestimmen Sie den Abstand des Punktes P(10|11|8) von der Geraden g: $\vec{x} = \begin{pmatrix} 7 \\ -6 \\ 5 \end{pmatrix} + r\begin{pmatrix} 2 \\ -3 \\ 1 \end{pmatrix}$.
d) Im Dreieck ABC mit A(2|0|3), B(11|−12|9), C(−1|−6|10) entspricht die Länge der Höhe h_c dem Abstand des Punktes C von der Geraden g_{AB} durch die Ecken A und B. Berechnen Sie den Flächeninhalt des Dreiecks.

2.6 Vektorprodukt

■ Gegeben sind die Vektoren $\vec{a} = \begin{pmatrix} 2 \\ 1 \\ -5 \end{pmatrix}$ und $\vec{b} = \begin{pmatrix} -3 \\ 4 \\ -2 \end{pmatrix}$.

a) Bestimmen Sie mithilfe eines Gleichungssystems alle Vektoren $\vec{n_t}$, die orthogonal zu $\vec{a}$ und zu $\vec{b}$ sind.

b) Zeigen Sie, dass der Vektor $\vec{n}$ eine spezielle Lösung aus a) ist. Beschreiben Sie, wie sich der Vektor $\vec{n}$ aus dem abgebildeten Schema ergibt. Was macht $\vec{n}$ besonders? ■

$$\vec{n} = \begin{pmatrix} -2 - (-20) \\ 15 - (-4) \\ 8 - (-3) \end{pmatrix}$$

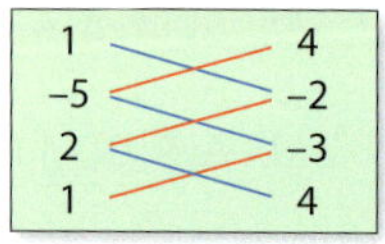

Ein Vektor $\vec{n}$, der zu den beiden nicht kollinearen Vektoren $\vec{a}$ und $\vec{b}$ orthogonal sein soll, muss zwei Bedingungen erfüllen: $\vec{a} \cdot \vec{n} = 0$ und $\vec{b} \cdot \vec{n} = 0$

Da das zugehörige LGS unterbestimmt ist, hat es unendlich viele Lösungen. Die Länge von $\vec{n}$ ist somit nicht festgelegt. Mit dem rechts hergeleiteten Schema zur Bestimmung von $\vec{n}$ wird eine neue Verknüpfung zwischen zwei Vektoren definiert, das sogenannte Vektorprodukt.

$$\vec{a} = \begin{pmatrix} a_1 \\ a_2 \\ a_3 \end{pmatrix}, \vec{b} = \begin{pmatrix} b_1 \\ b_2 \\ b_3 \end{pmatrix}, \vec{n} = \begin{pmatrix} n_1 \\ n_2 \\ n_3 \end{pmatrix}$$

$$\left| \begin{array}{l} a_1n_1 + a_2n_2 + a_3n_3 = 0 \\ b_1n_1 + b_2n_2 + b_3n_3 = 0 \end{array} \right| \quad \begin{array}{l} |\cdot(-b_1) \\ |\cdot a_1 \end{array} \; +$$

$$\left| \begin{array}{r} a_1n_1 + a_2n_2 + a_3n_3 = 0 \\ (a_1b_2 - a_2b_1)n_2 + (a_1b_3 - a_3b_1)n_3 = 0 \end{array} \right|$$

Gleichung II ist erfüllt für:
$n_2 = a_3b_1 - a_1b_3$ und $n_3 = a_1b_2 - a_2b_1$
Einsetzen in Gleichung I ergibt für $a_1 \neq 0$:
$n_1 = a_2b_3 - a_3b_2$

Hinweis:
Eine andere Bezeichnung für das Vektorprodukt ist **Kreuzprodukt**. Diese findet sich beispielsweise im CAS.

Definition: Das Vektorprodukt

$\vec{a} \times \vec{b} = \begin{pmatrix} a_1 \\ a_2 \\ a_3 \end{pmatrix} \times \begin{pmatrix} b_1 \\ b_2 \\ b_3 \end{pmatrix} = \begin{pmatrix} a_2b_3 - a_3b_2 \\ a_3b_1 - a_1b_3 \\ a_1b_2 - a_2b_1 \end{pmatrix}$ heißt **Vektorprodukt** von $\vec{a}$ und $\vec{b}$.

Satz: Eigenschaft des Vektorprodukts

Sind $\vec{a} \neq \vec{0}$ und $\vec{b} \neq \vec{0}$ nicht kollinear, so ist der Vektor $\vec{a} \times \vec{b}$ orthogonal zu $\vec{a}$ und zu $\vec{b}$.

Beispiel 1: Ermitteln Sie einen Vektor mit ganzzahligen Koordinaten von möglichst kleinem Betrag, der zu $\vec{a} = \begin{pmatrix} 3 \\ 2 \\ -4 \end{pmatrix}$ und zu $\vec{b} = \begin{pmatrix} 1 \\ -2 \\ 2 \end{pmatrix}$ orthogonal ist. Machen Sie die Probe.

Lösung:

Berechnen Sie das Vektorprodukt mithilfe der Definition. Der Ergebnisvektor hat ganzzahlige Koordinaten und ist orthogonal zu $\vec{a}$ und $\vec{b}$. „Kürzen" Sie seine Koordinaten so weit wie möglich.
Überprüfen Sie zur Probe, ob die Skalarprodukte von $\vec{a}$ und $\vec{b}$ mit $\vec{n}$ jeweils 0 ergeben.

$$\begin{pmatrix} 3 \\ 2 \\ -4 \end{pmatrix} \times \begin{pmatrix} 1 \\ -2 \\ 2 \end{pmatrix} = \begin{pmatrix} 2 \cdot 2 - (-4) \cdot (-2) \\ (-4) \cdot 1 - 3 \cdot 2 \\ 3 \cdot (-2) - 2 \cdot 1 \end{pmatrix} = \begin{pmatrix} -4 \\ -10 \\ -8 \end{pmatrix}$$

$$\vec{n} = \begin{pmatrix} 2 \\ 5 \\ 4 \end{pmatrix}$$

$$\begin{pmatrix} 3 \\ 2 \\ -4 \end{pmatrix} \cdot \begin{pmatrix} 2 \\ 5 \\ 4 \end{pmatrix} = 0 \qquad \begin{pmatrix} 1 \\ -2 \\ 2 \end{pmatrix} \cdot \begin{pmatrix} 2 \\ 5 \\ 4 \end{pmatrix} = 0$$

Hinweis:
Bei der Berechnung des Vektorprodukts können schnell Fehler passieren. Daher sollten Sie stets eine Probe machen.

Basisaufgaben

1. Berechnen Sie das Vektorprodukt von $\vec{a}$ und $\vec{b}$.

a) $\vec{a} = \begin{pmatrix} 2 \\ -1 \\ 3 \end{pmatrix}$ $\vec{b} = \begin{pmatrix} 1 \\ 4 \\ -1 \end{pmatrix}$ b) $\vec{a} = \begin{pmatrix} 3 \\ -2 \\ 1 \end{pmatrix}$ $\vec{b} = \begin{pmatrix} -6 \\ 4 \\ -2 \end{pmatrix}$ c) $\vec{a} = \begin{pmatrix} 0 \\ 3 \\ -2 \end{pmatrix}$ $\vec{b} = \begin{pmatrix} 2 \\ 5 \\ 4 \end{pmatrix}$

2\. Ermitteln Sie mithilfe des Vektorprodukts einen zu $\vec{a}$ und $\vec{b}$ orthogonalen Vektor mit möglichst kleinen ganzzahligen Koordinaten. Machen Sie die Probe.

a) $\vec{a} = \begin{pmatrix} 4 \\ -6 \\ 3 \end{pmatrix}$ $\vec{b} = \begin{pmatrix} 2 \\ 4 \\ -1 \end{pmatrix}$ b) $\vec{a} = \begin{pmatrix} 4 \\ -7 \\ 5 \end{pmatrix}$ $\vec{b} = \begin{pmatrix} 8 \\ 3 \\ 3 \end{pmatrix}$ c) $\vec{a} = \begin{pmatrix} -3 \\ -1 \\ 5 \end{pmatrix}$ $\vec{b} = \begin{pmatrix} 1 \\ 7 \\ -3 \end{pmatrix}$

CAS 3. Berechnen Sie das Vektorprodukt von $\vec{a}$ und $\vec{b}$ mit einem CAS.

a) $\vec{a} = \begin{pmatrix} 3 \\ -1 \\ -3 \end{pmatrix}$ $\vec{b} = \begin{pmatrix} 4 \\ 2 \\ 1 \end{pmatrix}$ b) $\vec{a} = \begin{pmatrix} 0 \\ -1 \\ 5 \end{pmatrix}$ $\vec{b} = \begin{pmatrix} 9 \\ 13 \\ 28 \end{pmatrix}$ c) $\vec{a} = \begin{pmatrix} 8 \\ 19 \\ -1 \end{pmatrix}$ $\vec{b} = \begin{pmatrix} 16 \\ 11 \\ 7 \end{pmatrix}$

4\. Berechnen Sie das Vektorprodukt von $\vec{a}$ und $\vec{b}$ und erklären Sie das Ergebnis.

a) $\vec{a} = \begin{pmatrix} 3 \\ 1 \\ 0 \end{pmatrix}$ $\vec{b} = \begin{pmatrix} 1 \\ -2 \\ 0 \end{pmatrix}$ b) $\vec{a} = \begin{pmatrix} 4 \\ 0 \\ 0 \end{pmatrix}$ $\vec{b} = \begin{pmatrix} 0 \\ 0 \\ 3 \end{pmatrix}$ c) $\vec{a} = \begin{pmatrix} 3 \\ 1 \\ -1 \end{pmatrix}$ $\vec{b} = \begin{pmatrix} -6 \\ -2 \\ 2 \end{pmatrix}$

Weiterführende Aufgaben

5\. Zeigen Sie, dass die Vektoren $\vec{a}$ und $\vec{b}$ ein Quadrat aufspannen.
Bestimmen Sie einen Vektor $\vec{c}$ so, dass $\vec{a}$, $\vec{b}$ und $\vec{c}$ einen Quader mit dem angegebenen Volumen V aufspannen. Beschreiben Sie die Form des sich ergebenden Quaders.

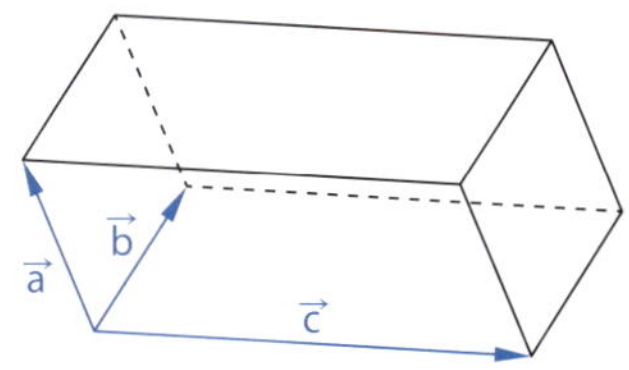

a) $\vec{a} = \begin{pmatrix} 3 \\ 8 \\ 5 \end{pmatrix}; \vec{b} = \begin{pmatrix} 9 \\ -4 \\ 1 \end{pmatrix}; V = 686$ b) $\vec{a} = \begin{pmatrix} 8 \\ 4 \\ 1 \end{pmatrix}; \vec{b} = \begin{pmatrix} -4 \\ 7 \\ 4 \end{pmatrix}; V = 729$

6\. **Stolperstelle:** Beschreiben Sie die Fehler, die bei der Berechnung des Vektorprodukts gemacht wurden, und korrigieren Sie diese.

$$\begin{pmatrix} -2 \\ 3 \\ 5 \end{pmatrix} \times \begin{pmatrix} 1 \\ 4 \\ -6 \end{pmatrix} = \begin{pmatrix} 5 \cdot 4 - 3 \cdot (-6) \\ 5 \cdot 1 + 2 \cdot 6 \\ (-2) \cdot 1 - 3 \cdot 4 \end{pmatrix} = \begin{pmatrix} 38 \\ 17 \\ -14 \end{pmatrix}$$

7\. Zeigen Sie allgemein, dass der Vektor $\vec{a} \times \vec{b}$ orthogonal zu $\vec{a}$ und $\vec{b}$ ist.

8\. **Weitere Eigenschaften des Vektorprodukts:** Für $\vec{a} \neq \vec{0}$ und $\vec{b} \neq \vec{0}$ gelten:
① $\vec{a} \times \vec{b} = -\vec{b} \times \vec{a}$ ② $(r\vec{a}) \times \vec{b} = \vec{a} \times (r\vec{b}) = r(\vec{a} \times \vec{b})$
③ $\vec{a} \times \vec{b} = \vec{0}$, falls $\vec{a}$ und $\vec{b}$ kollinear sind.

a) Zeigen Sie, dass ① für $\vec{a} = \begin{pmatrix} 3 \\ -1 \\ -3 \end{pmatrix}, \vec{b} = \begin{pmatrix} -1 \\ 2 \\ 3 \end{pmatrix}$ und allgemein für $\vec{a} = \begin{pmatrix} a_1 \\ a_2 \\ a_3 \end{pmatrix}, \vec{b} = \begin{pmatrix} b_1 \\ b_2 \\ b_3 \end{pmatrix}$ gilt.

b) Bestätigen Sie Eigenschaft ② anhand der zwei Beispiele
$r = 2, \vec{a} = \begin{pmatrix} 3 \\ -5 \\ 1 \end{pmatrix}, \vec{b} = \begin{pmatrix} 1 \\ 2 \\ -1 \end{pmatrix}$ und $r = -3, \vec{a} = \begin{pmatrix} 2 \\ 2 \\ -1 \end{pmatrix}, \vec{b} = \begin{pmatrix} -1 \\ 4 \\ 2 \end{pmatrix}$.

● c) Beweisen Sie Eigenschaft ③.

Hinweis zu 8:
Eigenschaft ① bedeutet, dass das Vektorprodukt antikommutativ ist.

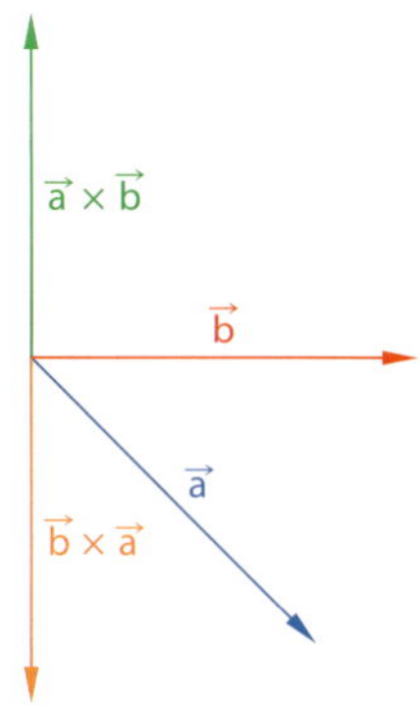

● 9. **Ausblick:** Zwei orthogonale Vektoren $\vec{a}$ und $\vec{b}$ spannen ein Rechteck auf.

a) Zeigen Sie: Aus $(\vec{a} \cdot \vec{b})^2 = 0$ folgt die Gleichung
$a_1^2 b_1^2 + a_2^2 b_2^2 + a_3^2 b_3^2$
$= -2(a_1 a_2 b_1 b_2 + a_1 a_3 b_1 b_3 + a_2 a_3 b_2 b_3)$.

b) Berechnen Sie $|\vec{a} \times \vec{b}|^2$ und $|\vec{a}|^2 \cdot |\vec{b}|^2$.

c) Zeigen Sie, dass $|\vec{a} \times \vec{b}|^2 = |\vec{a}|^2 \cdot |\vec{b}|^2$ gilt. Folgern Sie daraus, dass $|\vec{a} \times \vec{b}|$ dem Flächeninhalt des Rechtecks entspricht.

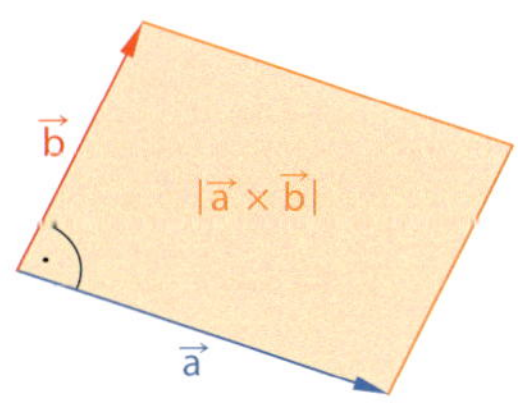

2.7 Normalen- und Koordinatengleichung

■ Die Gerade g ist senkrecht zu den Ebenen E_1, E_2 und E_3.

a) Beschreiben Sie, was sich daraus für die Lage der Ebenen zueinander ergibt.

b) Geben Sie an, wie viele Ebenen es gibt, die durch den Punkt P und senkrecht zur Geraden g verlaufen.

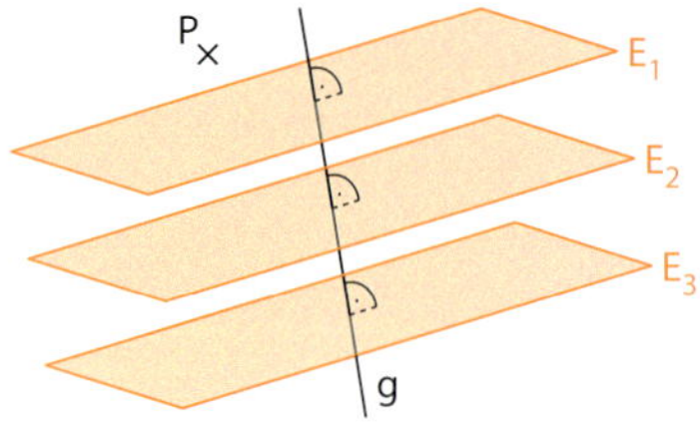

c) Es sei E_1: $\vec{x} = \begin{pmatrix} 3 \\ -2 \\ 1 \end{pmatrix} + r\begin{pmatrix} 2 \\ -3 \\ 0 \end{pmatrix} + s\begin{pmatrix} 1 \\ 2 \\ 1 \end{pmatrix}$. Ermitteln Sie einen Richtungsvektor der Geraden g. ■

Bei der Parametergleichung wird die Lage einer Ebene durch einen Stützvektor und *zwei* Richtungsvektoren beschrieben. Es genügen jedoch bereits ein Stützvektor und ein zur Ebene orthogonaler Vektor, um die Lage der Ebene festzulegen.
Ein zur Ebene orthogonaler Vektor heißt **Normalenvektor der Ebene**.

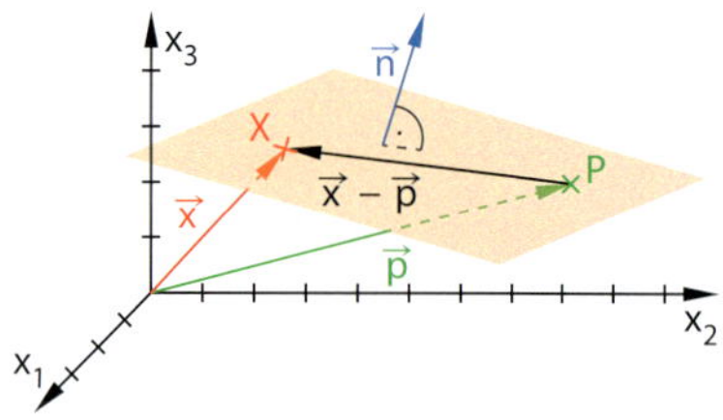

Hinweis:
Die Parametergleichung beschreibt einen Weg zu den Punkten der Ebene. Die Normalen- und die Koordinatengleichung formulieren eine Bedingung dafür, dass ein Punkt in der Ebene liegt.

Wissen: Normalen- und Koordinatengleichung
Eine Ebene E lässt sich durch einen Normalenvektor $\vec{n}$ und einen Stützvektor $\vec{p}$ beschreiben. Jeder Ortsvektor $\vec{x}$ von E erfüllt die Gleichung $(\vec{x} - \vec{p}) \cdot \vec{n} = 0$ (**Normalengleichung** von E) und deren ausmultiplizierte Form $ax_1 + bx_2 + cx_3 = e$ (**Koordinatengleichung** von E). Dabei sind a, b, c die Koordinaten von $\vec{n}$ und e ist das Skalarprodukt von $\vec{n}$ mit dem Stützvektor von E.

Beispiel 1: Die Ebene E enthält den Punkt $P(2|-4|1)$ und ist orthogonal zu $\vec{n} = \begin{pmatrix} 5 \\ -2 \\ 1 \end{pmatrix}$.

a) Geben Sie eine Normalen- und eine Koordinatengleichung von E an.

b) Prüfen Sie, ob die Punkte $A(3|4|-2)$ und $B(3|1|6)$ in E liegen.

Lösung:

a) Stellen Sie die Normalengleichung mit den gegebenen Vektoren auf. Multiplizieren Sie die Normalengleichung aus und stellen Sie diese so um, dass auf der rechten Seite das Skalarprodukt von $\overrightarrow{OP}$ und $\vec{n}$ steht.

Normalengleichung:

$$\left(\begin{pmatrix} x_1 \\ x_2 \\ x_3 \end{pmatrix} - \begin{pmatrix} 2 \\ -4 \\ 1 \end{pmatrix}\right) \cdot \begin{pmatrix} 5 \\ -2 \\ 1 \end{pmatrix} = 0$$

Koordinatengleichung:

$5x_1 - 2x_2 + x_3 - (10 + 8 + 1) = 0 \quad |+19$

$5x_1 - 2x_2 + x_3 = 19$

b) Setzen Sie die Koordinaten von A und B in die Koordinatengleichung ein und prüfen Sie, ob die Gleichung erfüllt ist.

Punktprobe:

A: $5 \cdot 3 - 2 \cdot 4 - 2 = 5 \neq 19$; A liegt nicht auf E.

B: $5 \cdot 3 - 2 \cdot 1 + 6 = 19$; B liegt auf E.

Basisaufgaben

1. Die Ebene E enthält den Punkt P und verläuft orthogonal zum Vektor $\vec{n}$.
Geben Sie eine Normalen- und eine Koordinatengleichung von E an.

a) $P(-2|1|4)$ $\quad \vec{n} = \begin{pmatrix} 2 \\ 4 \\ 3 \end{pmatrix}$ $\qquad$ b) $P(2|0|1)$ $\quad \vec{n} = \begin{pmatrix} 0 \\ 3 \\ 5 \end{pmatrix}$ $\qquad$ c) $P(0|0|0)$ $\quad \vec{n} = \begin{pmatrix} 1 \\ -1 \\ 0 \end{pmatrix}$

2. Prüfen Sie, ob die Punkte A und B in der Ebene E liegen.

a) E: $\vec{x} \cdot \begin{pmatrix} 3 \\ 1 \\ -6 \end{pmatrix} = 5$; A(1 | 1 | 1); B(2 | 5 | 1) b) E: $x_1 + x_2 - 4x_3 = 7$; A(5 | 6 | 1); B(7 | 0 | 0)

3. Bestimmen Sie die fehlende Koordinate so, dass der Punkt in E: $-4x_1 + 2x_2 - x_3 = 8$ liegt.

a) $A(x_1 | 1 | 2)$ b) $B(x_1 | 0 | 0)$ c) $C(x_1 | 8 | 4)$ d) $D(-3 | x_2 | 1)$ e) $E(2 | 3 | x_3)$

4. Geben Sie drei Punkte an, die in der Ebene E: $5x_1 - x_2 + 2x_3 = 6$ liegen.

5. Geben Sie eine Koordinatengleichung der Ebene E an.

a) E: $\left(\vec{x} - \begin{pmatrix} 3 \\ -1 \\ 2 \end{pmatrix}\right) \cdot \begin{pmatrix} 6 \\ 1 \\ -2 \end{pmatrix} = 0$ b) E: $\vec{x} \cdot \begin{pmatrix} 0 \\ 1 \\ 0 \end{pmatrix} = 8$ c) E: $\vec{x} \cdot \begin{pmatrix} -1 \\ 5 \\ 8 \end{pmatrix} = \begin{pmatrix} 6 \\ 1 \\ 9 \end{pmatrix} \cdot \begin{pmatrix} -1 \\ 5 \\ 8 \end{pmatrix}$

Hinweis zu 5c:
Hier ist die Normalengleichung in der Form $\vec{x} \cdot \vec{n} = \vec{p} \cdot \vec{n}$ gegeben.

6. Geben Sie eine Normalen- und eine Koordinatengleichung der Ebene durch den Punkt A(−2 | 0 | 6) an, welche orthogonal zur Geraden g verläuft.

a) g: $\vec{x} = \begin{pmatrix} 2 \\ -5 \\ 1 \end{pmatrix} + r\begin{pmatrix} 4 \\ 3 \\ 1 \end{pmatrix}$ b) g ist die x_3-Achse. c) g: $\vec{x} = r\begin{pmatrix} -2 \\ 3 \\ 1 \end{pmatrix}$ d) g: $\vec{x} = r\begin{pmatrix} -4 \\ 6 \\ 2 \end{pmatrix}$

Zwischen Ebenendarstellungen wechseln

Beispiel 2: Parametergleichung gegeben
Ermitteln Sie eine Koordinatengleichung der Ebene E: $\vec{x} = \begin{pmatrix} -2 \\ 4 \\ 1 \end{pmatrix} + r\begin{pmatrix} 3 \\ 0 \\ 1 \end{pmatrix} + s\begin{pmatrix} 3 \\ -2 \\ 2 \end{pmatrix}$.

Lösung:

Berechnen Sie das Vektorprodukt der Richtungsvektoren. Das Ergebnis ist ein Normalenvektor $\vec{n}$ der Ebene E.

Normalenvektor:
$\vec{n} = \begin{pmatrix} 3 \\ 0 \\ 1 \end{pmatrix} \times \begin{pmatrix} 3 \\ -2 \\ 2 \end{pmatrix} = \begin{pmatrix} 0-(-2) \\ 3-6 \\ -6-0 \end{pmatrix} = \begin{pmatrix} 2 \\ -3 \\ -6 \end{pmatrix}$

Berechnen Sie das Skalarprodukt des Stützvektors mit $\vec{n}$. Dieses steht auf der rechten Seite der Koordinatengleichung. Auf der linken Seite stehen die Koordinaten des Normalenvektors.

Rechte Seite:
$\begin{pmatrix} -2 \\ 4 \\ 1 \end{pmatrix} \cdot \begin{pmatrix} 2 \\ -3 \\ -6 \end{pmatrix} = -4 - 12 - 6 = -22$

Koordinatengleichung:
$2x_1 - 3x_2 - 6x_3 = -22$

Beispiel 3: Koordinatengleichung gegeben
Ermitteln Sie eine Parametergleichung zur Ebene E: $3x_1 + 4x_2 - x_3 = 9$.

Lösung:

Bestimmen Sie durch Probieren einen Stützpunkt, der die Koordinatengleichung erfüllt.

Stützpunkt:
$x_1 = 0$ und $x_2 = 0 \Rightarrow x_3 = -9$
P(0 | 0 | −9)

Lesen Sie aus der Koordinatengleichung den Normalenvektor $\vec{n} = \begin{pmatrix} 3 \\ 4 \\ -1 \end{pmatrix}$ ab.

Bestimmen Sie zwei nicht kollineare Vektoren, die orthogonal zu $\vec{n}$ sind.

Richtungsvektoren:
$\begin{pmatrix} 4 \\ -3 \\ 0 \end{pmatrix} \cdot \begin{pmatrix} 3 \\ 4 \\ -1 \end{pmatrix} = 0$ und $\begin{pmatrix} 0 \\ 1 \\ 4 \end{pmatrix} \cdot \begin{pmatrix} 3 \\ 4 \\ -1 \end{pmatrix} = 0$

Schreiben Sie die Parametergleichung auf.

Parametergleichung:
E: $\vec{x} = \begin{pmatrix} 0 \\ 0 \\ -9 \end{pmatrix} + r\begin{pmatrix} 4 \\ -3 \\ 0 \end{pmatrix} + s\begin{pmatrix} 0 \\ 1 \\ 4 \end{pmatrix}$

Hinweis:
Um einfach einen Stützvektor zu ermitteln, wurde $x_1 = x_2 = 0$ gesetzt.
Als Richtungsvektoren wurden $\begin{pmatrix} n_2 \\ -n_1 \\ 0 \end{pmatrix}$ und $\begin{pmatrix} 0 \\ -n_3 \\ n_2 \end{pmatrix}$ gewählt.

Basisaufgaben

Hinweis:
Gewöhnen Sie sich an, zur Probe den Normalenvektor mit beiden Richtungsvektoren zu multiplizieren. Das vermeidet frühe Fehler bei langen Aufgaben.

7. Ermitteln Sie eine Koordinatengleichung zur Ebene E.

a) $E: \vec{x} = \begin{pmatrix} -3 \\ 1 \\ 0 \end{pmatrix} + r\begin{pmatrix} 1 \\ -1 \\ 2 \end{pmatrix} + s\begin{pmatrix} 8 \\ 2 \\ 1 \end{pmatrix}$ b) $E: \vec{x} = \begin{pmatrix} 5 \\ 3 \\ 1 \end{pmatrix} + r\begin{pmatrix} 1 \\ 1 \\ -1 \end{pmatrix} + s\begin{pmatrix} -4 \\ -2 \\ 1 \end{pmatrix}$

c) $E: \vec{x} = \begin{pmatrix} 2 \\ 1 \\ 5 \end{pmatrix} + r\begin{pmatrix} -3 \\ 0 \\ 2 \end{pmatrix} + s\begin{pmatrix} 1 \\ -1 \\ 2 \end{pmatrix}$ d) $E: \vec{x} = \begin{pmatrix} 5 \\ 4 \\ 6 \end{pmatrix} + r\begin{pmatrix} -3 \\ 5 \\ 0 \end{pmatrix} + s\begin{pmatrix} 1 \\ 1 \\ 0 \end{pmatrix}$

e) $E: \vec{x} = \begin{pmatrix} 8 \\ 1 \\ 12 \end{pmatrix} + r\begin{pmatrix} 4 \\ 1 \\ 0 \end{pmatrix} + s\begin{pmatrix} 2 \\ 0 \\ 6 \end{pmatrix}$ f) $E: \vec{x} = \begin{pmatrix} 6 \\ -6 \\ 1 \end{pmatrix} + r\begin{pmatrix} 1 \\ -2 \\ 1 \end{pmatrix} + s\begin{pmatrix} 4 \\ 4 \\ 1 \end{pmatrix}$

8. Bestimmen Sie zur Ebene E eine Parametergleichung.
a) $E: 3x_1 + 2x_2 + x_3 = 8$ b) $E: x_1 + x_2 = 0$ c) $E: x_3 = 2$ d) $E: 6x_1 + 4x_2 + 2x_3 = 10$

9. Auf den Karten sind zwei Methoden zur Ermittlung einer Koordinatengleichung derjenigen Ebene beschrieben, die durch die drei Punkte A, B und C geht.

① **Mithilfe der Parameterform:**
Zunächst wird eine Parametergleichung mit Stützvektor $\overrightarrow{OA}$ und Richtungsvektoren $\overrightarrow{AB}$ und $\overrightarrow{AC}$ aufgestellt. Der Vektor $\vec{n} = \overrightarrow{AB} \times \overrightarrow{AC}$ ist ein Normalenvektor. Eine mögliche Koordinatengleichung ist $\vec{x} \cdot \vec{n} = \overrightarrow{OA} \cdot \vec{n}$

② **Mithilfe eines Gleichungssystems:**
Die Koordinaten der drei Punkte werden für x_1, x_2, x_3 in die Gleichung $ax_1 + bx_2 + cx_3 = d$ eingesetzt. Es ergibt sich ein unterbestimmtes lineares Gleichungssystem. Eine Lösung liefert mögliche Werte für a, b, c und d.

a) Bestimmen Sie mit beiden Verfahren eine Koordinatengleichung für die Ebene durch die Punkte $A(1|3|-2)$, $B(2|7|-4)$ und $C(4|-6|-1)$. Vergleichen Sie den Aufwand.
b) Bestimmen Sie mit dem Verfahren Ihrer Wahl die Koordinatengleichung einer Ebene durch $A(-2|4|2)$, $B(-1|6|5)$ und $C(1|7|1)$.

Hinweis zu 10:
Zwei Ebenen sind parallel zueinander, wenn ihre Normalenvektoren kollinear sind. Weitere Lagebeziehungen zwischen Ebenen werden im Abschnitt 2.9 thematisiert.

10. Gegeben sind vier Ebenen durch ihre Koordinatengleichungen.

$E_1: 2x_1 + x_2 - x_3 = 7$ $E_2: -3x_1 + 6x_2 - 9x_3 = 4$ $E_3: x_1 - 2x_2 + 3x_3 = 2$ $E_4: 2x_2 + x_3 = 6$

a) Geben Sie jeweils eine Normalengleichung an.
b) Prüfen Sie, welche der Ebenen parallel zueinander sind.

11. Die Ebene E_2 enthält den Punkt $A(3|-1|6)$ und verläuft parallel zur Ebene E_1 mit $E_1: x_1 - 3x_2 + 4x_3 = 1$. Geben Sie eine Normalen- und eine Koordinatengleichung zu E_2 an.

12. Gegeben ist die Ebene $E_1: -2x_1 + 2x_2 + x_3 = 7$.
a) Bestimmen Sie eine Parametergleichung von E.
b) Prüfen Sie anhand der Koordinatengleichung und mithilfe der Parametergleichung von E, ob die Punkte $A(3|1|3)$ und $B(-2|2|-1)$ in E liegen.
c) Vergleichen Sie den Aufwand der Methoden in b).

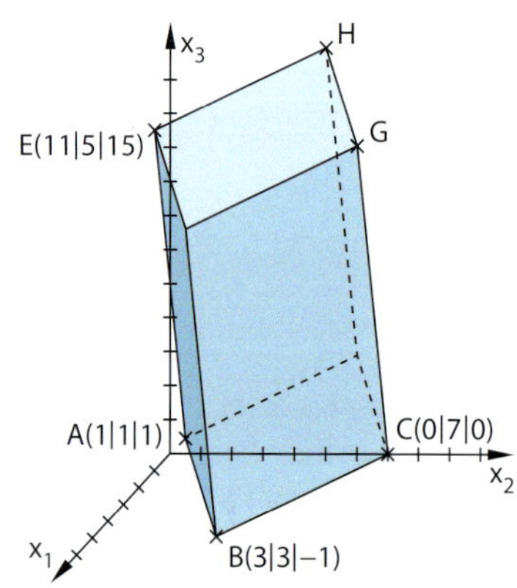

13. a) Zeigen Sie, dass der von den Vektoren $\overrightarrow{AB}$, $\overrightarrow{BC}$ und $\overrightarrow{AE}$ aufgespannte Körper ein Quader ist.
b) Ermitteln Sie je eine Koordinatengleichung von E_{ABE} und von E_{CGH}.
c) Ermitteln Sie eine Koordinatengleichung von E_{ACE}.

Ebenen im Koordinatensystem – Spurpunkte und Spurgeraden

Die Schnittpunkte einer Ebene mit den Koordinatenachsen heißen **Spurpunkte** der Ebene. Es sind die Punkte der Ebene, bei denen jeweils zwei Koordinaten den Wert null haben. Schneidet eine Ebene die Koordinatenachsen in genau drei Punkten, dann bilden diese ein Dreieck, welches die Lage der Ebene veranschaulicht.

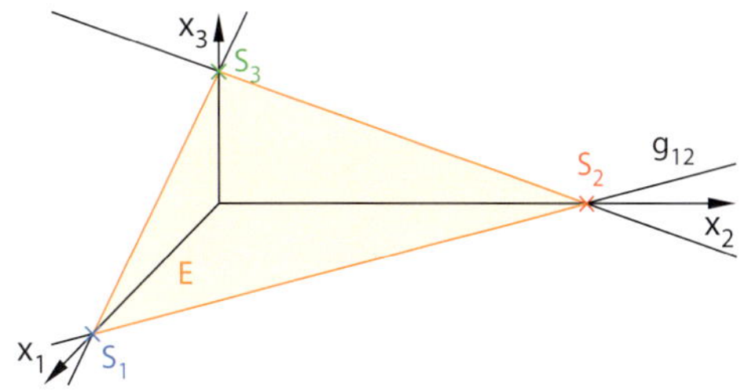

Hinweis:
Nicht jede Ebene hat drei Spurpunkte.
Hat eine Koordinatenachse mit einer Ebene keinen Punkt gemeinsam, dann verläuft sie echt parallel zu dieser Ebene.

Eine Gerade, die alle gemeinsamen Punkte einer Ebene und einer Koordinatenebene enthält, heißt **Spurgerade**. Die Spurgerade g_{12} enthält alle Punkte, welche die Ebene mit der x_1x_2-Ebene gemeinsam hat. Existieren die Spurpunkte S_1 und S_2, so liegen sie auf g_{12}.

Beispiel 4: Gegeben ist die Ebene E: $3x_1 + 2x_2 + 6x_3 = 12$.
a) Bestimmen Sie die Spurpunkte und skizzieren Sie die Ebene in ein Koordinatensystem.
b) Geben Sie eine Gleichung der Spurgeraden g_{12} an.

Lösung:

a) Setzen Sie jeweils zwei Koordinaten gleich null und lösen Sie die Gleichung nach der verbleibenden Variablen auf. So ergibt sich die fehlende Koordinate des entsprechenden Spurpunktes.

Spurpunkt S_1 auf der x_1-Achse:
$x_2 = x_3 = 0$ ergibt $3x_1 = 12 \Rightarrow x_1 = 4$, $S_1(4\,|\,0\,|\,0)$
Spurpunkt S_2 auf der x_2-Achse:
$x_1 = x_3 = 0$ ergibt $2x_2 = 12 \Rightarrow x_2 = 6$, $S_2(0\,|\,6\,|\,0)$
Ebenso erhält man $S_3(0\,|\,0\,|\,2)$

Zeichnen Sie ein Koordinatensystem und tragen Sie die Spurpunkte ein. Verbinden Sie die Spurpunkte zu einem Dreieck und Sie erhalten eine gute Vorstellung von der Lage der Ebene im Koordinatensystem.

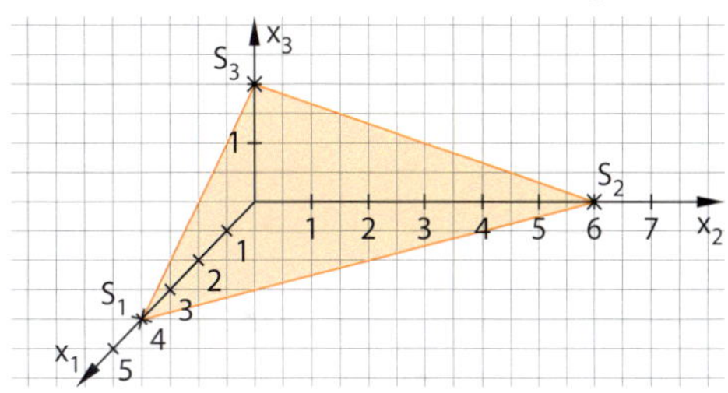

b) Stellen Sie eine Gleichung der Geraden durch S_1 und S_2 auf.

$$g_{12}: \vec{x} = \begin{pmatrix} 4 \\ 0 \\ 0 \end{pmatrix} + r\begin{pmatrix} -4 \\ 6 \\ 0 \end{pmatrix}$$

Basisaufgaben

14. Lesen Sie die Koordinaten der Spurpunkte ab. Geben Sie eine Parametergleichung und eine Koordinatengleichung der Ebene an.

a)

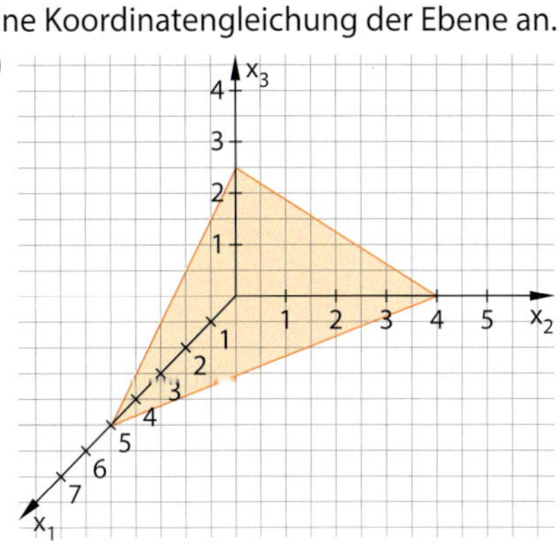

b)

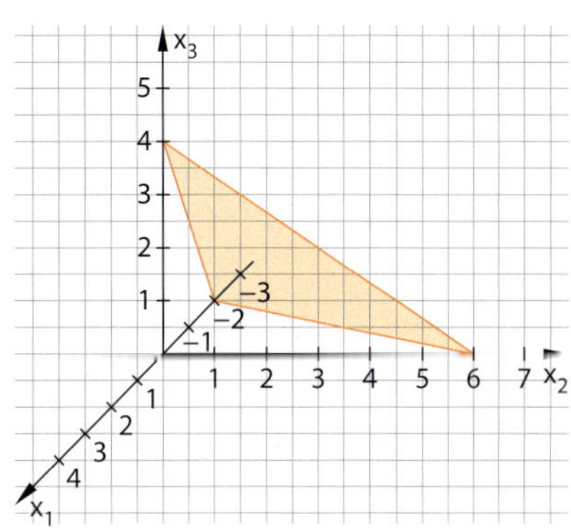

15. Ermitteln Sie die Spurpunkte der Ebene E und skizzieren Sie damit die Ebene in ein Koordinatensystem.

a) E: $x_1 + 2x_2 + 5x_3 = 10$ b) E: $6x_1 + 3x_2 + 2x_3 = 6$ c) E: $4x_1 - 2x_2 + 2x_3 = 8$

16. Bestimmen Sie die Spurpunkte der Ebene E und je eine Parametergleichung der Spurgeraden.

a) E: $2x_1 - 3x_2 + x_3 = 9$ b) E verläuft durch A(10|5|−6), B(−6|1|6) und C(3|2|0).

c) E: $\left(\vec{x} - \begin{pmatrix} 1 \\ 2 \\ 3 \end{pmatrix}\right) \cdot \begin{pmatrix} -4 \\ 1 \\ 2 \end{pmatrix} = 0$ d) E: $\vec{x} = \begin{pmatrix} 6 \\ 5 \\ 3 \end{pmatrix} + r\begin{pmatrix} 4 \\ 1 \\ 3 \end{pmatrix} + s\begin{pmatrix} 6 \\ 1 \\ 6 \end{pmatrix}$

17. Beschreiben Sie die besondere Lage der Ebene im Koordinatensystem. Geben Sie jeweils an, welche Konsequenz diese Lage für die Anzahl der Spurpunkte und Spurgeraden hat.

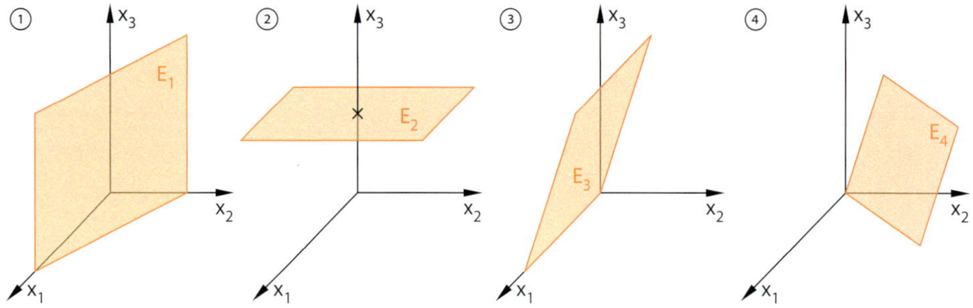

18. Beschreiben Sie die besondere Lage der Ebene E im Koordinatensystem. Geben Sie an, was sich über die Spurpunkte der Ebene aussagen lässt.

a) E: $x_1 - 2x_2 = 4$ b) E: $x_2 = 6$ c) E: $4x_1 + 3x_2 - x_3 = 0$ d) E: $3x_2 - x_3 = 0$

19. **Achsenabschnittsgleichung:** Gegeben ist die Ebene E durch E: $4x_1 - 6x_2 + 3x_3 = 12$.

a) Skizzieren Sie die Ebene anhand ihrer Spurpunkte in ein Koordinatensystem.

b) Dividieren Sie beide Seiten der Koordinatengleichung durch 12. Erklären Sie, weshalb die neue Gleichung **Achsenabschnittsgleichung** von E heißt.

c) Bestimmen Sie mithilfe der zugehörigen Achsenabschnittsgleichung die Spurpunkte der Ebenen E_1: $x_1 + 2x_2 - 8x_3 = -8$ und E_2: $12x_1 - x_2 + 3x_3 = 6$.

Weiterführende Aufgaben

20. Entscheiden Sie begründet, ob die Aussage wahr oder falsch ist.

a) Zwei zueinander parallele Ebenen haben den gleichen Normalenvektor.

b) Zwei Ebenen mit gleichem Normalenvektor sind parallel.

c) Eine Multiplikation beider Seiten der Koordinatengleichung einer Ebene E mit einer Zahl ungleich null bewirkt eine Parallelverschiebung von E.

d) Eine Vergrößerung der rechten Seite der Koordinatengleichung einer Ebene E bewirkt eine Parallelverschiebung von E.

e) Wenn für Punkte A, B, C, D und einen Vektor $\vec{v} \neq 0$ gilt $\overrightarrow{OA} \cdot \vec{v} = \overrightarrow{OB} \cdot \vec{v} = \overrightarrow{OC} \cdot \vec{v} = \overrightarrow{OD} \cdot \vec{v}$, dann liegen A, B, C und D auf einer Ebene mit Normalenvektor $\vec{v}$.

21. Berechnen Sie das Skalarprodukt von $\vec{v} = \begin{pmatrix} 2 \\ -1 \\ 4 \end{pmatrix}$ mit den Ortsvektoren zu A(1|−2|1), B(5|−2|−2), C(6|0|−1), D(0|−4|1), E(2|0|1), F(3|−2|0) und G(2|−4|2).
Deuten Sie das Ergebnis geometrisch.

22. Gegeben sind die Ebene E: $-2x_1 - x_2 + 4x_3 = 6$ und der Vektor $\vec{v} = \begin{pmatrix} 4 \\ 2 \\ -8 \end{pmatrix}$.

a) Zeigen Sie, dass die Punkte $P(4|-2|3)$ und $Q(-2|2|1)$ auf E liegen und dass $\vec{v}$ zu E orthogonal ist.

b) Stellen Sie mithilfe von P und $\vec{v}$ eine Koordinatengleichung für E auf. Vergleichen Sie diese mit der ursprünglichen Gleichung für E.

c) Stellen Sie mithilfe von Q und $\vec{v}$ eine Koordinatengleichung für E auf.

23. Zeichnen Sie die Ebenen anhand ihrer Spurpunkte. Erklären Sie das Ergebnis.

E_1: $2x_1 + 3x_2 + 2x_3 = 6$ E_2: $2x_1 + 3x_2 + 2x_3 = 12$ E_3: $4x_1 + 6x_2 + 4x_3 = 12$

24. Stolperstelle: Laura sagt: *„Wenn ich bei E: $4x_1 + 8x_2 - 6x_3 = 9$ den Normalenvektor halbiere, steht er immer noch senkrecht auf E. Deshalb ist $2x_1 + 4x_2 - 3x_3 = 9$ auch eine Gleichung für E."*
Nehmen Sie dazu Stellung und korrigieren Sie die zweite Gleichung.

25. Eine Architektin plant einen Versammlungsraum mit fünfeckigem Grundriss. Das Dach besteht aus zwei Dreiecken und einem Viereck.

a) Geben Sie die Koordinaten der Punkte B', C', D', E und F an.

b) Ermitteln Sie eine Koordinatengleichung der Ebene durch B', C' und E'.

● c) Bestimmen Sie die Koordinaten des Punktes A' und die Länge der Kante AA'.

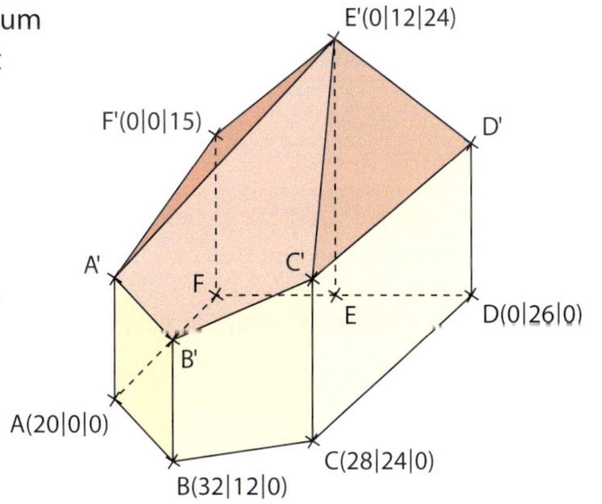

26. Prüfen Sie, ob die Ebenen E_1 und E_2 identisch sind.

E_1: $x_1 + 2x_2 - x_3 = 3$

E_2: $\vec{x} = \begin{pmatrix} -3 \\ 1 \\ 2 \end{pmatrix} + r\begin{pmatrix} 4 \\ -1 \\ 2 \end{pmatrix} + s\begin{pmatrix} -2 \\ 3 \\ 4 \end{pmatrix}$

● **27.** Gegeben ist die Gerade g: $\vec{x} = \overrightarrow{OP} + k\begin{pmatrix} 1 \\ 2 \\ 1 \end{pmatrix}$ mit $P(1|1|1)$.

a) Ermitteln Sie eine Gleichung der Ebene E_1 durch P senkrecht zu g.

b) Berechnen Sie die Spurpunkte von E_1 und skizzieren Sie E_1 in ein Koordinatensystem.

c) Die drei Spurpunkte bilden mit dem Ursprung eine dreiseitige Pyramide. Berechnen Sie ihr Volumen.

d) Zeigen Sie, dass E_2 mit E_2: $\vec{x} = \begin{pmatrix} 2 \\ 3 \\ 2 \end{pmatrix} + r\begin{pmatrix} -3 \\ 1 \\ 1 \end{pmatrix} + s\begin{pmatrix} -1 \\ 1 \\ -1 \end{pmatrix}$ parallel zu E_1 ist.

e) Zeigen Sie, dass der Stützpunkt $Q(2|3|2)$ von E_2 auf g liegt. Berechnen Sie den Abstand der Ebenen E_1 und E_2.

f) Berechnen Sie die Spurpunkte von E_2 und das Volumen der von diesen Spurpunkten und dem Ursprung gebildeten Pyramide.

● **28. Ausblick: Normalengleichung einer Geraden im $\mathbb{R}^2$**

a) Skizzieren Sie die Gerade g: $\vec{x} = \begin{pmatrix} 3 \\ 2 \end{pmatrix} + t\begin{pmatrix} 1 \\ 2 \end{pmatrix}$ in ein Koordinatensystem.

b) Multiplizieren Sie beide Seiten der Parametergleichung von g mit einem zu g orthogonalen Vektor. Sie erhalten eine Normalengleichung der Geraden.

c) Lösen Sie die Gleichung nach x_2 auf und überprüfen Sie das Ergebnis an der Skizze.

2.8 Lagebeziehungen zwischen Ebene und Gerade

■ Beschreiben Sie mit einem Stift und einem Blatt Papier, wie eine Ebene E und eine Gerade g zueinander liegen können.
Vergleichen Sie die Fälle mit den Lagebeziehungen zwischen zwei Geraden. Beschreiben Sie Gemeinsamkeiten und Unterschiede. ■

Die Lagebeziehung zwischen E und g kann durch die Anzahl der gemeinsamen Punkte und durch die gegenseitige Lage von Normalen- und Richtungsvektoren charakterisiert werden.

E und g schneiden sich in einem Punkt S.

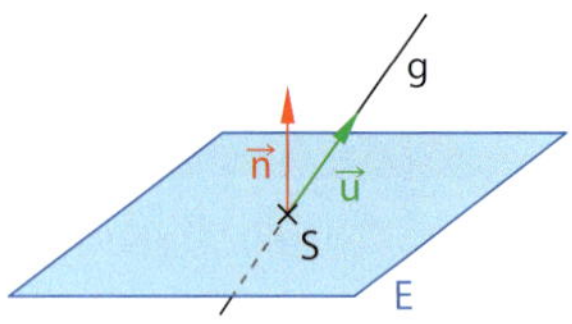

ein gemeinsamer Punkt S; $\vec{n}$ und $\vec{u}$ nicht orthogonal

E und g sind echt parallel zueinander.

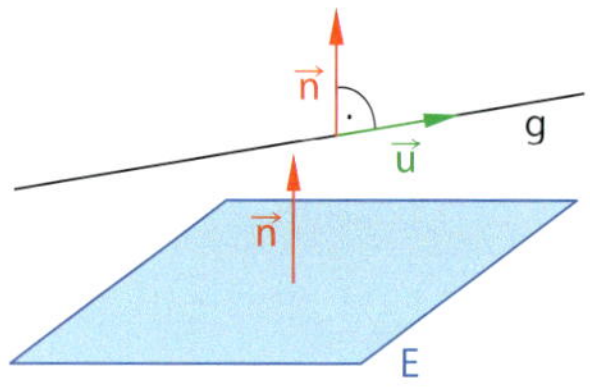

kein gemeinsamer Punkt; $\vec{n}$ und $\vec{u}$ orthogonal

g liegt in E.

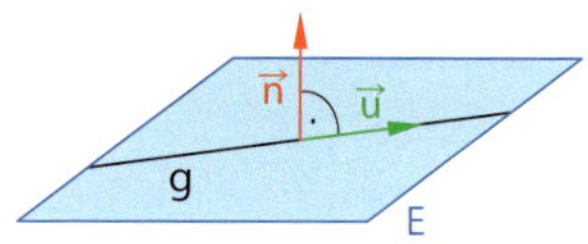

alle Punkte von g in E; $\vec{n}$ und $\vec{u}$ orthogonal

Ein gemeinsamer Punkt muss sowohl die Ebenen- als auch die Geradengleichung erfüllen.

Ebene in Koordinatenform

Beispiel 1: Ermitteln Sie die gegenseitige Lage der Geraden g und der Ebene E mit
E: $x_1 - 4x_2 + 3x_3 = 12$.

a) $g\colon \vec{x} = \begin{pmatrix} 2 \\ -1 \\ -2 \end{pmatrix} + t\begin{pmatrix} -2 \\ 1 \\ -2 \end{pmatrix}$ b) $g\colon \vec{x} = \begin{pmatrix} 3 \\ 2 \\ -1 \end{pmatrix} + t\begin{pmatrix} 1 \\ 1 \\ 1 \end{pmatrix}$ c) $g\colon \vec{x} = \begin{pmatrix} 2 \\ -1 \\ 2 \end{pmatrix} + t\begin{pmatrix} -2 \\ 1 \\ 2 \end{pmatrix}$

Lösung:

a) Setzen Sie die Koordinaten von g in die Gleichung von E ein.
Die Gleichung ist eindeutig lösbar. Also schneidet g die Ebene in einem Punkt S.
Einsetzen von $t = -1$ in die Geradengleichung liefert die Koordinaten von S.

Koordinaten von g in E einsetzen:
$(2 - 2t) - 4(-1 + t) + 3(-2 - 2t) = 12$
$-12t = 12 \Leftrightarrow t = -1$

Schnittpunkt berechnen:
$\overrightarrow{OS} = \begin{pmatrix} 2 \\ -1 \\ -2 \end{pmatrix} + (-1) \cdot \begin{pmatrix} -2 \\ 1 \\ -2 \end{pmatrix} = \begin{pmatrix} 4 \\ -2 \\ 0 \end{pmatrix}$
g schneidet E im Punkt $S(4\,|\,-2\,|\,0)$.

b) Setzen Sie die Koordinaten von g in die Gleichung von E ein. Die Gleichung hat keine Lösung. Also gibt es keine gemeinsamen Punkte von g und E.

Koordinaten von g in E einsetzen:
$(3 + t) - 4(2 + t) + 3(-1 + t) = 12$
$-8 = 12$ (keine Lösung)
g ist parallel zu E.

c) Sie erhalten eine Gleichung, die allgemeingültig ist. Also sind alle Punkte von g auch Punkte von E.

Koordinaten von g in E einsetzen:
$(2 - 2t) - 4(-1 + t) + 3(2 + 2t) = 12$
$12 = 12$ (gilt allgemein)
g liegt in E.

Basisaufgaben

1. Berechnen Sie den Schnittpunkt der Geraden $g: \vec{x} = \begin{pmatrix} 4 \\ 0 \\ -1 \end{pmatrix} + t\begin{pmatrix} 3 \\ -2 \\ 5 \end{pmatrix}$ mit der Ebene E.

   a) $E: 2x_1 - x_2 + x_3 = 33$ b) $E: -x_1 + 2x_3 = 1$ c) $E: -4x_1 + 4x_2 + 2x_3 = 2$

2. Ermitteln Sie die gegenseitige Lage der Ebene E und der Geraden g. Berechnen Sie gegebenenfalls den Schnittpunkt.

   a) $E: 4x_1 + 2x_2 - x_3 = 15$, $g: \vec{x} = \begin{pmatrix} -8 \\ 4 \\ 1 \end{pmatrix} + t\begin{pmatrix} 3 \\ -1 \\ 10 \end{pmatrix}$ b) $E: x_1 - 5x_2 + 3x_3 = 13$, $g: \vec{x} = \begin{pmatrix} 3 \\ 1 \\ -3 \end{pmatrix} + t\begin{pmatrix} -2 \\ 1 \\ 1 \end{pmatrix}$ c) $E: 4x_1 - 2x_2 + 3x_3 = 3$, $g: \vec{x} = \begin{pmatrix} 0 \\ 6 \\ 5 \end{pmatrix} + t\begin{pmatrix} -1 \\ 1 \\ 2 \end{pmatrix}$

3. Zeigen Sie anhand des Normalenvektors von E, dass g parallel zu E oder mit E identisch ist. Unterscheiden Sie zwischen diesen beiden Fällen, indem Sie prüfen, ob der Stützpunkt von g in E liegt.

   a) $E: x_1 - 2x_2 + 3x_3 = 9$, $g: \vec{x} = \begin{pmatrix} -5 \\ -7 \\ 0 \end{pmatrix} + t\begin{pmatrix} 1 \\ 2 \\ 1 \end{pmatrix}$ b) $E: 3x_1 + 5x_2 - 2x_3 = 13$, $g: \vec{x} = \begin{pmatrix} 3 \\ 7 \\ 1 \end{pmatrix} + t\begin{pmatrix} -3 \\ 1 \\ -2 \end{pmatrix}$ c) $E: -x_2 + 9x_3 = 8$, $g: \vec{x} = \begin{pmatrix} 13 \\ 1 \\ 1 \end{pmatrix} + t\begin{pmatrix} 6 \\ 9 \\ 1 \end{pmatrix}$

4. Berechnen Sie jeweils die Schnittpunkte der Ebene $E: -4x_1 + 2x_2 + 5x_3 = 20$ mit den Geraden $g_1: \vec{x} = t\begin{pmatrix} 1 \\ 0 \\ 0 \end{pmatrix}$, $g_2: \vec{x} = t\begin{pmatrix} 0 \\ 1 \\ 0 \end{pmatrix}$ und $g_3: \vec{x} = t\begin{pmatrix} 0 \\ 0 \\ 1 \end{pmatrix}$. Erklären Sie die Bedeutung dieser Punkte.

5. Ermitteln Sie die gegenseitige Lage der Ebene E und der Geraden $g: \vec{x} = \begin{pmatrix} 4 \\ -1 \\ 3 \end{pmatrix} + t\begin{pmatrix} -2 \\ 3 \\ 1 \end{pmatrix}$.

   a) $E: x_1 = 2$ b) $E: x_1 = 0$ c) $E: 3x_1 + 2x_2 = 0$ d) $E: x_1 + x_2 - x_3 = 0$

Ebene in Parameterform

Beispiel 2: Ermitteln Sie die gegenseitige Lage der Ebene $E: \vec{x} = \begin{pmatrix} 3 \\ 1 \\ -4 \end{pmatrix} + r\begin{pmatrix} 1 \\ -3 \\ -1 \end{pmatrix} + s\begin{pmatrix} 2 \\ 4 \\ 0 \end{pmatrix}$ und der Geraden $g: \vec{x} = \begin{pmatrix} 2 \\ 0 \\ -2 \end{pmatrix} + t\begin{pmatrix} -3 \\ 1 \\ 2 \end{pmatrix}$.
Berechnen Sie gegebenenfalls die Koordinaten des Schnittpunktes.

Lösung:

Setzen Sie die Parametergleichungen von E und g gleich. Formen Sie die Gleichung in ein lineares Gleichungssystem mit drei Gleichungen und drei Variablen um.

Parametergleichungen gleichsetzen:

$$\begin{pmatrix} 3 \\ 1 \\ -4 \end{pmatrix} + r\begin{pmatrix} 1 \\ -3 \\ -1 \end{pmatrix} + s\begin{pmatrix} 2 \\ 4 \\ 0 \end{pmatrix} = \begin{pmatrix} 2 \\ 0 \\ -2 \end{pmatrix} + t\begin{pmatrix} -3 \\ 1 \\ 2 \end{pmatrix}$$

$$r\begin{pmatrix} 1 \\ -3 \\ -1 \end{pmatrix} + s\begin{pmatrix} 2 \\ 4 \\ 0 \end{pmatrix} + t\begin{pmatrix} 3 \\ -1 \\ -2 \end{pmatrix} = \begin{pmatrix} -1 \\ -1 \\ 2 \end{pmatrix}$$

Schreiben Sie das LGS als Matrix und bringen Sie diese auf Zeilenstufenform. An der Zeilenstufenform erkennt man, dass das LGS eindeutig lösbar ist. Also schneiden sich g und E in einem Punkt S.

Lineares Gleichungssystem lösen:

$$\left(\begin{array}{ccc|c} 1 & 2 & 3 & -1 \\ -3 & 4 & -1 & -1 \\ -1 & 0 & -2 & 2 \end{array}\right) \xrightarrow{\text{ZSF}} \left(\begin{array}{ccc|c} 1 & 2 & 3 & -1 \\ 0 & 10 & 8 & -4 \\ 0 & 0 & 3 & -9 \end{array}\right) \qquad \begin{array}{l} r = 4 \\ s = 2 \\ t = -3 \end{array}$$

Die Koordinaten des Schnittpunktes S erhalten Sie durch Einsetzen von $t = -3$ in die Gleichung von g (oder von $r = 4$ und $s = 2$ in die Gleichung von E).

Schnittpunkt berechnen:

$$\overrightarrow{OS} = \begin{pmatrix} 2 \\ 0 \\ -2 \end{pmatrix} + (-3) \cdot \begin{pmatrix} -3 \\ 1 \\ 2 \end{pmatrix} = \begin{pmatrix} 11 \\ -3 \\ -8 \end{pmatrix}$$

g schneidet E im Punkt $S(11 \mid -3 \mid -8)$.

Hinweis:
Die Fälle, dass g parallel zu E ist oder in E liegt, werden ab Aufgabe 7 thematisiert.

Basisaufgaben

6. Berechnen Sie die Koordinaten des Schnittpunktes der Geraden mit der Ebene.

a) $E: \vec{x} = \begin{pmatrix} 2 \\ -8 \\ 1 \end{pmatrix} + r\begin{pmatrix} 3 \\ -2 \\ 0 \end{pmatrix} + s\begin{pmatrix} 1 \\ -1 \\ 4 \end{pmatrix}$ $\quad g: \vec{x} = \begin{pmatrix} 10 \\ 1 \\ 9 \end{pmatrix} + t\begin{pmatrix} 4 \\ 5 \\ -2 \end{pmatrix}$

b) $E: \vec{x} = \begin{pmatrix} -1 \\ 3 \\ 1 \end{pmatrix} + r\begin{pmatrix} 1 \\ -1 \\ 2 \end{pmatrix} + s\begin{pmatrix} 4 \\ -5 \\ 7 \end{pmatrix}$ $\quad g: \vec{x} = \begin{pmatrix} -6 \\ 9 \\ -4 \end{pmatrix} + t\begin{pmatrix} 3 \\ 0 \\ -3 \end{pmatrix}$

c) $E: \vec{x} = \begin{pmatrix} -5 \\ 2 \\ 4 \end{pmatrix} + r\begin{pmatrix} 1 \\ -2 \\ 3 \end{pmatrix} + s\begin{pmatrix} 4 \\ 0 \\ -7 \end{pmatrix}$ $\quad g: \vec{x} = \begin{pmatrix} -1 \\ 3 \\ 4 \end{pmatrix} + t\begin{pmatrix} 2 \\ -6 \\ -8 \end{pmatrix}$

7. Die Matrix in Zeilenstufenform ergibt sich aus der Schnittbedingung zwischen einer Geraden g und einer Ebene E. Beschreiben Sie die gegenseitige Lage von E und g.

a) $\left(\begin{array}{ccc|c} 1 & 3 & -1 & 2 \\ 0 & 2 & 3 & -4 \\ 0 & 0 & 0 & 1 \end{array}\right)$ b) $\left(\begin{array}{ccc|c} 2 & 5 & -1 & 2 \\ 0 & 4 & 1 & 8 \\ 0 & 0 & 2 & 3 \end{array}\right)$ c) $\left(\begin{array}{ccc|c} 1 & 0 & 3 & 2 \\ 0 & 1 & 0 & 9 \\ 0 & 0 & 1 & 1 \end{array}\right)$ d) $\left(\begin{array}{ccc|c} -2 & 4 & 5 & -1 \\ 0 & 1 & 3 & 9 \\ 0 & 0 & 0 & 0 \end{array}\right)$

8. Ermitteln Sie die gegenseitige Lage der Ebene $E: \vec{x} = \begin{pmatrix} 4 \\ -8 \\ 1 \end{pmatrix} + r\begin{pmatrix} 2 \\ -4 \\ -2 \end{pmatrix} + s\begin{pmatrix} 1 \\ -1 \\ -4 \end{pmatrix}$ und der Geraden g. Berechnen Sie gegebenenfalls deren Schnittpunkt.

a) $g: \vec{x} = \begin{pmatrix} 1 \\ -2 \\ 1 \end{pmatrix} + t\begin{pmatrix} 1 \\ -3 \\ 2 \end{pmatrix}$ b) $g: \vec{x} = \begin{pmatrix} 6 \\ 4 \\ -1 \end{pmatrix} + t\begin{pmatrix} -1 \\ -4 \\ 3 \end{pmatrix}$

c) $g: \vec{x} = \begin{pmatrix} 4 \\ 1 \\ -3 \end{pmatrix} + t\begin{pmatrix} -1 \\ 2 \\ 1 \end{pmatrix}$ d) $g: \vec{x} = \begin{pmatrix} 5 \\ -9 \\ -3 \end{pmatrix} + t\begin{pmatrix} 0 \\ -1 \\ 3 \end{pmatrix}$

e) g ist die x_3-Achse. f) g geht durch $A(6|-9|-10)$ und $B(0|-2|11)$.

9. Die Schnittbedingung einer Ebene mit einer Geraden wurde mit einem CAS bearbeitet. Interpretieren Sie das Ergebnis in Bezug auf die Lagebeziehung.

a) 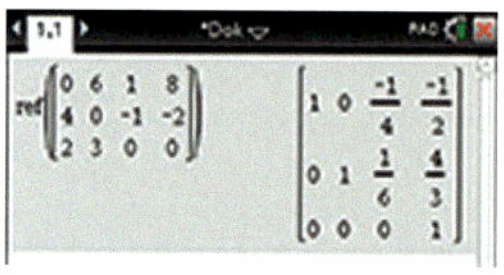

b) 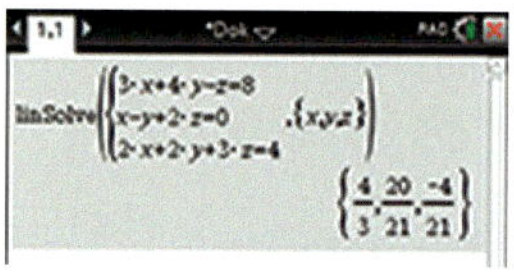

c) 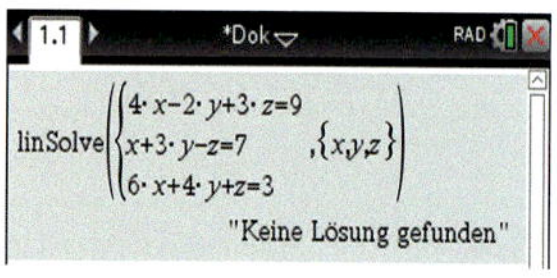

10. Ermitteln Sie die gegenseitige Lage der Geraden g_1, g_2, g_3 und der Ebenen E_1, E_2 mit einem CAS. Berechnen Sie gegebenenfalls deren Schnittpunkt.

$g_1: \vec{x} = \begin{pmatrix} -55 \\ -94 \\ -436 \end{pmatrix} + t\begin{pmatrix} 13 \\ 4 \\ 72 \end{pmatrix}$ $\quad g_2: \vec{x} = \begin{pmatrix} 194 \\ -32 \\ 230 \end{pmatrix} + t\begin{pmatrix} 79 \\ -3 \\ 111 \end{pmatrix}$ $\quad E_1: \vec{x} = \begin{pmatrix} 94 \\ -38 \\ 80 \end{pmatrix} + r\begin{pmatrix} 50 \\ 3 \\ 75 \end{pmatrix} + s\begin{pmatrix} 58 \\ -12 \\ 72 \end{pmatrix}$

$g_3: \vec{x} = \begin{pmatrix} -9 \\ 30 \\ 52 \end{pmatrix} + t\begin{pmatrix} -8 \\ 15 \\ 3 \end{pmatrix}$ $\quad E_2: \vec{x} = \begin{pmatrix} -1 \\ 15 \\ -55 \end{pmatrix} + r\begin{pmatrix} -29 \\ 26 \\ -66 \end{pmatrix} + s\begin{pmatrix} -45 \\ 56 \\ -60 \end{pmatrix}$

11. Bei der Untersuchung der Lagebeziehung einer Ebene E und einer Geraden g führt die Schnittbedingung $\begin{pmatrix} 3 \\ -1 \\ 0 \end{pmatrix} + r\begin{pmatrix} 1 \\ -2 \\ 1 \end{pmatrix} + s\begin{pmatrix} 2 \\ 1 \\ -3 \end{pmatrix} = \begin{pmatrix} 5 \\ -5 \\ 2 \end{pmatrix} + t\begin{pmatrix} -1 \\ -8 \\ 9 \end{pmatrix}$ zur Lösung $s = -2t$, $r = 2 + 3t$.

a) Geben Sie an, was sich daraus für die gegenseitige Lagebeziehung von E und g ergibt.

b) Setzen Sie die Lösungen für r und s in die Gleichung ein und überprüfen Sie, ob beide Seiten der Schnittbedingung gleich werden.

Weiterführende Aufgaben

12. Die Entscheidungsregeln bei der Untersuchung der Lagebeziehung zwischen einer Geraden und einer Ebene lassen sich schematisch darstellen. Hier wird der Fall mit einer Ebene in Parameterform beschrieben.

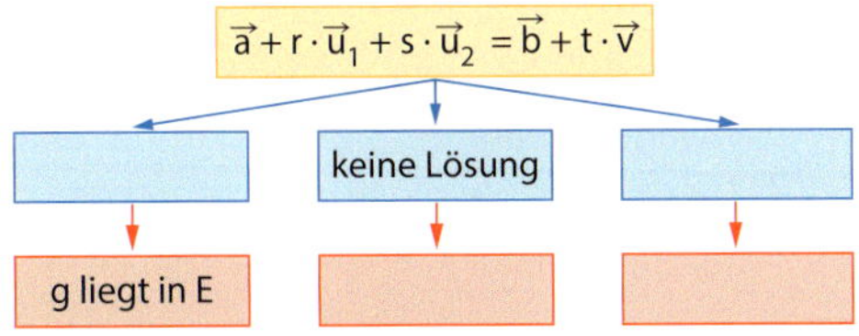

a) Übertragen Sie das Schema und vervollständigen Sie es.
b) Beschreiben Sie für jeden Fall die Zeilenstufenform der Matrix des zugehörigen LGS.
c) Erstellen Sie ein solches Schema für eine Ebene in Koordinatenform.

13. Gegeben sind die Ebene E_{ABC} durch die Punkte $A(5|-2|1)$, $B(9|2|-1)$, $C(11|4|5)$ und die Gerade g_{KL} durch die Punkte $K(14|-3|6)$ und $L(16|4|8)$.
a) Berechnen Sie den Schnittpunkt S von E_{ABC} und g_{KL}.
b) Prüfen Sie, ob S im von A aus durch $\overrightarrow{AB}$ und $\overrightarrow{AC}$ aufgespannten Parallelogramm liegt und ob S auf der Strecke $\overline{KL}$ liegt.

14. Gegeben sind g: $\vec{x} = \begin{pmatrix} 23 \\ -2 \\ 6 \end{pmatrix} + t\begin{pmatrix} 5 \\ -3 \\ 1 \end{pmatrix}$ und E: $\vec{x} = \begin{pmatrix} -7 \\ 2 \\ 1 \end{pmatrix} + r\begin{pmatrix} 1 \\ 2 \\ 1 \end{pmatrix} + s\begin{pmatrix} -7 \\ -2 \\ 2 \end{pmatrix}$.
a) Berechnen Sie den Schnittpunkt von g und E mithilfe der Parametergleichung von E.
b) Ermitteln Sie eine Koordinatengleichung von E und berechnen Sie den Schnittpunkt.
c) Vergleichen Sie den Rechenaufwand der beiden Berechnungen.
d) Beurteilen Sie beide Verfahren in Hinblick auf die Fragestellungen in Aufgabe 13b).

15. Seien g eine Gerade und E eine Ebene. Prüfen Sie, ob die Aussage wahr oder falsch ist.
a) Wenn der Richtungsvektor von g orthogonal zum Normalenvektor von E ist, dann schneidet g die Ebene E.
b) Wenn der Richtungsvektor von g orthogonal zu den Richtungsvektoren von E ist, dann schneidet g die Ebene E.
c) Wenn g die Ebene E schneidet, dann ist der Richtungsvektor von g orthogonal zu den Richtungsvektoren von E.
d) Wenn g parallel zu E ist, dann ist der Richtungsvektor von g orthogonal zum Normalenvektor von E.

16. Stolperstelle Hannes bestimmt den Schnittpunkt von g: $\vec{x} = \begin{pmatrix} 2 \\ 1 \\ 3 \end{pmatrix} + t\begin{pmatrix} 1 \\ -2 \\ 1 \end{pmatrix}$ und

E: $\vec{x} = \begin{pmatrix} -1 \\ -1 \\ -2 \end{pmatrix} + r\begin{pmatrix} -1 \\ 1 \\ 1 \end{pmatrix} + s\begin{pmatrix} 1 \\ 1 \\ 7 \end{pmatrix}$

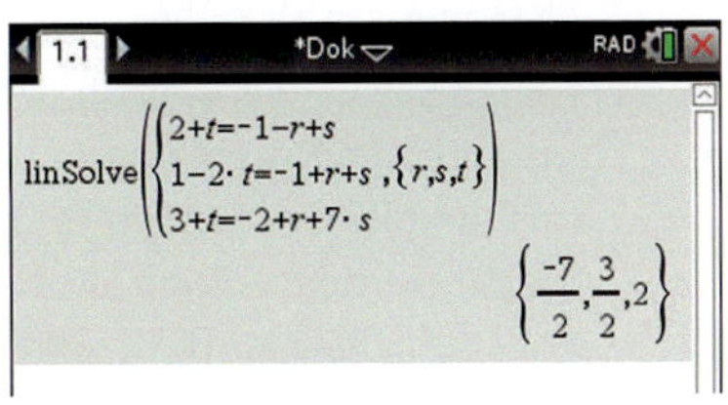

mit einem CAS und schreibt:
„Der Schnittpunkt ist $S(-3{,}5|1{,}5|2)$." Nehmen Sie Stellung und korrigieren Sie.

17. Aus einer punktförmigen Lichtquelle in $L(10|1|0)$ scheint Licht auf den abgebildeten Würfel der Kantenlänge 3. Es entsteht ein Schatten auf der zur x_2x_3-Ebene parallelen Ebene E durch $P(-4|0|0)$. Berechnen Sie die Koordinaten der Schattenpunkte. Skizzieren Sie den Schatten in ein Koordinatensystem.

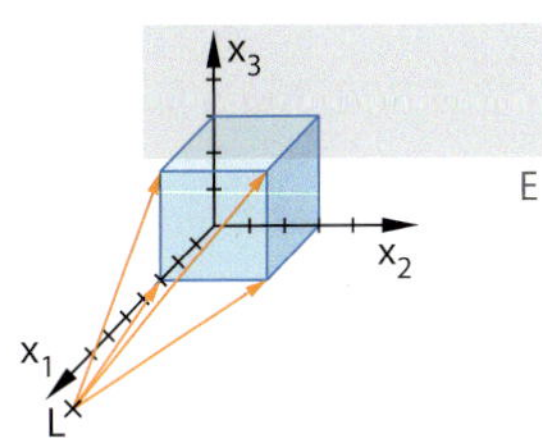

18. Vom Punkt L(13 | −11 | 12) fällt Licht durch den Schlitz mit den Endpunkten A(1 | −3 | 6) und B(3 | −1 | 6). Auf der gegenüberliegenden und von den Punkten E(−8 | 0 | 0), F(0 | 8 | 0) und S(0 | 0 | 12) aufgespannten Zeltwand entsteht das Bild $\overline{CD}$ des Schlitzes.

a) Berechnen Sie die Koordinaten von C und D.

b) Vergleichen Sie die Längen der Strecken $\overline{AB}$ und $\overline{CD}$.

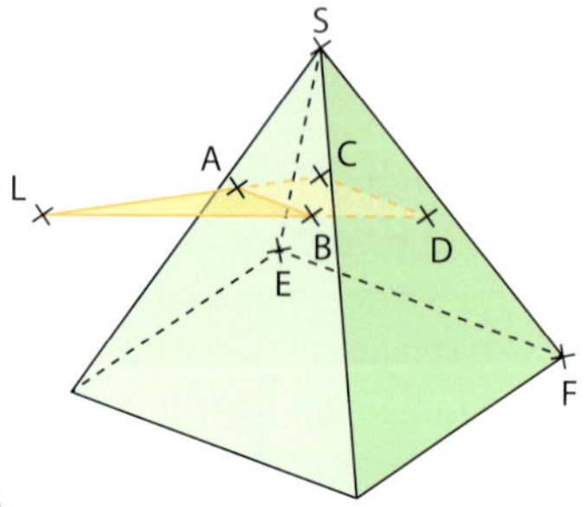

19. Gegeben sind die Punkte A(2 | 1 | 0), B(8 | 5 | 2), C(2 | 14 | 5) und die Gerade g: $\vec{x} = \begin{pmatrix} 3 \\ 19 \\ -23 \end{pmatrix} + t\begin{pmatrix} -1 \\ -5 \\ 13 \end{pmatrix}$.

a) Geben Sie die Koordinaten eines Punktes D an, sodass ABCD ein Parallelogramm ist. Zeigen Sie, dass der Punkt N(1 | 9 | 3) im Parallelogramm ABCD liegt.

b) Zeigen Sie, dass g auf der Ebene E_{ABC} senkrecht steht, und berechnen Sie den Schnittpunkt von g und E_{ABC}.

c) Geben Sie eine Parametergleichung der Ebene E an, welche die Gerade g und den Punkt B enthält. Zeigen Sie, dass D(−4 | 10 | 2) nicht in E liegt.

20. Die Punkte A(0 | 0 | 0), B(0 | 6 | 0), C(−4 | 2 | 0) und D(−3 | −4 | 5) bilden mit den Punkten E und F ein schiefes Prisma. Der Punkt N(−2 | 3,5 | 0) befindet sich auf dem Boden des Prismas. Von N aus wird parallel zur x_3-Achse durch den Körper gebohrt.

a) Schätzen Sie, aus welcher Seitenwand des Prismas die Bohrung austritt.

b) Überprüfen Sie Ihre Vermutung rechnerisch.

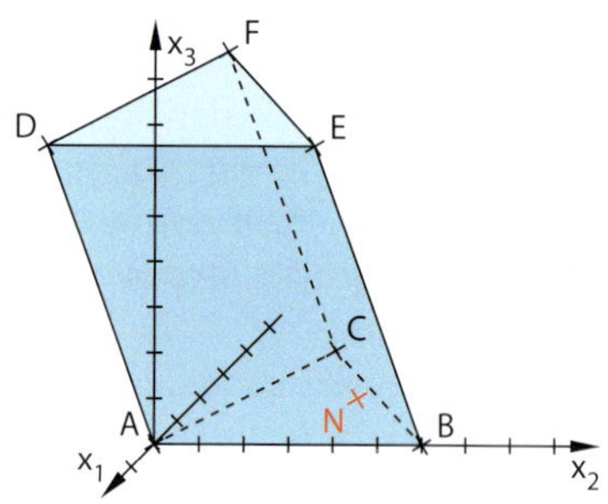

21. Gegeben sind P(8 | 7 | 11), E(12 | −15 | 11) und $\vec{u} = \begin{pmatrix} -2 \\ 1 \\ 0 \end{pmatrix}$, $\vec{v} = \begin{pmatrix} -2 \\ -4 \\ 2 \end{pmatrix}$.
Die Dachvierecke ABCD und EDCF sind Parallelogramme. (1 LE = 1 m)

a) Zeigen Sie, dass die Dachvierecke ABCD und EDCF Rechtecke sind.

b) Die Dachfläche ABCD ist mit 27 gleich großen Paneelen vollständig bedeckt. Geben Sie an, wie viele dieser Paneele man auf EDCF unterbringen kann.

c) Im Punkt R(10 | 1 | 13) soll ein Mast angebracht werden. Zeigen Sie, dass dieser Punkt im Viereck ABCD, aber nicht im Inneren eines Paneels liegt.

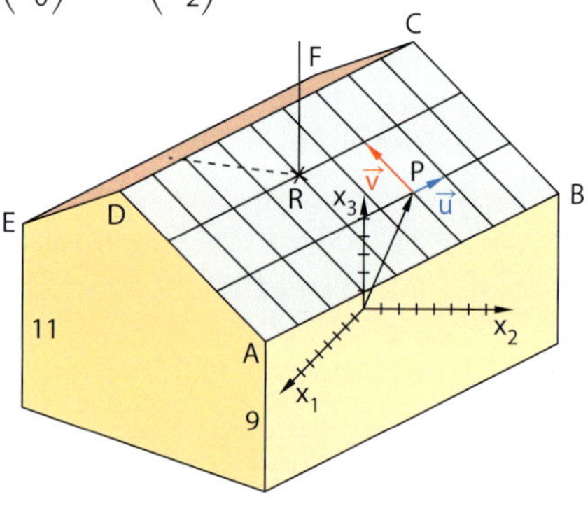

d) Der Mast soll mit einem Drahtseil verbunden werden. Das Seil wird vom Punkt R durch den Dachboden gespannt und verläuft auf der Geraden g: $\vec{x} = \begin{pmatrix} 10 \\ 1 \\ 13 \end{pmatrix} + t\begin{pmatrix} -2 \\ -9 \\ 0 \end{pmatrix}$.
Berechnen Sie, in welchem Punkt S der Dachfläche EDCF das Seil befestigt wird.

e) Der Mast ist 8 m lang. Entlang des Vektors $\vec{s} = \begin{pmatrix} 0 \\ 1 \\ -2 \end{pmatrix}$ fallen Sonnenstrahlen ein.
Berechnen Sie die Länge des Schattens, den der Mast auf die Dachfläche ABCD wirft.

2.9 Lagebeziehungen zwischen Ebenen

■ Zeigen Sie mithilfe zweier Papierblätter, wie zwei Ebenen zueinander liegen können. Verwenden Sie Stifte als Normalenvektoren. Erläutern Sie, wie die Lagebeziehung der Blätter mit der Lagebeziehung der Stifte zusammenhängt. ■

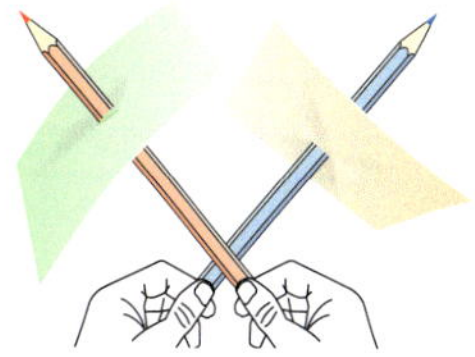

Wenn zwei Ebenen sich schneiden, so entsteht eine Schnittgerade. Die Schnittbedingung hat nie eine eindeutige Lösung. Zur Lageuntersuchung werden Normalenvektoren verglichen und gemeinsame Punkte bestimmt. Ein gemeinsamer Punkt muss beide Ebenengleichungen erfüllen.

Hinweis:
Wie bei Geraden haben zwei echt parallele Ebenen keine gemeinsamen Punkte.
Zwei Ebenen können nicht windschief zueinander verlaufen.

E_1 und E_2 schneiden sich in einer Geraden g.

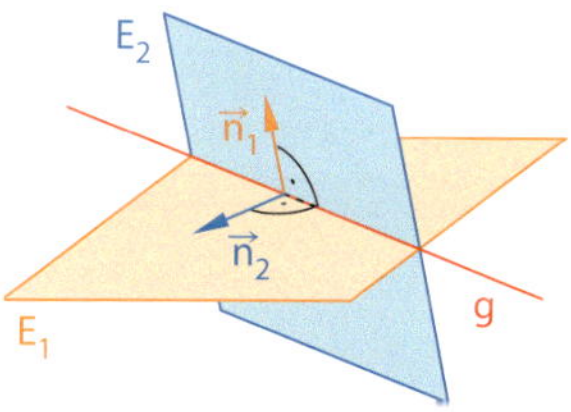

Schnittgerade;
$\vec{n_1}$ und $\vec{n_2}$ nicht kollinear

E_1 und E_2 sind echt parallel zueinander.

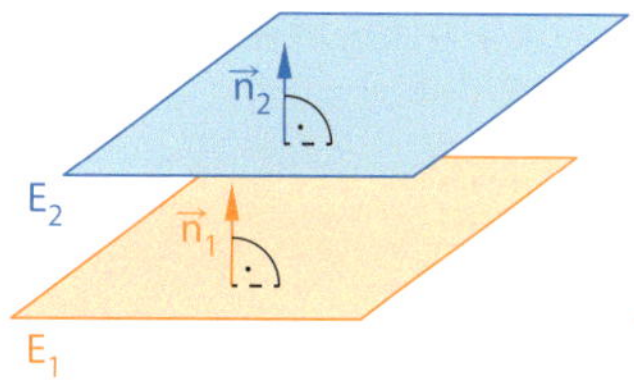

keine gemeinsamen Punkte;
$\vec{n_1}$ und $\vec{n_2}$ kollinear

E_1 und E_2 sind identisch.

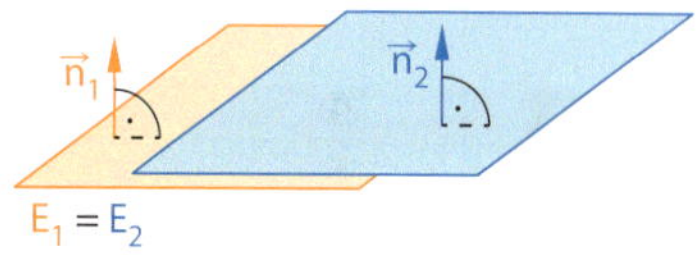

alle Punkte gemeinsam;
$\vec{n_1}$ und $\vec{n_2}$ kollinear

Beide Ebenen in Koordinatenform

Beispiel 1: Ermitteln Sie die gegenseitige Lage von E_1: $-2x_1 + x_2 - 5x_3 = 15$ und E_2.
a) E_2: $3x_1 + 7x_2 - x_3 = 37$ b) E_2: $-6x_1 + 3x_2 - 15x_3 = 45$ c) E_2: $4x_1 - 2x_2 + 10x_3 = 7$

Lösung:

a) Die beiden Koordinatengleichungen bilden ein LGS. Bringen Sie es in Zeilenstufenform. Eine Variable ist frei wählbar. Also schneiden sich die Ebenen in einer Geraden.
Schreiben Sie die allgemeine Lösung als Vektor und ermitteln Sie so eine Gleichung der Schnittgeraden.

Gleichungssystem aufstellen:

$$\left(\begin{array}{ccc|c} -2 & 1 & -5 & 15 \\ 3 & 7 & -1 & 37 \end{array}\right) \xrightarrow{\text{ZSF}} \left(\begin{array}{ccc|c} -2 & 1 & -5 & 15 \\ 0 & 1 & -1 & 7 \end{array}\right)$$

eine Variable frei wählbar
$L = \{(-4 - 2t \mid 7 + t \mid t); t \in \mathbb{R}\}$

Schnittgerade bestimmen:

$$g: \begin{pmatrix} x_1 \\ x_2 \\ x_3 \end{pmatrix} = \begin{pmatrix} -4 - 2t \\ 7 + t \\ t \end{pmatrix} = \begin{pmatrix} -4 \\ 7 \\ 0 \end{pmatrix} + t \cdot \begin{pmatrix} -2 \\ 1 \\ 1 \end{pmatrix}$$

Hinweis:
Im Fall identischer Ebenen sieht man, dass die Gleichungen Vielfache voneinander sind. Bei parallelen Ebenen gilt dies für die linken Seiten der Gleichungen, aber nicht für die ganzen Gleichungen.

b) Stellen Sie mit den Koordinatengleichungen ein LGS auf. Beim Umformen entsteht eine Nullzeile. Also sind zwei Variablen frei wählbar, d. h., die Ebenen sind identisch.

Gleichungssystem aufstellen:

$$\left(\begin{array}{ccc|c} -2 & 1 & -5 & 15 \\ -6 & 3 & -15 & 45 \end{array}\right) \xrightarrow{\text{ZSF}} \left(\begin{array}{ccc|c} -2 & 1 & -5 & 15 \\ 0 & 0 & 0 & 0 \end{array}\right)$$

zwei Variablen frei wählbar
E_1 und E_2 sind identisch.

c) Bringen Sie das LGS der beiden Koordinatengleichungen in Zeilenstufenform. Es entsteht eine Widerspruchszeile. Also haben E_1 und E_2 keine gemeinsamen Punkte.

Gleichungssystem aufstellen:

$$\left(\begin{array}{ccc|c} -2 & 1 & -5 & 15 \\ 4 & -2 & 10 & 7 \end{array}\right) \xrightarrow{\text{ZSF}} \left(\begin{array}{ccc|c} -2 & 1 & -5 & 15 \\ 0 & 0 & 0 & 37 \end{array}\right)$$

keine Lösung
E_1 und E_2 sind echt parallel zueinander.

22. Das Dreieck ABC mit A(−1 | 2 | −2), B(−3 | 4 | −4) und C(−5 | 6 | 0) ist die Grundseite einer dreiseitigen Pyramide mit Spitze S(1 | 10 | −2). Der Fußpunkt der durch S verlaufenden Pyramidenhöhe sei H. Berechnen Sie die Koordinaten von H und die Höhe der Pyramide.

23. Gegeben sind die Punkte A(5 | 1 | −0,1), B(2 | 10 | 0,1) und D(−4 | −2 | −0,1).

a) Bestimmen Sie den Punkt C so, dass ABCD ein Parallelogramm ist. Zeigen Sie, dass dieses Parallelogramm sogar ein Rechteck ist.

b) Das Rechteck ABCD beschreibt die Landebahn eines Sportflugplatzes. Ein Flugzeug nähert sich auf einer geradlinigen Flugbahn dem Flugplatz. Zum Zeitpunkt t befindet es sich im durch $\vec{x_t} = \begin{pmatrix} -1 \\ -46 \\ 5 \end{pmatrix} + t\begin{pmatrix} 0 \\ 10 \\ -1 \end{pmatrix}$ gegebenen Punkt. (1 LE = 100 m; 1 ZE = 1 min) Bestimmen Sie, in welchem Punkt das Flugzeug die Ebene E_{ABC} erreicht, wenn sich die Flugbahn nicht ändert. Zeigen Sie, dass dieser Punkt der Mittelpunkt der Landebahn ist.

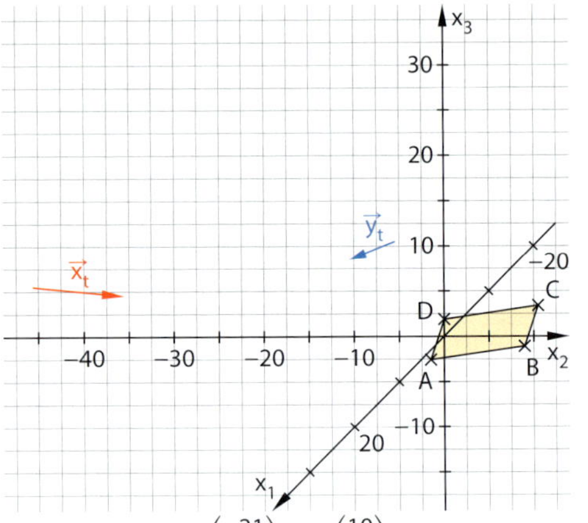

c) Ein zweites Flugzeug befindet sich zur Zeit t im Punkt $\vec{y_t} = \begin{pmatrix} -21 \\ -16 \\ 0 \end{pmatrix} + t\begin{pmatrix} 10 \\ 0 \\ 1 \end{pmatrix}$. Zeigen Sie, dass sich beide Flugbahnen schneiden.

d) Berechnen Sie den Zeitpunkt, an dem der Abstand beider Flugzeuge minimal ist.

● **24. Senkrechte Projektion auf eine Ebene:** Gegeben sind die Ebene E: $x_1 - x_2 + 2x_3 = 6$ und der Punkt P(3 | −5 | 5). Der Punkt P soll senkrecht auf die Ebene E projiziert werden.

a) Stellen Sie die Ebene anhand ihrer Spurpunkte im Koordinatensystem dar. Zeichnen Sie auch den Punkt P ein.

b) Ermitteln Sie eine Gleichung der Geraden, die durch P und senkrecht zu E verläuft. Der Schnittpunkt P′ dieser Geraden mit der Ebene E ist die senkrechte Projektion von P in die Ebene E. Berechnen Sie die Koordinaten von P′.

● **25. Spiegelung an einer Ebene:** Der Punkt P(−2 | −5,5 | 2) soll an der Ebene E: $x_1 + 2x_2 - x_3 = 3$ gespiegelt werden.

a) Berechnen Sie die Koordinaten des Spiegelpunktes P′.

b) Stellen Sie die Ebene E anhand ihrer Spurpunkte in einem Koordinatensystem dar und zeichnen Sie die Gerade PP′ ein.

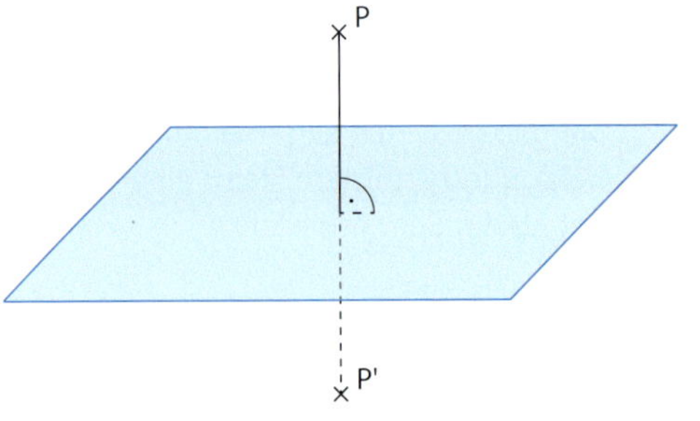

● **26. Ausblick: Geradenscharen**

Gegeben sind der Punkt P, die Gerade g und die **Geradenschar** h_a.

P(−1 | 3 | 2) $\quad$ g: $\vec{x} = \begin{pmatrix} 5 \\ -2 \\ 4 \end{pmatrix} + s\begin{pmatrix} 1 \\ -2 \\ 1 \end{pmatrix}$ $\quad$ h_a: $\vec{x} = \begin{pmatrix} -1 \\ 3 \\ 2 \end{pmatrix} + t\begin{pmatrix} 1+2a \\ 1+a \\ 1 \end{pmatrix}$; $a \in \mathbb{R}$

a) Zeigen Sie, dass alle Geraden der Schar h_a in derjenigen Ebene liegen, die senkrecht zu g durch P verläuft.

b) Berechnen Sie alle möglichen Werte für a so, dass h_a die Gerade g schneidet.

Basisaufgaben

1. Entscheiden Sie, ohne ein lineares Gleichungssystem zu lösen, wie die Ebenen E_1 und E_2 zueinander liegen. Sie brauchen keine Schnittgerade zu berechnen.

a) $E_1: \begin{pmatrix} 5 \\ -2 \\ 7 \end{pmatrix} \cdot \vec{x} = 18 \quad E_2: \begin{pmatrix} 3 \\ 4 \\ 1 \end{pmatrix} \cdot \vec{x} = 18$ b) $E_1: \begin{pmatrix} 4 \\ -2 \\ -6 \end{pmatrix} \cdot \vec{x} = 14 \quad E_2: -2x_1 + x_2 + 3x_3 = 9$

c) $E_1: \begin{pmatrix} 3 \\ 1 \\ -4 \end{pmatrix} \cdot \vec{x} = 7 \quad E_2: \begin{pmatrix} 6 \\ 2 \\ -8 \end{pmatrix} \cdot \vec{x} = 14$ d) $E_1: -2x_1 + 2x_2 + x_3 = 3 \quad E_2: -2x_1 - x_2 - x_3 = 3$

Hinweis zu 1 und 2:
Hier werden Normalengleichungen in der Form $\vec{n} \cdot \vec{x} = d$ angegeben. Dabei ist $\vec{n}$ ein Normalenvektor und d das Skalarprodukt eines beliebigen Ortsvektors der Ebene mit $\vec{n}$.

2. Ermitteln Sie die gegenseitige Lage der Ebenen E und F. Falls eine Schnittgerade vorliegt, beschreiben Sie diese mithilfe einer Gleichung.

a) $E: 3x_1 - 2x_2 + 4x_3 = 7 \quad F: 6x_1 - 4x_2 + 8x_3 = 8$ b) $E: 8x_1 + 6x_2 - 5x_3 = 8 \quad F: 2x_1 + 4x_2 - x_3 = 14$

c) $E: \begin{pmatrix} 1 \\ 0 \\ -2 \end{pmatrix} \cdot \vec{x} = 3 \quad F: \begin{pmatrix} 1 \\ 6 \\ -1 \end{pmatrix} \cdot \vec{x} = 2$ d) $E: \begin{pmatrix} 1 \\ 0 \\ 3 \end{pmatrix} \cdot \vec{x} = 5 \quad F: \begin{pmatrix} 3 \\ 0 \\ 9 \end{pmatrix} \cdot \vec{x} = 15$

e) $E: x_3 = 0 \quad F: 4x_1 - x_2 - 2x_3 = 4$ f) $E: 2x_1 - 3x_2 + 5x_3 = 1 \quad F: -2x_1 + 3x_2 - 5x_3 = -1$

3. Hier wurde das LGS aus den Koordinatengleichungen zweier Ebenen mit einem CAS gelöst. Geben Sie die gegenseitige Lage an und berechnen Sie gegebenenfalls die Schnittgerade.

a) 1.1 *Dok RAD

linSolve$\left(\begin{cases} -2\cdot x1+x2+3\cdot x3=25 \\ 4\cdot x1-2\cdot x2-6\cdot x3=-50 \end{cases}, \{x1,x2,x3\}\right)$

$\left\{\frac{3\cdot c1+c2-25}{2}, c2, c1\right\}$

b) 1.1 *Dok RAD

linSolve$\left(\begin{cases} -3\cdot x1+x2+11\cdot x3=25 \\ 4\cdot x1-x2-4\cdot x3=8 \end{cases}, \{x1,x2,x3\}\right)$

$\{-(7\cdot c3-33), -4\cdot(8\cdot c3-31), c3\}$

Eine Ebene in Parameterform, die andere in Koordinatenform

Beispiel 2: Ermitteln Sie die gegenseitige Lage von $E_1: \vec{x} = \begin{pmatrix} 3 \\ 1 \\ -4 \end{pmatrix} + r\begin{pmatrix} 1 \\ -3 \\ -1 \end{pmatrix} + s\begin{pmatrix} 2 \\ 4 \\ 0 \end{pmatrix}$ und E_2.

a) $E_2: -2x_1 + x_2 - 5x_3 = 15$ b) $E_2: 3x_1 + 7x_2 - x_3 = 37$

Lösung:

a) Setzen Sie die Koordinaten von E_1 in die Koordinatengleichung von E_2 ein. Es ergibt sich eine Gleichung mit zwei Parametern. Beim Zusammenfassen verschwinden die Variablen und es ergibt sich eine Gleichung, die für alle r und s erfüllt ist. Also sind alle Punkte von E_1 auch gemeinsame Punkte.

Koordinaten von E_1:
$x_1 = 3 + r + 2s; \; x_2 = 1 - 3r + 4s; \; x_3 = -4 - r$

Einsetzen in E_2:
$$-2(3 + r + 2s) + (1 - 3r + 4s) - 5(-4 - r) = 15$$
$$-6 - 2r - 4s + 1 - 3r + 4s + 20 + 5r = 15$$
$$15 = 15 \text{ (gilt allgemein)}$$
E_1 und E_2 sind identisch.

b) Setzen Sie die Koordinaten von E_1 in die Koordinatengleichung von E_2 ein. Lösen Sie die Gleichung nach r auf. Beim Umstellen bleiben die Variablen erhalten. Setzen Sie $r = -1 + 2s$ in die Parametergleichung von E_1 ein und bestimmen Sie so die Gleichung der Schnittgeraden g.

Koordinaten von E_1 in E_2 einsetzen:
$$3(3 + r + 2s) + 7(1 - 3r + 4s) - (-4 - r) = 37$$
$r = -1 + 2s$ $\quad E_1$ und E_2 schneiden sich.

Schnittgerade bestimmen:
$$g: \vec{x} = \begin{pmatrix} 3 \\ 1 \\ -4 \end{pmatrix} + (-1 + 2s) \cdot \begin{pmatrix} 1 \\ -3 \\ -1 \end{pmatrix} + s \cdot \begin{pmatrix} 2 \\ 4 \\ 0 \end{pmatrix}$$
$$= \begin{pmatrix} 2 \\ 4 \\ -3 \end{pmatrix} + s \cdot \begin{pmatrix} 4 \\ -2 \\ -2 \end{pmatrix}$$

Hinweis:
Ergibt sich beim Umformen der Gleichung ein Widerspruch, so sind die Ebenen echt parallel.

Basisaufgaben

4. Berechnen Sie die Schnittgerade von $E_1: \vec{x} = \begin{pmatrix} 4 \\ 2 \\ -1 \end{pmatrix} + r\begin{pmatrix} 2 \\ 1 \\ 4 \end{pmatrix} + s\begin{pmatrix} -3 \\ 0 \\ 2 \end{pmatrix}$ und E_2.

a) E_2: $x_1 + 2x_2 + x_3 = 5$ b) E_2: $2x_1 - 4x_2 + 3x_3 = 9$ c) E_2: $-4x_2 + 2x_3 = 2$

5. Ermitteln Sie die gegenseitige Lage der Ebenen E_1 und E_2. Geben Sie gegebenenfalls eine Gleichung der Schnittgeraden an.

a) $E_1: \vec{x} = \begin{pmatrix} 2 \\ -2 \\ 1 \end{pmatrix} + r\begin{pmatrix} 1 \\ -3 \\ 2 \end{pmatrix} + s\begin{pmatrix} 1 \\ -1 \\ 3 \end{pmatrix}$ E_2: $-3x_1 + x_2 + 2x_3 = 2$

b) $E_1: \vec{x} = \begin{pmatrix} 2 \\ 0 \\ 1 \end{pmatrix} + r\begin{pmatrix} 1 \\ -3 \\ 0 \end{pmatrix} + s\begin{pmatrix} 1 \\ -1 \\ 2 \end{pmatrix}$ E_2: $\begin{pmatrix} 3 \\ 1 \\ -1 \end{pmatrix} \cdot \vec{x} = 5$

c) $E_1: \vec{x} = \begin{pmatrix} 1 \\ -3 \\ 4 \end{pmatrix} + r\begin{pmatrix} 4 \\ 1 \\ -2 \end{pmatrix} + s\begin{pmatrix} 1 \\ 0 \\ 2 \end{pmatrix}$ E_2: $2x_1 - 10x_2 - x_3 = 5$

d) $E_1: \vec{x} = \begin{pmatrix} -2 \\ 8 \\ 2 \end{pmatrix} + r\begin{pmatrix} 1 \\ 1 \\ 1 \end{pmatrix} + s\begin{pmatrix} 1 \\ 3 \\ 0 \end{pmatrix}$ E_2: $\begin{pmatrix} -3 \\ 1 \\ 2 \end{pmatrix} \cdot \vec{x} = \begin{pmatrix} -3 \\ 1 \\ 2 \end{pmatrix} \cdot \begin{pmatrix} 1 \\ 1 \\ 2 \end{pmatrix}$

e) E_1 verläuft durch A(5|6|7), B(4|6|2) und C(5|4|8). E_2: $-5x_1 - 4x_2 + 7x_3 = 15$

f) E_1 verläuft durch A(−2|4|3), B(1|2|4) und C(0|5|5). E_2: $-5x_1 - 4x_2 + 7x_3 = 1$

6. Zeigen Sie, dass E_1 und E_2 denselben Normalenvektor haben. Geben Sie an, was sich daraus für die gegenseitige Lage beider Ebenen ergibt.

$E_1: \vec{x} = \begin{pmatrix} -2 \\ 5 \\ 6 \end{pmatrix} + r\begin{pmatrix} 1 \\ 3 \\ 4 \end{pmatrix} + s\begin{pmatrix} 4 \\ -1 \\ 3 \end{pmatrix}$ E_2: $-x_1 - x_2 + x_3 = 2$

Beide Ebenen in Parameterform

Beispiel 3: Ermitteln Sie die gegenseitige Lage der Ebenen

$E_1: \vec{x} = \begin{pmatrix} 3 \\ 1 \\ -4 \end{pmatrix} + r\begin{pmatrix} 1 \\ -3 \\ -1 \end{pmatrix} + s\begin{pmatrix} 2 \\ 4 \\ 0 \end{pmatrix}$ und $E_2: \vec{x} = \begin{pmatrix} 8 \\ 2 \\ 1 \end{pmatrix} + k\begin{pmatrix} 3 \\ -1 \\ 2 \end{pmatrix} + l\begin{pmatrix} 4 \\ -1 \\ 5 \end{pmatrix}$.

Lösung:

Hinweis:
Ergibt sich beim Umformen eine Widerspruchszeile, so sind die Ebenen echt parallel.
Sind zwei Variablen frei wählbar, so sind die Ebenen identisch.

Setzen Sie die Ebenengleichungen gleich und erzeugen Sie so ein lineares Gleichungssystem.

Parametergleichungen gleichsetzen:

$$\begin{pmatrix} 3 \\ 1 \\ -4 \end{pmatrix} + r\begin{pmatrix} 1 \\ -3 \\ -1 \end{pmatrix} + s\begin{pmatrix} 2 \\ 4 \\ 0 \end{pmatrix} = \begin{pmatrix} 8 \\ 2 \\ 1 \end{pmatrix} + k\begin{pmatrix} 3 \\ -1 \\ 2 \end{pmatrix} + l\begin{pmatrix} 4 \\ -1 \\ 5 \end{pmatrix}$$

Bringen Sie das LGS in Zeilenstufenform. Die Lösung enthält eine frei wählbare Variable. Somit schneiden sich E_1 und E_2 in einer Geraden.

Lineares Gleichungssystem lösen:

$$\left(\begin{array}{cccc|c} 1 & 2 & -3 & -4 & 5 \\ -3 & 4 & 1 & 1 & 1 \\ -1 & 0 & -2 & -5 & 5 \end{array}\right) \xrightarrow{ZSF} \left(\begin{array}{cccc|c} 1 & 2 & -3 & -4 & 5 \\ 0 & 10 & -8 & 11 & 16 \\ 0 & 0 & 1 & 2 & -2 \end{array}\right)$$

Eine Variable ist frei wählbar.

$k = -2l - 2$; $s = -\frac{1}{2}l$; $r = -l - 1$

Setzen Sie $k = -2l - 2$ in die Gleichung von E_2 ein und bestimmen Sie so die Gleichung der Schnittgeraden g.
Das Einsetzen von $r = -l - 1$ und $s = -\frac{1}{2}l$ in E_1 ist aufwändiger, liefert aber ebenfalls die Gleichung von g.

Schnittgerade bestimmen:

$$g: \vec{x} = \begin{pmatrix} 8 \\ 2 \\ 1 \end{pmatrix} + (-2l - 2) \cdot \begin{pmatrix} 3 \\ -1 \\ 2 \end{pmatrix} + l \cdot \begin{pmatrix} 4 \\ -1 \\ 5 \end{pmatrix}$$

$$= \begin{pmatrix} 2 \\ 4 \\ -3 \end{pmatrix} + l \cdot \begin{pmatrix} -2 \\ 1 \\ 1 \end{pmatrix}$$

Basisaufgaben

7. Berechnen Sie die Schnittgerade von $E_1\colon \vec{x} = \begin{pmatrix} 3 \\ 0 \\ -2 \end{pmatrix} + r\begin{pmatrix} 1 \\ -1 \\ 4 \end{pmatrix} + s\begin{pmatrix} 3 \\ 5 \\ 2 \end{pmatrix}$ und E_2.

a) $E_2\colon \vec{x} = \begin{pmatrix} 2 \\ 5 \\ 0 \end{pmatrix} + k\begin{pmatrix} -3 \\ -1 \\ 4 \end{pmatrix} + l\begin{pmatrix} 4 \\ 2 \\ 3 \end{pmatrix}$

b) $E_2\colon \vec{x} = \begin{pmatrix} 8 \\ 14 \\ -8 \end{pmatrix} + k\begin{pmatrix} 1 \\ 4 \\ 0 \end{pmatrix} + l\begin{pmatrix} -4 \\ -5 \\ 2 \end{pmatrix}$

8. Das lineare Gleichungssystem zur Schnittbedingung zweier Ebenen wurde mit einem CAS gelöst. Interpretieren Sie das Ergebnis in Bezug auf die Lagebeziehung.

a)
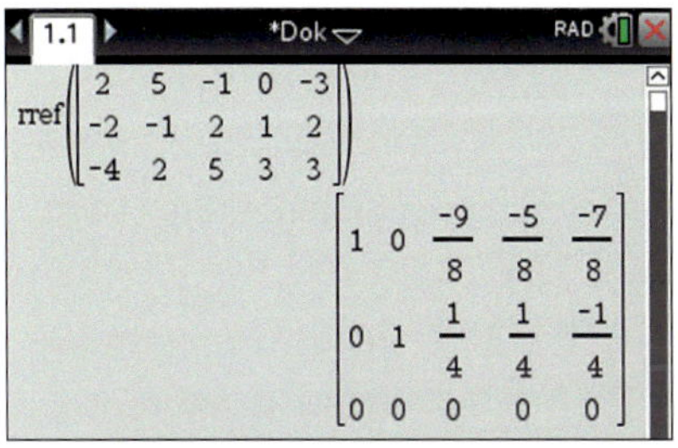

b)
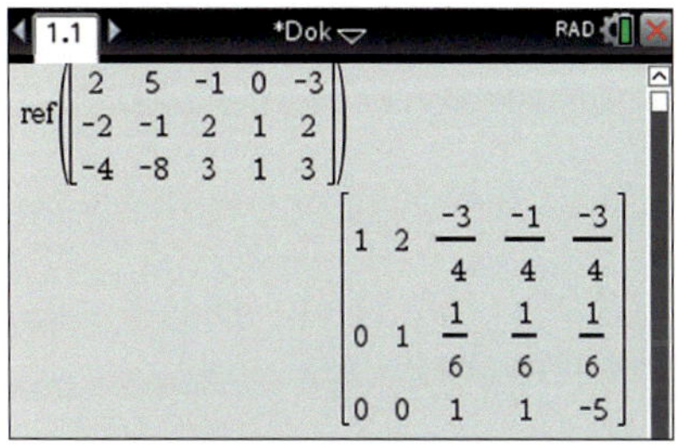

c)
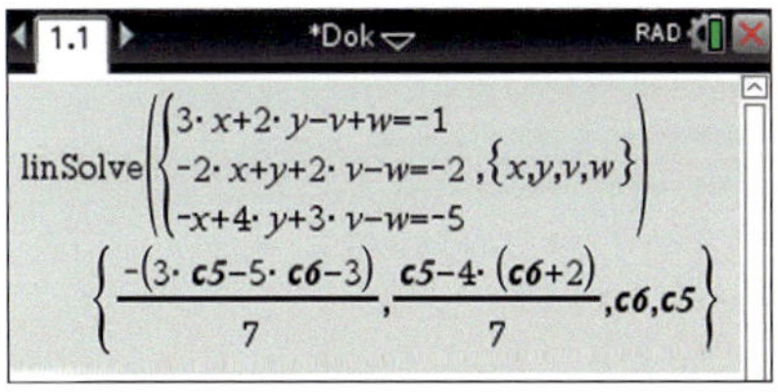

d)
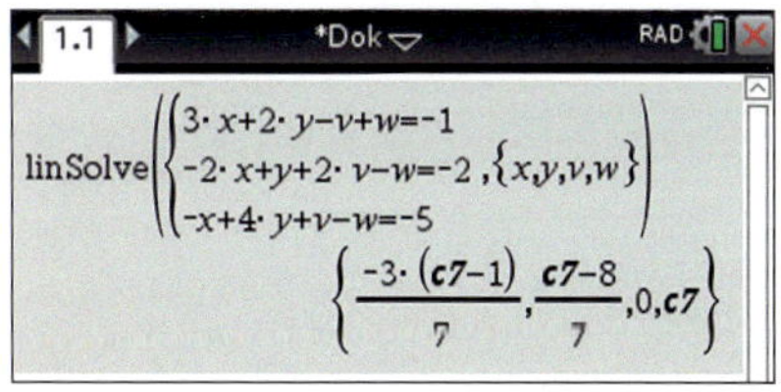

9. Ermitteln Sie die gegenseitige Lage der Ebenen E_1 und E_2. Geben Sie gegebenenfalls eine Gleichung der Schnittgeraden an.

a) $E_1\colon \vec{x} = \begin{pmatrix} 2 \\ 5 \\ 3 \end{pmatrix} + r\begin{pmatrix} 1 \\ 0 \\ 1 \end{pmatrix} + s\begin{pmatrix} 0 \\ 1 \\ 0 \end{pmatrix}$ $\quad E_2\colon \vec{x} = \begin{pmatrix} 4 \\ 0 \\ 0 \end{pmatrix} + k\begin{pmatrix} 1 \\ 1 \\ 1 \end{pmatrix} + l\begin{pmatrix} 1 \\ 3 \\ 1 \end{pmatrix}$

b) $E_1\colon \vec{x} = \begin{pmatrix} 2 \\ 1 \\ 3 \end{pmatrix} + r\begin{pmatrix} 2 \\ 0 \\ 1 \end{pmatrix} + s\begin{pmatrix} 0 \\ -1 \\ -2 \end{pmatrix}$ $\quad E_2\colon \vec{x} = k\begin{pmatrix} 2 \\ 1 \\ 3 \end{pmatrix} + l\begin{pmatrix} -2 \\ 2 \\ 3 \end{pmatrix}$

c) $E_1\colon \vec{x} = \begin{pmatrix} 2 \\ 2 \\ 2 \end{pmatrix} + r\begin{pmatrix} 2 \\ 0 \\ 5 \end{pmatrix} + s\begin{pmatrix} 1 \\ 2 \\ -3 \end{pmatrix}$ $\quad E_2\colon \vec{x} = \begin{pmatrix} 5 \\ 6 \\ 1 \end{pmatrix} + k\begin{pmatrix} 1 \\ 1 \\ 1 \end{pmatrix} + l\begin{pmatrix} 1 \\ 0 \\ 0 \end{pmatrix}$

d) $E_1\colon \vec{x} = \begin{pmatrix} 4 \\ 4 \\ 4 \end{pmatrix} + r\begin{pmatrix} 2 \\ 1 \\ 0 \end{pmatrix} + s\begin{pmatrix} -1 \\ 0 \\ 3 \end{pmatrix}$ $\quad E_2\colon \vec{x} = \begin{pmatrix} 2 \\ 0 \\ 2 \end{pmatrix} + k\begin{pmatrix} 1 \\ 1 \\ 3 \end{pmatrix} + l\begin{pmatrix} 5 \\ 2 \\ -3 \end{pmatrix}$

e) $E_1\colon \vec{x} = \begin{pmatrix} 3 \\ 1 \\ -4 \end{pmatrix} + r\begin{pmatrix} 1 \\ -3 \\ -1 \end{pmatrix} + s\begin{pmatrix} 2 \\ 4 \\ 0 \end{pmatrix}$ $\quad E_2\colon \vec{x} = \begin{pmatrix} 8 \\ 2 \\ 1 \end{pmatrix} + k\begin{pmatrix} 3 \\ 1 \\ -1 \end{pmatrix} + l\begin{pmatrix} 0 \\ 5 \\ 1 \end{pmatrix}$

10. Gegeben sind $E_1\colon \vec{x} = \begin{pmatrix} 5 \\ 3 \\ 2 \end{pmatrix} + r\begin{pmatrix} 1 \\ 2 \\ 5 \end{pmatrix} + s\begin{pmatrix} 0 \\ -1 \\ 1 \end{pmatrix}$ und $E_2\colon \vec{x} = \begin{pmatrix} -2 \\ 4 \\ 0 \end{pmatrix} + k\begin{pmatrix} 3 \\ 2 \\ 3 \end{pmatrix} + l\begin{pmatrix} 2 \\ 1 \\ 5 \end{pmatrix}$.

a) Berechnen Sie die Schnittgerade mithilfe der Parametergleichungen.

b) Wandeln Sie eine der Parametergleichungen in eine Koordinatengleichung um. Berechnen Sie anschließend erneut die Schnittgerade.

c) Vergleichen Sie den Rechenaufwand beider Vorgehensweisen.

11. Die Ebenen $E_1\colon -x_1 + x_3 = 3$ und $E_2\colon 4x_1 - 3x_2 + 2x_3 = 9$ schneiden sich. Berechnen Sie die Schnittgerade auf zwei Arten und vergleichen Sie den Aufwand.

① Lösen Sie das LGS aus den beiden Koordinatengleichungen.

② Wandeln Sie eine der Koordinatengleichungen in eine Parametergleichung um und setzen Sie deren Koordinaten in die andere Koordinatengleichung ein.

Weiterführende Aufgaben

12. Die Entscheidungsregeln bei der Untersuchung der Lagebeziehung zweier Ebenen können mithilfe eines Schemas dargestellt werden.

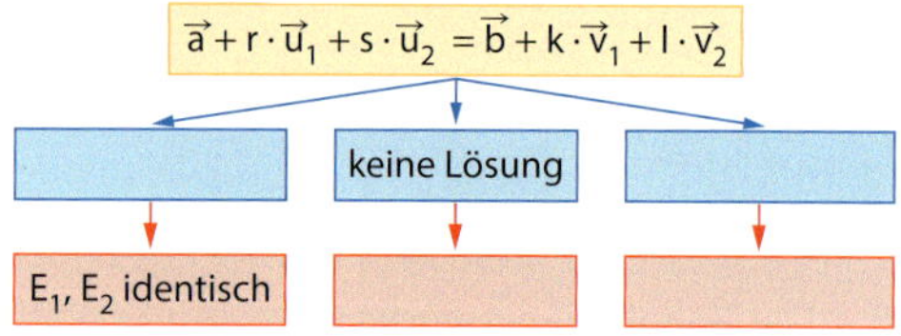

a) Vervollständigen Sie das Schema für zwei Ebenen in Parameterform.
b) Erstellen Sie ein ähnliches Schema für den Fall Parameterform/Koordinatenform.
c) Erstellen Sie für zwei Ebenen in Koordinatenform ein Schema, in dem zuerst die Normalenvektoren betrachtet werden.

13. Wählen Sie den günstigsten Rechenweg zur Bestimmung der gegenseitigen Lage.

a) $E_1: \vec{x} = \begin{pmatrix} 5 \\ 3 \\ 2 \end{pmatrix} + r \begin{pmatrix} 1 \\ 2 \\ 0 \end{pmatrix} + s \begin{pmatrix} 0 \\ 2 \\ 1 \end{pmatrix}$ $E_2: \vec{x} = \begin{pmatrix} -2 \\ 3 \\ 4 \end{pmatrix} + k \begin{pmatrix} -3 \\ 1 \\ 6 \end{pmatrix} + l \begin{pmatrix} 2 \\ 1 \\ 1 \end{pmatrix}$

b) $E_1: \vec{x} = \begin{pmatrix} 1 \\ 1 \\ 4 \end{pmatrix} + r \begin{pmatrix} -1 \\ 0 \\ 1 \end{pmatrix} + s \begin{pmatrix} 0 \\ 1 \\ 1 \end{pmatrix}$ E_2: Ebene durch $A(-1\,|\,14\,|-5)$, $B(2\,|-7\,|\,7)$ und $C(1\,|\,9\,|-4)$

c) $E_1: \vec{x} = \begin{pmatrix} 1 \\ 3 \\ 6 \end{pmatrix} + r \begin{pmatrix} 3 \\ 2 \\ 2 \end{pmatrix} + s \begin{pmatrix} 1 \\ -2 \\ 2 \end{pmatrix}$ E_2: Ebene durch $P(-3\,|\,1\,|\,3)$, senkrecht zu $g: \vec{x} = \begin{pmatrix} -2 \\ 3 \\ 4 \end{pmatrix} + k \begin{pmatrix} 2 \\ -1 \\ 2 \end{pmatrix}$

14. Seien E_1 und E_2 zwei Ebenen. Entscheiden Sie, ob die Aussage wahr oder falsch ist.
a) Wenn der Normalenvektor von E_1 zu beiden Richtungsvektoren von E_2 orthogonal ist, dann haben E_1 und E_2 keine gemeinsamen Punkte.
b) Wenn der Normalenvektor von E_1 kollinear zu einem Richtungsvektor von E_2 ist, dann haben E_1 und E_2 keine gemeinsamen Punkte.
c) Zwei Ebenen können genau einen gemeinsamen Punkt haben.
d) Drei Ebenen können genau einen gemeinsamen Punkt haben.
e) Der Richtungsvektor der Schnittgeraden zweier Ebenen E_1 und E_2 ist orthogonal zum Normalenvektor von E_1 und zum Normalenvektor von E_2.

15. Stolperstelle: Bei der Ermittlung der Lagebeziehung von E_1: $2x_1 + 3x_2 - x_3 = 5$ und E_2: $-x_1 + x_2 - 4x_3 = 3$ wählt Mateo den Ansatz: $2x_1 + 3x_2 - x_3 - 5 = -x_1 + x_2 - 4x_3 - 3$
Beurteilen Sie diesen Ansatz.

16. Der abgebildete Körper hat die Eckpunkte $A(-5\,|-5\,|\,0)$, $A'(-3{,}5\,|-2\,|\,6)$, $B(1\,|\,7\,|\,0)$, $C(-5\,|\,7\,|\,0)$ und $C'(-3{,}5\,|\,4\,|\,6)$. Die fehlenden Koordinaten des Punktes $B'(x_1\,|\,x_2\,|\,4)$ sollen ermittelt werden. Berechnen Sie dazu die Schnittgerade von $E_{BCC'}$ und $E_{AA'B}$.

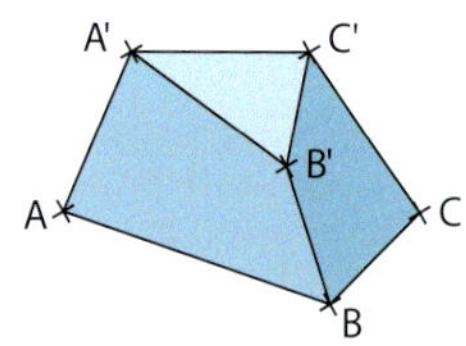

● **17.** Die Gleichungen eines linearen Gleichungssystems mit drei Variablen können als Koordinatengleichungen von Ebenen aufgefasst werden.
Geben Sie an, welche zwei Gleichungssysteme je zwei sich schneidende Ebenen beschreiben. Welche Lagebeziehung haben die Ebenen aus dem dritten LGS?

① $\left| \begin{array}{l} x_1 + 3x_2 - x_3 = 5 \\ -2x_1 - 6x_2 + x_3 = 9 \end{array} \right|$ ② $\left| \begin{array}{l} -2x_1 + 4x_2 + x_3 = 3 \\ 6x_1 - 12x_2 - 3x_3 = 2 \end{array} \right|$ ③ $\left| \begin{array}{l} -x_1 + 2x_2 = 0 \\ x_3 = 5 \end{array} \right|$

18. Gegeben sind die Punkte $A(-3|2|-1)$, $B(-5|1|-2)$, $C(4|2|-1)$ sowie die Ebene

$E_1: \begin{pmatrix} 3 \\ -1 \\ 2 \end{pmatrix} \cdot \vec{x} = 8.$

a) g sei die Gerade durch A und B. Untersuchen Sie die Lagebeziehung von g und E_1.

b) Bestimmen Sie eine Gleichung der Ebene E_2, die die Gerade g und den Punkt C enthält. Begründen Sie, dass E_2 parallel zur x_1-Achse verläuft.

c) Berechnen Sie die Schnittgerade von E_1 und E_2.

19. Gegeben sind die Ebenen $E_1: \begin{pmatrix} 2 \\ 1 \\ -1 \end{pmatrix} \cdot \vec{x} = 7$ und $E_2: \begin{pmatrix} 3 \\ -1 \\ -4 \end{pmatrix} \cdot \vec{x} = 13$

a) Begründen Sie, dass E_1 und E_2 nicht parallel sind, und berechnen Sie die Schnittgerade von E_1 und E_2.

b) Die Ebenen E_3 und E_4 enthalten den Punkt $P(1|1|1)$, außerdem ist E_3 zu E_1 und E_4 zu E_2 parallel. Geben Sie zu E_3 und E_4 jeweils eine Normalengleichung an.

c) Geben Sie mithilfe der bisherigen Ergebnisse eine Gleichung der Schnittgerade von E_3 und E_4 an.

20. Die Seitenflächen einer V-förmigen Rinne liegen in den Ebenen E_1 und E_2. Die Ebene E_1 ist durch die Punkte $A(-3|9|8)$, $B(12|-1|-3)$ und $C(6|1|-1)$ festgelegt. Die Ebene E_2 hat die Gleichung E_2: $2x_1 + 3x_2 + 3x_3 = 12$.

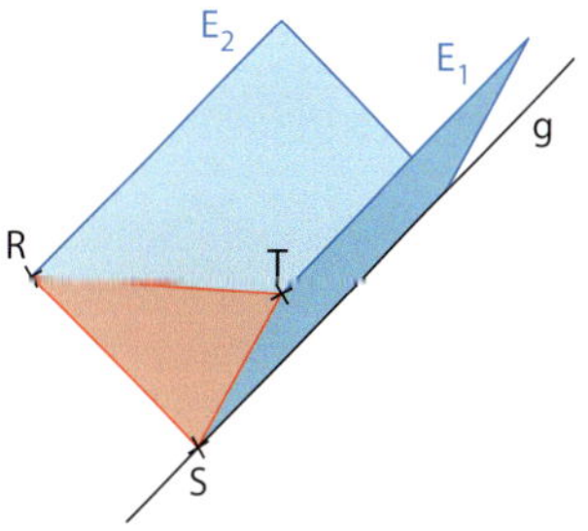

a) Ermitteln Sie eine Gleichung der Geraden g, in der die beiden Seitenflächen zusammenstoßen.

b) Die Rinne wird senkrecht durch ein Dreieck RST mit $S(3|2|0)$ abgeschlossen. Dieses Dreieck liegt in der Ebene E_3. Geben Sie eine Gleichung von E_3 an.

c) Die Kante AT verläuft parallel zu g. Berechnen Sie die Koordinaten von T und die Länge der Strecke $\overline{TS}$.

d) Die Gerade h, welche durch S und R verläuft, ist den Ebenen E_2 und E_3 gemeinsam. Berechnen Sie eine Parametergleichung von h.

e) Bestimmen Sie die Koordinaten von R. Nutzen Sie dazu, dass R auf h liegt und dass die Kanten $\overline{ST}$ und $\overline{SR}$ gleich lang sind. Außerdem ist die x_3-Koordinate von R positiv.

21. Lagebeziehungen zwischen drei Ebenen: Mit einer Tischplatte und zwei Blättern Papier lassen sich die möglichen Lagebeziehungen zwischen drei Ebenen veranschaulichen. Die Lagebeziehungen können anhand von Normalenvektoren $\vec{n_1}, \vec{n_2}, \vec{n_3}$ sowie der gemeinsamen Schnittmenge S der drei Ebenen charakterisiert werden. Beschreiben Sie acht verschiedene Lagebeziehungen zwischen drei Ebenen. Treffen Sie jeweils Aussagen über die Normalenvektoren und die Schnittmenge der drei Ebenen.

● **22. Ausblick: Ebenenscharen**

Gegeben sind die Ebene E, die **Ebenenschar** E_a und die Gerade g.

$E: \vec{x} = \begin{pmatrix} 2 \\ 1 \\ 1 \end{pmatrix} + k\begin{pmatrix} -2 \\ 0 \\ 1 \end{pmatrix} + l\begin{pmatrix} 1 \\ 1 \\ 0 \end{pmatrix}$ $\quad E_a: \vec{x} = \begin{pmatrix} 1 \\ 0 \\ 4 \end{pmatrix} + r\begin{pmatrix} -1 \\ 1 \\ 1 \end{pmatrix} + s\begin{pmatrix} 0 \\ 2 \\ a \end{pmatrix}$ $\quad g: \vec{x} = \begin{pmatrix} 2 \\ 1 \\ 1 \end{pmatrix} + t\begin{pmatrix} 1 \\ -1 \\ 2 \end{pmatrix}$

a) Ermitteln Sie, für welche Werte $a \in \mathbb{R}$ die Ebenen E und E_a sich schneiden, parallel oder identisch sind. Gibt es einen Fall, der nie vorkommt?

b) Ermitteln Sie eine Gleichung der Schnittgeraden von E und E_{-2}.

c) Nach a) ist E_1 parallel zu E. Zeigen Sie, dass g auf E und auf E_1 senkrecht steht.

d) Berechnen Sie die Schnittpunkte von g mit E und E_1 und ermitteln Sie so den Abstand beider Ebenen.

2.10 Scharen von Geraden und Ebenen

■ Abgebildet ist die Ebene E: $4x_1 + 3x_2 + 5x_3 = 10$ sowie eine zu E parallele Ebene.

a) Begründen Sie, welche Gestalt die Koordinatengleichung einer zu E parallelen Ebene hat, und geben Sie diese mithilfe eines Parameters $a \in \mathbb{R}$ an.

b) Ermitteln Sie eine Gleichung derjenigen zu E parallelen Ebene, die durch den Punkt $P(-3\,|\,-1\,|\,4)$ verläuft. ■

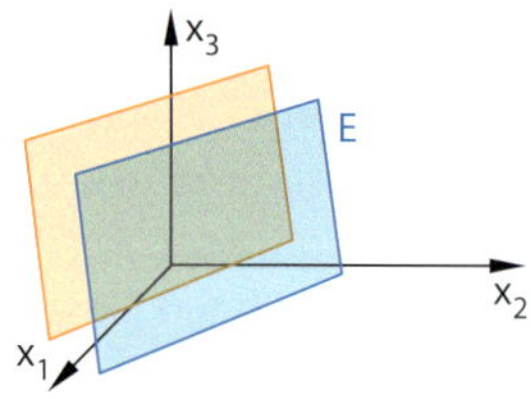

Geradenscharen

Scharen von Geraden (oder Ebenen) können eine besondere Gestalt haben. Im Folgenden werden die beiden wichtigsten Formen untersucht.

Schar echt paralleler Geraden

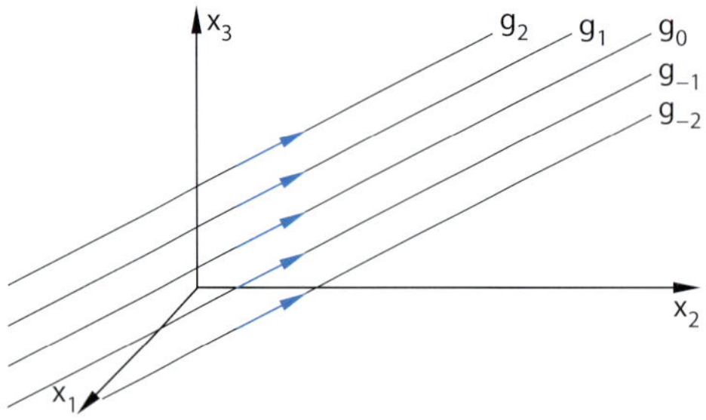

Die Richtungsvektoren der Schargeraden sind kollinear, die Geraden der Schar haben keinen gemeinsamen Punkt.

Geradenbüschel

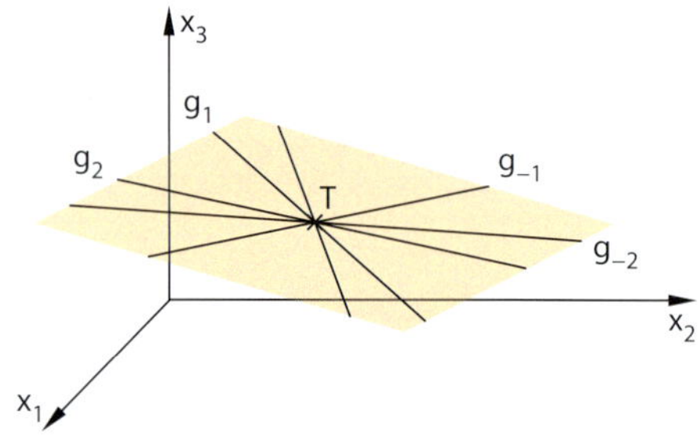

Alle Geraden der Schar schneiden sich in einem gemeinsamen Punkt (**Trägerpunkt**) und liegen in einer Ebene (**Trägerebene**).

Beispiel 1: Gegeben ist die Geradenschar $g_a\colon \vec{x} = \begin{pmatrix} 1 \\ 5 \\ 0 \end{pmatrix} + r\begin{pmatrix} -2a \\ a \\ a+1 \end{pmatrix}$, $a \in \mathbb{R}$.

a) Ermitteln Sie diejenige Gerade der Schar, welche den Punkt $A(-3\,|\,7\,|\,1)$ enthält.

b) Zeigen Sie, dass es sich bei der Schar um ein Geradenbüschel handelt. Bestimmen Sie hierzu die Koordinaten des Trägerpunktes sowie die Gleichung der Trägerebene.

Lösung:

a) Setzen Sie die Geradengleichung mit dem Ortsvektor von A gleich. Stellen Sie das zugehörige LGS auf.
Ermitteln Sie die Lösungen für a und r.

$$\begin{pmatrix} 1 \\ 5 \\ 0 \end{pmatrix} + r\begin{pmatrix} -2a \\ a \\ a+1 \end{pmatrix} = \begin{pmatrix} -3 \\ 7 \\ 1 \end{pmatrix} \Rightarrow \begin{aligned} 1 - 2ra &= -3 \\ 5 + ra &= 7 \\ ra + r &= 1 \end{aligned}$$

Lösung: $a = -2$; $r = -1$
Die Schargerade g_{-2} enthält den Punkt A.

b) Der Scharparameter ist nur im Richtungsvektor enthalten, die Geraden der Schar haben einen gemeinsamen Stützpunkt.

Trägerpunkt:
Der Trägerpunkt ist der gemeinsame Stützpunkt der Schargeraden: $T(1\,|\,5\,|\,0)$

Spalten Sie den Vektor der Geradenpunkte auf, und klammern Sie r und ra aus.

Trägerebene:

$$\vec{x} = \begin{pmatrix} 1-2ra \\ 5+ra \\ ra+r \end{pmatrix} = \begin{pmatrix} 1 \\ 5 \\ 0 \end{pmatrix} + r\begin{pmatrix} 0 \\ 0 \\ 1 \end{pmatrix} + ra\begin{pmatrix} -2 \\ 1 \\ 1 \end{pmatrix}$$

Setzen Sie $t = ra$ und $s = r$, und geben Sie die Gleichung der Trägerebene an.

$$E\colon \vec{x} = \begin{pmatrix} 1 \\ 5 \\ 0 \end{pmatrix} + s\begin{pmatrix} 0 \\ 0 \\ 1 \end{pmatrix} + t\begin{pmatrix} -2 \\ 1 \\ 1 \end{pmatrix}$$

Hinweis:
Lässt sich die Geradengleichung nicht so aufspalten, dass zwei nicht kollineare Richtungsvektoren entstehen, bedeutet dies, dass die Schargeraden nicht in einer Ebene liegen.

Basisaufgaben

1. Prüfen Sie, ob die Gerade $h: \vec{x} = \begin{pmatrix} 1 \\ 6 \\ 2 \end{pmatrix} + r\begin{pmatrix} -2 \\ 2 \\ -6 \end{pmatrix}$ zu einer der Geradenscharen gehört.
Begründen Sie, ob die Schargeraden echt parallel oder identisch sind ($a \in \mathbb{R}, a \neq 0$).

$g_a: \vec{x} = \begin{pmatrix} -a \\ 6 \\ -2a \end{pmatrix} + r\begin{pmatrix} -1 \\ 1 \\ -3 \end{pmatrix}$ $h_a: \vec{x} = \begin{pmatrix} 4 \\ 0 \\ 3 \end{pmatrix} + r\begin{pmatrix} 2a \\ a \\ 5a \end{pmatrix}$ $k_a: \vec{x} = \begin{pmatrix} a-1 \\ 6 \\ 2 \end{pmatrix} + r\begin{pmatrix} a \\ -a \\ 3a \end{pmatrix}$

2. Gegeben ist die Geradenschar $g_a: \vec{x} = \begin{pmatrix} -1 \\ 2a+1 \\ 5 \end{pmatrix} + r\begin{pmatrix} a \\ 4a \\ -a \end{pmatrix}$, $a \in \mathbb{R}, a \neq 0$.
   a) Bestimmen Sie alle Geraden der Schar, die durch den Punkt $P(-4|7|2)$ verlaufen.
   b) Ermitteln Sie, welche Geraden der Schar in der Ebene $E: -3x_1 + x_2 - x_3 = 10$ liegen.
   c) Zeigen Sie, dass alle Schargeraden senkrecht auf $E: -2x_1 - 8x_2 + 2x_3 = 5$ stehen.

3. Gegeben sind $g_a: \vec{x} = \begin{pmatrix} 2 \\ 1 \\ 1 \end{pmatrix} + r\begin{pmatrix} a+1 \\ a \\ 1-2a \end{pmatrix}$, $a \in \mathbb{R}$ und $h: \vec{x} = \begin{pmatrix} 1 \\ 0 \\ 9 \end{pmatrix} + t\begin{pmatrix} 5 \\ -2 \\ 1 \end{pmatrix}$.
   a) Zeigen Sie, dass es sich bei der Geradenschar g_a um ein Geradenbüschel handelt. Geben Sie die Gleichung der Trägerebene in Koordinatenform an.
   b) Bestimmen Sie diejenige Gerade der Schar, welche parallel zur x_1x_2-Ebene verläuft.
   c) Ermitteln Sie für welchen Wert von a die Gerade g_a orthogonal zur Geraden h ist.
   d) Zeigen Sie, dass keine Gerade der Schar parallel zur Geraden h verläuft.

4. Bestimmen Sie, für welchen Wert $a \in \mathbb{R}$ eine Gerade der Schar $g_a: \vec{x} = \begin{pmatrix} 2 \\ 1 \\ -1 \end{pmatrix} + r\begin{pmatrix} 1 \\ 0 \\ a-1 \end{pmatrix}$ die Gerade $h: \vec{x} = \begin{pmatrix} 2 \\ 3 \\ 1 \end{pmatrix} + t\begin{pmatrix} 2 \\ -1 \\ 0 \end{pmatrix}$ schneidet. Geben Sie den Schnittpunkt an.

5. Gegeben ist die Schar $g_a: \vec{x} = \begin{pmatrix} 1 \\ a \\ 0 \end{pmatrix} + t\begin{pmatrix} 2a \\ 1 \\ -a \end{pmatrix}$, $a \in \mathbb{R}$ und die Ebene $E: x_1 + 3x_2 + x_3 = 1$.
   a) Zeigen Sie, dass g_a weder eine Schar paralleler Geraden, noch ein Geradenbüschel ist.
   b) Ermitteln Sie, welche Schargerade parallel zur Ebene E liegt.
   c) Prüfen Sie, ob es eine Gerade der Schar gibt, die orthogonal zur Ebene E verläuft.

Ebenenscharen

Scharen paralleler Ebenen lassen sich leicht anhand der Ebenengleichung erkennen, das Vorliegen eines **Ebenenbüschels** hingegen muss rechnerisch nachgewiesen werden.

Schar echt paralleler Ebenen

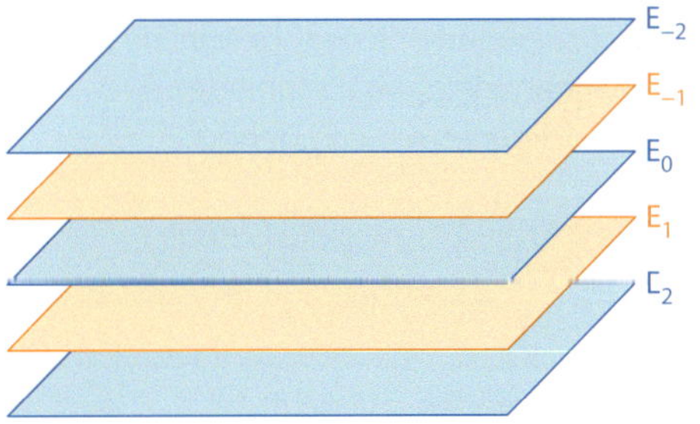

Die Normalenvektoren der Scharebenen sind kollinear, die Ebenen der Schar haben keinen gemeinsamen Punkt.

Ebenenbüschel

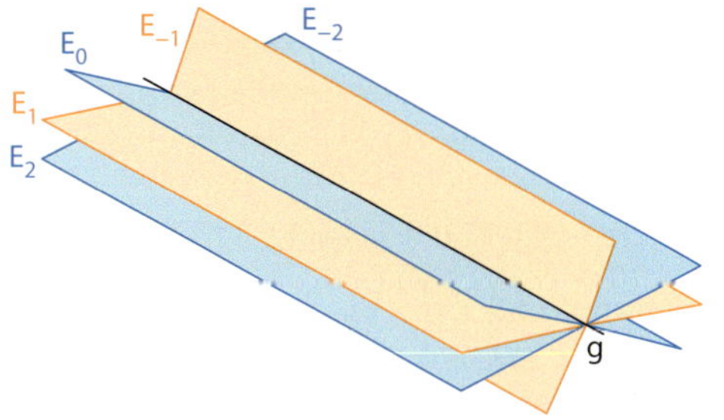

Alle Ebenen der Schar schneiden sich in einer gemeinsamen Gerade (**Trägergerade**).

Hinweis:
Um nachzuweisen, dass es sich um ein Ebenenbüschel handelt, wird die Schnittgerade von zwei beliebigen Scharebenen ermittelt und gezeigt, dass diese in allen Ebenen der Schar enthalten ist.

Beispiel 2: Gegeben ist die Ebenenschar $E_a: (1-a)x_1 + \left(a - \frac{1}{2}\right)x_2 + ax_3 = 3 - a,\ a \in \mathbb{R}$.

a) Prüfen Sie, ob die Ebene $F: 8x_1 - 9x_2 - 10x_3 = 4$ zur Ebenenschar gehört.

b) Weisen Sie nach, dass es sich bei E_a um ein Ebenenbüschel handelt. Bestimmen Sie die Gleichung der Trägergeraden.

Lösung:

a) Die Ebenengleichung von F kann ein Vielfaches der zugehörigen Gleichung von E_a sein. Multiplizieren Sie die Gleichung von E_a mit einer Zahl k. Vergleichen Sie die Koeffizienten sowie die rechte Seite mit der von F. Bestimmen Sie k und a.

$k(1-a)x_1 + k\left(a - \frac{1}{2}\right)x_2 + kax_3 = k(3-a)$

$8 = k(1-a) \qquad -9 = k\left(a - \frac{1}{2}\right)$

$-10 = ka \qquad 4 = k(3-a)$

Lösung: $k = -2;\ a = 5$

F gehört zur Ebenenschar und entspricht E_5.

b) Bestimmen Sie die Schnittgerade zweier beliebiger Ebenen der Schar, hier E_0 und E_1.

$E_0: x_1 - \frac{1}{2}x_2 = 3 \qquad E_1: \frac{1}{2}x_2 + x_3 = 2$

$\left(\begin{array}{ccc|c} 1 & -\frac{1}{2} & 0 & 3 \\ 0 & \frac{1}{2} & 1 & 2 \end{array}\right) \Rightarrow L = \{(5-t \mid 4-2t \mid t);\ t \in \mathbb{R}\}$

Schnittgerade: $g: \vec{x} = \begin{pmatrix} 5 \\ 4 \\ 0 \end{pmatrix} + t\begin{pmatrix} -1 \\ -2 \\ 1 \end{pmatrix}$

Zeigen Sie, dass die Schnittgerade g in allen Ebenen E_a der Schar liegt.

Einsetzen in die Ebenengleichung von E_a:

$(1-a)(5-t) + \left(a - \frac{1}{2}\right)(4-2t) + at = 3 - a$

$3 - a = 3 - a$

Die Trägergerade des Ebenenbüschels entspricht der Schnittgeraden g.

g liegt in allen Ebenen E_a. Es handelt sich also um ein Ebenenbüschel mit Trägergerade g.

Basisaufgaben

6. Begründen Sie anhand der Ebenengleichung ($a \in \mathbb{R}$), dass die Ebenen der Schar parallel zueinander liegen.

$E_a: 2x_1 + 3x_2 - x_3 = 2a$

$F_a: \vec{x} = \begin{pmatrix} 2a \\ -1 \\ 4a \end{pmatrix} + r\begin{pmatrix} -2 \\ 1 \\ 6 \end{pmatrix} + s\begin{pmatrix} 4 \\ 0 \\ 1 \end{pmatrix}$

$H_a: \left(\vec{x} - \begin{pmatrix} 2 \\ -a \\ 4 \end{pmatrix}\right) \cdot \begin{pmatrix} 0 \\ 1 \\ 7 \end{pmatrix} = 0$

7. Weisen Sie nach, dass es sich bei $E_a: -ax_1 + (3a+1)x_2 + 5ax_3 = 2,\ a \in \mathbb{R}$ um ein Ebenenbüschel handelt. Geben Sie die Gleichung der Trägergeraden an.

8. Gegeben ist die Ebenenschar $E_a: 2ax_1 + ax_2 - 5ax_3 = a - 6$ mit $a \in \mathbb{R},\ a \neq 0$

a) Ermitteln Sie diejenige Ebene der Schar, welche den Punkt $A(5 \mid -8 \mid -3)$ enthält.

b) Begründen Sie, dass alle Ebenen der Schar parallel zueinander liegen. Geben Sie die Gleichung einer Geraden an, die alle Ebenen der Schar orthogonal schneidet.

c) Prüfen Sie, ob die Ebene $F: -4x_1 + 2x_2 + 10x_3 = 1$ zur Ebenenschar E_a gehört.

9. Gegeben ist die Schar $E_a: 3ax_1 + (1-2a)x_2 - ax_3 = 5a + 1,\ a \in \mathbb{R}$ sowie die Gerade $g: \vec{x} = \begin{pmatrix} 9 \\ 0 \\ 5 \end{pmatrix} + r\begin{pmatrix} 2 \\ 4 \\ 1 \end{pmatrix}$ und die Ebene $F: 5x_1 + 3x_2 - 3x_3 = 1$.

a) Bestimmen Sie, welche der Scharebenen parallel zur Geraden g verläuft.

b) Ermitteln Sie, ob es eine Ebene der Schar gibt, die orthogonal zur Geraden g liegt.

c) Bestimmen Sie alle Ebenen der Schar, die orthogonal zur Ebene F sind.

Weiterführende Aufgaben

10. Gegeben ist das Ebenenbüschel E_a: $-x_1 + ax_2 + (2a - 5)x_3 = a - 3$, $a \in \mathbb{R}$.
 a) Bestimmen Sie die Gleichung der Trägergeraden.
 b) Zeigen Sie, dass auch die Ebene F: $x_2 + 2x_3 = 1$ die Trägergerade enthält, aber nicht zum Ebenenbüschel gehört.

11. Stolperstelle: Karim prüft, ob die Ebene F: $3x_1 - 5x_2 - x_3 = -2$ zur Ebenenschar E_a: $-3ax_1 + 5ax_2 + ax_3 = a - 2$ mit $a \in \mathbb{R}$, $a \neq 0$ gehört. Er meint:
„Vergleicht man die Koeffizienten von E_a und F, folgt sofort, dass $a = -1$ gelten muss. Auf der rechten Seite von E_{-1} steht dann aber −3, und nicht −2. Somit gehört F nicht zur Schar."
Erläutern Sie Karims Denkfehler und korrigieren Sie seine Rechnung.

12. Gegeben ist die Ebenenschar E_a: $(-3 - 2a)x_1 - 9x_2 - (a - 3)x_3 = 3$, $a \in \mathbb{R}$, $a \neq 0$.
 a) Bestimmen Sie die Koordinaten der Spurpunkte der Scharebenen in Abhängigkeit von a.
 ● b) Ermitteln Sie diejenige Ebene der Schar, welche mit den Koordinatenachsen ein gleichseitiges Dreieck einschließt.
 c) Berechnen Sie den Flächeninhalt des Dreiecks aus b).

13. Gegeben ist die Geradenschar g_a: $\vec{x} = \begin{pmatrix} 2a \\ 3-a \\ -1 \end{pmatrix} + r\begin{pmatrix} 2 \\ 3 \\ -1 \end{pmatrix}$, $a \in \mathbb{R}$.
 a) Beschreiben Sie die Lage der Schargeraden zueinander. Zeigen Sie, dass alle Geraden der Schar in einer Ebene liegen. Geben Sie die Koordinatengleichung dieser Ebene an.
 b) Ermitteln Sie die Gleichung einer Geradenschar h_a so, dass für jeden Wert des Parameters a die Schargerade h_a genau eine Gerade der Schar g_a orthogonal schneidet. Geben Sie die Koordinaten dieses Schnittpunktes in Abhängigkeit von a an.

● **14.** Gegeben sind die Ebene E: $\vec{x} = \begin{pmatrix} -3 \\ -6 \\ 8 \end{pmatrix} + r\begin{pmatrix} 1 \\ 1 \\ -2 \end{pmatrix} + s\begin{pmatrix} 4 \\ 6 \\ -6 \end{pmatrix}$ und für $a \in \mathbb{R}$ die Geradenschar g_a: $\vec{x} = \begin{pmatrix} 6 \\ 9 \\ a-5 \end{pmatrix} + t\begin{pmatrix} 4-a \\ 1-3a \\ -10-a^2 \end{pmatrix}$. Bestimmen Sie alle Werte von a, sodass gilt:

① E und g_a schneiden sich. ② g_a verläuft in E. ③ g_a und E verlaufen parallel.

● **15.** Für jedes $a \in \mathbb{R}$ sei E_a: $\vec{x} = \begin{pmatrix} -1 \\ 1 \\ 4 \end{pmatrix} + r\begin{pmatrix} 4 \\ 4 \\ 2 \end{pmatrix} + s\begin{pmatrix} 1 \\ -a \\ a \end{pmatrix}$. Durch g: $\vec{x} = \begin{pmatrix} 1 \\ 3 \\ 5 \end{pmatrix} + t\begin{pmatrix} 2 \\ 2 \\ 1 \end{pmatrix}$ ist eine Gerade und durch E: $-2x_1 + x_2 + 2x_3 = 20$ eine Ebene gegeben.
 a) Berechnen Sie allgemein den Schnitt von E_a und E. Welche Fälle treten für welche a ein? Geben Sie die Gleichung der Schnittgeraden für a = 1 an.
 b) Zeigen Sie, dass alle Ebenen der Schar E_a die Gerade g enthalten.
 c) Ermitteln Sie die gegenseitige Lage von g und E. Erläutern Sie das Resultat anhand der Ergebnisse aus a) und b).

● **16. Ausblick:** Zu einer vorgegebenen Trägergerade soll ein Ebenenbüschel ermittelt werden.
 a) Zeigen Sie unter Verwendung der Eigenschaften des Skalar- und Vektorprodukts, dass die Gerade g: $\vec{x} = \vec{p} + r \cdot \vec{u}$ in jeder Ebene der Schar E_a: $(\vec{x} - \vec{p}) \cdot \vec{n_a} = 0$, $a \in \mathbb{R}$ mit $\vec{n_a} = \vec{p} \times \vec{u} + a \cdot ((\vec{p} \times \vec{u}) \times \vec{u})$ enthalten ist.
 b) Geben Sie ein Ebenenbüschel mit der Trägergeraden g: $\vec{x} = \begin{pmatrix} 5 \\ 4 \\ 1 \end{pmatrix} + r\begin{pmatrix} 0 \\ -2 \\ -1 \end{pmatrix}$ an.
 Weisen Sie rechnerisch nach, dass g in allen Scharebenen dieses Ebenenbüschels enthalten ist.

2.11 Klausur- und Abiturtraining

Aufgaben ohne Hilfsmittel

1. Gegeben ist die Gerade $g: \vec{x} = \begin{pmatrix} -1 \\ 4 \\ 9 \end{pmatrix} + r\begin{pmatrix} 2 \\ -3 \\ 6 \end{pmatrix}$ und der Punkt $P(-5|10|-3)$.
   a) Zeigen Sie, dass P auf g liegt.
   b) Geben Sie zwei nicht kollineare Vektoren an, welche zum Richtungsvektor von g orthogonal sind.
   c) E sei die Ebene, welche durch P und senkrecht zu g verläuft. Geben Sie eine Parametergleichung von E an.

2. Gegeben sind die Geraden $g_1: \vec{x} = \begin{pmatrix} -2 \\ 1 \\ 0 \end{pmatrix} + r\begin{pmatrix} 1 \\ -1 \\ 1 \end{pmatrix}$ und $g_2: \vec{x} = \begin{pmatrix} 4 \\ 0 \\ 1 \end{pmatrix} + s\begin{pmatrix} 1 \\ 2 \\ 0 \end{pmatrix}$.
   Die Gerade g_3 verläuft parallel zu g_1 durch $P(4|4|2)$.
   a) Zeigen Sie, dass g_1 und g_2 windschief zueinander sind.
   b) Geben Sie eine Gleichung zu g_3 an.
   c) Geben Sie eine Gleichung der Ebene E_1 an, welche g_2 und den Punkt P enthält.
   d) Geben Sie eine Gleichung der Ebene E_2 an, welche g_1 und g_3 enthält.

3. Gegeben sind die Punkte $A(5|0|0)$, $B(4|-3|2)$, $D(6|1|1)$, $P(0|9|6)$ und $Q(9|-6|3)$.
   a) Zeigen Sie, dass die Punkte A, B und D nicht auf einer Geraden liegen.
   b) Geben Sie die Koordinaten des Mittelpunktes der Strecke $\overline{AB}$ an.
   c) Geben Sie eine Parametergleichung der Ebene E durch die Punkte A, B und D an.
   d) Berechnen Sie den Schnittpunkt S von E mit der Geraden durch P und Q.
   e) Prüfen Sie, ob S im Parallelogramm liegt, welches von A aus durch $\overrightarrow{AB}$ und $\overrightarrow{AD}$ aufgespannt wird.
   f) Prüfen Sie, ob es sich bei dem durch $\overrightarrow{AB}$ und $\overrightarrow{AD}$ aufgespannten Parallelogramm um ein Rechteck oder eine Raute handelt.

4. Die Gerade g verläuft durch $A(3|-5|5)$ und $B(2|-3{,}5|3)$.
   a) Prüfen Sie, ob $P(1|-2|1)$ auf der Strecke $\overline{AB}$ liegt.
   b) E sei die Ebene, welche durch P senkrecht zu g verläuft. Geben Sie eine Koordinatengleichung und eine Parametergleichung von E an.
   c) Skizzieren Sie E mithilfe seiner Spurpunkte in ein Koordinatensystem. Tragen Sie die Punkte A, B und P sowie die Gerade g_{AB} in die Skizze ein.
   d) E_2 sei die Ebene durch den Ursprung und die Punkte P und $Q(1|6|-2)$. Geben Sie eine Parametergleichung von E_2 an, und berechnen Sie die Schnittgerade h von E und E_2
   e) Begründen Sie, dass h parallel zur x_1x_2-Ebene verläuft.

5. Gegeben seien die Punkte $A(2|4|-1)$, $B(4|3|2)$ und $R_k(-4|k|-3-k)$.
   a) Bestimmen Sie k so, dass R_k auf der Geraden g durch A und B liegt.
   b) Geben Sie die besondere Lage der Ebene E: $x_2 + 3x_3 = 1$ im Koordinatensystem an.
   c) Ermitteln Sie die gegenseitige Lage von E und g.
   d) Die Ebene F ist gegeben durch F: $\left(\vec{x} - \begin{pmatrix} -17 \\ 1 \\ 0 \end{pmatrix}\right) \cdot \begin{pmatrix} 0 \\ 2 \\ 6 \end{pmatrix} = 0$.
   Begründen Sie, dass F mit der Ebene E identisch ist.

Aufgaben mit Hilfsmittel

6. Gegeben sind die Punkte $A(2|2|-3)$, $B(1|6|-1)$ und $C(-5|3|2)$.
   a) Geben Sie die Koordinaten eines Punktes D an, sodass das Viereck ABCD ein Parallelogramm ist. Zeigen Sie, dass es sogar ein Rechteck ist.
   b) Ermitteln Sie einen Vektor, welcher auf $\overline{AB}$ und $\overline{AD}$ senkrecht steht.
   c) Das Rechteck ABCD soll die Grundfläche eines Quaders sein mit einem Volumen von 252 VE. Geben Sie die Koordinaten der vier weiteren Eckpunkte E, F, G und H des Quaders an. Erläutern Sie, weshalb es zwei Lösungen geben muss.
   d) Betrachtet wird nun der Quader aus c), bei dem die x_3-Koordinaten der Punkte E, F, G und H positiv sind. Skizzieren Sie den Quader in ein Koordinatensystem.
   e) Für $k \in \mathbb{R}$ ist durch E_k: $-10x_1 + 5x_2 - x_3 = 7k$ eine Ebenenschar gegeben. Bestimmen Sie die Ebene E' der Schar, die den Punkt D enthält. Zeigen Sie, dass der Mittelpunkt M der Strecke $\overline{CG}$ auf E' liegt.
   f) Zeigen Sie, dass E' nicht die Kante $\overline{AB}$ schneidet. Berechnen Sie den Schnittpunkt N von E' mit der Kante $\overline{BC}$. Tragen Sie das Dreieck DNM in die Skizze ein.
   g) Die Ebene E' schneidet vom Quader eine Pyramide DNMC ab. Berechnen Sie das Volumen dieser Pyramide.

7. Ein Flugzeug befindet sich im Landeanflug auf den Flughafen Köln-Bonn. In einem Koordinatensystem, bei dem der Flughafen sich in der x_1x_2-Ebene befindet, beträgt seine Position um 10:05 Uhr $P(-7|-2|1{,}5)$ und um 10:06 Uhr $Q(-3{,}5|1|1{,}25)$. (1 LE = 1 km)
   a) Bestimmen Sie, wo sich das Flugzeug bei gleichbleibender Geschwindigkeit und konstantem Kurs um 10:07 Uhr und um 10:08 Uhr befindet.
   b) Ermitteln Sie, zu welcher Uhrzeit und an welchem Punkt das Flugzeug auf der Landebahn aufsetzt.
   c) Die Spitzen der Türme des Kölner Doms haben die Koordinaten $(7|10|0{,}16)$. Entscheiden Sie, ob sich der Kurs des Flugzeugs eignet, um den Dom gefahrlos zu überfliegen. Bewerten Sie die Aussicht, die sich den Fluggästen auf den Dom bietet.
   d) Berechnen Sie die Geschwindigkeit des Flugzeuges.
   e) Auf den Rheinwiesen im Punkt $W(9{,}25|13|0)$ lassen Kinder um 10:03 Uhr einen Luftballon steigen. Er wird vom Wind etwas abgetrieben und steigt pro Minute um den Vektor $\begin{pmatrix} 0{,}25 \\ 0 \\ 0{,}05 \end{pmatrix}$. Prüfen Sie, ob der Luftballon die Flugbahn des Flugzeugs kreuzt und ob er mit dem Flugzeug kollidiert.
   f) Ermitteln Sie den Zeitpunkt, an dem der Abstand zwischen dem Flugzeug und dem Ballon am kleinsten ist.
   g) Eine Ebene E enthält den Punkt $W(-1|-9|0)$ und beschreibt zum Zeitpunkt $t = 0$ den Rand einer Schlechtwetterfront. Der Vektor $\begin{pmatrix} -0{,}6 \\ 0{,}7 \\ 0 \end{pmatrix}$ beschreibt die Bewegung des Unwetters in einer Minute. Geben Sie eine Gleichung der Ebene E an, und untersuchen Sie die gegenseitige Lage von E und der Flugbahn des Flugzeugs
   h) Geben Sie eine Ebenenschar an, die die Grenze der Schlechtwetterfront in Abhängigkeit von der Zeit t (in Minuten) beschreibt. Untersuchen Sie, ob die Passagiere des Flugzeugs während des Landeanflugs mit Turbulenzen rechnen müssen.

Lösungen
↗ S. 298/299

1. Bringen Sie das LGS auf die ZSF und geben Sie die Lösungsmenge an.

a) $\left|\begin{array}{l} x_1 - 2x_2 + x_3 = 4 \\ 2x_1 + x_2 - x_3 = 7 \\ -3x_1 - x_2 + 4x_3 = -5 \end{array}\right|$ b) $\left|\begin{array}{l} 2x_1 - 4x_2 + x_3 - 6x_4 = 1 \\ 6x_1 - 4x_2 - 5x_3 + 2x_4 = -1 \\ -2x_1 + 2x_2 + x_3 + x_4 = 2 \end{array}\right|$ c) $\left|\begin{array}{l} 2x_1 + 4x_2 + 6x_3 = 2 \\ 2x_1 + 2x_2 + 9x_3 = 3 \\ 4x_1 + 10x_2 + 9x_3 = 3 \\ 4x_1 + 6x_2 + 15x_3 = 5 \end{array}\right|$

2. Die Gleichung der Geraden h ist gegeben durch $\vec{x} = \begin{pmatrix} 2 \\ 1 \\ 1 \end{pmatrix} + r\begin{pmatrix} 1 \\ 1 \\ 0 \end{pmatrix}$.

a) Geben Sie die Koordinaten zweier Punkte an, die auf h liegen.
b) Untersuchen Sie, ob die Punkte $P(0|-1|1)$ und $Q(3|3|-1)$ auf h liegen.
c) Berechnen Sie die Koordinaten der Spurpunkte von h.
d) Beschreiben Sie die besondere Lage von h bezüglich der Koordinatenebenen.

3. Gegeben sind die Punkte $A(-2|1|0)$ und $B(3|4|5)$.
a) Geben Sie eine Parametergleichung der Strecke $\overline{AB}$ an.
b) Ermitteln Sie die Länge der Strecke $\overline{AB}$.
c) Bestimmen Sie die Koordinaten des Mittelpunktes M der Strecke $\overline{AB}$.

4. Ermitteln Sie die gegenseitige Lage der Geraden g: $\vec{x} = \begin{pmatrix} 1 \\ -2 \\ 4 \end{pmatrix} + r\begin{pmatrix} 3 \\ 1 \\ 0 \end{pmatrix}$ und h.

Berechnen Sie gegebenenfalls den Schnittpunkt von g und h.

a) h: $\vec{x} = \begin{pmatrix} 8 \\ 1 \\ 2 \end{pmatrix} + s\begin{pmatrix} 1 \\ 1 \\ -2 \end{pmatrix}$ b) h: $\vec{x} = \begin{pmatrix} -1 \\ 6 \\ 5 \end{pmatrix} + s\begin{pmatrix} 1 \\ 1 \\ 1 \end{pmatrix}$ c) h: $\vec{x} = \begin{pmatrix} 2 \\ 0 \\ 4 \end{pmatrix} + s\begin{pmatrix} -6 \\ -2 \\ 0 \end{pmatrix}$

5. Gegeben ist der Vektor $\vec{a} = \begin{pmatrix} 4 \\ 2 \\ 1 \end{pmatrix}$.

a) Bestimmen Sie einen Vektor $\vec{b}$, sodass $\vec{a}$ und $\vec{b}$ senkrecht zueinander sind.
b) Ermitteln Sie einen dritten Vektor $\vec{c}$, der sowohl zu $\vec{a}$ als auch zu $\vec{b}$ orthogonal ist.

6. Die Punkte $P_t(-t|3 + t|3)$ mit $t \in \mathbb{R}$ liegen auf einer Geraden g.
a) Geben Sie eine Parametergleichung für die Gerade g an und beschreiben Sie die Lage dieser Geraden im Koordinatensystem.
b) Geben Sie je eine Parametergleichung einer Geraden h an, die
① parallel, aber nicht identisch zu g ist,
② genau einen Schnittpunkt mit g hat,
③ windschief zu g ist.

7. a) Begründen Sie, dass $P(-1|0|0)$, $Q(0|3|0)$ und $R(0|0|2)$ eine Ebene E festlegen.
b) Beurteilen Sie, ob die folgenden Parametergleichungen zu E gehören ($s, t \in \mathbb{R}$).

① $\vec{x} = \begin{pmatrix} -1 \\ 0 \\ 0 \end{pmatrix} + s\begin{pmatrix} 1 \\ 3 \\ 0 \end{pmatrix} + t\begin{pmatrix} 1 \\ 0 \\ 2 \end{pmatrix}$ ② $\vec{x} = \begin{pmatrix} -2 \\ 0 \\ -4 \end{pmatrix} + s\begin{pmatrix} 1 \\ 0 \\ 2 \end{pmatrix} + t\begin{pmatrix} 0 \\ -3 \\ 2 \end{pmatrix}$

c) Geben Sie eine weitere Parametergleichung für E an.
d) Geben Sie eine Normalen- und eine Koordinatengleichung für E an.

8. Ermitteln Sie die gegenseitige Lage der Ebene E und der Geraden g. Berechnen Sie gegebenenfalls den Schnittpunkt.

a) E: $x_1 + x_2 - x_3 = 0$
g: $\vec{x} = \begin{pmatrix} 1 \\ 4 \\ -1 \end{pmatrix} + t\begin{pmatrix} 1 \\ 1 \\ -1 \end{pmatrix}$

b) E: $x_1 + x_2 - x_3 = 0$
g: $\vec{x} = \begin{pmatrix} 1 \\ 1 \\ 1 \end{pmatrix} + t\begin{pmatrix} 1 \\ 1 \\ 2 \end{pmatrix}$

c) E: $x_1 + x_2 - x_3 = 0$
g: $\vec{x} = \begin{pmatrix} 1 \\ 1 \\ 2 \end{pmatrix} + t\begin{pmatrix} 1 \\ 1 \\ 2 \end{pmatrix}$

Aufgaben mit Hilfsmittel

6. Gegeben sind die Punkte A(2 | 2 | −3), B(1 | 6 | −1) und C(−5 | 3 | 2).
   a) Geben Sie die Koordinaten eines Punktes D an, sodass das Viereck ABCD ein Parallelogramm ist. Zeigen Sie, dass es sogar ein Rechteck ist.
   b) Ermitteln Sie einen Vektor, welcher auf $\overline{AB}$ und $\overline{AD}$ senkrecht steht.
   c) Das Rechteck ABCD soll die Grundfläche eines Quaders sein mit einem Volumen von 252 VE. Geben Sie die Koordinaten der vier weiteren Eckpunkte E, F, G und H des Quaders an. Erläutern Sie, weshalb es zwei Lösungen geben muss.
   d) Betrachtet wird nun der Quader aus c), bei dem die x_3-Koordinaten der Punkte E, F, G und H positiv sind. Skizzieren Sie den Quader in ein Koordinatensystem.
   e) Für $k \in \mathbb{R}$ ist durch E_k: $-10x_1 + 5x_2 - x_3 = 7k$ eine Ebenenschar gegeben. Bestimmen Sie die Ebene E' der Schar, die den Punkt D enthält. Zeigen Sie, dass der Mittelpunkt M der Strecke $\overline{CG}$ auf E' liegt.
   f) Zeigen Sie, dass E' nicht die Kante $\overline{AB}$ schneidet. Berechnen Sie den Schnittpunkt N von E' mit der Kante $\overline{BC}$. Tragen Sie das Dreieck DNM in die Skizze ein.
   g) Die Ebene E' schneidet vom Quader eine Pyramide DNMC ab. Berechnen Sie das Volumen dieser Pyramide.

7. Ein Flugzeug befindet sich im Landeanflug auf den Flughafen Köln-Bonn. In einem Koordinatensystem, bei dem der Flughafen sich in der x_1x_2-Ebene befindet, beträgt seine Position um 10:05 Uhr P(−7 | −2 | 1,5) und um 10:06 Uhr Q(−3,5 | 1 | 1,25). (1 LE = 1 km)
   a) Bestimmen Sie, wo sich das Flugzeug bei gleichbleibender Geschwindigkeit und konstantem Kurs um 10:07 Uhr und um 10:08 Uhr befindet.
   b) Ermitteln Sie, zu welcher Uhrzeit und an welchem Punkt das Flugzeug auf der Landebahn aufsetzt.
   c) Die Spitzen der Türme des Kölner Doms haben die Koordinaten (7 | 10 | 0,16). Entscheiden Sie, ob sich der Kurs des Flugzeugs eignet, um den Dom gefahrlos zu überfliegen. Bewerten Sie die Aussicht, die sich den Fluggästen auf den Dom bietet.
   d) Berechnen Sie die Geschwindigkeit des Flugzeuges.
   e) Auf den Rheinwiesen im Punkt W(9,25 | 13 | 0) lassen Kinder um 10:03 Uhr einen Luftballon steigen. Er wird vom Wind etwas abgetrieben und steigt pro Minute um den Vektor $\begin{pmatrix} 0,25 \\ 0 \\ 0,05 \end{pmatrix}$. Prüfen Sie, ob der Luftballon die Flugbahn des Flugzeugs kreuzt und ob er mit dem Flugzeug kollidiert.
   f) Ermitteln Sie den Zeitpunkt, an dem der Abstand zwischen dem Flugzeug und dem Ballon am kleinsten ist.
   g) Eine Ebene E enthält den Punkt W(−1 | −9 | 0) und beschreibt zum Zeitpunkt t = 0 den Rand einer Schlechtwetterfront. Der Vektor $\begin{pmatrix} -0,6 \\ 0,7 \\ 0 \end{pmatrix}$ beschreibt die Bewegung des Unwetters in einer Minute. Geben Sie eine Gleichung der Ebene E an, und untersuchen Sie die gegenseitige Lage von E und der Flugbahn des Flugzeugs
   h) Geben Sie eine Ebenenschar an, die die Grenze der Schlechtwetterfront in Abhängigkeit von der Zeit t (in Minuten) beschreibt. Untersuchen Sie, ob die Passagiere des Flugzeugs während des Landeanflugs mit Turbulenzen rechnen müssen.

Prüfen Sie Ihr neues Fundament

Lösungen
↗ **S. 298/299**

1. Bringen Sie das LGS auf die ZSF und geben Sie die Lösungsmenge an.

a) $\left|\begin{array}{rcl} x_1 - 2x_2 + x_3 &=& 4 \\ 2x_1 + x_2 - x_3 &=& 7 \\ -3x_1 - x_2 + 4x_3 &=& -5 \end{array}\right|$ b) $\left|\begin{array}{rcl} 2x_1 - 4x_2 + x_3 - 6x_4 &=& 1 \\ 6x_1 - 4x_2 - 5x_3 + 2x_4 &=& -1 \\ -2x_1 + 2x_2 + x_3 + x_4 &=& 2 \end{array}\right|$ c) $\left|\begin{array}{rcl} 2x_1 + 4x_2 + 6x_3 &=& 2 \\ 2x_1 + 2x_2 + 9x_3 &=& 3 \\ 4x_1 + 10x_2 + 9x_3 &=& 3 \\ 4x_1 + 6x_2 + 15x_3 &=& 5 \end{array}\right|$

2. Die Gleichung der Geraden h ist gegeben durch $\vec{x} = \begin{pmatrix} 2 \\ 1 \\ 1 \end{pmatrix} + r\begin{pmatrix} 1 \\ 1 \\ 0 \end{pmatrix}$.

a) Geben Sie die Koordinaten zweier Punkte an, die auf h liegen.
b) Untersuchen Sie, ob die Punkte $P(0\,|\,-1\,|\,1)$ und $Q(3\,|\,3\,|\,-1)$ auf h liegen.
c) Berechnen Sie die Koordinaten der Spurpunkte von h.
d) Beschreiben Sie die besondere Lage von h bezüglich der Koordinatenebenen.

3. Gegeben sind die Punkte $A(-2\,|\,1\,|\,0)$ und $B(3\,|\,4\,|\,5)$.

a) Geben Sie eine Parametergleichung der Strecke $\overline{AB}$ an.
b) Ermitteln Sie die Länge der Strecke $\overline{AB}$.
c) Bestimmen Sie die Koordinaten des Mittelpunktes M der Strecke $\overline{AB}$.

4. Ermitteln Sie die gegenseitige Lage der Geraden g: $\vec{x} = \begin{pmatrix} 1 \\ -2 \\ 4 \end{pmatrix} + r\begin{pmatrix} 3 \\ 1 \\ 0 \end{pmatrix}$ und h.

Berechnen Sie gegebenenfalls den Schnittpunkt von g und h.

a) h: $\vec{x} = \begin{pmatrix} 8 \\ 1 \\ 2 \end{pmatrix} + s\begin{pmatrix} 1 \\ 1 \\ -2 \end{pmatrix}$ b) h: $\vec{x} = \begin{pmatrix} -1 \\ 6 \\ 5 \end{pmatrix} + s\begin{pmatrix} 1 \\ 1 \\ 1 \end{pmatrix}$ c) h: $\vec{x} = \begin{pmatrix} 2 \\ 0 \\ 4 \end{pmatrix} + s\begin{pmatrix} -6 \\ -2 \\ 0 \end{pmatrix}$

5. Gegeben ist der Vektor $\vec{a} = \begin{pmatrix} 4 \\ 2 \\ 1 \end{pmatrix}$.

a) Bestimmen Sie einen Vektor $\vec{b}$, sodass $\vec{a}$ und $\vec{b}$ senkrecht zueinander sind.
b) Ermitteln Sie einen dritten Vektor $\vec{c}$, der sowohl zu $\vec{a}$ als auch zu $\vec{b}$ orthogonal ist.

6. Die Punkte $P_t(-t\,|\,3+t\,|\,3)$ mit $t \in \mathbb{R}$ liegen auf einer Geraden g.

a) Geben Sie eine Parametergleichung für die Gerade g an und beschreiben Sie die Lage dieser Geraden im Koordinatensystem.
b) Geben Sie je eine Parametergleichung einer Geraden h an, die
① parallel, aber nicht identisch zu g ist,
② genau einen Schnittpunkt mit g hat,
③ windschief zu g ist.

7. a) Begründen Sie, dass $P(-1\,|\,0\,|\,0)$, $Q(0\,|\,3\,|\,0)$ und $R(0\,|\,0\,|\,2)$ eine Ebene E festlegen.

b) Beurteilen Sie, ob die folgenden Parametergleichungen zu E gehören ($s, t \in \mathbb{R}$).

① $\vec{x} = \begin{pmatrix} -1 \\ 0 \\ 0 \end{pmatrix} + s\begin{pmatrix} 1 \\ 3 \\ 0 \end{pmatrix} + t\begin{pmatrix} 1 \\ 0 \\ 2 \end{pmatrix}$ ② $\vec{x} = \begin{pmatrix} -2 \\ 0 \\ -4 \end{pmatrix} + s\begin{pmatrix} 1 \\ 0 \\ 2 \end{pmatrix} + t\begin{pmatrix} 0 \\ -3 \\ 2 \end{pmatrix}$

c) Geben Sie eine weitere Parametergleichung für E an.
d) Geben Sie eine Normalen- und eine Koordinatengleichung für E an.

8. Ermitteln Sie die gegenseitige Lage der Ebene E und der Geraden g. Berechnen Sie gegebenenfalls den Schnittpunkt.

a) E: $x_1 + x_2 - x_3 = 0$
g: $\vec{x} = \begin{pmatrix} 1 \\ 4 \\ -1 \end{pmatrix} + t\begin{pmatrix} 1 \\ 1 \\ -1 \end{pmatrix}$

b) E: $x_1 + x_2 - x_3 = 0$
g: $\vec{x} = \begin{pmatrix} 1 \\ 1 \\ 1 \end{pmatrix} + t\begin{pmatrix} 1 \\ 1 \\ 2 \end{pmatrix}$

c) E: $x_1 + x_2 - x_3 = 0$
g: $\vec{x} = \begin{pmatrix} 1 \\ 1 \\ 2 \end{pmatrix} + t\begin{pmatrix} 1 \\ 1 \\ 2 \end{pmatrix}$

Lösungen
↗ **S. 299**

9. Ermitteln Sie die gegenseitige Lage der Ebene E und der Geraden g. Berechnen Sie gegebenenfalls den Schnittpunkt.

$E: \vec{x} = \begin{pmatrix} 1 \\ 0 \\ 1 \end{pmatrix} + r\begin{pmatrix} 1 \\ 1 \\ 0 \end{pmatrix} + s\begin{pmatrix} 0 \\ 1 \\ 1 \end{pmatrix}$

a) $g: \vec{x} = \begin{pmatrix} 1 \\ 2 \\ 3 \end{pmatrix} + t\begin{pmatrix} 1 \\ 1 \\ 1 \end{pmatrix}$

b) $g: \vec{x} = \begin{pmatrix} 1 \\ 2 \\ 3 \end{pmatrix} + t\begin{pmatrix} 2 \\ 2 \\ 0 \end{pmatrix}$

c) g ist die x_1-Achse

d) g geht durch $A(4|0|0)$ und $B(0|0|4)$.

10. Untersuchen Sie die gegenseitige Lage der Ebenen $E_1: x_1 + x_2 - x_3 = 0$ und E_2. Geben Sie gegebenenfalls eine Gleichung der Schnittgeraden an.

a) $E_2: x_1 + x_2 - x_3 = 1$

b) $E_2: x_1 + x_2 - x_3 = x_1$

c) $E_2: \left(\vec{x} - \begin{pmatrix} 1 \\ 1 \\ 2 \end{pmatrix}\right) \cdot \begin{pmatrix} 1 \\ 1 \\ -1 \end{pmatrix} = 0$

d) $E_2: \vec{x} \cdot \begin{pmatrix} 2 \\ -1 \\ 1 \end{pmatrix} = 3$

e) $E_2: \vec{x} = \begin{pmatrix} 1 \\ -1 \\ -1 \end{pmatrix} + r\begin{pmatrix} 2 \\ -1 \\ 1 \end{pmatrix} + s\begin{pmatrix} 1 \\ 3 \\ 4 \end{pmatrix}$

f) $E_2: \vec{x} = \begin{pmatrix} -4 \\ -1 \\ 7 \end{pmatrix} + r\begin{pmatrix} 2 \\ 1 \\ -3 \end{pmatrix} + s\begin{pmatrix} -3 \\ -1 \\ 5 \end{pmatrix}$

g) Geben Sie eine Parametergleichung für E_1 an und lösen Sie dann e) und f) durch Gleichsetzen zweier Parameterformen.

11. Untersuchen Sie die gegenseitige Lage der Ebenen E_1 und E_2. Geben Sie gegebenenfalls eine Gleichung der Schnittgeraden an.

$E_1: \vec{x} = \begin{pmatrix} 0 \\ 1 \\ 0 \end{pmatrix} + r\begin{pmatrix} 1 \\ 0 \\ 0 \end{pmatrix} + s\begin{pmatrix} 0 \\ 0 \\ 1 \end{pmatrix}$

a) $E_2: \vec{x} = \begin{pmatrix} 1 \\ 0 \\ 0 \end{pmatrix} + k\begin{pmatrix} 1 \\ 1 \\ 0 \end{pmatrix} + l\begin{pmatrix} 0 \\ 1 \\ 1 \end{pmatrix}$

b) $E_2: \vec{x} = \begin{pmatrix} 1 \\ 0 \\ 1 \end{pmatrix} + k\begin{pmatrix} 1 \\ 0 \\ -1 \end{pmatrix} + l\begin{pmatrix} 1 \\ 0 \\ 1 \end{pmatrix}$

c) E_2 enthält den Punkt $P(1|-3|0)$ und steht senkrecht $g: \vec{x} = \begin{pmatrix} 9 \\ 4 \\ -7 \end{pmatrix} + t\begin{pmatrix} -4 \\ 1 \\ 2 \end{pmatrix}$.

12. Gegeben ist die Ebenenschar $E_a: 2ax_1 - 4ax_2 + (a-1)x_3 = 6, a \in \mathbb{R}$.

a) Zeigen Sie, dass sich alle Scharebenen in einer gemeinsamen Geraden g schneiden.

b) Prüfen Sie, ob die Ebene $F: -x_1 + 2x_2 + x_3 = -9$ zur Ebenenschar E_a gehört.

c) Ermitteln Sie, welche Scharebene parallel zur x_1x_2-Ebene ist.

d) Bestimmen Sie, welche Ebene der Schar echt parallel zu $h: \vec{x} = \begin{pmatrix} -3 \\ 5 \\ 0 \end{pmatrix} + t\begin{pmatrix} -1 \\ 1 \\ 2 \end{pmatrix}$ liegt.

13. Ein quadratisches Sonnensegel ist 2 m parallel über dem ebenen Boden angebracht. Vereinfachend wird angenommen, dass das Sonnensegel eine ebene Fläche bildet. Die Eckpunkte des Sonnensegels seien $A(0|-2|2)$, $B(2|-2|2)$, $C(2|0|2)$ und $D(0|0|2)$.
Die parallelen Sonnenstrahlen haben die Richtung $\begin{pmatrix} -6 \\ 4 \\ -2 \end{pmatrix}$.

a) Ermitteln Sie die Koordinaten der Schattenpunkte A′, B′, C′ und D′ auf dem Erdboden.

b) Beschreiben Sie die Gestalt des Schattens des Sonnensegels.

c) Ermitteln Sie den Inhalt der Schattenfläche.

Zusammenfassung

Parametergleichung einer Geraden

Parametergleichung:
g: $\vec{x} = \overrightarrow{OA} + r \cdot \vec{u} \quad (r \in \mathbb{R})$

$\overrightarrow{OA}$ ist ein **Stützvektor** der Geraden und $\vec{u}$ ein **Richtungsvektor**.

Die Gerade g enthält die Punkte A(1 | 1 | 3) und B(−1 | 5 | 1).

Stützvektor: $\overrightarrow{OA}$ Richtungsvektor: $\overrightarrow{AB}$

Geradengleichung: g_{AB}: $\vec{x} = \begin{pmatrix} 1 \\ 1 \\ 3 \end{pmatrix} + r\begin{pmatrix} -2 \\ 4 \\ -2 \end{pmatrix}$

Skalarprodukt und orthogonale Vektoren

Für Vektoren $\vec{a}$ und $\vec{b}$ heißt
$$\vec{a} \cdot \vec{b} = \begin{pmatrix} a_1 \\ a_2 \\ a_3 \end{pmatrix} \cdot \begin{pmatrix} b_1 \\ b_2 \\ b_3 \end{pmatrix} = a_1b_1 + a_2b_2 + a_3b_3$$
das **Skalarprodukt** von $\vec{a}$ und $\vec{b}$.

Zwei Vektoren $\vec{a} \neq \vec{0}$ und $\vec{b} \neq \vec{0}$ sind genau dann zueinander **orthogonal** (senkrecht), wenn ihr Skalarprodukt null ist.

Gegeben: $\vec{a} = \begin{pmatrix} 7 \\ -3 \\ 5 \end{pmatrix}$ und $\vec{b} = \begin{pmatrix} 2 \\ 8 \\ 2 \end{pmatrix}$

$$\vec{a} \cdot \vec{b} = \begin{pmatrix} 7 \\ -3 \\ 5 \end{pmatrix} \cdot \begin{pmatrix} 2 \\ 8 \\ 2 \end{pmatrix} = 14 - 24 + 10 = 0$$

$\vec{a}$ ist orthogonal zu $\vec{b}$.

Vektorprodukt

$$\vec{a} \times \vec{b} = \begin{pmatrix} a_1 \\ a_2 \\ a_3 \end{pmatrix} \times \begin{pmatrix} b_1 \\ b_2 \\ b_3 \end{pmatrix} = \begin{pmatrix} a_2b_3 - a_3b_2 \\ a_3b_1 - a_1b_3 \\ a_1b_2 - a_2b_1 \end{pmatrix}$$ heißt
Vektorprodukt von $\vec{a}$ und $\vec{b}$.
Sind $\vec{a} \neq \vec{0}$ und $\vec{b} \neq \vec{0}$ nicht kollinear, so ist der Vektor $\vec{a} \times \vec{b}$ orthogonal zu $\vec{a}$ und zu $\vec{b}$.

$$\begin{pmatrix} 3 \\ 2 \\ -4 \end{pmatrix} \times \begin{pmatrix} 1 \\ -2 \\ 2 \end{pmatrix} = \begin{pmatrix} 2 \cdot 2 - (-4) \cdot (-2) \\ (-4) \cdot 1 - 3 \cdot 2 \\ 3 \cdot (-2) - 2 \cdot 1 \end{pmatrix} = \begin{pmatrix} -4 \\ -10 \\ -8 \end{pmatrix}$$

$$\begin{pmatrix} 3 \\ 2 \\ -4 \end{pmatrix} \cdot \begin{pmatrix} -4 \\ -10 \\ -8 \end{pmatrix} = 0 \text{ und } \begin{pmatrix} 1 \\ -2 \\ 2 \end{pmatrix} \cdot \begin{pmatrix} -4 \\ -10 \\ -8 \end{pmatrix} = 0$$

Ebenengleichungen

Parametergleichung:
E: $\vec{x} = \overrightarrow{OA} + r \cdot \vec{u} + s \cdot \vec{v} \quad (r, s \in \mathbb{R})$

$\overrightarrow{OA}$ ist ein **Stützvektor** der Ebene; $\vec{u}$ und $\vec{v}$ sind nicht kollineare **Richtungsvektoren**.

Normalengleichung:
E: $(\vec{x} - \overrightarrow{OA}) \cdot \vec{n} = 0$

$\overrightarrow{OA}$ ist ein **Stützvektor** der Ebene; $\vec{n}$ ist ein **Normalenvektor** von E, d.h. orthogonal zu den Richtungsvektoren von E.

Koordinatengleichung:
E: $ax_1 + bx_2 + cx_3 = e$
a, b, c sind die Koordinaten von $\vec{n}$ und e ist das Skalarprodukt von $\vec{n}$ mit einem beliebigen Stützvektor von E.

Die Ebene E enthält die Punkte A(1 | −5 | 1), B(3 | 1 | 0) und C(0 | 4 | −8).
$\overrightarrow{AB}$ und $\overrightarrow{AC}$ sind nicht kollinear.

Parametergleichung:
$$E: \vec{x} = \begin{pmatrix} 1 \\ -5 \\ 1 \end{pmatrix} + r\begin{pmatrix} 2 \\ 6 \\ -1 \end{pmatrix} + s\begin{pmatrix} -1 \\ 9 \\ -9 \end{pmatrix}$$

Normalenvektor: $\vec{n} = \begin{pmatrix} 2 \\ 6 \\ -1 \end{pmatrix} \times \begin{pmatrix} -1 \\ 9 \\ 9 \end{pmatrix} = \begin{pmatrix} -45 \\ 19 \\ 24 \end{pmatrix}$

Normalengleichung:
$$E: \left(\vec{x} - \begin{pmatrix} 1 \\ -5 \\ 1 \end{pmatrix}\right) \cdot \begin{pmatrix} -45 \\ 19 \\ 24 \end{pmatrix} = 0$$

Koordinatengleichung:
E: $-45x_1 + 19x_2 + 24x_3 = -116$

Lagebeziehungen

Ausschlaggebend für die Lagebeziehung sind die Richtungs- bzw. Normalenvektoren.

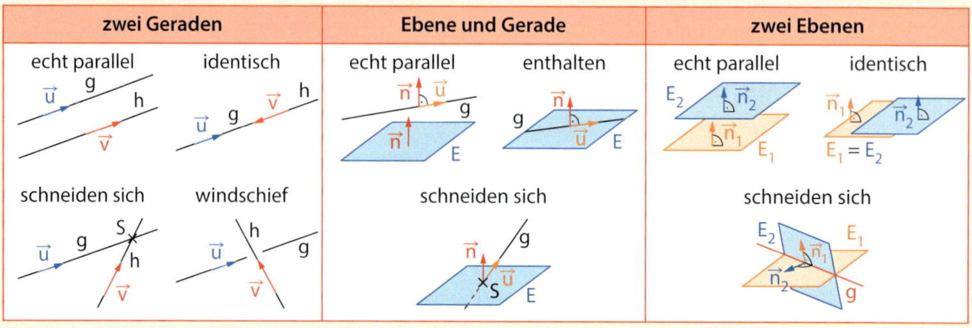

3. Winkel und Abstände

Für den Brandschutz ist der Abstand von verschiedenen Objekten zueinander entscheidend. Möchte man zum Beispiel Leuchtstoffröhren in einer Bibliothek einbauen, so muss ein Mindestabstand der sich erhitzenden Röhren zu den leicht entflammbaren Büchern in den Bücherregalen an jedem Punkt der Röhre und zu jedem Regal gewährleistet sein.

Nach diesem Kapitel können Sie …

- Winkel zwischen Vektoren, Strecken, Geraden und Ebenen in der Ebene und im Raum bestimmen,
- Abstände im Raum mithilfe des Lotfußpunktverfahrens und der Hesse'schen Normalenformen bestimmen

Lösungen
↗ S. 300

Sinus und Kosinus

1. Gegeben ist ein rechtwinkliges Dreieck ABC.

a) Stellen Sie Gleichungen für $\sin(\alpha)$ und $\sin(\beta)$ sowie für $\cos(\alpha)$ und $\cos(\beta)$ auf.

b) Es gilt $\alpha = 35°$ und $c = 5\,cm$. Berechnen Sie mit dem Sinus die Längen von a und b.

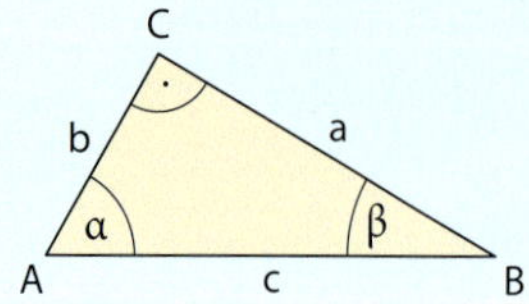

c) Es gilt $\alpha = 60°$ und $b = 3\,cm$. Berechnen Sie mit dem Kosinus die Längen von a und c.

2. Die Zeichnung zeigt einen Einheitskreis, in dem ein Winkel α im Ursprung abgetragen wurde.

a) Erklären Sie, wie die Werte $\sin(\alpha)$ und $\cos(\alpha)$ damit ermittelt werden können. Lesen Sie die Werte näherungsweise ab.

b) Beschreiben Sie, wie die Lage des Punktes P das Vorzeichen der Werte $\sin(\alpha)$ und $\cos(\alpha)$ bestimmt. Geben Sie für alle vier Quadranten die Vorzeichen von $\sin(\alpha)$ und $\cos(\alpha)$ an.

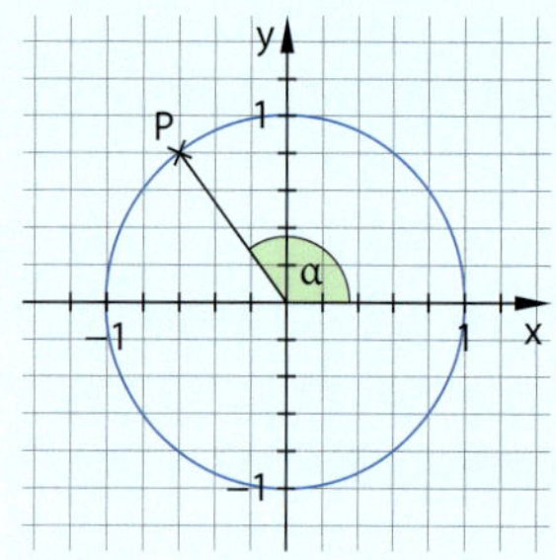

3. Geben Sie ohne Rechnung die Vorzeichen von $\sin(\alpha)$ und $\cos(\alpha)$ an.

a) $\alpha = 205°$ b) $\alpha = 67°$ c) $\alpha = 290°$ d) $\alpha = 103°$

4. Betrachten Sie die Graphen der Funktionen f und g mit $f(x) = \sin(x)$ und $g(x) = \cos(x)$ im Intervall $[0; 2\pi]$.

a) Geben Sie alle Nullstellen und Extrempunkte von f und g an.

b) Geben Sie die Teilintervalle an, in denen die Graphen monoton fallen bzw. steigen.

c) Skizzieren Sie die Graphen auf dem Intervall $[0; 2\pi]$.

Satz des Pythagoras

5. Zeichnen Sie eine Planfigur und berechnen Sie die dritte Seitenlänge des Dreiecks.

a) $a = 8\,cm$, $b = 15\,cm$, $\gamma = 90°$

b) $a = 1{,}3\,m$, $b = 1{,}2\,m$, $\alpha = 90°$

c) $b = 60\,mm$, $c = 4{,}8\,cm$, $\beta = 90°$

6. Entscheiden Sie, ob das Dreieck mit den Seiten a, b und c rechtwinklig ist. Wenn ja, geben Sie die Hypotenuse und den rechten Winkel an.

a) $a = 2{,}9\,cm$, $b = 2{,}1\,cm$, $c = 2{,}0\,cm$

b) $a = 4{,}8\,cm$, $b = 2{,}0\,cm$, $c = 1{,}5\,cm$

c) $a = 80\,dm$, $b = 10\,m$, $c = 6\,m$

7. Berechnen Sie die Längen der rot markierten Strecken.

a) Prisma

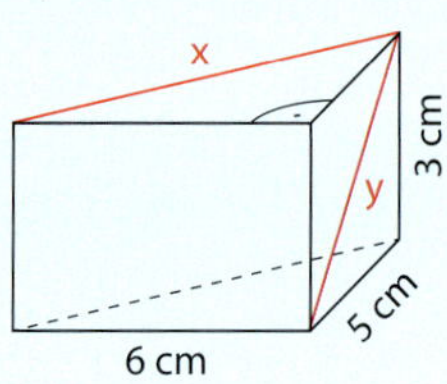

b) Zylinder

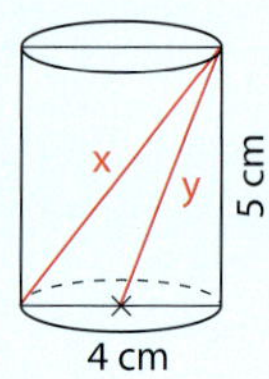

c) Prisma

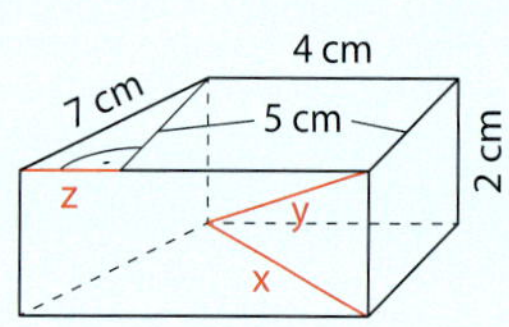

Flächen- und Volumenberechnungen

Lösungen
↗ S. 300/301

8. Berechnen Sie den Flächeninhalt der Figur. Entnehmen Sie die erforderlichen Daten der Zeichnung.

a) 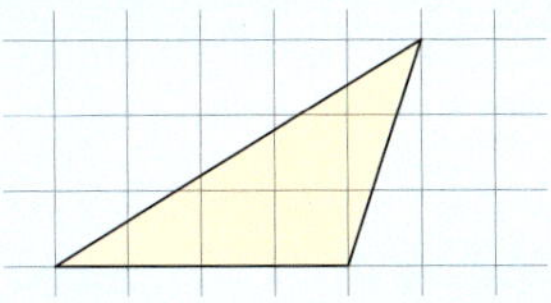

b) 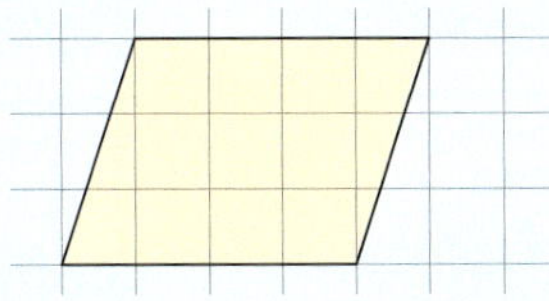

c) 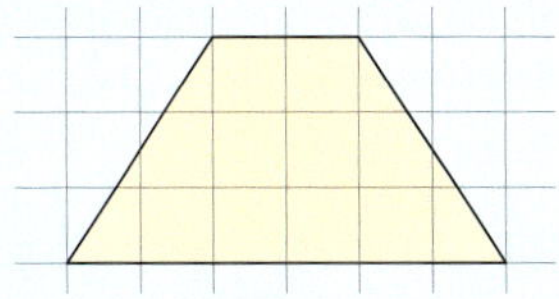

9. Berechnen Sie das Volumen und den Oberflächeninhalt des Körpers.

a) 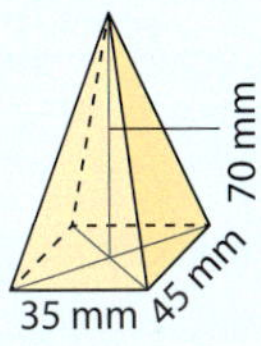

b) 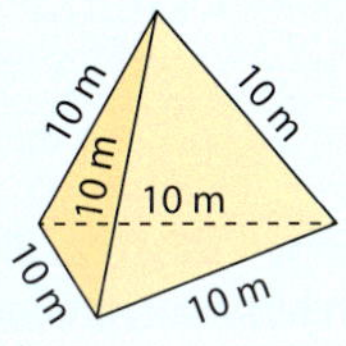

c) 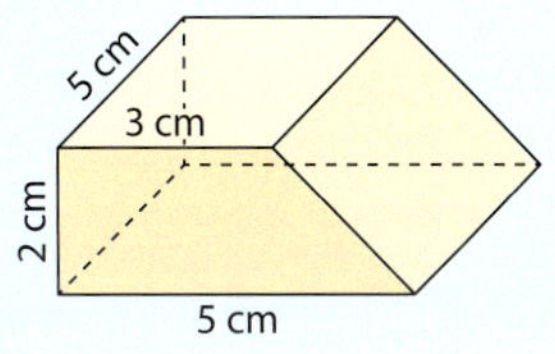

10. Berechnen Sie das Volumen und den Oberflächeninhalt des Körpers (Angaben in mm).

a) 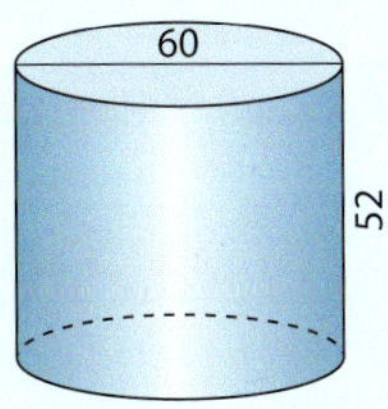

b) 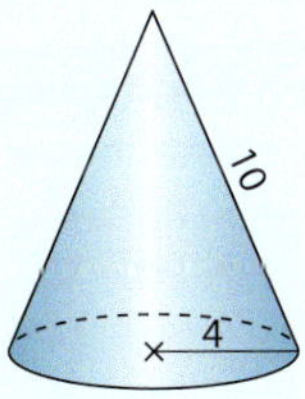

c) 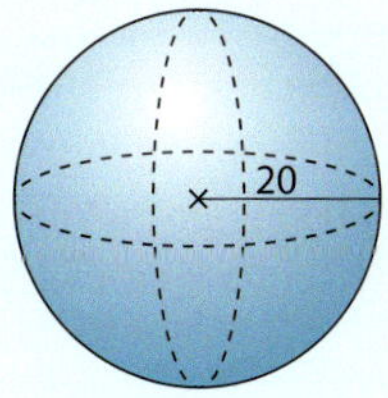

11. Berechnen Sie das Volumen und den Oberflächeninhalt des Körpers (Angaben in mm).

a) 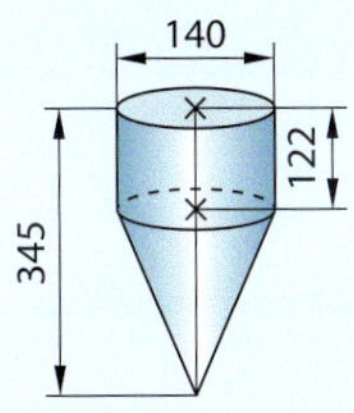

b) 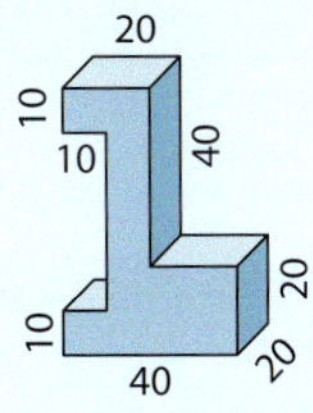

c) 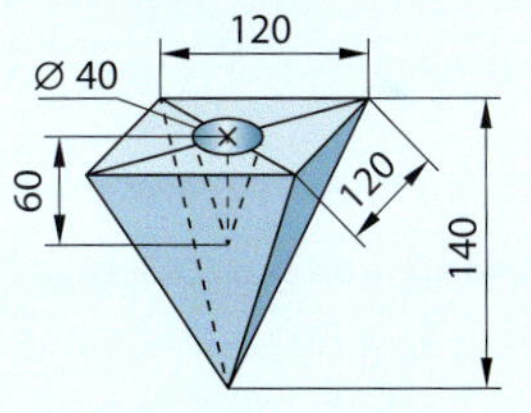

12. Die Abbildung zeigt die schematische Darstellung eines Zementsilos.
   a) Ermitteln Sie, wie viele Tonnen Zement mit einer spezifischen Dichte $\rho = 1{,}9\,\frac{g}{cm^3}$ das Silo maximal fasst.
   b) Das Silo soll von außen angestrichen werden. Die vier Standfüße werden dabei ausgelassen. Ein Liter Farbe reicht für $4\,m^2$. Berechnen Sie, wie viele Liter Farbe für den Anstrich benötigt werden.

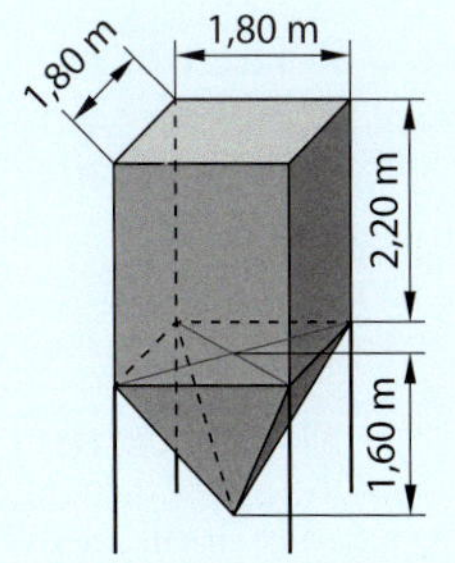

13. Zeigen Sie, dass das Viereck ABCD mit A(-1|-2|1), B(1|4|1), C(-5|6|4) und D(-7|0|4) ein Rechteck ist. Berechnen Sie seinen Flächeninhalt.

14. Gegeben ist das Dreieck ABC mit A(5|6|-1), B(1|8|-1) und C(1|3|4).
   a) Weisen Sie nach, dass das Dreieck gleichschenklig, aber nicht gleichseitig ist.
   b) Berechnen Sie Flächeninhalt des Dreiecks mithilfe des Satzes des Pythagoras.

3.1 Winkel zwischen Vektoren und Geraden

■ Im zweidimensionalen Koordinatensystem sei α der Winkel zwischen den Vektoren $\vec{a}$ und $\vec{b}$ aus der Abbildung. Die x_2-Koordinate von $\vec{a}$ ist also gleich 0.

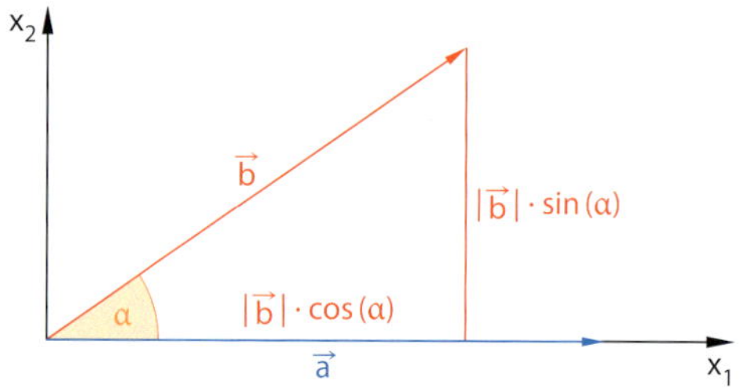

a) Begründen Sie, dass $\vec{b} = \begin{pmatrix} |\vec{b}|\cos(\alpha) \\ |\vec{b}|\sin(\alpha) \end{pmatrix}$ und $\vec{a} = \begin{pmatrix} |\vec{a}| \\ 0 \end{pmatrix}$ gilt, und berechnen Sie das Skalarprodukt $\vec{a} \cdot \vec{b}$.

b) Es sei α der Winkel zwischen $\vec{a} = \begin{pmatrix} 6 \\ 0 \end{pmatrix}$ und $\vec{b} = \begin{pmatrix} 2 \\ 3 \end{pmatrix}$. Berechnen Sie $\cos(\alpha)$ mithilfe der in a) gewonnenen Formel für $\vec{a} \cdot \vec{b}$. Geben Sie die Größe dieses Winkels an. Überprüfen Sie Ihr Ergebnis an einer Skizze. ■

Neben der Prüfung auf Orthogonalität können mit dem Skalarprodukt allgemein Winkel zwischen Vektoren, Geraden und Strecken untersucht werden.

Winkel zwischen zwei Vektoren

Hinweis:
Im Gegensatz zur Einstiegsaufgabe sind $\vec{a}$ und $\vec{b}$ hier zwei beliebige Vektoren im Raum oder in der Ebene.

Stellt man die Vektorpfeile von zwei Vektoren $\vec{a}$ und $\vec{b}$ von einem gemeinsamen Punkt ausgehend dar, entstehen zwei Winkel. Den kleineren Winkel a bezeichnet man als den **Winkel zwischen den Vektoren** $\vec{a}$ und $\vec{b}$.

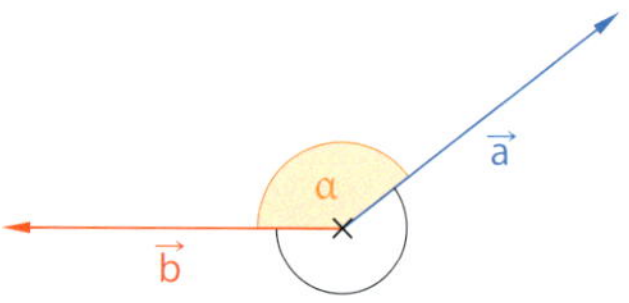

Für kollineare Vektoren $\vec{a}$ und $\vec{b}$, welche in die gleiche Richtung zeigen, ist $\vec{b} = r \cdot \vec{a}$ mit $r > 0$ und es gilt: $|\vec{b}| = |r \cdot \vec{a}| = r \cdot |\vec{a}|$
Es folgt: $\vec{a} \cdot \vec{b} = \vec{a} \cdot (r \cdot \vec{a}) = r \cdot (\vec{a} \cdot \vec{a}) = r \cdot |\vec{a}|^2 = |\vec{a}| \cdot (r \cdot |\vec{a}|) = |\vec{a}| \cdot |\vec{b}|$

Ist der Winkel α zwischen zwei Vektoren $\vec{a}$ und $\vec{b}$ kleiner als 90°, so kann man $\vec{b}$ in einen zu $\vec{a}$ parallelen Vektor $\vec{b_p}$ und einen zu $\vec{a}$ orthogonalen Vektor $\vec{b_o}$ zerlegen: $\vec{b} = \vec{b_p} + \vec{b_o}$

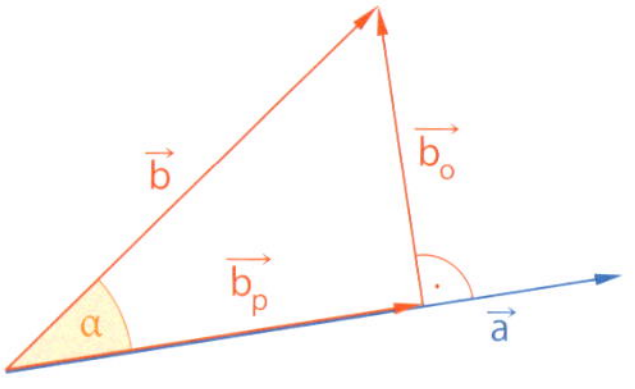

Es folgt:

$$
\begin{aligned}
\vec{a} \cdot \vec{b} &= \vec{a} \cdot \left(\vec{b_p} + \vec{b_o}\right) && |\ \text{Distributivgesetz} \\
&= \vec{a} \cdot \vec{b_p} + \vec{a} \cdot \vec{b_o} && |\ \vec{a} \cdot \vec{b_o} = 0\text{, da orthogonal} \\
&= \vec{a} \cdot \vec{b_p} && |\ \vec{a} \text{ und } \vec{b_p} \text{ zeigen in die gleiche Richtung.} \\
&= |\vec{a}| \cdot |\vec{b_p}| && |\ \cos(\alpha) = \frac{|\vec{b_p}|}{|\vec{b}|}\text{, also } |\vec{b_p}| = |\vec{b}| \cdot \cos(\alpha) \\
&= |\vec{a}| \cdot |\vec{b}| \cdot \cos(\alpha)
\end{aligned}
$$

Man kann in ähnlicher Weise zeigen, dass diese Formel für das Skalarprodukt zweier Vektoren auch für die Fälle $\alpha = 0°$, $\alpha = 90°$, $\alpha = 180°$ und für $90° < \alpha < 180°$ gilt.

Hinweis:
Beachten Sie, dass der Malpunkt verschiedene Bedeutungen hat, je nachdem ob die Faktoren reelle Zahlen oder Vektoren sind.

Wissen: Winkel zwischen zwei Vektoren
Für den Winkel α zwischen zwei Vektoren $\vec{a} \neq \vec{0}$ und $\vec{b} \neq \vec{0}$ gilt:

$\vec{a} \cdot \vec{b} = |\vec{a}| \cdot |\vec{b}| \cdot \cos(\alpha)$ bzw. $\cos(\alpha) = \frac{\vec{a} \cdot \vec{b}}{|\vec{a}| \cdot |\vec{b}|}$ $(0° \leq \alpha \leq 180°)$

Beispiel 1: Berechnen Sie den Winkel zwischen $\vec{a} = \begin{pmatrix} -2 \\ 6 \\ 4 \end{pmatrix}$ und $\vec{b} = \begin{pmatrix} 3 \\ 1 \\ -1 \end{pmatrix}$.

Lösung:

In der Formel für $\cos(\alpha)$ steht im Zähler das Skalarprodukt von $\vec{a}$ und $\vec{b}$. Das Produkt der Beträge im Nenner ist das Produkt zweier Wurzeln.

Berechnen Sie mit dem Taschenrechner einen Näherungswert für $\cos(\alpha)$.

Mit der Taste $\cos^{-1}$ erhalten Sie den Wert des Winkels zwischen $\vec{a}$ und $\vec{b}$.

$$\cos(\alpha) = \frac{\vec{a} \cdot \vec{b}}{|\vec{a}| \cdot |\vec{b}|} = \frac{\begin{pmatrix} -2 \\ 6 \\ 4 \end{pmatrix} \cdot \begin{pmatrix} 3 \\ 1 \\ -1 \end{pmatrix}}{\sqrt{(-2)^2 + 6^2 + 4^2} \cdot \sqrt{3^2 + 1^2 + (-1)^2}}$$

$$= \frac{-6 + 6 - 4}{\sqrt{56} \cdot \sqrt{11}}$$

$$= \frac{-4}{\sqrt{56} \cdot \sqrt{11}} \approx -0{,}161$$

$$\alpha \approx \cos^{-1}(-0{,}161) \approx 99{,}3°$$

Hinweis:
Achten Sie darauf, dass das Winkelmaß Ihres Taschenrechners auf DEG (Grad) eingestellt ist.

Basisaufgaben

1. Berechnen Sie das Skalarprodukt der Vektoren $\vec{a}$ und $\vec{b}$. Berechnen Sie anschließend den Winkel, den die beiden Vektoren einschließen.

   a) $\vec{a} = \begin{pmatrix} 2 \\ 4 \\ 1 \end{pmatrix}$ $\vec{b} = \begin{pmatrix} 1 \\ 3 \\ 0 \end{pmatrix}$ b) $\vec{a} = \begin{pmatrix} -4 \\ 7 \\ -2 \end{pmatrix}$ $\vec{b} = \begin{pmatrix} 1 \\ -6 \\ -3 \end{pmatrix}$

   c) $\vec{a} = \begin{pmatrix} 3 \\ 6 \\ 5 \end{pmatrix}$ $\vec{b} = \begin{pmatrix} -2 \\ -4 \\ -7 \end{pmatrix}$ d) $\vec{a} = \begin{pmatrix} 4 \\ 0 \\ -8 \end{pmatrix}$ $\vec{b} = \begin{pmatrix} 1 \\ 1 \\ 1 \end{pmatrix}$

2. Zeichnen Sie je einen Vektorpfeil von $\vec{a}$ und $\vec{b}$ von einem gemeinsamen Punkt ausgehend in ein zweidimensionales Koordinatensystem. Schätzen und messen Sie den Winkel zwischen den Pfeilen. Kontrollieren Sie rechnerisch.

   a) $\vec{a} = \begin{pmatrix} 6 \\ 1 \end{pmatrix}; \vec{b} = \begin{pmatrix} 3 \\ 5 \end{pmatrix}$ b) $\vec{a} = \begin{pmatrix} 6 \\ 0 \end{pmatrix}; \vec{b} = \begin{pmatrix} 4 \\ 6 \end{pmatrix}$ c) $\vec{a} = \begin{pmatrix} 5 \\ 2 \end{pmatrix}; \vec{b} = \begin{pmatrix} -3 \\ 4 \end{pmatrix}$ d) $\vec{a} = \begin{pmatrix} 5 \\ 2 \end{pmatrix}; \vec{b} = \begin{pmatrix} 2 \\ -5 \end{pmatrix}$

3. a) Berechnen Sie den Winkel zwischen den Vektoren $\vec{a} = \begin{pmatrix} -4 \\ 0 \\ -3 \end{pmatrix}$ und $\vec{b} = \begin{pmatrix} 2 \\ 4 \\ 1 \end{pmatrix}$.

   b) Überlegen Sie anhand einer Skizze, wie groß der Winkel zwischen den folgenden Vektoren ist. Kontrollieren Sie durch eine Rechnung.
   ① $2\vec{a}$ und $2\vec{b}$ ② $\vec{a}$ und $-\vec{b}$ ③ $-\vec{a}$ und $\vec{b}$ ④ $-\vec{a}$ und $-\vec{b}$

4. a) Begründen Sie: Ist das Skalarprodukt zweier Vektoren größer als 0, so ist der Winkel zwischen ihnen ein spitzer Winkel. Ist das Skalarprodukt kleiner als 0, so ist der Winkel zwischen den Vektoren ein stumpfer Winkel.

   b) Sandra meint: *„Je größer der Winkel zwischen zwei Vektoren gleicher Länge ist, desto kleiner ist ihr Skalarprodukt.“* Entscheiden Sie begründet, ob Sandra recht hat.

Erinnerung:
$\cos(\alpha)$ am Einheitskreis:

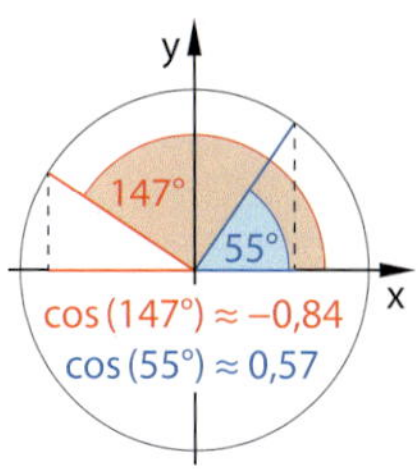

5. Geben Sie anhand des Skalarprodukts an, ob der Winkel zwischen $\vec{a}$ und $\vec{b}$ spitz oder stumpf ist.

   a) $\vec{a} = \begin{pmatrix} 2 \\ -3 \\ 4 \end{pmatrix}$ $\vec{b} = \begin{pmatrix} 1 \\ -6 \\ -2 \end{pmatrix}$ b) $\vec{a} = \begin{pmatrix} -3 \\ 4 \\ 1 \end{pmatrix}$ $\vec{b} = \begin{pmatrix} 5 \\ 2 \\ 1 \end{pmatrix}$

6. Geben Sie die Koordinaten zweier dreidimensionaler Vektoren $\vec{a}$ und $\vec{b}$ an, für die gilt:

   a) $\vec{a} \cdot \vec{b} = |\vec{a}| \cdot |\vec{b}|$ b) $\vec{a} \cdot \vec{b} = -|\vec{a}| \cdot |\vec{b}|$

7. Formulieren Sie einen Satz über das Skalarprodukt $\vec{a} \cdot \vec{b}$, wenn $\vec{a}$ und $\vec{b}$ kollinear sind. Unterscheiden Sie dabei die Fälle $\alpha = 0°$ und $\alpha = 180°$.

Winkel zwischen zwei Geraden

Als Winkel γ zwischen zwei sich schneidenden Geraden bezeichnet man den kleineren Winkel an der Geradenkreuzung.
Bei jeder Orientierung der Richtungsvektoren $\vec{u}$ und $\vec{v}$ gilt $\cos(\gamma) = |\cos(\alpha)|$.

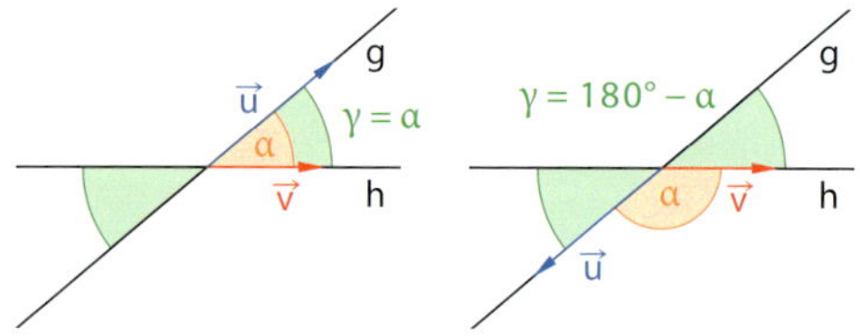

Also gilt für den Winkel zwischen den Geraden: $\cos(\gamma) = \frac{|\vec{u} \cdot \vec{v}|}{|\vec{u}| \cdot |\vec{v}|}$

Beispiel 2: Bestimmen Sie den Winkel zwischen den sich schneidenden Geraden
$g\colon \vec{x} = \begin{pmatrix} -7 \\ 1 \\ 0 \end{pmatrix} + r\begin{pmatrix} 5 \\ -1 \\ 2 \end{pmatrix}$ und $h\colon \vec{x} = \begin{pmatrix} 3 \\ -1 \\ 4 \end{pmatrix} + s\begin{pmatrix} -3 \\ -2 \\ 1 \end{pmatrix}$.

Lösung:
Setzen Sie die Richtungsvektoren in die obige Formel ein. Achten Sie darauf, im Zähler den Betrag zu nehmen.

$$\cos(\gamma) = \frac{\left|\begin{pmatrix} 5 \\ -1 \\ 2 \end{pmatrix} \cdot \begin{pmatrix} -3 \\ -2 \\ 1 \end{pmatrix}\right|}{\sqrt{30} \cdot \sqrt{14}} = \frac{|-11|}{\sqrt{30} \cdot \sqrt{14}} \approx 0{,}537$$

Wenden Sie $\cos^{-1}$ auf das Ergebnis an.

$$\gamma \approx \cos^{-1}(0{,}537) \approx 57{,}5°$$

Basisaufgaben

Lösungen zu 8:

128,72°
90°
75,04°
62°
180°

8. Bestimmen Sie den Winkel zwischen den sich schneidenden Geraden g und h.

a) $g\colon \vec{x} = \begin{pmatrix} 4 \\ -7 \\ -1 \end{pmatrix} + r\begin{pmatrix} 3 \\ 0 \\ -1 \end{pmatrix}$ $\quad h\colon \vec{x} = \begin{pmatrix} 5 \\ -9 \\ -8 \end{pmatrix} + s\begin{pmatrix} 1 \\ -2 \\ 1 \end{pmatrix}$

b) $g\colon \vec{x} = \begin{pmatrix} -1 \\ 7 \\ 1 \end{pmatrix} + r\begin{pmatrix} 8 \\ 1 \\ -2 \end{pmatrix}$ $\quad h\colon \vec{x} = \begin{pmatrix} -9 \\ 6 \\ 3 \end{pmatrix} + s\begin{pmatrix} -1 \\ 1 \\ 1 \end{pmatrix}$

c) $g\colon \vec{x} = \begin{pmatrix} -2 \\ 0 \\ 3 \end{pmatrix} + r\begin{pmatrix} 7 \\ -2 \\ 3 \end{pmatrix}$ $\quad h\colon \vec{x} = \begin{pmatrix} 0 \\ 4 \\ 1 \end{pmatrix} + s\begin{pmatrix} 1 \\ 2 \\ -1 \end{pmatrix}$

d) $g\colon \vec{x} = \begin{pmatrix} 4{,}2 \\ 1 \\ -0{,}3 \end{pmatrix} + r\begin{pmatrix} 2{,}1 \\ -3{,}1 \\ 1{,}6 \end{pmatrix}$ $\quad h\colon \vec{x} = \begin{pmatrix} 4{,}2 \\ 1 \\ -0{,}3 \end{pmatrix} + s\begin{pmatrix} -6{,}3 \\ 9{,}3 \\ -4{,}8 \end{pmatrix}$

9. Bestimmen Sie den Schnittpunkt und den Schnittwinkel der Geraden g und h.

a) $g\colon \vec{x} = \begin{pmatrix} 1 \\ -3 \\ -3 \end{pmatrix} + r\begin{pmatrix} 2 \\ 1 \\ -1 \end{pmatrix}$ $\quad h\colon \vec{x} = \begin{pmatrix} 0 \\ 0 \\ -8 \end{pmatrix} + s\begin{pmatrix} 3 \\ -2 \\ 4 \end{pmatrix}$

b) $g\colon \vec{x} = \begin{pmatrix} 1 \\ 0 \\ -2 \end{pmatrix} + r\begin{pmatrix} 1 \\ 3 \\ 0 \end{pmatrix}$ $\quad h\colon \vec{x} = \begin{pmatrix} 3 \\ 2 \\ 1 \end{pmatrix} + s\begin{pmatrix} 1 \\ -1 \\ 3 \end{pmatrix}$

10. Berechnen Sie die Seitenlängen und die Größen der Innenwinkel des Dreiecks ABC.
a) $A(2|-1)$, $B(-5|0)$, $C(-1|3)$ b) $A(5|-1|-3)$, $B(1|3|4)$, $C(5|-1|2)$

11. Es sei g die Flugbahn eines Flugzeugs beim Landeanflug und g′ die Landebahn des Flugzeugs in der x_1x_2-Ebene:
$g\colon \vec{x} = \begin{pmatrix} 20 \\ -40 \\ 30 \end{pmatrix} + t\begin{pmatrix} 50 \\ 10 \\ -3 \end{pmatrix}$ $\quad g'\colon \vec{x} = \begin{pmatrix} 20 \\ -40 \\ 0 \end{pmatrix} + s\begin{pmatrix} 50 \\ 10 \\ 0 \end{pmatrix}$
Berechnen Sie, mit welchem Winkel das Flugzeug auf die in der x_1x_2-Ebene liegende Landebahn auftreffen wird.

Weiterführende Aufgaben

12. α sei der Winkel zwischen $\vec{a}$ und $\vec{b}$. Prüfen Sie die Aussage.

a) Wenn $\vec{a} \cdot \vec{b} = |\vec{a}| \cdot |\vec{b}|$ für $\vec{a} \neq 0$ und $\vec{b} \neq 0$ gilt, dann sind $\vec{a}$ und $\vec{b}$ kollinear.

b) Wenn $\alpha > 90°$ ist, dann ist das Skalarprodukt $\vec{a} \cdot \vec{b}$ negativ.

c) Wenn $\vec{a}$ und $\vec{b}$ beide den Betrag 1 haben, so ist ihr Skalarprodukt gleich $\cos(\alpha)$.

d) Wenn $\vec{a} \cdot \vec{b} = \vec{a} \cdot \vec{c}$ für $\vec{a} \neq \vec{0}$ gilt, dann muss $\vec{b} = \vec{c}$ sein.

e) Es gilt $\vec{a} \cdot \vec{b} = \vec{b} \cdot \vec{a}$.

13. Stolperstelle: Mike berechnet zwei Innenwinkel des Dreiecks ABC mit $A(-2\,|\,1\,|\,3)$, $B(-5\,|\,5\,|\,4)$ und $C(3\,|\,2\,|\,1)$:

$$\cos(\alpha) = \frac{\overrightarrow{AB} \cdot \overrightarrow{AC}}{|\overrightarrow{AB}| \cdot |\overrightarrow{AC}|} = \frac{\begin{pmatrix}-3\\4\\1\end{pmatrix} \cdot \begin{pmatrix}5\\1\\-2\end{pmatrix}}{\sqrt{26} \cdot \sqrt{30}} \approx -0{,}47 \qquad \cos(\beta) = \frac{\overrightarrow{AB} \cdot \overrightarrow{BC}}{|\overrightarrow{AB}| \cdot |\overrightarrow{BC}|} = \frac{\begin{pmatrix}-3\\4\\1\end{pmatrix} \cdot \begin{pmatrix}8\\-3\\-3\end{pmatrix}}{\sqrt{26} \cdot \sqrt{82}} \approx -0{,}84$$

$$\alpha \approx 118° \qquad \beta \approx 147°$$

Erläutern Sie, warum Mikes Ergebnis nicht stimmen kann. Finden Sie den Fehler in seiner Rechnung und korrigieren Sie ihn.

14. Die Abbildung zeigt ein Haus mit einem Walmdach. Dabei ist M ist der Mittelpunkt der Strecke $\overline{AB}$.

a) Berechnen Sie die eingezeichneten Neigungswinkel der Dachflächen.

b) Es sei $S_a(0\,|\,-1\,|\,5 + a)$. Bestimmen Sie $a > 0$ so, dass der Winkel zwischen $\overrightarrow{MS_a}$ und $\overrightarrow{BC}$ 60° beträgt.

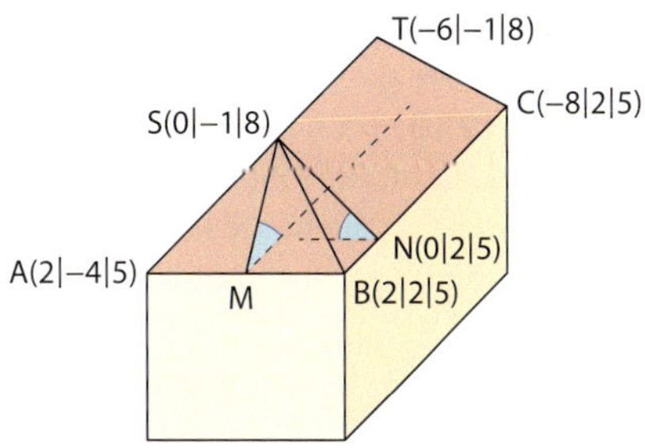

15. Zeigen Sie, dass die Vektoren $\vec{a}$, $\vec{b}$ und $\vec{c}$ einen Würfel aufspannen. Ermitteln Sie die Größen der Winkel, die von je zwei Raumdiagonalen des Würfels eingeschlossen werden.

a) $\vec{a} = \begin{pmatrix}4\\3\\0\end{pmatrix}, \vec{b} = \begin{pmatrix}-3\\4\\0\end{pmatrix}, \vec{c} = \begin{pmatrix}0\\0\\5\end{pmatrix}$

b) $\vec{a} = \begin{pmatrix}2\\-14\\5\end{pmatrix}, \vec{b} = \begin{pmatrix}11\\-2\\-10\end{pmatrix}, \vec{c} = \begin{pmatrix}-10\\-5\\-10\end{pmatrix}$

16. Ein Parallelepiped ist ein Körper mit 6 Parallelogrammen als Seitenflächen, bei dem gegenüberliegende Flächen zueinander kongruent sind. Die Vektoren $\overrightarrow{AB} = \begin{pmatrix}7\\24\\0\end{pmatrix}$, $\overrightarrow{AD} = \begin{pmatrix}-20\\12\\9\end{pmatrix}$ und $\overrightarrow{AE} = \begin{pmatrix}-12\\-15\\16\end{pmatrix}$ spannen vom Punkt $A(0\,|\,0\,|\,0)$ aus ein solches Parallelepiped auf.

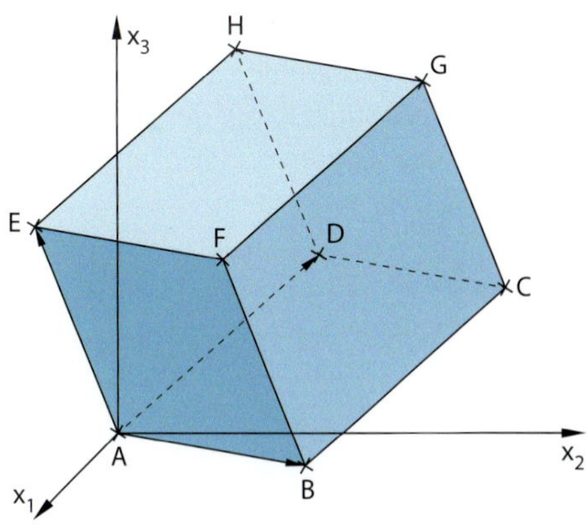

a) Geben Sie die Koordinaten aller Eckpunkte des Körpers an.

b) Zeigen Sie, dass alle Seitenflächen sogar Rauten sind.

c) Berechnen Sie die Innenwinkel jeder Raute und weisen Sie so nach, dass die Figur entgegen dem Anschein kein Würfel ist.

d) Zeigen Sie, dass die Raumdiagonalen $\overline{AG}$, $\overline{BH}$ und $\overline{CE}$ sich in einem Punkt schneiden. Vergleichen Sie den Winkel zwischen $\overline{AG}$ und $\overline{BH}$ mit dem zwischen $\overline{AG}$ und $\overline{CE}$.

17. Gegeben ist das Viereck mit den Eckpunkten $A(2|-1|0)$, $B(0|0|0)$, $C(-2|1|-1)$, $D(-2|2|4)$.

a) Zeigen Sie, dass das Viereck nicht eben ist.

b) Prüfen Sie, ob die Summe der Innenwinkel dieses Vierecks 360° beträgt.

c) Kann bei einem Dreieck im Raum die Summe der Innenwinkel von 180° abweichen? Begründen Sie Ihre Antwort.

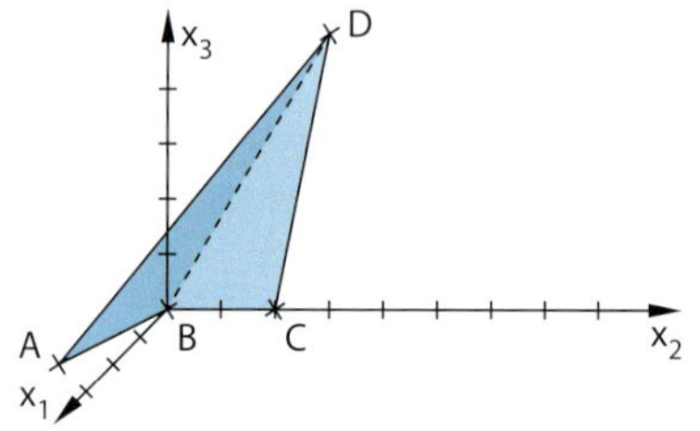

18. Gegeben ist das Dreieck ABC mit $A(4|-1|-3)$, $B(-2|5|-3)$ und $C(-2|-1|3)$.

a) Berechnen Sie den Winkel α bei A.

b) Zeigen Sie, dass das Dreieck gleichschenklig ist.

c) Zeigen Sie, dass die Gerade $s_c\colon \vec{x} = \begin{pmatrix} -2 \\ 5 \\ -3 \end{pmatrix} + t\begin{pmatrix} 1 \\ -2 \\ 1 \end{pmatrix}$ eine Seitenhalbierende des Dreiecks ist. Zeigen Sie auch, dass s_c zur Strecke $\overline{AC}$ orthogonal ist.

d) Berechnen Sie den Flächeninhalt des Dreiecks ABC.

19. In Formelsammlungen findet man für den Flächeninhalt eines Dreiecks ABC die Formel $\mathbf{A = \frac{1}{2}ab\sin(\gamma)}$.

a) Berechnen Sie im Dreieck ABC den Winkel γ und dann mithilfe dieser Formel den Flächeninhalt.
① $A(-1|2)$, $B(5|1)$, $C(3|3)$
② $A(3|1|4)$, $B(-1|5|-2)$, $C(0|3|7)$

b) Zeigen Sie, wie die obige Formel aus der üblichen Flächenformel $A = \frac{1}{2}gh$ entsteht. Verwenden Sie b als Grundseite.

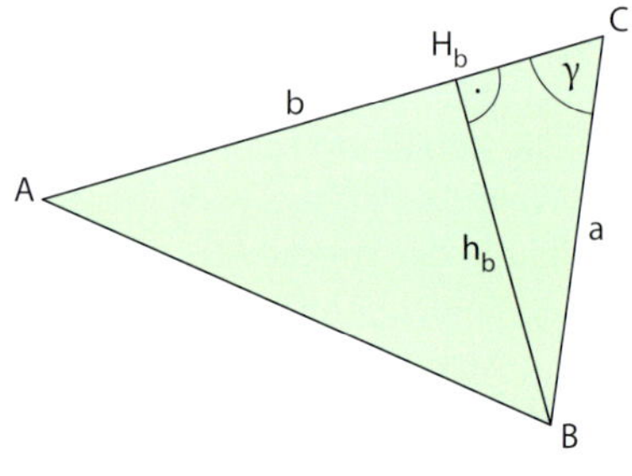

20. Gegeben ist die Ebene $E\colon \vec{x} = \begin{pmatrix} 5 \\ -4 \\ 3 \end{pmatrix} + r\begin{pmatrix} -5 \\ -4 \\ 6 \end{pmatrix} + s\begin{pmatrix} 10 \\ -12 \\ 3 \end{pmatrix}$.

a) Berechnen Sie die Spurpunkte der Ebene E und skizzieren Sie die Ebene anhand der Spurpunkte in ein Koordinatensystem.

b) Die drei Spurpunkte bilden zusammen mit dem Ursprung eine dreiseitige Pyramide. Berechnen Sie ihr Volumen. (Betrachten Sie einen der Spurpunkte als Pyramidenspitze.)

c) Beim Spurpunkt S_1 auf der x_1-Achse bilden die Pyramidenkanten drei Winkel. Berechnen Sie ihre Größe.

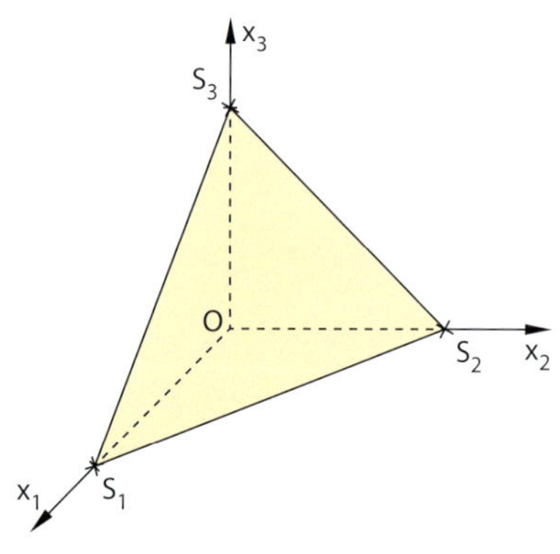

21. Geometrische Interpretation des Skalarprodukts:
Von der Spitze des Vektors $\vec{b}$ wurde das Lot auf den Vektor $\vec{a}$ gefällt, sodass ein rechtwinkliges Dreieck SB'B entsteht. Man nennt $\vec{b_P} = \overrightarrow{SB'}$ die **senkrechte Projektion von $\vec{b}$ auf $\vec{a}$**.

a) Begründen Sie, dass für $0° < \alpha < 90°$ gilt:
① $|\vec{b_P}| = |\vec{b}|\cos(\alpha)$ ② $\vec{a} \cdot \vec{b} = |\vec{a}| \cdot |\vec{b_P}|$
③ $\vec{a} \cdot \vec{b} = \vec{a} \cdot \vec{b_P}$
④ Das Skalarprodukt gibt die Fläche des Rechtecks SB″PA an.

b) Formulieren Sie ② und ③ aus a) in Worten.

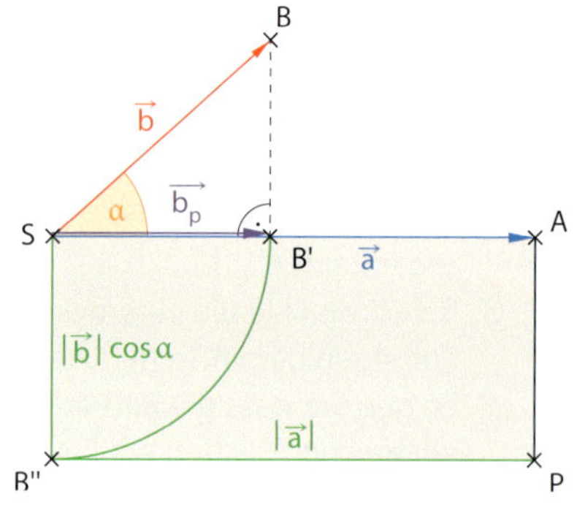

● **22.** a) Berechnen Sie die Skalarprodukte von $\vec{v} = \begin{pmatrix} 8 \\ 4 \end{pmatrix}$ mit den angegebenen Vektoren. Erklären Sie das Ergebnis anhand einer Skizze.

① $\vec{a} = \begin{pmatrix} 6 \\ -2 \end{pmatrix}, \vec{b} = \begin{pmatrix} 2 \\ 6 \end{pmatrix}, \vec{c} = \begin{pmatrix} 5 \\ 4 \end{pmatrix}, \vec{d} = \begin{pmatrix} 5 \\ 0 \end{pmatrix}, \vec{e} = \begin{pmatrix} 4 \\ 2 \end{pmatrix}$ ② $\vec{a} = \begin{pmatrix} -4 \\ 3 \end{pmatrix}, \vec{b} = \begin{pmatrix} -1 \\ -3 \end{pmatrix}, \vec{c} = \begin{pmatrix} 0 \\ -5 \end{pmatrix}, \vec{d} = \begin{pmatrix} -3 \\ 1 \end{pmatrix}$

b) Geben Sie an, in welchem Zusammenhang diese Aufgabe mit Aufgabe 21 steht.

● **23.** Früher wurden Schiffe auf Kanälen von Pferden gezogen, die auf Treidelpfaden am Ufer gingen. Für die physikalische Arbeit, die dabei verrichtet wird, gilt:

Arbeit = Kraft · Weg

Dabei wird aber nur der Teil der Kraft $\vec{F}$ berücksichtigt, der in Richtung des Weges wirkt. Dieser Teil der Kraft entspricht der senkrechten Projektion von $\vec{F}$ auf den Wegvektor $\vec{s}$.

Berechnen Sie, welche Arbeit ein Pferd verrichtet, wenn es mit der in der Abbildung angegebenen Kraft $\vec{F}$ (in N) ziehend den Weg $\vec{s}$ (in m) zurücklegt.

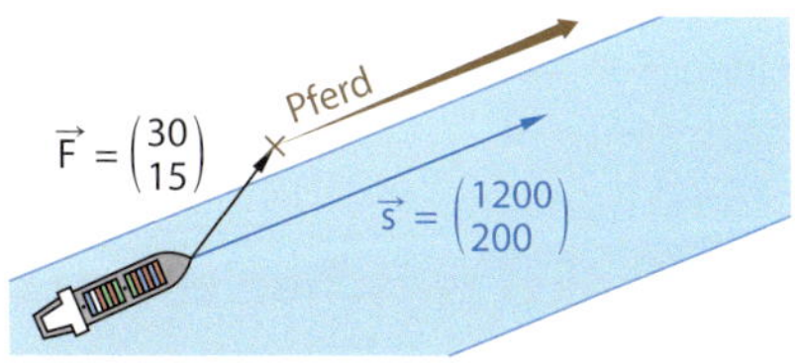

Hinweis zu 23:
Einheit der Kraft:
1 N (Newton)
Einheit der Arbeit:
1 Nm = 1 J (Joule)

● **24.** In einem Koordinatensystem, bei dem die ebene Erdoberfläche der x_1x_2-Ebene entspricht, beschreiben die Geraden g_1, g_2 und g_3 näherungsweise die Flugbahnen dreier Flugzeuge F_1, F_2 und F_3 für einen betrachteten Zeitraum. Dabei entspricht eine Längeneinheit 1 km und r, s, t geben die Zeit in Minuten seit 8:00 Uhr an.

$g_1: \vec{x} = \begin{pmatrix} 0 \\ -5 \\ 1 \end{pmatrix} + r \cdot \begin{pmatrix} 4 \\ 3 \\ 1 \end{pmatrix}$ mit $-1 \le r \le 12$

$g_2: \vec{x} = \begin{pmatrix} 26 \\ 18 \\ 6 \end{pmatrix} + s \cdot \begin{pmatrix} 3{,}5 \\ 3{,}5 \\ 0{,}5 \end{pmatrix}$ mit $-6 \le s \le 12$

$g_3: \vec{x} = \begin{pmatrix} -8 \\ -4 \\ 14 \end{pmatrix} + t \cdot \begin{pmatrix} 3 \\ 3 \\ -1 \end{pmatrix}$ mit $0 \le t \le 12$

a) Zeigen Sie, dass sich g_1 und g_2 schneiden, und berechnen Sie den Schnittwinkel.

b) Berechnen Sie den Abstand der Flugzeuge F_1 und F_2 für den Augenblick, in dem F_1 die Flugbahn von F_2 kreuzt.

c) Zeigen Sie, dass die Geraden g_1 und g_3 windschief zueinander sind.
Im Punkt P(10 | 14 | 8) kommt F_3 der Flugbahn von F_1 am nächsten.
Bestimmen Sie, zu welchem Zeitpunkt das der Fall ist.

d) h sei die Gerade durch P, welche zu g_1 und g_3 senkrecht verläuft. Geben Sie eine Gleichung von h an.

e) Zeigen Sie, dass h auch die Gerade g_1 schneidet, und bestimmen Sie den Abstand der beiden Flugbahnen g_1 und g_3.

f) Berechnen Sie, zu welchem Zeitpunkt die Flugzeuge F_1 und F_3 den kürzesten Abstand zueinander haben, und vergleichen Sie diesen Abstand mit dem ihrer Flugbahnen.

● **25. Ausblick:** Es soll gezeigt werden, dass $|\vec{a} \times \vec{b}| = |\vec{a}| \cdot |\vec{b}| \cdot \sin(\alpha)$ gilt und dass $|\vec{a} \times \vec{b}|$ gleich dem Flächeninhalt des von $\vec{a}$ und $\vec{b}$ aufgespannten Parallelogramms ist. Dabei ist α der Winkel zwischen $\vec{a}$ und $\vec{b}$.

a) Berechnen Sie $|\vec{a} \times \vec{b}|^2 = \left| \begin{pmatrix} a_2b_3 - a_3b_2 \\ a_3b_1 - a_1b_3 \\ a_1b_2 - a_2b_1 \end{pmatrix} \right|^2$.

b) Berechnen Sie $|\vec{a}|^2 \cdot |\vec{b}|^2 - |\vec{a} \cdot \vec{b}|^2$ und zeigen Sie so, dass gilt:
$|\vec{a} \times \vec{b}|^2 = |\vec{a}|^2 \cdot |\vec{b}|^2 - |\vec{a} \cdot \vec{b}|^2$

c) Zeigen Sie mithilfe von b) und den Formeln $\vec{a} \cdot \vec{b} = |\vec{a}| \cdot |\vec{b}| \cdot \cos(\alpha)$ und $(\cos(\alpha))^2 = 1 - (\sin(\alpha))^2$, dass gilt: $|\vec{a} \times \vec{b}| = |\vec{a}| \cdot |\vec{b}| \cdot \sin(\alpha)$

d) Zeigen Sie, dass $|\vec{a}| \cdot |\vec{b}| \cdot \sin(\alpha)$ gleich dem Flächeninhalt des von $\vec{a}$ und $\vec{b}$ aufgespannten Parallelogramms ist.

3.2 Winkel zwischen Ebenen und Geraden

■ Mit der Schreibfläche als Ebene und einem Stift als Gerade können Sie sich veranschaulichen, was man unter dem Winkel zwischen Ebene und Gerade versteht. Entwickeln Sie einen Plan, wie man diesen Winkel berechnen könnte. ■

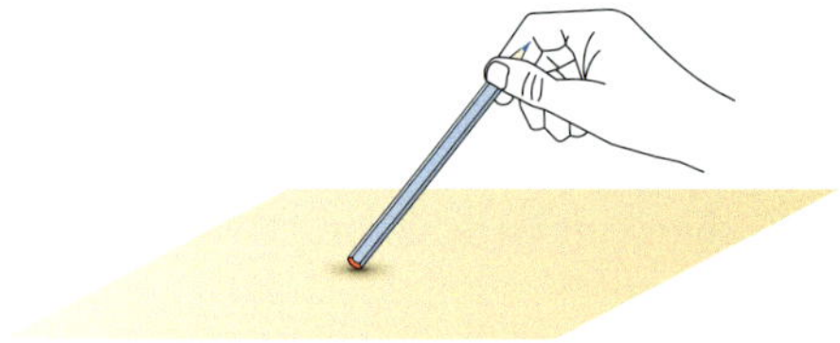

Der Winkel zwischen einer Ebene und einer Geraden

Als **Winkel zwischen einer Ebene und einer Geraden** bezeichnet man den Winkel zwischen der Geraden und ihrer senkrechten Projektion in die Ebene.

Der Normalenvektor $\vec{n}$ legt die Richtung der Ebene E fest. Die Richtung der Geraden g wird durch den Richtungsvektor $\vec{u}$ beschrieben. Der Winkel α zwischen E und g ergänzt sich mit dem Winkel zwischen $\vec{n}$ und der Geraden zu 90°.

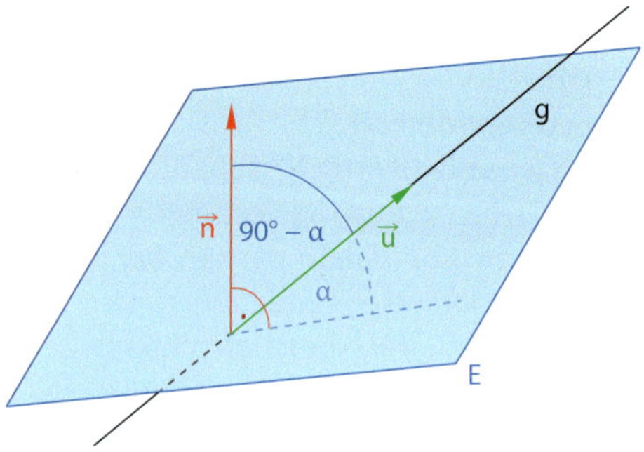

Es gilt: $\cos(90° - \alpha) = \frac{|\vec{n} \cdot \vec{u}|}{|\vec{n}| \cdot |\vec{u}|}$. Mit $\cos(90° - \alpha) = \sin(\alpha)$ ergibt sich eine Formel für α.

Hinweis:
Durch die Betragsstriche ist sichergestellt, dass man einen spitzen Winkel erhält.

Wissen: Winkel zwischen Ebene und Gerade
Für den Winkel α zwischen einer Ebene E mit dem Normalenvektor $\vec{n}$ und einer Geraden g mit dem Richtungsvektor $\vec{u}$ gilt: $\sin(\alpha) = \frac{|\vec{n} \cdot \vec{u}|}{|\vec{n}| \cdot |\vec{u}|}$ $(0° \leq \alpha \leq 90°)$

Beispiel 1: Berechnen Sie den Winkel zwischen der Ebene E und der Geraden g.

$E: x_1 - 2x_2 + x_3 = 5$ $\quad g: \vec{x} = \begin{pmatrix} 2 \\ 1 \\ 5 \end{pmatrix} + t\begin{pmatrix} 0 \\ 1 \\ -1 \end{pmatrix}$

Lösung:

Lesen Sie aus der Koordinatengleichung der Ebene einen Normalenvektor $\vec{n}$ ab und berechnen Sie damit $\sin(\alpha)$.

$\vec{n} = \begin{pmatrix} 1 \\ -2 \\ 1 \end{pmatrix} \quad \vec{u} = \begin{pmatrix} 0 \\ 1 \\ -1 \end{pmatrix}$

$\sin(\alpha) = \frac{|\vec{n} \cdot \vec{u}|}{|\vec{n}| \cdot |\vec{u}|} = \frac{|1 \cdot 0 - 2 \cdot 1 + 1 \cdot (-1)|}{\sqrt{6} \cdot \sqrt{2}} \approx 0{,}866$

Mit der Taste $\sin^{-1}$ auf dem Taschenrechner erhalten Sie einen Näherungswert für den Winkel α.

$\alpha \approx \sin^{-1}(0{,}866) \approx 30°$

Der Winkel zwischen E und g beträgt etwa 30°.

Basisaufgaben

1. Berechnen Sie den Winkel zwischen der Ebene E und der Geraden g.

a) $E: x_1 - 3x_2 + x_3 = 1;\ g: \vec{x} = \begin{pmatrix} 3 \\ 1 \\ 7 \end{pmatrix} + t\begin{pmatrix} 1 \\ 4 \\ 1 \end{pmatrix}$

b) $E: x_1 - 3x_3 = 2;\ g: \vec{x} = \begin{pmatrix} 1 \\ 5 \\ 9 \end{pmatrix} + t\begin{pmatrix} -2 \\ 3 \\ 1 \end{pmatrix}$

c) $E: \vec{x} \cdot \begin{pmatrix} 3 \\ -4 \\ 6 \end{pmatrix} = 8;\ g: \vec{x} = \begin{pmatrix} 0 \\ 1 \\ 0 \end{pmatrix} + t\begin{pmatrix} 3 \\ -1 \\ 1 \end{pmatrix}$

d) $E: \vec{x} \cdot \begin{pmatrix} -2 \\ -1 \\ 1 \end{pmatrix} = 11;\ g: \vec{x} = \begin{pmatrix} -7 \\ 4 \\ 1 \end{pmatrix} + t\begin{pmatrix} 2 \\ 1 \\ 5 \end{pmatrix}$

2. Berechnen Sie den Winkel zwischen der Ebene E und der Geraden g.

a) E: $x_1 - x_2 + 3x_3 = 9$ g: $\vec{x} = \begin{pmatrix} 5 \\ 1 \\ -4 \end{pmatrix} + t\begin{pmatrix} -1 \\ 0 \\ 1 \end{pmatrix}$

b) E: $\vec{x} = \begin{pmatrix} 7 \\ 1 \\ -4 \end{pmatrix} + r\begin{pmatrix} -1 \\ 8 \\ 2 \end{pmatrix} + s\begin{pmatrix} 2 \\ 2 \\ -2 \end{pmatrix}$ g: $\vec{x} = \begin{pmatrix} -3 \\ 0 \\ 2 \end{pmatrix} + t\begin{pmatrix} 2 \\ -1 \\ 0 \end{pmatrix}$

c) E: $\vec{x} = \begin{pmatrix} 5 \\ 5 \\ 1 \end{pmatrix} + r\begin{pmatrix} 2 \\ -2 \\ 1 \end{pmatrix} + s\begin{pmatrix} 6 \\ 8 \\ -1 \end{pmatrix}$ g: $\vec{x} = \begin{pmatrix} 1 \\ 5 \\ 9 \end{pmatrix} + t\begin{pmatrix} -2 \\ 3 \\ 1 \end{pmatrix}$

d) E: $\vec{x} = \begin{pmatrix} 3 \\ 1 \\ -5 \end{pmatrix} + r\begin{pmatrix} 1 \\ -1 \\ 2 \end{pmatrix} + s\begin{pmatrix} 3 \\ 2 \\ 1 \end{pmatrix}$ g: $\vec{x} = \begin{pmatrix} -6 \\ 7 \\ 9 \end{pmatrix} + t\begin{pmatrix} 1 \\ -1 \\ 2 \end{pmatrix}$

e) E: $\begin{pmatrix} 5 \\ -1 \\ 1 \end{pmatrix} \cdot \vec{x} = \begin{pmatrix} 5 \\ -1 \\ 1 \end{pmatrix} \cdot \begin{pmatrix} 2 \\ -1 \\ 0 \end{pmatrix}$ g: $\vec{x} = \begin{pmatrix} 7 \\ 1 \\ 1 \end{pmatrix} + t\begin{pmatrix} 1 \\ 2 \\ -3 \end{pmatrix}$

f) E: $2x_1 - 3x_2 + 2x_3 = 7$ g enthält die Punkte $A(3|-4|3)$ und $B(4|-2|5)$.

Hinweis:
Der Winkel zwischen E und g beträgt genau dann 0°, wenn E und g echt parallel zueinander sind oder wenn g in E liegt.

3. Die Gerade zu g: $\vec{x} = \begin{pmatrix} 1 \\ 5 \\ 9 \end{pmatrix} + t\begin{pmatrix} -2 \\ 3 \\ 1 \end{pmatrix}$ schließt mit jeder der drei Koordinatenebenen einen Winkel ein. Berechnen Sie diese Winkel.

Der Winkel zwischen zwei Ebenen

Zwei sich schneidende Ebenen E_1 und E_2 können im Querschnitt durch Geraden g_1 und g_2 dargestellt werden. Diese Geraden schneiden sich und verlaufen orthogonal zur Schnittgerade der Ebenen. Den Winkel α zwischen g_1 und g_2 bezeichnet man als **Winkel zwischen den Ebenen.** Dieser Winkel entspricht dem Winkel α' zwischen zwei Normalenvektoren.

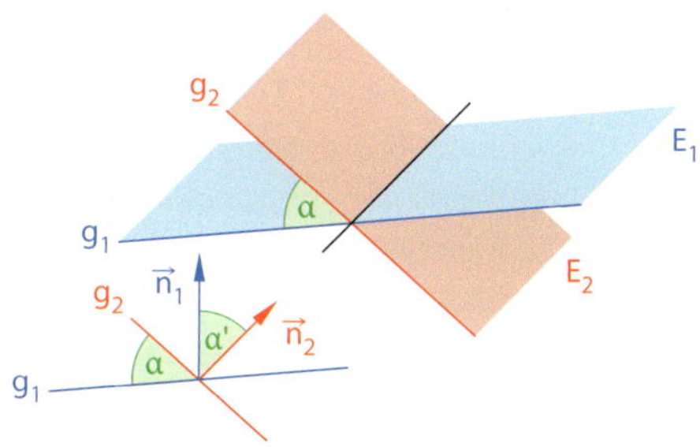

Wissen: Winkel zwischen zwei Ebenen
Für den Winkel α zwischen den Ebenen E_1 und E_2 mit den Normalenvektoren $\vec{n_1}$ und $\vec{n_2}$ gilt:
$\cos(\alpha) = \frac{|\vec{n_1} \cdot \vec{n_2}|}{|\vec{n_1}| \cdot |\vec{n_2}|}$ $(0° \leq \alpha \leq 90°)$

Durch die Betragsstriche im Zähler spielt die Orientierung der Normalenvektoren keine Rolle, man erhält auf jeden Fall den Kosinus eines spitzen Winkels.

Beispiel 2: Berechnen Sie den Winkel zwischen den Ebenen E_1 und E_2.

E_1: $\vec{x} = \begin{pmatrix} 2 \\ -1 \\ 4 \end{pmatrix} + r\begin{pmatrix} 1 \\ 1 \\ -1 \end{pmatrix} + s\begin{pmatrix} -2 \\ 0 \\ 3 \end{pmatrix}$ E_2: $\vec{x} \cdot \begin{pmatrix} 3 \\ 4 \\ 2 \end{pmatrix} = \begin{pmatrix} 1 \\ 0 \\ 1 \end{pmatrix} \cdot \begin{pmatrix} 3 \\ 4 \\ 2 \end{pmatrix}$

Lösung:
Bestimmen Sie die Normalenvektoren beider Ebenen und berechnen Sie damit cos(α).

$\vec{n_1} = \begin{pmatrix} 1 \\ 1 \\ -1 \end{pmatrix} \times \begin{pmatrix} -2 \\ 0 \\ 3 \end{pmatrix} = \begin{pmatrix} 3 \\ -1 \\ 2 \end{pmatrix}$ $\vec{n_2} = \begin{pmatrix} 3 \\ 4 \\ 2 \end{pmatrix}$

$\cos(\alpha) = \frac{|\vec{n_1} \cdot \vec{n_2}|}{|\vec{n_1}| \cdot |\vec{n_2}|} = \frac{|9 - 4 + 4|}{\sqrt{14} \cdot \sqrt{29}} \approx 0{,}4467$

Mit der Taste $\cos^{-1}$ auf dem Taschenrechner erhalten Sie einen Näherungswert für α.

$\alpha \approx \cos^{-1}(0{,}4467) \approx 63{,}5°$

Basisaufgaben

4. Berechnen Sie den Winkel zwischen den Ebenen E_1 und E_2.

a) $E_1\colon x_1 - 3x_2 + 4x_3 = 9 \qquad E_2\colon 6x_1 - x_2 + 2x_3 = 4$

b) $E_1\colon 3x_1 - 4x_2 + x_3 = 10 \qquad E_2\colon x_1 + x_2 + x_3 = 12$

5. Berechnen Sie den Winkel α zwischen den Ebenen E_1 und E_2. Erklären Sie, welche Lagebeziehungen zwischen E_1 und E_2 möglich sind, wenn $\alpha = 0°$ ist.

a) $E_1\colon \vec{x} = \begin{pmatrix} 1 \\ 3 \\ -6 \end{pmatrix} + r\begin{pmatrix} 2 \\ -1 \\ 4 \end{pmatrix} + s\begin{pmatrix} -2 \\ 5 \\ 0 \end{pmatrix} \qquad E_2\colon \vec{x} \cdot \begin{pmatrix} 1 \\ -2 \\ 1 \end{pmatrix} = 7$

b) $E_1\colon \vec{x} \cdot \begin{pmatrix} 2 \\ -1 \\ 1 \end{pmatrix} = 4 \qquad E_2\colon \vec{x} = \begin{pmatrix} 0 \\ 2 \\ 1 \end{pmatrix} + r\begin{pmatrix} 4 \\ -1 \\ 3 \end{pmatrix} + s\begin{pmatrix} 1 \\ -2 \\ -1 \end{pmatrix}$

c) $E_1\colon \vec{x} \cdot \begin{pmatrix} 5 \\ -1 \\ 2 \end{pmatrix} = 5 \qquad E_2\colon \vec{x} \cdot \begin{pmatrix} -1 \\ 3 \\ 1 \end{pmatrix} = \begin{pmatrix} 8 \\ -1 \\ 9 \end{pmatrix} \cdot \begin{pmatrix} -1 \\ 3 \\ 1 \end{pmatrix}$

d) $E_1\colon \vec{x} = \begin{pmatrix} 6 \\ 1 \\ 2 \end{pmatrix} + r\begin{pmatrix} -4 \\ 1 \\ 0 \end{pmatrix} + s\begin{pmatrix} 2 \\ -3 \\ 5 \end{pmatrix} \qquad E_2\colon \vec{x} = \begin{pmatrix} 4 \\ -1 \\ 7 \end{pmatrix} + k\begin{pmatrix} 2 \\ 1 \\ -3 \end{pmatrix} + l\begin{pmatrix} 2 \\ 0 \\ -1 \end{pmatrix}$

Weiterführende Aufgaben

6. Die abgebildete regelmäßige Pyramide hat ein Grundquadrat der Seitenlänge 8 LE und eine Höhe von 10 LE.

a) Berechnen Sie den Neigungswinkel einer Seitenfläche gegenüber der Grundfläche.

b) Berechnen Sie den Winkel zwischen zwei Seitenflächen.

c) Berechnen Sie den Winkel zwischen einer zur Spitze führenden Kante und der Grundfläche.

d) Berechnen Sie den Winkel zwischen der Kante $\overline{AS}$ und der x_1-Achse.

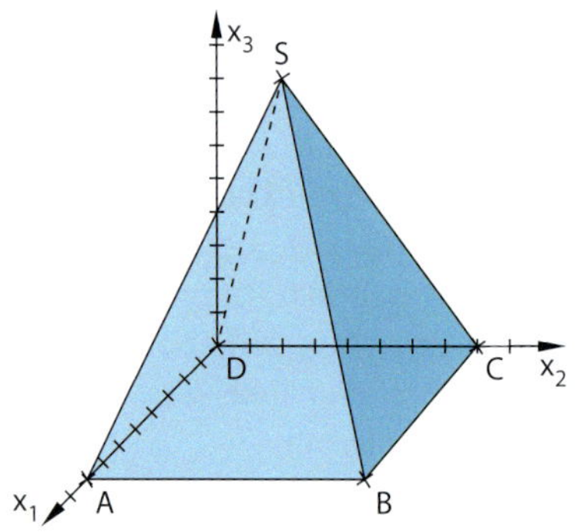

7. **Stolperstelle:** Milosz berechnet den Winkel α zwischen zwei Ebenen E_1 und E_2. Er wählt einen Normalenvektor $\vec{n_1}$ von E_1 und einen Richtungsvektor $\vec{v}$ von E_2. Dann verwendet er den Ansatz: $\cos(90° - \alpha) = \frac{|\vec{n_1} \cdot \vec{v}|}{|\vec{n_1}| \cdot |\vec{v}|}$

Beurteilen Sie diesen Ansatz. Prüfen Sie dazu mithilfe von Blättern und Stiften, ob $\vec{n_1}$ mit allen Vektoren, die in E_2 liegen, einen gleich großen Winkel einschließt.

● **8.** **Ebenenschar:** Gegeben ist die Ebenenschar $E_a\colon ax_1 + (1 - 2a)x_2 + \sqrt{3}x_3 = 1,\ a \in \mathbb{R}$.

a) Ermitteln Sie, welche Scharebene mit der x_2x_3-Ebene einen Winkel von 60° einschließt.

b) Bestimmen Sie alle Ebenen der Schar, die mit der Ebene $F\colon -x_1 + x_2 = 4$ einen Winkel von 45° einschließen.

9. Gegeben sind die Punkte $P(2|-2|1)$, $Q(3|0|-1)$, $R(1|2|0)$ und $S(5|10|1)$.

a) Die Ebene E_1 enthält P, Q und R. Bestimmen Sie eine Normalengleichung von E_1.

b) Berechnen Sie die Schnittgerade g und den Winkel von E_1 und $E_2\colon x_1 + 2x_2 - 2x_3 = 5$.

c) Die Ebene E_3 enthält die Gerade g und den Punkt S. Zeigen Sie, dass E_3 den Winkel zwischen E_1 und E_2 halbiert.

10. Eine Weltraumstation habe die Form eines Prismas. Gegeben sind $A(2|2|-2)$, $B(-2|4|2)$, $C(0|0|6)$, $F(4|10|5)$ sowie die Gerade

$$g: \vec{x} = \begin{pmatrix} 8 \\ 14 \\ -2 \end{pmatrix} + t\begin{pmatrix} -2 \\ -3 \\ 1 \end{pmatrix}.$$

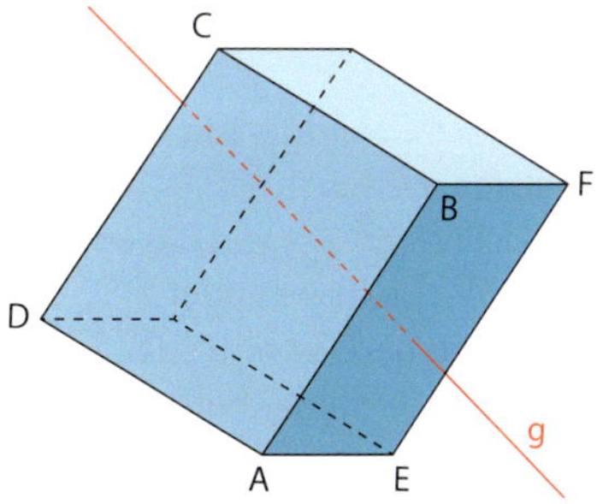

a) Berechnen Sie die Punkte D und E des Prismas und skizzieren Sie es in ein Koordinatensystem. Zeigen Sie, dass die Parallelogramme ABCD und AEFB Rechtecke sind.

b) Ein außerhalb der Station befindlicher Astronaut wirft einen Gegenstand Richtung Station, der sich entlang der Geraden g bewegt. Zeigen Sie, dass der Gegenstand das Rechteck AEFB trifft, und berechnen Sie den Auftreffwinkel.

● c) Der Gegenstand gleitet nach dem Auftreffen an der Wand entlang, also auf der Projektion von g auf E_{AEF}. Geben Sie eine Gleichung dieser Projektionsgeraden an.

11. Ein Haus mit Walmdach hat einen Anbau mit Flachdach. Auf dem Flachdach steht ein 7 m hoher Mast. Die untere Abbildung zeigt zwei der Dachflächen in einem Koordinatensystem (1 LE = 1 m).

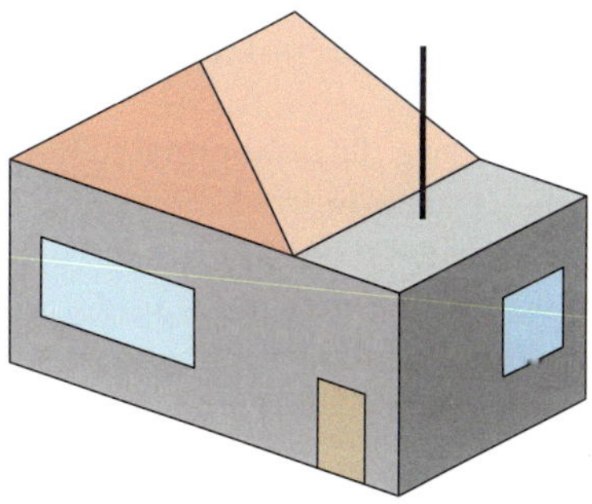

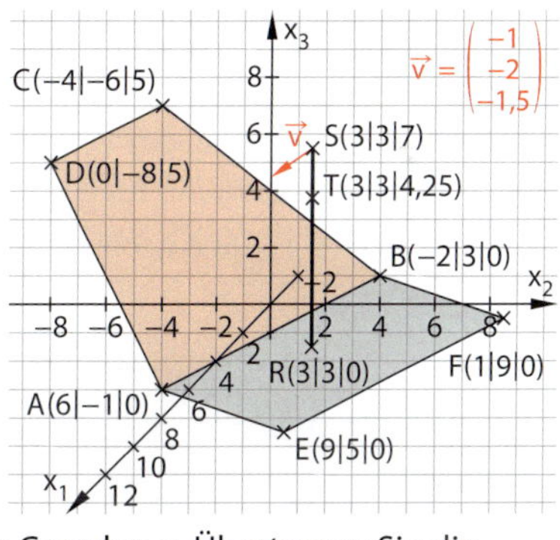

a) Zeigen Sie, dass das Viereck ABCD ein gleichschenkliges Trapez ist.

b) Ermitteln Sie eine Normalengleichung der Ebene E_{ABD} und eine Gleichung ihrer Spurgeraden g in der x_1x_2-Ebene, an welcher die beiden Dachflächen aneinanderstoßen.

c) Berechnen Sie den Winkel zwischen den beiden Dachflächen.

d) Berechnen Sie den Winkel, in dem die Sonnenstrahlen entlang des Vektors $\vec{v}$ auf das Trapez ABCD treffen.

e) Der an der Geraden g geknickte Schatten des Mastes $\overline{RS}$ auf der Dachfläche soll berechnet werden.

① Berechnen Sie die Punkte S′ und T′, die man durch Projektion von S und T entlang $\vec{v}$ auf die Ebene E_{ABD} erhält.

② Berechnen Sie den Schnittpunkt von $g_{S'T'}$, mit der Geraden g. Übertragen Sie die untere Abbildung in Ihr Heft und tragen Sie den „geknickten" Schatten in die Skizze ein.

f) Berechnen Sie den Winkel am Knick des Schattens und begründen Sie, weshalb er gleich dem Winkel zwischen den Flächen ist.

● **12. Ausblick: Richtungskosinus und Einheitsvektor**

Gegeben ist die Ebene $E: 3x_1 - 2x_2 + x_3 = 1$.

a) Berechnen Sie die Winkel $\alpha_1, \alpha_2, \alpha_3$ zwischen einem Normalenvektor $\vec{n}$ der Ebene und den Richtungsvektoren $\vec{e_1}$, $\vec{e_2}$ und $\vec{e_3}$ der Koordinatenachsen.

b) Zeigen Sie an diesem Beispiel, dass für den Vektor $\vec{n_0} = \frac{1}{|\vec{n}|}\vec{n}$ gilt: $\vec{n_0} = \begin{pmatrix} \cos(\alpha_1) \\ \cos(\alpha_2) \\ \cos(\alpha_3) \end{pmatrix}$.

c) Zeigen Sie am Beispiel, dass die Beträge der Koordinaten von $\vec{n_0}$ gleich dem Sinus des Winkels zwischen E und der jeweiligen Koordinatenachse sind.

Hinweis:
$\vec{e_1} = \begin{pmatrix} 1 \\ 0 \\ 0 \end{pmatrix}$, $\vec{e_2} = \begin{pmatrix} 0 \\ 1 \\ 0 \end{pmatrix}$, $\vec{e_3} = \begin{pmatrix} 0 \\ 0 \\ 1 \end{pmatrix}$

Der Vektor $\vec{n_0} = \frac{1}{|\vec{n}|}\vec{n}$ hat die Länge 1 und heißt **Normaleneinheitsvektor** der Ebene.

3.3 Abstand eines Punktes von einer Ebene

■ Die Skizze zeigt einige Repräsentanten einer Schar paralleler Ebenen E_a: $-0{,}5x_1 + 2x_2 + x_3 = a$; $a \in \mathbb{R}$.

a) Beschreiben Sie, wie die Ebenen E_a für a = 2, a = 4 und a = 6 zueinander liegen.

b) Beschreiben Sie, was sich mit wachsendem a ändert.

c) Berechnen Sie mithilfe einer geeigneten Ursprungsgeraden den Abstand dieser Ebenen zum Ursprung. ■

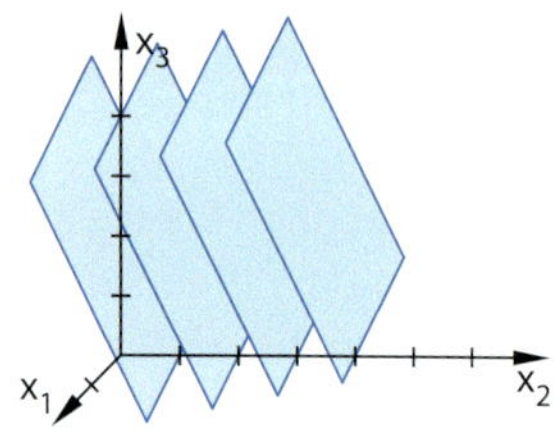

Abstandsbestimmung mit einer Lotgeraden

Ein Punkt A, der außerhalb einer Ebene E liegt, hat zu jedem Punkt der Ebene einen Abstand. Der kürzeste dieser Abstände wird als **Abstand des Punktes A von der Ebene E** definiert.
Eine Gerade, die orthogonal zu E verläuft, heißt **Lotgerade**. Der Schnittpunkt F der Lotgeraden durch den Punkt A mit der Ebene heißt **Lotfußpunkt von A auf E**.
Der Abstand von A zur Ebene entspricht dem Abstand von A zum Lotfußpunkt.

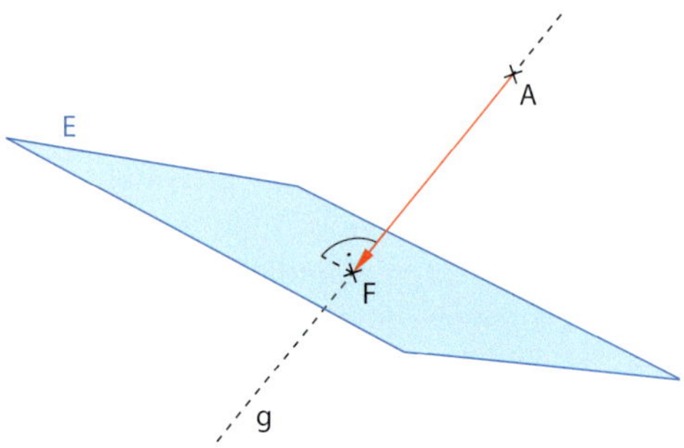

Wissen: Abstand Punkt – Ebene mit dem Lotfußpunktverfahren
Der Abstand d(A, E) eines Punktes A zu einer Ebene E mit dem Normalenvektor $\vec{n}$ lässt sich wie folgt berechnen.
① Parametergleichung der Lotgeraden g durch A mit Richtungsvektor $\vec{n}$ aufstellen.
② Die Schnittbedingung für E und g liefert den Lotfußpunkt F.
③ Der Abstand ist gleich der Länge des Vektors $\overrightarrow{AF}$, also $d(A, E) = |\overrightarrow{AF}|$.

Beispiel 1: Berechnen Sie den Abstand des Punktes A(9 | −3 | 2) zur Ebene E: $3x_1 + x_2 - 2x_3 = -12$.

Lösung:

Stellen Sie mit $\overrightarrow{OA}$ als Stützvektor und einem Normalenvektor von E als Richtungsvektor eine Gleichung der Lotgeraden auf.

Lotgerade:
$$g: \vec{x} = \begin{pmatrix} 9 \\ -3 \\ 2 \end{pmatrix} + t\begin{pmatrix} 3 \\ 1 \\ -2 \end{pmatrix}$$

Das Einsetzen der Koordinaten von g in die Koordinatengleichung von E liefert die Schnittbedingung. Lösen Sie nach t auf. Berechnen Sie den Ortsvektor des Lotfußpunktes F, indem Sie t in die Geradengleichung von g einsetzen.

Lotfußpunkt:
$$3(9 + 3t) + (-3 + t) - 2(2 - 2t) = -12$$
$$20 + 14t = -12 \Leftrightarrow t = -\tfrac{16}{7}$$
$$\overrightarrow{OF} = \begin{pmatrix} 9 \\ -3 \\ 2 \end{pmatrix} - \tfrac{16}{7}\begin{pmatrix} 3 \\ 1 \\ -2 \end{pmatrix} = \tfrac{1}{7}\begin{pmatrix} 15 \\ -37 \\ 46 \end{pmatrix}$$

Berechnen Sie den Betrag von $\overrightarrow{AF}$ und damit den Abstand von A zur Ebene E.

Abstand:
$$d(A, E) = |\overrightarrow{AF}| = |\overrightarrow{OF} - \overrightarrow{OA}|$$
$$= \left|\begin{pmatrix} 9 \\ -3 \\ 2 \end{pmatrix} - \tfrac{16}{7}\begin{pmatrix} 3 \\ 1 \\ -2 \end{pmatrix} - \begin{pmatrix} 9 \\ -3 \\ 2 \end{pmatrix}\right| \approx 8{,}6$$

Hinweis:
Das Beispiel zeigt:
$|\overrightarrow{AF}| = |t \cdot \vec{n}|$
Die Koordinaten von F müssen für d(A, E) somit nicht explizit berechnet werden.

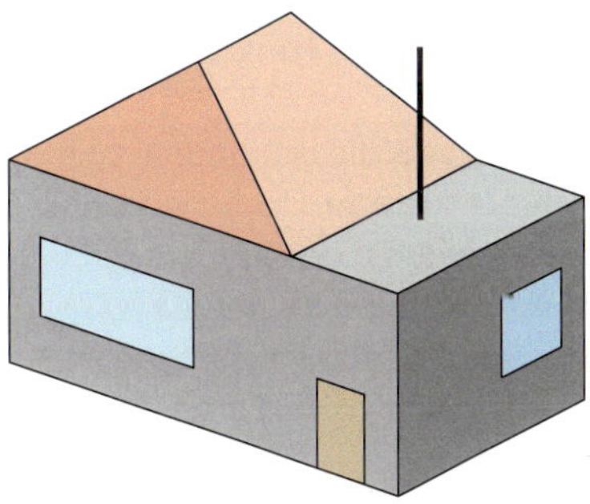

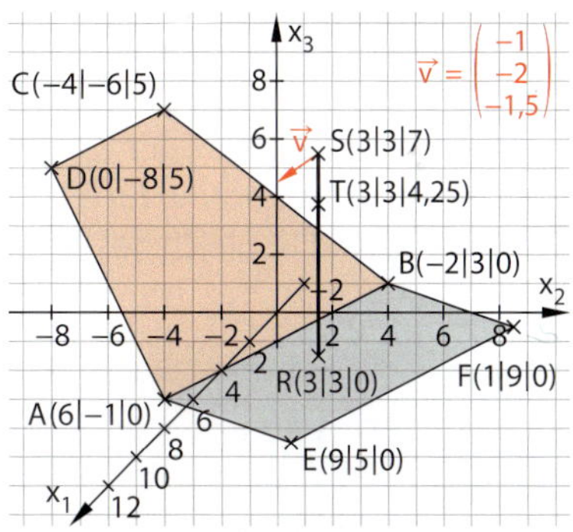

Basisaufgaben

1. Gegeben sind eine Ebene E und ein Punkt A. Geben Sie die Koordinaten des Lotfußpunktes von A auf E an. Berechnen Sie den Abstand von E und A.

a) E: $\begin{pmatrix} 3 \\ 4 \\ -1 \end{pmatrix} \cdot \vec{x} = 8$ A(−6|−11|8) b) E: $\begin{pmatrix} 2 \\ -1 \\ 2 \end{pmatrix} \cdot \vec{x} = \begin{pmatrix} 2 \\ -1 \\ 2 \end{pmatrix} \cdot \begin{pmatrix} 5 \\ 1 \\ 3 \end{pmatrix}$ A(8|−7|5)

c) E: $\begin{pmatrix} 5 \\ -1 \\ 6 \end{pmatrix} \cdot \vec{x} + 9 = 0$ A(4|4|1) d) E: $12x_1 - 5x_3 = 17$ A(−11|6|4)

2. Berechnen Sie den Abstand des Punktes P zur Ebene E.

a) E: $\begin{pmatrix} 2 \\ -7 \\ 3 \end{pmatrix} \cdot \vec{x} = 4$ P(5|−6|2) b) E: $x_1 - 8x_2 + 4x_3 = 9$ P(−1|−8|0)

3. Ermitteln Sie die Koordinaten des Lotfußpunktes von P auf die Ebene E.

a) E: $\vec{x} = \begin{pmatrix} 3 \\ 5 \\ -2 \end{pmatrix} + r\begin{pmatrix} 1 \\ -1 \\ 1 \end{pmatrix} + s\begin{pmatrix} 0 \\ 2 \\ 1 \end{pmatrix}$ P(5|2|−7)

b) E: $\vec{x} = \begin{pmatrix} 1 \\ 0 \\ 1 \end{pmatrix} + r\begin{pmatrix} 1 \\ 4 \\ 3 \end{pmatrix} + s\begin{pmatrix} 0 \\ 0 \\ 1 \end{pmatrix}$ P(3,5|1,5|1)

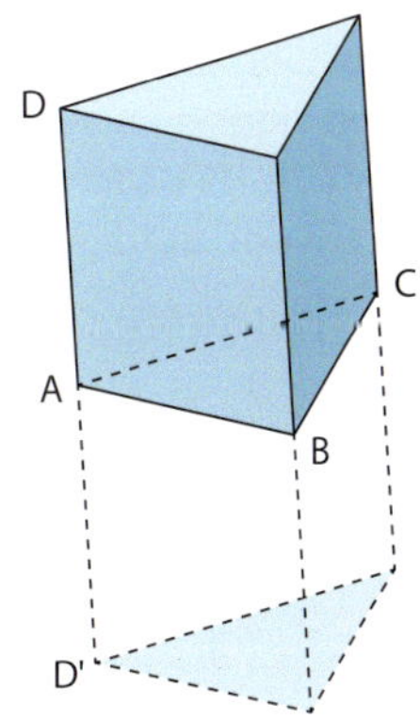

4. Das Dreieck A(5|0|−2), B(10|−5|−2), C(2|−4|2) ist die Grundfläche eines dreiseitigen Prismas. Die Kante $\overline{AD}$ soll senkrecht zur Grundfläche verlaufen und 18 LE lang sein. Bestimmen Sie alle möglichen Koordinaten des Punktes D.

Die Hesse'sche Normalenform

Ist P ein Stützpunkt und $\vec{n}$ ein Normalenvektor einer Ebene E, so gilt für den Winkel α zwischen $\overrightarrow{PA}$ und $\vec{n}$:

$\cos(\alpha) = \frac{d(A, E)}{|\overrightarrow{PA}|}$, also $d(A, E) = \cos(\alpha) \cdot |\overrightarrow{PA}|$

cos(α) lässt sich anhand der Winkelformel aus Abschnitt 3.1 ersetzen:

$$\begin{aligned} d(A, E) &= \cos(\alpha) \cdot |\overrightarrow{PA}| \\ &= \frac{\vec{n} \cdot \overrightarrow{PA}}{|\vec{n}| \cdot |\overrightarrow{PA}|} \cdot |\overrightarrow{PA}| \\ &= \frac{1}{|\vec{n}|} \cdot \vec{n} \cdot \overrightarrow{PA} \end{aligned}$$

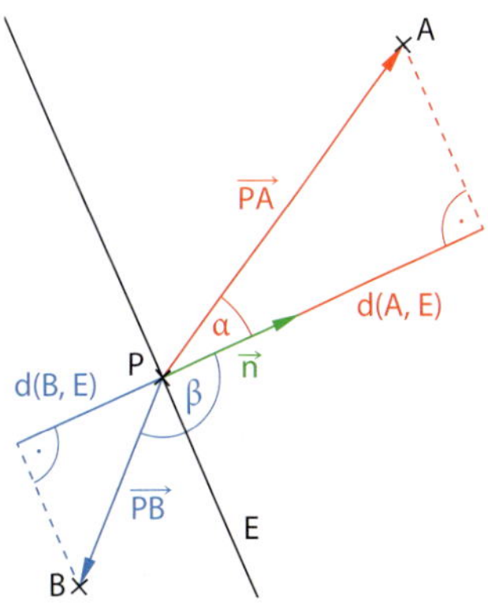

Erinnerung:
Im rechtwinkligen Dreieck gilt:
$\cos(\alpha) = \frac{\text{Ankathete}}{\text{Hypotenuse}}$

Dies ist gültig für α < 90°. Die Punkte A und B in der Zeichnung liegen auf unterschiedlichen Seiten der Ebene E. Für B gilt $\vec{n} \cdot \overrightarrow{PB} < 0$, weil β > 90° ist. Für den Abstand spielt dieser Vorzeichenunterschied keine Rolle, man setzt den Ausdruck für d(A, E) in Betragsstriche:

$$d(A, E) = \left|\frac{1}{|\vec{n}|} \cdot \vec{n} \cdot \overrightarrow{PA}\right| = \left|\frac{1}{|\vec{n}|} \cdot \vec{n} \cdot \left(\overrightarrow{OA} - \overrightarrow{OP}\right)\right| = \frac{1}{|\vec{n}|}\left|\vec{n} \cdot \overrightarrow{OA} - \vec{n} \cdot \overrightarrow{OP}\right|$$

Hinweis:
Das Vorzeichen von $\vec{n} \cdot \vec{p} = |\vec{n}| \cdot |\vec{p}| \cdot \cos(\alpha)$ hängt nur von cos(α) ab, da die Beträge positiv sind. Für α < 90° ist das Skalarprodukt positiv, für α > 90° negativ.

Satz: Abstand Punkt – Ebene
Sei E eine Ebene durch den Punkt P und mit Normalenvektor $\vec{n}$. Für den Abstand eines Punktes A zur Ebene E gilt: $d(A, E) = \frac{1}{|\vec{n}|}\left|\vec{n} \cdot \overrightarrow{OA} - \vec{n} \cdot \overrightarrow{OP}\right|$

Merkregel:
Der Abstand von A zu E entspricht dem Betrag der linken Seite einer Hesse'schen Normalenform von E, wobei $\vec{x}$ durch $\overrightarrow{OA}$ ersetzt wird.

Definition: Hesse'sche Normalenform (HNF)

Ist $\vec{n} \cdot \vec{x} - \vec{n} \cdot \overrightarrow{OP} = 0$ eine Normalengleichung einer Ebene E, so heißt $\frac{1}{|\vec{n}|}(\vec{n} \cdot \vec{x} - \vec{n} \cdot \overrightarrow{OP}) = 0$ **Hesse'sche Normalenform** (HNF) der Ebene E.

Beispiel 2: Abstand eines Punktes zu einer Ebene

Berechnen Sie den Abstand des Punktes $A(9|-3|2)$ zur Ebene E: $3x_1 + x_2 - 2x_3 = -12$.

Lösung:

Stellen Sie eine Normalengleichung auf und formen Sie diese so um, dass die rechte Seite null ist. Dividieren Sie die Gleichung durch den Betrag des Normalenvektors.

$$\begin{pmatrix} -3 \\ -1 \\ 2 \end{pmatrix} \cdot \vec{x} = 12 \qquad \left|\begin{pmatrix} -3 \\ -1 \\ 2 \end{pmatrix}\right| = \sqrt{14}$$

Hesse'sche Normalenform:

$$\frac{1}{\sqrt{14}}\left[\begin{pmatrix} -3 \\ -1 \\ 2 \end{pmatrix} \cdot \vec{x} - 12\right] = 0$$

Den Abstand des Punktes A zur Ebene E erhalten Sie, indem Sie die Koordinaten von A in die Hesse'sche Normalenform einsetzen und Betragsstriche ergänzen.

Abstand berechnen:

$$d(A, E) = \frac{1}{\sqrt{14}}\left|\begin{pmatrix} -3 \\ -1 \\ 2 \end{pmatrix} \cdot \begin{pmatrix} 9 \\ -3 \\ 2 \end{pmatrix} - 12\right| = \frac{32}{\sqrt{14}} \approx 8{,}6$$

Der Abstand beträgt rund 8,6 LE.

Hinweis:
Die rechte Seite jeder Koordinatengleichung entspricht (betragsmäßig) dem Produkt von $|\vec{n}|$ und dem Ursprungsabstand.

Der Vektor $\vec{n_0} = \frac{1}{|\vec{n}|}\vec{n}$ hat stets die Länge 1 und heißt **Normaleneinheitsvektor** der Ebene.

Für den Abstand einer Ebene E durch den Punkt P zum Ursprung O gilt:

$$d = d(O, E) = \frac{1}{|\vec{n}|}\left|\vec{n} \cdot \begin{pmatrix} 0 \\ 0 \\ 0 \end{pmatrix} - \vec{n} \cdot \overrightarrow{OP}\right| = \frac{1}{|\vec{n}|}|\vec{n} \cdot \overrightarrow{OP}| = |\vec{n_0} \cdot \overrightarrow{OP}|$$

Die Hesse'sche Normalenform enthält also unmittelbar den Ursprungsabstand der Ebene.

Beispiel 3: Abstand zum Ursprung und zu parallelen Ebenen

a) Berechnen Sie den Ursprungsabstand der Ebene E: $-2x_1 + x_2 - 2x_3 = -12$.

b) Ermitteln Sie Gleichungen der beiden zu E parallelen Ebenen im Abstand 2.

Lösung:

a) Lesen Sie den Normalenvektor $\vec{n}$ ab und berechnen Sie $|\vec{n}|$. Die rechte Seite der Koordinatengleichung von E entspricht dem Skalarprodukt $\vec{n} \cdot \overrightarrow{OP}$.

$$\vec{n} = \begin{pmatrix} -2 \\ 1 \\ -2 \end{pmatrix}; \quad |\vec{n}| = 3; \quad \vec{n} \cdot \overrightarrow{OP} = -12$$

$$d(O, E) = \frac{1}{|\vec{n}|}|\vec{n} \cdot \overrightarrow{OP}| = \frac{1}{3} \cdot 12 = 4$$

b) Die Koordinatengleichungen der gesuchten Ebenen haben dieselbe linke Seite wie die von E.
Setzen Sie die Abstandsformel gleich 2 und bestimmen Sie die Werte für a.
Geben Sie die Ebenengleichungen an.

$F: -2x_1 + x_2 - 2x_3 = a; \qquad \vec{n} \cdot \overrightarrow{OA} = a$

$\frac{1}{|\vec{n}|}|\vec{n} \cdot \overrightarrow{OA} - \vec{n} \cdot \overrightarrow{OP}| = \frac{1}{3}|a - (-12)| = 2$

$\Leftrightarrow \; |a + 12| = 6$

also $a_1 = -6$ und $a_2 = -18$

$F_1: -2x_1 + x_2 - 2x_3 = -6$

$F_2: -2x_1 + x_2 - 2x_3 = -18$

Basisaufgaben

5. Geben Sie eine Hesse'sche Normalenform der Ebene E an.

a) E: $\begin{pmatrix} 5 \\ 1 \\ 2 \end{pmatrix} \cdot \vec{x} - \begin{pmatrix} 5 \\ 1 \\ 2 \end{pmatrix} \cdot \begin{pmatrix} 4 \\ 5 \\ 0 \end{pmatrix} = 0$

b) E: $\vec{x} = \begin{pmatrix} 2 \\ 1 \\ 0 \end{pmatrix} + r\begin{pmatrix} 3 \\ 4 \\ -4 \end{pmatrix} + s\begin{pmatrix} -1 \\ -2 \\ 1 \end{pmatrix}$

6. Bestimmen Sie den Abstand des Punktes A von der Ebene E.

a) $E: 7x_1 - 4x_2 + 4x_3 = 13$ $A(2|8|1)$ b) $E: x_1 + 2x_2 + 2x_3 = -6$ $A(-3|1|-4)$

c) $E: x_1 + x_2 - x_3 = -2$ $A(-2|1|4)$ d) $E: 5x_1 + 12x_2 - 6 = 0$ $A(-6|3|7)$

7. Bestimmen Sie den Abstand des Punktes A von der Ebene E.

a) $E: \vec{x} = \begin{pmatrix} 2 \\ 5 \\ 1 \end{pmatrix} + r\begin{pmatrix} 1 \\ 1 \\ 1 \end{pmatrix} + s\begin{pmatrix} -1 \\ 1 \\ 2 \end{pmatrix}$ $A(5|0|6)$ b) $E: \vec{x} = \begin{pmatrix} -1 \\ 3 \\ 0 \end{pmatrix} + r\begin{pmatrix} 2 \\ 2 \\ -1 \end{pmatrix} + s\begin{pmatrix} -3 \\ 2 \\ 4 \end{pmatrix}$ $A(-2|7|3)$

8. Gegeben sind $E: -2x_1 + x_2 + 2x_3 = 5$ und der Punkt $P(12|1|-4)$. Berechnen Sie den Abstand von P zu E einmal mithilfe der Hesse'schen Normalenform und einmal mithilfe der Lotgeraden. Vergleichen Sie den Aufwand und den Ertrag beider Verfahren.

9. Ermitteln Sie den Abstand d der Ebene E zum Ursprung.

a) $E: \vec{x} \cdot \begin{pmatrix} 2 \\ -1 \\ 3 \end{pmatrix} = 15$ b) $E: \begin{pmatrix} -1 \\ 5 \\ -2 \end{pmatrix} \cdot \vec{x} = \begin{pmatrix} -1 \\ 5 \\ -2 \end{pmatrix} \cdot \begin{pmatrix} 4 \\ 1 \\ 4 \end{pmatrix}$ c) $E: \vec{x} = \begin{pmatrix} 1 \\ 0 \\ 2 \end{pmatrix} + r\begin{pmatrix} 2 \\ -3 \\ 1 \end{pmatrix} + s\begin{pmatrix} 1 \\ 0 \\ 2 \end{pmatrix}$

10. Geben Sie zwei Ebenen an, die zu E parallel sind und von E den Abstand d haben.

a) $E: 8x_1 - 4x_2 + x_3 = 18$ $d = 5$ b) $E: 5x_1 - x_2 + 3x_3 = 6$ $d = 3$

Weiterführende Aufgaben

11. Gegeben sind die Punkte $R(3|1|7)$, $S(6|-8|1)$ und die Ebene $E: x_1 - 2x_2 + 2x_3 = 6$. Berechnen Sie die Punkte der Strecke $\overline{RS}$, die von E den Abstand 4 haben.

Hinweis zu 12 und 13:

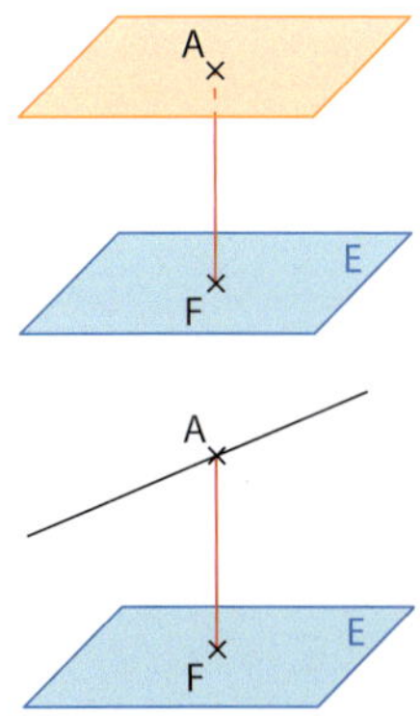

12. Abstand Ebene – Ebene: Begründen Sie, dass die Ebenen E_1 und E_2 parallel zueinander sind, und berechnen Sie ihren Abstand.

a) $E_1: 3x_1 - 5x_2 + 2x_3 = 5$
$E_2: 6x_1 - 10x_2 + 4x_3 = 8$

b) $E_1: -x_1 + 4x_2 - 2x_3 = 11$
$E_2: x_1 - 4x_2 + 2x_3 = 13$

13. Abstand Gerade – Ebene: Zeigen Sie, dass die Gerade g parallel zur Ebene E verläuft, und berechnen Sie den Abstand von g und E.

a) $g: \vec{x} = \begin{pmatrix} 2 \\ 1 \\ 4 \end{pmatrix} + t\begin{pmatrix} 4 \\ 3 \\ -6 \end{pmatrix}$

$E: 3x_1 - 2x_2 + x_3 = 9$

b) $g: \vec{x} = \begin{pmatrix} -2 \\ 1 \\ 1 \end{pmatrix} + t\begin{pmatrix} 1 \\ 1 \\ 1 \end{pmatrix}$

$E: \vec{x} = \begin{pmatrix} 4 \\ 1 \\ -1 \end{pmatrix} + r\begin{pmatrix} 2 \\ -1 \\ 1 \end{pmatrix} + s\begin{pmatrix} 3 \\ 0 \\ 2 \end{pmatrix}$

14. Entscheiden Sie begründet, ob die Aussage wahr oder falsch ist.

a) Der Abstand paralleler Ebenen kann auf die Grundaufgabe „Abstand Punkt – Ebene" zurückgeführt werden.

b) Der Abstand paralleler Geraden im Raum kann auf die Grundaufgabe „Abstand Punkt – Ebene" zurückgeführt werden.

c) Der Abstand Punkt – Ebene kann mithilfe einer Lotgeraden der Ebene durch den Punkt ermittelt werden.

15. Stolperstelle: Teresa soll Ebenen bestimmen, die parallel zur Ebene $E: 2x_1 - 6x_2 + 3x_3 = 14$ im Abstand 3 verlaufen.

$E_1: 2x_1 - 6x_2 + 3x_3 = 14 + 3$ *$E_2: 2x_1 - 6x_2 + 3x_3 = 11$*

Finden und korrigieren Sie Teresas Fehler.

16. Die Ebene E sei gegeben durch E: $\vec{x} \cdot \vec{n} = \vec{p} \cdot \vec{n}$. Der Winkel zwischen $\vec{p}$ und $\vec{n}$ heiße α.

a) Zeigen Sie anhand einer Skizze:
Ist $e = \vec{p} \cdot \vec{n} > 0$, so ist $\alpha < 90°$ und $\vec{n}$ zeigt vom Ursprung in Richtung der Ebene.
Ist $e = \vec{p} \cdot \vec{n} < 0$, so ist $\alpha > 90°$ und $\vec{n}$ zeigt vom Ursprung von der Ebene weg.

b) $\vec{n} = \begin{pmatrix} -1 \\ 3 \\ -6 \end{pmatrix}$ ist Normalenvektor einer Ebene, die den Punkt $P(-2|3|5)$ enthält.
Prüfen Sie, ob $\vec{n}$ vom Ursprung aus zur Ebene zeigt.

17. Die Ebenen E_1 und E_2 sind parallel zueinander. Berechnen Sie den Abstand zwischen den Ebenen sowie deren Ursprungsabstände. Vergleichen Sie die Ursprungsabstände mit dem Abstand $d(E_1, E_2)$. Erklären Sie das Ergebnis anhand einer Skizze.

① $E_1: 2x_1 - 9x_2 - 6x_3 = 33$
$E_2: 2x_1 - 9x_2 - 6x_3 = 55$

② $E_1: x_1 - 3x_2 + 6x_3 = 6$
$E_2: 2x_1 - 6x_2 + 12x_3 = 0$

③ $E_1: 2x_1 - x_2 + 2x_3 = 12$
$E_2: -2x_1 + x_2 - 2x_3 = 6$

18. Spiegelung an einer Ebene:

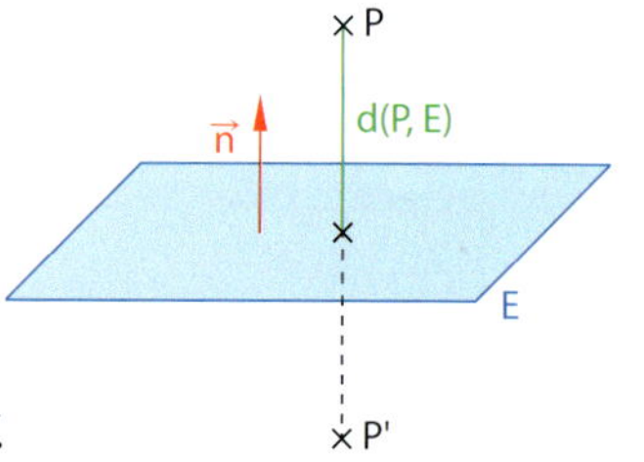

a) Der Punkt P wird an der Ebene E gespiegelt. Beschreiben Sie, wie sich mithilfe der Lotgeraden zu E durch P der Spiegelpunkt P′ ergibt.

b) Die Punkte $A(8|25|-10)$ und $B(-5|-12|-4)$ werden an der Ebene $E_1: \vec{x} = \begin{pmatrix} 2 \\ 1 \\ -2 \end{pmatrix} + r\begin{pmatrix} 4 \\ -1 \\ 0 \end{pmatrix} + s\begin{pmatrix} 0 \\ 1 \\ 3 \end{pmatrix}$ gespiegelt.
Ermitteln Sie die Koordinaten der Spiegelpunkte A′ und B′.

c) Der Punkt $P(2|-5|8)$ wird an einer Ebene E_2 auf den Punkt $P'(4|-1|2)$ gespiegelt. Ermitteln Sie eine Gleichung der Spiegelebene E_2.

19. Die Objekte werden an der Ebene $E_1: 3x_1 + 12x_2 - 4x_3 = 26$ gespiegelt.
Ermitteln Sie eine Gleichung der Geraden oder der Ebene, die sich dabei ergibt.

Gerade $g_1: \vec{x} = \begin{pmatrix} 9 \\ 12 \\ -6 \end{pmatrix} + t\begin{pmatrix} 8 \\ -1 \\ 3 \end{pmatrix}$ parallel zu E_1

Ebene $E_2: 3x_1 + 12x_2 - 4x_3 = 39$ parallel zu E_1

Ebene $E_3: 3x_1 - x_2 - 4x_3 = a$ durch $P(3|-13|-1)$

Gerade $g_2: \vec{x} = \begin{pmatrix} -7 \\ -37 \\ 4 \end{pmatrix} + t\begin{pmatrix} -1 \\ 14 \\ -1 \end{pmatrix}$

20. Gegeben sind die Punkte $A(10|-8|1)$, $B(-2|-2|-3)$ und $D(14|4|7)$.

a) Geben Sie die Koordinaten eines Punktes C an, sodass ABCD ein Parallelogramm ist. Weisen Sie nach, dass es sich um ein Quadrat handelt.

b) Das Quadrat ABCD ist die Grundfläche einer quadratischen Pyramide mit Spitze $S(3|-1|8)$. Berechnen Sie die Höhe dieser Pyramide und ihr Volumen.

c) g sei die Lotgerade zum Quadrat ABCD durch S. Bestimmen Sie zwei Punkte S_1 und S_1' auf g, sodass die Pyramide mit Grundfläche ABCD und Spitze S_1 bzw. S_1' ein Volumen von 1372 VE hat.

21. Orientierung im Raum: Eine Ebene teilt den Raum in zwei Halbräume.

Hinweis zu 21a:
Geben Sie an, was dieses Vorzeichen über den Winkel zwischen $\overrightarrow{PA}$ und $\vec{n}$ aussagt.

a) Begründen Sie: Ist eine Ebene E gegeben durch E: $\vec{x} \cdot \vec{n} = \vec{p} \cdot \vec{n}$, so entscheidet für einen Punkt A das Vorzeichen von $\overrightarrow{OA} \cdot \vec{n} - \vec{p} \cdot \vec{n}$, auf welcher Seite der Ebene A liegt.

b) Gegeben sind E: $3x_1 + 2x_2 + x_3 = 6$ und die Punkte $A(1|1|2)$ und $B(1|-1|3)$. Entscheiden Sie mit der Methode aus a), welcher der Punkte A und B auf derselben Seite der Ebene liegt wie der Ursprung. Skizzieren Sie E anhand der Spurpunkte und tragen Sie A und B in die Skizze ein.

22. Ebenenschar: Gegeben ist die Ebenenschar E_a: $2ax_1 - ax_2 - 2ax_3 = a + 1,\ a \neq 0$.

a) Zeigen Sie, dass es sich bei E_a um eine Schar echt paralleler Ebenen handelt.

b) Bestimmen Sie die Hesse'sche Normalenform von E_a.

c) Bestimmen Sie, für welche Werte von a die Ebene E_a zum Punkt $P(-3\,|\,5\,|\,-7)$ den Abstand $d = 2$ LE hat.

d) Zeigen Sie, dass alle Ebenen der Schar parallel zur Geraden $g\colon \vec{x} = \begin{pmatrix} 2 \\ 0 \\ 1 \end{pmatrix} + t\begin{pmatrix} 1 \\ -4 \\ 3 \end{pmatrix}$ liegen. Ermitteln Sie alle Scharebenen mit dem Abstand 0,5 LE zu g.

Hinweis zu 22c und d:
Machen Sie für a eine Fallunterscheidung, um die Betragsgleichung zu lösen.

23. Es wird mit Bällen vom Punkt $P(5\,|\,-1\,|\,-2)$ auf eine ebene Wand geschossen, welche durch die Punkte $A(-2\,|\,-1\,|\,2)$, $B(0\,|\,6\,|\,-1)$ und $C(0\,|\,5\,|\,0)$ gegeben ist.

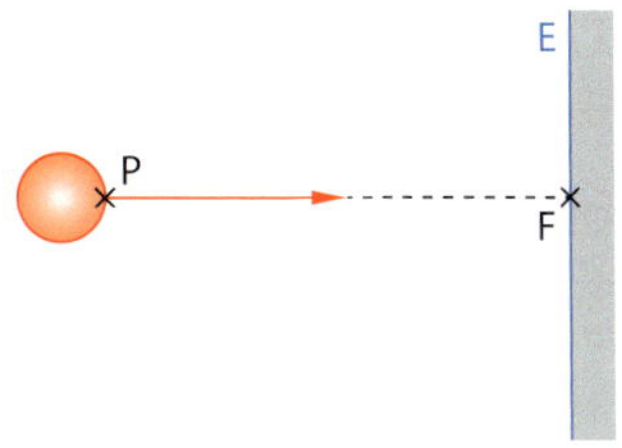

a) Ermitteln Sie eine Normalenform der Ebene E_{ABC} und berechnen Sie den Abstand von P zu E_{ABC}.

b) Bestimmen Sie die Koordinaten des Punktes F von E_{ABC}, in dem ein von P aus senkrecht gegen E_{ABC} geworfener Ball auftrifft.

c) Nun wird ein Ball von P aus entlang der Geraden $g\colon \vec{x} = \begin{pmatrix} 5 \\ -1 \\ -2 \end{pmatrix} + r\begin{pmatrix} -8 \\ 10 \\ 10 \end{pmatrix}$ gegen die Ebene E_{ABC} geworfen. Berechnen Sie den Punkt S und den Winkel α zur Wand, in dem der Ball auf E_{ABC} trifft.

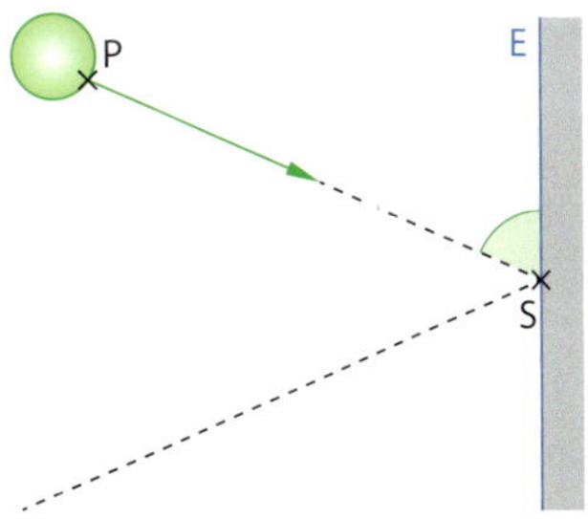

d) Geben Sie eine Gleichung der Geraden g_{FS} durch S und den Lotfußpunkt F von P auf E_{ABC} an. Erläutern Sie ihre Bedeutung in Bezug auf die Flugbahn g und die Ebene.

e) Geben Sie die Gleichung der Ebene E an, welche in S senkrecht auf g_{FS} steht.

f) Nach dem Abprall von der Wand fliegt der Ball längs einer Geraden g' weiter. Geben Sie die Gleichung von g' an.

24. Das Dach eines Turms hat die Form einer quadratischen Pyramide mit Eckpunkten auf den Koordinatenachsen.

a) Im Punkt $R(\sqrt{2}\,|\,-\sqrt{2}\,|\,0)$ wird ein Mast der Höhe 7 LE aufgestellt. Berechnen Sie, an welchem Punkt P und in welchem Winkel der Mast das Dach durchstößt.

b) Berechnen Sie den Abstand der Spitze T des Mastes zur Dachfläche, die durchstoßen wird.

c) In die Dachpyramide soll eine möglichst große Kugel eingebaut werden. Ihr Mittelpunkt liegt auf der x_3-Achse und ist von allen 5 Flächen der Pyramide gleich weit entfernt. Ermitteln Sie seine Koordinaten.

d) Prüfen Sie, ob der Mast entfernt werden muss, damit die Kugel Platz hat.

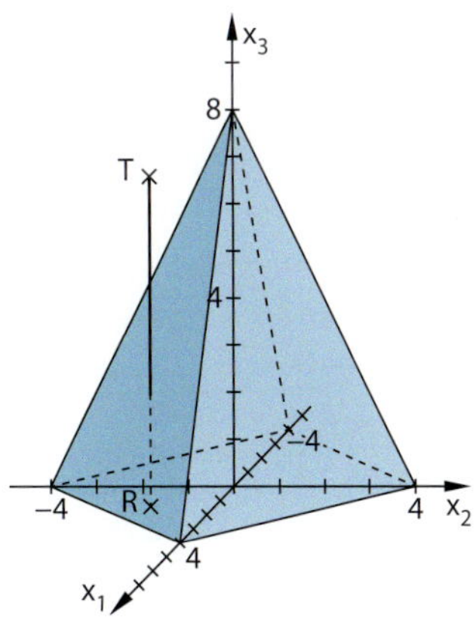

25. Ausblick: Gegeben sind der Punkt $P(-12\,|\,12\,|\,8)$ und die Ebene $E\colon -4x_1 + 7x_2 + 4x_3 = 2$.

Hinweis zu 25:
Diese Aufgabe setzt das Thema von Aufgabe 21 fort.

a) Berechnen Sie den Abstand von P zu E. Geben Sie anhand der Abstandsformel an, ob P auf derselben Seite der Ebene E liegt wie der Ursprung.

b) Begründen Sie: Ist die rechte Seite der Koordinatenform positiv, so ist der Normalenvektor so orientiert, dass er vom Ursprung in Richtung der Ebene zeigt.

c) Spiegeln Sie den Punkt P an der Ebene E mithilfe des Normaleneinheitsvektors und den Informationen aus a) und b).

3.4 Abstand von einer Geraden im Raum

■ Verdeutlichen Sie sich mit Stiften, was man unter dem Abstand eines Punktes von einer Geraden im Raum verstehen kann. Klären Sie ebenso, was der Abstand zweier paralleler Geraden und was der Abstand zweier windschiefer Geraden sein könnte. ■

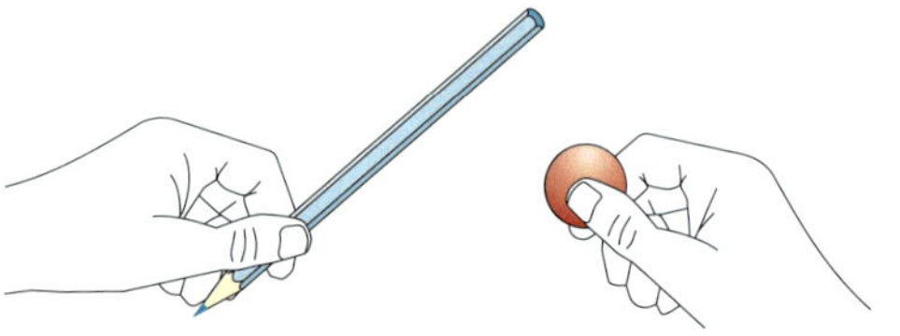

Abstand eines Punktes von einer Geraden im Raum

Hinweis:
Der Abstand eines Punktes zu einer Geraden kann auch mithilfe einer Hilfsebene bestimmt werden (siehe Aufgabe 3).

Ein Punkt A außerhalb einer Geraden g hat zu jedem Punkt von g einen Abstand. Der kürzeste dieser Abstände wird als **Abstand des Punktes zur Geraden** definiert.

Dieser Abstand kann am Fußpunkt F des Lotes von A auf g gemessen werden.

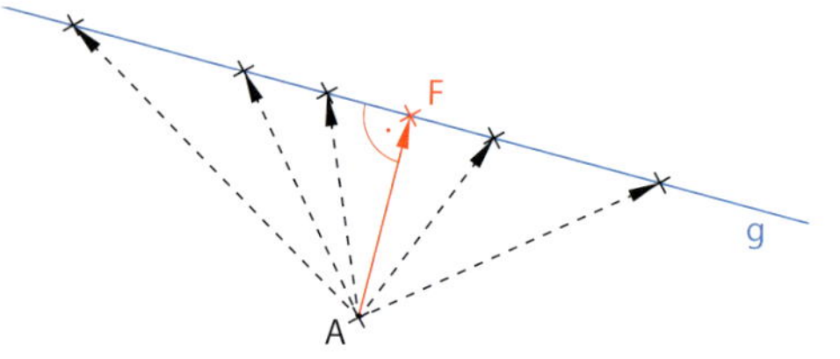

Wissen: Abstand Punkt – Gerade mit dem Lotfußpunktverfahren
Der Abstand d(A, g) eines Punktes A zu einer Geraden g: $\vec{x} = \overrightarrow{OP} + t\vec{v}$ lässt sich wie folgt berechnen.
① Parameter t ermitteln, sodass der allgemeine Verbindungsvektor $\overrightarrow{AX_t}$ senkrecht zu $\vec{v}$ ist.
② t in die Gleichung von g einsetzen und so den Lotfußpunkt F ermitteln.
③ Der Abstand ist gleich der Länge des Vektors $\overrightarrow{AF}$, also $d(A, g) = |\overrightarrow{AF}|$.

Beispiel 1: Gegeben sind der Punkt $A(-17|-17|2)$ und die Gerade g: $\vec{x} = \begin{pmatrix} -4 \\ 3 \\ 8 \end{pmatrix} + t\begin{pmatrix} 9 \\ 2 \\ -6 \end{pmatrix}$.
Geben Sie den Fußpunkt des Lotes von A auf g an. Bestimmen Sie den Abstand von A und g.

Lösung:

Bilden Sie den allgemeinen Verbindungsvektor $\overrightarrow{AX_t} = -\overrightarrow{OA} + \overrightarrow{OX_t}$ zwischen A und g.

Parameter ermitteln:

$$\overrightarrow{AX_t} = -\begin{pmatrix} -17 \\ -17 \\ 2 \end{pmatrix} + \begin{pmatrix} -4 \\ 3 \\ 8 \end{pmatrix} + t\begin{pmatrix} 9 \\ 2 \\ -6 \end{pmatrix} = \begin{pmatrix} 13 + 9t \\ 20 + 2t \\ 6 - 6t \end{pmatrix}$$

Setzen Sie das Skalarprodukt von $\overrightarrow{AX_t}$ und dem Richtungsvektor der Geraden gleich 0 und lösen Sie die resultierende Gleichung nach t auf.

$$\begin{pmatrix} 13 + 9t \\ 20 + 2t \\ 6 - 6t \end{pmatrix} \cdot \begin{pmatrix} 9 \\ 2 \\ -6 \end{pmatrix} = 0$$

$$(117 + 40 - 36) + (81 + 4 + 36)t = 0$$

$$121 + 121t = 0 \quad \text{also } t = -1$$

Hinweis:
Der Vektor, der einen Punkt mit dem zugehörigen Lotfußpunkt verbindet, heißt **Lotvektor**.

Setzen Sie $t = -1$ in die Gleichung von g ein und ermitteln Sie so den Ortsvektor des Lotfußpunktes F.
Der Lotvektor ist gleich $\overrightarrow{AF}$.

Fußpunkt und Lotvektor ermitteln:

$$\overrightarrow{OF} = \begin{pmatrix} -4 - 9 \\ 3 - 2 \\ 8 + 6 \end{pmatrix} = \begin{pmatrix} -13 \\ 1 \\ 14 \end{pmatrix}$$

$$\overrightarrow{AF} = \overrightarrow{OF} - \overrightarrow{OA} = \begin{pmatrix} -13 \\ 1 \\ 14 \end{pmatrix} - \begin{pmatrix} -17 \\ -17 \\ 2 \end{pmatrix} = \begin{pmatrix} 4 \\ 18 \\ 12 \end{pmatrix}$$

Hinweis:
Wenn nur nach dem Abstand gefragt ist, erhält man den Lotvektor ohne Umweg über F durch Einsetzen von $t = -1$ in $\overrightarrow{AX_t}$.

Berechnen Sie den Betrag des erhaltenen Lotvektors $\overrightarrow{AF}$.

Abstand berechnen:

$$d(A, g) = \left|\begin{pmatrix} 4 \\ 18 \\ 12 \end{pmatrix}\right| = \sqrt{484} = 22$$

Basisaufgaben

1. Berechnen Sie den Abstand des Punktes A von der Geraden g und geben Sie den Fußpunkt des Lotes von A auf g an.
   a) A(8 | −12 | 17) $\quad g: \vec{x} = \begin{pmatrix} 5 \\ -7 \\ 2 \end{pmatrix} + t\begin{pmatrix} 1 \\ 3 \\ -2 \end{pmatrix}$ $\qquad$ b) A(15 | 1 | −3) $\quad g: \vec{x} = \begin{pmatrix} 1 \\ 0 \\ -3 \end{pmatrix} + t\begin{pmatrix} 4 \\ 2 \\ 3 \end{pmatrix}$

2. Ermitteln Sie die Koordinaten des Lotfußpunktes von P auf g.
   a) P(−7 | 9 | −14) $\quad g: \vec{x} = \begin{pmatrix} 3 \\ 1 \\ 7 \end{pmatrix} + t\begin{pmatrix} 6 \\ -7 \\ 6 \end{pmatrix}$ $\qquad$ b) P(8 | 10 | 9) $\quad g: \vec{x} = \begin{pmatrix} -10 \\ -2 \\ -3 \end{pmatrix} + t\begin{pmatrix} -1 \\ 2 \\ 1 \end{pmatrix}$

3. **Abstandsberechnung mit einer Hilfsebene:**
   Gegeben sind der Punkt A(10 | −18 | 11) und die Gerade g mit $g: \vec{x} = \begin{pmatrix} 8 \\ 0 \\ -8 \end{pmatrix} + t\begin{pmatrix} 2 \\ 6 \\ -1 \end{pmatrix}$.
   a) E sei die Ebene, die durch A orthogonal zu g verläuft. Veranschaulichen Sie die Lage von g, E und A durch eine Skizze oder durch ein Blatt-Stift-Modell. Geben Sie an, welche Bedeutung der Schnittpunkt von g und E hat.
   b) Berechnen Sie den Abstand von A zu g mithilfe der in a) beschriebenen Hilfsebene E.
   c) Berechnen Sie nun den Abstand von A und g mithilfe des Lotfußpunktverfahrens. Vergleichen Sie den Rechenaufwand beider Verfahren.

4. Im Dreieck A(2 | 0 | 3), B(11 | −12 | 9), C(−1 | −6 | 10) entspricht die Länge der Höhe h_C dem Abstand des Punktes C von der Geraden g_{AB}.
   Berechnen Sie den Flächeninhalt des Dreiecks.

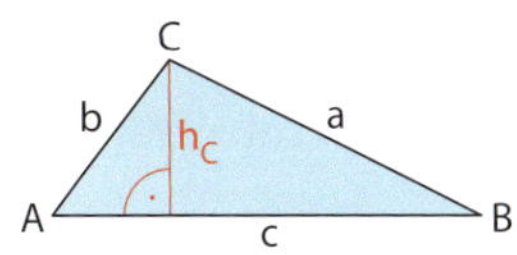

5. **Abstand paralleler Geraden:** Die Geraden g und h sind parallel zueinander.
   Berechnen Sie ihren Abstand mithilfe der Grundaufgabe „Abstand Punkt – Gerade".
   a) $g: \vec{x} = \begin{pmatrix} 0 \\ 3 \\ -1 \end{pmatrix} + r\begin{pmatrix} 1 \\ -4 \\ -1 \end{pmatrix}$ $\qquad$ b) $g: \vec{x} = r\begin{pmatrix} -3 \\ 2 \\ 3 \end{pmatrix}$
   $h: \vec{x} = \begin{pmatrix} 3 \\ 0 \\ -4 \end{pmatrix} + s\begin{pmatrix} -1 \\ 4 \\ 1 \end{pmatrix}$ $\qquad$ $h: \vec{x} = \begin{pmatrix} -12 \\ 11 \\ 10 \end{pmatrix} + r\begin{pmatrix} -6 \\ 4 \\ 6 \end{pmatrix}$

Abstand windschiefer Geraden

Zwei beliebige Punkte der windschiefen Geraden g_1 und g_2 haben einen Abstand zueinander. Der kürzeste dieser Abstände wird als **Abstand der windschiefen Geraden** definiert.

Dieser Abstand kann mit den Fußpunkten F_1 und F_2 des gemeinsamen Lotes der Geraden bestimmt werden.

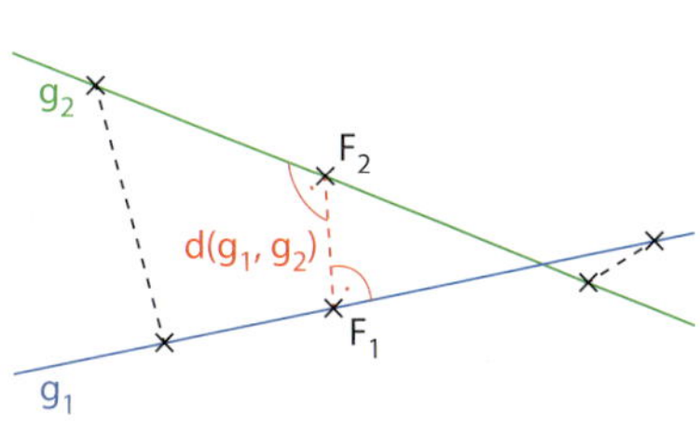

Hinweis:
Der Abstand windschiefer Geraden kann auch mithilfe einer Hilfsebene bestimmt werden (siehe Aufgabe 7 und 8).

Wissen: Abstand windschiefer Geraden mit dem Lotfußpunktverfahren
Der Abstand $d(g_1, g_2)$ zweier windschiefer Geraden $g_1: \vec{x} = \overrightarrow{OP}_1 + r\vec{v}_1$ und $g_2: \vec{x} = \overrightarrow{OP}_2 + s\vec{v}_2$ lässt sich wie folgt berechnen.
① Parameter r und s ermitteln, sodass der allgemeine Verbindungsvektor $\overrightarrow{X_rX_s}$ senkrecht zu $\vec{v}_1$ und $\vec{v}_2$ ist.
② r und s in $\overrightarrow{X_rX_s}$ einsetzen und die Lotfußpunkte F_1 und F_2 ermitteln.
③ Der Abstand ist gleich der Länge des Vektors $\overrightarrow{F_1F_2}$, also $d(g_1, g_2) = |\overrightarrow{F_1F_2}|$.

Beispiel 2: Die Geraden $g_1\colon \vec{x} = \begin{pmatrix}-2\\-7\\9\end{pmatrix} + r\begin{pmatrix}2\\3\\-4\end{pmatrix}$ und $g_2\colon \vec{x} = \begin{pmatrix}29\\-9\\-5\end{pmatrix} + s\begin{pmatrix}-1\\0\\4\end{pmatrix}$ sind windschief zueinander. Bestimmen Sie den Abstand der Geraden und geben Sie die Koordinaten der Fußpunkte des gemeinsamen Lotes an.

Lösung:

Bilden Sie den Verbindungsvektor $\overrightarrow{X_rX_s}$ zwischen beliebigen Punkten $\overrightarrow{OX_r} = \begin{pmatrix}-2+2r\\-7+3r\\9-4r\end{pmatrix}$ und $\overrightarrow{OX_s} = \begin{pmatrix}29-s\\-9\\-5+4s\end{pmatrix}$ der Geraden g_1 bzw. g_2.

Setzen Sie das Skalarprodukt von $\overrightarrow{X_rX_s}$ mit dem Richtungsvektor von g_1 und mit dem von g_2 jeweils gleich null.

Es ergibt sich ein Gleichungssystem mit 2 Gleichungen und 2 Variablen.

Parameter bestimmen:

$$\overrightarrow{X_rX_s} = \overrightarrow{OX_s} - \overrightarrow{OX_r} = \begin{pmatrix}31-2r-s\\-2-3r\\-14+4r+4s\end{pmatrix}$$

$$\begin{pmatrix}31-2r-s\\-2-3r\\-14+4r+4s\end{pmatrix} \cdot \begin{pmatrix}2\\3\\-4\end{pmatrix} = 0$$

Gleichung I: $-29r - 18s = -112$

$$\begin{pmatrix}31-2r-s\\-2-3r\\-14+4r+4s\end{pmatrix} \cdot \begin{pmatrix}-1\\0\\4\end{pmatrix} = 0$$

Gleichung II: $18r + 17s = 87$

Ermitteln Sie die Lösung.

Lösung: $r = 2$ und $s = 3$

Setzen Sie $r = 2$ und $s = 3$ in den Verbindungsvektor ein und berechnen Sie den gemeinsamen Lotvektor.

Lotvektor und Fußpunkte bestimmen:

$$\overrightarrow{X_2X_3} = \begin{pmatrix}31-2\cdot 2-3\\-2-3\cdot 2\\-14+4\cdot 2+4\cdot 3\end{pmatrix} = \begin{pmatrix}24\\-8\\6\end{pmatrix}$$

Setzen Sie den Wert $r = 2$ in die Gleichung von g_1 ein und $s = 3$ in die Gleichung von g_2. Bestimmen Sie so die Fußpunkte.

$$\overrightarrow{OF_1} = \begin{pmatrix}-2\\-7\\9\end{pmatrix} + 2\cdot\begin{pmatrix}2\\3\\-4\end{pmatrix} = \begin{pmatrix}2\\-1\\1\end{pmatrix} \quad F_1(2\,|-1\,|\,1)$$

$$\overrightarrow{OF_2} = \begin{pmatrix}29\\-9\\-5\end{pmatrix} + 3\cdot\begin{pmatrix}-1\\0\\4\end{pmatrix} = \begin{pmatrix}26\\-9\\7\end{pmatrix} \quad F_2(26\,|-9\,|\,7)$$

Hinweis:
Wenn nur nach dem Abstand gefragt ist, kann man auf das Bestimmen der Fußpunkte verzichten.

Berechnen Sie den Betrag des gemeinsamen Lotvektors $\overrightarrow{X_2X_3}$.

Abstand berechnen:

$$d(g_1, g_2) = \left|\begin{pmatrix}24\\-8\\6\end{pmatrix}\right| = \sqrt{676} = 26$$

Basisaufgaben

6. Berechnen Sie den Abstand der windschiefen Geraden g und h sowie die Koordinaten der Fußpunkte des gemeinsamen Lotes.

a) $g\colon \vec{x} = \begin{pmatrix}-5\\5\\-8\end{pmatrix} + r\begin{pmatrix}2\\1\\2\end{pmatrix}$; $h\colon \vec{x} = \begin{pmatrix}10\\-5\\3\end{pmatrix} + s\begin{pmatrix}7\\1\\0\end{pmatrix}$
b) $g\colon \vec{x} = \begin{pmatrix}-2\\-7\\9\end{pmatrix} + r\begin{pmatrix}2\\3\\-4\end{pmatrix}$; $h\colon \vec{x} = \begin{pmatrix}29\\-9\\-5\end{pmatrix} + s\begin{pmatrix}-1\\0\\4\end{pmatrix}$

7. **Abstandberechnung mit einer Hilfsebene:**

a) Stellen Sie mit Stiften zwei windschiefe Geraden dar. Drehen und verschieben Sie beide Stifte, ohne ihre gegenseitige Lage zu verändern, bis ein Stift auf dem Tisch liegt und der andere parallel zur Tischplatte verläuft. Begründen Sie an diesem Modell, dass die Bestimmung des Abstands windschiefer Geraden auf den Abstand Punkt – Ebene zurückgeführt werden kann.

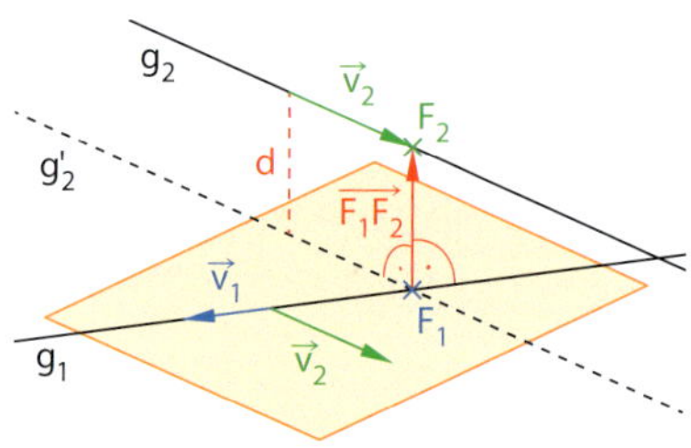

b) Berechnen Sie $d(g_1, g_2)$ mithilfe einer Hilfsebene für g_1 und g_2 aus Beispiel 2.

8. In dieser Aufgabe soll das Verfahren zur Abstandsberechnung mittels Hilfsebene mit dem Lotfußpunktverfahren verglichen werden.

a) Berechnen Sie die Abstände der Geraden g und h jeweils mithilfe einer Hilfsebene (vgl. Aufgabe 7) sowie mit dem Lotfußpunktverfahren (vgl. Beispiel 2).

① $g\colon \vec{x} = \begin{pmatrix} 2 \\ 0 \\ 1 \end{pmatrix} + s\begin{pmatrix} -1 \\ -4 \\ 3 \end{pmatrix}$, $h\colon \vec{x} = \begin{pmatrix} 2 \\ -1 \\ -1 \end{pmatrix} + t\begin{pmatrix} -1 \\ 0 \\ 2 \end{pmatrix}$

② $g\colon \vec{x} = \begin{pmatrix} 2 \\ -1 \\ 7 \end{pmatrix} + s\begin{pmatrix} 4 \\ 1 \\ -2 \end{pmatrix}$, $h\colon \vec{x} = \begin{pmatrix} 9 \\ -7 \\ 6 \end{pmatrix} + t\begin{pmatrix} 6 \\ 1 \\ -4 \end{pmatrix}$

b) Erläutern Sie, welches Verfahren günstiger ist, wenn die Fußpunkte des gemeinsamen Lotes nicht bestimmt werden sollen.

Weiterführende Aufgaben

9. Entscheiden Sie begründet, ob die Aussage wahr oder falsch ist.

a) Die Bestimmung der Höhe eines Dreiecks im Raum kann auf die Grundaufgabe „Abstand Punkt – Gerade" zurückgeführt werden.

b) Der Abstand Punkt – Ebene kann sowohl mit der Hesse'schen Normalenform als auch mit dem Lotfußpunktverfahren berechnet werden.

c) Ist der Abstand des Punktes A von der Geraden g gleich null, so liegt A auf g.

d) Der Abstand Punkt – Gerade im Raum kann mithilfe einer Ebene berechnet werden, die durch den Punkt und parallel zur Geraden verläuft.

e) Die Bestimmung der Höhe einer Pyramide kann auf die Grundaufgabe „Abstand Punkt – Ebene" zurückgeführt werden.

10. Zeigen Sie, dass die Punkte $A(-3|1|1)$, $B(5|3|3)$, $C(5|0|0)$, $D(1|-1|-1)$ ein Trapez bilden, und berechnen Sie seinen Flächeninhalt.

11. Stolperstelle: Duc möchte den Abstand vom Punkt $A(-3|7|0)$ zur Geraden $g\colon \vec{x} = \begin{pmatrix} 7 \\ 3 \\ 14 \end{pmatrix} + t\begin{pmatrix} 4 \\ 2 \\ 3 \end{pmatrix}$ ermitteln.

Die Ebene $E\colon \vec{x} = \begin{pmatrix} -3 \\ 7 \\ 0 \end{pmatrix} + r\begin{pmatrix} 4 \\ 2 \\ 3 \end{pmatrix} + s\begin{pmatrix} 1 \\ 0 \\ 0 \end{pmatrix}$ verläuft durch A parallel zu g. Die Koordinatengleichung ist $E\colon 3x_2 - 2x_3 = 21$. Es gilt:

$$d(A, g) = d(E, g) = \frac{1}{\sqrt{13}}\left|\begin{pmatrix} 0 \\ 3 \\ -2 \end{pmatrix}\begin{pmatrix} 7 \\ 3 \\ 14 \end{pmatrix} - 21\right| \approx 11{,}1$$

a) Begründen Sie, warum sein Ergebnis nicht dem gesuchten Abstand entspricht, auch wenn Duc keine Rechenfehler unterlaufen sind.

b) Bestimmen Sie $d(A, g)$.

Hinweis zu 11: Veranschaulichen Sie sich Ducs Lösungsansatz mithilfe von Stiften und Papier.

12. Auf ebener Erde (x_1x_2-Ebene) stehen drei Masten mit den Fußpunkten $A_b(1|-2|0)$, $B_b(9|10|0)$, $C_b(-1|3|0)$. Die Masten sind 8 m, 4 m bzw. 5 m hoch. An ihnen ist ein Sonnensegel befestigt. Die Sonnenstrahlen fallen in Richtung des Vektors $\vec{v} = \begin{pmatrix} -1 \\ -1 \\ -1 \end{pmatrix}$ ein, sodass sich am Erdboden das Schattendreieck A'B'C' bildet.

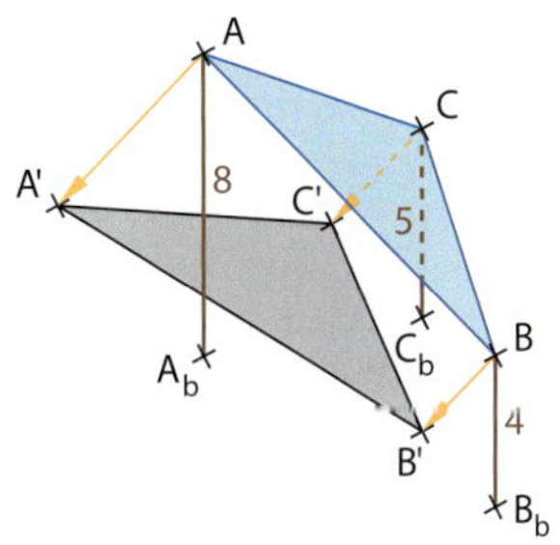

a) Berechnen Sie den Flächeninhalt des Segels.

b) Berechnen Sie die Eckpunkte des Schattendreiecks. Vergleichen Sie seinen Flächeninhalt mit dem des Segels.

13. Eine Rakete bewegt sich entlang der Geraden zu $g: \vec{x} = \begin{pmatrix} 8 \\ 8 \\ 1 \end{pmatrix} + t\begin{pmatrix} 2 \\ 4 \\ 1 \end{pmatrix}$. Der Planet mit dem Mittelpunkt $M(38|98|1)$ hat den Radius $r = 6$. (1 LE = 1 km)

a) Bestimmen Sie die Koordinaten desjenigen Punktes T_1 der Geraden g, in dem die Entfernung zwischen der Rakete und der Oberfläche des Planeten am geringsten ist. Berechnen Sie den Abstand von T_1 zur Oberfläche des Planeten.

b) In T_1 biegt die Rakete ein in eine Kreisbahn um den Planeten. In T_2 hat sie ihn halb umrundet. Geben Sie die Koordinaten von T_2 sowie die Länge der Flugbahn von T_1 bis T_2 an.

14. Ein Flugzeug befindet sich im Landeanflug. Momentan bewegt es sich längs einer Geraden mit der Gleichung

$\vec{x} = \begin{pmatrix} -24\,200 \\ 35\,600 \\ 1616 \end{pmatrix} + t \cdot \begin{pmatrix} 300 \\ -400 \\ -20 \end{pmatrix}$ (1 LE entspricht 1 Meter, 1 t entspricht 10 Sekunden).

a) Berechnen Sie die Geschwindigkeit des Flugzeugs in km/h.

b) Der Mittelstreifen der Landebahn entspricht der Strecke $\overline{AE}$ mit $A(-500|4000|20)$ und $E(1000|2000|0)$. Berechnen Sie die Koordinaten des Punktes L, bei dem das Flugzeug bei unverändertem Kurs auf dem Mittelstreifen der Landebahn aufsetzen wird. Entscheiden Sie, ob es noch 1500 m Platz zum Ausrollen hat.

c) Berechnen Sie, in welchem Winkel das Flugzeug auf die Landebahn auftrifft.

d) Die Spitze eines Turmes hat die Koordinaten $T(-2900|7830|116)$. Berechnen Sie, in welchem Abstand das Flugzeug diese Turmspitze passiert. Geben Sie an, wie viele Sekunden vor der Landung dies geschieht.

● **15.** Zwei Flugobjekte bewegen sich geradlinig. Das eine befindet sich zum Zeitpunkt t im Punkt $\overrightarrow{OP_t} = \begin{pmatrix} 5 \\ -2 \\ 4 \end{pmatrix} + t\begin{pmatrix} 1 \\ -2 \\ 1 \end{pmatrix}$, das andere im Punkt $\overrightarrow{OH_t} = \begin{pmatrix} -1 \\ 3 \\ 2 \end{pmatrix} + t\begin{pmatrix} 1 \\ 1 \\ 1 \end{pmatrix}$.

a) Berechnen Sie den Abstand beider Flugbahnen und ermitteln Sie eine Gleichung der gemeinsamen Lotgeraden.

b) Berechnen Sie den Zeitpunkt, an dem der Abstand beider Flugobjekte minimal ist.

c) Erläutern Sie den Unterschied der Aufgaben a) und b).

16. Das Viereck ABCD der Versammlungshalle ist ein Drachen mit Symmetrieachse $\overline{AC}$.

a) Die Dachspitze S befindet sich 6 Einheiten oberhalb (in x_3-Richtung) des Punktes F. Berechnen Sie die Koordinaten von S und D.

b) Zeigen Sie, dass das Dreieck BSF rechtwinklig ist, das Dreieck AFS aber nicht.

c) Berechnen Sie, welche Winkel die Kanten $\overline{AS}$ bzw. $\overline{CS}$ mit $\overline{AC}$ einschließen.

d) Berechnen Sie den Flächeninhalt von ABCD.

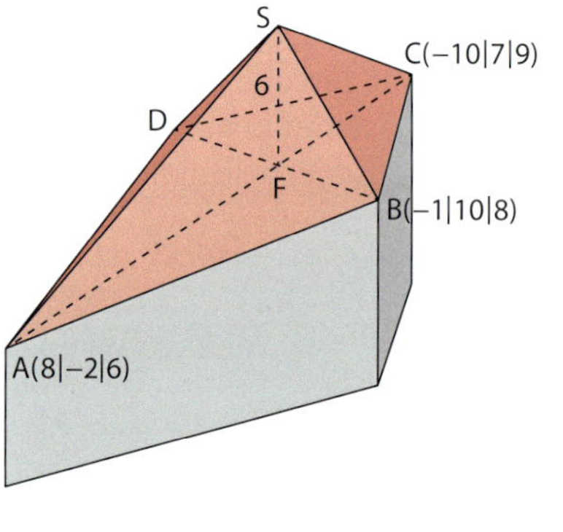

17. Eine dreiseitige Pyramide hat die Eckpunkte $A(-12|-3|-6)$, $B(-3|6|3)$, $C(4|1|2)$ und $D(1|-5|11)$. Berechnen Sie ihr Volumen.

● **18. Spiegelungen:** Bei Spiegelungen eines Punktes P an einer Ebene E oder einer Geraden g können die Koordinaten des Spiegelpunktes P′ mithilfe des Lotvektors von P auf E bzw. P auf g ermittelt werden.

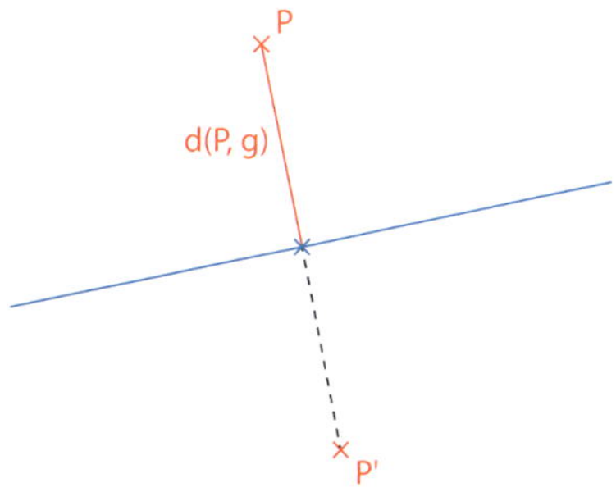

Berechnen Sie die Koordinaten des Spiegelpunktes von $P(0|-11|18)$ bei einer Spiegelung

a) an der Geraden $g: \vec{x} = \begin{pmatrix} -6 \\ 1 \\ 5 \end{pmatrix} + k\begin{pmatrix} 6 \\ -3 \\ 2 \end{pmatrix}$,

b) an der Ebene $E: -3x_1 - 6x_2 + 5x_3 = 16$.

● **19.** Auf den Karten sind verschiedene Methoden zur Bestimmung des Lotfußpunktes F von einem Punkt P auf eine Gerade g beschrieben.
Ermitteln Sie den Lotfußpunkt F für $P(5|5|-1)$ und $g: \vec{x} = \begin{pmatrix} 0 \\ -5 \\ 1 \end{pmatrix} + t\begin{pmatrix} 4 \\ 3 \\ -1 \end{pmatrix}$ mit allen vier Methoden. Vergleichen Sie die Rechenaufwände.

① F mit dem Lotfußpunktverfahren wie in Beispiel 1 bestimmen.

② F mithilfe der Ebene E durch P, die senkrecht zu g verläuft, bestimmen.

③ Die Ebene E, die P und g enthält, ermitteln. F mithilfe der Geraden h durch P, die in E liegt und senkrecht zu g verläuft, bestimmen.

④ $P_t(4t|-5+3t|1-t)$ ist ein beliebiger Punkt von g. F ergibt sich für dasjenige t, für welches die Funktion f mit $f(t) = |\overrightarrow{PP_t}|$ ein Minimum hat.

Hinweis zu 19:
Bestimmen Sie in ③ die Gerade h mithilfe eines Normalenvektors von E.

● **20.** Gegeben sind die Geraden $g_1: \vec{x} = \begin{pmatrix} 1 \\ 2 \\ 0 \end{pmatrix} + r\begin{pmatrix} 1 \\ 0 \\ 2 \end{pmatrix}$ und $g_2: \vec{x} = \begin{pmatrix} 6 \\ 10 \\ 0 \end{pmatrix} + s\begin{pmatrix} -1 \\ 4 \\ -2 \end{pmatrix}$.

a) Zeigen Sie, dass die beiden Geraden windschief zueinander sind.

b) Berechnen Sie ihren Abstand mit dem Lotfußpunktverfahren.

c) Berechnen Sie ihren Abstand mithilfe einer Ebene E_1, welche g_1 enthält und zu g_2 parallel ist.

d) E_2 sei die Ebene, welche g_2 enthält und zu E_1 orthogonal ist. Berechnen Sie den Schnittpunkt F_1 von E_2 und g_1 und zeigen Sie an einem Blatt-Stift-Modell, dass F_1 auf der gemeinsamen Lotgeraden von g_1 und g_2 liegt.

e) Berechnen Sie mithilfe dieser gemeinsamen Lotgeraden den Abstand von g_1 und g_2.

● **21. Ausblick:** Der Abstand der windschiefen Geraden $g: \vec{x} = r\begin{pmatrix} 1 \\ 0 \\ 2 \end{pmatrix}$ und $h: \vec{x} = \begin{pmatrix} 2 \\ 10 \\ 0 \end{pmatrix} + s\begin{pmatrix} 0 \\ -1 \\ 1 \end{pmatrix}$ soll als Extremwertaufgabe berechnet werden.
Der allgemeine Verbindungsvektor $\overrightarrow{X_rX_s}$ zwischen einem Punkt X_r von g und einem Punkt X_s von h enthält zwei Variablen. Gesucht sind Werte für r und s, sodass der Abstand $|\overrightarrow{X_rX_s}|$ minimal wird. Dieses Problem lässt sich folgendermaßen angehen.

a) Wählen Sie zunächst einen beliebigen, aber festen Punkt $X_r(r|0|2r)$ von g. Bestimmen Sie, für welches s der Verbindungsvektor $\overrightarrow{X_rX_s}$ einen minimalen Betrag hat.

b) In Teil a) erhält man $s = r + 5$. Setzen Sie $s = r + 5$ in den Verbindungsvektor ein und zeigen Sie, dass er für alle r auf h senkrecht steht.

c) Ermitteln Sie nun dasjenige r, für welches der Betrag des Verbindungsvektors aus b) minimal ist. Nutzen Sie dieses r, um den Abstand der beiden Geraden anzugeben.

Hinweis zu 21a:
Hier ist (ähnlich wie bei Funktionenscharen) s eine Variable und r ein Parameter.

Kugeln

■ Ein GPS-Gerät im Punkt P empfängt von einem Satelliten dessen Position sowie Angaben zur Ermittlung der Entfernung zu diesem Satelliten.
Aus der Entfernung r_1 zu einem Satelliten S_1 ergibt sich, dass sich das GPS-Gerät auf der Oberfläche einer Kugel mit dem Radius r_1 um S_1 befindet.
Geben Sie an, welche Information sich aus der Entfernung zu 2, 3 und 4 Satelliten ergibt. ■

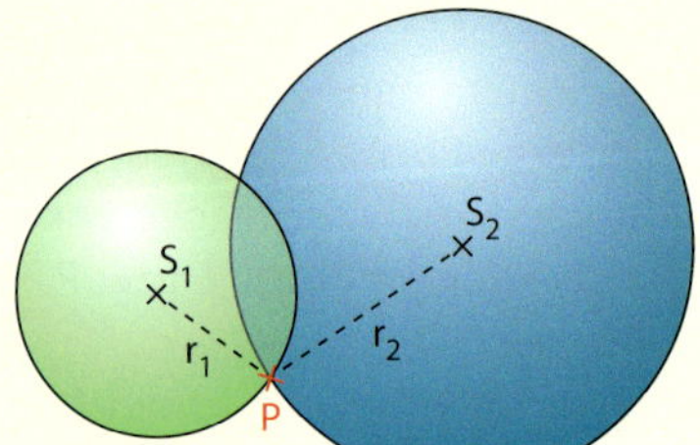

Hinweis:
Ein Punkt $P(x_1|x_2)$ liegt auf einer Kreislinie mit dem Radius r um den Mittelpunkt $M(m_1|m_2)$, wenn $|\overrightarrow{OP} - \overrightarrow{OM}| = r$ gilt.

Eine Kugel K im dreidimensionalen Raum wird durch einen Mittelpunkt $M(m_1|m_2|m_3)$ und einen Radius r eindeutig festgelegt. Ein Punkt $P(x_1|x_2|x_3)$ liegt genau dann auf der Kugeloberfläche, wenn sein Abstand vom Mittelpunkt M gleich dem Radius r ist:
$|\overrightarrow{OP} - \overrightarrow{OM}| = \sqrt{(x_1 - m_1)^2 + (x_2 - m_2)^2 + (x_3 - m_3)^2} = r$
Ist der Abstand geringer, so liegt der Punkt im Inneren der Kugel.

Definition: Kugelgleichung
Ein Punkt $P(x_1|x_2|x_3)$ liegt genau dann auf der Kugel K um $M(m_1|m_2|m_3)$ mit Radius r, wenn gilt: $(x_1 - m_1)^2 + (x_2 - m_2)^2 + (x_3 - m_3)^2 = r^2$

Beispiel 1: Lage von Punkten bezüglich einer Kugel
Prüfen Sie die Lage von $A(3|7|4)$ und $B(2|9|3)$ bzgl. der Kugel K um $M(-1|3|5)$ mit $r = 7$.

Lösung:

Stellen Sie die Kugelgleichung auf und setzen Sie die Koordinaten der Punkte ein.	K: $(x_1 + 1)^2 + (x_2 - 3)^2 + (x_3 - 5)^2 = 49$ A: $(3 + 1)^2 + (7 - 3)^2 + (4 - 5)^2 = 33 < 49$
Punkt A liegt im Inneren von K, da sein Abstand zu M kleiner als r ist. Punkt B erfüllt die Gleichung, liegt also auf der Oberfläche.	A liegt im Inneren der Kugel. B: $(2 + 1)^2 + (9 - 3)^2 + (3 - 5)^2 = 49$ B liegt auf der Kugel.

Die **Lagebeziehung zweier Kugeln** hängt vom Abstand $|\overrightarrow{M_1M_2}|$ ihrer Mittelpunkte ab.

Hinweis:
In allen anderen Fällen haben die Kugeln keine gemeinsamen Punkte.

$|\overrightarrow{M_1M_2}| = |r_1 - r_2|$

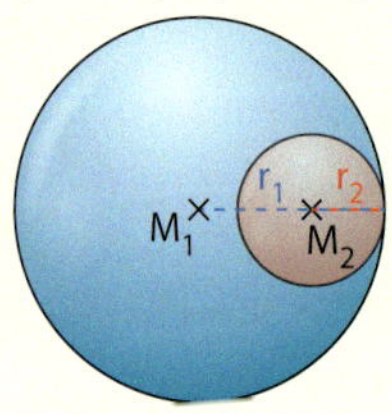

Kugeln berühren sich, K_2 in K_1

$|r_1 - r_2| < |\overrightarrow{M_1M_2}| < r_1 + r_2$

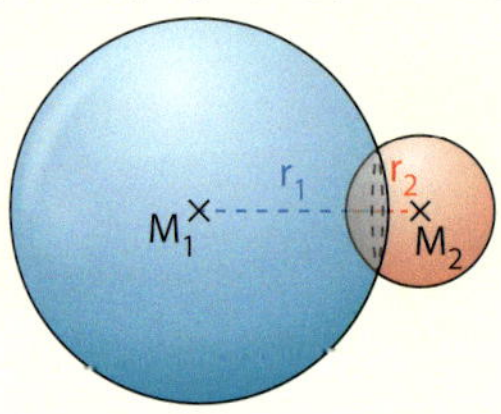

Kugeln schneiden sich

$|\overrightarrow{M_1M_2}| = r_1 + r_2$

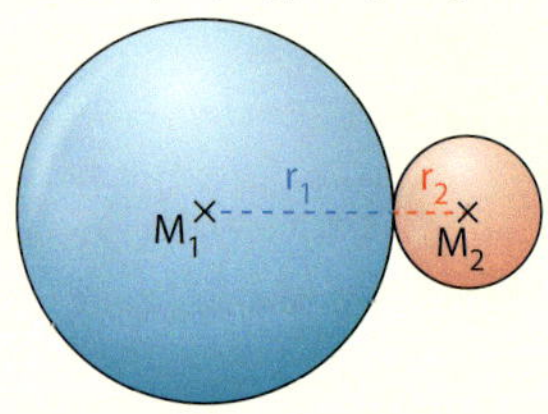

Kugeln berühren sich

Beispiel 2: Schnittkreis von Kugeln
Gegeben sind die Kugeln K_1 mit $M_1(2|2|3)$, $r_1 = 2$ und K_2 mit $M_2(1|0|2)$, $r_2 = 1$.
a) Zeigen Sie, dass die Kugeln sich schneiden.
b) Ermitteln Sie die Gleichung der Ebene, in welcher der Schnittkreis liegt.
c) Berechnen Sie Mittelpunkt und Radius des Schnittkreises.

Lösung:

a) Berechnen Sie den Abstand $|\overrightarrow{M_1M_2}|$ der Mittelpunkte und vergleichen Sie diesen mit $r_1 + r_2$ und $|r_1 - r_2|$.	$|\overrightarrow{M_1M_2}| = \sqrt{(1 - 2)^2 + (0 - 2)^2 + (2 - 3)^2} \approx 2{,}5$ $|r_1 - r_2| = 1 < |\overrightarrow{M_1M_2}| < 3 = r_1 + r_2$ Die Kugeln schneiden sich.

b) Alle gemeinsamen Punkte müssen beide Kugelgleichungen erfüllen. Es ergibt sich ein Gleichungssystem mit zwei quadratischen Gleichungen.
Beim Subtrahieren beider Gleichungen fallen alle Quadrate weg. Es bleibt die Koordinatengleichung der Ebene E, in der der Schnittkreis liegt.

K_1: $(x_1-2)^2+(x_2-2)^2+(x_3-3)^2=2^2$
K_2: $(x_1-1)^2+x_2^2+(x_3-2)^2=1^2$

$x_1^2-4x_1+4+x_2^2-4x_2+4+x_3^2-6x_3+9=4$
$x_1^2-2x_1+1+x_2^2\quad +x_3^2-4x_3+4=1$
$-2x_1+3\quad -4x_2+4\quad -2x_3+5=3$
$\Leftrightarrow$ E: $-2x_1-4x_2-2x_3=-9$

c) Stellen Sie eine Gleichung der Geraden g durch die Mittelpunkte auf.
Berechnen Sie den Schnittpunkt S der Geraden g mit der Ebene E. Dieser Schnittpunkt ist der Mittelpunkt des Schnittkreises.
Der Radius r des Schnittkreises, die Strecke $\overrightarrow{M_1S}$ und r_1 bilden ein rechtwinkliges Dreieck. Berechnen Sie daraus den Radius r.

$$g: \vec{x}=\begin{pmatrix}2\\2\\3\end{pmatrix}+t\begin{pmatrix}-1\\-2\\-1\end{pmatrix}=\begin{pmatrix}2-t\\2-2t\\3-t\end{pmatrix}$$

Einsetzen in E liefert t = 0,75.
Mittelpunkt S(1,25 | 0,5 | 2,25)

$$|\overrightarrow{M_1S}|=\sqrt{0{,}75^2+1{,}5^2+0{,}75^2}$$
$$=0{,}75\cdot\sqrt{1+2^2+1}=0{,}75\sqrt{6}$$
$$r^2+|\overrightarrow{M_1S}|=r_1^2$$
$$\text{Radius } r=\sqrt{2^2-\left(0{,}75\sqrt{6}\right)^2}\approx 0{,}79$$

Hinweis:
Das Gleichungssystem zur Berechnung der gemeinsamen Punkte zweier Kugeln liefert überraschenderweise weder eine Entscheidung über die gegenseitige Lage der Kugeln noch eine Gleichung des Schnittgebildes.

Aufgaben

1. Prüfen Sie die Lage von A und B zur Kugel mit dem Radius r und dem Mittelpunkt M.
a) M(3 | 2 | 1); r = 5 A(0 | 5 | 7); B(0 | 6 | 1) b) M(7 | −9 | 2); r = 9 A(1 | 1 | 1); B(1 | −6 | −5)

2. Untersuchen Sie die Lage der Kugeln mit den Mittelpunkten M_1, M_2 und Radien r_1, r_2.
a) $M_1(3\,|\,-2\,|\,6)$; $r_1=2$ $M_2(0\,|\,2\,|\,6)$; $r_2=3$ b) $M_1(1\,|\,-7\,|\,8)$; $r_1=4$ $M_2(3\,|\,-3\,|\,12)$; $r_2=3$

3. Gegeben sind die Kugeln K_1: $x_1^2+x_2^2+x_3^2=16$ und K_2: $x_1^2+(x_2-4)^2+x_3^2=4$.
a) Ermitteln Sie eine Gleichung der Ebene E, die den Schnittkreis von K_1 und K_2 enthält.
b) Skizzieren Sie den Querschnitt der x_1x_2-Ebene durch beide Kugeln. Markieren Sie in der Skizze den Schnittpunkt S von E mit der Geraden durch M_1 und M_2.
c) Berechnen Sie Mittelpunkt und Radius des Schnittkreises.
d) Lösen Sie a) und c) für K_1: $(x_1-2)^2+(x_2+3)^2+(x_3+1)^2=16$ und K_2: $(x_1-3)^2+(x_2-2)^2+(x_3-1)^2=4$.

Hinweis zu 3c:
Die Strecke $|\overrightarrow{M_1S}|$, der Radius r_1 und der Radius r des Schnittkreises bilden ein rechtwinkliges Dreieck.

4. Global-Positioning-System (GPS):
In dieser Aufgabe wird die Erde als Kugel mit Radius $r_0=1$ (1 LE = 6370 km) betrachtet. Der Erdmittelpunkt M_0 sei Ursprung eines Koordinatensystems.
Ein GPS-Gerät wertet Signale von drei Satelliten aus:
Sat1: Position: $M_1(2\,|\,3\,|\,1)$ Entfernung: $r_1=3$
Sat2: Position $M_2(2\,|\,2\,|\,2)$ Entfernung: $r_2=3$
Sat3: Position: $M_3(2{,}5\,|\,3\,|\,0{,}8)$ Entfernung: $r_3=3{,}3$

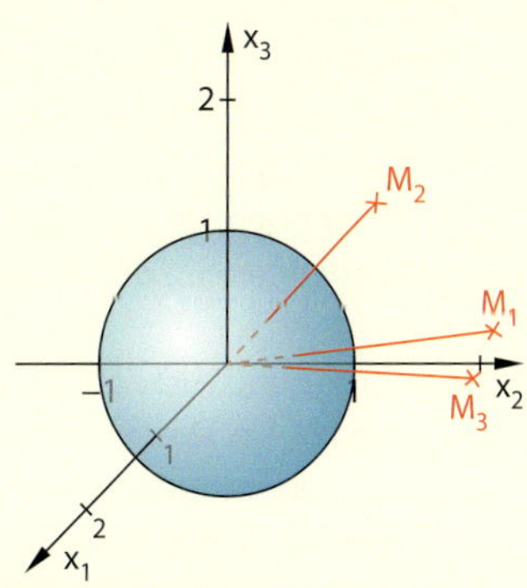

a) Ermitteln Sie die Ebenen E_1, E_2, E_3, auf denen der Schnittkreis der Erdkugel mit den Kugeln um M_1, M_2 bzw. M_3 liegt.
b) Die Position P ist der Schnittpunkt dieser drei Ebenen. Berechnen Sie P.
c) Nach 2 Stunden Fahrt befindet sich das GPS-Gerät im Punkt Q(0,0169 | 0,9998 | 0,0107). Nutzen Sie den Winkel zwischen $\overrightarrow{OP}$ und $\overrightarrow{OQ}$, um die Länge des Kreisbogens $\widehat{PQ}$ auf der Erdkugel in Kilometern zu berechnen.

Erinnerung:
Für die Länge eines Kreisbogens b_α mit dem Radius r und dem Öffnungswinkel α gilt:
$b_\alpha=\frac{\alpha}{180°}\cdot\pi\cdot r$

3.5 Klausur- und Abiturtraining

Aufgaben ohne Hilfsmittel

1. Berechnen Sie das Skalarprodukt der Vektoren $\vec{a}$ und $\vec{b}$. Entscheiden Sie damit, ob der Winkel zwischen den Vektoren ein spitzer, ein stumpfer oder ein rechter Winkel ist.
   a) $\vec{a} = \begin{pmatrix} 2 \\ 0 \\ -3 \end{pmatrix}$ $\vec{b} = \begin{pmatrix} 3 \\ 4 \\ 1 \end{pmatrix}$ b) $\vec{a} = \begin{pmatrix} 2 \\ 0 \\ -3 \end{pmatrix}$ $\vec{b} = \begin{pmatrix} -3 \\ 4 \\ 1 \end{pmatrix}$ c) $\vec{a} = \begin{pmatrix} 2 \\ 0 \\ -3 \end{pmatrix}$ $\vec{b} = \begin{pmatrix} 3 \\ 4 \\ 2 \end{pmatrix}$

2. In dieser Aufgabe wird der Flächeninhalt von Dreiecken im Raum berechnet.
   a) Zeigen Sie, dass das Dreieck mit den Eckpunkten $A(1|-2|4)$, $B(5|3|6)$, $C(3|-1|2)$ rechtwinklig ist. Nutzen Sie dies, um seinen Flächeninhalt zu berechnen.
   b) Zeigen Sie, dass das Dreieck mit den Eckpunkten $A(-2|3|6)$, $B(1|9|2)$, $C(4|3|-2)$ gleichschenklig ist. Geben Sie die Koordinaten des Mittelpunktes M der Basis dieses Dreiecks an. Nutzen Sie M, um den Flächeninhalt des Dreiecks zu berechnen.
   c) Das Dreieck mit den Eckpunkten $A(-2|-1|8)$, $B(7|2|-4)$, $C(6|7|3)$ ist weder rechtwinklig noch gleichschenklig. Seine Höhe h_c ist gleich dem Abstand von C zur Geraden g_{AB}. Berechnen Sie h_c und zeigen Sie, dass für den Flächeninhalt des Dreiecks gilt: $A = \frac{21}{2}\sqrt{26}$

3. Gegeben sind die Punkte $A(3|-2|2)$, $B(7|0|1)$ und $C(5|2|-3)$.
   a) Zeigen Sie, dass das Dreieck ABC rechtwinklig ist, und geben Sie einen Punkt D an, sodass das Viereck ABCD ein Rechteck ist.
   b) Ermitteln Sie einen Vektor $\vec{n}$ mit ganzzahligen Koordinaten, welcher auf $\overrightarrow{AB}$ und $\overrightarrow{AD}$ senkrecht steht und einen möglichst kleinen Betrag hat.
   c) Zeigen Sie, dass das Rechteck ABCD einen Flächeninhalt von $6 \cdot \sqrt{14}$ FE hat. Das Rechteck soll die Grundfläche eines Quaders mit der Höhe $h = r \cdot |\vec{n}|$ sein $(r > 0)$. Bestimmen Sie r so, dass der Quader ein Volumen von 168 Einheiten hat. Geben Sie die Koordinaten der vier weiteren Eckpunkte des Quaders an.
   d) Begründen Sie, dass es zu c) zwei Lösungen geben muss.

4. Gegeben sind der Punkt $P(5|-6|12)$ sowie die Geraden g_1 und g_2 mit den Gleichungen
   $g_1: \vec{x} = \begin{pmatrix} -1 \\ -3 \\ 3 \end{pmatrix} + r \cdot \begin{pmatrix} -2 \\ -4 \\ 5 \end{pmatrix}$ und $g_2: \vec{x} = \begin{pmatrix} -15 \\ -1 \\ 8 \end{pmatrix} + s \cdot \begin{pmatrix} 8 \\ 1 \\ -5 \end{pmatrix}$.
   a) Zeigen Sie, dass sich die Geraden schneiden, und geben Sie den Schnittpunkt an.
   b) E sei die Ebene, die die Geraden g_1 und g_2 enthält.
   Ermitteln Sie eine Parameter- und eine Normalengleichung von E.
   c) g_3 sei die Gerade, die g_1 und g_2 schneidet und senkrecht zu diesen Geraden verläuft. Geben Sie eine Gleichung von g_3 an.
   d) Berechnen Sie den Abstand des Punktes P zur Ebene E.
   e) Berechnen Sie den Abstand des Punktes P zur Geraden g_1.

5. Gegeben sind $A(3|2|-2)$, $B(6|9|-3)$ und $C(1|4|0)$.
   a) Zeigen Sie, dass die Diagonalen des Vierecks OABC zueinander orthogonal sind und dass der Diagonalenschnittpunkt S eine der beiden Diagonalen halbiert.
   b) g sei die Gerade durch S und $G(5|4|1)$. Bestimmen Sie die Koordinaten des Punktes T auf g, sodass die Pyramide mit Grundfläche OABC und Spitze T ein Volumen von 84 FE hat.
   c) Zeigen Sie, dass die Ebene, die das Dreieck ABC enthält, und die Gerade durch S und G einen Winkel von $\sin^{-1}\left(\frac{\sqrt{3}}{2}\right) = 60°$ einschließen.

Aufgaben mit Hilfsmitteln

6. Gegeben ist das gleichseitige Dreieck ABC mit den Eckpunkten $A(-2|-1|-3)$, $B(4|5|-3)$ und $C(4|-1|3)$.
   a) Zeigen Sie, dass der Flächeninhalt des Dreiecks $18 \cdot \sqrt{3}$ FE beträgt.
   b) Geben Sie die Koordinatengleichung der Ebene E_{ABC} an, in der das Dreieck ABC liegt.
   c) Der Punkt $S(-2|5|3)$ wird an der Ebene E_{ABC} gespiegelt. Bestimmen Sie die Koordinaten des Spiegelpunktes S'.
   d) Berechnen Sie das Volumen der Pyramide mit Grundfläche ABC und Spitze S.

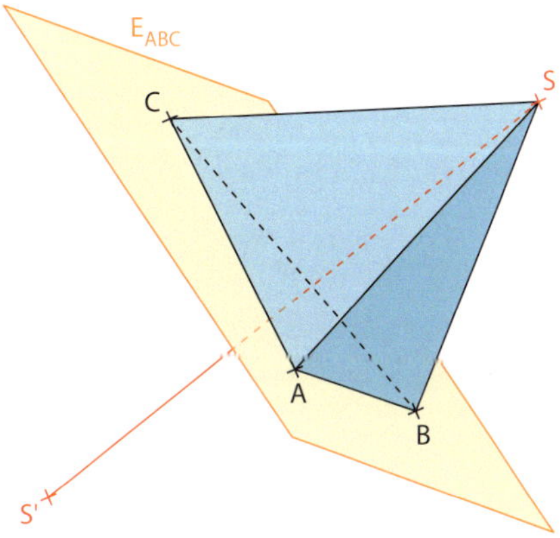

   e) E_{ABC} gehört zur Ebenenschar E_a mit der Gleichung E_a: $x_1 - x_2 - x_3 = a$. Ermitteln Sie, für welche Werte von a die Ebene E_a den Tetraeder ABCS schneidet.
   f) Berechnen Sie den Winkel zwischen den Kanten $\overline{CS}$ und $\overline{CB}$ sowie den Winkel zwischen E_{ABC} und der Geraden g_{CS} durch C und S.
   g) Zeigen Sie rechnerisch, dass die Gerade g_{CS} windschief zur Geraden g_{AB} durch A und B verläuft.
   h) Berechnen Sie den Abstand der beiden windschiefen Geraden g_{CS} und g_{AB}.

7. Die Abbildung zeigt ein Haus mit Walmdach. Das Haus steht auf leicht abschüssigem Gelände. Der Erdboden wird durch die Ebene E: $x_1 + 2x_2 + 10x_3 = 20$ beschrieben. (1 LE entspricht 1 m.)
   a) Der Punkt A liegt in der Ebene E. Berechnen Sie seine Koordinaten und geben Sie die Länge der Kante $\overline{AE}$ an. Zeigen Sie, dass die Strecke $\overline{AB}$ orthogonal zur Strecke $\overline{BC}$ ist.
   b) Berechnen Sie die Winkel, welche die Dachflächen EFH und FGKH mit der x_1x_2-Ebene einschließen.
   c) Das Dach soll neu gedeckt werden. Berechnen Sie den Flächeninhalt des Daches.

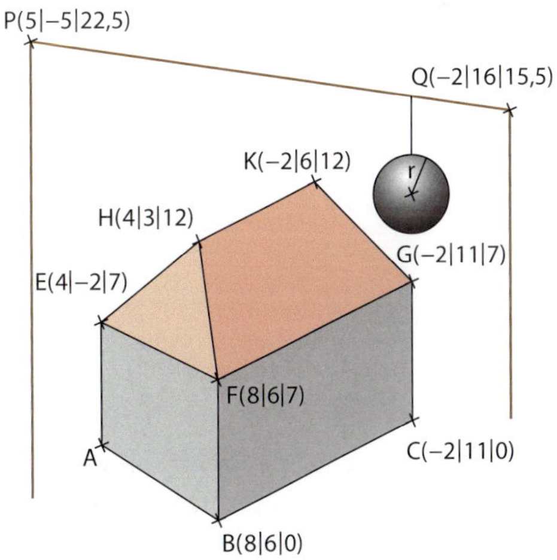

   d) Die Spitzen der Masten, über welche das Drahtseil einer Materialseilbahn gespannt ist, sind die Punkte $P(5|-5|22{,}5)$ und $Q(-2|16|15{,}5)$. Berechnen Sie, wie hoch dieses Drahtseil über dem Dachfirst HK verläuft.
   e) Für eine Fabrik soll an dem Drahtseil eine Kugel mit Radius r = 3 m zum Transport von Gasen gezogen werden. Die Kugel hängt 3 m unterhalb des Seils (siehe Skizze). Begründen Sie, dass die Kugel zu tief hängt, und berechnen Sie den Punkt S, an dem die Kugel die Dachfläche FGKH berühren würde.
   f) Das Seil, an dem die Kugel hängt, lässt sich auf 2 m kürzen. Zusätzlich soll der Mast mit der Spitze Q so weit erhöht werden, dass die Kugel in 1,50 m Abstand über dem Dachfirst HK schwebt. Berechnen Sie die Höhe des neuen Mastes.

Prüfen Sie Ihr neues Fundament

Lösungen
↗ S. 301/302

1. Ermitteln Sie den Schnittpunkt und den Schnittwinkel der Geraden
$g\colon \vec{x} = \begin{pmatrix} -1 \\ 0 \\ -1 \end{pmatrix} + r\begin{pmatrix} 3 \\ 1 \\ -2 \end{pmatrix}$ und $h\colon \vec{x} = \begin{pmatrix} 2 \\ 1 \\ -3 \end{pmatrix} + t\begin{pmatrix} 1 \\ 1 \\ 1 \end{pmatrix}$.

2. Untersuchen Sie, ob das Dreieck ABC einen rechten Innenwinkel hat, und berechnen Sie die Größe aller Innenwinkel.
a) $A(3|4|1)$; $B(7|4|3)$; $C(1|5|15)$
b) $A(1|2|4)$; $B(2|-3|1)$; $C(5|6|4)$

3. Berechnen Sie den Winkel zwischen der Geraden g und der Ebene E.
a) $E\colon x_1 + x_2 + x_3 = 1$ $\quad g\colon \vec{x} = \begin{pmatrix} 1 \\ 0 \\ 0 \end{pmatrix} + t\begin{pmatrix} 1 \\ 1 \\ 1 \end{pmatrix}$
b) $E\colon \begin{pmatrix} 2 \\ 0 \\ 0 \end{pmatrix} \cdot \vec{x} = \begin{pmatrix} -1 \\ 2 \\ -1 \end{pmatrix} \cdot \begin{pmatrix} 2 \\ 2 \\ 2 \end{pmatrix}$ $\quad g\colon \vec{x} = \begin{pmatrix} 3 \\ -2 \\ 4 \end{pmatrix} + t\begin{pmatrix} 0 \\ 1 \\ 0 \end{pmatrix}$
c) $E\colon \vec{x} = \begin{pmatrix} 1 \\ 0 \\ 2 \end{pmatrix} + r\begin{pmatrix} 1 \\ 2 \\ 0 \end{pmatrix} + s\begin{pmatrix} 0 \\ 1 \\ 2 \end{pmatrix}$ $\quad g\colon \vec{x} = \begin{pmatrix} 1 \\ 3 \\ 1 \end{pmatrix} + t\begin{pmatrix} -2 \\ -2 \\ 2 \end{pmatrix}$

4. Berechnen Sie den Winkel zwischen den Ebenen E_1 und E_2.
a) $E_1\colon x_1 + 2x_2 + x_3 = 3$ $\quad E_2\colon x_1 + x_2 = 0$
b) $E_1\colon \vec{x} = \begin{pmatrix} 1 \\ 2 \\ 4 \end{pmatrix} + r\begin{pmatrix} 2 \\ 0 \\ 1 \end{pmatrix} + s\begin{pmatrix} 4 \\ -1 \\ 5 \end{pmatrix}$ $\quad E_2\colon \vec{x} \cdot \begin{pmatrix} 6 \\ -3 \\ 4 \end{pmatrix} = 5$
c) $E_1\colon \vec{x} \cdot \begin{pmatrix} 4 \\ 0 \\ 0 \end{pmatrix} = 3$ $\quad E_2\colon \vec{x} \cdot \begin{pmatrix} 5 \\ 1 \\ 3 \end{pmatrix} = \begin{pmatrix} 1 \\ 1 \\ -1 \end{pmatrix} \cdot \begin{pmatrix} 4 \\ 3 \\ 7 \end{pmatrix}$
d) $E_1\colon \vec{x} = \begin{pmatrix} 0 \\ 2 \\ -1 \end{pmatrix} + r\begin{pmatrix} 2 \\ 1 \\ 3 \end{pmatrix} + s\begin{pmatrix} 5 \\ 2 \\ 1 \end{pmatrix}$ $\quad E_2\colon \vec{x} = \begin{pmatrix} 1 \\ 0 \\ 0 \end{pmatrix} + k\begin{pmatrix} 3 \\ 3 \\ 1 \end{pmatrix} + l\begin{pmatrix} -2 \\ 1 \\ 2 \end{pmatrix}$

5. Bestimmen Sie den Abstand des Punktes A von der Ebene E.
a) $E\colon x_1 + x_2 = 1$ $\quad A(1|1|1)$
b) $E\colon \vec{x} \cdot \begin{pmatrix} 2 \\ 1 \\ -3 \end{pmatrix} = 5$ $\quad A(1|-1|2)$
c) $E\colon \vec{x} = \begin{pmatrix} -3 \\ 2 \\ -1 \end{pmatrix} + r\begin{pmatrix} 1 \\ 0 \\ 0 \end{pmatrix} + s\begin{pmatrix} 0 \\ -1 \\ 0 \end{pmatrix}$ $\quad A(2|1|-1)$

6. Für die Ebene E gilt die Gleichung $2x_1 + x_2 - 2x_3 = 12$.
a) Berechnen Sie den Abstand der Ebene E vom Ursprung.
b) Bestimmen Sie die beiden parallelen Ebenen, die zu E einen Abstand von 5 haben.

7. Berechnen Sie den Abstand des Punktes A zur Geraden g, und geben Sie den Lotfußpunkt von A auf g an.
a) $A(1|0|-1)$ $\quad g\colon \vec{x} = \begin{pmatrix} 1 \\ 1 \\ 3 \end{pmatrix} + t\begin{pmatrix} 0 \\ 1 \\ 0 \end{pmatrix}$
b) $A(5|4|1)$ $\quad g\colon \vec{x} = \begin{pmatrix} 3 \\ 5 \\ -1 \end{pmatrix} + t\begin{pmatrix} 2 \\ -1 \\ -4 \end{pmatrix}$

8. Berechnen Sie den Abstand der windschiefen Geraden g und h.

① $g\colon \vec{x} = \begin{pmatrix} 1 \\ 2 \\ 3 \end{pmatrix} + s\begin{pmatrix} 4 \\ -4 \\ -1 \end{pmatrix}$
$h\colon \vec{x} = \begin{pmatrix} -1 \\ 3 \\ 1 \end{pmatrix} + t\begin{pmatrix} 3 \\ -1 \\ 0 \end{pmatrix}$

② $g\colon \vec{x} = \begin{pmatrix} -8 \\ 2 \\ 3 \end{pmatrix} + s\begin{pmatrix} 13 \\ -4 \\ -1 \end{pmatrix}$
$h\colon \vec{x} = \begin{pmatrix} 4 \\ 3 \\ 5 \end{pmatrix} + t\begin{pmatrix} 1 \\ 5 \\ 4 \end{pmatrix}$

Lösungen
↗ S. 302-304

9. Gegeben ist ein Würfel ABCDEFGH der Kantenlänge 6. Der Punkt I ist Mittelpunkt der Kante $\overline{FG}$. Der Punkt J ist Mittelpunkt der Kante $\overline{EH}$.

a) Berechnen Sie das Volumen der Pyramide ACDJ.
b) Ermitteln Sie die Innenwinkel des Dreiecks ACJ.
c) Berechnen Sie den Abstand des Punktes I von der Geraden g_{AC} durch die Punkte A und C. Geben Sie die Koordinaten des Lotfußpunktes von I auf g_{AC} an.

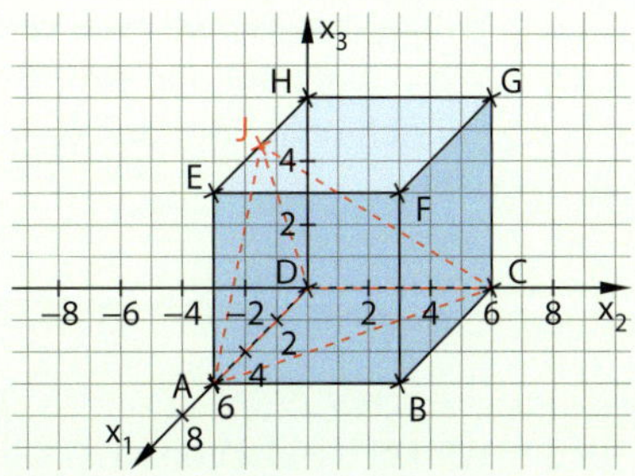

10. Prüfen Sie, um welches besondere Viereck es sich bei ABCD handelt. Berechnen Sie seinen Flächeninhalt. Das Viereck hat die Eckpunkte $A(1|-8|-4)$, $B(5|0|4)$.

a) $C(13|-8|8)$; $D(9|-16|0)$ b) $C(9|-6|8)$; $D(5|-14|0)$ c) $C(5|0|16)$; $D(1|-8|8)$

11. Gegeben sind die Ebenen E_1: $x_1 + 2x_2 + 2x_3 = 23$ und E_2: $x_3 = 4$.

a) Bestimmen Sie $z > 0$ so, dass $P_z(0|0|z)$ von E_1 und E_2 den gleichen Abstand hat.
b) Zeigen Sie, dass E_3: $x_1 + 2x_2 + 5x_3 = 35$ den in a) errechneten Punkt P und die Schnittgerade von E_1 und E_2 enthält.
c) Geben Sie an, welche Eigenschaft E_3 demnach bezüglich E_1 und E_2 hat.
d) Berechnen Sie den Winkel zwischen E_1 und E_3 und den Winkel zwischen E_2 und E_3.

12. a) Zeigen Sie, dass die Ebenen der Schar E_a: $ax_1 - ax_2 + 4ax_3 = 1 - 2a$, $a \neq 0$ parallel zueinander liegen. Ermitteln Sie alle Scharebenen, die zu E_1 den Abstand $\sqrt{2}$ LE haben.
b) Bestimmen Sie alle Ebenen der Schar F_a: $(a+1)x_1 + (a-1)x_2 - \frac{1}{\sqrt{2}}x_3 = 0$, die mit der x_1x_3-Ebene einen Winkel von 30° einschließen.

13. Zwei Flugzeuge bewegen sich geradlinig vom Flughafen weg bzw. zum Flughafen hin. Ihre Bahnen lassen sich durch die Geraden g und h beschreiben (Angaben in km). Die Parameter s und t beschreiben die Zeit. Die x_1x_2-Ebene beschreibt die Erdoberfläche.

Flugzeug ①
$$g: \vec{x} = \begin{pmatrix} 4 \\ 3 \\ 5 \end{pmatrix} + s\begin{pmatrix} 2 \\ 2 \\ -1 \end{pmatrix}$$

Flugzeug ②
$$h: \vec{x} = \begin{pmatrix} 3 \\ 5 \\ 1 \end{pmatrix} + t\begin{pmatrix} 2 \\ 2 \\ 1 \end{pmatrix}$$

a) Begründen Sie, welches Flugzeug startet und welches landet.
b) Ermitteln Sie für beide Flugzeuge die Koordinaten des Start- bzw. Landepunktes.
c) Berechnen Sie für beide Flugzeuge den Winkel, in dem es startet bzw. landet.
d) Bestimmen Sie den minimalen Abstand der beiden Flugbahnen.
e) Berechnen Sie den minimalen Abstand der beiden Flugzeuge.

14. Auf eine Pyramide mit den Eckpunkten $A(6|1|1)$, $B(6|5|1)$, $C(2|5|1)$, $D(2|1|1)$ und $S(4|3|6)$ fällt parallel zum Vektor $\vec{v} = \begin{pmatrix} -3 \\ 2 \\ -1 \end{pmatrix}$ Sonnenlicht.
Das Schattenbild der Pyramide in der x_2x_3-Ebene soll bestimmt werden.

a) Berechnen Sie die Eckpunkte des Schattens in der x_2x_3-Ebene.
b) Zeigen Sie, dass der Schatten kein Drachenviereck ist.
c) Berechnen Sie den Winkel zwischen den Kanten $\overline{DS}$ und $\overline{BS}$.

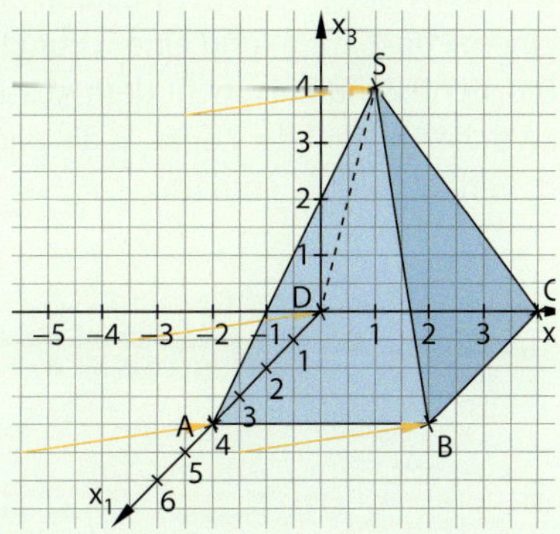

Zusammenfassung

Winkel Vektor – Vektor und Gerade – Gerade

Für den **Winkel α zwischen zwei Vektoren** $\vec{a} \neq \vec{0}$ und $\vec{b} \neq \vec{0}$ und für den **Winkel γ zwischen zwei sich schneidenden Geraden** gilt:

$\cos(\alpha) = \frac{\vec{a} \cdot \vec{b}}{|\vec{a}| \cdot |\vec{b}|}$ $\qquad \cos(\gamma) = \frac{|\vec{u} \cdot \vec{v}|}{|\vec{u}| \cdot |\vec{v}|}$

$\vec{u}, \vec{v}$ sind Richtungsvektoren der Geraden.

$g: \vec{x} = \begin{pmatrix} -7 \\ 1 \\ 0 \end{pmatrix} + r\begin{pmatrix} 5 \\ -1 \\ 2 \end{pmatrix}; \quad h: \vec{x} = \begin{pmatrix} 3 \\ -1 \\ 4 \end{pmatrix} + r\begin{pmatrix} -3 \\ -2 \\ 1 \end{pmatrix}$

$\cos(\gamma) = \frac{\left|\begin{pmatrix} 5 \\ -1 \\ 2 \end{pmatrix} \cdot \begin{pmatrix} -3 \\ -2 \\ 1 \end{pmatrix}\right|}{\sqrt{30} \cdot \sqrt{14}} \approx 0{,}537$

$\gamma \approx \cos^{-1}(0{,}537) \approx 57{,}5°$

Winkel Gerade – Ebene und Ebene – Ebene

Für den **Winkel α zwischen einer Geraden g und einer Ebene E** und für den **Winkel γ zwischen zwei Ebenen E_1 und E_2** gilt:

$\sin(\alpha) = \frac{|\vec{n} \cdot \vec{u}|}{|\vec{n}| \cdot |\vec{u}|}$ $\qquad \cos(\gamma) = \frac{|\vec{n_1} \cdot \vec{n_2}|}{|\vec{n_1}| \cdot |\vec{n_2}|}$

$\vec{n}, \vec{n_1}, \vec{n_2}$ sind Normalenvektoren von E, E_1, E_2.
$\vec{u}$ ist Richtungsvektor von g.

$E_1: x_1 - 2x_2 + x_3 = 5; \quad E_2: \vec{x} \cdot \begin{pmatrix} 3 \\ 4 \\ 2 \end{pmatrix} = 5$

γ ist der Schnittwinkel zwischen E_1 und E_2.

$\cos(\gamma) = \frac{|1 \cdot 3 - 2 \cdot 4 + 1 \cdot 2|}{\sqrt{6} \cdot \sqrt{29}} \approx 0{,}227$

$\gamma \approx \cos^{-1}(0{,}227) \approx 76{,}9°$

Abstand Punkt – Ebene

Für den **Abstand eines Punktes A zur Ebene E** gilt:

$d(A, E) = \frac{1}{|\vec{n}|}\left|\vec{n} \cdot \overrightarrow{OA} - \vec{n} \cdot \overrightarrow{OP}\right|$

P ist ein Punkt auf E.
$\vec{n}$ ist Normalenvektor von E.

Die Gleichung $\frac{1}{|\vec{n}|}(\vec{n} \cdot \vec{x} - \vec{n} \cdot \overrightarrow{OP}) = 0$ heißt **Hesse'sche Normalenform** der Ebene E.

$A(9|-3|2); \quad E: 3x_1 + x_2 - 2x_3 = 12$

$d(A, E) = \frac{1}{\sqrt{14}}\left[\begin{pmatrix} 3 \\ 1 \\ -2 \end{pmatrix} \cdot \begin{pmatrix} 9 \\ -3 \\ 2 \end{pmatrix} - 12\right] = \frac{8}{\sqrt{14}} \approx 2{,}14$

Hesse'sche Normalenform:

$\frac{1}{\sqrt{14}}\left[\begin{pmatrix} 3 \\ 1 \\ -2 \end{pmatrix} \cdot \vec{x} - 12\right] = 0$

Abstand Punkt – Gerade

Der **Abstand eines Punktes A zu einer Geraden g** ist der kürzeste Abstand von A zu einem Punkt auf g. Dieser Abstand entspricht der Länge des Lotvektors von A auf g.

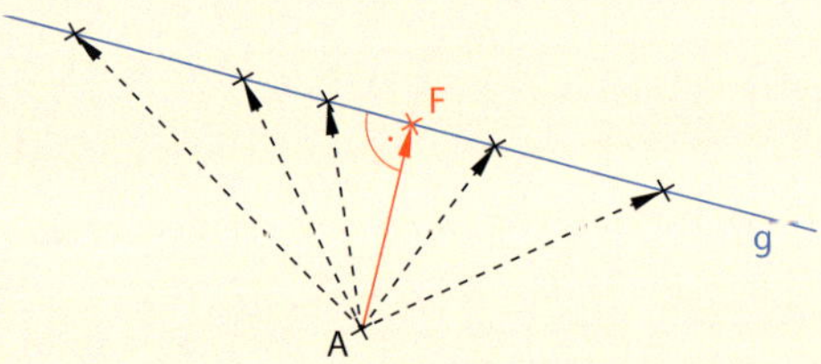

$A(-17|-17|2); \quad g: \vec{x} = \begin{pmatrix} -4 \\ 3 \\ 8 \end{pmatrix} + t\begin{pmatrix} 9 \\ 2 \\ -6 \end{pmatrix}$

$\overrightarrow{AX_t} = \begin{pmatrix} -4 + 9t - (-17) \\ 3 + 2t - (-17) \\ 8 - 6t - 2 \end{pmatrix} = \begin{pmatrix} 13 + 9t \\ 20 + 2t \\ 6 - 6t \end{pmatrix}$

$\begin{pmatrix} 13 + 9t \\ 20 + 2t \\ 6 - 6t \end{pmatrix} \cdot \begin{pmatrix} 9 \\ 2 \\ -6 \end{pmatrix} = 0$ ergibt $t = -1$

$d(A, g) = \left|\overrightarrow{AX_{-1}}\right| = \left|\begin{pmatrix} 4 \\ 18 \\ 12 \end{pmatrix}\right| = 22$

Abstand windschiefer Geraden

Der **Abstand zweier windschiefer Geraden g_1 und g_2** ist der kürzeste Abstand zwischen einem Punkt auf g_1 und einem Punkt auf g_2. Dieser Abstand entspricht dem Abstand zwischen g_2 und der Ebene E, die parallel zu g_2 verläuft und g_1 enthält.

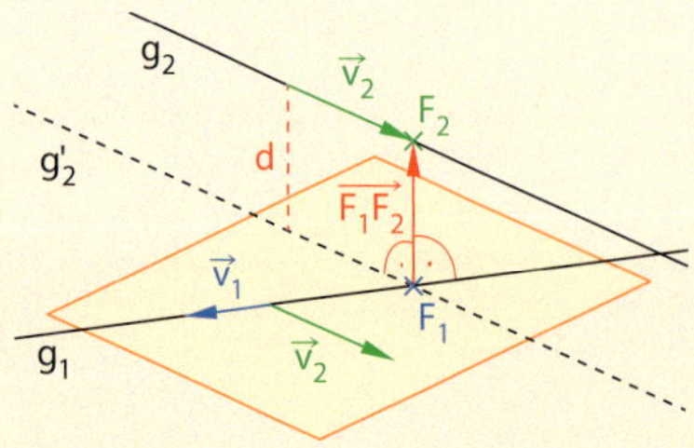

$g_1: \vec{x} = \begin{pmatrix} 29 \\ -9 \\ -5 \end{pmatrix} + r\begin{pmatrix} -1 \\ 0 \\ 4 \end{pmatrix}; \quad g_2: \vec{x} = \begin{pmatrix} -2 \\ -7 \\ 9 \end{pmatrix} + s\begin{pmatrix} 2 \\ 3 \\ -4 \end{pmatrix}$

Ebene E durch g_1 parallel zu g_2 bestimmen:

$\vec{n} = \begin{pmatrix} -1 \\ 0 \\ 4 \end{pmatrix} \times \begin{pmatrix} 2 \\ 3 \\ -4 \end{pmatrix} = \begin{pmatrix} 0 - 12 \\ 8 - 4 \\ -3 - 0 \end{pmatrix} = \begin{pmatrix} -12 \\ 4 \\ -3 \end{pmatrix}$

HNF von E: $\frac{1}{13}\left[\begin{pmatrix} -12 \\ 4 \\ -3 \end{pmatrix} \cdot \vec{x} - \begin{pmatrix} -12 \\ 4 \\ -3 \end{pmatrix} \cdot \begin{pmatrix} 29 \\ -9 \\ -5 \end{pmatrix}\right] = 0$

Ortsvektor von g_2 einsetzen:

$d(g_1, g_2) = d(E, g_2)$

$= \frac{1}{13}\left|\begin{pmatrix} -12 \\ 4 \\ -3 \end{pmatrix} \cdot \begin{pmatrix} -2 \\ -7 \\ 9 \end{pmatrix} + 369\right| = \frac{338}{13} = 26$

4. Binomialverteilung

Um eine Erfolg versprechende Spielstrategie zu finden, kann man bei vielen Spielen seine Chancen mit der Binomialverteilung berechnen.

Nach diesem Kapitel können Sie …

- Bernoulli-Experimente von anderen Zufallsversuchen unterscheiden,
- Situationen mit Bernoulli-Ketten beschreiben und Wahrscheinlichkeiten für die Anzahl von Treffern berechnen,
- Wahrscheinlichkeiten und Parameter bei binomialverteilten Zufallsgrößen bestimmen,
- Erwartungswert und Standardabweichung von binomialverteilten Zufallsgrößen berechnen und am Histogramm erläutern,
- mithilfe von Sigma-Regeln Prognosen erstellen.

Lösungen ↗ S. 304/305

Baumdiagramme und Wahrscheinlichkeit

1. Bei einem Glücksrad mit sechs gleich großen Sektoren ergibt die Farbe „Rot" einen Hauptgewinn. Es wird dreimal gedreht.
   a) Vervollständigen Sie das Baumdiagramm und geben Sie alle zugehörigen Pfadwahrscheinlichkeiten an.
   b) Berechnen Sie die Wahrscheinlichkeit, dass genau zweimal einen Hauptgewinn „erdreht" wird.

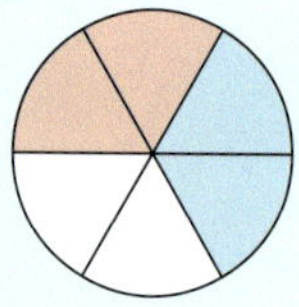

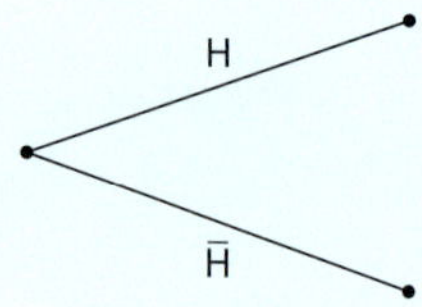

2. In einer Urne befinden sich 3 weiße Kugeln und 9 rote Kugeln. Es werden nacheinander zwei Kugeln ohne Zurücklegen gezogen.
   a) Vervollständigen Sie das Baumdiagramm durch Angabe aller Pfadwahrscheinlichkeiten.
   b) Erläutern Sie eine Kontrollmöglichkeit.

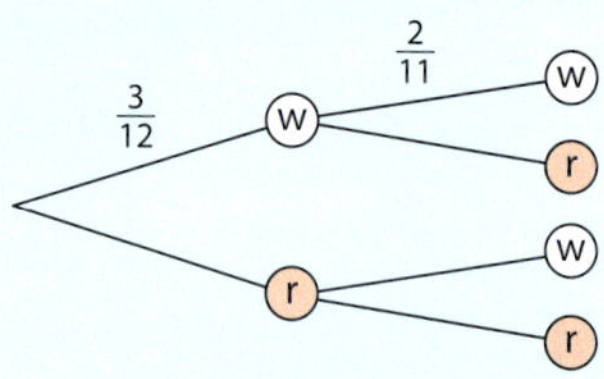

3. Auf einem Flughafen werden für Reisen innerhalb der EU stichprobenartig Pass- und Zollkontrollen unabhängig voneinander durchgeführt.
   Es wird angenommen, dass Passkontrollen mit einer Wahrscheinlichkeit von 0,1 und Zollkontrollen mit einer Wahrscheinlichkeit von 0,2 stattfinden.
   a) Zeichnen Sie ein passendes Baumdiagramm mit allen Pfadwahrscheinlichkeiten.
   b) Mit einem Flugzeug kommen 200 Fluggäste an. Berechnen Sie, wie viele dieser Fluggäste wahrscheinlich sowohl die Pass- als auch die Zollkontrolle durchlaufen werden.

Zufallsgrößen und Wahrscheinlichkeitsverteilungen

4. Die Zufallsgröße X wird durch die Wahrscheinlichkeitsverteilung in der Tabelle beschrieben.

mögliche Werte x	2	4	6	8
P(X = x)	$\frac{1}{2}$	$\frac{1}{4}$	$\frac{1}{8}$	$\frac{1}{8}$

   a) Ermitteln Sie die Wahrscheinlichkeiten.
      ① $P(X < 4)$ ② $P(X \leq 4)$ ③ $P(X \geq 4)$ ④ $P(X > 6)$
   b) Berechnen Sie Erwartungswert, Varianz und Standardabweichung dieser Zufallsgröße.

5. Die Anzahl der Muttern in einer Packung schwankt bei der maschinellen Abpackung zufällig zwischen 38 und 42 Muttern. Die Zufallsgröße X beschreibt die Anzahl der Muttern in einer Packung. Die Wahrscheinlichkeitsverteilung der Zufallsgröße X ist aus langjähriger Erfahrung bekannt und in der Tabelle unvollständig dargestellt.

x	38	39	40	41	42
P(X = x)		0,253	0,362	0,231	0,054

   a) Berechnen Sie die Wahrscheinlichkeit $P(X = 38)$ sowie den Erwartungswert $E(X)$.
   b) Interpretieren Sie die Ergebnisse aus a) in diesem Sachzusammenhang.

6. Erstellen Sie ein Histogramm für die Zufallsgröße X. Erklären Sie, wie in diesem Fall der Erwartungswert am Histogramm abgelesen werden kann.

x	0	1	2	3	4
P(X = x)	0,1	0,2	0,4	0,2	0,1

7. Das Histogramm stellt die Wahrscheinlichkeitsverteilung einer Zufallsgröße X dar.

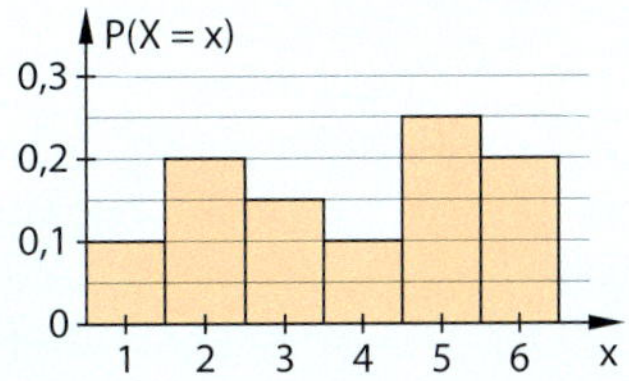

a) Erstellen Sie eine passende Tabelle zur Wahrscheinlichkeitsverteilung von X.

b) Ordnen Sie jedem Ereignis ein passendes Kärtchen zu und ermitteln Sie die zugehörige Wahrscheinlichkeit.
Der Wert von X ist
① mindestens 4, ② kleiner als 3, ③ höchstens 3, ④ größer als 4,
⑤ mindestens 2 und höchstens 5, ⑥ größer als 2 und kleiner als 5.

$X < 3$ | $X > 4$ | $2 < X < 5$ | $2 \leq X \leq 5$ | $X \geq 4$ | $X \leq 3$

Lösungen
↗ S. 305

8. Bei einem Spiel mit zwei Würfeln, die gleichzeitig geworfen werden, erhält man für jede gewürfelte „6" 1 €. Wird keine „6" gewürfelt, so muss der Spieler 1 € zahlen.
Die Zufallsgröße X beschreibt den Gewinn bzw. Verlust bei einem Spiel und kann folglich die Werte −1 €, 1 € und 2 € annehmen.

a) Ermitteln Sie die Wahrscheinlichkeitsverteilung und den Erwartungswert von X.

b) Stellen Sie die Wahrscheinlichkeitsverteilung von X in einem Histogramm dar.

c) Erklären Sie, warum dieses Spiel nicht als fair bezeichnet werden kann

d) Ermitteln Sie, wie viel der Spieler anstatt 1 € zahlen muss, damit das Spiel fair ist.

Erinnerung:
Ein Spiel heißt fair, wenn der langfristig zu erwartende Gewinn dem Einsatz entspricht.

TK **9.** Das abgebildete Glücksrad hat 8 gleich große Segmente.

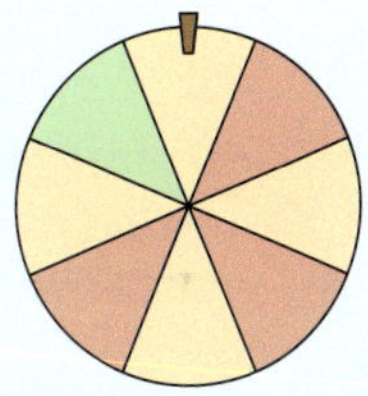

a) Es wird einmal gedreht. Geben Sie die theoretischen Wahrscheinlichkeiten für ein rotes, gelbes bzw. grünes Segment an.

b) Simulieren Sie mit einer Tabellenkalkulation 100 Drehungen des Glücksrads. Ermitteln Sie die relativen Häufigkeiten. Vergleichen Sie diese mit den theoretischen Wahrscheinlichkeiten.

Vermischtes

10. Berechnen Sie den Wert.

a) $3!$ b) $2!$ c) $5!$ d) $4!$ e) $\frac{10!}{9!}$ f) $\frac{n!}{(n-2)!}$

g) $\binom{4}{2}$ h) $\binom{5}{3}$ i) $\binom{10}{2}$ j) $\binom{100}{0}$ k) $\binom{n}{n-1}$ l) $\binom{3}{2} \cdot \left(\frac{1}{3}\right)^2 \cdot \frac{2}{3}$

Erinnerung:
Fakultät:
$n! = n \cdot (n-1) \cdot \ldots \cdot 2 \cdot 1$
$1! = 1; 0! = 1$
Binomialkoeffizient:
$\binom{n}{k} = \frac{n!}{k! \cdot (n-k)!}$
$n, k \in \mathbb{N}\ n \geq k$

11. In einer Klasse sind 27 Schülerinnen und Schüler. Bestimmen Sie die Anzahl der Möglichkeiten, zwei davon als Klassensprecher auszuwählen.

12. Bestimmen Sie die Anzahl der möglichen dreistelligen Zahlen, die sich aus den Ziffern 1, 2 und 3 bilden lassen, wenn

a) jede Ziffer genau einmal in jeder Zahl vorkommen soll,

b) die Ziffern mehrfach in jeder Zahl vorkommen können.

13. Nach einem 100-m-Lauf werden drei der ersten vier Läufer für eine Dopingkontrolle ausgewählt. Berechnen Sie die Anzahl der Möglichkeiten für die Auswahl.

14. Ermitteln Sie den Termwert.

a) $\lg(2) \cdot \lg(0{,}2)$ b) $\lg(2^4)$ c) $\frac{\lg(10)}{\lg(0{,}5)}$ d) $\lg(10^{-1}) \cdot \lg(10^{-2})$

Erinnerung:
Die Abkürzung lg steht für den Logarithmus zur Basis 10.
$\lg(x) = \log_{10}(x)$

15. Lösen Sie die Gleichung. Runden Sie gegebenenfalls auf 2 Nachkommastellen.

a) $12^x = 324$ b) $0{,}4^x = 0{,}01$ c) $0{,}6^n = 0{,}07776$ d) $x^4 = 256$

4.1 Bernoulli-Ketten

■ Ein Tourist steht in Manhattan an der Metro Ecke 50th Street/8th Avenue. Er ist ohne Stadtplan unterwegs und bewegt sich nur auf „Streets" und „Avenues" und dem „Broadway". An jeder Ecke entscheidet er per Münzwurf, ob er in östliche oder in nördliche Richtung weitergeht. Das führt er 7-mal aus.

a) Geben Sie alle Kreuzungen an, die der Tourist mit drei Richtungsentscheidungen erreichen kann.

b) Der Tourist möchte zur Metro am Museum of Modern Art. Bestimmen Sie, mit welcher Wahrscheinlichkeit er genau den eingezeichneten Weg geht.

c) Bestimmen Sie, mit welcher Wahrscheinlichkeit der Tourist nach sieben Richtungsentscheidungen an der Metro ankommt. ■

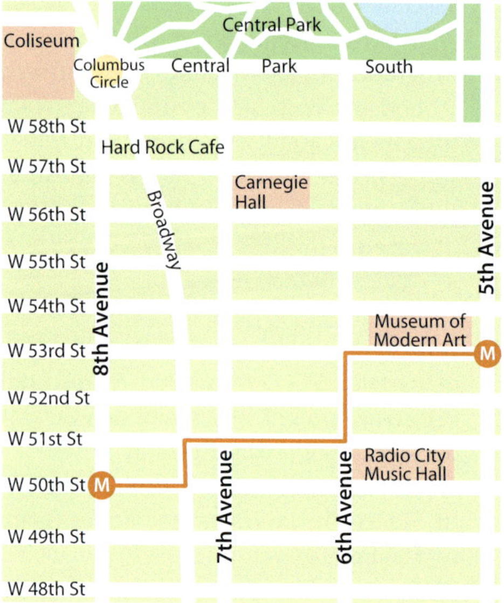

Bernoulli-Experiment und Bernoulli-Kette

Bei Zufallsexperimenten wird häufig nur beobachtet, ob ein bestimmtes Ereignis eintritt oder nicht. Tritt das Ereignis ein, spricht man von einem **Treffer**. Insbesondere ist interessant, wie oft ein Treffer bei mehrmaligen Wiederholungen des gleichen Experiments erzielt wird.

Beim Würfeln mit einem Spielwürfel kann man sich nur für das Ereignis „6 gewürfelt" interessieren und untersuchen, wie viele Sechsen bei 10 Würfen gewürfelt werden.

Definition: Bernoulli-Experiment und Bernoulli-Kette
Ein **Bernoulli-Experiment** ist ein Zufallsexperiment, bei dem nur zwei mögliche Ausgänge („Treffer" und „kein Treffer") unterschieden werden. Die Wahrscheinlichkeit für das Eintreten eines Treffers wird **Trefferwahrscheinlichkeit p** genannt.
Wird ein Bernoulli-Experiment n-mal mit konstanter Trefferwahrscheinlichkeit wiederholt, dann spricht man von einer **Bernoulli-Kette der Länge n**.

Für Treffer wird auch der Begriff „Erfolg" verwendet. Tritt bei einem Bernoulli-Experiment kein Treffer ein, so spricht man auch von „Nichttreffer", „Niete" oder „Fehlversuch". Die Wahrscheinlichkeit für das Eintreten eines Fehlversuchs ist die **Gegenwahrscheinlichkeit** zu p, sie beträgt $1 - p$.

Beispiel 1: Es wird mit einem Spielwürfel zehnmal gewürfelt. Das Würfeln einer „6" wird als Treffer bezeichnet. Begründen Sie, dass eine Bernoulli-Kette vorliegt, und bestimmen Sie die Trefferwahrscheinlichkeit p, die Wahrscheinlichkeit für einen Fehlversuch bei einem Wurf sowie die Länge der Bernoulli-Kette.

Lösung:
Beim Würfeln wird hier nur unterschieden, ob eine „6" gewürfelt wird (Treffer) oder nicht. Die Trefferwahrscheinlichkeit $p = \frac{1}{6}$ gilt für jeden Wurf, sie ist unabhängig vom Ausgang vorheriger Würfe. Die Wahrscheinlichkeit für einen Fehlversuch ist die Gegenwahrscheinlichkeit $1 - p = \frac{5}{6}$. Da zehnmal gewürfelt wird, hat die Bernoulli-Kette die Länge $n = 10$.

Basisaufgaben

1. Begründen Sie, ob ein Bernoulli-Experiment vorliegt. Geben Sie, wenn möglich, die Trefferwahrscheinlichkeit p an sowie die Wahrscheinlichkeit, dass es keinen Treffer gibt.
- a) Eine Münze wird geworfen. Es wird notiert, ob „Zahl" oben liegt.
- b) Es wird festgestellt, ob eine Person die Blutgruppe A, B, AB oder 0 hat.
- c) Es wird so lange gewürfelt, bis eine 6 kommt. Die Anzahl der Würfe wird notiert.
- d) Beim Werfen zweier Würfel wird notiert, ob die Augensumme 8 beträgt.
- e) Beim Werfen eines Würfels wird notiert, ob die Augenzahl größer als 2 ist.
- f) Beim Werfen dreier Münzen wird notiert, wie viele Münzen „Zahl" zeigen.

2. Begründen Sie, ob man das Zufallsexperiment als Bernoulli-Kette auffassen kann. Falls ja, beschreiben Sie, was ein Treffer ist, und geben Sie die Länge der Bernoulli-Kette an.
- a) Ein Würfel wird viermal geworfen. Bei jedem Wurf wird notiert, ob die Augenzahl gerade ist.
- b) Fünf Spieler einer Fußballmannschaft treten zum Elfmeterschießen an.
- c) Bei der Herstellung eines Bauteils ist ein Bauteil zu 2 % fehlerhaft. Zehn hergestellte Bauteile werden auf Fehler überprüft.
- d) Aus der abgebildeten Urne werden nacheinander drei Kugeln ohne Zurücklegen gezogen.
- e) Aus der abgebildeten Urne werden nacheinander drei Kugeln mit Zurücklegen gezogen.

3. Geben Sie an, unter welchen Bedingungen eine Bernoulli-Kette vorliegt. Legen Sie fest, was ein Treffer ist. Geben Sie die Länge n der Bernoulli-Kette und, wenn möglich, die Trefferwahrscheinlichkeit p an.
- a) Vier Münzen werden gleichzeitig geworfen.
- b) Aus einer Urne mit fünf blauen und drei roten Kugeln wird viermal nacheinander eine Kugel gezogen.
- c) In einem Land sind 21 % der Bevölkerung älter als 60 Jahre. 100 zufällig ausgewählte Personen werden nach ihrem Alter befragt.
- d) Ein Fußballer schießt dreimal auf das untere Loch einer Torwand.
- e) Es werden 100 Neugeborene betrachtet.

4. Die Zufallsgröße X gibt die Anzahl der Treffer bei einer Bernoulli-Kette der Länge n an.
- a) Es sei $n = 5$. Geben Sie alle Werte k an, die X annehmen kann.
- b) Geben Sie an, wie viele verschiedene Werte X für beliebiges n annehmen kann.

5. Eine Basketballspielerin hat beim Freiwurf eine Trefferquote von 75 %. Zum Abschluss des Trainings wirft sie immer drei Freiwürfe und zählt die Anzahl ihrer Treffer.
- a) Stellen Sie das Werfen dieser drei Freiwürfe in einem Baumdiagramm dar und tragen Sie die Wahrscheinlichkeiten an den Zweigen und den Pfadenden ein.
- b) Berechnen Sie die Wahrscheinlichkeit für 0, 1, 2 und 3 Treffer.
- c) Beschreiben Sie, unter welchen Bedingungen das Werfen der Freiwürfe eine Bernoulli-Kette ist.

Wahrscheinlichkeiten bei Bernoulli-Ketten

Der Baum zeigt alle Pfade einer Bernoulli-Kette der Länge $n = 3$. Alle Pfade mit 2 Treffern ($X = 2$) haben die gleiche Wahrscheinlichkeit $p^2 \cdot (1-p)$. Es gibt $\binom{3}{2}$ Möglichkeiten, 2 Treffer auf 3 Abschnitte zu verteilen. Insgesamt ergibt sich daraus:

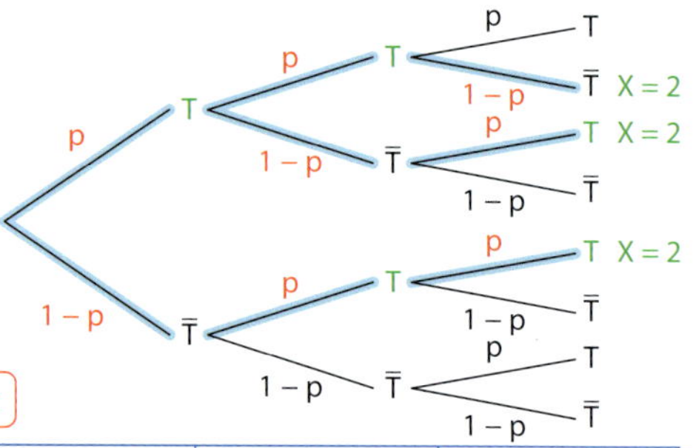

$$P(X=2) = \binom{3}{2} \cdot p^2 \cdot (1-p)$$

Anzahl der Pfade — Pfadwahrscheinlichkeit

Trefferanzahl k	3	2	1	0
Wahrscheinlichkeit eines Pfads	p^3	$p^2 \cdot (1-p)$	$p \cdot (1-p)^2$	$(1-p)^3$
Anzahl der Pfade	$\binom{3}{3} = 1$	$\binom{3}{2} = 3$	$\binom{3}{1} = 3$	$\binom{3}{0} = 1$
$P(X=k)$	$1 \cdot p^3$	$3 \cdot p^2 \cdot (1-p)$	$3 \cdot p \cdot (1-p)^2$	$1 \cdot (1-p)^3$

Dies kann für Bernoulli-Ketten mit beliebiger Länge n verallgemeinert werden.

Erinnerung:
Der **Binomialkoeffizient** $\binom{n}{k} = \frac{n!}{k! \cdot (n-k)!}$ gibt die Anzahl der Möglichkeiten an, aus n Objekten ohne Zurücklegen und Berücksichtigung der Reihenfolge k Objekte auszuwählen.

Satz: Bernoulli-Formel
Gibt die Zufallsgröße X bei einer Bernoulli-Kette der Länge n mit der Trefferwahrscheinlichkeit p die Anzahl der Treffer an, so gilt für die Wahrscheinlichkeit, dass es genau k Treffer gibt:

$$P(X=k) = \binom{n}{k} \cdot p^k (1-p)^{n-k} \qquad (k = 0, 1, \ldots, n)$$

Häufig werden Ereignisse mit mehreren Trefferzahlen betrachtet.

„höchstens k Treffer" $P(X \le k)$

$P(X=0) + P(X=1) + \ldots + P(X=k-1) + P(X=k)$

„mehr als k Treffer" $P(X > k)$

$P(X=k+1) + \ldots + P(X=n-1) + P(X=n)$

„weniger als k Treffer" $P(X < k)$

$P(X=0) + P(X=1) + \ldots + P(X=k-1)$

„mindestens k Treffer" $P(X \ge k)$

$P(X=k) + P(X=k+1) + \ldots + P(X=n-1) + P(X=n)$

Beispiel 2: Ein Tetraeder-Würfel wird zehnmal geworfen. Die Zufallsgröße X zählt dabei die Anzahl der Einsen. Bestimmen Sie die Wahrscheinlichkeit, dass die „1" so oft gewürfelt wird:
a) genau 3-mal,
b) höchstens 2-mal,
c) mindestens 3-mal,
d) weniger als 6-mal, aber mehr als 2-mal.

Lösung:

a) Wenden Sie die Bernoulli-Formel mit $n = 10$, $k = 3$ und $p = \frac{1}{4} = 0{,}25$ an.
$P(X=3) = \binom{10}{3} \cdot 0{,}25^3 \cdot (1-0{,}25)^{10-3} = \binom{10}{3} \cdot 0{,}25^3 \cdot 0{,}75^7 \approx 0{,}250$

b) Addieren Sie die einzelnen Wahrscheinlichkeiten für 0-, 1- und 2-mal die „1".
$P(X \le 2) = P(X=0) + P(X=1) + P(X=2) \approx 0{,}056 + 0{,}188 + 0{,}282 = 0{,}526$

c) „Mindestens 3 Einsen" ist das Gegenereignis zu „höchstens 2 Einsen".
$P(X \ge 3) = 1 - P(X \le 2) \approx 1 - 0{,}526 = 0{,}474$

d) Addieren Sie die einzelnen Wahrscheinlichkeiten für 3-, 4- und 5-mal die „1".
$P(2 < X < 6) = P(X=3) + P(X=4) + P(X=5) \approx 0{,}250 + 0{,}146 + 0{,}058 = 0{,}454$

Basisaufgaben

6. Eine faire Münze wird sechsmal geworfen. Die Zufallsgröße X zählt, wie oft die Zahl oben liegt. Bestimmen Sie die Wahrscheinlichkeit, dass die Zahl
a) genau 3-mal oben liegt, b) genau 4-mal oben liegt, c) keinmal oben liegt.

Hinweis:
Bei einer **fairen Münze** haben Kopf und Zahl jeweils die Wahrscheinlichkeit $\frac{1}{2}$.

7. Die Zufallsgröße X gibt die Anzahl der Treffer bei einer Bernoulli-Kette mit $n = 5$ und $p = 0{,}5$ an. Berechnen Sie die Wahrscheinlichkeit.
a) $P(X = 2)$ b) $P(X = 5)$ c) $P(X = 3)$ d) $P(X = 0)$ e) $P(X > 0)$
f) $P(X \leq 1)$ g) $P(X > 1)$ h) $P(X \geq 4)$ i) $P(0 < X < 4)$ j) $P(2 \leq X \leq 4)$

Lösungen zu 7a–7e:
0,03 0,31 0,31 0,97 0,03 0,5

8. Die Zufallsgröße X gibt die Anzahl der Treffer bei einer Bernoulli-Kette mit $n = 8$ und $p = 0{,}6$ an. Berechnen Sie die Wahrscheinlichkeit für die Anzahl der Treffer.

① höchstens 3 ② mehr als 5 ③ weniger als 3 ④ mindestens 4

9. In einer Schule kommen durchschnittlich 40 % aller Kinder mit dem Fahrrad zur Schule.
a) Erklären Sie die Bedeutung des Terms $\binom{10}{3} \cdot 0{,}4^3 \cdot 0{,}6^7$ in diesem Zusammenhang.
b) Es werden 5 Kinder der Schule befragt. Berechnen Sie die Wahrscheinlichkeit, dass davon genau 3 (mehr als 3; weniger als 2) mit dem Fahrrad zur Schule kommen.

10. In einem Multiple-Choice-Test werden insgesamt 25 Fragen gestellt. Bei jeder Frage gibt es 4 Antwortmöglichkeiten, von denen genau eine richtig ist.

a) Erklären Sie, unter welchen Umständen das Ausfüllen des Tests eine Bernoulli-Kette ist. Geben Sie die Werte von n und p an.
b) Beschreiben Sie in dieser Sachsituation die Bedeutung des Terms
$\binom{25}{3} \cdot 0{,}25^3 \cdot 0{,}75^{22} + \binom{25}{2} \cdot 0{,}25^2 \cdot 0{,}75^{23} + \binom{25}{1} \cdot 0{,}25^1 \cdot 0{,}75^{24} + \binom{25}{0} \cdot 0{,}25^0 \cdot 0{,}75^{25}$.
c) Bestimmen Sie die Wahrscheinlichkeit, dass der Prüfling mehr als 10, aber weniger als 15 Antworten richtig hat, wenn er bei jeder Frage rät.

11. Aus den Ziffern 0 bis 9 wird zufällig ein sechsstelliger Code gebildet. Es soll die Wahrscheinlichkeit berechnet werden, dass genau vier Ziffern des Codes nicht 0 sind.
Erläutern Sie die Vorgehensweise von Yannik und Fabian, überprüfen Sie ihre Richtigkeit und vergleichen Sie. Bestimmen Sie auch die gesuchte Wahrscheinlichkeit.

Yannik:
X: Anzahl der Ziffern ungleich 0.
$p = \frac{9}{10} = 0{,}9$ und $n = 6$
$P(X = 4) = \binom{6}{4} \cdot 0{,}9^4 \cdot 0{,}1^2$

Fabian:
Y: Anzahl der Ziffern gleich 0.
$p = \frac{1}{10} = 0{,}1$ und $n = 6$
$P(Y = 2) = \binom{6}{2} \cdot 0{,}1^2 \cdot 0{,}9^4$

12. Ein normaler Spielwürfel wird insgesamt 10-mal geworfen.
a) Berechnen Sie die Wahrscheinlichkeit, dass so oft die „6" gewürfelt wird:
① 3- oder 4-mal ② höchstens 4-mal ③ mindestens 2-mal ④ weniger als 5-mal
b) Beschreiben Sie das Ereignis E, dessen Wahrscheinlichkeit mit dem Term
$1 - \left(\binom{10}{10} \cdot \left(\frac{1}{6}\right)^{10} \cdot \left(\frac{5}{6}\right)^{0} + \binom{10}{9} \cdot \left(\frac{1}{6}\right)^{9} \cdot \left(\frac{5}{6}\right)^{1}\right)$ berechnet wird.
c) Bestimmen Sie die Wahrscheinlichkeit, dass genau 7-mal keine „6" gewürfelt wird.
d) Berechnen Sie die Wahrscheinlichkeit, dass erst 3-mal die „6" und dann 7-mal keine „6" gewürfelt wird.

Weiterführende Aufgaben

13. Ein Glücksrad wird gedreht.

a) Beschreiben Sie, unter welchen Bedingungen das Drehen des Glücksrads ein Bernoulli-Experiment ist.

b) Skizzieren Sie ein Glücksrad und geben Sie ein Ereignis dazu an, dessen Wahrscheinlichkeit durch den Term $\binom{5}{2} \cdot 0{,}2^2 \cdot 0{,}8^3$ berechnet wird.

c) Betrachten Sie den Term $\binom{10}{4} \cdot p^4 \cdot (1-p)^6$ für $p = \frac{1}{5}$, $p = \frac{2}{5}$, $p = \frac{3}{5}$ und $p = \frac{4}{5}$. Stellen Sie ohne Berechnung eine Vermutung auf, für welchen Wert von p der Term den größten Wert hat.

d) Überprüfen Sie Ihre Vermutung aus c) durch Berechnung des Terms.

14. Stolperstelle: Lina, Kai und Anna haben in einer Studie gelesen, dass etwa 63,5 % der Deutschen eine Brille tragen. Unter dieser Annahme berechnen sie im Vorfeld einer Befragung die Wahrscheinlichkeiten unterschiedlicher Ereignisse.

Lina:	Kai:	Anna:
„Unter 10 Befragten sind genau 8 Brillenträger." $P(X = 8) = \binom{10}{8} \cdot 0{,}635^8$ $\approx 1{,}19$	„Unter 5 Befragten sind mehr als 3 Brillenträger." $P(X \geq 3) = P(X = 3) + P(X = 4) + P(X = 5)$ $\approx 0{,}341 + 0{,}297 + 0{,}103 = 0{,}741$	„Unter 6 Befragten ist mehr als ein Brillenträger." $P(X > 1) = 1 - P(X < 1)$ $= 1 - P(X = 0)$ $= 1 - 0{,}0024$ $= 0{,}9976$

a) Beschreiben Sie die Fehler in den Rechnungen der Schüler.

b) Berechnen Sie die korrekten Wahrscheinlichkeiten.

● **15.** Bei einem Glücksspiel sind in einer Box 40 rote und 60 gelbe Kugeln. Es wird dreimal eine Kugel gezogen. Die Höhe des Preisgelds richtet sich nach der Anzahl der gezogenen roten Kugeln. Der Einsatz beträgt 2 €.

rote Kugeln	Preisgeld
0	2,00 €
1	1,00 €
2	1,50 €
3	10,00 €

a) Erklären Sie, warum es sich nur dann um eine Bernoulli-Kette handelt, wenn das Spiel mit Zurücklegen der gezogenen Kugel gespielt wird.

b) Das Spiel wird mit Zurücklegen der gezogenen Kugel gespielt. Bestimmen Sie die Wahrscheinlichkeitsverteilung des Preisgelds.

c) Weisen Sie rechnerisch nach, dass das Spiel nicht fair ist. Erklären Sie dabei, ob das Spiel langfristig für den Anbieter oder den Spieler lukrativ ist.

d) Passen Sie den Gewinn für drei gezogene rote Kugeln so an, dass das Spiel fair wird.

● **16. Ausblick:** Betrachten Sie eine Urne mit 40 roten und 60 gelben Kugeln. Es wird dreimal ohne Zurücklegen gezogen und die Anzahl X der gezogenen roten Kugeln gezählt.

a) Erklären Sie, warum $P(X = 2) = \binom{3}{2} \cdot \frac{40 \cdot 39 \cdot 60}{100 \cdot 99 \cdot 98}$ gilt.

b) Bestimmen Sie die Wahrscheinlichkeitsverteilung für die Anzahl der roten Kugeln.

c) Vergleichen Sie die Wahrscheinlichkeitsverteilung aus b) mit den Wahrscheinlichkeiten, die in Aufgabe 15 b) mit der Bernoulli-Formel berechnet wurden. Erläutern Sie, warum die Abweichungen gering sind, obwohl das Ziehen ohne Zurücklegen keine Bernoulli-Kette darstellt.

4.2 Binomialverteilung

■ Bei einem Würfelexperiment ist es unerheblich, ob ein Würfel fünfmal hintereinander geworfen wird oder fünf Würfel einmal gleichzeitig geworfen werden. Bei diesem Würfelspiel gilt eine geworfene 6 als Treffer.

a) Schätzen Sie, welche Trefferzahl am wahrscheinlichsten ist.
Berechnen Sie anschließend die Wahrscheinlichkeiten für alle möglichen Trefferzahlen.

b) Stellen Sie die in a) berechneten Wahrscheinlichkeiten als Histogramm dar. ■

Binomialverteilte Zufallsgrößen

Ein Galtonbrett ist ein mechanisches Modell zur Veranschaulichung von Bernoulli-Ketten. Es besteht aus regelmäßig angeordneten Hindernissen, an denen von oben eingeworfene Kugeln jeweils nach links oder rechts abprallen. Unten angekommen werden die Kugeln, wie nach dem Durchlaufen der gesamten Bernoulli-Kette, in Fächern aufgefangen und können gezählt werden.

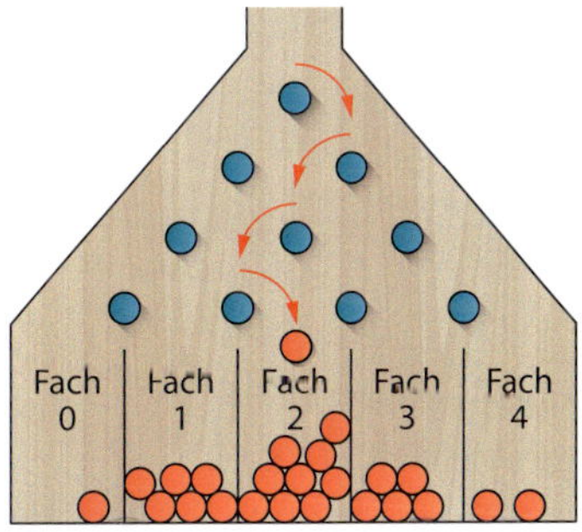

Ablenkung k nach rechts	0	1	2	3	4
P(X = k)	0,06	0,25	0,38	0,25	0,06

Steht ein Galtonbrett mit 4 Stufen von Hindernissen gerade und bezeichnet man „nach rechts ablenken" als Treffer, erhält man eine Bernoulli-Kette der Länge $n = 4$ mit Trefferwahrscheinlichkeit $p = 0{,}5$.
Die Wahrscheinlichkeiten für die jeweiligen Fächer lassen sich mit der Bernoulli-Formel berechnen.
Die zugehörige Wahrscheinlichkeitsverteilung heißt **Binomialverteilung**.

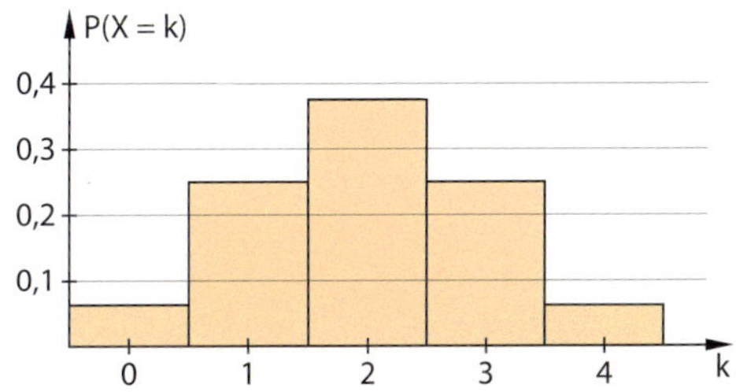

Definition: Binomialverteilung, binomialverteilte Zufallsgrößen
Eine Zufallsgröße X heißt **binomialverteilt** mit den Parametern n und p (kurz $X \sim B_{n;\,p}$), wenn sie die Werte $k = 0, 1, 2, \ldots, n$ mit den Wahrscheinlichkeiten

$$B_{n;\,p}(k) = P(X = k) = \binom{n}{k} \cdot p^k \cdot (1 - p)^{n-k} \qquad (0 < p < 1)$$

annimmt. Die zugehörige Wahrscheinlichkeitsverteilung heißt **Binomialverteilung**.

Häufig interessiert man sich nicht für die Wahrscheinlichkeit einer konkreten Trefferzahl, sondern dafür, dass höchstens k Treffer erzielt werden. In diesem Fall spricht man von einer kumulierten Wahrscheinlichkeit.

Hinweis:
Eine Summe mit vielen Summanden gleicher Art kann kurz mit dem Summenzeichen geschrieben werden.
$\sum_{i=0}^{k} P(X = i)$
$= P(X = 0) + P(X = 1) + \ldots + P(X = k)$

Definition: Kumulierte Wahrscheinlichkeit
Bei einer binomialverteilten Zufallsgröße X nennt man die Wahrscheinlichkeit, dass die Anzahl der Treffer höchstens k ist, **kumulierte Wahrscheinlichkeit**:
$F_{n;\,p}(k) = P(X \leq k) = P(X = 0) + P(X = 1) + \ldots + P(X = k)$

Auch die kumulierte Binomialverteilung lässt sich als Histogramm darstellen. Die Höhe eines Balkens zum Wert k ergibt sich durch Aufstapeln der ersten k + 1 Balken der Binomialverteilung.
Somit steigen die Werte mit größer werdendem k und es gilt
$\mathbf{F_{n;\,p}(k) = P(X \leq k) \leq P(X \leq n) = 1}$.

Im Beispiel gilt n = 4 und p = 0,5.

k	0	1	2	3	4
$B_{4;\,0,5}(k)$	0,06	0,25	0,38	0,25	0,6
$F_{4;\,0,5}(k)$	0,06	0,31	0,69	0,94	1

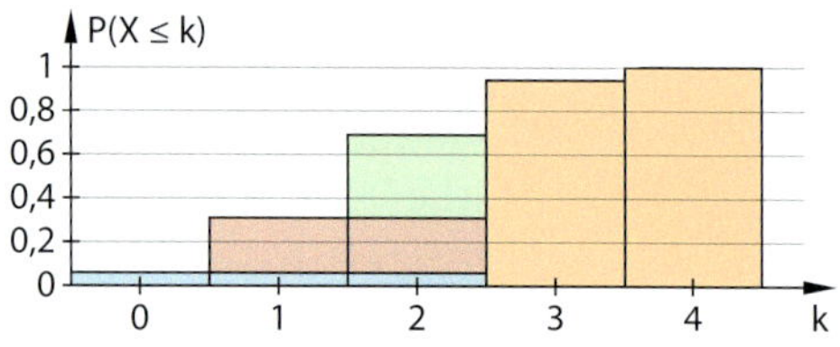

Beispiel 1: Ein Tetraeder-Würfel wird 50-mal geworfen. Die Zufallsgröße X zählt dabei die Anzahl der Einsen. Bestimmen Sie die Wahrscheinlichkeit, dass die „1" so oft gewürfelt wird:
a) genau 15-mal,
b) höchstens 10-mal,
c) mindestens 15-mal,
d) höchstens 20-mal, aber mindestens 15-mal.

Lösung:

a) Berechnen Sie die Einzelwahrscheinlichkeit $P(X = 15)$.
$P(X = 15) \approx 0{,}089$

b) Berechnen Sie die kumulierte Wahrscheinlichkeit $P(X \leq 10)$.
$P(X \leq 10) = P(X = 0) + P(X = 1) + \ldots + P(X = 10) \approx 0{,}262$

c) Das Ereignis „mindestens 15 Treffer" ist das Gegenereignis zu „höchstens 14 Treffer".
$P(X \geq 15) = P(X = 15) + P(X = 16) + \ldots + P(X = 50) = 1 - P(X \leq 14) \approx 0{,}252$

d) Das Ereignis „höchstens 20-mal, aber mindestens 15-mal" bedeutet $X \leq 20$ und $X \geq 15$.
Berechnen Sie $P(15 \leq X \leq 20) = P(X \leq 20) - P(X \leq 14)$.
$P(15 \leq X \leq 20)$
$= P(X = 15) + P(X = 16) + \ldots + P(X = 20)$
$= P(X \leq 20) - P(X \leq 14) \approx 0{,}246$

Basisaufgaben

1. Erstellen Sie eine Tabelle zur Binomialverteilung mit den gegebenen Werten n und p. Stellen Sie diese in einem Histogramm dar.
   a) n = 8; p = 0,6 b) n = 12; p = 0,8 c) n = 10; p = 0,5 d) n = 15; p = 0,4

2. Das Histogramm zeigt eine Binomialverteilung mit n = 10 und p = 0,6.

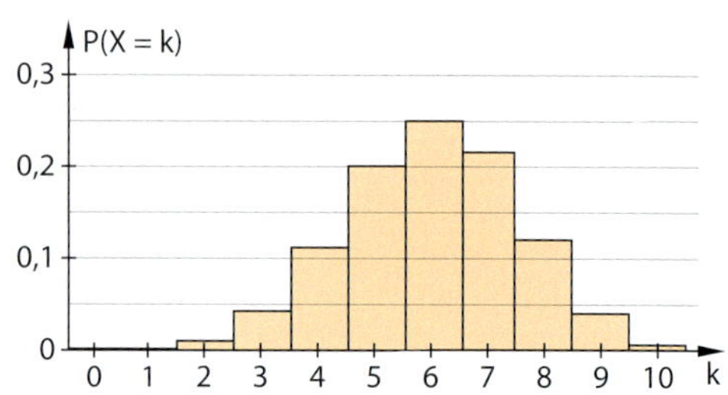

   a) Bestimmen Sie aus dem Histogramm näherungsweise die Werte für die Wahrscheinlichkeiten $P(X \leq 3)$, $P(X = 6)$, $P(X \geq 8)$, $P(X < 8)$, $P(5 \leq X \leq 8)$ und $P(X > 3)$.
   b) Berechnen Sie die Werte aus a) und vergleichen Sie.
   c) Fertigen Sie das Histogramm der kumulierten Verteilung an.
   d) Erläutern Sie die Werte und ordnen Sie sie aufsteigend nach der Größe:
   ① $P(X \leq 5)$ ② $P(X > 6)$ ③ $P(4 < X < 8)$ ④ $1 - P(X = 6)$
   e) Erstellen Sie ein Histogramm mit n = 10 und p = 0,455.

Hinweis:
Informieren Sie sich, wie Sie bei Ihrem Taschenrechner-Modell die Wahrscheinlichkeiten $B_{n;\,p}(k)$ und $F_{n;\,p}(k)$ berechnen können.

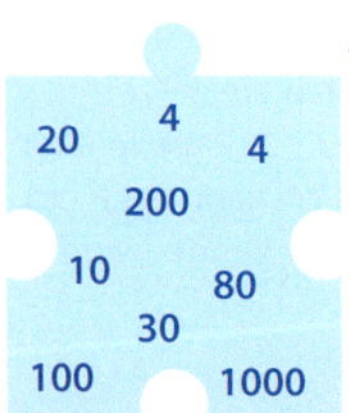

3. Die Abbildungen zeigen Histogramme unterschiedlicher Wahrscheinlichkeitsverteilungen.

a) Entscheiden Sie, welches der Histogramme ① bis ③ zu einer Bernoulli-Kette mit $n = 5$ und $p = 0{,}25$ passt.

b) Das Histogramm ④ gehört auch zu einer Bernoulli-Kette. Begründen Sie, ob die Trefferwahrscheinlichkeit p größer, kleiner oder gleich 0,5 ist.

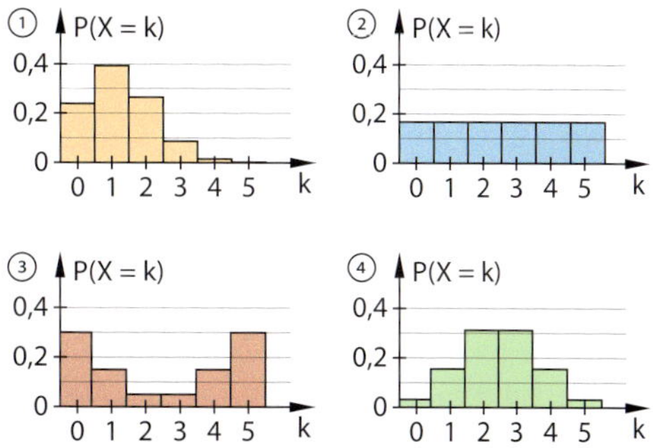

4. Die Abbildung zeigt das Histogramm einer kumulierten Wahrscheinlichkeitsverteilung einer binomialverteilten Zufallsgröße X mit $n = 6$. Bestimmen Sie mithilfe der Abbildung näherungsweise die Wahrscheinlichkeit.

a) $P(X \leq 4)$ b) $P(X > 3)$
c) $P(X \geq 5)$ d) $P(X = 3)$

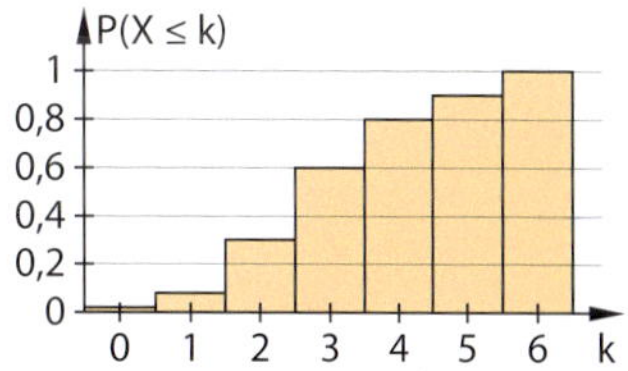

5. Gegeben ist eine Binomialverteilung mit $n = 40$ und $p = 0{,}4$. Schreiben Sie die Wahrscheinlichkeit für die Trefferzahl als kumulierte Wahrscheinlichkeit und berechnen Sie diese.

a) höchstens 25 Treffer b) mindestens 10 Treffer c) zwischen 15 und 30 Treffer

Hinweis:
Eine Zahl „zwischen x und y" soll hier als „mindestens x, höchstens y" verstanden werden.

6. Jeder Term berechnet eine Wahrscheinlichkeit zu einer binomialverteilten Zufallsgröße X.

① $\binom{25}{3} \cdot 0{,}25^3 \cdot 0{,}75^{25-3}$

② $\binom{10}{0} \cdot 0{,}3^0 \cdot 0{,}7^{10} + \binom{10}{1} \cdot 0{,}3^1 \cdot 0{,}7^9$

③ $1 - \left(\binom{15}{13} \cdot 0{,}8^{13} \cdot 0{,}2^2 + \binom{15}{14} \cdot 0{,}8^{14} \cdot 0{,}2 + 0{,}8^{15}\right)$

④ $\binom{60}{20} \cdot 0{,}6^{20} \cdot 0{,}4^{40} + \binom{60}{21} \cdot 0{,}6^{21} \cdot 0{,}4^{39} + \ldots + \binom{60}{39} \cdot 0{,}6^{39} \cdot 0{,}4^{21} + \binom{60}{40} \cdot 0{,}6^{40} \cdot 0{,}4^{20}$

a) Geben Sie jeweils n und p an und formulieren Sie das betrachtete Ereignis in Worten.

b) Berechnen Sie die Wahrscheinlichkeiten möglichst einfach mit dem Taschenrechner.

7. Die Produktionsabteilung einer Elektronikfirma gibt an, dass ein Bauteil nur mit einer Wahrscheinlichkeit von 0,1 % einen Fehler aufweist.

a) Erklären Sie in diesem Zusammenhang die Bedeutung des folgenden Terms.

① $0{,}999^{10} + \binom{10}{1} \cdot 0{,}001 \cdot 0{,}999^9 + \binom{10}{2} \cdot 0{,}001^2 \cdot 0{,}999^8$

② $\binom{50}{48} \cdot 0{,}999^{48} \cdot 0{,}001^2 + \binom{50}{49} \cdot 0{,}999^{49} \cdot 0{,}001 + 0{,}999^{50}$

b) In einer Woche produziert die Firma am Montag 500 und am Dienstag 750 Bauteile. Berechnen Sie die Wahrscheinlichkeit, dass

① am Montag höchstens 10 Bauteile fehlerhaft sind,
② am Dienstag mindestens 745 Bauteile in Ordnung sind,
③ an beiden Tagen zusammen mindestens 1245 Bauteile in Ordnung sind,
④ am Montag höchstens 5 und am Dienstag höchstens 10 Bauteile fehlerhaft sind.

TK **8.** Gegeben ist eine Trefferwahrscheinlichkeit p zu einer Binomialverteilung mit $n = 20$. Schätzen Sie, welche Trefferanzahl k die größte Wahrscheinlichkeit hat. Erstellen Sie mit mit einer Tabellenkalkulation ein Histogramm und überprüfen Sie Ihre Schätzung.

a) $p = 0{,}5$ b) $p = 0{,}3$ c) $p = 0{,}8$ d) $p = 0{,}1$

Hinweis zu 8:
Statt einer Tabellenkalkulation kann auch ein CAS verwendet werden

Erwartungswert und Standardabweichung

Der Erwartungswert $\mu = E(X)$ und die Standardabweichung σ können bei binomialverteilten Zufallsgrößen einfach berechnet werden. Der Beweis erfolgt mit den bekannten Ansätzen:
$\mu = E(X) = x_1 \cdot P(X = x_1) + \ldots + x_n \cdot P(X = x_n)$ und
$V(X) = (x_1 - \mu)^2 \cdot P(X = x_1) + \ldots + (x_n - \mu)^2 \cdot P(X = x_n)$

Satz: Erwartungswert und Standardabweichung bei der Binomialverteilung
Für eine binomialverteilte Zufallsgröße X mit den Parametern n und p gilt:
Erwartungswert $\mu = E(X) = n \cdot p$
Standardabweichung $\sigma = \sqrt{V(X)} = \sqrt{n \cdot p \cdot (1 - p)}$

Der Erwartungswert $\mu = E(X)$ einer binomialverteilten Zufallsgröße X liegt immer in der Nähe des größten Werts der Verteilung. Die Standardabweichung σ ist ein Maß für die Streuung der Verteilung und damit für die Breite des Histogramms. Mit deutlich mehr als 50 % Wahrscheinlichkeit liegt die Trefferzahl innerhalb eines Intervalls der Breite 2σ um den Erwartungswert μ.

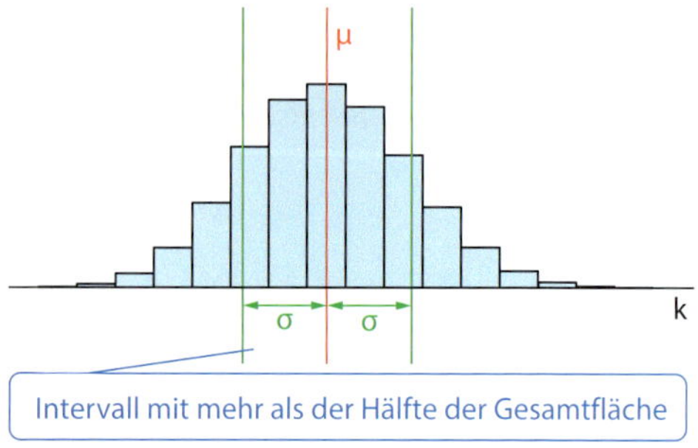

Beispiel 2: Das abgebildete Glücksrad wird 20-mal gedreht. Bei jeder Drehung erhält der Spieler 2 €, wenn das Rad bei „rot" stehen bleibt.
a) Der Einsatz beträgt 15 €. Entscheiden Sie, ob das Spiel fair ist.
b) Berechnen Sie die Standardabweichung der Binomialverteilung und erklären Sie ihre Bedeutung im Sachzusammenhang.

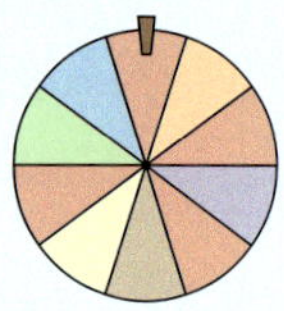

Lösung:

a) Das Spiel kann als Bernoulli-Kette modelliert werden. Es wird ein Treffer erzielt, wenn das Ereignis „rotes Feld" eintritt. Multiplizieren Sie den Erwartungswert μ der Trefferanzahl mit 2 €, um die mittlere erwartete Auszahlung zu erhalten.

X: Anzahl der Treffer
X ist binomialverteilt mit $n = 20$ und $p = 0{,}4$

$\mu = n \cdot p = 20 \cdot 0{,}4 = 8$

Mittlere erwartete Auszahlung: $8 \cdot 2\,€ = 16\,€$

Prüfen Sie, ob diese Auszahlung dem Einsatz entspricht.

Dieser Betrag entspricht nicht dem Einsatz von 15 €, also ist das Spiel nicht fair.

b) Die Standardabweichung ist ein Maß für die Streuung der Trefferanzahl und somit auch für das Risiko des Glücksspiels.

$\sigma = \sqrt{n \cdot p \cdot (1 - p)}$
$= \sqrt{20 \cdot 0{,}4 \cdot 0{,}6} \approx 2{,}2$

Hinweis:
Ein Spiel heißt **fair**, wenn bei häufiger Durchführung die durchschnittliche Auszahlung dem Einsatz entspricht. Weder Spieler noch Anbieter können also im Mittel einen Gewinn erwarten.

Basisaufgaben

Lösungen zu 9:
20 4 4 200 10 80 30 100 1000

9. Berechnen Sie den Erwartungswert μ und die Standardabweichung σ einer binomialverteilen Zufallsgröße X mit den angegebenen Parametern n und p.
a) $n = 100;\ p = 0{,}2$ b) $n = 400;\ p = 0{,}5$ c) $n = 100;\ p = 0{,}8$ d) $n = 10\,000;\ p = 0{,}1$

10. Luna meint: „Mit einem Spielwürfel würfle ich bei etwa einem Sechstel aller Würfe eine Sechs. Bei 60 Würfen erhalte ich im Schnitt $\frac{1}{6} \cdot 60 = 10$ Sechsen." Nehmen Sie dazu Stellung und erläutern Sie, was dies mit dem Erwartungswert einer Zufallsgröße zu tun hat.

11. Bei einem Spiel wird 10-mal mit einem fairen Würfel gewürfelt. Für jede geworfene 6 erhält der Spieler 1 €. Prüfen Sie, ob das Spiel bei einem Einsatz von 2 € fair ist.

12. Ein Glücksspiel wird in zwei Varianten angeboten.
Variante A: Ein Spielwürfel wird 20-mal geworfen. Jedes Mal, wenn der Würfel eine 5 oder eine 6 zeigt, bekommt der Spieler 1,50 €. Der Einsatz beträgt 10 €.
Variante B: Ein Spielwürfel wird 40-mal geworfen. Jedes Mal, wenn der Würfel eine 6 zeigt, bekommt der Spieler 1,50 €. Der Einsatz beträgt 10 €.
a) Erklären Sie, warum beide Varianten auf eine Bernoulli-Kette zurückzuführen sind. Geben Sie jeweils n und p an.
b) Weisen Sie durch geeignete Rechnungen nach, dass beide Spielvarianten fair sind.
c) Bestimmen Sie die Standardabweichungen beider Binomialverteilungen, vergleichen Sie die Werte und erklären Sie ihre Bedeutung im Sachzusammenhang.
d) Bei einer Variante C werden zwei Würfel 20-mal geworfen und man bekommt 3 €, wenn die Augensumme 8 oder größer ist. Bestimmen Sie einen fairen Einsatz für dieses Spiel.

Weiterführende Aufgaben

13. Im 11. Jahrgang eines Gymnasiums kommen im Schnitt 55 % der 80 Schüler mit dem Bus zur Schule, 30 % kommen mit dem Fahrrad und 15 % kommen auf anderen Wegen zur Schule.
a) Die Zufallsgröße X zählt die Anzahl derjenigen Schüler, die an einem zufälligen Tag mit dem Bus zur Schule kommen. Erläutern Sie, unter welchen Annahmen X als binomialverteilt angenommen werden kann. Geben Sie die Parameter n und p an.

b) In der 11a sind 25 Schüler. Berechnen Sie die Wahrscheinlichkeit, dass
① höchstens 15 von ihnen mit dem Bus zur Schule kommen,
② zwischen 15 und 20 Schülern mit dem Fahrrad zur Schule kommen,
③ mindestens 10 mit dem Fahrrad zur Schule kommen.
c) Berechnen Sie den Erwartungswert und die Standardabweichung von X und interpretieren Sie die beiden Werte im Sachzusammenhang.

Hinweis:
Eine Zahl „zwischen x und y" soll hier als „mindestens x, höchstens y" verstanden werden.

14. **Stolperstelle:** Bei einer Wahl bekam eine Partei 32 % der Stimmen. Nach der Wahl werden 200 zufällig ausgesuchte Wähler befragt. Erklären Sie, welche Fehler Tim und Sabrina beim Berechnen der Wahrscheinlichkeiten machen, und korrigieren Sie diese.
a) Tim: *„Die Wahrscheinlichkeit, dass unter den Befragten weniger als 70 Wähler der Partei sind, ist $P(X \leq 70) = P(X = 0) + P(X = 1) + \ldots + P(X = 70) \approx 0{,}838$."*
b) Sabrina: *„Die Wahrscheinlichkeit, dass zwischen 60 und 80 Wähler der Partei befragt wurden, ist $P(60 \leq X \leq 80) = P(X \leq 80) - P(X \leq 60) \approx 0{,}693$."*

15. In der Schulmensa können alle Personen der Schule ein warmes Mittagessen bestellen. Die Bestellungen müssen bis zum Vortag abgegeben werden. Die Erfahrung zeigt, dass durchschnittlich nur 90 % der bestellten Essen auch tatsächlich gekauft werden.
a) Es gehen 550 Vorbestellungen ein. Untersuchen Sie, mit welcher Wahrscheinlichkeit die Zubereitung von 500 Mittagessen ausreichen würde.
b) Prüfen Sie, ob die Wahrscheinlichkeit, dass bei 450 Vorbestellungen 410 zubereitete Essen nicht ausreichen, unter 20 % liegt.

16. Zehn Reißzwecken werden gleichzeitig geworfen. Eine Reißzwecke landet beim Werfen mit einer Wahrscheinlichkeit von $p = 0{,}4$ mit der Spitze nach oben. Die Zufallsgröße X beschreibt bei diesem Bernoulli-Experiment die Anzahl der Reißzwecken, die mit der Spitze nach oben landen.

a) Berechnen Sie die Verteilung von X und erstellen Sie ein Histogramm.
b) Berechnen Sie $P(X < 2)$ und $P(X \geq 2)$ und markieren Sie diese Wahrscheinlichkeiten als Flächen im Histogramm.
c) Erstellen Sie ein Histogramm der kumulierten Verteilung.
d) Bestimmen Sie, welchem Wert sich die durchschnittliche Zahl der Reißzwecken, die mit der Spitze nach oben landen, bei häufiger Wiederholung des Experiments nähert.

Hinweis: zu 17:
Die **empirische Standardabweichung** bezieht sich auf die Versuchsdaten: Man verwendet statt der Wahrscheinlichkeiten $P(X = x_i)$ die relativen Häufigkeiten h_i der Versuchsdaten $x_1, x_2, \ldots, x_n$.

17. Beim Werfen von 4 Münzen gibt X die Anzahl der Münzen an, die Wappen zeigen. Das Diagramm zeigt, wie sich die Wappenanzahl bei 500 Versuchen verteilt.

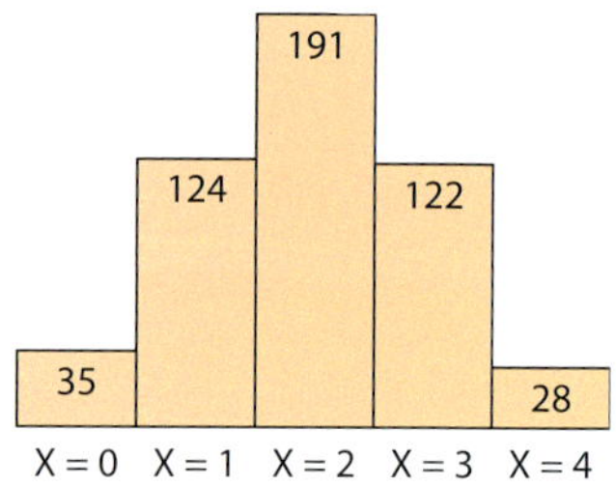

a) Berechnen Sie das arithmetische Mittel und die empirische Standardabweichung der Wappenanzahl.
b) Berechnen Sie für jede Wappenanzahl die relative Häufigkeit sowie die Wahrscheinlichkeitsverteilung von X. Erklären Sie den Unterschied und den Zusammenhang zwischen einer Häufigkeits- und einer Wahrscheinlichkeitsverteilung.
c) Berechnen Sie den Erwartungswert und die Standardabweichung von X und vergleichen Sie sie mit den Werten aus a).

18. Eine binomialverteilte Zufallsgröße X hat den Erwartungswert 12 und die Varianz 4,8. Bestimmen Sie die Werte von n und p.

19. Bestimmen Sie die Trefferwahrscheinlichkeit p.
a) Für eine binomialverteilte Zufallsgröße X mit $n = 6$ gilt: $P(X = 5) = 3 \cdot P(X = 6)$
b) Für eine binomialverteilte Zufallsgröße X mit $n = 4$ gilt: $P(X = 2) = 4 \cdot P(X = 4)$

20. X ist eine binomialverteilte Zufallsgröße mit den Parametern n und p.
Begründen Sie, ob die Aussage richtig oder falsch ist. Korrigieren Sie, wenn nötig.
a) $P(X \leq n) = 1$ b) $P(X \leq 0) = 0$ c) $P(X \leq k) + P(X \geq k) = 1$
d) Für $k = 0, 1, \ldots, n$ gilt: Je größer k ist, desto größer ist $P(X \leq k)$.
e) Für $k = 1, 2, \ldots, n$ gilt: Je größer n ist, desto größer ist $P(X \geq k)$.

21. Eine Zufallsgröße X ist binomialverteilt mit $p = 0{,}5$.
a) Berechnen Sie die Wahrscheinlichkeiten der Binomialverteilung für $n = 7$ ($n = 8$) und stellen Sie die Verteilung in einem Histogramm dar.
b) Erläutern Sie, welche Symmetrieeigenschaft die Verteilungen in a) haben.
c) Zeigen Sie mithilfe der Bernoulli-Formel, dass für beliebiges n und für $k = 0, 1, \ldots, n$ gilt: $P(X = k) = P(X = n - k)$
d) Untersuchen Sie, ob die Symmetrieeigenschaft auch für $p \neq 0{,}5$ gilt.

22. Betrachten Sie eine binomialverteilte Zufallsgröße mit der Kettenlänge n und der Trefferwahrscheinlichkeit p. Untersuchen Sie, wie sich μ und σ verändern, wenn sich
a) n vervierfacht, b) n verneunfacht, c) n auf ein Viertel verringert.

23. Maximalstelle der Binomialverteilung:

a) Untersuchen Sie, bei welcher Trefferanzahl k das Maximum der Binomialverteilung mit den Parametern n und p liegt. Vergleichen Sie die Anzahl k mit dem Erwartungswert.

① $n = 20; p = 0{,}7$ ② $n = 10; p = 0{,}6$ ③ $n = 40; p = 0{,}25$
④ $n = 10; p = 0{,}25$ ⑤ $n = 15; p = 0{,}75$ ⑥ $n = 16; p = 0{,}6$

b) Stellen Sie eine Regel für die Lage des Maximums auf, wenn

① $n \cdot p$ eine natürliche Zahl ist, ② $n \cdot p$ keine natürliche Zahl ist.

24. X sei eine binomialverteilte Zufallsgröße mit $n = 25$ bzw. $n = 50$.

a) Berechnen Sie die Standardabweichung σ für $p = 0{,}4$, $p = 0{,}5$ und $p = 0{,}6$.

b) Begründen Sie, dass σ für jeden beliebigen Wert von n für $p = 0{,}5$ maximal wird.

25. Ein Bio-Bauer beliefert einen Großmarkt mit Bio-Eiern. Dabei garantiert er, dass 95 % der Eier unbeschädigt sind. Der Großhändler überprüft bei Eintreffen der Lieferung eine Stichprobe von 50 Eiern. Wenn er mehr als 5 beschädigte Eier findet, dann braucht er nur 50 % des Preises zu bezahlen.

a) Berechnen Sie die Wahrscheinlichkeit, dass der Großhändler

① eine Lieferung mit 95 % unbeschädigten Eiern zum halben Preis bekommt,
② für eine Lieferung mit nur 85 % unbeschädigten Eiern den vollen Preis bezahlt.

b) Der Großhändler entnimmt einer Lieferung nun eine Stichprobe von 200 Eiern und akzeptiert dabei höchstens 20 beschädigte Eier. Untersuchen Sie, wie sich die Wahrscheinlichkeiten aus a) verändern.

● **26.** Bei einer überwiegend von Geschäftsleuten genutzten Flugverbindung treten durchschnittlich nur 95 % der Kunden einen gebuchten Flug auch an. Deshalb verkauft die Fluggesellschaft mehr Tickets als die 150 zur Verfügung stehenden Sitzplätze. Ein Flugticket kostet 100 €. Passagiere, die wegen einer Überbuchung nicht mitfliegen können, verursachen Kosten (inkl. Entschädigung) in Höhe von 300 €.

a) Berechnen Sie die Wahrscheinlichkeit, dass bei einem ausgebuchten Flug

① alle 150, ② mehr als 145, ③ weniger als 140 Passagiere erscheinen.

b) Berechnen Sie die Wahrscheinlichkeit, dass bei 160 verkauften Tickets alle Passagiere mitfliegen können, die tatsächlich zum Flug erscheinen.

c) Gehen Sie wieder von 160 verkauften Tickets aus. Die Zufallsgröße Z zählt die Anzahl der Passagiere, die aufgrund der Überbuchung nicht mitfliegen können.

① Bestimmen Sie die Wahrscheinlichkeitsverteilung von Z.
② Bestimmen Sie die zu erwartenden Kosten bei einem Verkauf von 160 Tickets.
③ Beurteilen Sie, ob sich der Verkauf von 160 Tickets wirtschaftlich lohnt.

● **27. Ausblick:** Manchmal interessiert man sich nicht für die Anzahl an Treffern, sondern für die Anzahl der Versuche bis zum ersten Treffer. Beim Würfeln kann man sich zum Beispiel fragen, wie oft gewürfelt werden muss, bis zum ersten Mal eine „6" auftritt.
Zu einer Bernoulli-Kette mit Trefferwahrscheinlichkeit $p = 0{,}25$ zählt die Zufallsgröße X die Anzahl der notwendigen Bernoulli-Versuche, bis der erste Treffer erzielt wird.

a) Berechnen Sie die Wahrscheinlichkeiten $P(X = 2)$ und $P(X = 10)$.

b) Erläutern Sie, dass gilt: $P(X = k) = p \cdot (1 - p)^{k-1}$.

c) Richtig oder falsch? Begründen Sie: $P(X = k) > 0$ für alle Werte $k \in \mathbb{N}$ mit $k \geq 1$.

d) Erklären Sie am Beispiel eines Spielwürfels, dass für den Erwartungswert gilt: $E(X) = \frac{1}{p}$.

4.3 Parameter der Binomialverteilung

■ An einer Schule kommen durchschnittlich 30 % der Schüler mit dem Fahrrad zum Unterricht. Ein Kurs mit 20 Schülern wird hierzu als Stichprobe befragt.

a) Zeigen Sie, dass bei einer Anzahl von 9 Radfahrenden in dieser Stichprobe zum ersten Mal die kumulierte Wahrscheinlichkeit von 90 % überschritten wird.
b) Beschreiben Sie, welchen Einfluss eine Vergrößerung der Stichprobe (n) oder eine Veränderung des Anteils der Radfahrenden (p) auf die kumulierte Wahrscheinlichkeit hat, wenn nach wie vor mindestens 9 Radfahrende in der Stichprobe sein sollen. ■

Häufig ergeben sich Fragestellungen nach den Parametern n, p und k einer binomialverteilten Zufallsgröße. Diese lassen sich oft nicht mit einer Rechnung beantworten. Die Parameter können aber durch Anlegen einer Tabelle oder systematisches Probieren bestimmt werden.

Der Parameter k ist gesucht

Wird eine Problemstellung mit einer binomialverteilten Zufallsgröße X modelliert, so ergeben sich die Parameter n und p häufig aus dem Kontext. Dann kann man nach einer Mindesttrefferzahl k suchen, die mit einer gegebenen **Mindestwahrscheinlichkeit** eintritt. In den Abbildungen und in der Tabelle ist zu sehen, dass bei einer Stichprobe der Länge $n = 20$ bei einer Trefferzahl $k = 10$ erstmals $P(X \leq k) > 0{,}8$ gilt.

k	...	8	9	10	11	12	...
$P(X \leq k)$	...	0,59	0,75	0,87	0,94	0,97	...

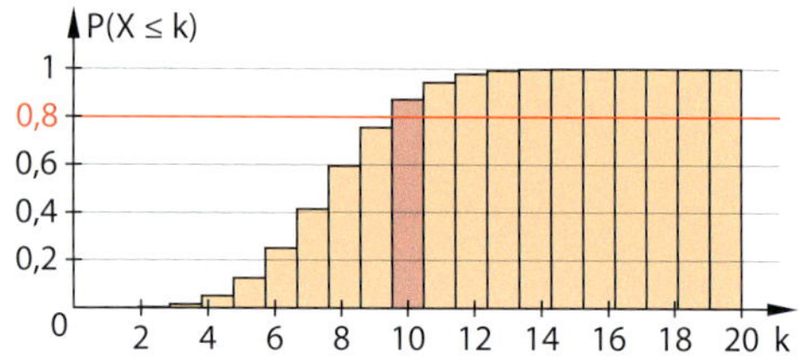

Beispiel 1: Eine Firma hat 200 Mitarbeiter. Jeder Mitarbeiter kommt unabhängig von den anderen mit einer Wahrscheinlichkeit von 0,7 mit dem Auto zur Arbeit. An einem zufällig gewählten Tag kann die Anzahl der Autofahrer als binomialverteilte Zufallsgröße X aufgefasst werden.

a) Bestimmen Sie die Wahrscheinlichkeit, dass an einem beliebigen Tag 145 Parkplätze ausreichend sind.
b) Bestimmen Sie, wie viele Parkplätze mindestens nötig sind, damit diese mit einer Wahrscheinlichkeit von mindestens 90 % ausreichen.

Lösung:

a) Gesucht ist die kumulierte Wahrscheinlichkeit $P(X \leq 145)$. Berechnen Sie diese.

$P(X \leq 145) \approx 0{,}801$
Die Parkplätze reichen mit einer Wahrscheinlichkeit von ca. 80 % aus.

b) Das Ergebnis in a) zeigt, dass die Wahrscheinlichkeit dafür, dass 145 Parkplätze ausreichen, nur 80 % beträgt. Berechnen Sie die Wahrscheinlichkeiten $P(X \leq k)$ für $k > 145$, bis der Wert über 0,9 liegt.

$P(X \leq 146) \approx 0{,}842$
$P(X \leq 147) \approx 0{,}877$
$P(X \leq 148) \approx 0{,}907 > 0{,}9$
Es sind mindestens 148 Parkplätze nötig.

Basisaufgaben

1. Betrachten Sie eine binomialverteilte Zufallsgröße mit $n = 70$ und $p = 0{,}35$.
   a) Erstellen Sie eine Wertetabelle zu $P(X \leq k)$ für $20 \leq k \leq 30$.
   b) Bestimmen Sie mithilfe der Wertetabelle aus a) den kleinsten Wert von k, sodass gilt:
   ① $P(X \leq k) \geq 0{,}7$ ② $P(X \leq k) > 0{,}9$ ③ $P(X > k) < 0{,}5$
   c) Bestimmen Sie den größten Wert von k, sodass gilt:
   ① $P(X > k) \geq 0{,}4$ ② $P(X > k) > 0{,}75$ ③ $P(X \leq k) < 0{,}5$

Lösungen zu 1b und 1c:

21 27 24 24 23 30

2. In einer Kiste mit Schrauben ist jede Schraube mit 10 % Wahrscheinlichkeit defekt.
   a) Berechnen Sie die Wahrscheinlichkeit, dass in einer Stichprobe von 40 Schrauben höchstens 3 defekte Schrauben sind.
   b) Berechnen Sie den kleinsten Wert k, sodass in einer Stichprobe von 40 Schrauben mit einer Wahrscheinlichkeit von mindestens 99 % höchstens k Schrauben defekt sind.

3. Im Stehplatzblock L eines Handballvereins sind alle 350 Plätze an Dauerkarteninhaber vergeben. Erfahrungsgemäß ist Block L während eines Spiels nur zu 85 % gefüllt. Daher überlegt der Verein, für diesen Block zusätzlich Tageskarten anzubieten.
   a) Bestimmen Sie, mit welcher Wahrscheinlichkeit mehr als 300 Dauerkarteninhaber an einem Spieltag in Block L sind.
   b) Untersuchen Sie, wie viele Plätze der Verein in Block L für Dauerkarteninhaber freihalten sollte, damit sie mit einer Wahrscheinlichkeit von mindestens 95 % (90 %) ausreichen.
   c) Erläutern Sie die Bedeutung des folgenden Terms in diesem Sachzusammenhang:
   $\binom{350}{k} \cdot 0{,}85^k \cdot 0{,}15^{350-k} + \binom{350}{k+1} \cdot 0{,}85^{k+1} \cdot 0{,}15^{350-(k+1)} + \ldots + \binom{350}{350} \cdot 0{,}85^{350} \cdot 0{,}15^0$

4. Eine Firma hat 3 Telefonleitungen, die von 10 Angestellten in einem Großraumbüro genutzt werden. Jeder Angestellte belegt eine Leitung durchschnittlich für 15 Minuten pro Stunde.

   a) Die Anzahl der benötigten Leitungen kann man als binomialverteilt mit $n = 10$ und $p = \frac{1}{4}$ betrachten. Erläutern Sie dies.
   b) Bestimmen Sie die Wahrscheinlichkeit, dass die vorhandenen Leitungen zu einem bestimmten Zeitpunkt ausreichen.
   c) Die Firma plant den Zukauf einer vierten Leitung. Entscheiden Sie, ob dies die Erreichbarkeit der Firma deutlich verbessert.
   d) Untersuchen Sie, wie viele Leitungen die Firma mindestens benötigt, damit sie mit einer Wahrscheinlichkeit von mindestens 98 % ausreichen.
   e) Die Firma stellt fünf neue Mitarbeiter ein. Bestimmen Sie die Anzahl der notwendigen Leitungen, damit diese mit einer Wahrscheinlichkeit von mindestens 98 % ausreichen.

5. Ein Basketballspieler hat bei 3-Punkt-Würfen eine Trefferquote von 40 %. Die Abbildung zeigt einen Screenshot: Blau ist der Graph der Funktion f mit $f(x) = P(X \leq x)$ für $n = 50$ und $p = 0{,}4$ dargestellt.

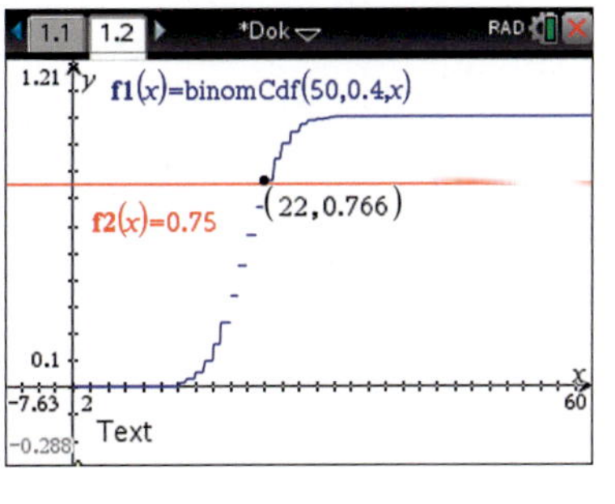

   a) Erklären Sie, warum der Graph einen treppenartigen und keinen stetigen Verlauf nimmt.
   b) Erläutern Sie im Sachzusammenhang die Bedeutung der roten Geraden und des schwarzen Punktes.

Der Parameter n ist gesucht

Wenn sowohl die Erfolgswahrscheinlichkeit p als auch die Trefferzahl k vorgegeben ist, so führt eine Vergrößerung der Stichprobe (n) auch zu einer Vergrößerung der Wahrscheinlichkeit, dass mindestens k Treffer in der Stichprobe enthalten sind. Mit größer werdendem n vergrößern sich auch der Erwartungswert μ und die Standardabweichung σ.

Hinweis:
Bei sehr großem n ist die größte Einzelwahrscheinlichkeit zwar sehr klein, aber in der Nähe des Erwartungswerts immer noch am größten.

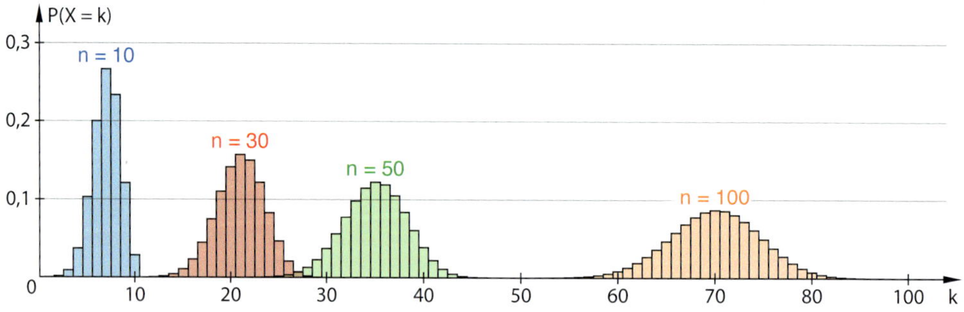

Eine rechnerische Bestimmung eines Mindeststichprobenumfangs n ist nur möglich, wenn nach mindestens einem Treffer gefragt wird. In allen anderen Fällen ist wieder das Anlegen einer Tabelle, eine grafische Untersuchung oder systematisches Probieren notwendig.

Beispiel 2: Von den Mitarbeitern einer Firma kommen durchschnittlich 70 % mit dem Auto zur Arbeit. An einem Tag wird eine Umfrage unter den Mitarbeitern durchgeführt.
Die Befragung wird als Bernoulli-Kette modelliert.

a) Bestimmen Sie, wie viele Mitarbeiter mindestens befragt werden müssen, damit mit einer Wahrscheinlichkeit von mindestens 95 % mindestens einer der Befragten mit dem Auto zur Arbeit gekommen ist.

b) Bestimmen Sie, wie viele Mitarbeiter mindestens befragt werden müssen, damit mit einer Wahrscheinlichkeit von mindestens 80 % mindestens 5 der Befragten mit dem Auto zur Arbeit gekommen sind.

Lösung:

a) Gesucht ist das kleinste n, für das gilt: $P(X \geq 1) \geq 0{,}95$
Drücken Sie $P(X \geq 1)$ mit der Gegenwahrscheinlichkeit aus und stellen Sie nach $P(X = 0)$ um.
Ersetzen Sie $P(X = 0) = 0{,}3^n$ und lösen Sie nach n auf. Beim Logarithmieren dreht sich das Ungleichheitszeichen um, da die Basis zwischen 0 und 1 liegt.
Runden Sie das Ergebnis auf, damit $P(X \geq 1) \geq 0{,}95$ gilt.

X: Anzahl der Befragten, die mit dem Auto kommen; X ist binomialverteilt mit $p = 0{,}7$

$P(X \geq 1) \geq 0{,}95$ (Gegenwahrscheinlichkeit)

$1 - P(X = 0) \geq 0{,}95 \quad | -0{,}95 \mid +P(X = 0)$

$P(X = 0) \leq 0{,}05$ (Seiten wurden getauscht)

$\binom{n}{0} \cdot 0{,}7^0 \cdot (0{,}3)^n \leq 0{,}05$

$0{,}3^n \leq 0{,}05$

$n \geq \log_{0{,}3}(0{,}05) \approx 2{,}49$

Es müssen mindestens 3 Mitarbeiter befragt werden.

Hinweis:
Ist die Wahrscheinlichkeit für den Testwert kleiner als gefordert, muss n verringert werden.

b) Gesucht ist das kleinste n, für das gilt: $P(X \geq 5) \geq 0{,}8$
Verwenden Sie die Gegenwahrscheinlichkeit und stellen Sie um.
Berechnen Sie $P(X \leq 4)$ für einen Testwert (hier $n = 6$). Erhöhen Sie n und berechnen Sie $P(X \leq 4)$ so lange, bis das Ergebnis erstmals kleiner als 0,2 ist.

$P(X \geq 5) \geq 0{,}8$

$1 - P(X \leq 4) \geq 0{,}8$

$P(X \leq 4) \leq 0{,}2$

$n = 6$: $P(X \leq 4) \approx 0{,}580$

$n = 7$: $P(X \leq 4) \approx 0{,}353$

$n = 8$: $P(X \leq 4) \approx 0{,}194$

(Wert größer 0,2, also n erhöhen)

Mindestens 8 Mitarbeiter müssen befragt werden.

Basisaufgaben

6. Die Histogramme zeigen Binomialverteilungen mit $p = 0{,}4$ für unterschiedliche n.

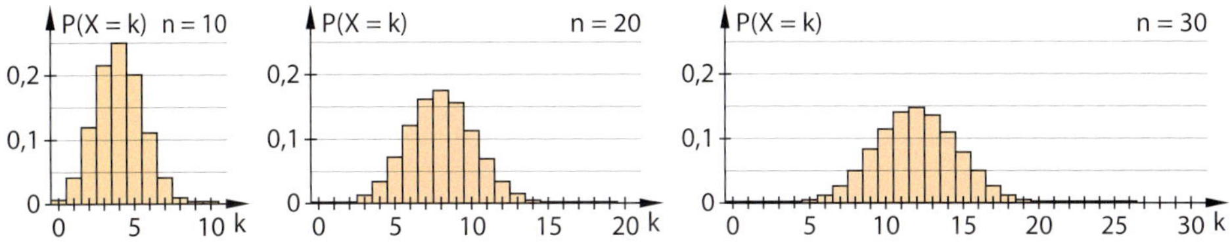

a) Beschreiben Sie, wie sich die Gestalt der Verteilung in Abhängigkeit von n verändert.
b) Erstellen Sie Histogramme für $p = 0{,}3$ $(p = 0{,}9)$ für verschiedene n. Prüfen Sie, ob die Beobachtungen aus a) auch hier gelten.
c) Erläutern Sie, welche Beobachtungen man mit den Formeln für μ und σ erklären kann.

7. Ermitteln Sie, für welche n die Ungleichung erfüllt ist.
a) $0{,}1^n \le 0{,}001$ b) $0{,}85^n \le 0{,}3$ c) $1 - 0{,}7^n \ge 0{,}9$

Lösungen zu 7:
8 3 7 5

8. Berechnen Sie, wie oft man mit einem fairen Spielwürfel mindestens würfeln muss, um mit einer Wahrscheinlichkeit von mindestens 99 % mindestens einmal eine Sechs zu würfeln.

9. Linda nimmt jede Woche an einem Gewinnspiel teil. Da es etwa 1000 Teilnehmer gibt, kann man annehmen, dass sie jede Woche mit einer Wahrscheinlichkeit von 0,1 % den Preis gewinnt. Berechnen Sie, wie lange Linda mindestens teilnehmen muss, um mit einer Wahrscheinlichkeit von 90 % oder mehr den Preis wenigstens einmal zu gewinnen.

10. Betrachtet werden binomialverteilte Zufallsgrößen mit $p = 0{,}25$.
a) Erstellen Sie eine Wertetabelle für $P(X \le 6)$ für $10 < n < 30$.
b) Bestimmen Sie das größte n, sodass $P(X \le 6) \ge 0{,}9$.
c) Bestimmen Sie das kleinste n, sodass $P(X \le 6) \le 0{,}75$.
d) Bestimmen Sie das kleinste n, sodass $P(X \ge 7) \ge 0{,}6$.

11. Malte hat beim Torwandschießen eine Trefferquote von 30 %.
a) Berechnen Sie, wie oft Malte mindestens schießen muss, um mit einer Wahrscheinlichkeit von mindestens 99 % mindestens einmal zu treffen.
b) Ermitteln Sie, wie viele Versuche Malte mindestens benötigt, um mit einer Wahrscheinlichkeit von mindestens 90 % mindestens 4 Treffer zu landen.
c) Lösen Sie die Fragestellung in b) mit einer Mindestwahrscheinlichkeit von 80 %.

12. Betrachtet werden binomialverteilte Zufallsgrößen X mit $p = 0{,}2$. Die Abbildung zeigt die Wahrscheinlichkeiten $1 - P(X \le 1)$ in Abhängigkeit von n. Lesen Sie die „Schnittpunkte" mit den Geraden $y = 0{,}4$, $y = 0{,}6$ und $y = 0{,}8$ ab und geben Sie ihre Bedeutung in einem möglichen Sachzusammenhang an.

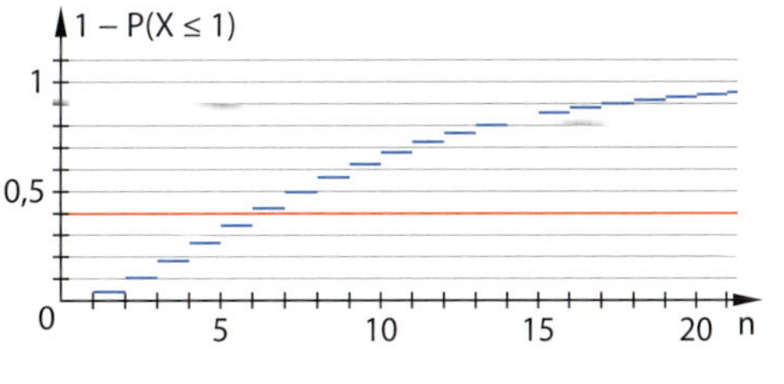

Informationen über den Parameter p sind gesucht

Das Histogramm einer binomialverteilten Zufallsgröße X ähnelt einem Hügel. Das Maximum liegt etwa bei $\mu = n \cdot p$ und nach links und rechts fallen die Werte ab. Der Parameter p legt also fest, wo sich die Trefferzahlen mit den größten Wahrscheinlichkeiten (der „Hügel") im möglichen Bereich 1, …, n aufhalten.

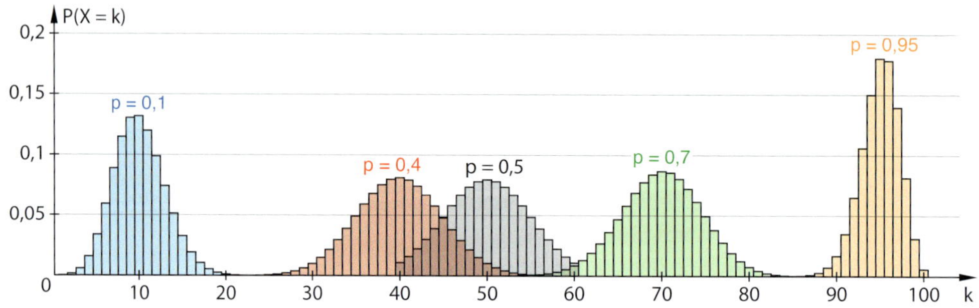

Eine rechnerische Bestimmung von p ist auch hier nur möglich, wenn nach mindestens einem Treffer gefragt wird. In allen anderen Fällen ist wieder das Anlegen einer Tabelle, eine grafische Untersuchung oder systematisches Probieren notwendig.

Beispiel 3: In einer Firma ist der Anteil p der Mitarbeiter, die mit dem Auto zur Arbeit kommen, unbekannt. Es werden 20 Mitarbeiter dazu befragt.

a) Ermitteln Sie, wie groß der Anteil p mindestens sein muss, damit mit einer Wahrscheinlichkeit von mindestens 80 % mindestens ein Befragter mit dem Auto kommt.

b) Ermitteln Sie, wie groß der Anteil p mindestens sein muss, damit mit einer Wahrscheinlichkeit von mindestens 80 % mindestens 3 Befragte mit dem Auto kommen.

Lösung:

a) Gesucht ist das kleinste p, für das gilt: $P(X \geq 1) \geq 0{,}8$
Drücken Sie $P(X \geq 1)$ mit der Gegenwahrscheinlichkeit aus und stellen Sie nach $P(X = 0)$ um.
Ersetzen Sie den Term für $P(X = 0)$ und wenden Sie die 20-te Wurzel an.
Lösen Sie die Ungleichung nach p auf und formulieren Sie eine Antwort.

X: Anzahl der Befragten, die mit dem Auto kommen; X ist binomialverteilt mit n = 20.

$$P(X \geq 1) \geq 0{,}8$$
$$1 - P(X = 0) \geq 0{,}8 \quad | + P(X = 0) \,|\, -0{,}8$$
$$P(X = 0) \leq 0{,}2$$
$$\binom{20}{0} \cdot p^0 \cdot (1 - p)^{20} \leq 0{,}2$$
$$1 - p \leq \sqrt[20]{0{,}2} \quad | + p \quad | - \sqrt[20]{0{,}2}$$
$$p \geq 1 - \sqrt[20]{0{,}2} \approx 0{,}077$$

Unter den Befragten müssten mindestens 7,7 % angeben, mit dem Auto zu kommen.

b) Gesucht ist das kleinste p, für das gilt: $P(X \geq 3) \geq 0{,}8$
Bestimmen Sie zunächst einen Näherungswert, für den $P(X \geq 3) = 0{,}8$ gilt.
Starten Sie mit $p = 0{,}5$ und bestimmen Sie das Ergebnis auf zwei Dezimalstellen genau.
Runden Sie den Näherungswert auf und ab und prüfen Sie jeweils, ob die Bedingung $P(X \geq 3) \geq 0{,}8$ erfüllt ist.

Näherungslösung für p mit $P(X \geq 3) = 0{,}8$:
Gesucht ist p mit $P(X \geq 3) = 0{,}8$.
Erstellen Sie eine Tabelle zur Berechnung von $P(X \geq 3) = 1 - P(X \leq 2)$ für verschiedene Werte von p.
Gerundete Näherungswerte prüfen:
$p = 0{,}2$: $P(X \geq 3) \approx 0{,}79$
$p = 0{,}21$: $P(X \geq 3) \approx 0{,}82$
Ab einem Anteil von ca. 21 % kommen mit einer Wahrscheinlichkeit von mindestens 80 % mindestens 3 Befragte mit dem Auto.

Basisaufgaben

13. Die Histogramme gehören zu Binomialverteilungen mit $n = 10$.

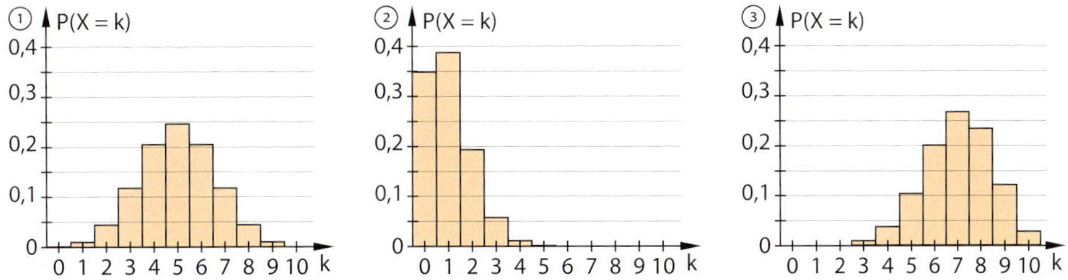

a) Ordnen Sie die Trefferwahrscheinlichkeiten $p = 0{,}5$ und $p = 0{,}7$ den Histogrammen zu.
b) Schätzen Sie begründet eine Trefferwahrscheinlichkeit für das übrige Histogramm.
c) Beschreiben Sie, wie sich die Gestalt der Verteilung in Abhängigkeit von p verändert.

14. Betrachtet wird eine binomialverteilte Zufallsgröße X mit $n = 50$. Bestimmen Sie näherungsweise die Trefferwahrscheinlichkeit p mit der angegebenen Eigenschaft.
a) kleinstes p mit $P(X < 11) \leq 0{,}7$
b) kleinstes p mit $P(X \leq 18) \leq 0{,}4$
c) größtes p mit $P(X \geq 30) \leq 0{,}8$
d) größtes p mit $P(X \geq 10) \leq 0{,}9$

Hinweis zu 14:
Bestimmen Sie p bis auf zwei Nachkommastellen.

Lösungen zu 14:
0,64 0,19 0,39 0,26 0,43

15. Ein Süßwarenhersteller wirbt damit, dass ein bestimmter Prozentsatz seiner Überraschungseier eine Spielfigur enthält.

a) Berechnen Sie, wie groß der Prozentsatz mindestens sein muss, um in 7 Eiern mit einer Wahrscheinlichkeit von mindestens 90 % mindestens eine Figur zu finden.
b) Berechnen Sie, wie groß der Prozentsatz mindestens sein muss, um in 35 Eiern mit einer Wahrscheinlichkeit von mindestens 95 % mindestens 5 Figuren zu finden.

16. Ein Umfrageinstitut möchte 150 Vegetarier befragen. Bestimmen Sie den Anteil, den Vegetarier mindestens in der Bevölkerung haben müssten, damit das Institut unter 2000 zufällig angesprochenen Personen mit einer Wahrscheinlichkeit von mindestens 85 % mindestens 150 Vegetarier vorfindet.

17. Mark trainiert für einen Wettkampf beim Tontaubenschießen. Im Training hat er eine Trefferquote von $p = 0{,}8$. Um beim Wettkampf die erste Runde zu überstehen, muss er mindestens 20 von 25 Scheiben treffen.

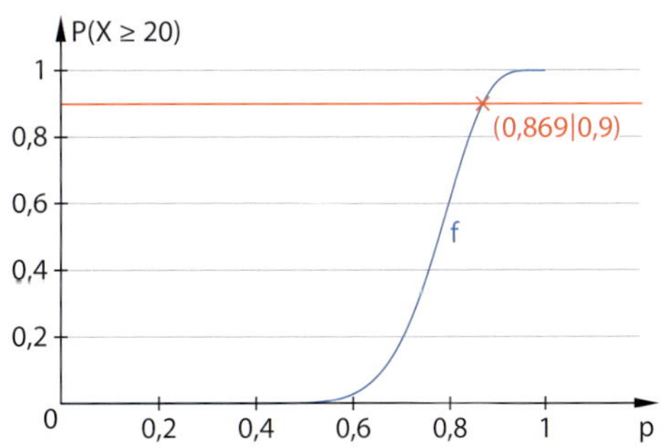

a) Berechnen Sie die Wahrscheinlichkeit, dass Mark die erste Runde übersteht.
b) Abgebildet ist der Graph der Funktion f mit $f(p) = P(X \geq 20)$ abhängig von der unbekannten Trefferwahrscheinlichkeit p.
Erklären Sie, warum der Graph nur für $0 < p < 1$ definiert ist und monoton steigt.
c) Erklären Sie die Bedeutung des Punktes $(0{,}869 \mid 0{,}9)$ im Sachzusammenhang.

Hinweis zu 17:
Der Graph kann mit einem CAS durch den Befehl *binomCdf(25,x,20,25)* erzeugt werden.

Weiterführende Aufgaben

TK **18.** Mithilfe von Tabellen lassen sich binomialverteilte Zufallsgrößen darstellen. In der Abbildung sind zu $n = 250$, $p = 0{,}4$ in Spalte A die Zahlen k von 0 bis 250 notiert. In Spalte B werden die Werte $P(X \leq k)$ berechnet.

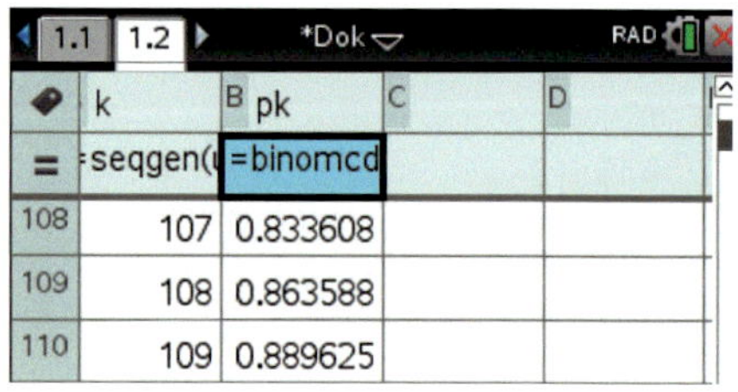

	A k	B pk	C	D
=	=seqgen(	=binomcd		
108	107	0.833608		
109	108	0.863588		
110	109	0.889625		

a) Legen Sie die Tabelle an ($80 \leq k \leq 120$).

b) Bestimmen Sie den Erwartungswert und die Standardabweichung σ.
Geben Sie alle Werte k an, die maximal um σ vom Erwartungswert abweichen. Bestimmen Sie die Wahrscheinlichkeit, dass die Zufallsgröße einen dieser Werte k annimmt.

c) Bestimmen Sie
① den kleinsten Wert von k mit $P(X \leq k) > 0{,}5$,
② den größten Wert von k mit $P(X > k) < 0{,}1$.

19. Die Abbildungen zeigen je einen Abschnitt eines Histogramms einer Binomialverteilung mit $p = 0{,}15$ und unterschiedlichem n.

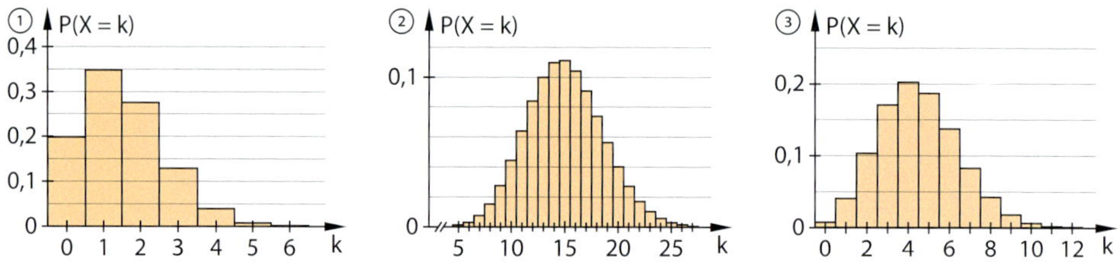

a) Ordnen Sie begründet die Histogramme aufsteigend nach dem Wert von n.

b) Beschreiben Sie, wie sich die Form der Histogramme mit steigendem n verändert.

20. **Stolperstelle:** Ein Kurs für Sozialwissenschaften möchte eine Wahlprognose machen. Dazu befragen die Kursteilnehmer an einem Dienstagvormittag 186 Passanten. 94 Befragte geben dabei an, dass sie am kommenden Wahlsonntag die Partei A wählen.

a) Beurteilen Sie die Vorgehensweise allgemein.

b) Beurteilen Sie die folgende Aussage, die der Kurs aufgrund der Befragung in einem Thesenpapier vertritt: „Die Partei A wird die absolute Mehrheit bekommen."

21. Beim Bogenschießen trifft ein Schütze mit einer Wahrscheinlichkeit von 85 % ins Ziel. In einer Trainingseinheit schießt er so lange, bis er mindestens 10 Treffer erzielt hat.

a) Beschreiben Sie in diesem Zusammenhang die Gleichung $P(X \geq 10) = 1 - P(X \leq 9)$.

b) Untersuchen Sie, wie viele Versuche der Schütze ausführen muss, damit er mit einer Wahrscheinlichkeit von mindestens 95 % mindestens 10 Treffer erzielt.

c) Ein zweiter Schütze mit einer geringeren durchschnittlichen Trefferquote möchte ebenfalls 10 Treffer erzielen. Ermitteln Sie, wie hoch die Trefferquote mindestens sein muss, damit dies bei 20 Versuchen mit einer Wahrscheinlichkeit von mindestens 95 % gelingt.

22. In Deutschland werden 42 % aller Haushalte von einem Single bewohnt. Für eine Umfrage unter Singles werden Haushalte zufällig ausgesucht.

a) Berechnen Sie die Wahrscheinlichkeit dafür, dass von 100 zufällig ausgewählten Haushalten mindestens 50 Single-Haushalte sind.

b) Berechnen Sie, wie viele Haushalte ausgesucht werden müssen, um mit einer Wahrscheinlichkeit von mindestens 90 % mindestens einen Single-Haushalt vorzufinden.

c) Ermitteln Sie, wie viele Haushalte ausgesucht werden müssen, um mit einer Wahrscheinlichkeit von mindestens 90 % mindestens 40 Single-Haushalte vorzufinden.

23. Mira ist Mittelfeldspielerin. Sie hat eine durchschnittliche Passquote von 85 %.

Hinweis:
Eine Zahl „zwischen x und y" soll hier als „mindestens x, höchstens y" verstanden werden.

a) In einem Spiel spielt sie insgesamt 75 Pässe. Berechnen Sie die Wahrscheinlichkeit dafür, dass davon höchstens 70 Pässe, mindestens 60 Pässe bzw. zwischen 55 und 65 Pässe ankommen.

b) Die Zufallsgröße Y zählt die Anzahl der Fehlpässe, die Mira in einem Spiel mit 80 eigenen Pässen spielt. Berechnen Sie $P(Y \leq 10)$ und erklären Sie die Bedeutung der Wahrscheinlichkeit.

c) Bestimmen Sie den kleinsten Wert von k mit $P(Y \leq k) > 0{,}9$. Erklären Sie das Ergebnis.

d) Berechnen Sie, wie viele Pässe Mira mindestens spielen muss, damit mit einer Wahrscheinlichkeit von mindestens 90 % mindestens ein Pass ankommt.

e) Miras Freundin Sina spielt im Sturm. Ermitteln Sie, wie hoch Sinas Trefferquote mindestens sein müsste, damit sie bei 10 Torschüssen mit einer Wahrscheinlichkeit von mindestens 99 % mindestens dreimal trifft.

CAS **24.** Marcel spricht 150 Passanten an, um Unterschriften für ein Bürgerbegehren zu sammeln. Er hofft, dabei mehr als 100 Unterschriften zu bekommen.

a) Zeichnen Sie den Graphen der Funktion f mit $f(x) = 1 - \text{binomCdf}(150, x, 100)$ mit dem CAS und beschreiben Sie seinen Verlauf.

b) Es gilt $f(0{,}65) \approx 0{,}3$. Erläutern Sie die Bedeutung des Punkts $(0{,}65\,|\,0{,}3)$ des Graphen.

c) Untersuchen Sie mithilfe des Graphen, mit welcher Wahrscheinlichkeit Marcel sein Ziel erreicht, wenn ein zufällig ausgewählter Passant mit einer Wahrscheinlichkeit von mindestens 75 % das Begehren unterschreibt.

d) Untersuchen Sie am Graphen, mit welcher Wahrscheinlichkeit ein zufällig ausgewählter Passant unterschreiben müsste, damit Marcel sein Ziel mit einer Wahrscheinlichkeit von mindestens 90 % erreicht.

● **25. Ausblick:** Das abgebildete Glücksrad besteht aus blauen, roten und grünen Sektoren. Bei 10 Drehungen soll insgesamt r-mal ein roter, b-mal ein blauer und g-mal ein grüner Sektor gedreht werden.

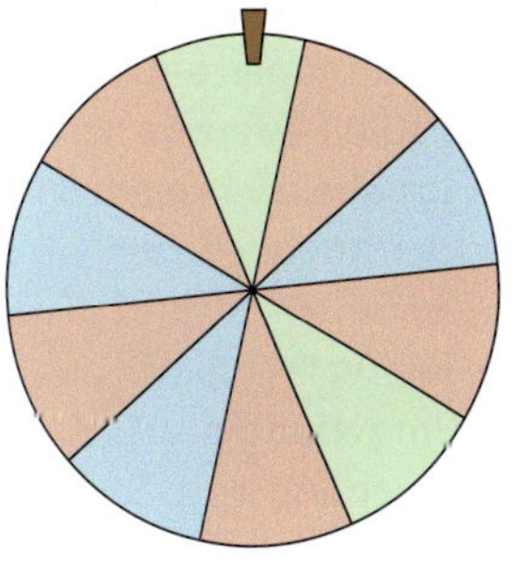

a) Beschreiben Sie, welche Eigenschaften einer Bernoulli-Kette das beschriebene Zufallsexperiment erfüllt und welche nicht.

b) Begründen Sie, dass es für dieses Ereignis $\binom{10}{r} \cdot \binom{10-r}{b} \cdot \binom{10-r-b}{g}$ Möglichkeiten gibt.

c) Zeigen Sie: $\binom{10}{r} \cdot \binom{10-r}{b} \cdot \binom{10-r-b}{g} = \frac{10!}{r! \cdot b! \cdot g!}$

d) Berechnen Sie mithilfe der Ergebnisse aus b) und c) die Wahrscheinlichkeit für das Ereignis, dass 5-mal rot, 3-mal blau und 2-mal grün gedreht wird.

4.4 Prognosen mithilfe der Sigma-Regeln

■ Die Abbildung zeigt die Ergebnisse der Bundestagswahl 2021. Im Wahlkreis Berlin-Mitte wurden 152 513 Stimmen abgegeben.

a) Berechnen Sie die Wahrscheinlichkeit dafür, dass Union und SPD jeweils zwischen $\mu - 2\sigma$ und $\mu + 2\sigma$ Stimmen erhielten.

b) In Berlin-Mitte bekam die Union 16 856 und die SPD 32 133 Stimmen. Beurteilen Sie diese Ergebnisse mithilfe von a). ■

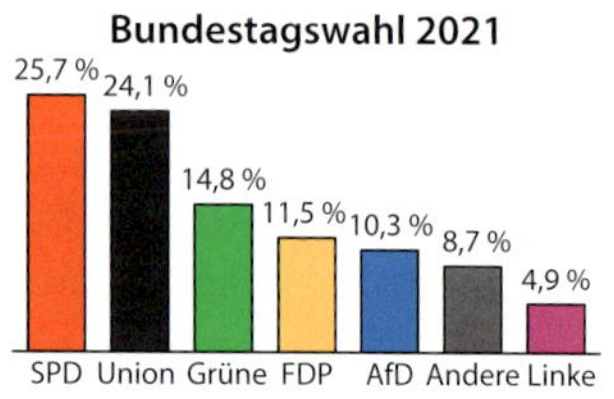

Sigma-Regeln

Ein Bereich der beurteilenden Statistik beschäftigt sich mit dem **Schluss von der Gesamtheit auf die Stichprobe**. Der Anteil p der Objekte mit einer bestimmten Eigenschaft innerhalb einer Gesamtheit ist bekannt. Es werden Prognosen über den Anteil innerhalb einer Stichprobe abgegeben. Dazu wird die Situation mit einer Bernoulli-Kette beschrieben.

Gesamtheit	Eigenschaft	Anteil	Stichprobe
Bevölkerung Deutschlands	weiblich	51%	1000 Personen

Eine plausible Prognose für den zu erwartenden Wert von X liefert der Erwartungswert μ. Die Wahrscheinlichkeit für einzelne Werte wie μ ist jedoch sehr gering. Aussagekräftiger sind Intervalle um den Erwartungswert, in denen der Wert von X mit einer vorgegebenen Mindestwahrscheinlichkeit liegt (hier 80 %).
Mit einer Wahrscheinlichkeit von mindestens 80 % liegt die Zahl der Frauen also zwischen 490 und 530.
Mithilfe der Standardabweichung σ lassen sich diese Intervalle zu den Mindestwahrscheinlichkeit von 68 %, 95,5 % und 99,7 % direkt angeben.

X: Anzahl der Frauen innerhalb der Stichprobe $(X \sim B_{1000;\,0,51})$

Prognosewert:
$\mu = 1000 \cdot 0{,}51 = 510 \quad P(X = \mu) \approx 0{,}025$

Intervall als Prognose:

k	$[\mu - k; \mu + k]$	$P(\mu - k \le X \le \mu + k)$
1	[509; 511]	0,0756
2	[508; 512]	0,1256
3	[507; 513]	0,1752
...	...	...
19	[491; 529]	0,7826
20	[490; 530]	0,8053

Satz: σ-Regeln
X sei eine binomialverteilte Zufallsgröße mit den Parametern n und p, dem Erwartungswert $\mu = n \cdot p$ und der Standardabweichung $\sigma = \sqrt{n \cdot p \cdot (1 - p)}$.
Falls die **Laplace-Bedingung** $\sigma > 3$ erfüllt ist, liegt die Trefferzahl näherungsweise mit den Wahrscheinlichkeiten 68 %, 95,5 % und 99,7 % in den angegebenen Intervallen.

σ-Umgebung	Wahrscheinlichkeit
$[\mu - \sigma; \mu + \sigma]$	68 %
$[\mu - 2\sigma; \mu + 2\sigma]$	95,5 %
$[\mu - 3\sigma; \mu + 3\sigma]$	99,7 %

Die Intervalle, die sich aus den σ-Regeln ergeben, heißen **1σ-Umgebung**, **2σ-Umgebung** bzw. **3σ-Umgebung** zum Erwartungswert μ. Die Wahrscheinlichkeit, dass die Trefferanzahl X in einer σ-Umgebung liegt, ändert sich nicht, wenn man die Intervallgrenzen „nach innen" auf ganze Zahlen rundet, denn X ist immer ganzzahlig.

Hinweis:
Beim „Runden nach innen" wird die untere Grenze auf- und die obere Grenze abgerundet. Das Intervall wird kleiner.

Beispielsweise gilt für $n = 100$, $p = 0{,}3$, $\mu = 30$ und $\sigma \approx 4{,}58$:
1σ-Umgebung: $P(\mu - \sigma \le X \le \mu + \sigma) = P(25{,}4 \le X \le 34{,}6) = P(26 \le X \le 34)$
2σ-Umgebung: $P(\mu - 2\sigma \le X \le \mu + 2\sigma) = P(20{,}8 \le X \le 39{,}2) = P(21 \le X \le 39)$
3σ-Umgebung: $P(\mu - 3\sigma \le X \le \mu + 3\sigma) = P(16{,}3 \le X \le 43{,}7) = P(17 \le X \le 43)$

Beispiel 1: Laut Umfrage fahren durchschnittlich 40 % der 1100 Schüler eines Gymnasiums mit dem Bus zur Schule. Die Zufallsgröße X zählt an einem ausgewählten Tag, wie viele Schüler mit dem Bus kommen. Stellen Sie eine Prognose für die Anzahl der Schüler auf, so dass diese mit einer Wahrscheinlichkeit von 95,5% an diesem Tag mit dem Bus kommen.

Lösung:

Berechnen Sie μ und σ. Prüfen Sie, ob die Laplace-Bedingung erfüllt ist.

$\mu = 1100 \cdot 0{,}4 = 440$
$\sigma = \sqrt{1100 \cdot 0{,}4 \cdot 0{,}6} \approx 16{,}25 > 3$

Die Trefferanzahl liegt nach der 2σ-Regel mit etwa 95,5% Wahrscheinlichkeit im Intervall $[\mu - 2\sigma; \mu + 2\sigma]$.

$\mu - 2\sigma \approx 407{,}5$; $\quad \mu + 2\sigma \approx 472{,}5$
2σ-Umgebung: $[407{,}5; 472{,}5]$

Runden Sie $\mu - 2\sigma$ auf die nächste ganze Zahl auf und $\mu + 2\sigma$ ab.

Mit etwa 95,5% Wahrscheinlichkeit kommen zwischen 408 und 472 Schüler mit dem Bus.

Basisaufgaben

1. Die Zufallsgröße X ist binomialverteilt mit:

① $n = 250$; $p = 0{,}8$ ② $n = 300$; $p = 0{,}5$ ③ $n = 1000$; $p = 0{,}05$ ④ $n = 2500$; $p = 0{,}75$

a) Bestimmen Sie jeweils die 1σ-, die 2σ- und die 3σ-Umgebung.
b) Berechnen Sie die Wahrscheinlichkeiten dafür, dass X in diesen Umgebungen liegt.
c) Zeigen Sie jeweils, dass die Laplace-Bedingung erfüllt ist. Vergleichen Sie die Ergebnisse aus b) mit den σ-Regeln.

2. Eine 1-Cent-Münze wird 300-mal (400-mal; 500-mal) geworfen.
a) Bestimmen Sie ein um den Erwartungswert symmetrisches Intervall, sodass die Anzahl der Würfe mit „Zahl" mit einer Wahrscheinlichkeit von etwa 68 % (99,7 %) in diesem Intervall liegt.
b) Bestimmen Sie die 2σ-Umgebung um den Erwartungswert sowie die Wahrscheinlichkeit dafür, dass die Anzahl der Würfe mit „Zahl" in dieser Umgebung liegt.

Hinweis:
In Sachzusammenhängen rundet man σ-Umgebungen meist nach innen auf ganzzahlige Grenzen, da die Zufallsgröße nur ganzzahlige Werte annehmen kann.

3. Bei einer Lotterie auf einem Jahrmarkt sind 10 % aller Lose Gewinne.

a) An einem normalen Tag werden etwa 1000 Lose verkauft. Bestimmen Sie die 1σ- und die 3σ-Umgebung und erklären Sie die Bedeutung dieser Intervalle.
b) Ein Los kostet 0,50 €. 2 % aller Lose sind Hauptgewinne im Wert von 15 € und 8 % aller Lose sind normale Gewinne im Wert von 2 €. Der Veranstalter rechnet in einer Woche mit etwa 5000 verkauften Losen.
Bestimmen Sie die 2σ-Umgebungen mit ganzzahligen Grenzen für die Anzahl der Hauptgewinne und die Anzahl der normalen Gewinne in dieser Woche.
c) Berechnen Sie mithilfe von b), wie hoch die Ausgaben für Gewinne für den Betreiber im besten Fall und im schlechtesten Fall zu etwa 95,5 % sind.

4. Die Zufallsgröße X ist binomialverteilt mit $p = 0{,}5$.
a) Berechnen Sie die Wahrscheinlichkeit $P(\mu - 2\sigma \le X \le \mu + 2\sigma)$ der 2σ-Umgebung für
① $n = 10$, ② $n = 40$, ③ $n = 400$, ④ $n = 4000$.
b) Prüfen Sie, ob der Wert 95,5 % der 2σ-Regel die Ergebnisse aus a) mit steigendem n besser annähert. Prüfen Sie für jedes n auch, ob die Laplace-Bedingung erfüllt ist.

Schluss von der Stichprobe auf die Gesamtheit

Der genaue Wert der Trefferwahrscheinlichkeit p ist häufig nicht bekannt. Oft aber gibt es für p eine Angabe aus früheren Untersuchungen oder Umfragen. Dieser Wert von p kann mithilfe einer Stichprobe beurteilt werden.

Wissen: Signifikante und hochsignifikante Abweichungen
Liegt ein Stichprobenergebnis außerhalb eines um μ symmetrischen Intervalls, in dem die Trefferzahlen mit einer Wahrscheinlichkeit von etwa 95 % bzw. 99 % liegen, so spricht man von einer **signifikanten** bzw. **hochsignifikanten Abweichung** vom Erwartungswert.

Hinweis:
Der Umkehrschluss gilt nicht. Liegt ein Stichprobenergebnis innerhalb der 2σ-Umgebung, kann es sich dennoch um eine signifikante Abweichung handeln (siehe Aufgabe 11).

In diesen Fällen kann der Wert von p angezweifelt werden. Mit den σ-Regeln lässt sich dies schnell überprüfen: liegt ein Stichprobenergebnis außerhalb der 2σ- bzw. 3σ-Umgebung, so handelt es sich um eine signifikante bzw. hochsignifikanten Abweichung.

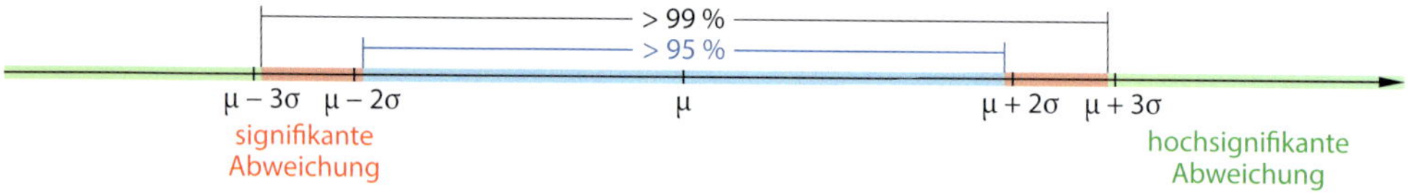

Beispiel 2: Bei der letzten Erhebung lag der Anteil an Vegetariern bei $p = 0{,}06$. In einer aktuellen Umfrage von 300 Personen geben 28 Personen an, Vegetarier zu sein.
Beurteilen Sie die Angabe für p anhand des aktuellen Umfrageergebnisses.

Lösung:

Berechnen Sie μ und σ. Prüfen Sie, ob die Laplace-Bedingung erfüllt ist.	$\mu = 300 \cdot 0{,}06 = 18$ $\sigma = \sqrt{16{,}92} \approx 4{,}11 > 3$
Bestimmen Sie die 2σ-Umgebung.	$[\mu - 2\sigma; \mu + 2\sigma] = [9{,}78; 26{,}22]$
Prüfen Sie, ob das Stichprobenergebnis außerhalb der 2σ-Umgebung liegt.	$X = 28$ liegt nicht im Intervall $[9{,}78; 26{,}22]$ und weicht somit signifikant von μ ab. Der Wert für p kann angezweifelt werden.

Basisaufgaben

5. Gegeben sind ein Stichprobenumfang n und eine Trefferwahrscheinlichkeit p.

① $n = 250; p = 0{,}4$ ② $n = 1000; p = 0{,}25$ ③ $n = 100; p = 0{,}8$

a) Zeigen Sie, dass die Laplace-Bedingung für ①, ② und ③ erfüllt ist.
b) Bestimmen Sie für ①, ② und ③ jeweils die 2σ- und die 3σ-Umgebung.
c) Geben Sie jeweils eine Trefferanzahl an, welche vom Erwartungswert signifikant bzw. hochsignifikant abweicht.

6. Auf einem Jahrmarkt wirbt eine Losbude damit, dass 20 % aller Lose Gewinne seien. Eine Schülergruppe beobachtet den Stand eine Stunde lang. In dieser Zeit werden 255 Lose verkauft und dabei 34 Gewinne ausgegeben.
a) Bestimmen Sie unter der Annahme von $p = 0{,}2$ und $n = 255$ die 2σ-Umgebung.
b) Beurteilen Sie $p = 0{,}2$ anhand des konkreten Stichprobenergebnisses.
c) Weisen Sie nach, dass die Beobachtungen in den folgenden drei Stunden signifikant vom Erwartungswert für $p = 0{,}2$ abweichen.

① 205 Lose, 26 Gewinne ② 310 Lose, 42 Gewinne ③ 280 Lose, 71 Gewinne

7. Eine Süßigkeitenfirma produziert Bonbons in unterschiedlichen Geschmacksrichtungen. Zum Firmenjubiläum gibt es eine Sondermischung mit 50 % Erdbeerbonbons. Thomas kauft zwei Packungen mit je 40 Bonbons und zählt die Anzahl der Erdbeerbonbons.
   a) Berechnen Sie $P(X = 40)$ sowie $P(X \geq 40)$ für eine geeignete binomialverteilte Zufallsvariable X und deuten Sie die Ergebnisse im Sachzusammenhang.
   b) In beiden Familienpackungen zusammen findet Thomas 54 Erdbeerbonbons. Begründen Sie, dass er mithilfe dieser Stichprobe den Anteil von 50 % Erdbeerbonbons aufgrund einer signifikanten Abweichung anzweifeln sollte.
   c) Untersuchen Sie, ob Thomas den Anteil von 50 % Erdbeerbonbons auch aufgrund einer hochsignifikanten Abweichung anzweifeln sollte.

8. Es wird angenommen, dass 30 % der Bevölkerung Deutschlands an einer Allergie leiden. In einer aktuellen Umfrage werden in verschiedenen Bundesländern jeweils 1000 Personen befragt.
   a) Begründen Sie, dass die Anzahl der Allergiker in einer Stichprobe als binomialverteilt angenommen werden kann.
   b) Ermitteln Sie, welche Umfrageergebnisse außerhalb der 3σ-Umgebung um den Erwartungswert zum vermuteten Anteil an Allergikern liegen.

Bundesland	Allergiker in der Umfrage
Bayern	321
Berlin	617
Hamburg	235
Hessen	262
Niedersachsen	317
Saarland	285
Thüringen	305

Weiterführende Aufgaben

9. Der Anteil an Rechtshändern beträgt in Deutschland etwa 88 %. Ein Handballverein hat insgesamt 250 Mitglieder. Gesucht sind Prognosen über die zu erwartende Anzahl der Rechtshänder im Verein.
   a) Berechnen Sie den Erwartungswert für die Anzahl der Rechtshänder unter den Mitgliedern und erläutern Sie seine Bedeutung für eine Prognose über die Stichprobe.
   b) Geben Sie als Prognose ein möglichst kleines Intervall um den Erwartungswert an, in dem die Anzahl der Rechtshänder im Verein mit einer Wahrscheinlichkeit von mindestens 95,5 % bzw. 99,7 % liegt.
   c) Im Verein gibt es 205 Rechtshänder. Beurteilen Sie diesen Wert mithilfe von b).

10. **Stolperstelle:** Mark berechnet für Binomialverteilungen mit $n = 20$ in der Tabelle Wahrscheinlichkeiten für 1σ-Umgebungen und behauptet: *„Die Werte liegen nicht in der Nähe von 0,68. Die Sigma-Regeln gelten nicht für p nahe 0 oder 1.“*
   a) Erklären Sie, warum diese Behauptung nicht stimmt. Was hat Mark nicht beachtet?
   b) Zeigen Sie mit geeigneten Werten, dass die Sigma-Regeln auch für $p = 0{,}05$ gelten.

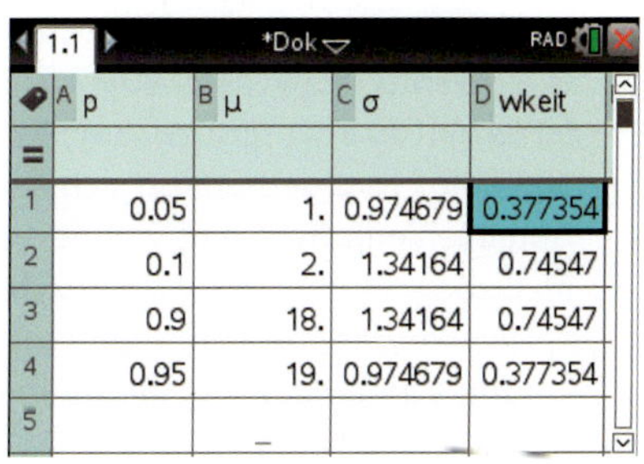

	A p	B μ	C σ	D wkeit
=				
1	0.05	1.	0.974679	0.377354
2	0.1	2.	1.34164	0.74547
3	0.9	18.	1.34164	0.74547
4	0.95	19.	0.974679	0.377354
5				

11. Ein Würfel wird 800-mal geworfen. Dabei fallen insgesamt 154 Sechsen.
   a) Prüfen Sie, ob das Ergebnis in der 2σ-Umgebung für die Anzahl an Sechsen liegt.
   b) Weisen Sie nach, dass es sich bei dem Ergebnis um eine signifikante Abweichung vom Erwartungswert handelt. Zeigen Sie hierzu, dass die Anzahl an Sechsen mit einer Wahrscheinlichkeit von etwa 95 % im Intervall $[\mu - 1{,}96\sigma; \mu + 1{,}96\sigma]$ liegt.

● **12.** Ein LED-Lampen-Hersteller produziert und verkauft Lampen für 3 € pro Stück. Etwa 5 % seiner Lampen sind fehlerhaft. Die Lieferungen an Großhändler erfolgen immer in 5000er-Paketen. Die Händler überprüfen die Qualität der Lampen stichprobenartig.

a) Großhändler und Lieferant vereinbaren: „Wenn mehr als 4 % der LEDs in einer Stichprobe defekt sind, dann verringert sich der Preis auf 2,50 € pro Stück."
Bestimmen Sie die Wahrscheinlichkeit einer Preisreduzierung für einen Stichprobenumfang von ① n = 250 und ② n = 400.

b) Bestimmen Sie die langfristig zu erwartenden Kosten einer Lieferung bei einer Stichprobe von ① n = 250 und ② n = 400.

c) Der Großhändler nimmt Stichproben von n = 300 Stück und prüft die Lampen. Bestimmen Sie die 2σ-Umgebung für die Anzahl der defekten LEDs in dieser Stichprobe. Erläutern Sie die Bedeutung dieses Intervalls.

d) Begründen Sie, dass eine Stichprobe mindestens den Umfang n = 190 haben sollte.

13. Der Zeitungsartikel beschreibt die Situation um Schwarzfahrer in Deutschland. Kontrolleure können im Tagesdurchschnitt etwa 750 Personen in einer Schicht kontrollieren.

> **Erhöhtes Bußgeld ohne Effekt**
> Nach einer Umfrage liegt der Anteil der Personen, die den öffentlichen Personennahverkehr ohne gültiges Ticket nutzen, in den größten deutschen Städten bei etwa 2,5 %. Diese „Schwarzfahrerquote" hat sich in den letzten Jahren nicht verändert und auch die letzte Erhöhung des Bußgeldes von 40 auf 60 Euro hat die Zahlungsmoral der Schwarzfahrer scheinbar nicht erhöht.

a) Bestimmen Sie ein Intervall für die Anzahl der Schwarzfahrer, mit denen die Kontrolleure in einer Schicht zu etwa 95,5 % rechnen können.

b) Bestimmen Sie zu a) die Einnahmen, mit denen ein Kontrolleur in einer Schicht zu etwa 95,5 % rechnen kann.

c) Ein Kontrolleur sagt in einem Interview: „An einem normalen Tag nehmen wir zwischen 900 € und 1380 € durch Bußgelder ein". Untersuchen Sie, auf welche Sigma-Umgebung sich der Kontrolleur bezieht.

● **14.** Jeder von der Firma Untec in Massenproduktion hergestellte Mikrochip ist mit einer Wahrscheinlichkeit von 7,5 % fehlerhaft. In Stichproben von jeweils 300 Chips wird geprüft, ob sich der Anteil fehlerhafter Chips verändert.

a) Geben Sie eine Prognose für den Mittelwert der Anzahl der fehlerhaften Chips innerhalb von Stichproben von 300 Exemplaren.

b) Simon sagt: *„Wenn in einer Stichprobe nicht genau 7,5 % der Chips fehlerhaft sind, dann deutet das auf eine Veränderung des Anteils hin."* Beurteilen Sie diese Aussage.

c) Bestimmen Sie das kleinstmögliche Intervall mit dem Mittelpunkt 22,5, in dem bei einer Stichprobe von 300 Chips die Anzahl der fehlerhaften Chips mit einer Wahrscheinlichkeit von mindestens 95,5 % liegt.

d) Beschreiben Sie, wie Sie das Intervall aus c) nutzen können, um Stichproben von 300 Chips zu beurteilen. Nutzen Sie dabei auch den Begriff „Streuung".

15. Nehmen Sie begründet Stellung zur Aussage.
a) Die 2σ-Umgebung ist immer in der 3σ-Umgebung enthalten.
b) Wenn ein Ergebnis signifikant vom Erwartungswert abweicht, dann gilt dies auch für alle Ergebnisse, die noch weiter vom Erwartungswert entfernt liegen.
c) Wenn ein Stichprobenergebnis signifikant vom Erwartungswert eines vermuteten Werts für p abweicht, dann bedeutet das, dass der Wert von p falsch ist.
d) Wird ein Wert von p anhand einer Stichprobe verworfen, so entspricht der Anteil der Treffer beim Stichprobenergebnis dem richtigen Wert von p.

16. Kritische Bewertung von Stichprobenergebnissen: In einer Gemeinde sind laut einer Umfrage 32 % aller Schüler aktiv in einem Sportverein. Schülerin Sarah ist in einem Schwimmverein und sagt: *„Das Ergebnis der Umfrage kann nicht stimmen, in meinem Freundeskreis sind sogar 27 von 42 Schülern in einem Sportverein."*
a) Begründen Sie mithilfe einer geeigneten Rechnung, warum Sarah das Umfrageergebnis anzweifelt.
b) Erläutern Sie, warum Sarahs Freundeskreis als Stichprobe ungeeignet ist.

17. Laut der Statistik des Robert-Koch-Instituts vom September 2021 mussten insgesamt 285 019 der 4 046 112 bestätigten Covid-Fälle hospitalisiert werden.

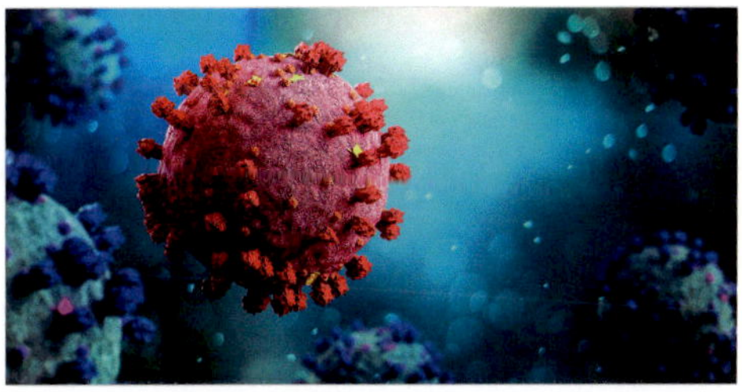

Berkan: *„An meiner Schule und der Schule eines Freundes gab es insgesamt 367 Fälle. Aber keiner von denen ist deshalb im Krankenhaus gelandet."*
Katrin: *„In meiner großen Familie gab es 14 Covid-Fälle und 5 davon mussten deswegen im Krankenhaus behandelt werden."*
a) Begründen Sie mithilfe einer geeigneten Rechnung, dass beide Stichprobenergebnisse stark vom Erwartungswert abweichen und daher sehr unwahrscheinlich sind.
b) Diskutieren Sie mögliche Gründe für diese Ergebnisse unter der Annahme, dass die statistischen Daten korrekt sind.

18. In einem Supermarkt kann jeder Kunde, der für mindestens 20 € einkauft, ein Los ziehen und mit etwas Glück ein Getränk oder einen 10-€-Gutschein gewinnen. Der Supermarkt behauptet, dass die Chancen für ein Getränk und einen Gutschein gleich sind. An einem Tag gibt es insgesamt 48 Gewinne, darunter sind nur 15 Gutscheine. Prüfen Sie, ob man die Behauptung des Supermarkts aufgrund dieses Ergebnisses anzweifeln kann.

● **19. Ausblick: Testen von p**
Es wird vermutet, dass eine Reißzwecke mit einer Wahrscheinlichkeit von $p = 0{,}4$ mit der Spitze nach oben landet. Dieser Wert soll anhand einer Stichprobe mit 200 Würfen überprüft werden. Es wird eine **Entscheidungsregel** formuliert, die den Wert von p verwirft, wenn das Stichprobenergebnis außerhalb der 2σ-Umgebung des Erwartungswerts liegt.
a) Vervollständigen Sie die folgende Entscheidungsregel: „Der angenommene Wert $p = 0{,}4$ wird genau dann verworfen, wenn in der Stichprobe …"
b) Bei den 200 Würfen landet die Reißzwecke 74-mal (94-mal) mit der Spitze nach oben. Entscheiden Sie mit der Regel aus a), ob $p = 0{,}4$ verworfen werden sollte.
c) Erläutern Sie, welche Fehler auftreten können, wenn man sich nach der Regel in a) anhand einer konkreten Stichprobe für bzw. gegen den Wert von p entscheidet.
d) Beim Testen von p liefert eine Stichprobe ein Ergebnis, das außerhalb der 2σ-Umgebung liegt. Geben Sie zwei mögliche Gründe für solch ein Ergebnis an.

Geometrische Verteilung

■ Bei einem Gesellschaftsspiel muss zu Beginn eine „6" gewürfelt werden, um eine der eigenen Figuren auf das Spielbrett zu setzen. Jeder Spieler hat dafür pro Runde drei Versuche. Ermitteln Sie die Wahrscheinlichkeit dafür, dass ein Spieler in einer Runde eine Figur setzen kann. ■

Ein Würfel wird so lange geworfen, bis zum ersten Mal eine „6" auftritt. Die Zufallsgröße X zählt die Anzahl der Versuche. Das Ereignis „erster Erfolg nach n Versuchen" bedeutet, dass zuerst n − 1 Misserfolge auftreten und dann ein Erfolg.

$P(X = 1) = \frac{1}{6}$ (kein Misserfolg)

$P(X = 2) = \frac{5}{6} \cdot \frac{1}{6}$ (1 Misserfolg)

$P(X = n) = \left(\frac{5}{6}\right)^{n-1} \cdot \frac{1}{6}$ (n − 1 Misserfolge)

Hinweis:
Die Bezeichnung geometrisch kommt von der Eigenschaft, dass $\frac{P(X = n+1)}{P(X = n)}$ gleich 1 − p und damit konstant ist. Folgen (a_n) mit konstanten Quotienten $\frac{a_{n+1}}{a_n}$ heißen geometrische Folgen.

Definition: Geometrische Verteilung, geometrisch verteilte Zufallsgrößen
Eine Zufallsgröße X heißt **geometrisch verteilt** mit dem Parameter p (kurz $X \sim G_p$), wenn sie die Werte n = 1, 2, 3, … mit den Wahrscheinlichkeiten
$G_p(n) = P(X = n) = p \cdot (1 - p)^{n-1}$ $(0 < p < 1)$
annimmt. Die zugehörige Wahrscheinlichkeitsverteilung heißt **geometrische Verteilung**.

Um die kumulierte Wahrscheinlichkeit $P(X \le 3)$ zu bestimmen, wird $q = 1 - p$ gesetzt.
Dann wird mit $\frac{1-q}{1-q}$ erweitert.
Anschließend wird der Zähler 1 − q in die Klammer multipliziert.

$P(X \le 3) = p + pq + pq^2$
$= p \cdot (1 + q + q^2) \cdot \frac{1-q}{1-q}$
$= p \cdot (1 - q + q - q^2 + q^2 - q^3) \cdot \frac{1}{1-q}$
$= p \cdot \frac{1-q^3}{1-q} = p \cdot \frac{1-(1-p)^3}{1-(1-p)} = 1 - (1-p)^3$

Dieses Vorgehen lässt sich verallgemeinern.

Hinweis:
Zur Berechnung des Erwartungswerts wird die Summe $\sum_{k=1}^{n} k \cdot P(X = k)$ umgeformt und der Grenzwert für $n \to \infty$ gebildet.

Satz: Eigenschaften geometrisch verteilter Zufallsgrößen
Ist eine Zufallsgröße X geometrisch verteilt mit dem Parameter p, dann gilt für die **kumulierte Wahrscheinlichkeit**:
$F_p(n) = P(X \le n) = \sum_{k=1}^{n} P(X = k) = 1 - (1 - p)^n$
Für den **Erwartungswert** und die **Varianz** von X gelten:
$E(X) = \frac{1}{p}$ $V(X) = \frac{1}{p^2} - \frac{1}{p}$

Beispiel: Ein Würfel mit sechs Flächen wird so lange geworfen, bis die Augenzahl größer als zwei ist. Die Zufallsgröße X zählt die Anzahl der Versuche.
Bestimmen Sie die Wahrscheinlichkeit dafür, dass
① genau 3-mal, ② höchstens 4-mal, ③ mindestens 5-mal geworfen wird.

Lösung:
Die Wahrscheinlichkeit für „Augenzahl größer 2" ist $\frac{4}{6}$. Das Ereignis ② bedeutet $X \le 4$. Verwenden Sie dafür die kumulierte Wahrscheinlichkeit. ③ bedeutet $X \ge 5$, also das Gegenereignis von Ereignis ②.

Mit $p = \frac{4}{6} = \frac{2}{3}$ und $q = 1 - \frac{2}{3} = \frac{1}{3}$ folgt:
① $P(X = 3) = \frac{2}{3} \cdot \left(\frac{1}{3}\right)^2 = \frac{2}{27} \approx 0{,}074$
② $P(X \le 4) = 1 - \left(\frac{1}{3}\right)^4 = \frac{80}{81} \approx 0{,}988$
③ $P(X \ge 5) = 1 - P(X \le 4) = \frac{1}{81} \approx 0{,}012$

Aufgaben

1. X ist eine geometrisch verteilte Zufallsgröße mit Parameter $p = \frac{7}{10}$ $\left(p = \frac{1}{4}\right)$.
   a) Berechnen Sie die Wahrscheinlichkeiten $P(X = 4)$ und $P(X \leq 3)$.
   b) Bestimmen Sie den Erwartungswert und die Varianz von X.
   c) Vergleichen Sie die Ergebnisse aus b) für die verschiedenen Werte von p.

2. Ein Würfel wird so lange gewürfelt, bis das Ergebnis kleiner als 3 ist. Die Zufallsgröße X zählt die Anzahl der Versuche.
   a) Bestimmen Sie die Wahrscheinlichkeit dafür, dass … geworfen wird.
   ① genau 4-mal ② genau 5-mal ③ höchstens 3-mal ④ höchstens 4-mal
   b) Berechnen Sie den Erwartungswert von X und geben Sie an, wie stark die Streuung der Zufallsgröße ist.

3. Die Abbildung zeigt Ausschnitte aus Diagrammen zu geometrischen Verteilungen mit verschiedenen Parametern.

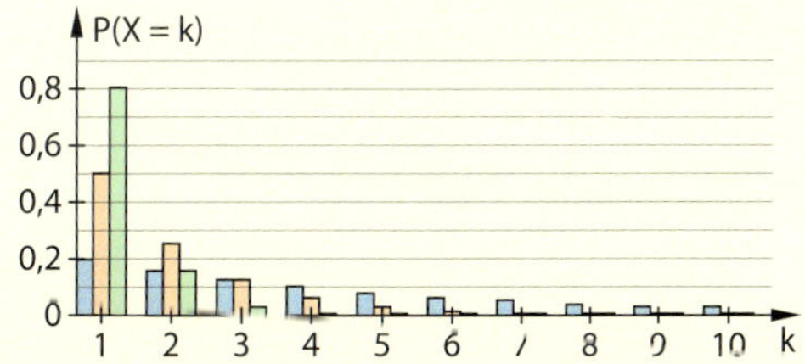

   a) Beschreiben Sie den allgemeinen Verlauf unabhängig von der Wahl des Parameters.
   b) Geben Sie an, welcher der Parameter zu welchem der Diagramme passt.
   ① $p = 0{,}5$ ② $p = 0{,}1$ ③ $p = 0{,}75$ ④ $p = 0{,}2$ ⑤ $p = 0{,}8$
   c) Skizzieren Sie die Diagramme zu den übrigen Parametern aus b). Beschreiben Sie, wie sich das Diagramm in Abhängigkeit von der Wahl des Parameters verändert.

4. **Gedächtnislosigkeit der geometrischen Verteilung:**
   Eine faire Münze mit einer grünen und einer roten Seite wird so lange geworfen, bis zum ersten Mal „grün" erscheint. Die Zufallsgröße X zählt die Anzahl der Versuche.
   a) Berechnen Sie die Wahrscheinlichkeiten $P(X = 2)$ und $P(X = 4)$.
   b) Lina hat bisher dreimal geworfen und immer kam „rot". Bestimmen Sie die bedingten Wahrscheinlichkeiten $P_E(X = 5)$ und $P_E(X = 7)$ mit dem Ereignis E: „$X > 3$".
   Vergleichen Sie die Ergebnisse mit denen aus a).
   c) Zeigen Sie, dass bei einer geometrisch verteilten Zufallsgröße X mit Parameter p gilt: $P_E(X = n + k) = P(X = n)$, mit E: „$X > k$" für natürliche Zahlen $k < n$. Erklären Sie, warum die geometrische Verteilung als gedächtnislose Verteilung bezeichnet wird.

5. Micha war im Casino und berichtet stolz:
   „Ich habe immer gewartet, bis an einem Tisch mindestens 6-mal nacheinander keine rote Zahl kam. Dann habe ich an diesem Tisch immer auf Rot gesetzt. Am ganzen Abend habe ich das sechsmal probiert und davon viermal gewonnen. Das ist eine erfolgreiche Strategie."

   Hinweis zu 5:
   Zur Vereinfachung können Sie die „Null" ignorieren und annehmen, dass eine Roulettescheibe nur 18 rote und 18 schwarze Felder hat.

   a) Bestimmen Sie die Gewinnwahrscheinlichkeiten bei Michas Strategie und erklären Sie, warum diese keinen Vorteil bietet.
   b) Micha glaubt der Wahrscheinlichkeitsrechnung nicht und sagt: „Es passiert ganz selten, dass siebenmal nacheinander keine rote Zahl kommt. Also ist meine Strategie doch gut." Erklären Sie seinen Denkfehler und überlegen Sie mit Ihrem Nachbarn, wie man Micha überzeugen könnte.

4.5 Klausur- und Abiturtraining

Aufgaben ohne Hilfsmittel

1. Nach 120 Minuten steht es bei einem Fußballspiel unentschieden und es kommt zu einem Elfmeterschießen. Dabei treten zunächst 5 Spieler aus jedem Team als Schützen an. Die Versuche der Spieler aus Mannschaft A können modellhaft durch eine Bernoulli-Kette mit der Länge 5 und der Trefferwahrscheinlichkeit p modelliert werden. Die Zufallsgröße X zählt die Anzahl der Treffer.
   a) Beschreiben Sie die Ereignisse, deren Wahrscheinlichkeiten mit $P(X \leq 4)$ und $P(X > 2)$ bestimmt werden können.
   b) Entscheiden Sie, mit welchem der Terme die Wahrscheinlichkeit für genau 3 Treffer bestimmt werden kann.
   ① $\binom{5}{3} \cdot p^2 \cdot (1-p)$ ② $\binom{5}{3} \cdot p^3 \cdot (1-p)^2$ ③ $\binom{5}{2} \cdot p^2 \cdot (1-p)^3$
   c) Erläutern Sie beispielhaft, warum diese Modellierung eines Elfmeterschießens mit einer Bernoulli-Kette nicht der Realität entspricht.

2. An einem Gymnasium ist bekannt, dass 30 % der Schüler mit dem Fahrrad zur Schule kommen. An einem ausgewählten Tag werden alle 20 Schüler eines Mathematikkurses dieser Schule befragt, wie sie zur Schule gekommen sind. Die Zufallsgröße X beschreibt die Anzahl der Schüler, die mit dem Fahrrad gefahren sind.
   a) Beschreiben Sie, unter welchen Annahmen die Zufallsgröße X als binomialverteilt angenommen werden kann.
   b) X wird als binomialverteilt angenommen. Geben Sie Ereignisse an, die mit den folgenden Termen berechnet werden können.
   ① $\binom{20}{3} \cdot 0{,}3^3 \cdot 0{,}7^{17}$ ② $1 - \binom{20}{0} \cdot 0{,}3^0 \cdot 0{,}7^{20}$ ③ $\sum_{k=3}^{10} \binom{20}{k} \cdot 0{,}3^k \cdot 0{,}7^{20-k}$
   c) Beschreiben Sie in diesem Sachzusammenhang ein Zufallsexperiment, bei dem die Wahrscheinlichkeit eines Ereignisses mit dem Term $1 - \left(\binom{15}{14} \cdot 0{,}3^{14} \cdot 0{,}7^1 + \binom{15}{15} \cdot 0{,}3^{15}\right)$ berechnet werden kann, und geben Sie das Ereignis an.

3. Eine binomialverteilte Zufallsgröße X beschreibt bei 6 Versuchen die Anzahl der Treffer. Die Trefferwahrscheinlichkeit liegt bei $p = 0{,}6$.
   a) Geben Sie einen Term an, mit dem die Wahrscheinlichkeit für das Ereignis „genau fünf Treffer" berechnet werden kann.
   b) Geben Sie das Gegenereignis zum Ereignis „höchstens ein Treffer" an. Entscheiden Sie, welcher der Terme die Wahrscheinlichkeit dieses Ereignisses angibt.
   ① $1 - \left(\binom{6}{1} \cdot 0{,}6^1 \cdot 0{,}4^5 + \binom{6}{0} \cdot 0{,}6^0 \cdot 0{,}4^6\right)$ ② $1 - \left(\binom{6}{1} \cdot 0{,}6^5 \cdot 0{,}4^1 + \binom{6}{0} \cdot 0{,}6^6 \cdot 0{,}4^0\right)$
   c) Geben Sie ein Ereignis an, dessen Wahrscheinlichkeit mit dem Term $\binom{6}{3} \cdot 0{,}6^3 \cdot 0{,}4^3 + \binom{6}{4} \cdot 0{,}6^4 \cdot 0{,}4^2 + \binom{6}{5} \cdot 0{,}6^5 \cdot 0{,}4^1$ berechnet werden kann.
   d) Entscheiden Sie, welche der Abbildungen die Wahrscheinlichkeitsverteilung von X darstellt.

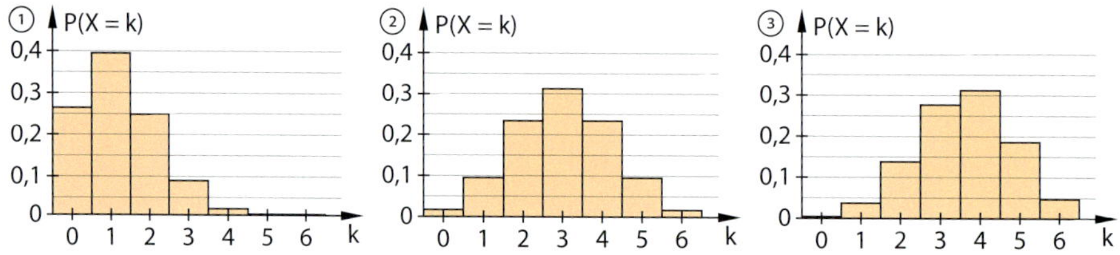

Aufgaben mit Hilfsmitteln

4. Die Abbildungen zeigen Ausschnitte aus Histogrammen zu Binomialverteilungen, bei denen der Erwartungswert und die Standardabweichung ganzzahlig sind.

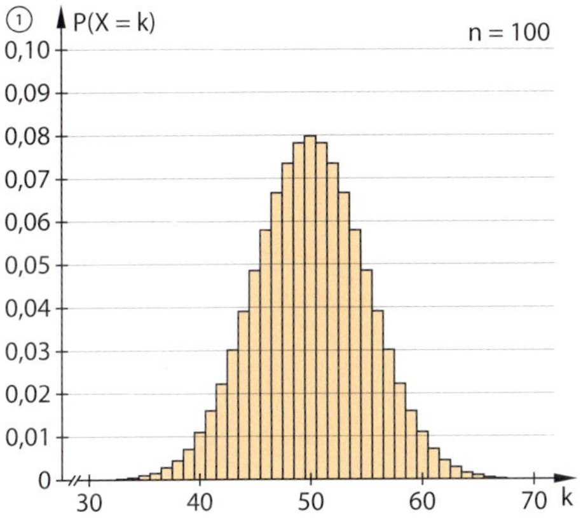

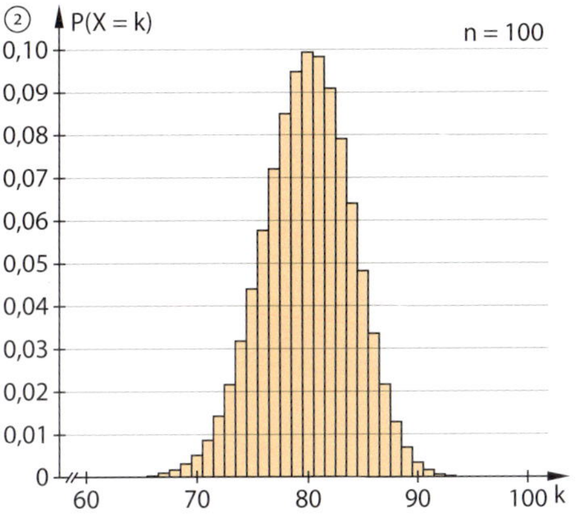

a) Geben Sie für beide Histogramme die Trefferwahrscheinlichkeit, den Erwartungswert und die Standardabweichung der dargestellten Zufallsgröße an.

b) Ermitteln Sie für beide dargestellten Zufallsgrößen ein Intervall, in dem die Werte etwa mit einer Wahrscheinlichkeit von 95,5 % (99,7 %) liegen.

5. Anlässlich der anstehenden Europameisterschaft produziert ein Hersteller von Überraschungseiern eine Sonderserie. Jedes zehnte Ei soll ein sogenanntes EM-Ei sein und eine witzige EM-Figur enthalten. Äußerlich unterscheiden sich die EM-Eier nicht von den normalen Überraschungseiern. Zum Versand werden Paletten zufällig mit Eiern bestückt.

a) Vor der Auslieferung wird die Verteilung der EM-Eier in Stichproben geprüft.
① 50 Eier werden zufällig ausgewählt. Bestimmen Sie die Wahrscheinlichkeit dafür, dass sich darunter mindestens 5 EM-Eier befinden.
② 400 Eier werden zufällig ausgewählt. Bestimmen Sie die Wahrscheinlichkeit dafür, dass die Anzahl der EM-Eier vom Erwartungswert der Anzahl der EM-Eier um höchstens 20 % abweicht.

b) Wer 10 EM-Figuren gesammelt hat, kann an einem Gewinnspiel teilnehmen. Mia hat bereits neun Figuren. Bestimmen Sie, wie viele der Überraschungseier Mia mindestens noch kaufen muss, um mit einer Wahrscheinlichkeit von mindestens 99 % eine weitere EM-Figur zu bekommen.

c) An einer Palette mit 25 Überraschungseiern hatte ein Supermarkt bisher 5 € Gewinn gemacht. In einer Werbeaktion werden jedem Kunden 50 € versprochen, der eine ganze 25er Palette kauft und keine einzige EM-Figur findet. Der Marktleiter geht vom ungünstigsten Fall aus, dass alle Kunden, die keine EM-Figur finden, sich auch melden und die Prämie einfordern.
Bestimmen Sie den mittleren Gewinn pro Palette, den der Supermarkt während der Werbeaktion erwarten kann.

d) Nach mehreren Beschwerdebriefen plant der Hersteller, den Anteil der EM-Figuren zu erhöhen. Bestimmen Sie, wie groß der Anteil der EM-Eier an den Überraschungseiern mindestens sein müsste, damit die Kunden mit wenigstens 99 %iger Wahrscheinlichkeit erwarten können, in zehn gekauften Eiern wenigstens eine EM-Figur zu finden.

e) Max kauft für die Geburtstagsfeier seines Sohnes 50 Überraschungseier. Bestimmen Sie das kleinste um den Erwartungswert symmetrische Intervall, in dem die Anzahl der enthaltenen EM-Eier mit einer Wahrscheinlichkeit von mindestens 95,5 % liegt.

Prüfen Sie Ihr neues Fundament

Lösungen
↗ S. 305/306

1. Der abgebildeten Urne werden mit Zurücklegen zufällig drei Kugeln entnommen und deren Farben notiert.

a) X zählt die Anzahl der schwarzen Kugeln. Begründen Sie, dass X eine binomialverteilte Zufallsgröße ist.

b) Zeichnen Sie ein Baumdiagramm, mit dem man die Berechnung der Wahrscheinlichkeiten für die Größe X nachvollziehen kann. Stellen Sie die Wahrscheinlichkeiten von X tabellarisch und mit einem Histogramm dar.

2. Gegeben ist eine binomialverteilte Zufallsgröße X mit $n = 4$ und $p = 0{,}1$. Berechnen Sie die Wahrscheinlichkeit.

a) $P(X = 0)$ b) $P(X > 0)$ c) $P(X < 2)$ d) $P(1 \leq X \leq 3)$

3. Bei einem Aufnahmetest werden 10 Fragen mit jeweils drei Antworten gestellt, von denen genau eine richtig ist. Ein Prüfling kreuzt bei jeder Frage zufällig eine Antwort an. Berechnen Sie, mit welcher Wahrscheinlichkeit er

a) genau 3 richtige Antworten hat,
b) mindestens fünf richtige Antworten hat,
c) mehr als drei richtige Antworten hat,
d) höchstens 5 richtige Antworten hat,
e) keine richtige Antwort hat,
f) nur die letzten beiden Fragen richtig hat.

4. Die Abbildungen zeigen Histogramme zu einer binomialverteilten Zufallsgröße X mit $n = 10$ und $p = 0{,}2$, $p = 0{,}5$ sowie $p = 0{,}8$.

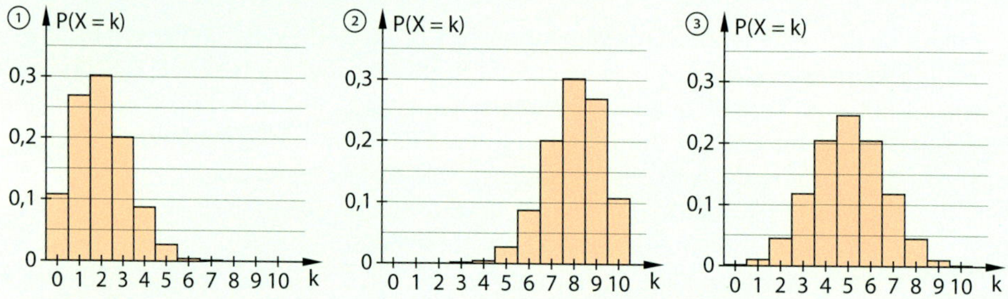

a) Ordnen Sie jedem Histogramm die passende Trefferwahrscheinlichkeit p zu und geben Sie den Erwartungswert und die Standardabweichung an.

b) Beschreiben Sie zu jedem Histogramm einen passenden Zufallsversuch und geben Sie die Größe X an.

5. Die Zufallsgröße X ist binomialverteilt mit dem Erwartungswert $\mu = 4$ und der Standardabweichung $\sigma = \sqrt{3}$. Berechnen Sie n und p.

6. Ein Glücksrad mit drei gleich große Sektoren in Rot, Gelb und Blau wird fünfmal gedreht.

a) Berechnen Sie die Wahrscheinlichkeiten für folgende Ereignisse:
A: Rot tritt genau dreimal auf.
B: Blau tritt mindestens einmal auf.
C: Gelb tritt höchstens einmal auf.
D: Blau kommt nicht vor.

b) Ordnen Sie jedem Ereignis aus a) einen der angegebenen Lösungsvorschläge zu.

① $\binom{5}{3} \cdot \left(\frac{1}{3}\right)^3 \cdot \left(\frac{2}{3}\right)^2$ ② $\left(\frac{2}{3}\right)^5$ ③ $\left(\frac{1}{3}\right)^5$ ④ $1 - \left(\frac{2}{3}\right)^5$ ⑤ $\left(\frac{2}{3}\right)^5 + 5 \cdot \left(\frac{1}{3}\right)^1 \cdot \left(\frac{2}{3}\right)^4$

7. Mit einer Umfrage in einer Schule wird der Anteil p der Schüler, die in einem Verein aktiv sind, untersucht. Ermitteln Sie, wie groß dieser Anteil p näherungsweise mindestens sein müsste, damit mit einer Wahrscheinlichkeit von mindestens 80 %

a) unter 15 Befragten mindestens ein Befragter in einem Verein aktiv ist,

b) unter 50 Befragten mindestens 10 Befragte in einem Verein aktiv sind.

Lösungen
↗ S. 306/307

8. Ein Hersteller von Teegläsern rechnet bei der Produktion mit einem Ausschuss von 5 %.

a) Berechnen Sie, mit welcher Wahrscheinlichkeit eine Stichprobe von 60 Gläsern weniger als fünf fehlerhafte Gläser enthält.

b) Ermitteln Sie, wie viele Gläser man mindestens entnehmen müsste, um mit einer Wahrscheinlichkeit von mindestens 95 % mindestens zwei fehlerhafte Gläser zu erhalten.

9. Ein Baumarkt erhält eine Sendung von 500 Blumenzwiebeln. Der Lieferant garantiert eine Keimfähigkeit von 90 %.

a) Ermitteln Sie mit einer Wahrscheinlichkeit von 95,5 % eine Prognose für Anzahl der keimenden Zwiebeln innerhalb der Lieferung.

b) 65 der gelieferten Zwiebeln keimen nicht. Untersuchen Sie, ob die Angabe des Lieferanten angezweifelt werden kann.

10. Eine Jugendstudie ergab, dass 41 % aller Jugendlichen an Politik interessiert sind.

a) Es werden 300 Jugendliche für eine Befragung ausgewählt. Berechnen Sie die Wahrscheinlichkeit, dass davon 130 an Politik interessiert sind.

b) Berechnen Sie, wie viele Jugendliche mindestens befragt werden müssen, damit mit einer Wahrscheinlichkeit von mindestens 95 % mindestens einer der Befragten an Politik interessiert ist.

c) Bestimmen Sie, wie viele Jugendliche mindestens befragt werden müssen, damit mit einer Wahrscheinlichkeit von mindestens 80 % mindestens 12 der Befragten an Politik interessiert sind.

11. Ein Bauer verkauft seine Äpfel für 50 Cent pro Stück an einen Obsthändler. 5 % seiner Äpfel haben Druckstellen. Der Händler überprüft die Äpfel stichprobenartig und vereinbart mit dem Bauer: „Wenn mehr als 10 % der Äpfel einer Stichprobe Druckstellen haben, verringert sich der Preis für die gesamte Lieferung auf 30 Cent pro Stück."

a) Bestimmen Sie die Wahrscheinlichkeit einer Preisreduzierung bei einen Stichprobenumfang von ① $n = 20$ und ② $n = 50$.

b) Berechnen Sie den Erwartungswert für die Kosten einer Lieferung von 1000 Äpfeln bei einem Stichprobenumfang von ① $n = 20$ und ② $n = 50$.

c) Geben Sie mit einer Wahrscheinlichkeit von 99,7 % eine Prognose dafür ab, wie viele Äpfel bei einer Lieferung von 2000 Stück eine Druckstelle haben.

12. Timo hat beim Torwandschießen eine Trefferquote von 45 % auf das untere Loch und 30 % auf das obere Loch. Die Größe X zählt die Treffer in das untere Loch, die Größe Y zählt die Treffer in das obere Loch.

a) Timo schießt 50-mal auf das untere Loch und 50-mal auf das obere Loch. Berechnen Sie den Erwartungswert und die Standardabweichung von X und Y.

b) Timo trainiert weiter und schießt 60-mal auf das obere Loch. Berechnen Sie, wie oft er auf das untere Loch schießen muss, damit $E(X) = E(Y)$ gilt.

c) Vergleichen Sie die Standardabweichungen von X und Y für die Anzahl der Schüsse aus Aufgabenteil b).

Zusammenfassung

Bernoulli-Ketten

Ein **Bernoulli-Experiment** ist ein Zufallsexperiment, bei dem nur die Ausgänge „Treffer" und „kein Treffer" unterschieden werden. Das Ereignis „Treffer" tritt mit gleichbleibender **Trefferwahrscheinlichkeit p** ein.

Eine **Bernoulli-Kette** der **Länge n** stellt eine n-fache Wiederholung eines Bernoulli-Experiments dar.
Zählt die Größe X dabei die Anzahl der Treffer, so gilt die **Bernoulli-Formel**:
$P(X = k) = \binom{n}{k} \cdot p^k \cdot (1-p)^{n-k}$ $(k = 0, 1, \dots, n)$

Ein Würfel wird fünfmal gewürfelt und das Ergebnis „6" wird als Treffer gewertet.

Die Ergebnisse der einzelnen Würfe sind unabhängig voneinander, bei jedem Wurf ist die Wahrscheinlichkeit für eine Sechs $\frac{1}{6}$. Also liegt eine Bernoulli-Kette der Länge n = 5 mit Trefferwahrscheinlichkeit $p = \frac{1}{6}$ vor.

Wahrscheinlichkeit für 3 Treffer:

$P(X = 3) = \binom{5}{3} \cdot \left(\frac{1}{6}\right)^3 \cdot \left(\frac{5}{6}\right)^2$
$= 10 \cdot \frac{5^2}{6^5} = \frac{250}{7776} \approx 0{,}032$

Binomialverteilte Zufallsgrößen

Eine Größe X, die die Anzahl der Treffer in einer Bernoulli-Kette der Länge n beschreibt, heißt **binomialverteilte Zufallsgröße** mit den Parametern n und p.
Die Zuordnung, die jedem Treffer k die Wahrscheinlichkeit P(X = k) zuordnet, heißt **Binomialverteilung**.

Die Wahrscheinlichkeit, dass die Anzahl der Treffer höchstens k ist, heißt **kumulierte Wahrscheinlichkeit**. Es gilt:
$P(X \leq k) = P(X = 0) + P(X = 1) + \dots + P(X = k)$

Der **Erwartungswert** μ und die **Standardabweichung** σ sind gegeben durch:
$\mu = E(X) = n \cdot p \qquad \sigma = \sigma(X) = \sqrt{n \cdot p \cdot (1-p)}$

Es wird eine binomialverteilte Zufallsgröße X mit n = 10 und p = 0,5 betrachtet.

$P(X = 0) = \binom{10}{0} \cdot 0{,}5^0 \cdot 0{,}5^{10} \approx 0{,}001$

$P(X = 1) = \binom{10}{1} \cdot 0{,}5^1 \cdot 0{,}5^9 \approx 0{,}010$

$P(X \leq 1) = P(X = 0) + P(X = 1) \approx 0{,}011$

Kenngrößen:
$\mu = 10 \cdot 0{,}5 = 5$
$\sigma = \sqrt{5 \cdot 0{,}5}$
$= \sqrt{2{,}5} \approx 1{,}58$

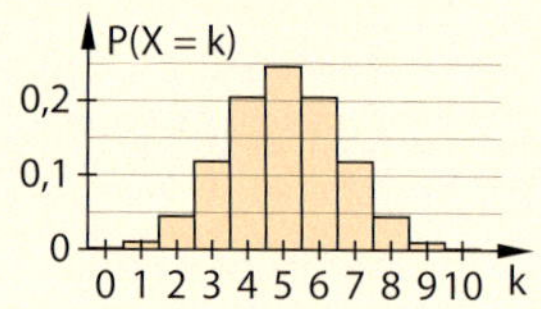

Der Erwartungswert liegt in der Nähe des Maximums, die Standardabweichung ist ein Maß für die Breite der Verteilung.

Parameter einer binomialverteilten Zufallsgröße

Eine binomialverteilte Zufallsgröße ist gekennzeichnet durch die Parameter n (Länge der Bernoulli-Kette), p (Trefferwahrscheinlichkeit) und k (Trefferanzahl).

Sind zwei dieser drei Parameter gegeben, so kann man den dritten Parameter bestimmen (durch Logarithmieren, systematisches Probieren oder Wurzelziehen).

p = 0,7; k = 1; n mit $P(X \geq 1) \geq 0{,}95$ bzw.
$\binom{n}{0} \cdot 0{,}7^0 \cdot 0{,}3^n \leq 0{,}05$
$n \geq \log_{0,3}(0{,}05) \approx 2{,}49$: ab **n = 3**

n = 5; p = 0,25; k mit $P(X = k) > 0{,}3$ bzw.
$\binom{5}{k} \cdot 0{,}25^k \cdot 0{,}75^{(5-k)} > 0{,}3$
$P(X = k) < 0{,}3$ für k = 0; 2; 3; 4; 5
$P(X = 1) \approx 0{,}3955 > 0{,}3$: **k = 1**

σ-Regeln

Falls die **Laplace-Bedingung** $\sigma > 3$ erfüllt ist, liegt die Trefferanzahl einer binomialverteilten Zufallsgröße näherungsweise mit den folgenden Wahrscheinlichkeiten in den angegebenen Intervallen.

Intervall	Wahrscheinlichkeit
$[\mu - \sigma; \mu + \sigma]$	68 %
$[\mu - 2\sigma; \mu + 2\sigma]$	95,5 %
$[\mu - 3\sigma; \mu + 3\sigma]$	99,7 %

Liegt ein Stichprobenergebnis außerhalb der 2σ- bzw. 3σ-Umgebung, so spricht man von einer **signifikanten** bzw. **hochsignifikanten** Abweichung vom Erwartungswert.

Durchschnittlich 40 % der 1100 Schüler fahren mit dem Bus zur Schule. Die Zufallsgröße X zählt die Busfahrenden an einem Tag.
$X \sim B_{1100; 0,4}$ $\qquad \mu = 440$
$\sigma \approx 16{,}25 > 3$ (Laplace-Bedingung erfüllt)
$\mu - 2\sigma \approx 407{,}5; \quad \mu + 2\sigma \approx 472{,}5$
2σ-Umgebung: [408; 472]
(Hier wurde das Intervall nach innen gerundet.)
Mit etwa 95,5 % Wahrscheinlichkeit kommen zwischen 408 und 472 Schüler mit dem Bus.

An einem bestimmten Tag kommen nur 405 Schüler mit dem Bus zur Schule. X = 405 liegt außerhalb der 2σ-Umgebung und weicht somit signifikant vom Erwartungswert ab.

5. Testen von Hypothesen

Die Wirksamkeit von Impfstoffen oder Medikamenten kann nur näherungsweise anhand empirischer Daten geschätzt werden. Bestehen begründete Zweifel an gegebenen Angaben zur Wirksamkeit, so können diese durch statistische Tests gestützt werden.

Nach dem Kapitel können Sie …

- das Konzept erläutern, das Hypothesentests zugrunde liegt,
- einseitige Hypothesentests durchführen,
- anhand der Zielsetzung einen passenden Test und eine passende Nullhypothese wählen,
- die Wahrscheinlichkeiten für Fehler 1. und 2. Art bestimmen und ihre Bedeutungen im Sachzusammenhang erläutern.

Lösungen
↗ S. 307

1. Die Formel von Bernoulli $P(X = k) = \binom{n}{k} \cdot p^k \cdot (1 - p)^{n-k}$ wird verwendet, um Wahrscheinlichkeiten bei binomialverteilten Zufallsgrößen zu berechnen.

a) Erklären Sie die Bedeutung der Parameter n, k und p.

b) In den folgenden Formeln von Bernoulli haben sich Fehler eingeschlichen. Korrigieren Sie diese jeweils durch möglichst wenige Veränderungen.

$P(X = 8) = \binom{10}{8} \cdot 0{,}5^{10} \cdot (0{,}5)^2$ $\qquad$ $P(X \le 5) = \binom{7}{5} \cdot p^5 \cdot (1 - p)^2$

$P(X = 6) = \binom{8}{6} \cdot \left(\frac{4}{5}\right)^6 \cdot \left(\frac{2}{5}\right)^2$ $\qquad$ $P(X = 10) = \binom{10}{9} \cdot \left(\frac{3}{5}\right)^9 \cdot \left(\frac{2}{5}\right)^1$

2. Geben Sie an, welche der folgenden Kärtchen zusammenpassen.

mindestens 23 %	mehr als 23 %	weniger als 23 %	höchstens 23 %	maximal 23 %
genau 23 %	$p = 0{,}23$	$p \le 0{,}23$	$p > 0{,}23$	$p \ge 0{,}23$	$p < 0{,}23$

3. Begründen Sie, ob man das Zufallsexperiment als Bernoulli-Kette modellieren kann. Geben Sie gegebenenfalls die Länge der Kette n und die Trefferwahrscheinlichkeit p an.

a) Eine Münze wird 50-mal geworfen. Dabei wird gezählt, wie oft die Münze auf der Seite „Kopf" zum Liegen kommt.

b) Die Ziehung der Lotto-Zahlen.

c) Ein Würfel wird 20-mal hintereinander geworfen. Dabei wird gezählt, wie oft eine Augenzahl kleiner als drei geworfen wird.

d) Ein Würfel wird 20-mal hintereinander geworfen. In den ersten zehn Würfen zählt man die Anzahl geworfener „Sechser", danach zählt man die „Einser".

4. Ein Würfel wird fünfzehnmal geworfen. Berechnen Sie die Wahrscheinlichkeit des Ereignisses.

a) A: „Bei genau vier Würfen fällt eine Sechs."

b) B: „Es fällt keine Sechs."

c) C: „Bei höchstens zwei Würfen fällt eine Sechs."

d) D: „Es fallen mindestens drei Sechsen."

e) E: „Es fällt mindestens einmal, aber höchstens fünfmal eine Sechs."

f) F: „In den ersten beiden und im letzten Wurf fällt eine Sechs."

5. Die Kärtchen zeigen die Parameter einer Binomialverteilung. Drei Kärtchen und Histogramme gehören zusammen. Ordnen Sie begründet zu.

① $p = 0{,}7$, $n = 20$	② $p = 0{,}7$, $n = 19$	③ $p = 0{,}52$, $n = 20$	④ $p = 0{,}5$, $n = 20$

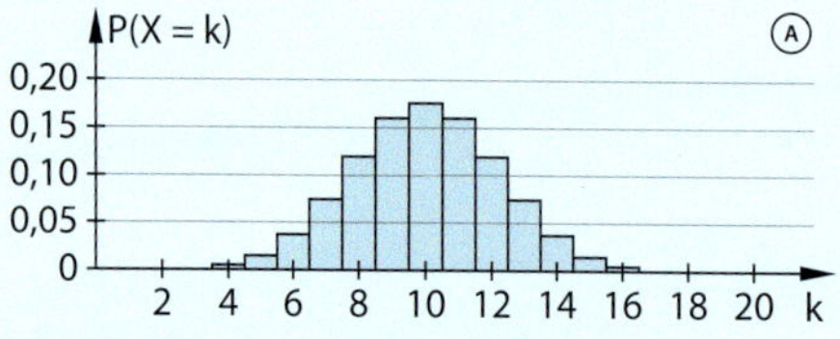

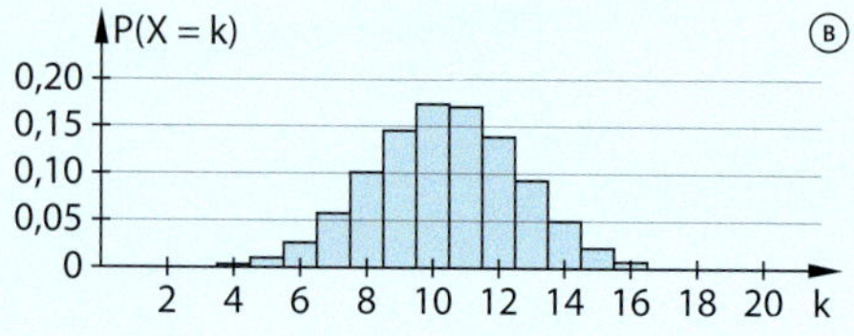

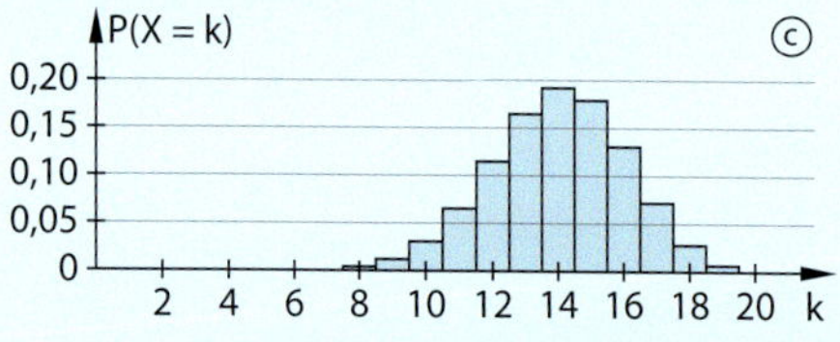

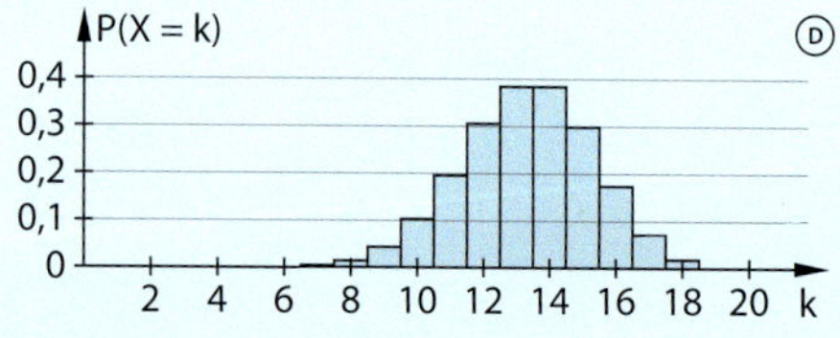

Lösungen
↗ **S. 307/308**

6. Gegeben ist das Histogramm einer binomialverteilten Zufallsgröße X mit den Parametern n = 30 und p = 0,4.

a) Bestimmen Sie mithilfe des Histogramms näherungsweise
① P(X ≤ 7),
② P(X > 16),
③ die Wahrscheinlichkeit, dass X einen Wert innerhalb des Intervalls [8; 16] annimmt.

b) Überprüfen Sie Ihre Ergebnisse rechnerisch.

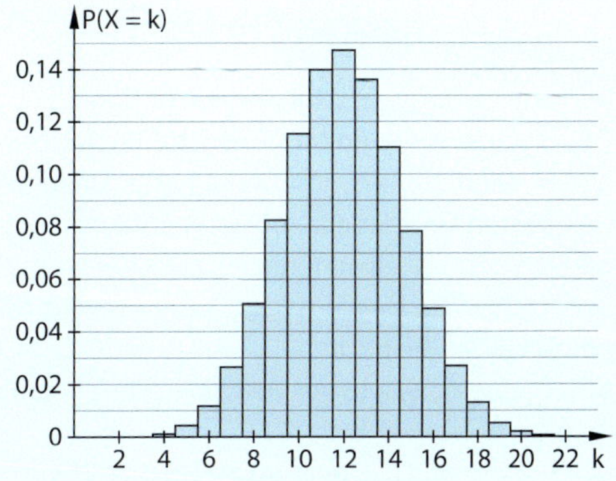

7. Gegeben ist das Histogramm einer binomialverteilten Zufallsgröße mit n = 60 und unbekannter Trefferwahrscheinlichkeit p. Der Erwartungswert ist ganzzahlig. Begründen Sie, ob die Aussage wahr oder falsch ist.

a) Es gilt p = 0,2.

b) Die Erwartungswerte aller binomialverteilten Zufallsgrößen mit n = 100 und p < 0,2 liegen weiter rechts.

c) Im Intervall [9; 15] liegen die Trefferzahlen, die höchstens um die Standardabweichung σ vom Erwartungswert abweichen.

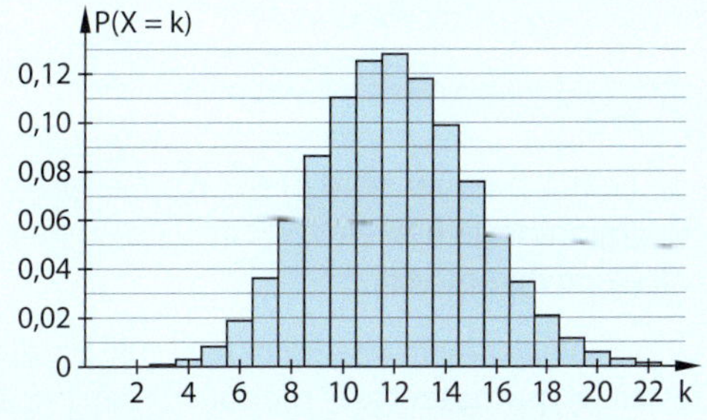

8. Für ein Glücksspiel wird nebenstehendes Glücksrad verwendet, das in acht gleich große Sektoren unterteilt ist. Für eine Spielrunde wird das Glücksrad zweimal hintereinander gedreht. Bleibt es beide Male auf einem weißen Feld stehen, so gilt die Runde als gewonnen. Es werden 30 Runden gespielt. Die Zufallsgröße X zählt die gewonnenen Spielrunden.

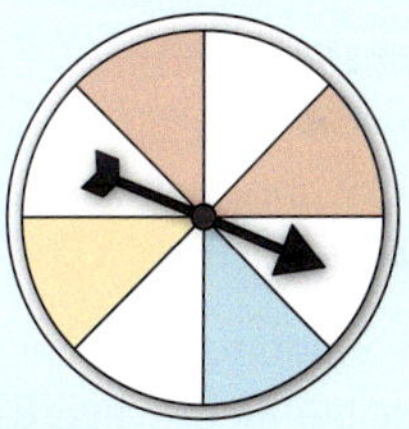

a) Geben Sie die Wahrscheinlichkeit dafür an, eine Runde zu gewinnen.

b) Begründen Sie, dass X binomialverteilt ist.

c) Bestimmen Sie die fehlenden Wahrscheinlichkeiten in der Tabelle.

Anzahl gewonnener Spielrunden k	1	2	3	4	11	12
P(X ≤ k)						

d) Bestimmen Sie die größtmögliche Zahl l, für die P(X ≤ l) ≤ 0,05 gilt.

e) Bestimmen Sie die kleinstmögliche Zahl r, für die P(X ≥ r) ≤ 0,05 gilt.

f) Es wird vermutet, dass die vier weißen Sektoren etwas kleiner als die restlichen Sektoren sind. Erläutern Sie, wie sich dies auf die Wahrscheinlichkeitswerte aus Aufgabenteil c) auswirken würde.

9. Ein Multiple-Choice-Test besteht aus 25 Fragen mit jeweils fünf Antwortmöglichkeiten, von denen immer genau eine richtig ist.

a) Die Wahrscheinlichkeit, dass der Test durch Raten bestanden werden kann, soll weniger als 1 % betragen. Bestimmen Sie die Mindestanzahl richtig beantworteter Fragen, für die der Test als bestanden gilt.

b) Ein Prüfling beantwortet genau 10 der 25 Fragen richtig. Der Korrektor schlussfolgert: „Der Prüfling hat also nur geraten." Beurteilen Sie die Aussage.

5.1 Grundlagen von Hypothesentests

■ „Lady tasting tea": Der Statistiker Ronald Fisher bot eines Tages seiner Kollegin Muriel Bristol Tee an, den er frisch aus einem Kännchen eingeschenkt hatte. Sie lehnte ab, denn für den besten Geschmack müsse er zunächst Milch und erst danach den Tee einschenken. Da Fisher nicht an einen Unterschied im Geschmack glauben wollte, führten die beiden einen Test durch.
Beschreiben Sie, wie der Test ausgesehen haben könnte. ■

Grundbegriffe und Konzept des Testens

Hinweis:
In diesem Kapitel werden nur Tests zu Aussagen über die Trefferwahrscheinlichkeit binomialverteilter Zufallsgrößen betrachtet. Dieser Spezialfall wird auch Binomialtest genannt.

Bestehen begründete Zweifel an einer angegebenen Trefferwahrscheinlichkeit einer Binomialverteilung, so können diese mithilfe von Hypothesentests verstärkt und somit die gegenteilige Annahme gestützt werden.

Die Erfolgswahrscheinlichkeit p einer medizinischen Behandlung wird mit höchstens 40 % angegeben. Aufgrund von Beobachtungen wird dieser Wert jedoch angezweifelt (**Nullhypothese**) und die gegenteilige Aussage vermutet (**Alternativhypothese**).

Nullhypothese (H_0):
$p \leq 0{,}4$ (angezweifelter Wert)

Alternativhypothese (H_A):
$p > 0{,}4$ (vermuteter Wert)

Ein solcher Verdacht lässt sich durch die Untersuchung einer geeigneten Stichprobe statistisch testen (**Hypothesentest**). Hierfür werden die für die Nullhypothese erwarteten Ergebnisse mit den tatsächlichen Ergebnissen einer Stichprobe verglichen.

In einer Stichprobe von 100 Patienten werden die Behandlungserfolge gezählt und die Binomialverteilung mit der Erfolgswahrscheinlichkeit $p_0 = 0{,}4$ (**Grenzfall der Nullhypothese**) betrachtet.

X: erfolgreiche Behandlungen
$n = 100$, $p_0 = 0{,}4$
Erwartungswert: $\mu = 40$

Die Abbildung zeigt das zugehörige Histogramm für $p_0 = 0{,}4$ sowie jeweils zwei Histogramme möglicher Binomialverteilungen für $p < 0{,}4$ und $p > 0{,}4$. Für $p < 0{,}4$ liegt der Erwartungswert stets links und für $p > 0{,}4$ stets rechts von $\mu = 40$.

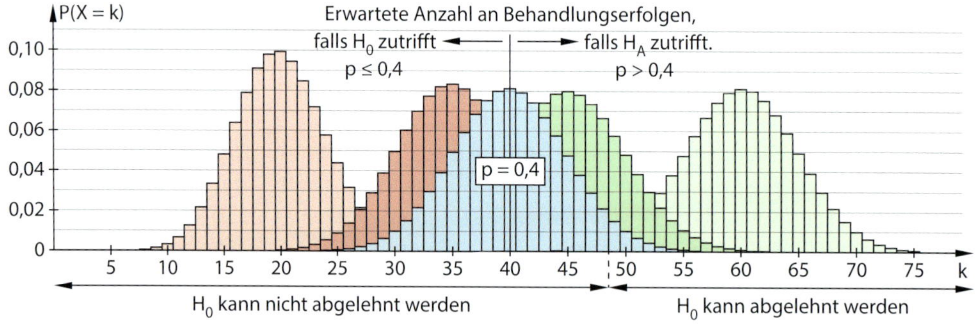

Hinweis:
Für alle Verteilungen mit $p < 0{,}4$ ist die Wahrscheinlichkeit des Ablehnungsbereichs kleiner als für $p = 0{,}4$ (Nullhypothese). Für alle Verteilungen mit $p > 0{,}4$ ist sie dagegen größer (Alternativhypothese). Beachten Sie hierzu auch Aufgabe 9 auf S. 175.

Anhand dessen wird ein **Ablehnungsbereich** so festgelegt, dass Stichprobenergebnisse aus diesem Bereich unwahrscheinlich sind, wenn die Nullhypothese H_0 zutrifft. Daraus lässt sich eine **Entscheidungsregel** ableiten, für welche Ergebnisse k die Nullhypothese abgelehnt wird.

Ablehnungsbereich: $A = [49; 100]$
Entscheidungsregel:
$k \geq 49$: H_0 wird zugunsten von H_A verworfen
$k < 49$: H_0 wird nicht verworfen

Wissen: Konzept einseitiger Hypothesentests

Bestehen Zweifel an der Größe der Trefferwahrscheinlichkeit p einer Binomialverteilung, so können diese mithilfe eines **einseitigen Hypothesentests** gestützt werden:

① **Nullhypothese H_0** (Zweifel) und **Alternativhypothese H_A** (Verdacht) formulieren
② Binomialverteilung der Stichprobe für p_0 (**Grenzfall der Nullhypothese**) betrachten
③ Ein Intervall A als **Ablehnungsbereich** festlegen und die **Entscheidungsregel** formulieren
④ Stichprobenergebnis ermitteln und anhand der Entscheidungsregel prüfen, ob für diese Stichprobe H_0 zugunsten von H_A abgelehnt werden kann.

Hinweis:
Der Ablehnungsbereich wird nicht willkürlich gewählt, sondern rechnerisch nach einer Vorgabe ermittelt. Siehe hierzu Seite 177.

Beispiel: Der Betreiber gibt die Gewinnchance seines Glücksspielautomaten mit mindestens 13 % an. Ein Kunde hat jedoch den Verdacht, dass die Gewinnchance niedriger ist. Er führt einen Test mit einer Stichprobe von 100 Spielrunden durch. Für die Anzahl der Gewinne X ergibt sich für den Grenzfall der Nullhypothese $p_0 = 0{,}13$ und $n = 100$ das abgebildete Histogramm.

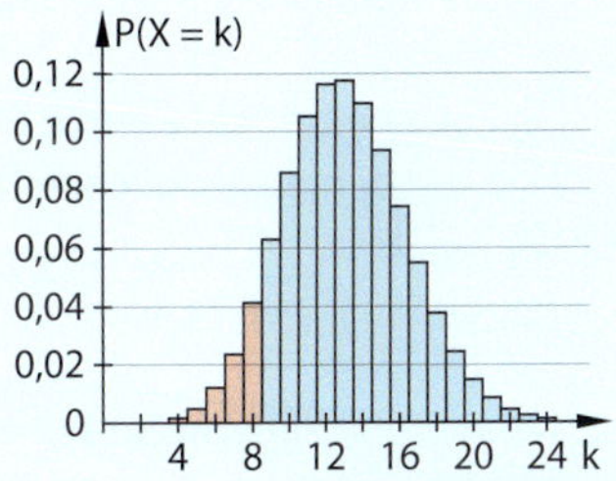

a) Geben Sie eine geeignete Nullhypothese H_0 und die zugehörige Alternativhypothese H_A an.
b) Formulieren Sie die Entscheidungsregel, wenn der Ablehnungsbereich $A = [0; 8]$ lautet.
c) Begründen Sie, weshalb H_0 für die Stichprobe abgelehnt werden kann, wenn die Stichprobe ein Ergebnis aus dem Ablehnungsbereich A zeigt.
d) In der Stichprobe werden 11 Gewinne beobachtet. Der Betreiber folgert: „Damit ist bewiesen, dass der Automat wie beworben funktioniert." Nehmen Sie dazu Stellung.

Lösung:

a) Legen Sie die angezweifelte Größe für p als Nullhypothese und die vermutete Größe für p als Alternativhypothese fest.

H_0: $p \geq 0{,}13$ (Nullhypothese)
H_A: $p < 0{,}13$ (Alternativhypothese)

b) Geben Sie anhand des Ablehnungsbereichs an, für welche Stichprobenergebnisse H_0 verworfen wird.

Anzahl k der Gewinne bei $n = 100$ Runden
$k \leq 8$: H_0 wird zugunsten von H_A verworfen
$k > 8$: H_0 wird nicht verworfen

c) Berechnen Sie die Wahrscheinlichkeit dafür, dass ein Ergebnis innerhalb des Ablehnungsbereichs A liegt. Zeigen Sie, dass dies unwahrscheinlich ist.

Für $p = 0{,}13$ gilt: $P(X \leq 8) \approx 0{,}085$
Für $p \geq 0{,}13$ gilt: $P(X \leq 8) \leq 0{,}085$
Ein Ergebnis aus dem Ablehnungsbereich ist also unwahrscheinlich.

d) Ein Hypothesentest prüft lediglich, ob sich für eine Stichprobe ein Ergebnis einstellt, das unwahrscheinlich wäre, wenn H_0 tatsächlich zutrifft.

Die Aussage ist falsch.
Ein Hypothesentest hat keine Beweiskraft, er kann höchstens begründete Zweifel an der Nullhypothese verstärken.

Hinweis:
Ein solches Verfahren ist fehlerbehaftet und die Aussagekraft eines einzelnen Tests muss unter Berücksichtigung anderer Faktoren beurteilt werden, z.B.: Welchen Umfang hat die Stichprobe? Lässt sich das Testergebnis auch in anderen Studien reproduzieren?

Basisaufgaben

1. Bringen Sie die Schritte eines Hypothesentests in eine sinnvolle Reihenfolge.

- Entscheidungsregel bestimmen
- Stichprobenergebnis ermitteln
- Ablehnungsbereich festlegen
- Nullhypothese und Alternativhypothese formulieren
- Binomialverteilung für Zufallsgröße X auf Basis von H_0 definieren

2. Die Aussage wird angezweifelt. Formulieren Sie H_0 und H_A.
   a) „Die Trefferwahrscheinlichkeit beträgt mindestens 0,25."
   b) „Es sind mindestens 85 % der Samen keimfähig."
   c) „Maximal sieben von zehn Kunden sind überzeugt von der Leistung."

3. Erläutern Sie, ob ein Hypothesentest in der folgenden Situation weiterhelfen kann. Formulieren Sie gegebenenfalls geeignete Hypothesen.
   a) Ein Lieferant gibt an, dass höchstens 1 % der gelieferten Ware defekt sind.
   b) Die Wahrheit einer Aussage soll bewiesen werden.
   c) Ein Medikament zeigt häufiger Nebenwirkungen, als vom Hersteller angegeben wird.

4. Ein Forscher möchte einen Hypothesentest durchführen. In jeder Zeile ist dazu jeweils nur eine der beiden Möglichkeiten sinnvoll. Begründen Sie, welche.

Der Forscher hat vor dem Test begründete Zweifel an einer Annahme.	Der Forscher testet solange Nullhypothesen, bis er eine ablehnen kann.
Die Annahme, die er anzweifelt, wird die Alternativhypothese.	Die Annahme, die er anzweifelt, wird die Nullhypothese.
Er untersucht die Stichprobe und überlegt sich danach einen Ablehnungsbereich für die Nullhypothese.	Er bestimmt theoretisch einen Ablehnungsbereich für die Nullhypothese, bevor er die Stichprobe untersucht.
Liegt das Stichprobenergebnis nicht im Ablehnungsbereich, so erhält er keine verwertbare Information.	Liegt das Stichprobenergebnis nicht im Ablehnungsbereich, so kann er seine Zweifel an H_0 zurücknehmen.

5. Begründen Sie, warum die folgende Aussage problematisch ist: „Da es beim Hypothesentest einen Ablehnungsbereich für H_0 gibt, muss es auch einen Annahmebereich geben."

Linksseitiger und rechtsseitiger Hypothesentest

Der Ablehnungsbereich eines einseitigen Hypothesentests kann links oder rechts liegen – je nachdem, ob für die Wahrscheinlichkeit der Alternativhypothese $p < p_0$ oder $p > p_0$ gilt.

Merkhilfe:
Bei einem linksseitigen (rechtsseitigen) Hypothesentest wird vermutet, dass die Trefferwahrscheinlichkeit links (rechts) von p_0 liegt.

Hinweis:
Die Wahrscheinlichkeit des Ablehnungsbereichs ist rot unterlegt.

Linksseitiger Hypothesentest
H_0: $p \geq p_0$ und $\mathbf{H_A: p < p_0}$
Man vermutet, dass die Trefferwahrscheinlichkeit p kleiner als p_0 ist. Da dies zu **weniger Treffern** führen würde, lehnt man eine Verteilung gemäß H_0 dann ab, wenn die Stichprobe wenige Treffer zeigt.
Der **Ablehnungsbereich liegt** also **links**.

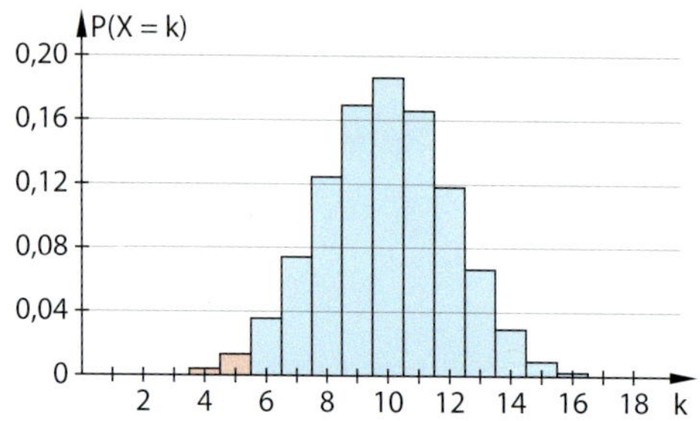

Rechtsseitiger Hypothesentest
H_0: $p \leq p_0$ und $\mathbf{H_A: p > p_0}$
Man vermutet, dass die Trefferwahrscheinlichkeit p größer als p_0 ist. Da dies zu **mehr Treffern** führen würde, lehnt man eine Verteilung gemäß H_0 dann ab, wenn die Stichprobe viele Treffer zeigt.
Der **Ablehnungsbereich liegt** also **rechts**.

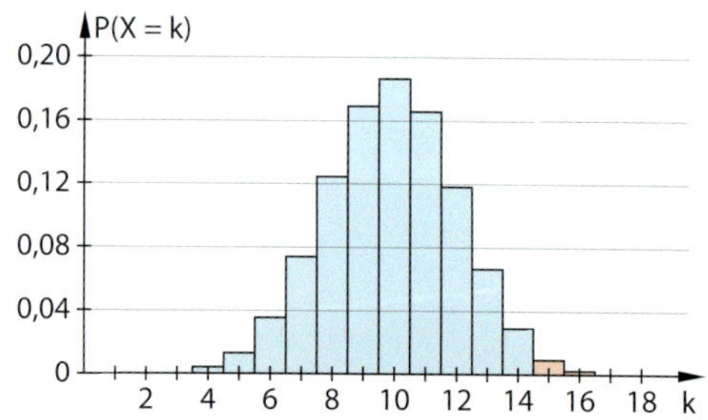

Basisaufgaben

6. Entscheiden Sie, ob es sich um einen links- oder rechtsseitigen Hypothesentest handelt. Geben Sie an, ob besonders hohe oder niedrige Trefferzahlen zur Ablehnung von H_0 führen.

a) H_0: $p \geq 0{,}2$ und H_A: $p < 0{,}2$

b) H_0: $p \leq 0{,}6$ und H_A: $p > 0{,}6$

c) H_0: $p \leq p_0$ und H_A: $p > p_0$

d) H_0: $p \geq 0{,}5$

7. Entscheiden Sie begründet, welche Nullhypothese zu welchem der abgebildeten Histogramme gehört. Die Säulen im Ablehnungsbereich sind in den jeweiligen Histogrammen rot eingefärbt.

① H_0: $p \leq 0{,}35$

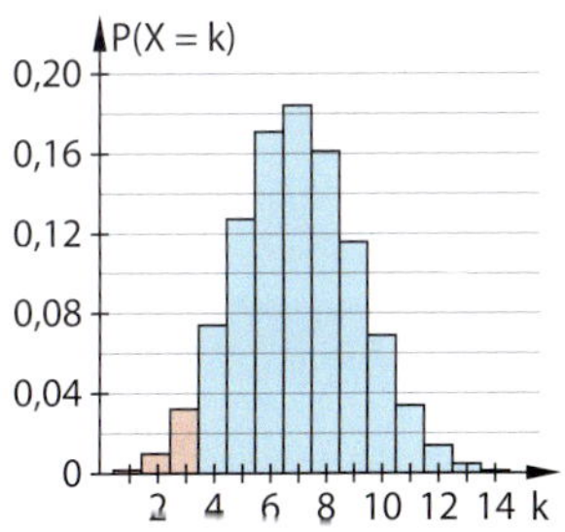

② H_0: $p \geq 0{,}5$

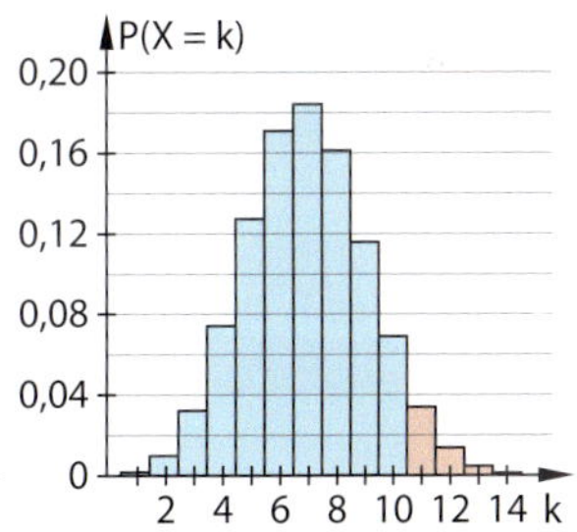

③ H_0: $p \geq 0{,}35$

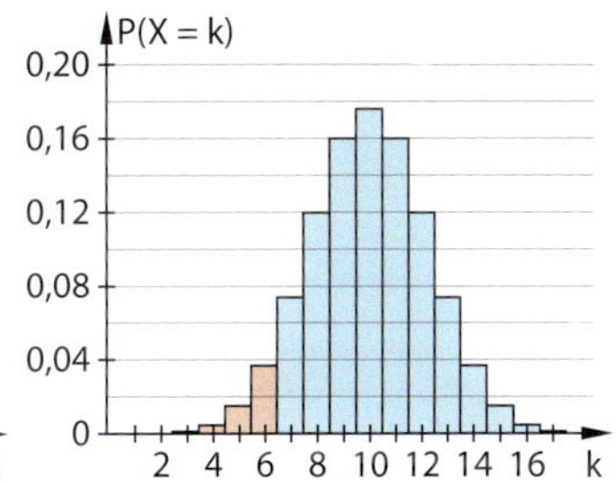

8. Begründen Sie, ob der Ablehnungsbereich zu einem linksseitigen oder rechtsseitigen Test mit dem Stichprobenumfang $n = 150$ gehören kann.

a) $A = [125; 150]$

b) $A = [0; 100]$

c) $A = [125; 145]$

Weiterführende Aufgaben

9. Für einen Hypothesentest lautet die Nullhypothese H_0: $p \geq 0{,}1$ und die Alternative H_A: $p < 0{,}1$. Die Stichprobengröße beträgt $n = 100$ und die Entscheidungsregel lautet: „Werden höchstens 5 Treffer beobachtet, so wird H_0 für die Stichprobe abgelehnt, sonst nicht." Abgebildet sind drei mögliche Binomialverteilungen der Stichprobe (Säulen im Ablehnungsbereich sind rot unterlegt). Trifft die Nullhypothese zu, so könnte die Wahrscheinlichkeit der Stichprobe gemäß Abbildung ② oder ③ verteilt sein. Für H_A könnte Abbildung ① gültig sein.

①
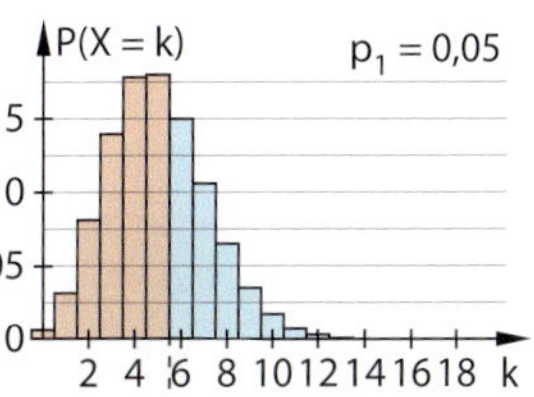

②
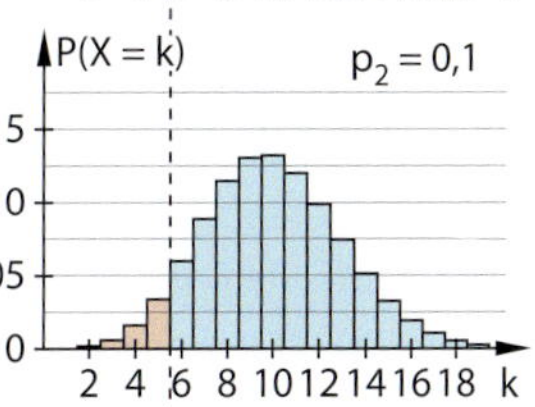

③
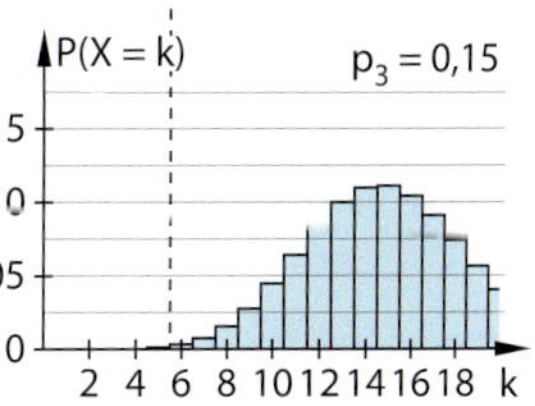

a) Bestimmen Sie jeweils die Wahrscheinlichkeit, mit der man ein Ergebnis aus dem Ablehnungsbereich (außerhalb des Ablehnungsbereichs) beobachten würde.

b) Begründen Sie: Beobachtet man ein Ergebnis aus dem Ablehnungsbereich, so ist es plausibel, für die vorliegende Stichprobe H_0 zugunsten von H_A abzulehnen.

Hypothesentests werden aufgrund begründeter Zweifel an der Nullhypothese durchgeführt. Diese stammen häufig aus Beobachtungen oder Überlegungen.

c) Begründen Sie: Ein Ergebnis außerhalb des Ablehnungsbereichs kann nicht dazu verwendet werden, die Nullhypothese zu stützen.

d) In manchen Büchern liest man: „Ein Ergebnis außerhalb des Ablehnungsbereichs führt dazu, dass H_0 angenommen wird." Beurteilen Sie diese Formulierung.

10. Stolperstelle: Das Histogramm zeigt die Binomialverteilung eines rechtsseitigen Hypothesentests ($n = 35$). Die Wahrscheinlichkeit des Ablehnungsbereichs ist rot markiert. Korrigieren Sie die Fehler in den Aussagen der Schüler.

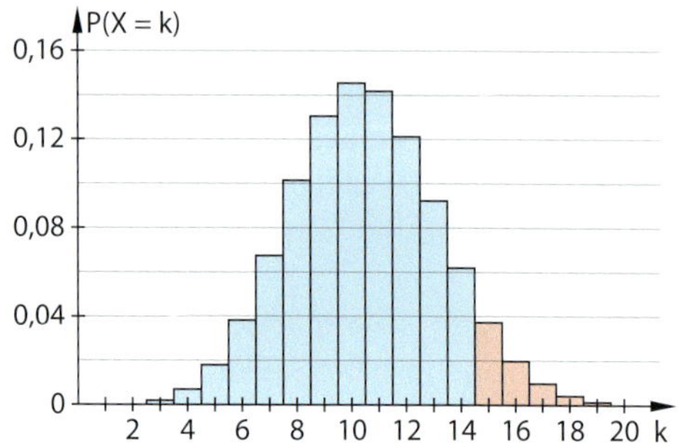

Moritz: *„Der Ablehnungsbereich lautet $A = [15; 19]$."*
Jasmin: *„Gibt es für die Stichprobe mindestens 15 Treffer, so ist H_0 falsch."*
Esra: *„Wenn es für die Stichprobe höchstens 14 Treffer gibt, dann kann H_0 angenommen werden."*
Janosz: *„Ergeben sich in der Stichprobe mindestens 15 Treffer, dann stimmt H_0 für die Stichprobe nicht."*
Lukas: *„Die Wahrscheinlichkeit, dass die Nullhypothese wahr ist, lautet $P(X \geq 15)$."*

11. Beschreiben Sie mithilfe der Grafik das konkrete Vorgehen bei Hypothesentests und begründen Sie, warum das Ergebnis eines Tests stets kritisch betrachtet werden muss. Überlegen Sie sich eine Anwendungssituation, in der häufige Wiederholungen angebracht sind, bevor man die Nullhypothese ablehnen kann.

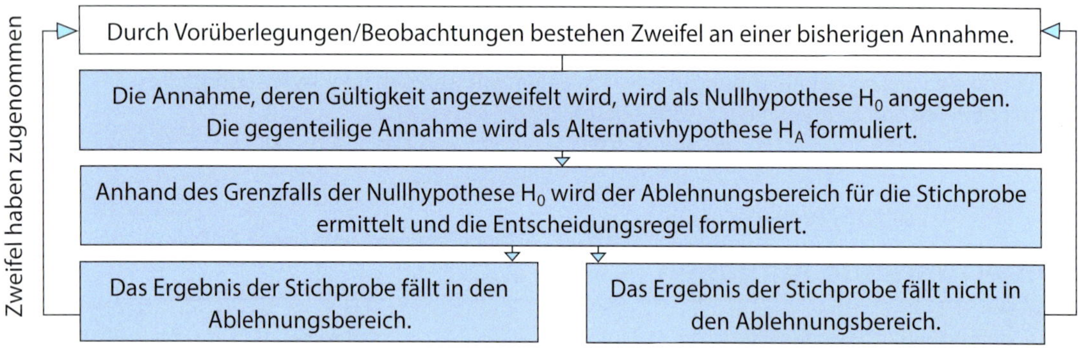

12. In einigen Sportarten werden inzwischen Videosequenzen eingesetzt, um Fehlentscheidungen zu vermeiden. Der Schiedsrichter eines Fußballspiels könnte beispielsweise entscheiden, dass ein Foul im Strafraum stattgefunden hat. Ist der Videoassistent anderer Meinung, so spielt er ihm Videos aus verschiedenen Positionen vor, die ihn vom Gegenteil überzeugen sollen. Der Schiedsrichter wird die getroffene Entscheidung „Foul im Strafraum" aber nur dann ablehnen, wenn die Videosequenzen eindeutig gegen seine Entscheidung sprechen.

Vergleichen Sie dieses Beispiel mit dem Ablauf eines Hypothesentests. Verwenden und vervollständigen Sie dabei die folgenden Sätze:
① „Die Nullhypothese des Schiedsrichters lautet …"
② „Um zu prüfen, ob er die Nullhypothese ablehnen kann, …"
③ „Lehnt er die Nullhypothese durch die Betrachtung der Videosequenzen ab, so bedeutet dies nicht, …"
④ „Lehnt er die Nullhypothese nicht ab, so bedeutet dies nicht, …"

13. Ausblick: Beim Testen einer Hypothese wird für den Anfangsverdacht sowie für den nachfolgenden Test dieselbe Stichprobe bzw. Datenmenge verwendet.
Erläutern Sie, weshalb ein solcher Test keine Aussagekraft hat.

5.2 Einseitige Hypothesentests

■ Eine Lieferung elektronischer Bauteile soll kontrolliert werden. Die Defektrate darf laut Vertrag bei höchstens 7 % liegen. Da eine vollständige Überprüfung zu aufwendig wäre, testet die Firma gegen die Nullhypothese H_0: $p \leq 0{,}07$ und legt den Ablehnungsbereich von H_0 bei einer Stichprobengröße von 200 Teilen auf $A = [16; 200]$ fest. Erläutern Sie, weshalb der Zulieferer mit der Wahl nicht einverstanden sein wird. ■

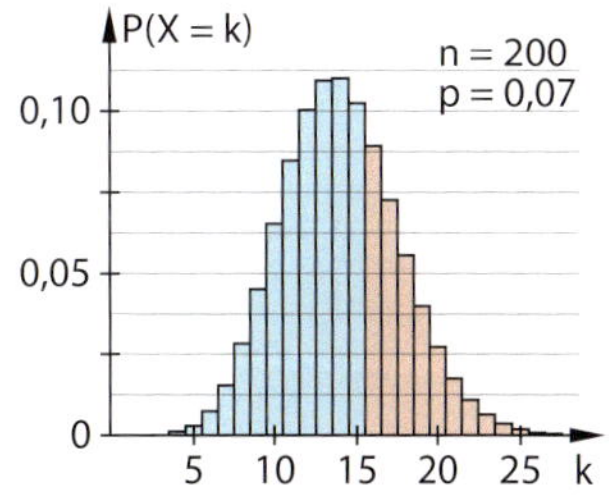

Irrtumswahrscheinlichkeit und Ablehnungsbereich bestimmen

Beim Testen von Hypothesen wird immer ein gewisser Anteil der Tests zur irrtümlichen Ablehnung der Nullhypothese führen, da das Stichprobenergebnis auch zufällig in den Ablehnungsbereich fallen kann, obwohl die Nullhypothese zutrifft. Die **Irrtumswahrscheinlichkeit** gibt an, wie groß die Wahrscheinlichkeit für eine solche Fehlentscheidung ist.

Definition: Irrtumswahrscheinlichkeit und Signifikanzniveau

Bei einem einseitigen Hypothesentest gibt die **Irrtumswahrscheinlichkeit** α die Wahrscheinlichkeit an, mit der eine zutreffende Nullhypothese abgelehnt wird.
Das **Signifikanzniveau** S ist eine Obergrenze für α, die zu Beginn des Tests festgelegt wird.

Hinweis:
Die hier behandelten Hypothesentests werden häufig auch als **Signifikanztests** bezeichnet.

Die Irrtumswahrscheinlichkeit α kann nur dann bestimmt werden, wenn der tatsächliche Wert für $p \leq p_0$ bekannt ist. Im Grenzfall p_0 von H_0 ist die Irrtumswahrscheinlichkeit am größten. Diese **maximale Irrtumswahrscheinlichkeit** α_{max} kann mit $p = p_0$ berechnet werden und entspricht der Wahrscheinlichkeit, dass ein Stichprobenergebnis im Ablehnungsbereich liegt.

Aus dem festgelegten Signifikanzniveau ergibt sich die Wahl des Ablehnungsbereichs.

Hinweis:
Typische Werte für das Signifikanzniveau sind 5 %, 1 % und 0,1 %.

Wissen: Wahl des Ablehnungsbereichs

Bei einem einseitigen Hypothesentest mit Signifikanzniveau S wird der Ablehnungsbereich A größtmöglich gewählt, so dass die Wahrscheinlichkeit dafür, dass ein Stichprobenergebnis in A liegt, höchstens S beträgt.

Linksseitiger Test: $A = [0; l]$ mit größtmöglichem $l \in \mathbb{N}$, so dass $P(X \leq l) \leq S$	Rechtsseitiger Test: $A = [r; n]$ mit kleinstmöglichem $r \in \mathbb{N}$, so dass $P(X \geq r) \leq S$

Beispiel 1: Maximale Irrtumswahrscheinlichkeit berechnen

Für einen Hypothesentest mit der Nullhypothese H_0: $p \geq 0{,}75$ und Stichprobengröße $n = 150$ wird der Ablehnungsbereich auf $A = [0; 105]$ festgelegt.
Berechnen Sie die maximale Irrtumswahrscheinlichkeit und erläutern Sie ihre Bedeutung.

Lösung:

Die Irrtumswahrscheinlichkeit ist maximal für den Grenzfall $p_0 = 0{,}75$ von H_0.

X sei binomialverteilt mit $n = 150$, $p_0 = 0{,}75$

Berechnen Sie die Wahrscheinlichkeit dafür, dass ein Stichprobenergebnis im Ablehnungsbereich liegt.

$\alpha_{max} = P(X \leq 105) \approx 0{,}095$

Trifft die Nullhypothese H_0 zu, so kommt es mit einer Wahrscheinlichkeit von höchstens etwa 9,5 % zu einer irrtümlichen Ablehnung der Nullhypothese.

Hinweis:
Liegt das Ergebnis der Stichprobe im Ablehnungsbereich, so spricht man von einem signifikanten (5 %), sehr signifikanten (1 %) oder hochsignifikantem Ergebnis (0,1 %).

Beispiel 2: Ablehnungsbereich bestimmen

Für einen Hypothesentest mit der Stichprobengröße $n = 75$ und einem Signifikanzniveau von 5 % ist die Nullhypothese gegeben. Bestimmen Sie den Ablehnungsbereich A.

a) H_0: $p \geq 0{,}3$ b) H_0: $p \leq 0{,}2$

Lösung:

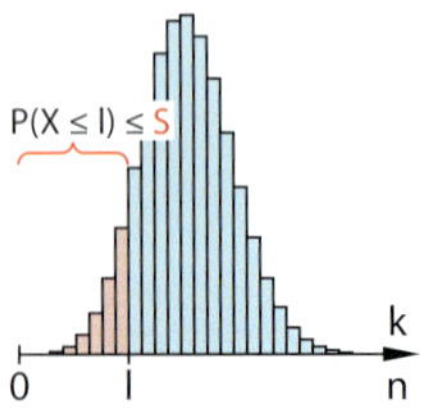

a) Da H_A: $p < 0{,}3$, handelt es sich um einen linksseitigen Test mit Ablehnungsbereich $A = [0; l]$.
Ermitteln Sie mit Testwerten den größten Wert für $l \in \mathbb{N}$, für den die Wahrscheinlichkeit dafür, dass ein Stichprobenergebnis in A liegt höchstens 5 % beträgt.

X sei binomialverteilt mit $n = 75$, $p_0 = 0{,}3$
Gesucht ist der größte Wert von $l \in \mathbb{N}$ mit
$P(X \leq l) \leq 0{,}05$
$P(X \leq 15) \approx 0{,}0353$
$P(X \leq 16) \approx 0{,}0620 > 0{,}05$
Der Ablehnungsbereich lautet $A = [0; 15]$.

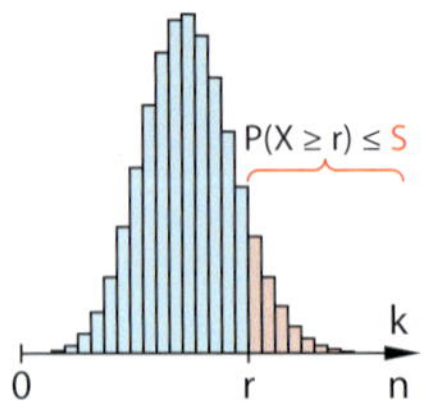

b) Es handelt sich um einen rechtsseitigen Test mit Ablehnungsbereich $A = [r; 75]$.
Bestimmen Sie den kleinsten Wert $r \in \mathbb{N}$, für den die Bedingung $P(X \geq r) \leq 0{,}05$ erfüllt ist.
Formen Sie die Ungleichung zunächst so um, dass sich eine kumulierte Wahrscheinlichkeit ergibt. Setzen Sie Testwerte ein und ermitteln Sie r.

X sei binomialverteilt mit $n = 75$, $p_0 = 0{,}2$
Gesucht ist der kleinste Wert von $r \in \mathbb{N}$ mit
$P(X \geq r) \leq 0{,}05$
$1 - P(X \leq r - 1) \leq 0{,}05 \quad | -1 \; | \cdot (-1)$
$P(X \leq r - 1) \geq 0{,}95$
$P(X \leq 20) \approx 0{,}9397$
$P(X \leq 21) \approx 0{,}9655 \geq 0{,}95$
Aus $r - 1 = 21$ folgt $r = 22$.
Der Ablehnungsbereich lautet $A = [22; 75]$.

Basisaufgaben

1. Die Nullhypothese eines linksseitigen Tests lautet H_0: $p \geq 0{,}5$. Die Tabelle zeigt die Wahrscheinlichkeiten $P(X \leq l)$ verschiedener Ablehnungsbereiche für den Grenzfall $p_0 = 0{,}5$ der Nullhypothese und den Stichprobenumfang $n = 120$.
   a) Der Ablehnungsbereich wird auf $A = [0; 50]$ festgelegt. Geben Sie die maximale Irrtumswahrscheinlichkeit an.
   b) Bestimmen Sie den größtmöglichen Ablehnungsbereich zum Signifikanzniveau 10 % (5 %).
   c) Formulieren Sie die Entscheidungsregel für den Ablehnungsbereich $A = [0; 50]$.

$A = [0; l]$	$P(X \leq l)$
[0; 49]	0,0274
[0; 50]	0,0412
[0; 51]	0,0602
[0; 52]	0,0853
[0; 53]	0,1176

2. Die Hypothesen eines linksseitigen Tests lauten H_0: $p \geq 0{,}8$ und H_A: $p < 0{,}8$. Die Stichprobengröße beträgt $n = 50$. Bestimmen Sie die maximalen Irrtumswahrscheinlichkeiten für die Ablehnungsbereiche $[0; 34]$ und $[0; 36]$.

3. Für einen rechtsseitigen Test sei H_0: $p \leq 0{,}25$. Das Histogramm zeigt die Binomialverteilung für die Stichprobengröße $n = 45$ und $p = 0{,}25$.
   a) Bestimmen Sie mithilfe des Histogramms näherungsweise die maximale Irrtumswahrscheinlichkeit für den Ablehnungsbereich $A = [17; 45]$.
   b) Das Signifikanzniveau beträgt 10 %. Bestimmen Sie den Ablehnungsbereich.

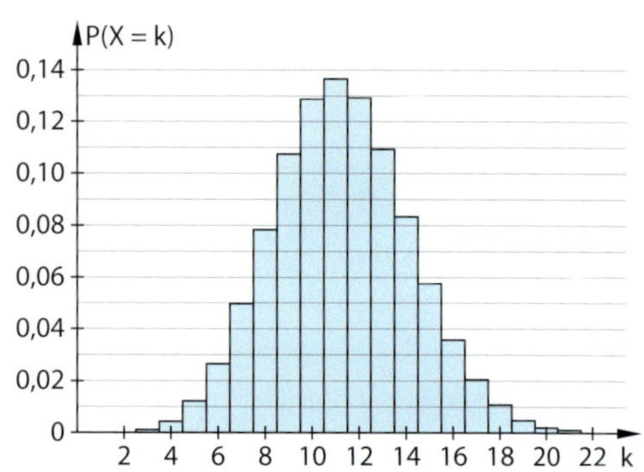

4. Für einen Hypothesentest wird gegen die Nullhypothese H_0: $p \le 0{,}6$ getestet. Der Ablehnungsbereich der Stichprobe mit $n = 80$ wird auf $A = [55; 80]$ festgelegt.

a) Berechnen Sie die maximale Irrtumswahrscheinlichkeit.

b) In Wirklichkeit gilt für die Stichprobe $p = 0{,}55$. Berechnen Sie die tatsächliche Irrtumswahrscheinlichkeit.

5. Es wird ein linksseitiger Test durchgeführt. Geben Sie mithilfe der Tabelle den zum Signifikanzniveau passenden Ablehnungsbereich $A = [0; l]$ an und formulieren Sie die Entscheidungsregel.

a) Signifikanzniveau 10 %

b) Signifikanzniveau 1 %

c) Signifikanzniveau 5 %

l	$P(X \le l)$
3	0,0019
4	0,0093
5	0,0338
6	0,0950
7	0,2131

6. Für einen rechtsseitigen Hypothesentest sucht man bei einem Signifikanzniveau von 10 % die kleinste natürliche Zahl r mit $P(X \ge r) \le 0{,}1$.

a) Begründen Sie, dass $P(X \le r - 1) \ge 0{,}9$ gilt.

b) Bestimmen Sie mithilfe der Tabelle den Ablehnungsbereich für ein Signifikanzniveau von 10 % (5 %).

$r - 1$	$P(X \le r - 1)$
133	0,8899
134	0,9183
135	0,9409
136	0,9583
137	0,9714

7. Das Histogramm zeigt die Binomialverteilung mit $p = 0{,}25$ und $n = 70$, die bei einem Hypothesentest für die Bestimmung des Ablehnungsbereichs A verwendet wird.

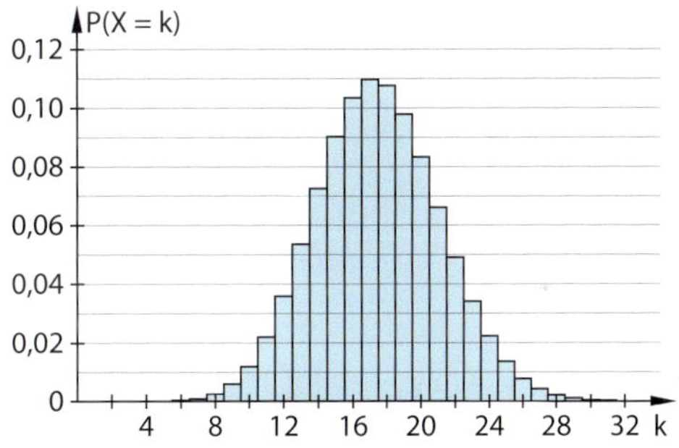

a) Geben Sie die Nullhypothese an und bestimmen Sie mithilfe des Histogramms den Ablehnungsbereich für

① einen linksseitigen Test bei einem Signifikanzniveau von 5 %,

② einen rechtsseitigen Test bei einem Signifikanzniveau von 0,1 %.

b) Überprüfen Sie Ihre Ergebnisse aus a) rechnerisch.

8. Zur Nullhypothese H_0: $p \ge 0{,}3$ wird ein Test mit Stichprobengröße $n = 80$ durchgeführt. Der Ablehnungsbereich wird auf $A = [0; 16]$ festgelegt. Das Histogramm zeigt die zugehörige Verteilung. Entscheiden Sie begründet, ob die Aussage wahr oder falsch ist. Korrigieren Sie sie gegebenenfalls.

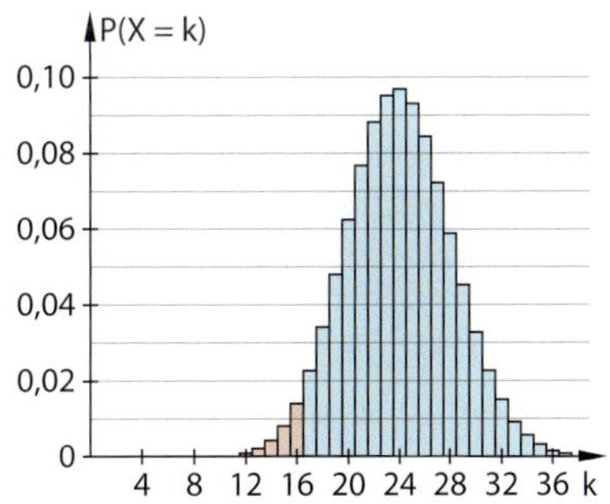

a) Es handelt sich um einen linksseitigen Test.

b) X ist für den Test binomialverteilt ist mit $n = 80$ und dem kleinstmöglichen Wert der Nullhypothese $p = 0{,}3$ (siehe Histogramm).

c) Die Wahrscheinlichkeit des Ablehnungsbereichs dieser Verteilung beträgt $P(X < 16) \approx 0{,}3$.

d) Die maximale Irrtumswahrscheinlichkeit entspricht der Wahrscheinlichkeit der im Histogramm rot unterlegten Säulen.

e) Das Signifikanzniveau ist höchstens so groß wie die Irrtumswahrscheinlichkeit.

f) Gilt für die Stichprobe $p = 0{,}4$, so lautet der Erwartungswert $E(X) = 32$ und die Wahrscheinlichkeit, dass das Ergebnis in den Ablehnungsbereich fällt, ist größer als die Wahrscheinlichkeit des rot gefärbten Bereichs.

Einseitige Hypothesentests durchführen

Zusammenfassend ist hier noch einmal der schematische Ablauf eines vollständigen einseitigen Hypothesentests dargestellt.

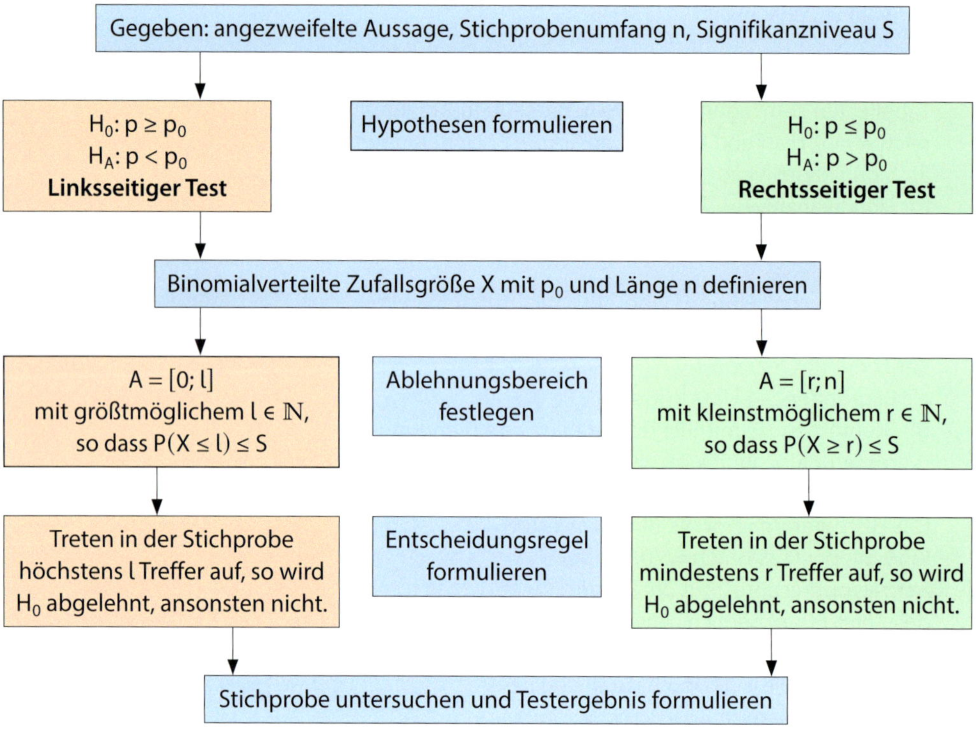

Beispiel 3: Für ein Pen-&-Paper-Rollenspiel wird ein zwanzigseitiger Spielwürfel (Ikosaeder) verwendet. Einer der Spieler behauptet, dass der Würfel zu selten die Zwanzig zeigt. Er führt einen Test mit 500 Würfen bei einem Signifikanzniveau von 1 % durch.
Formulieren Sie die Entscheidungsregel und das Testergebnis, wenn in der Stichprobe 12 Zwanziger auftreten.

Lösung:

Formulieren Sie Nullhypothese und die Alternativhypothese.	H_0: $p \geq \frac{1}{20}$ H_A: $p < \frac{1}{20}$ (linksseitiger Test)
Definieren Sie die binomialverteilte Zufallsgröße X mit p_0 und n.	X: Anzahl geworfener Zwanziger X binomialverteilt mit $p_0 = \frac{1}{20}$ und $n = 500$
Bestimmen Sie den Ablehnungsbereich.	$A = [0; l]$ mit größtmöglichem $l \in \mathbb{N}$, so dass $P(X \leq l) \leq 0{,}01$ $P(X \leq 13) \approx 0{,}0055$ $P(X \leq 14) \approx 0{,}0108 > 0{,}01$ Ablehnungsbereich: $A = [0; 13]$
Formulieren Sie die zugehörige Entscheidungsregel.	Tritt in 500 Spielrunden höchstens 13-mal die Zwanzig auf, so wird H_0 für die Stichprobe abgelehnt, ansonsten nicht.
Wenden Sie die Entscheidungsregel an und formulieren Sie das Testergebnis.	Da weniger als 13 Treffer erzielt wurden, wird H_0 für diese Stichprobe abgelehnt.

Hinweis:
Für große Stichprobenwerte bietet der Erwartungswert eine Orientierung: Dieser liegt hier bei $\mu = n \cdot p = 25$.
Die Grenze des linken Ablehnungsbereichs l muss also kleiner als 25 sein.

5.3 Fehlentscheidungen beim Testen

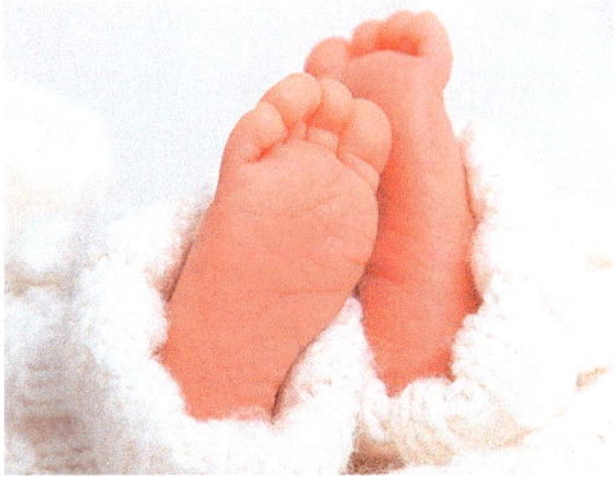

■ Neugeborenen werden wenige Blutstropfen aus der Ferse entnommen, um sie auf angeborene Stoffwechsel- und Hormonerkrankungen zu testen. Hierbei kann es zu zweierlei Fehlern kommen: Das Kind hat eine Erkrankung und diese wird übersehen. Oder aber das Kind ist gesund, der Test zeigt aber fälschlicherweise eine Erkrankung an. Bei einem positiven Testergebnis wird daher erneut getestet.

a) Erläutern Sie, welcher Fehler folgenschwerer ist.

b) Das Signifikanzniveau begrenzt die Wahrscheinlichkeit, eine zutreffende Nullhypothese abzulehnen. Geben Sie anhand dessen an, wie die Nullhypothese lauten sollte. ■

Fehler 1. und 2. Art

Bei Hypothesentests kann es zu zwei grundlegenden Arten von Fehlern kommen.

Definition: Fehler 1. und 2. Art

Ein **Fehler 1. Art** liegt vor, wenn die Nullhypothese zutrifft, aber abgelehnt wird.
Ein **Fehler 2. Art** liegt vor, wenn die Nullhypothese nicht zutrifft, aber nicht abgelehnt wird.

Erinnerung:
Die Formulierung „Ein Fehler 2. Art liegt vor, wenn H_0 nicht zutrifft, aber angenommen wird“, wäre problematisch, da H_0 beim Testen nur als unwahrscheinlich verworfen, aber nicht als wahr angenommen werden kann.

Ein Hypothesentest liefert keine Antwort auf die Frage, mit welcher Wahrscheinlichkeit die Nullhypothese zutrifft bzw. deren Ablehnung ein Fehler ist. Denn für die Berechnung des Ablehnungsbereichs wird die Gültigkeit der Nullhypothese bereits vorausgesetzt. Die Wahrscheinlichkeiten für Fehler 1. und 2. Art sind daher bedingte Wahrscheinlichkeiten.

Unter der **Voraussetzung, dass H_0 zutrifft**, gibt die Irrtumswahrscheinlichkeit α an, wie häufig es auf lange Sicht zum fälschlichen Ablehnen von H_0 bei diesem Test kommt (**Fehler 1. Art**). α kann allerdings nur berechnet werden, wenn die tatsächliche Trefferwahrscheinlichkeit bekannt ist. Der größtmögliche dieser Werte hingegen entspricht der Wahrscheinlichkeit des Ablehnungsbereichs für den Grenzfall p_0 von H_0 (maximale Irrtumswahrscheinlichkeit).

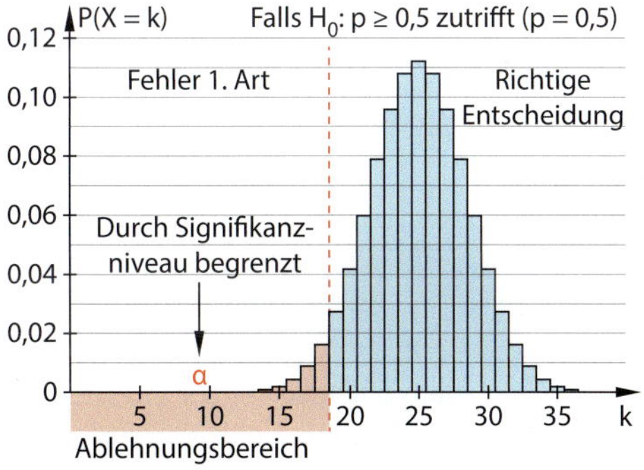

Hinweis:
Je kleiner der Ablehnungsbereich, desto kleiner wird bei zutreffendem H_0 die maximale Irrtumswahrscheinlichkeit α_{max}.
Trifft H_0 nicht zu, so erhöht sich bei dieser Verkleinerung einzig die Wahrscheinlichkeit β für Fehler 2. Art.

Unter der **Voraussetzung, dass H_0 nicht zutrifft**, gibt die Wahrscheinlichkeit β an, wie häufig es auf lange Sicht zum fälschlichen Nicht-Ablehnen von H_0 kommt (**Fehler 2. Art**). Damit entspricht β der Wahrscheinlichkeit des Nicht-Ablehnungsbereichs. Die Berechnung von β ist nur möglich ist, wenn der tatsächliche Wert von p aus H_A bekannt ist. Für $p = 0{,}45$ beträgt die Wahrscheinlichkeit, dass H_0 nicht abgelehnt wird, $\beta = P(X \geq 19) \approx 0{,}87$.

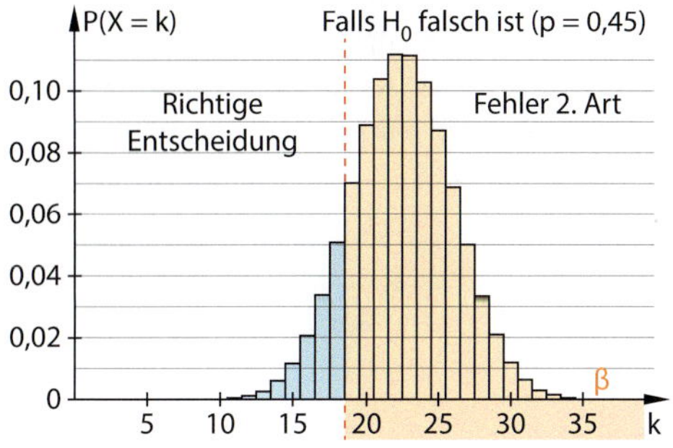

Wissen: Fehlerwahrscheinlichkeiten

Die Wahrscheinlichkeiten für Fehler 1. und 2. Art hängen vom tatsächlichen Wert von p ab.
Die **Wahrscheinlichkeit α für einen Fehler 1. Art** entspricht der Irrtumswahrscheinlichkeit.
Die **Wahrscheinlichkeit β für einen Fehler 2. Art** ist die Wahrscheinlichkeit, dass ein Stichprobenergebnis für den tatsächlichen Wert von p aus H_A nicht im Ablehnungsbereich liegt.

Beispiel 1: Eine Notebookreihe fällt durch defekte Chips auf. Um die Ausfallwahrscheinlichkeit p abschätzen zu können, testet der Hersteller die Vorgabe H_0: $p \le 0{,}01$ für 200 Chips bei einem Signifikanzniveau von 5 %. Der Ablehnungsbereich lautet somit $A = [6; 200]$.

a) Erläutern Sie die Bedeutung von Fehlern 1. und 2. Art im Sachzusammenhang.
b) Berechnen Sie die größtmögliche Wahrscheinlichkeit für Fehler 1. Art.
c) Berechnen Sie die Fehlerwahrscheinlichkeit, wenn tatsächlich $p = 0{,}03$ gilt.

Lösung:

a) Bei einem Fehler 1. Art wird H_0 zugunsten von H_A abgelehnt, obwohl H_0 zutrifft. Bei einem Fehler 2. Art wird H_0 nicht abgelehnt, obwohl H_A zutrifft.

Bei einem Fehler 1. Art geht der Hersteller von $p > 0{,}01$ aus, obwohl $p \le 0{,}01$ gilt. Bei einem Fehler 2. Art geht er weiterhin von $p \le 0{,}01$ aus, obwohl $p > 0{,}01$ gilt.

b) Die maximale Wahrscheinlichkeit für Fehler 1. Art entspricht der maximalen Irrtumswahrscheinlichkeit. Berechnen Sie für den Grenzfall $p_0 = 0{,}01$ die Wahrscheinlichkeit des Ablehnungsbereichs.

X: Anzahl Notebooks mit defektem Chip
X binomialverteilt mit $p_0 = 0{,}01$ und $n = 200$
$\alpha_{max} = P(X \ge 6) = 1 - P(X \le 5) \approx 0{,}016$
Die Wahrscheinlichkeit für Fehler 1. Art beträgt höchstens etwa 1,6 %.

c) Wegen $p = 0{,}03 > 0{,}01$ trifft H_0 nicht zu. Es kann also nur zu einem Fehler 2. Art kommen. Berechnen Sie für $p = 0{,}03$ die Wahrscheinlichkeit dafür, dass das Ergebnis außerhalb von A liegt.

Y: Anzahl Notebooks mit defektem Chip
Y binomialverteilt mit $p = 0{,}03$ und $n = 200$
$\beta = P(Y \le 5) \approx 0{,}443$
Die Wahrscheinlichkeit einer Fehlentscheidung beträgt etwa 44,3 %.

Basisaufgaben

1. Übertragen Sie das Diagramm in Ihr Heft und tragen Sie die folgenden Begriffe an passender Stelle ein.

Richtige Entscheidung | H_0 trifft nicht zu | H_0 wird abgelehnt | Fehler 2. Art | Fehler 1. Art | H_0 wird nicht abgelehnt

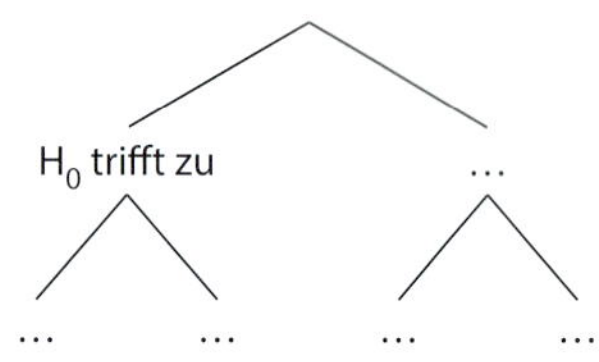

2. Für die Nullhypothese H_0: $p \ge 0{,}3$ werden ein Signifikanzniveau von 5 % und der Stichprobenumfang 50 gewählt. Der Ablehnungsbereich lautet damit $A = [0; 9]$. Es werden drei verschiedene Situationen für p betrachtet: ① $p = 0{,}32$; ② $p = 0{,}3$; ③ $p = 0{,}28$
   a) Geben Sie an, in welcher Situation es zu Fehlern 1. Art oder 2. Art kommen kann.
   b) Bestimmen Sie die Wahrscheinlichkeiten α für Fehler 1. Art und β für Fehler 2. Art mithilfe der Abbildungen. Kontrollieren Sie rechnerisch.

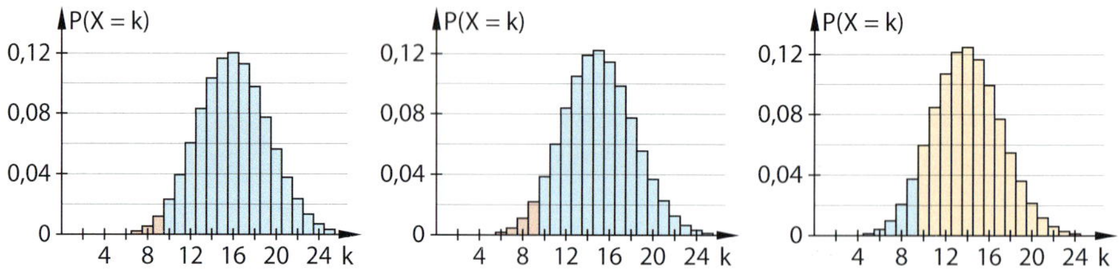

3. Es wird ein Hypothesentest mit H_0: $p \le 0{,}3$ und Stichprobenumfang $n = 100$ bei einem Signifikanzniveau von 1 % durchgeführt. Der Ablehnungsbereich lautet $A = [42; 100]$.
   a) Bestimmen Sie die maximale Wahrscheinlichkeit für einen Fehler 1. Art.
   b) Beschreiben Sie eine Situation, in der es zu einem Fehler 1. Art (2. Art) kommt.
   c) Bestimmen Sie die Fehlerwahrscheinlichkeit β, wenn tatsächlich $p = 0{,}35$ ($p = 0{,}4$) gilt.

4. Ein großer Feinkosthändler schließt einen neuen Vertrag über die monatliche Lieferung von Oliven ab. Dabei wird vereinbart, dass höchstens 2 % der gelieferten Oliven bitter schmecken dürfen. Der Händler lässt die erste Lieferung probehalber mit H_0: $p \leq 0{,}02$ auf einem Signifikanzniveau von 5 % testen. Dazu werden zufällig 150 Oliven entnommen und verkostet. Der Ablehnungsbereich lautet $A = [7; 150]$.

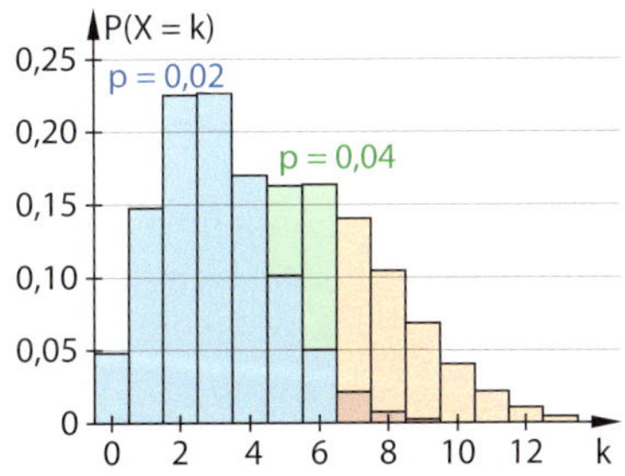

a) Beschreiben Sie im Sachzusammenhang, welche Fehlentscheidungen möglich sind, und geben Sie jeweils ein konkretes Zahlenbeispiel an.

b) Zu jeder der folgenden Situationen passt mindestens einer der vier farblich markierten Wahrscheinlichkeitsbereiche. Ordnen Sie begründet zu:
① Fehler 1. Art ② Fehler 2. Art ③ richtige Entscheidung

c) Bestimmen Sie die Wahrscheinlichkeiten für ① und ② mithilfe des Histogramms. Kontrollieren Sie Ihre Ergebnisse anschließend rechnerisch.

Wahl der Nullhypothese

Die Nullhypothese und die Alternativhypothese nehmen beim Testen verschiedene Rollen ein. Eine Ablehnung der Nullhypothese kann unter Ausschluss anderer Fehlerquellen als Unterstützung der Alternativhypothese gewertet werden. Die Nullhypothese selbst kann durch den Test dagegen nicht gestützt werden.
Durch das Signifikanzniveau kann zudem nur eine Obergrenze für die Irrtumswahrscheinlichkeit, also die Wahrscheinlichkeit von Fehlern 1. Art, festgelegt werden. Für die Wahrscheinlichkeit von Fehlern 2. Art kann dagegen keine sinnvolle Obergrenze gesetzt werden.

Wissen: Wahl der Nullhypothese
Abhängig von den Testumständen wird für die Wahl der Nullhypothese eine der folgenden beiden Regeln beachtet:
Regel 1: Die Hypothese, die gestützt werden soll, wird als Alternativhypothese formuliert.
Regel 2: Die folgenschwerste Fehlentscheidung soll der Fehler 1. Art sein.

Hinweis:
Welcher der beiden Fehler (1. Art oder 2. Art) folgenschwerer ist, hängt immer vom Sachzusammenhang ab.

Beispiel 2: Ein Hersteller von LED-Lampen nimmt regelmäßig Prüfungen einzelner Chargen vor. Dabei gilt eine Charge als gut, wenn die Defektwahrscheinlichkeit der Lampen höchstens p_0 beträgt. Minderwertige Chargen werden vor dem Verkauf aussortiert.
Geben Sie an, wie die Nullhypothese im angegebenen Fall zu wählen ist, wenn der Fehler 1. Art als folgenschwerster vermieden werden soll. Die LED-Lampen werden
a) in Privathaushalten eingesetzt, b) in Medizingeräten eingesetzt.

Lösung:

a) Der folgenschwerste Fehler entsteht, wenn gute Chargen irrtümlich aussortiert werden. Dadurch entstehen hohe Kosten. Wählen Sie H_0 so, dass dies der Fehler 1. Art ist.
Wähle H_0: $p \leq p_0$
Der zu vermeidende Fehler 1. Art lautet: Die Charge ist gut (da $p \leq p_0$ zutrifft), wird aber aussortiert.

b) Der folgenschwerste Fehler entsteht, wenn minderwertige Chargen irrtümlich nicht aussortiert werden. Dadurch könnten gesundheitliche Folgen entstehen. Wählen Sie H_0 so, dass dies der Fehler 1. Art ist.
Wähle H_0: $p \geq p_0$
Der zu vermeidende Fehler 1. Art lautet: Die Charge ist minderwertig (da $p \geq p_0$ zutrifft), wird aber nicht aussortiert.

Hinweis:
Das Fehlerrisiko kann bei Fehlern 1. Art begrenzt werden. Im Beispiel wird in a) das Produzentenrisiko und in b) das Konsumentenrisiko begrenzt.

Basisaufgaben

5. Geben Sie eine geeignete Null- und Alternativhypothese an.

a) Es wird vermutet, dass ein Würfel zu selten die Sechs anzeigt.

b) Es soll die Annahme gestützt werden, dass durchschnittlich weniger als 9 von 10 Personen einverstanden sind.

c) Eine Firma erhält von einem ihrer Zulieferer die Aussage, dass 98 % der gefertigten Bauteile in Ordnung sind. Die Firma möchte begründen können, dass die Quote niedriger liegt. Sowohl der Zulieferer als auch die Firma führen einen Test durch.

6. Entscheiden Sie begründet, ob H_0: $p \geq 0{,}5$ oder H_0: $p \leq 0{,}5$ als Nullhypothese geeignet ist.

a) Es soll das Risiko begrenzt werden, irrtümlich von $p > 0{,}5$ auszugehen.

b) Es soll das Risiko begrenzt werden, irrtümlich von einer zu kleinen Wahrscheinlichkeit auszugehen.

c) Durch den Test soll entschieden werden, ob bei einer Charge eines Produkts Güteklasse A oder B vorliegt. Gilt $p > 0{,}5$, wird die Produktcharge als Güteklasse A eingestuft.
① Durch den Test soll vermieden werden, irrtümlich von Güteklasse A auszugehen.
② Die Wahrscheinlichkeit, dass durch den Test fälschlicherweise von Güteklasse B ausgegangen wird, soll höchstens 2 % betragen.

7. Es soll eine Umfrage zur Beliebtheit eines Politikers durchgeführt werden. Geben Sie jeweils eine geeignete Nullhypothese an.

a) Der Test soll untermauern, dass der Politiker bei mehr als 80 % der Wähler beliebt ist.

b) Es soll das Risiko gering gehalten werden, dass man aufgrund des Tests irrtümlich von einem geringeren Zustimmungswert als 80 % ausgeht.

Weiterführende Aufgaben

8. In Deutschland sind etwa 3,5 % der Fahrgäste in Bus und Bahn unerlaubt ohne Ticket unterwegs. Ein Nahverkehrsbetrieb hat zuletzt die Kontrollen erhöht und führt zur Erfolgsprüfung einen Test durch. Es soll untermauert werden, dass die Wahrscheinlichkeit, einen Fahrgast ohne Ticket anzutreffen, abgenommen hat. Die untersuchte Stichprobe von 500 Fahrgästen soll auf dem Signifikanzniveau von 10 % überprüft werden.

a) Bestimmen Sie die Entscheidungsregel des Tests.

b) Beschreiben Sie die Bedeutung von Fehlern 1. und 2. Art im Sachzusammenhang.

c) Berechnen Sie die größtmögliche Wahrscheinlichkeit für Fehler 1. Art.

d) Bestimmen Sie die Wahrscheinlichkeit β für Fehler 2. Art, sofern die Quote der Schwarzfahrer durch die erhöhten Kontrollen bei 3,3 % liegen sollte.

9. Ein Impfstoffhersteller prüft regelmäßig, ob die Dosen den gesetzten Anforderungen an die Konzentrationsgenauigkeit genügen. Für die Wahrscheinlichkeit fehlerhafter Dosen wird ein Grenzwert p_0 angesetzt.

a) Ordnen Sie passende Kärtchen einander zu.

Eine gute Charge wird eliminiert.	Eine fehlerhafte Charge wird nicht eliminiert.

Fehler 1. Art	H_0: $p \leq p_0$	H_0: $p \geq p_0$	Fehler 2. Art

b) Geben Sie an, welcher Fehler bei einem linksseitigen (rechtsseitigen) Test durch das Signifikanzniveau begrenzt werden kann.

c) Erläutern Sie, ob links- oder rechtsseitig getestet werden sollte.

10. Stolperstelle: Paul hat erfahren, dass es zwei mögliche Fehlentscheidungen bei Hypothesentests gibt: den Fehler 1. Art und den Fehler 2. Art. Er wundert sich: *„Bei so einem Test können doch allerhand Fehler passieren. Man könnte sich zum Beispiel bei der Bestimmung des Ablehnungsbereichs verrechnen oder die Stichprobe für den Test nicht zufällig auswählen. Also gibt es doch noch mehr Fehlerarten beim Testen!"* Nehmen Sie Stellung zu Pauls Aussage.

11. Ein Spielehersteller möchte mit eine Umfrage testen, ob das Interesse an einem Nachfolger eines beliebten Computerspiels groß genug ist. Das neue Spiel soll nur dann produziert werden, wenn mindestens 80 % der Käufer des 1. Teils auch den Nachfolger kaufen würden.

a) Übertragen Sie die Tabelle in Ihr Heft und vervollständigen Sie sie.

Hypothesen bei linksseitigem Test	Hypothesen bei rechtsseitigem Test
	H_0: $p \leq 0{,}8$ und H_A: $p > 0{,}8$
Fehler 1. Art und dessen Konsequenzen	**Fehler 1. Art und dessen Konsequenzen**
Das Interesse für einen Nachfolger ist groß genug, der Hersteller produziert aber keinen Nachfolger. Dem Hersteller entgehen hierdurch Gewinne und die Chance auf eine erfolgreiche Spieleserie.	
Fehler 2. Art und dessen Konsequenzen	**Fehler 2. Art und dessen Konsequenzen**

b) Erläutern Sie, was Ihnen beim Vergleich beider Testrichtungen auffällt.

c) Der Hersteller ist finanziell schlecht gestellt und darf sich keine weiteren Verluste erlauben. Begründen Sie, ob links- oder rechtsseitig getestet werden sollte.

● **12.** Ein erprobtes Medikament weist eine Wirksamkeit von $p_{alt} = 0{,}8$ auf. Ein neues, vielversprechendes Medikament soll die Wirksamkeit deutlich übertreffen. Es wird mit der Nullhypothese H_0: $p \leq 0{,}8$ und den Stichprobengrößen 30, 300 und 3000 auf dem Signifikanzniveau 5 % getestet.

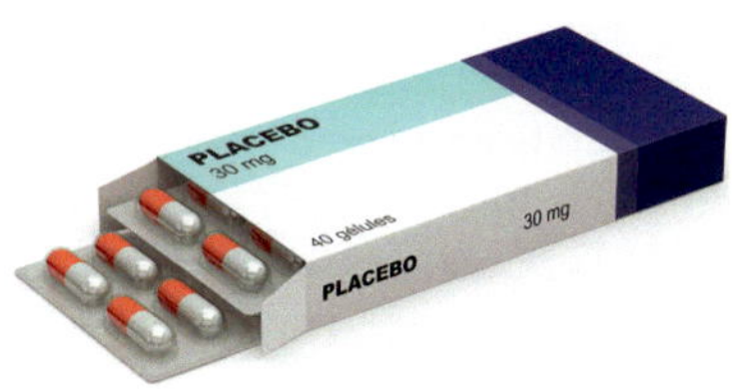

a) Beschreiben Sie mögliche Zielsetzungen, die zur Wahl der Nullhypothese geführt haben können.

b) Begründen Sie, dass die Ablehnungsbereiche $A_1 = [28; 30]$, $A_2 = [252; 300]$ und $A_3 = [2437; 3000]$ lauten. Berechnen Sie für jeweils die größtmögliche Wahrscheinlichkeit für Fehler 1. Art.

Tatsächlich stellt sich später in zahlreichen Folgestudien heraus, dass das neue Medikament wirksamer ist. Jedoch ist der Unterschied mit $p_{neu} = 0{,}81$ sehr gering.

c) Bestimmen Sie für alle drei Stichprobengrößen die Wahrscheinlichkeit β für Fehler 2. Art.

d) „Ein Hypothesentest gibt keine Auskunft darüber, wie groß tatsächliche Abweichungen von der Nullhypothese sind. Wählt man die Stichprobengröße nur groß genug, so führen auch vernachlässigbare Unterschiede zu signifikanten Ergebnissen."
Erläutern Sie die Problematik der Aussage in Bezug auf die Möglichkeit, dass das neue Medikament größere Nebenwirkungen aufweisen könnte als das alte.

● **13. Ausblick:** Ein Anspruch an wissenschaftliches Arbeiten ist, dass Ergebnisse reproduzierbar sind. Nur wenn die wesentlichen Aussagen auch bei wiederholter Durchführung der Experimente oder Messungen übereinstimmen, erlangen Studien Glaubwürdigkeit. Seit einigen Jahren wird darüber diskutiert, ob Hypothesentests in manchen Wissenschaften für zu niedrige Reproduktionsraten sorgen. Bekannt ist dieses Phänomen unter dem Namen **„replication crisis"**. Ein Problem dabei ist das sogenannte p-Hacking. Informieren Sie sich über den Begriff und die damit verbundenen Probleme.

Zweiseitige Hypothesentests

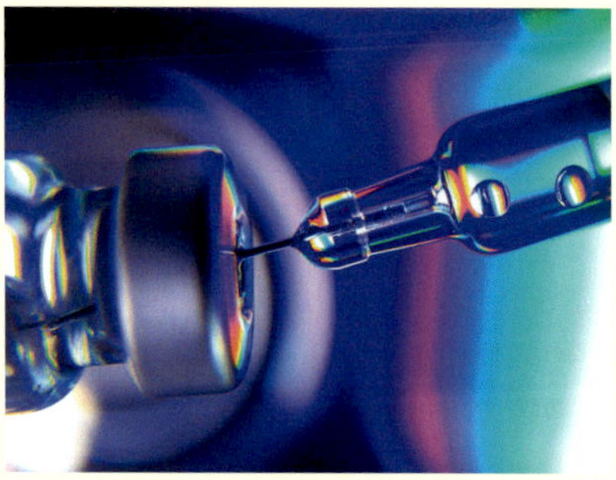

■ Ein Unternehmen hat einen neuen Impfstoff entwickelt und untersucht, ob dieser wirksamer als das Konkurrenzprodukt ist, das 90 % Wirksamkeit aufweist. Beurteilen Sie folgendes Vorgehen: Es wird rechtsseitig mit H_0: $p \leq 0{,}9$ getestet und

a) der neue Impfstoff hat in Vorstudien bereits eine Wirksamkeit von über 90 % gezeigt,

b) der neue Impfstoff hat noch keine Tests auf Wirksamkeit durchlaufen. Die Wirksamkeit ist also noch ungeklärt. ■

Ein einseitiger Test ist nur für Abweichungen in eine Richtung, die der Alternativhypothese, empfindlich. Wird beispielsweise bei einem Würfel die Wahrscheinlichkeit für das Auftreten einer „Sechs" rechtsseitig mit H_0: $p \leq \frac{1}{6}$ und H_A: $p > \frac{1}{6}$ getestet, so kann der Test nur ein zu häufiges Auftreten der „Sechser" erkennen. Ein zu seltenes Auftreten bleibt aber unentdeckt. Soll der Test prüfen, ob der Würfel fair ist, so sind beide Abweichungsrichtungen von $p = \frac{1}{6}$ relevant. Es kann dann nicht einseitig getestet werden. Der Test erfolgt in diesem Fall zweiseitig mit den Hypothesen H_0: $p = \frac{1}{6}$ und H_A: $p \neq \frac{1}{6}$.

Da die Nullhypothese des zweiseitigen Tests sowohl für zu kleine als auch für zu große Stichprobenergebnisse verworfen wird, umfasst der Ablehnungsbereich A beide äußeren Enden der Verteilung: $A = [0; l] \cup [r; n]$.
Das Signifikanzniveau (hier 5 %) wird dabei auf beide Intervalle des Ablehnungsbereichs hälftig aufgeteilt:
$P(X \leq l) \leq 0{,}025$ und $P(X \geq r) \leq 0{,}025$.

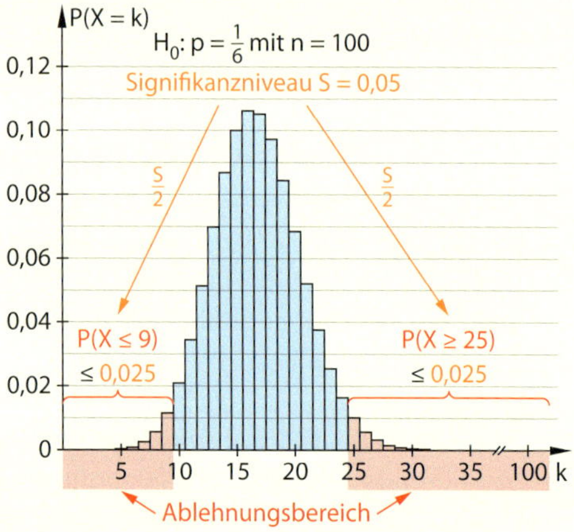

Für das Beispiel H_0: $p = \frac{1}{6}$ und H_A: $p \neq \frac{1}{6}$ mit $n = 100$ ergibt sich $A = [0; 9] \cup [25; 100]$.
Die Irrtumswahrscheinlichkeit entspricht dann der Summe $\alpha = P(X \leq 9) + P(X \geq 25) \leq S$.

Wissen: Zweiseitige Hypothesentests durchführen

Sind das Signifikanzniveau S und der Stichprobenumfang n eines zweiseitigen Hypothesentests festgelegt, so führt man die folgenden Schritte durch.

Hypothesen formulieren	Nullhypothese: Alternativhypothese:	$\mathbf{H_0: p = p_0}$ $\mathbf{H_A: p \neq p_0}$
Zufallsgröße X definieren	X: Anzahl der „Treffer"; X ist für den Test binomialverteilt mit Trefferwahrscheinlichkeit p_0 und Länge n.	
Ablehnungsbereich bestimmen	$A = [0; l] \cup [r; n]$ $l \in \mathbb{N}$ maximal mit $P(X \leq l) \leq \frac{S}{2}$	 $r \in \mathbb{N}$ minimal mit $P(X \geq r) \leq \frac{S}{2}$
Entscheidungsregel formulieren	Beobachtet man höchstens l oder mindestens r Treffer, so wird H_0 für die Stichprobe abgelehnt, ansonsten nicht.	

Abhängig von den Voraussetzungen wird vorab entschieden, welcher Test geeignet ist. Der einseitige Test hat eine größere „Power", Abweichungen der Trefferwahrscheinlichkeit in eine Richtung zu erkennen. Liegt also ein begründeter Verdacht über die Abweichungsrichtung der Trefferwahrscheinlichkeit vor, so kann einseitig getestet werden.
Führt aber das Übersehen eines Effekts in Gegenrichtung der Alternativhypothese zu Konsequenzen, die vermieden werden sollen, so muss zweiseitig getestet werden.

Beispiel 1: Geben Sie an, welcher Test geeignet ist, und formulieren Sie die Hypothesen.

a) Eine Münze soll daraufhin getestet werden, ob die Seite „Kopf" zu häufig geworfen wird.

b) Ein Bauteil wird durch ein neues ersetzt. Ein Test soll stützen, dass die Defektrate kleiner als $p = 0{,}05$ ist, jedoch darf eine höhere Defektrate auf keinen Fall übersehen werden.

Lösung:

a) Es kann einseitig getestet werden, da nur interessiert, ob zu häufig „Kopf" erscheint.
Es kann rechtsseitig mit H_0: $p \leq \frac{1}{2}$ und H_A: $p > \frac{1}{2}$ getestet werden. Dabei ist p die Wahrscheinlichkeit für „Kopf".

b) Obwohl $p < 0{,}05$ vermutet wird, darf $p > 0{,}05$ nicht übersehen werden.
Es sollte zweiseitig mit H_0: $p = 0{,}05$ und H_A: $p \neq 0{,}05$ getestet werden.

Aufgaben

1. Geben Sie beide Hypothesen für den zweiseitigen Test an.

a) Die relativen Einschaltquoten einer Fernsehshow lagen zuletzt bei etwa 7 %. Eine Umfrage soll ergeben, ob sich die Quote verändert hat.

b) Ein Glücksrad ist in zwei Felder der Farben Rot und Grün unterteilt. Die rote Fläche ist dabei doppelt so groß wie die grüne. Es soll getestet werden, ob das Rad fair ist.

2. Es soll untersucht werden, ob die tatsächliche Trefferwahrscheinlichkeit p vom angenommenen Wert p_0 abweicht. Die Aussage beschreibt eine mögliche Testvoraussetzung. Begründen Sie, ob einseitig oder zweiseitig getestet werden sollte.

a) Es gibt keinen Verdacht darüber, ob und in welche Richtung p von p_0 abweicht.

b) Es gibt einen starken Verdacht, dass p größer als p_0 sein könnte. Das Übersehen einer Abweichung in die andere Richtung hat keinerlei Konsequenzen.

c) Es gibt einen starken Verdacht, dass p kleiner als p_0 sein könnte. Das Übersehen einer Abweichung in die andere Richtung hat schwerwiegende Konsequenzen.

Hinweis:
Da ein einseitiger Test vorhandene Abweichungen eher aufdeckt als ein zweiseitiger Test, sollte dieser bevorzugt werden, wenn er für die Testsituation geeignet ist.

3. Begründen Sie, ob ein- oder zweiseitig getestet werden kann oder sollte.

a) Ein gewöhnlicher Würfel zeigt zehn Würfe in Folge keine Sechs. Der Würfel wird daraufhin linksseitig mit H_0: $p \geq \frac{1}{6}$ und H_A: $p < \frac{1}{6}$ getestet.

b) Ein gewöhnlicher Würfel zeigt dreißig Würfe in Folge keine Sechs. Der Würfel wird daraufhin linksseitig mit H_0: $p \geq \frac{1}{6}$ und H_A: $p < \frac{1}{6}$ getestet.

c) Die Wirksamkeit eines neuen Medikaments p wird mit der eines bestehenden p_{alt} verglichen. Dabei sind die
① Nebenwirkungen und Herstellungskosten beider Medikamente gleich,
② Nebenwirkungen des neuen Medikaments größer,
③ Nebenwirkungen des alten Medikaments größer.

4. Ein Würfel wird daraufhin getestet, ob er fair ist, indem die Häufigkeit der Einsen betrachtet wird. Der Würfel wird 500-mal geworfen.

a) Begründen Sie, weshalb der Test zweiseitig erfolgen sollte.

b) Formulieren Sie die Entscheidungsregel für den Test zum Signifikanzniveau von 5 %.

5.4 Klausur- und Abiturtraining

Aufgaben ohne Hilfsmittel

1. Für einen Hypothesentest lautet die Nullhypothese H_0: $p \leq 0{,}4$. Die Stichprobengröße beträgt $n = 40$ und der Ablehnungsbereich der Nullhypothese lautet [22; 40]. Abgebildet sind vier mögliche Binomialverteilungen der Stichprobe mit $p_1 = 0{,}3$, $p_2 = 0{,}4$, $p_3 = 0{,}41$ und $p_4 = 0{,}5$ (Säulen im Ablehnungsbereich sind rot unterlegt).
   a) Formulieren Sie die Alternativhypothese H_A in Worten.
   b) Geben Sie für jedes Histogramm an, ob es zu H_0 oder zu H_A passt.
   c) Bestimmen Sie für jede Verteilung die Wahrscheinlichkeit des Ablehnungsbereichs.
   d) Begründen Sie: Trifft H_0 für die Stichprobe zu, so ist ein Ergebnis aus dem Ablehnungsbereich unwahrscheinlich. Trifft die Alternativhypothese zu, so ist dies deutlich wahrscheinlicher.
   e) Begründen Sie, dass die Nullhypothese zugunsten der Alternative abgelehnt wird, wenn die Stichprobe ein Ergebnis aus dem Ablehnungsbereich liefert.

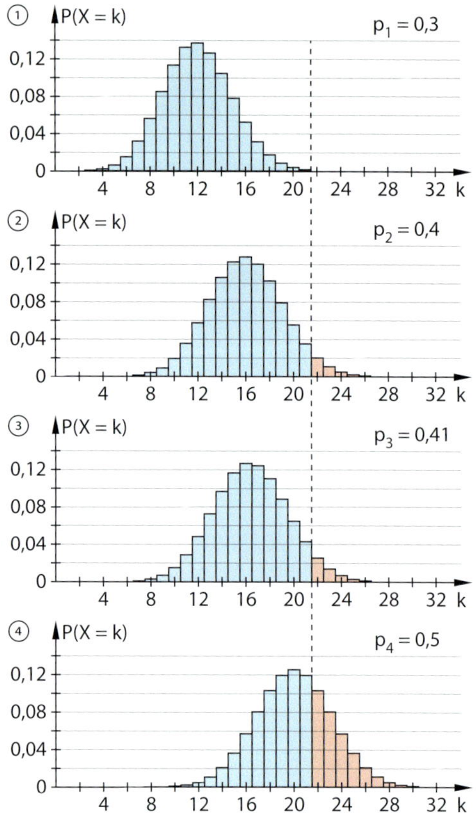

2. Ein Pharmahersteller untersucht mithilfe eines Hypothesentests, wie sich sein neues Medikament bezüglich einer gesetzten Wirksamkeitsgrenze von 80 % positioniert. Die Nullhypothese lautet daher entweder H_0: $p \geq 0{,}8$ oder H_0: $p \leq 0{,}8$.
   a) Beschreiben Sie im Sachkontext für beide Nullhypothesen, worin Fehler 1. Art bestehen.
   b) Die Wirksamkeit des Medikaments muss gegen die Nebenwirkungen abgewogen werden. Beurteilen Sie, welcher Fehler folgenschwerer ist und wie die Nullhypothese folglich gewählt werden sollte.
      ① Das Medikament wird zur Behandlung einer schweren Krankheit eingesetzt und verursacht kaum Nebenwirkungen.
      ② Das Medikament wird zur Behandlung einer schweren Krankheit eingesetzt, verursacht aber auch schwere Nebenwirkungen.

3. Begründen Sie, ob ein Fehler 1. oder 2. Art vorliegt.
   a) Ein Lebendimpfstoff soll in höchstens einem von zehn Fällen Fieber als Impfreaktion hervorrufen. Die Nullhypothese H_0: $p \leq 0{,}1$ wird daraufhin bei einer Stichprobe von 1000 Patienten getestet. Obwohl für den Impfstoff in Wirklichkeit $p \approx 0{,}125$ gilt, wird die Nullhypothese nicht abgelehnt.
   b) Ein gewöhnlicher Würfel wird daraufhin überprüft, ob er zu häufig die Sechs zeigt. Der Würfel ist tatsächlich fair, aber dennoch fällt das Stichprobenergebnis in den Ablehnungsbereich der Nullhypothese H_0: $p \leq \frac{1}{6}$.

Aufgaben mit Hilfsmitteln

4. In Deutschland sind etwa 3 von 1000 Menschen von der durch Glutenunverträglichkeit verursachten Autoimmunerkrankung Zöliakie betroffen. Eine zufällig ausgewählte Person wird auf Zöliakie getestet. Der Test zeigt mit einer Wahrscheinlichkeit von 90 % ein positives Ergebnis, wenn die Person erkrankt ist, und mit einer Wahrscheinlichkeit von 95 % ein negatives Ergebnis, wenn die Person nicht erkrankt ist.
   a) Bestimmen Sie die Wahrscheinlichkeiten der folgenden Ereignisse.
      A: „Eine Person ist an Zöliakie erkrankt und das Testergebnis ist negativ."
      B: „Das Testergebnis ist negativ."
   b) Ermitteln Sie wie viele Personen mindestens getestet werden müssen, um mit einer Wahrscheinlichkeit von mindestens 99 % mindestens ein falsch negatives Testergebnis zu erhalten.
   c) Der Test steht unter Verdacht, eine höhere Quote an falsch positiven Testergebnissen aufzuweisen als angegeben. Um diesen Verdacht zu verstärken, wird ein Hypothesentest mit der Stichprobengröße n = 150 bei einem Signifikanzniveau von 1 % durchgeführt.
      ① Geben Sie eine geeignete Nullhypothese und Alternativhypothese an.
      ② Formulieren Sie die Entscheidungsregel.
      ③ Beschreiben Sie im Sachzusammenhang Fehler 1. und 2. Art.
      ④ Berechnen Sie die Wahrscheinlichkeit für einen Fehler 2. Art, wenn der Anteil falsch positiver Testergebnisse tatsächlich 10 % beträgt.

5. Ein Hersteller von Autoreifen variiert seine Reifenmischung mit der Vermutung, dass sich dadurch die Verschleißbeständigkeit erhöht. Bei bisherigen Tests haben erfahrungsgemäß 10 % seiner Reifen den Abnutzungstest nicht bestanden. Um die neue Reifenmischung zu testen, wird ein Hypothesentest mit der Nullhypothese „Der Anteil der Reifen, die den Test nicht bestehen, beträgt mindestens 10 %." anhand einer Stichprobe von 100 Reifen bei einem Signifikanzniveau von 5 % durchgeführt.
   a) Die neue Reifenmischung hat etwas höhere Herstellungskosten.
      Erläutern Sie, welche Überlegung zur Wahl der Nullhypothese geführt haben könnte.
   b) Formulieren Sie die Entscheidungsregel und das Testergebnis, wenn 94 Reifen aus der Stichprobe den Abnutzungstest bestanden haben.
   c) Berechnen Sie die maximale Irrtumswahrscheinlichkeit. Erläutern Sie die Bedeutung dieses Werts im Sachzusammenhang.
   d) Die Tabelle zeigt für verschiedene Werte von p die Wahrscheinlichkeit y, dass das Ergebnis der Stichprobe in den Ablehnungsbereich fällt.

p	0,07	0,08	0,09	0,1	0,11	0,12	0,13
y	0,163	0,090	0,047	0,024	0,011	0,005	0,002

   Ermitteln Sie für zwei geeignete Werte von p die Wahrscheinlichkeit für Fehler 2. Art.
   e) Bestimmen Sie, wie groß der Anteil der Reifen, die den Abnutzungstest nicht bestehen, sein müsste, damit die Wahrscheinlichkeit, dass in der Stichprobe mindestens ein Reifen den Abnutzungstest nicht besteht, mindestens 99 % beträgt.

Prüfen Sie Ihr neues Fundament

Lösungen ↗ S. 308

1. Geben Sie das Testergebnis an.

a) Ablehnungsbereich A = [0; 18]; Ergebnis der Stichprobe: 23 Treffer

b) Ablehnungsbereich A = [88; 130]; Ergebnis der Stichprobe: 88 Treffer

c) Ablehnungsbereich A = [0; 999]; Ergebnis der Stichprobe: 100 Treffer

2. Bei rechtsseitigen Hypothesentests muss der Ansatz umgeformt werden.

a) Geben Sie an, welche Ansätze sich ineinander umformen lassen.

b) Geben Sie für den verbleibenden Ansatz die entsprechende Umformung an.

$P(X \geq r) \leq 0{,}1$	$P(X \leq r-1) \geq 0{,}95$	$P(X \leq r-1) \geq 0{,}9$	
$P(X \geq r) \leq 0{,}05$	$P(X \leq r-1) \geq 0{,}99$	$P(X \geq r) \leq 0{,}01$	$P(X \geq r) \leq 0{,}02$

3. Zur Nullhypothese H_0 wird ein einseitiger Hypothesentest mit der Stichprobengröße n = 300 bei einem Signifikanzniveau von 2 % durchgeführt. Bestimmen Sie den Ablehnungsbereich und formulieren Sie die Entscheidungsregel.

a) H_0: $p \geq 0{,}4$

b) H_0: $p \leq 0{,}4$

4. Für einen Hypothesentest ist eine Hypothese gegeben. Getestet wird mit n = 120 Versuchen auf einem Signifikanzniveau von 2 %. Formulieren Sie die Entscheidungsregel.

① H_0: Höchstens 3 von 100 Bauteilen sind defekt.

② H_0: Eine verbeulte Münze fällt in höchstens 60 % aller Fälle auf die Seite „Wappen".

③ H_A: Weniger als 90 % der Besucher waren zufrieden mit der Ausstellung.

5. Für einen Hypothesentest mit Nullhypothese H_0: $p \geq 0{,}4$ und Alternative H_A: $p < 0{,}4$ beträgt der Ablehnungsbereich A = [0; 60] und die Stichprobengröße n = 180.

a) Geben Sie an, wie die Zufallsgröße X für den Test verteilt ist. Bestimmen Sie damit die maximale Irrtumswahrscheinlichkeit des Tests.

b) Das Signifikanzniveau wurde bei dem Test auf 5 % festgelegt. Berechnen Sie, ob der Ablehnungsbereich auf [0; 61] vergrößert werden könnte.

6. Die Bewohner eines Stadtteils fordern von der Stadt den Bau einer Umgehungsstraße für eine vielbefahrene Strecke. Die Bewohner behaupten, dass mindestens 70 % der Autofahrer die Umgehungsstraße nutzen würden. Das Bauamt geht hingegen von höchstens 70 % aus. Auf Grundlage einer Befragung von 250 Autofahrern führen beide Parteien jeweils einen Test bei einem Signifikanzniveau von 5 % durch.

a) Die Kärtchen zeigen einzelne Schritte beider Tests. Bringen Sie diese jeweils in die richtige Reihenfolge und ergänzen Sie fehlende Kärtchen.

- Es handelt sich um einen rechtsseitigen Test.
- Ablehnungsbereich: A = [0; 162]
- H_A: $p > 0{,}7$
- X: Anzahl der Autofahrer, die die Umgehungsstraße nutzen würden
- $P(X \geq 187) \approx 0{,}0545$
$P(X \geq 188) \approx 0{,}0404$
- X ist für den Test binomialverteilt mit dem Grenzfall der Nullhypothese $p_0 = 0{,}7$ und n = 250.
- Es handelt sich um einen linksseitigen Test.
- Gesucht ist $l \in \mathbb{N}$ maximal, so dass $P(X \leq l) \leq 0{,}05$.
- $P(X \leq 162) \approx 0{,}0437$
$P(X \leq 163) \approx 0{,}0577$

b) Formulieren Sie jeweils die Entscheidungsregel.

Lösungen:
↗ **S. 308/309**

7. In einer medizinischen Studie soll untersucht werden, ob die geringfügigen Nebenwirkungen eines Medikaments eventuell häufiger auftreten als vom Hersteller angegeben. Laut Angaben sollen diese nur „gelegentlich", also höchstens bei 10 von 1000 Behandelten auftreten. Die Angabe des Herstellers wird für eine Stichprobe von 300 zufällig ausgewählten Patienten auf einem Signifikanzniveau von 1 % als Nullhypothese getestet.

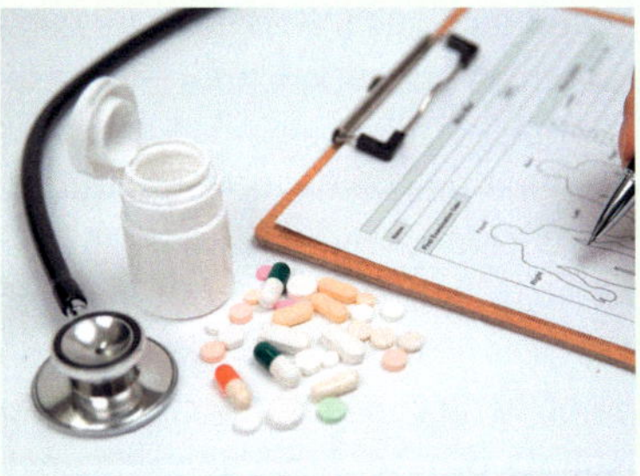

a) Bestimmen Sie den Ablehnungsbereich und formulieren Sie die Entscheidungsregel.
b) Bestimmen Sie die maximale Irrtumswahrscheinlichkeit α.

8. In medizinischen Tests spricht man häufig von „falsch positiv" und „falsch negativ".
a) Erläutern Sie die Bedeutung der Begriffe in Bezug auf H_0: „Der Patient ist gesund."
b) Geben Sie an, in welchem Fall es sich um einen Fehler 1. bzw. Fehler 2. Art handelt.

9. Geben Sie jeweils im Sachzusammenhang eine Möglichkeit für die Zielsetzung an, die der Wahl der Nullhypothese zugrunde gelegen haben könnte.
a) Es wird die Erfolgswahrscheinlichkeit einer Therapie getestet. Die Nullhypothese lautet H_0: $p \leq 0{,}8$.
b) Die Qualität einer Lieferung wird überprüft, wobei die Defektwahrscheinlichkeit höchstens $p_0 = 0{,}025$ betragen soll. Die Nullhypothese lautet H_0: $p \geq 0{,}025$.
c) Es wird ein Test bezüglich der Nebenwirkungen eines Impfstoffs durchgeführt. Die Nullhypothese lautet: „Höchstens einer von zehntausend Geimpften zeigt hohes Fieber als Nebenwirkung."

10. Laut einem Report fallen etwa 21,5 % der Fahrzeuge mit erheblichen Mängeln durch die Hauptuntersuchung. Ein Händler möchte prüfen, ob diese Angabe auch für sein Autohaus zutrifft. Er notiert sich für die nächsten 500 Untersuchungen im Haus, ob die Autos durchfallen.

a) Geben Sie die Nullhypothese an, wenn der Händler den Test für Werbezwecke nutzen will.
b) Bestimmen Sie den Ablehnungsbereich bei einem Signifikanzniveau von 5 %.
c) Berechnen Sie die maximale Irrtumswahrscheinlichkeit. Erläutern Sie die Bedeutung dieses Werts im Sachzusammenhang.
d) Beschreiben Sie im Sachzusammenhang einen Fehler 2. Art.

11. Begründen Sie, ob links- oder rechtsseitig getestet werden sollte.
a) Der Grenzwert der Nullhypothese lautet $p = 0{,}2$. Der Fehler „Obwohl p in Wirklichkeit größer als 0,2 ist, geht man von weniger aus" soll kontrolliert werden.
b) Für die Herstellung eines Sensors wird eine hohe Konstanz in der Produktion gefordert. Nicht einwandfreie Chargen müssen rechtzeitig erkannt und aussortiert werden. Hierfür werden jeden Tag 250 Sensoren entnommen und getestet. Die Ausfallrate darf bei höchstens bei $p = \frac{1}{50}$ liegen.

12. Korrigieren Sie die Aussage.
a) Das Signifikanzniveau gibt an, wie häufig auf Dauer Fehler 1. Art bei einem Test sind.
b) Wenn das Testergebnis bei einem Signifikanzniveau von 5 % im Ablehnungsbereich liegt, dann ist die Nullhypothese höchstens mit 5 % Wahrscheinlichkeit richtig.
c) Ein Ergebnis aus dem Ablehnungsbereich bedeutet, dass H_0 abgelehnt werden muss.

Zusammenfassung

Hypothesentests

Bestehen Zweifel an der Größe von p einer Binomialverteilung (**Nullhypothese H_0**), so können diese mit einem **Hypothesentest** verstärkt und somit die gegenteilige Annahme (**Alternativhypothese H_A**) gestützt werden. Die für H_0 erwarteten Ergebnisse werden mit den tatsächlichen Ergebnissen einer Stichprobe für den **Grenzfall p_0 der Nullhypothese** verglichen und entschieden, ob H_0 verworfen wird.

Linksseitiger Hypothesentest: $H_A: p < p_0$
Ablehnungsbereich liegt links: $A = [0; l]$
Rechtsseitiger Hypothesentest: $H_A: p > p_0$
Ablehnungsbereich liegt rechts: $A = [r; n]$

Die Wirksamkeit von höchstens 40 % einer medizinischen Behandlung wird angezweifelt.
Nullhypothese $H_0: p \le 0{,}4$ (Zweifel)
Alternativhypothese $H_A: p > 0{,}4$ (Verdacht)

X: Anzahl erfolgreicher Behandlungen
X binomialverteilt mit $n = 100$ und $p_0 = 0{,}4$

Ablehnungsbereich: $A = [49; 100]$ (rechts)
Entscheidungsregel:
$k \ge 49$: H_0 wird zugunsten von H_A verworfen
$k < 49$: H_0 wird nicht verworfen

Stichprobenergebnis: $k = 52$
Testergebnis: H_0 wird für diese Stichprobe zugunsten von H_A abgelehnt.

Irrtumswahrscheinlichkeit

Die **Irrtumswahrscheinlichkeit α** gibt die Wahrscheinlichkeit an, mit der eine zutreffende Nullhypothese abgelehnt wird. α hängt vom tatsächlichen Wert von p ab und ist **maximal** für den Grenzfall p_0 von H_0.

X binomialverteilt mit $n = 100$ und $p_0 = 0{,}4$
Ablehnungsbereich $A = [49; 100]$

maximale Irrtumswahrscheinlichkeit:
$\alpha_{max} = P(X \ge 49) \approx 0{,}0423$

Signifikanzniveau und Ablehnungsbereich

Das **Signifikanzniveau S** ist eine zu Beginn des Tests festgelegte Obergrenze für α.

Das Signifikanzniveau bestimmt die Wahl des **Ablehnungsbereichs A**.
Linksseitiger Test: $A = [0; l]$ mit größtmöglichem $l \in \mathbb{N}$, so dass $P(X \le l) \le S$
Rechtsseitiger Test: $A = [r; n]$ mit kleinstmöglichem $r \in \mathbb{N}$, so dass $P(X \ge r) \le S$

X binomialverteilt mit $n = 100$ und $p_0 = 0{,}4$
Signifikanzniveau: 5% $A = [r; 100]$
Gesucht ist das kleinste r mit $P(X \ge r) \le 0{,}05$:
$1 - P(X \le r - 1) \le 0{,}05$
$P(X \le r - 1) \ge 0{,}95$
$P(X \le 47) \approx 0{,}9362$
$P(X \le 48) \approx 0{,}9577 > 0{,}95$ $\Rightarrow r - 1 = 48$
Also $r = 49$ und somit $A = [49; 100]$

Einseitige Hypothesentests durchführen

angezweifelte Aussage, Stichprobenumfang n, Signifikanzniveau S → Hypothesen H_0 und H_A formulieren → Binomialverteilte Zufallsgröße X mit p_0 (Grenzfall von H_0) und Länge n definieren → Ablehnungsbereich festlegen → Entscheidungsregel formulieren → Stichprobe untersuchen und Testergebnis bestimmen

Fehler 1. und 2. Art

Fehler 1. Art: H_0 trifft zu, wird aber abgelehnt. Seine **Wahrscheinlichkeit α** entspricht der Irrtumswahrscheinlichkeit.

Fehler 2. Art: H_0 trifft nicht zu, wird aber nicht abgelehnt. Seine **Wahrscheinlichkeit β** ist die Wahrscheinlichkeit, dass ein Ergebnis für den tatsächlichen Wert von p aus H_A nicht im Ablehnungsbereich liegt.

Fehler 1. Art: für die Wirksamkeit gilt $p \le 0{,}4$, es wird aber $p > 0{,}4$ angenommen
Es gelte tatsächlich $p = 0{,}35$:
$\alpha = P(X \ge 49) \approx 0{,}0027 \le \alpha_{max}$

Fehler 2. Art: für die Wirksamkeit gilt $p > 0{,}4$, es wird aber $p \le 0{,}4$ nicht verworfen
Es gelte tatsächlich $p = 0{,}45$:
$\beta = P(X < 49) \approx 0{,}7596$

Wahl der Nullhypothese

Regeln für die Wahl von H_0:
① Die Hypothese, die gestützt werden soll, wird als H_A formuliert.
② Die folgenschwerste Fehlentscheidung (abhängig von den Testumständen) soll der Fehler 1. Art sein.

① Die Hypothese $p > 0{,}4$ soll gestützt werden. Also $H_A: p > 0{,}4$ und $H_0: p \le 0{,}4$
② Folgenschwerste Fehlentscheidung: Es wird irrtümlich von einer höheren Wirksamkeit ($p > 0{,}4$) ausgegangen. Also $H_0: p \le 0{,}4$

6. Normalverteilung

Keiner steht gern im Regen, aber mithilfe der Normalverteilung lässt sich berechnen, mit welcher Wahrscheinlichkeit der kommende Monat besonders regnerisch sein wird. Häufig sind Eigenschaften, die in der Natur auftreten, normalverteilt, da sie von vielen verschiedenen Faktoren abhängen und nicht nur ganzzahlige Werte annehmen können.

Nach diesem Kapitel können Sie …

- diskrete und stetige Zufallsgrößen unterscheiden,
- Erwartungswert, Standardabweichung und Verteilungsfunktionen für normalverteilte Zufallsgrößen bestimmen und interpretieren,
- Wahrscheinlichkeiten normalverteilter Zufallsgrößen berechnen,
- Binomialverteilungen mithilfe von Normalverteilungen annähern.

Lösungen
↗ S. 309–311

Daten darstellen und auswerten

1. Entscheiden Sie, ob das Merkmal von Objekten qualitativ oder quantitativ ist. Geben Sie mögliche Merkmalsausprägungen an.
   a) Ferientage im Jahr
   b) Haarfarbe
   c) Beliebtheit einer Lehrkraft
   d) Entfernung zwischen Wohnung und Schule

2. Berechnen Sie das arithmetische Mittel und den Median der Datenreihe. Vergleichen Sie die beiden Werte und kommentieren Sie das Ergebnis.
   a) 13; 14; 8; 12; 9; 5; 7
   b) 1,8 m; 65 cm; 1,45 m; 40 cm; 1,5 m; 115 cm
   c) 18 g; 67 g; 35 g; 25 g; 93 g; 17 g
   d) 18; 15; 14; 13; 14; 15; 16

3. Berechnen Sie die empirische Varianz und die empirische Standardabweichung.
   a) 27; 30; 33; 36; 41
   b) 18 m; 20 m; 21 m; 25 m; 26 m; 27 m
   c) 19,1°; 18,7°; 19,3°; 18,9°
   d) 2; 3; 3: 4; 4; 4; 5

4. Die Ergebnisse eines Tests aus zwei Geographiekursen sollen verglichen werden.

Zensuren	1	2	3	4	5	6
Anzahl in Kurs A	1	3	4	2	1	0
Anzahl in Kurs B	0	2	5	0	1	1

   a) Ermitteln und vergleichen Sie jeweils Mittelwert (arithmetisches Mittel) und Standardabweichung.
   b) Stellen Sie die Daten in einem geeigneten Diagramm dar und erklären Sie, wie sich die unterschiedlichen Kennzahlen in dem Diagramm widerspiegeln.

5. Bei 20 Neugeborenen wurden folgende Körpergewichte festgestellt (alle Angaben in g):

3692 | 3782 | 4028 | 2992 | 3414 | 3899 | 3080 | 4115 | 3334 | 3570
2865 | 3972 | 3768 | 3155 | 4199 | 3331 | 3459 | 3733 | 4087 | 3066

   a) Erklären Sie, warum eine Darstellung einzelner Werte in einem Diagramm ungünstig ist.
   b) Nehmen Sie eine Klasseneinteilung in 4 Klassen mit einer Klassenbreite von 500 g vor. Berechnen Sie die relativen Häufigkeiten und stellen Sie diese Daten grafisch dar.
   c) Wiederholen Sie das Vorgehen aus b) für eine Klasseneinteilung in 7 Klassen mit einer Klassenbreite von 200 g.
   d) Vergleichen Sie die Ergebnisse von b) und c).

Zufallsgrößen und Wahrscheinlichkeitsverteilungen

6. In einer Urne liegen drei blaue und eine weiße Kugel. Für einen Einsatz von zwei Euro gibt es zwei Spielangebote.
   Angebot A: Es wird eine Kugel gezogen. Ist diese blau, erhält der Spieler einen Euro. Ist die Kugel weiß, so werden drei Euro ausbezahlt.
   Angebot B: Es werden zwei Kugeln mit Zurücklegen gezogen. Sind beide Kugeln blau, so erhält der Spieler einen Euro. Sind beide Kugeln weiß, so werden drei Euro ausbezahlt. In jedem anderen Fall geht der Spieler leer aus.
   a) Der Auszahlungsbeträge werden als Zufallsgröße betrachtet. Geben Sie die Wahrscheinlichkeitsverteilungen dieser Zufallsgröße für beide Angebote an.
   b) Berechnen Sie für beide Angebote Erwartungswert und Standardabweichung und beurteilen Sie die Spielangebote.

Lösungen
↗ S. 311/312

7. Die Zufallsgröße X wird durch die Wahrscheinlichkeitsverteilung in der Tabelle beschrieben.

Werte x	2	4	6	8	10	12
P(X = x)	0,1	0,15	0,2	0,3	0,15	0,1

a) Ermitteln Sie die Wahrscheinlichkeiten.
① $P(X < 5)$ ② $P(X \leq 8)$ ③ $P(X = 6)$ ④ $P(X > 5)$

b) Berechnen Sie Erwartungswert, Varianz und Standardabweichung der Zufallsgröße X.

8. Von den 850 Schülern eines Gymnasiums nutzen durchschnittlich 70 % den Schulbus. Die Zufallsgröße X gibt an, wie viele Schüler an einem ausgewählten Tag mit dem Bus kommen.

a) Berechnen Sie den Erwartungswert μ sowie die Standardabweichung σ und interpretieren Sie diese Kennzahlen im Sachkontext.

b) Berechnen Sie die Wahrscheinlichkeit, dass an einem beliebigen Tag 580 Plätze im Schulbus ausreichen.

c) Ermitteln Sie die Platzkapazität, die mindestens notwendig ist, damit mit einer Wahrscheinlichkeit von mindestens 90 % alle Schüler, die den Bus nutzen wollen, auch befördert werden können.

d) Bestimmen Sie ein symmetrisches Intervall um den Erwartungswert, sodass der Wert von X mit einer Wahrscheinlichkeit von 95,5 % in diesem Intervall liegt.

Integralrechnung

9. Berechnen Sie das Integral.

a) $\int_0^3 2x\,dx$ b) $\int_0^5 \frac{1}{10}x^2\,dx$ c) $\int_{-1}^1 \left(\frac{1}{5} + 3x^2\right)dx$

d) $\int_0^3 3(4 - x^2)\,dx$ e) $\int_0^2 e^{3x-2}\,dx$ f) $\int_{-3}^0 e^{-\frac{1}{3}x}\,dx$

10. Berechnen Sie das uneigentliche Integral.

a) $\int_1^\infty \frac{2}{x^3}\,dx$ b) $\int_0^2 \frac{1}{\sqrt{x}}\,dx$ c) $\int_{-\infty}^{-1} \frac{\pi}{x^2}\,dx$

11. Der Graph der Funktion f mit $f(x) = e^{-x} + 2$ schließt mit den Koordinatenachsen und einer zur y-Achse parallelen Geraden $x = a$ $(a < 0)$ eine Fläche vollständig ein.
Geben Sie eine Funktion für die Maßzahl des Flächeninhaltes dieser Fläche an.

12. Bestimmen Sie die Integralfunktion I_{-2} zur Funktion f mit $f(x) = x^4 + 2x^2$ zur unteren Grenze −2. Begründen Sie, dass I_{-2} eine Stammfunktion von f ist.

Vermischtes

13. Gegeben sind drei Kreise mit den Radien 3 cm, 4 cm und 5 cm und dem gemeinsamen Mittelpunkt M. Berechnen Sie den Flächeninhalt der drei Kreisringe. Ermitteln Sie jeweils den prozentualen Anteil der Fläche des Kreisrings an der Fläche des äußeren Kreises.

14. Gegeben ist die Funktion f mit $f(x) = 3x^3 - x$.

a) Untersuchen Sie, ob der Graph der Funktion f punkt- oder achsensymmetrisch ist.

b) Ermitteln Sie vom Graphen der Funktion f die Koordinaten der lokalen Extrempunkte und der Wendepunkte, falls diese vorhanden sind.

6.1 Stetige Zufallsgrößen

■ Die Zufallsgröße X gibt eine zufällige reelle Zahl aus dem Intervall [1; 6] an.

a) Erläutern Sie, warum nicht wie beim Werfen eines Würfels $P(X = 1) = \frac{1}{6}$ gilt.
b) Es gilt $P(1 \le X \le 3) = \frac{2}{5}$. Machen Sie dies mithilfe von Intervalllängen plausibel.
c) Überlegen Sie, wie man analog $P(2 \le X \le 4{,}5)$ und allgemein $P(a \le X \le b)$ berechnen kann. Vergleichen Sie dazu auch den Inhalt der farbigen Fläche in der Abbildung. ■

Bisher wurden **diskrete** Zufallsgrößen betrachtet, die nur einzelne Werte annehmen können. Beim Würfeln sind es die Augenzahlen 1 bis 6, bei einer Binomialverteilung die ganzzahligen Trefferanzahlen von 0 bis n. Beschreibt eine Zufallsgröße dagegen die Körpergröße oder die Wartezeit auf einen Bus, kann die Zufallsgröße alle reellen Zahlen aus einem Intervall annehmen. Solche Zufallsgrößen nennt man **stetig**.

Histogramme klassierter Daten

Zur Darstellung von Daten mit reellen Werten aus einem Intervall bildet man häufig eine **Klasseneinteilung**. Das betrachtete Intervall wird in Teilintervalle (**Klassen**) eingeteilt.

Auf einer Landstraße mit einer erlaubten Höchstgeschwindigkeit von 50 km/h wurde bei einer Radarkontrolle die Geschwindigkeit der Fahrzeuge gemessen. Die Geschwindigkeiten liegen zwischen 40 km/h und 70 km/h. In der Tabelle wurde dieser Bereich in vier Klassen eingeteilt. 33 % der Fahrzeuge fuhren mehr als 55 km/h, sodass ein Bußgeld zu zahlen ist.

Geschwindigkeit X in km/h	relative Häufigkeit
$40 \le X \le 45$	15 %
$45 < X \le 50$	27 %
$50 < X \le 55$	25 %
$55 < X \le 70$	33 %

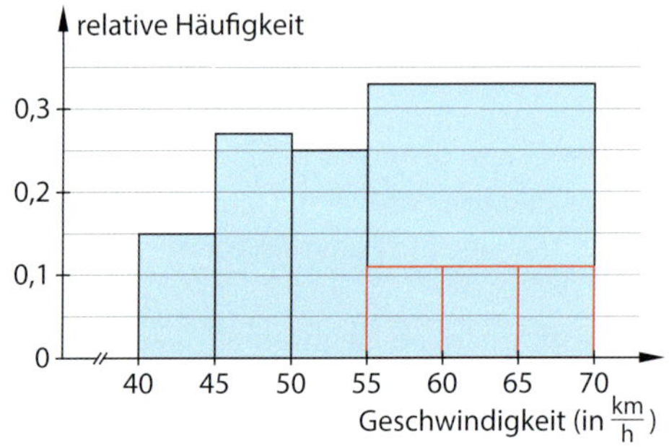

Im oberen Diagramm ist zu jeder Klasse eine Säule dargestellt, deren Höhe der relativen Häufigkeit entspricht. Es entsteht der falsche Eindruck, dass mehr als die Hälfte der Fahrzeuge schneller als 55 km/h war, da man sich intuitiv am Flächeninhalt orientiert.
So ein falscher Eindruck entsteht immer, wenn die **Klassenbreite** (Intervallbreite) der Klassen unterschiedlich ist.
Die letzte Klasse ist mit 15 dreimal so breit wie die anderen Klassen. Würde man diese Klasse in drei Klassen mit je 11 % relativer Häufigkeit aufteilen (im oberen Diagramm rot), wäre die Wirkung angemessener.

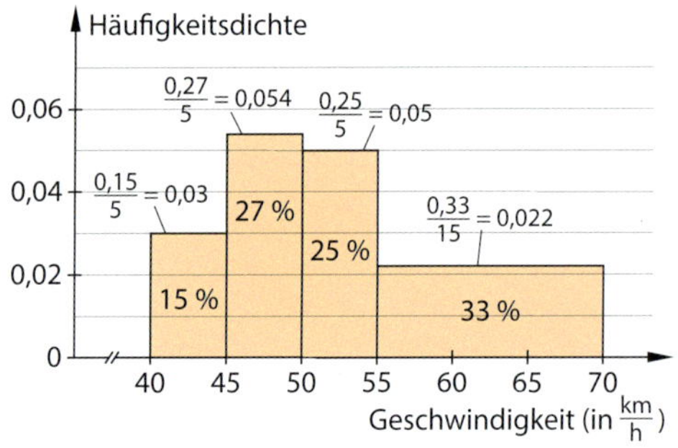

Erinnerung:
Histogramme mit Säulenbreite 1 sind bereits aus Kapitel 4 bekannt.

In einem **Histogramm** (unten) wählt man die Höhe einer Säule so, dass ihr Flächeninhalt der relativen Häufigkeit der Klasse entspricht. Diese Höhe heißt **Häufigkeitsdichte**. Man erhält sie, indem man die relative Häufigkeit jeder Klasse durch die Klassenbreite teilt.

Wissen: Häufigkeitsdichte und Histogramme klassierter Daten

Bei der Darstellung von relativen Häufigkeiten klassierter Daten in einem Histogramm entspricht bei jeder Säule die Breite der **Klassenbreite**, die Höhe der **Häufigkeitsdichte** und der Flächeninhalt der **relativen Häufigkeit** der zugehörigen Klasse.

Für jede Klasse gilt: Häufigkeitsdichte $= \frac{\text{relative Häufigkeit der Klasse}}{\text{Klassenbreite}}$

Hinweis:
Da die Summe der relativen Häufigkeiten aller Klassen 1 ist, ist im Histogramm auch der Gesamtflächeninhalt aller Säulen 1.

Beispiel 1: Bei Vergleichen in verschiedenen Supermärkten wurden für einen Joghurt die folgenden 10 Preise in Cent ermittelt: 49, 55, 39, 22, 49, 49, 39, 79, 60, 35
Bilden Sie für den Preis X in Cent die Klassen $20 \leq X \leq 40$, $40 < X \leq 50$ und $50 < X \leq 80$ und stellen Sie die relative Häufigkeit der Klassen in einem Histogramm dar.

Lösung:

Berechnen Sie die relative Häufigkeit jeder Klasse und teilen Sie diese durch die zugehörige Klassenbreite.

Preis in Cent	relative Häufigkeit	Klassenbreite	Häufigkeitsdichte
$20 \leq X \leq 40$	$\frac{4}{10} = 0{,}4$	20	$\frac{0{,}4}{20} = 0{,}02$
$40 < X \leq 50$	$\frac{3}{10} = 0{,}3$	10	$\frac{0{,}3}{10} = 0{,}03$
$50 < X \leq 80$	$\frac{3}{10} = 0{,}3$	30	$\frac{0{,}3}{30} = 0{,}01$

Zeichnen Sie im Histogramm zu jeder Klasse eine Säule mit der Häufigkeitsdichte als Höhe.

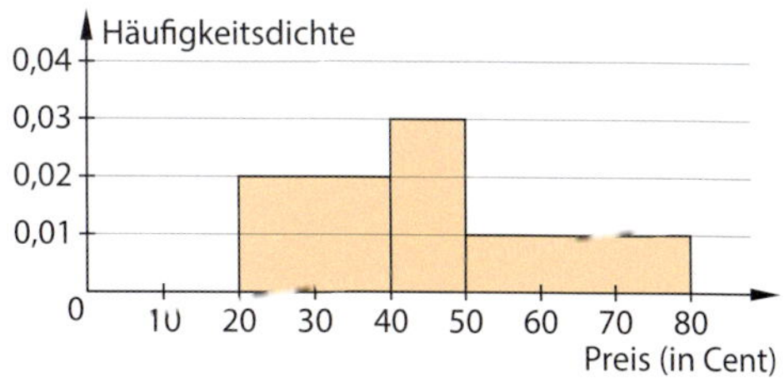

Basisaufgaben

1. Bei Bauer Norden liegt das Gewicht der Hühnereier zwischen 45g und 75g.
Eine Messung des Gewichts in g bei 10 Eiern ergab:

48,1 | 60,2 | 74,7 | 46 | 70 | 45,1 | 55,5 | 68,7 | 52,4 | 71,1

Güteklasse	Gewicht in g
S	unter 53
M	53 bis unter 63
L	63 bis unter 73
XL	mindestens 73

a) Teilen Sie das Gewicht von 45g bis 75g gemäß der Tabelle in 4 Güteklassen ein und berechnen Sie für jede Klasse die relative Häufigkeit.

b) Stellen Sie die relative Häufigkeit der Klassen aus a) in einem Histogramm dar.

2. In einem Unternehmen hängt das Gehalt der Mitarbeiter von der bisherigen Tätigkeitsdauer ab. Das Histogramm zeigt die Verteilung.

a) Geben Sie an, welche Klassen gebildet wurden.

b) Begründen Sie, ob es mehr Mitarbeiter im ersten Jahr oder mit mindestens 7 Jahren gibt.

c) Berechnen Sie den Anteil der Mitarbeiter, die zwischen 2 und 4 Jahren im Unternehmen sind.

d) Erstellen Sie ein Histogramm mit den beiden Klassen „bis 4 Jahre" und „mindestens 4 Jahre".

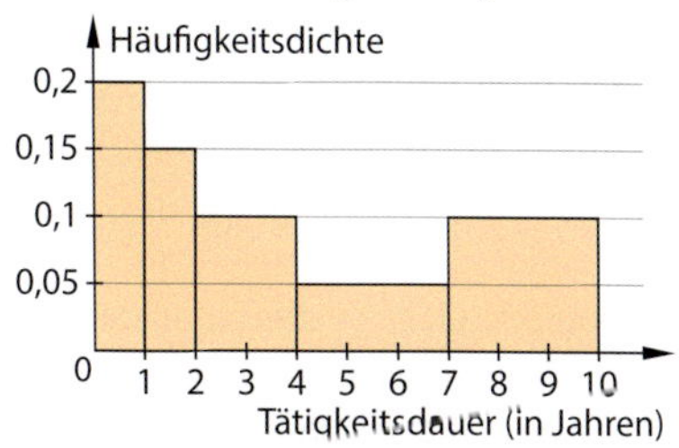

3. Die Häufigkeitstabelle zeigt die in einem Test erzielten Punkte von 100 Teilnehmern.

Anzahl der Punkte	1	2	3	4	5	6	7	8	9	10	11	12
absolute Häufigkeit	0	4	7	9	12	9	11	16	11	10	5	6

Stellen Sie die relative Häufigkeit der erzielten Punkte in einem Histogramm mit 12 Klassen bzw. mit 6 gleich breiten Klassen dar. Vergleichen Sie.

Dichtefunktion und Wahrscheinlichkeiten

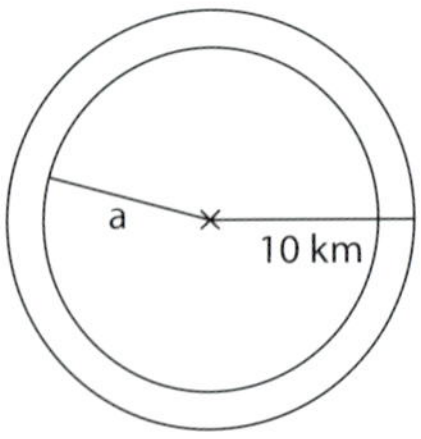

Ein seltenes Tier befindet sich irgendwo zufällig auf einer kreisförmigen Insel mit 10 km Radius. Ein Forscher, der sich in der Mitte der Insel befindet, möchte wissen, mit welcher Wahrscheinlichkeit sich das Tier in bestimmten Entfernungen aufhält. Die Zufallsgröße X gibt den Abstand des Tiers vom Kreismittelpunkt in km an.

Erinnerung:
Im Histogramm gibt der Flächeninhalt einer Säule die Wahrscheinlichkeit der zugehörigen Klasse an. Bei der Klassenbreite 1 gilt dies auch für die Höhe der Säule.

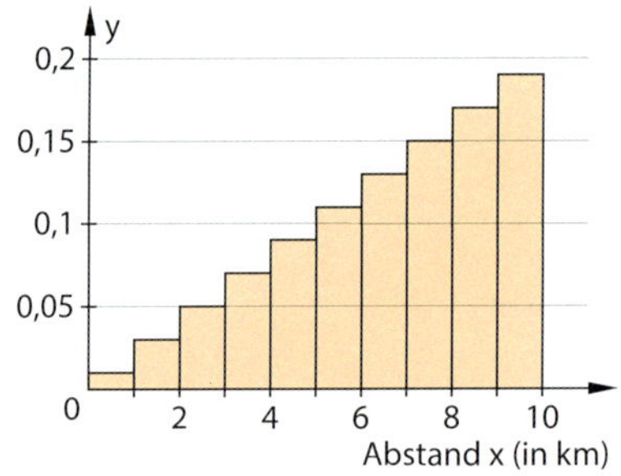

Um die Wahrscheinlichkeitsverteilung von X zu untersuchen, kann man die Kreisfläche in Kreisringe einteilen. Die Wahrscheinlichkeit, dass sich das Tier in einem Kreisring mit innerem Radius a und äußerem Radius b befindet, ergibt sich aus dem Inhalt der Fläche des Kreisrings im Verhältnis zur Gesamtfläche:

$P(a \le X \le b) = \frac{\pi \cdot b^2 - \pi \cdot a^2}{\pi \cdot 10^2} = \frac{1}{100}(b^2 - a^2)$

Wählt man Kreisringe der Breite 1 wie im oberen Histogramm, erhält man beispielsweise $P(2 \le X \le 3) = \frac{1}{100}(3^2 - 2^2) = 0{,}05$.

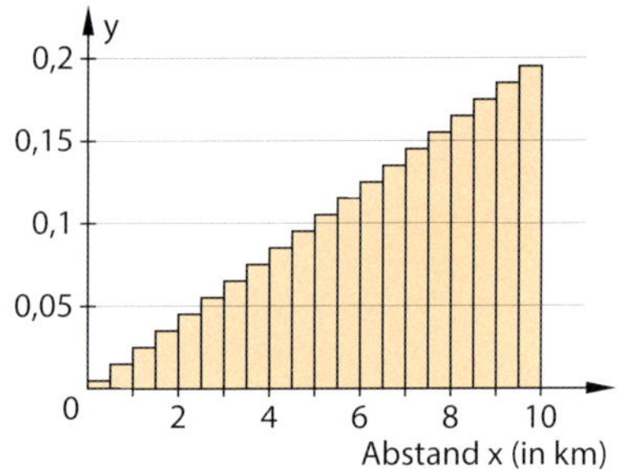

Das zweite Histogramm zeigt die Wahrscheinlichkeitsverteilung, wenn man als Breite der Kreisringe 0,5 wählt. Die Wahrscheinlichkeiten der Kreisringe entsprechen den Flächeninhalten der Säulen.

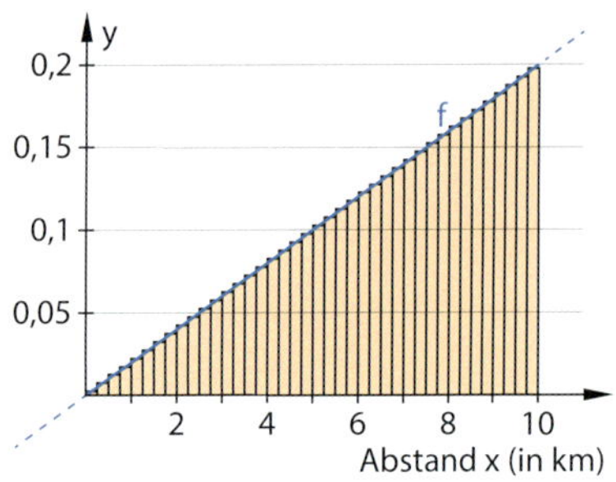

Für eine noch genauere Untersuchung der Verteilung von X wählt man die Breite der Kreisringe immer kleiner. Die Histogramme nähern sich dann dem Graphen einer Funktion f mit $f(x) = \frac{1}{50}x$ an und die Säulen der Fläche unter dem Graphen von f.
Es ist naheliegend, dass für die Wahrscheinlichkeit, dass X zwischen a und b liegt, gilt:

$$P(a \le X \le b) = \int_a^b f(x)\,dx.$$

Man kann dies leicht nachprüfen:

$$P(a \le X \le b) = \int_a^b \frac{1}{50}x\,dx = \left[\frac{1}{100}x^2\right]_a^b = \frac{1}{100}(b^2 - a^2)$$

Der Term $f(x) = \frac{1}{50}x$ beschreibt nur für $x \in [0; 10]$ die Verteilung von X. Da X nur Werte zwischen 0 und 10 annimmt, muss $f(x) = 0$ für $x < 0$ und $x > 10$ gelten. Die Funktion f mit

$f(x) = \begin{cases} \frac{1}{50}x & \text{für } 0 \le x \le 10 \\ 0 & \text{sonst} \end{cases}$ nennt man die **Dichtefunktion** der Zufallsgröße X.

Hinweis:
Ist f(x) nur auf einem Intervall [a; b] ungleich 0, so gilt:
$\int_{-\infty}^{\infty} f(x)\,dx = \int_a^b f(x)\,dx$

Für die Dichtefunktion gilt: $\int_{-\infty}^{\infty} f(x)\,dx = \int_0^{10} \frac{1}{50}x\,dx = \left[\frac{1}{100}x^2\right]_0^{10} = \frac{1}{100}(10^2 - 0^2) = 1$

Das bedeutet, dass die Zufallsgröße X zu 100 % irgendeinen reellen Wert annimmt.

Wissen: Dichtefunktion und Verteilungsfunktion einer stetigen Zufallsgröße

Eine auf ganz $\mathbb{R}$ definierte Funktion f heißt **Dichtefunktion**, wenn gilt:

1. $f(x) \ge 0$ für alle $x \in \mathbb{R}$
2. $\int_{-\infty}^{\infty} f(x)\,dx = 1$

Die Funktion f ist die **Dichtefunktion der stetigen Zufallsgröße** X, wenn für alle $a, b \in \mathbb{R}$ mit $a \le b$ zudem gilt: $P(a \le X \le b) = \int_a^b f(x)\,dx$. Die Funktion F mit $F(x) = P(X \le x) = \int_{-\infty}^{x} f(t)\,dt$ heißt **Verteilungsfunktion** von X.

Der Funktionswert f(x) der Dichtefunktion gibt keine Wahrscheinlichkeit, sondern die Änderungsrate der Wahrscheinlichkeit an. Die Wahrscheinlichkeit, dass X genau einen Wert x annimmt, ist für jedes $x \in \mathbb{R}$ null, es gilt $P(X = x) = \int_x^x f(t)\,dt = 0$. Dennoch kann X natürlich den Wert x annehmen.
Wegen $P(X = x) = 0$ ist es für die Wahrscheinlichkeit von Intervallen egal, ob die Intervallgrenzen dazugehören, es gilt $P(a \le X \le b) = P(a < X < b) = P(a \le X < b) = P(a < X \le b)$.

Beispiel 2: Gegeben ist die Funktion f mit $f(x) = \begin{cases} kx & \text{für } 0 \le x \le 4 \\ 0 & \text{sonst} \end{cases}$ und $k \in \mathbb{R}$.

a) Bestimmen Sie den Wert von k, für den f eine Dichtefunktion ist.
b) Berechnen Sie. ① $P(1 \le X \le 3)$ ② $P(0 < X < 2)$ ③ $P(X \ge 3)$

Lösung:

a) Bestimmen Sie den Wert von k so, dass $\int_{-\infty}^{\infty} f(x)\,dx = 1$ gilt. Sie können in den Grenzen von 0 bis 4 integrieren, da außerhalb $f(x) = 0$ gilt.

$\int_{-\infty}^{\infty} f(x)\,dx = \int_0^4 kx\,dx = \left[\frac{1}{2}kx^2\right]_0^4 = 8k$

Aus $8k = 1$ folgt $k = \frac{1}{8}$.
Wegen $\frac{1}{8}x \ge 0$ für $x \in [0; 4]$ gilt $f(x) \ge 0$ für alle $x \in \mathbb{R}$.

b) Verwenden Sie $P(a \le X \le b) = \int_a^b f(x)\,dx$.
Für $0 \le x \le 4$ gilt $f(x) = \frac{1}{8}x$.

① $P(1 \le X \le 3) = \int_1^3 \frac{1}{8}x\,dx = \left[\frac{1}{16}x^2\right]_1^3 = \frac{1}{2}$

② Sie können 0 und 2 zum Intervall hinzunehmen, da $P(X = 0) = P(X = 2) = 0$.

② $P(0 < X < 2) = P(0 \le X \le 2) = \int_0^2 \frac{1}{8}x\,dx = \frac{1}{4}$

③ Aus $f(x) = 0$ für $x > 4$ folgt $P(X > 4) = 0$ und somit $P(X \ge 3) = P(3 \le X \le 4)$.

③ $P(X \ge 3) = P(3 \le X \le 4) = \int_3^4 \frac{1}{8}x\,dx = \frac{7}{16}$

Basisaufgaben

4. Entscheiden Sie, ob die angegebene Zufallsgröße diskret oder stetig ist.
a) Anzahl der Tore beim Handball
b) Gewicht einer Person
c) Wartezeit beim Arzt
d) Lebensdauer einer Katze

5. Gegeben ist die Funktion f mit $f(x) = \begin{cases} \frac{3}{32}(4 - x^2) & \text{für } -2 \le x \le 2 \\ 0 & \text{sonst} \end{cases}$.
a) Zeigen Sie, dass f eine Dichtefunktion ist.
b) Die Zufallsgröße X hat die Dichtefunktion f. Berechnen Sie die Wahrscheinlichkeiten.
① $P(-1 \le X \le 1)$ ② $P(X \le 1{,}5)$ ③ $P(X = 0)$ ④ $P(X \ge 0{,}5)$

6. Bei der Herstellung von 20 mm langen Schrauben kann die tatsächliche Länge etwas vom exakten Wert 20 mm abweichen. Die Schraubenlänge in mm lässt sich durch die Zufallsgröße X mit der Dichtefunktion f mit $f(x) = \begin{cases} \frac{3}{4}(x - 19)(21 - x) & \text{für } 19 \le x \le 21 \\ 0 & \text{sonst} \end{cases}$ beschreiben.
a) Zeigen Sie, dass f eine Dichtefunktion ist.
b) Geben Sie einen Bereich an, in dem die Schraubenlänge mit 100 % Wahrscheinlichkeit liegt.
c) Berechnen Sie die Wahrscheinlichkeit, dass die Länge einer Schraube
① zwischen 19,9 mm und 20,1 mm liegt,
② um mehr als 0,5 mm von 20 mm abweicht,
③ exakt 20 mm beträgt,
④ größer als 20 mm ist.

Erwartungswert und Standardabweichung

Für die Bestimmung des Erwartungswerts einer stetigen Zufallsgröße X kann man die Dichtefunktion f durch ein Histogramm mit einer geringen Klassenbreite Δx und den Klassenmitten $x_1, \ldots, x_n$ annähern. Ordnet man den Klassenmitten x_i die Wahrscheinlichkeiten $p_i = f(x_i) \cdot \Delta x$ der i-ten Klasse zu, kann man den Erwartungswert näherungsweise wie im diskreten Fall berechnen:

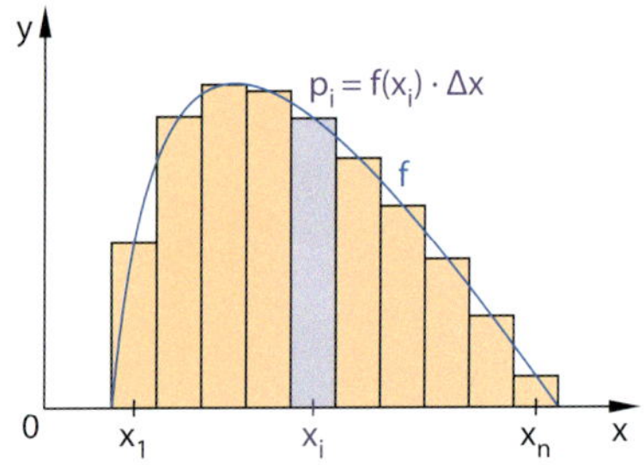

$x_1 \cdot p_1 + \ldots + x_n \cdot p_n = x_1 \cdot f(x_1) \cdot \Delta x + \ldots + x_n \cdot f(x_n) \cdot \Delta x$

Man erhält eine Produktsumme zu der Funktion g mit $g(x) = x \cdot f(x)$. Für $\Delta x \to 0$ strebt die Produktsumme gegen das Integral von g.

Für den Erwartungswert von X legt man daher fest: $\mu = \int\limits_{-\infty}^{\infty} x \cdot f(x)\,dx$

Erinnerung:
Für den Erwartungswert einer Zufallsgröße X, die die Werte $x_1, \ldots, x_n$ annehmen kann, gilt:
$\mu = x_1 \cdot P(X = x_1) + \ldots + x_n \cdot P(X = x_n)$

Definition: Erwartungswert und Standardabweichung
Für eine stetige Zufallsgröße mit der Dichtefunktion f gilt:

Erwartungswert: $\mu = \int\limits_{-\infty}^{\infty} x \cdot f(x)\,dx$ **Standardabweichung:** $\sigma = \sqrt{\int\limits_{-\infty}^{\infty} (x-\mu)^2 \cdot f(x)\,dx}$

Beispiel 3: Berechnen Sie den Erwartungswert und die Standardabweichung einer stetigen Zufallsgröße mit der Dichtefunktion f mit $f(x) = \begin{cases} \frac{1}{50}x & \text{für } 0 \le x \le 10 \\ 0 & \text{sonst} \end{cases}$.

Lösung:
Verwenden Sie Formeln der Definition. Sie können jeweils in den Grenzen von 0 bis 10 integrieren, da außerhalb $f(x) = 0$ gilt.

$$\mu = \int\limits_{-\infty}^{\infty} x \cdot f(x)\,dx = \int\limits_{0}^{10} \frac{1}{50}x^2\,dx = \left[\frac{1}{150}x^3\right]_0^{10} = \frac{20}{3} \approx 6{,}67$$

Bei der Standardabweichung σ ist es für die Notation zweckmäßig, erst σ^2 zu berechnen und am Ende die Wurzel zu ziehen.

$$\sigma^2 = \int\limits_{-\infty}^{\infty} (x-\mu)^2 \cdot f(x)\,dx = \int\limits_{0}^{10} \left(x - \frac{20}{3}\right)^2 \cdot \frac{1}{50}x\,dx = \int\limits_{0}^{10} \left(\frac{1}{50}x^3 - \frac{4}{15}x^2 + \frac{8}{9}x\right)dx = \frac{50}{9}$$

$$\sigma = \sqrt{\frac{50}{9}} \approx 2{,}36$$

Hinweis:
Ist f(x) nur auf einem Intervall [a; b] ungleich 0, gilt:
$\mu = \int\limits_a^b x \cdot f(x)\,dx$
$\sigma = \sqrt{\int\limits_a^b (x-\mu)^2 \cdot f(x)\,dx}$

Basisaufgaben

7. Berechnen Sie den Erwartungswert und die Standardabweichung der stetigen Zufallsgröße mit der Dichtefunktion f.

a) $f(x) = \begin{cases} \frac{3}{32}(4 - x^2) & \text{für } -2 \le x \le 2 \\ 0 & \text{sonst} \end{cases}$ b) $f(x) = \begin{cases} \frac{1}{10} & \text{für } -3 \le x \le 7 \\ 0 & \text{sonst} \end{cases}$

8. Abgebildet ist der Graph einer abschnittsweise definierten Funktion f mit $f(4) = 0{,}1$ und $f(19) = 0$.
   a) Bestimmen Sie die Zuordnungsvorschrift von f und weisen Sie nach, dass es sich bei der Funktion f um eine Dichtefunktion handelt.
   b) Berechnen Sie den Erwartungswert und die Standardabweichung einer stetigen Zufallsgröße mit der Dichtefunktion f.

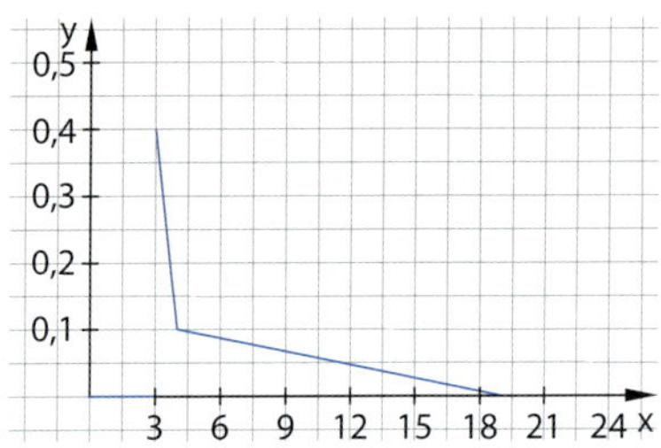

Weiterführende Aufgaben

9. Die Sprungweite von 16-Jährigen lässt sich durch eine Zufallsgröße X mit der Dichtefunktion f mit $f(x) = \begin{cases} \frac{3}{4}(-x^2 + 8x - 15) & \text{für } 3 \le x \le 5 \\ 0 & \text{sonst} \end{cases}$ beschreiben. Berechnen Sie die Wahrscheinlichkeit, dass die Weite 4 Meter beträgt, wenn die gesprungene Weite wie folgt gerundet wird.

a) auf Dezimeter b) auf Zentimeter c) auf Millimeter d) gar nicht

10. Stolperstelle: Die Zufallsgröße X mit der Dichtefunktion f gibt eine zufällige reelle Zahl aus dem Intervall [0; 10] an. Nehmen Sie Stellung zu dem folgenden Dialog.
Lara sagt: *„Die Wahrscheinlichkeit, dass die zufällige Zahl 5 ist, ist P(X = 5) = f(5) = 0,1."*
Kira widerspricht: *„Die Wahrscheinlichkeit, dass die Zahl exakt 5 ist, ist null."*
Darauf Lara: *„Das kann nicht sein, dann könnte die Zahl 5 ja gar nicht vorkommen."*

11. Verteilungsfunktion: Gegeben sind die Dichtefunktion f und die Verteilungsfunktion F einer stetigen Zufallsgröße durch $f(x) = \begin{cases} 0{,}2 & \text{für } 1 \le x \le 6 \\ 0 & \text{sonst} \end{cases}$ und $F(x) = \begin{cases} 0 & \text{für } x < 1 \\ 0{,}2x - 0{,}2 & \text{für } 1 \le x \le 6, \\ 1 & \text{für } x > 6 \end{cases}$

a) Zeigen Sie, dass F die Verteilungsfunktion zu f ist.
Erläutern Sie dazu die folgende Rechnung und setzen Sie sie fort.
Verteilungsfunktion für $x > 6$: $\int_{-\infty}^{x} f(t)\,dt = \int_{-\infty}^{1} 0\,dt + \int_{1}^{6} 0{,}2\,dt + \int_{6}^{x} 0\,dt = \ldots$
Untersuchen Sie auch die Fälle $x < 1$ und $1 \le x \le 6$.
b) Skizzieren Sie die Graphen von f und F und erläutern Sie ihren Zusammenhang.

12. Die Zufallsgröße X gibt die Wartezeit in einer Arztpraxis in Minuten an. Die Wartezeit beträgt maximal 60 min. Für die Dichtefunktion f gilt $f(0) = k$ für ein $k \in \mathbb{R}$ und $f(60) = 0$, im Intervall [0; 60] nimmt f linear ab.

a) Bestimmen Sie den Wert von k und die Gleichung der Dichtefunktion.
b) Berechnen Sie, mit welcher mittleren Wartezeit die Patienten rechnen können.
c) In einem Monat kommen 600 Patienten in die Praxis. Bestimmen Sie einen Wert als Prognose für die Anzahl derer, die mindestens eine halbe Stunde warten.
d) Der Arzt möchte werben: *„In meiner Praxis warten 90 % der Patienten höchstens ... Minuten."*
Ergänzen Sie die Zeitangabe so, dass die Prognose den Wahrscheinlichkeiten entspricht.

13. Ausblick: Einen zufälligen Punkt in einem Quadrat mit der Seitenlänge 10 kann man durch zwei Zufallsgrößen X (x-Koordinate) und Y (y-Koordinate) beschreiben, die gleichverteilt im Intervall [0; 10] sind. Die Zufallsgröße $Z = X + Y$ gibt die Summe der x- und y-Koordinate an.

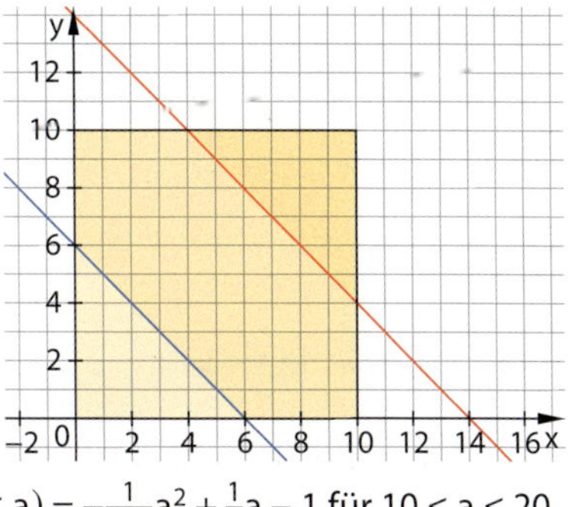

a) Beschreiben Sie die Lage der Punkte im Koordinatensystem, für die $Z \le 6$ bzw. $Z \le 14$ gilt.
b) Zeigen Sie mithilfe von Flächenanteilen, dass für die Verteilungsfunktion F von Z gilt:
$F(a) = P(Z \le a) = \frac{1}{200}a^2$ für $0 \le a \le 10$ $F(a) = P(Z \le a) = -\frac{1}{200}a^2 + \frac{1}{5}a - 1$ für $10 \le a \le 20$

6.2 Normalverteilung

■ 100 Personen sollten ohne Messung zwei Punkte in einem Abstand von möglichst genau 10 cm auf ein leeres Blatt zeichnen. Dann wurden alle Abstände gemessen. Das Histogramm zeigt die relativen Häufigkeiten der Ergebnisse (Klassenbreite von 1 cm).

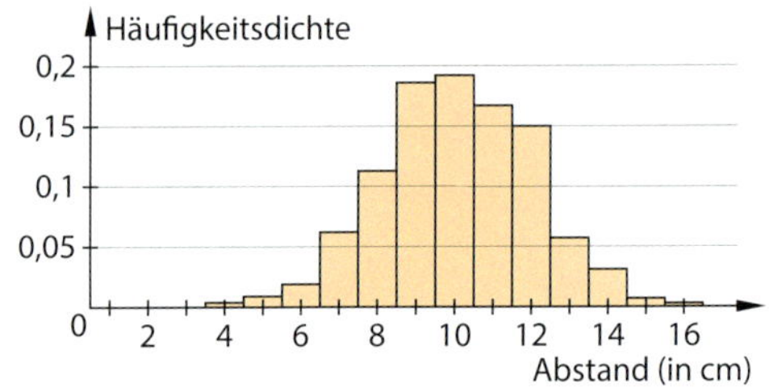

a) Begründen Sie, dass der gemessene Abstand als eine stetige Zufallsgröße X aufgefasst werden kann.

b) Skizzieren Sie den Graphen der Dichtefunktion von X und erläutern Sie seinen Verlauf. ■

10 000 erwachsene Männer wurden nach ihrer Körpergröße befragt. Das obere Histogramm zeigt die relativen Häufigkeiten bei einer Klassenbreite von 5 cm. Die Gestalt des Histogramms erinnert an eine Binomialverteilung. Die Körpergröße X in cm kann aber auch nichtganzzahlige Werte annehmen.

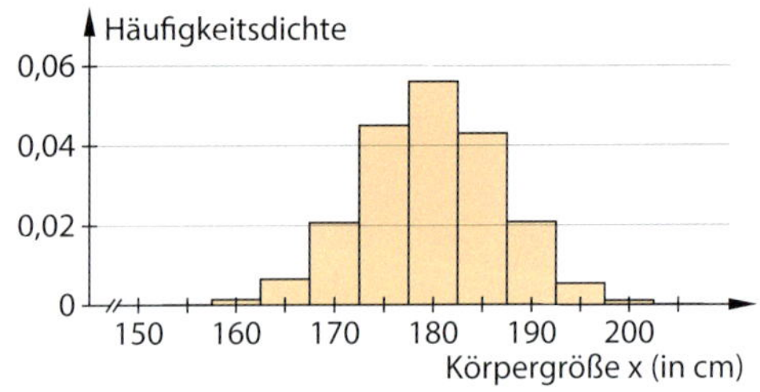

Verringert man die Klassenbreite (im unteren Histogramm beträgt sie 1 cm), nähert sich die Gestalt des Histogramms einer stetigen Verteilung an, die man **Normalverteilung** nennt. Die Dichtefunktion der Normalverteilung ist die **Gaußsche Glockenfunktion** $\varphi_{\mu;\sigma}$ mit

$$\varphi_{\mu;\sigma}(x) = \frac{1}{\sigma\sqrt{2\pi}} \cdot e^{-\frac{(x-\mu)^2}{2\sigma^2}}.$$

Dabei ist μ der Erwartungswert und σ die Standardabweichung von X. Bei μ liegt das Maximum der Verteilung, σ ist ein Maß für die Breite der Verteilung.

Man kann $\int_{-\infty}^{\infty} \varphi_{\mu;\sigma}(x)\,dx = 1$ zeigen.

Wegen $\varphi_{\mu;\sigma}(x) > 0$ für alle $x \in \mathbb{R}$ folgt daraus, dass $\varphi_{\mu;\sigma}$ eine Dichtefunktion ist.

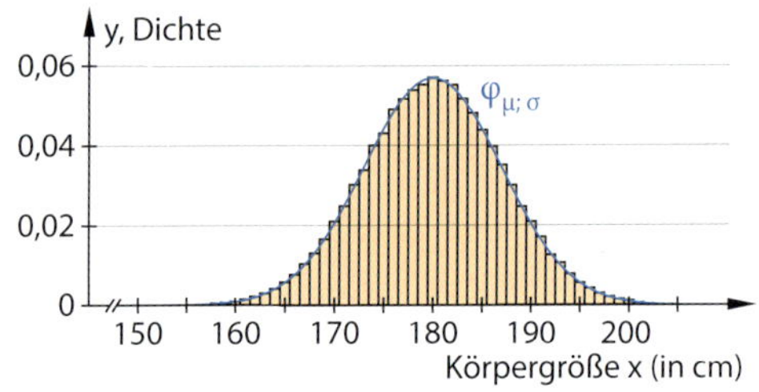

Hier gilt $\mu = 180$ und $\sigma = 7$.

$$\varphi_{180;7}(x) = \frac{1}{7\sqrt{2\pi}} \cdot e^{-\frac{(x-180)^2}{2\cdot 7^2}}$$

Für die Wahrscheinlichkeit einer Körpergröße zwischen 173 cm und 187 cm gilt:

$$P(173 \le X \le 187) = \int_{173}^{187} \varphi_{180;7}(x)\,dx \approx 0{,}683$$

Wissen: Normalverteilung – Gaußsche Glockenfunktion

Eine stetige Zufallsgröße X heißt **normalverteilt** mit dem Erwartungswert μ und der Standardabweichung σ, wenn ihre Dichtefunktion die **Gaußsche Glockenfunktion** $\varphi_{\mu;\sigma}$ mit $\varphi_{\mu;\sigma}(x) = \frac{1}{\sigma\sqrt{2\pi}} \cdot e^{-\frac{(x-\mu)^2}{2\sigma^2}}$ ist.

Für $a, b \in \mathbb{R}$ mit $a \le b$ gilt: $P(a \le X \le b) = \int_a^b \varphi_{\mu;\sigma}(x)\,dx$

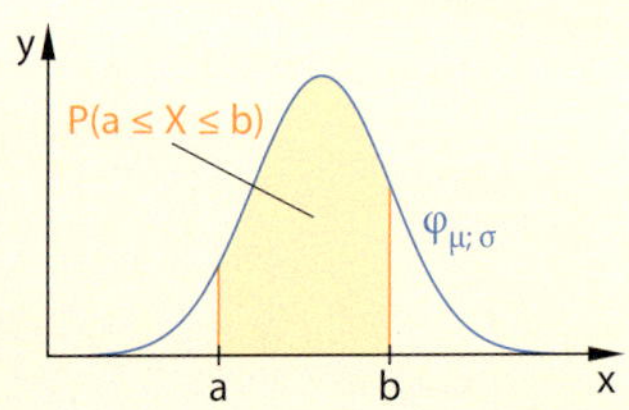

Hinweis:
Den Graphen der Gaußschen Glockenfunktion nennt man **Gaußsche Glockenkurve**.

Die **Verteilungsfunktion** von X bezeichnet man als **Gaußsche Integralfunktion** $\Phi_{\mu;\sigma}$.

Es gilt: $\Phi_{\mu;\sigma}(x) = P(X \le x) = \int_{-\infty}^{x} \varphi_{\mu;\sigma}(t)\,dt$. Die Gaußsche Integralfunktion $\Phi_{\mu;\sigma}$ ist eine Stammfunktion der Gaußschen Glockenfunktion $\varphi_{\mu;\sigma}$.

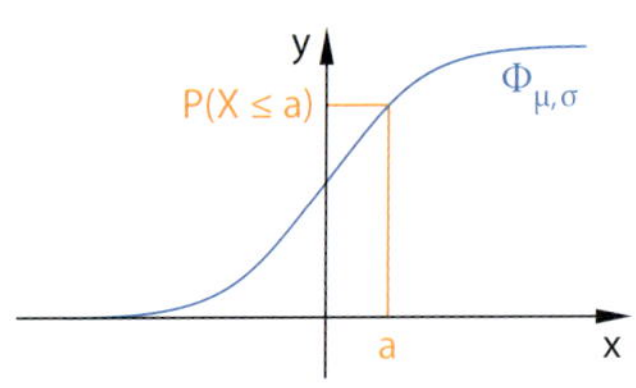

Wahrscheinlichkeiten berechnen

Für die Stammfunktion der Gaußschen Glockenkurve $\varphi_{\mu;\,\sigma}$ kann kein Funktionsterm angegeben werden. Die zur Berechnung der Wahrscheinlichkeiten notwendigen Integrale müssen numerisch bestimmt werden.

Zur Berechnung von Funktionswerten $\varphi_{\mu;\,\sigma}(x)$ und von Wahrscheinlichkeiten der Normalverteilung kann man auf Befehle im Taschenrechner zurückgreifen.

Hinweis:
Informieren Sie sich, wie Sie bei Ihrem Taschenrechnermodell Funktionswerte der Gaußschen Glockenfunktion und Wahrscheinlichkeiten der Normalverteilung für ein Intervall [a; b] berechnen können.

Für die Berechnung des Funktionswerts $\varphi_{\mu;\,\sigma}(x)$ müssen im Taschenrechner die Parameter μ, σ und x eingegeben werden.

$$\varphi_{8;\,1}(9) = \frac{1}{\sqrt{2\pi}} \cdot e^{-\frac{(9-8)^2}{2}} \approx 0{,}242$$

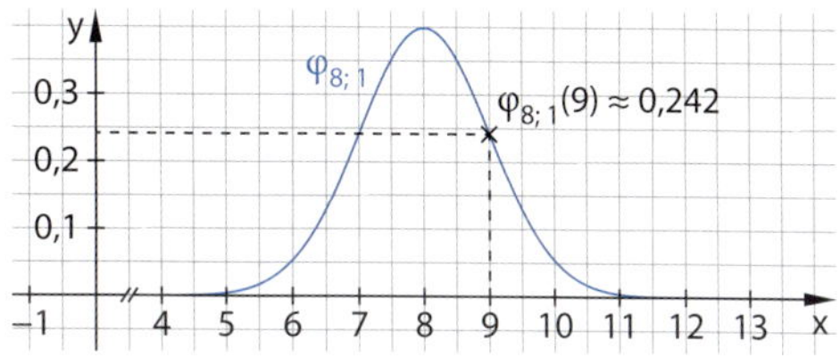

Für die Berechnung der Wahrscheinlichkeiten für das Intervall [a; b] müssen die Parameter μ und σ sowie die Intervallgrenzen a und b eingegeben werden.

$$P(7 \le X \le 9) = \int_7^9 \varphi_{8;\,1}(x)\,dx \approx 0{,}683$$

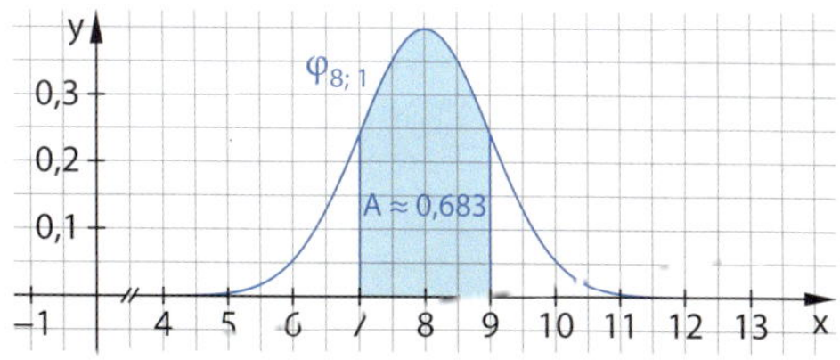

$$P(X \le 7) = \int_{-\infty}^{7} \varphi_{8;\,1}(x)\,dx \approx 0{,}159$$

$$P(X \ge 9) = \int_{9}^{\infty} \varphi_{8;\,1}(x)\,dx \approx 0{,}159$$

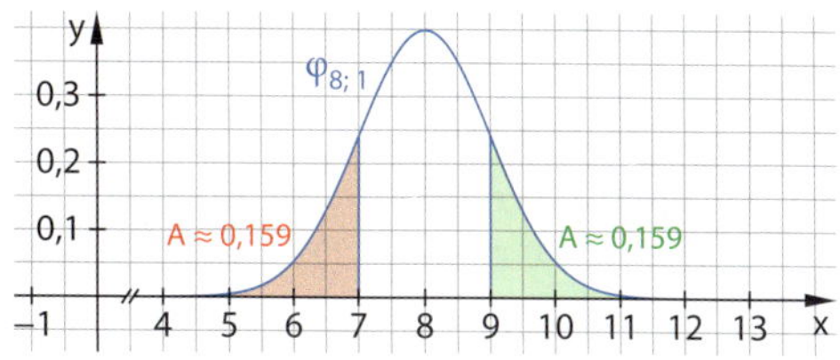

Hinweis:
Im Taschenrechner verwendet man statt $-\infty$ und ∞ sehr kleine Werte (z. B. –1000) bzw. sehr große Werte (z. B. 1000), die vom Erwartungswert weit entfernt liegen.

Für die Berechnung von Funktionswerten und Wahrscheinlichkeiten einer Normalverteilung ohne digitale Hilfsmittel, werden diese auf die **Standardnormalverteilung** zurückgeführt (vgl. Aufgabe 10), für deren Werte es Tabellen gibt. Die Standardnormalverteilung ist die Normalverteilung mit dem Erwartungswert $\mu = 0$ und der Standardabweichung $\sigma = 1$.

Beispiel: Die Körpergröße von erwachsenen Frauen in Deutschland ist näherungsweise normalverteilt mit dem Erwartungswert 166 cm und der Standardabweichung 6,2 cm. Bestimmen Sie die Wahrscheinlichkeit, dass eine zufällig ausgewählte Frau
a) zwischen 160 cm und 170 cm, b) höchstens 160 cm, c) über 180 cm groß ist.

Lösung:
Die Körpergröße X in cm ist normalverteilt mit $\mu = 166$ und $\sigma = 6{,}2$.

a) Berechnen Sie die Intervallwahrscheinlichkeit mit dem Taschenrechner.

$$P(160 \le X \le 170) = \int_{160}^{170} \varphi_{166;\,6,2}(x)\,dx \approx 0{,}574$$

b) Setzen Sie für die linke Grenze eine sehr kleine Zahl ein, z. B. –1000.

$$P(X \le 160) = \int_{-\infty}^{160} \varphi_{166;\,6,2}(x)\,dx \approx 0{,}167$$

c) Da X eine stetige Zufallsgröße ist, gilt $P(X = 180) = 0$ und somit $P(X > 180) = P(X \ge 180)$.
Setzen Sie für die rechte Grenze eine sehr große Zahl wie z. B. 1000 ein.

$$P(X > 180) = P(X \ge 180) = \int_{180}^{\infty} \varphi_{166;\,6,2}(x)\,dx \approx 0{,}012$$

Basisaufgaben

1. In einer Bäckerei ist das Gewicht einer Brotsorte normalverteilt mit dem Erwartungswert 760 g und der Standardabweichung 8 g. Bestimmen Sie die Wahrscheinlichkeit, dass ein zufällig ausgewähltes Brot dieser Sorte

a) zwischen 752 g und 768 g,
b) mindestens 750 g,
c) weniger als 745 g,
d) genau 760 g wiegt.

2. Die Zufallsgröße X gibt die Höchsttemperatur an einem Tag im Juni in °C an. Aufgrund langjähriger Messungen nimmt man an, dass sie normalverteilt ist mit $\mu = 22$ und $\sigma = 3{,}5$.

a) Geben Sie die Funktionsgleichung der Dichtefunktion von X an.
b) Skizzieren Sie den Graphen der Dichtefunktion mithilfe einer Wertetabelle.
c) Stellen Sie die Wahrscheinlichkeit, dass die Höchsttemperatur an einem zufälligen Junitag zwischen 20 °C und 25 °C liegt, mit einem Integral dar und berechnen Sie es.
d) Überprüfen Sie die Wahrscheinlichkeit aus c) mit dem Taschenrechner.

3. Abgebildet ist der Graph der Dichtefunktion einer normalverteilten Zufallsgröße X mit $\mu = 8$ und $\sigma = 3$.

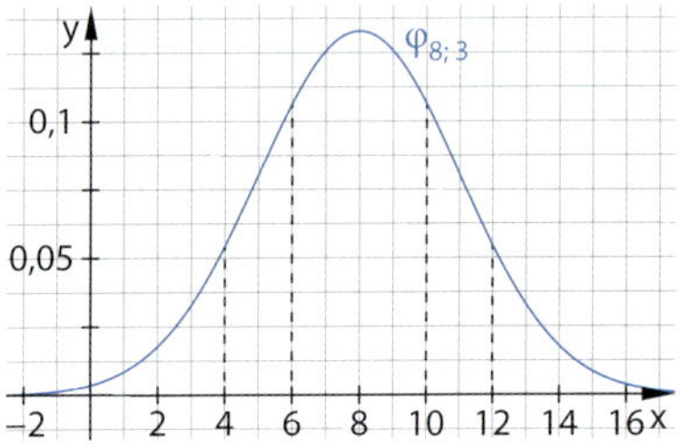

a) Schätzen Sie mithilfe des Graphen die Wahrscheinlichkeiten.
① $P(4 \le X \le 12)$ ② $P(X \le 6)$ ③ $P(X > 10)$
b) Berechnen Sie die Wahrscheinlichkeiten aus a) und überprüfen Sie Ihre Schätzung.

4. Bei einer Zeitmessung gibt die normalverteilte Zufallsgröße X mit dem Erwartungswert $\mu = 40$ und der Standardabweichung $\sigma = 2$ den Messwert in Sekunden an.

a) Beschreiben Sie die Bedeutung des Terms $1 - \int_{35}^{45} \frac{1}{2\sqrt{2\pi}} \cdot e^{-\frac{(x-40)^2}{8}} dx$ im Sachzusammenhang.
b) Entscheiden Sie, welche der Ausdrücke ① bis ③ den gleichen Wert haben wie der Term in a). Begründen Sie Ihre Entscheidung.
① $P(X \le 34) + P(X \ge 46)$ ② $P(X < 35) + P(X > 45)$ ③ $P(-45 \le X \le -35)$

5. Ein Pharmaunternehmen füllt seinen Impfstoff in kleinen Ampullen ab. Die Zufallsgröße X beschreibt die Menge an Impfstoff in mℓ in einer Ampulle. X ist normalverteilt mit den Parametern $\mu = 1{,}8$ und $\sigma = 0{,}2$ In der Abbildung ist die zugehörige Verteilungsfunktion abgebildet.

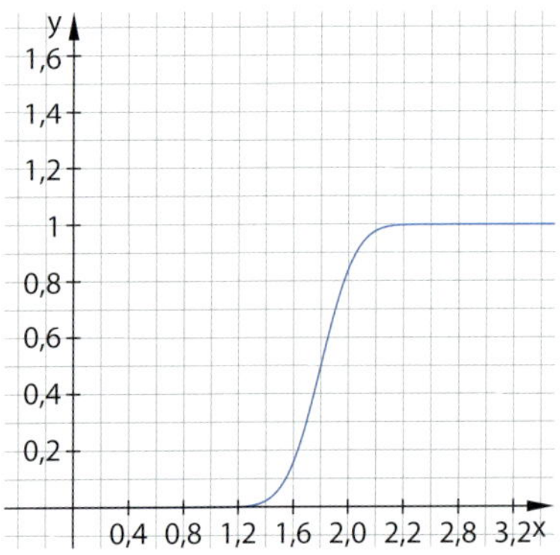

a) Ermitteln Sie mithilfe der Abbildung näherungsweise die folgenden Wahrscheinlichkeiten:
In der Ampulle befinden sich weniger als 1,5 mℓ.
In der Ampulle befinden sich zwischen 1,6 mℓ und 1,8 mℓ.
In der Ampulle befinden sich mehr als 2 mℓ.
b) Formulieren Sie ein Ereignis mit der Wahrscheinlichkeit 0,8 im Sachkontext.

Weiterführende Aufgaben

6. Stolperstelle: Die Milchmenge in einer 200-mℓ-Flasche Milch sei normalverteilt mit einem Erwartungswert $\mu = 200\,\text{mℓ}$ und einer Standardabweichung $\sigma = 3\,\text{mℓ}$.
Britta meint: *„Die Wahrscheinlichkeit, dass 200 ml Milch in der Flasche sind, ist 0, denn es gilt $\int_a^b \varphi_{200;\,3}(x)\,dx = 0$ für $a = b = 200$."* Philipp sagt: *„Es sollte doch aber am wahrscheinlichsten sein, dass 200 ml drin sind oder vielleicht 199 oder 201."* Karl erwidert: *„Ja, wenn du auf Ganze rundest. Dann bedeutet 200 ml, dass es ja auch 200,1 oder 200,2 sein können."* Darauf Britta: *„Aber die Wahrscheinlichkeit für 200,1 ml oder 200,2 ml ist doch auch 0, oder nicht?"* Nehmen Sie Stellung zum Dialog.

7. Zeichnen Sie, ohne zu messen, zwei Punkte in einem Abstand von möglichst genau 10 cm auf ein leeres Blatt Papier. Messen Sie anschließend den Abstand der beiden Punkte. Tragen Sie alle in Ihrem Kurs gemessenen Abstände in eine Liste ein und untersuchen Sie, ob die gemessenen Abstände näherungsweise normalverteilt sind. Bestimmen Sie gegebenenfalls den Erwartungswert und die Standardabweichung.

Hinweis zu 7:
Um mehr Daten zu erhalten, könnten auch Personen, die nicht im Kurs sind, am Experiment teilnehmen. Oder jeder trägt die beiden Punkte auf mehreren Blättern ein.

8. Ein Paketzusteller wirbt damit, zwischen 8 Uhr und 18 Uhr alle Pakete auszuliefern. Es soll davon ausgegangen werden, dass der Zeitpunkt, zu dem ein zufällig ausgewähltes Paket zugestellt wird, mithilfe einer normalverteilten Zufallsgröße mit dem Erwartungswert 13 und der Standardabweichung 1,5 beschrieben werden kann. Die Abbildung zeigt die zugehörige Dichtefunktion.

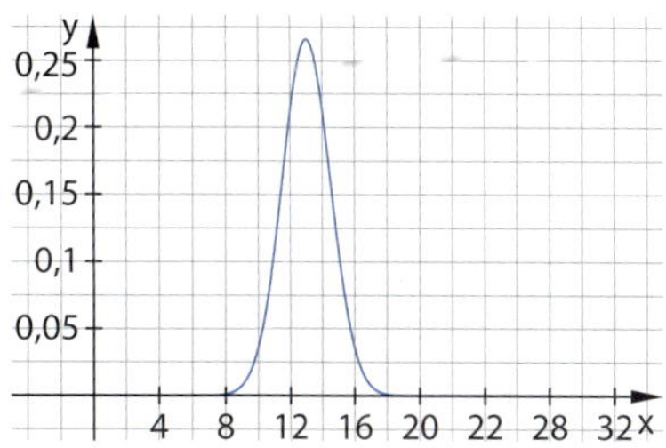

a) Ermitteln Sie näherungsweise die Wahrscheinlichkeit, dass ein Paket zwischen 12 Uhr und 14 Uhr zugestellt wird.
b) Pro Tag stellt ein Fahrer 250 Pakete zu. Berechnen Sie, wann mit der Zustellung des 45. Paketes zu rechnen ist.

9. X ist eine normalverteilte Zufallsgröße mit der Dichtefunktion $\varphi_{\mu;\,\sigma}$. Zeigen Sie für einige selbst gewählte Werte von μ und σ, dass μ der Erwartungswert und σ die Standardabweichung von X ist. Berechnen Sie dazu die folgenden Terme.

① $\int_{-\infty}^{\infty} x \cdot \varphi_{\mu;\,\sigma}(x)\,dx$ ② $\sqrt{\int_{-\infty}^{\infty} (x-\mu)^2 \cdot \varphi_{\mu;\,\sigma}(x)\,dx}$

10. Ausblick: Die Funktionswerte und Wahrscheinlichkeiten jeder beliebigen Normalverteilung lassen sich auf die Standardnormalverteilung mit $\mu = 0$ und $\sigma = 1$ zurückführen.

a) Geben Sie für die Standardnormalverteilung den Term der Gaußschen Glockenfunktion $\varphi_{0;\,1}$ an. Zeigen Sie, dass für alle $\mu, \sigma, x \in \mathbb{R}$ mit $\sigma > 0$ gilt: $\varphi_{\mu;\,\sigma}(x) = \frac{1}{\sigma}\varphi_{0;\,1}\left(\frac{x-\mu}{\sigma}\right)$
b) Beschreiben Sie, wie der Graph von $\varphi_{\mu;\,\sigma}$ durch Verschiebung und Streckung aus dem Graphen der Standardnormalverteilung hervorgeht.

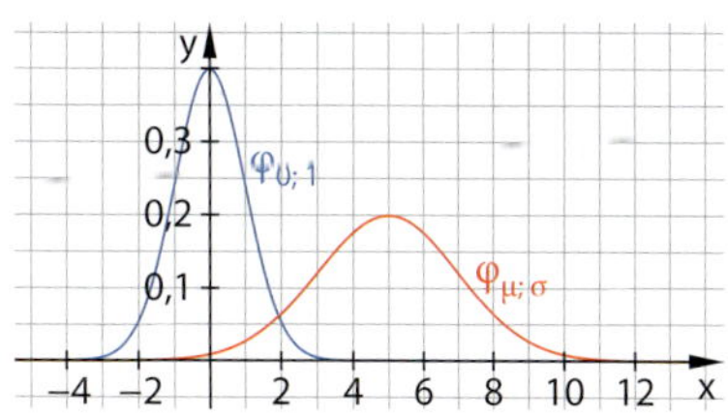

c) Zeigen Sie mit der Kettenregel, dass die Funktion Φ mit $\Phi(x) = \Phi_{0;\,1}\left(\frac{x-\mu}{\sigma}\right)$ eine Stammfunktion von $\varphi_{\mu;\,\sigma}$ ist.
d) Begründen Sie mithilfe von c), dass für alle $\mu, \sigma, a, b \in \mathbb{R}$ mit $\sigma > 0$ und $a \le b$ gilt:

① $\int_a^b \varphi_{\mu;\,\sigma}(x)\,dx = \int_{\frac{a-\mu}{\sigma}}^{\frac{b-\mu}{\sigma}} \varphi_{0;\,1}(x)\,dx = \Phi_{0;\,1}\left(\frac{b-\mu}{\sigma}\right) - \Phi_{0;\,1}\left(\frac{a-\mu}{\sigma}\right)$ ② $\Phi_{\mu;\,\sigma}(b) = \Phi_{0;\,1}\left(\frac{b-\mu}{\sigma}\right)$

Erinnerung:
Die Gaußsche Integralfunktion $\Phi_{\mu;\,\sigma}$ ist eine Stammfunktion der Gaußschen Glockenfunktion $\varphi_{\mu;\,\sigma}$.

6.3 Approximation der Binomialverteilung

■ Das Histogramm zeigt die Binomialverteilung mit $n = 50$ und $p = 0{,}6$. Es wird angenähert durch den Graphen einer Gaußschen Glockenfunktion $\varphi_{\mu;\,\sigma}$.
Stellen Sie eine Vermutung für die Werte von μ und σ der Glockenfunktion auf. Überprüfen Sie Ihre Vermutung, indem Sie einzelne Werte von $\varphi_{\mu;\,\sigma}$ mit den Werten aus dem Histogramm vergleichen. ■

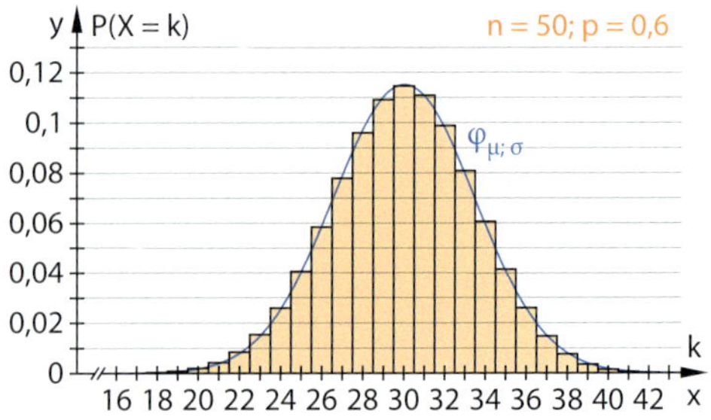

Info:
Ohne digitale Hilfsmittel ist die Berechnung von Wahrscheinlichkeiten bei Binomialverteilungen für großes n sehr aufwendig.
Früher nutzte man dazu die Approximation durch Normalverteilungen. Werte der Standardnormalverteilung waren tabelliert.

Histogramme der Binomialverteilung sind glockenförmig, insbesondere für großes n bzw. großes σ. Man kann daher eine Binomialverteilung durch eine Normalverteilung annähern.

Eine binomialverteilte Zufallsgröße X mit den Parametern $n = 50$ und $p = 0{,}3$ hat den Erwartungswert $\mu = n \cdot p = 15$ und die Standardabweichung $\sigma = \sqrt{n \cdot p \cdot (1 - p)} \approx 3{,}24$.
Die Abbildung zeigt, dass der Graph der Gaußschen Glockenfunktion der Normalverteilung mit diesen Werten $\mu = 15$ und $\sigma = 3{,}24$ das Histogramm der Binomialverteilung gut annähert.

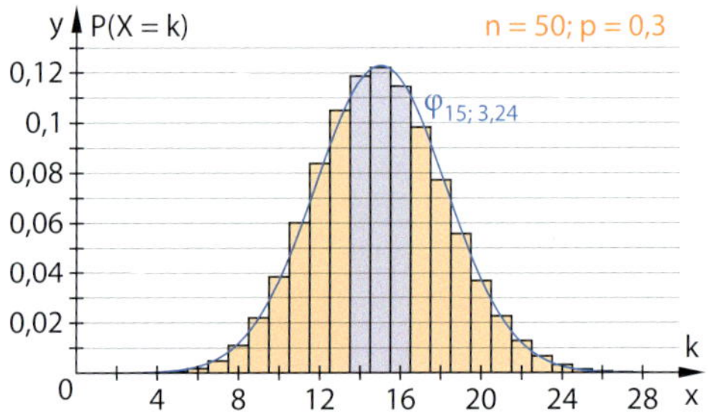

Die Wahrscheinlichkeit $P(X = k)$ für genau k Treffer entspricht etwa dem Funktionswert $\varphi_{15;\,3{,}24}(k)$ der Gaußschen Glockenfunktion.
Für die Wahrscheinlichkeit, dass die Trefferanzahl X zwischen 14 und 16 liegt, gilt $P(14 \le X \le 16) = P(X = 14) + P(X = 15) + P(X = 16)$. Da $P(X = k)$ wegen der Säulenbreite 1 sowohl der Höhe als auch dem Flächeninhalt der zu k gehörenden Säule entspricht, ist $P(14 \le X \le 16)$ gleich dem Flächeninhalt der Säulen, die zu $k = 14$, $k = 15$ und $k = 16$ gehören. Insgesamt liegen diese drei Säulen im Bereich $13{,}5 \le x \le 16{,}5$. Ihre Fläche entspricht etwa der Fläche zwischen dem Graphen der Normalverteilung von $\varphi_{15;\,3{,}24}$ und der x-Achse in diesem Bereich. Es gilt also $P(14 \le X \le 16) \approx \int_{13{,}5}^{16{,}5} \varphi_{15;\,3{,}24}(x)\,dx$.

Die Anpassung der Integrationsgrenzen um den Wert 0,5 nennt man **Stetigkeitskorrektur**.

Erinnerung:
Die Faustregel $\sigma > 3$ nennt man Laplace-Bedingung.

Die Annäherung einer Binomialverteilung durch eine Normalverteilung ist für $\sigma > 3$ so gut, dass damit Wahrscheinlichkeiten der Binomialverteilung berechnet werden können.

Satz von Moivre-Laplace: Binomialverteilung durch Normalverteilung annähern

X sei eine binomialverteilte Zufallsgröße mit den Parametern n und p, dem Erwartungswert $\mu = n \cdot p$ und der Standardabweichung $\sigma = \sqrt{n \cdot p \cdot (1 - p)}$.
Falls $\sigma > 3$ erfüllt ist, gilt für die ganzzahligen Trefferanzahlen k, a und b mit $a \le b$ näherungsweise:

① $P(X = k) \approx \varphi_{\mu;\,\sigma}(k)$ ② $P(a \le X \le b) \approx \int_{a-0{,}5}^{b+0{,}5} \varphi_{\mu;\,\sigma}(x)\,dx$

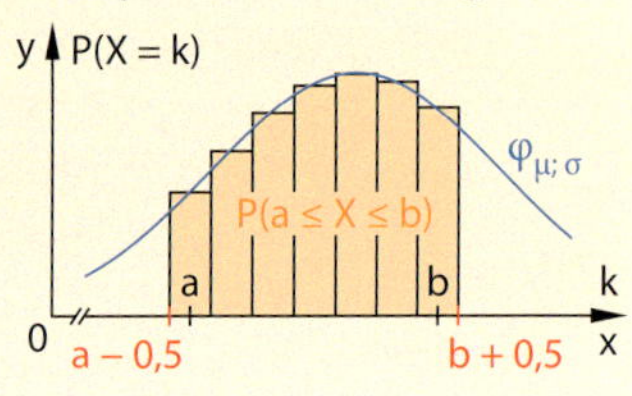

Für mindestens a Treffer bzw. höchstens b Treffer gilt entsprechend:

$P(X \ge a) \approx \int_{a-0{,}5}^{\infty} \varphi_{\mu;\,\sigma}(x)\,dx$ $P(X \le b) \approx \int_{-\infty}^{b+0{,}5} \varphi_{\mu;\,\sigma}(x)\,dx$

Beispiel: Die Zufallsgröße X ist binomialverteilt mit den Parametern $n = 150$ und $p = 0{,}6$. Bestimmen Sie mithilfe einer Normalverteilung näherungsweise die angegebene Wahrscheinlichkeit. Bestimmen Sie zum Vergleich die exakten Werte.

a) $P(X = 80)$ b) $P(80 \le X \le 90)$ c) $P(X < 80)$

Lösung:

Berechnen Sie den Erwartungswert μ und die Standardabweichung σ. Prüfen Sie, ob die Laplace-Bedingung $\sigma > 3$ erfüllt ist, damit die Normalverteilung als Annäherung verwendet werden kann.

X binomialverteilt mit $n = 150$ und $p = 0{,}6$
$\mu = n \cdot p = 150 \cdot 0{,}6 = 90$
$\sigma = \sqrt{n \cdot p \cdot (1-p)} = \sqrt{150 \cdot 0{,}6 \cdot 0{,}4} = 6 > 3$
(Laplace-Bedingung erfüllt)

a) Berechnen Sie $P(X = 80)$ näherungsweise mit dem zugehörigen Funktionswert von $\varphi_{90;\,6}$.
Berechnen Sie den exakten Wert.

$P(X = 80) \approx \varphi_{90;\,6}(80) \approx 0{,}01658$

$P(X = 80) = B_{150;\,0{,}6}(80) \approx 0{,}016598$

b) Ermitteln Sie näherungsweise den Wert von $P(80 \le X \le 90)$ mithilfe der Normalverteilung. Verwenden Sie die Stetigkeitskorrektur $a = 80 - 0{,}5 = 80{,}5$ und $b = 90 + 0{,}5 = 90{,}5$.
Berechnen Sie den exakten Wert für das Intervall [80; 90].

$P(80 \le X \le 90) \approx \int_{79{,}5}^{90{,}5} \varphi_{90;\,6}(x)\,dx \approx 0{,}49315$

$P(80 \le X \le 90) = F_{150;\,0{,}6}(90) - F_{150;\,0{,}6}(79) \approx 0{,}49013$

c) Da X nur ganzzahlige Werte annehmen kann, gilt $P(X < 80) = P(X \le 79)$.
Verwenden Sie für die obere Integralgrenze die Stetigkeitskorrektur $b = 79 + 0{,}5 = 79{,}5$. Setzen Sie für die linke Intervallgrenze $a = -1000$ ein.
Berechnen Sie den exakten Wert für das Intervall [0; 79].

$P(X < 80) = P(X \le 79) \approx \int_{-\infty}^{79{,}5} \varphi_{90;\,6}(x)\,dx \approx 0{,}040056$

$P(X < 80) = P(X \le 79) = F_{150;\,0{,}6}(79) \approx 0{,}40086$

Basisaufgaben

1. Ein Hockey-Team hat bei Strafecken eine Trefferquote von 40 %. Bestimmen Sie näherungsweise mit einer Normalverteilung und zum Vergleich exakt die Wahrscheinlichkeit, dass die Anzahl der Treffer bei 50 Strafecken
a) genau 20, b) mindestens 15 und höchstens 25, c) kleiner als 20 ist.

2. Die Zufallsgröße X gibt an, wie oft beim 100-maligen Drehen des Glücksrads „Blau" kommt. Bestimmen Sie näherungsweise mit einer Normalverteilung und exakt die angegebene Wahrscheinlichkeit.
a) $P(X = 30)$ b) $P(20 \le X \le 30)$ c) $P(X \ge 25)$
d) $P(X < 25)$ e) $P(25 < X < 30)$ f) $P(X > 35)$

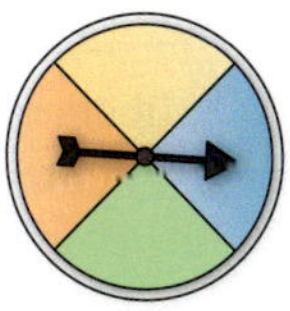

CAS 3. Erstellen Sie mit einem CAS ein Histogramm der Binomialverteilung mit den Parametern n und p. Berechnen Sie den Erwartungswert μ und die Standardabweichung σ und fügen Sie dem Histogramm den Graphen der Gaußschen Glockenfunktion $\varphi_{\mu;\,\sigma}$ hinzu. Beurteilen Sie, wie gut die Normalverteilung die Binomialverteilung annähert. Prüfen Sie auch, ob die Laplace-Bedingung $\sigma > 3$ erfüllt ist.
a) $n = 100, p = 0{,}5$ b) $n = 15, p = 0{,}5$ c) $n = 100, p = 0{,}9$ d) $n = 15, p = 0{,}9$

4. Die Abbildung zeigt das Histogramm der Binomialverteilung für die Anzahl X der Sechsen beim 120-fachen Würfelwurf und die Annäherung mit einer Normalverteilung mit $\mu = 20$ und $\sigma \approx 4{,}08$. Lara und Finn berechnen die Wahrscheinlichkeit für 17 Sechsen mit der Normalverteilung:

Lara: $P(X = 17) \approx \varphi_{20;\,4,08}(17)$

Finn: $P(17 \le X \le 17) \approx \int_{17-0,5}^{17+0,5} \varphi_{20;\,4,08}(x)\,dx$

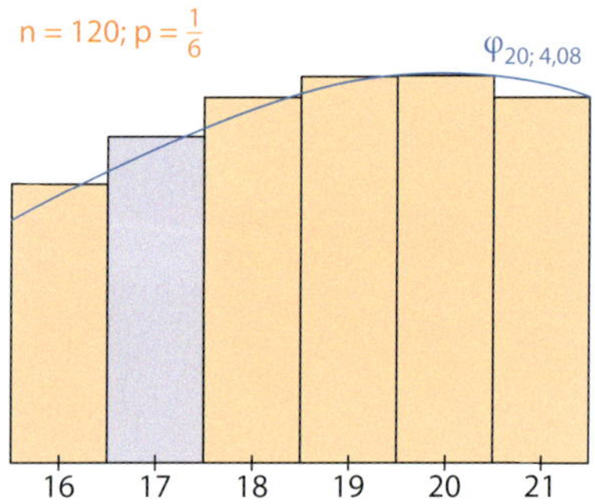

a) Begründen Sie die beiden Vorgehensweisen und erläutern Sie mithilfe der Abbildung, was jeweils berechnet wird.
b) Führen Sie beide Rechnungen aus und vergleichen Sie mit dem exakten Ergebnis.
c) Begründen Sie, welche der beiden Methoden für die Wahrscheinlichkeit von 20 Sechsen einen größeren Wert liefert. Berechnen Sie dann die Werte sowie das exakte Ergebnis.

Weiterführende Aufgaben

5. Ein Verein hat 200 Mitglieder. Es wird angenommen, dass jedes Mitglied mit einer Wahrscheinlichkeit von 60 % zur Mitgliederversammlung kommt.

Hinweis zu 5a:
Setzen Sie die rechte Grenze gleich b + 0,5.

a) Bestimmen Sie näherungsweise mit einer Normalverteilung, wie viele Stühle aufgestellt werden müssen, damit sie mit einer Wahrscheinlichkeit von 90 % für alle Mitglieder der Versammlung reichen.
b) Berechnen Sie mit einer Binomialverteilung die Wahrscheinlichkeit, dass die Anzahl der Stühle aus a) ausreicht. Diese Wahrscheinlichkeit soll mindestens 90 % betragen. Prüfen Sie, ob dafür auch weniger Stühle ausreichen bzw. mehr Stühle nötig sind.

6. **Stolperstelle:** X sei eine binomialverteilte Zufallsgröße mit n = 25 und p = 0,5. Erläutern Sie die Fehler in Sebastians Rechnungen und korrigieren Sie sie.
a) $\mu = 25 \cdot 0{,}5 = 12{,}5 \qquad \sigma = \sqrt{25 \cdot 0{,}5 \cdot (1 - 0{,}5)} = 2{,}5$
b) $P(X = \mu) = P(X = 12{,}5) \approx \varphi_{12,5;\,2,5}(12{,}5) \approx 0{,}16$
c) $P(10 < X < 15) \approx \int_{9,5}^{15,5} \varphi_{12,5;\,2,5}(x)\,dx \approx 0{,}77$

CAS **7.** Ein französischer Student geht zu einer Veranstaltung einer deutschen Universität mit 100 Personen. Er überlegt, mit wie vielen er sich wohl auf Französisch unterhalten kann. Er nimmt an, dass jeder Anwesende mit einer Wahrscheinlichkeit von 20 % französisch spricht.

Hinweis zu 7a:
Der CAS-Befehl *invNorm*(p,μ,σ) gibt zu einer Wahrscheinlichkeit p den Wert b mit $P(X \le b) = p$ an.

a) Bestimmen Sie näherungsweise mit einer Normalverteilung ein Intervall als Prognose, in dem die Anzahl der französisch sprechenden Personen zu etwa 50 % liegt. Verwenden Sie einmal die Stetigkeitskorrektur und einmal nicht.
b) Berechnen Sie zum Vergleich mit einer Binomialverteilung die Wahrscheinlichkeit für die Intervalle aus a). Untersuchen Sie, ob die Stetigkeitskorrektur die Prognose verbessert.

8. Ganzzahlige näherungsweise normalverteilte Zufallsgrößen: Wenn eine Zufallsgröße X, die nur ganzzahlige Werte annimmt, näherungsweise normalverteilt ist mit dem Erwartungswert μ und der Standardabweichung σ, kann man Wahrscheinlichkeiten mit den Formeln aus dem Satz von Moivre-Laplace berechnen.
Die Zufallsgröße X, welche die Anzahl der Äpfel auf einem zufällig ausgewählten Baum einer Plantage angibt, sei näherungsweise normalverteilt mit $\mu = 142{,}6$ und $\sigma = 5{,}8$.
Berechnen Sie die angegebene Wahrscheinlichkeit näherungsweise. Begründen Sie, warum bei b) und c) die Stetigkeitskorrektur um den Wert 0,5 nötig ist.
a) $P(X = 143)$ b) $P(135 \le X \le 150)$ c) $P(X \ge 143)$ d) $P(X = 142{,}6)$

TK **9.** Nach dem Zentralen Grenzwertsatz ist der Summe von zehn ganzzahligen „Würfelzufallszahlen" von 1 bis 6 annähernd normalverteilt. Dies soll nun untersucht werden.

◆	I wü9	J wü10	K summe
=	=randint(	=randint(1,6,200)	=wü1+wü2+w
1	2	5	38
2	6	1	[illegible]

a) Erzeugen Sie in zehn Spalten der Tabellenkalkulation jeweils 200 Würfelzufallszahlen. Bilden Sie in einer weiteren Spalte die Summen dieser Zufallszahlen.
b) Ermitteln Sie das arithmetische Mittel und die empirische Standardabweichung der Summen und verwenden Sie sie als Parameter μ und σ einer Normalverteilung.
c) Stellen Sie die Häufigkeitsverteilung der Summen in einem Histogramm dar und prüfen Sie, ob die Normalverteilung aus b) eine gute Näherung darstellt.
d) Berechnen Sie mithilfe der Normalverteilung näherungsweise die Wahrscheinlichkeit, dass die Augensumme von zehn Würfeln zwischen 30 und 40 liegt.

Info:
Die große Bedeutung der Normalverteilung liegt am Zentralen Grenzwertsatz. Dieser besagt vereinfacht, dass Verteilungen, die einer Summe von vielen unabhängigen Einflüssen unterliegen, häufig annähernd normalverteilt sind.

● **10. Approximation mit der Standardnormalverteilung:** Die Wahrscheinlichkeiten $P(X = k)$ und $P(a \le X \le b)$ der Binomialverteilung aus dem Satz von Moivre-Laplace lassen sich auch näherungsweise mit der Standardnormalverteilung berechnen.
a) Geben Sie mithilfe der folgenden Umformungen solche Näherungen an.

$$① \quad \varphi_{\mu;\sigma}(x) = \frac{1}{\sigma}\varphi_{0;1}\left(\frac{x-\mu}{\sigma}\right) \qquad ② \quad \int_a^b \varphi_{\mu;\sigma}(x)\,dx = \int_{\frac{a-\mu}{\sigma}}^{\frac{b-\mu}{\sigma}} \varphi_{0;1}(x)\,dx = \Phi_{0;1}\left(\frac{b-\mu}{\sigma}\right) - \Phi_{0;1}\left(\frac{a-\mu}{\sigma}\right)$$

b) Begründen Sie, dass gilt: $P(X \ge k) \approx 1 - \Phi_{0;1}\left(\frac{k - 0{,}5 - \mu}{\sigma}\right) = 1 - \Phi_{0;1}\left(\frac{k - 0{,}5 - np}{\sqrt{np(1-p)}}\right)$
c) Ermitteln Sie mithilfe von b), wie groß die Wahrscheinlichkeit dafür ist, bei 500 Münzwürfen mindestens 75-mal Kopf zu erhalten.

● **11. Ausblick: Exponentialverteilung**
Eine stetige Zufallsgröße X heißt **exponentialverteilt** mit dem Parameter $\lambda \in \mathbb{R}^+$, wenn sie die Dichtefunktion f mit $f(x) = \begin{cases} \lambda e^{-\lambda x} & \text{für } x \ge 0 \\ 0 & \text{für } x < 0 \end{cases}$ hat.
a) Zeigen Sie, dass für die Verteilungsfunktion von X gilt: $F(x) = \begin{cases} 1 - e^{-\lambda x} & \text{für } x \ge 0 \\ 0 & \text{für } x < 0 \end{cases}$.
b) Zeigen Sie für einige selbst gewählte Werte von λ, dass $\frac{1}{\lambda}$ der Erwartungswert von X ist.
c) Moderne LED-Lampen haben eine mittlere Lebensdauer von 30 000 h, herkömmliche Glühlampen von nur 1000 h. Modellieren Sie die Lebensdauer jeweils durch eine Exponentialverteilung. Skizzieren Sie für jede der beiden Lampen den Graphen von f und berechnen Sie die Wahrscheinlichkeit, dass die Lampe mindestens 1000 h hält.

d) Informieren Sie sich, warum man sagt, dass die Exponentialverteilung kein „Gedächtnis" hat. Weisen Sie dies allgemein oder am Beispiel der Glühlampe nach.

6.4 Klausur- und Abiturtraining

Aufgaben ohne Hilfsmittel

1. Der Graph der Funktion f mit $f(x) = \cos(x) + 1$ hat im Intervall $[-\pi; \pi]$ eine glockenförmige Gestalt.

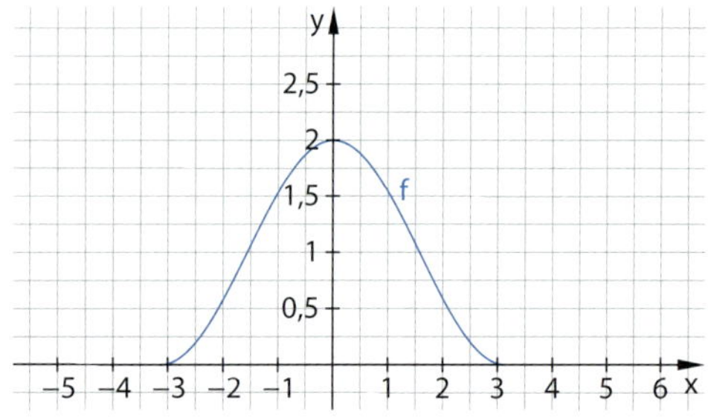

a) Begründen Sie, weshalb diese Funktion in diesem Intervall nicht als Dichtefunktion einer stetigen Zufallsgröße in Frage kommt.

b) Verändern Sie den Funktionsterm so, dass er als Dichtefunktion einer stetigen Zufallsgröße in Frage kommt.

2. Ein Bus fährt vom Busbahnhof alle 10 Minuten zur Universität.

a) Modellieren Sie die Zufallsgröße X als Wartezeit eines zufällig eintreffenden Fahrgastes unter der Voraussetzung, dass die Ankunftszeit gleichverteilt ist. Geben Sie die zugehörige Dichtefunktion an und stellen Sie diese grafisch dar.

b) Bestimmen Sie die Wahrscheinlichkeit, dass ein zufällig eintreffender Fahrgast mindestens 4 und höchstens 6 Minuten auf den Bus warten muss.

c) Bestimmen Sie den Erwartungswert für die Wartezeit.

3. Im Risikomanagement sind oft nur drei Werte einer Größe bekannt, das Minimum, das Maximum und der wahrscheinlichste Wert. Als einfachste Verteilung wird hierbei oft eine Dreiecksverteilung genutzt. Die Kursentwicklung einer Aktie in den kommenden drei Monaten soll auf diese Weise als stetige Zufallsgröße X beschrieben werden. Dabei gilt:
pessimistischster Wert: −2 %
optimistischster Wert: +5 %
wahrscheinlichster Wert: 2 %

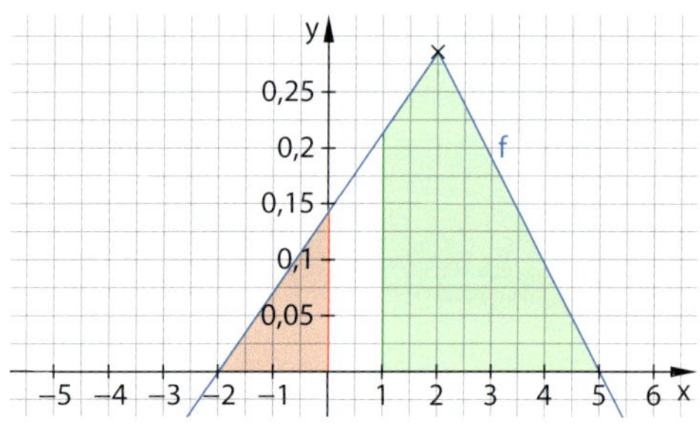

a) Die Abbildung zeigt den Graphen einer Funktion f. Geben Sie die Funktionsgleichung von f abschnittsweise an und zeigen Sie, dass f eine Dichtefunktion zu X ist.

b) Berechnen Sie die Inhalte der farbig markierten Flächen und erklären Sie die Bedeutung dieser Werte im Sachzusammenhang.

4. Die Abbildung zeigt den Graphen der Dichtefunktion φ einer normalverteilten Zufallsgröße X. Der Flächeninhalt der gefärbten Fläche beträgt ca. 0,16 FE.

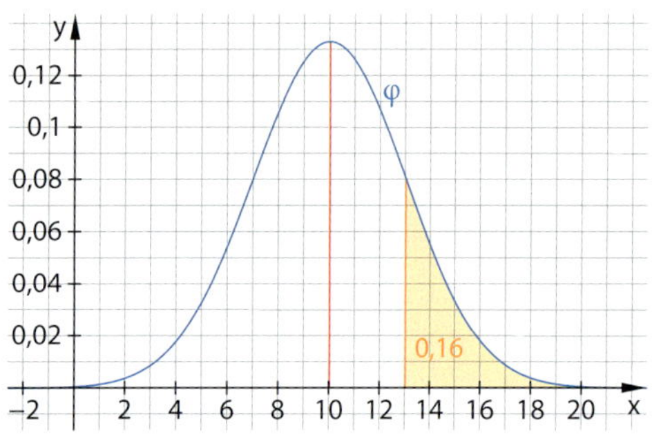

a) Geben Sie den Erwartungswert von X an.

b) Ermitteln Sie folgende Wahrscheinlichkeiten:
① $P(X \geq 13)$ ② $P(X \leq 10)$
③ $P(7 < X < 13)$

Aufgaben mit Hilfsmitteln

5. Die Tabelle enthält eine Häufigkeitsverteilung der Anzahl von Lebendgeburten in Deutschland im Jahr 2014 bezogen auf Altersgruppen (Klassen) der Mütter.

Alter in Jahren	< 15	[15; 20[	[20; 25[	[25; 30[	[30; 35[	[35; 40[	[40; 45[	≥ 45
Anzahl	66	12023	72519	191908	256630	146222	33433	2126

Hinweis:
Das Intervall [a; b[enthält alle reellen Zahlen x mit $a \leq x < b$.

a) Erstellen Sie eine Tabelle, in der die relativen Häufigkeiten der Lebendgeburten jeder Klassenmitte zugeordnet sind. Verwenden Sie für die Altersgruppe unter 15 Jahre die Klassenmitte 12,5 und für die Altersgruppe ab 45 Jahren die Klassenmitte 47,5.

b) Ermitteln Sie anhand der Klassenmitten und ihrer relativen Häufigkeiten das arithmetische Mittel und die empirische Standardabweichung des Alters der Mütter als Näherungswerte für den Erwartungswert und die Standardabweichung einer normalverteilten Zufallsgröße X und geben Sie die Gleichung der Dichtefunktion an.

c) Ermitteln Sie anhand der relativen Häufigkeiten die zu jeder Klassenmitte gehörende Dichte. Stellen Sie die Dichten in Abhängigkeit von den Klassenmitten grafisch dar. Skizzieren Sie die Dichtefunktion von Teilaufgabe b) in das Diagramm ein.

d) Berechnen Sie mit der Normalverteilung die Wahrscheinlichkeiten der Ereignisse:
A: Eine Mutter ist jünger als 35 Jahre.
B: Eine Mutter ist mindestens 22 und höchstens 33 Jahre alt.
C: Eine Mutter ist 27 Jahre alt.

6. Eine Fluglinie bietet in einem Flugzeug für die Economy Class 520 Plätze an. Erfahrungsgemäß treten 96 % aller Fluggäste der Economy Class einen gebuchten Flug auch tatsächlich an.

a) Erklären Sie, unter welchen Voraussetzungen die Zufallsgröße X „Anzahl der zum Abflug erscheinenden Passagiere der Economy Class" vereinfacht als binomialverteilt bzw. normalverteilt betrachtet werden kann.

b) Berechnen Sie die Wahrscheinlichkeit, dass mindestens 500 Passagiere bei einem ausgebuchten Flug erscheinen, jeweils unter Verwendung des Modells der Binomial- bzw. der Normalverteilung. Interpretieren Sie die Resultate.

c) Da die Fluglinie an der maximalen Auslastung interessiert ist, erfolgt eine Überbuchung des Flugs mit 535 verkauften Tickets. Berechnen Sie die Wahrscheinlichkeit, mit der Passagiere umgebucht werden müssen. Lösen Sie die Aufgabe unter Verwendung der Binomial- bzw. der Normalverteilung.

d) Ermitteln Sie, wie viele Tickets die Airline höchstens anbieten sollte, wenn das Risiko, mindestens einen Passagier umbuchen zu müssen, kleiner als 3 % sein soll.

Prüfen Sie Ihr neues Fundament

Lösungen ↗ S. 312/313

1. Bei einem Weitsprungwettbewerb wurden die folgenden Resultate (in cm) erzielt:

352 358 477 379 384 397 411 425 430 444 630
450 450 471 505 520 562 564 594 622

a) Teilen Sie die Weiten ① in 10 gleich breite, ② in 5 gleich breite Klassen ein und stellen Sie jeweils die relative Häufigkeit der Klassen in einem Histogramm dar.
b) Entscheiden Sie, welches Histogramm die Verteilung der Sprungweiten besser veranschaulicht. Begründen Sie Ihre Meinung.
c) Ermitteln Sie den Mittelwert aus den gegebenen Weiten und Schätzungen des Mittelwertes, wenn man nur die absoluten Häufigkeiten in der 5-Klasseneinteilung kennt.

2. Gegeben sind eine Zufallsgröße X und eine Funktion f mit

$$f(x) = \begin{cases} \frac{1}{5} + b \cdot x^2 & \text{für } 0 \le x \le 1 \\ 0 & \text{sonst} \end{cases}$$

a) Bestimmen Sie b so, dass f eine Dichtefunktion ist.
b) Bestimmen Sie die Gleichung der Verteilungsfunktion zu f.
c) Ermitteln Sie den Erwartungswert dieser Zufallsgröße.

3. Familie Schulz bekommt ein neues Boxspringbett. Die Lieferung ist für Samstag zwischen 9 und 10 Uhr angekündigt und es wird vorausgesetzt, dass die Lieferung innerhalb dieses Zeitraums zufällig erfolgt.
Gregor behauptet, dass die Wahrscheinlichkeit dafür, genau 30 Minuten zu warten, gleich 0 ist.
Maya sagt, das könne nicht stimmen, denn dies könnte man ja dann auch für 0, 1, …, 59 oder 60 Minuten behaupten. Sie erwähnt noch, dass man „genau" noch genauer definieren müsste.
Erläutern Sie das Gespräch der beiden und verwenden Sie dazu die Dichtefunktion und Verteilungsfunktion des genannten Zufallsprozesses.

4. Gegeben sind die Zufallsgrößen X und Y, wobei X die Augenzahl beim Werfen eines Würfels zählt und Y eine zufällige reelle Zahl aus dem Intervall [0; 6] beschreibt.
Vergleichen Sie X und Y hinsichtlich
a) Wahrscheinlichkeitsverteilung bzw. Dichtefunktion, b) Erwartungswert,
c) Verteilungsfunktion.

5. Der Graph der Funktion $f(x) = 2^{-x^2}$ verläuft ähnlich wie die Gaußsche Glockenkurve. Er hat eine Glockenform. Er verläuft symmetrisch zur y-Achse und asymptotisch zur x-Achse. Begründen Sie, weshalb die Funktion f trotzdem nicht als Dichtefunktion für eine normalverteilte Zufallsgröße in Frage kommt.

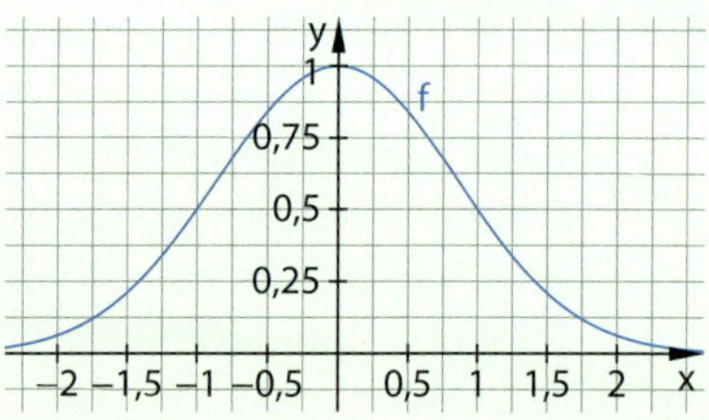

6. Gegeben ist der Graph der Dichtefunktion φ einer normalverteilten Zufallsgröße X.
a) Ermitteln Sie Näherungswerte für folgende Wahrscheinlichkeiten:
① $P(1 \le X \le 2)$ ② $P(3 \le X \le 6)$
b) Geben Sie den Wert von $P(X = 2{,}5)$ an.

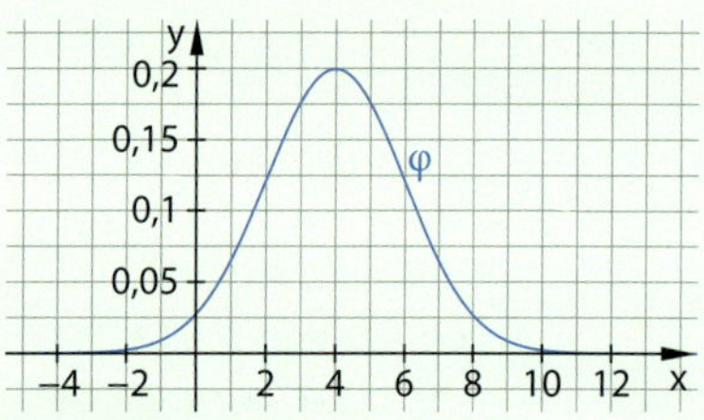

Lösungen
↗ S. 313/314

7. Alicia trifft zu einem zufälligen Zeitpunkt an einer Bushaltestelle ein, an der der Bus alle 20 Minuten fährt. Die Zufallsgröße X gibt die Zeitdauer an, die Alicia auf den nächsten Bus warten muss.

a) Bestimmen Sie eine Dichtefunktion zu X.

b) Berechnen Sie die Wahrscheinlichkeit, dass Alicia auf den Bus
① höchstens 5 min wartet, ② mehr als 10 min wartet,
③ 5 min wartet, wenn man die Wartezeit auf Minuten rundet.

c) Ermitteln Sie, wie sich die Wahrscheinlichkeiten in b) ändern, wenn der Bus alle 10 Minuten fährt.

8. Im Mittelpunkt eines kreisrunden Platzes mit Radius 20 m steht ein Redner. Die Zuhörer erhalten ihre Plätze rein zufällig. Jeder möchte möglichst nahe beim Redner stehen.

a) Der Platz sei in Kreisringe der Breite 1 m eingeteilt. Die diskrete Zufallsgröße X mit den Werten 0,5, 1,5, 2,5, …, 19,5 gibt näherungsweise an, wie viele Meter entfernt vom Kreismittelpunkt ein Platz im entsprechenden Kreisring ist. Erstellen Sie eine Verteilung von X und zeichnen Sie das Histogramm.

b) Nun wird der Platz ohne Kreisringe betrachtet. Y sei die Zufallsgröße, die jedem Platz seine Entfernung zum Mittelpunkt in Meter zuordnet.
Finden Sie aus der Gestalt des Histogramms eine Funktionsgleichung für die Dichtefunktion f von Y. Berechnen Sie mit ihr die Wahrscheinlichkeit $P(0 \le Y \le 1)$ und vergleichen Sie mit dem Flächeninhalt der entsprechenden Säule im Histogramm.

c) Bestimmen Sie die Verteilungsfunktion F zur Dichtefunktion f und erläutern Sie den Zusammenhang zwischen F und f für $0 < x < 20$. Bestimmen Sie mithilfe von Kreisflächenanteilen die Wahrscheinlichkeit, dass ein Zuhörer höchstens x Meter vom Mittelpunkt entfernt ist, und zeigen Sie, dass sie F(x) entspricht.

d) Prüfen Sie, ob X und Y den gleichen Erwartungswert haben.

9. Die Wartezeit für Patienten in einer Arztpraxis sei normalverteilt mit $\mu = 40$ Minuten und $\sigma = 10$ Minuten. Die Abbildung zeigt den Graphen der zugehörigen Dichtefunktion. Der Inhalt der gefärbten Fläche beträgt ca. 0,159 FE.

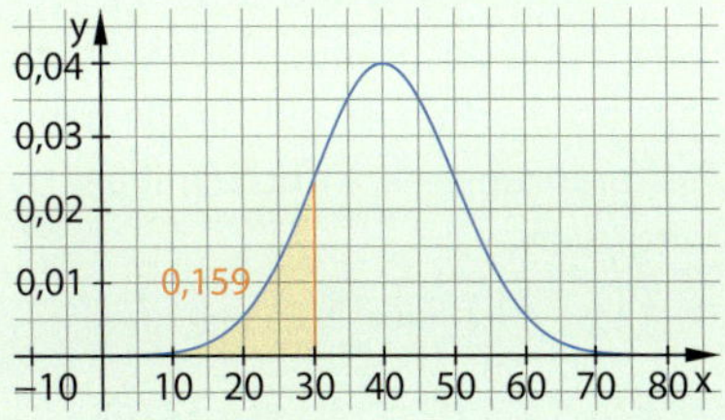

a) Interpretieren Sie diesen Flächeninhalt im Sachzusammenhang.

b) Berechnen Sie die Wahrscheinlichkeiten folgender Ereignisse:
A: Die Wartezeit beträgt mindestens 50 Minuten.
B: Die Wartezeit liegt zwischen 30 und 50 Minuten.

10. Die Größe von Frauen im Alter von 16 bis 40 Jahren ist annähernd normalverteilt mit dem Erwartungswert 165 cm und der Standardabweichung 7 cm.

a) Bestimmen Sie den prozentualen Anteil der Frauen, die größer als 180 cm sind.

b) Angenommen, in Deutschland leben 20 Millionen Frauen, die zwischen 16 und 40 Jahre sind. Ermitteln Sie, wie viele Frauen kleiner als 150 cm sind.

11. Die Skifirma Aspi geht davon aus, dass wie im vergangenen Jahr 30 % der verkauften Abfahrtski aus ihrer Produktion kommen.

a) Berechnen Sie die 1σ- und die 2σ-Umgebung für die Anzahl der von Aspi verkauften Ski bei einem Verkauf von insgesamt 800 Abfahrtski.

b) Bestimmen Sie mithilfe einer Normalverteilung die Wahrscheinlichkeit, dass die Anzahl der verkauften Ski von Aspi zwischen 230 und 250 liegen wird, wenn vom Verkauf von 800 Abfahrtski ausgegangen wird.

Zusammenfassung

Stetige Zufallsgrößen

Eine auf $\mathbb{R}$ definierte Funktion f heißt **Dichtefunktion**, wenn gilt:

1. $f(x) \geq 0$ für alle $x \in \mathbb{R}$
2. $\int\limits_{-\infty}^{\infty} f(x)\,dx = 1$

Die Funktion f ist die Dichtefunktion der **stetigen Zufallsgröße** X, wenn für alle $a, b \in \mathbb{R}$ mit $a \leq b$ gilt: $P(a \leq X \leq b) = \int\limits_a^b f(x)\,dx$.

Erwartungswert: $\mu = \int\limits_{-\infty}^{\infty} x \cdot f(x)\,dx$

Standardabweichung:

$$\sigma = \sqrt{\int\limits_{-\infty}^{\infty} (x-\mu)^2 \cdot f(x)\,dx}$$

Zufallsgröße X mit Dichtefunktion f mit

$$f(x) = \begin{cases} \frac{1}{50}x & \text{für } 0 \leq x \leq 10 \\ 0 & \text{sonst} \end{cases}.$$

Es gilt: $\int\limits_{-\infty}^{\infty} f(x)\,dx = \int\limits_0^{10} \frac{1}{50}x\,dx = \left[\frac{1}{100}x^2\right]_0^{10} = 1$

$P(1 \leq X \leq 3) = = \int\limits_1^3 \frac{1}{50}x\,dx = \left[\frac{1}{100}x^2\right]_1^3 = \frac{8}{100}$

$\mu = \int\limits_{-\infty}^{\infty} f(x)\,dx = \int\limits_0^{10} \frac{1}{50}x^2\,dx = \frac{20}{3} \approx 6{,}67$

$\sigma^2 = \int\limits_{-\infty}^{\infty} (x-\mu)^2 \cdot f(x)\,dx = \int\limits_0^{10} \left(x - \frac{20}{3}\right)^2 \cdot \frac{1}{50}x\,dx = \frac{50}{9}$

$\sigma = \sqrt{\frac{50}{9}} \approx 2{,}36$

Normalverteilte Zufallsgrößen

Eine stetige Zufallsgröße X heißt **normalverteilt** mit dem Erwartungswert μ und der Standardabweichung σ, wenn ihre Dichtefunktion die **Gaußsche Glockenfunktion** $\varphi_{\mu;\sigma}$ mit $\varphi_{\mu;\sigma}(x) = \frac{1}{\sigma\sqrt{2\pi}} \cdot e^{-\frac{(x-\mu)^2}{2\sigma^2}}$ ist.

Für $a, b \in \mathbb{R}$ mit $a \leq b$ gilt:

$P(a \leq X \leq b) = \int\limits_a^b \varphi_{\mu;\sigma}(x)\,dx$

Die Zufallsgröße X in Meter ist normalverteilt mit $\mu = 7$ und $\sigma = 0{,}7$. Sie beschreibt die Wurfweite bei einem Wettbewerb im Kugelstoßen.

$P(6 \leq X \leq 8) = \int\limits_6^8 \varphi_{7;0,7}(x)\,dx$

Mit dem Taschenrechner ergibt sich $P(6 \leq X \leq 8) = 0{,}8468$.

Die Wahrscheinlichkeit für eine Weite zwischen 6 m und 8 m beträgt etwa 85 %.

Approximation der Binomialverteilung

X sei eine binomialverteilte Zufallsgröße mit den Parametern n und p, dem Erwartungswert μ und der Standardabweichung σ.

Falls $\sigma > 3$ erfüllt ist, gilt für die ganzzahligen Trefferanzahlen k, a und b mit $a \leq b$ näherungsweise:

① $P(X = k) \approx \varphi_{\mu;\sigma}(k)$

② $P(a \leq X \leq b) \approx \int\limits_{a-0,5}^{b+0,5} \varphi_{\mu;\sigma}(x)\,dx$

Gegeben ist eine binomialverteilte Zufallsgröße X mit den Parametern $n = 150$ und $p = 0{,}6$.

Es gilt: $\mu = n \cdot p = 150 \cdot 0{,}6 = 90$ und

$\sigma = \sqrt{np(1-p)} = \sqrt{150 \cdot 0{,}6 \cdot 0{,}4} = 6 > 3$

Mithilfe einer Normalverteilung können Wahrscheinlichkeiten näherungsweise bestimmt werden:

$P(80 \leq X \leq 90) \approx \int\limits_{79,5}^{90,5} \varphi_{90;6}(x)\,dx \approx 0{,}49$

7. Zusammengesetzte Funktionen

Die Pharmakokinetik ist die Beschreibung der Konzentration eines Medikaments im Körper. Um den gesamten Verlauf von der Einnahme, über die Verteilung im Körper, bis hin zum Abbau zu beschreiben, werden zusammengesetzte Funktionen benötigt.

Nach diesem Kapitel können Sie …
- asymptotisches Verhalten zusammengesetzter Funktionen beschreiben,
- mithilfe von zusammengesetzten Funktionen und Funktionenscharen Sachsituationen beschreiben und modellieren,
- aus Änderungsraten zusammengesetzte Funktionen rekonstruieren.

Lösungen ↗ S. 314/315

Nullstellen, Symmetrie und Globalverhalten

1. Geben Sie das Verhalten der Funktion für $x \to \pm\infty$ an.
a) $f(x) = 2x^2 + 5x$ b) $f(x) = 2x^3 - 9x + 1$ c) $f(x) = -x^4 + \frac{4}{3}x$
d) $f(x) = -6x^2 + 5x$ e) $g(x) = -3 + 5x^4$ f) $f(x) = 2x(-x + x^2)$

2. Entscheiden Sie, ob der Graph von f achsensymmetrisch zur y-Achse, punktsymmetrisch zum Ursprung oder keines von beidem ist. Formen Sie zunächst den Funktionsterm um.
a) $f(x) = 2x(3 + x^2)$ b) $f(x) = -2(x^2 + x)$ c) $f(x) = \left(x^3 + \frac{1}{2}x^{-1}\right) \cdot x$
d) $f(x) = (x^2)^3$ e) $f(t) = 4t + 11t^9$ f) $f(x) = r^3x^2 - r(x^4 + x^6)$

3. Berechnen Sie die Nullstellen der Funktion.
a) $f(x) = 2x^3(5x - 1)^2$ b) $f(x) = x^7 - x^4$ c) $f(x) = -2x^4 - 9x^3 + 5x^2$
d) $f(t) = (-t^4 + 16)(3t^2 + 14)$ e) $f(x) = 3x^4 + \frac{4}{15}x^2 - \frac{1}{15}$ f) $f(t) = t^6 - 13t^4 + 36t^2$

4. Ermitteln Sie die Koordinaten aller Schnittpunkte der Funktionen f und g.
a) $f(x) = 4x^4 + x^3 + 2x^2$, $g(x) = x^3 - x^2 + 1$
b) $f(x) = x^2(4x - 10)$, $g(x) = 2x^4 + 20x^2$
c) $f(x) = x^4 + x^3 - 4x^2 + 4$, $g(x) = (x^2 - 3)^2 - 5$

5. Gegeben ist die ganzrationale Funktion f mit der Gleichung $f(x) = x^3 - 3x^2 + 3x$. Ermitteln Sie die Koordinaten der Schnittpunkte des Graphen von f mit den Koordinatenachsen und geben Sie das Globalverhalten und das Symmetrieverhalten von f an.

Ableitung und Steigung

Erinnerung: Wichtige Ableitungen

f(x)	f'(x)
x	1
x^2	$2x$
x^3	$3x^2$
$\frac{1}{x}$	$-\frac{1}{x^2}$
$\sqrt{x}$	$\frac{1}{2\sqrt{x}}$
x^r	$r \cdot x^{r-1}$

$r \in \mathbb{Q}, r \neq 0$

6. Bestimmen Sie die Ableitung der Funktion f.
a) $f(x) = x^{-3}$ b) $f(x) = \frac{-2}{x^2}$ c) $f(t) = \frac{2}{t}$ d) $f(v) = \frac{3}{4v^2}$
e) $f(x) = 3x^3 + 2x^2$ f) $f(x) = \sqrt{x}$ g) $f(t) = t^4 - t + 1$ h) $f(x) = 4x - 2\sqrt{x}$
i) $f(x) = \frac{x^4 - x^{-4}}{4}$ j) $f(x) = \frac{1}{x} + \frac{1}{5x^5}$ k) $f(x) = (3 + x)(3 - x)$ l) $f(x) = -(x - 2)(x + 2)$

7. Bestimmen Sie – falls möglich – die Steigung der Funktion f an der Stelle x_0.
a) $f(x) = x^2$; $x_0 = 5$ b) $f(x) = x^3$; $x_0 = \sqrt{2}$ c) $f(x) = \frac{1}{x^2}$; $x_0 = -2$ d) $f(x) = 2\sqrt{x}$; $x_0 = 0$

8. Ermitteln Sie, an welchen Stellen die Tangente an den Graphen der Funktion f mit $f(x) = 0{,}2x^3 - 0{,}3x^2 - 3{,}6x + 2$ parallel zur x-Achse verläuft.

9. Bestimmen Sie alle Stellen, an denen die Funktion f die angegebene Steigung m hat. Ermitteln Sie weiterhin alle Stellen, an denen die Graphen von f und g parallel verlaufen.
a) $f(x) = 3x^2 - 4x$; $m = -1$, $g(x) = -\frac{1}{3}x^3 + 2x^2 - x$
b) $f(x) = x - \frac{4}{x}$; $m = 2$, $g(x) = \frac{2}{x} + 7x$
c) $f(x) = 1 - 2\sqrt{x}$; $m = -\frac{1}{2}$, $g(x) = -\frac{1}{3}x + 4$

10. Der zurückgelegte Weg eines Turmspringers vom 10-m-Brett (freier Fall) lässt sich mit der Funktion s mit $s(t) = 5t^2$ berechnen. Dabei gibt t die Zeit in Sekunden und s den Weg in Metern an.
a) Ermitteln Sie die Momentangeschwindigkeit des Turmspringers nach einer halben Sekunde und nach einer Sekunde.
b) Berechnen Sie die Geschwindigkeit, mit der ein Turmspringer in das Wasser eintaucht.
c) Bestimmen Sie die durchschnittliche Geschwindigkeit eines Turmspringers vom Absprung bis zum Eintauchen ins Wasser.

Tangente, Steigungs- und Schnittwinkel

Lösungen ↗ S. 315

11. Bestimmen Sie die Gleichung der Tangente an den Graphen von f im Punkt $P(x_0 | f(x_0))$.

a) $f(x) = 2x^3 - 1;\quad x_0 = -1$ b) $f(x) = -x^4 + x^2 + 2;\quad x_0 = 1$
c) $f(x) = -\frac{1}{3}x^2 + x;\quad x_0 = -3$ d) $f(x) = \frac{2}{x^2};\quad x_0 = 2$

12. Bestimmen Sie die Steigung und den Steigungswinkel der Funktion f an der Stelle x_0.

a) $f(x) = 2x^3;\quad x_0 = -1$ b) $f(x) = -2\sqrt{x};\quad x_0 = 3$ c) $f(x) = -x^2 - 5x;\quad x_0 = 0$
d) $f(x) = -\frac{4}{x};\quad x_0 = -2$ e) $f(x) = (2x+1)^2;\quad x_0 = -\frac{1}{2}$ f) $f(x) = \frac{1}{2x^2};\quad x_0 = -3$

Erinnerung:
Steigungswinkel von f an der Stelle x_0:
$\alpha = \tan^{-1}(f'(x_0))$
Schnittwinkel von f und g an der Stelle x_0: der kleinere der Winkel $|\alpha - \beta|$ oder $180° - |\alpha - \beta|$ mit $\beta = \tan^{-1}(g'(x_0))$.

13. Bestimmen Sie alle Schnittstellen und Schnittwinkel der Graphen von f und g.

a) $f(x) = x^3 + 2x + 2$, $g(x) = 2 - x^3$ b) $f(x) = -\frac{1}{2}x^2 - 3x + 1$, $g(x) = 2x + 1$ c) $f(x) = \frac{3}{x}$, $g(x) = -1{,}5x + 4{,}5$

14. Gegeben sei die Funktion f mit $f(x) = x^2 + 2x - 3$.

a) Bestimmen Sie die Winkel, unter denen der Graph von f die x-Achse schneidet.
b) Bestimmen Sie den Winkel, unter dem der Graph von f die y-Achse schneidet.
c) Ermitteln Sie die Stelle x_0, an der der Graph von f einen Steigungswinkel von 45° hat.

15. Gegeben ist die Funktion f mit $f(x) = \frac{1}{x}$.

a) Berechnen Sie die Steigung der Sekante durch die Punkte $A(0{,}25 | f(0{,}25))$ und $B(4 | f(4))$.
b) Ermitteln Sie die Punkte des Graphen von f, in denen die Steigung der Tangente mit der berechneten Sekantensteigung übereinstimmt, und bestimmen Sie jeweils die Gleichung der Tangente.

Stammfunktion und bestimmtes Integral

16. Einer der beiden Graphen A und B gehört zu einer Funktion f, der andere zu einer ihrer Stammfunktionen. Beurteilen Sie, welcher der zwei Graphen die Stammfunktion darstellt.

a) 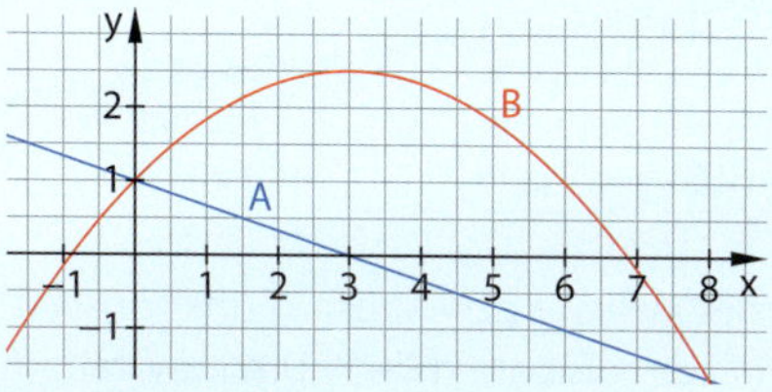

b) 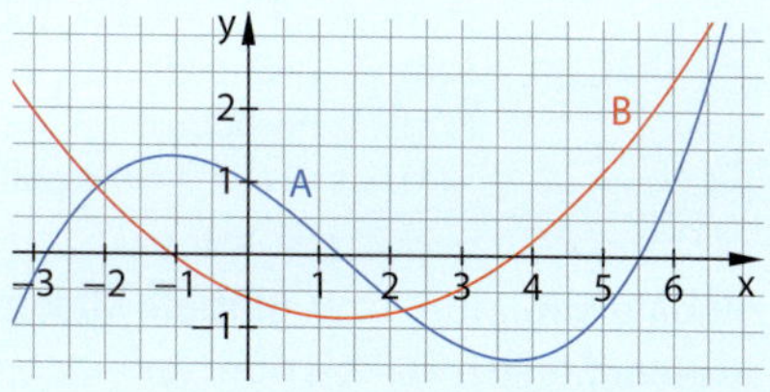

17. Ermitteln Sie eine Stammfunktion von f. Überprüfen Sie durch Ableiten.

a) $f(x) = 2x + 1$ b) $f(x) = \frac{1}{4}x^3 - 2$ c) $f(x) = e^{\frac{x}{2}}$
d) $f(x) = 2\sqrt{x}$ e) $f_a(t) = a \cdot t^2$ f) $f(x) = (3x - 5)^{50}$
g) $f(x) = \sqrt{2x - 1}$ h) $f(x) = -\frac{1}{4x^3}$ i) $f(x) = \frac{1}{(2x+3)^2}$

Erinnerung:
Wichtige Stammfunktionen

$f(x)$	$F(x)$
1	x
x	$\frac{1}{2}x^2$
$-\frac{1}{x^2}$	$\frac{1}{x}$
$\frac{1}{\sqrt{x}}$	$2\sqrt{x}$
x^r	$\frac{1}{r+1} \cdot x^{r+1}$
e^x	e^x
e^{ax+b}	$\frac{1}{a} \cdot e^{ax+b}$
$g(ax+b)$	$\frac{1}{a} \cdot G(ax+b)$

$r \in \mathbb{Q}, r \neq -1$
$a, b \in \mathbb{R}, a \neq 0$
G Stammfunktion von g

18. Berechnen Sie diejenige Stammfunktion von f, deren Graph durch den angegebenen Punkt P verläuft.

a) $f(x) = 2 - 2x \quad P(1 | 0)$ b) $f(x) = 2x^3 - 7x \quad P(2 | -2)$
c) $f(x) = e^{-3x+1} \quad P(0 | e)$ d) $f(x) = \frac{-1}{(x+2)^2} \quad P(-1 | -2)$

19. Berechnen Sie das Integral.

a) $\int_1^2 2x \cdot (x^2 - 1)\,dx$ b) $\int_0^{\ln(2)} (e^{2x} + e^{-x})\,dx$ c) $\int_5^6 \frac{1}{(3-x)^2}\,dx$ d) $\int_{\frac{5}{4}}^{\frac{5}{2}} \frac{6}{\sqrt{4x-1}}\,dx$

7.1 Wiederholung: Differenzialrechnung

■ Beschreiben Sie die charakteristischen Eigenschaften des abgebildeten Graphen der Funktion f.
Skizzieren Sie in Ihrem Heft den Graphen der Ableitungsfunktion f'. ■

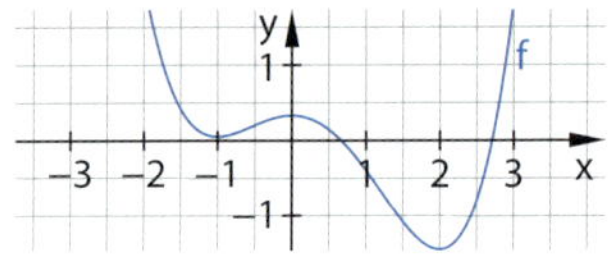

Funktionen mithilfe der Ableitung untersuchen

Das Steigungsverhalten des Graphen einer Funktion f wird durch f' beschrieben. Die Krümmung des Graphen, also die Änderung seiner Steigung, wird durch f'' dargestellt.

Wissen: Monotonie- und Krümmungsverhalten
Für den Graphen einer Funktion f und ein Intervall I gilt:

$x \in I$	Graph von f
$f'(x) > 0$	streng monoton steigend auf I
$f'(x) < 0$	streng monoton fallend auf I

$x \in I$	Graph von f
$f''(x) > 0$	linksgekrümmt auf I
$f''(x) < 0$	rechtsgekrümmt auf I

Erinnerung:
Ist $(a\,|\,f(a))$ ein Hochpunkt bzw. Tiefpunkt des Graphen von f, so heißt f(a) **lokales Maximum** bzw. **lokales Minimum** von f.

An einem **lokalen Extrempunkt** ändert der Graph einer Funktion sein Monotonieverhalten. Somit muss dort eine waagerechte Tangente haben.
Hat der Graph eine waagerechte Tangente, ohne dass sich an dieser Stelle sein Monotonieverhalten ändert, so liegt dort ein **Sattelpunkt** vor.

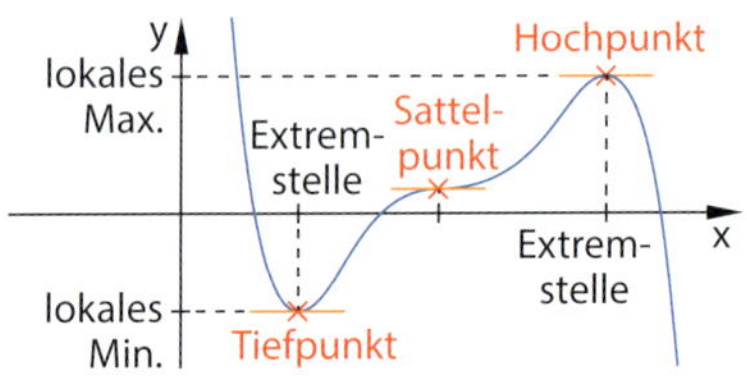

Wissen: Lokale Extrempunkte und Sattelpunkte
Für einen **lokalen Extrempunkt** oder **Sattelpunkt** $(a\,|\,f(a))$ des Graphen von f gilt:

Notwendige Bedingung	Hinreichende Bedingung mit der 2. Ableitung	Hinreichende Bedingung mit dem VZW-Kriterium
$f'(a) = 0$	$f'(a) = 0$ und $f''(a) > 0$: Tiefpunkt $f''(a) < 0$: Hochpunkt $f''(a) = 0$; $f'''(a) \neq 0$: Sattelpunkt	$f'(a) = 0$ und VZW von f' bei a von − auf +: Tiefpunkt VZW von f' bei a von + auf −: Hochpunkt Kein VZW von f' bei a: Sattelpunkt

Erinnerung:
Globale Extrema auf einem Intervall [a; b] sind lokale Extrema oder Randextrema.

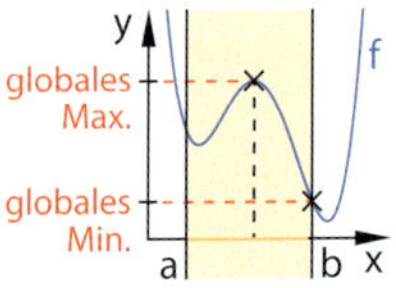

Das **globale Minimum** bzw. **globale Maximum** ist der kleinste bzw. größte Funktionswert von f. Gilt an einer Stelle $f(x) \to \infty$ oder $f(x) \to -\infty$, so hat f kein globales Maximum bzw. Minimum. Auf einem Intervall [a; b] hat eine differenzierbare Funktion stets beide globale Extrema.

An einem **Wendepunkt** ändert der Graph sein Krümmungsverhalten. Ein Wendepunkt mit waagerechter Tangente ist ein Sattelpunkt.
Hat der Graph der Funktion einen größten Anstieg bzw. ein größtes Gefälle, so wird dieses an den Wendestellen angenommen.

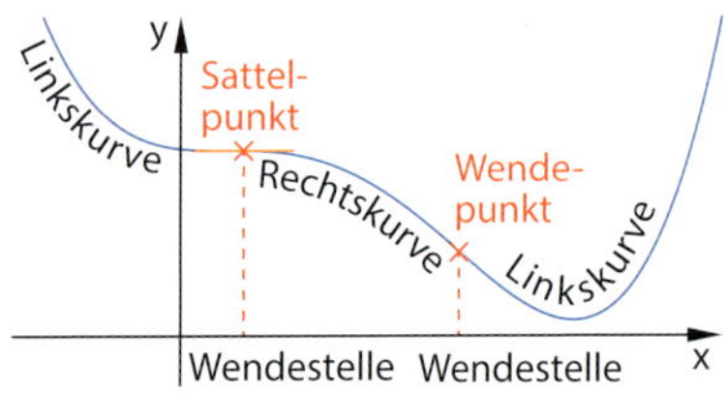

Wissen: Wendepunkte
Für einen **Wendepunkt** $(a\,|\,f(a))$ des Graphen von f gilt:

Notwendige Bedingung	Hinreichende Bedingung mit der 3. Ableitung	Hinreichende Bedingung mit dem VZW-Kriterium
$f''(a) = 0$	$f''(a) = 0$ und $f'''(a) \neq 0$	$f''(a) = 0$ und VZW von f'' bei a

Beispiel 1: Gegeben ist die Funktion f mit $f(x) = -x^3 - 3x^2 + 1$.

a) Ermitteln Sie die Art und Lage der lokalen Extrempunkte.
b) Geben Sie die Monotonieintervalle von f an.
c) Bestimmen Sie die globalen Extrema von f auf ① ganz $\mathbb{R}$ ② dem Intervall [-3,5; 0,5].
d) Berechnen Sie die Koordinaten des Wendepunktes. Bestimmen Sie die Gleichung der zugehörigen Wendetangente.
e) Ermitteln Sie maximale Steigung des Graphen von f.
f) Skizzieren Sie den Graphen von f.

Lösung:

a) Bestimmen Sie f′ und f″. Ermitteln Sie die Nullstellen von f′ und wenden Sie die hinreichende Bedingung an. Berechnen Sie die Funktionswerte.

$f'(x) = -3x^2 - 6x$ $\quad f''(x) = -6x - 6$
Nullstellen von f′: $x_1 = -2$, $x_2 = 0$
$f''(-2) = 6 > 0$; $f(-2) = -3$ $\quad$ T(−2|−3)
$f''(0) = -6 < 0$; $f(0) = 1$ $\quad$ H(0|1)

b) Geben Sie das Verhalten des Graphen von f zwischen den Extremstellen an.

$x < -2$ und $x > 0$: streng monoton fallend
$-2 < x < 0$: streng monoton steigend

c) ① Ermitteln Sie das Globalverhalten des Graphen von f. Er verhält sich wie der Graph von g mit $g(x) = -x^3$.
② Vergleichen Sie die Funktionswerte an den Intervallrändern mit den lokalen Extrema.

① Für $x \to \infty$ gilt: $f(x) \to -\infty$
Für $x \to -\infty$ gilt: $f(x) \to \infty$
f hat keine globalen Extrema.
② $-3 < 0{,}13 = f(0{,}5) < 1 < 7{,}13 = f(-3{,}5)$
Globales Minimum: −3
Globales Maximum: 7,13

d) Bestimmen Sie f‴. Ermitteln Sie die Nullstelle von f″ und setzen Sie diese in f‴ ein. Berechnen Sie den Funktionswert.

$f'''(x) = -6$
Nullstelle von f″: $x_3 = -1$
$f'''(-1) = -6 \neq 0$; $f(-1) = -1$ $\quad$ W(−1|−1)

Stellen Sie die Bedingungen für die Tangente an der Wendestelle auf. Berechnen Sie die Steigung m und ermitteln Sie b.

$t(x) = mx + b$ $\quad m = f'(-1) = 3$
$t(-1) = f(-1) \Rightarrow -3 + b = -1$, also $b = 2$
Wendetangente: $t(x) = 3x + 2$

e) Die maximale Steigung ist das globale Maximum von f′. Wegen $f'''(-1) < 0$ hat f′ bei $x = -1$ sein lokales Maximum. Bestimmen Sie das globale Maximum von f′.

Lokales Maximum von f′: $f'(-1) = 3$
Für $x \to \pm\infty$ gilt: $f'(x) \to -\infty$
Globales Maximum von f′: 3
Die maximale Steigung beträgt 3.

f) Zeichnen Sie die charakteristischen Punkte des Graphen ein und vervollständigen Sie ihn mithilfe der Informationen über seinen Globalverlauf.
(Für eine genauere Skizze müssen die Nullstellen von f berechnet werden.)

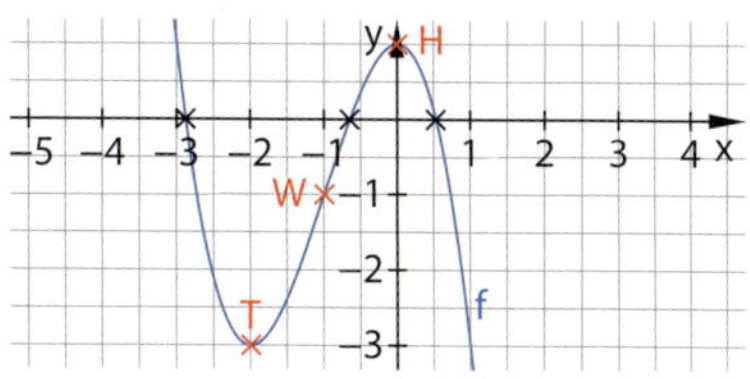

Basisaufgaben

1. Bestimmen Sie die Koordinaten der lokalen Extrempunkte sowie der Wende- und Sattelpunkte. Ermitteln Sie außerdem die Gleichungen aller Wendetangenten.
Skizzieren Sie den Verlauf des Graphen von f.

a) $f(x) = \frac{1}{5}x^5 - x^3 - 6$ $\quad$ b) $f(x) = \frac{1}{8}x^3 + \frac{3}{2}x^2 + 6x + 8$ $\quad$ c) $f(x) = x^6 - \frac{1}{2}x + 7$

2. Untersuchen Sie den Graphen der Funktion f auf sein Monotonie- und Krümmungsverhalten.

a) $f(x) = -x^4 + 6x^2$ $\quad$ b) $f(x) = x^4 - 8x^3 + 24x^2 + 12$ $\quad$ c) $f(x) = -x^6 + x + 3$

3. Gegeben ist die Funktion f mit $f(x) = -x^3 + 9x^2 - 24x + 22$.
a) Bestimmen Sie alle lokalen Maxima und Minima von f.
b) Begründen Sie, dass f kein globales Maximum oder Minimum auf $\mathbb{R}$ hat.
c) Ermitteln Sie die globalen Maxima und Minima von f auf den Intervallen.
① $[0; 6]$ ② $[1; 6]$ ③ $[1{,}5; 4{,}5]$ ④ $[2{,}5; 3{,}5]$

4. Ermitteln Sie die maximale bzw. minimale Steigung des Graphen von f, falls sie existiert.
a) $f(x) = \frac{1}{2}x^3 - x^2 + x$ b) $f(x) = x^4 - 3x^2 - 1$ c) $f(x) = -x^5 + 10x^2$

5. Untersuchen Sie mithilfe der Differenzfunktion d mit $d(x) = f(x) - g(x)$, ob es eine Stelle gibt, an der der vertikale Abstand der Graphen von f und g minimal ist.
a) $f(x) = x^2 + 2;\ g(x) = -x^2 + 6x - 9$ b) $f(x) = \frac{1}{x};\ g(x) = -x^2$ für $x > 0$

Extremalprobleme

Bei einem Extremalproblem wird der kleinst- oder größtmögliche Wert einer Größe in einem bestimmten Bereich gesucht. Für die Größe wird eine Funktion (**Zielfunktion**) aufgestellt und ihr globales Minimum oder Maximum in einem bestimmten Intervall ermittelt.

Wissen: Lösungsstrategie für Extremalprobleme
1. Gleichung für die gesuchte Größe aufstellen
2. Nebenbedingungen finden
3. Zielfunktion aufstellen und Definitionsbereich angeben
4. Lokale Extrema der Zielfunktion im Definitionsbereich bestimmen
5. Globale Extrema der Zielfunktion ermitteln
6. Lösung im Sachzusammenhang interpretieren

Beispiel 2: Ein rechteckiges Spielfeld mit Länge x und Breite y soll von einer 400 m langen, an den kurzen Rechteckseiten halbkreisförmigen Laufbahn umgeben sein. Bestimmen Sie die Abmessungen, für die das Spielfeld einen maximalen Flächeninhalt hat.

Lösung:

1. Gleichung: Flächeninhalt des Spielfelds
$A = x \cdot y$ (x und y in m)

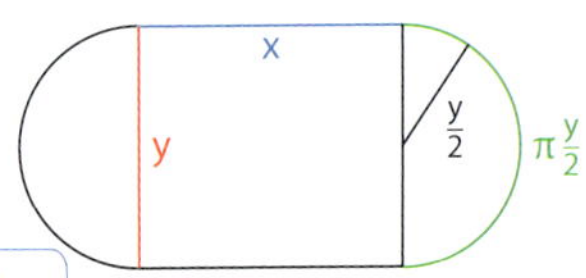

2. Aufstellen der Nebenbedingung:
Nebenbedingung (NB):
$u = 2x + \pi y = 400$ (Umfang der Laufbahn)
$y = \frac{400}{\pi} - \frac{2}{\pi}x$

3. Zielfunktion und Definitionsbereich: NB in Formel einsetzen
$A(x) = x \cdot \left(\frac{400}{\pi} - \frac{2}{\pi}x\right) = \frac{400}{\pi}x - \frac{2}{\pi}x^2$ mit $0 \le x \le 200$

4. Bestimmung des lokalen Maximums:
Ableitungen bestimmen: $A'(x) = \frac{400}{\pi} - \frac{4}{\pi}x$ und $A''(x) = -\frac{4}{\pi}$
Nullstelle von A′ bestimmen: $\frac{400}{\pi} - \frac{4}{\pi}x = 0$ liefert $x = 100$.
Wegen $A''(100) = -\frac{4}{\pi} < 0$ liegt ein lokales Maximum vor.
$A(100) = \frac{400}{\pi} \cdot 100^2 - \frac{2}{\pi} \cdot 100^2 \approx 6366{,}2$

5. Randwerte prüfen, globales Maximum:
$A(0) = A(200) = 0 < 6366{,}2$, also kein Randmaximum
Das lokale Maximum bei $x = 100$ ist auch globales Maximum.

6. Interpretation:
$x = 100$ in die Nebenbedingung einsetzen:
$y = \frac{400}{\pi} - \frac{2}{\pi} \cdot 100 \approx 63{,}7$
Für eine Länge von 100 m und einer Breite von 63,7 m wird der Flächeninhalt des Spielfelds mit $A \approx 6366{,}2\,m^2$ maximal.

Basisaufgaben

6. Für ein öffentliches Kunstwerk soll aus 36 m Stahlrohr das Kantenmodell eines Quaders mit quadratischer Grundfläche hergestellt werden.

a) Bestimmen Sie die Abmessungen des Quaders so, dass sein Volumen maximal wird.

b) Bestimmen Sie das maximale Volumen, wenn die Kantenlänge der Grundfläche nicht größer als 2,5 m sein darf.

c) Bestimmen Sie das maximale Volumen, wenn die Höhe auf maximal 2 m beschränkt ist.

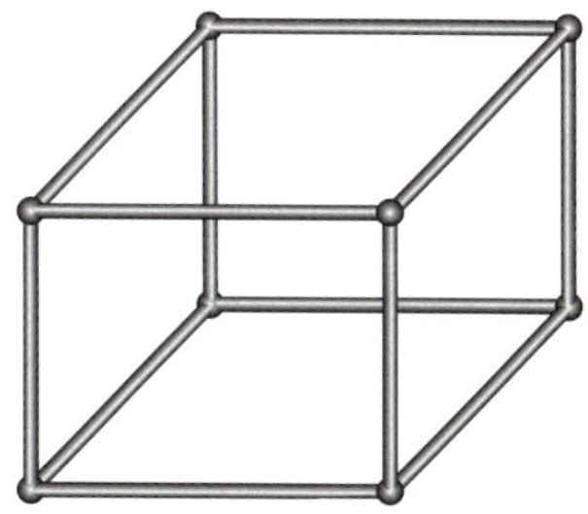

7. Gegeben ist der Graph der Funktion f mit $f(x) = -0{,}5x^3 + 2x$.
Die Punkte A, B und C mit den Koordinaten $A(0\,|\,0)$, $B(a\,|\,0)$ und $C(a\,|\,f(a))$ bilden im ersten Quadranten des Koordinatensystems ein rechtwinkliges Dreieck.

a) Stellen Sie eine Zielfunktion für den Flächeninhalt des Dreiecks auf und geben Sie einen sinnvollen Definitionsbereich an.

b) Ermitteln Sie, für welchen Wert von a der Flächeninhalt des Dreiecks maximal wird, und geben Sie den maximalen Flächeninhalt an.

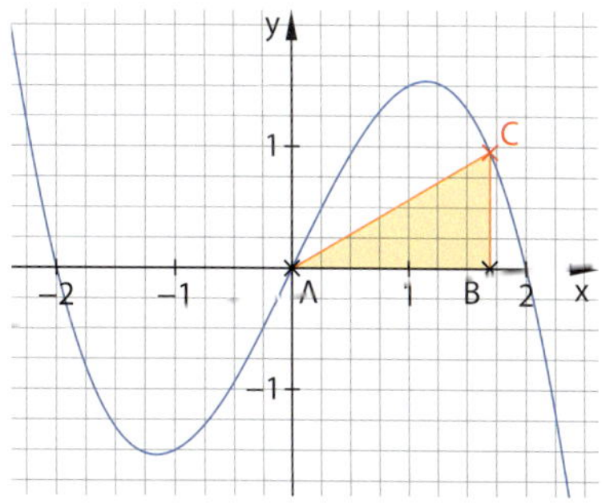

8. Gegeben ist der Graph der Funktion f mit $f(x) = -0{,}1(x+1)^2 + 5$. Die Punkte $A(4\,|\,0)$, $B(4\,|\,2{,}5)$, $C(a\,|\,f(a))$ und $D(a\,|\,0)$ für $a \leq 4$ bilden oberhalb der x-Achse ein Trapez.
Ermitteln Sie, für welchen Wert von a der Flächeninhalt des Trapezes maximal wird.

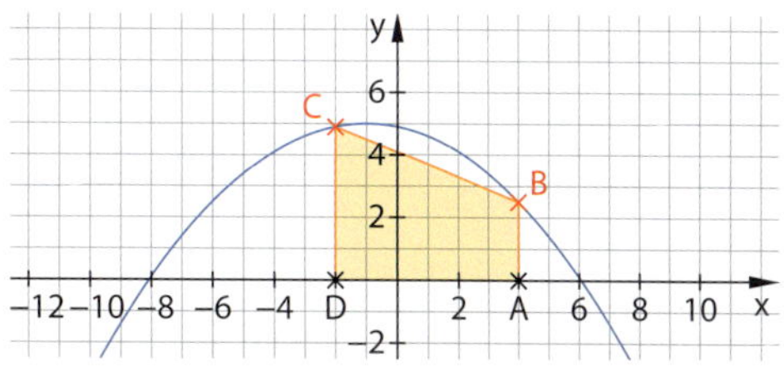

Erinnerung:
Flächeninhalt eines Trapezes

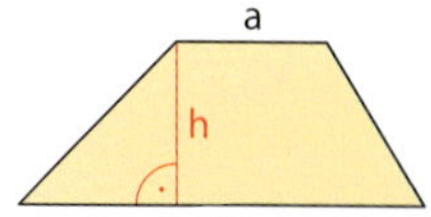

$A_{Trapez} = \frac{a+c}{2} \cdot h$

Rekonstruktion von Funktionstermen

Die Gleichung einer ganzrationalen Funktion f kann anhand von Informationen über ihren Graphen rekonstruiert werden. Aus den charakteristischen Punkten des Graphen von f lassen sich Bedingungen an die Funktionsgleichung von f und deren Ableitungen formulieren.

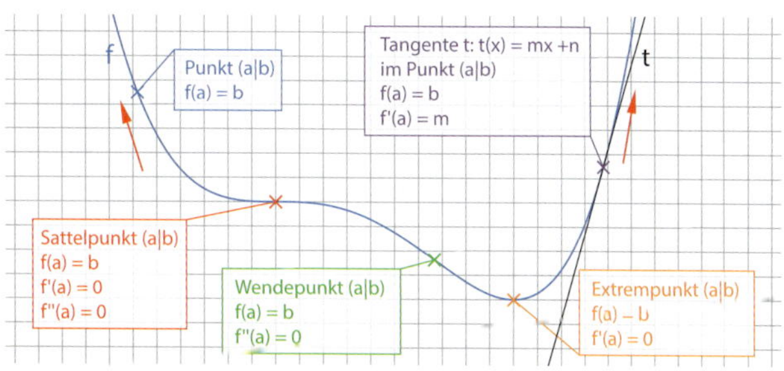

Wissen: Schritte beim Bestimmen von ganzrationalen Funktionen

① Eigenschaften des Graphen in Bedingungen an die Funktion/Ableitungen übersetzen.
② In die allgemeine Form einsetzen und ein lineares Gleichungssystem aufstellen.
③ Das lineare Gleichungssystem lösen und den ermittelten Funktionsterm angeben.
④ Überprüfen, ob der Funktionsterm die geforderten Eigenschaften erfüllt.

Beispiel 3: Der Graph einer ganzrationalen Funktion vierten Grades ist achsensymmetrisch und hat einen Wendepunkt bei $x = 1$. Die Gleichung der zugehörigen Wendetangente lautet $y = -4x + 3{,}5$. Bestimmen Sie die Funktionsgleichung.

Lösung:

① Setzen Sie die Wendestelle in die Tangentengleichung ein und ermitteln Sie die y-Koordinate des Wendepunktes W. Der Graph verläuft durch W (A). Lesen Sie die Steigung im Wendepunkt an der Tangentengleichung ab (B). Für W gilt die notwendige Bedingung (C).

Eigenschaften übersetzen:
Wendepunkt $W(1 \mid y_W)$:
$y_W = -4 \cdot 1 + 3{,}5 = -0{,}5$
(A) Punkt $W(1 \mid -0{,}5)$: $f(1) = -0{,}5$
(B) Steigung bei $x = 1$: $f'(1) = -4$
(C) Wendestelle $x = 1$: $f''(1) = 0$

Erinnerung:
Bei Symmetrie werden nur Summanden mit geraden bzw. ungeraden Exponenten betrachtet.
Grad 4 und Achsensymmetrie:
$f(x) = ax^4 + bx^2 + c$
Grad 5 und Punktsymmetrie:
$f(x) = ax^5 + bx^3 + cx$

② Stellen Sie die allgemeine Form der Funktionsgleichung von f auf. Aufgrund der Symmetrie fallen hier alle ungeraden Exponenten weg. Bilden Sie $f'(x)$ und $f''(x)$.

In allgemeine Form einsetzen:
$f(x) = ax^4 + bx^2 + c$
$f'(x) = 4ax^3 + 2bx$
$f''(x) = 12ax^2 + 2b$

Setzen Sie die Bedingungen aus ① ein und stellen Sie das lineare Gleichungssystem auf.

(A) $f(1) = -0{,}5$
(B) $f'(1) = -4$
(C) $f''(1) = 0$

$$\Rightarrow \left| \begin{array}{rcr} a + b + c & = & -0{,}5 \\ 4a + 2b & = & -4 \\ 12a + 2b & = & 0 \end{array} \right|$$

③ Lösen Sie das lineare Gleichungssystem. Setzen Sie die Lösung in die allgemeine Form der Funktionsgleichung ein.

Gleichungssystem lösen:
Einsetzungsverfahren: $a = 0{,}5$; $b = -3$; $c = 2$
$f(x) = 0{,}5x^4 - 3x^2 + 2$

④ Untersuchen Sie mithilfe von f''', ob auch die hinreichende Bedingung für die Wendestelle erfüllt ist.

Eigenschaften überprüfen
$f'''(x) = 12x$, $f'''(1) = 12 \neq 0$, also Wendepunkt
f erfüllt alle geforderten Eigenschaften.

Basisaufgaben

9. Der Steckbrief beschreibt den Graphen einer ganzrationalen Funktion vierten Grades.
   a) Bestimmen Sie die passende Funktionsgleichung.
   b) Berechnen Sie die Wendepunkte des Graphen dieser Funktion.

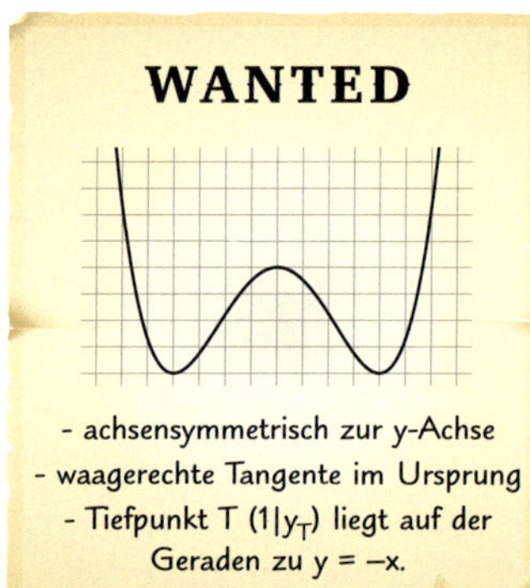

10. Der Graph einer ganzrationalen Funktion f fünften Grades ist punktsymmetrisch zum Ursprung. Der Graph hat an der Stelle $x = -2$ eine Nullstelle und verläuft durch den Punkt $P(1 \mid 24)$. Die Steigung des Graphen an der Stelle $x = 0$ beträgt 36.
    Bestimmen Sie die Funktionsgleichung von f.

11. Ergänzen Sie die inhaltlichen Beschreibungen der jeweiligen Sachsituation in Ihrem Heft.

Zugeordnete Größen	f(t)	f′(t)	Hochpunkt/Tiefpunkt	Wendepunkt
Minute → Zurückgelegter Weg				
Minute → Geschwindigkeit				
Jahr → Bevölkerung einer Stadt				
Tag → Anzahl Grippeerkrankter				
Uhrzeit → Pegelstand eines Flusses				

Funktionenscharen

Enthält ein Funktionsterm neben der Variablen x auch einen Parameter a, so spricht man von einer **Funktionenschar** f_a.

Die Graphen von f_a mit $f_a(x) = 2ax - x^2$ haben die Hochpunkte $H_a(a\,|\,a^2)$. Sie liegen alle auf der Parabel p mit $p(x) = x^2$. Diese heißt **Ortskurve der Hochpunkte**.

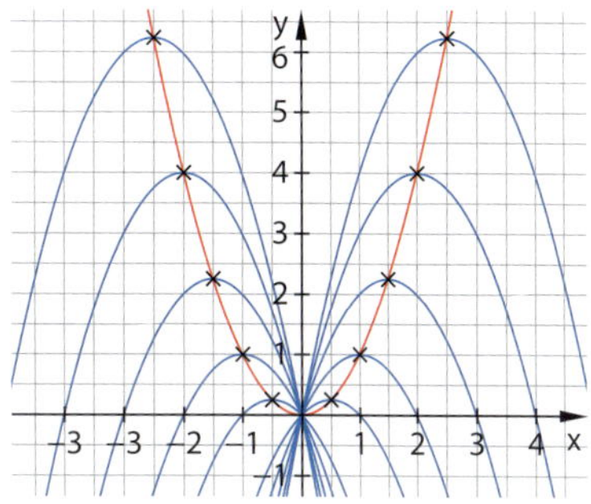

Wissen: Ortskurve
Der Graph, der alle Punkte $P_a(u(a)\,|\,v(a))$ enthält, heißt **Ortskurve** der Punkte. Die Gleichung der Ortskurve ergibt sich wie folgt:
① Gleichung $x = u(a)$ nach a auflösen.
② in $y = v(a)$ den Parameter a durch ① ersetzen.

Hinweis:
u(a) und v(a) beschreiben die x- und die y-Koordinate eines Punktes P_a in Abhängigkeit von einem Parameter a.

Beispiel 4: Gegeben ist die Funktionenschar f_a mit $f_a(x) = \frac{1}{2}x^4 - ax^2$ für $a > 0$.
Bestimmen Sie die Gleichung der Ortskurve durch die Tiefpunkte der Graphen von f_a.

Lösung:

Die Nullstellen der ersten Ableitung sind Kandidaten für die Extremstellen.
Setzen Sie die Nullstellen in die zweite Ableitung ein, um zu prüfen, ob und um welche Art Extremum es sich handelt.

$f_a'(x) = 2x^3 - 2ax = 2x\,(x^2 - a)$

Nullstellen von f_a': $x_1 = 0$; $x_2 = \sqrt{a}$; $x_3 = -\sqrt{a}$

$f_a''(x) = 6x^2 - 2a$

$f_a''(0) = -2a < 0$, da $a > 0$ (Maximum)

$f_a''(-\sqrt{a}) = 4a > 0$, da $a > 0$ (Minimum)

$f_a''(\sqrt{a}) = 4a > 0$, da $a > 0$ (Minimum)

Berechnen Sie die Funktionswerte für die Minima und geben Sie die Tiefpunkte in Abhängigkeit von a an.

Tiefpunkte: $T_1\left(\sqrt{a}\,\middle|\,-\frac{a^2}{2}\right)$; $T_2\left(-\sqrt{a}\,\middle|\,-\frac{a^2}{2}\right)$

Stellen Sie die Gleichung für die x-Koordinate nach a um. Durch Einsetzen in die Gleichung für die y-Koordinate ergibt sich die Gleichung der Ortskurve.

$x = u(a) = \pm\sqrt{a}$ und $y = v(a) = -\frac{a^2}{2}$

$a = x^2$ einsetzen in v(a)

$y = v(x^2) = -\frac{(x^2)^2}{2} = -\frac{x^4}{2}$

Gleichung der Ortskurve: $t(x) = -\frac{x^4}{2}$

Erinnerung:
Beim Ableiten wird der Parameter a wie eine konstante Zahl behandelt.

Basisaufgaben

12. Gegeben ist die Funktionenschar f_a mit $f_a(x) = x^2 - 2ax + 0{,}9a^2$.
a) Bestimmen Sie die Tiefpunkte T_a der Graphen von f_a in Abhängigkeit von a.
b) Bestimmen Sie die Gleichung der Ortskurve durch die Tiefpunkte T_a.

13. Ermitteln Sie die Gleichung der Ortskurve durch die angegebenen Punkte.

① Hochpunkte der Scharkurven von f_a mit $f_a(x) = -\frac{1}{4}x^4 + a \cdot x^2 - 1$ für $a > 0$

② Wendepunkte der Scharkurven von g_a mit $g_a(x) = \frac{1}{6}x^3 + a \cdot x^2 - a^2 \cdot x$ für $a > 0$

③ Extrempunkte der Scharkurven von h_a mit $h_a(x) = \frac{a}{x} + x$ für $a > 0$

④ Extrempunkte der Scharkurven von k_a mit $k_a(x) = \sqrt{x} - \frac{x}{a}$ für $a > 0$

14. Bestimmen Sie die Ortskurve der Extrempunkte der Graphen der Funktionenschar f_a mit $f_a(x) = \left(4 - \frac{a}{2}\right) \cdot x + \left(\frac{1}{4} - \frac{2}{a}\right) \cdot x^2$, $a \neq 0$, $a \neq 8$. Geben Sie außerdem an, für welche Werte von a es sich bei den Extrempunkten um Hochpunkte handelt.

Weiterführende Aufgaben

15. Die AOV-AG hat ein neues Logo entwerfen lassen. Ein Kreis mit dem Radius 2, der den Buchstaben O bildet, wird von den Graphen der Funktionen f und g umschlossen. Die Funktion f, deren Graph den Buchstaben V bildet, ist gegeben durch $f(x) = \frac{2}{9}x^2 - 2$.

a) Ermitteln Sie die ganzrationale Funktion vierten Grades g, deren Graph den Buchstaben A bildet.

b) Durch die Wendepunkte von g soll eine waagerechte Strecke verlaufen. Berechnen Sie die Länge der Strecke.

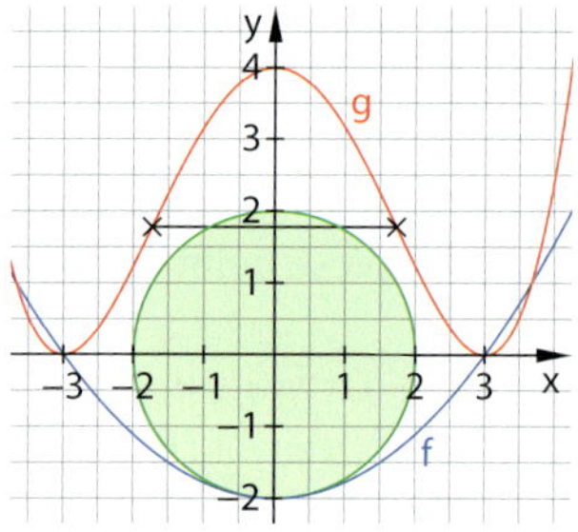

16. Stolperstelle: Gesucht ist diejenige Scharkurve von f_a mit $f_a(x) = x^3 - ax^2 + 2x$, die im Punkt $H(2|-2)$ ein Hochpunkt hat. Beurteilen Sie die drei Aussagen.

Anabell: *„Dann muss doch nur die Ableitung an der Stelle $x = 2$ gleich null sein, also $a = 3{,}5$."*

Paul: *„Nein, du musst auch prüfen, ob der Hochpunkt die y-Koordinate -2 hat. Aber das stimmt."*

Marie: *„Diese Aufgabe hat überhaupt keine Lösung."*

17. In ein gleichschenkliges Dreieck mit Basis $g = 3$ cm und Höhe $h = 7$ cm soll ein Rechteck einbeschrieben werden.

a) Berechnen Sie die Maße des Rechtecks mit maximalem Flächeninhalt.

● b) Nun soll in eine quadratische Pyramide mit der Grundseite $g = 3$ cm und Höhe $h = 7$ cm ein Quader mit maximalem Volumen einbeschrieben werden. Bestimmen Sie die Maße und das Volumen dieses Quaders.

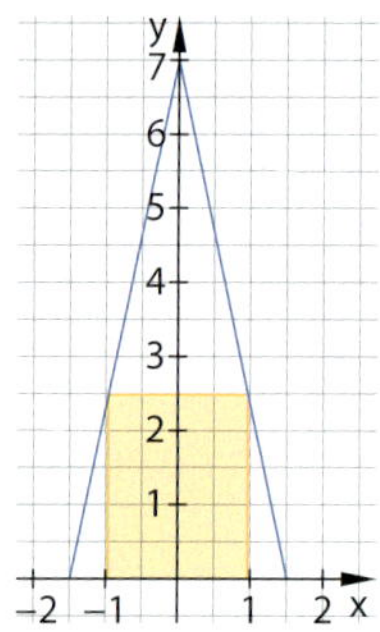

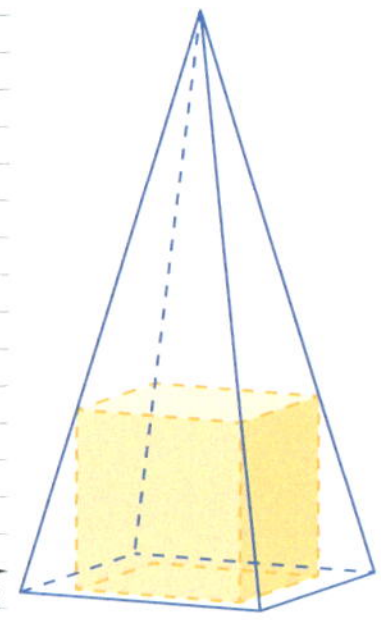

18. Gegeben ist die Funktionenschar f_a mit $f_a(x) = -\frac{x^3 - 3ax^2}{144}$. Für bestimmte Werte von a beschreiben die Graphen von f_a zwischen ihren Nullstellen den Querschnitt eines Deichs.

a) Bestimmen Sie den Wert von a so, dass der Deich 15 m breit ist.

b) Bestimmen Sie den Wert von a so, dass die Böschung an der rechten Seite mit 45° auf die Horizontale trifft.

c) Bestimmen Sie den Wert von a so, dass der Deich 6 m hoch ist.

d) Bestimmen Sie die maximale Breite des Deichs, für die der steilste Anstieg des Deichs maximal 30° beträgt.

● e) Zeigen Sie, dass alle Extrempunkte von f_a auf dem Graphen der Funktion g mit $g(x) = -\frac{1}{288}x^3$ liegen.

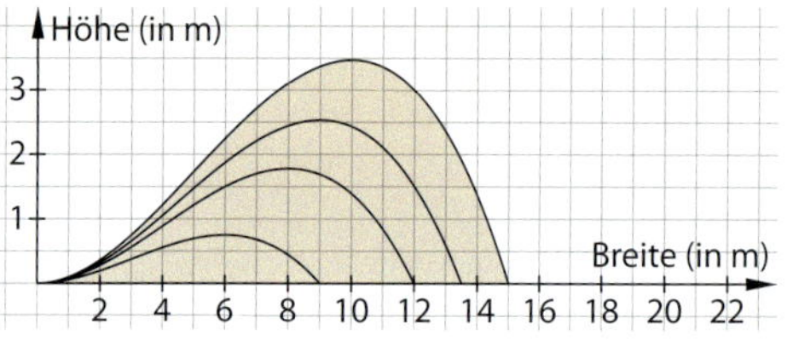

● **19. Ausblick:** Für beliebige $a \in \mathbb{R}$ ist die Funktionenschar f_a mit $f_a(x) = s \cdot x + \frac{t}{x}, x \neq 0$, gegeben. s und t hängen vom Wert des Parameters a ab. Es gilt $f_a(1) = 1$ und $f_a'(1) = a$.

a) Bestimmen Sie den Funktionsterm von f_a in Abhängigkeit vom Parameter a.

b) Untersuchen Sie, für welche reellen Zahlen a die Funktion f_a Extremstellen hat.

7.2 Wiederholung: Exponentialfunktionen

■ Abgebildet ist der Graph von f mit $f(x) = 2^x$. Die Steigung an der Stelle $x = 1$ kann durch die Steigung der Sekante im Intervall $[0{,}9;\ 1{,}1]$ angenähert werden.

a) Bestimmen Sie näherungsweise die Steigung des Graphen an der Stelle $x = 1$. Verfahren Sie ebenso für $x = -2, -1, 0, 2$.

b) Zeigen Sie mithilfe der Werte aus a), dass die Steigung des Graphen der Formel $f'(x) = a \cdot f(x)$ entspricht. Ermitteln Sie den Wert von a. ■

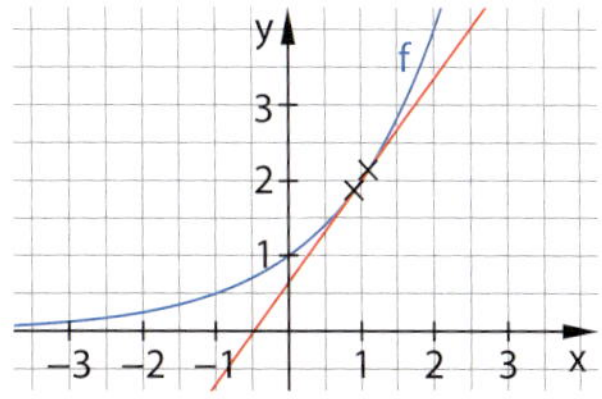

Satz: Kettenregel
Haben die Funktionen u und v die Ableitungen u′ und v′, dann hat die Verkettung f mit $f(x) = u(v(x))$ die Ableitung $f'(x) = u'(v(x)) \cdot v'(x)$.
Für verkettete Funktionen der Form $f(x) = e^{v(x)}$ gilt insbesondere: $f'(x) = e^{v(x)} \cdot v'(x)$.

Merkhilfe:
[u(■)]′ = u(■)′ · ■′
„äußere Ableitung mal innere Ableitung“

Exponential- und Logarithmusfunktion

Wissen: Natürliche Exponential- und Logarithmusfunktion
Für die natürliche Exponentialfunktion $f(x) = e^x$ gilt: $f'(x) = e^x$
Für Funktionen der Form $f(x) = e^{ax+b}$ gilt: $f'(x) = a \cdot e^{ax+b}$

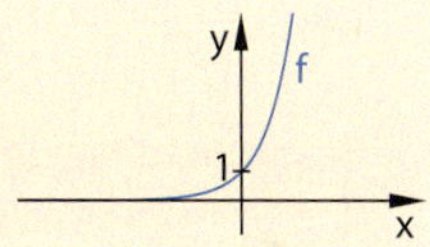

Das Potenzieren mit der Basis e wird durch das Anwenden des natürlichen Logarithmus umgekehrt.
Für $a > 0$ ist $x = \ln(a)$ Lösung der Gleichung $e^x = a$.

Für die natürliche Logarithmusfunktion $g(x) = \ln(x)$ mit $x > 0$ gilt: $g'(x) = \frac{1}{x}$. Sie ist die Umkehrfunktion der natürlichen Exponentialfunktion, es gilt also:
$e^{\ln(x)} = x$ und $\ln(e^x) = x$.

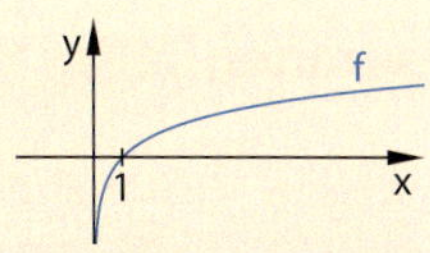

Hinweis:
Der ln ist der Logarithmus zur Basis e:
$\ln(x) = \log_e(x)$
Sein Graph entsteht durch Spiegelung des Graphen der e-Funktion an der Winkelhalbierenden $y = x$.

Mithilfe des natürlichen Logarithmus kann jede Exponentialfunktion zu einer beliebigen Basis $b > 0$ zur Basis e umgeschrieben und abgeleitet werden: $(b^x)' = \left(e^{\ln(b) \cdot x}\right)' = \ln(b) \cdot b^x$

Beispiel 1: Bestimmen Sie alle Stellen, an denen der Graph der Funktion f den Funktionswert $y = 6$ hat. Geben Sie auch die Ableitungsfunktion von f an.

a) $f(x) = e^{3x-1}$ b) $f(x) = \ln(x^2 + 1)$

Lösung:

a) Setzen Sie den Funktionsterm f(x) mit 6 gleich und lösen Sie die Exponentialgleichung. Wenden Sie hierzu ln auf den Term e^{3x-1} an.

$e^{3x-1} = 6 \quad | \ln$
$3x - 1 = \ln(6) \quad | +1 \quad |:3$
$x = \frac{\ln(6) + 1}{3} \approx 0{,}93$

Bestimmen Sie f′.

$f'(x) = 3e^{3x-1}$

b) Setzen Sie f(x) mit 6 gleich. Potenzieren Sie den Term $\ln(x^2 + 1)$ mit der Basis e, und lösen Sie die Gleichung.

$\ln(x^2 + 1) = 6 \quad | e$
$x^2 + 1 = e^6 \quad | -1 \quad | \sqrt{\ }$
$x_{1/2} = \pm\sqrt{e^6 - 1} \approx \pm 20{,}06$

Bestimmen Sie f′ mithilfe der allgemeinen Kettenregel und der Ableitung der ln-Funktion.

$u(x) = \ln(x) \qquad u'(x) = \frac{1}{x}$
$v(x) = x^2 + 1 \qquad v'(x) = 2x$
$f'(x) = u'(v(x)) \cdot v'(x) = \frac{1}{x^2 + 1} \cdot 2x = \frac{2x}{x^2 + 1}$

Basisaufgaben

1. Lösen Sie die Gleichung. Geben Sie die Lösung mithilfe des ln an.
a) $3e^{t} - 8 = 4$ b) $4e^{-x} - 2 = 2$ c) $e^{2x-4} = 5$ d) $3e^{4x-5} - 3 = 6$
e) $11e^{-8x+4} = 22$ f) $e^{-2x}(x^3 + 1) = 0$ g) $x - xe^{x} = 0$ h) $x^2(5 - e^{3x}) = 0$

Erinnerung:
ln-Gesetze:
Für a, c, r ∈ R
mit a, c > 0 gilt:
$\ln(a \cdot c) = \ln(a) + \ln(c)$
$\ln\left(\frac{a}{c}\right) = \ln(a) - \ln(c)$
$\ln(a^r) = r \cdot \ln(a)$

2. Lösen Sie die Gleichung. Geben Sie die Lösung mithilfe der Zahl e an.
a) $\ln(x) = 1$ b) $\ln(2x) = -0{,}8$ c) $2 \cdot \ln(x - 4) = 10$ d) $-\ln(-x) - 1 = 0$
e) $\ln(x^2) = 4$ f) $4 \cdot \ln(x^2 - 6) = 12$ g) $x \cdot \ln(x) = 0$ h) $2 \cdot \ln(x) = \ln(x + 2)$

3. Bestimmen Sie die x-Werte zum gegebenen Funktionswert y.
a) $f(x) = 3e^{2x} - 7$ $y = 2$ b) $f(x) = -2 \cdot \left(3 - e^{x^2-8}\right) + 5$ $y = 2e - 1$
c) $f(x) = \frac{\ln(-x+3)}{5}$ $y = 1$ d) $f(x) = -2 \cdot \ln(x^2 - 4x + 4) + 8$ $y = 0$

4. Gegeben ist die Funktion f mit $f(x) = 2e^{-x+3}$.
a) Bestimmen Sie die Gleichung der Tangente an den Graphen von f im Punkt $P(3\,|\,f(3))$.
b) Berechnen Sie den Flächeninhalt des Dreiecks, das von der Tangente aus a) und den Koordinatenachsen eingeschlossen wird.

5. Gegeben sind die Funktionen f mit $f(x) = \ln(x)$ und g mit $g(x) = -\frac{1}{20}x^2 + \frac{7}{10}x$.
Bestimmen Sie die Stellen, an denen die Graphen von f und g die gleiche Steigung haben.

6. Bestimmen Sie den Definitionsbereich, die Nullstellen und die Extrempunkte des Graphen von f. Ermitteln das Verhalten der Funktionswerte an den Rändern des Definitionsbereichs.
a) $f(x) = 6 - \ln(x)$ b) $f(x) = \ln(5 - x)$ c) $f(x) = \ln(x^2 + 1)$ d) $f(x) = \ln(x) \cdot (1 + \ln(x))$

Exponentielles Wachstum

Wissen: Exponentielles Wachstum
Die Funktion f mit $f(t) = a \cdot e^{k \cdot t}$ beschreibt einen exponentiellen Wachstumsprozess eines Bestandes mit **Anfangsbestand** $a = f(0)$ und **Wachstumskonstante** $k \neq 0$.

exponentielle Zunahme: k > 0	**exponentielle Abnahme: k < 0**
Verdopplungszeit: $T_V = \frac{\ln(2)}{k}$	**Halbwertszeit:** $T_H = \frac{\ln\left(\frac{1}{2}\right)}{k}$

Die **Wachstumsgeschwindigkeit** ist gegeben durch $f'(t) = a \cdot k \cdot e^{kt} = k \cdot f(t)$.

Beispiel 2: Wachstumsfunktion aufstellen
Bestimmen Sie eine Funktion, die zur Zeit t die Menge eines Medikaments im Körper eines Patienten beschreibt, welches exponentiell abgebaut wird. Der Patient erhält zu Beginn 5 mg des Medikaments, nach 2 Stunden sind noch 3,2 mg im Körper vorhanden.

Lösung:
Stellen Sie den allgemeinen Ansatz für eine exponentielle Wachstumsfunktion mit Anfangsbestand $a = f(0) = 5$ auf.
$f(t) = 5 \cdot e^{k \cdot t}$ (t: Zeit in h; f(t): Menge in mg)

Ermitteln Sie die Wachstumskonstante k aus der Gleichung $f(2) = 3{,}2$.
$3{,}2 = 5 \cdot e^{k \cdot 2}$ | : 5
$0{,}64 = e^{k \cdot 2}$ | ln
$\ln(0{,}64) = k \cdot 2$ | : 2
$k = \frac{\ln(0{,}64)}{2} \approx -0{,}223$

Stellen Sie die Funktionsgleichung auf.
$f(t) = 5e^{-0{,}223t}$

Hinweis:
Mit der Formel für T_H kann k auch aus einer gegebenen Halbwertszeit berechnet werden.

Beispiel 3: Bestände und Wachstumsgeschwindigkeit ermitteln

Auf einer Insel leben 1000 Tiere, die sich exponentiell vermehren. Die Anzahl der Tiere zur Zeit t in Jahren kann durch die Funktion f mit $f(t) = 1000 \cdot e^{0,14t}$ beschrieben werden.

a) Bestimmen Sie den Zeitpunkt t, zu dem der Bestand von 5000 Tieren erreicht wird.

b) Berechnen Sie die Verdopplungszeit und erklären Sie die Bedeutung im Sachkontext.

c) Bestimmen Sie die Wachstumsgeschwindigkeit nach 4 Jahren.

d) Bestimmen Sie die durchschnittliche Wachstumsgeschwindigkeit in den ersten 4 Jahren.

Lösung:

a) Setzen Sie in der Funktionsgleichung 5000 für f(t) ein und lösen Sie die Gleichung nach t auf.

$$5000 = 1000 \cdot e^{0,14t} \quad |:1000$$
$$5 = e^{0,14t} \quad |\ln$$
$$\ln(5) = 0,14t \quad |:0,14$$
$$t = \frac{\ln(5)}{0,14} \approx 11,5$$

Nach etwa 11,5 Jahren sind es 5000 Tiere.

b) Setzen Sie in die Formel für die Verdopplungszeit den Wachstumsfaktor k = 0,14 ein.

$$T_V = \frac{\ln(2)}{k} = \frac{\ln(2)}{0,14} \approx 4,95$$

Alle 4,95 Jahre verdoppelt sich die Anzahl der Tiere auf der Insel.

c) Bestimmen Sie die erste Ableitung f′ und setzen Sie t = 4 ein.

$f'(t) = 140e^{0,14t}$, $f'(4) = 140e^{0,56} \approx 245,09$

Nach 4 Jahren wächst die Population um etwa 245 Tiere pro Jahr.

d) Teilen Sie die Änderung der Anzahl der Tiere durch den zugehörigen Zeitraum.

$$\frac{f(4) - f(0)}{4 - 0} = \frac{1750,67 - 1000}{4} \approx 187,67$$

Innerhalb der ersten 4 Jahre kommen durchschnittlich etwa 188 Tiere pro Jahr hinzu.

Basisaufgaben

7. Ein Patient erhält 7,5 mg eines Narkosemittels, von dem stündlich 14 % abgebaut werden.

a) Bestimmen Sie eine Funktion f mit $f(t) = a \cdot e^{k \cdot t}$, welche die Menge des Narkosemittels im Blut nach t Stunden beschreibt.

b) Bestimmen Sie die Menge des Mittels im Blut nach 5 Stunden und nach 40 Minuten.

c) Bestimmen Sie den Zeitpunkt t, zu dem die Menge an Narkosemittel unter 1 mg fällt.

d) Berechnen Sie die Halbwertszeit und deuten Sie diese im Sachzusammenhang.

Erinnerung:
Ist r % die prozentuale **Wachstumsrate**, so gilt für den **Wachstumsfaktor** $b = 1 + \frac{r}{100}$ und für die **Wachstumskonstante** $k = \ln(b)$.

8. In einem großen Garten sind 1,5 m² Unkraut. Der Gärtner geht von einer exponentiellen Ausbreitung aus. 10 Tage später sind es bereits 2 m².

a) Stellen Sie die Ausbreitung des Unkrauts mit einer Funktionsgleichung der Form $f(t) = a \cdot e^{k \cdot t}$ dar.

b) Bestimmen Sie die Größe der von Unkraut bewachsenen Fläche nach 14 Tagen.

c) Berechnen Sie, nach wie vielen Tagen 3 m² von Unkraut bewachsen sein werden.

d) Bestimmen Sie die Verdopplungszeit und deuten Sie diese im Sachzusammenhang.

9. Der Bestand einer Pilzkultur in Millionen lässt sich durch die Funktion f mit $f(t) = 7,5e^{0,3t}$ beschreiben. Dabei gibt t die Zeit in Wochen an.

a) Bestimmen Sie die Wachstumsgeschwindigkeit nach fünf Wochen und nach drei Tagen.

b) Bestimmen Sie den Zeitpunkt, zu dem sich die Pilzkultur mit einer Geschwindigkeit von 10 Millionen Pilzen pro Woche ausbreitet.

c) Ermitteln Sie die durchschnittliche Wachstumsgeschwindigkeit in der ersten Woche.

Begrenztes Wachstum

Wissen: Begrenztes Wachstum

Die Funktion f mit $f(t) = S - (S - a) \cdot e^{-k \cdot t}$ und $k > 0$ beschreibt einen begrenzten Wachstumsprozess eines Bestands.
$a = f(0)$ ist der **Anfangsbestand** zum Zeitpunkt $t = 0$. Der Graph von f nähert sich **asymptotisch** einer **Grenze** S an.

$a > S$: **begrenzte Abnahme** (Annäherung von oben)

$a < S$: **begrenzte Zunahme** (Annäherung von unten)

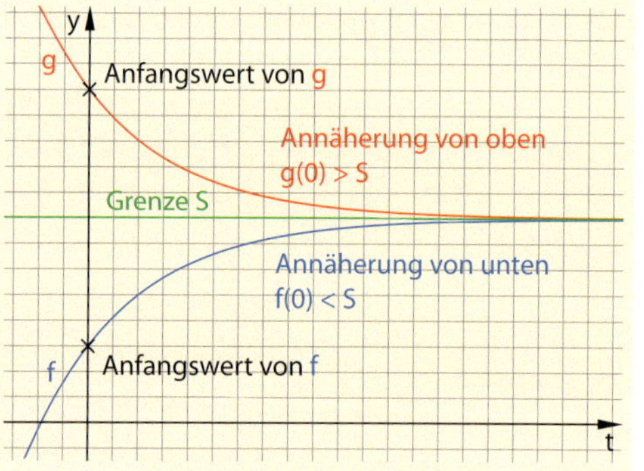

Beispiel 4: Funktion zu begrenztem Wachstum aufstellen

Ein heißes Mikrowellenessen kommt mit 85 °C aus der Mikrowelle. Im Raum herrschen 23 °C. Nach 5 Minuten ist das Essen noch 65 °C warm.
Stellen Sie eine Funktion auf, welche den Wachstumsprozess beschreibt.

Lösung:

Die Raumtemperatur liefert die Grenze $S = 23$ und die Anfangstemperatur $a = 85$.
Wenn Sie die Werte $S = 23$ und $a = 85$ in die allgemeine Funktionsgleichung einsetzen, erhalten Sie $f(t) = 23 + 62 \cdot e^{-k \cdot t}$.
Setzen Sie in diese Gleichung die Angaben $t = 5$ und $f(t) = 65$ ein und lösen Sie die Gleichung nach k auf.

allgemein: $f(t) = S - (S - a) \cdot e^{-k \cdot t}$

t: Zeit in Minuten   f(t): Temperatur in °C

$f(t) = 23 - (23 - 85) \cdot e^{-k \cdot t} = 23 + 62e^{-k \cdot t}$

$65 = 23 + 62e^{-k \cdot 5} \quad | -23 \quad | : 62$

$\frac{21}{32} = e^{-k \cdot 5} \quad | \ln$

$\ln\left(\frac{21}{32}\right) = -k \cdot 5 \quad | : (-5)$

$k = \frac{\ln\left(\frac{21}{32}\right)}{-5} \approx 0{,}078$

$f(t) = 23 + 62e^{-0{,}078t}$

Basisaufgaben

10. Eine Herde Wildpferde hat sich innerhalb von 5 Jahren von 200 auf 250 Tiere vergrößert. Es soll angenommen werden, dass eine Anzahl von 1000 Tieren nie überschritten wird.

a) Bestimmen Sie die Bestandsfunktion für die Anzahl der Tiere in der Herde.
b) Geben Sie an, wie viele Tiere nach 10 (15) Jahren in der Herde zu erwarten sind.
c) Geben Sie an, wann 95 % der Maximalanzahl erreicht sind.
d) Berechnen Sie, wie schnell die Anzahl der Tiere nach 8 Jahren anwächst.

11. Eine Tasse Tee mit einer Temperatur von 95 °C kühlt bei einer Zimmertemperatur von 20 °C innerhalb einer Viertelstunde auf 45 °C ab.

a) Bestimmen Sie eine Funktionsgleichung für eine Funktion f, die die Temperatur in Abhängigkeit von der Zeit t in Minuten beschreibt. Skizzieren Sie den Graphen von f.
b) Berechnen Sie die Temperatur nach 5 Minuten und nach einer halben Stunde.
c) Untersuchen Sie, wie schnell die Temperatur nach 20 Minuten sinkt.
d) Bestimmen Sie den Zeitpunkt, an dem die Temperatur sich um 1 °C/min verändert.

Weiterführende Aufgaben

12. Stolperstelle: Tim und Maike sprechen über einen begrenzten Wachstumsprozess, der durch die Gleichung $f(t) = 20 + 7e^{-0,04t}$ beschrieben wird. Beschreiben und korrigieren Sie die Fehler von Tim und Maike.

Tim:
„Die Grenze ist bei S = 20 und wird von unten angenähert, da der Anfangsbestand bei a = 7 ist."

Maike:
„Es handelt sich um eine begrenzte Abnahme. Für die Halbwertszeit ergibt sich $T_H = \frac{\ln(0,5)}{-0,04} \approx 17,33$."

13. In lebenden Organismen ist der Anteil am radioaktiven Isotop C14 nahezu konstant. In toten Organismen wird der C14-Anteil mit einer Halbwertszeit von 5730 Jahren abgebaut.
a) Beim Fund der berühmten Alpen-Mumie Ötzi 1991 betrug der C14-Anteil 53,35 %. Bestimmen Sie näherungsweise das Jahr, in dem Ötzi starb.
b) Ermitteln Sie den Anteil an C14 in einem 1 Mio. Jahre alten Dinosaurierknochen.

● **14.** Der Wettbewerb unter den Lebensmittelhändlern ist in Deutschland sehr stark. Um überall für Kunden erreichbar zu sein, gilt eine Anzahl von 3200 Supermärkten als optimal. Eine Supermarktkette expandiert seit dem Jahr 2000 stark. Die Anzahl der Märkte wird näherungsweise durch die Funktion f mit $f(t) = 3200 - 3050 \cdot e^{-0,08 \cdot t}$ modelliert. t gibt die Zeit in Jahren nach dem Jahr 2000 an.

a) Erläutern Sie, dass die Expansion als beschränktes Wachstum modelliert werden kann.
b) Berechnen Sie f(2), f(4) sowie $\frac{f(4) - f(2)}{4 - 2}$ und erklären Sie die Bedeutung dieser Werte im Sachzusammenhang.
c) Berechnen Sie den zweijährigen Zeitraum, in dem die Kette um durchschnittlich 150 Märkte pro Jahr wächst.
d) Berechnen Sie den Zeitpunkt, zu dem die Expansionsgeschwindigkeit der Supermarktkette 100 Märkte pro Jahr beträgt.

15. Gegeben ist die Funktionenschar f_a mit $f_a(x) = e^{a^2 x} - e^a$ $(a \neq 0)$.
a) Geben Sie den Schnittpunkt der Graphen von f_a mit der y-Achse an.
b) Bestimmen Sie die Nullstelle von f_a.
c) Geben Sie die ersten beiden Ableitungen f_a' und f_a'' an.
d) Begründen Sie, dass kein Graph von f_a einen Extrem- oder Wendepunkt hat.
e) Bestimmen Sie die Gleichung der Tangente an den Graphen von f_a an der Stelle $x = \frac{1}{a^2}$.

● **16.** Gegeben ist die Funktionenschar f_a mit $f_a(x) = a \cdot \ln(x^2 + a)$ und $a \neq 0$.
a) Bestimmen Sie den Definitionsbereich von f_a in Abhängigkeit von a.
b) Ermitteln Sie, für welche a die Funktion f_a Nullstellen hat, und geben Sie diese an.
c) Untersuchen Sie, für welche Werte von a der Graph von f_a Extrempunkte oder Wendepunkte hat, und berechnen Sie diese.

● **17. Ausblick:** Zwei Läusepopulationen mit 1000 Läusen verändern sich unterschiedlich. Pro Tag wächst die eine um 500 Läuse und die andere um 5 % ihres aktuellen Bestands.
a) Stellen Sie für beide Wachstumsprozesse eine passende Funktionsgleichung auf.
b) Prüfen Sie, welche der Funktionsgleichungen aus a) die Gleichung $f'(t) = k \cdot f(t)$ mit einer Konstanten k erfüllt. Geben Sie den passenden Wert für k an.
c) Untersuchen Sie, welcher Funktionstyp allgemein die Gleichung aus b) erfüllt.

7.3 Wiederholung: Integralrechnung

■ In einem Öltank befinden sich 800 Liter Öl. Die Abbildung zeigt die Änderungsrate der Ölmenge in den nächsten 10 Minuten. Bestimmen Sie, wie viel Öl sich nach diesen 10 Minuten im Tank befindet. ■

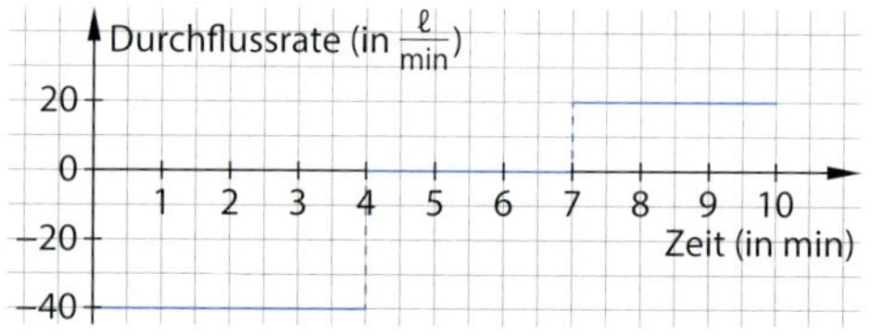

Die Regeln zum Bilden von Stammfunktionen leiten sich aus den Ableitungsregeln ab.

Satz: Regeln für Stammfunktionen

Sind G und H Stammfunktionen von g bzw. h, so gilt:

	Funktion	Stammfunktion
Faktorregel ($k \in \mathbb{R}$)	$f(x) = k \cdot g(x)$	$F(x) = k \cdot G(x)$
Summenregel	$f(x) = g(x) + h(x)$	$F(x) = G(x) + H(x)$
lineare Kettenregel ($a, b \in \mathbb{R}, a \neq 0$)	$f(x) = g(ax + b)$	$F(x) = \frac{1}{a} \cdot G(ax + b)$
für $g(x) = e^x$:	$f(x) = e^{ax+b}$	$F(x) = \frac{1}{a} \cdot e^{ax+b}$
Potenzregel ($r \in \mathbb{Q}, r \neq -1$)	$f(x) = x^r$	$F(x) = \frac{1}{r+1} \cdot x^{r+1}$

Der Hauptsatz ermöglicht das Berechnen bestimmter Integrale mithilfe von Stammfunktionen.

Satz: Hauptsatz der Differenzial- und Integralrechnung

Ist F eine beliebige Stammfunktion einer stetigen Funktion f, so gilt: $\int_a^b f(x)\,dx = F(b) - F(a)$

Flächenberechnungen

Das bestimmte Integral gibt die Flächenbilanz zwischen dem Graphen von f und der x-Achse auf einem Intervall an. Um den tatsächlichen Flächeninhalt zu bestimmen, muss man berücksichtigen, ob die Flächenanteile oberhalb oder unterhalb der x-Achse liegen.

Wissen: Fläche zwischen Graph und x-Achse

Sind $x_1 < x_2$ die Nullstellen der Funktion f auf einem Intervall [a; b], so gilt für den Inhalt der Fläche zwischen Graph und x-Achse über dem Intervall [a; b]:

$$A = \left|\int_a^{x_1} f(x)\,dx\right| + \left|\int_{x_1}^{x_2} f(x)\,dx\right| + \left|\int_{x_2}^{b} f(x)\,dx\right|$$

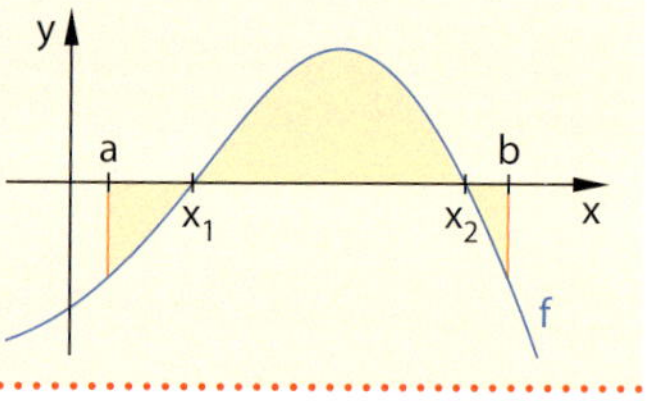

Der Inhalt der Fläche zwischen den Graphen zweier Funktionen f und g entspricht dem Inhalt der Fläche unter dem Graphen der Differenzfunktion h mit $h(x) = f(x) - g(x)$. Die Nullstellen von h sind die Schnittstellen von f und g.

Wissen: Fläche zwischen Funktionsgraphen

Sind $x_1 < x_2$ die Schnittstellen der Funktionen f und g auf einem Intervall [a; b], so gilt für den Inhalt der Fläche zwischen den Graphen über dem Intervall [a; b]:

$$A = \left|\int_a^{x_1} (f(x) - g(x))\,dx\right| + \left|\int_{x_1}^{x_2} (f(x) - g(x))\,dx\right| + \left|\int_{x_2}^{b} (f(x) - g(x))\,dx\right|$$

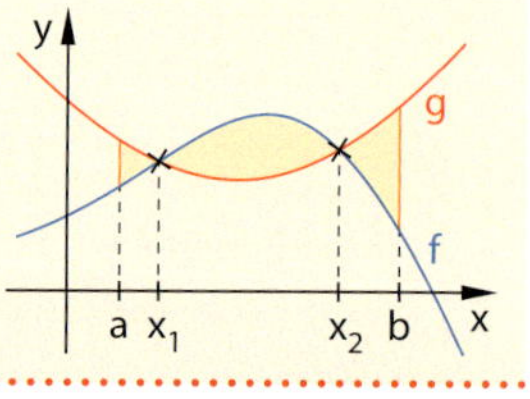

Beispiel 1: Gegeben sind f und g mit $f(x) = \frac{1}{2}x^3 - 2x^2 + \frac{3}{2}x$ und $g(x) = x^3 - 2x^2 + \frac{1}{2}x$.

a) Berechnen Sie den Inhalt der Fläche zwischen dem Graphen von f und der x-Achse im Intervall $[-1; 2]$.

b) Berechnen Sie den Inhalt der Fläche, die von den Graphen von f und g eingeschlossen wird.

Lösung:

a) Bestimmen Sie die Nullstellen von f. Im Intervall $[-1; 2]$ liegen die Nullstellen x_1 und x_2, es entstehen 3 Teilflächen.

Nullstellen: $x_1 = 0$, $x_2 = 1$ und $x_3 = 3$

Ermitteln Sie die Stammfunktion F von f und berechnen Sie die drei Teilintegrale.

Stammfunktion: $F(x) = \frac{1}{8}x^4 - \frac{2}{3}x^3 + \frac{3}{4}x^2$

$\int_{-1}^{0} f(x)\,dx \approx -1{,}54$; $\int_{0}^{1} f(x)\,dx \approx 0{,}21$;

$\int_{1}^{2} f(x)\,dx \approx -0{,}54$

Der Inhalt der Gesamtfläche ist die Summe der Beträge der Teilintegrale.

Flächeninhalt:
$A \approx |-1{,}54| + |0{,}21| + |-0{,}54| = 2{,}29$ FE

b) Bilden Sie die Differenzfunktion h und berechnen Sie ihre Nullstellen.

$h(x) = f(x) - g(x) = -\frac{1}{2}x^3 + x$
Nullstellen: $x_1 = -\sqrt{2}$, $x_2 = 0$, $x_3 = \sqrt{2}$

Ermitteln Sie die Stammfunktion H von h. Berechnen Sie die Integrale von h zwischen den Nullstellen.

Stammfunktion: $H(x) = -\frac{1}{8}x^4 + \frac{1}{2}x^2$

$\int_{-\sqrt{2}}^{0} h(x)\,dx = -\frac{1}{2}$; $\int_{0}^{\sqrt{2}} h(x)\,dx = \frac{1}{2}$;

Der Inhalt der Gesamtfläche ist die Summe der Beträge der Integrale.

Flächeninhalt:
$A = \left|-\frac{1}{2}\right| + \left|\frac{1}{2}\right| = 1$ FE

Hinweis:
Die von den Graphen von f und g eingeschlossene Fläche besteht aus den Teilflächen, die durch die Schnittstellen von f und g begrenzt werden:

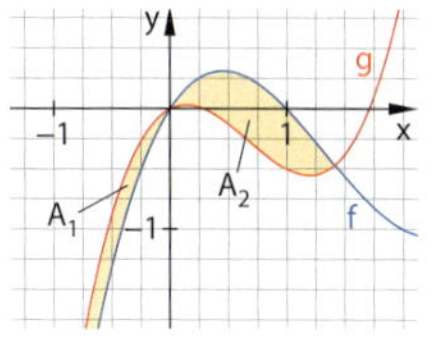

Basisaufgaben

1. Berechnen Sie die Nullstellen der Funktion. Berechnen Sie anschließend den Inhalt der Fläche, die der Graph mit der x-Achse einschließt.

a) $f(x) = x^3 - 4x^2 + 4x$ b) $f(x) = 1{,}5x^3 - 4{,}5x^2$ c) $f(x) = \frac{5}{9}x^4 - 5x^2$
d) $f(x) = -\frac{1}{6}x^4 + \frac{1}{2}x^2 + \frac{2}{3}$ e) $f(x) = 6x^3(x^2 - 1)$ f) $f(x) = 6x(x^2 - 1)^2$

2. Berechnen Sie den Inhalt der Fläche zwischen dem Graphen von f und der x-Achse im Intervall I.

a) $f(x) = x^3 - 6x^2 + 8x$ $I = [0; 4]$ b) $f(x) = 0{,}5(x - 4)(x^3 - 2x^2)$ $I = [0; 4]$
c) $f(x) = \sqrt{x} - 1$ $I = [0; 4]$ d) $f(x) = e^x - e$ $I = [0; 2]$

3. Berechnen Sie den Inhalt der Fläche, die von den Graphen der Funktionen f und g eingeschlossen wird.

a) $f(x) = -\frac{1}{4}x^2 + 2$ $g(x) = \frac{1}{2}x$ b) $f(x) = -0{,}5x^2 + x + 1{,}5$ $g(x) = x - 3$
c) $f(x) = \frac{1}{5}x^2 + 4$ $g(x) = x + 4$ d) $f(x) = -\frac{1}{2}x^2 + x + 3$ $g(x) = -x + 3$

4. Berechnen Sie den Inhalt der Fläche zwischen den Graphen der Funktionen f und g auf dem Intervall I.

a) $f(x) = x^3 - x^2 - 2$ $g(x) = x^3 - 2x^2 + x$ $I = [-2; 3]$
b) $f(x) = x^3 - 5x^2 + 7x - 3$ $g(x) = x - 3$ $I = [0; 3]$

5. Berechnen Sie den Inhalt der Fläche, die vom Graphen von f mit $f(x) = -2{,}3e^{-0{,}1x+2} + 1$, der Tangente an den Graphen von f im Punkt $P(0\,|\,f(0))$ und der x-Achse eingeschlossen wird.

Bestandsänderungen

Ist die Änderungsrate f einer Bestandsfunktion bekannt, lassen sich Zu- oder Abnahmen des Bestands mit Integralen berechnen. Die Bestandsfunktion ist eine Stammfunktion von f.

Beispiel 2: Die Geschwindigkeit, mit der die Anzahl der Nutzer einer App wächst, lässt sich in der Anfangszeit durch $f(t) = 8e^{0,8t}$ beschreiben (t in Wochen, f(t) in Nutzer pro Woche).

a) Bestimmen Sie die Zunahme der Anzahl der Nutzer von der 3. bis zur 5. Woche.

b) Bestimmen Sie die Bestandsfunktion F für die Anzahl der Nutzer, wenn zu Beginn 100 Personen die App nutzen.

Lösung:

a) Die Wachstumsgeschwindigkeit gibt die Änderungsrate des Bestandes an. Die Bestandsänderung ergibt sich mit dem Integral von f in den Grenzen 3 bis 5.

$$\int_3^5 f(t)\,dt = \int_3^5 8e^{0,8t}\,dt = \left[10e^{0,8t}\right]_3^5 \approx 436$$

Die Nutzerzahl nimmt um etwa 436 zu.

b) Bestimmen Sie alle Stammfunktionen von f. Ermitteln Sie die Konstante C mithilfe des Anfangsbestands.

$F(t) = 10e^{0,8t} + C$

$F(0) = 10 + C = 100$ also $C = 90$

$F(t) = 10e^{0,8t} + 90$

Basisaufgaben

6. Während einer Grippewelle lässt sich die Geschwindigkeit, mit der sich die Anzahl der infizierten Personen verändert, durch $f(t) = -e^{-0,1t}$ beschreiben (t in Wochen, f(t) in 1000 Infizierte pro Woche).

a) Bestimmen Sie die Abnahme der Anzahl der Infizierten von der 10. bis zur 16. Woche.

b) Bestimmen Sie, wie lange es dauert, bis die Anzahl der Infizierten um 4000 abgenommen hat.

c) Bestimmen Sie die Bestandsfunktion F für die Anzahl der Infizierten, wenn nach 2 Wochen genau 10 000 Personen infiziert waren.

7. Bei einer Verkehrszählung an einer Bundesstraße wurden an einem Werktag ab 6 Uhr morgens die stadteinwärts fahrenden Fahrzeuge pro Minute registriert. Der Fahrzeugstrom wird für diesen Zeitraum modellhaft durch die Funktion f mit $f(x) = \frac{1}{10^{10}}x^5 - \frac{1}{130\,000}x^3 + \frac{1}{6}x + 6$ dargestellt.

a) Geben Sie näherungsweise die Uhrzeit mit der höchsten Verkehrsdichte an.

b) Berechnen Sie die Anzahl der Fahrzeuge, die zwischen 6 Uhr und 9 Uhr den Messpunkt passieren.

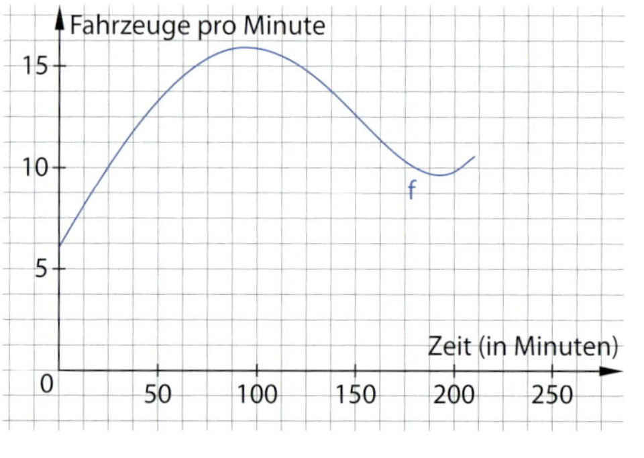

c) Berechnen Sie den durchschnittlichen Fahrzeugstrom pro Minute zwischen 6 Uhr und 8 Uhr.

d) Ermitteln Sie möglichst einfach, wie viele Fahrzeuge in den ersten zwei Stunden gezählt wurden.

e) Bestimmen Sie eine Funktion für die Anzahl der gezählten Fahrzeuge.

Uneigentliche Integrale

Mithilfe von uneigentlichen Integralen können Integrale über unbeschränkten Integrationsintervallen oder von unbeschränkten Integranden bestimmt werden.

Definition: Uneigentliches Integral 1. und 2. Art

Falls für u > a der Grenzwert $\lim\limits_{u \to \infty} \int_a^u f(x)\,dx$ existiert, so heißt $\int_a^\infty f(x)\,dx$ **uneigentliches Integral 1. Art** und sein Wert entspricht dem Grenzwert.

Sei x = a eine Definitionslücke einer Funktion f. Falls für u > a der Grenzwert $\lim\limits_{u \to a} \int_u^b f(x)\,dx$ existiert, so heißt $\int_u^b f(x)\,dx$ **uneigentliches Integral 2. Art** und sein Wert entspricht dem Grenzwert.

Hinweis:
Ist die untere Integrationsgrenze $-\infty$, so untersucht man den Grenzwert
$\lim\limits_{u \to -\infty} \int_u^b f(x)\,dx$
Ist der Integrand bei der oberen Integrationsgrenze x = b nicht definiert, untersucht man den Grenzwert
$\lim\limits_{u \to b} \int_a^u f(x)\,dx$ für u < b

Beispiel 3: Berechnen Sie das uneigentliche Integral, falls es existiert

a) $\int_1^\infty \sqrt{x}\,dx$ b) $\int_1^3 \frac{1}{\sqrt{x-1}}\,dx$

Lösung:

a) Bestimmen Sie eine Stammfunktion. Ersetzen Sie die Integrationsgrenze ∞ durch eine Variable (z. B. u) und berechnen Sie das Integral. Bilden Sie den Grenzwert für u → ∞.

Stammfunktion: $F(x) = \frac{2}{3}x^{\frac{3}{2}} = \frac{2}{3}\sqrt{x^3}$

Für u > 1 gilt: $\int_1^u \sqrt{x}\,dx = \left[\frac{2}{3}\sqrt{x^3}\right]_1^u = \frac{2}{3}\sqrt{u^3} - \frac{2}{3}$

Für $u \to \infty$ gilt $\frac{2}{3}\sqrt{u^3} - \frac{2}{3} \to \infty$, also existiert $\int_1^\infty \sqrt{x}\,dx$ nicht.

b) Die untere Integrationsgrenze ist eine Definitionslücke des Integranden. Ersetzen Sie diese durch eine Variable (z. B. u). Bestimmen Sie eine Stammfunktion und berechnen Sie das Integral. Bilden Sie den Grenzwert, bei dem u gegen die kritische Grenze strebt.

Für u > 1 gilt:

$\int_u^3 \frac{1}{\sqrt{x-1}}\,dx = \left[2\sqrt{x-1}\right]_u^3 = 2\sqrt{2} - 2\sqrt{u-1}$

Für $u \to 1$ gilt $2\sqrt{2} - 2\sqrt{u-1} \to 2\sqrt{2}$, also:

$\int_1^3 \frac{1}{\sqrt{x-1}}\,dx = 2\sqrt{2}$

Basisaufgaben

8. Berechnen Sie das uneigentliche Integral, falls es existiert.

a) $\int_1^\infty \frac{2}{x^2}\,dx$ b) $\int_0^3 \frac{1}{\sqrt[3]{x}}\,dx$ c) $\int_3^\infty \frac{1}{(x-2)^5}\,dx$ d) $\int_1^3 \frac{1}{(x-1)^2}\,dx$

e) $\int_{-1}^1 \frac{1}{\sqrt{x+1}}\,dx$ f) $\int_{-1}^\infty e^{-x}\,dx$ g) $\int_4^\infty \frac{1}{\sqrt{x^3}}\,dx$ h) $\int_{-2}^0 \frac{1}{\sqrt[3]{x+2}}\,dx$

9. Berechnen Sie das uneigentliche Integral, falls es existiert.

a) $\int_{-\infty}^{-1} \frac{1}{x^2}\,dx$ b) $\int_{-\infty}^0 e^x\,dx$ c) $\int_{-\infty}^{-2} \frac{1}{\sqrt{-x}}\,dx$ d) $\int_{-\infty}^2 e^{0,5x-1}\,dx$

e) $\int_{-2}^0 \frac{1}{x^4}\,dx$ f) $\int_0^5 \frac{1}{\sqrt{5-x}}\,dx$ g) $\int_{-5}^{-2} \frac{1}{x+2}\,dx$ h) $\int_0^1 \frac{1}{\sqrt[5]{1-x}}\,dx$

Rotationskörper

Durch Rotation eines Graphen in einem Intervall um die x-Achse entsteht ein rotationssymmetrischer Körper, dessen Volumen mithilfe eines Integrals berechnet werden kann.

Wissen: Volumen eines Rotationskörpers
Rotiert der Graph einer stetigen Funktion f im Intervall [a; b] um die x-Achse, so entsteht ein **Rotationskörper**. Für das Volumen dieses Körpers gilt:

$$V = \pi \cdot \int_a^b (f(x))^2\,dx$$

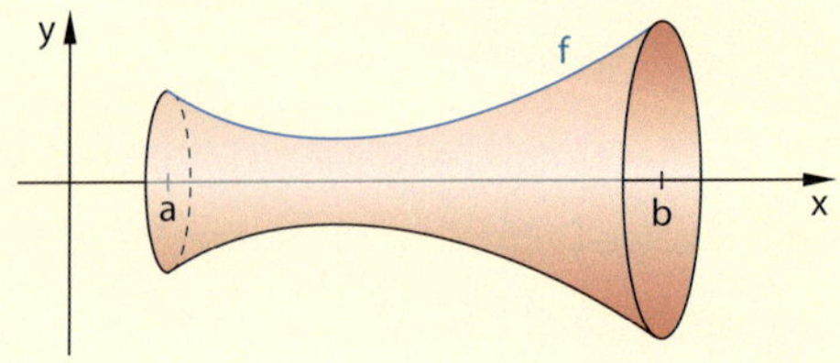

Beispiel 4: Berechnen Sie das Volumen des Rotationskörpers, der durch Rotation des Graphen von f mit $f(x) = \frac{1}{8}x^2 + 1$ um die x-Achse im Intervall [−2; 2] entsteht.

Lösung:

Berechnen Sie $g(x) = (f(x))^2$ mithilfe der 1. binomischen Formel und geben Sie eine Stammfunktion von g an.

$(f(x))^2 = \frac{1}{64}x^4 + \frac{1}{4}x^2 + 1$

$G(x) = \frac{1}{320}x^5 + \frac{1}{12}x^3 + x$

Berechnen Sie das Integral $\int_{-2}^{2} (f(x))^2\,dx$.

$\int_{-2}^{2} (f(x))^2\,dx = \left[\frac{1}{320}x^5 + \frac{1}{12}x^3 + x\right]_{-2}^{2}$

Multiplizieren Sie das Ergebnis mit π.

$= \frac{32}{320} + \frac{8}{12} + 2 - \left(-\frac{32}{320} - \frac{8}{12} - 2\right) = \frac{83}{15}$

Das Volumen beträgt rund 17,38 VE.

$V = \pi \cdot \frac{83}{15} \approx 17{,}38$ VE

Basisaufgaben

10. Berechnen Sie für den Rotationskörper, der durch Rotation des Graphen von f um die x-Achse im Intervall I entsteht, das Volumen als Vielfaches von π.

a) $f(x) = \frac{1}{4}x$ $\quad I = [2; 4]$

b) $f(x) = x^2$ $\quad I = [0; 3]$

c) $f(x) = e^x$ $\quad I = [0; 1]$

d) $f(x) = \sqrt{x+1}$ $\quad I = [-1; 2]$

11. Berechnen Sie das Volumen des abgebildeten Rotationskörpers.

a) $f(x) = \frac{1}{x}$; $I = [1; 4]$

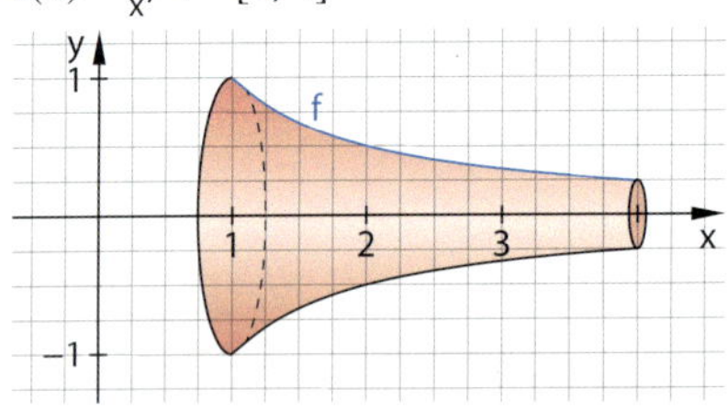

b) $f(x) = \frac{1}{8}x^2 + 2$; $I = [-2; 2]$

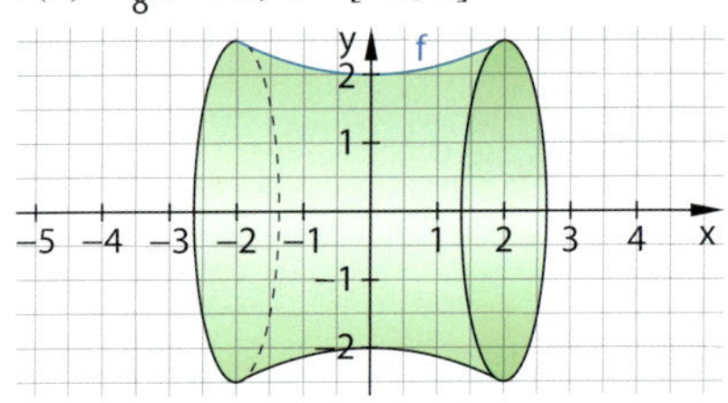

Weiterführende Aufgaben

12. Stolperstelle: Jan rechnet: $\int_{-2}^{2} \frac{1}{x^2}\,dx = \left[-\frac{1}{x}\right]_{-2}^{2} = -\frac{1}{2} - \frac{1}{2} = -1$

Michelle sagt: *„Das kann ja gar nicht sein, denn $\int_0^2 \frac{1}{x^2}\,dx$ ist ja schon unendlich groß."*
Beschreiben Sie Jans Fehler.

13. Die nördliche und südliche Uferlinie eines Sees können näherungsweise durch die Funktionen f mit $f(x) = -0{,}25x^2 + 0{,}55$ und g mit $g(x) = -0{,}1x^4$ modelliert werden (LE: 1 km). Berechnen Sie näherungsweise den Flächeninhalt der Wasseroberfläche des Sees im Bereich $-1{,}5 \le x \le 1{,}65$.

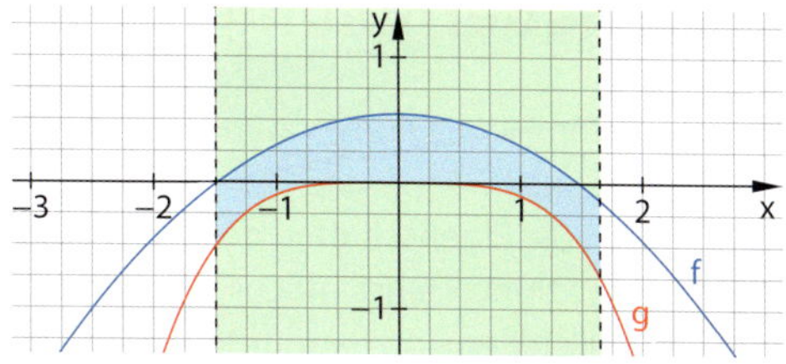

14. Schaut man von oben auf den kleinen Teich in Nachbars Garten, so kann man den nebenstehenden Umriss sehen. Die Uferbegrenzungen können durch die Funktionen f und g modelliert werden:
$f(x) = -0{,}2 \cdot (x^3 - 5x^2)$ für $0 \le x \le 5$ und
$g(x) = 0{,}6 \cdot x \cdot (x - 5)$ für $0 \le x \le 5$. Eine LE entspricht 1 m.
Der Teich ist künstlich angelegt und hat eine Tiefe von durchgängig 0,80 m.
Berechnen Sie, wie viel Wasser der Teich enthält.

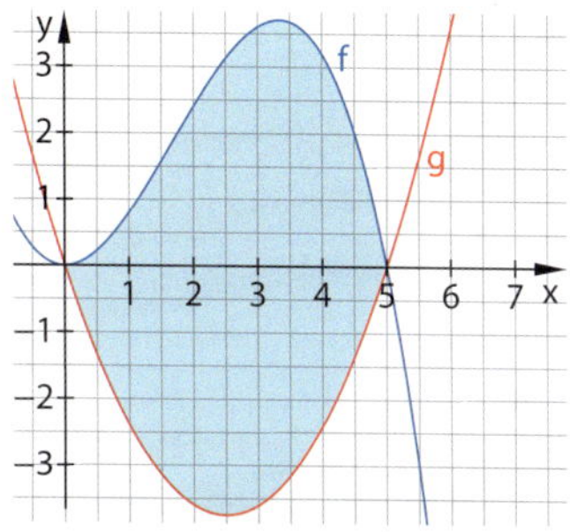

● **15.** Ein Wasserbehälter mit einem Fassungsvermögen von 3000 Litern ist randvoll gefüllt. Durch ein Leck auf der Höhe der 1000-Liter-Markierung nimmt das Volumen im Behälter ab. Die Abnahmegeschwindigkeit in Abhängigkeit von der Zeit t in Minuten kann dabei durch die Funktion f mit $f(t) = -60e^{-0{,}03t}$ beschrieben werden (f(t) in Liter/min).

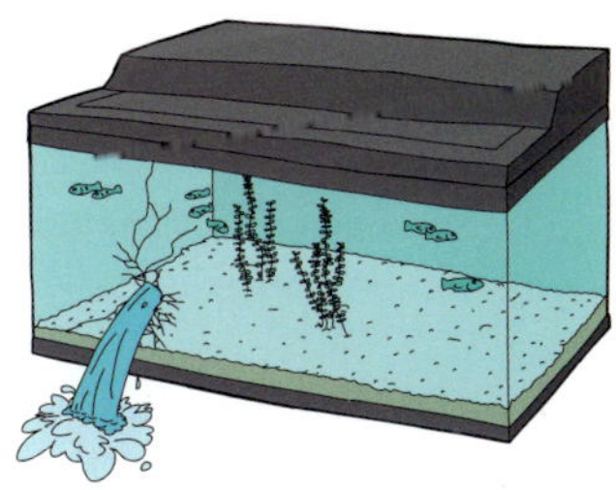

a) Deuten Sie den Ausdruck $\int_0^5 f(t)\,dt = -278{,}6$ im Sachzusammenhang.
b) Berechnen Sie die Wassermenge, die zwischen der 2. und 10. Minute ausläuft.
c) Ermitteln Sie eine Funktion, die das Wasservolumen zur Zeit t beschreibt.
d) Bestimmen Sie den Zeitpunkt, zu dem sich das Volumen halbiert hat.

16. Die Graphen der Funktionenschar f_a mit $f_a(x) = e^{ax}$ und $a \in \mathbb{R}$ rotieren für $x \ge 0$ um die x-Achse. Untersuchen Sie, für welche Werte von a der entstehende Rotationskörper ein endliches Volumen hat. Geben Sie in diesem Fall das Volumen an.

● **17.** Gegeben ist die Funktionenschar f_a mit $f_a(x) = \frac{1}{x^a}$ und $a > 0$, $a \neq 1$. Der Graph von f_a schließt mit den Koordinatenachsen die abgebildeten Flächen A und B ein. Untersuchen Sie, für welche Werte von a die Flächen A bzw. B endlich sind, und geben Sie in diesem Fall den Flächeninhalt in Abhängigkeit von a an.

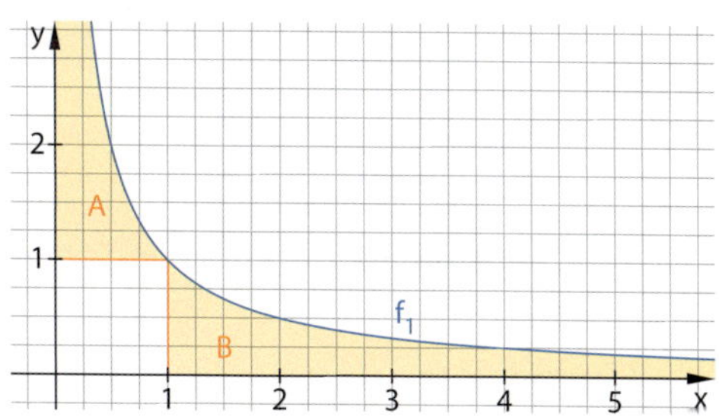

● **18.** **Ausblick:** Die Graphen der Funktionen f, g und h mit $f(x) = -x^2 + 4x$, $g(x) = x^2 - 4x + 8$ und $h(x) = 5x$ schließen auf dem Intervall $I = [0;\, 2]$ eine Fläche ein.
a) Geben Sie alle Schnittstellen der Funktionen an.
b) Zerlegen Sie die Fläche in geeignete Teilflächen und geben Sie die entsprechenden Intervalle an.
c) Berechnen Sie die Flächeninhalte der Teilflächen sowie den Gesamtflächeninhalt.

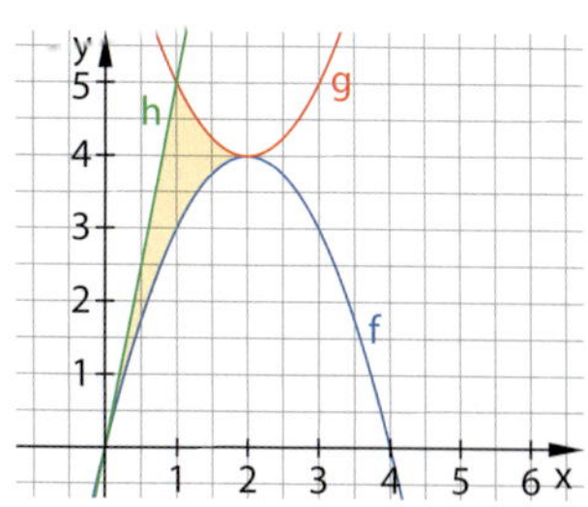

7.4 Wiederholung: Verknüpfte Funktionen

■ Betrachten Sie die Funktionen f, g und h mit $f(x) = x$, $g(x) = \ln(x)$ und $h(x) = x \cdot \ln(x)$. Vergleichen Sie Eigenschaften der Graphen der drei Funktionen hinsichtlich Definitionsbereich, Nullstellen und Extrempunkte sowie Verhalten an den Rändern des Definitionsbereichs. ■

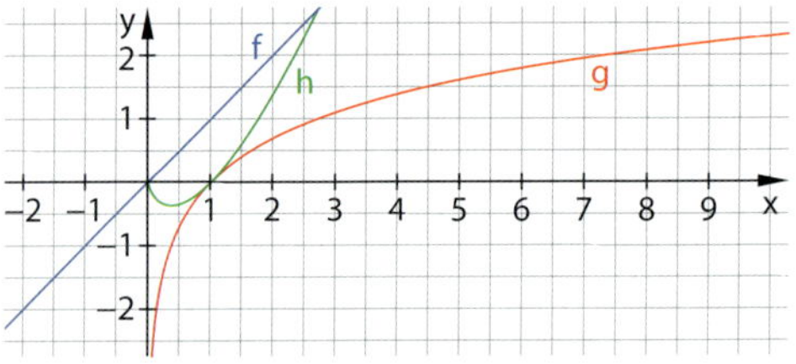

Satz: Produkt- und Quotientenregel
Für eine Funktion f mit ① $f(x) = u(x) \cdot v(x)$ gilt: $f'(x) = u'(x) \cdot v(x) + u(x) \cdot v'(x)$

Für eine Funktion f mit ② $f(x) = \frac{u(x)}{v(x)}$ gilt: $f'(x) = \frac{u'(x) \cdot v(x) - u(x) \cdot v'(x)}{(v(x))^2}$

Hinweis:
Die Wahl von $u'(x)$ und $v(x)$ sollte so erfolgen, dass die Stammfunktion von u' bekannt ist und sich der Term $u(x) \cdot v'(x)$ vereinfacht.

Wissen: Regel zur Produktintegration
Für eine Funktion f mit $f(x) = u'(x) \cdot v(x)$ gilt: $\int f(x)\,dx = u(x) \cdot v(x) - \int u(x) \cdot v'(x)\,dx$

Verknüpfungen mit Exponential- und Logarithmusfunktionen

Tritt bei Grenzwerten von Produkten der nicht eindeutige Fall „$0 \cdot \infty$" auf, so dominiert die e-Funktion und unterliegt die ln-Funktion stets gegenüber jeder Potenzfunktion.

Merkhilfe:
„$\infty \cdot \infty = \infty$"
„$\infty \cdot (-\infty) = -\infty$"
„$\infty \cdot 0 = ?$"
„$\infty + \infty = \infty$"
„$\infty - \infty = ?$"
„$\infty + 0 = \infty$"

Satz: Verhalten im Unendlichen
Für $x \to \infty$ gilt $x^n \cdot e^{-x} \to 0$. Für $x \to -\infty$ gilt $x^n \cdot e^x \to 0$.
Für $x \to 0, x > 0$ gilt $x^n \cdot \ln(x) \to 0$. Für $x \to \infty$ gilt $x^{-n} \cdot \ln(x) \to 0$. $(n \in \mathbb{N})$

Streben die Funktionswerte einer Funktion f für $x \to \infty$ oder $x \to -\infty$ gegen eine reelle Zahl a, dann hat der Graph von f dort eine waagerechte Asymptote mit der Gleichung $y = a$.

Beispiel 1: Verknüpfte Exponentialfunktion untersuchen
Gegeben ist die Funktion f mit $f(x) = 3xe^{-2x}$.
a) Untersuchen Sie den Graphen von f auf Nullstellen, Extrem- und Wendepunkte.
b) Ermitteln Sie das Verhalten der Funktionswerte für $x \to \infty$ und $x \to -\infty$. Zeichnen Sie den Graphen und gegebenenfalls die Asymptote in ein Koordinatensystem.
c) Bestimmen Sie den Inhalt der Fläche, die vom Graphen von f und der x-Achse zwischen seiner Nullstelle und der Senkrechten $x = 2$ eingeschlossen wird.

Lösung:
a) Nullstellen: Wenden Sie die Regel vom Nullprodukt an.
$3xe^{-2x} = 0 \Rightarrow x = 0$ (da $e^{-2x} \neq 0$)
Nullstelle: $x = 0$

Extrempunkte: Leiten Sie die Funktion zweimal ab.
$f(x) = 3x \cdot e^{-2x}$
$f'(x) = 3 \cdot e^{-2x} + 3x \cdot (-2e^{-2x}) = e^{-2x}(3 - 6x)$
$f''(x) = -2e^{-2x} \cdot (3 - 6x) + e^{-2x} \cdot (-6)$
$= e^{-2x}(-2 \cdot (3 - 6x) - 6) = e^{-2x}(12x - 12)$

Setzen Sie $f'(x) = 0$.
$e^{-2x}(3 - 6x) = 0 \quad | \, e^{-2x} \neq 0$
$3 - 6x = 0 \quad | -3 \quad | :(-6)$
$x = 0{,}5$

Setzen Sie zur Kontrolle den x-Wert in $f''(x)$ ein. Bestimmen Sie den y-Wert.
$f(0{,}5) \approx 0{,}55 \qquad f''(0{,}5) \approx -2{,}21 < 0$
also Hochpunkt bei $H(0{,}5 \,|\, 0{,}55)$

Wendepunkte: Setzen Sie $f''(x) = 0$.

$$e^{-2x}(12x - 12) = 0 \quad | \; e^{-2x} \neq 0$$
$$12x - 12 = 0 \quad | +12 \; | :12$$
$$x = 1$$

Bestimmen Sie die dritte Ableitung von f und setzen Sie zur Kontrolle den x-Wert in $f'''(x)$ ein.
Bestimmen Sie den y-Wert.

$$f'''(x) = -2e^{-2x} \cdot (12x - 12) + e^{-2x} \cdot 12$$
$$= e^{-2x}(-2 \cdot (12x - 12) + 12)$$
$$= e^{-2x}(-24x + 36)$$

$f'''(1) \approx 1{,}62 \neq 0, \qquad f(1) \approx 0{,}41$

also Wendepunkt bei $W(1\,|\,0{,}41)$

b) Für $x \to \infty$ strebt der Exponentialterm e^{-2x} gegen 0 und dominiert gegenüber 3x. Es gibt eine waagerechte Asymptote ($y = 0$) für $x \to \infty$.
Für $x \to -\infty$ strebt e^{-2x} gegen ∞ und 3x gegen $-\infty$. Somit strebt das Produkt der beiden Terme gegen $-\infty$.

$$\lim_{x\to\infty}(\underbrace{3x}_{\infty} \cdot \underbrace{e^{-2x}}_{0}) = 0 \qquad \lim_{x\to-\infty}(\underbrace{3x}_{-\infty} \cdot \underbrace{e^{-2x}}_{\infty}) = \infty$$

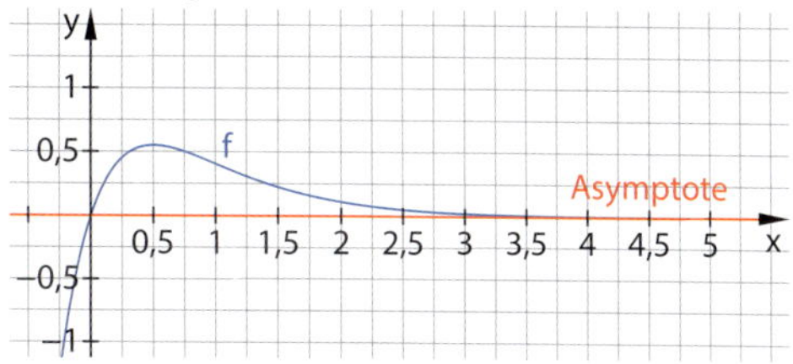

c) Bestimmen Sie eine Stammfunktion von f mit der Regel zur Produktintegration.

$u'(x) = e^{-2x} \qquad u(x) = -\frac{1}{2}e^{-2x}$

$v(x) = 3x \qquad v'(x) = 3$

$$\int 3x \cdot e^{-2x}\,dx = -\frac{3}{2}x e^{-2x} - \int -\frac{3}{2}e^{-2x}\,dx$$
$$= -\frac{3}{2}x e^{-2x} - \frac{3}{4}e^{-2x} + C$$

Berechnen Sie das bestimmte Integral von f in den Grenzen 0 und 2.
Geben Sie den Flächeninhalt an.

$$\int_0^2 f(x)\,dx = \left[-\frac{3}{2}xe^{-2x} - \frac{3}{4}e^{-2x}\right]_0^2 \approx 0{,}68$$

Flächeninhalt: $A \approx 0{,}68$ FE

Beispiel 2: Verknüpfte Logarithmusfunktion untersuchen

Untersuchen Sie das Verhalten der Funktionswerte von f mit $f(x) = x^2 \cdot \ln(2x)$ an den Rändern des Definitionsbereichs. Bestimmen Sie auch die Nullstellen von f sowie die Stellen, an denen der Graph von f eine waagerechte Tangente hat.

Lösung:

Globalverhalten: Bestimmen Sie den Definitionsbereich.

$2x > 0 \Leftrightarrow x > 0 \qquad$ also $D_f = \mathbb{R}^{>0}$

Untersuchen Sie die Funktionswerte für $x > 0$, $x \to 0$ und für $x \to \infty$.

$$\lim_{\substack{x\to 0\\ x>0}}(\underbrace{x^2}_{0} \cdot \underbrace{\ln(2x)}_{-\infty}) = 0 \qquad \lim_{x\to\infty}(\underbrace{x^2}_{\infty} \cdot \underbrace{\ln(2x)}_{\infty}) = \infty$$

Nullstellen: Wenden Sie die Regel vom Nullprodukt an.

$x^2 \cdot \ln(2x) = 0 \quad \Rightarrow \quad x^2 = 0$ oder $\ln(2x) = 0$

Nullstellen: $x_1 = 0$, $x_2 = \frac{1}{2}$

Waagerechte Tangente: Bestimmen Sie f'.

$$f'(x) = 2x \cdot \ln(2x) + x^2 \cdot 2 \cdot \frac{1}{2x} = x(2\ln(2x) + 1)$$

Setzen Sie $f'(x) = 0$.

$$x \cdot (2\ln(2x) + 1) = 0$$

$x = 0$ — liegt nicht im Definitionsbereich

$$2\ln(2x) + 1 = 0 \quad | -1 \; | :2$$
$$\ln(2x) = -0{,}5 \quad | \; e^{()}$$
$$2x = e^{-0{,}5} \quad | :2$$
$$x = 0{,}5e^{-0{,}5} \approx 0{,}3$$

Stelle mit waagerechter Tangente: $x_3 = 0{,}3$

Basisaufgaben

1. Untersuchen Sie das Verhalten der Funktionswerte für $x \to \infty$ und $x \to -\infty$. Geben Sie die Gleichung einer waagerechten Asymptote an, wenn es eine gibt. Bestimmen Sie die Nullstellen, Extrempunkte und Wendepunkte des Graphen. Skizzieren Sie anschließend den den Verlauf des Graphen.
   a) $f(x) = 4xe^{-x}$ b) $f(x) = (2x - 1)e^{x+3}$ c) $f(x) = -xe^{-x+2}$
   d) $f(x) = x^2e^{0,5x}$ e) $f(x) = (x^2 - 1)e^{-x}$ f) $f(x) = -(2x - 2)e^{-x-1}$

2. Bestimmen Sie den Definitionsbereich der Funktion f und geben Sie das Verhalten der Funktionswerte von f an den Rändern des Definitionsbereichs an.
   a) $f(x) = \ln(3x + 12)$ b) $f(x) = \frac{1}{3}x \cdot \ln(x - 1)$
   c) $f(x) = x^4 \cdot \ln(2x - 10)$ d) $f(x) = \frac{\ln(x)}{x^7}$
   e) $f(x) = x \cdot \ln(-4x - x^2)$ f) $f(x) = x \cdot \ln(4x + x^2)$

3. Gegeben ist die Funktion f mit $f(x) = (x - 1)e^x$.
   a) Geben Sie die Nullstellen von f an.
   b) Bestimmen Sie das Verhalten von f für betragsmäßig große Zahlen.
   c) Geben Sie das Monotonieverhalten von f durch Ermitteln der Extrempunkte an.
   d) Bestimmen Sie die Gleichung der Wendetangente von f.
   e) Prüfen Sie den Graphen von f auf Achsensymmetrie zur y-Achse und Punktsymmetrie zum Ursprung.
   f) Ermitteln Sie eine Stammfunktion von f und bestimmen Sie den Inhalt der Fläche, die vom Graphen von f und den Koordinatenachsen eingeschlossen wird.

4. Gegeben ist die Funktion f mit $f(x) = x \cdot \ln(x)$.
   a) Bestimmen Sie das Verhalten von f(x) an den Rändern des Definitionsbereichs.
   b) Ermitteln Sie die Nullstellen sowie die Extrempunkte des Graphen von f.
   c) Begründen Sie mithilfe von f' ohne weitere Rechnung, dass der Graph von f keinen Wendepunkt besitzt.
   d) Ermitteln Sie eine Stammfunktion F von f.
   e) Berechnen Sie für $0 < c < 1$ den Inhalt A(c) des Flächenstücks, das der Graph von f mit der x-Achse über dem Intervall [c; 1] einschließt.

Gebrochen-rationale Funktionen

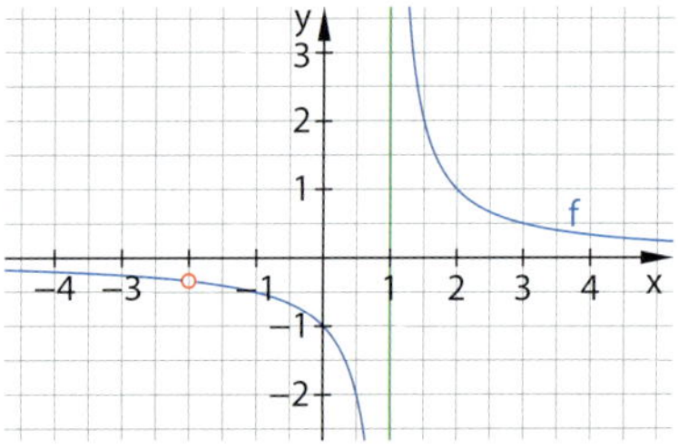

Gebrochen-rationale Funktionen sind häufig dadurch gekennzeichnet, dass ihre Graphen durch Asymptoten in mehrere Äste unterteilt werden. An den Stellen, an denen eine gebrochen-rationale Funktion nicht definiert ist, befinden sich entweder senkrechte Asymptoten oder isolierte Lücken im Graphen.

Hinweis:
Die senkrechten Asymptoten an den Polstellen werden auch **Polasymptoten** oder **Polgeraden** genannt.

Definition: Gebrochen-rationale Funktion, (hebbare) Definitionslücke, Polstelle
Sind p und q ganzrationale Funktionen, so nennt man die Funktion f mit $f(x) = \frac{p(x)}{q(x)}$ eine **gebrochen-rationale Funktion**.
Die Funktion f ist an den Nullstellen von q nicht definiert (**Definitionslücken** von f).
Eine **Polstelle** ist eine Definitionslücke a von f, in deren Umgebung die Funktionswerte von f gegen $\pm\infty$ streben. In diesem Fall hat der Graph von f eine **senkrechte Asymptote** mit der Gleichung $x = a$. Definitionslücken, die keine Polstellen sind, nennt man **hebbar**.

Satz: Polstellenkriterium

Sei f eine gebrochen-rationalen Funktion mit $f(x) = \frac{p(x)}{q(x)}$.

Eine Definitionslücke a ist genau dann eine Polstelle von f, wenn gilt:

$p(a) \neq 0$ oder $p(a) = 0$ und a ist auch im vollständig gekürzten Funktionsterm eine Nullstelle des Nenners.

Wissen: Asymptote

Jede echt gebrochen-rationale Funktion f mit $f(x) = \frac{p(x)}{q(x)}$ hat zusätzlich zu ihren senkrechten Asymptoten eine weitere **Asymptote** A. Ihr Funktionsterm lässt sich mithilfe der Polynomdivision ermitteln:

$$f(x) = \frac{p(x)}{q(x)} = \underbrace{A(x)}_{\text{ganzrational}} + \underbrace{R(x)}_{\text{nicht ganzrational}}$$

Der ganzrationale Term A(x) ist der Funktionsterm der Asymptote A, R(x) heißt **Restterm**.

Ist der Funktionsterm der Asymptote A konstant, so handelt es sich um eine waagerechte Asymptote, ist A(x) linear, um eine schiefe Asymptote.

Hinweis:
Die Asymptote A kann auch der Graph einer ganzrationalen Funktion vom Grad ≥ 2 sein.

Beispiel 3: Gegeben ist die gebrochen-rationale Funktion f mit $f(x) = \frac{2x^3 - 3x - 1}{x - 1}$.

Bestimmen Sie den Definitionsbereich sowie die Polstellen von f. Geben Sie die Gleichungen der zugehörigen senkrechten Asymptoten an. Ermitteln Sie die Gleichung der weiteren Asymptote A. Skizzieren Sie den Verlauf des Graphen von f.

Lösung:

Definitionsbereich: Bestimmen Sie die Nullstellen des Nenners von f(x).

Definitionslücke: $x = 1$
also $D_f = \mathbb{R}\setminus\{1\}$

Polstellen: Wenden Sie das Polstellenkriterium an.
Geben Sie die Gleichung der zugehörigen senkrechten Asymptote an.

Einsetzen der Definitionslücke in den Zähler:
$2 \cdot 1^2 - 3 \cdot 1 - 1 = -2 \neq 0 \Rightarrow$ Polstelle: 1
Senkrechte Asymptote: $x = 1$

Asymptote A: Führen Sie die Polynomdivision durch.

$$(2x^2 - 3x - 1) : (x - 1) = \underbrace{2x - 1}_{A(x)} + \underbrace{\frac{-2}{x - 1}}_{\text{Restterm}}$$
$$\begin{array}{l} -(2x^2 - 2x) \\ \hline \quad -x - 1 \\ \quad -(-x + 1) \\ \hline \qquad -2 \end{array}$$

Der ganzrationale Term im Ergebnis ist der Funktionsterm der Asymptote A.

Schiefe Asymptote A mit: $A(x) = 2x - 1$

Skizze:
Untersuchen Sie, ob sich der Graph von f von links und rechts der senkrechten Asymptote von oben oder unten annähert.

Verhalten von f(x) in der Nähe von $x = 1$:
$f(0{,}9) = 20{,}8 > 0$, $f(1{,}1) = -18{,}8 < 0$
f(x) strebt links von $x = 1$ gegen $+\infty$ und rechts davon gegen $-\infty$ (mit VZW).

Zeichnen Sie zunächst die senkrechte Asymptote sowie die Asymptote A ein.
Deuten Sie den Verlauf des Graphen von f an der senkrechten Asymptote an.

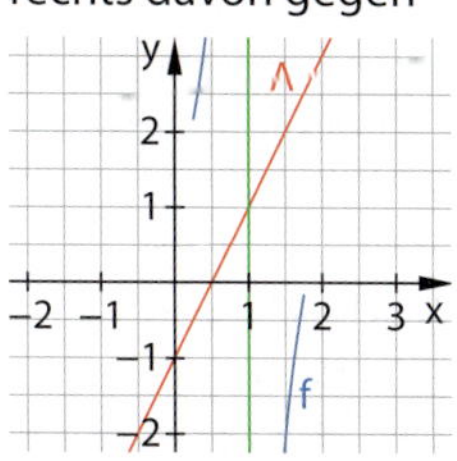

Zeichnen Sie den Graphen so weiter, dass er sich an die Asymptote A anschmiegt.

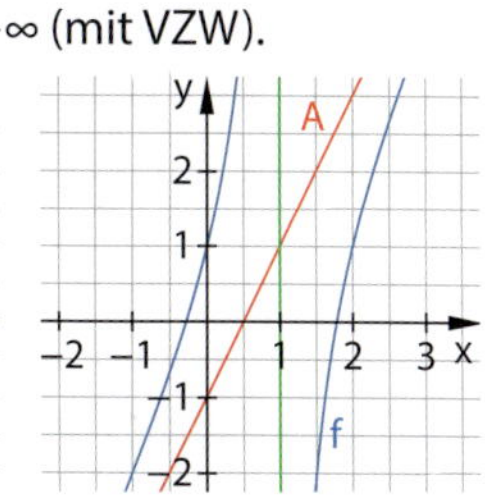

Hinweis:
Streben die Funktionswerte beidseitig der Polstelle in dieselbe bzw. entgegengesetzte Richtung, so spricht man von einer **Polstelle mit bzw. ohne Vorzeichenwechsel (VZW)**.

Basisaufgaben

5. Bestimmen Sie alle Definitionslücken der Funktion f. Prüfen Sie, ob es sich dabei um eine hebbare Definitionslücke oder um eine Polstelle handelt. Geben Sie gegebenenfalls die Gleichung der zugehörigen senkrechten Asymptote an.
a) $f(x) = \frac{x^3+1}{x(x+1)}$ b) $f(x) = \frac{2x^3-4}{x^2-1}$ c) $f(x) = \frac{x^3+4x^2+6x+2}{x^2-x-2}$

6. Bestimmen Sie die Gleichungen aller Asymptoten der Funktion f. Skizzieren Sie den Verlauf des Graphen von f.
a) $f(x) = \frac{x+3}{(x-3)^2}$ b) $f(x) = \frac{(x-3)^2}{x+3}$ c) $f(x) = \frac{x-3}{x^2-5x+6}$

7. Abgebildet sind die Graphen der gebrochen-rationalen Funktionen f, g und h. Ordnen Sie die Funktionsgleichungen begründet den Graphen zu.

$f(x) = \frac{x+3}{x^3-4x}$ $g(x) = \frac{-2}{x^2-16}$ $h(x) = \frac{x}{x-2}$

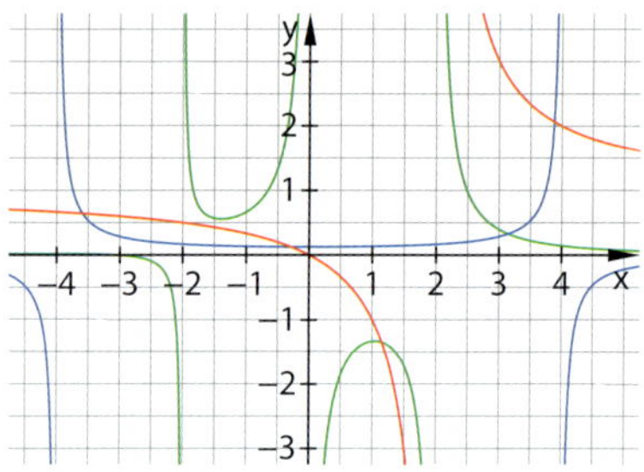

Weiterführende Aufgaben

8. Gegeben ist die Funktion f mit $f(x) = (x^2+1)e^{-x}$.
a) Untersuchen Sie f auf Null-, Extrem- und Wendestellen. Bestimmen Sie die Gleichungen aller Wendetangenten von f.
b) Zeigen Sie, dass der Graph von f genau einen Punkt mit dem Graphen der Funktion g mit $g(x) = e^{-x}$ gemeinsam hat. Begründen Sie, dass sich die Graphen der beiden Funktionen in diesem Punkt berühren.
c) Bestimmen Sie eine Stammfunktion F zur Funktion f.
d) Der Graph von f schließt mit der x-Achse und der y-Achse ein nach rechts offenes Flächenstück ein. Zeigen Sie, dass dieses Flächenstück einen endlichen Inhalt hat, und geben Sie diesen Flächeninhalt an.

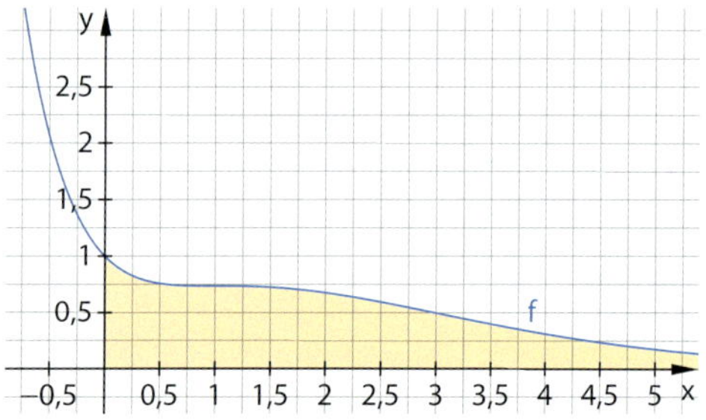

9. Gegeben ist die Funktion f mit $f(x) = \frac{2}{(1+2x)^2}$.
a) Bestimmen Sie die Gleichungen aller Asymptoten, und skizzieren Sie den Graphen.
b) Zeigen Sie, das Graph symmetrisch zu seiner senkrechten Asymptote ist.
c) Berechnen Sie den Inhalt der Fläche, die vom Graphen von f und der positiven x-Achse geschlossen wird.
d) Durch Rotation des in c) beschriebenen Flächenstücks um die x-Achse, entsteht ein Körper. Beschreiben Sie seine Form und berechnen Sie sein Volumen.

10. **Stolperstelle:** Die Funktion f mit $f(x) = x \cdot \ln(x^4)$ soll untersucht werden.
Robert meint: *„Da gibt es doch diese Rechenregel für Logarithmen: $\ln(a^r) = r \cdot \ln(a)$. Dann ist es doch viel einfacher, wenn man die Funktionsgleichung von f vor der Untersuchung zu $f(x) = 4x \cdot \ln(x)$ umformt."* Nehmen Sie Stellung zu Roberts Aussage.

11. Gegeben ist die Funktion f mit $f(x) = \frac{\ln(x)}{x}$.

a) Bestimmen Sie den Definitionsbereich und die Nullstellen der Funktion.

b) Untersuchen Sie das Verhalten von f(x) an den Rändern des Definitionsbereichs.

c) Bestimmen Sie die Koordinaten der Extrem- und Wendepunkte des Graphen von f.

d) Ermitteln Sie die Gleichung der Tangente an der Stelle $x = 1$.

e) Bestimmen Sie eine Stammfunktion von f und untersuchen Sie $\int_1^{\infty} f(x)\,dx$.

f) Zeigen Sie, dass für alle $a > 1$ gilt: $\int_{\frac{1}{a}}^{a} f(x)\,dx = 0$. Interpretieren Sie dieses Ergebnis geometrisch.

Erinnerung:
$\ln\left(\frac{1}{a}\right) = -\ln(a)$

12. Verknüpfte Wurzelfunktion: Gegeben ist die Funktion f mit $f(x) = 2x \cdot \sqrt{1 - x^2}$.

a) Bestimmen Sie den Definitionsbereich und die Nullstellen von f.

b) Untersuchen Sie den Graphen von f auf Symmetrie und Extrempunkte.

c) Skizzieren Sie den Verlauf des Graphen von f.

13. Gegeben ist die Funktion f mit $f(x) = e^{-x^2}$. Für $u > 0$ bilden die Punkte $A(u\,|\,0)$, $B(u\,|\,f(u))$, $C(-u\,|\,f(-u))$ und $D(-u\,|\,0)$ ein Rechteck. Bestimmen Sie den Wert von u, für den der Flächeninhalt des Rechtecks ABCD maximal wird.

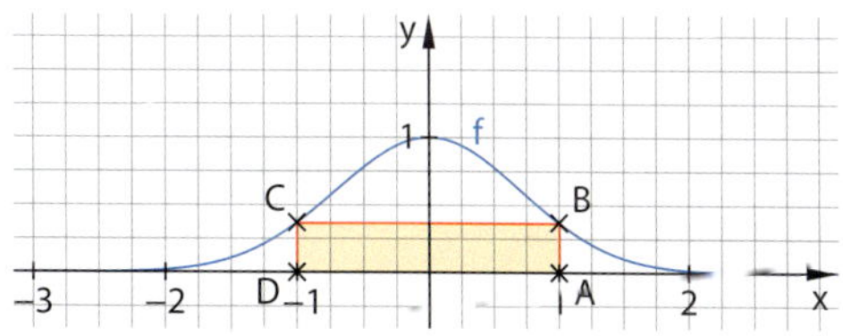

14. Der Graph von f mit $f(x) = -0{,}5xe^{0{,}1x+2} + 2$ stellt eine Sprungschanze für Motorräder dar. Dabei gibt x die horizontale Länge und f(x) die Höhe der Schanze an (beide Angaben in Meter).

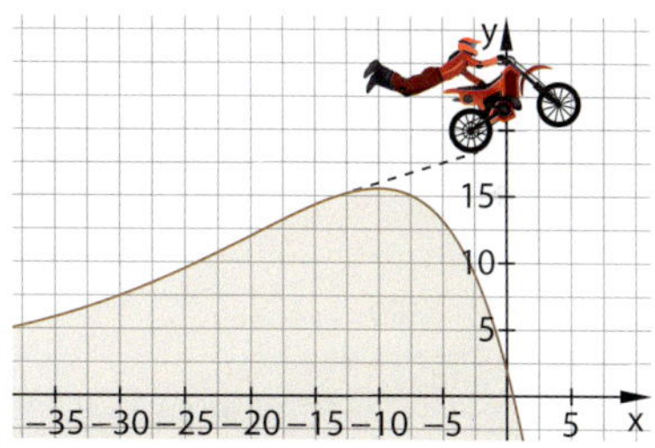

a) Berechnen Sie die maximale Höhe der Schanze.

b) Berechnen Sie die Koordinaten des Punktes, an dem die Steigung der Schanze am größten ist.

c) An der Stelle $x = -13$ springt der Motorradfahrer ab und bewegt sich näherungsweise auf einer Bahn, die durch die Tangente an der Absprungstelle beschrieben werden kann. Geben Sie die Gleichung dieser Tangente an.

● **15.** In einer Stadt wird ein moderner Stahlbogen gebaut, deren oberer und unterer Rand durch $f(x) = -3x \cdot \ln(0{,}025x)$ und $g(x) = -2x \cdot \ln(0{,}025x)$ dargestellt wird. Die Längeneinheit ist 1 m.

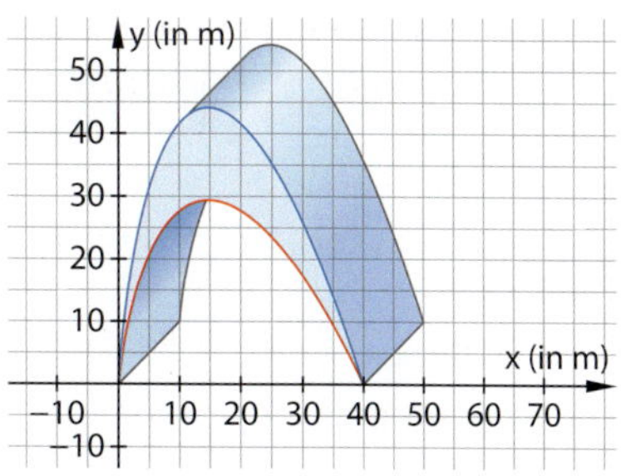

a) Zeigen Sie, dass die obere und die untere Randfunktion die gleichen Null- und Extremstellen haben, und bestimmen Sie diese.

b) Zeigen Sie, dass die Graphen der beiden Randfunktionen Rechtskurven sind.

c) Überprüfen Sie, ob der maximale Abstand zwischen dem oberen und unteren Rand des Bogens genau halb so groß ist wie die Innenhöhe des Bogens.

d) Zwei Tangenten an die obere Randkurve an den Stellen $x_1 = 5$ und $x_2 = 25$ sollen als Stützen dienen. Bestimmen Sie die Funktionsgleichungen dieser Tangenten.

● **16. Ausblick:** Gegeben ist die Funktionenschar f_a mit $f_a(x) = \frac{x-1}{x^2 - a}$ mit $a \geq 0$.

a) Ermitteln Sie alle Werte von a, für die der Graph von f_a genau zwei Polstellen hat.

b) Begründen Sie, dass die x-Achse Asymptote aller Kurven der Schar f_a ist.

c) Zeigen Sie, dass die Scharkurven für $a \geq 1$ keine Extrempunkte haben. Unterscheiden Sie hierzu die Fälle $a = 1$ und $a > 1$.

7.5 Bestände und Änderungsraten bei zusammengesetzten Funktionen

■ Der abgebildete Graph von f mit $f(t) = 2{,}64te^{-0{,}091t}$ gibt für eine Dauer von 60 Sekunden den Geschwindigkeitsverlauf eines Läufers in m/s an; Zeit t in s. Geben Sie die maximale Geschwindigkeit des Athleten an. Erläutern Sie den Geschwindigkeitsverlauf und entscheiden Sie, ob es sich um einen 100-m-, 400-m- oder 800-m-Läufer handelt. ■

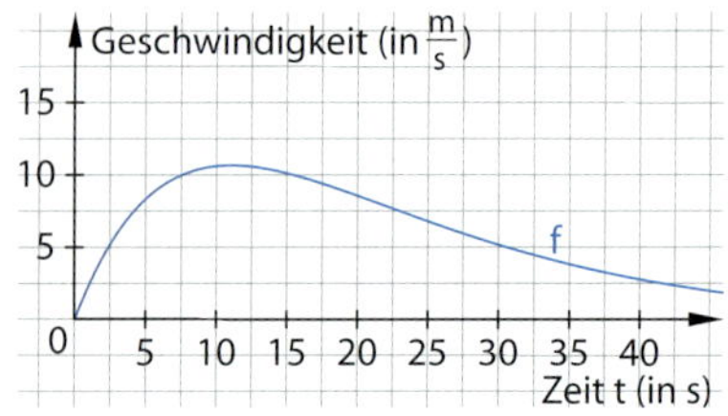

Bestandsfunktionen

Die zeitliche Entwicklung einer Größe lässt sich häufig durch eine Bestandsfunktion beschreiben, deren Funktionsterm eine Exponentialfunktion enthält. Dies ist beispielsweise bei vielen Wachstumsvorgängen der Fall.
Durch die Darstellung des Graphen einer Bestandsfunktion kann man wie im folgenden Beispiel den Sachverhalt veranschaulichen und den mathematischen Eigenschaften der Funktion die Bedeutung im konkreten Sachverhalt gegenüberstellen.

Hinweis:
Bei einem Rechts-Links-Wendepunkt (Übergang von Rechts- zu Linkskurve) ist die Änderungsrate lokal minimal ($f'' = 0$; $f''' > 0$).
Bei einem Links-Rechts-Wendepunkt (Übergang von Links- zu Rechtskurve) ist die Änderungsrate lokal maximal ($f'' = 0$; $f''' < 0$).

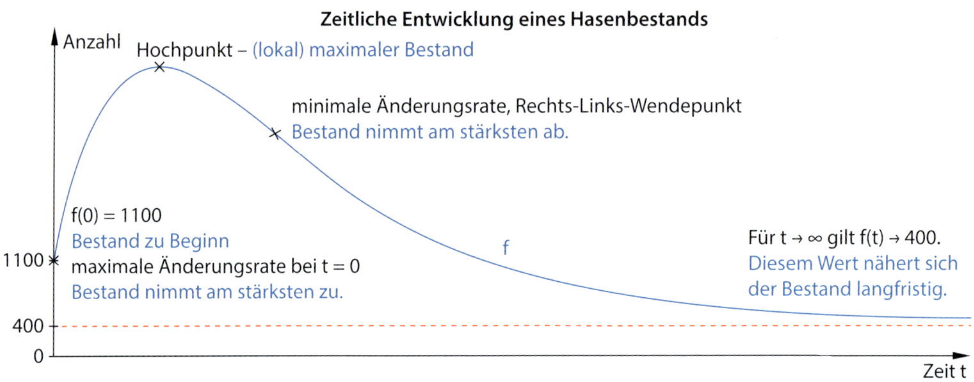

Hinweis:
Ist Y die Einheit einer Bestandsfunktion f(t) und X die Einheit der Zeit t, so gilt:
Einheit der Änderungsrate f': Y/X
Einheit von f'': Y/X^2

Allgemein gilt:

Eigenschaft Funktion/Graph	Bedeutung für den Bestand
y-Achsenabschnitt	Anfangsbestand zum Zeitpunkt $t = 0$
f(t)	Bestand zum Zeitpunkt t
Nullstelle	Bestand gleich null
f'(t) positiv/negativ	Zunahme/Abnahme des Bestands
f''(t) positiv/negativ	Zunahme/Abnahme der Änderungsrate
f(t) maximal, z. B. Hochpunkt	maximaler Bestand
f(t) minimal, z. B. Tiefpunkt	minimaler Bestand
f'(t) maximal, z. B. Links-Rechts-Wendepunkt	maximale Änderungsrate, Bestand nimmt am stärksten zu (falls $f'(t) > 0$) oder am geringsten ab (falls $f'(t) < 0$)
f'(t) minimal, z. B. Rechts-Links-Wendepunkt	minimale Änderungsrate, Bestand nimmt am geringsten zu (falls $f'(t) > 0$) oder am stärksten ab (falls $f'(t) < 0$)
Grenzwert von f(t) für $t \to \infty$	Langfristiger Grenzwert des Bestands

Mathematische Funktionen können Sachverhalte nur in einem bestimmten Intervall realistisch beschreiben. Deshalb sollten die Ergebnisse stets auf den Sachzusammenhang übertragen und interpretiert werden.

Beispiel 1: Die Funktion f mit $f(t) = 0{,}5te^{-0{,}05t+2} - 1$ beschreibt den Temperaturverlauf eines Getränks im Zeitraum $0 \le t \le 300$, das sich in einer Umgebung mit einer Temperatur von −1 °C befindet, kurz erwärmt wird und danach wieder abkühlt. t gibt die Zeit in Minuten und f(t) die Temperatur in °C an.

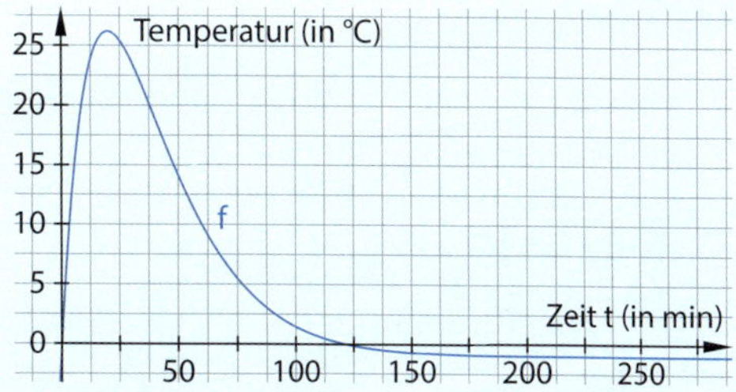

a) Bestimmen Sie den Zeitraum, in dem die Temperatur über 20 °C liegt.
b) Berechnen Sie die maximale Temperatur des Getränks.
c) Ermitteln Sie die Zeitpunkte, an denen die Temperatur am stärksten zu- bzw. abnimmt.
d) Geben Sie für den Definitionsbereich $t \ge 0$ den Wert an, dem sich die Temperatur langfristig nähert.

Lösung:

a) Setzen Sie f(t) = 20. Bestimmen Sie die Lösungen der Gleichung.

$20 = 0{,}5te^{-0{,}05t+2} - 1$
$t_1 \approx 8{,}85; \quad t_2 \approx 38$

Berechnen Sie den Funktionswert an einer Teststelle im Intervall [8,85; 38], um zu zeigen, dass die Temperatur über 20 °C liegt.

$f(10) \approx 21{,}4 > 20$
Zwischen 8,85 und 38 Minuten liegt die Temperatur über 20 °C.

b) Leiten Sie die Funktion f zweimal ab.

$f'(t) = \frac{1}{40}e^{-0{,}05t+2}(-t+20)$
$f''(t) = \frac{1}{800}e^{-0{,}05t+2}(t-40)$

Setzen Sie f'(t) = 0, um die Extremstellen zu bestimmen.
Bestimmen Sie die Art des Extrempunktes durch Einsetzen in f''(t) und den y-Wert durch Einsetzen in f(t).

$\frac{1}{40}e^{-0{,}05t+2}(-t+20) = 0 \mid : e^{-0{,}05t+2} \neq 0$
$-t + 20 = 0$ also $t = 20$
$f''(20) < 0$, also Hochpunkt bei $t = 20$
$f(20) \approx 26{,}2$

Untersuchen Sie, ob es an den Rändern des Definitionsbereichs größere Funktionswerte gibt.

Randwerte: $f(0) = -1 \quad f(300) \approx -1$
Die größte Temperatur beträgt etwa 26,2 °C.

c) Setzen Sie f''(t) = 0, um die Wendestellen zu bestimmen.
Ermitteln Sie f''' und damit die Art des Wendepunktes.
Die Temperatur nimmt am stärksten ab, wenn die Änderungsrate f' minimal und negativ ist.

$\frac{1}{800}e^{-0{,}05t+2}(t-40) = 0 \mid : e^{-0{,}05t+2} \neq 0$
$t - 40 = 0$ also $t = 40$
$f'''(t) = \frac{1}{16000}e^{-0{,}05t+2}(-t+60) \quad f'''(40) > 0$
Bei t = 40 liegt ein Rechts-Links-Wendepunkt, dort ist die Änderungsrate lokal minimal und wegen $f'(40) = -0{,}5$ negativ.

Bestimmen Sie zum Vergleich auch die Änderungsrate an den Rändern des Definitionsbereichs. Da es keinen Links-Rechts-Wendepunkt gibt, ist die Änderungsrate an einem der Ränder maximal.

Randwerte: $f'(0) \approx 3{,}7 \quad f'(300) \approx 0$
Zu Beginn bei t = 0 ist die Änderungsrate maximal und positiv, d. h. die Temperatur nimmt am stärksten zu, nach 40 Minuten nimmt sie am stärksten ab.

d) Ermitteln Sie den Grenzwert von f(t) für $t \to \infty$ und beachten Sie die Dominanz des Exponentialterms im Fall „$\infty \cdot 0$".

$\lim\limits_{t \to \infty} (\underbrace{0{,}5t}_{\infty} \cdot \underbrace{e^{-0{,}05t+2}}_{0} - 1) = -1$
Langfristig nähert sich die Temperatur −1 °C.

Basisaufgaben

1. Eine Blume wird 24 Stunden lang von einer Lichtquelle bestrahlt. Der Graph von f gibt im Intervall [0; 24] die Beleuchtungsstärke in Lux in Abhängigkeit von der Uhrzeit t an.

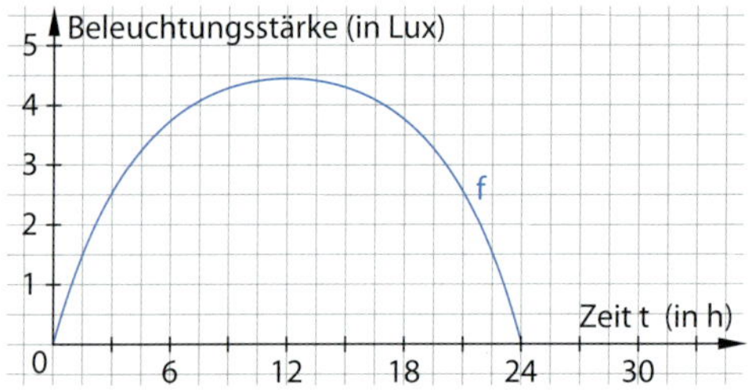

a) Erklären Sie, welche Bedeutung die Nullstellen vom Graphen von f im Sachzusammenhang haben.

b) Geben Sie an, wie viele Stunden nach Beobachtungsbeginn die Beleuchtungsstärke maximal wird.

c) Ermitteln Sie mithilfe des Graphen, zu welchem Zeitpunkt die Zunahme der Beleuchtungsstärke am höchsten ist und wann sie am stärksten abnimmt.

2. Die Funktion f mit $f(t) = -2te^{-0,5t} + 5$ beschreibt vereinfacht den Höhenverlauf einer Drohne. $t \geq 0$ gibt die Zeit in s nach Beobachtungsbeginn und f(t) die Höhe in m an.

a) Bestimmen Sie die Anfangshöhe der Drohne sowie die Höhe, der sich die Drohne langfristig nähert.

b) Die Drohne verliert nach einer kurzzeitigen Störung an Höhe und steigt anschließend wieder. Berechnen Sie den Zeitpunkt der minimalen Höhe.

c) Die Funktion f hat eine Wendestelle. Bestimmen Sie diese. Entscheiden Sie, ob es sich um einen Rechts-Links-Wendepunkt oder um einen Links-Rechts-Wendepunkt handelt. Beschreiben Sie die Bedeutung der Wendestelle im Sachzusammenhang.

CAS 3. Die Funktion f mit $f(t) = -0,025\,(t-4)^3 \cdot e^{-0,3t + 1,2} + 20$ beschreibt für $0 \leq t \leq 60$ den Temperaturverlauf eines Zimmers innerhalb einer Stunde (t Zeit in min, f(t) Temperatur in °C).

a) Ermitteln Sie die Zimmertemperatur für $t = 0$.

b) Geben Sie die maximale und die minimale Temperatur des Zimmers an.

c) Bestimmen Sie den Zeitpunkt, an dem die Temperatur am schnellsten steigt.

d) Ermitteln Sie den Wert, dem sich die Temperatur langfristig nähert, wenn die Funktion f die Temperatur für alle $t \geq 0$ beschreibt.

4. Die normale Körpertemperatur eines gesunden Menschen liegt bei 36,5 °C. Die Funktion f mit $f(t) = te^{-0,1t} + 36,5$ beschreibt modellhaft den Verlauf einer Fieberkurve bei einem Erkrankten. Dabei ist t die Zeit in Stunden nach Ausbruch der Krankheit und f(t) die Körpertemperatur in Grad Celsius. Der Graph von f ist in der Abbildung dargestellt.

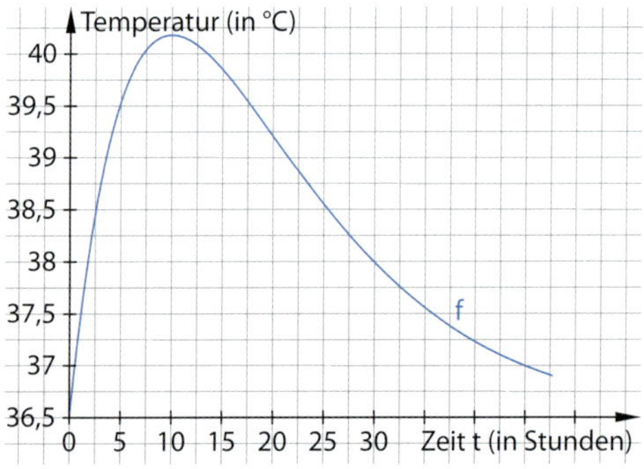

a) Beschreiben Sie die Entwicklung der Körpertemperatur innerhalb der ersten 48 Stunden nach Ausbruch der Krankheit.

b) Berechnen Sie den Zeitpunkt innerhalb der ersten 48 Stunden, an dem die Temperatur am höchsten ist. Geben Sie diese Temperatur an.

c) Bestimmen Sie den Zeitpunkt innerhalb der ersten 48 Stunden, an dem die Körpertemperatur am stärksten abnimmt, und berechnen Sie, um wie viel Grad pro Stunde die Temperatur zu diesem Zeitpunkt abnimmt.

d) Ermitteln Sie, wann die Körpertemperatur in den ersten 48 Stunden am stärksten zunimmt.

Rekonstruktion aus Änderungsraten

Durch die Funktion der Änderungsrate einer Bestandsfunktion kann man Informationen über das Verhalten der Funktionswerte und den Verlauf der Bestandsfunktion gewinnen. Auch im Sachkontext können Rückschlüsse von der Änderungsrate auf den Bestand nützlich sein.

Mithilfe des Graphen einer Änderungsrate f kann man wie im folgenden Beispiel den mathematischen Eigenschaften der Änderungsrate die Bedeutung für den Bestand im konkreten Sachkontext gegenüberstellen.

Hinweis:
Änderungsraten erkennt man daran, dass zu ihnen Einheiten pro Zeitraum gehören (z. B. Liter pro Minute, Anzahl pro Tag, km/h).

Änderungsrate eines Hasenbestands

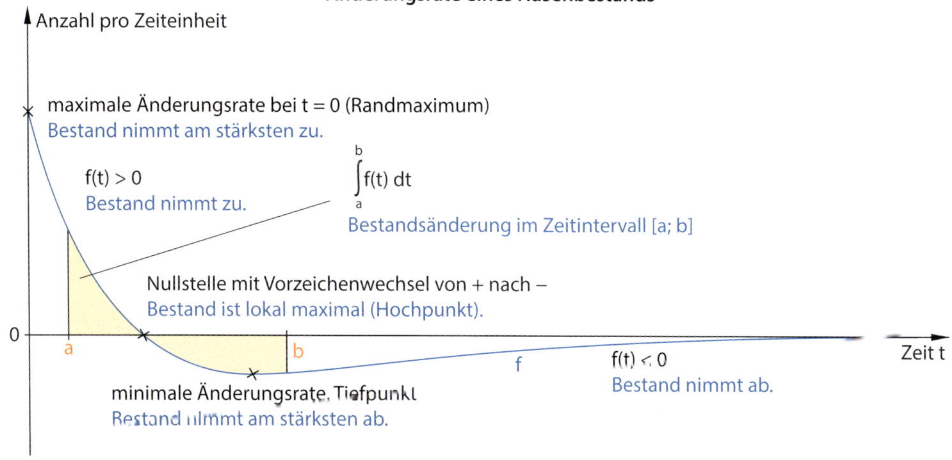

Hinweis:
Bei einer Nullstelle der Änderungsrate mit VZW von + nach – hat der Bestand einen Hochpunkt, bei einer Nullstelle mit VZW von – nach + hat der Bestand einen Tiefpunkt.

Beispiel 2: Aus einem Schwimmbecken wird Wasser abgelassen, bevor es wieder gefüllt wird. Die Zuflussrate des Wassers wird in den ersten 60 Minuten durch $f(t) = (t-5)\,e^{-0{,}1t}$ mit der Zeit t in min und f(t) in m^3/min beschrieben.

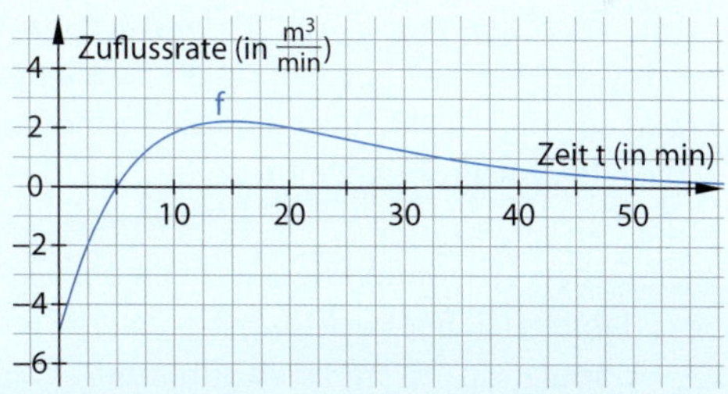

a) Bestimmen Sie den Zeitpunkt, an dem die Wassermenge im Becken minimal ist.
b) Berechnen Sie, nach wie vielen Minuten die Wassermenge am stärksten zunimmt.
c) Erläutern Sie, welche Bedeutung $\int_0^5 f(t)dt \approx -10{,}65$ im Sachkontext hat, und geben Sie die Einheit von –10,65 an.
d) Zu Beginn befinden sich 11 m^3 Wasser im Becken. Bestimmen Sie eine Funktionsgleichung für die Wassermenge V(t) im Becken.
Hinweis: $F(t) = (-10t - 50)\,e^{-0{,}1t}$ beschreibt eine Stammfunktion von f.

Lösung:

a) Berechnen Sie die Nullstelle von f.

$(t-5)\cdot e^{-0{,}1t} = 0 \mid : e^{-0{,}1t} \neq 0$
$t - 5 = 0$ also $t = 5$

Zeigen Sie, dass die Wassermenge bei der Nullstelle t = 5 minimal ist, indem Sie das Vorzeichen der Änderungsrate f(t) für t < 5 und t > 5 untersuchen.

Für t < 5 nimmt die Wassermenge wegen f(t) < 0 ab, für t > 5 nimmt sie wegen f(t) > 0 zu.
Nach 5 min ist die Wassermenge minimal.

b) Leiten Sie die Funktion f zweimal ab.

$f'(t) = e^{-0{,}1t}(-0{,}1t + 1{,}5)$
$f''(t) = e^{-0{,}1t}(0{,}01t - 0{,}25)$

Setzen Sie $f'(t) = 0$, um die Extremstellen der Änderungsrate zu bestimmen. Bestimmen Sie die Art der Extremstelle durch Einsetzen in $f''(t)$.

$$e^{-0,1t}(-0,1t + 1,5) = 0 \quad | \; e^{-0,1t} \neq 0$$
$$-0,1t + 1,5 = 0 \quad | -1,5 \quad | : (-0,1)$$
$$t = 15$$

$f''(15) < 0$, also Hochpunkt bei $t = 15$

Die Wassermenge nimmt am stärksten zu, wenn die Änderungsrate f maximal und positiv ist. Untersuchen Sie, ob es an den Rändern des Definitionsbereichs größere Funktionswerte gibt.

$f(15) \approx 2,23$
Randwerte: $f(0) = -5$; $f(60) \approx 0,14$
Nach 15 min nimmt die Wassermenge im Becken am stärksten zu.

c) Da f die Änderungsrate des Bestands ist, gibt das Integral die Bestandsänderung innerhalb der Integrationsgrenzen an. Die Einheit ergibt sich aus denen von f und der Zeit: $m^3/\text{min} \cdot \text{min} = m^3$

Der Term $\int_0^5 f(t)\,dt \approx -10,65$ gibt an, dass die Wassermenge im Becken in den ersten 5 min um 10,65 m^3 abnimmt.

d) Die Funktion V(t) der Wassermenge in m^3 ist eine Stammfunktion von f. Alle Stammfunktionen sind durch $F(t) + C$ gegeben. Bestimmen Sie C so, dass die Anfangsmenge 11 m^3 berücksichtigt wird, also $V(0) = 11$ gilt.

$$V(t) = F(t) + C = (-10t - 50)\,e^{-0,1t} + C$$
$$V(0) = 11$$
$$(-10 \cdot 0 - 50)\,e^{-0,1 \cdot 0} + C = 11$$
$$-50 \cdot 1 + C = 11 \quad | +50$$
$$C = 61$$
$$V(t) = (-10t - 50)\,e^{-0,1t} + 61$$

Basisaufgaben

5. Der abgebildete Graph zeigt die Wachstumsgeschwindigkeit der Fuchspopulation in einem Naturpark im Intervall [0; 24]. t gibt die Zeit in Jahren nach Beobachtungsbeginn an und f(t) die Anzahl der Füchse pro Jahr.

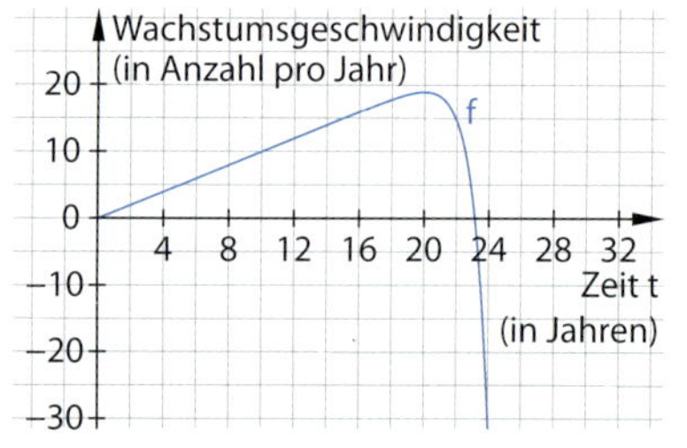

a) Geben Sie anhand des Graphen an, wie viele Jahre nach Beobachtungsbeginn die Fuchspopulation am stärksten zunimmt.
b) Lesen Sie aus dem Graphen den Zeitraum ab, in dem die Anzahl der Füchse abnimmt.
c) Geben Sie die Bedeutung der Nullstelle bei $t \approx 23$ für den Sachkontext an.
d) Es gilt $\int_0^{24} f(t)\,dt \approx 233$. Erläutern Sie, welche Bedeutung dies für die Fuchspopulation hat.

6. Die Funktion k mit $k(t) = (t^2 - 7t)\,e^{-0,25t}$ beschreibt die Änderungsrate des Kontostands eines Unternehmens in 1000 Euro/Monat in Abhängigkeit von der Zeit in Monaten in einem Zeitraum von vier Jahren. Zu Beginn beträgt der Kontostand −11 000 Euro.

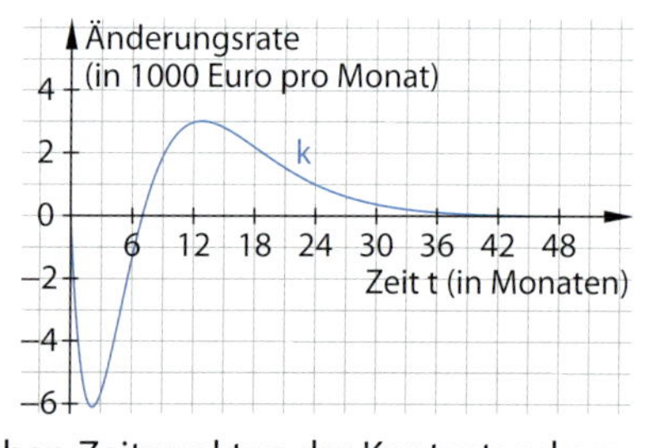

a) Berechnen Sie, in welchem Zeitraum der Kontostand niedriger wird und zu welchem Zeitpunkt er am niedrigsten ist.
b) Lesen Sie am Graphen näherungsweise ab, zu welchen Zeitpunkten der Kontostand am stärksten abnimmt bzw. zunimmt und wie hoch die Änderungsraten zu diesen Zeitpunkten sind.
c) Bestimmen Sie eine Funktionsgleichung für den Kontostand K(t) des Unternehmens. Ermitteln Sie hierfür mithilfe der Produktintegration eine Stammfunktion F von f.

7. Die Wasserzuflussrate in einem See wird in den ersten 13 Monaten nach Beobachtungsbeginn annähernd durch die Funktion f mit $f(t) = (t^2 - 1) \cdot e^{-t}$ dargestellt (t in Monaten nach Beobachtungsbeginn, f(t) in 1000 m^3/Monat).

a) Berechnen Sie die Wasserzuflussrate 4 Monate nach Beobachtungsbeginn.

b) Ermitteln Sie die Zeiträume, in denen die Wassermenge im See geringer wird. Geben Sie die Zeitpunkte an, an denen die Wassermenge lokal minimal bzw. maximal ist.

c) Bestimmen Sie, nach wie vielen Monaten die Wassermenge im See am stärksten zunimmt bzw. abnimmt.

d) Berechnen Sie $\int_0^{13} f(t)\,dt$ und geben Sie in Worten die Bedeutung dieser Zahl im Sachzusammenhang wieder.

Weiterführende Aufgaben

8. Eine unerwünschte Gewichtszunahme direkt nach einer Diät bezeichnet man als Jojo-Effekt. Die Funktion f mit $f(t) = -0{,}125\,t^2 e^{-0{,}1t} + 60$ beschreibt für t in Tagen und f(t) in kg den Gewichtsverlauf einer Person nach Diätbeginn bei $t = 0$.

a) Bestimmen Sie das Gewicht nach 23 Tagen.

b) Berechnen Sie den Zeitpunkt, an dem die Person das niedrigste Gewicht erreicht, und geben Sie dieses Gewicht an.

c) Ermitteln Sie das Anfangsgewicht der Person und bestimmen Sie das Gewicht, das die Person langfristig erreicht.

d) Beurteilen Sie die Aussage: *„Das Integral $\int_0^{10} f(t)dt$ gibt die gesamte Gewichtsabnahme in den ersten 10 Tagen an."*

9. Ein Medikament, das in Tablettenform verabreicht wird, wird in unterschiedlichen Wirkstoffdosierungen produziert. In den ersten 24 Stunden nach Einnahme einer Tablette kann die Wirkstoffkonzentration des Medikaments im Blut eines Patienten näherungsweise durch $f(t) = 2{,}5te^{-0{,}2t}$ beschrieben werden. Dabei gibt t die Zeit seit der Einnahme in Stunden und f(t) die Wirkstoffkonzentration im Blut in Milligramm pro Liter an.

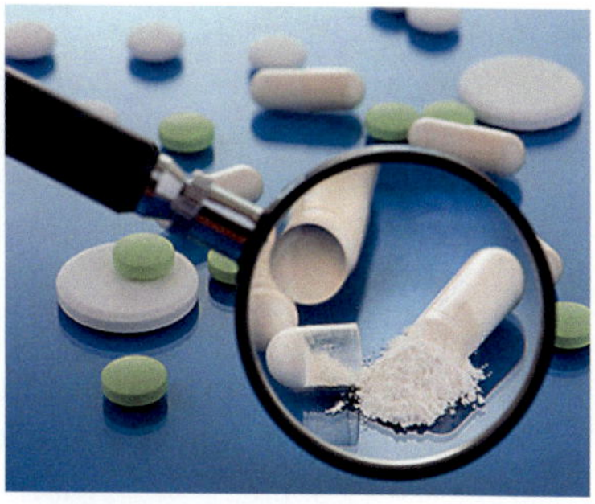

a) Berechnen Sie die Wirkstoffkonzentration im Blut des Patienten nach 3 Stunden.

b) Bestimmen Sie die maximale Wirkstoffkonzentration im Blut des Patienten.

c) Das Medikament ist nur wirksam, wenn die Konzentration im Blut mindestens 1,5 mg pro Liter beträgt. Zeigen Sie, dass für eine durchgehende Wirksamkeit spätestens nach 16 Stunden und 36 Minuten eine neue Verabreichung erfolgen muss.

d) Berechnen Sie den Zeitpunkt, an dem die Konzentration am stärksten abnimmt.

e) Eine neuere Untersuchung hat gezeigt, dass im Gegensatz zum oben angegebenen Modell die Konzentration ab dem in d) berechneten Zeitpunkt weiter konstant abnimmt. Berechnen Sie den Zeitpunkt, zu dem nach diesem neuen Modell kein Wirkstoff mehr im Blut vorhanden ist.

10. Stolperstelle: Die Funktion f beschreibt die momentane Änderungsrate einer Menge in kg/Tag in Abhängigkeit von der Zeit t in Tagen. F ist eine Stammfunktion von f und F(0) gibt die Anfangsmenge an. Ordnen Sie jeder Beschreibung A bis C einen passenden Term der Terme ① bis ⑤ zu.

A: Gewicht nach 2 Tagen

B: momentane Änderungsrate nach 2 Tagen

C: Differenz zwischen dem Gewicht nach 2 Tagen und dem Anfangsgewicht

① $f(2)$

② $\int_0^2 F(t)dt$

③ $f(2) - f(0)$

④ $\int_0^2 f(t)dt$

⑤ $F(2)$

11. Die Funktion f mit $f(t) = 1{,}25e^{0{,}5t} + 1{,}25t^2 - 10t + 20$ beschreibt die Datenübertragungsrate in MB/s (Megabyte pro Sekunde) in Abhängigkeit von der Zeit t in Sekunden, die beim Herunterladen einer Datei gemessen wird. Die Übertragung dauert 14 Sekunden.

a) Geben Sie die Übertragungsrate am Anfang sowie nach 4 Sekunden an.

b) Zeigen Sie, dass die Datenübertragungsrate in den ersten 2,92 Sekunden ab- und danach wieder zunimmt. Geben Sie die minimale Datenübertragungsrate an.

c) Überprüfen Sie, ob ein USB-Stick mit einem freien Speicherplatz von 4 GB (Gigabyte) ausreicht, um die gesamte Datei zu speichern.

d) Ermitteln Sie die durchschnittliche Übertragungsrate in den ersten 10 Sekunden.

● **12.** Die Änderungsrate einer Bakterienpopulation kann mittels einer Funktion vom Typ $f(t) = at^2e^{bt}$ mit $a, b \in \mathbb{R}$ modelliert werden (t: Zeit in Tagen nach Beobachtungsbeginn, f(t): Anzahl der Bakterien pro Tag). Dabei wurde nach 8 Tagen eine Änderungsrate von 31 Bakterien pro Tag und nach 12 Tagen eine Änderungsrate von 8 Bakterien pro Tag festgestellt.

a) Stellen Sie ein Gleichungssystem auf und ermitteln Sie damit die Parameter a und b.

b) Bestimmen Sie eine Stammfunktion F von f.

c) Bestimmen Sie die Funktion, die die Bakterienpopulation in Abhängigkeit von t beschreibt, wenn zu Beginn der Beobachtung 11 Bakterien zu sehen waren.

● **13. Ausblick:** Die Große Hungersnot in Irland war die Folge mehrerer Missernten von Kartoffeln, dem damaligen Hauptnahrungsmittel der Iren. Die Bevölkerung, die 1845 etwa 8 Millionen Einwohner betrug, sank in Folge der Hungersnöte so stark, dass sich das Land bis heute nicht davon erholen konnte.

Die Bevölkerungsentwicklung Irlands seit 1845 kann annähernd durch die Funktion f mit $f(t) = 8 - \frac{1}{10000}t^2 e^{-0{,}02t + 3{,}5}$ modelliert werden. t gibt die Zeit in Jahren nach 1845 und f(t) die Bevölkerungszahl in Millionen an.

a) Bestimmen Sie die Bevölkerungszahl Irlands im Jahr 2019. Geben Sie das Ergebnis auch als Anteil an der ursprünglichen Bevölkerungszahl im Jahr 1845 an.

b) Ermitteln Sie die niedrigste Bevölkerungszahl Irlands seit 1845.

c) Ermitteln Sie die mittlere Bevölkerung in der Abnahmephase von 1845 bis 1945 sowie in der Anstiegsphase von 1945 bis 2019.

d) Bestimmen Sie die Grenze, der sich die Bevölkerungszahl nach diesem Modell nähert.

e) Aufgrund des Bevölkerungsschubs der letzten Jahre ist anzunehmen, dass sich ab 2019 die Einwohnerzahl so entwickelt, dass schon im Jahr 2020 die 5-Millionen-Marke erreicht wird. Bestimmen Sie eine Funktion vom Typ $g(t) = ae^{kt}$, die den weiteren Verlauf ab 2019 beschreibt.

Erinnerung:
Der Mittelwert m einer Funktion f im Intervall [a; b] wird berechnet durch
$m = \frac{1}{b-a}\int_a^b f(x)dx.$

7.6 Scharen verknüpfter Exponentialfunktionen

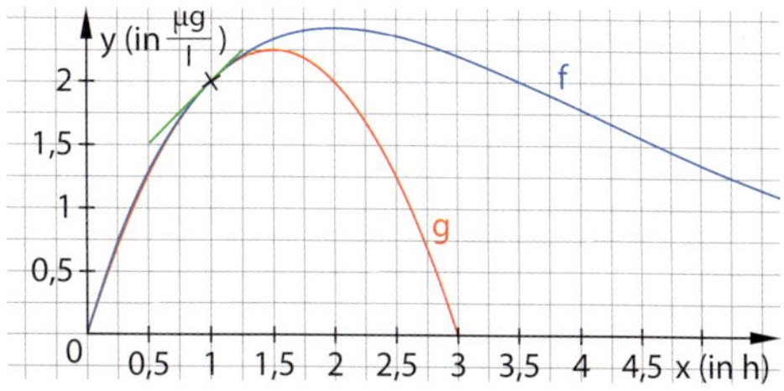

■ Die Konzentration eines Wirkstoffs im Blut eines Menschen lässt sich näherungsweise durch den Graph einer Funktion beschreiben. Man weiß, dass der Wirkstoff vor einer Stunde verabreicht wurde, aktuell eine Konzentration von 2 $\frac{\mu g}{\ell}$ hat und noch mit 1 $\frac{\mu g}{\ell}$ pro Stunde ansteigt.

a) Bestimmen Sie eine quadratische Funktion g, deren Graph die obigen Bedingungen erfüllt.

b) Bestimmen Sie eine Funktion f der Form $f(x) = (ax + b)e^{cx}$ mit den obigen Eigenschaften.

c) Beschreiben Sie, welche Funktion den Sachverhalt besser beschreibt. ■

Zusammengesetzte Funktionen bestimmen

Auch bei zusammengesetzten Funktionen lassen sich Funktionsgleichungen aus Informationen über den Funktionsgraphen bestimmen. Aus den Bedingungen ergibt sich ein System von Gleichungen. Häufig handelt es sich jedoch nicht um ein lineares Gleichungssystem, sodass andere Lösungsmethoden genutzt werden müssen.

Beispiel 1: Bestimmen Sie die Funktionsgleichung einer Funktion f mit $f(x) = ax \cdot e^{-bx}$, deren Graph durch den Punkt $A(1\,|\,2)$ mit der Steigung $m = -1$ verläuft.

Lösung:

Stellen Sie die allgemeine Funktionsgleichung auf und bestimmen Sie die Ableitung.

Ansatz:

$f(x) = ax \cdot e^{-bx}$

$f'(x) = a \cdot e^{-bx} + ax \cdot (-b) \cdot e^{-bx}$
$= (a - abx)e^{-bx}$
$= (1 - bx) \cdot ae^{-bx}$

Stellen Sie anhand der Bedingungen und des Ansatzes zwei Gleichungen auf.

Gleichungen aufstellen:

Punkt $A(1\,|\,2)$: $f(1) = ae^{-b} = 2$ (I)

Steigung: $f'(1) = (1 - b) \cdot ae^{-b} = -1$ (II)

Teilen Sie Gleichung I durch Gleichung II, um eine Variable zu eliminieren und b zu ermitteln.
Setzen Sie b in Gleichung I ein und ermitteln Sie so den Parameter a.

Parameter bestimmen:

$\frac{ae^{-b}}{(1-b) \cdot ae^{-b}} = \frac{2}{-1} \Leftrightarrow \frac{1}{1-b} = -2 \Leftrightarrow b = \frac{3}{2}$

$ae^{-\frac{3}{2}} = 2 \Leftrightarrow a = 2e^{\frac{3}{2}}$

$f(x) = 2e^{\frac{3}{2}} \cdot x \cdot e^{-\frac{3}{2}x} = 2x \cdot e^{-\frac{3}{2}x + \frac{3}{2}}$

Basisaufgaben

1. Bestimmen Sie die Funktionsgleichung einer Funktion f mit $f(x) = ae^{bx}$, deren Graph durch die Punkte P und Q verläuft.
   a) $P(0\,|\,1)$ und $Q(1\,|\,e)$ b) $P(1\,|\,1)$ und $Q(2\,|\,5)$ c) $P(-2\,|\,0{,}5)$ und $Q(1\,|\,2)$

2. Bestimmen Sie die Funktionsgleichung einer Funktion f mit $f(x) = ax \cdot e^{bx}$, deren Graph im Punkt P die Steigung m hat.
   a) $P\left(-1\,\middle|\,\frac{1}{e}\right)$; $m = 0$ b) $P(1\,|\,3)$; $m = 2$ c) $P(0{,}5\,|\,e)$; $m = 4e$
   d) $P(1\,|\,2\sqrt{e})$; $m = 3\sqrt{e}$ e) $P(1\,|\,e)$; $m = 2e$ f) $P\left(2\,\middle|\,\frac{1}{e^4}\right)$; $m = -\frac{3}{2e^4}$

3. Die Funktionsgleichung des abgebildeten Graphen ist von der Form $f(x) = ae^{bx}$ oder $f(x) = ax \cdot e^{bx}$. Bestimmen Sie die Funktionsgleichung.

a)
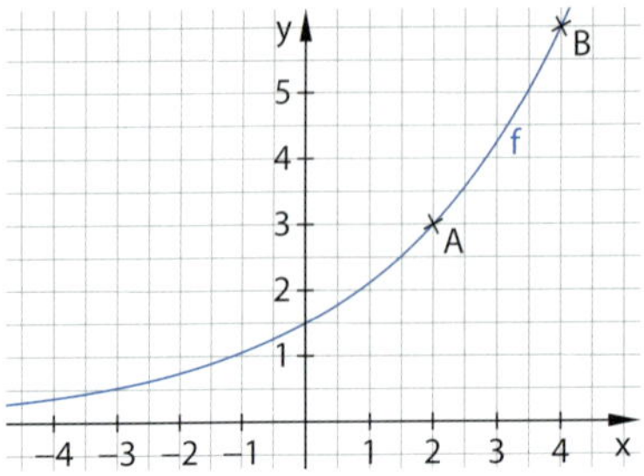

b)
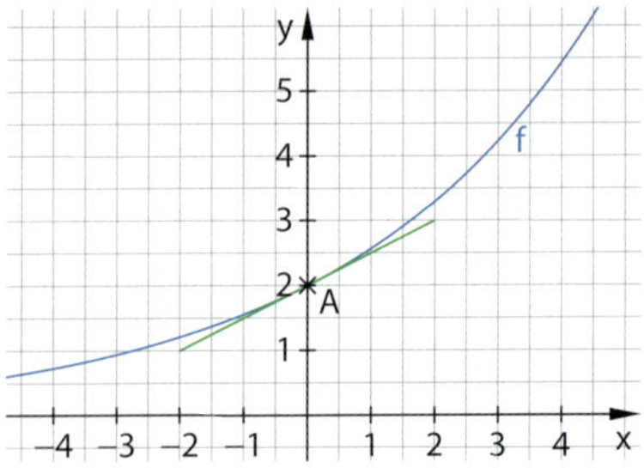

c)
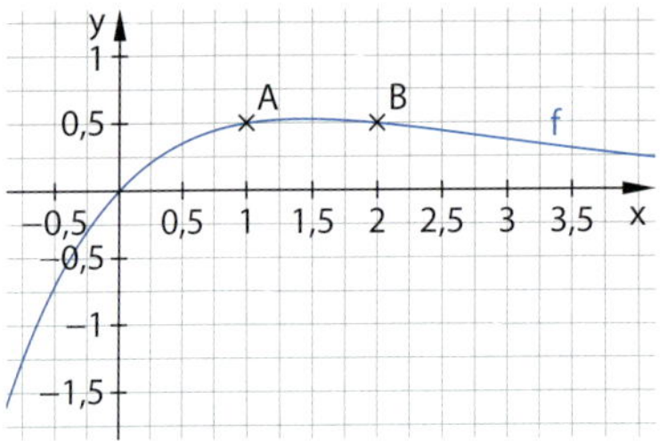

d)
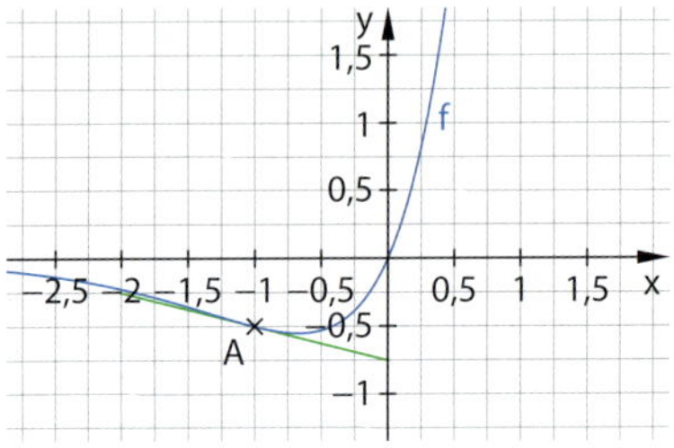

4. Bestimmen Sie die Funktionsgleichung der Funktion f mit folgenden Eigenschaften.

a) Der Graph der Funktion f mit $f(x) = (a + 1)e^{-bx}$ hat im Punkt $P(1\,|\,e)$ die Steigung $-2e$.

b) Der Graph der Funktion f mit $f(x) = ae^{bx}$ berührt die Gerade mit der Gleichung $y = 2x - 1$ an der Stelle $x = 1$.

c) Der Graph der Funktion f mit $f(x) = e^{ax^2-x} + b$ hat im Punkt $P(0{,}5\,|\,e^{-0{,}25})$ einen Tiefpunkt.

d) Der Graph der Funktion f mit $f(x) = (a - x) \cdot e^{bx}$ schneidet die x-Achse bei $x = 3$ und hat an der Stelle $x = 1$ eine waagerechte Tangente.

Parametervariation – Scharen zusammengesetzter Funktionen

Aus einer Schar lässt sich eine geeignete Funktion herausfiltern, wenn eine bestimmte Eigenschaft gefordert ist.

Beispiel 2: Gegeben ist die Funktionenschar f_a mit $f_a(x) = (x + a) \cdot e^{-x}$, $a \in \mathbb{R}$.

a) Bestimmen Sie eine Stammfunktion von f_a.

b) Der Graph von f_a schließt für $x \geq 0$ mit der x-Achse ein nach rechts unbeschränktes Flächenstück ein. Bestimmen Sie a so, dass der Flächeninhalt dieses Stücks 2 FE beträgt.

Lösung:

a) Wenden Sie die Produktintegration an. Wählen Sie $u'(x) = e^{-x}$ und $v(x) = x + a$.

$$\int (x + a) \cdot e^{-x}\,dx = -e^{-x} \cdot (x + a) - \int -e^{-x}\,dx$$
$$= -e^{-x} \cdot (x + a) - e^{-x}$$
$$= (-x - a - 1) \cdot e^{-x}$$

b) Berechnen Sie zunächst die Nullstelle mithilfe der Regel vom Nullprodukt.

$f_a(x) = (x + a) \cdot e^{-x} = 0 \quad (e^{-x} \neq 0)$

Einzige Nullstelle bei $x = -a$.

Berechnen Sie das bestimmte Integral zwischen der Nullstelle $-a$ und einem Wert $u > -a$.

Bestimmen Sie den Grenzwert für $u \to \infty$.

Ermitteln Sie anschließend a so, dass der Grenzwert 2 ergibt.

$$\int_{-a}^{u} f(x)\,dx = [(-x - a - 1) \cdot e^{-x}]_{-a}^{u}$$
$$= (-u - a - 1) \cdot e^{-u} - (-1) \cdot e^{a}$$
$$\xrightarrow{u \to \infty} e^{a}$$

$e^a = 2$ für $a = \ln(2) \approx 0{,}6931$

Der Flächeninhalt beträgt 2 FE für $a = \ln(2)$.

Basisaufgaben

5. Gegeben ist die Funktionenschar f_a mit $f_a(x) = \left(\frac{x}{a} - 1\right) \cdot e^{a-x}$, $a > 0$.

a) Abgebildet sind die Graphen von $f_{0,2}$, $f_{0,5}$, f_1 und f_2. Ordnen Sie die Graphen den entsprechenden Werten von a zu.

b) Berechnen Sie die Nullstellen von f_a.

c) Bestimmen Sie a so, dass der Hochpunkt von f_a die y-Koordinate 1 hat.

d) Bestimmen Sie eine Stammfunktion F_a zu f_a.

e) Für a = 1 schließt der Graph von f_1 mit den beiden Koordinatenachsen ein Flächenstück ein. Berechnen Sie seinen Flächeninhalt.

6. Gegeben ist die Funktionenschar f_a mit $f_a(x) = (x^2 - ax) \cdot e^{-x}$, $a > 0$.

a) Bestimmen Sie die Nullstellen und die Extremstellen von f_a in Abhängigkeit von a.

b) Zeigen Sie, dass die Funktion F_a mit $F_a(x) = (-x^2 + ax - 2x + a - 2) \cdot e^{-x}$ eine Stammfunktion von f_a ist.

c) Der Graph von f_a schließt zwischen seinen Nullstellen ein Flächenstück mit der x-Achse ein. Berechnen Sie den Inhalt dieses Flächenstücks in Abhängigkeit von a.

d) Der Graph von f_a schließt für $x > a$ mit der x-Achse ein nach rechts offenes Flächenstück ein. Bestimmen Sie a so, dass der Flächeninhalt des Stücks $\frac{3}{e}$ FE beträgt.

Weiterführende Aufgaben

7. Nach Betriebsunfällen in einer Chemiefabrik kommt es immer wieder zu einer erhöhten Schadstoffkonzentration in einem nahegelegenen See. Sie kann in den ersten Wochen mithilfe der Funktionenschar f_a mit $f_a(x) = 10a \cdot x \cdot e^{-0,5x}$ modelliert werden (x: Anzahl der Wochen nach dem Unfall, f(x): Konzentration in $\frac{mg}{\ell}$). Der Parameter $a > 0$ hängt dabei von der Schwere des Unfalls ab.

a) Zeigen Sie, dass unabhängig von der Schwere des Unfalls die höchste Schadstoffkonzentration nach 2 Wochen erreicht wird.

b) Wenn die Schadstoffkonzentration 25 $\frac{mg}{\ell}$ überschreitet, muss eine besondere Warnung an die Bevölkerung gegeben werden. Bestimmen Sie den Wert von a, ab dem eine solche Warnung notwendig wird.

c) Zeigen Sie, dass F_a mit $F_a(x) = (-20ax - 40a) \cdot e^{-0,5x}$ eine Stammfunktion von f_a ist.

d) Die mittlere Schadstoffkonzentration über einem Zeitintervall [c; d] lässt sich mit $\frac{1}{d-c} \cdot \int_c^d f_a(x)dx$ ermitteln. Berechnen Sie die mittlere Schadstoffkonzentration für die ersten 5 Wochen nach einem Unfall in Abhängigkeit von a.

e) Berechnen Sie den Zeitpunkt, zu dem die Schadstoffkonzentration am stärksten abnimmt.

f) Es wird angenommen, dass ab dem Zeitpunkt der stärksten Abnahme die Schadstoffkonzentration mit gleicher Geschwindigkeit linear abnimmt. Berechnen Sie, wann die Schadstoffkonzentration nach diesem Modell auf null zurückgegangen ist.

8. **Stolperstelle:** Sven untersucht die Funktion f mit $f(x) = -5x \cdot e^{-2x}$ und findet eine Wendestelle bei $x = 1$. Er folgert, dass der Graph an dieser Stelle am stärksten abfällt. Prüfen Sie, ob Sven recht hat.

9. Gegeben ist f_k mit $f_k(x) = k \cdot e^x - e^{2x}$, $k > 0$.

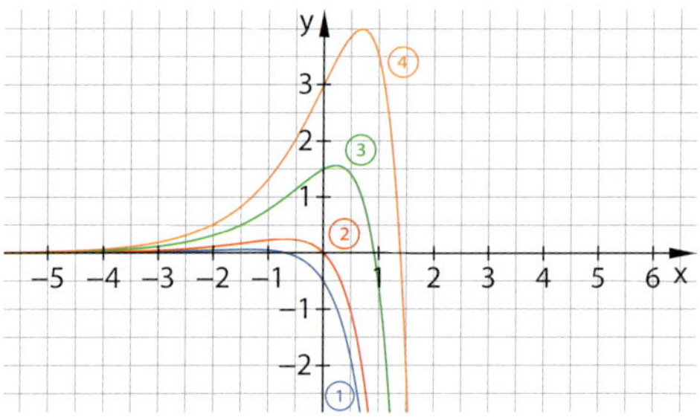

a) Bestimmen Sie rechnerisch die Nullstellen sowie die Extrem- und Wendepunkte in Abhängigkeit von k. Geben Sie an, für welche Werte von k es keine Nullstellen, Extrem- oder Wendepunkte gibt.

b) Abgebildet sind Graphen von f_k. Geben Sie begründet die zugehörigen Werte von k an.

c) Geben Sie die n-te Ableitung von f_k an.

d) Bestimmen Sie die Gleichungen der Ortskurven der Extrem- und Wendepunkte.

e) Ermitteln Sie eine Stammfunktion von f_k.

f) Berechnen Sie den Inhalt der Fläche, die der Graph von f_4 im ersten Quadranten mit den Koordinatenachsen einschließt.

g) Der Graph von f_k schließt mit der x-Achse ein nach links unbegrenztes Flächenstück ein. Zeigen Sie, dass der Flächeninhalt endlich ist, und geben Sie diesen an.

10. Gegeben ist die Funktionenschar f_a mit $f_a(x) = (x + a) \cdot e^{-ax}$, $a > 0$.

a) Bestimmen Sie die Nullstellen von f_a in Abhängigkeit von a.

b) Bestimmen Sie die Extrem- und Wendepunkte des Graphen von f_a.

c) Zeigen Sie, dass sich die Graphen von f_a und f'_a an der Stelle $x_s = \frac{1 - a - a^2}{1 + a}$ schneiden.

d) Bestimmen Sie den Wert von a so, dass der Schnittpunkt der Graphen von f_a und f'_a auf der y-Achse liegt.

e) Ermitteln Sie ein Stammfunktion $F_{0,5}$ zur Funktion $f_{0,5}$.

f) Zeigen Sie, dass der Graph von $f_{0,5}$ im ersten Quadranten mit den Koordinatenachsen ein Flächenstück mit endlichem Flächeninhalt einschließt, und geben Sie diesen an.

g) Die Graphen von $f_{0,5}$ und $f'_{0,5}$ schließen ein nach rechts unbegrenztes Flächenstück ein. Zeigen Sie, dass der Flächeninhalt endlich ist, und geben Sie diesen an.

11. **Kettenlinie:** Eine durchhängende Kette bildet eine Kettenlinie. Sie wird durch Funktionen der Form $f_{a,b}(x) = \frac{a}{2}\left(e^{bx} + e^{-bx}\right)$ mit $a, b > 0$ beschrieben, wobei der tiefste Punkte der Kettenlinie die Koordinaten $(0|a)$ hat.
Bestimmen Sie die Werte von a und b, wenn die Pfosten der Kette einen Abstand von 2 m und eine Höhe von 70 cm haben. Im tiefsten Punkt hängt die Kette 15 cm über dem Boden.

Hinweis zu 11 und 12:
Bringen Sie die Gleichung $e^b + e^b = c$ in die Form $(e^b)^2 - ce^b + 1 = 0$ und substituieren Sie $z = e^b$.

12. Bei einer Hängebrücke sind die 80 m hohen Pylonen 250 m voneinander entfernt. Das Tragkabel hängt in der Mitte 38 m über der Fahrbahn und lässt sich näherungsweise durch den Graphen der Funktion f mit $f(x) = a\left(e^{bx} + e^{-bx}\right)$ beschreiben.

a) Bestimmen Sie die Parameter a und b.

b) Zwischen dem Tragkabel und der Fahrbahn sind in regelmäßigen Abständen vertikale Tragseile befestigt. Berechnen Sie die Länge der vertikalen Tragseile, die sich in 20 m Entfernung von den Pylonen befinden.

c) Berechnen Sie, unter welchem Winkel die Tragkabel auf die Pylone stoßen.

Erinnerung:
$\tan(\alpha) = f'(x_0)$

13. Der „Gateway Arch" ist Teil des Jefferson National Expansion Memorial in St. Louis, Missouri. Es ist ein Stahlbogen in der Gestalt einer umgekehrten Kettenlinie, in dem sogar Aufzüge fahren. Die äußere Randkurve ist 180 m hoch und an der Basis 180 m breit. Die innere Randkurve ist 175 m hoch und 150 m breit. Die Funktionsgleichungen der Randkurven haben die Form $f(x) = b - \frac{a}{2}\left(e^{\frac{x}{a}} + e^{-\frac{x}{a}}\right)$.

a) Weisen Sie nach, dass für die äußere Randkurve näherungsweise $a \approx 36{,}47$ und $b \approx 216{,}47$ und für die innere Randkurve näherungsweise $a \approx 28{,}14$ und $b \approx 203{,}14$ gilt.

b) Im Inneren des Bogens soll eine 70 m breite Flagge aufgehängt werden, die bis zum Boden reicht. Berechnen Sie, wie lang die Flagge mindestens sein muss.

c) Die Fläche zwischen den Randkurven dient dem Wind als Angriffsfläche. Berechnen Sie den Inhalt dieser Fläche.

● **14.** Archäologen untersuchen die Reste eines etwa 70 m langen und 10 m hohen Walls. Für jedes $0 \le k \le 7$ ist der Graph der Funktionenschar f_k mit $f_k(x) = 8k^2xe^{-2x^2-k}$ im Bereich $0 \le x \le 2$ das Profil eines Querschnitts durch den Damm. Mit wachsendem k bewegt man sich in Längsrichtung des Damms, im oberen Bild also auf den Betrachter zu. Eine Längeneinheit entspricht 10 m.

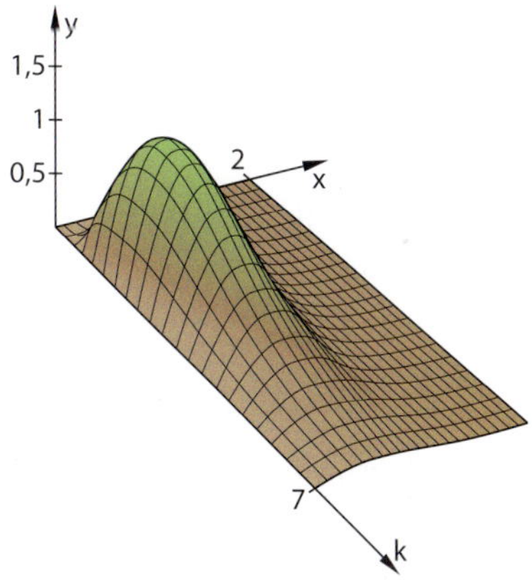

a) Diskutieren Sie für allgemeines $k > 0$ die Funktionenschar f_k in Bezug auf Nullstellen, Verhalten für $x \to \infty$, Extrem- und Wendepunkte. Beschränken Sie sich dabei auf $0 \le x \le 2$.

b) Skizzieren Sie die Graphen von f_2 und f_5 in ein Koordinatensystem mit $0 \le x \le 2$. Berechnen Sie dazu auch $f_2(2)$ und $f_5(2)$.

c) $H_k\left(\frac{1}{2} \middle| 4k^2e^{-k-\frac{1}{2}}\right)$ ist der Hochpunkt des Graphen von f_k. Berechnen Sie, für welches k man die höchste Stelle des Walls erhält, und geben Sie an, wie hoch der Wall hier ist.

d) Das Bild rechts zeigt den Graphen von f_2. Die Archäologen vermuten, dass die rechte Teilfläche des abfallenden Walls im Originalzustand ein Trapez mit einer oberen Breite von 5 m (0,5 LE) war. Das Material, das oben weggebrochen ist, bildete infolge die Abflachung am Fuße des Walls. Das Trapez müsste somit denselben Flächeninhalt wie die jetzige rechte Profilhälfte (bis x = 2) des Walls gehabt haben. Berechnen Sie ausgehend von dieser Vermutung die Koordinaten des Punktes F.

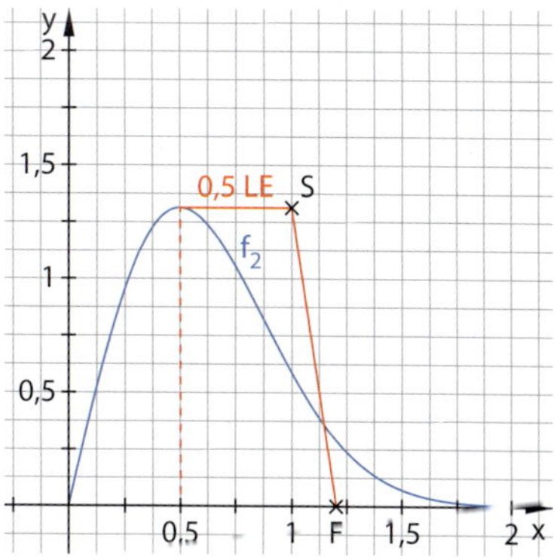

● **15. Ausblick:** Gegeben ist die Funktionenschar f_a mit $f_a(x) = \frac{ae^x}{(a-x)^2}$, $a \neq 0$.

a) Geben Sie den Definitionsbereich von f_a an. Ermitteln Sie das Verhalten der Funktionswerte an den Rändern des Definitionsbereichs in Abhängigkeit von a.

b) Ermitteln Sie in Abhängigkeit von a die Art und Lage des Extrempunktes von f_a.

c) Skizzieren Sie die Graphen von f_{-1} und f_1.

7.7 Scharen weiterer verknüpfter Funktionen

■ Der Wasserstrahl eines Springbrunnens wird modelliert durch die Funktionen f_a mit $f_a(x) = -ax \cdot \ln(x)$, $a > 0$ (x: horizontale Entfernung von der Düse in m, $f_a(x)$: Höhe in m). Der Parameter a wird durch Justierung der Düse festgelegt, welche sich im Koordinatenursprung befindet.

a) Bestimmen Sie den höchsten Punkt des Wasserstrahls in Abhängigkeit von a.

b) Bestimmen Sie den Parameter a so, dass das Wasser genau 2 Meter in die Höhe spritzt. ■

Im Folgenden werden Scharen verknüpfter Logarithmus- und Wurzelfunktionen sowie gebrochen-rationaler Funktionen untersucht.

Beispiel: Gegeben ist die Funktionenschar f_a mit $f_a(x) = x \cdot (a - \ln(x))$, $a \in \mathbb{R}$.

a) Bestimmen Sie den Definitionsbereich sowie die Nullstellen von f_a.

b) Ermitteln Sie die Koordinaten der Extrem- und Wendepunkte der Schar.

c) Die Scharkurven schließen mit der x-Achse eine Fläche ein. Ermitteln Sie den Inhalt dieser Fläche in Abhängigkeit von a. Untersuchen Sie, für welchen Wert von a die Fläche den Inhalt 2 FE hat.

Lösung:

a) Geben Sie den Definitionsbereich an.

$D_{f_a} =]0; \infty[$

Setzen Sie $f_a(x) = 0$ und wenden Sie die Regel vom Nullprodukt an.

$x \cdot (a - \ln(x)) = 0$

$x_1 = 0 \quad \text{und} \quad \ln(x) = a \Rightarrow x_2 = e^a$

b) Leiten Sie die Funktionenschar zweimal nach x ab.

$$f_a'(x) = (a - \ln(x)) + x \cdot \left(-\frac{1}{x}\right) = a - 1 - \ln(x)$$

$$f_a''(x) = -\frac{1}{x}$$

Setzen Sie $f_a'(x) = 0$.

$$a - 1 - \ln(x) = 0 \quad | + \ln(x)$$
$$a - 1 = \ln(x) \quad | \, e^{()}$$
$$x = e^{a-1}$$

Bestimmen Sie den y-Wert durch Einsetzen in $f_a(x)$ und die Art des Extrempunktes durch Einsetzen in $f_a''(x) = 0$.

$$f_a(e^{a-1}) = e^{a-1} \cdot (a - (a - 1)) = e^{a-1}$$
$$f_a''(e^{a+1}) = -\frac{1}{e^{a-1}} < 0$$

also Hochpunkt bei $H(e^{a-1} \mid e^{a-1})$

Setzen Sie $f_a''(x) = 0$.

$f_a''(x) = -\frac{1}{x} \neq 0$, also keine Wendepunkte

c) Bestimmen Sie mithilfe der Produktintegration eine Stammfunktion F_a von f_a. Wählen Sie hierzu $u'(x) = x$ und $v(x) = a - \ln(x)$.

$$F_a(x) = \int x \cdot (a - \ln(x))\,dx = \frac{1}{2}x^2 \cdot (a - \ln(x)) - \int \frac{1}{2}x^2 \cdot \left(-\frac{1}{x}\right) dx = \frac{1}{2}x^2(a - \ln(x)) + \frac{1}{4}x^2$$

Berechnen Sie das bestimmte Integral von f_a zwischen den Nullstellen von f_a.

$$A(a) = \int_0^{e^a} f_a(x)\,dx = [F_a(x)]_0^{e^a} = F_a(e^a) - F_a(0) = \frac{1}{2}e^{2a}(a - \ln(e^a)) + \frac{1}{4}e^a = \frac{1}{4}e^{2a}$$

Setzen Sie A(a) gleich 2 und lösen Sie die Gleichung nach a auf.

$A(a) = \frac{1}{4}e^{2a} = 2$ für $a = \frac{\ln(8)}{2} \approx 1{,}04$

Basisaufgaben

1. Bestimmen Sie den Definitionsbereich und die Nullstellen von f_a in Abhängigkeit von a.

a) $f_a(x) = 2\ln(ax-1),\ a > 0$
b) $f_a(x) = x \cdot \sqrt{a^2 - x^2}$
c) $f_a(x) = \sqrt{-x^2 - ax},\ a \geq 0$
d) $f_a(x) = \frac{3x-a}{(x+a)^2-1}$

2. Bestimmen Sie die Ableitungsfunktion sowie eine Stammfunktion der Funktionenschar.

a) $f_a(x) = \frac{1}{a}\sqrt{4ax - a^2},\ a \neq 0$
b) $f_a(x) = \ln\left(\frac{x}{a} + a\right),\ a \neq 0$
c) $f_c(x) = \frac{2c - cx}{x^2}$
d) $g_a(x) = \ln(x^2 - a^2)$

Erinnerung:
Die Funktion f mit $f(x) = \ln(x)$ hat die Stammfunktion F mit $F(x) = x \cdot \ln(x) - x$

Erinnerung:
$\ln(u \cdot v) = \ln(u) + \ln(v)$

3. Abgebildet sind Kurven der Schar f_a mit $f_a(x) = x \cdot \ln(x^2 - a),\ a \in \mathbb{R}$.
Ordnen Sie die Graphen begründet den Werten von a zu. Bestimmen Sie den Wert von a für den übriggeblieben Graphen.

$a = 8$ | $a = 0$ | $a = -2$

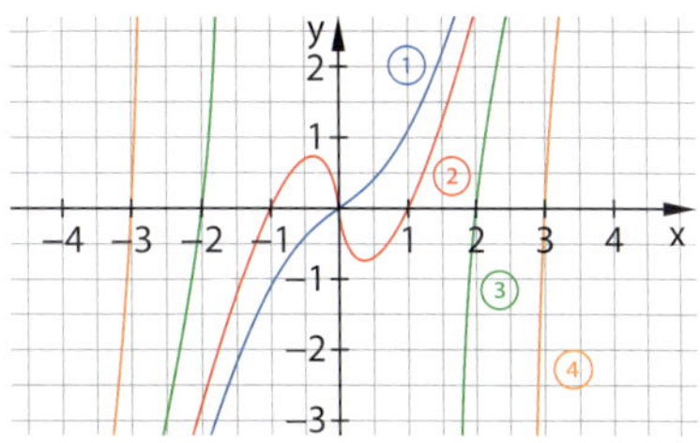

4. Gegeben ist die Funktionenschar f_a mit $f_a(x) = (x^2 - a) \cdot \ln(x)$. Bestimmen Sie alle Werte von a, so dass die angegebene Bedingung erfüllt ist.

a) f_a hat genau eine Nullstelle.
b) f_a hat einen Extremwert bei $x = 1$.
c) $P(e\,|\,1)$ liegt auf dem Graphen von f_a.
d) Für $x \to 0,\ x > 0$ gilt $f_a(x) \to \infty$.

Weiterführende Aufgaben

5. Gegeben ist die Funktionenschar f_a mit $f_a(x) = a \cdot \ln(x^2 + a^2),\ a > 0$.

a) Geben Sie den Definitionsbereich von f_a begründet an.
b) Untersuchen Sie, für welche Werte von a die Funktion f_a Nullstellen besitzt, und berechnen Sie diese Nullstellen.
c) Bestimmen Sie die Koordinaten des Extrempunktes sowie der Wendepunkte des Graphen von f_a.
d) Leiten Sie die Gleichungen der Wendetangenten her. Berechnen Sie, für welchen Wert von a die Wendetangenten durch den Ursprung verlaufen.

6. **Stolperstelle:** Die Abbildung zeigt Graphen der Schar f_a mit $f_a(x) = (ax^2 - 1) \cdot \ln(ax),\ a > 0$.
Es soll die Anzahl der Nullstellen von f_a bestimmt werden.

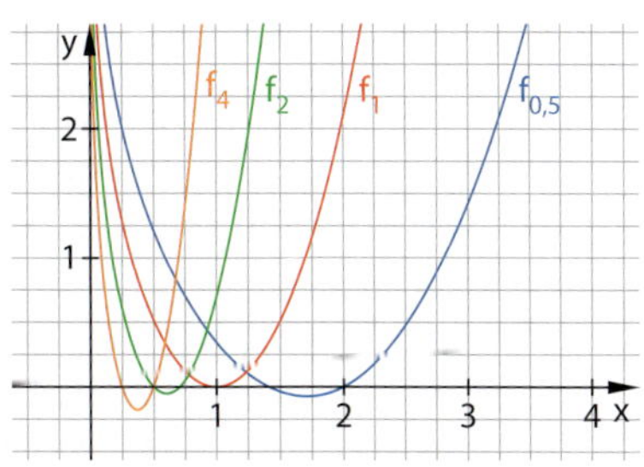

Elif: *„$(ax^2 - 1) \cdot \ln(ax)$ wird null, wenn $ax^2 = 1$ oder $ax = 1$ gilt. Das ergibt die drei Nullstellen $x_{1/2} = \pm\sqrt{\frac{1}{a}}$ und $x_3 = \frac{1}{a}$."*

Finn: *„Das kann aber nicht stimmen! Man sieht doch, dass der Graph von f_1 die x-Achse nur an einer Stelle berührt. Die anderen Graphen schneiden die x-Achse zudem an zwei, und nicht an drei Stellen."*

Nehmen Sie Stellung zu den Aussagen.

7. Gegeben ist die Funktionenschar f_a mit $f_a(x) = ax \cdot \ln(ax)$ mit $a > 0$.

a) Geben Sie den Definitionsbereich sowie die Nullstelle von f_a an.

b) Bestimmen Sie die Koordinaten des Tiefpunktes T_a des Graphen von f_a und zeigen Sie, dass der Graph von f_a keine Wendepunkte hat.

c) Bestimmen Sie eine Stammfunktion F_2 von f_2.

d) Der Graph von f_a schneidet die x-Achse im Punkt S_a. Leiten Sie eine Gleichung der Tangente t_a an den Graphen von f_a im Punkt S_a her.

e) Die Tangente t_a schließt mit den Koordinatenachsen ein Dreieck ein. Zeigen Sie, dass der Graph von f_a dieses Dreieck in zwei flächengleiche Teile zerlegt.

8. Gegeben ist die Funktionenschar f_a mit $f_a(x) = x - 2a\sqrt{x}$ mit $a > 0$.

a) Geben Sie den Definitionsbereich von f_a an.

b) Bestimmen Sie die Nullstellen von f_a in Abhängigkeit von a.

c) Bestimmen Sie die erste und zweite Ableitung von f_a und geben Sie den Definitionsbereich von f_a' an.

d) Ermitteln Sie die Art und Lage der Extrempunkte von f_a in Abhängigkeit von a. Zeigen Sie, dass alle Extrempunkte der Kurvenschar auf einer Geraden liegen.

e) Begründen Sie, dass kein Graph der Schar einen Wendepunkt hat.

f) Bestimmen Sie eine Stammfunktion F_a von f_a. Berechnen Sie in Abhängigkeit von a den Inhalt der Fläche, die vom Graphen von f_a und der x-Achse eingeschlossen wird.

9. Gegeben ist die Funktionenschar f_a mit $f_a(x) = \ln^2(ax) - 2\ln(ax)$ mit $a > 0$.
Die Abbildung zeigt den Graphen von f_1 mit dem Wendepunkt W_1 und der zugehörigen Wendetangente t_1.

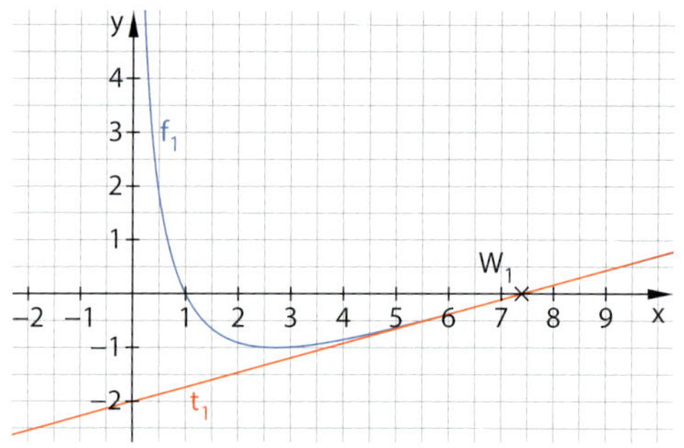

a) Geben Sie den Definitionsbereich von f_a an und untersuchen Sie das Verhalten von f_a an den Rändern des Definitionsbereichs.

b) Berechnen Sie die Nullstellen von f_a.

c) Bestimmen Sie die Koordinaten des Extrem- und Wendepunktes des Graphen von f_a.

d) Bestimmen Sie die Gleichung der Wendetangente t_a.

e) Ermitteln Sie eine Stammfunktion F_1 von f_1.

f) Berechnen Sie den Inhalt des Flächenstücks, das der Graph von f_1 mit der x-Achse einschließt.

g) Der Graph von f_1 und die Wendetangente t_1 schließen mit der y-Achse ein nach oben offenes Flächenstück ein. Zeigen Sie, dass dieses Flächenstück einen endlichen Flächeninhalt hat, und geben Sie diesen an.

10. Gegeben ist die Funktionenschar f_a mit $f_a(x) = \frac{1}{ax+1} + ax, a \neq 0$.

a) Bestimmen Sie den Definitionsbereich sowie alle Asymptoten von f_a.

b) Zeigen Sie, dass kein Graph der Schar einen Punkt mit der x-Achse gemeinsam hat.

c) Bestimmen die Koordinaten der Hoch- und Tiefpunkte der Graphen von f_a.

d) Bestimmen Sie alle Werte von a, für die der Hoch- und Tiefpunkt einen Abstand von $4\sqrt{2}$ LE zueinander haben.

e) Ermitteln Sie eine Stammfunktion F_a von f_a.

f) Im Punkt $(1\,|\,f_a(1))$ wird eine Tangenten t_a an den Graphen von f_a angelegt. Ermitteln Sie die Gleichung von t_a und bestimmen Sie alle Werte von a, für die t_a eine Ursprungsgerade ist.

11. Bestimmen Sie die Polstellen sowie die Gleichungen aller Asymptoten der gebrochen-rationalen Funktionenscharen in Abhängigkeit von a.

a) $f_a(x) = \frac{a^2 - x^2}{ax}, a \neq 0$

b) $f_a(x) = \frac{-2ax^2 + 2x + 1}{ax - 1}, a \neq 0$

c) $f_a(x) = \frac{2ax^2 + ax + a}{x}, a \neq 0$

d) $f_a(x) = \frac{-2ax^2 + 4x + 2a^3}{x^2 - a^2}$

● **12.** Gegeben ist die Funktionenschar f_a mit $f_a(x) = (\ln(x) + a)^2$ mit $a \in \mathbb{R}$.

a) In der Abbildung sind die Graphen von f_a für $a = 1$, $a = 0$ und $a = -1$ dargestellt. Ordnen Sie die Graphen den Werten von a begründet zu.

b) Untersuchen Sie f_a auf Nullstellen, Extrempunkte, Wendepunkte und das Verhalten an den Rändern des Definitionsbereichs.

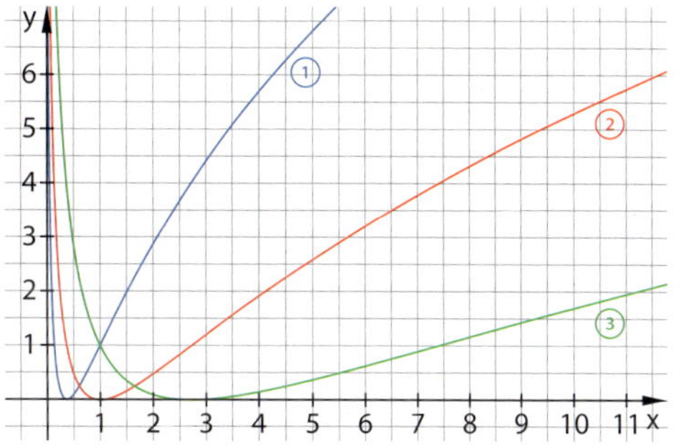

c) Begründen Sie, dass alle Extrempunkte und alle Wendepunkte der Kurvenschar jeweils auf einer Geraden liegen.

d) Bestimmen Sie eine Stammfunktion F_1 von f_1.

e) Berechnen Sie den Flächeninhalt der Fläche, die der Graph von f_1 mit der x-Achse über dem Intervall $[e; e^2]$ einschließt.

● **13.** Die abgebildeten Körper entstehen durch Rotation der Flächen unter den Graphen der Funktionenschar f_a um die x-Achse. f_a ist gegeben durch $f_a(x) = \frac{4x}{a^2} \cdot \sqrt{a^2 - 2x}$ für $a \geq 0$.
(Längeneinheit: 1 Zentimeter)

a) Ermitteln Sie diejenige Scharfunktion, für die der maximale vertikale Durchmesser des Körpers 2 cm beträgt.

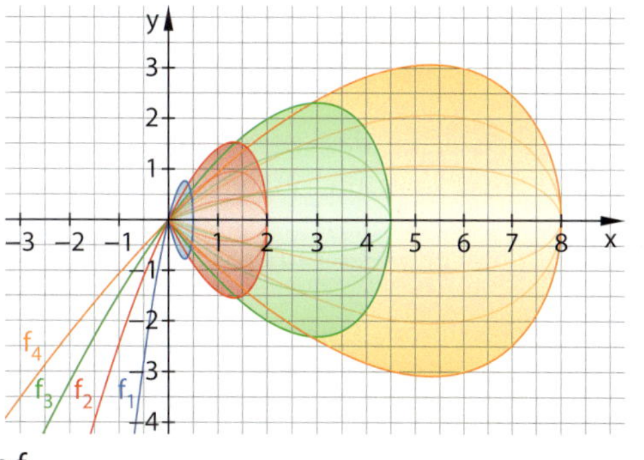

b) Bestimmen Sie eine Stammfunktion F_a von f_a.

c) Bestimmen Sie in Abhängigkeit von a den Inhalt A(a) der Fläche, die der Graph von f_a mit der x-Achse einschließt.

d) Ermitteln Sie den Wert von a, für die die Fläche A(a) den Inhalt 24,3 cm² hat.

e) Bestimmen Sie das Volumen V(a) des Körpers in Abhängigkeit von a.

● **14. Ausblick:** Gegeben ist die Funktionenschar f_a mit $f_a(x) = -\ln(a - e^{-x})$, $a > 0$.

a) Bestimmen Sie für f_a den Definitionsbereich, die Nullstellen und die Asymptoten.

b) Zeigen Sie, dass alle Graphen von f_a aus dem Graphen von f_1 durch Verschiebung hervorgehen.

c) Genau ein Graph der Funktionenschar f_a verläuft durch den Ursprung O(0|0). Bestimmen Sie den zugehörigen Wert von a und die Tangente an diesen Graphen von f_a im Punkt O(0|0).

d) Der Graph von f_1, die Gerade $x = 1$, die x-Achse und die y-Achse schließen eine (nach oben nicht begrenzte) Fläche ein.
Zeigen Sie mithilfe der Ungleichung $1 - e^{-x} \geq \frac{x}{2}$ für $0 \leq x \leq 1$, dass diese Fläche einen endlichen Inhalt besitzt.

e) Beweisen Sie die in d) benutzte Ungleichung.

7.8 Klausur- und Abiturtraining

Aufgaben ohne Hilfsmittel

1. Gegeben sind die Funktion f und ihre Ableitungsfunktion f':
   $f(x) = x^2 \cdot e^{-x}$ und $f'(x) = (2x - x^2) \cdot e^{-x}$
   a) Bestimmen Sie die zweite Ableitung von f und leiten Sie die Koordinaten der Extrempunkte des Graphen von f her.
   b) Bestimmen Sie eine Stammfunktion F zur Funktion f.
   c) Begründen Sie mithilfe der bisherigen Ergebnisse, dass der Graph jeder Stammfunktion F zu f den Sattelpunkt $S(0 \mid F(0))$ hat.
   d) Der Graph von f schließt mit der x-Achse ein nach rechts offenes Flächenstück ein. Berechnen Sie seinen Flächeninhalt.
   e) Die Ableitungsfunktion f' schließt zwischen ihren Nullstellen ein Flächenstück mit der x-Achse ein. Berechnen Sie den Inhalt dieser Fläche.

2. Gegeben ist die Funktion f mit $f(x) = \frac{1}{2}(x - 2) \cdot e^{-2x}$.
   a) Bestimmen Sie die erste Ableitung f' und geben Sie alle Nullstellen von f und f' an.
   b) Beschreiben Sie das Verhalten des Graphen von f für $x \to \infty$ und $x \to -\infty$.
   c) Bestimmen Sie eine Stammfunktion F zu f, für die $F(1{,}5) = 3$ gilt.

3. Gegeben ist die Funktionenschar f_a mit $f_a(x) = \frac{1}{a} \cdot e^{-\frac{x}{a}}$ für $a > 0$.
   a) Zeigen Sie, dass die Tangente an den Graphen von f_a im Punkt $B(0 \mid f_a(0))$ die Gleichung $t_a(x) = -\frac{1}{a^2} \cdot (x - a)$ hat.
   b) Zeigen Sie, dass der Flächeninhalt des Dreiecks, das die Tangente t_a mit den Achsen einschließt, unabhängig von a ist.
   c) Berechnen Sie $\int_0^a f_a(x)\,dx$.
   d) Untersuchen Sie, ob das nach rechts offene Flächenstück, das der Graph von f_a mit den Achsen einschließt, einen endlichen Flächeninhalt hat, und geben Sie diesen gegebenenfalls an.
   e) Berechnen Sie den Schnittpunkt der Graphen zu $a = 0{,}5$ und $a = 1$.

4. Gegeben ist die gebrochen-rationale Funktion f mit $f(x) = \frac{4x^2 + 1}{x}$.
   a) Geben Sie den Definitionsbereich von f an.
   b) Bestimmen Sie die Polstellen sowie die Gleichungen aller Asymptoten von f.
   c) Zeigen Sie, dass der Graph von f bei $H(-0{,}5 \mid -4)$ einen Hochpunkt und $T(0{,}5 \mid 4)$ einen Tiefpunkt hat.
   d) Geben Sie begründet das Verhalten der Funktionswerte an den Rändern des Definitionsbereichs an.

5. Abgebildet sind Graphen der Funktionenschar f_a mit $f_a(x) = a \cdot x - \sqrt{x^3}, a > 0$.
   a) Ermitteln Sie Werte von a, die zu den abgebildeten Graphen gehören.
   b) Zeigen Sie, dass der Hochpunkt von f_a die Koordinaten $H_a\left(\frac{4}{9}a^2 \,\middle|\, \frac{4}{27}a^3\right)$ hat.
   c) Bestimmen Sie die Gleichung der Ortskurve der Hochpunkte der Graphen von f_a.

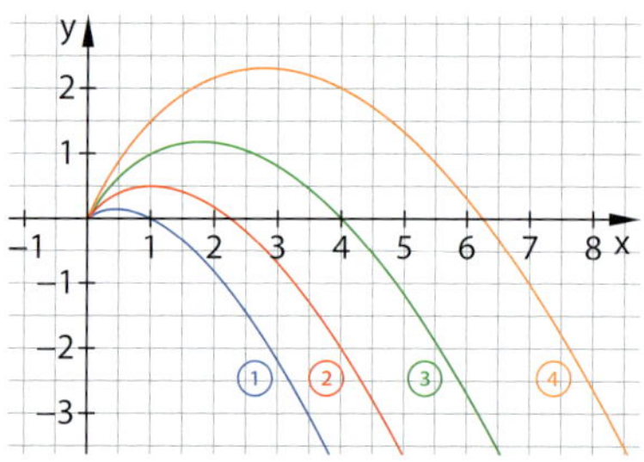

Aufgaben mit Hilfsmitteln

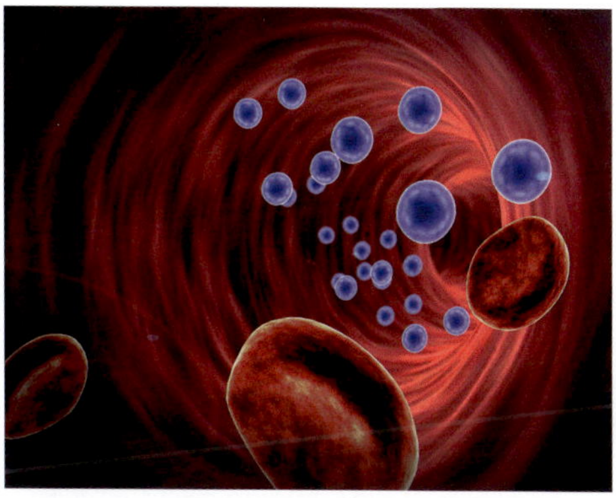

6. Die Funktion f mit $f(t) = 15t \cdot e^{-0{,}2t}$ beschreibt die Entwicklung des Wirkstoffgehalts im Blut eines Patienten nach der Einnahme eines Medikaments. Dabei ist t die Zeit in Stunden und f(t) die Wirkstoffmenge in mg pro Liter Blut.

a) Das Medikament beginnt ab einer Konzentration von 7,5 mg pro Liter Blut zu wirken.

① Zeigen Sie, dass das Medikament bereits nach 34 Minuten Wirkung zeigt.

② Zeigen Sie, dass nach rund 0,78 Stunden und nach rund 15,84 Stunden die Wirkstoffmenge 10 mg pro Liter beträgt.

③ Bestimmen Sie den Zeitpunkt, zu dem der Wirkstoffgehalt maximal ist, und geben Sie den maximalen Wirkstoffgehalt an.

④ Beschreiben Sie das asymptotische Verhalten des Graphen von f für $t \to \infty$ und interpretieren Sie das Ergebnis im Sachzusammenhang.

b) Die mittlere Wirkstoffmenge in einem Zeitintervall [a; b] lässt sich berechnen als $\frac{1}{b-a} \cdot \int_a^b f(t)\,dt$.

① Bestimmen Sie eine Stammfunktion F von f.

② Berechnen Sie die mittlere Wirkstoffmenge in den ersten 20 Stunden.

c) Bestimmen Sie den Zeitpunkt, zu dem die Wirkstoffmenge am stärksten abnimmt, und geben Sie an, mit welcher Geschwindigkeit die Wirkstoffmenge zu diesem Zeitpunkt abnimmt.

d) In einem abgewandelten Modell wird angenommen, dass ab der Wendestelle die Wendetangente den linearen Abbau der Wirkstoffmenge beschreibt. Berechnen Sie, wann nach diesem Modell der Wirkstoff vollständig abgebaut ist.

7. Gegeben ist die Funktionenschar f_a mit $f_a(x) = (\ln(x))^2 - 2a \cdot \ln(x)$, $a \in \mathbb{R}$.

a) Geben Sie den Definitionsbereich von f_a an und untersuchen Sie das Verhalten von $f_a(x)$ an den Rändern des Definitionsbereichs.

b) Berechnen Sie die Nullstellen von f_a und geben Sie an, für welchen Wert von a es nur eine Nullstelle gibt.

c) Berechnen Sie die Koordinaten der Tiefpunkte T_a der Graphen von f_a.
Alle Tiefpunkte T_a liegen auf dem Graphen einer Funktion g. Ermitteln Sie eine Funktionsgleichung von g.

d) Bestimmen Sie die Werte von a, für die der Wendepunkt W_a des Graphen von f_a auf der x-Achse liegt.

Im Folgenden sei a = 1.

e) Zeigen Sie, dass F_1 mit $F_1(x) = x \cdot (\ln(x) - 2)^2$ eine Stammfunktion zu f_1 ist.

f) Der Graph von f_1 schließt mit der x-Achse ein Flächenstück ein. Berechnen Sie den Flächeninhalt.

g) Leiten Sie eine Gleichung der Wendetangente t_1 an den Graphen von f_1 her.

h) Der Graph von f_1 und die Wendetangente t_1 schließen mit der y-Achse ein nach oben offenes Flächenstück ein. Berechnen Sie seinen Flächeninhalt.

Prüfen Sie Ihr neues Fundament

Lösungen
↗ **S. 315/316**

1. Bestimmen Sie erste und zweite Ableitung sowie eine Stammfunktion der Funktion.

a) $f(x) = 2x \cdot e^x$
b) $f(x) = (1 - x^2) \cdot e^{2x}$
c) $f(t) = (t^2 - t) \cdot e^{-0,5t}$
d) $f(x) = \frac{x}{e^x}$
e) $f_a(x) = ax^2 \cdot e^{-2ax}$
f) $f_a(x) = (\ln(x) - a) \cdot \ln(x)$

2. Ermitteln Sie die Nullstellen sowie die Extrem- und Wendepunkte der Funktion f.

a) $f(x) = (x^2 - 1) \cdot e^{x-1}$
b) $f(x) = (x - 1)^2 \cdot e^x$
c) $f(t) = (t + 1) \cdot (t - 2) \cdot e^{2t}$
d) $f(t) = 4t \cdot e^{-2t}$
e) $f(x) = x^3 \cdot \ln(x)$
f) $f(x) = 8x^2 \cdot \sqrt{1 - 2x}$

3. Untersuchen Sie, ob der Graph von f für $x \to \infty$ oder $x \to -\infty$ eine waagerechte Asymptote hat. Geben Sie in diesem Fall ihre Gleichung an.

a) $f(x) = x \cdot e^{-2x}$
b) $f(x) = x^2 \cdot e^{-x} + 1$
c) $f(t) = e^{-t^2} - 2$
d) $f(x) = e^{3x} + x$

4. Gegeben ist die Funktion f mit $f(x) = 4(x - 1) \cdot e^{-(x-1)}$

a) Geben Sie die Nullstellen von f an.
b) Bestimmen Sie das Verhalten von f für betragsmäßig große Zahlen.
c) Geben Sie das Monotonieverhalten von f durch Ermitteln der Extrempunkte an.
d) Bestimmen Sie die Gleichung der Wendetangente von f.
e) Prüfen Sie den Graphen von f auf Achsensymmetrie zur y-Achse und Punktsymmetrie zum Ursprung.
f) Ermitteln Sie eine Stammfunktion F zu f. Bestimmen Sie den Inhalt der Fläche zwischen dem Graphen von f und der x-Achse über dem Intervall [1; 5].

5. Die Funktion f mit $f(t) = (t - 3)^2 \cdot e^{-\frac{t}{4}}$ sei für $0 \leq t \leq 15$ ein Modell für die Wachstumsgeschwindigkeit einer Bakterienkultur. Dabei beschreibt t die Zeit in Stunden. Die Wachstumsgeschwindigkeit wird in Tausend pro Stunde angegeben. Zum Beobachtungsbeginn (Zeitpunkt $t = 0$) waren 2000 Bakterien vorhanden.

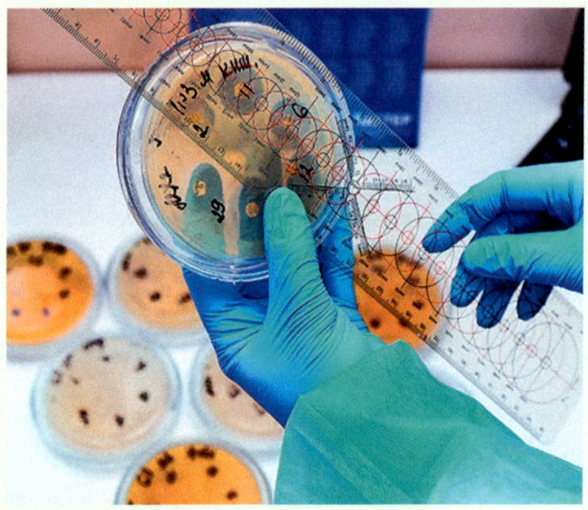

a) Ermitteln Sie die Extrem- und Wendepunkte von f im Intervall $0 \leq t \leq 15$.
b) Zeichnen Sie den Graphen von f im angegebenen Intervall.
c) Untersuchen Sie den Wahrheitsgehalt folgender Aussagen.
A: Im Zeitraum $0 \leq t \leq 3$ nimmt die Anzahl der Bakterien ab.
B: Für $t = 3$ ist die Bakterienanzahl gleich null.
C: Zum Zeitpunkt $t = 11$ ist die Bakterienanzahl am größten.
d) Ermitteln Sie näherungsweise die Bakterienanzahl fünf Stunden nach Beobachtungsbeginn.

6. Der rechte obere Eckpunkt $P(u\,|\,f(u))$ des abgebildeten Rechtecks liegt auf dem Graphen der Funktion f mit $f(x) = (x + 1,5) \cdot e^{-x}, x > 0$.
Geben Sie den Flächeninhalt $A(u)$ dieser Rechtecke in Abhängigkeit von u an.
Bestimmen Sie u so, dass der Flächeninhalt maximal wird.

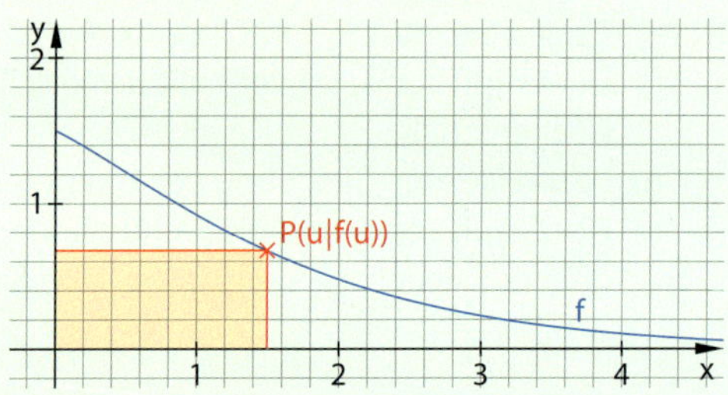

7. Gegeben sei eine zusammengesetzte Funktion f mit $f(x) = a \cdot x \cdot e^{1-bx}$.
Ermitteln Sie die Werte der Parameter a und b, sodass
a) f den Hochpunkt $H(1 | 5)$ hat,
b) f den Tiefpunkt $T(-1 | -2)$ hat.

Lösungen
↗ S. 316/317

8. Gegeben ist die Funktionenschar f_a mit $f_a(x) = 2x - a \cdot e^x$ $(a \neq 0)$.
a) Untersuchen Sie f_a in Abhängigkeit von a auf Extrem- und Wendestellen.
b) Bestimmen Sie a so, dass der Hochpunkt auf der x-Achse liegt.
c) Ermitteln Sie die Gleichung der Ortskurve der Hochpunkte von f_a.
d) Geben Sie die Koordinaten des Hochpunktes aus b) sowie die Koordinaten des Hochpunktes für $a = 0{,}1$ an. Begründen Sie mithilfe der Grenzwerte $\lim\limits_{x \to \pm\infty} f_a(x)$, dass die Anzahl der Nullstellen von a abhängt.

9. Das Laden eines Smartphoneakkus lässt sich durch die Funktionenschar mit der Gleichung $L(t) = 100 - 80e^{-k \cdot t}$ mit $k > 0$ beschreiben. Hierbei ist L(t) der Ladezustand in Prozent zum Zeitpunkt t in Stunden.

a) Begründen Sie anhand des Funktionsterms, dass sich der Ladestand mit wachsendem t 100 % nähert.
b) Beschreiben Sie, wie sich die Ladegeschwindigkeit mit wachsendem t ändert.
c) Bestimmen Sie, für welche Werte von k der Ladestand 1,5 Stunden nach Beginn des Ladevorgangs größer als 60 % ist.
d) Der voll aufgeladene Akku ist ohne Benutzung nach 12 Stunden auf 75 % gesunken. Stellen Sie für den exponentiellen Entladevorgang eine Funktionsgleichung auf.

10. Gegeben ist die Funktion f mit $f(x) = \frac{x^2 - 3x + 7}{x - 1}$.
a) Geben Sie den Definitionsbereich von f an und bestimmen Sie die Polstellen von f.
b) Ermitteln Sie die Gleichungen aller Asymptoten von f.
c) Bestimmen Sie die Art und Lage der Extrempunkte des Graphen von f. Zeigen Sie, dass er keine Wendepunkte hat.
d) Skizzieren Sie den Graphen von f. Zeichnen Sie auch alle Asymptoten ein.

11. Gegeben ist die Funktion f mit $f(x) = 2 \cdot (\ln(x))^2 - 2$.
a) Zeigen Sie, dass der Graph von f im Punkt $W(e | 0)$ einen Wendepunkt hat, und leiten Sie die Gleichung der zugehörigen Wendetangente her.
b) Zeigen Sie, dass F mit $F(x) = 2x \cdot (\ln(x) - 1)^2$ eine Stammfunktion zu f ist.
c) Die Wendetangente und der Graph von f begrenzen mit der y-Achse ein nach oben offenes Flächenstück. Zeigen Sie, dass dieses Flächenstück einen endlichen Flächeninhalt hat, und geben Sie diesen an.
d) Das Flächenstück aus c) schneidet aus den Parallelen $x = c$ zur y-Achse Strecken aus. Zeigen Sie, dass es kein c gibt, sodass die Länge dieser Strecke maximal wird

12. Gegeben ist die Funktionenschar f_a mit $f_a(x) = ax \cdot \ln(ax^2)$, $a > 0$.
a) Geben Sie den Definitionsbereich von f_a an und berechnen Sie die Nullstellen von f_a.
b) Bestimmen Sie die Koordinaten der Extrempunkte des Graphen von f_a und zeigen Sie, dass es keine Wendepunkte gibt.
c) Bestimmen Sie die Gleichung der Ortskurve der Extrempunkte.
d) Zeigen Sie, dass F_a mit $F_a(x) = \frac{1}{2}ax^2 \cdot (\ln(ax^2) - 1)$ eine Stammfunktion zu f_a ist.
e) Der Graph von f_a schließt mit der positiven x-Achse ein Flächenstück ein. Zeigen Sie, dass der Flächeninhalt nicht vom Parameter a abhängt.

Zusammenfassung

Produkt- und Quotientenregel

Haben die Funktionen u und v die Ableitungen u′ und v′, so hat die Funktion f mit $f(x) = u(x) \cdot v(x)$ die Ableitung
$f'(x) = u'(x) \cdot v(x) + u(x) \cdot v'(x)$.

$f(x) = x^2 \cdot (3x+5)$
$u(x) = x^2$ $v(x) = 3x+5$
$u'(x) = 2x$ $v'(x) = 3$
$f'(x) = 2x \cdot (3x+5) + x^2 \cdot 3 = 9x^2 + 10x$

Für eine Funktion f mit $f(x) = \frac{u(x)}{v(x)}$ gilt:
$f'(x) = \frac{u'(x) \cdot v(x) - u(x) \cdot v'(x)}{(v(x))^2}$

$f(x) = \frac{x^2}{3x+5}$
$f'(x) = \frac{2x \cdot (3x+5) - x^2 \cdot 3}{(3x+5)^2} = \frac{3x^2 + 10x}{(3x+5)^2}$

Regel zur Produktintegration

Ist f eine Funktion mit $f(x) = u'(x) \cdot v(x)$, so gilt für die Menge aller Stammfunktionen von f:

$\int u'(x) \cdot v(x)\,dx = u(x) \cdot v(x) - \int u(x) \cdot v'(x)\,dx$

$f(x) = x \cdot e^x$
$u'(x) = e^x$ $v(x) = x$
$u(x) = e^x$ $v'(x) = 1$

$\int x \cdot e^x\,dx = x \cdot e^x - \int 1 \cdot e^x\,dx = xe^x - e^x + C$

Verknüpfte Exponentialfunktionen

Beim Verhalten der Funktionswerte für $x \to \infty$ und $x \to -\infty$ setzt sich in nicht eindeutigen Fällen eine Exponentialfunktion gegenüber jeder Potenzfunktion und daher auch gegenüber jeder ganzrationalen Funktion durch.

Für $x \to \infty$ gilt: $x^n \cdot e^{-x} \to 0$
Für $x \to -\infty$ gilt: $x^n \cdot e^{x} \to 0$ $(n \in \mathbb{N})$

$f(x) = xe^{-2x} + 3$

$\lim\limits_{x \to \infty} (\underbrace{x}_{\infty} \cdot \underbrace{e^{-2x}}_{0} + 3) = 3$

$\lim\limits_{x \to -\infty} (\underbrace{x}_{-\infty} \cdot \underbrace{e^{-2x}}_{\infty} + 3) = -\infty$

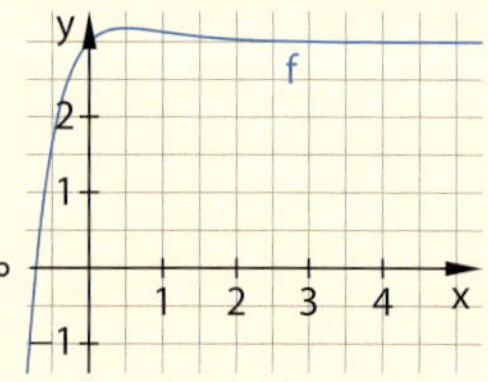

Der Graph von f hat eine waagerechte Asymptote mit der Gleichung x = 3.

Verknüpfte Logarithmusfunktionen

Beim Verhalten der Funktionswerte für $x \to 0$, $x > 0$ und $x \to \infty$ setzt sich in nicht eindeutigen Fällen eine Potenzfunktion und daher auch eine ganzrationale Funktion gegenüber einer Logarithmusfunktion durch.

Für $x \to 0, x > 0$ gilt: $x^n \cdot \ln(x) \to 0$
Für $x \to \infty$ gilt: $x^{-n} \cdot \ln(x) \to 0$ $(n \in \mathbb{N})$

$f(x) = 2x \cdot \ln(x) - x$
$D_f = \mathbb{R}^{>0}$

$\lim\limits_{x \to \infty} (\underbrace{2x \cdot \ln(x)}_{0} - \underbrace{x}_{0}) = 0$

$\lim\limits_{x \to -\infty} (\underbrace{2x \cdot \ln(x)}_{\infty} - \underbrace{x}_{\infty})$

$= \lim\limits_{x \to \infty} (\underbrace{x}_{\infty} \cdot \underbrace{(2\ln(x) - 1)}_{\infty}) = \infty$

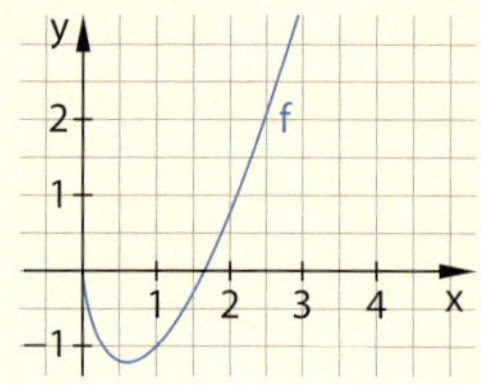

Bestände und Änderungsraten

Bei Bestandsfunktionen und den Funktionen ihrer Änderungsraten kann man ihren mathematischen Eigenschaften die Bedeutung für den Bestand im konkreten Sachkontext gegenüberstellen.

Zeitliche Entwicklung eines Hasenbestands

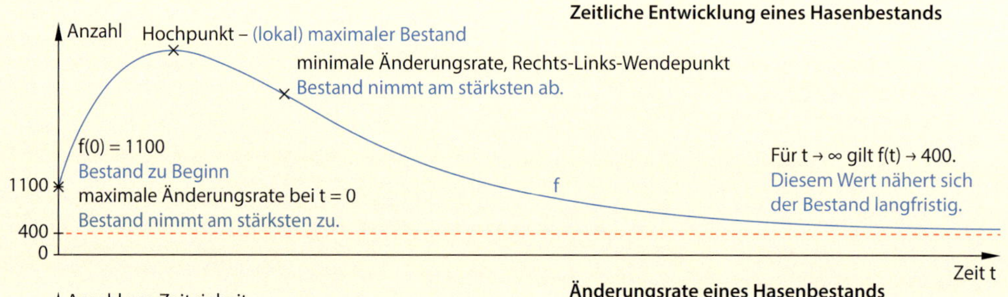

Änderungsrate eines Hasenbestands

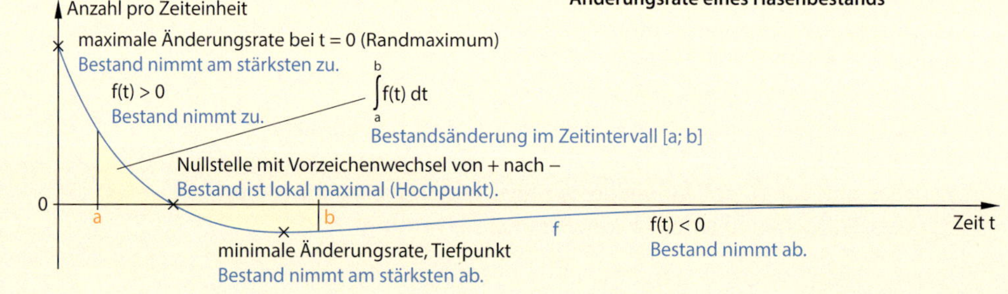

8. Abiturvorbereitung

Hier finden Sie abiturähnliche Aufgaben zur Vorbereitung auf die schriftlichen Prüfungen. Die Aufgaben sind nach den Themengebieten Analysis, Analytische Geometrie und Stochastik sortiert. Es gibt jeweils Aufgaben mit und ohne Hilfsmittel.

8.1 Hinweise zur Abiturprüfung

Eine Abiturprüfung beinhaltet einen Pflichtteil (ohne Hilfsmittel) und einen Wahlteil (mit zugelassenen Hilfsmitteln). Jeder Teil enthält Aufgaben aus den drei Sachgebieten Analysis, Analytische Geometrie und Stochastik.
Neben den Ergebnissen fließt auch die Dokumentation der Lösungswege in die Bewertung ein. Der Umfang der erwarteten Dokumentation ergibt sich aus der Aufgabenstellung und den verwendeten Operatoren. Die Definitionen der Operatoren finden Sie im Buchdeckel.

Zur Orientierung finden Sie im Folgenden eine Liste mit den erwarteten inhaltlichen Kompetenzen aus allen drei Sachgebieten.

Inhaltliche Anforderungen der Analysis

Kompetenz	Nachschlagen im Buch
Sekantensteigungen berechnen und als mittlere Änderungsraten deuten	Band Q1-Q2: S. 10
Ableitung als lokale Änderungsrate deuten und mithilfe des Grenzwerts ermitteln	Band Q1-Q2: S. 12; S. 14
Graph der Ableitungsfunktion aus dem Funktionsgraph herleiten	Band Q1-Q2: S. 19
Potenz-, Summen- und Faktorregel anwenden	Band Q1-Q2: S. 23-24; S. 28-29
Tangentengleichungen aufstellen	Band Q1-Q2: S. 32
Steigungs- und Schnittwinkel berechnen	Band Q1-Q2: S. 33-34 Band Q3-Q4: S. 219
Funktionen auf Globalverhalten, Symmetrie und Nullstellen untersuchen	Band Q1-Q2: S. 49-52; S. 55-56
Funktionen mithilfe der Ableitung auf Monotonie untersuchen	Band Q1-Q2: S. 64 Band Q3-Q4: S. 220-221
Extrem- und Wendepunkte bestimmen	Band Q1-Q2: S. 67-68; S. 70; S. 80; S. 83-84 Band Q3-Q4: S. 220-221
Globale Extrema ermitteln	Band Q1-Q2: S. 74-75 Band Q3-Q4: S. 220-221
Extremalprobleme lösen	Band Q1-Q2: S. 96; S. 98 Band Q3-Q4: S. 222
Funktionsterme rekonstruieren	Band Q1-Q2: S. 102; S. 104; S. 106; S. 112; S. 114-115 Band Q3-Q4: S. 223-224
Scharen ganzrationaler Funktionen untersuchen	Band Q1-Q2: S. 119; S. 121 Band Q3-Q4: S. 225
Kettenregel anwenden	Band Q1-Q2: S. 139 Band Q3-Q4: S. 227
Exponentialgleichungen mithilfe des Logarithmus lösen	Band Q1-Q2: S. 144 Band Q3-Q4: S. 227
Die natürliche Logarithmusfunktion als Umkehrfunktion der e-Funktion nutzen	Band Q1-Q2: S. 147 Band Q3-Q4: S. 227

Wachstumsprozesse mit Exponentialfunktionen beschreiben und untersuchen	Band Q1-Q2: S. 151-152; S. 154; S. 157-158 Band Q3-Q4: S. 228-230
Bestände aus Änderungsraten rekonstruieren	Band Q1-Q2: S. 174-175; S. 196; S. 269-270 Band Q3-Q4: S. 234; S. 244-245
Bestimmtes Integral als Grenzwert von Ober- und Untersummen ermitteln	Band Q1-Q2: S. 178; S. 180
Graph einer Stammfunktion aus dem Funktionsgraph herleiten	Band Q1-Q2: S. 185
Stammfunktionen von ganzrationalen Funktionen und Exponentialfunktionen bestimmen	Band Q1-Q2: S. 187-188 Band Q3-Q4: S. 232
Die natürliche Logarithmusfunktion als Stammfunktion von $\frac{1}{x}$ nutzen	Band Q1-Q2: S. 190
Den Hauptsatz der Differenzial- und Integralrechnung anschaulich begründen und anwenden	Band Q1-Q2: S. 192-193 Band Q3-Q4: S. 232
Flächeninhalte mithilfe bestimmter Integrale berechnen	Band Q1-Q2: S. 202; S. 204 Band Q3-Q4: S. 232-233
Uneigentliche Integrale als Grenzwert bestimmen und interpretieren	Band Q1-Q2: S. 214-216 Band Q3-Q4: S. 235
Volumen von Körpern bestimmen, die durch Rotation um die x-Achse entstehen	Band Q1-Q2: S. 219-220 Band Q3-Q4: S. 236
Produkt- und Quotientenregel anwenden	Band Q1-Q2: S. 232; S. 234 Band Q3-Q4: S. 238-239
Produktintegration zur Bestimmung von Stammfunktionen nutzen	Band Q1-Q2: S. 236-237 Band Q3-Q4: S. 238-239
Verknüpfungen von ganzrationalen Funktionen mit Exponentialfunktionen untersuchen	Band Q1-Q2: S. 240-243; S. 266-267 Band Q3-Q4: S. 238-239; S. 244-245
Verknüpfungen von ganzrationalen Funktionen mit Logarithmusfunktionen untersuchen	Band Q1-Q2: S. 249-253 Band Q3-Q4: S. 238-239
Verknüpfungen von ganzrationalen Funktionen mit Wurzelfunktionen untersuchen	Band Q1-Q2: S. 255-259
Gebrochen-rationale Funktionen untersuchen	Band Q1-Q2: S. 259-263 Band Q3-Q4: S. 240-241
Scharen von zusammengesetzten Funktionen untersuchen	Band Q1-Q2: S. 273-274; S. 278 Band Q3-Q4: S. 251-252; S. 256

Inhaltliche Anforderungen der Analytischen Geometrie

Kompetenz	Nachschlagen im Buch
Geometrische Sachverhalte in Ebene und Raum im Koordinatensystem darstellen	Band Q3-Q4: S. 8-9
Elementare Operationen mit Vektoren ausführen und Vektoren auf Kollinearität untersuchen	Band Q3-Q4: S. 17-18; S. 22-23
Vektoren beim Arbeiten mit geradlinig bzw. ebenflächig begrenzten geometrischen Objekten anwenden	Band Q3-Q4: S. 12-13; S. 17-18
Streckenlängen und Abstände von Punkten im Raum berechnen	Band Q3-Q4: S. 14-15
Algorithmisches Lösungsverfahren (Gauß) für lineare Gleichungssysteme erläutern und anwenden	Band Q3-Q4: S. 36-37; S. 38-39
Geraden in Parameterform darstellen	Band Q3-Q4: S. 44
Lagebeziehungen von Geraden untersuchen	Band Q3-Q4: S. 52-53; S. 68
Ebenen in Parameter-, Koordinaten- und Normalenform darstellen	Band Q3-Q4: S. 60; S. 74-75
Lagebeziehungen zwischen Geraden und Ebenen untersuchen	Band Q3-Q4: S. 68; S. 80-81
Lagebeziehungen von Ebenen untersuchen	Band Q3-Q4: S. 86-88
Scharen von Geraden und Ebenen untersuchen	Band Q3-Q4: S. 92-94
Skalarprodukt geometrisch deuten und berechnen	Band Q3-Q4: S. 66-67
Winkelgrößen im Raum mithilfe des Skalarprodukts bestimmen	Band Q3-Q4: S. 104-106; S. 110-111
Abstände Punkt-Ebene, Gerade-Ebene und Ebene-Ebene bestimmen	Band Q3-Q4: S. 114-117
Abstände Punkt-Gerade und Gerade-Gerade bestimmen	Band Q3-Q4: S. 120-122

Inhaltliche Anforderungen der Stochastik

Kompetenz	Nachschlagen im Buch
Anwendungssituationen mithilfe des Urnenmodells (mit und ohne Zurücklegen) untersuchen	Band Q1-Q2: S. 296-300; S. 303
Sachverhalte mithilfe von Baumdiagrammen oder Vierfeldertafeln untersuchen	Band Q1-Q2: S. 306-308
Problemstellungen im Kontext bedingter Wahrscheinlichkeiten lösen	Band Q1-Q2: S. 311-312
Teilvorgänge mehrstufiger Zufallsexperimente auf stochastische Unabhängigkeit untersuchen	Band Q1-Q2: S. 318-319
Simulationen zur Untersuchung stochastischer Situationen verwenden	Band Q1-Q2: S. 322-323
Zufallsgrößen und Wahrscheinlichkeitsverteilungen zur Beschreibung stochastischer Situationen nutzen	Band Q1-Q2: S. 325-326
Erwartungswert und Standardabweichung diskreter Zufallsgrößen bestimmen und deuten	Band Q1-Q2: S. 330-333
Bernoulli-Ketten zur Beschreibung stochastischer Situationen nutzen und die Bernoulli-Formel anwenden	Band Q1-Q2: S. 346; S. 348 Band Q3-Q4: S. 136; S. 138
Binomialverteilung und ihre Kenngrößen nutzen	Band Q1-Q2: S. 351-352; S. 354 Band Q3-Q4: S. 141-142; S. 144
Parameter der Binomialverteilung ermitteln	Band Q1-Q2: S. 358; S. 360; S. 362 Band Q3-Q4: S. 148; S. 150; S. 152
Prognosen mithilfe der Sigma-Regeln aufstellen	Band Q3-Q4: S. 156-157
Aufgrund von Stichproben auf die Gesamtheit schließen	Band Q3-Q4: S. 158
Hypothesentests interpretieren	Band Q3-Q4: S. 173; S. 177-178; S. 180
Unsicherheit (Fehler 1. und 2. Art) von Ergebnissen bei Hypothesentests begründen	Band Q3-Q4: S. 183–184
Diskrete und stetige Zufallsgrößen unterscheiden und die „Glockenform" als Grundvorstellung von normalverteilten Zufallsgrößen nutzen,	Band Q3-Q4: S. 198; S. 204
Stochastische Situationen untersuchen, die zu annähernd normalverteilten Zufallsgrößen führen.	Band Q3-Q4: S. 205; S. 208-209

8.2 Aufgaben ohne Hilfsmittel

Die folgenden Aufgaben sollen ohne Taschenrechner sowie ohne Formelsammlung gelöst werden. Der hilfsmittelfreie Teil einer Abiturprüfung enthält Aufgaben aus den drei Bereichen Analysis, Analytische Geometrie und Stochastik.

Aufgaben zur Analysis

1. Gegeben ist die **Ableitungs**funktion f′ mit $f'(x) = -x^2 + 12x - 32$, $x \in \mathbb{R}$.
   a) Berechnen Sie die Nullstellen der Funktion f′.
   b) Die Abbildung zeigt den Graphen von f′. Skizzieren Sie in Ihrem Heft den Graphen einer möglichen **Ausgangs**funktion f.
   c) Gegeben ist die Ableitungsfunktion g′ mit $g'(x) = f'(x) - 5$. Entscheiden Sie begründet, ob der Graph einer möglichen Ausgangsfunktion mindestens einen lokalen Extrempunkt besitzt.

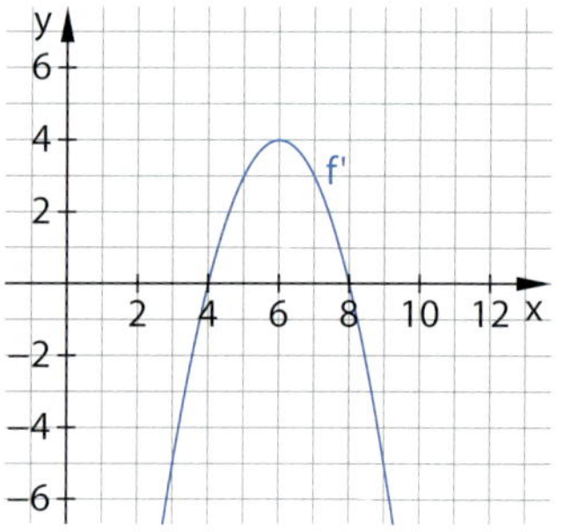

2. Gegeben ist die Funktion f mit $f(x) = -2 \cdot e^x$, $x \in \mathbb{R}$.
   a) Bestimmen Sie die Ableitungsfunktion f′ und treffen Sie mit ihrer Hilfe eine Aussage über das Monotonieverhalten von f.
   b) Die Tangente an den Graphen von f im Schnittpunkt mit der y-Achse begrenzt mit den Koordinatenachsen ein Dreieck.
   Weisen Sie nach, dass dieses Dreieck einen Flächeninhalt von 1 FE hat.

3. Gegeben ist die Funktion f mit $f(x) = (x^2 - 17) \cdot e^x$.
   a) Zeigen Sie, dass die Funktion F mit $F(x) = (x^2 - 2x - 15) \cdot e^x$ eine Stammfunktion der Funktion f ist.
   b) Bestimmen Sie einen Wert für u, sodass gilt: $\int_0^u f(x)\,dx = 15$

4. Die Abbildung zeigt den Graphen der Funktion f mit $f(x) = \frac{1}{6}x^3 + \frac{1}{2}x^2 - \frac{3}{2}x$.
   a) Weisen Sie rechnerisch nach, dass der Graph von f in $H\left(-3 \,\middle|\, \frac{9}{2}\right)$ einen Hochpunkt und in $T\left(1 \,\middle|\, -\frac{5}{6}\right)$ einen Tiefpunkt hat.
   b) Begründen Sie, dass der Graph einer ganzrationalen Funktion dritten Grades stets genau einen Wendepunkt hat.

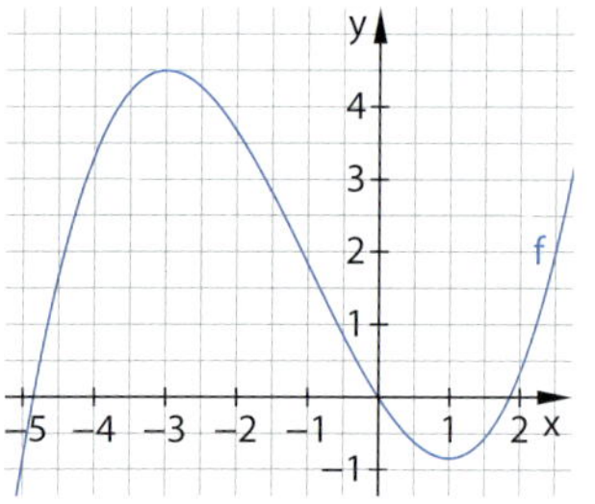

   c) Entscheiden Sie begründet, bei welchem der abgebildeten Graphen es sich nicht um den Graphen einer Stammfunktion von f handeln kann.

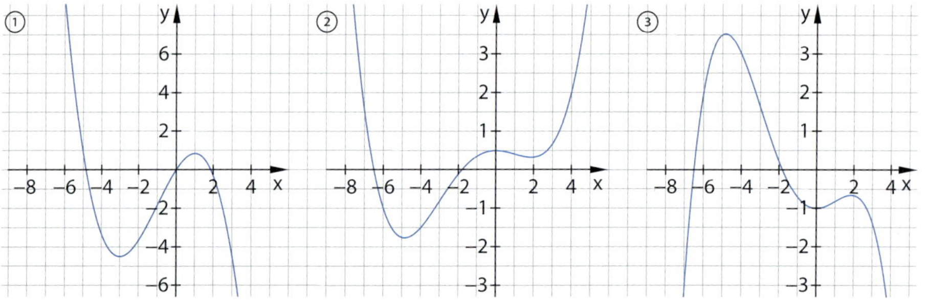

5. Ein Tank enthält zu Beginn der Beobachtung $20\,m^3$ Wasser. Für die anschließenden 6 Stunden gibt die Funktion f mit $f(t) = -(t-2)(t-4)$ die Zu-/Abflussrate in m^3/h an.

a) Begründen Sie anhand des Funktionsterms von f, dass im Zeitraum [2; 4] ein Zufluss von Wasser stattfindet.

b) Begründen Sie anhand der Abbildung des Graphen von f, dass in den ersten 2 Stunden weniger als $8\,m^3$ abfließen.

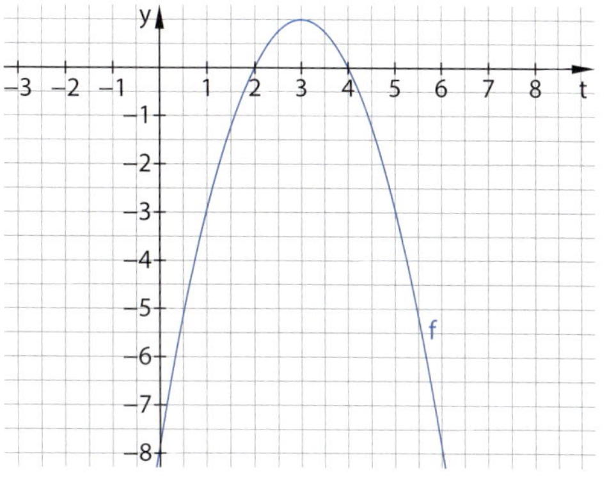

c) Geben Sie an, welche der Aussagen wahr ist:

① Bei $t = 3$ hat der Wasserstand im Tank ein Maximum.

② Bei $t = 2$ hat der Wasserstand im Tank ein lokales Minimum.

d) Geben Sie einen Term an, mit dem das Wasservolumen im Tank nach 3 Stunden berechnet werden kann.

6. Die ganzrationale Funktion f dritten Grades ist punktsymmetrisch zum Ursprung. Die Tangente t an den Graphen von f im Punkt $B(1\,|\,0)$ hat die Gleichung $t(x) = 2x - 2$.

a) Bestimmen Sie eine Funktionsgleichung von f.

b) Bestimmen Sie die Gleichung der Wendetangente des Graphen von f.

7. Die Abbildung zeigt den Graphen der Funktion f mit $f(x) = 3x - x^3$.

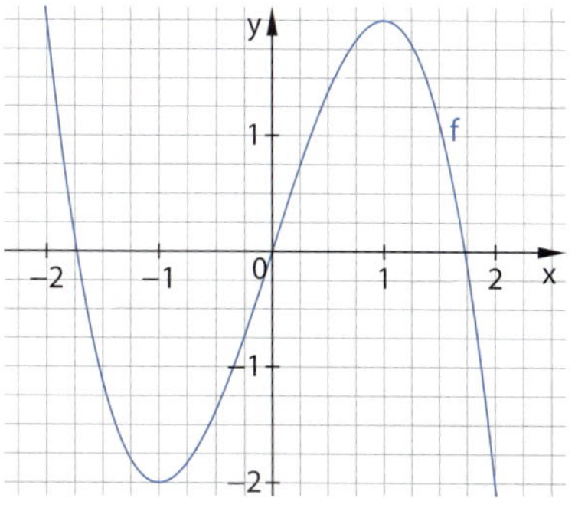

a) Leiten Sie her, dass die Funktion f die Nullstellen $x_1 = -\sqrt{3}$, $x_2 = 0$ und $x_3 = \sqrt{3}$ hat.

b) Berechnen Sie $A = \int\limits_0^{\sqrt{3}} f(x)\,dx$ und erläutern Sie die geometrische Bedeutung der Zahl A.

c) Erläutern Sie, dass der Inhalt der Fläche, die vom Graphen von f mit der x-Achse eingeschlossen wird, $2 \cdot A$ beträgt.

8. Gegeben ist die Funktion f mit $f(x) = (x - x^2) \cdot e^{-x}$. Die Abbildung zeigt den Graphen von f.

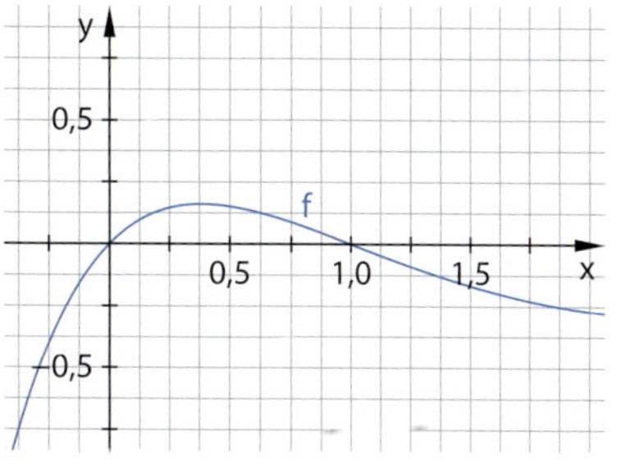

a) Zeigen Sie, dass die Funktion F mit $F(x) = (x^2 + x + 1) \cdot e^{-x}$ eine Stammfunktion zu f ist.

b) Berechnen Sie den Inhalt der Fläche, die der Graph von f zwischen seinen Nullstellen mit der x-Achse einschließt.

c) Geben Sie die Extremstellen von F an und erläutern Sie ohne weitere Berechnungen, um was für eine Art von Extremum es sich handelt.

9. Gegeben ist die Funktion f mit $f(x) = 5 \cdot e^{\frac{x}{5}} - 2$.

a) Berechnen Sie die Nullstelle der Funktion f.
Ermitteln Sie die Steigung der Tangente an den Graphen von f im Punkt $P(0\,|\,3)$.

b) Zeigen Sie, dass diese Tangente mit den Koordinatenachsen ein gleichschenkliges Dreieck einschließt.

c) Zeigen Sie, dass der Graph von f weder Extrempunkte noch Wendepunkte hat.

10. Gegeben sind die Parabeln f_a mit $f_a(x) = 4a \cdot x - 2x^2$ für $a > 0$.
a) Ermitteln Sie die Gleichung der Ortskurve der Hochpunkte des Graphen von f_a.
b) Bestimmen Sie a so, dass der Hochpunkt des Graphen von f_a die y-Koordinate 162 hat.
c) Berechnen Sie den Inhalt des Flächenstücks, das der Graph von f_a mit der x-Achse einschließt.
d) Berechnen Sie a so, dass das Flächenstück aus c) den Inhalt 72 FE hat.

11. Gegeben ist die Funktion f mit $f(x) = (3x - 15) \cdot e^x$.
a) Ermitteln Sie eine Stammfunktion F von f.
b) Berechnen Sie die Lösung der Gleichung $\int_0^u f(x)\,dx = 18$.
c) Begründen Sie, dass das Integral aus b) nicht den Inhalt der Fläche angibt, die der Graph von f und die x-Achse im Intervall [0; u] einschließen, wobei u die Lösung aus b) ist. Geben Sie einen Term an, mit dem dieser Flächeninhalt berechnet werden kann.

12. Gegeben ist die Funktion f mit $f(x) = (2x - 4) \cdot e^{-x}$.
a) Bestimmen Sie das Verhalten der Funktion f für $x \to \pm\infty$.
b) Zeigen Sie, dass f bei $x = 3$ ein globales Maximum annimmt.
c) Bestimmen Sie die Gleichung der Tangente an den Graphen von f im Punkt $P(4\,|\,4e^{-4})$.
d) Zeigen Sie, dass F mit $F(x) = -f(x) - 2e^{-x}$ eine Stammfunktion von f ist.
e) Es sei a die Nullstelle von f. Der Graph von f, die x-Achse und die Gerade $x = a$ schließen ein nach rechts unbeschränktes Flächenstück ein. Zeigen Sie, dass dieses Flächenstück einen endlichen Inhalt hat.

13. Gegeben ist die Funktionenschar f_a mit $f_a(x) = (x^2 - 2x - a + 2) \cdot e^x$.
a) Zeigen Sie, dass für die Ableitung gilt $f_a'(x) = (x^2 - a) \cdot e^x$.
b) Zeigen Sie, dass die Graphen von f_a für $a < 0$ streng monoton steigend sind.
c) Zeigen Sie, dass für $a > 0$ alle Tiefpunkte der Graphen von f_a auf dem Graphen von h mit $h(x) = (2 - 2x)e^x$ liegen.

14. Gegeben ist die in $\mathbb{R}$ definierte Funktion f mit $f(x) = (3x - 1) \cdot e^{-x}$.
a) Zeigen Sie, dass $x = \frac{1}{3}$ die einzige Nullstelle von f ist, und geben Sie das Vorzeichenverhalten von f(x) an.
b) Bestimmen Sie das Verhalten des Graphen von f für $x \to \infty$.
c) Begründen Sie anhand der bisherigen Resultate, dass der Graph von f einen Hochpunkt hat, und geben Sie an, ob sich dieser rechts oder links der Nullstelle befindet.

15. Gegeben sind die Funktionen f und g mit $f(x) = -2 \cdot e^x$, $g(x) = -\frac{1}{2} \cdot e^{-x} - \frac{3}{2}$, $x \in \mathbb{R}$.
a) Bestimmen Sie die Ableitungsfunktionen f′ und g′ und treffen Sie mit ihrer Hilfe eine Aussage über das Monotonieverhalten von f und g.
b) Die Tangente an den Graphen von f im Schnittpunkt mit der y-Achse begrenzt mit den Koordinatenachsen ein Dreieck.
Weisen Sie nach, dass dieses Dreieck einen Flächeninhalt von 1 FE hat.
c) Zeigen Sie, dass sich die Graphen von f und g auf der y-Achse rechtwinklig schneiden.

16. Gegeben ist die Funktion f mit $f(x) = \frac{4}{x - 1}$.
a) Begründen Sie, dass $x = 1$ eine Asymptote des Graphen von f ist.
b) Geben Sie ohne weitere Rechnung die Gleichung einer weiteren Asymptote des Graphen von f an. Begründen Sie Ihre Wahl.
c) Bestimmen Sie eine Stammfunktion F von f. Ermitteln Sie, für welchen Wert von $u > 2$ die Fläche, die vom Graphen von f und der x-Achse über dem Intervall [2; u] eingeschlossen wird, den Inhalt 4 FE hat.

17. Gegeben ist die Funktion f mit $f(x) = (2x^5 - 3)^2$.
a) Leiten Sie f mit der Kettenregel ab.
b) Begründen Sie ohne weitere Rechnung: Nullstellen von f sind auch Nullstellen von f'.
c) Wandeln Sie den Term von f mit der binomischen Formel in eine Summe um und leiten Sie diese ab. Vergleichen Sie mit dem Ergebnis aus a).

18. Gegeben ist die Funktion f mit $f(x) = \ln(3x)$.
a) Bestimmen Sie die erste Ableitung von f mit der Kettenregel.
b) Zeigen Sie mithilfe von a), dass es ein $k \in \mathbb{R}$ gibt mit $\ln(3x) = \ln(x) + k$ für alle $x > 0$.
c) Bestimmen Sie den Wert von k, ohne dabei ein Logarithmusgesetz zu verwenden.

19. Gegeben ist für $a \in \mathbb{R}$ mit $a > 0$ die Funktionenschar f_a mit $f_a(x) = a(-3x^2 + 12x - 9)$.
a) Berechnen Sie die Nullstellen von f_a.
b) Zeigen Sie, dass für den Inhalt der Fläche zwischen dem Graphen von f_a und der x-Achse gilt: $A_a = 4a$
c) Zeigen Sie mithilfe von b), dass das Flächenstück, das von den Graphen von f_a und f_{a+1} eingeschlossen wird, für alle a den gleichen Inhalt hat.

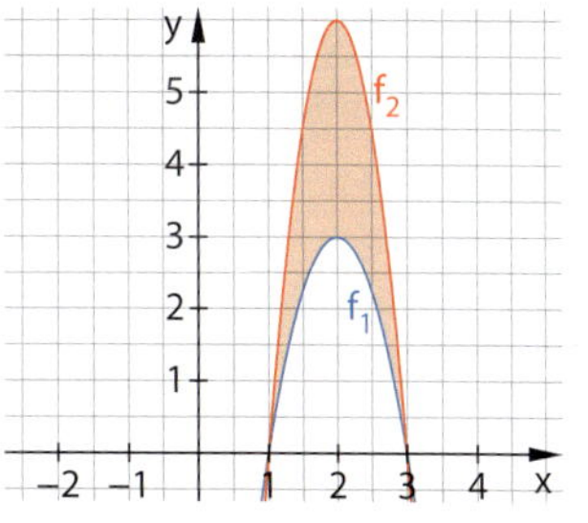

20. Der Graph der Funktion f mit $f(x) = x \cdot e^{1-x}$ verläuft durch den Ursprung. Betrachtet werden Dreiecke OAB mit $O(0|0)$, $A(a|0)$ und $B(a|f(a))$ mit $a > 0$.
a) Zeigen Sie, dass für den Flächeninhalt dieser Dreiecke gilt: $A(a) = \frac{1}{2}a^2 \cdot e^{1-a}$
b) Bestimmen Sie das a, für das dieser Flächeninhalt maximal ist.

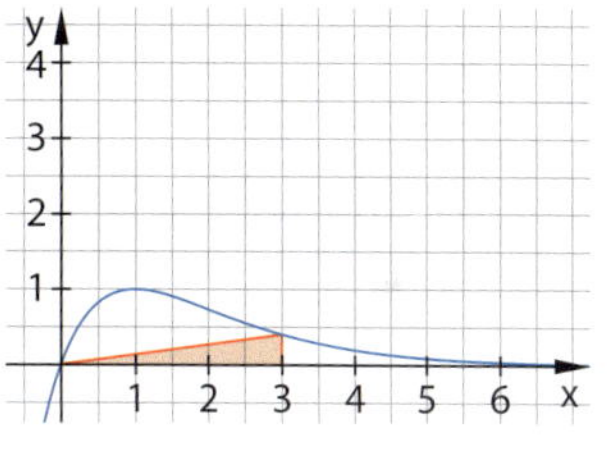

21. Gegeben ist die Funktion f mit der Gleichung $f(x) = (x - 2) \cdot e^{2-x}$.
a) Zeigen Sie, dass durch F mit $F(x) = (1 - x) \cdot e^{2-x}$ eine Stammfunktion zu f gegeben ist.
b) Bestimmen Sie die Nullstelle von f und berechnen Sie den Inhalt der sich ins Unendlich erstreckenden Fläche, die rechts von der Nullstelle zwischen dem Graphen und der x-Achse liegt.

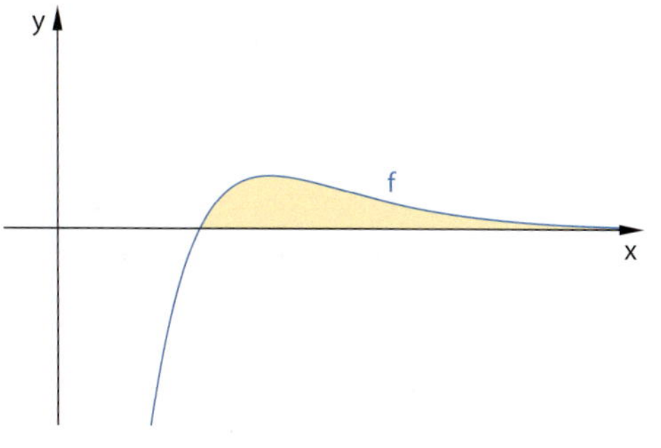

22. Die Abbildung zeigt die Graphen von f und g mit $f(x) = e^{(x-2)} + e^{(2-x)} - 3$ und $g(x) = e^{(x-2)} - 3$.
a) Zeigen Sie, dass f und g keinen Schnittpunkt haben, und übertragen Sie die Graphen von f und g in ein Koordinatensystem in Ihrem Heft.
b) F sei die Integralfunktion mit $F(x) = \int_0^x f(t)\,dt$.
Skizzieren Sie den Graphen von F in das Koordinatensystem.
c) Berechnen Sie $\lim\limits_{x\to\infty} \int_0^x (f(t) - g(t))\,dt$.
Schraffieren Sie in Ihrer Skizze die durch diesen Grenzwert berechnete Fläche.

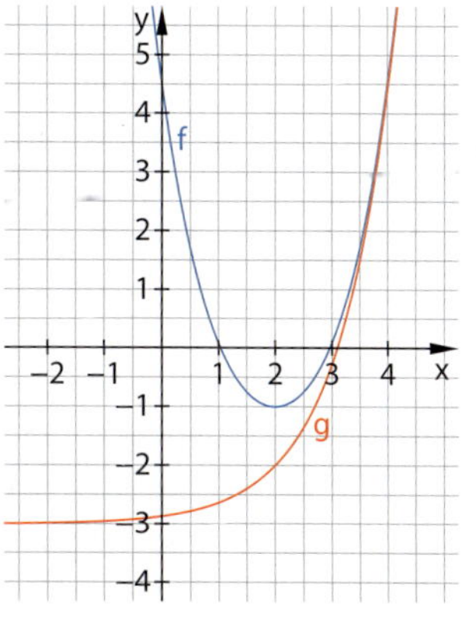

Aufgaben zur Analytischen Geometrie

23. Gegeben ist ein lineares Gleichungssystem mit Parameter a.

$$\left| \begin{aligned} x_1 - 2x_2 - 3x_3 &= -3 \\ x_2 + 5x_3 &= 4 \\ 2x_2 + ax_3 &= 4 \end{aligned} \right|$$

a) Lösen Sie das Gleichungssystem für $a = 6$.

b) Begründen Sie, dass das Gleichungssystem für $a = 10$ keine Lösung hat.

24. Das Haus hat die Eckpunkte $A(0|0|0)$, $B(0|4|0)$, $D(-3|0|0)$ und $E(0|0|2)$.

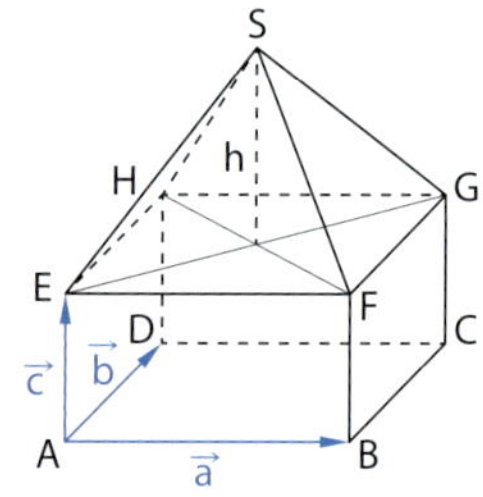

a) In der Skizze sind die Vektoren $\vec{a}$, $\vec{b}$ und $\vec{c}$ eingezeichnet. Bestimmen Sie die Koordinaten der folgenden Vektoren.
$\vec{v_1} = \vec{a} + \vec{b}$; $\quad \vec{v_2} = \vec{a} - \vec{c}$;
$\vec{v_3} = \vec{a} - \vec{b} + \vec{c}$; $\quad \vec{v_4} = \vec{a} - (\vec{b} + \vec{c})$

b) Zeigen Sie, dass die Strecke $\overline{BD}$ eine Länge von 5 LE hat.

c) Die Spitze S des Dachs befindet sich 2,5 LE oberhalb des Mittelpunktes des Rechtecks EFGH. Geben Sie die Koordinaten von S an.

d) Berechnen Sie das Volumen des abgebildeten Körpers.

25. In einem kartesischen Koordinatensystem sind die Gerade $g\colon \vec{x} = \begin{pmatrix} 4 \\ 4 \\ -1 \end{pmatrix} + r \cdot \begin{pmatrix} 1 \\ 2 \\ 2 \end{pmatrix}$ und die Punkte $A(3|2|-3)$ und $B(1|2|-5)$ gegeben.

a) Die Gerade h verläuft durch die Punkte A und B. Ermitteln Sie die Parameterdarstellung von h.

b) Weisen Sie nach, dass sich die Geraden g und h in genau einem Punkt schneiden.

c) Weisen Sie nach, dass die Geraden einen Winkel von 45° einschließen.
$\left(\text{Hilfe: } \cos(45°) = \frac{1}{\sqrt{2}}\right)$

26. Ein Flugzeug befindet sich zum Zeitpunkt $t = 0$ im Punkt $P(4|-1|5)$. Die Bewegung des Flugzeugs innerhalb einer Minute wird durch den Vektor $\vec{v} = \begin{pmatrix} 3 \\ 4 \\ 0 \end{pmatrix}$ beschrieben. 1 LE = 1 km

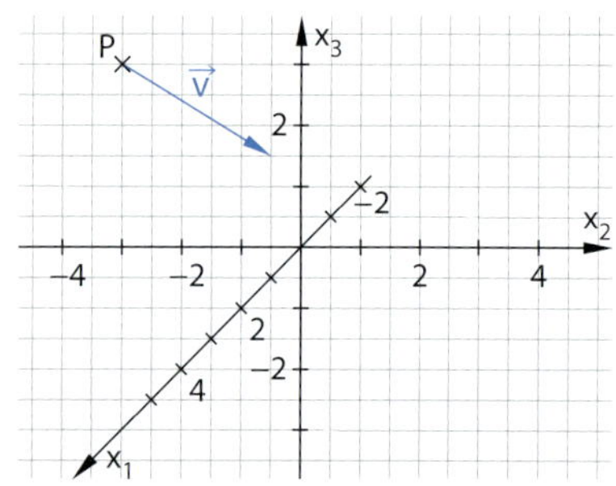

a) Ermitteln Sie die Position des Flugzeugs nach 2 Minuten und nach 10 Minuten.

b) Überprüfen Sie, welche der Punkte $Q(1|5|0)$ und $R(-0{,}5|-7|0)$ senkrecht unter der Flugbahn liegen.

c) Begründen Sie, dass das Flugzeug auf diesem Kurs niemals den Erdboden in der x_1x_2-Ebene berührt.

d) Zeigen Sie, dass sich das Flugzeug mit einer Geschwindigkeit von 300 km/h bewegt.

27. Gegeben sind die Punkte $A(1|-1|6)$, $B(10|8|6)$, $C(4|5|0)$ und $P(2|y|4)$ mit $y \in \mathbb{R}$.

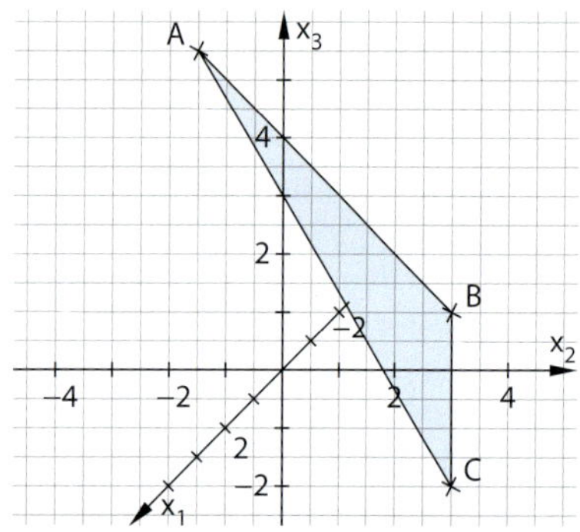

a) Bestimmen Sie y so, dass P auf der Geraden g durch A und C liegt.

b) Zeigen Sie, dass das Dreieck ABC im Punkt C einen rechten Winkel besitzt und gleichschenklig ist.

c) Berechnen Sie mithilfe des Ergebnisses aus b) den Flächeninhalt des Dreiecks ABC.

d) Bestimmen Sie den Punkt D so, dass das Dreieck ABC zum Quadrat ergänzt wird.

28. Gegeben ist die Ebene $E: \vec{x} = \begin{pmatrix} 3 \\ 2 \\ 2 \end{pmatrix} + r \cdot \begin{pmatrix} 0 \\ 2 \\ 1 \end{pmatrix} + s \cdot \begin{pmatrix} 3 \\ 0 \\ 1 \end{pmatrix}$, $r, s \in \mathbb{R}$ und die Gerade $g: \vec{x} = u \cdot \begin{pmatrix} 0 \\ 2 \\ 1 \end{pmatrix}$.

a) Zeigen Sie, dass der Punkt $P(0\,|\,0\,|\,0)$ in der Ebene E liegt.
b) Begründen Sie ohne weitere Berechnungen, dass alle Punkte der Geraden g in der Ebene E enthalten sind.
c) Bestimmen Sie a so, dass der Ortsvektor von $Q_a(2\,|\,3\,|\,a)$ senkrecht auf E steht.
d) Begründen Sie, dass die Gerade $h: \vec{x} = \begin{pmatrix} 2 \\ 3 \\ -6 \end{pmatrix} + t\begin{pmatrix} 0 \\ 2 \\ 1 \end{pmatrix}$ parallel zu E im Abstand $d = 7$ verläuft.
e) Ermitteln Sie eine Koordinatengleichung von E.

29. In einem kartesischen Koordinatensystem modelliert die x_1x_2-Ebene eine Dachfläche. Eine Längeneinheit entspricht 1 m. Im Punkt $P(9\,|\,2\,|\,0)$ ist eine 5 m lange Antenne senkrecht zur Dachfläche angebracht. Der Vektor $\vec{v} = \begin{pmatrix} -1 \\ 1 \\ -1 \end{pmatrix}$ gibt die Richtung der Sonnenstrahlen an.

a) Geben Sie die Koordinaten des Punktes S, der die Spitze des Mastes darstellt, an, und berechnen Sie die Koordinaten seines Schattens S′ in der x_1x_2-Ebene.
b) Zeigen Sie, dass die Länge des Schattens, den die Antenne auf die Dachfläche wirft, $\sqrt{50}\text{ m} \approx 7{,}07\text{ m}$ beträgt.
c) Die Gerade $q: \vec{x} = \begin{pmatrix} 5 \\ 3 \\ 5 \end{pmatrix} + t \cdot \begin{pmatrix} 4 \\ -1 \\ -3 \end{pmatrix}$, $t \in \mathbb{R}$, schneidet die Gerade g_{PS} durch P und S, in der die Antenne liegt. Weisen Sie nach, dass der Schnittpunkt auf der Strecke $\overline{PS}$ und somit auf der Antenne liegt.

30. Gegeben ist der Punkt $P(-1\,|\,1\,|-1)$ und für $t \in \mathbb{R}$ der Punkt $Q_t(3\,|\,1+t\,|\,2)$.

a) Geben Sie eine Parameterform der Geraden g an, welche durch $S(3\,|\,1\,|\,2)$ parallel zur x_2-Achse verläuft.
b) Zeigen Sie, dass alle Punkte Q_t auf g liegen.
c) Zeigen Sie rechnerisch, dass für den Abstand d von P zu Q_t gilt: $d \geq 5$
d) Der Vektor $\overrightarrow{PQ_0}$ für $t = 0$ steht senkrecht auf g. Geben Sie einen Punkt A auf g an, sodass das Dreieck AQ_0P einen Flächeninhalt von 10 FE hat.

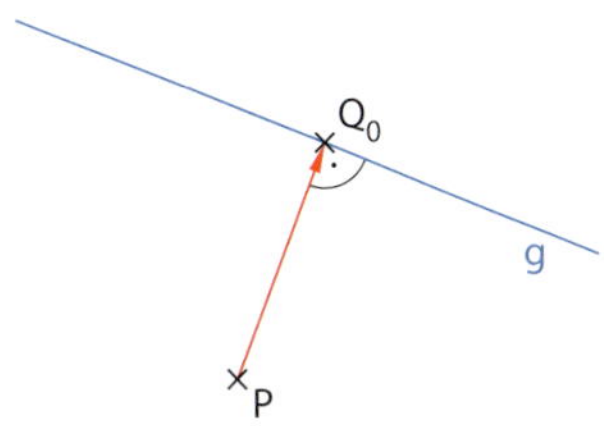

31. Gegeben sind die Punkte $A(0\,|\,0\,|\,0)$, $B(4\,|\,0\,|\,0)$ und $C(0\,|\,6\,|\,0)$.

a) Der Punkt S liegt auf der positiven x_3-Achse so, dass die Pyramide mit Grundfläche ABC und Spitze S ein Volumen von 32 VE hat. Bestimmen Sie die Koordinaten von S.
b) Geben Sie eine Parametergleichung der Ebene E durch die Punkte B, C und S an.
c) Zeigen Sie, dass $P(0\,|\,3\,|\,4)$ auf E liegt.
d) Geben Sie eine Gleichung der Geraden g an, die durch P senkrecht zu E verläuft.

32. Gegeben ist die Ebene E laut Abbildung.

a) Geben Sie für E eine Koordinatengleichung an.
b) Geben Sie eine Koordinatengleichung der zu E parallelen Ebene F an, die den Punkt $P(4\,|\,5\,|\,7)$ enthält.
c) Die Gerade g, die P enthält und senkrecht auf E steht, durchstößt E im Punkt Q. Bestimmen Sie die Koordinaten von Q.

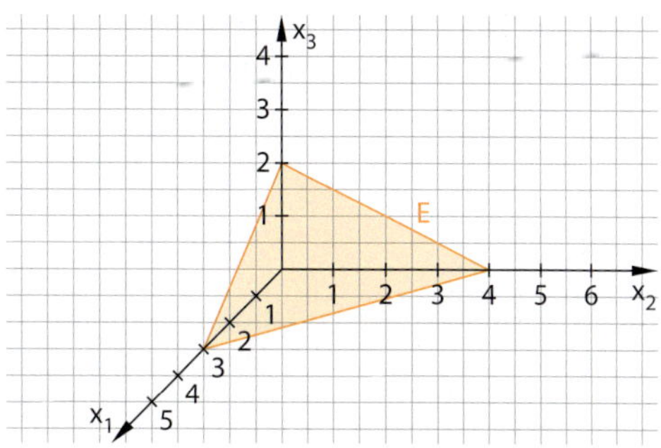

33. Gegeben sind zwei Geraden g_1 und g_2 durch folgende Gleichungen:

$$g_1: \vec{x} = \begin{pmatrix} 3 \\ 1 \\ 4 \end{pmatrix} + r \cdot \begin{pmatrix} 1 \\ 4 \\ 1 \end{pmatrix}, r \in \mathbb{R} \text{ und } g_2: \vec{x} = \begin{pmatrix} 1 \\ 2 \\ 2 \end{pmatrix} + s \cdot \begin{pmatrix} 2 \\ -1 \\ 2 \end{pmatrix}, s \in \mathbb{R}$$

a) Bestimmen Sie x und z so, dass der Punkt $P(x\,|\,1\,|\,z)$ auf der Geraden g_2 liegt.

b) Geben Sie die Koordinaten des Schnittpunktes S der Geraden g_1 und g_2 an und zeigen Sie, dass g_1 und g_2 senkrecht zueinander verlaufen.

c) Geben Sie eine Parametergleichung der Ebene E an, die g_1 und g_2 enthält.

d) Die Richtungsvektoren von g_1 und g_2 spannen vom Punkt $(3\,|\,1\,|\,4)$ aus ein Rechteck auf. Bestimmen Sie die Koordinaten der anderen Eckpunkte dieses Rechtecks.

34. Durch $E: \vec{x} = \begin{pmatrix} 1 \\ 2 \\ -4 \end{pmatrix} + r\begin{pmatrix} 1 \\ 0 \\ 1 \end{pmatrix} + s\begin{pmatrix} 2 \\ 1 \\ 0 \end{pmatrix}$ und $g_a: \vec{x} = \begin{pmatrix} 3 \\ 2 \\ 2 \end{pmatrix} + k\begin{pmatrix} 1 \\ a \\ 3 \end{pmatrix}$, $a \in \mathbb{R}$, sind eine Ebene E und eine Geradenschar g_a gegeben.

a) Berechnen Sie den Schnittpunkt von g_0 und E.

b) Die Schnittbedingung für E und g_a führt zu einem LGS mit der Zeilenstufenform:

$$\begin{matrix} r & s & k & \\ \end{matrix}$$
$$\left(\begin{array}{ccc|c} 1 & 2 & -1 & 2 \\ 0 & 1 & a & 0 \\ 0 & 0 & a-1 & 2 \end{array}\right)$$

Geben Sie an, für welche a das LGS eindeutig lösbar bzw. unerfüllbar ist.

c) Begründen Sie, dass keine Gerade der Schar g_a in der Ebene E liegt.

35. Gegeben sind die Punkte $A(0\,|\,0\,|\,0)$, $D(-1\,|\,4\,|\,8)$ und $B_a(-4\,|\,a\,|\,-4)$ für $a \in \mathbb{R}$.

a) Ermitteln Sie die Koordinaten der Punkte C_a, sodass AB_aC_aD ein Parallelogramm ist.

b) Geben Sie an, für welches a der Punkt C_a auf der x_1x_3-Ebene liegt.

c) Bestimmen Sie ein $a \in \mathbb{R}$, sodass das Parallelogramm AB_aC_aD ein Quadrat ist.

36. Gegeben sind die Ebene $E: -x_1 + 2x_2 - 2x_3 = 12$ und der Punkt $P(-1\,|\,-4\,|\,4)$.

a) g sei die Gerade durch P senkrecht zu E. Geben Sie eine Gleichung von g an.

b) Berechnen Sie den Abstand des Punktes P zur Ebene E.

c) Berechnen Sie die Koordinaten der Punkte Q_1 und Q_2 auf g, welche von E den Abstand 6 LE haben.

37. Gegeben sind zwei Geraden g_1 und g_2 durch folgende Gleichungen:

$$g_1: \vec{x} = \begin{pmatrix} 3 \\ 1 \\ 4 \end{pmatrix} + r \cdot \begin{pmatrix} 5 \\ 4 \\ 3 \end{pmatrix}, r \in \mathbb{R} \quad \text{und} \quad g_2: \vec{x} = \begin{pmatrix} 3 \\ 1 \\ 4 \end{pmatrix} + s \cdot \begin{pmatrix} 0 \\ 3 \\ -4 \end{pmatrix}, s \in \mathbb{R}$$

a) Zeigen Sie, dass der Punkt $A(8\,|\,5\,|\,7)$ auf der Geraden g_1 liegt und dass $S(3\,|\,1\,|\,4)$ der Schnittpunkt von g_1 und g_2 ist.

b) Bestimmen Sie x und z so, dass der Punkt $B(x\,|\,7\,|\,z)$ auf der Geraden g_2 liegt.

c) Zeigen Sie, dass das Dreieck ABS rechtwinklig ist.

d) Zeigen Sie, dass für den Flächeninhalt des Dreiecks ABS gilt: $A = 5 \cdot \sqrt{50}$

38. Gegeben sind zwei Geraden g_1 und g_2 durch

$$g_1: \vec{x} = \begin{pmatrix} 2 \\ 1 \\ 0 \end{pmatrix} + r \cdot \begin{pmatrix} 1 \\ -1 \\ 0 \end{pmatrix}, r \in \mathbb{R} \quad \text{und} \quad g_2: \vec{x} = \begin{pmatrix} 3 \\ 1 \\ 1 \end{pmatrix} + s \cdot \begin{pmatrix} 1 \\ 0 \\ 1 \end{pmatrix}, s \in \mathbb{R}.$$

a) Begründen Sie, dass g_1 und g_2 nicht parallel sind, und zeigen Sie, dass man durch Einsetzen von $s = -1$ in die Gleichung von g_2 den Schnittpunkt S von g_1 und g_2 erhält.

b) E sei die Ebene, die g_1 und g_2 enthält. Geben Sie eine Parametergleichung von E an.

c) Geben Sie eine Koordinatengleichung von E an.

d) Geben Sie einen Normalenvektor zu E an, der die Länge 1 hat.

Aufgaben zur Stochastik

39. In einem Kartendeck befinden sich 12 Karten, darunter sechs Joker, vier Asse und zwei Buben. Es wird nacheinander je eine Karte ohne Zurücklegen gezogen. Es werden die folgenden Ereignisse betrachtet.
A: Nach zweimaligem Ziehen wurde mindestens ein Joker gezogen.
B: Unter drei gezogenen Karten befindet sich höchstens ein Bube.
a) Formulieren Sie die Gegenereignisse $\overline{A}$ und $\overline{B}$.
b) Berechnen Sie die Wahrscheinlichkeiten von A und $\overline{B}$.
c) Geben Sie einen Term an, mit dem die Wahrscheinlichkeit berechnet werden kann, dass nach sechsmaligem Ziehen alle Asse gezogen wurden.

40. Von zwei Ereignissen A und B ist die Wahrscheinlichkeit dafür, dass beide eintreffen, gegeben durch $P(A \cap B) = \frac{1}{20}$.
a) Übertragen Sie das Baumdiagramm und ergänzen Sie die fehlenden Wahrscheinlichkeiten.
b) Bestimmen Sie die Wahrscheinlichkeiten dafür, dass
① B eintrifft und A nicht eintrifft
② B eintrifft, nachdem $\overline{A}$ eingetroffen ist
③ B eintrifft
④ A eintrifft, nachdem B eingetroffen ist
c) Ermitteln Sie, ob die Ereignisse A und B stochastisch unabhängig sind.

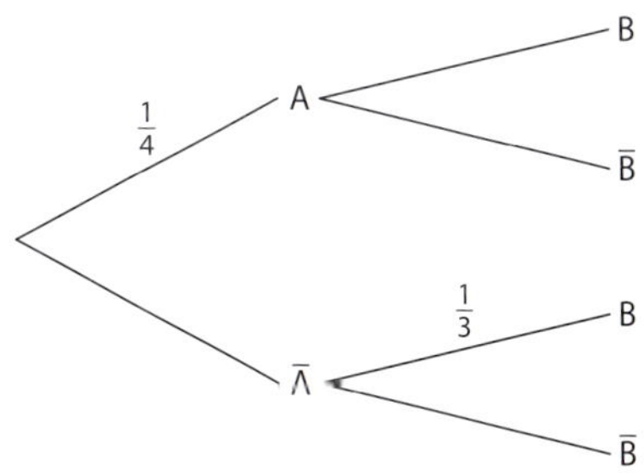

41. Die Angestellten eines Unternehmens wenden etwa 20 % ihrer Arbeitszeit für Kundentelefonate auf. Dafür stehen 10 Leitungen bereit.
a) Erläutern Sie in diesem Zusammenhang die Bedeutung des Terms $0{,}8^{20} \approx 0{,}01$.
b) Der Arbeitstag ist 480 Minuten lang. Geben Sie an, wie viele Minuten keine Leitung benötigt wird.
c) Geben Sie an, wie viele Leitungen im Durchschnitt gleichzeitig benötigt werden.
d) Die Anzahl der Leitungen soll auf 3 reduziert werden. Erläutern Sie in diesem Zusammenhang die Bedeutung des Terms
$0{,}8^{20} + 20 \cdot 0{,}2^1 \cdot 0{,}8^{19} + \binom{20}{2} \cdot 0{,}2^2 \cdot 0{,}8^{18} + \binom{20}{3} \cdot 0{,}2^3 \cdot 0{,}8^{17}$

42. Es sei X eine binomialverteilte Zufallsgröße mit den Parametern n und p.
a) Erklären Sie in diesem Zusammenhang die Bedeutung der Terme ①, ② und ③.
① $(1-p)^3$ ② $\binom{n}{5} \cdot p^5 \cdot (1-p)^{n-5}$ ③ $1 - ((1-p)^n + n \cdot p \cdot (1-p)^{n-1})$
b) Gegeben sind $\mu = 20$ und $\sigma = 2$. Bestimmen Sie n und p.

43. Durch die Menschenmenge eines Volksfestes bewegen sich zehn Losverkäufer. Vier von ihnen haben rote Lostrommeln, in denen der Anteil der Gewinne 0,1 beträgt. In den blauen Lostrommeln der restlichen sechs Verkäufer befinden sich 20 % Gewinne.
a) Berechnen Sie die Wahrscheinlichkeit dafür, dass jemand bei einem zufällig angetroffenen Losverkäufer einen Gewinn zieht.
b) Eine Festbesucherin hat einen Gewinn gezogen. Berechnen Sie, mit welcher Wahrscheinlichkeit sie diesen aus einer blauen Trommel gezogen hat.
c) Es werden zwei weitere Verkäufer mit grünen Lostrommeln losgeschickt, in denen der Anteil der Gewinne p beträgt. Bestimmen Sie p so, dass die Wahrscheinlichkeit dafür, bei einem zufällig ausgewählten Losverkäufer ein Gewinnlos zu ziehen $\frac{1}{6}$ ist.

44. Zum Karneval produziert ein Konditor Pfannkuchen. 5 % der Pfannkuchen enthalten Senf anstatt Marmelade. Nacheinander kaufen zehn Kunden je einen Pfannkuchen.

a) Die Größe X zählt die Anzahl der Kunden, die einen Pfannkuchen mit Senf bekommen. Begründen Sie, dass X eine binomialverteilte Zufallsgröße ist, und geben Sie n und p an.

b) Geben Sie je einen Term an, mit dem die Wahrscheinlichkeit der Ereignisse A, B und C berechnet werden kann.
A: Die ersten zwei Kunden bekommen einen Pfannkuchen mit Marmelade.
B: Genau zwei der zehn Kunden erwischen einen Pfannkuchen mit Senf.
C: Mindestens zwei Kunden bekommen einen Pfannkuchen mit Senf.

c) Entscheiden Sie, welche der Abbildung zur binomialverteilten Zufallsgröße X gehört.

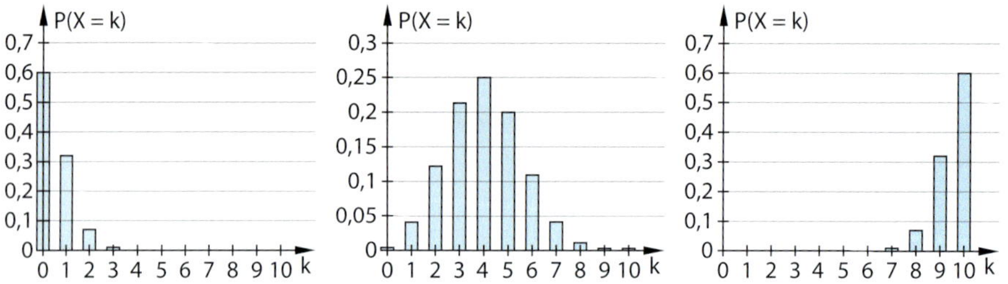

Begründen Sie, dass eine der anderen Abbildungen die Verteilung der Anzahl der Kunden mit einem Marmeladen-Pfannkuchen beschreibt.

45. In einer Urne befinden sich sieben Kugeln, die mit den Ziffern 1 bis 7 beschriftet sind. Es werden nacheinander zufällig vier Kugeln ohne Zurücklegen gezogen.

a) Berechnen Sie die Anzahl möglicher Ergebnisse, wenn die Reihenfolge der gezogenen Kugeln keine Rolle spielt.

b) Zeigen Sie, dass die Wahrscheinlichkeit dafür, dass sich unter den gezogenen Kugeln höchstens eine Kugel mit einer geraden Ziffer befindet, mehr als ein Drittel beträgt.

c) Formulieren Sie ein Ereignis im Sachzusammenhang, dessen Wahrscheinlichkeit mit dem Term $1 - \frac{\binom{3}{2} \cdot \binom{4}{2}}{\binom{7}{4}}$ berechnet werden kann.

46. Die Vierfeldertafel zeigt die Ergebnisse einer Umfrage von 200 Personen, die nach den Merkmalen (A) und (B) befragt wurden.

	B	$\overline{B}$	gesamt
A	16		
$\overline{A}$			
gesamt	64		200

a) Bestimmen Sie die Wahrscheinlichkeit dafür, dass auf eine zufällig ausgewählte Person
① Merkmal (B) zutrifft. ② beide Merkmale zutreffen.

b) Übertragen Sie die Vierfeldertafel in Ihr Heft und vervollständigen Sie sie so, dass die Merkmale (A) und (B) stochastisch unabhängig sind.

c) Ermitteln Sie, mit welcher Wahrscheinlichkeit auf eine zufällig ausgewählte Person, auf die das Merkmal (A) nicht zutrifft, auch das Merkmal (B) nicht zutrifft.

47. Bei einem Glücksspiel wird 100-mal eine Münze geworfen. Für jeden Wurf mit „Zahl“ erhält der Spieler 1 €. Bei „Kopf“ erhält er nichts. Es wird angenommen, dass die Münze fair ist.

a) Bestimmen Sie einen Einsatz, bei dem das Spiel fair ist.

b) Entscheiden Sie, in welchen Intervallen die Auszahlung nach 100 Würfen mit einer Wahrscheinlichkeit von mindestens 95,5 % liegt. Begründen Sie Ihre Entscheidung.
① [45; 55] ② [47; 53] ③ [40; 60] ④ [42; 58] ⑤ [38; 62]

c) Bei einer Beobachtung von 10 000 Würfen mit der Münze tritt „Kopf“ 5200-mal auf. Beurteilen Sie, ob die Fairness der Münze aufgrund dieser Beobachtung angezweifelt werden sollte.

48. Die Abbildung zeigt das Histogramm einer binomialverteilten Zufallsgröße X mit n = 25.

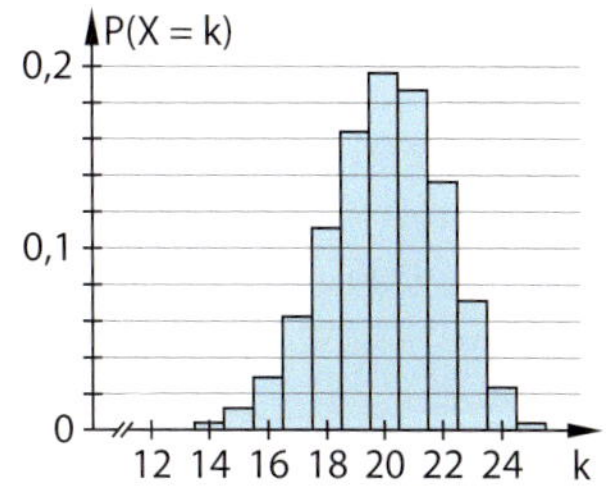

a) Entnehmen Sie dem Histogramm den Erwartungswert μ. Berechnen Sie die Erfolgswahrscheinlichkeit p und die Standardabweichung σ.

b) Entnehmen Sie dem Histogramm die Wahrscheinlichkeit $P(20 - 2 \leq X \leq 20 + 2)$. Runden Sie beim Ablesen der Werte jeweils auf zwei Nachkommastellen.

49. Bei einem Glücksspiel wird eine faire Münze mit den Seiten „Kopf" und „Zahl" viermal geworfen. Zeigt die Münze bei jedem Wurf „Kopf", so erhält der Spieler einen Gewinn.

a) Ermitteln Sie die Höhe des Gewinns so, dass das Spiel bei einem Einsatz von 2 € fair ist.

b) Hannes behauptet, dass er bei 30 Durchführungen des Spiels mit einer Wahrscheinlichkeit von über 95 % mindestens einmal gewinnt.
Erklären Sie in diesem Zusammenhang die Bedeutung der Ausdrücke ① und ②.
① $\left(\frac{15}{16}\right)^n = 0{,}05$ ② $n = \frac{\ln(0{,}05)}{\ln\left(\frac{15}{16}\right)} \approx 46{,}42$
Beurteilen Sie damit die Aussage von Hannes.

50. In einem Zufallsexperiment wird ein Würfel mit dem abgebildeten Körpernetz zweimal nacheinander geworfen. Die Zufallsgröße X beschreibt das Produkt der beiden Augenzahlen.

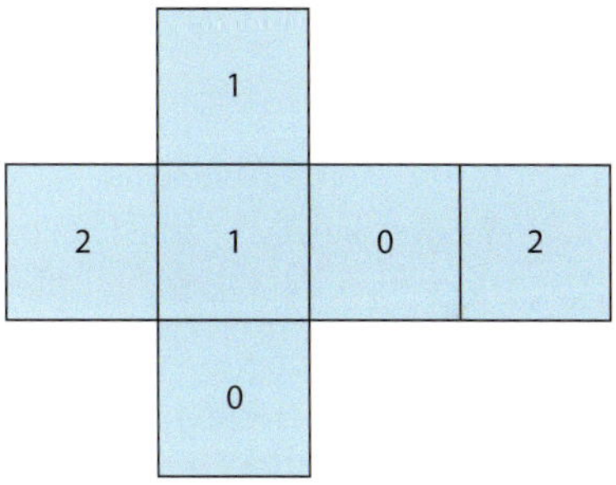

a) Berechnen Sie die Wahrscheinlichkeiten der Ereignisse E und F.
E: X ist eine ungerade Zahl.
F: X beträgt mindestens 2.

b) Das Zufallsexperiment wird als Glücksspiel angeboten. Ein Spieler erhält 9 €, falls X = 2, und 18 €, falls X = 4. Ansonsten erhält der Spieler keine Auszahlung. Entscheiden Sie begründet, ob das Spiel bei einem Einsatz von 3 €, 4 € oder 5 € fair wäre.

51. In einer Urne befinden sich n Kugeln, die mit den Zahlen 1, …, n beschriftet sind. Es werden zwei Kugeln nacheinander mit Zurücklegen gezogen. Betrachtet werden die Ereignisse A und B.
A: Die Summe der Ziffern ist gerade.
B: Als Erstes wurde die 1 gezogen.

a) Bestimmen Sie die Wahrscheinlichkeit für A, wenn n = 3 gilt.

b) Ermitteln Sie für n = 3 die Wahrscheinlichkeit für A unter der Bedingung B.
Untersuchen Sie die beiden Ereignisse auf stochastische Unabhängigkeit.

c) Untersuchen Sie, ob A und B für jede gerade Zahl n stochastisch unabhängig sind.

52. Aus einer Urne werden drei Kugeln mit Zurücklegen gezogen. p sei die Wahrscheinlichkeit eine rote Kugel zu ziehen. X zählt die Anzahl der gezogenen roten Kugeln.

a) Geben Sie die Wahrscheinlichkeit an, dass nur die erste der gezogenen Kugeln rot ist.

b) Geben Sie die Bedeutung des Terms $3p^2(1 - p)$ an.

c) Berechnen Sie den Wert von $p > 0$ für den Fall, dass gilt: $P(X = 1) = 12P(X = 3)$

8.3 Aufgaben mit Hilfsmitteln

Bei der Bearbeitung der folgenden Aufgaben können Taschenrechner sowie Formelsammlungen verwendet werden. Der Lösungsweg sollte vollständig nachvollziehbar dokumentiert werden. Die Dokumentation geht in die Bewertung ein.

Aufgaben zur Analysis

1. **Download**

Der Graph der Funktion f mit $f(t) = -\frac{1}{8}t^3 + \frac{3}{4}t^2$ beschreibt zwischen seinen Nullstellen die Übertragungsrate während eines Downloads einer App. Dabei gibt t die Zeit in Sekunden an und f(t) die Downloadgeschwindigkeit in Megabyte pro Sekunde $\left(\frac{\text{MB}}{\text{s}}\right)$.

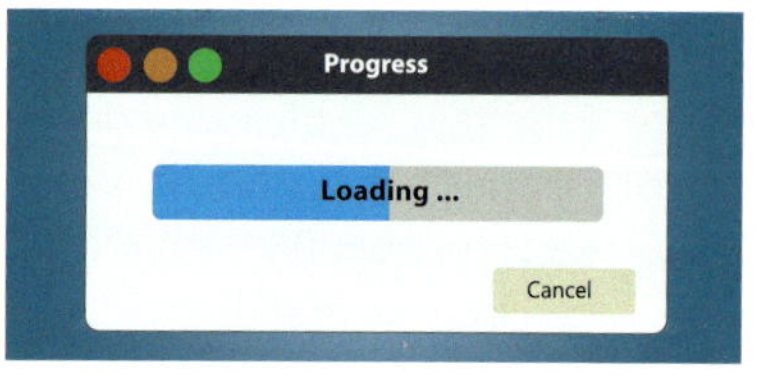

a) Bestimmen Sie die Gesamtdauer des Downloads und die Downloadgeschwindigkeit nach 2 Sekunden.
Berechnen Sie den Zeitpunkt mit der höchsten Übertragungsrate.
Zeigen Sie, dass f bei t = 2 eine Wendestelle hat, und erklären Sie ihre Bedeutung im Sachzusammenhang.

b) Berechnen Sie, wie viele Megabyte insgesamt heruntergeladen werden.
Zeigen Sie, dass nach 2 Sekunden erst weniger als 12,5 % und nach 5 Sekunden bereits über 85 % der Daten heruntergeladen sind.

c) Aufgrund eines technischen Fehlers wird die Übertragungsrate ab t = 2 angegeben durch die Gerade g_1 durch den Wendepunkt von f und P(6 | 0). Berechnen Sie, um wie viel Prozent der Gesamtdownload durch diesen Fehler verringert wird.

Unabhängig vom Sachzusammenhang werden nun die auf ganz ℝ definierten Funktionen f und h mit $f(x) = -\frac{1}{8}x^3 + \frac{3}{4}x^2$ und $h(x) = -\frac{1}{8}x^3 + \frac{3}{2}x$ betrachtet.

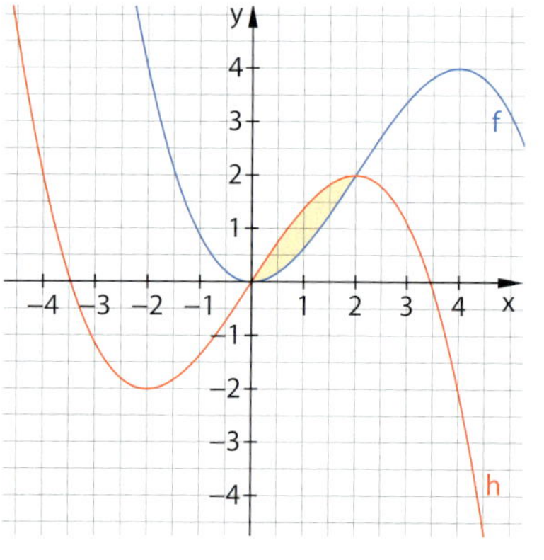

d) Die Graphen von f und h schließen wie abgebildet eine Fläche A ein. Berechnen Sie ihren Inhalt.
Bestimmen Sie die Stelle, an der die Fläche A die größtmögliche vertikale Ausdehnung hat, und geben Sie diese an.
g_2 sei die Gerade durch die Schnittpunkte von f und h. Berechnen Sie, in welchem Verhältnis g_2 die Fläche A teilt.

e) Zeigen Sie, dass f und h zur Funktionenschar $f_a(x) = -\frac{1}{8}(x-a)^3 + \frac{3}{2}(x-a) + a$ gehören, und weisen Sie nach, dass für alle $a \in \mathbb{R}$ der Wendepunkt von f_a auf g_2 liegt.
Für $a \in \mathbb{R}$ sei t_a die Tangente an den Graphen von f_a im Schnittpunkt mit der y-Achse.
Zeigen Sie, dass t_a die Steigung $m_a = -\frac{3}{8}a^2 + \frac{3}{2}$ hat.
Ermitteln Sie Werte für a, sodass t_a senkrecht zu t_0 verläuft.
Begründen Sie, dass keine Tangente t_a senkrecht zu t_2 verläuft.

2. Firmenlogo

Ein neues Logo soll das Firmenhochhaus schmücken. Das symmetrische Logo wird im Koordinatensystem entworfen: 1 Längeneinheit entspricht 1 m.
Der Bogen von $E(1|0)$ nach $B(3|0)$ ist Teil der Parabel zu $g(x) = x^2 - 4x + 3$.

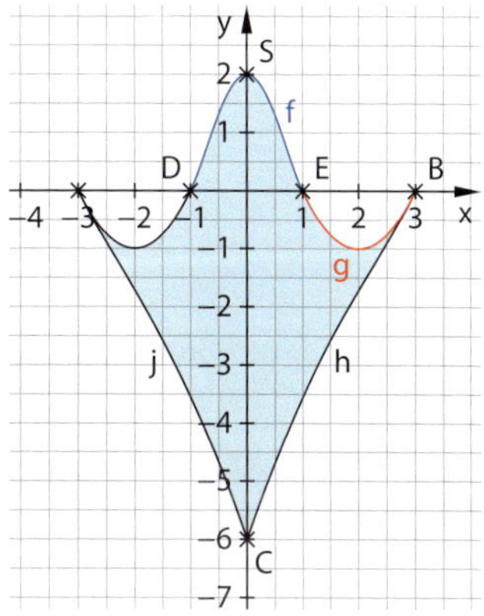

a) Berechnen Sie die Nullstellen von g und die Steigung $g'(3)$. Begründen Sie: $g'(1) = -g'(3)$
Der Bogen von $A(-3|0)$ nach $D(-1|0)$ ist Teil des Graphen einer Funktion g_1. Geben Sie eine Gleichung von g_1 an.

b) Die in der Abbildung dargestellte blaue Randkurve ist der Graph einer ganzrationalen Funktion f vierten Grades. Ihr Graph ist symmetrisch zur y-Achse, verläuft durch $S(0|2)$ und schließt im Punkt E knickfrei an den Graphen von g an. Ermitteln Sie eine Funktionsgleichung von f.
[Kontrollergebnis: $f(x) = x^4 - 3x^2 + 2$]

c) Die Funktion h, deren Graph den rechten Teil des Logos begrenzt, gehört zur Funktionenschar h_k mit $h_k(x) = 2k(x-3)^2 + \frac{2}{e^3}e^x - 2$ mit $k < 0$.
Zeigen Sie, dass die Graphen aller Funktionen dieser Schar im Punkt B die gleiche Steigung haben wie der Graph von g.
Zeigen Sie, dass das Flächenstück, das durch die y-Achse, die Graphen von f und g sowie durch den Graphen von h_k begrenzt wird, den Inhalt $A_k = \frac{58}{15} - 18k + \frac{2}{e^2}$ hat.
Für die Funktion h, deren Graph abgebildet ist, gilt $k = -\frac{1+2e^3}{9e^3}$.
Weisen Sie rechnerisch nach, dass der Graph von h die y-Achse in $C(0|-6)$ schneidet.
Die für das Auftragen des Logos benötigte Spezialfarbe kostet pro Liter 189 € und reicht für eine Fläche von $3\,m^2$. Berechnen Sie den Flächeninhalt des Logos und untersuchen Sie, ob ein Budget von 1200 € ausreicht, um genug Farbe für das Logo zu kaufen.

d) Die Funktion f gehört zur Schar f_a mit $f_a(x) = a \cdot \left(x^4 - \left(2 + \frac{1}{a}\right)x^2 + \left(1 + \frac{1}{a}\right)\right)$, $a > 0$.
Zeigen Sie, dass alle Graphen dieser Schar achsensymmetrisch zur y-Achse sind und im Punkt E knickfrei an den Graphen von g anschließen.
Geben Sie an, für welchen Wert des Parameters a gilt: $f_a = f$.
Die blaue Randkurve des Logos wird nun durch den Graphen von f_a ersetzt. Ermitteln Sie denjenigen Wert von a, für den der Flächeninhalt des Logos dem Inhalt der Fläche entspricht, die von den Graphen von h und j mit der x-Achse eingeschlossen wird.

Unabhängig vom Sachzusammenhang wird die Funktionenschar r_k mit $r_k(x) = kx^2 + e^x$, $k < 0$ betrachtet.

e) Zeigen Sie, dass $W_k(\ln(-2k)\,|\,k(\ln(-2k))^2 - 2k)$ der Wendepunkt von r_k ist. Begründen Sie, dass die Steigung des Graphen von r_k in W_k ein lokales Minimum hat.

f) Zeigen Sie, dass die Wendepunkte W_k, $k < 0$ auf dem Graphen der Funktion w mit $w(x) = e^x\left(1 - \frac{1}{2}x^2\right)$ liegen.
Ermitteln Sie denjenigen Wert von $k < 0$, für den der Wendepunkt W_k den kleinsten Abstand zum Ursprung hat. Nutzen Sie hierzu die Information, dass die Funktion d mit $d(x) = \sqrt{x^2 + (w(x))^2}$ bei $x \approx -0{,}47$ ein globales Minimum hat.

3. Pandemie

Die Tabelle zeigt für die Freitage ab dem 11. Sept. 2020 die durch 3000 dividierte Anzahl der zu dem Zeitpunkt in Nordrhein-Westfalen an Corona Erkrankten.

0	1	2	3	4	5	6	7	8	9	10	11	12	13
0,98	1,24	1,68	2,32	3,12	4,78	7,37	13,31	18,65	21,86	23,85	22,99	21,2	21,27

In der Skizze wurden die Messwerte für die Wochen 0 bis 7 durch eine Funktion f der Form $f(x) = c \cdot e^{kx}$ approximiert, deren Graph durch die Punkte $(0\,|\,0{,}98)$ und $(7\,|\,13{,}31)$ verläuft (x: Anzahl der Wochen).

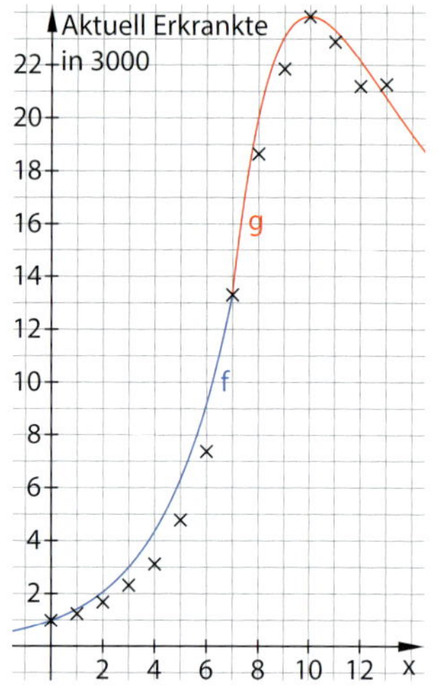

a) Geben Sie die Anzahl der an Corona Erkrankten in der 10. Woche an.
Ermitteln Sie eine Gleichung der Funktion f.
Beurteilen Sie anhand der Abbildung, wie sich in dieser Zeitspanne der wöchentliche Wachstumsfaktor der realen Werte zu dem der Funktion f verhält.
Geben Sie die mittlere Änderungsrate im Intervall $[0; 7]$ an.
Schätzen Sie mithilfe der Funktion f, ab welcher Woche man bei fortlaufendem exponentiellen Wachstum mit über 1 Mio. Erkrankten hätte rechnen müssen.

b) Durch einen Teillockdown im November 2020 wurde das exponentielle Wachstum beendet. Die Messwerte ab der 7. Woche können durch die Funktion g mit $g(x) = 26{,}77(x^2 - 7x)\,e^{-\frac{13}{30}x} + 13{,}31$ angenähert werden (siehe Abbildung).
Weisen Sie rechnerisch nach, dass der Graph von g an der Stelle $x = 7$ nicht knickfrei an den Graphen von f anschließt.
Berechnen Sie das lokale Maximum von g.
Ermitteln Sie das Verhalten von g(x) für $x \to \infty$. Begründen Sie, dass die Funktion g nicht dazu geeignet ist, einen wirklich erfolgreichen Lockdown zu modellieren.

c) Die Krankenkassen rechnen mit durchschnittlichen Kosten von K Euro pro Woche und pro erkrankter Person. Stellen Sie einen Term auf, mit dem die Gesamtkosten der Krankenkassen für die 12 Wochen berechnet werden können.

Unabhängig vom Sachzusammenhang ist nun eine Funktionenschar p_a gegeben durch $p_a(x) = 2(x^2 - ax + a)\,e^{-x}$, $a \in \mathbb{R}$.

d) Weisen Sie rechnerisch nach, dass für $a \neq 2$ die lokalen Extrempunkte von p_a die Koordinaten $E_a(2\,|\,(8 - 2a)e^{-2})$ und $F_a(a\,|\,2ae^{-a})$ haben.
Ermitteln, für welche $a \neq 2$ es sich bei E_a und F_a um Hoch- oder Tiefpunkte handelt.
Ermitteln Sie die Werte von a, für die E_a oder F_a auf der Winkelhalbierenden des Koordinatensystems liegen.

e) Ermitteln Sie das globale Maximum von p_4 mit $p_4(x) = 2(x^2 - 4x + 4)\,e^{-x}$ für $x \geq 0$.

f) Die Senkrechten zu den Koordinatenachsen durch den Punkt $F_a(a\,|\,2ae^{-a})$ schließen für $a \geq 0$ mit den Koordinatenachsen ein Rechteck ein. Berechnen Sie, für welches $a \geq 0$ dieses Rechteck einen maximalen Inhalt hat, und geben Sie diesen an.

4. Feinstaub an Neujahr

Die Luftbelastung mit gesundheitsgefährdendem Feinstaub ist vielerorts am ersten Tag des neuen Jahres so hoch wie sonst im ganzen Jahr nicht.
So wurde in der „Millenniumsnacht" am 1. Januar 2000 in Dresden mit mehr als $2000\,\frac{\mu g}{m^3}$ der höchste jemals in Sachsen gemessene Wert erreicht. Normal war zu dieser Zeit in Dresden eine ständige Belastung von $35\,\frac{\mu g}{m^3}$.

Für die ersten zwei Stunden des Jahres 2000 kann die Feinstaubkonzentration durch die Funktion f mit $f(t) = 300t \cdot e^{-0{,}05t} + 35$ modelliert werden. Dabei gibt t die Zeit in Minuten seit Mitternacht an und f(t) die Feinstaubkonzentration in $\frac{\mu g}{m^3}$. Nach zwei Stunden erfolgt der weitere Abbau näherungsweise linear.

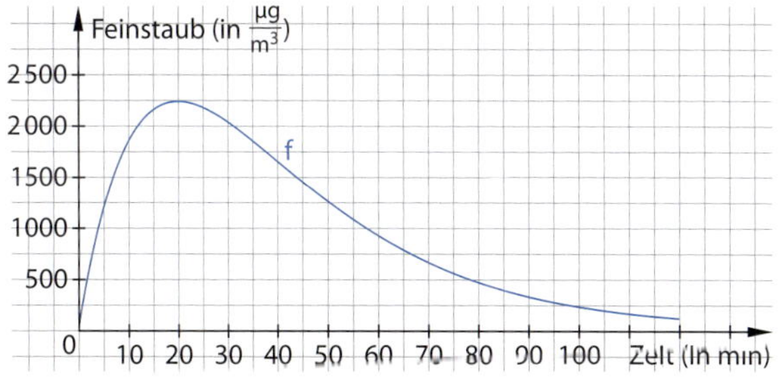

a) Berechnen Sie die Feinstaubkonzentration 10 Minuten nach dem Jahreswechsel.
Berechnen Sie f'(5) und interpretieren Sie das Ergebnis im Sachzusammenhang.
[Kontrollergebnis: $f'(t) = (300 - 15t) \cdot e^{-0{,}05t}$]

b) Berechnen Sie die maximale Feinstaubkonzentration in der Luft sowie den zugehörigen Zeitpunkt.
Bestimmen Sie den Zeitpunkt, zu dem der Feinstaub am stärksten reduziert wird, und geben Sie auch die zugehörige Abbaugeschwindigkeit an.

c) Zeigen Sie, dass die Funktion F mit $F(t) = (-6000t - 120\,000) \cdot e^{-0{,}05t} + 35t$ eine Stammfunktion zu f ist.
Begründen Sie, dass der Wert des Terms $\frac{1}{b-a} \cdot \int_a^b f(t)\,dt$ der mittleren Feinstaubkonzentration im Zeitintervall [a; b] entspricht.
Berechnen Sie die mittlere Feinstaubkonzentration für die Zeit von 0:00 Uhr bis 2:00 Uhr.

d) Der lineare Abbau nach 2 Stunden wird näherungsweise durch die Tangente g an den Graphen von f im Punkt $(120\,|\,f(120))$ beschrieben. Bestimmen Sie die Gleichung der Tangente g. Zeigen Sie, dass die Feinstaubkonzentration 144 Minuten nach dem Jahreswechsel wieder genauso hoch ist wie um Mitternacht, nämlich $35\,\frac{\mu g}{m^3}$.
Berechnen Sie $\frac{1}{144} \cdot \left(\int_0^{120} f(t)\,dt + \int_{120}^{144} g(t)\,dt \right)$. Interpretieren Sie das Ergebnis im Sachzusammenhang.

e) Das Modell soll auf eine andere Stadt übertragen werden, von der nur wenige Messergebnisse vorliegen. Da die Grundbelastung vernachlässigbar gering ist, wird die Konzentration des Feinstaubs in der Luft hier durch eine Funktion h der folgenden Form beschrieben: $h(t) = at \cdot e^{-bt}$ mit $a > 0$ und $b > 0$. Wieder ist t die Zeit in Minuten nach dem Jahreswechsel; h(t) wird in der Einheit $\frac{\mu g}{m^3}$ gemessen.
Bestimmen Sie die Konstanten a und b, wenn die Feinstaubkonzentration genau 40 Minuten nach dem Jahreswechsel maximal ist und hier einen Wert von $1200\,\frac{\mu g}{m^3}$ erreicht.

5. Abkühlung

Der Abkühlungsprozess von Flüssigkeiten kann mithilfe exponentieller Funktionen modelliert werden. In einem Versuch wird heißes Wasser mit einer Temperatur von 85 °C in eine Umgebung mit 30 °C gebracht. Nach 30 Minuten wird im Wasser eine Temperatur von 48 °C gemessen.

a) Sie können davon ausgehen, dass die Temperaturdifferenz mit der Zeit exponentiell abnimmt. Ermitteln Sie mithilfe des Messwerts eine Funktion f, die den Verlauf der Wassertemperatur in Abhängigkeit von der Zeit t (in Minuten) modellhaft beschreibt.
[Kontrollergebnis: $f(t) = 30 + 55e^{-0{,}037t}$]
Bestimmen Sie damit die Wassertemperatur nach einer Stunde und den Zeitpunkt, an dem eine Temperatur von 40 °C erreicht wird.
Im Versuch wird nach einer Stunde eine Temperatur von 36 °C gemessen. Geben Sie die prozentuale Abweichung dieses Messwerts vom mit f errechneten Wert an.

b) Bestimmen Sie die Geschwindigkeit, mit der die Temperatur nach 45 Minuten abnimmt. Ermitteln Sie den Zeitpunkt, an dem die Temperatur mit einer Geschwindigkeit von einem Grad pro Minute abnimmt.
Zeigen Sie, dass sich der Graph der Ableitungsfunktion f′ für $t \to \infty$ asymptotisch der t-Achse annähert. Deuten Sie dies im Sachzusammenhang.

Unabhängig vom Sachzusammenhang wird nun die Funktion g mit $g(x) = (x^2 - 1) \cdot e^{-x}$ betrachtet.

c) Beschreiben Sie das Verhalten der Funktionswerte von g für $x \to \infty$ und für $x \to -\infty$.
Bestimmen Sie mithilfe der Produktintegration eine Stammfunktion G von g.
[Kontrollergebnis: $G(x) = -(x + 1)^2 e^{-x}$]
Berechnen Sie den Inhalt der Fläche, die der Graph von g mit der x-Achse einschließt.
Der Graph von g, die x-Achse und die Senkrechte $x = 1$ schließen eine nach rechts unbegrenzte Fläche ein. Zeigen Sie, dass diese Fläche einen endlichen Inhalt hat, und geben Sie diesen an.

d) Ermitteln Sie die Gleichung einer ganzrationalen Funktion h zweiten Grades, welche die gleichen Nullstellen wie g hat und in der positiven Nullstelle die Steigung 2 hat.
[Kontrollergebnis: $h(x) = x^2 - 1$]
Berechnen Sie den Inhalt der Fläche, die von den Graphen von g und h sowie der x-Achse eingeschlossen wird (siehe Abbildung).
Berechnen Sie das Volumen des Körpers, der durch Rotation des Graphen von h im Intervall [−1; 1] um die x-Achse entsteht.

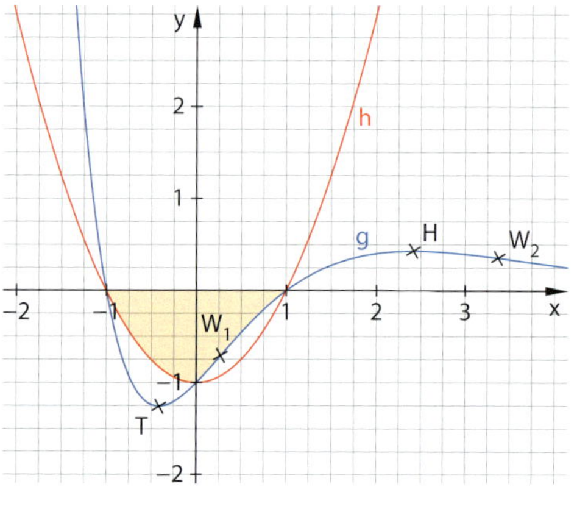

Aufgaben zur analytischen Geometrie

6. Doppelpyramide

Gegeben ist eine Pyramide mit Spitze S und quadratischer Grundfläche ABCD.

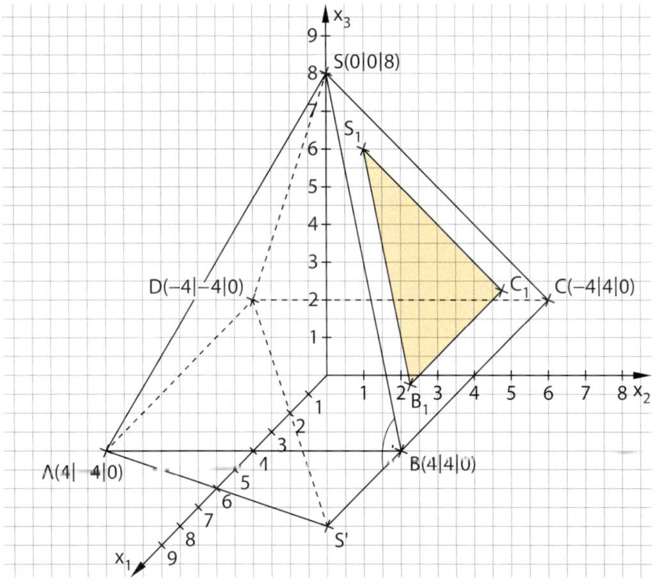

a) Die Ebene E_1 verläuft durch C und durch die Mittelpunkte der beiden Pyramidenkanten $\overline{BS}$ und $\overline{DS}$. Die Gerade g_{AS} enthält die Punkte A und S.
Bestimmen Sie zur Ebene E_1 und zur Geraden g_{AS} jeweils eine Gleichung.
Zeigen Sie, dass die Gerade g_{AS} zur Ebene E_1 orthogonal ist.

b) Berechnen Sie den Schnittpunkt T von E_1 und g_{AS}.
Zeigen Sie, dass die Strecke $\overline{AS}$ dreimal so lang ist wie die Strecke $\overline{TS}$.

c) Bestimmen Sie die Koordinaten des Spiegelpunktes A' von A an der Ebene E_1.

d) Berechnen Sie das Volumen und den Oberflächeninhalt der Pyramide.

e) Bestimmen Sie die Größe aller Innenwinkel des Dreiecks BCS.

f) Die Seiten des Dreiecks $B_1C_1S_1$ mit $B_1(2{,}5\,|\,3{,}5\,|\,1)$ und $C_1(-2{,}5\,|\,3{,}5\,|\,1)$ sind parallel zu den entsprechenden Seiten des Dreiecks BCS.
Berechnen Sie die Koordinaten des Punktes S_1.

g) Die Pyramide soll zu einer Doppelpyramide erweitert werden.
Bestimmen Sie die Koordinaten des Punktes S' auf der x_3-Achse, sodass das Dreieck SS'B bei B einen rechten Winkel hat.

h) E_2 ist die Ebene durch B, C und S'.
Ermitteln Sie die Koordinaten des Punktes P auf der Strecke $\overline{AS}$, der von E_2 den Abstand $d(P, E_2) = \frac{11}{\sqrt{2}}$ hat.

7. Flugbahnen

Betrachtet werden ein Propellerflugzeug und ein Verkehrsflugzeug. Das Propellerflugzeug startet um 9:00 Uhr im Punkt $A(1\,|\,8\,|\,0)$ und befindet sich um 9:04 Uhr im Punkt $B(7\,|\,12\,|\,2)$.
Das Verkehrsflugzeug befindet sich um 9:02 Uhr im Punkt $C(-10\,|\,-5\,|\,3)$. Im hier betrachteten Zeitraum legt es pro Minute einen dem Vektor $\vec{v} = \begin{pmatrix} 5 \\ 3 \\ 0 \end{pmatrix}$ entsprechenden Weg zurück (alle Längenangaben in km). Der Erdboden wird durch die x_1x_2-Ebene modelliert.

a) Die Flugbahn des Propellerflugzeugs entspricht, bis es eine Höhe von 3 km über dem Erdboden erreicht hat, einer Geraden g_1.
Geben Sie eine Parametergleichung von g_1 an und berechnen Sie den Steigungswinkel des Propellerflugzeugs.

b) Ab dem Punkt $P(x_1\,|\,x_2\,|\,3)$ fliegt das Propellerflugzeug in gleicher Richtung, aber die Höhe von 3 km beibehaltend, weiter, entlang einer Geraden g_2.
Geben Sie eine Parametergleichung von g_2 an.

c) Geben Sie für den Horizontalflug des Propellerflugzeugs und für das Verkehrsflugzeug die Geschwindigkeit in $\frac{\text{km}}{\text{h}}$ an.
Berechnen Sie den Abstand beider Flugzeuge um 9:02 Uhr.

d) h sei die Gerade, welche der Flugbahn des Verkehrsflugzeugs entspricht.
Berechnen Sie den Abstand der Geraden g_1 und h.
F_1 und F_h seien die Fußpunkte des gemeinsamen Lotes beider Geraden.
Geben Sie an, zu welcher Uhrzeit sich die beiden Flugzeuge in F_1 bzw. in F_h befinden.
[Kontrollergebnis: $d(g_1, h) \approx 5{,}9$ km]

e) Berechnen Sie den Schnittpunkt der Flugbahnen g_2 und h.
Begründen Sie ohne weitere Rechnung, dass die Flugbahn g_1 bzw. g_2 des Propellerflugzeugs einen Mindestabstand von 5,9 km zur Flugbahn h einhält.

f) Im Punkt $Z(38\,|\,34\,|\,3)$ ist das Zentrum eines Gewitters.
Berechnen Sie die beiden Punkte K_1 und K_2 der Flugbahn h, welche 17 km von Z entfernt liegen.

g) Begründen Sie, dass für den Mittelpunkt M der Strecke $\overline{K_1K_2}$ gilt: $d(h, Z) = d(Z, M)$.
Zeigen Sie, dass h mehr als 8 km vom Zentrum des Gewitters entfernt bleibt.

8. Schatten

Die Skizze zeigt ein Haus mit einem Spitzdach. Der Erdboden entspricht der x_1x_2-Ebene.

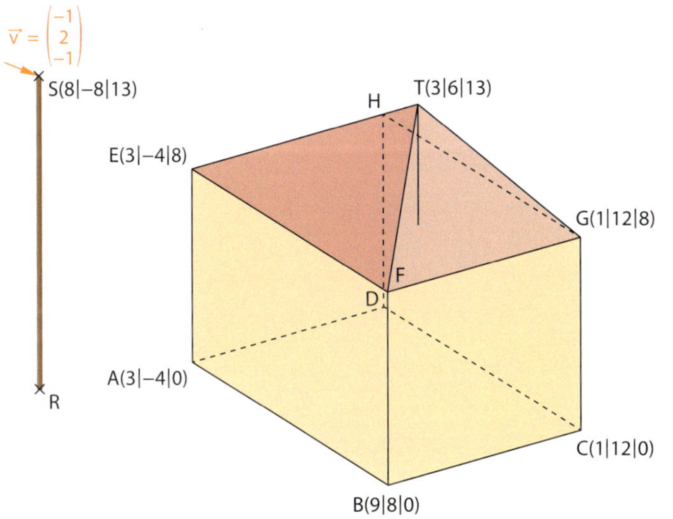

a) Berechnen Sie die Koordinaten des Punktes D so, dass das Viereck ABCD ein Parallelogramm ist, und weisen Sie nach, dass es sogar ein Rechteck ist.
Geben Sie auch die Koordinaten der Punkte F und H an.

b) Prüfen Sie, ob die Dachdreiecke EFT und FGT gleichschenklig sind.

c) E_1 sei die Ebene durch T orthogonal zur Geraden g_{EF} durch die Punkte E und F.
Berechnen Sie den Schnittpunkt L von E_1 und g_{EF} und geben Sie an, in welchem Verhältnis E_1 die Strecke $\overline{EF}$ teilt.
Geben Sie an, welche Bedeutung die Strecke $\overline{TL}$ für das Dreieck EFT hat, und berechnen Sie den Flächeninhalt dieses Dreiecks.

d) Das Sonnenlicht fällt in Richtung des Vektors $\vec{v} = \begin{pmatrix} -1 \\ 2 \\ -1 \end{pmatrix}$ ein. Der Schatten des Mastes mit Spitze S soll ermittelt werden. Führen Sie dazu die folgenden Schritte durch:
① Skizzieren Sie das Haus in ein Koordinatensystem.
(Sie brauchen ein querliegendes DIN-A4-Blatt.)
② S wird in Richtung von $\vec{v}$ auf einen Punkt S′ der x_1x_2-Ebene projiziert. Berechnen Sie die Koordinaten von S′.
③ Schneiden Sie die Geraden $g_{RS'}$ und g_{AB} und zeichnen Sie den Schatten des Mastes auf dem Boden und auf der Hauswand ein.
④ Der Schatten S″ der Mastspitze S fällt auf das Dach.
Prüfen Sie, in welchem Dachdreieck S″ liegt. (Es reicht nicht zu zeigen, in welcher Ebene S″ liegt, sondern die Lage innerhalb eines Dreiecks muss nachgewiesen werden.)
Zeichnen Sie den in diesem Dreieck liegenden Teil des Schattens ein.

e) Berechnen Sie den Neigungswinkel der Ebenen E_{EFT} und E_{FGT} gegen den in der Ebene E_{EFG} liegenden Dachboden.

f) Im Speicher soll eine möglichst große Kugel untergebracht werden. Diese berührt die Dachdreiecke EFT, FGT und GHT sowie den Dachboden EFGH.
Berechnen Sie die Koordinaten des Mittelpunktes M dieser Kugel und geben Sie ihren Radius an.

9. Rohrschnitt

Zwei Rohre sollen zusammengeschweißt werden. Dazu müssen sie schräg abgeschnitten werden. Betrachtet wird hier das untere Rohr mit der Geraden h als Mittelachse. Der Radius des Rohres ist r = 3 LE. Gegeben sind

$h: \vec{x} = t\begin{pmatrix} 2 \\ -1 \\ 2 \end{pmatrix}$, die Punkt $P(0|-3|3)$ und $R(9|-3|12)$

und eine Gerade g mit $g: \vec{x} = \begin{pmatrix} 3 \\ 6 \\ 0 \end{pmatrix} + r\begin{pmatrix} 0 \\ 1 \\ -1 \end{pmatrix}$.

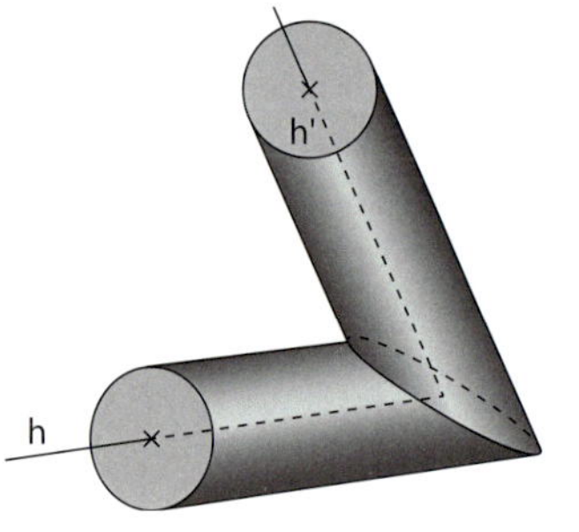

a) Das Rohr wird ab P entlang einer Ebene E abgeschnitten. Um diese Ebene zu erhalten, benötigt man zuerst eine Hilfsebene E_1, die den Punkt P und die Gerade h enthält. Ermitteln Sie eine Koordinatengleichung für E_1.

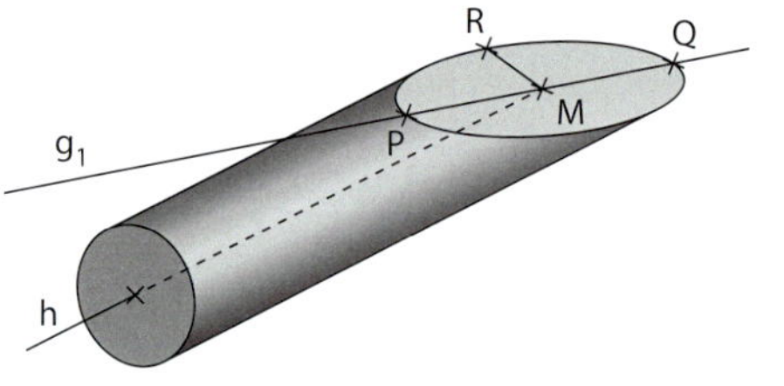

b) Die Schnittebene E ist senkrecht zu E_1 und enthält die Punkte P und R. P ist Scheitelpunkt der beim Schnitt entstehenden Ellipse. Berechnen Sie die Koordinaten ihres Mittelpunktes M und die Länge ihrer Hauptachse $\overline{PQ}$. Zeigen Sie, dass $\overline{RM}$ orthogonal zu $\overline{PQ}$ ist.

c) ① Zeigen Sie: Für den Winkel α zwischen der Mittelachse h und der Schnittebene E gilt $\sin(\alpha) = \frac{1}{\sqrt{17}}$.

② Der Richtungsvektor der Mittelachse h' des oberen Rohres hat die Form $\vec{v_k} = \begin{pmatrix} 46 \\ k \\ 23-k \end{pmatrix}$. β_k sei der Winkel zwischen v_k und der Schnittebene E.
Zeigen Sie, dass $\vec{v_k}$ für alle k parallel zur Hilfsebene E_1 verläuft.

③ Bestimmen Sie k so, dass gilt: $\sin(\beta_k) = \sin(\alpha)$

d) Zeigen Sie, dass P auf dem Mantel des Zylinders liegt, also von h den Abstand 3 LE hat.

e) Die Verbindung beider Rohre soll durch eine Stange verfestigt werden, welche im Modell der Geraden g entspricht. Es soll gezeigt werden, dass g das untere Rohr mit Mittelachse h in genau einem Punkt berührt. Führen Sie dazu die folgenden Schritte aus:

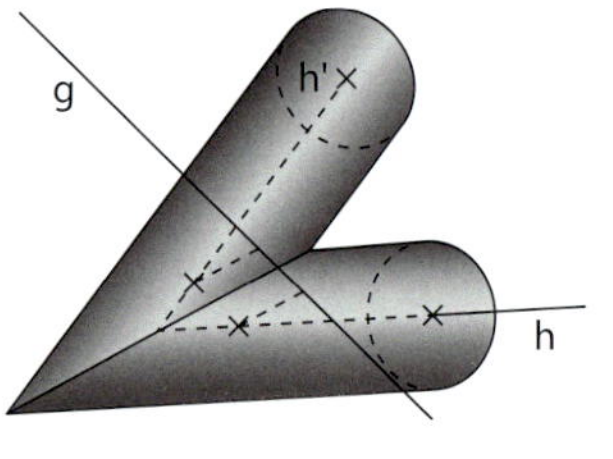

① $G_r(3|6+r|-r)$ ist ein beliebiger Punkt von g und $H_t(2t|-t|2t)$ ein beliebiger Punkt von h.
Zeigen Sie, dass der Vektor $\overrightarrow{H_tG_r}$ genau dann senkrecht auf h steht, wenn $r = -3t$ gilt.

② Durch Einsetzen von $r = -3t$ in $\overrightarrow{H_tG_r}$ erhalten Sie alle zu h orthogonalen Verbindungsvektoren von g und h.
Berechnen Sie, für welche t diese Vektoren den Betrag 3 haben.

③ Geben Sie die Koordinaten des Punktes B an, in dem g den Zylindermantel berührt.

Aufgaben zur Stochastik

10. **Lotto „3 aus 5"**

Das Lottospiel „3 aus 5" wird mit fünf Kugeln gespielt, die mit den Zahlen 1 bis 5 beschriftet sind. Die Spieler geben einen Wettschein ab, auf dem sie zuvor drei dieser fünf Zahlen angekreuzt haben. Bei der Ziehung werden zufällig drei der fünf Kugeln ohne Zurücklegen und ohne Beachtung der Reihenfolge aus einer Urne gezogen. Gewonnen hat, wer auf dem Wettschein diese Zahlen angekreuzt hat.

a) Berechnen Sie, wie hoch die Gewinnwahrscheinlichkeit beim Lotto „3 aus 5" ist.
Bestimmen Sie die Wahrscheinlichkeit der folgenden Ereignisse.
A: Ein zufällig ausgesuchter Spieler hat mindestens zwei Zahlen richtig getippt.
B: Ein zufällig ausgesuchter Spieler hat höchstens zwei Zahlen richtig getippt.

b) Ein Wettanbieter bietet dieses Spiel zu einem Preis von 3,60 € pro Wettschein an. Tippt man alle drei Zahlen richtig, so erhält man 9 €. Hat man zwei Zahlen richtig getippt, erhält man seinen vollen Einsatz, bei einer richtigen Zahl ein Drittel seines Einsatzes zurück.
Zeigen Sie mithilfe einer geeigneten Rechnung, dass sich das Spiel langfristig für den Spieler nicht lohnt. Ermitteln Sie den Betrag für den Einsatz, für den das Spiel fair wäre.

Auf einem Jahrmarkt wird das Spiel von zwei verschiedenen Anbietern angeboten. Anbieter A bietet das Spiel stündlich mit jeweils 100 Spielern an. Ein anderer Anbieter B spielt nur einmal am letzten Tag mit 10 000 Spielern.
Die Größe Y zählt dabei die Anzahl an Spielern mit drei Richtigen bei Anbieter A, die Größe Z dieselbe Anzahl bei Anbieter B.

c) Erklären Sie, welche Voraussetzungen erfüllt sein müssen, damit Y und Z als binomialverteilte Zufallsgrößen angenommen werden können. Gehen Sie im Folgenden davon aus, dass diese Voraussetzungen erfüllt sind.
Erläutern Sie die Bedeutung des Terms $\binom{100}{8} \cdot 0{,}1^8 \cdot 0{,}9^{92}$ im Sachzusammenhang.

d) Berechnen Sie die Wahrscheinlichkeit, dass
① bei Anbieter A in einer Stunde mehr als 10 Spieler drei Richtige haben.
② bei Anbieter B mindestens 950, aber höchstens 1050 Spieler drei Richtige haben.
③ bei Anbieter B weniger als 1000 Spieler drei Richtige haben.
④ bei Anbieter A in einer Stunde genau 10 Spieler und in der nächsten Stunde weniger als 10 Spieler drei Richtige haben.
E(Z) bezeichnet den Erwartungswert der binomialverteilten Zufallsgröße Z. Bestimmen Sie den kleinsten Wert für c, sodass $P(E(Z) - c \le Z \le E(Z) + c) \ge 0{,}75$ ist.

e) Geben Sie im Kontext ein Ereignis an, dessen Wahrscheinlichkeit durch $1 - P(5 \le Y \le 15)$ gegeben ist, wenn $Y \sim B_{100;\,0,1}$.

f) Stellen Sie eine Prognose für die Anzahl der Spieler auf, so dass diese mit einer Wahrscheinlichkeit von etwa 99,7 % bei Anbieter B drei Richtige haben.

11. Busunternehmen

Der Bus eines Reiseunternehmens bietet Platz für 58 Reisende. Erfahrungsgemäß treten nur $p = 90\,\%$ der Personen, die eine Reise gebucht haben, diese auch wirklich an. Der Anbieter verkauft deshalb mehr als 58 Reiseplätze (Überbuchung).
Die Größe X gibt an, wie viele Personen ihre gebuchte Reise tatsächlich antreten. Es kann davon ausgegangen werden, dass X eine binomialverteilte Zufallsgröße ist.

a) Es wurden 60 Buchungen für eine Reise angenommen.
Berechnen Sie die Wahrscheinlichkeit dafür, dass
① genau 58 Personen die Reise tatsächlich antreten.
② mehr als 58 Personen die Reise tatsächlich antreten wollen.
③ mehr als 55, aber höchstens 58 Personen die Reise tatsächlich antreten.

b) Die Reise kostet pro Person 350 Euro. Dem Unternehmen entstehen für die Reise Kosten von 19 000 Euro. Zusätzlich zahlt es jeder Person, die wegen Überbuchung die Fahrt nicht antreten kann, eine Entschädigung in Höhe von 500 Euro inklusive Erstattung der Reisekosten.
Begründen Sie, dass der zu erwartende Gewinn bei 60 verkauften Reisen mit dem folgenden Term berechnet werden kann:
$60 \cdot 350 - 19000 - 1 \cdot 500 \cdot \binom{60}{59} \cdot 0{,}9^{59} \cdot 0{,}1^{1} - 2 \cdot 500 \cdot 0{,}9^{60}$
Berechnen und vergleichen Sie den zu erwartenden Gewinn für den Fall, dass 58, 60 oder sogar 61 Buchungen angenommen werden.

c) Das Unternehmen erwägt, künftig 61 Reiseplätze zu verkaufen. Allerdings leidet der Ruf des Unternehmens, wenn zu viele Kunden bei Reiseantritt abgewiesen werden.
① Berechnen Sie die Wahrscheinlichkeit dafür, dass bei 61 verkauften Plätzen Kunden bei Reiseantritt abgewiesen werden müssen.
② Ermitteln Sie, wie groß der Anteil p derjenigen unter den Buchungen, die wirklich wahrgenommen werden, höchstens sein dürfte, damit auch bei 61 verkauften Plätzen die Wahrscheinlichkeit für Abweisungen bei 1,4 % liegt.

d) Nur, wenn der Anteil derer, die ihre Buchung wahrnehmen, deutlich zurückgegangen ist, möchte der Veranstalter dazu übergehen, sogar 61 Plätze zu verkaufen. Anhand der nächsten 1000 Buchungen soll die Hypothese H_0: $p \geq 0{,}875$ auf einem Signifikanzniveau von 5 % getestet werden.
① Geben Sie die Entscheidungsregel zu diesem Test an.
② Beschreiben Sie im Sachkontext, welches Risiko der Veranstalter bei der Auswahl von H_0 gering halten möchte.
③ Es sei $p = 0{,}9$. Ermitteln Sie, wie viele Buchungen man mindestens beobachten müsste, damit man mit einer Sicherheit von 95 % mindestens 800 gefunden hat, bei denen die Reise tatsächlich angetreten wurde.

e) Laut einem internen Qualitätsbericht des Unternehmens kommt es bei 12 % der Reisen zu einer verspäteten Abfahrt des Reisebusses.
Ermitteln Sie, wie viele Reisen eine Person mindestens durchführen muss, damit sie mit einer Wahrscheinlichkeit von mindestens 96 % mindestens eine Verspätung erlebt.

12. Diabetes

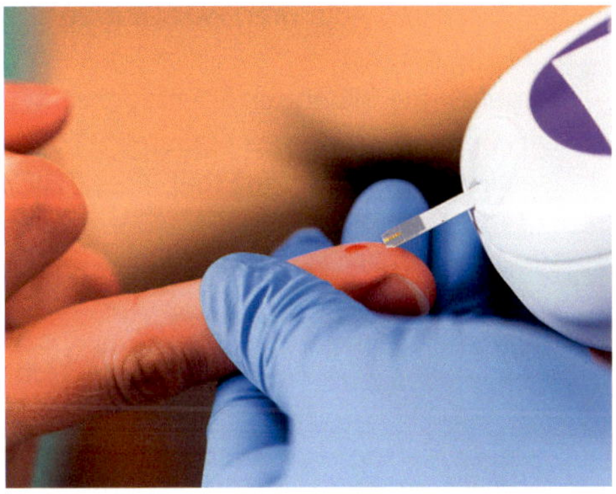

Diabetes wird umgangssprachlich auch Zuckerkrankheit genannt. Es handelt sich um eine chronische Stoffwechselkrankheit, die auf einem Mangel des in der Bauchspeicheldrüse produzierten Insulin beruht. In Deutschland sind etwa 10 von 100 Erwachsenen erkrankt (Prävalenz). Beim medizinischen Test auf Diabetes wird ein Glukosetoleranztest durchgeführt. Dieser erkennt Diabetes in 72 % aller Fälle korrekt (Sensitivität). Gesunde Personen werden in 73 % aller Fälle korrekt erkannt (Spezifität).

a) Bestimmen Sie anhand eines Baumdiagramms die Wahrscheinlichkeit dafür, dass eine zufällig ausgewählte Person
   ① an Diabetes erkrankt ist und einen positiven Test bekommt.
   ② gesund ist und einen negativen Test bekommt.
   ③ krank ist, wenn der Test positiv ausfällt.
   ④ gesund ist, wenn der Test negativ ausfällt.

b) In Teil a) ergibt sich eine erstaunlich geringe Wahrscheinlichkeit dafür, dass man bei einem positiven Testergebnis tatsächlich krank ist. Deshalb wird bei positiv getesteten Personen der Glukosetoleranztest wiederholt. Ergänzen Sie das Baumdiagramm aus a) und prüfen Sie mit seiner Hilfe, ob sich die Aussagekraft positiver Tests verbessern lässt, wenn alle positiv getesteten Personen ein zweites Mal getestet werden. Berechnen Sie dazu die Wahrscheinlichkeit dafür, dass eine zweimal positiv getestete Person tatsächlich an Diabetes erkrankt ist.
   Berechnen Sie auch die Wahrscheinlichkeit dafür, dass eine beliebige Person gesund ist, wenn sie erst einen positiven und dann einen negativen Test bekommt.

c) Die Größe X zähle die Anzahl der an Diabetes Erkrankten in einer Stichprobe von 5000 Erwachsenen.
   ① Begründen Sie, dass X als binomialverteilt angenommen werden kann.
   ② Bestimmen Sie das kleinste um den Erwartungswert symmetrische Intervall, in dem die Werte von X mit einer Wahrscheinlichkeit von mindestens 95,5 % liegen.
   ③ Als Länge L einer 2σ-Umgebung des Erwartungswertes wird die Differenz zwischen der oberen und der unteren Grenze der Umgebung bezeichnet. Bei unbekanntem Umfang n einer Stichprobe hat die 2σ-Umgebung eine Länge von $L = 84$. Bestimmen Sie den Umfang n der Stichprobe.

d) Es soll untersucht werden, ob Diabetes bei gesunder („mediterraner") Ernährung seltener auftritt. 5000 Personen, die angeben, sich gesund zu ernähren, werden auf Diabetes getestet. Tritt in dieser Gruppe Diabetes seltener auf, so sollen entsprechende Empfehlungen zur Ernährung veröffentlicht werden. (Gehen Sie jetzt davon aus, dass eindeutig festgestellt wird, ob ein Proband Diabetes hat.)
   ① Geben Sie eine Entscheidungsregel an, bei der das Risiko einer Entscheidung für unnütze Ernährungsempfehlungen maximal 5 % beträgt.
   ② Beschreiben Sie den Fehler 2. Art bei diesem Test im Sachzusammenhang.
   ③ Angenommen, der wirkliche Anteil Diabeteskranker in der untersuchten Bevölkerungsgruppe betrage 9 %. Berechnen Sie für diesen Fall den Fehler 2. Art.
   ④ Geben Sie zwei Möglichkeiten an, den Test bei gleichem H_0 so zu ändern, dass das Risiko für Fehler 2. Art kleiner wird. (Rechnerischer Nachweis nicht erforderlich.)

13. Glücksspiel „Tor" oder „Rot"

Ein Glücksrad ist in drei Felder mit den Bezeichnungen T, O und R geteilt.
Es gelten die folgenden Spielregeln:
Das Glücksrad darf maximal dreimal gedreht werden.
Gewinne gibt es für die Ergebnisse „TOR", „ROT" sowie für „TTT", „OOO" und „RRR".
Wenn kein Gewinn mehr möglich ist, endet das Spiel vorzeitig.

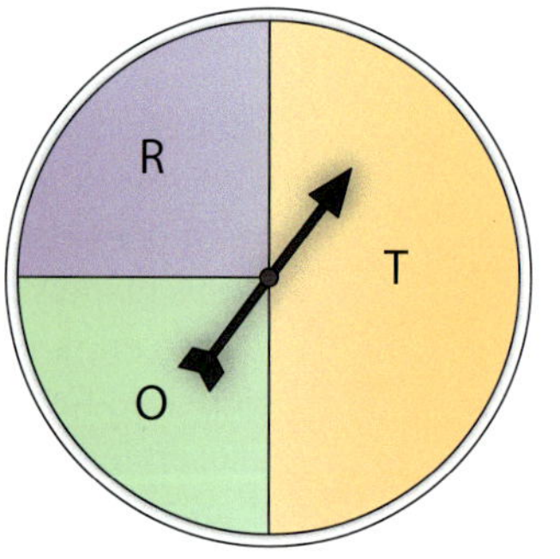

a) Erläutern Sie, dass man aus der Beschreibung des Glückspiels entnehmen kann, dass die Reihenfolge der erdrehten Buchstaben beachtet wird.
Geben Sie die Anzahl der möglichen Ergebnisse an.
Begründen Sie, dass mit $2 \cdot 0{,}5 \cdot 0{,}25^2 + 0{,}5^3 + 2 \cdot 0{,}25^3$ die Wahrscheinlichkeit bestimmt wird, dass ein Gewinn erzielt wird.
Geben Sie die beiden fehlenden Wahrscheinlichkeiten in der Tabelle an.

Ergebnis	TOR	ROT	TTT	OOO	RRR	sonstige
Wahrscheinlichkeit	$\frac{1}{32}$		$\frac{1}{8}$	$\frac{1}{64}$		$\frac{50}{64}$

b) Das Spiel wird mit einem Einsatz von 3,50 € gespielt.
Die Tabelle enthält die Auszahlungsbeträge im Fall eines Gewinns.

Ergebnis	TOR	ROT	TTT	OOO	RRR	sonstige
Auszahlung	20 €	20 €	5 €	50 €	50 €	0 €

Weisen Sie rechnerisch nach, dass ein Spieler langfristig einen Verlust von 6,25 Cent pro Spiel macht.
Bestimmen Sie eine veränderte Auszahlung für den Fall „TTT", sodass das Spiel fair ist.

c) Die Wahrscheinlichkeit p steht für die Wahrscheinlichkeit, dass ein Spiel vorzeitig nach dem zweiten Dreh endet.
Bestimmen Sie die Wahrscheinlichkeit p.
[Kontrollergebnis: $p = \frac{7}{16}$]
Es werden 2000 Spiele betrachtet. Die Zufallsgröße X zählt die Anzahl an Spielen, die vorzeitig nach dem zweiten Drehen enden.
Begründen Sie, dass die Zufallsgröße X binomialverteilt ist.
Bestimmen Sie das kleinste um den Erwartungswert symmetrische Intervall, in dem die Werte von X mit einer Wahrscheinlichkeit von mindestens 95,5 % liegen.
Ermitteln Sie, wie viele Durchgänge des Spiels ein Spieler spielen müsste, damit er mit einer Wahrscheinlichkeit von mindestens 95 % das Spiel mindestens einmal vorzeitig nach der zweiten Drehung beenden muss.

d) Betrachten Sie nun die folgenden Ereignisse.
T: Bei der ersten Drehung zeigt der Zeiger auf den Buchstaben T.
G: Der Spieler gewinnt das Spiel.
Beschreiben Sie die unten angegebenen Wahrscheinlichkeiten in Worten, und berechnen Sie sie anschließend.
① $P(\overline{T} \cap G)$ ② $P_T(\overline{G})$ ③ $P_G(\overline{T})$
Weisen Sie rechnerisch nach, dass die Ereignisse T und G stochastisch abhängig sind.

9. Anhang

Lösungen zu
- Ihr Fundament
- Prüfen Sie Ihr neues Fundament

Stichwortverzeichnis
Bildquellenverzeichnis
Impressum

Lösungen zu Kapitel 1: Punkte und Vektoren im Raum

Ihr Fundament (S. 6/7)

S. 6, 1.

a) 4,4 cm b) 3,3 cm
c) 4,9 cm d) 6,0 cm

S. 6, 2.

a) rechtwinklig mit $\alpha = 90°$ bei A
b) rechtwinklig mit $\gamma = 90°$ bei C
c) nicht rechtwinklig, da $a^2 + c^2 \neq b^2$
d) rechtwinklig mit $\beta = 90°$ bei B

S. 6, 3.

a) gleichschenklig: 2 gleich lange Seiten, die dritte Seite heißt Basis, Basiswinkel sind gleich groß, Höhe auf der Basis ist auch Seitenhalbierende.
gleichseitiges Dreieck: 3 gleich lange Seiten, alle Winkel 60°, Höhen sind Seitenhalbierende.

b) $a^2 = h^2 + \left(\frac{a}{2}\right)^2$ (Pythagoras)
$h^2 = 5^2 - 2{,}5^2 = 18{,}75$ und damit $h = \sqrt{18{,}75} \approx 4{,}33$

c) Ein regelmäßiges Sechseck kann mit 6 kongruenten Dreiecken ausgelegt werden. Diese Teildreiecke sind gleichschenklig (Radius des Umkreises) und stoßen am Mittelpunkt zusammen. Für den Winkel an der Spitze gilt dann $\gamma = 360° : 6 = 60°$. Dann sind die Basiswinkel auch 60° groß, und die Dreiecke gleichseitig.

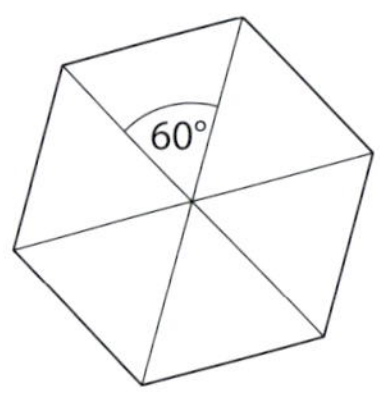

S. 6, 4.

a) ① Quadrat; ② Rechteck; ③ Raute;
④ Parallelogramm; ⑤ Trapez;
⑥ Drachenviereck;
⑦ gleichschenkliges Trapez; ⑧ allgemeines Viereck.

b) ④ Parallelogramm: gegenüberliegende Seiten parallel
③ Raute: vier gleich lange Seiten
② Rechteck: Parallelogramm mit mindestens einem Paar zueinander senkrechter Seiten
① Quadrat: Raute mit mindestens einem Paar zueinander senkrechter Seiten
⑤ Trapez: Ein Paar gegenüberliegender paralleler Seiten

c) Zeichenübung
④ Parallelogramm: Diagonalen halbieren sich
③ Raute: halbieren sich, zueinander orthogonal
② Rechteck: halbieren sich, gleich lang
① Quadrat: halbieren sich, orthogonal, gleich lang
⑤ Trapez: keine besondere Eigenschaft
⑥ Drachenviereck: eine Diagonale wird halbiert, orthogonal zueinander
⑦ gleichschenkliges Trapez: gleich lang

d) ①, ②, ③ und ④

S. 6, 5.

a) wahr: Ein Parallelogramm hat zwei Paar parallele Gegenseiten.
b) wahr: Ein Quadrat ist ein derartiges Rechteck.
c) wahr: Im gleichseitigen Dreieck stimmen die Höhen und zugehörigen Mittelsenkrechten, Winkel- und Seitenhalbierenden überein.

S. 6, 6.

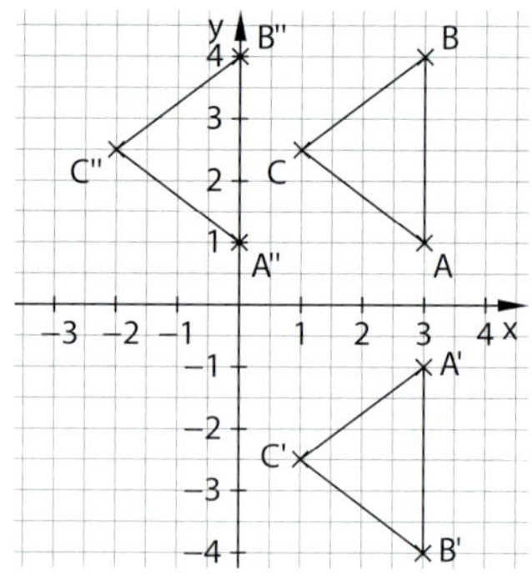

$A'(3|-1)$; $B'(3|-4)$; $C'(1|-2{,}5)$
$A''(0|1)$; $B''(0|4)$; $C''(-2|2{,}5)$

S. 6, 7.

a) $\overline{AB} = 3$ LE $\quad \overline{BC} = 2{,}5$ LE $\quad \overline{AC} = 2{,}5$ LE
b) $M_{\overline{AB}} = (3|2{,}5)$ $\quad M_{\overline{BC}} = (2|3{,}25)$ $\quad M_{\overline{AC}} = (2|1{,}75)$

S. 7, 8.

a) $A(2|0)$; $B(1{,}5|1)$; $C(1|0)$; $D(0{,}5|1)$; $E(0|0)$; $F(-0{,}5|1)$; $G(-1|0)$; $H(-1{,}5|1)$; $I(-2|0)$; $J(0|-2)$
b) $A = \frac{1}{2} \cdot \pi \cdot 2^2 + 4 \cdot \frac{1}{2} \cdot 1 \cdot 1 = 2\pi + 2 \approx 8{,}28$
$u = 2\pi + 8 \cdot \sqrt{1^2 + 0{,}5^2} \approx 15{,}23$

S. 7, 9.

a)
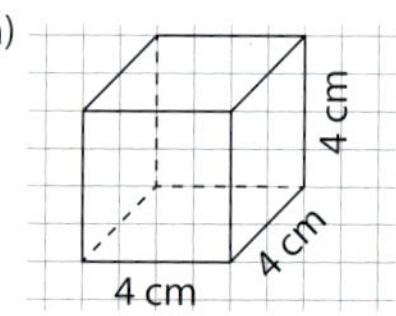

b)
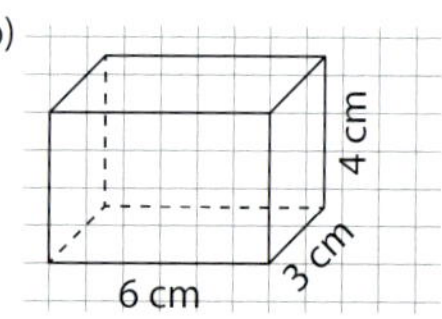

c)
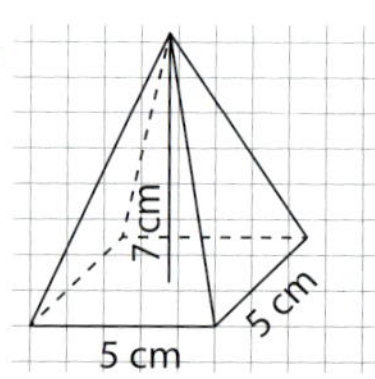

S. 7, 10.

a) $V = 2{,}4\,cm^3$; $A_O = 14{,}4\,cm^2$
b) $V = 2{,}6\,cm^3$; $A_O = 8{,}68\,cm^2$
c) $V = 9{,}45\,cm^3$; $A_O = 22{,}9\,cm^2$

S. 7, 11.

① Quader ② Pyramide ③ Zylinder
④ Würfel ⑤ Kugel ⑥ Kegel

S. 7, 12.

a) Diagonale der Grundfläche:

$\overline{BD} = \sqrt{a^2 + b^2} = \sqrt{16 + 4} = \sqrt{20}$

$\overline{BH} = \sqrt{\overline{BD}^2 + c^2} = \sqrt{20 + 9} = \sqrt{29} \approx 5{,}34$

b) Diagonale der Grundfläche:

$d = \sqrt{a^2 + a^2} = \sqrt{16 + 16} = \sqrt{32}$

$\overline{AS} = \sqrt{\left(\frac{d}{2}\right)^2 + a^2} = \sqrt{\frac{32}{4} + 16} = \sqrt{24} \approx 4{,}9$

S. 7, 13.

a) $\frac{9}{10} = 0{,}9$ b) $\frac{1}{10} = 0{,}1$

c) $\frac{6}{5} = 1{,}2$ d) $\frac{3}{2} = 1{,}5$

e) $\frac{3}{5} = 0{,}6$ f) 2

g) $\frac{3}{5} = 0{,}6$ h) $\frac{9}{4} = 2{,}25$

S. 7, 14.

a) $\sqrt{(3 \cdot 12)^2 + (3 \cdot 5)^2} = \sqrt{36^2 + 15^2} = 39$

$3\sqrt{12^2 + 5^2} = 3\sqrt{169} = 39$

b) $\sqrt{(3a)^2 + (3b)^2} = \sqrt{3^2a^2 + 3^2b^2} = \sqrt{3^2(a^2 + b^2)}$

$= 3\sqrt{a^2 + b^2}$

Prüfen Sie Ihr neues Fundament (S. 30/31)

S. 30, 1.

A(2|−1|0); C(−4|3|0); D(−4|−1|0); E(2|−1|2);
F(2|3|2); G(−4|3|3); H(−4|−1|3)

S. 30, 2.

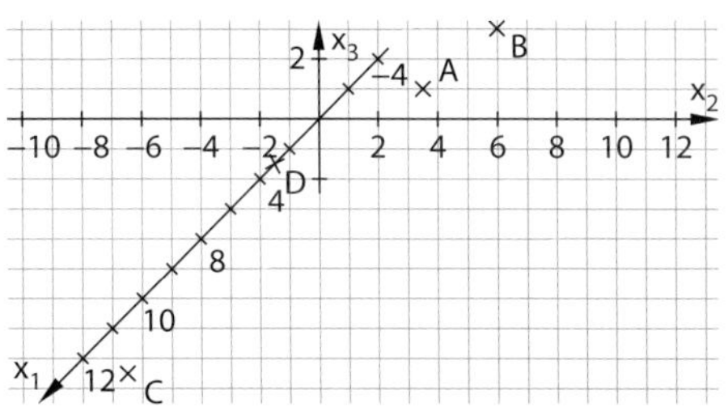

S. 30, 3.

Punkt A liegt in der x_1x_2- und der x_1x_3-Ebene und auf der x_1-Achse. Punkt B liegt in der x_1x_2- und der x_2x_3-Ebene und auf der x_2-Achse. Punkt C liegt in der x_1x_3- und der x_2x_3-Ebene und auf der x_3-Achse. Punkt D liegt in der x_1x_2-, x_1x_3- und der x_2x_3-Ebene und auf der x_1-, x_2- und x_3-Achse. Punkt E liegt in der x_1x_3- und der x_2x_3-Ebene und auf der x_3-Achse. Punkt F liegt in der x_1x_2- und der x_1x_3-Ebene und auf der x_1-Achse.

S. 30, 4.

a) Die Punkte liegen in der x_1x_3-Ebene.

b) Die Punkte liegen auf der x_2-Achse und in der x_1x_2- und der x_2x_3-Ebene.

c) Die Punkte liegen auf der x_1-Achse.

d) Die Punkte liegen in der Ebene, die durch (−4|0|0) parallel zur x_2x_3-Ebene verläuft.

S. 30, 5.

a) $\begin{pmatrix} -1 \\ -2 \end{pmatrix}$ b) $\begin{pmatrix} 2 \\ 2 \\ 7 \end{pmatrix}$ c) $\begin{pmatrix} 5 \\ -2 \end{pmatrix}$ d) $\begin{pmatrix} k-1 \\ 2-k \\ -2k \end{pmatrix}$

S. 30, 6.

a) $\overrightarrow{AE} = \overrightarrow{CG}$ b) $\overrightarrow{DH} = \overrightarrow{BF}$

c) $\overrightarrow{BG} = \overrightarrow{AH}$ d) $\overrightarrow{AC} = \overrightarrow{EG}$

S. 30, 7.

a) $\sqrt{3}$ b) 4 c) 2,5

d) 10 e) 5 f) 1,3

S. 30, 8.

a) $|\overrightarrow{PQ}| = \sqrt{34}$ b) $|\overrightarrow{PQ}| = \sqrt{27}$ c) $|\overrightarrow{PQ}| = \sqrt{17}$

S. 30, 9.

a) $\overrightarrow{AB} + \overrightarrow{BC} = \begin{pmatrix} -1 \\ 7 \\ 7 \end{pmatrix} + \begin{pmatrix} 3 \\ -9 \\ -2 \end{pmatrix} = \begin{pmatrix} 2 \\ -2 \\ 5 \end{pmatrix} = \overrightarrow{AC}$

b) $u = |\overrightarrow{AB}| + |\overrightarrow{BC}| + |\overrightarrow{AC}| = \sqrt{99} + \sqrt{94} + \sqrt{33} \approx 25{,}4$

S. 30, 10.

a) $\begin{pmatrix} -1 \\ 3 \\ 4 \end{pmatrix}$ b) $\begin{pmatrix} 1{,}57 \\ -2 \\ -1{,}97 \end{pmatrix}$ c) $\begin{pmatrix} 1 \\ 0 \\ 5 \end{pmatrix}$

d) $\begin{pmatrix} -3 \\ 17 \\ 4 \end{pmatrix}$ e) $\begin{pmatrix} -10 \\ -7 \\ -4 \end{pmatrix}$ f) $\begin{pmatrix} -1{,}4 \\ 4{,}4 \\ 9{,}7 \end{pmatrix}$

S. 31, 11.

a) $\vec{a} - 9\vec{b} + 13\vec{c}$ b) $(2 - t)\vec{a} + (3 - 2t)\vec{b} + (1 - 2t)\vec{c}$

S. 31, 12.

a) $\left|\begin{pmatrix} 49 \\ -42 \\ 42 \end{pmatrix}\right| = 7 \cdot \left|\begin{pmatrix} 7 \\ -6 \\ 6 \end{pmatrix}\right| = 7\sqrt{49 + 36 + 36} = 77$

b) $\left|\begin{pmatrix} -0{,}2 \\ 0{,}2 \\ 0{,}1 \end{pmatrix}\right| = 0{,}1 \cdot \left|\begin{pmatrix} -2 \\ 2 \\ 1 \end{pmatrix}\right| = 0{,}1\sqrt{4 + 4 + 1} = 0{,}3$

c) $\left|\begin{pmatrix} 24 \\ -36 \\ 72 \end{pmatrix}\right| = 12 \cdot \left|\begin{pmatrix} 2 \\ -3 \\ 6 \end{pmatrix}\right| = 12\sqrt{4 + 9 + 36} = 84$

d) $\left|\begin{pmatrix} \frac{1}{18} \\ \frac{2}{9} \\ \frac{4}{9} \end{pmatrix}\right| = \frac{1}{18} \cdot \left|\begin{pmatrix} 1 \\ 4 \\ 8 \end{pmatrix}\right| = \frac{1}{18}\sqrt{1 + 16 + 64} = \frac{9}{18} = \frac{1}{2}$

S. 31, 13.

Die Vektoren $\vec{b}$ und $\vec{c}$ sind kollinear zum Vektor $\vec{v}$.

S. 31, 14.

① $\overrightarrow{EF}$ ② $\overrightarrow{AC}$ ③ $\overrightarrow{AE}$ oder $\overrightarrow{FC}$

④ $\overrightarrow{EA}$ oder $\overrightarrow{CF}$ ⑤ $\overrightarrow{AF}$ oder $\overrightarrow{EC}$ ⑥ $\overrightarrow{DB}$

S. 31, 15.

a) $\overrightarrow{AB} = \overrightarrow{OB} - \overrightarrow{OA}$; $\overrightarrow{BC} = \overrightarrow{OC} - \overrightarrow{OB}$; $\overrightarrow{AC} = \overrightarrow{OC} - \overrightarrow{OA}$

b) $\overrightarrow{OE} = \overrightarrow{OA} + \frac{1}{2}\overrightarrow{AB}$; $\overrightarrow{OF} = \overrightarrow{OB} + \frac{1}{2}\overrightarrow{BC}$; $\overrightarrow{OG} = \overrightarrow{OA} + \frac{1}{2}\overrightarrow{AC}$

S. 31, 16.

a) $\overrightarrow{OD} = \overrightarrow{OA} + \overrightarrow{BC} = \begin{pmatrix} -1 \\ -2 \\ 1 \end{pmatrix} + \begin{pmatrix} 4 \\ 7 \\ 4 \end{pmatrix} = \begin{pmatrix} 3 \\ 5 \\ 5 \end{pmatrix}$, also D(3|5|5)

b) $|\overrightarrow{BC}| = \sqrt{4^2 + 7^2 + 4^2} = \sqrt{81} = 9$

$|\overrightarrow{AB}| = \left|\begin{pmatrix} 8 \\ 4 \\ 1 \end{pmatrix}\right| = \sqrt{64 + 16 + 1} = \sqrt{81} = 9$

Ein Parallelogramm mit zwei benachbarten gleich langen Seiten ist eine Raute.

S. 31, 17.

a) Zwei Seiten müssen parallel sein, also die Seitenvektoren kollinear. Dies ist nur bei $\overrightarrow{AB}$ und $\overrightarrow{DC}$ möglich: $\overrightarrow{AB} = 2 \cdot \overrightarrow{DC}$ also $a = -1$

b) $\overrightarrow{OB} = \overrightarrow{OA} + \overrightarrow{AB} = \begin{pmatrix} -1 \\ -2 \\ 1 \end{pmatrix} + \begin{pmatrix} 4 \\ 6 \\ -2 \end{pmatrix} = \begin{pmatrix} 3 \\ 4 \\ -1 \end{pmatrix}$; B(3 | 4 | −1)

$\overrightarrow{OD} = \overrightarrow{OA} + \overrightarrow{AD} = \begin{pmatrix} -1 \\ -2 \\ 1 \end{pmatrix} + \begin{pmatrix} -2 \\ 2 \\ 1 \end{pmatrix} = \begin{pmatrix} -3 \\ 0 \\ 2 \end{pmatrix}$; D(−3 | 0 | 2)

$\overrightarrow{OC} = \overrightarrow{OD} + \overrightarrow{DC} = \begin{pmatrix} -3 \\ 0 \\ 2 \end{pmatrix} + \begin{pmatrix} 2 \\ 3 \\ -1 \end{pmatrix} = \begin{pmatrix} -1 \\ 3 \\ 1 \end{pmatrix}$; C(−1 | 3 | 1)

S. 31, 18.

a) $\vec{b} = \vec{v} + \vec{w} = \begin{pmatrix} 150 \\ -100 \end{pmatrix} + \begin{pmatrix} -100 \\ -50 \end{pmatrix} = \begin{pmatrix} 50 \\ -150 \end{pmatrix}$

b) $|\vec{b}| = \sqrt{50^2 + 150^2} = \sqrt{25\,000} \approx 158{,}1$

Die Fähre fährt mit 158,1 m/min = 9,486 km/h.

c) Wie oft muss man $\vec{b}$ zu $\overrightarrow{OA}$ addieren, um $\overrightarrow{OB}$ zu erhalten?

$\overrightarrow{OB} = \overrightarrow{OA} + n \cdot \vec{b} \Leftrightarrow \begin{pmatrix} 100 \\ -100 \end{pmatrix} = \begin{pmatrix} -100 \\ 500 \end{pmatrix} + n \cdot \begin{pmatrix} 50 \\ -150 \end{pmatrix}$

Man erhält n = 4, also erreicht die Fähre nach 4 Minuten den Punkt B.

Lösungen zu Kapitel 2: Geraden und Ebenen

Ihr Fundament (S. 34/35)

S. 34, 1.

a) $\overrightarrow{AB} = \overrightarrow{OB} - \overrightarrow{OA} = \begin{pmatrix} 6-3 \\ 7-2 \\ 9-1 \end{pmatrix} = \begin{pmatrix} 3 \\ 5 \\ 8 \end{pmatrix}$

b) $\overrightarrow{AB} = \overrightarrow{OB} - \overrightarrow{OA} = \begin{pmatrix} 7-2 \\ 6-1 \\ 8-1 \end{pmatrix} = \begin{pmatrix} 5 \\ 5 \\ 7 \end{pmatrix}$

c) $\overrightarrow{AB} = \overrightarrow{OB} - \overrightarrow{OA} = \begin{pmatrix} 7-(-2) \\ 8-(-4) \\ 5-(-2) \end{pmatrix} = \begin{pmatrix} 9 \\ 12 \\ 7 \end{pmatrix}$

S. 34, 2.

a) $d(A; B) = 5$ b) $d(A; B) = \sqrt{10}$ c) $d(A; B) = \sqrt{77}$

S. 34, 3.

a) $\begin{pmatrix} 3 \\ 2 \\ -1 \end{pmatrix} + \begin{pmatrix} -5 \\ 0 \\ 2 \end{pmatrix} = \begin{pmatrix} -2 \\ 2 \\ 1 \end{pmatrix}$

b) $\frac{1}{4} \cdot \begin{pmatrix} 4 \\ -16 \\ 0 \end{pmatrix} = \begin{pmatrix} 1 \\ -4 \\ 0 \end{pmatrix}$

c) $(-7) \cdot \begin{pmatrix} -11 \\ -3 \\ 5 \end{pmatrix} + (-7) \cdot \begin{pmatrix} 9 \\ 3 \\ -4 \end{pmatrix} = \begin{pmatrix} 14 \\ 0 \\ -7 \end{pmatrix}$

S. 34, 4.

a) $\vec{v}$ und $\vec{w}$ sind kollinear, $\begin{pmatrix} 2 \\ 4 \\ 5 \end{pmatrix} \cdot 2 = \begin{pmatrix} 4 \\ 8 \\ 10 \end{pmatrix}$

b) $\vec{v}$ und $\vec{w}$ sind nicht kollinear.

c) $\vec{v}$ und $\vec{w}$ sind kollinear, $\begin{pmatrix} 3 \\ 2 \\ 4 \end{pmatrix} \cdot (-3) = \begin{pmatrix} -9 \\ -6 \\ -12 \end{pmatrix}$

S. 34, 5.

a) A(2 | 0 | 0); B(2 | 5 | 0); C(0 | 5 | 0); D(0 | 0 | 0)
E(2 | 0 | 2); F(2 | 5 | 2); G(0 | 5 | 2); H(0 | 0 | 2)

b) $\overrightarrow{AB} = \overrightarrow{OB} - \overrightarrow{OA} = \begin{pmatrix} 2-2 \\ 5-0 \\ 0-0 \end{pmatrix} = \begin{pmatrix} 0 \\ 5 \\ 0 \end{pmatrix}$

$\overrightarrow{FG} = \overrightarrow{OG} - \overrightarrow{OF} = \begin{pmatrix} 0-2 \\ 5-5 \\ 2-2 \end{pmatrix} = \begin{pmatrix} -2 \\ 0 \\ 0 \end{pmatrix}$

c) $\overrightarrow{EF} = \overrightarrow{OF} - \overrightarrow{OE} = \begin{pmatrix} 2-2 \\ 5-0 \\ 2-2 \end{pmatrix} = \begin{pmatrix} 0 \\ 5 \\ 0 \end{pmatrix}$

$\overrightarrow{AB}$ und $\overrightarrow{EF}$ sind kollinear (Faktor 1), somit verlaufen die zugehörigen Kanten parallel zueinander.

S. 34, 6.

a) $\begin{pmatrix} 5 \\ -6 \\ 0 \end{pmatrix} = 2 \cdot \begin{pmatrix} 1 \\ -2 \\ 2 \end{pmatrix} - \frac{1}{2} \cdot \begin{pmatrix} -6 \\ 4 \\ 8 \end{pmatrix}$

$\vec{v}$ ist eine Linearkombination von $\vec{a}$ und $\vec{b}$.

b) $\vec{v}$ ist keine Linearkombination von $\vec{a}$ und $\vec{b}$.

S. 34, 7.

a) $\begin{pmatrix} -2 \\ 6 \\ 10 \end{pmatrix}$ b) $\begin{pmatrix} 10{,}5 \\ 7 \\ 0 \end{pmatrix}$ c) $\begin{pmatrix} -2 \\ 6 \\ -4 \end{pmatrix}$

d) $\begin{pmatrix} 9 \\ -16 \\ 12 \end{pmatrix}$ e) $\begin{pmatrix} -\frac{1}{2} \\ \frac{3}{2} \\ \frac{5}{2} \end{pmatrix}$ f) $\begin{pmatrix} 0 \\ \frac{11}{4} \\ \frac{1}{4} \end{pmatrix}$

S. 34, 8.

a) $\overrightarrow{AB} = \begin{pmatrix} 2 \\ 6 \\ -2 \end{pmatrix}$ $\overrightarrow{BC} = \begin{pmatrix} -6 \\ -1 \\ 1 \end{pmatrix}$ $\overrightarrow{AC} = \begin{pmatrix} -4 \\ 5 \\ -1 \end{pmatrix}$

b) $|\overrightarrow{AB}| = \left|\begin{pmatrix} 2 \\ 6 \\ -2 \end{pmatrix}\right| = \sqrt{2^2 + 6^2 + 2^2} = \sqrt{44} \approx 6{,}6$

$|\overrightarrow{BC}| = \left|\begin{pmatrix} -6 \\ -1 \\ 1 \end{pmatrix}\right| = \sqrt{6^2 + 1^2 + 1^2} = \sqrt{38} \approx 6{,}2$

$|\overrightarrow{AC}| = \left|\begin{pmatrix} -4 \\ 5 \\ -1 \end{pmatrix}\right| = \sqrt{4^2 + 5^2 + 1^2} = \sqrt{42} \approx 6{,}5$

c) $\overrightarrow{EF} = \begin{pmatrix} -6 \\ -1 \\ 1 \end{pmatrix} = \overrightarrow{BC}$

d) $\overrightarrow{OD} = \overrightarrow{OA} + \overrightarrow{AD} = \overrightarrow{OA} + \overrightarrow{BE} = \begin{pmatrix} 2 \\ -1 \\ 1 \end{pmatrix} + \begin{pmatrix} 0 \\ -2 \\ 6 \end{pmatrix} = \begin{pmatrix} 2 \\ -3 \\ 7 \end{pmatrix}$

S. 34, 9.

a)

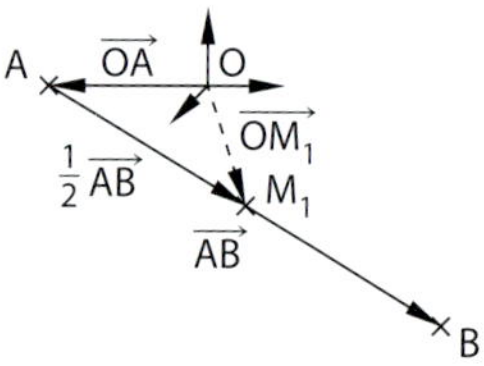

b) $\overrightarrow{OM_1} = \overrightarrow{OA} + \frac{1}{2}\overrightarrow{AB} = \overrightarrow{OA} + \frac{1}{2}(-\overrightarrow{OA} + \overrightarrow{OB})$
$= \overrightarrow{OA} - \frac{1}{2}\overrightarrow{OA} + \frac{1}{2}\overrightarrow{OB} = \frac{1}{2}\overrightarrow{OA} + \frac{1}{2}\overrightarrow{OB} = \frac{1}{2}(\overrightarrow{OA} + \overrightarrow{OB})$

c) $\overrightarrow{OM_1} = \frac{1}{2}(\overrightarrow{OA} + \overrightarrow{OB}) = \frac{1}{2}\left[\begin{pmatrix} 2 \\ -1 \\ 1 \end{pmatrix} + \begin{pmatrix} 4 \\ 5 \\ -1 \end{pmatrix}\right] = \begin{pmatrix} 3 \\ 2 \\ 0 \end{pmatrix}$

$\overrightarrow{OM_2} = \frac{1}{2}\left[\begin{pmatrix} -2 \\ 4 \\ 0 \end{pmatrix} + \begin{pmatrix} -2 \\ 2 \\ 6 \end{pmatrix}\right] = \begin{pmatrix} -2 \\ 3 \\ 3 \end{pmatrix}$

d) $\overrightarrow{AF} = \begin{pmatrix} -4 \\ 3 \\ 5 \end{pmatrix}$, $\overrightarrow{M_1M_2} = \begin{pmatrix} -5 \\ 1 \\ 3 \end{pmatrix}$

Prüfen, ob $\overrightarrow{AF}$ kollinear ist zu $\overrightarrow{M_1M_2}$:

$$r \cdot \begin{pmatrix} -4 \\ 3 \\ 5 \end{pmatrix} = \begin{pmatrix} -5 \\ 1 \\ 3 \end{pmatrix} \Rightarrow \begin{cases} -4r = -5 & r = \frac{5}{4} \\ 3r = 1 & r = \frac{1}{3} \\ 5r = 3 & r = \frac{3}{5} \end{cases}$$

$\overline{AF}$ ist nicht parallel zu $\overline{M_1M_2}$

S. 35, 10.

$\vec{v} = \vec{s} + \vec{w} = \begin{pmatrix} -20 \\ 30 \end{pmatrix} + \begin{pmatrix} 50 \\ 40 \end{pmatrix} = \begin{pmatrix} 30 \\ 70 \end{pmatrix}$

Geschwindigkeit in m/min: $v = |\vec{v}| = \sqrt{5300} \approx 72{,}8$

$72{,}8 \frac{m}{min} \approx 4368{,}7 \frac{m}{h} \approx 4{,}4 \frac{km}{h}$

S. 35, 11.

a) $\overrightarrow{AB} = \begin{pmatrix} -7 \\ 6 \\ 3 \end{pmatrix}, \overrightarrow{BC} = \begin{pmatrix} 9 \\ -2 \\ 3 \end{pmatrix}, \overrightarrow{CA} = \begin{pmatrix} -2 \\ -4 \\ -6 \end{pmatrix}$

Da $|\overrightarrow{AB}| = |\overrightarrow{BC}| = \sqrt{94}$, ist ABC gleichschenklig,

Das Dreieck ist nicht gleichseitig, wegen

$|\overrightarrow{CA}| = 2\sqrt{14} \neq |\overrightarrow{AB}| = |\overrightarrow{BC}|$

b) Nach a) ist die Seite $\overline{CA}$ die Basis des Dreiecks.

Seitenmittelpunkt: $S(3|-2|3)$

Höhe: $h_B = |\overrightarrow{SB}| = \left|\begin{pmatrix} -8 \\ 4 \\ 0 \end{pmatrix}\right| = 4\sqrt{5}$

Flächeninhalt: $A = h_B \cdot \frac{1}{2} |\overrightarrow{CA}| = 4\sqrt{70} \approx 33{,}47$

S. 35, 12.

① $\{(s|t|0); s \in \mathbb{R}; t \in \mathbb{R}\}$, x_1x_2-Ebene

② $\{(0|0|t); t \in \mathbb{R}\}$, y-Achse

③ $\{(s|3|t); s \in \mathbb{R}; t \in \mathbb{R}\}$, Ebene parallel zur x_1x_3-Ebene durch $(0|3|0)$

④ $\{(s|s|t); s \in \mathbb{R}; t \in \mathbb{R}\}$, Ebene, die die x_3-Achse und $g: \vec{x} = r \cdot \begin{pmatrix} 1 \\ 1 \\ 0 \end{pmatrix}$ enthält

S. 35, 13.

a) Gleichsetzungsverfahren

$$\left| \begin{matrix} y = -2x + 19 \\ y = x - 2 \end{matrix} \right| \Leftrightarrow \left| \begin{matrix} -2x + 19 = x - 2 \\ y = x - 2 \end{matrix} \right|$$

$$\Leftrightarrow \left| \begin{matrix} 21 = 3x \\ y = x - 2 \end{matrix} \right| \Leftrightarrow \left| \begin{matrix} x = 7 \\ y = 5 \end{matrix} \right|$$

b) Einsetzungsverfahren

$$\left| \begin{matrix} y = 3x - 7 \\ 4x + 2y = 16 \end{matrix} \right| \Leftrightarrow \left| \begin{matrix} y = 3x - 7 \\ 4x + 2(3x - 7) = 16 \end{matrix} \right|$$

$$\Leftrightarrow \left| \begin{matrix} y = 3x - 7 \\ x = 3 \end{matrix} \right| \Leftrightarrow \left| \begin{matrix} y = 2 \\ x = 3 \end{matrix} \right|$$

c) Additionsverfahren

$$\left| \begin{matrix} 2x + 5y = 2 \\ 6x - 2y = 40 \end{matrix} \right| \cdot (-3) \Leftrightarrow \left| \begin{matrix} 2x + 5y = 2 \\ -17y = 34 \end{matrix} \right|$$

$$\Leftrightarrow \left| \begin{matrix} 2x - 10 = 2 \\ y = -2 \end{matrix} \right| \Leftrightarrow \left| \begin{matrix} x = 6 \\ y = -2 \end{matrix} \right|$$

d) Additionsverfahren

$$\left| \begin{matrix} 2x + 5y = 16 \\ 5x + 7y = 18 \end{matrix} \right| \begin{matrix} \cdot(-5) \\ \cdot 2 \end{matrix} \Leftrightarrow \left| \begin{matrix} 2x + 5y = 16 \\ -11y = -44 \end{matrix} \right|$$

$$\Leftrightarrow \left| \begin{matrix} 2x + 20 = 16 \\ y = 4 \end{matrix} \right| \Leftrightarrow \left| \begin{matrix} x = -2 \\ y = 4 \end{matrix} \right|$$

S. 35, 14.

a)
$$\begin{array}{lll} 2x & -3y & = 14 \\ 4x & +3y & = 10 \quad + \\ \hline 2x & -3y & = 14 \\ 6x & & = 24 \\ \hline 8 & -3y & = 14 \\ x & & = 4 \\ \hline & & y = -2 \\ & & x = 4 \end{array}$$

b)
$$\begin{array}{lll} -x & +6y & = 3 \quad | \cdot 3 \\ 3x & -2y & = 7 \quad + \\ \hline -x & +6y & = 3 \\ & 16y & = 16 \\ \hline -x & +6 & = 3 \\ & & y = 1 \\ \hline & & x = 3 \\ & & y = 1 \end{array}$$

c)
$$\begin{array}{lll} \frac{1}{2}x & +\frac{3}{4}y & = 5 \quad | \cdot 4 \quad + \\ -2x & +y & = 12 \\ \hline -2x & +y & = 12 \\ & 4y & = 32 \\ \hline -2x & +8 & = 12 \\ & y & = 8 \\ \hline & x & = -2 \\ & y & = 8 \end{array}$$

d)
$$\begin{array}{lll} 27x & -2y & = 1 \quad + \\ -12x & +y & = 0 \quad | \cdot 2 \\ \hline -12x & +y & = 0 \\ 3x & & = 1 \\ \hline -4 & +y & = 0 \\ & x & = \frac{1}{3} \\ \hline & y & = 4 \\ & x & = \frac{1}{3} \end{array}$$

e)
$$\begin{array}{lll} 4x & -2y & = 3 \quad | \cdot (-2) \\ 8x & -4y & = 4 \quad + \\ \hline 4x & -2y & = 3 \\ & 0 & = -2 \end{array}$$

$L = \{ \}$

f)
$$\begin{array}{lll} -3x & -2y & = -6 \quad | \cdot 5 \\ 5x & +3y & = 8 \quad | \cdot 3 \quad + \\ \hline 3x & +2y & = 6 \\ & -y & = -6 \\ \hline 3x & +2y & = 6 \\ & y & = 6 \\ \hline 3x & +12 & = 6 \\ & y & = 6 \\ \hline & x & = -2 \\ & y & = 6 \end{array}$$

g)
$$\begin{array}{lll} \frac{1}{2}x & -\frac{3}{4}y & = -6 \quad | \cdot (-4) \quad + \\ \frac{1}{3}x & -\frac{1}{2}y & = -4 \quad | \cdot 6 \\ \hline -2x & +3y & = 24 \\ 2x & -3y & = -24 \\ \hline 2x & -3y & = -24 \\ & 0 & = 0 \end{array}$$

$L = \{(-12 + 1{,}5y \,|\, y)\}$

h)
$$\begin{array}{lll} 19x & -3y & = -23 \quad | \cdot (-2) \\ -7x & -2y & = 24 \quad | \cdot 3 \quad + \\ \hline 19x & -3y & = -23 \\ -59x & & = 118 \\ \hline -38 & -3y & = -23 \\ x & & = -2 \\ \hline & y & = -5 \\ & x & = -2 \end{array}$$

S. 35, 15.

a) genau eine Lösung $(x = 2; y = -4)$

b) unendlich viele Lösungen

c) keine Lösung

S. 35, 16.

a) $a = -1;\ b \neq 10$

b) $a = -5;\ b = 6$

c) $a = -1;\ b = 10$

S. 35, 17.

a) Zahlenpaar einsetzen:

$f(-6) = m \cdot (-6) + 1 = 4$

$-6m + 1 = 4;\qquad m = -\frac{1}{2};\qquad f(x) = -\frac{1}{2}x + 1$

b) Da f und g parallel verlaufen, haben sie dieselbe Steigung: $g(x) = -\frac{1}{2}x + n$

Punkt P einsetzen:

$g(1) = -\frac{1}{2} \cdot 1 + n = 1{,}5$

$-\frac{1}{2} + n = 1{,}5;\qquad n = 2;\qquad g(x) = -\frac{1}{2}x + 2$

S. 35, 18.

Der Schwerpunkt des Dreiecks ist der Schnittpunkt der drei Seitenhalbierenden. Setzt man den Bleistift an diesem Punkt an, kann man das Dreieck balancieren.

S. 35, 19.

Oberflächeninhalt:

$O = a^2 + 2 \cdot a \cdot \sqrt{h^2 + a^2} = 25 + 10 \cdot \sqrt{50} \approx 95{,}7\,\text{cm}^2$

Volumen:

$V = \frac{1}{3} \cdot h \cdot a^2 = \frac{1}{3} \cdot 5 \cdot 5^2 = \frac{1}{3} \cdot 125 \approx 41{,}67\,\text{cm}^3$

Prüfen Sie Ihr neues Fundament (S. 98/99)

S. 98, 1.

a)

$$\begin{array}{rrr|r l}
x_1 & x_2 & x_3 & & \\
1 & -2 & 1 & 4 & \cdot(-2),\ \cdot 3 \\
2 & 1 & -1 & 7 & + \\
-3 & -1 & 4 & -5 & + \\
\hline
1 & -2 & 1 & 4 & \\
0 & 5 & -3 & -1 & \\
0 & -7 & 7 & 7 & :7 \\
\hline
1 & -2 & 1 & 4 & \\
0 & -1 & 1 & 1 & \cdot 5 \\
0 & 5 & -3 & -1 & + \\
\hline
1 & -2 & 1 & 4 & \\
0 & -1 & 1 & 1 & \\
0 & 0 & 2 & 4 &
\end{array}$$

$x_3 = 2\quad x_2 = 1\quad x_1 = 4$

b)

$$\begin{array}{rrrr|r l}
x_1 & x_2 & x_3 & x_4 & & \\
2 & -4 & 1 & -6 & 1 & \cdot(-3) \\
6 & -4 & -5 & 2 & -1 & + \\
-2 & 2 & 1 & 1 & 2 & + \\
\hline
2 & -4 & 1 & -6 & 1 & \\
0 & 8 & -8 & 20 & -4 & :4 \\
0 & -2 & 2 & -5 & 3 & \\
\hline
2 & -4 & 1 & -6 & 1 & \\
0 & 2 & -2 & 5 & -1 & \\
0 & -2 & 2 & -5 & 3 & + \\
\hline
2 & -4 & 1 & -6 & 1 & \\
0 & 2 & -2 & 5 & -1 & \\
0 & 0 & 0 & 0 & 2 &
\end{array}$$

$L = \{\,\}$

c)

$$\begin{array}{rrr|r l}
x_1 & x_2 & x_3 & & \\
2 & 4 & 6 & 2 & \cdot(-1),\ \cdot(-2) \\
2 & 2 & 9 & 3 & \\
4 & 10 & 9 & 3 & + \\
4 & 6 & 15 & 5 & + \\
\hline
2 & 4 & 6 & 2 & \\
0 & -2 & 3 & 1 & \\
0 & 2 & -3 & -1 & \\
0 & -2 & 3 & 1 & \\
\hline
2 & 4 & 6 & 2 & \\
0 & -2 & 3 & 1 & \\
0 & 0 & 0 & 0 & \\
0 & 0 & 0 & 0 &
\end{array}$$

$x_2 = -\frac{1}{2} + \frac{3}{2}x_3$

$x_1 - 1 + 3x_3 + 3x_3 = 1 \Leftrightarrow x_1 = 2 - 6x_3$

$L = \left\{\left(2 - 6t \,\middle|\, -\frac{1}{2} + \frac{3}{2}t \,\middle|\, t\right)\right\}$

S. 98, 2.

a) z. B. $A(3\,|\,2\,|\,1)$ (für $r = 1$) und $B(2\,|\,1\,|\,1)$ (für $r = 0$)

b) $\begin{pmatrix} 0 \\ -1 \\ 1 \end{pmatrix} = \begin{pmatrix} 2 \\ 1 \\ 1 \end{pmatrix} + r \cdot \begin{pmatrix} 1 \\ 1 \\ 0 \end{pmatrix} = \begin{pmatrix} 2+r \\ 1+r \\ 1 \end{pmatrix}\qquad \begin{array}{ll} 0 = 2 + r & r = -2 \\ -1 = 1 + r & r = -2 \\ 1 = 1 & \end{array}$

Der Punkt P liegt auf h.

$\begin{pmatrix} 3 \\ 3 \\ -1 \end{pmatrix} = \begin{pmatrix} 2 \\ 1 \\ 1 \end{pmatrix} + r \cdot \begin{pmatrix} 1 \\ 1 \\ 0 \end{pmatrix} = \begin{pmatrix} 2+r \\ 1+r \\ 1 \end{pmatrix}$ führt zu $r = 1$ und $r = 2$ und $-1 = 1$ (Widerspruch in 3. Gleichung)

Der Punkt Q liegt nicht auf h.

c) $x_3 = 0$, also $1 = 0$: die Gerade h hat keinen Schnittpunkt mit der x_1x_2-Ebene (keinen Spurpunkt S_{12}).

$x_2 = 0$, also $1 + r = 0$; $r = -1$: $S_{13}\,(1\,|\,0\,|\,1)$

$x_1 = 0$, also $2 + r = 0$; $r = -2$: $S_{23}\,(0\,|\,-1\,|\,1)$

d) Da für den Richtungsvektor $x_3 = 0$ gilt, verläuft die Gerade parallel zur x_1x_2-Ebene.

S. 98, 3.

a) $\vec{x} = \begin{pmatrix} -2 \\ 1 \\ 0 \end{pmatrix} + r \cdot \begin{pmatrix} 5 \\ 3 \\ 5 \end{pmatrix}$ mit $r \in \mathbb{R}$ und $0 \leq r \leq 1$

b) $|\overline{AB}| = \left|\begin{pmatrix} 5 \\ 3 \\ 5 \end{pmatrix}\right| = \sqrt{5^2 + 3^2 + 5^2} = \sqrt{59} \approx 7{,}68$

c) $\overrightarrow{OM} = \begin{pmatrix} -2 \\ 1 \\ 0 \end{pmatrix} + 0{,}5 \cdot \begin{pmatrix} 5 \\ 3 \\ 5 \end{pmatrix} = \begin{pmatrix} 0{,}5 \\ 2{,}5 \\ 2{,}5 \end{pmatrix}$, $M\left(\frac{1}{2}\,\middle|\,\frac{5}{2}\,\middle|\,\frac{5}{2}\right)$

S. 98, 4.

a) g und h haben einen Schnittpunkt: $S(7\,|\,0\,|\,4)$ $(r = 2, s = -1)$

b) g und h sind windschief (kein Schnittpunkt, nicht parallel).

c) g und h sind echt parallel (Richtungsvektoren sind kollinear, es gibt keinen Schnittpunkt).

S. 98, 5.

a) $0 = \vec{a} \cdot \vec{b} = \begin{pmatrix} 4 \\ 2 \\ 1 \end{pmatrix} \cdot \begin{pmatrix} b_1 \\ b_2 \\ b_3 \end{pmatrix} = 4b_1 + 2b_2 + b_3$

Diese Gleichung hat unendlich viele Lösungen, es gibt also unendlich viele Vektoren, die senkrecht auf $\vec{a}$ stehen, z. B. $\vec{b} = \begin{pmatrix} -1 \\ 1 \\ 2 \end{pmatrix}$.

b) $\vec{c} = \vec{a} \times \vec{b} = \begin{pmatrix} 2\cdot 2 - 1\cdot 1 \\ 1\cdot(-1) - 4\cdot 2 \\ 4\cdot 1 - 2\cdot(-1) \end{pmatrix} = \begin{pmatrix} 3 \\ -9 \\ 6 \end{pmatrix}$

Die Vektoren $\vec{a}$, $\vec{b}$ und $\vec{c}$ sind orthogonal zueinander. Es gibt unendlich viele Vektoren, die orthogonal zu $\vec{a}$ und $\vec{b}$ sind, nämlich $t \cdot \vec{c}$; $t \in \mathbb{R}$.

S. 98, 6.

a) $\overrightarrow{OP_t} = \begin{pmatrix} -t \\ 3-t \\ 3 \end{pmatrix} = \begin{pmatrix} 0 \\ 3 \\ 3 \end{pmatrix} + t \cdot \begin{pmatrix} -1 \\ -1 \\ 0 \end{pmatrix}$

Die Gerade verläuft parallel zur x_1x_2-Ebene.

b) z. B.:

① $\vec{x} = \begin{pmatrix} 1 \\ 3 \\ 3 \end{pmatrix} + t \cdot \begin{pmatrix} -1 \\ -1 \\ 0 \end{pmatrix}$ ② $\vec{x} = \begin{pmatrix} 0 \\ 3 \\ 3 \end{pmatrix} + t \cdot \begin{pmatrix} 0 \\ 0 \\ 1 \end{pmatrix}$

③ $\vec{x} = \begin{pmatrix} 1 \\ 3 \\ 3 \end{pmatrix} + t \cdot \begin{pmatrix} 0 \\ 0 \\ 1 \end{pmatrix}$

S. 98, 7.

a) Da die Punkte P, Q und R jeweils nur eine von null verschiedene Koordinate haben, liegen sie auf den Koordinatenachsen (Spurpunkte). Die von null verschiedene Koordinate zeigt die Achse: P auf der x_1-Achse, Q auf der x_2-Achse, R auf der x_3-Achse. Drei Punkte, die nicht auf einer Geraden liegen, spannen eine Ebene auf.

b) ① beschreibt eine Parametergleichung von E. Der Ortsvektor zu P ist Stützvektor und $\overrightarrow{PQ}$ und $\overrightarrow{PR}$ sind die beiden Richtungsvektoren.

② beschreibt keine Parametergleichung von E, da z. B. Q nicht in der von ② beschriebenen Ebene liegt.

c) z. B.

$\vec{x} = \overrightarrow{OQ} + s \cdot \overrightarrow{QP} + t \cdot \overrightarrow{QR} = \begin{pmatrix} 0 \\ 3 \\ 0 \end{pmatrix} + s \cdot \begin{pmatrix} -1 \\ -3 \\ 0 \end{pmatrix} + t \cdot \begin{pmatrix} 0 \\ -3 \\ 2 \end{pmatrix}$

d) Normalengleichung:

z. B. $\left[\begin{pmatrix} x_1 \\ x_2 \\ x_3 \end{pmatrix} - \begin{pmatrix} -1 \\ 0 \\ 0 \end{pmatrix}\right] \cdot \begin{pmatrix} 6 \\ -2 \\ -3 \end{pmatrix} = 0$

Koordinatengleichung:

z. B. $6x_1 - 2x_2 - 3x_3 = -6$

S. 98, 8.

a) E und g schneiden sich im Punkt $P(-1|2|1)$.

b) E und g sind echt parallel zueinander.

c) g liegt in E.

S. 99, 9.

a) E und g schneiden sich im Punkt $P(1|2|3)$.

b) g liegt in E.

c) E und g schneiden sich im Punkt $P(2|0|0)$.

d) E und g sind echt parallel zueinander.

S. 99, 10.

a) E_1 und E_2 sind echt parallel zueinander.

b) E_1 und E_2 schneiden sich in der Geraden

$g: \vec{x} = t \cdot \begin{pmatrix} 0 \\ 1 \\ 1 \end{pmatrix}$.

c) E_1 und E_2 sind identisch.

d) E_1 und E_2 schneiden sich in der Geraden

$g: \vec{x} = \begin{pmatrix} 1 \\ 0 \\ 1 \end{pmatrix} + t \cdot \begin{pmatrix} 0 \\ 1 \\ 1 \end{pmatrix}$.

e) E_1 und E_2 sind echt parallel zueinander.

f) E_1 und E_2 schneiden sich in der Geraden

$g: \vec{x} = t \cdot \begin{pmatrix} 0 \\ 1 \\ 1 \end{pmatrix}$.

g) $E_1: \vec{x} = k\begin{pmatrix} 1 \\ 0 \\ 1 \end{pmatrix} + l\begin{pmatrix} 1 \\ -1 \\ 0 \end{pmatrix}$

Für e): $\begin{pmatrix} 1 \\ -1 \\ -1 \end{pmatrix} + r\begin{pmatrix} 2 \\ -1 \\ 1 \end{pmatrix} + s\begin{pmatrix} 1 \\ 3 \\ 4 \end{pmatrix} = k\begin{pmatrix} 1 \\ 0 \\ 1 \end{pmatrix} + l\begin{pmatrix} 1 \\ -1 \\ 0 \end{pmatrix}$

E_1 und E_2 sind echt parallel zueinander.

Für f): $\begin{pmatrix} -4 \\ -1 \\ 7 \end{pmatrix} + r\begin{pmatrix} 2 \\ 1 \\ -3 \end{pmatrix} + s\begin{pmatrix} -3 \\ -1 \\ 5 \end{pmatrix} = k\begin{pmatrix} 1 \\ 0 \\ 1 \end{pmatrix} + l\begin{pmatrix} 1 \\ -1 \\ 0 \end{pmatrix}$

$k = 1 + \frac{1}{2}s \quad l = -1 - \frac{1}{2}s$

$g: \vec{x} = \begin{pmatrix} 0 \\ 1 \\ 1 \end{pmatrix} + s\begin{pmatrix} 0 \\ 0{,}5 \\ 0{,}5 \end{pmatrix}$ also $g: \vec{x} = s\begin{pmatrix} 0 \\ 1 \\ 1 \end{pmatrix}$

S. 99, 11.

a) E_1 und E_2 schneiden sich in der Geraden

$g: \vec{x} = \begin{pmatrix} 0 \\ 1 \\ 2 \end{pmatrix} + t \cdot \begin{pmatrix} 1 \\ 0 \\ -1 \end{pmatrix}$.

b) E_1 und E_2 sind echt parallel zueinander.

c) E_1 und E_2: $-4x_1 + x_2 + 2x_3 = -7$ schneiden sich in der Geraden $g: \vec{x} = \begin{pmatrix} 0 \\ 1 \\ -4 \end{pmatrix} + t\begin{pmatrix} 1 \\ 0 \\ 2 \end{pmatrix}$.

S. 99, 12.

a) $E_0: -x_3 = 6$ und $E_1: 2x_1 - 4x_2 = 6$ schneiden sich in der Geraden g mit $g: \vec{x} = \begin{pmatrix} 3 \\ 0 \\ -6 \end{pmatrix} + t\begin{pmatrix} 2 \\ 1 \\ 0 \end{pmatrix}$.

Wegen $2a \cdot (3 + 2t) - 4at + (a - 1) \cdot (-6) = 6$, liegt g in allen Ebenen E_a der Schar.

b) $2ak = -1$, $-4ak = 2$, $(a - 1)k = 1$, $6k = -9$

Lösung: $k = -\frac{3}{2}$ und $a = \frac{1}{3}$, also $F = E_{\frac{1}{3}}$.

c) $k \cdot \begin{pmatrix} 2a \\ -4a \\ a-1 \end{pmatrix} = \begin{pmatrix} 0 \\ 0 \\ 1 \end{pmatrix} \Rightarrow a = 0, k = -1$

E_0 verläuft parallel zur x_1x_2-Ebene.

d) $E_{\frac{1}{2}}$ verläuft echt parallel zu h, da

$\begin{pmatrix} 2a \\ -4a \\ a-1 \end{pmatrix} \cdot \begin{pmatrix} -1 \\ 1 \\ 2 \end{pmatrix} = -4a - 2 = 0 \Leftrightarrow a = \frac{1}{2}$ und der Stützpunkt von h nicht in $E_{\frac{1}{2}}$ enthalten ist.

S. 99, 13.

a) Die Eckpunkte des Schattens sind die Schnittpunkte der x_1x_2-Ebene mit der Geraden durch die Ecken des Sonnensegels entlang der Sonnenstrahlen.

Ein Punkt liegt in der x_1x_2-Ebene, wenn seine dritte Koordinate null ist.

$\overrightarrow{OA'} = \begin{pmatrix} -6 \\ 2 \\ 0 \end{pmatrix}$, $\overrightarrow{OB'} = \begin{pmatrix} -4 \\ 2 \\ 0 \end{pmatrix}$, $\overrightarrow{OC'} = \begin{pmatrix} -4 \\ 4 \\ 0 \end{pmatrix}$, $\overrightarrow{OD'} = \begin{pmatrix} -6 \\ 4 \\ 0 \end{pmatrix}$

b) Der Schatten ist quadratisch.

c) $|\overrightarrow{A'B'}| = \left|\begin{pmatrix} 2 \\ 0 \\ 0 \end{pmatrix}\right| = \sqrt{2^2} = 2\,\text{m}$, $\quad A = (2\,\text{m})^2 = 4\,\text{m}^2$

Lösungen zu Kapitel 3: Winkel und Abstände

Ihr Fundament (S. 102/103)

S. 102, 1.

a) $\sin(\alpha) = \frac{a}{c}$; $\sin(\beta) = \frac{b}{c}$; $\cos(\alpha) = \frac{b}{c}$; $\cos(\beta) = \frac{a}{c}$

b) $a = \sin(\alpha) \cdot c = \sin(35°) \cdot 5\text{ cm} \approx 2{,}868\text{ cm}$
$b = \sin(\beta) \cdot c = \sin(180° - (35° + 90°)) \cdot 5\text{cm}$
$= \sin(55°) \cdot 5\text{ cm} \approx 4{,}096\text{ cm}$

c) $c = \frac{b}{\cos(\alpha)} = \frac{3\text{ cm}}{\cos(60°)} = 6\text{ cm}$
$a = \cos(\beta) \cdot c = \cos(180° - (60° + 90°)) \cdot 6\text{ cm}$
$= \cos(30°) \cdot 6\text{ cm} \approx 5{,}196\text{ cm}$

S. 102, 2.

a) Der x-Wert des Punktes, der durch Abtragen von α am Einheitskreis entsteht, entspricht $\cos(\alpha)$. Der y-Wert des Punktes entspricht $\sin(\alpha)$. In diesem Fall ist $\cos(\alpha) = -0{,}6$ und $\sin(\alpha) = 0{,}8$. Damit ist $\alpha \approx 126{,}9°$.

b) Für die Werte in den vier Quadranten gilt:

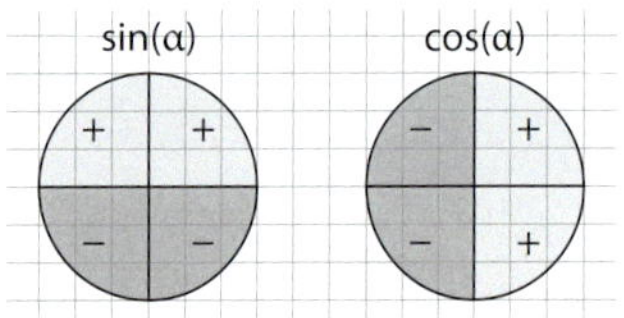

S. 102, 3.

	a)	b)	c)	d)
sin(α)	negativ	positiv	negativ	positiv
cos(α)	negativ	positiv	positiv	negativ

S. 102, 4

a) Nullstellen:
$f(x) = 0$: $x_1 = 0$; $x_2 = \pi$; $x_3 = 2\pi$
$g(x) = 0$: $x_1 = \frac{1}{2}\pi$; $x_2 = \frac{3}{2}\pi$
Extrempunkte:
$f'(x) = \cos(x) = 0$: $x_1 = \frac{1}{2}\pi$; $x_2 = \frac{3}{2}\pi$
$F_1\left(\frac{1}{2}\pi \mid 1\right)$; $F_2\left(\frac{3}{2}\pi \mid -1\right)$
$g'(x) = -\sin(x) = 0$: $x_1 = 0$; $x_2 = \pi$; $x_3 = 2\pi$
$G_1(0 \mid 1)$; $G_2(\pi \mid -1)$; $G_3(2\pi \mid 1)$

b) Die Funktion f ist monoton steigend auf den Intervallen $\left[0; \frac{1}{2}\pi\right]$ und $\left[\frac{3}{2}\pi; 2\pi\right]$ und monoton fallend auf dem Intervall $\left[\frac{1}{2}\pi; \frac{3}{2}\pi\right]$.
Die Funktion g ist monoton steigend auf dem Intervall $[\pi; 2\pi]$ und monoton fallend auf dem Intervall $[0; \pi]$.

c)
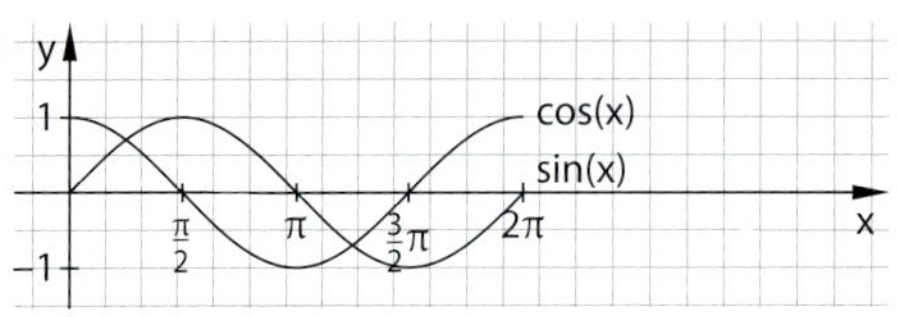

S. 102, 5.

a) $c = 17\text{ cm}$

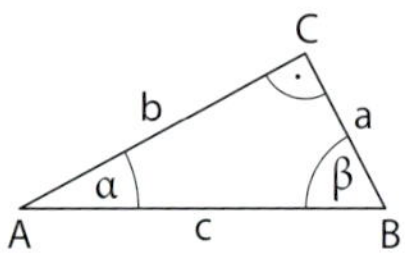

b) $c = 0{,}5\text{ m}$

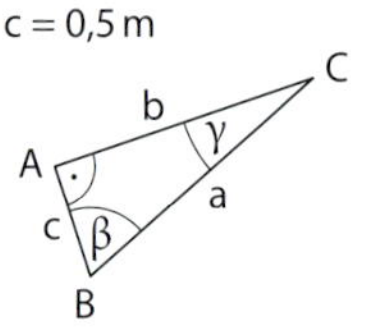

c) $a = 3{,}6\text{ cm}$

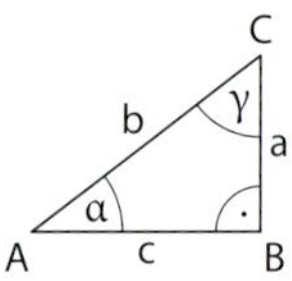

S. 102, 6.

a) Das Dreieck ist rechtwinklig mit Hypotenuse a und rechtem Winkel α, da $2{,}9^2 = 2{,}1^2 + 2{,}0^2$.

b) Das Dreieck ist nicht rechtwinklig, da $2^2 + 1{,}5^2 \neq 4{,}8^2$.

c) Das Dreieck ist rechtwinklig mit Hypotenuse b und rechtem Winkel β, da $80\text{ dm} = 8\text{ m}$ und $(10\text{ m})^2 = (6\text{ m})^2 + (8\text{ m})^2$.

S. 102, 7.

a) $x = \sqrt{61} \approx 7{,}81$; $y = \sqrt{34} \approx 5{,}83$

b) $x = \sqrt{41} \approx 6{,}40$; $y = \sqrt{29} \approx 5{,}39$

c) $x = \sqrt{41} \approx 6{,}40$; $y = \sqrt{45} \approx 6{,}71$; $z = \sqrt{24} \approx 4{,}90$

S. 103, 8.

a) $A = 1{,}5\text{ cm}^2$ b) $A = 3\text{ cm}^2$ c) $A = 3\text{ cm}^2$

S. 103, 9.

a) $V = \frac{1}{3}a \cdot b \cdot h = \frac{1}{3} \cdot 35\text{ mm} \cdot 45\text{ mm} \cdot 70\text{ mm}$
$= 36\,750\text{ mm}^3 = 36{,}75\text{ cm}^3$
$O = ab + a\sqrt{\left(\frac{b}{2}\right)^2 + h^2} + b\sqrt{\left(\frac{a}{2}\right)^2 + h^2}$
$\approx 7395{,}40\text{ mm}^2 \approx 73{,}9\text{ cm}^2$

b) $V = \frac{a^3}{12}\sqrt{2} = \frac{(10\text{ m})^3}{12}\sqrt{2} \approx 117{,}85\text{ m}^3$
$O = \sqrt{3}a^2 \approx 173{,}21\text{ m}^2$

c) $V = 5\text{ cm} \cdot \left(2\text{ cm} \cdot \frac{1}{2}(3\text{ cm} + 5\text{ cm})\right) = 40\text{ cm}^3$
$O = 2\left(2\text{ cm} \cdot \frac{1}{2}(3\text{ cm} + 5\text{ cm})\right)$
$+ (3\text{ cm} + 5\text{ cm} + 2\text{ cm} + \sqrt{8}\text{ cm}) \cdot 5\text{ cm} \approx 80{,}14\text{ cm}^2$

S. 103, 10.

a) $V = \pi \cdot r^2 \cdot h \approx 147\,026{,}54\text{ mm}^3 \approx 147\text{ cm}^3$
$O = 2\pi \cdot r \cdot h + 2 \cdot \pi \cdot r^2 \approx 15\,456{,}64\text{ mm}^2 \approx 154{,}6\text{ cm}^2$

b) $V = \frac{1}{3}\pi \cdot r^2 \cdot h \approx 153{,}56\text{ mm}^3$
$O = \pi \cdot r\left(r + \sqrt{r^2 + h^2}\right) \approx 175{,}93\text{ mm}^2$

c) $V = \frac{4}{3}\pi \cdot r^3 \approx 33\,510{,}32\text{ mm}^3 \approx 33{,}5\text{ cm}^3$
$O = 4\pi \cdot r^3 \approx 5026{,}54\text{ mm}^2 \approx 50{,}3\text{ cm}^2$

S. 103, 11.

a) $V = \frac{1}{3}\pi \cdot 70^2 \cdot (345 - 122) + \pi \cdot 70^2 \cdot 122$
$\approx 3{,}022 \cdot 10^6\text{ mm}^3 = 3022\text{ cm}^3$
$O = 2\pi \cdot 70 \cdot 122 + \pi \cdot 70^2 + \pi \cdot 70 \cdot \sqrt{223^2 + 70^2}$
$\approx 120\,451{,}78\text{ mm}^2 \approx 1204{,}5\text{ cm}^2$

b) $V = 1200\text{ mm}^2 \cdot 20\text{ mm} = 24\,000\text{ mm}^3$
$O = 2 \cdot 1200 + 20 \cdot (40 \cdot 10 + 3 \cdot 20 + 3 \cdot 40)$
$= 6800\text{ mm}^2$

c) $V = \frac{1}{3} \cdot 120^2 \cdot 140 - \frac{1}{3}\pi \cdot 20^2 \cdot 60$
$\approx 646\,867{,}26\,\text{mm}^3$
$O = 120^2 + 2 \cdot 120 \cdot \sqrt{60^2 + 140^2} - \pi \cdot 20^2$
$+ \pi \cdot 20 \cdot \sqrt{20^2 + 60^2} \approx 53\,672{,}91\,\text{mm}^2$

S. 103, 12.
a) $V = 1{,}8\,\text{m} \cdot 1{,}8\,\text{m} \cdot 2{,}2\,\text{m} + \frac{1}{3} \cdot 1{,}8\,\text{m} \cdot 1{,}8\,\text{m} \cdot 1{,}6\,\text{m}$
$= 8{,}856\,\text{m}^3 = 8{,}856 \cdot 10^6\,\text{cm}^3$
$8{,}856 \cdot 10^6\,\text{cm}^3 \cdot 1{,}9\,\frac{\text{g}}{\text{cm}^3} = 1{,}68 \cdot 10^7\,\text{g} = 16{,}8\,\text{t}$
Das Silo fasst maximal 16,8 Tonnen des Zements.
b) $O = (1{,}8\,\text{m}^2) + 4 \cdot 1{,}8\,\text{m} \cdot 2{,}2\,\text{m}$
$+ 4 \cdot \frac{1{,}8\,\text{m}}{2}\sqrt{\left(\frac{1{,}8\,\text{m}}{2}\right)^2 + (1{,}6\,\text{m})^2} \approx 25{,}69\,\text{m}^2$
$25{,}69 : 4 \approx 6{,}42$
Es werden etwa 6,42 Liter Farbe benötigt.

S. 103, 13.
$\overrightarrow{AB} = \begin{pmatrix} 2 \\ 6 \\ 0 \end{pmatrix}, \overrightarrow{BC} = \begin{pmatrix} -6 \\ 2 \\ 3 \end{pmatrix}, \overrightarrow{CD} = \begin{pmatrix} -2 \\ -6 \\ 0 \end{pmatrix}, \overrightarrow{DA} = \begin{pmatrix} 6 \\ -2 \\ -3 \end{pmatrix}$
Es gilt $\overrightarrow{AB} = -\overrightarrow{CD}$ und $\overrightarrow{BC} = -\overrightarrow{DA}$. Somit sind die gegenüberliegenden Seiten des Vierecks ABCD parallel und gleich lang. Es handelt sich also um ein Rechteck.

S. 103, 14.
a) $\overrightarrow{AB} = \begin{pmatrix} -4 \\ 2 \\ 0 \end{pmatrix}, \overrightarrow{BC} = \begin{pmatrix} 0 \\ -5 \\ 5 \end{pmatrix}, \overrightarrow{CA} = \begin{pmatrix} 4 \\ 3 \\ -5 \end{pmatrix}$
$|\overrightarrow{AB}| = \sqrt{20}, |\overrightarrow{BC}| = |\overrightarrow{CA}| = \sqrt{50}$
Das Dreieck ist gleichschenklig mit Basis $\overline{AB}$, aber nicht gleichseitig.
b) Pythagoras: $h_C^2 + \left(\frac{1}{2}|\overrightarrow{AB}|\right)^2 = |\overrightarrow{CA}|^2 \Rightarrow h_C = \sqrt{45}$
Flächeninhalt: $A = \frac{1}{2}|\overrightarrow{AB}| \cdot h_C = 15$

Prüfen Sie Ihr neues Fundament (S. 130/131)

S. 130, 1.
$\begin{pmatrix} -1 \\ 0 \\ -1 \end{pmatrix} + r \cdot \begin{pmatrix} 3 \\ 1 \\ -2 \end{pmatrix} = \begin{pmatrix} 2 \\ 1 \\ -3 \end{pmatrix} + t \cdot \begin{pmatrix} 1 \\ 1 \\ 1 \end{pmatrix}$
$\left(\begin{array}{cc|c} 3 & -1 & 3 \\ 1 & -1 & 1 \\ -2 & -1 & -2 \end{array}\right) \xrightarrow{\text{ZSF}} \left(\begin{array}{cc|c} 3 & -1 & 3 \\ 0 & -\frac{2}{3} & 0 \\ 0 & 0 & 0 \end{array}\right) \rightarrow r = 1 \text{ und } t = 0$
$\alpha = \cos^{-1}\left(\frac{\left(\begin{pmatrix} 3 \\ 1 \\ -2 \end{pmatrix} \cdot \begin{pmatrix} 1 \\ 1 \\ 1 \end{pmatrix}\right)}{\sqrt{3^2 + 1^2 + (-2)^2} \cdot \sqrt{1^2 + 1^2 + 1^2}}\right) \approx 72°$
Die Geraden schneiden sich im Punkt $S(2\,|\,1\,|\,-3)$ in einem Winkel von 72°.

S. 130, 2.
a) $\cos(\alpha) = \frac{\overrightarrow{AB} \cdot \overrightarrow{AC}}{|\overrightarrow{AB}| \cdot |\overrightarrow{AC}|} = \frac{\begin{pmatrix} 4 \\ 0 \\ 2 \end{pmatrix} \cdot \begin{pmatrix} -2 \\ 1 \\ 14 \end{pmatrix}}{\sqrt{20} \cdot \sqrt{201}} \approx 0{,}315$
$\alpha \approx 71{,}6°$
$\cos(\beta) = 0$, also $\beta = 90°$;
$\cos(\gamma) \approx 0{,}949$, also $\gamma \approx 18{,}4°$
Das Dreieck ist rechtwinklig mit $\beta = 90°$.
b) $\cos(\alpha) \approx -0{,}478, \alpha \approx 118{,}6°$
$\cos(\beta) \approx 0{,}866, \beta \approx 30°$
$\cos(\gamma) \approx 0{,}853, \gamma \approx 31{,}5°$
Das Dreieck hat keinen rechten Innenwinkel, es ist stumpfwinklig.

S. 130, 3.
a) $\alpha = \sin^{-1}\left(\frac{\begin{pmatrix} 1 \\ 1 \\ 1 \end{pmatrix} \cdot \begin{pmatrix} 1 \\ 1 \\ 1 \end{pmatrix}}{\sqrt{1^2 + 1^2 + 1^2} \cdot \sqrt{1^2 + 1^2 + 1^2}}\right) = 90°$
b) E und g sind echt parallel zueinander, es gibt keinen Schnittpunkt zwischen ihnen.
c) $\alpha = \sin^{-1}\left(\frac{\begin{pmatrix} 4 \\ -2 \\ 1 \end{pmatrix} \cdot \begin{pmatrix} -2 \\ -2 \\ 2 \end{pmatrix}}{\sqrt{4^2 + (-2)^2 + 1^2} \cdot \sqrt{(-2)^2 + (-2)^2 + 2^2}}\right) \approx 7{,}24°$

S. 130, 4.
a) $\alpha = \cos^{-1}\left(\frac{\begin{pmatrix} 1 \\ 2 \\ 1 \end{pmatrix} \cdot \begin{pmatrix} 1 \\ 1 \\ 0 \end{pmatrix}}{\sqrt{1^2 + 2^2 + 1^2} \cdot \sqrt{1^2 + 1^2 + 0^2}}\right) = 30°$
b) $\alpha = \cos^{-1}\left(\frac{\begin{pmatrix} 1 \\ -6 \\ -2 \end{pmatrix} \cdot \begin{pmatrix} 6 \\ -3 \\ 4 \end{pmatrix}}{\sqrt{1^2 + (-6)^2 + (-2)^2} \cdot \sqrt{6^2 + (-3)^2 + 4^2}}\right) \approx 71{,}34°$
c) $\alpha = \cos^{-1}\left(\frac{\begin{pmatrix} 4 \\ 0 \\ 0 \end{pmatrix} \cdot \begin{pmatrix} 5 \\ 1 \\ 3 \end{pmatrix}}{\sqrt{4^2 + 0^2 + 0^2} \cdot \sqrt{5^2 + 1^2 + 3^2}}\right) \approx 32{,}31°$
d) $\alpha = \cos^{-1}\left(\frac{\begin{pmatrix} -5 \\ 13 \\ -1 \end{pmatrix} \cdot \begin{pmatrix} 5 \\ -8 \\ 9 \end{pmatrix}}{\sqrt{(-5)^2 + 13^2 + (-1)^2} \cdot \sqrt{5^2 + (-8)^2 + 9^2}}\right)$
$\approx 40{,}72°$

S. 130, 5.
a) Lotgerade: g: $\vec{x} = \begin{pmatrix} 1 \\ 1 \\ 1 \end{pmatrix} + t\begin{pmatrix} 1 \\ 1 \\ 0 \end{pmatrix}$
Lotfußpunkt (Schnittpunkt von g und E):
$F(0{,}5\,|\,0{,}5\,|\,1)$
$d(A; E) = |\overrightarrow{AF}| = \sqrt{(-0{,}5)^2 + (-0{,}5)^2 + 0^2} \approx 0{,}71$
b) Lotgerade: g: $\vec{x} = \begin{pmatrix} 1 \\ -1 \\ 2 \end{pmatrix} + t\begin{pmatrix} 2 \\ 1 \\ -3 \end{pmatrix}$
Lotfußpunkt (Schnittpunkt von g und E):
$F(2{,}43\,|\,-0{,}29\,|\,-0{,}14)$
$d(A; E) = |\overrightarrow{AF}| = \sqrt{1{,}43^2 + 0{,}71^2 + (-2{,}14)^2} \approx 2{,}67$
c) Lotgerade: g: $\vec{x} = \begin{pmatrix} 2 \\ 1 \\ -1 \end{pmatrix} + t\begin{pmatrix} 0 \\ 0 \\ 1 \end{pmatrix}$
Lotfußpunkt (Schnittpunkt von g und E): $F(2\,|\,1\,|\,-1)$
Der Punkt A liegt in der Ebene E, also $d(A; E) = 0$.

S. 130, 6.
a) Lotgerade: g: $\vec{x} = t\begin{pmatrix} 2 \\ 1 \\ -2 \end{pmatrix}$
Lotfußpunkt (Schnittpunkt von g und E): $F\left(\frac{8}{3}\,\middle|\,\frac{4}{3}\,\middle|\,-\frac{8}{3}\right)$
$d(O; E) = |\overrightarrow{OF}| = \sqrt{\left(\frac{8}{3}\right)^2 + \left(\frac{4}{3}\right)^2 + \left(-\frac{8}{3}\right)^2} = 4$
Die Ebene hat zum Ursprung einen Abstand von 4.
b) Da der Stützvektor der Gerade g eine Länge von 3 hat und g die Ebene E für $t = \frac{4}{3}$ schneidet, haben die Punkte auf g für $t = -\frac{1}{3}$ und $t = \frac{9}{3}$ einen Abstand von 5 LE zu E.
Diese Punkte sind die Stützpunkte der zu E parallelen Ebenen. Da die Ebenen parallel sind, sind ihre Normalenvektoren gleich.
E_1: $2x_1 + x_2 - 2x_3 = -3 = -\frac{1}{3}\begin{pmatrix} 2 \\ 1 \\ -2 \end{pmatrix}\begin{pmatrix} 2 \\ 1 \\ -2 \end{pmatrix}$
E_2: $2x_1 + x_2 - 2x_3 = 27 = \frac{9}{3}\begin{pmatrix} 2 \\ 1 \\ -2 \end{pmatrix}\begin{pmatrix} 2 \\ 1 \\ -2 \end{pmatrix}$
E_1 und E_2 sind parallel zu E und haben jeweils zu E einen Abstand von 5.

S. 130, 7.

a) Parameter t ermitteln, sodass der allgemeine Verbindungsvektor $\overrightarrow{AX_t}$ senkrecht zu g ist:

$$\overrightarrow{AX_t} = -\begin{pmatrix}1\\0\\-1\end{pmatrix} + \begin{pmatrix}1\\1\\3\end{pmatrix} + t\begin{pmatrix}0\\1\\0\end{pmatrix} = \begin{pmatrix}0\\1+t\\4\end{pmatrix}$$

$$\begin{pmatrix}0\\1+t\\4\end{pmatrix}\cdot\begin{pmatrix}0\\1\\0\end{pmatrix} = 0 \rightarrow t = -1$$

Lotvektor und Fußpunkt ermitteln:

$$\overrightarrow{AX_{-1}} = \begin{pmatrix}0\\1-1\\4\end{pmatrix} = \begin{pmatrix}0\\0\\4\end{pmatrix}$$

$$\overrightarrow{OF} = \overrightarrow{OA} + \overrightarrow{AX_{-1}} = \begin{pmatrix}1\\0\\-1+4\end{pmatrix} = \begin{pmatrix}1\\0\\3\end{pmatrix}$$

$$d(A, g) = \left|\begin{pmatrix}0\\0\\4\end{pmatrix}\right| = 4$$

b) Parameter t ermitteln, sodass der allgemeine Verbindungsvektor $\overrightarrow{AX_t}$ senkrecht zu g ist:

$$\overrightarrow{AX_t} = -\begin{pmatrix}5\\4\\1\end{pmatrix} + \begin{pmatrix}3\\5\\-1\end{pmatrix} + t\begin{pmatrix}2\\-1\\-4\end{pmatrix} = \begin{pmatrix}-2+2t\\1-t\\-2-4t\end{pmatrix}$$

$$\begin{pmatrix}-2+2t\\1-t\\-2-4t\end{pmatrix}\cdot\begin{pmatrix}2\\-1\\-4\end{pmatrix} = 0 \rightarrow t = -\frac{1}{7}$$

Lotvektor und Fußpunkt ermitteln:

$$\overrightarrow{AX_{-1}} = \begin{pmatrix}-2-\frac{2}{7}\\1+\frac{1}{7}\\-2+\frac{4}{7}\end{pmatrix} = \frac{1}{7}\cdot\begin{pmatrix}-16\\8\\-10\end{pmatrix}$$

$$\overrightarrow{OF} = \overrightarrow{OA} + \overrightarrow{AX_{-1}} = \begin{pmatrix}5-\frac{16}{7}\\4+\frac{8}{7}\\1-\frac{10}{7}\end{pmatrix} = \frac{1}{7}\begin{pmatrix}19\\36\\-3\end{pmatrix}$$

$$d(A, g) = \left|\frac{1}{7}\cdot\begin{pmatrix}-16\\8\\-10\end{pmatrix}\right| \approx 2{,}93$$

S. 130, 8.

a) Parameter s und t ermitteln, sodass Verbindungsvektor $\overrightarrow{X_sX_t}$ senkrecht zu g und h steht:

$$\overrightarrow{X_sX_t} = \begin{pmatrix}-2-4s+3t\\1+4s-t\\-2+s\end{pmatrix}$$

$$\begin{pmatrix}-2-4s+3t\\1+4s-t\\-2+s\end{pmatrix}\cdot\begin{pmatrix}4\\-4\\-1\end{pmatrix} = 0 \rightarrow -10-33s+16t = 0$$

$$\begin{pmatrix}-2-4s+3t\\1+4s-t\\-2+s\end{pmatrix}\cdot\begin{pmatrix}3\\-1\\0\end{pmatrix} = 0 \rightarrow -7-16s+10t = 0$$

$s = \frac{6}{37}$ und $t = \frac{71}{74}$

s und t in $\overrightarrow{X_sX_t}$ einsetzen und Lotfußpunkte F_1 und F_2 ermitteln:

$$\overrightarrow{X_{\frac{6}{37}}X_{\frac{71}{74}}} = \frac{1}{74}\begin{pmatrix}-17\\-51\\132\end{pmatrix}$$

$$\overrightarrow{OF_1} = \frac{1}{37}\begin{pmatrix}61\\50\\105\end{pmatrix};\ \overrightarrow{OF_2} = \frac{1}{74}\begin{pmatrix}139\\151\\74\end{pmatrix}$$

$$d(g, h) = \left|\frac{1}{74}\begin{pmatrix}-17\\-51\\132\end{pmatrix}\right| \approx 1{,}98$$

b) Parameter s und t ermitteln, sodass Verbindungsvektor $\overrightarrow{X_sX_t}$ senkrecht zu g und h steht:

$$\overrightarrow{X_sX_t} = \begin{pmatrix}12-13s+t\\1+4s+5t\\2+s+4t\end{pmatrix}$$

$$\begin{pmatrix}12-13s+t\\1+4s+5t\\2+s+4t\end{pmatrix}\cdot\begin{pmatrix}13\\-4\\-1\end{pmatrix} = 0 \rightarrow 150-186s-11t = 0$$

$$\begin{pmatrix}12-13s+t\\1+4s+5t\\2+s+4t\end{pmatrix}\cdot\begin{pmatrix}1\\5\\4\end{pmatrix} = 0 \rightarrow 25+11s+42t = 0$$

$s = \frac{6575}{7691} \approx 0{,}855$ und $t = -\frac{6300}{7691} \approx -0{,}819$

s und t in $\overrightarrow{X_sX_t}$ einsetzen und Lotfußpunkte F_1 und F_2 ermitteln:

$$\overrightarrow{X_{0,855}X_{-0,819}} = \begin{pmatrix}0{,}066\\0{,}325\\-0{,}421\end{pmatrix}$$

$$\overrightarrow{OF_1} = \begin{pmatrix}3{,}115\\-1{,}42\\2{,}145\end{pmatrix};\ \overrightarrow{OF_2} = \begin{pmatrix}3{,}181\\-1{,}095\\1{,}724\end{pmatrix}$$

$$d(g, h) = \left|\begin{pmatrix}0{,}066\\0{,}325\\-0{,}421\end{pmatrix}\right| \approx 0{,}536$$

S. 131, 9.

a) $V = \frac{1}{3}\cdot G\cdot h = \frac{1}{3}\cdot\left(\frac{1}{2}\cdot 6\cdot 6\right)\cdot 6 = 36$

b) A(6|0|0); C(0|6|0); J(3|0|6)

$$\sphericalangle CAJ = \cos^{-1}\left(\frac{\overrightarrow{AC}\cdot\overrightarrow{AJ}}{|\overrightarrow{AC}|\cdot|\overrightarrow{AJ}|}\right) = \cos^{-1}\left(\frac{\begin{pmatrix}-6\\6\\0\end{pmatrix}\cdot\begin{pmatrix}-3\\0\\6\end{pmatrix}}{\sqrt{72}\cdot\sqrt{45}}\right) \approx 71{,}57°$$

$$\sphericalangle JCA = \cos^{-1}\left(\frac{\overrightarrow{CA}\cdot\overrightarrow{CJ}}{|\overrightarrow{CA}|\cdot|\overrightarrow{CJ}|}\right) = \cos^{-1}\left(\frac{\begin{pmatrix}6\\-6\\0\end{pmatrix}\cdot\begin{pmatrix}3\\-6\\6\end{pmatrix}}{\sqrt{72}\cdot\sqrt{81}}\right) = 45°$$

$$\sphericalangle AJC = 180° - (45° + 71{,}57°) = 63{,}43°$$

c) $g_{AC}: \vec{x} = \begin{pmatrix}6\\0\\0\end{pmatrix} + t\cdot\begin{pmatrix}-6\\6\\0\end{pmatrix}$; I(3|6|6)

Parameter t ermitteln, sodass der allgemeine Verbindungsvektor $\overrightarrow{IX_t}$ senkrecht zu g_{AC} ist:

$$\overrightarrow{IX_t} = -\begin{pmatrix}3\\6\\6\end{pmatrix} + \begin{pmatrix}6\\0\\0\end{pmatrix} + t\begin{pmatrix}-6\\6\\0\end{pmatrix} = \begin{pmatrix}3-6t\\-6+6t\\-6\end{pmatrix}$$

$$\begin{pmatrix}3-6t\\-6+6t\\-6\end{pmatrix}\cdot\begin{pmatrix}-6\\6\\0\end{pmatrix} = 0 \rightarrow t = 0{,}75$$

Lotvektor und Fußpunkt ermitteln:

$$\overrightarrow{IX_{0,5}} = \begin{pmatrix}3-6\cdot 0{,}75\\-6+6\cdot 0{,}75\\-6\end{pmatrix} = \begin{pmatrix}-1{,}5\\-1{,}5\\-6\end{pmatrix}$$

$$\overrightarrow{OF} = \overrightarrow{OI} + \overrightarrow{IX_{0,5}} = \begin{pmatrix}3-1{,}5\\6-1{,}5\\6-6\end{pmatrix} = \begin{pmatrix}1{,}5\\4{,}5\\0\end{pmatrix}$$

$$d(A, g) = \left|\begin{pmatrix}-1{,}5\\-1{,}5\\-6\end{pmatrix}\right| \approx 6{,}36$$

S. 131, 10.

$$\overrightarrow{AB} = \begin{pmatrix}4\\8\\8\end{pmatrix} = 4\begin{pmatrix}1\\2\\2\end{pmatrix} \qquad |\overrightarrow{AB}| = 12$$

a) $\overrightarrow{CD} = \begin{pmatrix}-4\\-8\\-8\end{pmatrix} = -\overrightarrow{AB}$, ABCD ist ein Parallelogramm.

$|\overrightarrow{AD}| = \left|\begin{pmatrix}8\\-8\\4\end{pmatrix}\right| = |\overrightarrow{AB}|$, ABCD ist eine Raute.

$\overrightarrow{AB} \cdot \overrightarrow{AD} = 0$, ABCD ist ein Quadrat.

$A = |\overrightarrow{AB}|^2 = 144$

b) $\overrightarrow{CD} = \begin{pmatrix} -4 \\ -8 \\ -8 \end{pmatrix} = -\overrightarrow{AB}$, ABCD ist ein Parallelogramm.

$|\overrightarrow{AD}| = \left|\begin{pmatrix} 4 \\ -6 \\ 4 \end{pmatrix}\right| \neq |\overrightarrow{AB}|$, ABCD ist keine Raute.

$\overrightarrow{AB} \cdot \overrightarrow{AD} = 0$, ABCD ist ein Rechteck.

$A = |\overrightarrow{AB}| \cdot |\overrightarrow{AD}| = 12 \cdot \sqrt{68} \approx 98{,}95$

c) $\overrightarrow{CD} = \begin{pmatrix} -4 \\ -8 \\ -8 \end{pmatrix} = -\overrightarrow{AB}$, ABCD ist ein Parallelogramm.

$|\overrightarrow{AD}| = \left|\begin{pmatrix} 0 \\ 0 \\ 12 \end{pmatrix}\right| = 12 = |\overrightarrow{AB}|$, ABCD ist eine Raute.

$\overrightarrow{AB} \cdot \overrightarrow{AD} \neq 0$, ABCD ist kein Quadrat.

Flächenberechnung mithilfe der Diagonalen:

$|\overrightarrow{AC}| = \left|\begin{pmatrix} 4 \\ 8 \\ 20 \end{pmatrix}\right| = 4\left|\begin{pmatrix} 1 \\ 2 \\ 5 \end{pmatrix}\right| = 4\sqrt{30}$

$|\overrightarrow{BD}| = \left|\begin{pmatrix} -4 \\ -8 \\ 4 \end{pmatrix}\right| = 4\left|\begin{pmatrix} -1 \\ -2 \\ 1 \end{pmatrix}\right| = 4\sqrt{6}$

$A = \frac{1}{2}|\overrightarrow{AC}| \cdot |\overrightarrow{BD}| = \frac{1}{2} \cdot 4\sqrt{6} \cdot 4\sqrt{30} = 48\sqrt{5} \approx 107{,}33$

S. 131, 11.

a) $d(P_z, E_2) = |z - 4|$

$d(P_z, E_1) = \frac{1}{3}\left[\begin{pmatrix} 0 \\ 0 \\ z \end{pmatrix} \cdot \begin{pmatrix} 1 \\ 2 \\ 2 \end{pmatrix} - 23\right] = \frac{1}{3}(2z - 23)$

$\frac{1}{3}(2z - 23) = z - 4 \Leftrightarrow z = -11$

$\frac{1}{3}(2z - 23) = 4 - z \Leftrightarrow z = 7 > 0$, also $P(0|0|7)$

b) P liegt in E_3: $5 \cdot 7 = 35$

Einsetzen von x_3 in die Gleichung von

E_1: $x_1 + 2x_2 + 8 = 23$

Lösung: $(15 - 2t|t|4)$

Schnittgerade: g: $\vec{x} = \begin{pmatrix} 15 \\ 0 \\ 4 \end{pmatrix} + t\begin{pmatrix} -2 \\ 1 \\ 0 \end{pmatrix}$

c) E_3 ist dann die Winkelhalbierende zu E_1 und E_2.

d) $\cos(\alpha_1) = \dfrac{\begin{pmatrix} 1 \\ 2 \\ 2 \end{pmatrix} \cdot \begin{pmatrix} 1 \\ 2 \\ 5 \end{pmatrix}}{\sqrt{1^2 + 2^2 + 2^2} \cdot \sqrt{1^2 + 2^2 + 5^2}} = \dfrac{15}{\sqrt{9} \cdot \sqrt{30}} = \dfrac{5}{\sqrt{30}}$

$\cos(\alpha_2) = \dfrac{\begin{pmatrix} 0 \\ 0 \\ 1 \end{pmatrix} \cdot \begin{pmatrix} 1 \\ 2 \\ 5 \end{pmatrix}}{\sqrt{0^2 + 0^2 + 1^2} \cdot \sqrt{1^2 + 2^2 + 5^2}} = \dfrac{5}{\sqrt{1} \cdot \sqrt{30}}$

E_3 schließt mit E_1 und mit E_2 je einen Winkel von rund 24,1° ein.

S. 131, 12.

a) Parallelität: die Normalenvektoren

$\overrightarrow{n_a} = \begin{pmatrix} a \\ -a \\ 4a \end{pmatrix} = a \cdot \begin{pmatrix} 1 \\ -1 \\ 4 \end{pmatrix}$ sind kollinear.

Abstand:

E_1: $x_1 + x_2 + 4x_3 = -1$ enthält den Punkt $P(0|1|0)$. Es soll also gelten:

$d(E_1, E_a) = d(P, E_a) = \sqrt{2}$

Es gilt $|\overrightarrow{n_a}| = \sqrt{18}|a|$.

Einsetzen von $\overrightarrow{OP}$ in die HNF von E_a:

$\frac{1}{\sqrt{18}|a|}\left|\begin{pmatrix} a \\ -a \\ 4a \end{pmatrix} \cdot \begin{pmatrix} 0 \\ 1 \\ 0 \end{pmatrix} - (1 - 2a)\right| = \frac{1}{\sqrt{18}|a|}|a - 1|$

Aus $\frac{1}{\sqrt{18}|a|}|a - 1| = \sqrt{2}$ folgt $|a - 1| = 6|a|$.

Fallunterscheidung:

$a > 1$: $a - 1 = 6a \Rightarrow a = -\frac{1}{5}$ (Widerspruch zu $a > 1$)

$0 < a < 1$: $-a + 1 = 6a \Rightarrow a = \frac{1}{7}$

$a < 0$: $-a + 1 = -6a \Rightarrow a = -\frac{1}{5}$

Lösungen: $a_1 = \frac{1}{7}$, $a_2 = -\frac{1}{5}$

Für $a = \frac{1}{7}$ und $a = -\frac{1}{5}$ hat E_a den Abstand $\sqrt{2}$ zu E_1.

b) Normalenvektor der Schar: $\overrightarrow{n_a} = \begin{pmatrix} a + 1 \\ a - 1 \\ \frac{1}{\sqrt{2}} \end{pmatrix}$

Es gilt: $|\overrightarrow{n_a}| = \sqrt{(a + 1)^2 + (a - 1)^2 + \frac{1}{2}}$
$= \sqrt{2a^2 + \frac{5}{2}}$

Normalenvektor der x_1x_3-Ebene: $\vec{n} = \begin{pmatrix} 0 \\ 1 \\ 0 \end{pmatrix}$, $|\vec{n}| = 1$

Mit $\cos(30°) = \frac{\sqrt{3}}{2}$ und $\overrightarrow{n_a} \cdot \vec{n} = a - 1$ soll gelten:

$\dfrac{|a - 1|}{\sqrt{2a^2 + \frac{5}{2}}} = \dfrac{\sqrt{3}}{2}$ also $|a - 1| = \frac{\sqrt{3}}{2} \cdot \sqrt{2a^2 + \frac{5}{2}}$

Gleichung quadrieren:

$(a - 1)^2 = \frac{3}{4}\left(2a^2 + \frac{5}{2}\right)$

Umformen:

$a^2 - 2a + 1 = \frac{3}{2}a^2 + \frac{15}{8}$

$a^2 + 4a + \frac{7}{4} = 0$

Lösungen: $a_1 = -\frac{1}{2}$, $a_2 = -\frac{7}{2}$

Die Ebenen F_a schließen für $a = -\frac{1}{2}$ und $a = -\frac{7}{2}$ einen Winkel von 30° mit der x_1x_3-Ebene ein.

S. 131, 13.

a) Die dritte Koordinate des Richtungsvektors von Flugzeug ① ist negativ, die von Flugzeug ② positiv. Das heißt, Flugzeug ① landet und Flugzeug ② startet.

b) Schnittpunkte von g und h mit der x_1x_2-Ebene:

① Landepunkt: $L(14|13|0)$

② Startpunkt: $S(1|3|0)$

c) Normalenvektor der x_1x_2-Ebene: $\begin{pmatrix} 0 \\ 0 \\ 1 \end{pmatrix}$

① $\alpha = \sin^{-1}\left(\dfrac{\left|\begin{pmatrix} 2 \\ 2 \\ -1 \end{pmatrix} \cdot \begin{pmatrix} 0 \\ 0 \\ 1 \end{pmatrix}\right|}{\sqrt{9} \cdot \sqrt{1}}\right) = \sin^{-1}\left(\frac{1}{3}\right) = 19{,}47°$

② $\beta = \sin^{-1}\left(\dfrac{\left|\begin{pmatrix} 2 \\ 2 \\ 1 \end{pmatrix} \cdot \begin{pmatrix} 0 \\ 0 \\ 1 \end{pmatrix}\right|}{\sqrt{9} \cdot \sqrt{1}}\right) = \sin^{-1}\left(\frac{1}{3}\right) = 19{,}47°$

d) Parameter s und t ermitteln, damit Verbindungsvektor $\overrightarrow{X_sX_t}$ senkrecht zu g und h steht:

$\overrightarrow{X_sX_t} = \begin{pmatrix} -1 - 2s + 2t \\ 2 - 2s + 2t \\ -4 + s + t \end{pmatrix}$

$\begin{pmatrix} -1 - 2s + 2t \\ 2 - 2s + 2t \\ -4 + s + t \end{pmatrix} \cdot \begin{pmatrix} 2 \\ 2 \\ -1 \end{pmatrix} = 0 \rightarrow 6 - 9s + 7t = 0$

$\begin{pmatrix} -1 - 2s + 2t \\ 2 - 2s + 2t \\ -4 + s + t \end{pmatrix} \cdot \begin{pmatrix} 2 \\ 2 \\ 1 \end{pmatrix} = 0 \rightarrow -2 - 7s + 9t = 0$

$s = 2{,}125$ und $t = 1{,}875$

s und t in $\overrightarrow{X_sX_t}$ einsetzen:

$\overrightarrow{X_{2,125}X_{1,875}} = \begin{pmatrix}-1,5\\1,5\\0\end{pmatrix}$

$d(g,h) = \left|\begin{pmatrix}-1,5\\1,5\\0\end{pmatrix}\right| \approx 2,12$

e) Abstandsvektor zum Zeitpunkt

t: $\vec{d}(t) = \begin{pmatrix}4-3\\3-5\\5-1\end{pmatrix} + t\begin{pmatrix}2-2\\2-2\\-1-1\end{pmatrix} = \begin{pmatrix}1\\-2\\4-2t\end{pmatrix}$

Abstand zum Zeitpunkt t:

$d(t) = \sqrt{1+4+16-16t+4t^2} = \sqrt{21-16t+4t^2}$

Notwendige Bed. für eine Minimalstelle:

$d'(t) = \frac{-16+8t}{2\sqrt{21-16t+4t^2}} = 0 \Leftrightarrow t = 2$

Der Term unter der Wurzel bei d(t) hat als Graph eine nach oben geöffnete Parabel, diese hat an der Stelle mit waagerechter Tangente ein Minimum Dann hat die Wurzel, also d(t), auch an der Stelle t = 2 ein Minimum.

Minimaler Abstand: $|\vec{d}(2)| = \left|\begin{pmatrix}1\\-2\\0\end{pmatrix}\right| = \sqrt{5} \approx 2,24$

S. 131, 14.

a) $\overrightarrow{OA'} = \begin{pmatrix}6\\1\\1\end{pmatrix} + \begin{pmatrix}-3\\2\\-1\end{pmatrix} = \begin{pmatrix}3\\3\\0\end{pmatrix}$

$\overrightarrow{OB'} = \begin{pmatrix}6\\5\\1\end{pmatrix} + \begin{pmatrix}-3\\2\\-1\end{pmatrix} = \begin{pmatrix}3\\7\\0\end{pmatrix}$

$\overrightarrow{OC'} = \begin{pmatrix}2\\5\\1\end{pmatrix} + \begin{pmatrix}-3\\2\\-1\end{pmatrix} = \begin{pmatrix}-1\\7\\0\end{pmatrix}$

$\overrightarrow{OD'} = \begin{pmatrix}2\\1\\1\end{pmatrix} + \begin{pmatrix}-3\\2\\-1\end{pmatrix} = \begin{pmatrix}-1\\3\\0\end{pmatrix}$

$\overrightarrow{OS'} = \begin{pmatrix}4\\3\\6\end{pmatrix} + 6\begin{pmatrix}-3\\2\\-1\end{pmatrix} = \begin{pmatrix}-14\\15\\0\end{pmatrix}$

b) C' liegt im Inneren des Schattens.

$\overrightarrow{A'B'} = \begin{pmatrix}0\\4\\0\end{pmatrix}$ und $\overrightarrow{A'D'} = \begin{pmatrix}-4\\0\\0\end{pmatrix}$ sind gleich lang.

$\overrightarrow{S'B'} = \begin{pmatrix}17\\-8\\0\end{pmatrix}$ und $\overrightarrow{S'D'} = \begin{pmatrix}13\\-12\\0\end{pmatrix}$ sind nicht gleich lang, denn

$|\overrightarrow{S'B'}| = \sqrt{353} \approx 18,79$ und $|\overrightarrow{S'D'}| = \sqrt{313} \approx 17,69$.

A'B'S'D' ist kein Drachenviereck.

c) $\cos(\alpha) = \frac{\begin{pmatrix}17\\-8\\0\end{pmatrix} \cdot \begin{pmatrix}13\\-12\\0\end{pmatrix}}{\sqrt{17^2+8^2+0^2} \cdot \sqrt{13^2+12^2+0^2}} = \frac{317}{\sqrt{353} \cdot \sqrt{313}}$

$\approx 0,9537$

$\alpha = 17,5°$

Lösungen zu Kapitel 4: Binomialverteilung

Ihr Fundament (S. 134/135)

S. 134, 1.

a)

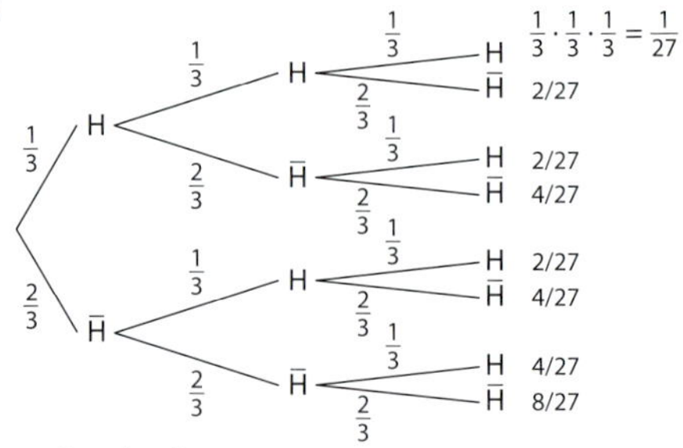

b) $3 \cdot \frac{2}{27} = \frac{6}{27} = \frac{2}{9} \approx 0,222$

S. 134, 2.

a)

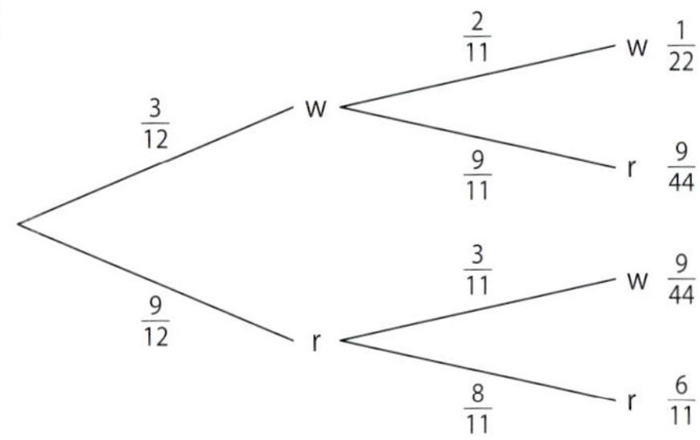

b) Die Summe der Pfadwahrscheinlichkeiten aller Pfade ergibt 1.

$\frac{1}{22} + \frac{9}{44} + \frac{9}{44} + \frac{6}{11} = \frac{2}{44} + \frac{9}{44} + \frac{9}{44} + \frac{24}{44} = \frac{44}{44} = 1$

S. 134, 3.

a)

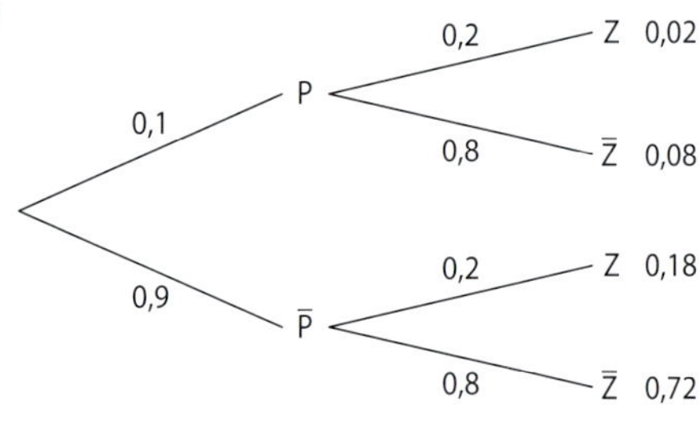

b) Die Wahrscheinlichkeit, dass ein Fluggast die Pass- und Zollkontrolle durchläuft, ist 0,02. Demzufolge sind bei 200 Fluggästen durchschnittlich $200 \cdot 0,02 = 4$ Fluggäste mit Pass- und Zollkontrolle zu erwarten.

S. 134, 4.

a) ① $P(X < 4) = P(X = 2) = \frac{1}{2}$

② $P(X \leq 4) = P(X < 4) + P(X = 4) = \frac{1}{2} + \frac{1}{4} = \frac{3}{4}$

③ $P(X \geq 4) = 1 - P(X < 4) = \frac{1}{2}$

④ $P(X > 6) = P(X = 8) = \frac{1}{8}$

b) $E(X) = 2 \cdot \frac{1}{2} + 4 \cdot \frac{1}{4} + 6 \cdot \frac{1}{8} + 8 \cdot \frac{1}{8} = 3{,}75$

Varianz:

$V(X) = (2 - 3{,}75)^2 \cdot \frac{1}{2} + (4 - 3{,}75)^2 \cdot \frac{1}{4} + (6 - 3{,}75)^2 \cdot \frac{1}{8}$
$+ (8 - 3{,}75)^2 \cdot \frac{1}{8} = \frac{568}{128} = \frac{71}{16} = 4{,}4375$

Standardabweichung: $\sigma = \sqrt{V(X)} = \frac{\sqrt{71}}{4} \approx 2{,}107$

S. 134, 5.

a) $P(X = 38) = 1 - (0{,}253 + 0{,}362 + 0{,}231 + 0{,}054)$
$= 1 - 0{,}9 = 0{,}1$

$E(X) = 0{,}1 \cdot 38 + 0{,}253 \cdot 39 + 0{,}362 \cdot 40 + 0{,}231 \cdot 41$
$+ 0{,}054 \cdot 42 = 39{,}886$

b) Die Wahrscheinlichkeit, dass in einer Packung 38 Muttern sind, beträgt 10 %. Es ist zu erwarten, dass im Durchschnitt etwa 40 Muttern in einer Schachtel sind.

S. 134, 6.

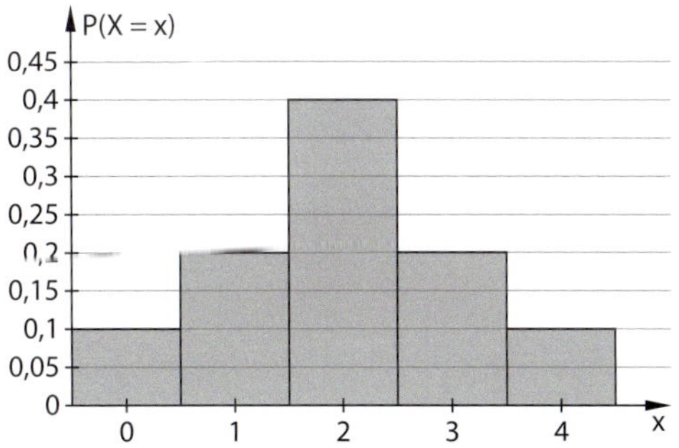

Da die Verteilung symmetrisch ist, liegt der Erwartungswert in der Mitte bei der Symmetrieachse und beträgt 2.

S. 135, 7.

a)

x	1	2	3	4	5	6
P(X = x)	0,1	0,2	0,15	0,1	0,25	0,2

b) ① mindestens 4: $P(X \geq 4) = 0{,}55$
② kleiner als 3: $P(X < 3) = 0{,}3$
③ höchstens 3: $P(X \leq 3) = 0{,}45$
④ größer als 4: $P(X > 4) = 0{,}45$
⑤ mindestens 2 und höchstens 5: $P(2 \leq X \leq 5) = 0{,}7$
⑥ größer als 2 und kleiner als 5: $P(2 < X < 5) = 0{,}25$

S. 135, 8.

a)

x	−1 €	1 €	2 €
P(X = x)	$\frac{25}{36}$	$\frac{10}{36}$	$\frac{1}{36}$

$E(X) = -1\,€ \cdot \frac{25}{36} + 1\,€ \cdot \frac{10}{36} + 2\,€ \cdot \frac{1}{36} = -\frac{13}{36}\,€ \approx -0{,}36\,€$

b)

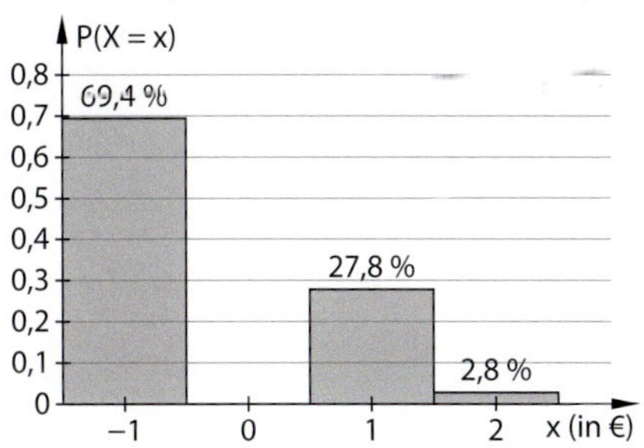

c) Da der Erwartungswert negativ ist, kann im Durchschnitt mit einem Verlust für den Spieler gerechnet werden.

d) Das Spiel wäre bei einem Erwartungswert von 0 € fair.

$0 = E(X) = (-x\,€) \cdot \frac{25}{36} + 1\,€ \cdot \frac{10}{36} + 2\,€ \cdot \frac{1}{36}$

$x = \frac{12}{25} = 0{,}48$

Das Spiel ist fair, wenn man 0,48 € zahlt, falls man keine „6" würfelt.

S. 135, 9.

a) $P(\text{grün}) = \frac{1}{8}$, $P(\text{gelb}) = \frac{1}{2}$, $P(\text{rot}) = \frac{3}{8}$

b) Individuelle Lösung.

S. 135, 10.

a) 6	b) 2	c) 120	d) 24
e) 10	f) $n \cdot (n-1)$	g) 6	h) 10
i) 45	j) 1	k) n	l) $\frac{2}{9}$

S. 135, 11.

$\binom{27}{2} = 351$ Möglichkeiten

S. 135, 12.

a) $3! = 6$ b) $3^3 = 27$

S. 135, 13.

$\binom{4}{3} = 4$ Möglichkeiten

S. 135, 14.

a) −0,21 b) 1,2
c) ≈ −3,32 d) 2

S. 135, 15.

a) $x \approx 2{,}33$ b) $x \approx 5{,}03$
c) $n = 5$ d) $x = 4$

Prüfen Sie Ihr neues Fundament (S. 166/167)

S. 166, 1.

a) Es wird nur zwischen zwei Ergebnissen unterschieden (schwarz oder nicht schwarz). Durch das Zurücklegen der gezogenen Kugeln sind die Ergebnisse der einzelnen Ziehungen unabhängig voneinander. Die Wahrscheinlichkeit, eine schwarze Kugel zu ziehen, ist konstant $p = 0{,}6$.

b) Baumdiagramm:

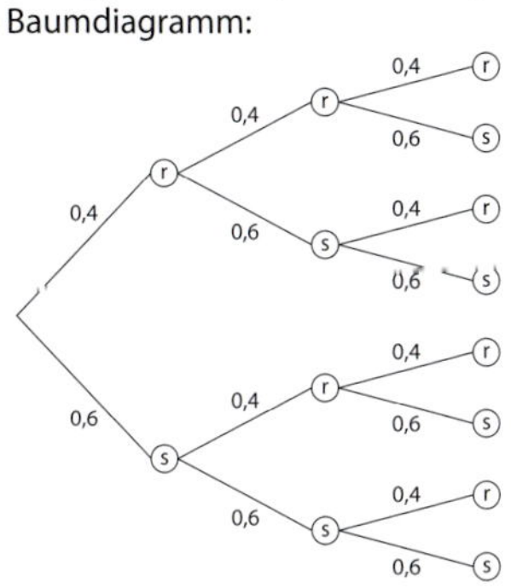

Verteilung:

k	$P(X=k)$
0	$\binom{3}{0} \cdot 0{,}6^0 \cdot 0{,}4^3 = 0{,}064$
1	$\binom{3}{1} \cdot 0{,}6^1 \cdot 0{,}4^2 = 0{,}288$
2	$\binom{3}{2} \cdot 0{,}6^2 \cdot 0{,}4^1 = 0{,}432$
3	$\binom{3}{3} \cdot 0{,}6^3 \cdot 0{,}4^0 = 0{,}216$

Histogramm:

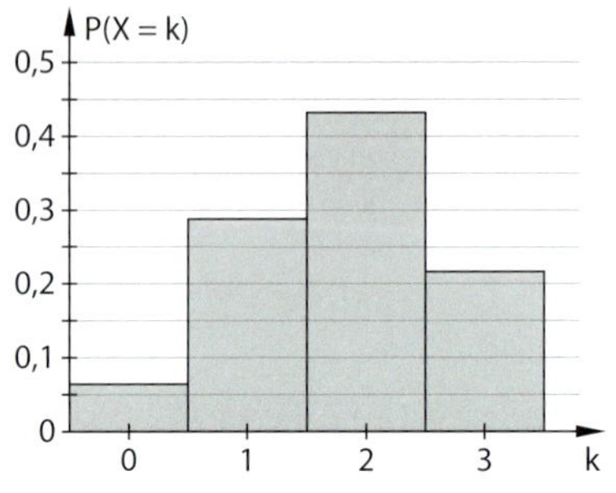

S. 166, 2.

a) $P(X=0) \approx 0{,}66$
b) $P(X>0) = 1 - P(X=0) \approx 0{,}34$
c) $P(X<2) = P(X \le 1) \approx 0{,}95$
d) $P(1 \le X \le 3) = P(X \le 3) - P(X=0) \approx 0{,}34$

S. 166, 3.

a) $P(X=3) \approx 0{,}26$
b) $P(X \ge 5) = 1 - P(X \le 4) \approx 0{,}21$
c) $P(X>3) = 1 - P(X \le 3) \approx 0{,}44$
d) $P(X \le 5) \approx 0{,}92$
e) $P(X=0) \approx 0{,}02$
f) $\left(\frac{2}{3}\right)^8 \cdot \left(\frac{1}{3}\right)^2 \approx 0{,}004$ (keine Binomialverteilung)

S. 166, 4.

a) ① $p = 0{,}2, \mu = 2, \sigma \approx 1{,}26$
② $p = 0{,}8, \mu = 8, \sigma \approx 1{,}26$
③ $p = 0{,}5, \mu = 5, \sigma \approx 1{,}58$

b) Beispiele:
①Aus einer Urne mit 1 roten und 4 blauen Kugeln werden 10 Kugeln mit Zurücklegen gezogen; X: Anzahl der roten Kugeln
②Jeder 5. Schüler einer Schule ist Einzelkind, es werden zufällig 10 Schüler befragt; X: Anzahl der Schüler mit Geschwistern
③Eine Münze wird zehnmal geworfen; X: Anzahl der Würfe, bei denen die Zahl oben liegt

S. 166, 5.

Aus $\mu = n \cdot p = 4; \sigma = \sqrt{n \cdot p \cdot (1-p)} = \sqrt{3}$ folgt als Lösung $n = 16$ und $p = \frac{1}{4}$.

S. 166, 6.

a) Die Anzahl R der roten Treffer ist binomialverteilt mit $n = 5$ und $p = \frac{1}{3}$, ebenso wie die Anzahl G der gelben Treffer und die Anzahl B der blauen Treffer.
$P(A) = P(R=3) \approx 0{,}165$
$P(B) = P(B \ge 1) = 1 - P(B=0) \approx 1 - 0{,}132 = 0{,}868$
$P(C) = P(G \le 1) \approx 0{,}461$
$P(D) = P(B=0) \approx 0{,}132$

b) A – ①, B – ④, C – ⑤, D – ②

S. 166, 7.

a) X: Anzahl der in einem Verein aktiven Schüler
b) Gesucht ist das kleinste p mit
$P(X \ge 1) = 1 - P(X=0) \ge 0{,}8$, also mit
$P(X=0) \le 0{,}2$
Es folgt $(1-p)^{15} \le 0{,}2$ und $p \ge 1 - \sqrt[15]{0{,}2} \approx 0{,}102$.
Der Anteil p müsste mindestens ca. 0,102 betragen.
c) Gesucht ist das kleinste p mit
$P(X \ge 10) = 1 - P(X \le 9) \ge 0{,}8$, also mit
$P(X \le 9) \le 0{,}2$.
Probieren: $F_{50;\,0{,}24}(9) \approx 0{,}207 > 0{,}2$,
$F_{50;\,0{,}25}(9) \approx 0{,}164 < 0{,}2$
Der Anteil p müsste näherungsweise mindestens 0,25 betragen.

S. 167, 8.

a) X: Anzahl der fehlerhaften Gläser
$P(X<5) = P(X \le 4) = F_{60;\,0{,}05}(4) \approx 0{,}820$
b) Gesucht ist das kleinste n mit
$P(X \ge 2) = 1 - P(X \le 1) \ge 0{,}95$, also mit
$P(X \le 1) \le 0{,}05$.
Probieren: $F_{92;\,0{,}05}(1) \approx 0{,}052 > 0{,}05$;
$F_{93;\,0{,}05}(1) \approx 0{,}04998 < 0{,}05$
Es folgt $n = 93$. Man müsste mindestens 93 Gläser entnehmen.

S. 167, 9.

Binomialverteilung mit $n = 500$, $p = 0{,}9$

a) Erwartungswert: 450 keimende Zwiebeln
Mit 95,5 % Wahrscheinlichkeit keimen zwischen 437 und 463 Zwiebeln.
b) Wenn 435 (500 – 65) Zwiebeln keimen, liegt der Wert außerhalb der 2σ-Umgebung. Die Angabe kann daher angezweifelt werden.

S. 167, 10.

a) X: Anzahl der an Politik interessierten Jugendlichen
$P(X=130) = B_{300;\,0{,}41}(130) \approx 0{,}033$
b) Gesucht ist das kleinste n mit
$P(X \ge 1) = 1 - P(X=0) \ge 0{,}95$, also mit
$P(X=0) \le 0{,}05$.
Es folgt $0{,}59^n \le 0{,}05$ und $n \ge \frac{\ln(0{,}05)}{\ln(0{,}59)} \approx 5{,}7$.
Es müssen mindestens 6 Jugendliche befragt werden.
c) Gesucht ist das kleinste n mit
$P(X \ge 12) = 1 - P(X \le 11) \ge 0{,}8$, also mit
$P(X \le 11) \le 0{,}2$.
Probieren: $F_{33;\,0{,}41}(11) \approx 0{,}24 > 0{,}2$,
$F_{34;\,0{,}41}(11) \approx 0{,}198 < 0{,}2$
Es folgt $n = 34$. Es müssen mindestens 34 Jugendliche befragt werden.

S. 167, 11.

a) ① 10 % von n = 20: 2 $P(X > 2) = 1 - P(X \leq 1) \approx 0{,}26$

② 10 % von n = 50: 5 $P(X > 5) = 1 - P(X \leq 4) \approx 0{,}1$

b) ① $\mu = 0{,}26 \cdot 1000 \cdot 0{,}3\,€ + 0{,}74 \cdot 1000 \cdot 0{,}5\,€ = 448\,€$

② $\mu = 0{,}1 \cdot 1000 \cdot 0{,}3\,€ + 0{,}9 \cdot 1000 \cdot 0{,}5\,€ = 480\,€$

c) $n = 2000$, $p = 0{,}05$

Erwartungswert: 100 Äpfel mit Druckstellen

Mit 97,7 % Wahrscheinlichkeit haben zwischen 70 und 129 Äpfel eine Druckstelle.

S. 167, 12.

a) X ist binomialverteilt mit $p = 0{,}45$ und $n = 50$.

Y ist binomialverteilt mit $p = 0{,}3$ und $n = 50$.

$E(X) = 22{,}5$; $\sigma(X) \approx 3{,}52$; $E(Y) = 15$; $\sigma(Y) \approx 3{,}24$

b) Für $n = 60$ gilt $E(Y) = 18$.

$E(X) = E(Y) \Rightarrow n \cdot 0{,}45 = 18$, also $n = 40$

Timo muss 40-mal auf das untere Loch schießen, damit $E(X) = E(Y)$ gilt.

c) Für $n = 40$ gilt $\sigma(X) \approx 3{,}15$, für $n = 60$ gilt $\sigma(Y) \approx 3{,}55$.

Das Schießen auf das obere Loch mit 60 Schüssen streut etwas stärker als das Schießen auf das untere Loch mit 40 Schüssen.

Lösungen zu Kapitel 5: Hypothesentests

Ihr Fundament (S. 170/171)

S. 170, 1.

a) n gibt die Länge der Bernoulli-Kette an, k die Anzahl der Treffer und p ist die Wahrscheinlichkeit für das Eintreten eines Treffers (Trefferwahrscheinlichkeit). P steht für Wahrscheinlichkeit, also ist $P(X = k)$ die Wahrscheinlichkeit für genau k Treffer.

b) mögliche Lösungen:

$P(X = 8) = \binom{10}{8} \cdot 0{,}5^8 \cdot (0{,}5)^2$ (falsche Potenz)

$P(X = 5) = \binom{7}{5} \cdot p^5 \cdot (1 - p)^2$ (= statt ≤)

$P(X = 6) = \binom{8}{6} \cdot \left(\frac{4}{5}\right)^6 \cdot \left(\frac{1}{5}\right)^2$ ($\frac{1}{5}$ statt $\frac{2}{5}$)

$P(X = 9) = \binom{10}{9} \cdot \left(\frac{3}{5}\right)^9 \cdot \left(\frac{2}{5}\right)^1$ (X = 9 statt X = 10)

S. 170, 2.

„mindestens 23 %" – $p \geq 0{,}23\,\%$

„mehr als 23 %" – $p > 0{,}23\,\%$

„weniger als 23 %" – $p < 0{,}23\,\%$

„höchstens 23 %" – $p \leq 0{,}23\,\%$

„maximal 23 %" – $p \leq 0{,}23\,\%$

„genau 23 %" – $p = 0{,}23\,\%$

S. 170, 3.

a) Ja, denn der Münzwurf ist ein Bernoulli-Experiment („Kopf" zählt als Treffer). Das Experiment wird 50-mal (n = 50) mit konstanter Trefferwahrscheinlichkeit p = 0,5 wiederholt.

b) Nein, denn beim Ziehen wird nicht zurückgelegt.

c) Ja, denn das Würfeln wird als Bernoulli-Experiment mit „Augenzahl kleiner als 3" als Treffer 20-mal wiederholt (n = 20). Die Trefferwahrscheinlichkeit ist konstant $p = \frac{1}{3}$.

d) Rein formal ja. Hier wechselt nach 10 Versuchen die Bedeutung eines Treffers, aber dabei ändert sich die Trefferwahrscheinlichkeit nicht. Es ist allerdings besser, das Experiment mit zwei getrennten Bernoulli-Ketten zu modellieren.

S. 170, 4.

Das Würfeln kann mithilfe einer binomialverteilten Zufallsgröße $X \sim B_{15;\frac{1}{6}}$ modelliert werden.

a) $P(A) = P(X = 4) = \binom{15}{4} \cdot \left(\frac{1}{6}\right)^4 \cdot \left(\frac{5}{6}\right)^{11} \approx 0{,}142$

b) $P(B) = P(X = 0) = \binom{15}{0} \cdot \left(\frac{1}{6}\right)^0 \cdot \left(\frac{5}{6}\right)^{15} \approx 0{,}065$

c) $P(C) = P(X \leq 2) \approx 0{,}532$

d) $P(D) = P(X \geq 3) = 1 - P(X \leq 2) \approx 0{,}468$

e) $P(E) = P(1 \leq X \leq 5) = P(X \leq 5) - P(X = 0) \approx 0{,}908$

Beim Ereignis F geht es nur um die Ergebnisse der Würfe 1, 2 und 15. Daher kann die Wahrscheinlichkeit ohne Binomialverteilung berechnet werden.

f) $P(F) = \frac{1}{6} \cdot \frac{1}{6} \cdot \frac{1}{6} = \frac{1}{6^3} \approx 0{,}005$

S. 170, 5.

Zu Histogramm Ⓐ passen p = 0,5 und n = 20, da der Erwartungswert 10 beträgt und die Verteilung symmetrisch ist. Für p = 0,52 und n = 20 beträgt der Erwartungswert 10,4. Die Verteilung ist also im Vergleich zu Ⓐ leicht nach rechts verschoben. Das passt zu Histogramm Ⓑ.

In Histogramm Ⓒ ist die höchste Säule genau mittig bei 14. Hierzu passen p = 0,7 und n = 20, da der Erwartungswert dann 14 ist.

S. 171, 6.

a) Lesen Sie die Höhen der Säulen zu X = 0 bis X = 7 bzw. X = 17 bis X = 30 ab und addieren Sie jeweils die Werte. So ergeben sich $P(X \leq 7)$ bzw. $P(X > 16)$. Addieren Sie beide Werte und ziehen Sie die Summe von 1 ab, um $P(8 \leq X \leq 16)$ zu ermitteln.

b) ① $P(X \leq 7) \approx 0{,}044$ ② $P(X > 16) \approx 0{,}048$

③ $P(8 \leq X \leq 16) = 1 - (P(X \leq 7) + P(X > 16)) \approx 0{,}908$

S. 171, 7.

a) Wahre Aussage: Bei X = 12 ist die höchste Säule. Da der Erwartungswert ganzzahlig ist, gilt E(X) = 12. Mit p = 0,2 ergibt sich: $E(X) = 60 \cdot 0{,}2 = 12$

b) Falsche Aussage: Für p = 0,1 ergibt sich der Erwartungswert E(X) = 10, der weiter links liegt.

c) Wahre Aussage: Die Standardabweichung beträgt $\sigma = \sqrt{9{,}6} \approx 3{,}1$. Da nur ganzzahlige Trefferzahlen möglich sind, stimmt die Aussage zum Intervall.

S. 171, 8

a) P(„Gewinn einer Runde") $= \frac{1}{2} \cdot \frac{1}{2} = \frac{1}{4}$

b) Eine Spielrunde kann als Laplace-Experiment mit Treffer = Gewinn modelliert werden. Dieses Experiment wird nun 30-mal mit konstanter Trefferwahrscheinlichkeit $p = \frac{1}{4}$ wiederholt. Also gilt $X \sim B_{30;\frac{1}{4}}$.

c)

k	1	2	3	4	11	12
P(X ≤ k)	0,002	0,011	0,037	0,098	0,95	0,98

d) $l = 3$, denn $P(X \le 3) = 0{,}037 < 0{,}05$ und
$P(X \le 4) = 0{,}098 > 0{,}05$

e) $r = 13$, denn
$P(X \ge 12) = 1 - P(X \le 11) = 0{,}051 > 0{,}05$
und $P(X \ge 13) = 1 - P(X \le 12) = 0{,}022 < 0{,}05$

f) Wenn die Sektoren kleiner sind, verringert sich der Wert von p. Dadurch werden kleinere Trefferzahlen wahrscheinlicher und die Werte von $P(X \le k)$ erhöhen sich.

S. 171, 9.

a) Der Test kann als Bernoulli-Kette modelliert werden. Die Zufallsgröße $X \sim B_{25;\,0,2}$ beschreibt die Anzahl der richtigen Antworten. Gesucht ist das kleinste k, für das $P(X \ge k) \le 0{,}01$ gilt.
Es gilt $P(X \ge 10) \approx 0{,}017$ und $P(X \ge 11) \approx 0{,}006$. Also sollte der Test bei mindestens 11 richtigen Antworten als bestanden gelten.

b) Diese Schlussfolgerung ist nicht überzeugend. Die Wahrscheinlichkeit, durch Raten genau auf 10 richtige Antworten zu kommen, beträgt rund 0,01. Damit lassen sich keine Aussagen zum Ausgang eines Tests machen. Insbesondere kann vom Ergebnis eines Tests nicht auf die Methode der Antworten geschlossen werden.

Prüfen Sie Ihr neues Fundament (S. 192/193)

S. 192, 1.

a) H_0 wird für die Stichprobe nicht abgelehnt.
b) H_0 wird für die Stichprobe abgelehnt.
c) H_0 wird für die Stichprobe abgelehnt.

S. 192, 2.

a) $P(X \ge r) \le 0{,}1$ und $P(X \le r-1) \ge 0{,}9$
$P(X \ge r) \le 0{,}05$ und $P(X \le r-1) \ge 0{,}95$
$P(X \ge r) \le 0{,}01$ und $P(X \le r-1) \ge 0{,}99$
b) $P(X \ge r) \le 0{,}02$ und $P(X \le r-1) \ge 0{,}98$

S. 192, 3.

Die Trefferanzahl X ist für den Test binomialverteilt mit $p_0 = 0{,}4$ und $n = 300$.

a) Ablehnungsbereich: $A = [0; 102]$
Zeigt die Stichprobe höchstens 102 Treffer, wird H_0 für die Stichprobe abgelehnt, ansonsten nicht.

b) Ablehnungsbereich: $A = [139; 300]$.
Zeigt die Stichprobe mindestens 139 Treffer, wird H_0 für die Stichprobe abgelehnt, ansonsten nicht.

S. 192, 4.

① H_0: $p \le 0{,}03$ und H_A: $p > 0{,}03$
X: Anzahl defekter Bauteile, X binomialverteilt mit $p_0 = 0{,}03$ und $n = 120$.
Ablehnungsbereich: $A = [9; 120]$
Zeigt die Stichprobe mindestens 9 defekte Bauteile, wird H_0 abgelehnt, sonst nicht.

② H_0: $p \le 0{,}6$ und H_A: $p > 0{,}6$
X: Anzahl „Wappen", X binomialverteilt mit $p_0 = 0{,}6$ und $n = 120$.
Ablehnungsbereich: $A = [84; 120]$
Zeigt die Stichprobe mindestens 84-mal „Wappen", wird H_0 abgelehnt, sonst nicht.

③ H_0: $p \ge 0{,}9$ und H_A: $p < 0{,}9$
X: Anzahl zufriedener Besucher, X binomialverteilt mit $p_0 = 0{,}9$ und $n = 120$.
Ablehnungsbereich: $A = [0; 100]$
Zeigt die Stichprobe höchstens 100 zufriedene Besucher, wird H_0 abgelehnt, sonst nicht.

S. 192, 5.

a) Die Trefferanzahl X ist für den Test binomialverteilt mit $p_0 = 0{,}4$ und $n = 180$.
$\alpha_{max} = P(X \le 60) \approx 0{,}0390$

b) Nein, da $P(X \le 61) \approx 0{,}0540 > 0{,}05$

S. 192, 6.

a) zu H_0: $p \le 0{,}7$ (Bewohner):
- Es handelt sich um einen rechtsseitigen Test.
- H_A: $p > 0{,}7$
- X: Anzahl der Autofahrer, die die Umgehungsstraße nutzen würden
- X ist für den Test binomialverteilt mit dem Grenzwert der Nullhypothese $p = 0{,}7$ und $n = 250$.
- Gesucht ist $r \in \mathbb{N}$ minimal, so dass $P(X \ge r) \le 0{,}05$
- $P(X \ge 187) \approx 0{,}0545$
  $P(X \ge 188) \approx 0{,}0404$
- Der Ablehnungsbereich lautet $A = [188; 250]$.

zu H_0: $p \ge 0{,}7$ (Stadtverwaltung):
- Es handelt sich um einen linksseitigen Test.
- H_A: $p < 0{,}7$
- X: Anzahl der Autofahrer, die die Umgehungsstraße nutzen würden
- X ist für den Test binomialverteilt mit dem Grenzwert der Nullhypothese $p = 0{,}7$ und $n = 250$.
- Gesucht ist $l \in \mathbb{N}$ maximal, so dass $P(X \le l) \le 0{,}05$
- $P(X \le 162) \approx 0{,}0437$
  $P(X \le 163) \approx 0{,}0577$
- Der Ablehnungsbereich lautet $A = [0; 162]$.

b) Entscheidungsregel Bewohnertest: Würden mehr als 187 Befragte die Straße nutzen, wird H_0 abgelehnt.
Entscheidungsregel Verwaltungstest: Würden weniger als 163 Befragte die Straße nutzen, wird H_0 abgelehnt.

S. 193, 7.

a) H_0: $p \le 0{,}01$ und H_A: $p > 0{,}01$
X: Patienten mit Nebenwirkungen; X ist für den Test binomialverteilt mit $p = 0{,}01$ und $n = 300$.
$r \in \mathbb{N}$ minimal mit $P(X \ge r) \le 0{,}01$,
$P(X \ge 8) \approx 0{,}011$ und $P(X \ge 9) \approx 0{,}004$
Also gilt: $A = [9; 300]$
Treten bei mehr als 8 Patienten Nebenwirkungen auf, wird H_0 abgelehnt.

b) $\alpha = P(X \ge 9) \approx 0{,}004$

S. 193, 8.

a) Falsch positiv bedeutet, dass das Testergebnis positiv ist, obwohl keine Krankheit vorliegt.
H_0 trifft zu, wird aber abgelehnt.
Falsch negativ bedeutet, dass das Testergebnis negativ ist, obwohl eine Krankheit vorliegt.
H_0 trifft nicht zu, wird aber nicht abgelehnt.

b) Ein Fehler 1. Art liegt bei einem falsch positiven Testergebnis, ein Fehler 2. Art bei einem falsch negativen Testergebnis vor.

S. 193, 9.
Es kann über Regel 1 (Alternative stützen) oder über Regel 2 (Risiko begrenzen irrtümlich von H_A auszugehen) argumentiert werden.

a) Regel 1: Die Annahme, dass die Erfolgswahrscheinlichkeit bei über 80 % liegt, sollte gestützt werden.
Regel 2: Es sollte mögllichst vermieden werden, irrtümlich von einer zu hohen Erfolgswahrscheinlichkeit auszugehen.
b) Regel 1: Die Annahme, dass die Defektwahrscheinlichkeit höchstens 2,5 % beträgt, sollte gestützt werden.
Regel 2: Es sollte mögllichst vermieden werden, irrtümlich davon auszugehen, dass die gesetzte Grenze der Defektwahrscheinlichkeit eingehalten wird.
c) Regel 1: Die Annahme, dass mehr einer von zehntausend Geimpften hohes Fieber zeigt, sollte gestützt werden.
Regel 2: Es sollte möglichst vermieden werden, irrtümlich davon auszugehen, dass mehr als einer von zehntausend Geimpfen hohes Fieber als Nebenwirkung zeigt.

S. 193, 10
a) Aus Werbegründen könnte der Händler die Vermutung, dass seine Modelle besser abschneiden, untermauern. In diesem Fall sollte linksseitig mit H_0: $p \geq 0{,}215$ und H_A: $p < 0{,}215$ getestet werden.
b) H_0: $p \geq 0{,}215$ und H_A: $p < 0{,}215$
X: Anzahl durchgefallender Fahrzeuge; X ist für den Test binomialverteilt mit $p = 0{,}215$ und $n = 500$.
$l \in \mathbb{N}$ maximal mit $P(X \leq l) \leq 0{,}05$
$P(X \leq 92) \approx 0{,}049$ und $P(X \leq 93) \approx 0{,}062$
Ablehnungsbereich: $A = [0; 92]$
c) $\alpha = P(X \leq 92) \approx 0{,}049$
Die Wahrscheinlichkeit dafür, dass der Händler irrtümlich davon ausgeht, dass weniger als 21,5 % seiner Autos durchfallen, beträgt höchstens 4,9 %.
d) Ein Fehler 2. Art wäre, wenn weniger als 21,5 % der Autos des Händlers durchfallen, er aber irrtümlich davon ausgeht, dass es mehr als 21,5 % sind.

S. 193, 11.
Die Hypothese, die gestützt werden soll, wird als Alternativhypothese formuliert, um den Fehler 1. Art zu kontrollieren.
a) H_0: $p \leq 0{,}2$ und H_A: $p > 0{,}2$ – linksseitiger Test
b) H_0: $p \geq 0{,}2$ und H_A: $p < 0{,}2$ – rechtsseitiger Test

S. 193, 12
a) Nein, das Signifikanzniveau gibt an, wie häufig auf Dauer Fehler 1. Art bei einem Test höchstens sind.
b) Nein, es bedeutet nur, dass bei einer zutreffenden Nullhypothese auf Dauer nur in höchstens 5% der Fälle zufällig ein solches Ergebnis beobachtet werden würde. Ob die Nullhypothese richtig ist, oder nicht, lässt sich hieraus nicht ermitteln.
c) Nein, nur für die vorliegende Stichprobe kann die Nullhypothese abgelehnt werden. Ob sie aufgrund eines Testergebnisses (in Gänze) abgelehnt werden kann, hängt von den Testumständen ab.

Lösungen zu Kapitel 6: Normalverteilung

Ihr Fundament (S. 196/197)

S. 196, 1.
a) quantitativ, Ausprägung: x Tage
b) qualitativ, Ausprägung: rot, blond, braun, schwarz, grün
c) qualitativ, Ausprägung: z. B. Skala 1 bis 10
d) quantitativ, Ausprägung: x Kilometer

S. 196, 2.
a) 5; 7; 8; 9; 12; 13; 14; Median: 9
arithmetisches Mittel: $\frac{5+7+8+9+12+13+14}{7} \approx 9{,}71$
Da die drei kleinsten Werte näher an dem Median liegen als die drei größten Werte, ist das arithmetische Mittel größer als der Median.
b) 40 cm; 65 cm; 115 cm; 145 cm; 150 cm; 180 cm
Median in cm: $\frac{115+145}{2} = 130$
arithmetisches Mittel in cm:
$\frac{40+65+115+145+150+180}{6} = 115{,}8$
Da die beiden kleinsten Werte einen größeren Abstand zu den mittleren beiden Werten haben als die größten Werte, ist das arithmetische Mittel kleiner als der Median.
c) 17 g; 18 g; 25 g; 35 g; 67 g; 93 g
Median: $\frac{25\,g + 35\,g}{2} = 30\,g$
arithmetisches Mittel in g:
$\frac{17+18+25+35+67+93}{6} = 42{,}5$
Da es mehr kleine Werte gibt als große, aber zwischen ihnen ein großer Sprung liegt, ist das arithmetische Mittel größer als der Median.
d) 13; 14; 14; 15; 15; 16; 18; Median: 15
arithmetisches Mittel: $\frac{13+14+14+15+15+16+18}{7} = 15$
Da die Daten gleichmäßig verteilt sind, entspricht der Median dem arithmetischen Mittel.

S. 196, 3.
a) arithmetisches Mittel: $\bar{x} = 33{,}4$
empirische Varianz:
$$s^2 = \frac{1}{n}\sum_{i=1}^{n}(x_i - \bar{x})^2 = \frac{1}{5}\sum_{i=1}^{5}(x_i - 33{,}4)^2$$
$$= \frac{1}{5}\left((-6{,}4)^2 + (-3{,}4)^2 + (-0{,}4)^2 + 2{,}6^2 + 7{,}6^2\right)$$
$$= \frac{1}{5} \cdot 117{,}2 = 23{,}44$$
empirische Standardbweichung: $s = \sqrt{23{,}44} \approx 4{,}8$
b) arithmetisches Mittel in m: $\bar{x} = \frac{137}{6} \approx 22{,}83$
empirische Varianz in m^2:
$$s^2 = \frac{1}{6}\left(\left(-\frac{29}{6}\right)^2 + \left(-\frac{17}{6}\right)^2 + \left(-\frac{11}{6}\right)^2 + \left(\frac{13}{6}\right)^2 + \left(\frac{19}{6}\right)^2 + \left(\frac{25}{6}\right)^2\right)$$
$$= \frac{1}{6} \cdot \frac{401}{6} \approx 11{,}14$$
empirische Standardabweichung in m:
$s = \sqrt{11{,}14} \approx 3{,}3$

c) arithmetisches Mittel in °: $\overline{x} = 19$
empirische Varianz:
$s^2 = \frac{1}{4}(0{,}1^2 + (-0{,}3)^2 + 0{,}3^2 + (-0{,}1)^2)$
$= \frac{1}{4} \cdot 0{,}2 = 0{,}055$
empirische Standardabweichung in °:
$s = \sqrt{0{,}055} \approx 0{,}23$

d) arithmetisches Mittel: $\overline{x} = \frac{25}{7} \approx 3{,}57$
empirische Varianz:
$s^2 = \frac{1}{7}\left(\left(-\frac{11}{7}\right)^2 + 2 \cdot \left(-\frac{4}{7}\right)^2 + 3 \cdot \left(\frac{3}{7}\right)^2 + \left(\frac{10}{7}\right)^2\right)$
$= \frac{1}{7} \cdot \frac{40}{7} = \frac{40}{49} \approx 0{,}82$
empirische Standardabweichung: $s = \sqrt{\frac{40}{49}} \approx 0{,}90$

S. 196, 4.

a) Mittelwert:
Kurs A: $\frac{1 \cdot 1 + 3 \cdot 2 + 4 \cdot 3 + 2 \cdot 4 + 1 \cdot 5}{1 + 3 + 4 + 2 + 1} = \frac{32}{11} \approx 2{,}91$
Kurs B: $\frac{2 \cdot 2 + 5 \cdot 3 + 1 \cdot 5 + 1 \cdot 6}{2 + 5 + 1 + 1} = \frac{10}{3} \approx 3{,}33$
Standardabweichung:
Kurs A: $s \approx 1{,}08$ Kurs B: $s \approx 1{,}25$
Die Durchschnittszensur ist in Kurs A bei geringerer Streuung als in Kurs B auch deutlich besser als die Durchschnittszensur in Kurs B in diesem Test.

b) Kurs A:

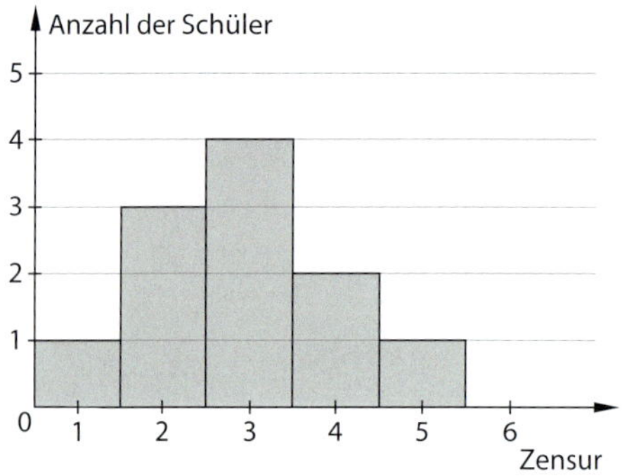

Kurs B:

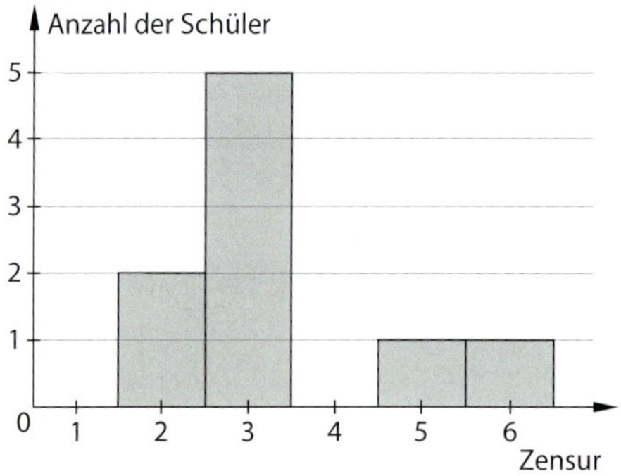

Der Mittelwert liegt bei beiden Kursen im höchsten Balken. Bei Kurs A liegen die Balken näher an dem Mittelwert als bei Kurs B, woran man die geringere Standardabweichung erkennen kann.

S. 196, 5.

a) Da alle Werte nur einmal auftreten, ist ein Diagramm, in dem einzelne Werte eingetragen werden, sehr groß und nicht aussagekräftig. Wichtige Daten wie z. B. das Mittel können nicht erkannt werden.

b)

Klasse	absolute Häufigkeit	relative Häufigkeit
$2500\,g \le x < 3000\,g$	2	$\frac{2}{20} = 0{,}1$
$3000\,g \le x < 3500\,g$	7	$\frac{7}{20} = 0{,}35$
$3500\,g \le x < 4000\,g$	7	$\frac{7}{20} = 0{,}35$
$4000\,g \le x < 4500\,g$	4	$\frac{4}{20} = 0{,}2$

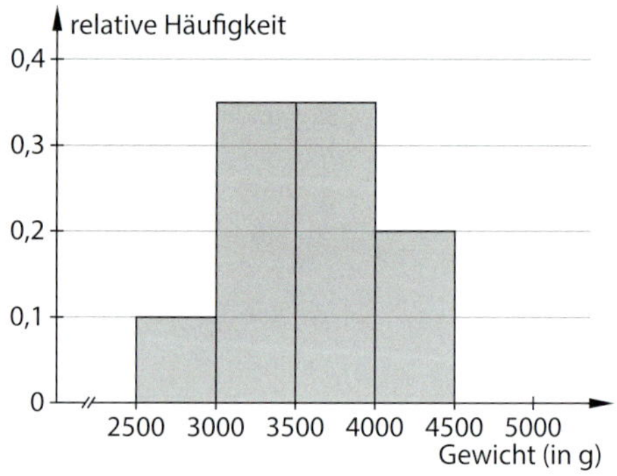

c)

Klasse	absolute Häufigkeit	relative Häufigkeit
$2800\,g \le x < 3000\,g$	2	$\frac{2}{20} = 0{,}1$
$3000\,g \le x < 3200\,g$	3	$\frac{3}{20} = 0{,}15$
$3200\,g \le x < 3400\,g$	2	$\frac{2}{20} = 0{,}1$
$3400\,g \le x < 3600\,g$	3	$\frac{3}{20} = 0{,}15$
$3600\,g \le x < 3800\,g$	4	$\frac{4}{20} = 0{,}2$
$3800\,g \le x < 4000\,g$	2	$\frac{2}{20} = 0{,}1$
$4000\,g \le x < 4200\,g$	4	$\frac{4}{20} = 0{,}2$

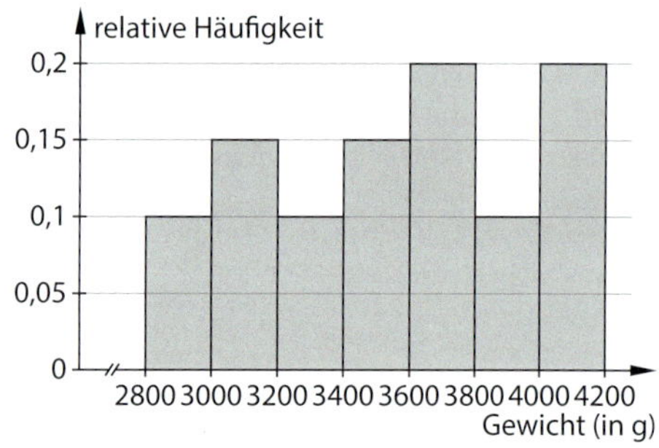

d) Der Vorteil von größeren Klassen ist, dass die Darstellung übersichtlich ist und Häufungen schnell ersichtlich sind. Durch Unterteilung in mehr Klassen kann man die Werte genauer darstellen und es gehen weniger Informationen verloren. Andererseits sind bei einer geringeren Anzahl von Klassen eher Häufungen zu erkennen und so gewisse Tendenzen eher erkennbar. Im Beispiel fällt die Häufung des Geburtsgewichts zwischen 3,5 kg und 4,0 kg bei der Klasseneinteilung mit 4 Klassen eher auf.

S. 196, 6.

a) Angebot A:

x	1	3
P(X = x)	$\frac{3}{4}$	$\frac{1}{4}$

Angebot B:

x	0	1	3
P(X = x)	$\frac{3}{8}$	$\frac{9}{16}$	$\frac{1}{16}$

b) Angebot A:

$E(X) = 1 \cdot \frac{3}{4} + 3 \cdot \frac{1}{4} = 1{,}5$

$\sigma(X) = \sqrt{\frac{3}{4} \cdot (-0{,}5)^2 + \frac{1}{4} \cdot (1{,}5)^2} \approx 0{,}866$

Angebot B:

$E(X) = 0 \cdot \frac{3}{8} + 1 \cdot \frac{9}{16} + 3 \cdot \frac{1}{16} = 0{,}75$

$\sigma(X) = \sqrt{\frac{3}{8} \cdot (-0{,}75)^2 + \frac{9}{16} \cdot 0{,}25^2 + \frac{1}{16} \cdot 2{,}25^2}$
$\approx 0{,}53$

Beide Spieleangebote sind nicht zu empfehlen, da die durchschnittliche Auszahlung unter dem Einsatz liegt. Auch die Standardabweichung ist eher klein, sodass auch bei einem Gewinn der Einsatz nicht stark übertroffen wird.
Müsste man sich für ein Angebot entscheiden, wäre bei Angebot A mit weniger Verlust zu rechnen.

S. 197, 7.

a) $P(X < 5) = 0{,}1 + 0{,}15 = 0{,}25$
$P(X \leq 8) = 0{,}1 + 0{,}15 + 0{,}2 + 0{,}3 = 0{,}75$
$P(X = 6) = 0{,}2$
$P(X > 5) = 1 - P(X \leq 5) = 1 - 0{,}25 = 0{,}75$

b) Erwartungswert:
$E(X) = 0{,}2 + 0{,}6 + 1{,}2 + 2{,}4 + 1{,}5 + 1{,}2 = 7{,}1$
Varianz:
$V(X) = 0{,}1 \cdot (-5{,}1)^2 + 0{,}15 \cdot (-3{,}1)^2 + 0{,}2 \cdot (-1{,}1)^2 + 0{,}3 \cdot (0{,}9)^2 + 0{,}15 \cdot (2{,}9)^2 + 0{,}1 \cdot (4{,}9)^2 = 8{,}19$
Standardabweichung: $\sigma(X) = \sqrt{8{,}19} \approx 2{,}86$

S. 197, 8.

a) X ist binomialverteilt mit den Parametern $n = 850$ und $p = 0{,}7$, da es nur zwei mögliche Ergebnisse gibt und die Ereignisse unabhängig sind.
$\mu = n \cdot p = 850 \cdot 0{,}7 = 595$
$\sigma = \sqrt{n \cdot p \cdot (1-p)} = \sqrt{850 \cdot 0{,}7 \cdot 0{,}3} \approx 13{,}36$
An dem Tag ist zu erwarten, dass 595 Schüler mit dem Bus kommen, wobei eine Abweichung von bis zu ±13,36 Schülern wahrscheinlich ist.

b) $P(X \leq 580) = 0{,}1391 = 13{,}91\,\%$
Mit einer Wahrscheinlichkeit von ca. 14 % reichen 580 Plätze aus.

c) $P(X \leq k) \geq 0{,}9$
Testwerte einsetzen:
$P(X \leq 600) = 0{,}658$; $P(X \leq 610) = 0{,}877$
$P(X \leq 611) = 0{,}892$; $P(X \leq 612) = 0{,}905$
Es müssen mindestens 612 Plätze zur Verfügung stehen.

d) Laut der σ-Regeln gilt:
$P(\mu - 2\sigma \leq X \leq \mu + 2\sigma) = 0{,}955$
$\mu - 2\sigma = 568{,}82$; $\mu + 2\sigma = 621{,}72$
Mit einer Wahrscheinlichkeit von ca. 95,5 % liegt der Wert von X im Intervall [569; 621].

S. 197, 9.

a) $\int_0^3 2x\,dx = [x^2]_0^3 = 3^2 - 0^2 = 9$

b) $\int_0^5 \frac{1}{10}x^2\,dx = \left[\frac{1}{30}x^3\right]_0^5 = \frac{1}{30} \cdot 5^3 - \frac{1}{30} \cdot 0^3 = \frac{125}{30} = \frac{25}{6}$

c) $\int_{-1}^1 \left(\frac{1}{5} + 3x^2\right)dx = \left[\frac{1}{5}x + x^3\right]_{-1}^1$
$= \frac{1}{5} \cdot 1 + 1^3 - \left(\frac{1}{5} \cdot (-1) + (-1)^3\right) = \frac{6}{5} - \left(-\frac{6}{5}\right) = \frac{12}{5}$

d) $\int_0^3 3(4 - x^2)dx = [12x - x^3]_0^3$
$= 12 \cdot 3 - 3^3 - (12 \cdot 0 - 0^3) = 36 - 27 = 9$

e) $\int_0^2 e^{3x-2}\,dx = \left[\frac{1}{3}e^{3x-2}\right]_0^2 = \frac{1}{3}e^{3 \cdot 2 - 2} - \frac{1}{3}e^{3 \cdot 0 - 2}$
$= \frac{1}{3}e^4 - \frac{1}{3}e^{-2} \approx 18{,}15$

f) $\int_{-3}^0 e^{-\frac{1}{3}x}\,dx = \left[-3e^{-\frac{1}{3}x}\right]_{-3}^0 = -3e^0 - (-3e^1)$
$= 3e - 3 \approx 5{,}15$

S. 197, 10.

a) $\int_1^\infty \frac{2}{x^3}\,dx = \lim\limits_{a \to \infty} \int_1^a \frac{2}{x^3}\,dx = \lim\limits_{a \to \infty} \left[-\frac{1}{x^2}\right]_1^a$
$= \lim\limits_{a \to \infty} \left(-\frac{1}{a^2} - \left(-\frac{1}{1^2}\right)\right) = \lim\limits_{a \to \infty} \left(-\frac{1}{a^2} + 1\right) = 1$

b) $\int_0^2 \frac{1}{\sqrt{x}}\,dx = \lim\limits_{a \to 0} \int_a^2 \frac{1}{\sqrt{x}}\,dx = \lim\limits_{a \to 0} [2\sqrt{x}]_a^2$
$= \lim\limits_{a \to 0} (2\sqrt{2} - 2\sqrt{a}) = 2\sqrt{2}$

c) $\int_{-\infty}^{-1} \frac{\pi}{x^2}\,dx = \lim\limits_{a \to -\infty} \int_a^{-1} \frac{\pi}{x^2}\,dx = \lim\limits_{a \to -\infty} \left[-\frac{\pi}{x}\right]_a^{-1}$
$= \lim\limits_{a \to -\infty} \left(-\frac{\pi}{-1} - \left(-\frac{\pi}{a}\right)\right) = \lim\limits_{a \to -\infty} \left(\pi + \frac{\pi}{a}\right) = \pi$

S. 197, 11.

$F(a) = \int_a^0 e^{-x} + 2\,dx = [-e^{-x} + 2x]_a^0$
$= -e^{-0} + 2 \cdot 0 - (-e^{-a} + 2a) = e^{-a} - 2a - 1$

F(a) gibt die Maßzahl des Flächeninhalts in Abhängigkeit von der Geraden $x = a$ an.

S. 197, 12.

$I_{-2}(x) = \int_{-2}^x t^4 + 2t^2\,dt = \left[\frac{1}{5}t^5 + \frac{2}{3}t^3\right]_{-2}^x$
$= \frac{1}{5}x^5 + \frac{2}{3}x^3 - \left(\frac{1}{5} \cdot (-2)^5 + \frac{2}{3} \cdot (-2)^3\right)$
$= \frac{1}{5}x^5 + \frac{2}{3}x^3 + \frac{176}{15}$
$I'_{-2}(x) = x^4 + 2x^2 = f(x)$
I_{-2} ist eine Stammfunktion von f, da die erste Ableitung von I_{-2} und f dieselbe Funktion definieren.

S. 197, 13.

$A_{Ring\,3;\,4} = 4^2 \cdot \pi - 3^2 \cdot \pi = 7 \cdot \pi \approx 22\,cm^2$
$A_{Ring\,4;\,5} = 5^2 \cdot \pi - 4^2 \cdot \pi = 9 \cdot \pi \approx 28\,cm^2$
$A_{Ring\,3;\,5} = A_{3;\,4} + A_{4;\,5} = 16 \cdot \pi \approx 50\,cm^2$
$\frac{A_{Ring\,3;\,4}}{A_{Kreis\,4}} = \frac{7\pi}{16\pi} = 0{,}4375 = 43{,}75\,\%$
$\frac{A_{Ring\,4;\,5}}{A_{Kreis\,5}} = \frac{9\pi}{25\pi} = 0{,}36 = 36\,\%$
$\frac{A_{Ring\,3;\,5}}{A_{Kreis\,5}} = \frac{16\pi}{25\pi} = 0{,}64 = 64\,\%$

S. 197, 14.

a) $f(-x) = 3(-x)^3 - (-x) = -3x^3 + x$
$= -(3x^3 - x) = -f(x)$
Der Graph von f ist punktsymmetrisch zum Ursprung.

b) $f'(x) = 9x^2 - 1$; $f''(x) = 18x$
Extrempunkte: $f'(x) = 0 \rightarrow 9x^2 = 1 \rightarrow x_{1;2} = \pm\frac{1}{3}$
$f''\left(\frac{1}{3}\right) > 0 \rightarrow$ Tiefpunkt $T\left(\frac{1}{3}\middle|-\frac{2}{9}\right)$
$f''\left(-\frac{1}{3}\right) < 0 \rightarrow$ Hochpunkt $H\left(-\frac{1}{3}\middle|\frac{2}{9}\right)$
Wendepunkte: $f''(x) = 0 \rightarrow x = 0$; $f(0) = 0$
Wendepunkt $W(0|0)$

Prüfen Sie Ihr neues Fundament (S. 214/215)

S. 214, 1.

①

Klasse	absolute Häufigkeit	relative Häufigkeit	Säulenhöhe
3,50 m ≤ x < 3,80 m	3	$\frac{3}{20} = 0{,}15$	$\frac{0{,}15}{0{,}3} = 0{,}5$
3,80 m ≤ x < 4,10 m	2	$\frac{2}{20} = 0{,}1$	$\frac{0{,}1}{0{,}3} \approx 0{,}33$
4,10 m ≤ x < 4,40 m	3	$\frac{3}{20} = 0{,}15$	$\frac{0{,}15}{0{,}3} = 0{,}5$
4,40 m ≤ x < 4,70 m	3	$\frac{3}{20} = 0{,}15$	$\frac{0{,}15}{0{,}3} = 0{,}5$
4,70 m ≤ x < 5,00 m	2	$\frac{2}{20} = 0{,}1$	$\frac{0{,}1}{0{,}3} \approx 0{,}33$
5,00 m ≤ x < 5,30 m	2	$\frac{2}{20} = 0{,}1$	$\frac{0{,}1}{0{,}3} \approx 0{,}33$
5,30 m ≤ x < 5,60 m	0	0	0
5,60 m ≤ x < 5,90 m	2	$\frac{2}{20} = 0{,}1$	$\frac{0{,}1}{0{,}3} \approx 0{,}33$
5,90 m ≤ x < 6,20 m	1	$\frac{1}{20} = 0{,}05$	$\frac{0{,}15}{0{,}3} = 0{,}5$
6,20 m ≤ x < 6,50 m	2	$\frac{2}{20} = 0{,}1$	$\frac{0{,}1}{0{,}3} \approx 0{,}33$

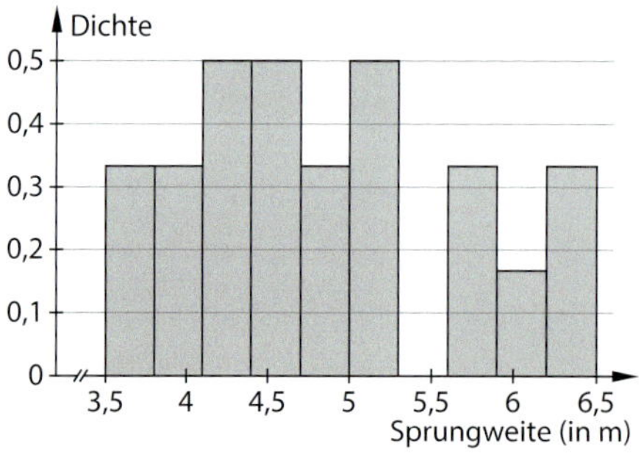

②

Klasse	absolute Häufigkeit	relative Häufigkeit	Säulenhöhe
3,50 m ≤ x < 4,10 m	5	$\frac{5}{20} = 0{,}25$	$\frac{0{,}25}{0{,}6} \approx 0{,}42$
4,10 m ≤ x < 4,70 m	6	$\frac{6}{20} = 0{,}3$	$\frac{0{,}3}{0{,}6} = 0{,}5$
4,70 m ≤ x < 5,30 m	4	$\frac{4}{20} = 0{,}2$	$\frac{0{,}2}{0{,}6} \approx 0{,}33$
5,30 m ≤ x < 5,90 m	2	$\frac{2}{20} = 0{,}1$	$\frac{0{,}1}{0{,}6} \approx 0{,}17$
5,90 m ≤ x < 6,50 m	3	$\frac{3}{20} = 0{,}15$	$\frac{0{,}15}{0{,}6} = 0{,}25$

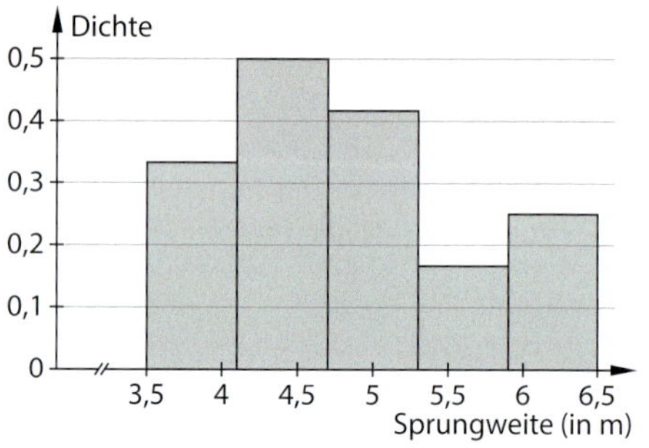

b) Obwohl Diagramm ① mehr Informationen darstellt, veranschaulicht Diagramm ② die Verteilung besser. Die Entwicklung und Häufung der Ergebnisse ist besser zu erkennen.

c) arithmetisches Mittel: $\bar{x} = 471{,}25$
geschätzter Mittelwert:
$\frac{5 \cdot 380 + 6 \cdot 440 + 4 \cdot 500 + 2 \cdot 560 + 3 \cdot 620}{20} = 476$

S. 214, 2.

a) f ist eine Dichtefunktion, wenn $\int_{-\infty}^{\infty} f(x)dx = 1$ und $f(x) \geq 0$ gilt.
$\int_{-\infty}^{\infty} f(x)dx = \int_{-\infty}^{0} 0\,dx + \int_{0}^{1} \frac{1}{5} + b \cdot x^2 dx + \int_{1}^{\infty} 0\,dx$
$= \int_{0}^{1} \frac{1}{5} + b \cdot x^2 dx = \left[\frac{1}{5}x + \frac{b}{3}x^3\right]_0^1 = \frac{1}{5} + \frac{b}{3}$
$\frac{1}{5} + \frac{b}{3} = 1$
$b = \frac{12}{5} = 2{,}4$
Da f nur auf dem Intervall [0; 1] von 0 verschieden ist und auf dem Intervall beide Summanden größer sind als 0, ist $f(x) \geq 0$ und f ist für $b = 2{,}4$ eine Dichtefunktion.

b) $F(x) = \int_{-\infty}^{x} f(t)dt$
$\int_{0}^{x} \frac{1}{5} + \frac{12}{5}t^2 dt = \left[\frac{1}{5}t + \frac{12}{15}t^3\right]_0^x = \frac{1}{5}x + \frac{12}{15}x^3$
$F(x) = \begin{cases} 0 \text{ für } x \leq 0 \\ \frac{1}{5}x + \frac{4}{5}x^3 \text{ für } 0 < x < 1 \\ 1 \text{ für } x \geq 1 \end{cases}$

c) $\mu = \int_{-\infty}^{\infty} x \cdot f(x)dx = \int_{0}^{1} x \cdot \left(\frac{1}{5} + \frac{12}{5}x^2\right)dx$
$= \left[\frac{1}{10}x^2 + \frac{12}{20}x^4\right]_0^1 = \frac{1}{10} + \frac{12}{20} = \frac{7}{10} = 0{,}7$

S. 214, 3.
X ist gleichverteilt und hat damit die Dichtefunktion

$f(x) = \begin{cases} \frac{1}{60} \text{ für } 0 \le x \le 60 \\ 0 \text{ sonst} \end{cases}$ und die Verteilungsfunktion

$F(x) = \begin{cases} 0 \text{ für } x < 0 \\ \frac{1}{60}x \text{ für } 0 \le x \le 60 \\ 1 \text{ für } x > 60 \end{cases}$

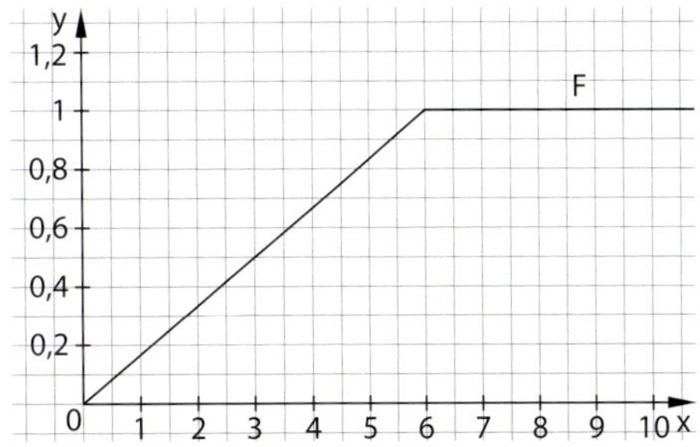

Maya hat recht, dass man „genau" noch genauer definieren müsste.
Ist mit „genau" ein Zeitpunkt gemeint, ist die Wahrscheinlichkeit genau 30 Minuten zu warten 0, da alle Punktwahrscheinlichkeiten 0 sind. $\left(\int_{30}^{30} f(x)dx = 0\right)$
Meint Gregor diese Interpretation von „genau", stimmt seine Aussage.
Man könnte mit „genau" aber auch eine gesamte Minute meinen, man teilt die Stunde in genau 60 gleich lange Zeiträume ein. In diesem Fall ist die Wahrscheinlichkeit „genau" 30 Minuten zu warten $P(29 \le X \le 30) = \frac{1}{60} \approx 0{,}0167$.
Meint Maya diese Interpretation von „genau", stimmt ihre Aussage.

S. 214, 4.
a) X ist eine diskrete Zufallsgröße mit gleichmäßiger Verteilung
Wahrscheinlichkeitsverteilung von X:

Wert x	1	2	3	4	5	6
P(X = x)	$\frac{1}{6}$	$\frac{1}{6}$	$\frac{1}{6}$	$\frac{1}{6}$	$\frac{1}{6}$	$\frac{1}{6}$

Y ist ist eine stetige Zufallsgröße. Y ist gleichverteilt und hat damit die Dichtefunktion f mit:

$f(y) = \begin{cases} \frac{1}{6} \text{ für } 0 \le y \le 6 \\ 0 \text{ sonst} \end{cases}$

b) Erwartungswert von X: $E(X) = 3{,}5$
Erwartungswert von Y: $E(Y) = 3$

c) X hat eine Verteilungsfunktion in Treppenform:

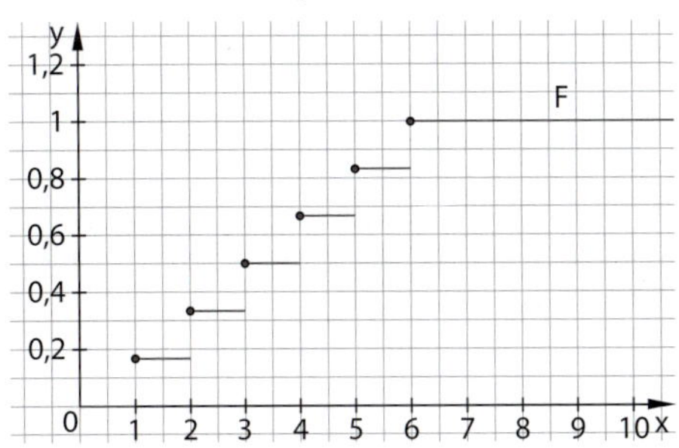

Y hat die Verteilungsfunktion F mit

$F(y) = \begin{cases} 0 \text{ für } y < 0 \\ \frac{1}{6}x \text{ für } 0 \le y \le 6 \\ 1 \text{ für } y > 6 \end{cases}$

S. 214, 5.
Für die Dichtefunktion einer normalverteilten Zufallsgröße gilt:
① $f(x) \ge 0$ für alle $x \in \mathbb{R}$ und ② $\int_{-\infty}^{\infty} f(x)dx = 1$
Bedingung ① ist erfüllt, da der Graph für alle x-Werte oberhalb der x-Achse liegt.
Bedingung ② ist nicht erfüllt, da das Dreieck $(-1, 0)$, $(0, 1)$, $(1, 0)$ vollständig unter dem Graphen liegt und eine Fläche von $\frac{1}{2} \cdot 1 \cdot 2 = 1$ hat. Somit ist die Fläche unter dem Graphen größer als 1.
Also kommt f nicht als Dichtefunktion einer normalverteilten Zufallsgröße in Frage.

S. 214, 6.
a) Die Wahrscheinlichkeit $P(a \le X \le b)$ wird durch die Fläche unter der Dichtefunktion auf dem Intervall $[a; b]$ beschrieben.
① $P(1 \le X \le 2) \approx \frac{1}{2}(0{,}06 + 0{,}12) \cdot 1 = 0{,}09$
② $P(3 \le X \le 6) = P(3 \le X \le 4) + P(4 \le X \le 6)$
$\approx \frac{1}{2}(0{,}18 + 0{,}2) \cdot 1 + \frac{1}{2}(0{,}2 + 0{,}12) \cdot 2 = 0{,}51$

b) $P(X = 2{,}5) = \int_{2,5}^{2,5} \varphi(x)dx = 0$
Eine Punktwahrscheinlichkeit ist bei normalverteilter Zufallsgröße immer 0.

S. 215, 7.
a) X: Wartezeit in min
$f(x) = \begin{cases} \frac{1}{20} \text{ für } 0 \le x \le 20 \\ 0 \text{ sonst} \end{cases}$

b) ① $\int_0^5 \frac{1}{20}dx = \frac{5}{20} = 0{,}25$ ② $\int_{10}^{20} \frac{1}{20}dx = \frac{10}{20} = 0{,}5$
③ $\int_{4,5}^{5,5} \frac{1}{20}dx = \frac{1}{20} = 0{,}05$

c) ① $\int_0^5 \frac{1}{10}dx = \frac{5}{10} = 0{,}5$ ② 0
③ $\int_{4,5}^{5,5} \frac{1}{10}dx = \frac{1}{10} = 0{,}1$

S. 217, 8.
a) $P(X = x) = \frac{\pi \cdot (x + 0{,}5)^2 - \pi \cdot (x - 0{,}5)^2}{\pi \cdot 20^2} = \frac{1}{200}x$
z. B.:
$P(X = 0{,}5) = 0{,}0025$; $P(X = 1{,}5) = 0{,}0075$
$P(X = 2{,}5) = 0{,}0125$; $P(X = 3{,}5) = 0{,}0175$
usw.

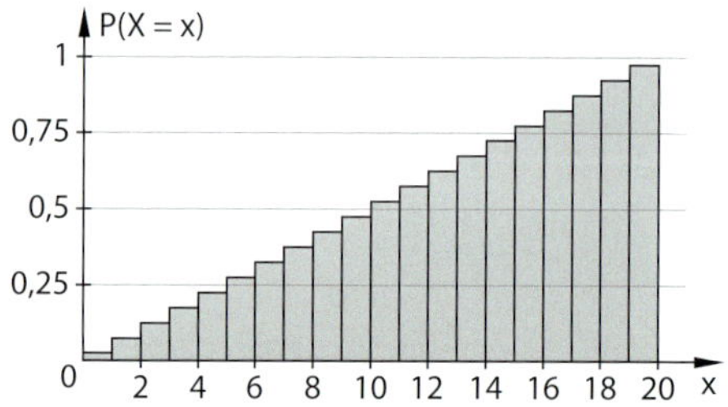

b) Der Graph von f verläuft für $0 \leq x \leq 20$ linear mit $f(0) = 0$ und $f(20) = 0{,}1$. Es gilt:

$$f(x) = \begin{cases} \frac{1}{200}x & \text{für } 0 \leq x \leq 20 \\ 0 & \text{sonst} \end{cases}$$

$$P(0 \leq Y \leq 1) = \int_0^1 \frac{1}{200}x\,dx = \frac{1}{400} = 0{,}0025 = P(X = 0{,}5)$$

Die Wahrscheinlichkeit entspricht dem Flächeninhalt der ersten Säule im Diagramm.

c) Für $0 \leq x \leq 20$ gilt:

$$F(x) = \int_0^x \frac{1}{200}t\,dt = \left[\frac{1}{400}t^2\right]_0^x = \frac{1}{400}x^2$$

$$F(x) = \begin{cases} 0 & \text{für } x < 0 \\ \frac{1}{400}x^2 & \text{für } 0 \leq x \leq 20 \\ 1 & \text{für } x > 20 \end{cases}$$

Für $0 < x < 20$ gilt: $F'(x) = f(x)$

$$P(Y \leq x) = \frac{\pi \cdot x^2}{\pi \cdot 20^2} = \frac{1}{400}x^2$$

d) $E(X) = 13{,}325$;

$$E(Y) = \int_{-\infty}^{\infty} x\,f(x)\,dx = \int_0^{20} \frac{1}{200}x^2\,dx = \frac{40}{3} \approx 13{,}333$$

Die Werte unterscheiden sich geringfügig.

S. 215, 9.

a) Der Flächeninhalt unter der Dichtefunktion beschreibt die Wahrscheinlichkeit, dass ein Patient nicht mehr als 30 Minuten warten muss.
$P(X \leq 30) = 0{,}159$

b) $P(X \geq 50) \approx 0{,}159$;
$P(30 \leq X \leq 50) = 1 - P(X \leq 30) - P(X \geq 50)$
$= 1 - 2 \cdot 0{,}159 \approx 0{,}682$

S. 215, 10.

a) Die Dichtefunktion ist $f(x) = \frac{1}{7\sqrt{2\pi}} e^{\frac{(x-165)^2}{98}}$

$$P(X > 180) = \int_{180}^{\infty} \frac{1}{7\sqrt{2\pi}} e^{\frac{(x-165)^2}{98}}\,dx \approx 0{,}016$$

b) $P(X < 150) = \int_{-\infty}^{150} \frac{1}{7\sqrt{2\pi}} e^{\frac{(x-165)^2}{98}}\,dx \approx 0{,}016$

$20 \cdot 10^6 \cdot 0{,}016 = 321246$

In Deutschland sind wahrscheinlich 321246 Frauen zwischen 16 und 40 kleiner als 150 cm.

S. 215, 11.

a) Die Zufallsgröße ist binomialverteilt, da es nur zwei mögliche Ergebnisse gibt und die Ereignisse unabhängig sind.
$\mu = n \cdot p = 800 \cdot 0{,}3 = 240$
$\sigma = \sqrt{n \cdot p \cdot (1-p)} = \sqrt{800 \cdot 0{,}3 \cdot 0{,}7} \approx 12{,}96 > 3$
1σ-Umgebung: [226,8; 253,2]
2σ-Umgebung: [213,6; 266,4]

b) Da die Laplace-Bedingung erfüllt ist, kann die Zufallsgröße durch die Normalverteilung approximiert werden.

$$P(230 \leq X \leq 250) \approx \int_{229{,}5}^{250{,}5} \varphi_{\mu;\sigma}(x)\,dx \approx 0{,}582$$

Die Wahrscheinlichkeit beträgt rund 58 %.

Lösungen zu Kapitel 7: Zusammengesetzte Funktionen

Ihr Fundament (S. 218/219)

S. 218, 1.

a) $f(x) \to \infty$ für $x \to \pm\infty$
b) $f(x) \to -\infty$ für $x \to -\infty$ und $f(x) \to \infty$ für $x \to \infty$
c) $f(x) \to -\infty$ für $x \to \pm\infty$
d) $f(x) \to -\infty$ für $x \to \pm\infty$
e) $f(x) \to \infty$ für $x \to \pm\infty$
f) $f(x) \to -\infty$ für $x \to -\infty$ und $f(x) \to \infty$ für $x \to \infty$

S. 218, 2.

a) $f(x) = 2x^3 + 6x$, punktsymmetrisch zum Ursprung
b) $f(x) = -2x^2 - 2x$, nicht symmetrisch
c) $f(x) = x^4 + 0{,}5$, achsensymmetrisch zur y-Achse
d) $f(x) = x^6$, achsensymmetrisch zur y-Achse
e) $f(t) = 11t^9 + 4t$, punktsymmetrisch zum Ursprung
f) $f(x) = -rx^6 - rx^4 + r^3x^2$, achsensymmetrisch zur y-Achse

S. 218, 3.

a) $x_1 = 0$; $x_2 = \frac{1}{5}$
b) $x_1 = 0$; $x_2 = 1$
c) $x_1 = 0$; $x_2 = \frac{1}{2}$; $x_3 = -5$
d) $t_{1/2} = \pm 2$
e) $x_1 = -\frac{1}{3}$; $x_2 = \frac{1}{3}$
f) $t_1 = -3$; $t_2 = -2$; $t_3 = 0$; $t_4 = 2$; $t_5 = 3$

S. 218, 4.

a) $S_1\left(\frac{1}{2} \middle| \frac{7}{8}\right)$; $S_2\left(-\frac{1}{2} \middle| \frac{5}{8}\right)$
b) $S(0|0)$
c) $S_1(0|4)$; $S_2(-2|-4)$

S. 218, 5.

Wegen $f(0) = 0$ ist $S(0|0)$ sowohl ein Schnittpunkt mit der y-Achse, als auch mit der x-Achse.
$x^3 - 3x^2 + 3x = x(x^2 - 3x + 3)$
Da $x^2 - 3x + 3 = 0$ keine Lösung hat, gibt es keine weiteren Schnittpunkte mit der x-Achse.
Für $x \to -\infty$ gilt $f(x) \to -\infty$. Für $x \to +\infty$ gilt $f(x) \to +\infty$.
Der Graph von f ist weder punktsymmetrisch, noch achsensymmetrisch.

S. 218, 6.

a) $f'(x) = -3x^{-4}$
b) $f'(x) = \frac{4}{x^3}$
c) $f'(t) = -\frac{2}{t^2}$
d) $f'(v) = -\frac{3}{2v^3}$
e) $f'(x) = 9x^2 + 4x$
f) $f'(x) = \frac{1}{2\sqrt{x}}$
g) $f'(t) = 4t^3 - 1$
h) $f'(x) = 4 - \frac{1}{\sqrt{x}}$
i) $f'(x) = x^3 + x^{-5}$
j) $f'(x) = -\frac{1}{x^2} - \frac{1}{x^6}$
k) $f'(x) = -2x$
l) $f'(x) = -2x$

S. 218, 7.

a) $f'(x) = 2x$ $\quad f'(5) = 10$

b) $f'(x) = 3x^2$ $\quad f'(\sqrt{2}) = 6$

c) $f'(x) = -\frac{2}{x^3}$ $\quad f'(-2) = \frac{1}{4}$

d) $f'(x) = \frac{1}{\sqrt{x}}$ $\quad f'(0)$ existiert nicht.

S. 218, 8.

Zur x-Achse parallele Tangenten haben die Steigung null und es gilt an diesen Stellen $f'(x) = 0$.

$f'(x) = 0{,}6x^2 - 0{,}6x - 3{,}6 = 0{,}6(x^2 - x - 6)$
$= 0{,}6(x + 2)(x - 3)$

Die Tangenten an den Graphen der Funktion f verlaufen an den Stellen $x = -2$ und $x = 3$ parallel zur x-Achse.

S. 218, 9.

a) $f'(x) = -1$ für $x = \frac{1}{2}$; $f'(x) = g'(x)$ für $x_1 = 1, x_2 = -3$

b) $f'(x) = 2$ für $x_{1/2} = \pm 2$; $f'(x) = g'(x)$ für $x_{1/2} = \pm 1$

c) $f'(x) = -\frac{1}{2}$ für $x = 4$; $f'(x) = g'(x)$ für $x = 9$

S. 218, 10.

a) Momentangeschwindigkeit $v\left(\text{in } \frac{m}{s}\right)$ nach t Sekunden: $v = s'(t) = 10t$
Die Momentangeschwindigkeit des Turmspringers beträgt nach einer halben Sekunde $s'(0{,}5) = 5\,\frac{m}{s}$ und nach einer Sekunde $s'(1) = 10\,\frac{m}{s}$.

b) $10 = s(t) = 5t^2 \Rightarrow t_0 = \sqrt{2} \Rightarrow v(t_0) = s'(t_0) = 10 \cdot \sqrt{2}$
Der Turmspringer taucht mit einer Geschwindigkeit von ca. $14{,}1\,\frac{m}{s}$ in das Wasser ein.

c) $\frac{s(\sqrt{2}) - s(0)}{\sqrt{2} - 0} = \frac{10}{\sqrt{2}} \approx 7{,}07$
Die Durchschnittsgeschwindigkeit vom Absprung bis zum Eintauchen beträgt ca. $7{,}07\,\frac{m}{s}$.

S. 219, 11.

a) $t(x) = 6x + 3$ $\quad$ b) $t(x) = -2x + 4$

c) $t(x) = 3x + 3$ $\quad$ d) $t(x) = -\frac{1}{2}x + \frac{3}{2}$

S. 219, 12.

a) $f'(-1) = 6$; $\alpha \approx 80{,}54°$

b) $f'(3) = -\frac{1}{\sqrt{3}}$; $\alpha = -30°$

c) $f'(0) = -5$; $\alpha \approx -78{,}69°$

d) $f'(-2) = 1$; $\alpha = 45°$

e) $f'\left(-\frac{1}{2}\right) = 0$; $\alpha = 0°$

f) $f'(-3) = \frac{1}{27}$; $\alpha \approx 2{,}12°$

S. 219, 13.

a) Schnittstelle $x = 0$: $\gamma \approx 63{,}43°$

b) Schnittstelle $x_1 = -10$: $\gamma_1 \approx 18{,}43°$
Schnittstelle $x_2 = 0$: $\gamma_2 = 45°$

c) Schnittstelle $x_1 = 1$: $\gamma_1 \approx 15{,}26°$
Schnittstelle $x_2 = 2$: $\gamma_2 \approx 19{,}44°$

S. 219, 14.

a) Nullstellen: $x_1 = 1$; $x_2 = -3$
Steigungswinkel: $\alpha_1 \approx 76{,}0°$, $\alpha_2 \approx -76{,}0°$
Schnittwinkel mit der x-Achse: $\gamma_1 = \gamma_2 \approx 76°$

b) Schnittwinkel mit der y-Achse: $\gamma \approx 26{,}6°$

c) $f'(x_0) = \tan(45°) = 1 \Rightarrow x_0 = -0{,}5$

S. 219, 15.

a) $m_s = \frac{f(4) - f(0{,}25)}{4 - 0{,}25} = \frac{0{,}25 - 4}{4 - 0{,}25} = -1$

b) $f'(x) = -\frac{1}{x^2}$
$f'(x) = -1$ für $x_1 = 1$ und für $x_2 = -1$
Im Punkt $P_1(1\,|\,1)$ lautet die Gleichung der Tangente t_1: $t_1(x) = -x + 2$
Im Punkt $P_2(-1\,|\,-1)$ lautet die Gleichung der Tangente t_2: $t_2(x) = -x - 2$

S. 219, 16.

a) Der Graph B gehört zur Stammfunktion F und der Graph A zur Funktion f, da A eine lineare und B eine quadratische Funktion darstellt.

b) Der Graph A gehört zur Stammfunktion F und der Graph B zur Funktion f, da die Extremstellen von A Nullstellen von B sind.

S. 219, 17.

a) $F(x) = x^2 + x$ $\quad$ b) $F(x) = \frac{1}{16}x^4 - 2x$

c) $F(x) = 2e^{\frac{x}{2}}$ $\quad$ d) $F(x) = -2\sqrt{x}$

e) $F_a(t) = \frac{a}{3}t^3$ $\quad$ f) $F(x) = \frac{1}{153}(3x - 5)^{51}$

g) $F(x) = \frac{1}{3}\sqrt{(2x - 1)^3}$ $\quad$ h) $F(x) = \frac{1}{8x^2}$

i) $F(x) = -\frac{1}{4x + 6}$

S. 219, 18.

a) $F(x) = 2x - x^2 - 1$ $\quad$ b) $F(x) = \frac{1}{2}x^4 - \frac{7}{2}x^2 + 4$

c) $F(x) = -\frac{1}{3}e^{-3x + 1} + \frac{4}{3}e$ $\quad$ d) $F(x) = \frac{1}{(x + 2)} - 3$

S. 219, 19.

a) $\left[\frac{1}{2}x^4 - x^2\right]_1^2 = \frac{9}{2}$ $\quad$ b) $\left[\frac{1}{2}e^{2x} - e^{-x}\right]_0^{\ln(2)} = 2$

c) $\left[\frac{1}{3 - x}\right]_5^6 = \frac{1}{6}$ $\quad$ d) $\left[3\sqrt{4x - 1}\right]_{\frac{5}{4}}^{\frac{5}{2}} = 3$

Prüfen Sie Ihr neues Fundament (S. 262/263)

S. 262, 1.

a) $f'(x) = (2x + 2)e^x$; $f''(x) = (2x + 4)e^x$; $F(x) = (2x - 2)e^x$

b) $f'(x) = (-2x^2 - 2x + 2)e^{2x}$; $f''(x) = (-4x^2 - 8x + 2)e^{2x}$
$F(x) = \left(-\frac{1}{2}x^2 + \frac{1}{2}x + \frac{1}{4}\right)e^{2x}$

c) $f'(x) = \left(-\frac{1}{2}t^2 + \frac{5}{2}t - 1\right)e^{-0{,}5t}$; $f''(t) = \left(\frac{1}{4}t^2 - \frac{9}{4}t + 3\right)e^{-0{,}5t}$
$F(t) = (-2t^2 - 6t - 12)e^{-0{,}5t}$

d) $f'(x) = \frac{1 - x}{e^x}$; $f''(x) = \frac{x - 2}{e^x}$; $F(x) = \frac{-x - 1}{e^x}$

e) $f_a'(x) = (x - ax^2) \cdot 2ae^{-2ax}$
$f_a''(x) = (2a^2x^2 - 4ax + 1) \cdot 2ae^{-2ax}$
$F_a(x) = \left(-\frac{1}{2}x^2 - \frac{1}{2a}x - \frac{1}{4a^2}\right)e^{-2ax}$

f) $f_a'(x) = \frac{2\ln(x) - a}{x}$; $f_a''(x) = \frac{-2\ln(x) + a + 2}{x^2}$;
$F_a(x) = x(\ln(x))^2 - (a + 2)x\ln(x) + (a + 2)x$

S. 262, 2.

a) Nullstellen: $x_1 = 1$ und $x_2 = -1$
$f'(x) = e^{x-1}(x^2 + 2x - 1)$
$T\left(-1 - \sqrt{2}\,\middle|\,(2 + 2\sqrt{2}) \cdot e^{-2 - \sqrt{2}}\right)$
$H\left(-1 + \sqrt{2}\,\middle|\,(2 - 2\sqrt{2}) \cdot e^{-2 + \sqrt{2}}\right)$
$f''(x) = e^{x-1}(x^2 + 4x + 1)$
$W_1\left(-2 - \sqrt{3}\,\middle|\,(4\sqrt{3} + 6) \cdot e^{-3 - \sqrt{3}}\right)$
$W_2\left(-2 + \sqrt{3}\,\middle|\,(-4\sqrt{3} + 6) \cdot e^{-3 + \sqrt{3}}\right)$

b) Nullstelle: $x = 1, f'(x) = e^x(x^2 - 1)$
$H(-1\,|\,4e^{-1}), T(1|0)$
$f''(x) = e^{x-1}(x^2 + 2x - 1)$
$W_1\left(-1 - \sqrt{2}\,\middle|\,(6 + 4\sqrt{2}) \cdot e^{-1-\sqrt{2}}\right)$
$W_2\left(-1 + \sqrt{2}\,\middle|\,(6 - 4\sqrt{2}) \cdot e^{-1+\sqrt{2}}\right)$

c) Nullstellen: $t_1 = -1$ und $t_2 = 2$
$f'(t) = e^{2t}(2t^2 - 5)$
$H\left(-\frac{\sqrt{10}}{2}\,\middle|\,\left(\frac{\sqrt{10}}{2} + \frac{1}{2}\right) \cdot e^{-\sqrt{10}}\right)$
$T\left(\frac{\sqrt{10}}{2}\,\middle|\,\left(-\frac{\sqrt{10}}{2} + \frac{1}{2}\right) \cdot e^{\sqrt{10}}\right)$
$f''(t) = e^{2t}(4t^2 + 4t - 10)$
$W_1\left(-\frac{1}{2} + \frac{\sqrt{11}}{2}\,\middle|\,-18{,}42\right), W_2\left(-\frac{1}{2} - \frac{\sqrt{11}}{2}\,\middle|\,0{,}06\right)$

d) Nullstelle: $t = 0$
$f'(t) = e^{-2t}(-8t + 4), H\left(\frac{1}{2}\,\middle|\,2e^{-1}\right)$
$f''(t) = e^{-2t}(16t - 16), W(1\,|\,4e^{-2})$

e) Nullstelle: $x = 1$
$f'(x) = x^2(3\ln(x) + 1), T\left(e^{-\frac{1}{3}}\,\middle|\,-\frac{1}{3}e^{-1}\right)$
$f''(x) = x(6\ln(x) + 5), W\left(e^{-\frac{5}{6}}\,\middle|\,-\frac{5}{6}e^{-\frac{5}{2}}\right)$

f) Nullstellen: $x_1 = 0; x_2 = 0{,}5$
$f'(x) = \frac{-40x^2 + 16x}{\sqrt{1 - 2x}}, T(0|0); H(0{,}4\,|\,0{,}57)$
$f''(x) = \frac{120x^2 - 96x + 16}{(\sqrt{1 - 2x})^3}, W(0{,}24\,|\,0{,}33)$

S. 262, 3.

a) $\lim\limits_{x\to\infty} x \cdot e^{-2x} = 0$, x-Achse als waagerechte Asymptote, für $x \to -\infty$ gilt $x \cdot e^{-2x} \to -\infty$, also keine waagerechte Asymptote

b) $\lim\limits_{x\to\infty} x^2 \cdot e^{-x} + 1 = 1$, waagerechte Asymptote $y = 1$, für $x \to -\infty$ gilt $x^2 \cdot e^{-x} + 1 \to \infty$, also keine waagerechte Asymptote

c) $\lim\limits_{t\to\infty} e^{-t^2} - 2 = \lim\limits_{t\to-\infty} e^{-t^2} - 2 = -2$, waagerechte Asymptote $y = -2$ für $t \to \infty$ und für $t \to -\infty$

d) Für $x \to -\infty$ gilt $e^{3x} + x \to -\infty$ und für $x \to \infty$ gilt $e^{3x} + x \to \infty$, also keine waagerechte Asymptote

S. 262, 4.

a) $f(x) = 0$, wenn $x - 1 = 0$, also $x = 1$

b) Für $x \to \infty$ gilt $e^{-(x-1)} \to 0$, also, da die e-Funktion dominiert, $f(x) \to 0$.
Für $x \to -\infty$ gilt $e^{-(x-1)} \to \infty$, also $f(x) \to -\infty$.

c) $f'(x) = -4(x - 2)e^{1-x}$, also $f'(x) = 0$ für $x = 2$
$f''(x) = 4(x - 3)e^{1-x}$, also $f''(2) = -4e^{-1} < 0$
$H\left(2\,\middle|\,\frac{4}{e}\right)$ ist ein Hochpunkt, also steigt der Graph für $x < 2$ und fällt für $x > 2$.

d) $f'''(x) = -4(x - 4)e^{1-x}$
$f''(3) = 0$ und $f'''(3) \neq 0$, also Wendepunkt $W\left(3\,\middle|\,\frac{8}{e^2}\right)$
Tangente $t(x) = mx + b$; $m = f'(3) = \frac{-4}{e^2}$
$t(3) = \frac{8}{e^2} = \frac{-12}{e^2} + b$, also $b = \frac{20}{e^2}$
$t(x) = -\frac{4}{e^2}x + \frac{20}{e^2}$

e) $f(-x) = 4(-x - 1)e^{-(-x-1)} = -4(x + 1)e^{(x+1)} \neq f(x)$,
$-f(x) = -4(x - 1)e^{-(x-1)} \neq f(x)$
Also liegt weder Achsensymmetrie zur y-Achse noch Punktsymmetrie zum Ursprung vor.

f) $F(x) = -4(x - 1)e^{1-x} + \int 4 \cdot e^{1-x}\,dx = -4xe^{1-x}$
$\int_1^5 f(x)dx = F(5) - F(1) = -\frac{20}{e^4} + 4 \approx 3{,}6$ [FE]

S. 262, 5.

a) $f'(t) = \left(-\frac{1}{4}t^2 + \frac{7}{2}t - \frac{33}{4}\right)e^{-\frac{t}{4}}$;
$f''(t) = \left(\frac{1}{16}t^2 - \frac{11}{8}t + \frac{89}{16}\right)e^{-\frac{t}{4}}$
Tiefpunkt $T(3\,|\,0)$; Hochpunkt $H(11\,|\,4{,}09)$;
Wendepunkt im Intervall $[0; 15]$: $W(5{,}34\,|\,1{,}44)$

b)
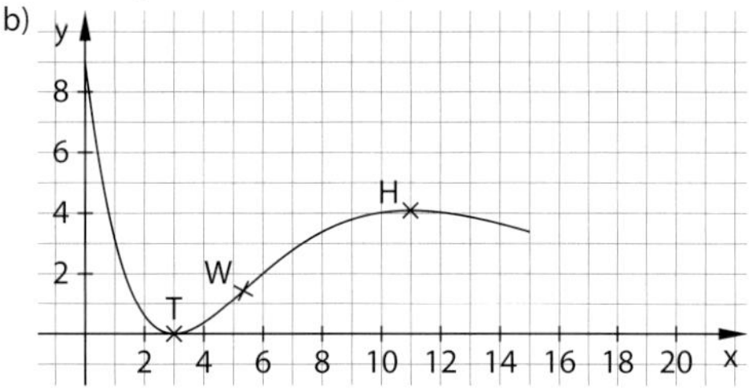

c) f beschreibt die Wachstumsgeschwindigkeit und nicht den Bestand. Alle Aussagen sind falsch.
A: Für $0 \le t \le 3$ ist $f(t) \ge 0$, und damit nimmt die Bakterienzahl nicht ab.
B: Für $t = 3$ ist die Wachstumsgeschwindigkeit gleich null, aber nicht die Bakterienzahl. Die Bakterienanzahl ist größer als zu Beginn.
C: Die Wachstumsgeschwindigkeit ist für $t > 3$ immer größer als null. Damit nimmt die Zahl der Bakterien stets zu.

d) Stammfunktion von f: $F(t) = (-4t^2 - 8t - 68)e^{-\frac{t}{4}}$
Zunahme der Bakterienanzahl in den ersten 5 Stunden in 1000:
$\int_0^5 f(t)\,dt = F(5) - F(0) \approx 8{,}407$
Fünf Stunden nach Beobachtungsbeginn sind es etwa $2000 + 8400 = 10400$ Bakterien.

S. 262, 6.

Flächeninhalt: $A = a \cdot b$
Nebenbedingungen: $a = u - 0 = u$ und $b = f(u)$
Zielfunktion: $A(u) = u \cdot f(u) = (u^2 + 1{,}5u)e^{-u}$
Definitionsbereich von A: $u > 0$
$A'(u) = (-u^2 + 0{,}5u + 1{,}5)e^{-u}$
$A'(u) = 0$ ergibt $u_1 = 1{,}5$; $u_2 = -1$.
$A''(u) = (u^2 - 2{,}5u - 1)e^{-u}$
$A''(1{,}5) < 0$, also lokales Maximum; $A(1{,}5) = 4{,}5e^{-1{,}5} \approx 1$
Randwerte: Für $u \to 0$ und $u \to \infty$ gilt $A(u) \to 0$, also kein Randmaximum. Das lokale Maximum bei $u = 1{,}5$ ist auch globales Maximum.
Der Flächeninhalt wird für $u = 1{,}5$ (mit ca. 1FE) maximal.

S. 263, 7.

a) $f'(x) = a \cdot e^{1-bx} + a \cdot x \cdot (-b) \cdot e^{1-bx}$
$= a \cdot e^{1-bx}(1 - bx)$
Bedingungen: $f'(1) = 0$; $f(1) = 5$
$f'(1) = a \cdot e^{1-b} \cdot (1 - b) = 0$
$f(1) = a \cdot e^{1-b} = 5$
$b = 1$ und $a = 5 \Rightarrow f(x) = 5x \cdot e^{1-x}$

b) Bedingungen: $f'(-1) = 0$; $f(-1) = -2$
$f'(-1) = a \cdot e^{1+b}(1 + b) = 0$
$f(-1) = -a \cdot e^{1+b} = -2$
$b = -1$ und $a = 2 \Rightarrow f(x) = 2x \cdot e^{1+x}$

S. 263, 8.

a) $f'(x) = 2 - ae^x$; $f''(x) = -ae^x$

$f'(x) = 0 \Rightarrow ae^x = 2 \Rightarrow x = \ln\left(\frac{2}{a}\right)$

Für $a < 0$ liegt keine Extremstelle vor.

Für $a > 0$ gilt $f''(x) < 0$ für alle x, also ist $x = \ln\left(\frac{2}{a}\right)$ eine Maximalstelle.

Da $f''(x) \neq 0$ für alle x gilt, hat f für keinen Wert von a eine Wendestelle.

b) Bedingung: $f\left(\ln\left(\frac{2}{a}\right)\right) = 0$

$f\left(\ln\left(\frac{2}{a}\right)\right) = 2\ln\left(\frac{2}{a}\right) - a \cdot e^{\ln\left(\frac{2}{a}\right)} = 2\ln\left(\frac{2}{a}\right) - 2$

$2\ln\left(\frac{2}{a}\right) - 2 = 0 \Rightarrow \ln\left(\frac{2}{a}\right) = 1 \Rightarrow a = \frac{2}{e}$

c) Hochpunkte von f: $H\left(\ln\left(\frac{2}{a}\right) \middle| 2\ln\left(\frac{2}{a}\right) - 2\right)$

Für alle Hochpunkte $(x|y)$ gilt $y = 2x - 2$, somit liegen alle Hochpunkte auf der Geraden $g(x) = 2x - 2$.

d) $a = \frac{2}{e}$: $H(1|0)$ $\quad a = 0{,}1$: $H(3{,}0|4{,}0)$

Für $a < 0$ gilt $f_a(x) \to \infty$ für $x \to \infty$ und $f_a(x) \to -\infty$ für $x \to -\infty$. Da f_a keine Extremstelle hat, hat f_a genau eine Nullstelle.

Für $a > 0$ gilt $f_a(x) \to -\infty$ für $x \to \infty$ und für $x \to -\infty$, der Graph von f_a hat genau einen Hochpunkt und keinen Tiefpunkt.

Für $a = \frac{2}{e}$ liegt der Hochpunkt auf der x-Achse, also hat f_a genau eine Nullstelle. Für $0 < a < \frac{2}{e}$ liegt der Hochpunkt oberhalb der x-Achse, also hat f_a genau zwei Nullstellen. Für $a > \frac{2}{e}$ liegt der Hochpunkt unterhalb der x-Achse, also hat f_a keine Nullstelle.

S. 263, 9.

a) $\lim\limits_{t\to\infty} 100 - \underbrace{80e^{\overbrace{-k\cdot t}^{\to -\infty\,(k>0)}}}_{\to 0} = 100$

b) $L'(t) = 80ke^{-kt}$

Die Ladegeschwindigkeit wird mit wachsendem t immer kleiner, bleibt aber immer positiv.

c) $100 - 80e^{-1{,}5\cdot k} \geq 60$

$0{,}5 \geq e^{-1{,}5\cdot k} \Rightarrow \ln(0{,}5) \geq -1{,}5 \cdot k \Rightarrow -\frac{\ln(0{,}5)}{1{,}5} \leq k$

$k \geq 0{,}462$

d) $g(t) = a \cdot e^{k\cdot t}$ mit $g(0) = 100$; $g(12) = 75$

$a = 100$; $k = \frac{\ln(0{,}75)}{12} \approx -0{,}024$

$g(t) = 100 \cdot e^{-0{,}024\cdot t}$

S. 263, 10.

a) $D_f = \mathbb{R}\setminus\{1\}$

1 ist eine Polstelle, da im Zähler $1^2 - 3 \cdot 1 + 7 \neq 0$ gilt.

b) Senkrechte Asymptote bei $x = 1$

Polynomdivision ergibt: $f(x) = x - 2 + \frac{5}{x-1}$

Schiefe Asymptote: $A(x) = x - 2$

c) $f'(x) = \frac{x^2 - 2x - 4}{(x-1)^2}$; $f''(x) = \frac{10}{(x-1)^3}$

$f'(x) = 0$ ergibt $x_1 = 1 + \sqrt{5} \approx 3{,}24$;

$x_2 = 1 - \sqrt{5} = -1{,}24$.

$f''(1 + \sqrt{5}) > 0$, also lokales Minimum; $T(3{,}24|3{,}47)$

$f''(1 - \sqrt{5}) < 0$, also lokales Maximum; $H(-1{,}24|-5{,}47)$

Es gibt keine Wendepunkte, da $f''(x) \neq 0$ für alle $x \in D_f$ gilt.

d)

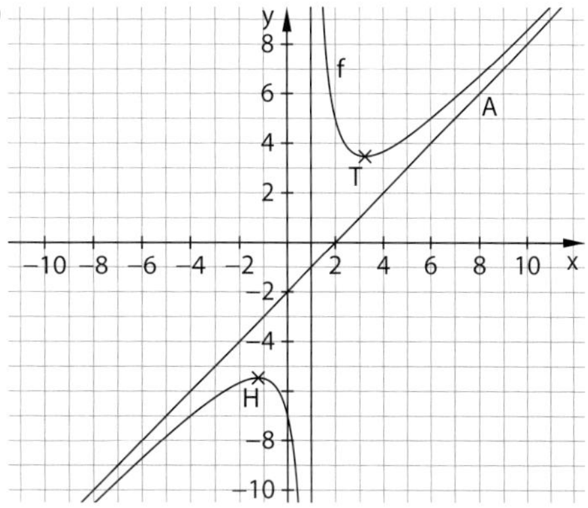

S. 263, 11.

a) $f'(x) = \frac{4\ln(x)}{x}$; $f''(x) = \frac{4 - 4\ln(x)}{x^2}$; $f'''(x) = \frac{8\ln(x) - 12}{x^3}$

$f''(e) = \frac{4 - 4\ln(e)}{e^2} = 0$ und $f'''(e) = \frac{8\ln(e) - 12}{e^3} \neq 0$, also Wendestelle; $f(e) = 2 \cdot (\ln(e))^2 - 2 = 0$

$f'(e) = \frac{4}{e}$ $\quad$ Wendetangente: $t(x) = \frac{4}{e}x - 4$

b) $F'(x) = 2(\ln(x) - 1)^2 + 2x \cdot 2(\ln(x) - 1) \cdot \frac{1}{x}$

$= 2(\ln(x) - 1)(\ln(x) + 1) = 2(\ln(x))^2 - 2$

c) Stammfunktion von t: $T(x) = \frac{2}{e}x^2 - 4x$

$\int_0^e (f(x) - t(x))\,dx = \lim\limits_{u\to 0}(F(e) - T(e) - (F(u) - T(u)))$

$= 0 - (-2e) - \lim\limits_{u\to 0} F(u) + 0 = 2e$,

da $F(u) = 2u(\ln(u))^2 - 4u\ln(u) + 2u \to 0$ für $u \to 0$

Das Flächenstück ist 2e FE ≈ 5,44 FE groß.

d) Streckenlänge: $s(c) = f(c) - t(c) = 2(\ln(c))^2 - \frac{4}{e}c + 2$

Für $c \to 0$ gilt $s(c) \to \infty$, die Streckenlänge ist also unbegrenzt.

S. 263, 12.

a) $D = \mathbb{R}\setminus\{0\}$ $\quad$ Nullstellen: $x_1 = \frac{1}{\sqrt{a}}$; $x_2 = -\frac{1}{\sqrt{a}}$

b) $f_a'(x) = a\ln(ax^2) + 2a$; $f_a''(x) = \frac{2a}{x}$

$f_a'(x) = 0$ ergibt $ax^2 = e^{-2}$, also $x_1 = \frac{1}{e\sqrt{a}}$; $x_2 = -\frac{1}{e\sqrt{a}}$

$f_a''\left(\frac{1}{e\sqrt{a}}\right) > 0$, also lokales Minimum; $T\left(\frac{1}{e\sqrt{a}} \middle| -\frac{2\sqrt{a}}{e}\right)$

$f_a''\left(-\frac{1}{e\sqrt{a}}\right) > 0$, also lokales Maximum; $H\left(-\frac{1}{e\sqrt{a}} \middle| \frac{2\sqrt{a}}{e}\right)$

Es gibt keine Wendepunkte, da $f_a''(x) \neq 0$ für alle $x \in D$ gilt.

c) Tiefpunkt: Aus $x = \frac{1}{e\sqrt{a}}$ folgt $\sqrt{a} = \frac{1}{ex}$ und $y = -\frac{2}{e^2x}$.

Hochpunkt: Aus $x = -\frac{1}{e\sqrt{a}}$ folgt $\sqrt{a} = -\frac{1}{ex}$ und ebenso $y = -\frac{2}{e^2x}$.

$g(x) = -\frac{2}{e^2x}$

d) $F_a'(x) = ax(\ln(ax^2) - 1) + \frac{1}{2}ax^2 \cdot \frac{2ax}{ax^2}$

$= ax\ln(ax^2) - ax + ax = ax\ln(ax^2)$

e) Es gilt $f_a(x) \to 0$ für $x \to 0$.

$\int_0^{\frac{1}{\sqrt{a}}} f_a(x)dx = \lim\limits_{u\to 0}\left(F_a\left(\frac{1}{\sqrt{a}}\right) - F(u)\right) = -\frac{1}{2} - 0 = -\frac{1}{2}$,

da $F_a(u) = au^2\ln(u) + \frac{1}{2}au^2(\ln(a) - 1) \to 0$ für $u \to 0$

Das Flächenstück ist 0,5 FE groß.

Stichwortverzeichnis

Bildquellenverzeichnis

Abbildungen

Cover: Shutterstock.com/RadioSounds; **5** Shutterstock.com/UfaBizPhoto; **8** Shutterstock.com/wavebreakmedia; **11** Shutterstock.com/Repina Valeriya; **12** Cornelsen/Christian Böhning, Berlin/shutterstock/Cartarium; **22** Shutterstock.com/muratart; **27** Shutterstock.com/ViChizh; **28** Shutterstock.com/Alvov; **29** Shutterstock.com/Ursatii; **33** stock.adobe.com/ablokhin; **38** Cornelsen/Christian Böhning, Berlin/shutterstock/pim pic; **41** Shutterstock.com/Canicula; **42 Getränke** Shutterstock.com/Barbara Dudzinska; **42 Spinat** Shutterstock.com/Volosina; **42 Rotkohl** Shutterstock.com/NIPAPORN PANYACHAROEN; **42 Paprika** Shutterstock.com/Olga Danylenko; **42 Pastinake** Shutterstock.com/Lepas; **56** Shutterstock.com/BMJ; **97** Shutterstock.com/motive56; **99** Shutterstock.com/Richard Peterson; **101** Shutterstock.com/fortovik; **124 o.** Shutterstock.com/Dimonika; **124 Mi.** stock.adobe.com/muratart; **133** Shutterstock.com/Standret; **134/3** stock.adobe.com/markus_marb; **137** stock.adobe.com/Dan Race; **138** Shutterstock.com/MilanB; **139** Shutterstock.com/Have a nice day Photo; **140** stock.adobe.com/Mariusz Blach; **141** Shutterstock.com/Studio Light and Shade; **143** Shutterstock.com/Unkas Photo; **145** Shutterstock.com/connel; **146** stock.adobe.com/Daniel Lee; **147/25** Shutterstock.com/virtu studio; **147/26** Shutterstock.com/ALF Sniper; **148** stock.adobe.com/Kara; **149** Shutterstock.com/Monkey Business Images; **151** stock.adobe.com/Nordreisender; **153** Shutterstock.com/Tamara Iva; **154** Shutterstock.com/Ivan Smuk; **155** Shutterstock.com/Fotokostic; **157** Shutterstock.com/Rudmer Zwerver; **160 o.** Shutterstock.com/DK samco; **160 u.** stock.adobe.com/chatri; **161** stock.adobe.com/Production Perig; **162** stock.adobe.com/Stockfotos-MG; **163** Shutterstock.com/Nejron Photo; **167 o.** stock.adobe.com/karepa; **167 u.** stock.adobe.com/©klaus rein/artfocus; **169** Shutterstock.com/Cryptographer; **172** Shutterstock.com/AngieYeoh; **176** Shutterstock.com/Rudie Strummer; **180** Shutterstock.com/AlexLMX; **181/10** o. Shutterstock.com/Rattana.R; **181/11** Shutterstock.com/fizkes; **183** Shutterstock.com/AHstock; **187** Shutterstock.com/esoxx; **188** Shutterstock.com/Numstocker; **191 o.** Shutterstock.com/baibaz; **191 u.** Shutterstock.com/Smile Fight; **193 o.** Shutterstock.com/Ju Jae-young; **193 u.** Shutterstock.com/Minerva Studio; **195** Shutterstock.com/Steve Whiston; **201** Shutterstock.com/Pavel Chagochkin; **203** Shutterstock.com/Monkey Business Images; **206** Shutterstock.com/Ralf Geithe; **210 Mi.** Shutterstock.com/Griboriy; **210 u.** Shutterstock.com/Rawpixel.com; **211** Shutterstock.com/Olexandr Taranukhin; **213** Shutterstock.com/Matej Kastelic; **217** Shutterstock.com/Satit Sorahong; **226** Shutterstock.com/Jan Schneckenhaus; **229** Shutterstock.com/effective stock photos; **230** Shutterstock.com/Scott E Read; **231** Shutterstock.com/Jacob Lund; **234** Shutterstock.com/New Africa; **237** Shutterstock.com/TheBlackRhino; **249 Mi.** stock.adobe.com/Petra Steinkuehler-Nitschke/dispicture; **249 u.** Shutterstock.com/unpict; **250** stock.adobe.com/tauav, Rowan Gillespie: Famine Monument, Dublin; **253** Shutterstock.com/FrameStockFootages; **254** Shutterstock.com/Roman Sibiryakov; **255** Shutterstock.com/photo.ua; **256** stock.adobe.com/Naeblys; **261** Shutterstock.com/UGREEN 3S; **262** Shutterstock.com/Salov Evgeniy; **263** Shutterstock.com/Dean Drobot; **265** Shutterstock.com/Rawpixel.com; **280** Shutterstock.com/l000s_pixels; **284** Shutterstock.com/showcake; **286** stock.adobe.com/johnmerlin; **289** ClipDealer GmbH/Stuart Miles; **290** stock.adobe.com/fototheobald; **291** Shutterstock.com/Kzenon; **293** Shutterstock.com/Kleber Cordeiro; **324** PEFC Deutschland e.V.

Screenshots

Cornelsen/Felix Arndt/© Texas Instruments. Nutzung mit Genehmigung von Texas Instruments: **36, 41, 55, 82 li., 82 Mi., 149, 154, 159;**
Cornelsen/Hubert Langlotz/© Texas Instruments. Nutzung mit Genehmigung von Texas Instruments: **211**
Cornelsen/Renatus Lütticken/© Texas Instruments. Nutzung mit Genehmigung von Texas Instruments: **82 re., 83, 87, 89**

Fundamente

|der Mathematik|

Autoren: Jan Block, Dr. Lothar Flade, Bernhard Hummel, Roman Knost, Markus Krysmalski, Dr. Hubert Langlotz, Renatus Lütticken, Arne Mentzendorff, Thorsten Niemann, Reinhard Oselies, Dr. habil. Manfred Pruzina, Sebastian Schweitzer, Udo Wennekers, Ugur Yasar, Dr. Wilfried Zappe

Berater: Robert Teichert
Redaktion: Martha Hubski
Illustration: Claudia Lieb
Grafik: Christian Böhning
Umschlaggestaltung: hawemannundmosch GbR
Layoutkonzept: klein & halm GbR
Bildrecherche: Kai Mehnert
Technische Umsetzung: Straive

Begleitmaterialien zum Lehrwerk

für Schülerinnen und Schüler

Schulbuch als E-Book	978-3-06-040695-1
Arbeitsheft	978-3-06-040853-5

für Lehrerinnen und Lehrer

Lösungen zum Schulbuch	978-3-06-040691-3
Unterrichtsmanager Plus online	978-3-06-040603-6

www.cornelsen.de

1. Auflage, 2. Druck 2026

Alle Drucke dieser Auflage sind inhaltlich unverändert und können im Unterricht verwendet werden.

Druck: Livonia Print, Riga

ISBN 978-3-06-040689-0 (Schulbuch)
ISBN 978-3-06-040695-1 (E-Book)

PEFC/12-31-006

PEFC zertifiziert
Dieses Produkt stammt aus nachhaltig bewirtschafteten Wäldern und kontrollierten Quellen.
www.pefc.de